北极快速变化与海洋生态系统响应

Marine Ecosystem Response and Arctic Rapid Change

余兴光　主编

海洋出版社

2016 年 · 北京

图书在版编目（CIP）数据

北极快速变化与海洋生态系统响应/余兴光主编．—北京：海洋出版社，2016.12
ISBN 978-7-5027-9638-9

Ⅰ.①北…　Ⅱ.①余…　Ⅲ.①北极-海冰-科学考察-研究②北极-海洋-生态系-研究
Ⅳ.①P941.62　②Q178.53

中国版本图书馆 CIP 数据核字（2016）第 303535 号

责任编辑：白　燕　张　荣
责任印制：赵麟苏
海洋出版社　出版发行

http://www.oceanpress.com.cn
北京市海淀区大慧寺路 8 号　邮编：100081
北京朝阳印刷厂有限责任公司印刷　　新华书店经销
2016 年 12 月第 1 版　2016 年 12 月第 1 次印刷
开本：889 mm×1194 mm　1/16　印张：33.5
字数：870 千字　定价：190.00 元
发行部：62132549　邮购部：68038093　专著中心：62113110
海洋版图书印、装错误可随时退换

序

近几十年，北极快速变化引起各方关注，其变化导致的一系列大气、海洋、陆地、冰雪和生物等多圈层相互作用过程，不仅对包括我国在内的中高纬度国家的气候产生显著影响，而且对北极生态系统、碳汇效应、航道资源、海洋资源和渔业资源开发利用等产生了深刻影响。研究表明，全球变暖、北极海冰快速融化、海水酸化以及人类活动的影响正在改变着极地海洋环境，而环境变化势必会影响依赖其生存的海洋生物群落，造成的一系列生态后果可能会蔓延至海洋生物的各个营养级。

围绕北极变化及其可能带来的生态系统响应，中国第四次北极科学考察于 2010 年 7—9 月开展了以“北极海冰快速变化机制和北极海洋生态系统对海冰快速变化的响应”为主题的综合性考察。考察活动不仅顺利完成所有预定考察任务，还实现了我国依靠自己的力量到达北极点开展科学考察的愿望。此次考察范围之广、内容之全，取得的资料和样品之多、纬度之高，均超过了我国前三次北极考察，为国际极地年中国行动计划画上了一个圆满的句号。

通过本次考察和随后的深入研究，我国科学家对北极的认识进一步加深，并得到了一些新的认识。研究表明，加拿大海盆中层水核心深度变化源于中层水密度变化和海冰减退所导致的表面应力涡度增强，这种变化是北极气候变化的一个重要信号；由于大尺度的气旋活动以及较强的夏季北极偶极子，导致 2010 年出现了北极海冰穿极融化的现象；而随着北极海冰的快速变化，北冰洋及其邻近海区的营养盐分布、生物泵组成结构、温室气体、碳循环等过程也在发生着重大变化；在气候变化和各种驱动力作用下，北极生物种类组成和分布及其群落结构等产生了明显的响应，包括部分种类出现小型化、分布范围北移现象等。此外，通过对古海洋与古气候变化研究，指示了北极海域过去与近代的环境变化的联系。而海冰对甲烷的吸收/排放状态具有很大的空间差异。这一系列的研究成果已经在国际学术期刊中发表，大大丰富了人类对北极海洋科学方面的认识。

本专著汇集了各个专业依托第四次北极科学考察的研究成果，使我们对“北极快速变化与海洋生态系统响应”有了更多更新的认识，同时也提高了我国对北极科学研究的水平，拓展了国际影响。期望本专著的出版，能够为今后开展北极考察和研究提供借鉴；也希望未来我国的北极研究能够取得更大的进展，为世界科学发展和人类和平利用北极做出新的贡献。

陈连增

2015 年 12 月 11 日

前 言

中国第四次北极科学考察是我国在国际极地年（IPY）期间组织实施的两个北极科学考察航次的第二个航次，是中国 IPY 计划的重要组成部分。考察和研究以北极海冰快速变化与海洋生态系统响应研究为主题，确定两大科学目标：①北极海冰快速变化机制。即以北极海冰快速变化机理研究为核心，开展与海冰大范围融化相关联的大气、海冰和海洋过程观测，研究海冰大范围融化的机理，为预测海冰变化趋势提供依据；②北极海洋生态系统对海冰快速变化的响应。即以全球气候变化和北极海冰快速变化为背景，以生态系统响应为目标，开展生态系统多学科综合考察，研究与海冰变化密切相关的海洋生态系统结构和功能变化，阐明北极海洋生态系统调控机制，为进一步预测北极生态系统变化趋势提供科学依据。为完成上述目标，我国第四次北极科学考察的主要内容有 4 项：①北极海冰快速变化过程及其机理研究；②北极碳通量及生源要素的生物地球化学循环研究；③北极海洋与海冰基础生产力研究；④北极海洋生物群落和古生态环境变化研究。

此次考察自 2010 年 7 月 1 日开始，9 月 20 日返回到上海中国极地研究中心码头，历时 82 d，总行程 12 600 n mile。来自国家海洋局、教育部、中国科学院、中国气象局以及中国中央电视台、新华社等媒体的 116 位，其中包括考察队员和来自美国、法国、芬兰、爱沙尼亚等国的 5 位科学家，共计 121 人参加了本次考察。共完成了 135 个站位的海洋学调查、1 个长期冰站的海冰气综合观测和 8 个短期冰站的观测、1 个北极点站位观测，超过了原计划设置的考察站位及范围，获得了一系列突破性成果。一是实现了北极科学考察队依靠自己的力量到达北极点开展科学考察的愿望；考察站位区域南北纵贯 2 300 n mile，东西横跨 1 100 n mile，范围之广、内容之全，取得的资料和样品之多、纬度之高均是我国北极考察史上不曾有过的。二是考察取得了一系列新进展，首次在白令海海盆 3 742 m 水深完成 24 h 连续站海洋学观测；首次将海洋考察站延伸到北冰洋高纬度的深海平原，在阿尔法海脊、马卡洛夫海盆，获取了海洋水文、海洋地球化学、海洋大气科学、海洋生物、海洋地质等方面的资料和样品，填补了该区域资料的空白。三是海洋生态系统考察首次在 88°26′N、3 000 m 水深垂直分层生物采样，成功采集到我国迄今在地球最北区域 87°21′N 一条体长 18 cm 的北鳕鱼类生物样品；首次在 88°24′N 高纬地区获得水深 3 997 m 的沉积物柱状样，最长柱状样 4.4 m。四是首次在北极点上布放了冰浮标，发射了抛弃式温盐深剖面探测仪，进行了生态学观测，采集了大量海冰和海冰样品，并获得 2.3 m 长的北极点冰芯。五是顺利回收了 2008 年布放的综合观测潜标系统（线长超过 1 300 m、观测周期超过 1 年以上的极地深水、长期潜标）。六是“雪龙”船到达 88°26′N，开创了中国航海史北冰洋最北的新纪录。

本专著以中国第四次北极科学考察获得的第一手资料为基础，将现场数据和历史资料相结合，大面调查和重点断面数据深入分析相结合，多参数、多学科的资料分析与研究相结合，开展了北极海洋环境快速变化分析和生态系统响应的相关研究，获得了一系列研究成果和新的认识。研究结果表明，加拿大海盆中层水核心深度在2003—2011年间发生了明显变化，其变化源于中层水密度变化和海冰减退所导致的表面应力涡度增强，这种变化是北极气候变化的一个重要信号。海冰观测结果表明，由于大尺度的气旋活动以及较强的夏季北极偶极子，导致2010年夏季北冰洋太平洋扇区从楚克奇—波弗特海沿岸至北极中心区域都出现较大范围的低海冰密集度区域，出现了穿极融化的现象。包括北极点附近在内，整个浮冰区近地层始终存在逆温层和逆湿层，边界层高度与逆温强度呈显著的对数关系，在北极点附近海区的边界层高度较低，而逆温强度较强，显示了很强的冰/气相互作用。而随着北极海冰的快速变化，北冰洋及其邻近海区的营养盐分布、生物泵组成结构、温室气体、碳循环等过程也在发生着重大变化。理化环境变化对各生物类群的种类组成和丰富水平产生影响，特别是海冰融化的影响尤为显著，由此也产生了部分种类的生物学特征和生态学习性的变化。从总体上看，物种小型化、分布范围北移正成为其主要响应方式。此外，通过白令海和西北冰洋西部悬浮体特征、表层沉积物特征，以及白令海和北冰洋古海洋与古气候变化等内容的研究，不仅指示了北极海域过去与近代的环境变化，也对北极在全球变化中的作用有了更加深入的了解。海冰覆盖区的甲烷通量可能是由于其下覆海水中甲烷沿着海冰的细小孔隙上升所致，也有可能是海冰中微生物活动的结果，抑或是这二者综合作用的结果，而海冰对甲烷的吸收/排放状态具有很大的空间差异，研究表明，底层水由于受到沉积物释放或甲烷水合物的影响，其甲烷含量高于表层水。

由于北极快速变化及其在全球变化中反馈显著，北极问题将越来越受到环北极国家和其他国家的高度关注。这对于我们参与北极科学研究的工作者来说，知识需求和挑战也将越来越大，但是，无论考察途中前方冰天雪地，考察过程劳苦艰辛、困难重重，我国北极海洋科学考察仍然排除万难，历尽千辛万苦，努力揭示隐藏于北极神秘面纱后面各种系统变化的过程、联系、驱动要素和因果关系。而本专著也正是基于这些考察结果特别是第四次北极科学考察所获研究成果的体现，由此可见，北极在全球变化的大背景下，海冰快速变化已经引起了物理过程和生物—化学—地质过程变化，并产生气候和环境效应。

本书共分10章，由余兴光、林龙山和卞林根编审。第1章“北极海冰快速变化及其生态系统响应”由余兴光、林龙山、唐森铭、吴军、吴日升撰写并统稿。第2章“北极海洋水团变化及冰—海相互作用过程”由史久新统稿，参加撰写的人员有：史久新、钟文理、赵进平、陈敏、潘红、童金炉、王维波、舒启、刘国昕、郭桂军。第3章“北极海冰快速变化及其机制研究”由雷瑞波统稿，参加撰写的人员有：雷瑞波、赵进平、李涛。第4章“北冰洋中心区辐射平衡和大气边界层观测研究”由卞林根撰写并统稿。第5章“北极地区碳循环和海洋酸化研究”由高众勇统稿，参加撰写的人员有：高众勇、李宏亮、庄燕培、陈敏、门武、詹力扬。第6章“北极海洋上层浮游生态系统及变化”由何剑锋统稿，参加撰写的人员有：何剑锋、康建华、张芳、林凌、王雨、张光涛、徐志强。第7章“北极海洋底层生物生态系统的变化”由林龙山和林和山统稿，参加撰写的人员有：林龙山、林和山、林荣澄、王建佳、王建军、宋普庆、李渊、张然。第 8 章“北极沉积特征与古气候环境演化”由汪卫国统稿，参加撰写的人员有：汪卫国、刘焱光、王汝建。第 9 章“北极大气温室气体和污染物的分布特征”由谢周清、卞林根、康辉撰写并统稿。第 10 章“北极航线气象保障”由黄勇勇撰写并统稿。

第四次北极科学考察与研究取得的一系列成果，是在国家海洋局的领导和重视、全体科考队员以及“雪龙”船船员共同努力下完成的。在本专著出版之际，特别向给予本次科学考察指导的领导和专家及“雪龙”船全体船员表示衷心感谢！

本书在编写过程中难免存在错误，敬请读者批评和指正。

余兴光

2015 年 12 月 20 日

Introduction

The 4th Chinese National Arctic Research Expedition is the second cruise of two arctic research expeditions organized and implemented by China in the International Polar Year (IPY) and it is also an important component of China's IPY plan. With the theme, the study on marine ecosystem responding to the rapid change of arctic sea ice, the research and expedition have two scientific goals: (1) Rapid change mechanism of the arctic sea ice. Namely, focus on the research on rapid change mechanism of arctic sea ice while conducting the observations of atmosphere, sea ice and oceanographic processes related to meltdown mechanism of large scale of sea ice for the sea ice forecasting in the future; (2) Response of arctic marine ecosystem to the rapid change of sea ice. Namely, conducting comprehensive multidisciplinary surveys in the Arctic sea and studying the structure and functional changes in marine ecosystem coupled with sea ice variations in order to illuminate the mechanism controlling the arctic marine ecosystem for scientifically forecasting and managing the arctic ecosystem. To achieve the goals, the projects of 4th Chinese National Arctic Research Expedition mainly covers 4 aspects: a. the process and mechanism of rapid arctic sea ice change; b. biogeochemical cycle on the arctic carbon flux and biogenic elements; c. primary productivity in arctic sea and sea ice; d. changes of arctic marine communities and paleoecological environments.

The expedition lasted 82 days from July 01, 2010 to September 20, 2010 and the voyage covers 12 600 miles and ended fruitfully at the pier of Chinese Polar Research Center. Altogether, 121 participants jointed in the expedition, among them 115 from the State Oceanic Administration (SOA), Ministry of Education, Chinese Academy of Sciences, China Meteorological Administration, China Central Television, Xinhua News Agency and media from local government, 5 scientists from countries of the United States, France, Finland and Estonia, and 1 scientist from the Biodiversity Research Center, Academia Sinaica, Taipei. The survey has completed oceanographic observations at 135 stations, conducted a comprehensive sea ice air observation at 1 long-term ice station and 8 short-term ice stations, besides 1 station in the North Pole. The expedition had finished the observations at both stations and areas more than it was planned and have made a series of breakthrough in the history of Chinese arctic expedition. At First, the expedition fulfilled the investigation in the North Pole without the help of other country in cruise of 2 300 miles latitudinally and of 1 100 miles longitudinally. The areas and the scientific fields studied, and the data and samples obtained are all far exceeded what it had performed in the history of China arctic expedition. Secondary, a series of progresses and developments has made in the expedition. For example, it is the first time we finished a 24 h oceanographic observation at a 3 742 m depth station in the Bering Sea basin. Again, it is the first time we extended the observations in abyssal plain in the high latitude Arctic Ocean, where data and samples from Alpha Ridge and Makarov Basin were obtained including the fields of marine hydrology, marine geochemistry, marine atmosphere sciences, marine biology, marine geology and etc. and thus filling the data gaps in these areas. Thirdly, a vertical and stratified sampling has successfully conducted in marine ecosystem of 3 000 m depth near latitude 88°26′ N, where a specimen of Polar cod (*Boreogadus saida*), in length 18 cm, has ever been collected so far in 87°21′ N and where a longest sediment core in length 4. 4 m at the depth of 3 997 m in 88°24′ N were obtained. Fourthly, an ice buoy was developed and a XCTD was launched for the first time at the North Pole, along with ecology observations and a large number of sea ice sample collected, including a 2. 3 m ice core. Fifthly, it had recovered successfully a long term submersible marine mooring system for integrated observations that deployed in 2008. The system had more than 1 300 m water depth and 1 year records of data from the deep polar sea. The last, the arrival of "Snow Dragon" breaker in 88°26′ N has created a new record in the history of Chinese marine navigation in the northernmost Arctic Ocean.

Based on the first-hand data obtained during the 4th Chinese National Arctic Research Expedition and the literature data, combined with the data from general survey, key profiles and multi-parameters in the multi-disciplinary studies, the responds of marine ecosystem to rapid environmental changes in the Arctic were studied and resulted in a series of achievements and knowledge. The results shows that the mid-water depth in the Canada Basin had changed significantly from 2003 to 2011 due to the strengthened vorticity of surface stress stemmed from mid-water density fluctuation and sea ice loss, and thus it is an important signal of climate change in the Arctic. The results from the sea ice observations show that low sea ice concentration area and the phenomenon of crossing pole melting appeared in areas from Chukchi - Beaufort coast in the Pacific Arctic to the Arctic Center in summer 2010 were due to large-scale of cyclone activity and strong summer arctic dipole. Secondly, there are always thermal inversion layer and humidity inversion layer exits in the surface layer of entire sea-ice field, even in vicinity of the North Pole. The height of boundary layer is logarithmically related to thermal inversion strength and in the vicinity of North Pole the layer is low but with strong thermal inversion, exhibiting a very strong ice-air interactions. It was found that simultaneously nutrient distributions, biological pump structure, greenhouse gases, carbon cycling and other processes are also undergoing dramatically changes with rapid change arctic sea ice.

Physicochemical environment change, in particular sea ice melting, influences the abundance and species composition of biological taxa, hereby, changes biological characteristics and ecological habitats of certain species. On the whole, species miniaturization and northward extending of habitats become evident as a respond mode. Moreover, the studies on the suspension particles and overlying deposits in the Bering Sea and the Western Arctic and the changes of paleo-oceanography and paleo-climate from the Bering Sea to the Arctic Ocean not only indicates environmental change of the Arctic sea area in the past and modern times, but also bring in profound knowledge of the role of Arctic in global changes. Methane flux in sea ice covered area may result from the rise of methane in seawater along the tiny pore of sea ice or from microbial activities in the sea ice or possibly the combinations of both. It is found that sea ice is of great spatial differential for methane absorption/emission. The bottom water contains more methane than surface water due to the effects of sediment release or methane hydrates.

Due to rapid change of the Arctic and the significant feedback in global change, arctic issues are drawing much attention from countries in the world and around the Arctic. We, the workers who engages in arctic scientific expedition, are facing with greater demands and challenges of knowledge. However, regardless the hardships in the world of ice and snow during the expedition, Chinese Arctic Expedition should overcome all obstacles in revealing various processes, driving forces and causal relationships covered by the mysterious veil of Arctic. Embodied the expedition results, particularly the results of the 4th arctic expedition, this monograph reveals that the rapid change of arctic sea ice in the Arctic has given rise the change of physical and biogeochemical processes and produced climatic and environmental effects following the global change.

The editors of this book are Yu Xingguang, Lin Longshan and Bian Lingen. The book is composes 10 Chapters. Chapter 1, Rapid Change of Arctic Sea Ice and Ecosystem Response, is written and compiled by Yu Xingguang, Lin Longshan, Tang Senming, Wu Jun and Wu Risheng. Chapter 2, Change of Arctic Water Masses and the Ice - Sea Interaction Process, is compiled by Shi Jiuxin with participant writers of Shi Jiuxin, Zhong Wenli, Zhao Jinping, Chen Min, Pan Hong, Tong Jinlu, Wang Weibo, Shu Qi, Liu Guoxin and Guo Guijun. Chapter 3, Mechanism and Physical Characterization of the Rapid Change of Arctic Sea Ice, is compiled by Lei Ruibo with participant writers of Lei Ruibo, Zhao Jinping and Li Tao. Chapter 4, Atmospheric Boundary Layer of the Arctic is written and compiled by Bian Lingen. Chapter 5, Research on the Arctic Greenhouse Gases, Nutrient Carbon Cycling and Ocean Acidification, is compiled by Gao Zhongyong with participant writers of Gao Zhongyong, Li Hongliang, Zhuang Yanpei, Chen Min, Men Wu and Zhan Liyang. Chapter 6, Response of the Arctic Upper Ocean Ecosystem to Climate Change, is compiled by He Jianfeng with participant writers of He Jianfeng, Kang Jianhua, Zhang Fang, Lin Ling, Wang Yu, Zhang Guangtao and Xu Zhiqiang. Chapter 7, Change of the Arctic Bottom Ocean Biotic Ecosystem, is compiled by Lin Longshan and Lin Heshan with participant writers of Lin Longshan, Lin Heshan, Lin Rongcheng, Wang Jianjia, Wang Jianjun, Song Puqing, Li Yuan and Zhang Ran. Chapter 8, Sedimentary Characteristics and Paleoclimate & Paleoenvironment Evolution of the Arctic, is compiled by Wang Weiguo with participant writers of Wang Weiguo, Liu Yanguang and Wang Rujian. Chapter 9, Distribution Characteristics of Greenhouse Gases in the Atmosphere and Pollutants in the Arctic, is written and compiled by Xie Zhouqing, Bian Lingen and Kang Hui. Chapter 10, Meteorological Support of the Arctic Air, is written and compiled by Huang Yongyong.

Quite a lot of achievements in the 4th Arctic research expedition are obtained under the leadership and attention of the State Oceanic Administration (SOA) as well as the joint efforts of all participants and the crew of "Snow Dragon". Sincere thanks to the crew of "Snow Dragon", experts and leaders who guides this expedition on the occasion of publication.

It should have faults during the compilation of this book and any criticism and correction are welcome from the readers of you.

YU Xingguang

20, Dec. 2015

目　录

第1章　北极海冰快速变化及其生态系统响应

随着冷战结束，北极地区考察和科研活动日益增多，各国均为自身寻找扩大北极权益的证据。2008年俄罗斯北极海底插旗，再次激发了环北极国家对北极大陆架的争夺。英国、法国、德国和西班牙等欧洲国家，基于北极的传统利益，也在通过加大北极考察，增强自身在北极的实质性存在。与此同时，亚洲国家的日本、韩国、印度也相继在北极斯瓦尔巴群岛设立了科学考察站，积极投入到北极考察队伍行列；日本自20世纪90年代以来，从不间断地开展北极航线和北极海洋科学考察。2008年，美国、俄罗斯、加拿大、挪威和丹麦5个环北极国家发表了《伊卢利萨特》宣言（THE ILULISSAT DECLARATION），明确将依照《联合国海洋法公约》的框架解决北极海洋和大陆架争端，这也为非北极国家介入北极事务提供了机会。

2007—2008 国际极地年（IPY）是全球科学家共同策划、联合开展的大规模极地科学考察活动，各国都以此为契机，加大对北极地区的考察，同时组织广泛的宣传活动，极力扩大各自的极地权益、增强国民的极地意识。恰逢此前北极海冰处于快速减退时期，融冰起始时间异常、陆地淡水输入增加、海水盐度降低、高密度水输出减少、海水增温、气压下降、极地涡旋加强等现象，这些现象不可避免对地球系统产生影响，并在全球气候变化中发挥重要的作用（余兴光，2011）。

本章节第一部分首先介绍了中国第四次北极科学考察作为国际极地年行动计划的最后一次重要考察活动的科学研究目标；其次讲述了大气环流、对流通量、海冰和地质年代的研究进展，以及北极生态系统响应的研究特点和策略；最后，针对截至中国第四次北极科学考察之前的各航次考察情况，详细介绍了所有航次的考察特点和取得的主要成果。

1.1 北极科学研究目标

随着全球气候变暖趋势加剧，北极的科学问题更加突出，Aagaard 等（1999）从北极科学研究的战略角度，提出了亟需探讨和回答的问题：①北极在全球气候变化中发挥重要作用，但它在调控全球海洋环流以及在水循环中的作用仍未清楚；②过去的 10 多年中北冰洋发生了重大的变化，但这种变化的性质和长期性需进一步认知，我们面对如何取得预测北极长期变化能力的挑战；③北冰洋的地质记录是全球地质研究的空白，今天我们还不能够建立北冰洋的板块结构和古气候模型，限制了北冰洋大陆架下资源的开发；④北冰洋的生物地球化学循环很大程度上可能与全球生物和大气相关元素的循环关系密切，北冰洋陆架碳、氮、硅和其他物质在全球生物地球化学循环中的具体作用以及北极环境变化影响全球生物地球化学循环的过程需要进一步探知；⑤北极生态系统的健康状态如何，除了极端气候赋予生态系统脆弱性外，当前北冰洋的生产力和高营养阶的生产力的变化、北冰洋有机污染物污染的程度以及增强的紫外辐射对北极生态系统健康的威胁仍需加强认识。特别地，北冰洋亚洲陆架上低盐影响海区的能量流动和物质循环、白令海和楚科奇海对进入中部北冰洋的颗粒物生物的生产和消费过程及影响已经成为亟需填补的知识断层。

鉴于面临全球气候快速变化以及北极冰雪覆盖面积大大减少的严重局面，2013 年美国北极研究政策委员会（IARPC）提出北极区域科学研究的 5 年计划（DOD，2013），建议 2013—2017 年各研究机构开展 7 个领域的研究，其中，除了加强陆地生态系统的研究外，其他 6 个领域分别为海冰与海洋生态系统、大气表层热、能量和质量平衡、观测系统、区域气候模式、可持续社区的适应方法与人类健康。IARPC 的计划，再次强调了海冰与生态系统研究的重要性，同时对驱动海冰变化的大气能量传递方式给予很大的关注。此外，将观测技术方法、区域气候变化和人类健康放在了重要的位置。

2007 年第四次国际极地年（IPY）活动正式展开，IPY 的科学目标强调了对极区的持续观测、国际合作、数据开放、与过去和未来状态的对比、跨领域和学科、培养研究队伍、发展新技术和后勤保障，以及提高公众和决策者的知识等。IPY 确定了 6 个科学研究主题：量化极区环境时空变化现状；了解人类活动对极地过去和现在的影响，提高对未来变化的预报能力；研究极地与全球过程在各种尺度上的联系，了解极区与全球的相互作用；研究汲取前沿科学问题；研究地球内核和地球空间；研究文化、历史和社会过程的形成及其对全球文化的贡献。极地科学调查研究需要大规模的合作，多学科的合作。极地研究大规模国际合作的科学时代已经到来。

北极科学问题关乎当代和将来数代人类的居住环境、生活方式，将来气候变化的方向是我们国家政策取向的基点。从这一观点看，当前北极考察目标宏大、任务艰巨。可喜的是我们的北极科学考察已经朝向这些目标做了不懈的努力，获得了丰硕的成果，为后续工作做了积极的准备。

1.2 研究热点和策略

过去1亿3千万年以来，北冰洋一直是地球的一员，它过去和现在还继续影响着当今的地球及其地球上的生命。北冰洋与全球气候，与地球巨大的生物地球化学循环有着密切的关系。从今天北极的变化预测北极的明天，今天的北极可能与过去的北极会很不一样，充分了解北极的过去、现在及其塑造它的过程，是预测这一独特区域，包括区域社会、经济、健康以及未来发展的关键所在。

北极正在经历着十年和百年际的气候变化。最近几十年北极地区的气候变化特别显著，发生了称之为尤娜迷（Unaami）的近400年来最快速的变化，引起全球科学家的关注。20世纪90年代中后期，广漠罕有人迹的北冰洋及周边区域的冰盖和海上冰山开始溶解，北极冰层的厚度减少了20%~40%，夏季北极海冰和陆冰的面积逐年缩小。受冰盖季节性变化影响，北极海洋对气候变化响应迅速，区域光照、温度和生产力的季节变化强烈。大多数模型预测，到2100年夏季北冰洋的海冰将全面融化。北极气候进入快变、易变的敏感年代，北冰洋环境和生态系统酝酿着新的格局变化。这些变化不仅影响全球气候变化模式，同时也影响北极生态系统和当地居民的生活环境。北极气候变化导致的海平面上升，为全球所关注。了解北极气候变化的过去、现在，全面了解驱动北极物理变化的要素，对于预测北极以及全球将来的气候变化的必要工作，因此是北极科学研究的重点。了解北极的大气和海洋环流与北极海冰变化，北极地质记录以及北极生态系统的响应是北极科学调查和研究的关键。

1.2.1 北极环境快速变化

1.2.1.1 大气环流

北极的大气驱动力通过风和海气交换强烈地影响着海洋生态系统。风的影响通常在小尺度规模上扰动海洋上层水体，从而影响营养盐的垂直通量，初级生产力和浮游动物、鱼类、海鸟和海洋哺乳动物摄食的成功率。风直接驱动海洋表面产生平面流，同时作用于海平面波动，进而影响整个水柱。海流携带着浮游动物和仔稚鱼在区域内外流动，从而浮游生物获得高存活率和再补充的机会。风还驱动上升流，补充营养盐，提高生产力；影响冰的形成、破裂以及冰的持久性。大气热交换决定海洋上表层的温度，产生对流，影响冰的形成或融化的速率（ASSAS）。我国学者在北冰洋中心区发现了中低纬度罕见的热传输现象，穿极气旋和急流从高空大气向冰面输送热量，冰面增温，导致海冰破裂，海冰硬度的脆变，海冰厚度增长减缓（卞林根等，2014）。

北极海洋中，来自周边的强风通常寒冷干燥，与夏季来自于大西洋和太平洋相对暖和潮湿的弱风形成对比。每年季风的强度都发生变化，从而导致北极海面上气团温度和湿度的变化。气团的变化，也影响海洋与大气的热交换过程，控制着海洋表层的温度。

北极冬季风暴扰动混合的水层达到 100 m（Coachman，1986）。此外，风驱动的强流能够导致水体进行跨陆坡交换。远岸的海水含有很高的营养盐，因此跨陆架的流可以为一些北极海域（如白令海东部）带来丰富的营养盐，这是营养盐供应的主要机理（Stabeno et al.，2001）。

气候长期变暖引起风暴数量、强度和路径的变化。这些变化直接影响到水体营养盐的供应、浮游生物生产力和食物网上层生物的产量。通常情况下，很难预测风暴变化的效应。到目前为止，我们对北极海洋的物理海洋学和生物学过程与大气之间的关系了解不够，以至于还不能够对未来气候趋势作出可靠的预测。为了获得更多的数据，我国北极考察在北冰洋中心区安装自动漂流气象站，其自动传回的数据有助于我们了解北极中心区天气过程，也为模型验证和分析提供了宝贵的数据。

1.2.1.2 对流通量

绝大多数北极海处于边界内外强对流通量的控制之下。影响北极海变化的海流有：进入巴伦支海的大西洋流；格陵兰西南外海的厄尔明格海流；拉布拉多和纽西兰外的拉布拉多海流；阿拉斯加湾流和白令海的堪察加海流以及东北亚的亲潮等。北极海内大多数余流，在受区域过程影响的同时，也受到北极边界外气候过程的影响，因此它们是大区域循环的一个部分。遥远海区的变化通过海流进入并影响北极水域，有的海流甚至来自于数千千米之外（Dickson et al.，1988；Belkin，2004）。北极海内的对流通量十分重要，但相对重要的区域和远方的海流及其水文特征通常难以区分。根据为数不多的观测值估算，这些海流平均流量数据的可靠性差，需要更多的观测进行补充。

北极海近表层的环流由两个不同的流系（北冰洋和温带海洋）组成，不同水域还混杂着不同的水团，存在明显的热容量特征。来自南方进入北极的海流，它们的温度比同纬度的水体高出很多，而由北冰洋进入边缘海的海流温度明显较低。不同来源的对流通量在控制北冰洋的热和盐度平衡上发挥着重要的作用。北极海水的营养盐浓度变化很大，对流通量和北极海水中营养盐含量有重要作用。它们显著提高海洋的新生产力。东北极一侧，经白令海峡流入北冰洋的太平洋水携带的热能、淡水、营养盐和亚极地生物种，对北冰洋的海冰、环流及海洋生态系统至关重要。海冰消退引起海冰融化季节的延长以及开阔无冰海域面积的增加将使北冰洋营养盐补充与消耗机制、海洋初级生产力和生态结构都发生巨大改变。在白令海的东南陆架区年初级生产力达到 200~250 g/（m^2·a）（以碳计）。另有报道测得白令海北部水域的生产力达到 540 g/（m^2·a）（以碳计）（Springer et al.，1996）。根据卫星遥感估算，纽芬兰拉布拉多海的生产力在 150~300 g/（m^2·a）（以碳计）。不过，相对于春季对流通量中的营养盐，我们对北极海多数地区当地矿化产生的营养盐含量并不清楚（Hunt and Drinkwater，2005）。

海洋生物随着海流自南向北进入北极的同时，北方的海流也将北极生物带到物理环境逐渐变化的南方海域，这样的变化对北极的物种极为不利，随着气候的进一步变暖，北极物种的生长和产量都会进一步降低。水温升高有利于南方温带物种进一步进入北极区。将来亚北极海洋的海洋生产力将依赖于海流和水文状态的规模和变化。因此，气候变化对洋流类型、垂直混合，全球温度的影响和变化可能改变生产力和高营养阶生物的组成，从而整体上改变生态系统的结构和功能。

1.2.1.3 海冰

北极全年覆盖着冰层，冰覆盖的面积和厚度随着季节演替发生变化。20 世纪 80 年代北极夏季冰覆盖面积降低到了 35%。2007 年海冰的覆盖面积降到了历史的低点，2011 年再次降到低点。海冰面积减少是对全球气候变化的警告。除了反射率之外，海冰减少的一个原因是中纬度海洋和大气热的输入，其中内部反馈环（internal feedback loops）起了很大的作用。在海洋与大气的交换中，北极海冰也发挥了重要的作用。海冰面积缩小对海洋和大气循环的影响不局限于北极。它们对北极和环北极地区生态系统也产生重要影响，通过复杂的多圈层相互作用，以及正、负反馈过程，对远离北极的区域的天气和气候产生影响。不过，现在我们还不能够准确地了解海冰减少的原因。

海冰为北极动物和植物提供了独特的栖息地。海冰面积的变化影响全部的海洋生态系统，控制着深海和海底的食物供应。北极多年冰减少已经导致物种消失，导致生物地球化学循环的巨大的变化，对北极的生态系统构成新的威胁。

海冰的形成和消融、海冰持续的长短与很多因素有关，包括风、空气和水温，表层盐度，波浪和海流。低温、低盐和稳定的海况能够加速海冰的形成。在强风作用下海洋中热的通量增强，因此强风也能够加速冰的形成。海浪和海流能够驱散新冰，然后在更大范围内冻结海冰区。

气候模式模拟结果显示，今后北极的海冰覆盖区会进一步减少，这包括结冰时间推迟，结冰期缩短以及海冰提前融化（IPCC，2001；ACIA，2004）。海冰的出现强烈地影响陆坡的生产力，如果我们不能够了解气候与海冰之间的互动，我们就难以理解气候与生态系统之间的联系（Hunt and Drinkwater，2005）。海冰如何响应气候变化，以及一些重要的天气过程和极端气候事件与海冰消融的关系如何，我们依然不清楚，如北极海冰消融如何影响欧亚大陆中、高纬度地区的盛行天气型，包括盛行天气型的低频变化和位相转换，以及极端天气事件等。这些问题是当前国际研究的热点和前沿问题，对于它的研究将有助于我们在已有研究的基础上，深入理解海冰影响天气气候变化的过程和机理。

1.2.1.4 地质记录

北极的地质史是我们了解过去预测未来的必修课程。由于海盆、冰盖、海洋环流以及北冰洋上空和周边的气候环境发生了巨大的变化，今天的北冰洋可能与过去有很大的不同。如，冰期的巴伦支海曾全部位于冰盖之下。过去发生的一些过程有的现在不再发生，有的则以非常不同的速率进行，如，格陵兰冰芯记录了温度急剧变化的事件，在短短的 3 年之内出现了上一个冰期大约一半的温度变化过程（Severinghaus et al.，1998）。

已经发现，古海洋学和古气候学与地球板块构造的演化密切相关。如，板块构造控制着弗拉姆海峡深槽；全球海平面变化控制着白令海峡、巴伦支海和加拿大群岛的浅水交换，随之出现的是周边大陆架的地质史变化。新生代北冰洋海水通过大西洋、太平洋和周边的大陆架进行水交换。水交换速率的变化带动着海冰覆盖面积和厚度的变化。这些变化构成了北冰洋的复杂历史。

北极对环境变化的响应剧烈且迅速。多年冰覆盖面积和厚度变化影响了全球的气候，但是目前沉积物档案还不足以用来评价北极海冰的历史及其影响。为了了解全球气候变化的发展并预测将来，从多个千年到十年际的角度重建北极环境历史是非常必要和重要的工作。

北冰洋周边环绕着地球上深浅不等的面积最大的大陆架。海平面波动和季节性的洪泛作用于大陆架，它们影响着海冰覆盖面积以及沉积环境。大陆架对于北极当地居民极为重要，其变化影响到当地的经济来源和政治环境。目前并不清楚大陆架是否影响全球变化，但海冰的产生和输送、地球化学和生物地球化学通量、生物区系和沉积物之间的关系是了解大陆架作用的关键。

我国在北冰洋区域的地球物理考察处于起步阶段，调查涉及的区域较少。我国第三次北极科学考察进行了北极海洋重力、磁力测量。白令海峡、阿拉斯加盆地及楚科奇海台的地球物理场、地层结构及基底构造研究也在系统地开展。在大西洋扇区的 Mohns 洋中脊和 Gakkel 洋中脊、北冰洋下面的罗蒙诺索夫脊、阿拉斯加盆地及楚科奇海台、白令海 Navarinsky 海底峡谷附近的沙波区进行了有成效的研究，获得了新的认识。已经取得这些成果为提升后续的北极海域地球物理考察研究成果质量提供了有力保障（张海生，2007；余兴光，2011）。

尽管如此，北极仍存在很多亟需回答的问题（Hunt and Drinkwater，2005），如，极地海盆如何形成？加拿大海盆中的板块边界在什么地方？世界上超慢速扩张的 Gakkel 洋中脊与其他的洋中脊在化学和结构上有什么不同？海洋新生代沉积物记录告诉了我们过去冰期-间冰期发生了什么事件？沉积物记录和冰原记录比较将发现什么问题？突变说明了什么问题？极地海盆中海冰最早形成的时间？地球地质年代记录中，北冰洋是一个巨大的空白，如果我们能够构建全球板块和古气候模式，我们就能对北冰洋未来的发展做出预测，研究可靠的方法保护和开发北冰洋资源。

1.2.2 北极生态系统的响应

数百万年以来，北极的动物、植物和微生物已经适应了北极环境，北极的严寒、海冰和强烈的季节变化塑造了北极生物。这些独特的生理学和生物学适应造成北极生物对栖息环境突发的和非正常的变化非常敏感。全球变暖、海洋酸化和北极人口增加对受影响的生态系统和生物多样性造成巨大的压力。从南方来的入侵生物将在北极建群，从而改变北极食物网。

海冰同样为北极动物和植物提供了独特的栖息地。海冰影响着北极整个海洋生态系统，控制着深海和海底的食物供应。北极多年冰减少已经导致物种丢失，生物地球化学循环也发生了巨大的变化。冰盖面积减少，人类活动增加，对北极的生态系统构成新的威胁。

海冰变化对北极海洋生态系统的影响比想象得严重。在影响过程中有假设的 3 个折点（tipping points）：①大陆架边缘海冰规律性的退缩，使得风生上升流得以出现，初级生产力增加；②北极夏季无冰区出现后，多年冰以及与之相关的生态系统消失；③部分融冰严重的海区在冬季仍不能够结冰，从而影响海洋哺乳动物季节性的迁移活动（ACIA，2005）。

因此，海冰变化影响北极生态系统的生产力（如北极海洋或生物地球化学循环的生物生产力）的过程很大程度上还是未知数，我们并不十分了解北极的生物圈。特别是关于北极深海、冰原中或冰原下生态群落及其过程的知识还十分缺乏。深入了解北极物种的基因和生态生理适应性以及生物的生存策略，预测变化的环境如何影响生物多样性、食物网、生产力和生态系统功能，将是了解北极生态系统对气候变化相应的关键。

1.2.2.1 浮冰生态学

冰藻是北极浮冰区最主要的生物类群，不同空间位置的冰藻类群差异明显，海冰上表层以雪藻为主，夏季北冰洋中心区的丰度峰值可达 1.56×10^5 cells/mL；海冰上层自养鞭毛藻和孢子占优势，中下层优势种为羽纹硅藻，通常冰底生物量最高，可超过 1 000 μg/L（以碳计）（Booth and Horner，1997；Bremerhaven，1996）。近年来全球变化导致了该地区生态环境急剧变化、海冰覆盖面积和多年冰现存量日益减少。随着海冰厚度减小、冰藻产量锐减、冰底水华缺失、淡水绿藻大量出现，以及广温种如新月菱形藻、柔弱拟菱形藻等成为优势种，显现了全球变暖对冰藻类群的影响。此外，随着夏季北极融冰范围增大，人们有可能方便地深入北极，北极浮冰生态学得到实质性进展，而北极地区的逐步开放也为该研究创造了必要条件（何剑锋，2012）。

然而，由于研究时间和条件的限制，目前浮冰生物群落的研究仍然处于起步阶段。大量的科学问题有待深入探讨。北极浮冰、特别是多年冰冰况和内部小生境的复杂性，海冰站位的数据采集的代表性仍然不够。此外，当前的海冰生态学研究在大西洋一侧的北极海域较为深入，太平洋一侧北极海域的相关研究成果相对有限。因此有必要增加考察航次、扩大考察范围和拓展研究领域，加强对浮冰生物群落特性和生态作用的观察和研究。

今后的调查和研究重点应包括 4 个方面：①北冰洋中心区和冬季浮冰区的考察，深入了解北极区不同冰区的生产力的周年变化，以便对北极冰藻对海洋生产力的贡献有一个深入的了解。此外，全面了解北极冬季海冰中的生物群落的组成和分布情况，获得序列观测数据，对于改善数据的代表性尤其必要；②浮冰内部微型生物食物环研究。过去对海冰内部，特别是海冰底部之外的冰层中后生动物的研究相对有限，浮冰微微型藻类、病毒和微型生物食物环物质和能量流动等方面的研究仍有大量工作要做；③全球气候变化下北极浮冰区生物群落的响应研究。由于融冰加剧，冰藻在北冰洋中的作用和贡献进一步削弱。海洋和淡水浮游植物的占有比例进一步扩大，以冰藻支撑的食物链受到影响，底栖生物群落的分布范围进一步缩小，食物链上层的生物数量和种类可能减少；从栖息地考虑北极海豹和北极熊等动物的生存环境进一步恶化；④应用新的研究方法，包括使用水下机器人进行原位实验和观察，增进数据的可靠性，大量获取具有统计意义的第一手资料。

1.2.2.2 生态系统响应

北极战略科学研究指出，了解全球气候变化影响下的冰盖和其他物理参数的年际变化和季节性变化对于北极生态系统动力学的科学研究极为重要。我们必须了解现在和将来影响不同层次的生物现存量和生产力因子的变化，这对解释过去的地质年代记录（包括古昆虫遗迹在内的营养层次变化）以及目前北极生态系统发生的变化极为关键。

目前，已经收集到很多北极环境变化的证据。虽然环境变化对物理和化学动力学的影响已经越来越清楚，但尚难以评估这些影响如何在生物系统中起的连锁性反应。尽管如此，了解北极海洋生态系统对扰动的响应，研究这些响应是自然的波动、是全球气候变暖引起，还是人为污染原因等，对于评估北极的过去、现在和将来至关重要。这些研究必须结合生态系统模型和现场数据来预测全球变化对生物产量的影响和预测北极有机碳的归宿过程。

为了评估和预测环境变化对北极生态系统和生物地球化学循环的影响，了解边缘海内和北极中心浮游植物及冰藻的生产力及其控制因子显得重要。目前对北极初级生产力的估计需要长期观测，但在时间和空间上采样量不足，同时受冰雪覆盖、云量等气象因素影响，卫星遥感观测效率也大打折扣。特别地缺乏时间序列数据，确定生产量的季节变化类型，尤其是几乎没有融冰早期的观测数据，这一期间初级生产力和次级生产力可能很高。

北冰洋及其周边海域的生态系统随着海水升温和海冰减少而改变。随着海冰融化，北极失去其独一无二的环境，从冰藻到北极熊这些常年与冰生活在一起的物种生存环境受到威胁。然而，随着更多地区的暴露，更多光线将直射水面，生长期变长，进而拉动开放水域食物链底层浮游生物的增长。开放水体（甚至在永久冰层中）浮游植物水华随处可见（Rey and Loeng，1985）。初级和次级生产力的数量和变化最大的区域位于北冰洋陆架及其周边的边缘海，这是生物活动和碳存储、输出的最活跃的区域。据估算，每年生产量出现区域性的变化，西伯利亚陆架局部海域较低，年产量为 50 g/m^2（以碳计）；楚科奇海和白令海部分海区，则年产量高达 800 g/m^2（以碳计）。生产量的变化与区域水华的强度、发生时间和块状分布的范围有密切关系，与北冰洋区域的生态系统结构相关。

随着全球变暖，北极和大西洋生活的物种被迫北移。已经发现，过去40年中大西洋东北部的喜温浮游生物生长区域一直在持续地向北移动（Souissi et al.，2007；Philippart，2011）。我国北极调查也发现林氏短吻狮子鱼、蝌蚪狮子鱼两鱼种都极大地偏离了原本已知的分布区域；尾棘深海鳐（*Bathyrajaparmifera*）原本是北太平洋区系的物种，考察发现该物种出现在靠近圣劳伦斯岛的北白令海陆架上（Lin Longshan et al.，2014）。历次北极考察结果表明海冰变化已经导致亚北极生态系统北移。

北极海与北冰洋中部的生物产量研究不管以系统还是以过程为对象都是必要的。以系统为对象的研究有必要调查关键的生物和环境要素的地理、时间和空间的变化。以过程为主的研究应确定不同环境和生物参数的关系，以及生态系中植物固定的碳的产量和归宿。了解北极海洋生态系的一个有效的途径可能是通过局部重点地研究取得结果，再利用整合模型扩大研究范围，从而研究区域的以至更大的综合体。例如，将大陆架对北极海洋生态系的作用和意义列在 NSF 北极南部大陆架海盆相互作用项目中（Grebmeier and Harvey，2005）。该工作致力于研究大陆架、大陆坡的物理和生物变化过程，以及这些过程对北极海洋生态系结构和功能的影响，达到预测全球气候变化对生态功能影响的目的。

北极生态系统研究重要内容包括：①总初级生产力与新生产力、次级生产力如细菌、浮游动物和底栖生物群落的分布、幅度和季节性变化；②不同食物链成分（浮游植物、草食动物、细菌）之间有机硫和卤化物的生物地球化学循环；③高营养阶生物（鱼类、海鸟、海洋哺乳动物）数量的时间和空间变化、原因和结果；④大陆架、大陆坡和海盆各生态系统中消耗、消失和输出的光合成碳的数量；⑤人类活动，包括紫外辐射和有机化合物循环，对北极单一种类以至特定的生态系或北极生态系统的影响。生物学调查研究的内容有：探索未知物种，研究极地海洋生物多样性；调查、评估即合理利用极地海洋生物资源；研究极端环境下极地生物的适应性；探讨全球变化背景下极地生物的响应等方面。

我国北极生物生态考察部分专业起步较晚、调查区域有限、生物物种分类学人才缺少，科学问题凝练和前沿问题研究不够深入，交叉学科和多学科综合力量投入不足，是当前存在的问题。目前我国生物生态考察还处于现状认识阶段，对生物环境适应性和生态响应等深层次的探讨缺乏支撑条件，北极环境快速变化对整个生态系统的影响及其响应有待深入研究。

我国的北冰洋生态系统研究除了继续对海冰生物、浮游和底栖生物的继续调查之外，应坚持原考察区的研究，进一步获得可比较的序列数据，深刻认识北极生态系统突变的原因和结果。面对着全球变化，北极海洋生物学研究急迫问题包括预测和了解海洋生态系统的结构和功能。极地海洋食物链中有很多问题值得研究，这是我们立足和拓展北极研究的基础，在此基础上拓展考察范围和增加亟需研究内容和项目，跟踪北极气候和生态系统变化研究的需求。在当前的情况下，北极的资源保护比资源开发更为重要，只有保护资源，才能拥有在合适时期参与北极生物资源开发的条件，同时避免开发风险。

加强国际合作是进行北极科学考察研究的一个重要策略。极地研究是国际大规模合作的舞台，缺乏有机的国际合作，使得我国北极生态学考察和研究难以融入国际北极生态系统考察的现状和需求。我国比北极周边国家更加远离北冰洋，进入北极考察的时间和范围都有限。通过科学考察合作研究，不仅能够学习其他国家北极研究的经验，而且能够获得更多的北极生态系统研究成果。通过合作研究，对北极生态系统的知识范围和深度进一步扩大或深入，最重要的是扩展了北极生态系统研究的途径。

1.3 我国的北极考察

围绕北极变化及其可能带来的影响，我国历次北极科学考察确定了与此相关的科学考察目标。1999 年首次北极科学考察确定了 3 大科学目标，即：①北极在全球变化中的作用和对我国气候变化的影响；②北冰洋与太平洋水团交换对北太平洋环流变异的影响；③北冰洋邻近海域生态系统与生物资源对我国渔业发展的影响。研究内容包括：①通过调查研究海—冰—气能量和物质交换，正确理解北极地区在全球气候变化和环境变化中的作用以及提高我国天气、气候和自然灾害预报水平；②通过对北太平洋白令海、北冰洋楚科奇海以及海盆衔接区的水文、水化等环境要素、生物和生态系统以及海冰的调查研究，阐明该海区的水系结构和环流特征及其与加拿大海盆的水体交换，提出北冰洋与太平洋的水体交换和物质输运模式，探讨北冰洋与西太平洋和我国近海海洋环境的相互作用，为我国海洋经济的可持续发展提供科学依据；③在北冰洋及周边公海海域进行结合海洋环境的渔业资源的综合调查，为我国在上述海域渔业的可持续发展提供强有力的科学依据。

中国第二次北极科学考察以了解北极变化对全球变化的响应和反馈及其对我国气候环境的影响为主要科学目标。研究内容包括：①研究北极中层水增暖的规律及其气候效应，太平洋入流水在北冰洋的输运过程，北极表层流和海冰淡水输运的多年变化，深层环流与海盆间水体交换，水团结构变化及其示踪研究；②研究海冰变化及其热力学和动力学机制，海冰异常与表面热通量、水汽通量的相互作用，海冰变化和表层环流引起的淡水输出对冰量的反馈，改进海—冰—气界面通量的参数化方法和冰—海热力和动力耦合模式；③研究北极上层海洋对 CO_2 的吸收能力及海—气界面碳通量，冰缘区的生物泵作用及受控机制，海冰变异对生物产量、初级生产结构和冰区碳通量的影响，北极陆地径流的多年变化规律，北极陆源水的物质扩散和输运过程；④研究白令海与北冰洋的水体交换过程对白令海的影响，北太平洋涛动对北冰洋长期变化影响，北太平洋对北极海冰变异的影响；⑤研究北极地区气候变异规律，北极下垫面热量和水汽变异北极与中纬度大气环流的相互作用，北极地区大气臭氧和气溶胶的变化规律及其气候效应，北极涛动变化特征及其机理，影响我国的冷空气路径及其变化规律，北极海洋、海冰对东亚季风和我国气候灾害影响的物理机制；⑥研究海洋上层生物地球化学过程及其底部响应，探讨北极海区营养要素的动力学过程及其与生物泵的关系，认识北极海区以碳为核心的生源物质的循环与再生机制，研究海洋底部对上层海洋过程的响应，追踪环境信息进入地质记录的机制特征；⑦研究白令海和楚科奇海域浮游动物优势种及其成熟度和摄食率、产卵量和产卵率，冰藻和浮游植物优势种群结构与营养盐限制、初级生产力和新生产力、上层水柱的物理过程（温盐、跃层）的生态学效应、基于16SrDNA序列的海冰微生物群落结构和多样性及其代谢特性，实施生态系统动力学的多学科交叉协作及北冰洋微生物群落及其多样性研究，加深对不同类型生态系统结构与功能的认识，深入了解高纬海域生物学特性、过程和物理过程的相互作用和耦合机制，为认识和评估海洋生物资源和资源潜力、生态系统过程对气候环境变化的响应和影响作用服务。

中国第三次北极科学考察是第四个国际极地年中国行动计划的重要组成部分，科学考察目标是：①阐述北极气候变异及其对我国气候的影响机理；②阐明北冰洋海洋环境变化及其生态和气候效应；③认识北冰洋及邻近边缘海晚第四纪古海洋演化历史，了解北极海区重大地质事件对区域乃至全球变化的制约；④开展北冰洋及邻近边缘海深海微生物资源及其基因资源的多样性研究，与地质年代结合，阐明生物多样性变化演变与海洋环境变化的关系。主要研究内容包括：①北极海—冰—气界面与北极系统的耦合变化研究；②北极环极边界流及北极动力环境变化过程研究；③北冰洋碳和生态要素的生物地球化学循环研究；④北极生态系统结构和变异；⑤北冰洋晚第四纪古海洋演化历史研究；⑥北冰洋深海微生物及其基因资源多样性研究；⑦北极气候变异及其对我国气候的影响机理；⑧极地大气、冰雪及海洋边界层汞、痕量气体及持久性有机污染物（POPs）研究。

中国第四次北极科学考察围绕北极海冰快速变化与海洋生态系统响应研究为主题，确定两大科学目标：①以北极海冰变化机理研究为核心，开展与海冰大范围融化相关相关联的大气、海冰和海洋过程观测，研究海冰大范围融化的机理，为预测海冰变化趋势提供依据；②北极海洋生态系统对海冰快速变化的响应研究，以全球气候变化和北极海冰快速变化为背景，以生态系统响应为目标，开展生态系统多学科综合考察，研究与海冰变化密切相关的海洋生态系统结构和功能变化，阐明北极海洋生态系统调控机制，为进一步预测北极生态系统变化趋势提供科学依据。研究内容包括：①北极海冰快速变化过程及其机理研究；②北极碳通量及生源要素的生物地球化学循环研究；③北极海洋与海冰基础生产力研究；④北极海洋生物群落和古生态环境变化研究。

此外，为了扩大国际影响和增加国内外极地科学家之间的交流与合作研究，中国第一次至第四次北极科学考察均邀请了部分国家和地区的科研人员参与现场考察。其中，第一次北极科学考察有中国台湾、中国香港、韩国、日本、俄罗斯等国家与地区的5名科考人员参加；第二次北极科学考察有来自美国、加拿大、日本、芬兰、韩国、俄罗斯6个国家13名科考人员参加；第三次北极科学考察有来自美国、法国、芬兰、日本、韩国等国家的12名科考人员参加；第四次北极科学考察有来自美国、法国、芬兰、爱沙尼亚等国家的5位科考人员和1位中国台湾地区的科考人员参加。

1.4 总结

针对北极近几十年来的快速变化，中国第四次北极科学考察根据预设考察目标，圆满完成了所有既定考察任务，超额完成了原计划设置的考察站位及范围，获得了一系列突破性成果。实现了我国依靠自己的力量到达北极点开展科学考察的愿望。在考察范围和获得样品方面均取得了突破：首次在白令海海盆 3 742 m 水深完成 24 h 连续站海洋学观测；首次将海洋考察站延伸到北冰洋高纬度的深海平原，在阿尔法海脊、马卡洛夫海盆，获取了海洋水文、海洋地球化学、海洋大气科学、海洋生物、海洋地质等方面的资料和样品；首次在 88°26′N、3 000 m 水深垂直分层生物采样，成功采集到我国迄今在地球最北区域 87°21′N 一条体长 18 cm 的北鳕鱼类生物样品；首次在 88°24′N 高纬地区获得水深 3 997 m 的沉积物柱状样，最长柱状样 4.4 m。此外，“雪龙”船到达 88°26′N，也开创了中国航海史深入北冰洋最北的新纪录。

为此，围绕“北极快速变化与海洋生态系统响应”科学主题，今后应该继续关注北极快速变化所导致的一系列大气、海洋、陆地、冰雪和生物等多圈层相互作用过程，注重海洋学变化和生物学变化之间的联系，并在这种联系之中寻找合适的调查和研究方案，包括这些变化对我国等中高纬度国家的气候产生了影响程度，以及对北极资源的潜在开发利用、碳汇效应及生态系统和渔业资源潜力产生了深刻影响。

此外，针对北极地区目前是全球观测资料最贫乏的地区之一，而目前对北极海冰与海洋、大气间相互作用的复杂性、对海冰快速变化的机理，以及海冰影响天气气候变化的过程尚了解不够，北极海洋环境预报还存在很大的不确定性。因此，应该在现有观测条件的基础上，大力发展和应用高技术，充分利用卫星、航测、浮标、潜标、各类传感器和台、站等各种技术手段，在海洋、冰盖的重点区域，建立极地综合观测与监测体系，重点开展极地冰雪、生态、大气、高空物理、天文等观测与监测，深刻了解极地系统的主要变化特征。通过强化信息系统集成应用，形成北极地区环境信息化、业务化网络和信息产品，改进和提升对北极科学研究的能力与水平。

最终，在深刻认识北极变化的基础上，建立海—冰—气相互作用的模式及其气候变化的影响；阐明北极海洋生态系统的变化机制及其环境效应；确定北冰洋现代生物地球化学循环模式及其生态效应；建立北极环境演变对全球变化的响应机制及其作用模式；实现北极变化对我国气候与环境影响的预测。

参考文献

卞林根，王继志，孙玉龙，等. 2014. 北冰洋中心区海冰漂流与大气过程. 海洋学报.

何剑峰. 2012. 北极浮冰生态学研究进展. 生态学报，24(4)：750-754.

余兴光. 2011. 中国第四次北极科学考察报告. 北京：海洋出版社. 1-254.

张海生. 2009. 中国第三次北极科学考察报告. 北京：海洋出版社. 1-225.

Aagaard, K., D. Darby, K. Falkner, G. Flato, J. Grebmeier, C. Measures, and J. Walsh, 1999. Marine Science in the Arctic: A Strategy. Arctic Research Consortium of the United States (ARCUS). Fairbanks, AK. pp.84.

ACIA (Arctic Climate Impact Assessment). 2004. Impacts of a warming Arctic. Arctic climate impact assessment. Cambridge University Press, Cambridge, pp.139.

Belkin, I.M. 2004. Propagation of the "Great Salinity Anomaly" of the 1990s around the Northern North Atlantic. Geophysical Research Letters 31, L08306, 10. 1029/2003GL019334.

Booth, B.C., Horner, R.A., 1997. Microalgae on the Arctic Ocean Section, 1994: species abundance and biomass. Deep Sea Research Part II: Topical Studies in Oceanography, 44: 1607-1622.

Bremerhaven, F., 1996. Snow algal communities on Arctic pack ice floes dominated by *Chlamydomonasnivalis*(Bauer) Wille, Proc. NIPR Symp. Polar Biol, pp.35-43.

Coachman, L.K. 1986. Circulation, water masses and fluxes on the southeastern Bering Sea shelf. Continental Shelf Research 5: 23-108.

Dickson, R. R., J. Meincke, S.-A. Malmberg and A. J. Lee. 1988. The "Great Salinity Anomaly" in the Northern North Atlantic 1968-1982. Prog.Oceanogr., 20, 103-151.

DOD, D. (2013). Research Areas. ARCTIC RESEARCH PLAN: F Y2013-2017, 11.

Drinkwater, K., 2009. Comparing the response of Atlantic cod stocks during the warming period of the 1920s-1930s to that in the 1990s-2000s. Deep Sea Res. 56, 2087-2096.

Grebmeier J M, Harvey H R. 2005. The Western Arctic shelf-basin interactions (SBI) project: an overview. Deep Sea Research Part II: Topical Studies in Oceanography. 52(24): 3109-3115.

Hunt,G.L., Jr and Drinkwater KF (Eds.). 2005. Ecosystem Studies of Sub-Arctic Seas (ESSAS) Science Plan. GLOBEC Report No.19, viii, pp.60.

IPCC (International Panel on Climate Change). 2001. Climate Change 2001: The Scientific Basis. Cambridge University Press, Cambridge, UK. pp.882.

Lin Longshan, Chen Yongjun, Liao Yunzhi et al. Composition of species in the Bering and Chukchi Seas and their responses to changes in the ecological environment. Acta Oceanol Sin., 2014, 33(6):63-73.

Philippart, C. J., Anadón, R., Danovaro R, et al. 2011. Impacts of climate change on European marine ecosystems: observations, expectations and indicators. Journal of Experimental Marine Biology and Ecology. 400(1): 52-69.

Polyakov I V, Johnson M A. 2000. Arctic decadal and interdecadal variability. Geophysical Research Letters. 27(24): 4097-4100.

Rey, F. and H. Loeng. 1985. The influence of ice and hydrographic conditions on the development of phytoplankton in the Barents Sea. p.49-63. In: J.S. Gray and M.E. Christiansen (Eds.). Marine Biology of Polar Regions and Effects of Stress on Marine Organisms, Proceedings of the 18th European Marine Biology Symposium, University of Oslo, Norway, 14-20 August 1983. European Marine Biology Symposia, 18. Wiley-Interscience, Chichester, UK.

Severinghaus, J. P., T. Sowers, E. J. Brook, R. B. Alley, and M. L. Bender, Timing of abrupt climate change at the end of the Younger Dryasinterval from thermally fractionated gases inpolar ice. Nature, 391 (6663), 141-146, 1998.

Souissi S, Molinero J, Beaugrand G, et al. 2007. Major reorganisation of North Atlantic pelagic ecosystems linked to climate change. GLOBEC International Newsletter. (13).

Springer, A.M., C.P. McRoy and M.V. Flint. 1996. The Bering Sea green belt: shelf-edge processes and ecosystem production. Fisheries Oceanography 5: 205-223.

Stabeno, P.J., N.A. Bond, N.B. Kachel, S.A. Salo and J.D. Schumacher. 2001. On the temporal variability of the physical environment of the south-eastern Being Sea. Fisheries Oceanography. 10: 81-98.

第2章　北极海洋水团变化及冰—海相互作用过程

北极海冰呈现加速减退的长期变化趋势，成为全球变暖最显著的标志之一（IPCC，2007）。北冰洋西部，即楚科奇海、波弗特海以及加拿大海盆是北极夏季海冰减少最显著的区域，这里是太平洋入流水的主要影响区域（Steele et al.，2004），具有特殊的双盐跃层结构（Shi et al.，2005），是目前北冰洋考察和研究的热点区域，也是中国已经开展的前3次北极考察的重点调查区域。北极海冰与北极气候变化密切相关，但是气温升高和大气环流形式的变化并不能完全解释海冰的加速减退（Makshtas et al.，2003；Zhang et al.，2003），海洋水团和环流的作用受到越来越多的重视，针对太平洋入流水变化、表层环流型演变对海冰减退的作用已取得了一些研究进展（赵进平等，2003；Shimada et al.，2006），但是其中的关键因素和过程仍有待深入研究。基于以上的认识，中国第四次北极科学考察将北极海洋水团与环流变化及其在海冰减退中的作用作为一个重要的科学问题，开展了针对性的现场观测，包括在北冰洋西部海域开展综合性海洋调查，在87°N的马卡洛夫海盆设立长期联合观测冰站，开展冰下海洋温盐与海流的剖面观测，以获得北极海冰融化期间冰—海相互作用过程的直接观测数据。

本章主要基于考察资料开展研究。对于水团年际变化的研究，除了利用本次考察的数据，还收集了国内外北极考察航次的数据，构成足够长的时间序列。北冰洋的中层水来自于北大西洋的入流，当其沿着北冰洋的陆坡随着环极边界流运移到加拿大海盆时，仍保持着显著的高温特征。对于高温深度年际变化的研究（Zhong and Zhao，2014），一方面可以认识到中层水本身性质的变化，另一方面也增进了对加拿大海盆动力学环境的认识。由于北冰洋的淡水输出会对北大西洋深层水的生成以至经向翻转环流造成影响，北冰洋淡水含量的变化受到日益重视。通过分析实测的海水氧同位素组成，可以进一步区分出河水、海冰融化水等淡水组分，并量化其所占的份额（Pan et al.，2014；Tong et al.，2014；童金炉等，2014），有助于深入分析北冰洋淡水含量变化的原因和机制。自中国第三次北极科学考察开始，增加了光学观测，基于这两次考察获得的海洋光学剖面数据，分析辐照度随深度的衰减情况，认识北极海冰和浮游植物对进入海洋的太阳辐射的影响，可以将物理过程与生态过程更加紧密地联系起来（Wang and Zhao，2014）。在长期冰站获得的海冰、海洋与大气观测资料，为开展冰—海相互作用研究提供了丰富的连续观测数据。基于这些数据，开展了海冰漂移速度的分析与数值模拟（Shu and Qiao，2014），冰下埃克曼层结构的理论计算与实际对比（刘国昕和赵进平，2013），以及冰下海洋垂向热通量的定量分析（Guo and Shi，2015），增进了对北极海冰融化涉及的海冰、海洋动力学和热力学过程的认识。

2.1 加拿大海盆大西洋水的加深现象

北冰洋中层水的核心（约150~900 m）来源于北大西洋。北冰洋中层水的构成一部分来自暖而咸的弗拉姆海峡分支（温度0.4~2.2℃，盐度34.77~34.91），一部分来自冷而淡的巴伦支海分支（温度-0.2~0.55℃，盐度34.83~34.93）（Schauer et al.，1997，2002）。作为环极边界流的一部分，中层水沿着大陆坡气旋式流动（Rudels et al.，1999；Aksenov et al.，2011）。环极边界流的驱动机制还存在不确定的地方。一些研究指出为满足位涡的平衡而驱动出了中层水气旋式的流动（Yang，2005；Aksenov et al.，2011）。在南森海盆中存在中层水的季节性信号并可以分为夏季类型（暖而咸）和冬季类型（冷而淡）（Dmitrenko et al.，2009；Ivanov et al.，2009）。中层水的温度和盐度在南森海盆的季节变化明显（Ivanov et al.，2009），中层水温度季节性的信号能够从弗拉姆海峡延伸到其下游约1 000 km的地方，而观测显示在拉普杰夫海、靠近北极点以及加拿大海盆这些区域中层水的温度没有明显的季节变化（Lique and Steele，2012）。

北冰洋中的气旋式和反气旋式环流以5~7年为一个周期进行交替，形成了10~15年的周期（Proshutinsky and Johnson，1997）。在气旋式/反气旋式主导时，相对暖/相对冷中层水流入北冰洋，反气旋式波弗特流涡减弱/增强，同时伴随着表层流动的辐散/辐聚和中层水的变浅/加深（Polyakov et al.，2004）。中层水温度的变化也存在年际变化及10年以上尺度的变化（Polyakov et al.，2004）。在20世纪90年代早期，观测显示在南森海盆出现了高于气候态~1℃的中层水弗拉姆海峡分支（Quadfasel et al.，1991）。这支异常暖中层水在1999年到达加拿大海盆西部边缘（Zhao et al.，2005），然后逐步进入到海盆当中（Shimada et al.，2004；McLaughlin et al.，2005，2009）。最近的研究指出在海盆的中层水增暖过程不是单调的，而是一个暖脉冲过程（Polyakov et al.，2005，2011）。

中层水蕴含着巨大的热量，其对海洋的热平衡有着重要的作用并提前预示着近年来海冰的快速退缩（Zhang et al.，1998；Polyakov et al.，2010）。中层水携带的热量如果带到表层释放，在几年内会融化全部海冰（Turner，2010）。但中层水向上释放的热量受制于表层和次表层之间的强跃层，北冰洋内部弱的湍流环境有利于该跃层的维持（Rainville and Winsor，2008；Fer，2009）。

随着中层水在北冰洋中的流动，其核心区热量逐渐散失，核心区深度逐渐加深。中层水在流经欧亚陆坡时散失了大部分的热量，而在加拿大海盆这个过程要减弱很多。中层水温度的极大值是其核心深度变化的先决条件之一。对于一个特定的水团，温度的变化改变了密度的变化，同时再考虑次表层的地转流，水团的流动会沿着等密度面（Iselin's conceptual model；Iselin，1939）。水团需要移动到密度变化之后与其相对应的密度面上，这导致了中层水核心深度的变化。20 世纪 90 年代异常的暖中层水带来的不仅仅是暖水，还导致了中层水核心深度的变浅。与 70 年代中层水核心深度（Carmack et al.，1997；Swift et al.，1997）相比，在 90 年代，西北冰洋中层水核心深度变浅了约 150 m（Polyakov et al.，2004）。水文观测显示相比于 1997/1998 年，在 2002 年中层水核心深度变浅了约 50 m（McLaughlin et al.，2005）。这些结果表明中层水核心深度的变化在一定程度上与其核心温度的变化是一致的。中层水核心温度出现显著地降低存在 4 个方面的因素：①中层水与陆架相互作用引起的混合（Lenn et al.，2009）；②更多无冰区域的出现所导致的海气耦合加强从而通风影响海洋内部（Polyakov et al.，2011）；③涡旋导致的垂向热通量增加（Lique et al.，2014）；④中层水冷位相的到来。在加拿大海盆中部区域，双扩散阶梯结构作为障碍阻碍了中层水与上层水体之间的热量交换（Timmermans et al.，2008）。因此在该区域出现的中层水温度降低很有可能是冷位相的中层水进入所导致。当在门德列夫海脊西部出现中层水温度低于在楚科奇边陲的中层水温度时（Woodgate et al.，2007），一支相对冷的中层水正开始通过环极边界流向加拿大海盆输送过去。

研究显示至少在过去 14 年以来，加拿大海盆上层海洋淡水含量逐渐增加（McPhee et al.，2009；Proshutinsky et al.，2009；Giles et al.，2012）同时在反气旋式环流主导下波弗特流涡呈现出旋转加速（McLaughlin et al.，2011；Giles et al.，2012）。在本节中我们研究了加拿大海盆中相对冷中层水（相对于 90 年代异常暖中层水来说）在反气旋式主导时期下其核心深度近年来的变化。中层水温度降低以及表面应力涡度变化对中层水核心深度变化的影响是研究重点。

2.1.1 数据和方法

2.1.1.1 水文数据

温度和盐度剖面数据（2003—2011 年）主要来源于伍兹霍尔海洋研究所及加拿大渔业和海洋研究所合作的波弗特流涡探测计划（www.whoi.edu/beaufortgyre，McLaughlin et al.，2008）。另外还采用了来自日本海洋-地球科学和技术研究所（www.godac.jamstec.go.jp/darwin/datatree/e）的科考船 Mirai 在 2004 年、2008 年和 2009 年获取的数据（Shimada et al.，2004b），以及中国北极科学考察在 2003 年、2008 年和 2010 年获取的数据（http://www.chinare.org.cn）。全部考察数据的获取时间都是在 7 月末到 10 月初，这可以作为加拿大海盆夏季的代表月份。只有观测深度超过 1 000 m 的剖面才用于这里的研究。中层水位温的极大值用于确定中层水核心深度。波弗特观测系统布放的剖面式潜标（McLane Moored Profiler，MMP）用于研究中层水的年际变化。该潜标系统上下两个剖面观测的时间间隔为 6 h，每隔 48 h 重复一个观测剖面（图 2-1）。搭载的 CTD 传感器盐度精度高于 0.005（Ostrom et al.，2004）。

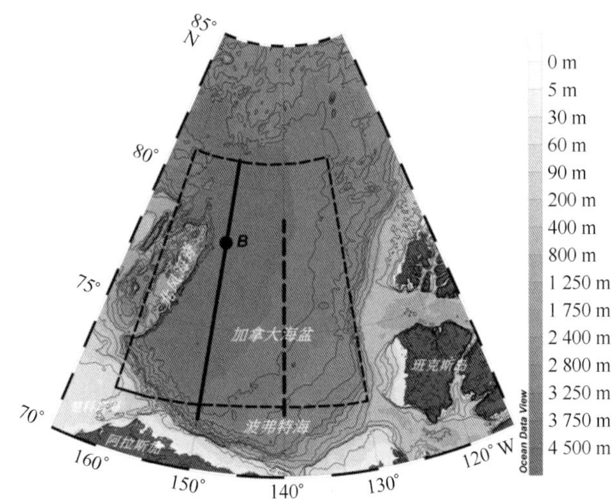

图 2-1 加拿大海盆地形图

注：黑点表示潜标（B）；虚线和实线分别表示海盆中的东西断面；虚线囊括的区域（72°—81°N，130°—160°W）用来计算区域平均的表面应力涡度

2.1.1.2 海冰密集度数据

海冰密集度数据来自于 AMSR-EASI 海冰密集度产品，分辨率为 6.25 km×6.25 km（Spreen et al.，2008）。数据网址为 http://iup.physik.uni-bremen.de:8084/amsr/amsre.html。

2.1.1.3 大气强迫及海冰漂流数据

每日平均海表面气压数据来源于 NCEP-NCAR 再分析数据（Kalnay et al.，1996），数据水平分辨率为 2.5°×2.5°。数据网址为 www.esrl.noaa.gov/psd/data/gridded/。每日海冰漂流数据来源于 Polar Pathfinder 25-km EASE-Grid 海冰运动矢量数据（Fowler et al.，2013），数据时间范围为 1978—2012 年，空间分辨率为 25 km。数据网址为 http://nsidc.org/data/nsidc-0116.html。

风应力是以每日的海表面气压根据北极模式比较计划（AOMIP）提出的经验公式计算。在海冰覆盖区域的冰水界面应力计算还依据了海冰漂移数据。根据计算的风应力和冰水界面应力通过海冰密集度进行加权从而得到最终的总表面应力（Yang，2009）。由总表面应力计算得到每日的总表面应力涡度然后再进行月平均得到月均场，该月均场用于分析研究。所有的基本数据都线性插值到分辨率为 25 km 的 EASE 的网格。

2.1.2 中层水核心深度的加深以及加深区域的扩展

观测显示当异常暖的中层水到达加拿大海盆时，中层水核心变浅（McLaughlin et al.，

2002, 2005; Polyakov et al., 2004)。而当中层水的暖位相过去之后，随后跟进的是相对冷的中层水。潜标 B 布放于北风海脊东北部（图 2-1），接近中层水进入海盆中的一个主要路径。该潜标数据显示出从 2004 年开始中层水的降温趋势并伴随着其核心的加深（图 2-2）。在 2004—2009 年期间，中层水核心温度降低了约 0.2℃，而盐度降低了约 0.01，中层水核心加深了约 70 m。这里热膨胀系数 $\alpha = -\partial\rho/(\rho\partial\theta)$ 小于盐收缩系数 $\beta = \partial\rho/(\rho\partial S)$，在北冰洋中二者之比 $\alpha/\beta \approx 0.1$（张莹和赵进平，2007）。所以来自温度（~0.2℃）贡献和来自盐度（~0.01）贡献的比值为 $\Delta\rho_t/\Delta\rho_s \approx 2$，这意味着这里密度的改变主要受控于温度的改变。由于在加拿大海盆中部由中层水向上传输的热通量小于 1 W/m^2（Timmermans et al., 2008），观测到的中层水降温可推测为冷位相中层水的进入。涡旋的出现能显著地增强中层水向上的热通量。潜标 B 在 2003—2009 年期间观测到不少涡旋，但要少于潜标 A（Lique et al., 2014）。大多数涡旋为冷核反气旋式涡旋，一般出现在浅于中层水的次表层深度上。这些涡旋的影响一般只持续 1~2 d。因而对于在 2003—2009 年期间，潜标 B 中层水降温的主要因素是相对冷中层水的进入所导致。涡旋对于中层水年际变化的影响需要更多的观测来进行评估，这个评估包括涡旋数量是否增加，强度是否增加等。

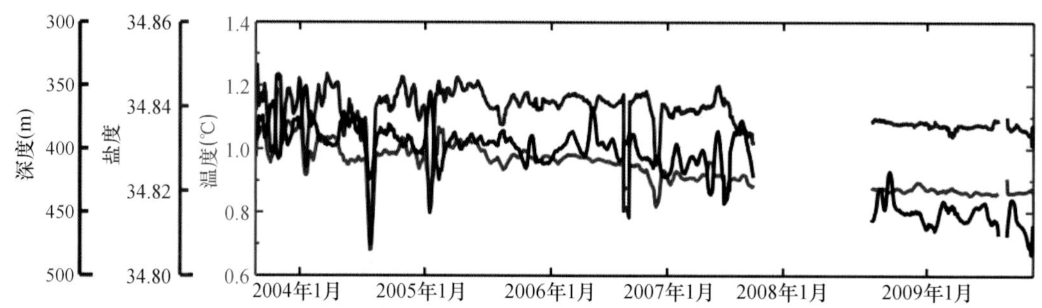

图 2-2　潜标 B（78°N，150°W）中所获取的中层水核心温度，盐度和深度随时间的变化

注：图中对原始数据做了 11 d 的滑动平均。2007 年后期和 2008 年部分数据没有记录

环极边界流到达楚科奇边陲地带东北部时分叉为两支：一支沿着北风海脊向南流动汇合于南边的环极边界流然后沿着波弗特陆坡向东流动（Woodgate et al., 2007; McLaughlin et al., 2009）；另外一支流动在波弗特流涡的作用下以热盐入侵的形式（McLaughlin et al., 2009）向东进入加拿大海盆中（Shimada et al., 2004a）。

从 2004 年开始相对冷的中层水逐渐在加拿大海盆中扩展开来。由于相对冷的中层水到达海盆中不同区域的时间不同，这个扩展过程是复杂的。实际情况是降温出现在中层水流经路径的上游区域，而暖信号持续在下游区域。与此同时，一些研究揭示出在海盆中中层水核心深度呈现出的复杂空间变化对应着核心温度的变化（Polyakov et al., 2004; McLaughlin et al., 2005）。

中层水核心深度很容易从 CTD 剖面数据中的核心温度极大值确定出来。中层水核心深度的水平分布可揭示不同区域中层水是加深还是变浅了。在本研究中，我们着重关注中层水核心深度加深区域在海盆中水平范围的扩展以及其动力学机制，而不关注特定区域核心深度的复杂变化。我们任意选择一条中层水核心深度等值线来区分中层水核心深度高值区和低值区。等值线随着时间的移动指示着中层水加深区域的扩展和收缩过程。由于在 2003 年加拿大海盆大部分区域中层水核心深度都小于 400 m，但到了 2009 年大部分区域都深于 420 m，从而在 400~420 m 之间的等值线都可作为指示。因此在这里我们选择 410 m 等值线作为范围扩展的指示。

在2003年，中层水核心深度在加拿大海盆除了在海盆东南角大于450 m，大部分区域小于410 m（图2-3）。从2004年开始，410 m等值线逐渐向西扩张。在2005年和2006年，该等值线到达北风海脊，形成中层核心深度加深区域的东西向扩张带。从2007年之后，中层水核心深度加深区域沿着北风海脊向北扩展。到了2008年，中层水核心深度加深区域扩展到了80°N以北。加拿大海盆大部分区域在2009年都被中层水核心深度加深区域所占据。

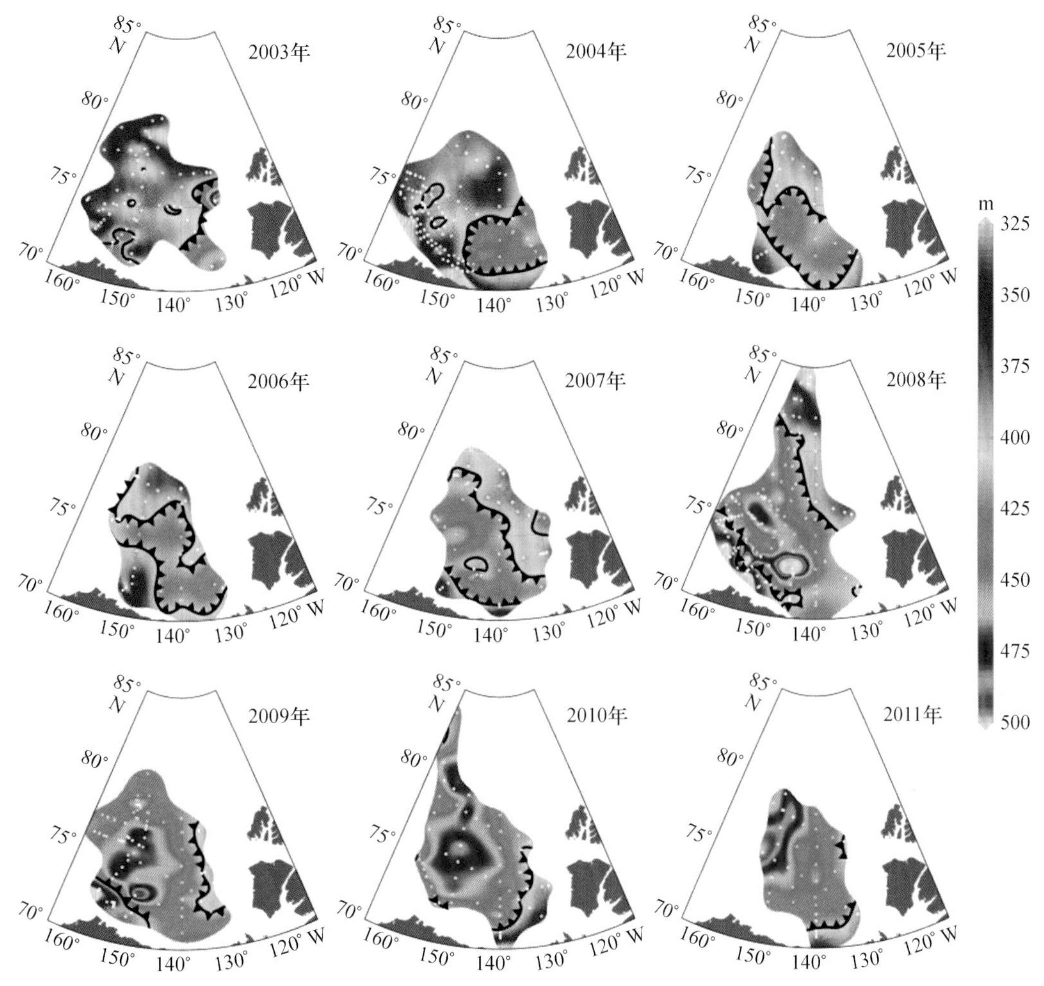

图2-3 中层水加深区域范围的扩展

注：填充色为中层水核心深度；白点表示有CTD观测的考察站位；锯齿黑线标记着中层水核心深度410 m等值线，黑线凸起锯齿指向较深的中层水核心深度区域

这是在加拿大海盆中的一个明显转变，从2003年大部分区域被较浅的中层水核心深度所占据到在2009年大部分区域被加深的核心深度所占据。考虑到从20世纪以来北极海冰和海洋所经历的巨大变化，中层水核心深度的转变应属于快速变化北冰洋中重要的一部分。由于中层水核心的加深还在继续，为了揭示其转变的机制，在本研究中我们将讨论其主要的驱动因素。

2.1.2.1 相对冷中层水进入所导致的中层水核心加深

楚科奇海台东北部作为加拿大海盆中层水的一个上游区，其中层水温度在2003年达到了最高值（图2-3和图2-4）。从那以后这个源头的中层水温度逐渐降低，而在其下游区域异常暖的中层水依然在扩展进入海盆中（图 2-4）。因此，中层水温度在海盆东西部呈现出不一样的变化趋势。我们选择在加拿大海盆中常年观测的两条固定断面（见图 2-1），实线标记为“西断面”，而虚线标记为“东断面”。

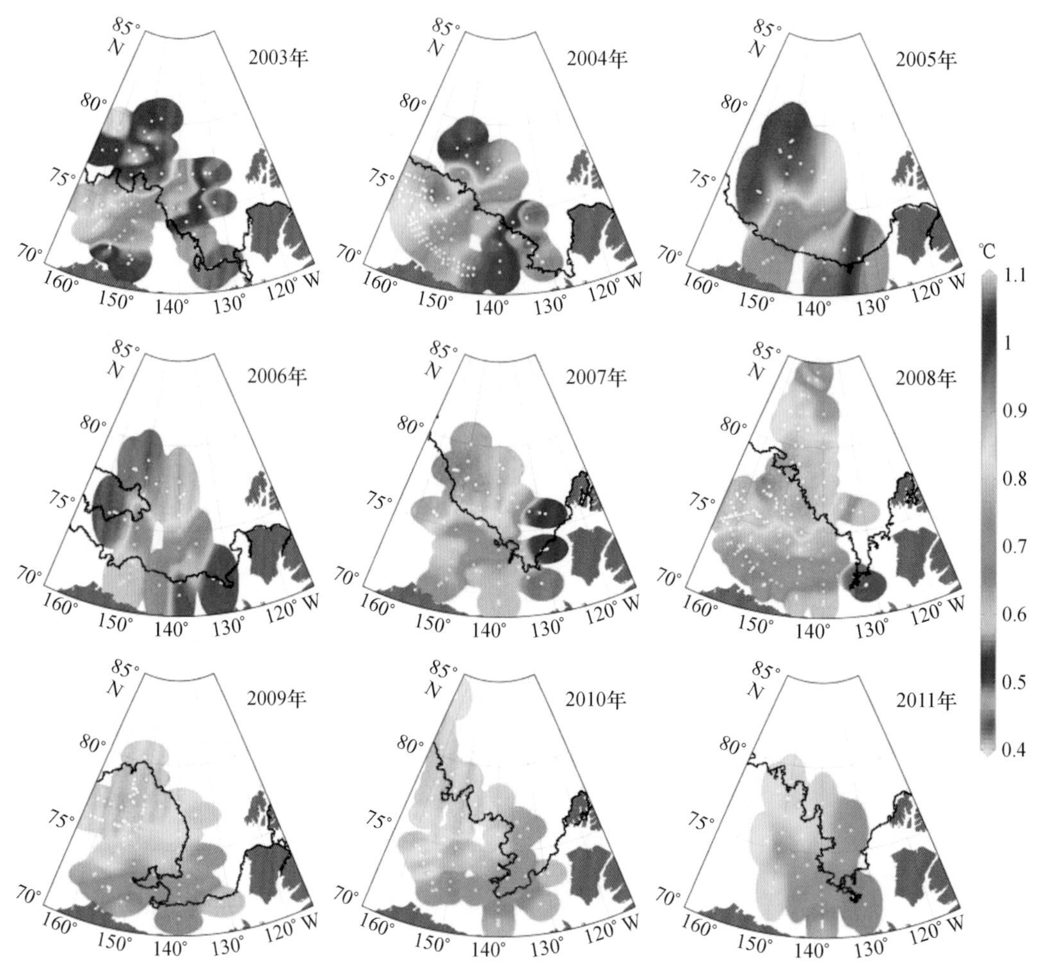

图 2-4 2003—2011 年中层水核心温度及最小海冰外缘线（黑线所示）的变化

注：白点代表有 CTD 观测的考察站位，站位之间的数值为插值结果

西断面显示高温的中层水位于 77°N 以北，是中层水以热盐入侵形式进入加拿大海盆的地方（McLaughlin et al.，2009）。中层水温度高值区（温度大于 0.85℃的断面区域）维持在断面北部（75°N 以北），在断面上并没有显示出其向南扩展（图 2-5，虚线区域）。中层水温度极大值从 2007 年之后逐年降低，温度高值区在 2009 年和 2011 年几乎消失。这表明中层水分支出来的源头水在 2003—2011 年间经历了降温过程，相对冷的中层水在西断面中逐渐占据主导。这里还需注意到从 2008 年开始，作为上层太平洋水和中层大西洋水之间界面的代表 0℃等温线，其所呈现的碗状结构。

不同于西断面，在东断面的中层水温度没有显示出明显的降温，相反，东断面呈现出暖水区域的扩展（图 2-6）。在 2003 年中层水暖水区域的核心出现在 77°N 以北，暖核深度约 370 m。沿着断面的暖水区域（温度大于 0.75℃）从 2003 年之后开始向南扩展，到了 2009 年达到最南，此时暖核深度约 450 m。尽管中层水暖水区域在扩展，中层水温度极大值并没有显示出显著地增加，而是在 2006—2008 年间较为稳定，2008 年之后逐渐降低。同期相比，

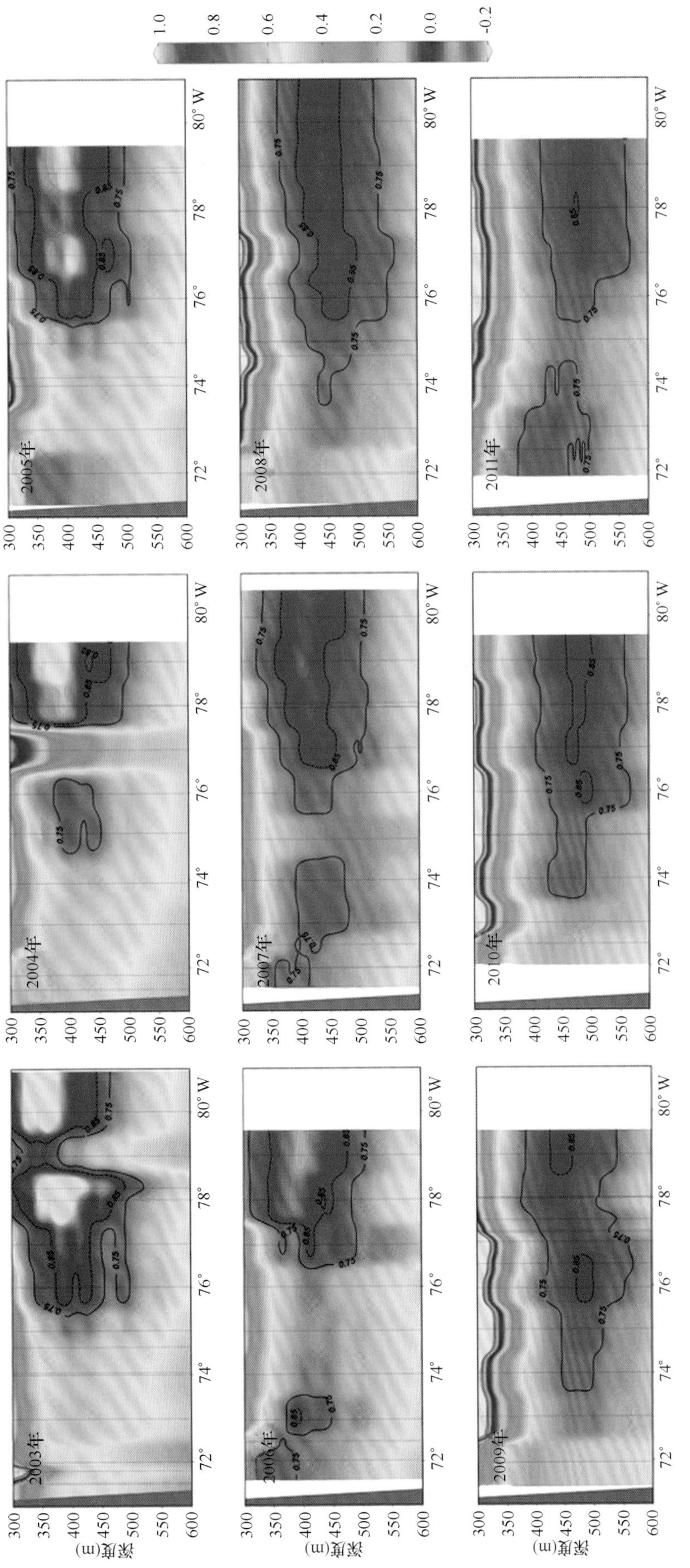

图2-5 海盆中西断面的温度

断面位置见图2-1；黑色细线代表着CTD观测的剖面位置，而黑实线和黑虚线分别代表着0.75℃和0.85℃

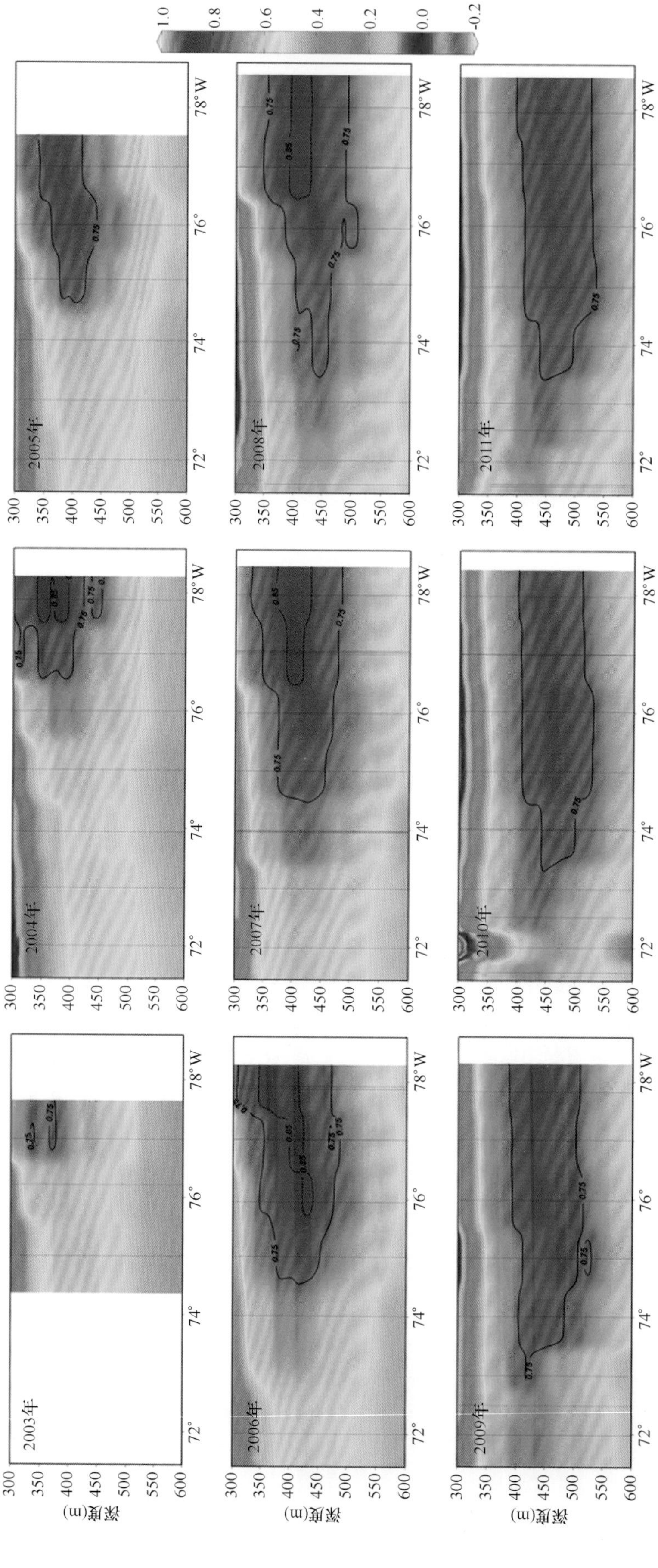

图2-6　海盆中东断面的情况

与图2-5一样的标记，断面位置见图2-1

中层水温度极大值在东断面的数值要小于在西断面的。这显示出异常暖中层水在海盆中输运带来的滞后效应。

因此，在2003—2009年期间中层水总体的变化情况是在西部温度出现明显的降温，而暖水区域在加拿大海盆东部扩展。有意思的是中层水核心深度在两条断面上都出现加深。中层水源头温度的降低会在一定程度上导致中层水核心的加深，由此引出的问题是，这个加深是否全部是由中层水温度降低所导致。

2.1.2.2 动力学过程所导致的中层水核心加深

除了相对冷中层水进入海盆之后所引起的加深，加深还可由动力学作用引起。表面的辐散辐聚会改变动力学高度，从而改变中层水与上层水之间的界面深度。用等密度线可以很好地辨识界面。温度的改变不仅会影响等密度线所在的深度，还会影响到动力高度。

以27.92 kg/m^3 等密度值作为一个参考面，在西断面该等密度线显示出持续的加深过程（图2-7）。反气旋式的波弗特流涡具有一个碗状的结构，在流涡中心等值线最深，而在流涡边缘等值线最浅（Proshutinsky et al.，2002）。由于西断面每年都穿过部分的波弗特流涡，断面上都能显示出典型的碗状结构。等密度线最深的地方对应着距离流涡中心最近的地方。碗状结构变得更深意味着波弗特流涡的加强以及动力高度的增加。在2005年之后，等密度线的碗状结构开始加深并在2009年达到最大值。等密度线2009年在中心和边缘的深度差异约为80 m，而这个差异在东断面仅为20 m。

同样的等密度线在东断面就显示出极大的不同。在东断面，刚开始等密度线是倾斜的，最浅的地方在北部。从2008年之后，等密度线加深以及倾斜度变缓（图2-8）。最终等密度线在430~450 m之间除了在中心处较深外，整体几乎变得扁平。

在波弗特流涡中累积的淡水改变了动力高度，是界面加深的一个重要因素。2007年之后，上层海水变淡的趋势显著。在2008—2011年间更多的淡水在上层海洋累积。淡水的来源有两个，在夏季海冰的大量融化以及更多的河流径流的注入（McLaughlin et al.，2011；Morison et al.，2012）。在上层海洋变淡之后，密度大而盐度高的中层水进入之后会潜入更深的区域。

在2003—2011年间在加拿大海盆动力高度的增加（图2-9）表明波弗特流涡的自旋加速以及淡水的辐聚（McLaughlin and Carmack 2010）。相比正常年份，在波弗特流涡自旋加速的时期，海表面高度在流涡中心增加，而在边缘则减小（Giles et al.，2012）。动力高度的增加是自旋加速和更多淡水所引起等密度线加深的最直接证据。动力高度的分布对应着淡水堆积的地方并指示着波弗特流涡的位置。在2007年之后动力高度显著增加并在接下来的年份中保持着较高值。在2009年和2011年的动力高度都要小于其前一年的数值，这是由于海洋环流的改变引起了波弗特流涡中淡水的释放。

2.1.3 表面应力涡度对中层水加深的作用

波弗特涡旋自旋加速的基本因素是表面负的风应力涡度的加强。表面应力的增加来源于两个因素：①更强的风；②更强的海冰漂流运动（Giles et al.，2012）。后者的加强可归因于海冰衰退之后带来的海冰覆盖稀疏，厚度减薄或是由于海冰粗糙度增加所导致的气—冰和冰—海之间拖曳系数的增加（Tsamados et al.，2014）。

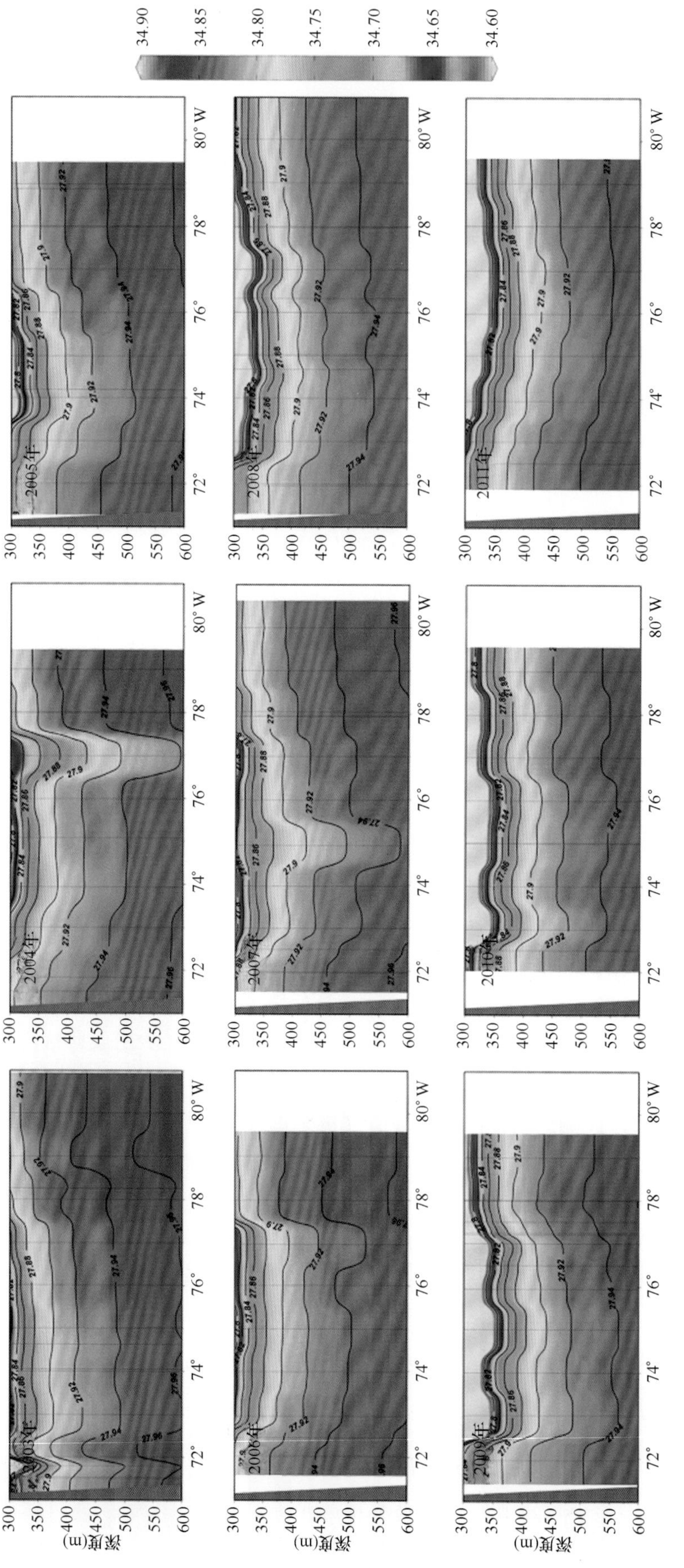

图2-7 海盆西断面的密度（等值线标记）和盐度（颜色填充）

黑色细线代表着CTD观测的剖面位置

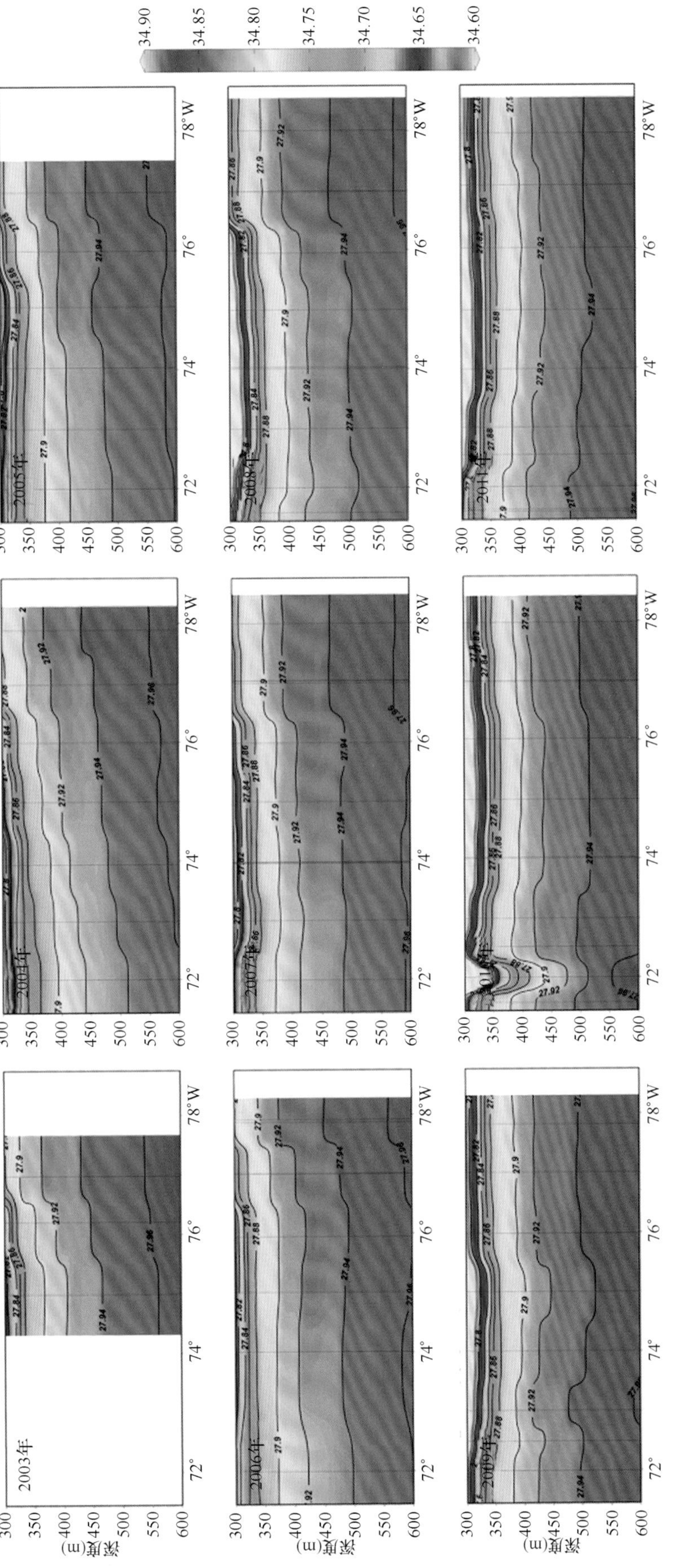

图2-8 海盆东断面的情况
与图2-7一样的标记

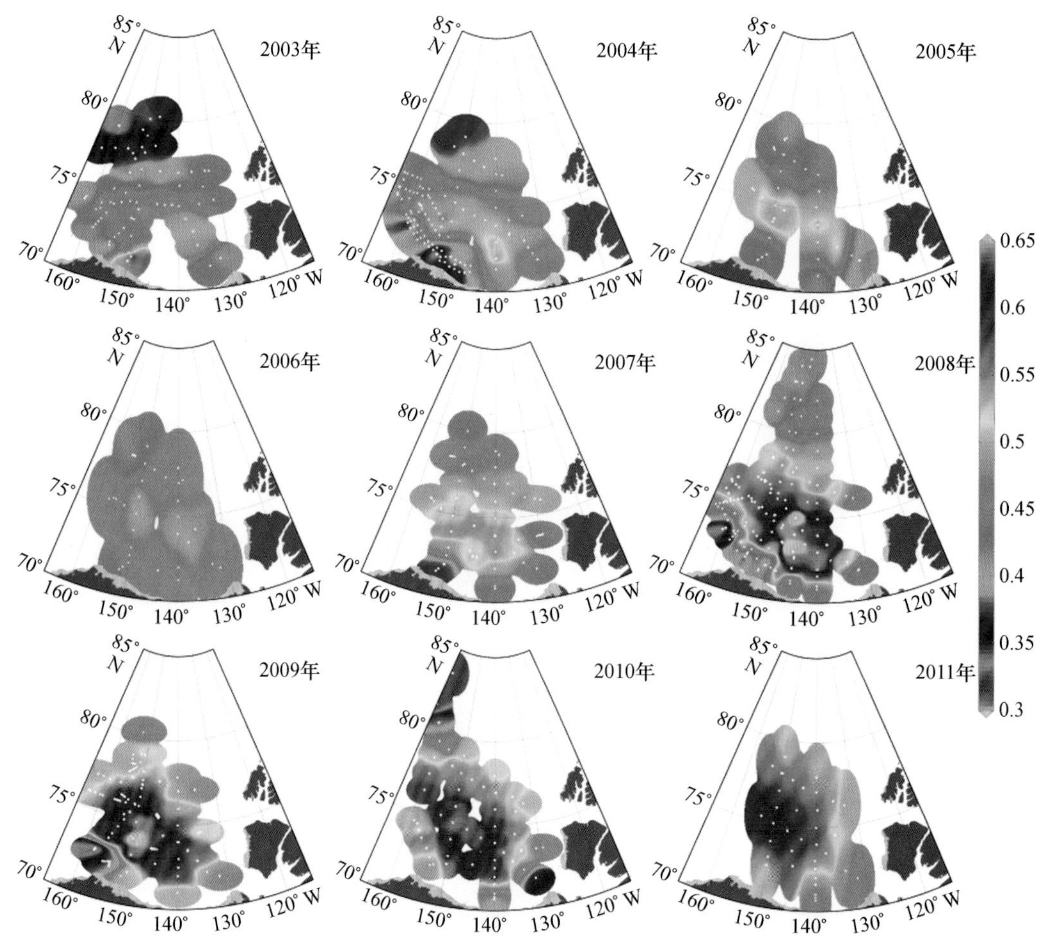

图 2-9　在加拿大海盆相对于 800 m 参考面在 30 m 处的动力高度（m）

白点代表有 CTD 考察站位，站位之间的数值为插值结果

图 2-10a 计算的是 1995—2011 年在加拿大海盆的年均表面应力涡度异常。在 2003 年以前，年均表面应力涡度为正异常主导，而这之后，负位相占据主导，尤其是在 2007 年（除了 2006 年以外）。由于研究中所用的水文观测数据均为夏季考察航次所获取，所以采用夏季平均（这里采用 7 月至 9 月的平均值）的表面应力涡度来评估其对中层水加深以及动力高度变化的影响（图 2-10b）。表面应力涡度的变化趋势显示在加拿大海盆西南部的增强最显著（图 2-10c）。表面应力涡度的变化极大地支持本研究中所揭示的中层水加深，在这个影响之下波弗特流涡自旋加速以及动力高度增加。水柱高度的改变会导致相应界面深度的改变，因而也影响中层水核心深度（Morison et al.，2012）。在加拿大海盆总表面应力涡度的区域平均显示出表层水的辐聚趋势。此外，中层水核心深度的加深区域高值中心对应着埃克曼泵压速度增加最大的区域。在加拿大海盆中向下的艾克曼泵压的增强凸显了大气强迫在对淡水辐聚和中层水核心加深中起到的重要作用。尽管在 2007 年之后的一些年份表面应力涡度有所减弱，在波弗特流涡中辐聚的淡水使得动力高度一直维持着增长而后加深了中层水核心。

图 2-9 显示 2007 年之后波弗特流涡向加拿大海盆的西南部移动，而那里正对应着夏季大片开阔水域所出现的地方。在过去 10 年间，夏季海冰经历了剧烈的衰退。图 2-4 中的黑线显示的是 2003—2011 年间夏季最小海冰外缘线，可见海冰外缘线在夏季呈现出明显的退缩而导

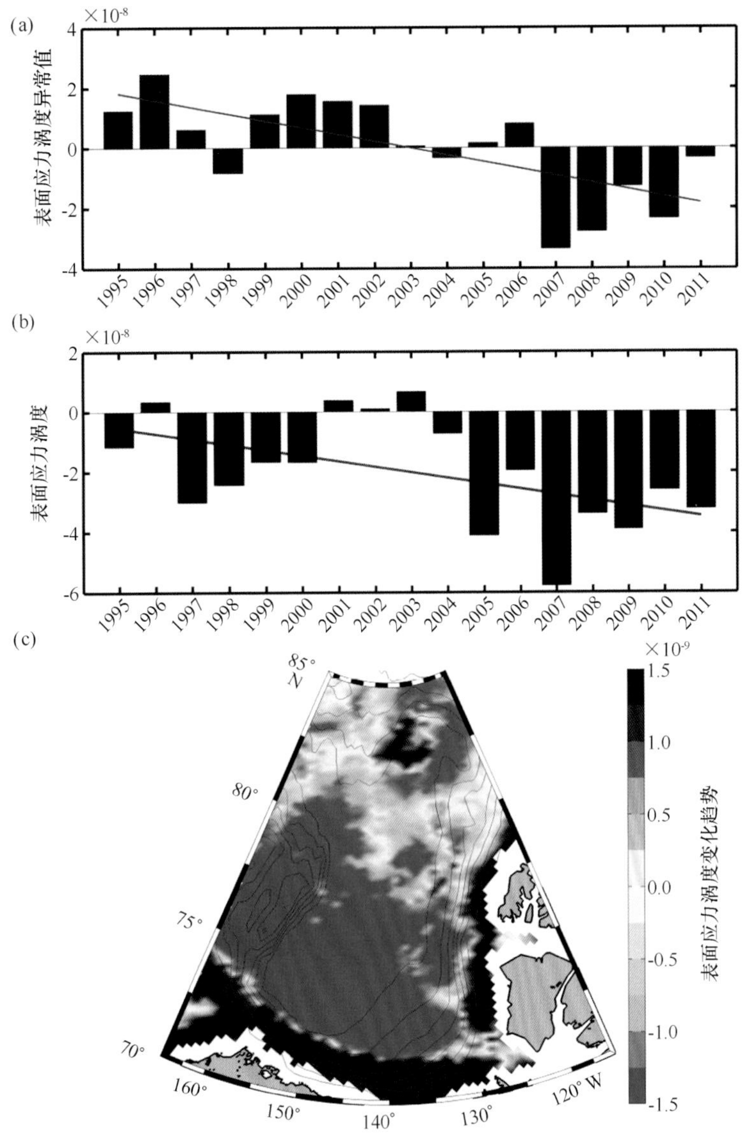

图 2-10　1995—2011 年加拿大海盆的表面应力涡度

（a）在波弗特流涡区域（平均区域见图 2-1 中虚线所囊括的区域）年平均的表面应力涡度异常；（b）7—9 月平均的表面应力涡度；（c）以 NCEP/NCAR 再分析数据，海冰漂流场和海冰密集度计算出的在加拿大海盆的表面应力涡度变化趋势（N/m^3）。红色地形深度等值线为示意，深度以 500 m 作为变化量从 500 m 变化到 3 500 m

致了大片开阔水域的出现。海冰衰退最显著的区域在加拿大海盆的西南部。在我们的计算中显示风应力和冰水界面应力都呈现出增长趋势。我们的结果证实 Yang（2009）中的结论，即海冰的流动加速不只是风应力所驱动的结果，而海冰自身动力学性质的改变（更薄以及覆盖范围的降低）也对冰速的改变进而表面应力的改变起到了重要作用。一年冰对风强迫的响应要比多年冰的敏感得多。在加拿大海盆南部一年冰逐渐取代了大部分的多年冰（Kwok et al.，2009；Hutchings and Rigor，2012）。在更多无冰区域和更薄的一年冰这种条件下海冰运动得以加强（Rampal et al.，2009；Spreen et al.，2011）。此外，在夏季更多海冰的融化对淡水含量的增加做出了贡献。综上所述，海冰减退所带来的直接结果是表面应力涡度（负的）的增强

（图 2-10），进而增强了波弗特流涡的辐聚作用和淡水在夏季的辐聚。

无论表面应力的增加是由更强风强迫所导致，还是由于海冰减弱（更强海冰运动）所导致，增强的表面应力涡度都会导致中层水核心的加深。表面应力涡度对中层水核心深度的作用可通过一个两层半模式（约化重力模式）来进行评估。表面应力涡度对上层海洋厚度 h_1 的作用可以用式（2-1）进行估计：

$$\Delta h_1 \approx fL\Delta\tau/(k_1 g'_1) \tag{2-1}$$

其中，摩擦系数 $k_1=2.5\times10^{-2}$ 从 Firing 等（1999）中推断而来，约化重力 $g'_1=g(\rho_2-\rho_1)/\rho_0=5\times10^{-2}\ m/s^2$，科氏参数 $f=1.5\times10^{-4}/s$。如果表面应力变化为 $\Delta\tau=10^{-3}\ N/m^2$（从图 2-10 中得出），波弗特流涡的尺度为 $L=5\times10^5$ m，那么增加的表面应力涡度可以使中层水核心加深约 60 m。

这个结果表明表面应力涡度的增强会导致波弗特流涡中心的加深。而增强的表面应力涡度可是风应力涡度的增强和海冰减退之后海冰运动的增强二者共同的作用结果。如果表面应力涡度的增加趋势一直持续，在波弗特流涡中的中层水核心便会维持在较深的深度。

2.2 西北冰洋河水和海冰融化水的时空变化

海水 $\delta^{18}O$ 主要受控于水团的来源区域以及不同水团之间的保守混合，在极地海域，河水的 $\delta^{18}O$ 要比海冰融化水、海水的数值低得多，因此通过盐度（S）与 $\delta^{18}O$ 的结合，可以计算出海水中河水组分和海冰融化水组分的份额。Östlund 和 Hut（1984）首次运用该方法计算出弗拉姆海峡和欧亚海盆海水中河水组分和海冰融化水组分的份额。此后，许多海洋学家应用类似的方法研究了北冰洋不同区域的水团来源构成、海流运动路径等，涉及的海区包括波弗特海（Melling and Moore，1995；Macdonald et al.，2002；Macdonald and Carmack，1991；Macdonald et al.，1995）、拉普捷夫海和东西伯利亚海（Bauch et al.，2010；Bauch et al.，2011；Bauch et al.，2009；Bauch et al.，2011；Bauch et al.，2012；Bauch et al.，2013）、欧亚海盆（Schlosser et al.，1994；Bauch et al.，1995；Ekwurzel et al.，2001；Anderson et al.，2013；Newton et al.，2013）、加拿大海盆（Ekwurzel et al.，2001；Newton et al.，2013；Chen et al.，2003；Yamamoto-Kawai et al.，2005；Yamamoto-Kawai et al.，2008；Chen et al.，2008；Yamamoto-Kawai et al.，2009；Morison et al.，2012；Tong et al.，2014；Pan et al.，2014）。本研究根据楚科奇海和加拿大海盆实测的海水氧同位素组成，运用河水—海冰融化水—大西洋水的三组分混合模型计算出楚科奇海、加拿大海盆海水中河水组分和海冰融化水组分的份额，揭示西北冰洋河水和海冰融化水组分的时空变化特征及其调控机制。

2.2.1 西北冰洋河水和海冰融化水的 $\delta^{18}O$ 解析

由于太平洋水体在 $\delta^{18}O$、S 点聚图中完全可视为大西洋水和河水线性混合的结果，因而不少研究均采用大西洋水作为海水端元的代表，由此得到的河水组分比例即是相对于大西洋水盐度而言的结果（Melling and Moore，1995；Ekwurzel et al.，2001；Newton et al.，2013；Chen et al.，2003；Yamamoto-Kawai et al.，2005；Yamamoto-Kawai et al.，2008；Chen et al.，2008；Yamamoto-Kawai et al.，2009；Morison et al.，2012；Tong et al.，2014；Pan et al.，2014）。据此，可通过以下3组分质量平衡方程来确定河水和海冰融化水的份额：

$$f_S + f_R + f_I = 1 \tag{2-2}$$

$$f_S \times S_S + f_R \times S_R + f_I \times S_I = S_m \tag{2-3}$$

$$f_S \times \delta^{18}O_S + f_R \times \delta^{18}O_R + f_I \times \delta^{18}O_I = \delta^{18}O_m \tag{2-4}$$

式（2-2）至式（2-4）中，下标S，R，I，m分别表示大西洋水端元、河水端元、海冰融化水端元和样品实测值；f_S，f_R，f_I 分别代表大西洋水、河水和海冰融化水的份额。f_I 可正可负，正值时表示净的海冰融化，而负值时表示净的海冰形成。为了计算海水样品中各组分的比例，首先需要确定各端元水体进入北冰洋之前的S和 $\delta^{18}O$ 特征值，文中所采纳的端元特征值见表2-1（Tong et al.，2014；Pan et al.，2014；童金炉等，2014）。为了更好地揭示河水和海冰融化水储量的空间变化，本研究利用梯形积分对每个站位各层次计算出的河水和海冰融化水份额进行深度积分，从而获得河水组分和海冰融化水组分从表及底的积分高度（I_{fR} 和 I_{fI}，单位均为m），以协助揭示河水和海冰融化水的时空变化规律。

表2-1 大西洋水、河水和海冰融化水端元的S、$\delta^{18}O$ 特征值

端元	$\delta^{18}O$（‰）	S
大西洋水（AW）	0.3±0.1	35.00±0.05
河水（RR）	-20.0±2.0	0
海冰融化水（SIM）	-2.0±0.1	4.0±1.0

2.2.2 楚科奇海河水和海冰融化水的空间变化及影响因素

以2008年夏季楚科奇海的R00～R17断面和C11～C10A断面为代表，揭示河水和海冰融化水组分的空间分布特征及其调控机制。R00～R17断面从白令海峡北侧向北延伸，跨过霍普海谷和赫雷德浅滩，北至水深较深的楚科奇海台附近海域，该断面水深变化较大，介于31～173 m之间。断面C11～C10A从中央水道东西向横跨到巴罗海谷，水深变化较大，介于37～107 m之间（图2-11）。

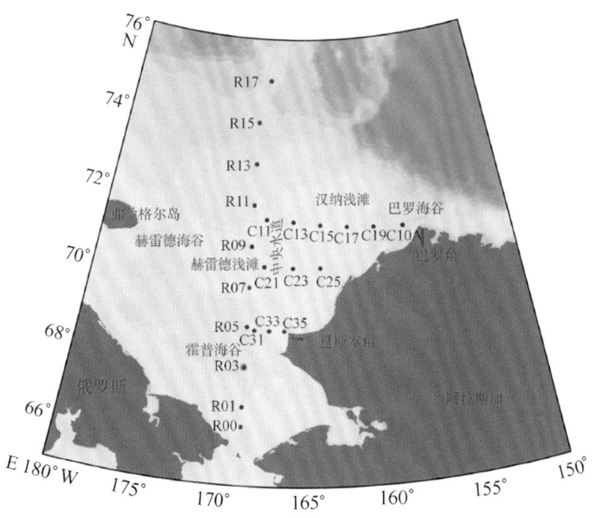

图2-11 楚科奇海河水与海冰融化水的站位分布

2.2.2.1 河水组分

(1) R00~R17 断面

河水组分份额 f_R 随着纬度的增加而增加，且 73°N 以南海域河水组分份额基本不随水深的变化而变化，而 73°N 以北海域河水组分份额则随着深度的增加而降低（图 2-12a）。68°N 以南海域河水组分份额介于 1.9%~5.2%之间，平均为 3.7%±0.9%（$n=11$）。68°—73°N 海域河水组分份额有所增加，其变化范围为 5.1%~9.6%，平均值为 7.6%±1.2%（$n=31$）。73°N 以北海域 f_R 更高，其中混合层（0~50 m）f_R 的变化范围为 10.7%~16.1%，平均为 13.9%±2.7%（$n=10$）；50~100 m 层 f_R 略有降低，变化范围为 8.7%~10.7%，平均值为 9.5%±0.9%（$n=4$），但仍高于其南部海域；位于最北部的 R15 和 R17 站 100 m 以深水体的 f_R 尽管比上层水体有所降低，但仍高于 3.6%。该断面河水组分份额由南向北的增加，特别是最北部区域河水组分的显著增加，说明除太平洋入流输入的河水外，可能还存在额外的河水来源，如北极陆地径流麦肯齐河或欧亚大陆河流等。

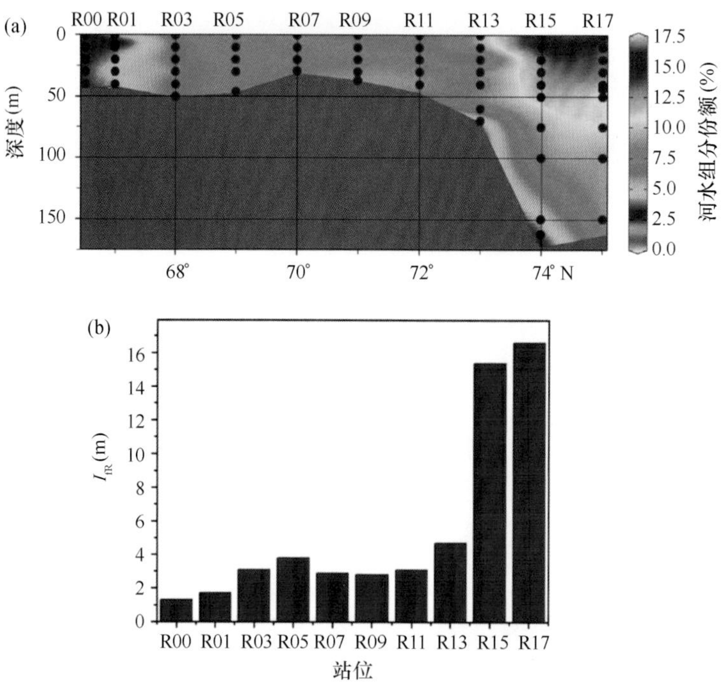

图 2-12 R00~R17 断面河水份额（a）和积分高度 I_{fR}（b）的分布

在 R00~R17 断面，河水组分积分高度 I_{fR} 也呈现由南向北的增加（图 2-12b）。位于 73°N 以北的 R15、R17 站因河水组分份额较高，且水深较深，因而其河水组分积分高度（分别为 15.4 m 和 16.6 m）远远高于 73°N 以南站位（变化范围为 1.3~4.7 m，平均值为 2.9 m±0.7 m）。即使将该断面所有站位的积分深度统一取为 50 m，以消除积分深度变化的影响，R15 和 R17 站河水组分的积分高度仍分别高达 9.4 m 和 9.7 m。显然，R00~R17 断面 73°N 以北海域呈富含河水组分的特征，这可能与研究海域受顺时针波弗特流涡所形成的埃克曼辐聚作用有关，这种辐聚作用将来自欧亚大陆或北美大陆的河水组分聚集于研究断面北部海域。此前水文学的研究显示，大气气压场的变化会引起北冰洋表层海流的变化，进而将富含欧亚大陆河水信号的陆架水汇聚于马卡洛夫海盆和楚科奇海交界附近海域（Morison et al.,

2012)，这与本书观察到的现象相符合。研究断面北部海域较高的河水份额也可能是由波弗特流涡输送的麦肯齐河等北美河流的河水所致（Macdonald et al.，2002；Guay et al.，2009）。

（2）C11～C10A 断面

河水组分份额 f_R 大致以 162°W 为界呈现东西向的变化（图 2-13a）。162°W 以西海域 f_R 相对较低，变化范围为 7.8%～10.8%，平均为 9.1%±0.9%（$n=19$）。162°W 以东海域 f_R 较高，变化范围为 9.1%～11.8%，平均值为 10.6%±0.6%（$n=18$）。该断面河水组分份额的东、西侧差异应与水团来源不同有关，162°W 以西海域的水体主要来自白令海陆架水，具有高 S、高 $\delta^{18}O$、低河水组分的特征，而 162°W 以东海域的水体则主要来自阿拉斯加沿岸流，具有低 S、低 $\delta^{18}O$、高河水组分的特征（Weingartner et al.，2005）。显然，在 71°N，阿拉斯加沿岸流的影响向西仅扩展至 162°W 附近，进一步佐证了阿拉斯加沿岸流在进入楚科奇海后，基本沿北美沿岸向北运移的特征（Weingartner et al.，2005；Winsor and Chapman，2004；Woodgate et al.，2005；Panteleev et al.，2010；Itoh et al.，2013）。

从 C11～C10A 断面河水组分积分高度的变化看，位于最东侧巴罗海谷附近海域的 C10A 站 I_{fR} 最高，达到了 10.2 m，这与其积分深度较大有关。其他站位 I_{fR} 明显要低得多（变化范围为 2.8～4.3 m，平均为 3.7 m±0.6 m，图 2.13b），其中 162°W 以东海域的 I_{fR} 稍高于 162°W 以西海域，同样说明断面东侧受到高含量河水组分的阿拉斯加沿岸流的影响。

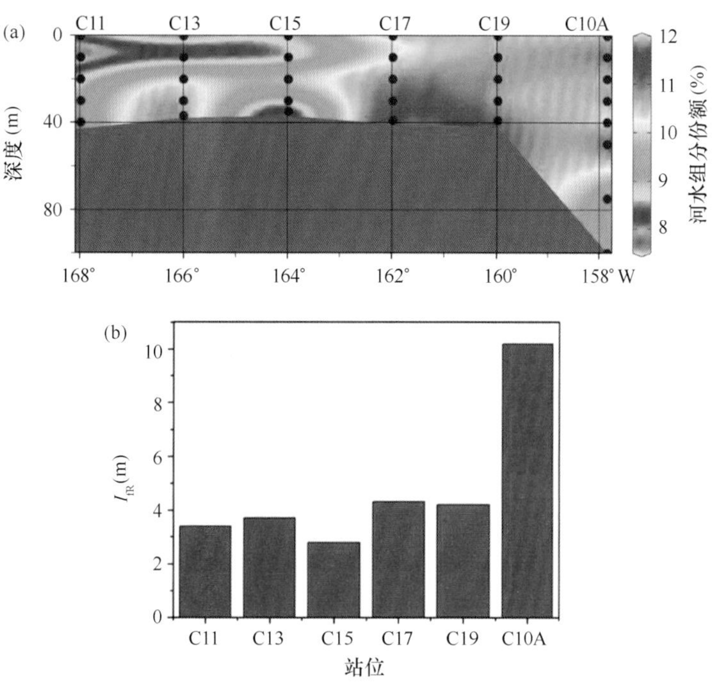

图 2-13 C11～C10A 断面河水份额（a）和积分高度（b）的分布

（3）河水组分空间变化的影响因素

2008 年夏季期间楚科奇海所有站位河水组分积分高度 I_{fR} 的变化范围为 1.3～16.6 m，平均值为 4.8 m±4.0 m（$n=22$），它们呈现出东高西低、北高南低的特征（图 2-14）。东高西低的形成显然与东侧受阿拉斯加沿岸流、西侧受白令海陆架水的影响有关（Weigartner et al.，2005；Itoh et al.，2013），而北高南低分布格局的形成一方面与积分深度的南北向差异有关，另一方面则与波弗特流涡的埃克曼辐聚作用有关（Carmack et al.，2008；Proshutinsky et al.，2002；Proshutinsky et al.，2009）。

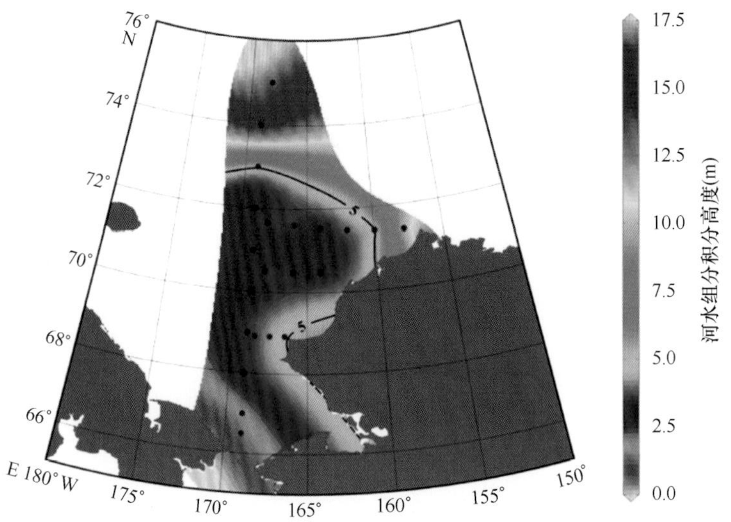

图 2-14　楚科奇海河水积分高度的分布

2.2.2.2　海冰融化水组分

（1）R00～R17 断面

在 R00～R17 断面，68°N 以南海域海冰融化水份额 f_I 基本上不随着深度的变化而变化，其变化范围为 1.4%～5.5%，平均值为 3.7%±1.5%（$n=11$）；而在 68°N 以北海域，f_I 随着深度的增加而降低，且 0～10 m 层的 f_I 随着纬度的增加而增加（图 2-15a），其变化范围为 0.2%～12.0%，平均值为 5.2%±2.0%（$n=16$）；30 m 以深水体 f_I 均为负值，变化范围为 -4.7%～-0.3%，平均值为-2.0%±0.3%（$n=24$），说明 68°N 以北海域 30 m 以深水体含有冬季海冰形成时释放的盐卤水。

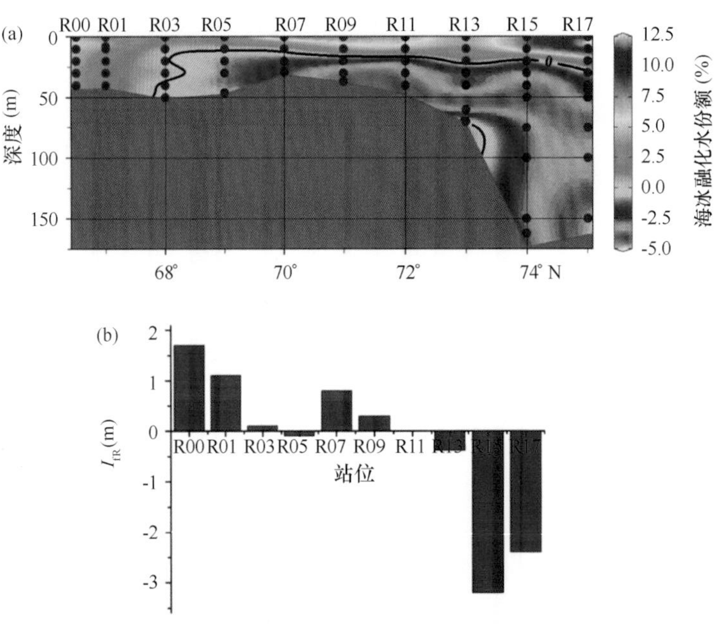

图 2-15　R00～R17 断面海冰融化水份额（a）和积分高度（b）的分布

R00~R17 断面水柱中海冰融化水积分高度的变化范围为-3.2~1.7 m，平均值为 -0.2 m±1.7 m（n=10）（图 2-15b）。68°N 以南海域，海冰融化水的积分高度较大，R00 和 R01 站分别为 1.7 m 和 1.1 m，这可能与该区域海冰较早融化有关。在 68°—73°N 之间的海域，除 R07 站外，其余站位 0~10 m 层海冰融化水的信号与 10 m 以深海冰形成所释放盐卤水的信号大致相当，由此导致净海冰融化水积分高度较小。R07 站位于赫雷德浅滩上，水深较浅，且该站位 10 m 以深水体海冰形成所释放盐卤水的信号较弱，因而其海冰融化水积分高度相对较大，为 0.8 m。在 73°N 以北海域，尽管 0~20 m 层水体中含有较强的海冰融化水信号，但 20 m 以深水体含有的海冰形成时所释放的盐卤水信号较强，表现为海冰的净形成（R15 和 R17 站分别为-3.2 m 和-2.4 m）。

（2）C11~C10A 断面

C11~C10A 断面海冰融化水份额 f_I 随着水深的增加而降低，其中 0~10 m 层 f_I 较高，变化范围为 1.8%~8.5%，平均值为 3.9%±1.7%（n=12）；20 m 以深水体 f_I 急剧降低至小于 0%，变化范围为-7.3%~-2.0%，平均值为-4.3%±1.9%（n=20）（图 2.16a）。上述分布表明，该断面海冰融化水的穿透深度小于 20 m，且 20 m 以深水体含有大量冬季结冰释放的盐卤水。

C11~C10A 断面海冰融化水积分高度 I_{fI} 变化较小，介于-1.0~0.2 m 之间，平均值为-0.4 m±0.4 m（图 2-16b）。在所有站位中，仅 C15 站位表现出海冰的净融化（I_{fI} 为正值，即 0.2 m），其他站位均表现为海冰的净形成（I_{fI} 为负值）。

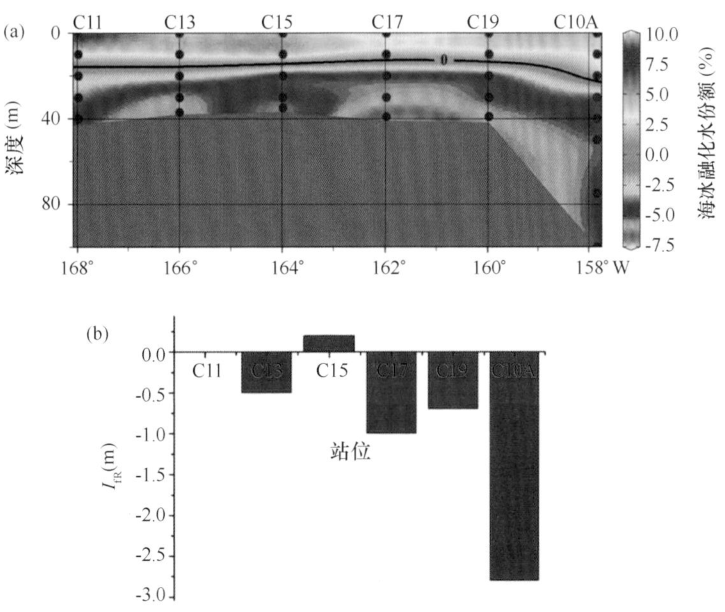

图 2-16　C11~C10A 断面海冰融化水份额（a）和积分高度（b）的分布

（3）海冰融化水空间变化的影响因素

楚科奇海海冰融化水积分高度的变化范围为-3.2~1.7 m，平均值为-0.3 m±1.2 m（n=22）。其空间分布呈现东低西高、南强北弱的特点（图 2-17），与河水组分积分高度的空间分布刚好相反。在 R00~R17 断面，0~10 m 层海冰融化水份额随着纬度的增加而增加，而在 C11~C10A 断面，0~10 m 层海冰融化水份额由西向东略有降低，这些均表明楚科奇海 10 m

以浅水层含有大量的海冰融化水。对于 20 m 以深水体而言，海冰融化水份额的负值信号往北和往东更强，表明楚科奇海北部和东部海域受冬季结冰所释放的盐卤水残留影响更为明显。由于海冰融化水积分高度体现的是水柱积分的总结果，因而海冰融化水积分高度展现出向东和向北降低的趋势。这一空间变化的形成可能与研究海域海流运动路径有关。2007 年夏季，北冰洋海冰大幅度消退（Comiso et al.，2008），夏季开阔海域面积增加，由此促进了秋季、冬季海冰的形成。楚科奇海冬季风的风向为自北向南，不利于太平洋水进入楚科奇海（Woodgate et al.，2005；赵进平等，2003），由此导致 2007 年秋冬季和 2008 年春季楚科奇海储存了大量海冰形成时释放的盐卤水。随着风向和风力的变化，太平洋入流的强度也随之发生变化。5—8 月，输入楚科奇海的太平洋入流随时间呈增强态势，且进入楚科奇海后受泰勒柱效应的影响，海流向左偏移（Weingartner et al.，2005；赵进平等，2003），由此导致楚科奇海北部和东部海域在夏季保留了更多海冰形成时所释放的盐卤水信号，也就形成了海冰融化水积分高度东低西高、南强北弱的特征。

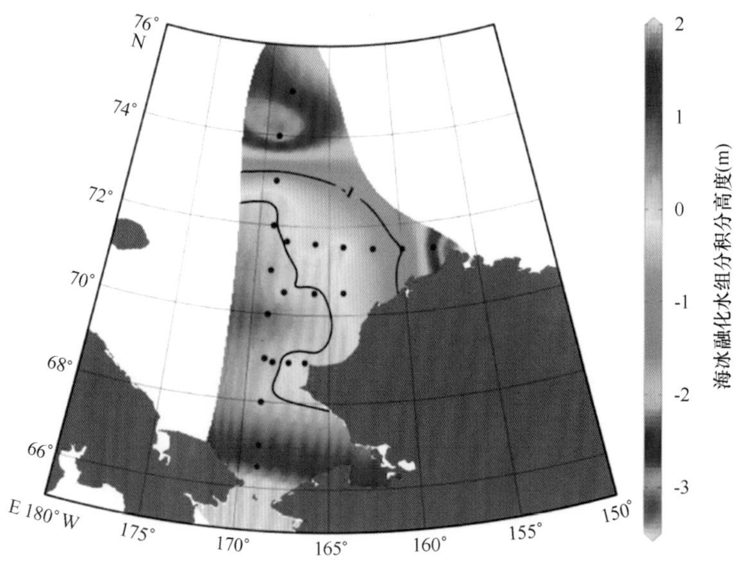

图 2-17 楚科奇海海冰融化水组分积分高度的分布

2.2.3 加拿大海盆河水和海冰融化水的时间变化

利用中国第一次至第四次北极科学考察航次实测数据，以及美国国家航空航天局（NASA）数据库的相关数据，获得加拿大海盆自 1967—2010 年的 781 份海水^{18}O 数据，根据大西洋水—河水—海冰融化水三端元混合的氧同位素解构技术，揭示了加拿大海盆 1967—2010 年河水、海冰融化水的变化趋势及其调控因素。

2.2.3.1 河水组分

1967—2010 年，加拿大海盆河水的最大穿透深度基本维持在 200 m 左右，且河水组分的份额在 1967—1969 年、1978—1979 年、1984—1985 年、1993—1994 年和 2008—2010 年期间均表现出极大值，表现出 5.0~16.0 a 的波动周期（图 2-18）。加拿大海盆河水组分的波动周期与此前文献报道的河水组分的停留时间相一致（Chen et al.，2008）。此外，1967—2010 年加拿大海盆河水组分的积分高度变化与北极涛动指数（AO 指数）之间具有较好的对应关系（图 2-19），证实北极大气环流驱动的波弗特流涡变化是影响加拿大海盆河水组分变化的主要因素。

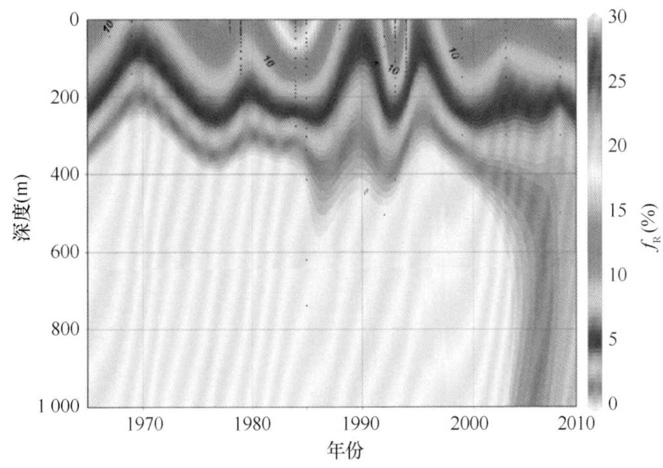

图 2-18 1967—2010 年加拿大海盆河水份额的变化

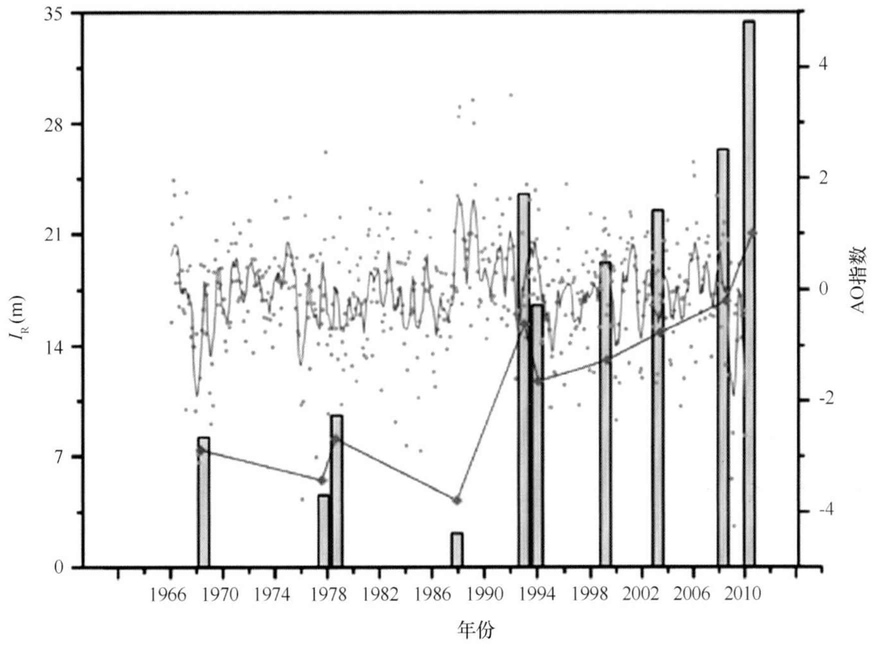

图 2-19 近 40 年来加拿大海盆河水储量与 AO 指数的关系

2.2.3.2 海冰融化水组分

1967—2010 年加拿大海盆海冰融化水组分随时间变化显示，海冰融化水的穿透深度明显小于河水，它们主要受表层海水结冰的周期性影响。与河水组分相比，海冰融化水份额明显低于河水份额，表明河水是加拿大海盆淡水的主要来源。海冰融化水份额在 1969—1984 年、1988—1990 年和 1994—2004 年期间较高，没有明显的规律性。1967—1968 年和 1984—1994 年期间，加拿大海盆海水结冰程度更加明显，导致次表层海冰盐卤水的明显增加（图

2-20)，这可能与大气环流驱动的河水路径发生变化有关。

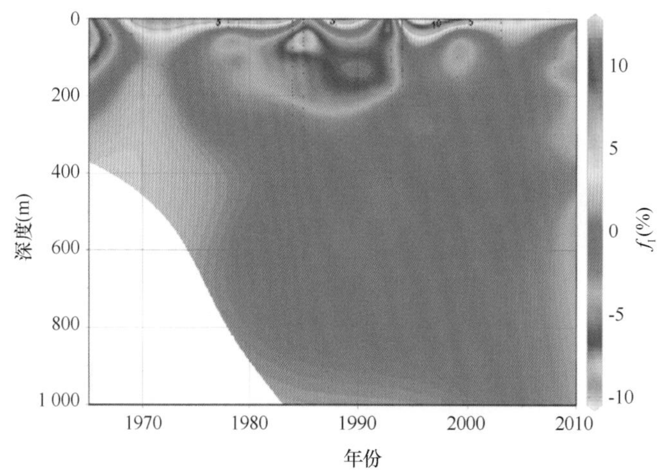

图 2-20　1967—2010 年加拿大海盆海冰融化水份额的变化

2.2.4　西北冰洋淡水组分的时空变化规律

楚科奇海河水组分的份额和积分高度均呈现东高西低、北强南弱的特征，东高西低的形成与东侧受富含河水组分的阿拉斯加沿岸流、西侧受低河水组分白令海陆架水的影响有关；北高南低的形成则可能与波弗特流涡的埃克曼辐聚作用有关。与河水组分相反，海冰融化水组分的份额和积分高度呈现东低西高、南强北弱的特征，反映出太平洋入流输入强度的时间变化及输入路径变化的影响。

加拿大海盆 1967—2010 年河水、海冰融化水的变化趋势表明，河水组分在 1967—1969 年、1978—1979 年、1984—1985 年、1993—1994 年、2008—2010 年呈高值分布，说明加拿大海盆河水组分的更新时间为 5.0~16.0 a，其时间变化规律与北极涛动指数的变化密切相关。

2.3　北极海洋下行辐射衰减系数的变化

由于北极地处高纬度，同时被海冰覆盖，作为支撑海洋生物唯一的热量来源太阳辐射又很弱（Plat and Rao, 1975），原先科学家认为北冰洋初级生产力（PP）非常低，生物活动非常微弱（Wheeler, 1997）。但越来越多的研究结果表明这种观念已经不适用于现在的北冰洋。在过去几十年，尤其在夏季，北极海冰正在遭受前所未有的锐减。例如，在 2012 年夏季，北极海冰面积是有史以来的最小值。此时，北极产生了大范围的开阔水域，导致大量太阳辐射进入海水，使北冰洋更加适合浮游植物繁衍生存（Pabi et al., 2008）。结果是，目前 PP 急速增大。据报道，现今冰/海界面的生物量巨大（超过 1 000 mg/m^3，通过碳计算获得）（Arrigo et al., 2012）。通过卫星数据发现在营养盐丰富的北冰洋沿岸 PP 可能被低估了 10 倍（Chen et al., 2002）。

初级生产力发生巨大变化的最主要原因是进入海洋的太阳辐射能的增大。同样，浮游植物也将产生反馈作用。它能够重新分配这些增加的太阳辐射能，最终改变上层海洋的物理特性（Dickey and Chang, 2001）。浮游植物通过吸收太阳热量改变上层海水的温度（Morel, 1998）。

在低纬度，很多科学家试图量化这种生物效应。Siegel 等（1995）观测发现赤道太平洋水华使混合层每月增温 0.13℃，同时使到达 30 m 处能量减小 5.6 W/m^2。Sathyendranath 等（1991）通过卫星数据估计阿拉伯海由于生物导致的热量增加量能达到 4℃。Manizza 等（2005）在海洋环流模型中耦合了一个生物化学模型，以此量化了浮游植物对全球海洋的反馈作用，解答了一些重要问题。例如，浮游植物对中高纬度海水温度、混合层深度和冰的覆盖率的季节变化放大了约 10%，海表面温度在春秋季增加 0.1~1.5℃，在秋冬季降低 0.3℃。

下行辐照度垂直衰减系数在量化浮游植物改变海洋物理性质的作用中扮演了一个重要角色。同时也在其他领域，诸如海水浊度（Jerlov，1976；Kirk，1994）、浮游植物光合过程（Marra et al.，1995；McClain et al.，1996）以及上层海洋热量输送（Chang and Dickey，2004；Lewis et al.，1990；Morel and Antoine，1994）也常被使用。虽然它主要受海水物质和进入海水中光场分布的影响，但是它常被看作为半固有光学性质参数（Kirk，1994）。

基于生物光学参数与浮游植物之间的关系式为研究初级生产力提供了便利。但是在北极，相对于低纬度海洋，由于稀少的观测，这些关系式还不被发现。在前人的研究中，仅仅几次的观测主要集中于对固有光学参数和叶绿素浓度分布的观测。例如，Liu 等（2008）使用 2003 年中国北极科学考察数据给出了夏季楚科奇海、楚科奇海台、陆坡海域、门捷列夫海脊海脊和加拿大海盆的叶绿素 a 的分布。他给出叶绿素 a 在 20~30 m 层的浓度比其他层都大。Wang 等（2005）给出波弗特海和楚科奇海海水的生物光学特性，发现浮游植物和颗粒物质在 443 nm 总的吸收系数与叶绿素浓度存在明显的对应关系。Matsuoka 等（2007）研究了楚科奇海的 CDOM 吸收系数，发现在此区域 CDOM 吸收在非水物质吸收中占主要作用，同时发现相对于其他海水，该区域 CDOM 吸收明显偏高。

考虑到垂直衰减系数在海洋生物光学研究中的重要性，也考虑到北极稀缺的现场考察导致极少的现场数据，恰逢中国第三次和第四次北极科学考察实施的海洋光学观测，研究北冰洋尤其是太平洋扇区下行辐照度垂直衰减系数势在必行。本节尝试建立垂直衰减系数与叶绿素浓度之间的关系式，并研究垂直衰减系数在时间和空间上变化。

2.3.1 数据获取与处理

中国考察队在第三次和第四次北极科学考察中实施了海洋光学观测。两次观测时间基本相同，都处于海冰融化阶段以及海洋生物过程活跃阶段。我们分别选取了 18 个站点和 9 个站点，都位于 72°—80°N 和 145°—172°W 之间，分布在楚科奇海、楚科奇海台、陆坡海域、北风海脊以及加拿大海盆西部海域（图 2-21）。

光学观测仪器采用美国 Biosphere 公司生产的剖面反射和辐射计仪器系统，其中，PRR-800 为水下观测系统，可以观测水下下行辐照度和上行辐亮度。PRR-810 是在空气中使用的单元，可以测量到达海面的下行辐照度。这套 PRR 系统共有 18 个波段，分别是 313 nm、380 nm、412 nm、443 nm、465 nm、490 nm、510 nm、532 nm、555 nm、565 nm、589 nm、625 nm、665 nm、683 nm、710 nm、765 nm、780 nm 和 875 nm，覆盖从紫外到近红外的光谱范围。选取的波长都避开了水汽吸收带。PRR 系统主要在船的右舷下放，采用 2 000 m 水文绞车；水面单元固定在右舷中部护栏边，高于甲板 2 m。系统下放的深度控制在 70~100 m，倾角小于 5°。

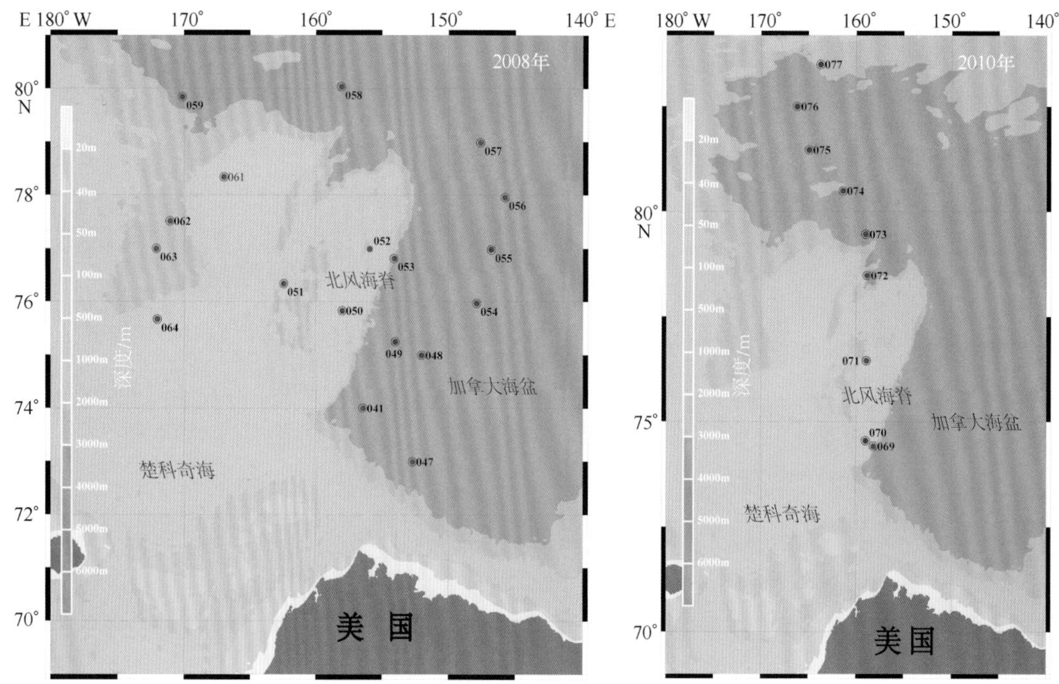

图 2-21　中国第三次北极科学考察中 18 个站点站位图（左）和中国第四次北极科学考察中 9 个站点站位图（右）

采用海水下行辐照度和表面单位下行辐照度数据计算垂直衰减系数（K_d）。参照 SeaWiFs 海洋光学观测规程（Mueller et al.，2002），K_d 计算公式如式（2-5）或式（2-6）：

$$E_d(z,\ \lambda) = E_d(0^-,\ \lambda)\exp\left[-\int_0^{z'} K_d(z,\ \lambda)\,\mathrm{d}z\right] \tag{2-5}$$

或者

$$-\int_0^{z'} K_d(z,\ \lambda)\,\mathrm{d}z = \ln[E_d(z',\ \lambda)] - \ln[E_d(0^-,\ \lambda)] \tag{2-6}$$

其中，z 为观测深度；λ 为波长；$K_d(z,\ \lambda)$ 为海水的垂直衰减系数；0^-代表恰在海面以下的位置。

传统的 k 分析方法是将 $K_d(z,\ \lambda)$ 作为 $\ln[E_d(z,\ \lambda)]$ 局部的斜率来估计（Mueller et al.，2002），即在中心位置 z_m 的几米范围（$z_m-\Delta z \leqslant z \leqslant z_m+\Delta z$），$K_d$（$z$，$\lambda$）近似为与波长有关的常数，即

$$\ln[E_d(z,\ \lambda)] = \ln[E_d(z_m,\ \lambda)] - (z - z_m)K_{dm}(\lambda) \tag{2-7}$$

其中，截距 $\ln[E_d(z_m,\ \lambda)]$ 和斜率 $K_{dm}(\lambda)$ 为未知量，用最小二乘法确定。半宽度 Δz 比较任意，如果选取的 Δz 太大，斜率很好，但是整个剖面上下两部分损失很多；如果选取的 Δz 太小，结果中则会出现较强的噪声。Smith 建议依据处理对象的不同选取适当的值（Smith and Baker，1984，1986）。例如，在近岸水域有时要取更大一些以消除数据强烈脉动造成的影响。在开阔水域，该值应选择尽可能小（Mueller et al.，2002）。在这，我们取 Δz 为 6 m，用最小二乘法和每米平均的数据计算衰减系数（Zhao and Wang，2010）。从等式（2-7）中可得，

$$K_{dm}(\lambda) = \frac{\sum (z - z_m)\ln[E_d(z,\ \lambda)/E_d(z_m,\ \lambda)]}{\sum (z - z_m)^2} \tag{2-8}$$

在进行最小二乘法之前，要事先对数据进行校验，以消除噪声产生的尖峰；然后将数据平均到每 1 m 的间隔内。

另外，一个日本制造的 Compact-CTD 随 PRR 一同下放，用以观测海水的温度、盐度、密度以及叶绿素浓度。垂直衰减系数、温度、盐度以及叶绿素 a 浓度都被平均到 1 m 间隔。

2.3.2 结果和分析

2.3.2.1 垂直衰减系数与叶绿素 a 浓度之间的关系

在一类海水中，垂直衰减系数一方面受纯水垂直衰减系数（K_w）影响，另一方面受生物过程影响（Morel and Maritorena，2001）。我们常使用叶绿素浓度 a 描述生物量，表示为 Chl a。在 1988 年，Morel 开发出一类海水生物光学模型描述 K_d 和 *Chl a* 之间的关系（Morel，1988），详见式（2-9）：

$$K_d(\lambda) = \chi(\lambda)[\text{Chl a}]^{e(\lambda)} + K_w(\lambda) \tag{2-9}$$

其中，$\chi(\lambda)$ 和 $e(\lambda)$ 是拟合系数。K_w 常使用式（2-10）获得：

$$K_w \approx a_w + \frac{1}{2}b_w \tag{2-10}$$

其中，a_w 和 b_w 为纯海水的吸收和散射系数；K_w 的值取自前人的研究成果（Smith and Baker，1984），对式（2-9）经过简单处理可得如下：

$$K_{bio} = K_d - K_w \tag{2-11}$$

由于观测区域常年被海冰覆盖且远离海岸，非常清澈，这里的海水依据 Jerlov 分类而被视为一类海水（Jerlov，1976）。于是，本研究首先利用式（2-9）试图建立观测区域垂直衰减系数与叶绿素浓度 a 之间的关系式，如图 2-22 所示，得到的拟合系数$\chi(\lambda)$和 $e(\lambda)$ 见表 2-2。

拟合得到的决定性系数（R^2）在 412 nm 和 443 nm 都超过了 0.70，且大于其他波长的决定性系数。决定性系数在长波长处较小，例如在 555 nm 和 565 nm 仅仅只有 0.191 和 0.190。超过 600 nm，由于 $K_d(\lambda)$ 和 Chl a 不再满足幂函数，而没有给出拟合结果。拟合系数$\chi(\lambda)$表现出明显的向下减小的趋势，范围在 0.03~0.16，与 Morel 得到的结果类似。拟合系数 $e(\lambda)$ 表现出先增大后减小的趋势，范围在 0.24~0.48。趋势与 Morel 和 Maritorena（2001）的结果类似，但值只有 Morel 结果的一半。

垂直衰减系数与叶绿素浓度相关性最好位于 443 nm，是因为此波长刚好位于叶绿素吸收波段上。在北极，浮游植物作为叶绿素的载体必然极大影响垂直衰减系数。正如前人的研究结果，生物颗粒与浮游植物在 443 nm 总的吸收系数据与叶绿素浓度密切相关（Wang et al.，2005）。虽然垂直衰减系数不明确相等于吸收系数，但在一类海水中吸收系数确实对垂直衰减系数影响最大的因素（Mobley，1994）。

拟合得到的系数在与低纬度海域得到的拟合系数对比发现，两者最大的不同在于系数 $e(\lambda)$。这说明了，北极生物存在特殊的生物光学特征。原因在于北极海洋生物个体以及高包裹类型的浮游植物的存在直接导致低的比吸收系数（Wang et al.，2005；Mitchell，1992；Arrigo et al.，1998；Cota et al.，2003），最终导致垂直衰减系数偏小。由于这种特殊的生物光学特性，导致的结果是，在北极，高浓度叶绿素浓度产生较低纬度偏小的垂直衰减系数。

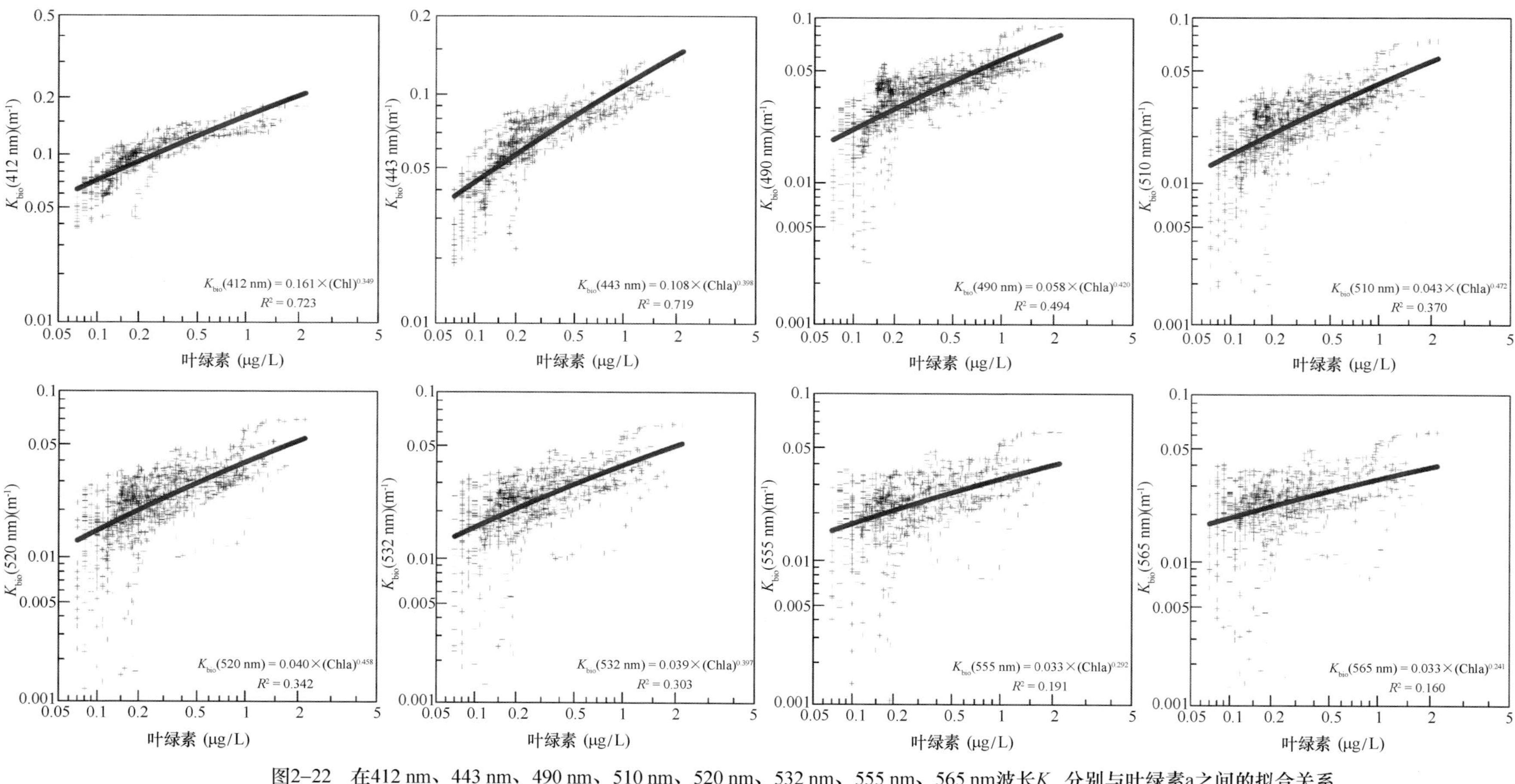

图2-22 在412 nm、443 nm、490 nm、510 nm、520 nm、532 nm、555 nm、565 nm波长K_{bio}分别与叶绿素a之间的拟合关系

表 2-2 拟合得到的 χ (λ) 和 e (λ) 与 Morel 的结果对比

项目	波长 (nm)	K_w (m^{-1})	$e(\lambda)$	$\chi(\lambda)$	R^2
本研究	412	0.007 95	0.349	0.161	0.723
	443	0.009 55	0.398	0.108	0.719
	490	0.016 60	0.412	0.058	0.494
	510	0.033 85	0.472	0.043	0.370
	520	0.042 14	0.458	0.040	0.342
	532	0.045 60	0.397	0.039	0.303
	555	0.060 55	0.292	0.033	0.191
	565	0.065 05	0.241	0.033	0.160
Morel	415	0.007 65	0.655 55	0.123 32	-
	445	0.009 90	0.674 43	0.105 60	-
	490	0.016 60	0.689 55	0.072 42	-
	510	0.033 85	0.685 67	0.059 43	-
	520	0.042 14	0.680 15	0.053 41	-
	530	0.044 54	0.672 24	0.048 29	-
	555	0.060 53	0.642 04	0.039 96	-
	565	0.065 07	0.630 00	0.037 50	-

拟合系数的不同必然要在数字模拟中体现，要不然，北极海水将吸收更多的太阳辐射，从而融化更多的海冰，可能会对模拟结果造成影响。

同时，需要注意的是，虽然 500 nm 的垂直衰减系数与叶绿素浓度拟合关系不好，但是不可否认的是，该部分的太阳能也是很重要的，确定这些波长的垂直衰减系数也是非常重要的。需要其他方法确定该波段内的垂直衰减系数。

2.3.2.2 北冰洋垂直衰减系数的谱模型

Jerlov (1976) 就曾断定任意波长的衰减系数与一个参照波长的衰减系数有明显的线性关系，Austin 和 Petzold (1981) 就曾给出这样的线性关系：

$$K_d(\lambda) - K_w(\lambda) = M(\lambda)[K_d(\lambda_0) - K_w(\lambda_0)] \tag{2-12}$$

其中，$M(\lambda)$ 为斜率；$\lambda_0 = 490$ nm。

该线性模型提供了一个简便的方法模拟超过 500 nm 的垂直衰减系数 (Austin and Petzold, 1981)。

在本节中，对式 (2-12) 进行简单的修改：

$$K_d(\lambda) = M(\lambda) \times K_d(\lambda_0) + I(\lambda) \tag{2-13}$$

其中，M 和 I 都能够通过拟合得到，与决定性系数见图 2-23。

波长从 412~589 nm，利用式 (2-13) 得到的决定性系数都大于 0.65，最大的决定性系数位于 510 nm。在更长的波长上，由于得到的决定性系数偏小，图 2-23 中并没有给出。拟合系数 M 的变化趋势是在小于 589 nm 波段内随着波长的增大逐步减小。这些结果都与其他报告中的结果类似。

由于低的决定性系数，利用叶绿素浓度很难得到超过 500 nm 的垂直衰减系数。但谱模型提供了一个计算 400~600 nm 波段内垂直衰减系数的简单方法。具体过程如下：首先，通过

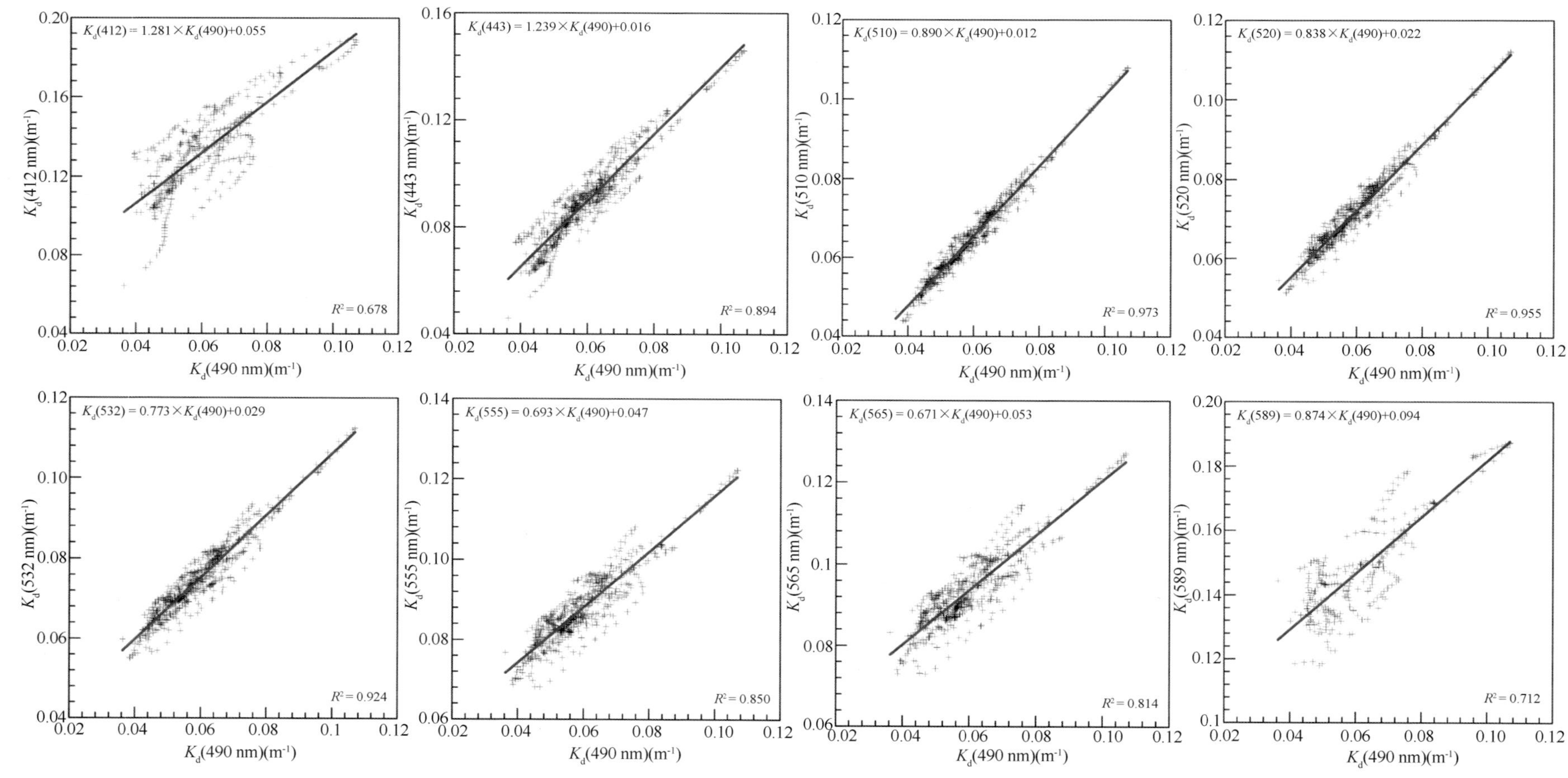

图2-23 412 nm、443 nm、510 nm、520 nm、532 nm、555 nm、565 nm、589 nm的垂直衰减系数分别与490 nm的垂直衰减系数之间的拟合关系

叶绿素浓度与490 nm的垂直衰减系数的关系式，获得490 nm的垂直衰减系数；其次，通过该谱模型获得其他波长上的垂直衰减系数。

完全理解 $K_d(\lambda)$ 的变化特征对理解水下光场变化非常重要。作为北冰洋唯一主要影响垂直衰减系数的叶绿素浓度不仅在空间上存在变化，在时间上也存在巨大的变化。这些变化却很少被报道。如果能够理解叶绿素浓度时间和空间上的变化，通过式（2-9）和式（2-13），垂直衰减系数的变化过程将非常清楚，最终太阳辐射能在海水中的重新分配也将非常清晰，对海冰融化的影响也将变得清晰。不管出于什么目的，我们都需要先了解影响叶绿素浓度分布的影响因子。

2.3.2.3 海冰对垂直衰减系数的影响

浮游植物作为叶绿素浓度的载体主要受进入海水中太阳辐射和局地营养盐的限制。而在北极，进入海水中太阳辐射主要受海水表面海冰的覆盖率决定。海冰覆盖率越小，进入海水中太阳辐射就越多。于是，低的海冰密集度可能导致高的初级生产率。在北冰洋，海水表面的营养盐是一定的而不能持续供应给浮游植物。在没有河流水供应的区域，从富营养区域流出的海流，例如太平洋入流水，往往携带大量的营养盐进入北冰洋，对北冰洋海水造成巨大影响，促进局地浮游植物的生长。在本节，我们仅仅讨论海冰对垂直衰减系数的影响。海流的影响将在下节详细论述。

海冰对垂直衰减系数的影响不是直接的，而是通过改变叶绿素浓度的大小，间接地改变垂直衰减系数。

为了描述海冰对叶绿素的影响，这里使用了布莱梅大学反演的海冰密集度数据。该密集度数据是以AMSR-E数据开发的，数据分辨率达到6.25 km。由于观测点，与海冰密集度网格点不重合，这里取观测点周围4个网格点数据平均值作为该观测点的海冰密集度。我们对每个观测点海冰密集度做平均处理，平均的时间从第153天至观测日期，定义为平均海冰密集度（ASIC）。这些数据如表2-3所示，该表中也展示了其他数据，例如次表层叶绿素浓度最大值层（SCML）。

表2-3 不同站点的次表层叶绿素浓度，SCML、ASIC

站位号	叶绿素浓度最大值（ug/L）	SCML（m）	ASIC（%）
041	0.89	60	31
047	0.63	56	29
048	0.74	77	36
049	1.78	52	36
050	1.15	61	41
051	1.72	50	48
052	1.16	56	50
053	1.28	59	47
054	0.96	66	47
055	0.78	62	65
056	0.88	55	78
057	0.96	45	79
058	1.25	21	87

续表

站位号	叶绿素浓度最大值（ug/L）	SCML（m）	ASIC（%）
059	2.17	15	95
061	0.76	53	62
062	0.71	42	60
063	1.35	24	60
064	0.77	43	63
069	1.12	50	45
070	0.92	68	43
071	1.44	56	68
072	1.47	45	80
073	1.42	40	86
074	1.29	34	85
075	0.08	33	94
076	0.48	38	93

从表2-3可以看出，ASIC与SCML存在明显的反相关关系（图2-24）。在059站点，ASIC值为95%，此时的SCML仅仅只有15 m。在048站点，ASIC只有36%，此时的SCML达到77 m。两者的拟合关系式为：

$$SCML = -51.4 \times ASIC + 80.3 \quad (2-14)$$

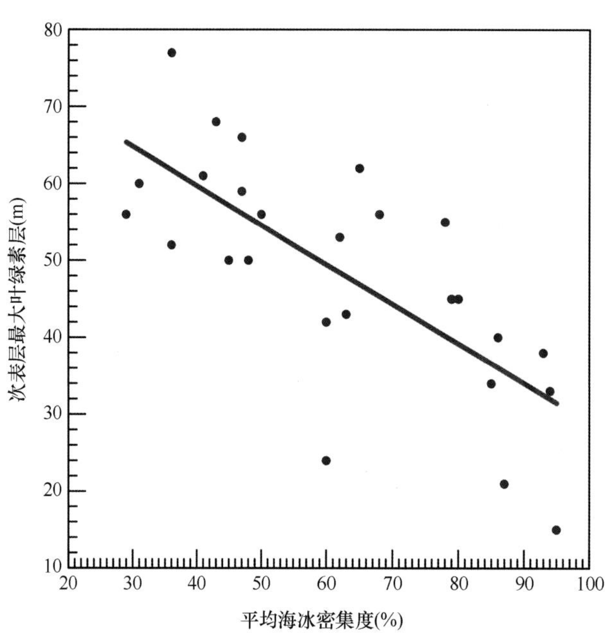

图2-24　ASIC与SCML之间的拟合关系

从图2-24中可以看出，当ASIC超过80%，SCML将非常小。如果ASIC非常小，那么SCML将超过50 m。该结果描绘了海冰密集度的变化与浮游植物极大值深度的变化之间的关系。

ASIC是制约进入海水中太阳辐射的最重要的因素。如果ASIC偏大，那么进入海水的太阳辐射能必然偏小。在北半球，由于海冰融化过程是自南向北的，那么大尺度的ASIC也代表海冰融化方向。ASIC 越大，那么海冰融化越晚，ASIC 越小，海冰融化越早。所以，等式（2-14）也能够反映浮游植物的时间变化。在海冰融化初始阶段，由于表层海水营养盐浓度丰富，加上表层海水充足的光照条件，必然浮游植物在表层繁殖。随着时间的推迟，表层海水的营养盐被大量消耗，而不能支持大量浮游植物的，使得浮游植物向较深海水发展，从而导致了 SCML 的变化。

等式（2-14）表示的是进入海水中太阳辐射与叶绿素浓度之间的关系。对于浮游植物，在表层营养盐是主要的影响因子，而在加拿大海盆，在表层以下，太阳辐射是主要的影响因子（Sang and Whitledge, 2005）。可以肯定，SCML 应该出于太阳辐射和营养盐最充足的地方。所以，叶绿素浓度的时间变化应该是被海冰融化开启，而被营养盐控制。SCML 的改变伴随着垂直衰减系数的变化，最终改变着太阳辐射在海水中的再分配。可以断定，这些变化可能最终改变海水的物理性质。

2.3.2.4 太平洋入流水对垂直衰减系数的影响

太平洋入流水携带大量营养盐侵入北冰洋必然对叶绿素垂直剖面造成巨大的影响。在前面的研究中，垂直衰减系数的垂直剖面变化被使用于推导叶绿素浓度的时间和空间的变化。如果仅仅使用垂直衰减系数，很难说明不同区域的水团差异。在本节中，我们借助于温盐深数据，同时对垂直衰减系数进行简单处理，用以说明水团差异对垂直衰减系数的影响。在本节中，为了体现不同水层的光学衰减信息，我们引入光学厚度的概念。光学厚度（τ）为在特定水层厚度内（$z_1 \leqslant z \leqslant z_2$）垂直衰减系数的积分：

$$\frac{E_d(z_2,\ \lambda)}{E_d(z_1,\ \lambda)} = \exp\left[-\int_{z_1}^{z_2} K_d(z',\ \lambda)\,\mathrm{d}z'\right] = \exp[-\tau'(\lambda)] \tag{2-15}$$

光学厚度是一个无量纲的物理参数。它具有表示垂直衰减系数的水平变化的能力。如果积分范围选取不同，光学厚度是无法进行垂直比较的。

光学厚度除以积分范围，得到平均垂直衰减系数（$\bar{K}$），如式（2-16）所示：

$$\bar{K}(\lambda) = \frac{\int_{z_1}^{z_2} K_d(z',\ \lambda)\,\mathrm{d}z'}{z_2 - z_1} \tag{2-16}$$

这样得到的平均垂直衰减系数，既能进行水平对比，又能进行垂直对比。原则上，深度 z_1 和 z_2 是任意选取的。然而本节的主要目的是研究不同水团对垂直衰减系数的影响，固依据海水的物理特性，参考局地海水的温盐特征，将水层分为三部分：分别为 0~15 m、15~30 m 和 30~60 m。得到三层海水的平均垂直衰减系数，如图 2-25 所示。

在观测区域的北部，高平均垂直衰减系数出现在 0~15 m 和 15~30 m，可以肯定，由于该区域处于海冰融化初期，浮游植物主要位于海水表层导致该层海水垂直衰减系数偏高。在 30~60 m，沿北风海脊的平均垂直衰减系数，如 072 站点，高于波弗特海，如 070 站点。两者的差超过 0.02/m。072 站点的盐度剖面表明在 30~60 m 存在大量的阿拉斯加沿岸水，它携带大量的暖富营养的海水（Shi et al., 2004）。在 070 站点相同水层，海水是表层混合水，它是冷寡营养的海水。阿拉斯加沿岸水携带大量营养盐引起浮游植物大量范围，直接导致该层海水垂直衰减系数异常偏大。此处，由于缺少营养盐数据，营养盐对垂直衰减系数的影响仅进行了定性分析。

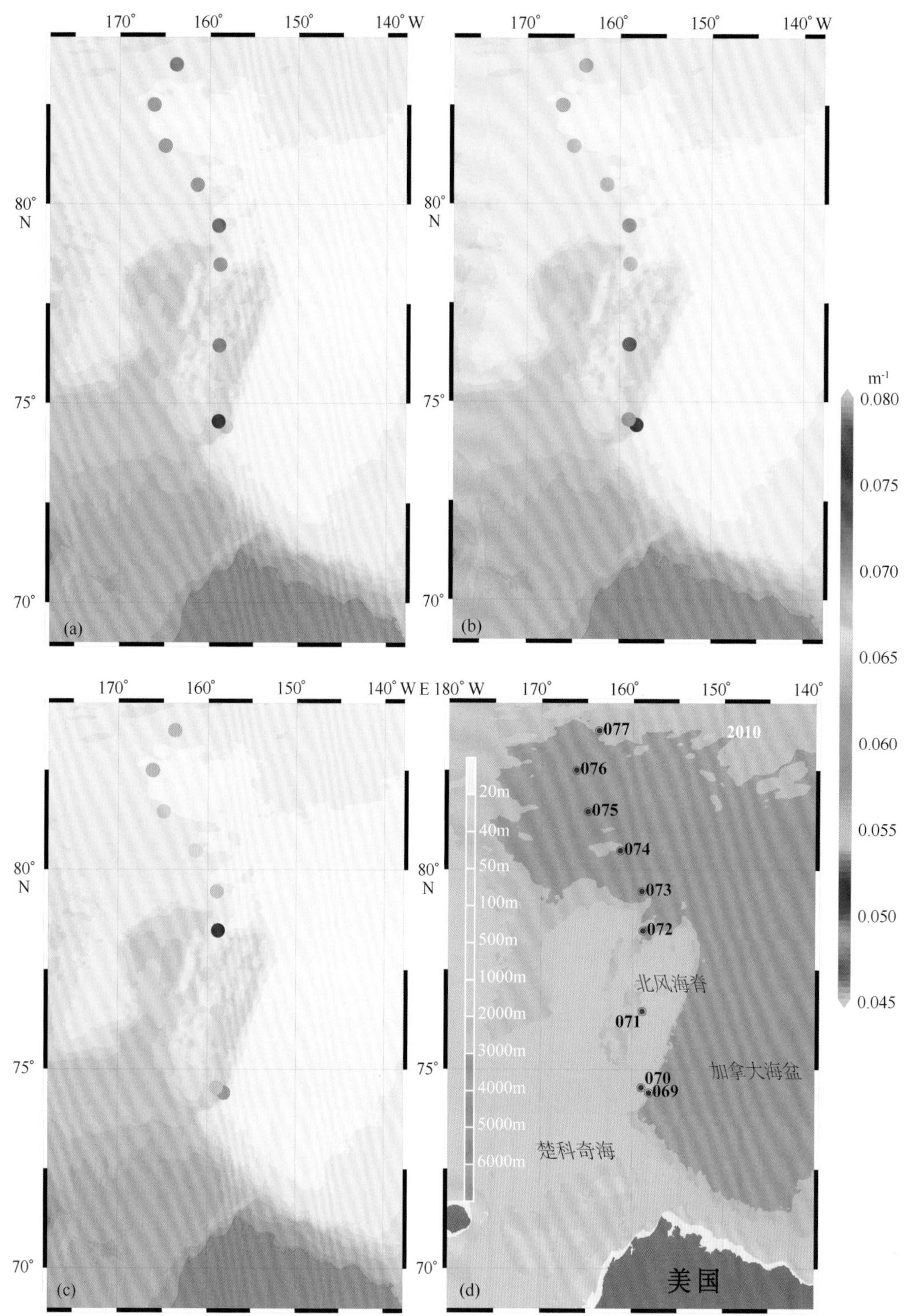

图 2-25　0~15 m（a）、15~30 m（b）、30~60 m（c）层的平均垂直衰减系数

2.4　北极点附近海冰的漂移与模拟

海冰在内、外力作用下如何运动，属于海冰的动力学研究范畴。在海洋中，海冰主要受

风和海流的拖曳力、科氏力、海面倾斜力以及海冰内力的作用，在这5个力的作用下，海冰在不同时间尺度上的运动特征会完全不同。目前在北纬高纬度海域，针对海冰漂移高分辨率、高精度的观测还很少，中国第四次北极科学考察于2010年8月8—19日在87°N、175°W附近进行了长达12 d的长期冰站科学考察。在此期间，船载GPS记录了北极点附近海冰高时间分辨率、高精度的漂移轨迹，这为研究北极点附近海冰的漂移特征提供了宝贵的实测数据（Shu et al.，2012）。

2.4.1 观测结果

图2-26是由"雪龙"船船载GPS得到的2010年8月9—19日长期冰站期间"雪龙"船的漂移轨迹。"雪龙"船是破冰后固定在海冰中的，"雪龙"船相对海冰静止，因此，"雪龙"船的漂移轨迹可以代表海冰的漂移轨迹。从图中可以看到，在8月9—14日期间海冰具有向东漂移的整体趋势，而在随后的8月14—19日，海冰的漂移逐渐转向了西北向，在8月17日下午缺少观测。整个观测期间海冰漂移方向的变化主要是由海表风场和海洋流场的变化导致的。值得注意的是，海冰在整体东向和西北向漂移的过程中还存在小范围的螺旋运动，这种小范围的螺旋运动具有很强的周期性，基本是每天旋转两周，整个漂移轨迹就像被过度拉伸的弹簧，海冰的这种漂移轨迹反映的正是物理海洋学中惯性振荡的现象（沈权和舒启，2011）。海冰的惯性振荡是科氏力、拖曳力和海冰加速度平衡的结果。

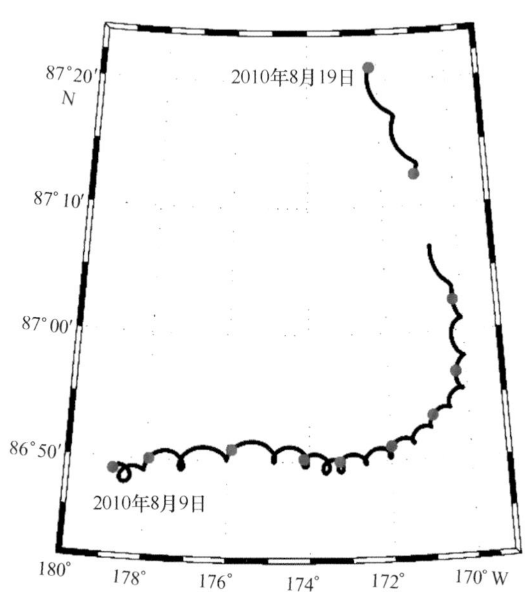

图2-26 2010年8月9—19日长期冰站期间"雪龙"船漂移轨迹

红点代表每天的零点，北京时间

图2-27给出的是根据GPS记录的冰站位置计算所得的海冰漂移速度，由图可以明显看出，海冰的漂移自始至终具有高频振荡的信号，但是高频振荡的强度是随时间变化的，在8月11—18日前后振荡的强度较大，速度的最大振幅可以超过20 cm/s。每次振荡海冰速度矢量的方向都是由0°增加到360°，因此是顺时针的。在观测前期，海冰漂移速度的北分量基本为零，海冰漂移速度的东分量平均值为正，体现了海冰整体东移的特征，在观测的后期，海

冰漂移速度的北分量逐渐增大、东分量逐步减小，体现了海冰整体西北向移动的特征。

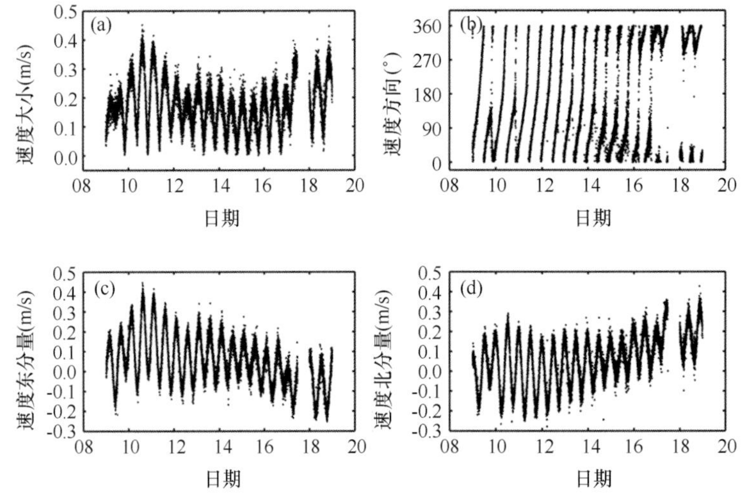

图 2-27　2010 年 8 月长期冰站处海冰的漂移速度

（a）速度大小；（b）速度方向；（c）速度东分量；（d）速度北分量

为了得出该高频振荡的频率，图 2-28 给出了海冰漂移速度东分量和北分量的功率谱密度分布，通过计算海冰漂移速度东分量和北分量的功率谱密度可知该高频振荡的周期是 12.0 h，也就是每天振荡两次。关于北极海冰运行存在 12 h 左右振荡的观测和研究已有很多。最早于 1967 年 Hunkins 在 83°N 附近就观测到了北极海冰的这种漂移特征（Hunkins，1967）。后来在“北极海冰动力学联合实验（Arctic Ice Dynamics Joint Experiment，简称 AIDJEX）”项目中，McPhee（1978）在波弗特海也观测到了海冰的这种漂移特征，并对其进行了数值模拟。Reynolds 等（1985）对白令海南部的海冰漂移利用 Argos 进行了观测。在加拿大海盆，Kwok 等（2003）利用雷达卫星图像也对海冰的高频振荡进行了分析，但是在靠近北极点的观测还没有过报道。

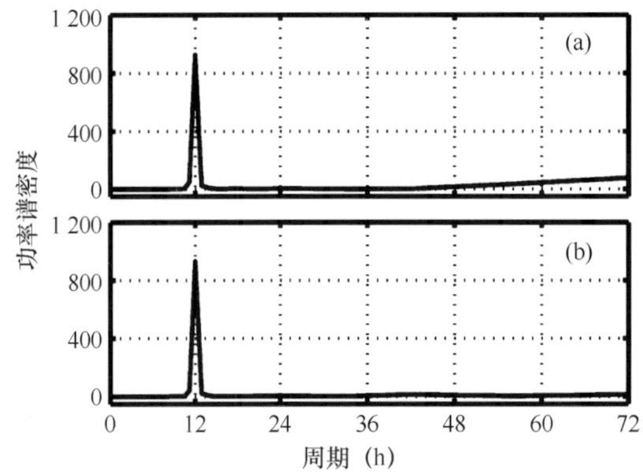

图 2-28　海冰漂移速度东分量（a）和北分量（b）的功率谱密度分布

Hunkins（1967）分析指出引起海冰这种高频振荡的机制有两种：一是惯性振荡；二是半日潮运动。本次观测到的北极点附近海冰的高频振荡应该属于惯性振荡。原因有三：第一是观测到的高频周期与惯性振荡周期更加接近，在该处（87°N）惯性振荡的理论周期为 12.02 h，而 M_2 分潮的周期为 12.42 h，观测到的高频振荡周期为 12.0 h；第二是半日潮信号在该处非常弱，北极点附近水深超过 3 000 m，M_2 和 S_2 分潮的潮流速度很小，根据计算 M_2 和 S_2 分潮的潮流速度不会大于 0.3 cm/s 和 0.2 cm/s，因此几乎不可能驱动 20 cm/s 的振荡；第三是海冰高频振荡部分的动能和观测到的风速具有非常好的相关性（图 2-29），海冰高频振荡部分动能的计算方法可参考 Godfrey 和 Webster（1965），在 8 月 9—16 日期间风速由 6 m/s 左右逐渐增大到 9 m/s 左右，然后再逐渐减弱到 4 m/s 左右，海冰高频振荡部分动能的变化与风速大小的变化基本一致，都是先增后减，这种相关性说明海冰的高频振荡是由海表的风场驱动的，而并非半日潮驱动。

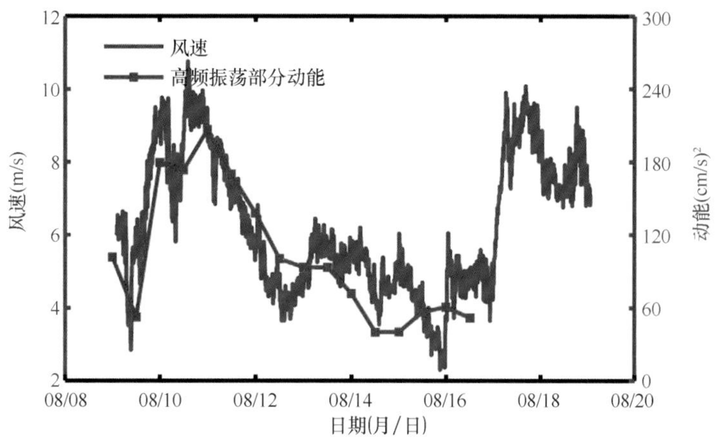

图 2-29　10 m 风速（蓝色）和海冰高频振荡部分的动能（红色）随时间的变化

前面分析可知，北极附近海冰漂移惯性振荡的周期约为 12 h，因此可以通过 12 h 的滑动平均的方法滤除海冰漂移的惯性振荡信号，来分析研究海冰漂移速度和 10 m 风速的关系。图 2-30 给出的是观测的 10 m 风速大小（黑色）和 12 h 平均的海冰漂移速度大小（红色）随时间变化。可以看出，滤除高频的惯性振荡后，海冰漂移速度大小的变化趋势与 10 m 风速大小非常吻合。在整个观测期间，海冰漂移平均速度是风速平均值的 1.4%。

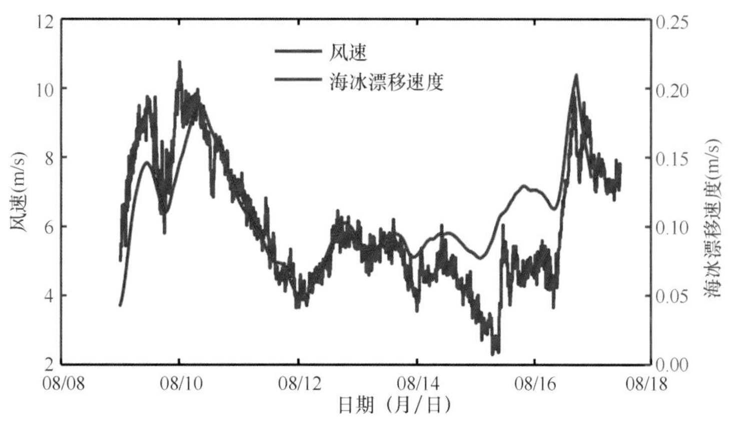

图 2-30　观测的 10 m 风速大小（黑色）和 12 h 平均的海冰漂移速度大小（红色）随时间变化

观测的 10 m 风速和 12 h 平均的海冰漂移方向见图 2-31，可以看出当滤除惯性振荡后，海冰漂移的方向基本在风速方向的右侧，与埃克曼理论（1905）一致，观测显示二者之间平均夹角为 40°。有研究表明，二者之间夹角的大小是随季节、海域和海冰特征的不同而变化。Thorndike 和 Colony（1982）指出海表流速和风速之间的夹角在夏季往往大于春季、秋季和冬季。Kimura 和 Wakatsuchi（2000）的研究认为海表流速和风速之间的夹角在季节性海冰区大于多年冰海冰区。Fukamachi 等（2011）认为海表流速和风速之间的夹角会随着海冰厚度和风速的增加而增大。按照埃克曼风海流理论（Ekman，1905），在北半球无限深海中，当风场稳定且长时间作用于海洋时，湍切应力与科氏力取得平衡，海流将趋于稳定状态，海表流速方向在风速方向的右侧，二者之间的夹角为 45°。但是在现实观测中，二者之间的夹角往往远远小于 45°。比如，Thorndike 和 Colony（1982）分析了一系列的浮标观测数据后显示，海冰和地转风之间的夹角在秋季、冬季和春季为 5°，而在夏季为 18°，全年平均约为 8°。Kimura 和 Wakatsuchi（2000）的观测显示二者之间的夹角为 8.7°，Morison 和 Goldberg（2011）的观测显示二者之间的夹角为 23°，Fukamachi 等（2011）的观测显示二者之间的夹角为 9.1°。本次在北极点附近观测到的 10 m 风速和 12 h 平均的海冰漂移速度之间的夹角为 40°，在上述以往观测中最大。有些观测给出的是海冰和地转风之间的夹角，而有些是给出的海冰和 10 m 风之间的夹角，在本次观测中给出的是海冰与 10 m 风之间的夹角，即使考虑海冰与地转风的差异，本次观测海冰和风场之间的夹角也远大于上述以往的观测结果。

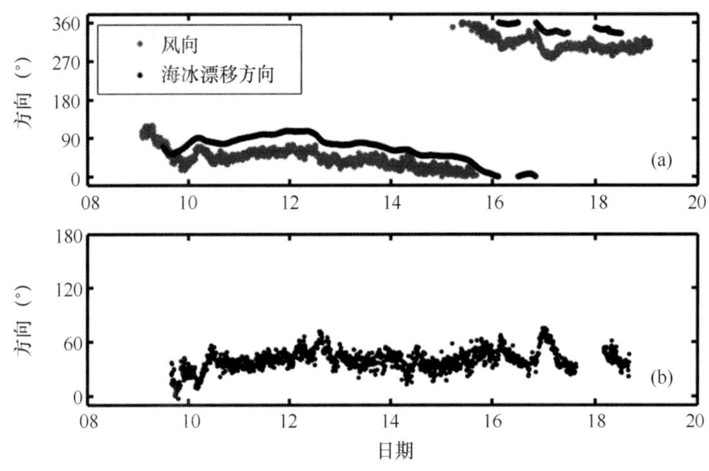

图 2-31　2010 年 8 月 8—20 日 12 h 平均的海冰漂移方向（黑色）和 10 m 风向（红色）以及二者之差（b）

2.4.2　数值模拟

McPhee（1978）将海冰和上层海洋作为一个整体，通过引入一个阻尼项，建立了一个整体动量方程，即所谓的惯性模型（Inertial model），通过海表风场驱动，对观测到的海冰高频运动进行了模拟分析。随后该惯性模型在 1980 年被 Khandekar 应用于波弗特海海冰的运动（Khandekar，1980），Heil 和 Hibler（2002）也利用该惯性模型对海冰的高频运动进行了数值模拟。惯性模型相对比较简单，将海冰和上层海洋作为一个整体而没有考虑到海冰和海洋的相互作用。为了对北极点附近观测到的海冰漂移进行较好模拟，这里使用了被动拖曳模型（Passive drag model）。在自然条件下，海冰主要受风和流的拖曳力、科氏力、海面倾斜力以及海冰内力的作用，在海冰的动力学过程中，风和流的拖曳力是海冰运移轨迹的决定因素，并导致海冰的破碎、重叠和堆积（季顺迎和岳前进，2011）。在利用被动拖曳模型对此次观测的具体模拟过程中，海冰的运动只取决于海冰表层和底层分别受到的风和流的拖曳力以及科氏力这三种外力，而忽略海面倾斜力以及海冰内力的作用。因此，对于海冰的动量方程可简化为：

$$\rho_i h_i \frac{\mathrm{d}u_i}{\mathrm{d}t} = \rho_i h_i f v_i + \tau_{xa} - \tau_{xw} \tag{2-17}$$

$$\rho_i h_i \frac{\mathrm{d}v_i}{\mathrm{d}t} = -\rho_i h_i f u_i + \tau_{ya} - \tau_{yw} \tag{2-18}$$

其中，ρ_i，h_i，u_i 和 v_i 分别是海冰的密度、厚度以及漂移速度的东分量和北分量；f 是科氏参数；τ_{xa} 和 τ_{ya} 是海冰受到的风应力（风的拖曳力）的东分量和北分量；τ_{xw} 和 τ_{yw} 是海冰冰底受到流应力（来自海流的拖曳力）的东分量和北分量。

对于海洋的动量方程为：

$$\frac{\partial u_w}{\partial t} = f v_w + A_z \frac{\partial^2 u_w}{\partial z^2} \tag{2-19}$$

$$\frac{\partial v_w}{\partial t} = -f u_w + A_z \frac{\partial^2 v_w}{\partial z^2} \tag{2-20}$$

其中，u_w 和 v_w 分别是海水流速的东分量和北分量；A_z 是海洋的垂向湍黏性系数。海洋的上下边界条件为：

$$\begin{cases} z = 0: & \rho_w A_z \dfrac{\partial u_w}{\partial z} = \tau_{xw}, \quad \rho_w A_z \dfrac{\partial v_w}{\partial z} = \tau_{yw} \\ z \to \infty: & u_w = v_w \to 0 \end{cases} \tag{2-21}$$

其中，ρ_w 是海水密度。

根据观测的 10 m 风速可以计算得到风应力：

$$\tau_{xa} = \rho_a C_a |u_{10}\vec{i} + v_{10}\vec{j}| u_{10} \tag{2-22}$$

$$\tau_{ya} = \rho_a C_a |u_{10}\vec{i} + v_{10}\vec{j}| v_{10} \tag{2-23}$$

其中，ρ_a 是大气密度；C_a 是大气和海冰之间的拖曳系数；u_{10} 和 v_{10} 分别是海表 10 m 风速的东分量和北分量。

海冰底层受到的流应力计算公式如下：

$$\tau_{xw} = \rho_w C_w |(u_i - u_w^0)\vec{i} + (v_i - v_w^0)\vec{j}| (u_i - u_w^0) \tag{2-24}$$

$$\tau_{yw} = \rho_w C_w |(u_i - u_w^0)\vec{i} + (v_i - v_w^0)\vec{j}| (v_i - v_w^0) \tag{2-25}$$

其中，C_w 是海冰和海流之间的拖曳系数；u_w^0 和 v_w^0 分别是表层流速的东分量和北分量。

参照 Khandekar（1980），$\rho_i = 900\ \mathrm{kg/m^3}$，$\rho_w = 1\,030\ \mathrm{kg/m^3}$，$\rho_a = 1.29\ \mathrm{kg/m^3}$，参照 Hibler（1979），$C_w = 5.5\times10^{-3}$。根据现场观测，海冰厚度 h_i 在观测开始时约为 1.7 m，观测末期约为 1.4 m，观测期间冰厚可利用线性插值求得。科氏参数 $f = 2\Omega\sin\phi$，其中 Ω 是地球自转角速度，ϕ 为海冰所在的纬度。考虑到这块海冰表面相对比较光滑，C_a 取为 1×10^{-3}。在模拟过程中，海洋垂向湍黏性系数 A_z 取为 $8\times10^{-4}\ \mathrm{m^2/s}$。基于 McPhee（1978），在存在海冰的开阔海域，风对海洋的影响深度最大约为 30 m，所以可以取 30 m 作为设置海洋底边界条件的水深，因此方程（2-21）中的底边界条件可写为：

$$z = 30\ \mathrm{m}; \quad u_w = v_w = 0 \tag{2-26}$$

在模拟过程中，将海洋分为 30 层，每层层厚 1 m。海冰和海水的初始速度均设为 0 m/s。

积分时间步长为 60 s。利用现场观测的 8 月 9—19 日期间的 10 m 风场驱动该被动拖曳模型进行模拟。为了比较惯性模型和被动拖曳模型二者模拟结果的差异，利用现场观测的 8 月 9—19 日期间的 10 m 风场同样驱动了 McPhee（1978）发展的惯性模型，对海冰漂移速度进行模拟。两个模型模拟的海冰漂移速度见图 2-32，可以看出尽管所模拟的惯性振荡振幅小于观测振幅，但是这两个模式都能成功模拟出海冰的惯性振荡特征。总的来说，被动拖曳模型所模拟的结果要好于惯性模型的结果，主要表现在惯性模型所模拟的惯性振荡周期不如被动拖曳模型模拟的与观测更符合。就惯性振荡振幅大小模拟而言，两个模型各有优缺点，惯性模型在模拟初期和末期模拟的惯性振幅与观测更符，而被动拖曳模型在模拟中期与观测更符。图 2-33 给出的是利用被动拖曳模型模拟的海水流速大小情况，可以看出海水流速也呈现周期性的惯性振荡，表层流速的最大可达 40 cm/s，但是在 20 m 以深海域惯性振荡已经变得非常微弱。

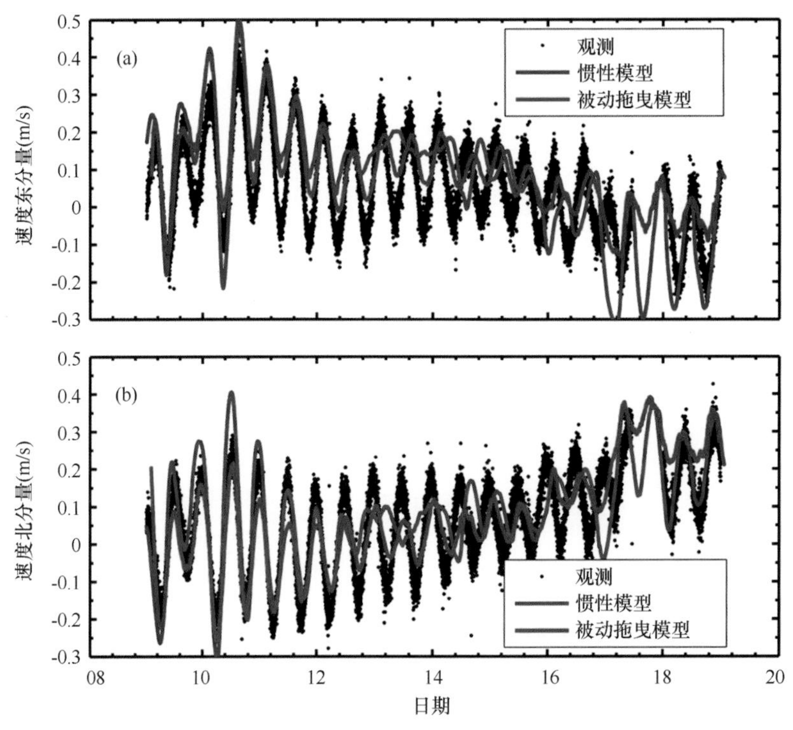

图 2-32　2010 年 8 月 8—20 日观测和模拟海冰漂移速度的东分量（a）和北分量（b）

黑点表示观测；蓝色曲线为惯性模型模拟结果；红色曲线为被动拖曳模型模拟结果

如今常用的三维海洋-海冰耦合模式在考虑海冰和海洋之间动力相互作用时，基本都是采用的被动拖曳方法。这里也利用一个三维海洋-海冰耦合的模式对此次观测北极点附近的海冰漂移进行了模拟研究。模式是由大洋环流模式 MOM4（Module Ocean Model version 4；Griffies et al.，2004）和海冰模式 SIS（Sea Ice Simulator；Winton，2000）构成，海洋对冰底的拖曳力计算如式（2-27）：

$$\vec{\tau}_w = C_w \rho_w \left| \vec{u}_w^0 - \vec{u}_i \right| \{ (\beta \vec{u}_w^0 - \vec{u}_i) \cos\theta + \vec{k} \times (\beta \vec{u}_w^0 - \vec{u}_i) \sin\theta \} \qquad (2\text{-}27)$$

其中，$C_w = 5.5 \times 10^{-3}$ 是海冰和海洋间的拖曳系数；$\vec{u}_w^0$ 是海洋模式第一层海水的流速；$\vec{u}_i$ 是海冰漂移速度；$\theta = 23°$ 和 $\beta = 2.5$ 是为了弥补由于海洋垂向分层太粗不能很好地分辨埃克曼层使得表层流减弱而引入的两个参数。海洋模式垂向分 50 层，最大水深为 5 500 m，第一层层厚 10 m。模式的 10 m

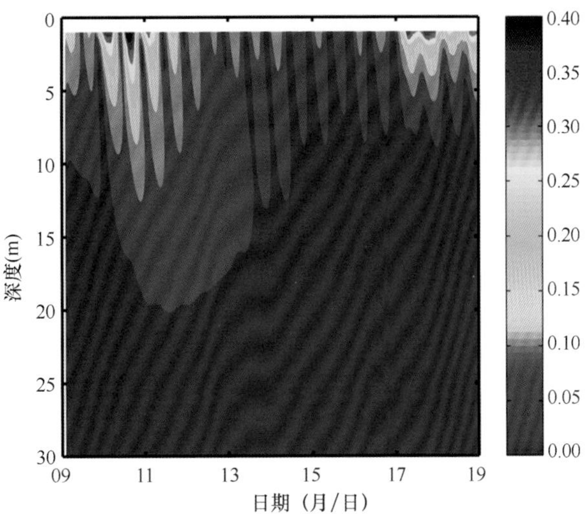

图 2-33　利用被动拖曳模型模拟的海水流速大小（m/s）

海表风场来自 ERA-interim 再分析数据（Dee et al.，2011）。为了检验 ERA-interim 再分析数据的可靠性，将其与观测数据进行了比较，见图 2-34。可以看出 ERA-interim 再分析 10 m 风场在北极点附近与观测符合很好，可以用来驱动模式研究北极点附近海冰的漂移情况。

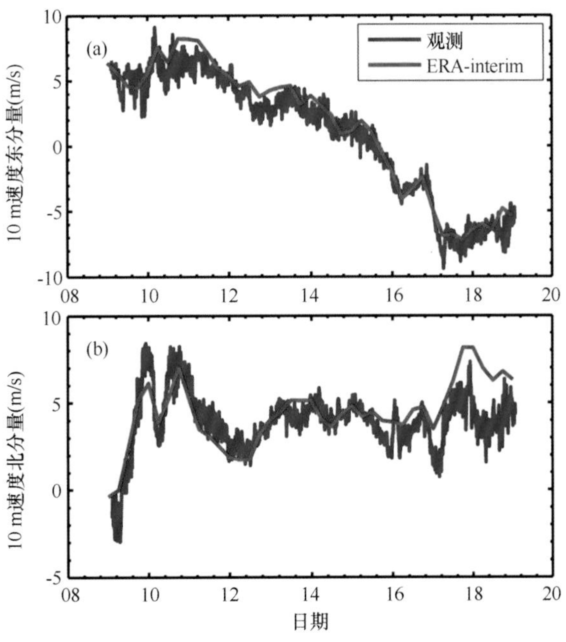

图 2-34　2010 年 8 月 8—20 日观测（蓝色）和 ERA-interim 再分析（红色）的 10 m 风速东分量（a）和北分量（b）

三维海冰—海洋耦合模式对北极点附近海冰漂移速度的模拟见图 2-35。可以看出，三维海冰—海洋耦合模式也能模拟出海冰的惯性振荡特征，振荡频率与观测一致，但是振荡强度比观测小很多，甚至比一维的惯性模型和被动拖曳模型所模拟的强度还要小。其原因还是和三维海冰—海洋耦合模式的垂向分层太粗有关，通过引入 θ 和 β 两个参数来弥补垂向分层太粗不能很好地分辨埃克曼层的方法不能完全解决分辨率粗的问题，因此提高三维海冰—海洋耦合模式上层分辨率是改进其对北极海冰惯性振荡模拟的有效途径。

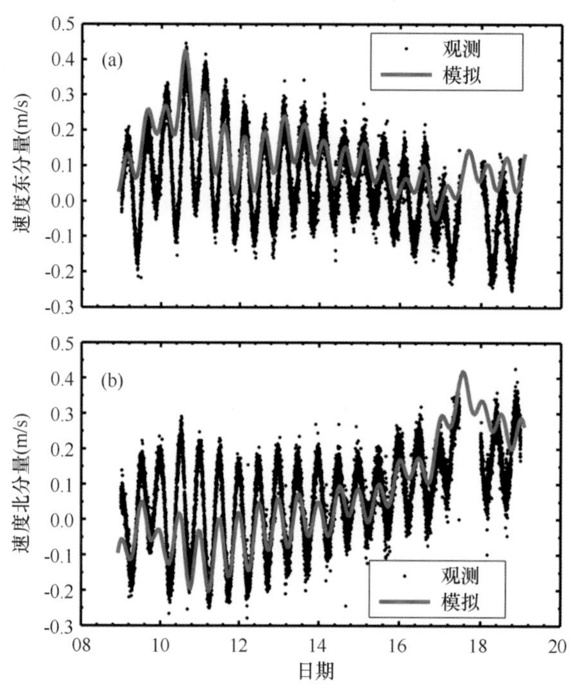

图 2-35　2010 年 8 月 8—20 日观测和三维冰-海耦合模式模拟的海冰漂移速度东分量（a）和北分量（b）
黑点代表观测结果；红色曲线代表模拟结果

2.5　北极冰下海洋埃克曼漂流的结构特征

埃克曼漂流是上层海洋普遍存在的一种运动形式。1893—1896 年，挪威海洋调查船“前进”号横越北冰洋时，南森观察到冰山不是顺风漂移，而是沿着风向右方 20°—40°的方向移动。1905 年，埃克曼研究了这种现象，得出了埃克曼漂流理论（Ekman，1905）。海面风力对海水的搅拌混合，使风的动量通过海面传给表面的海水后，再通过海水湍流运动依次传给下层的海水。由于地转偏向力的作用，在北半球，定常的埃克曼漂流表面流速偏于风向右方 45°。表层以下的海水随着深度的增加，流向不断右偏，流速也不断减小。当流速约为表面流速的 4%时的深度称为摩擦深度。无限宽阔海域密度均匀海水中定常的埃克曼漂流是物理海洋学中的基础理论（冯士筰等，1999）。

在海冰覆盖的海域，风的动量不能直接输入海水，作用在海面上的主要是海冰的拖曳力。海冰拖曳的作用与风的作用相当，也可以产生埃克曼漂流。由于冰下海水主要受到海冰的拖曳作用，冰下海水漂流是上层海洋中最主要的运动形式。北极上层环流的主体结构北极穿极流和波弗特流涡都是通过海冰拖曳形成的基本流动形式。海冰漂流有以下不同于中低纬度海域漂流的特征。第一，海冰除了受到海水的拖曳阻力之外，还受到风力的直接驱动，海冰漂流的方向与风向不一致（冯士筰等，1999），冰应力与风直接作用于海水的应力方向不一致。第二，北冰洋由于夏季融冰，存在很强的密度跃层（史久新和赵进平，2003），层化海水中的埃克曼漂流结构与密度均匀水体相比有很大差别。第三，由于海冰存在显著的惯性周期的漂移运动，即惯性圆，导致冰应力的方向和大小处于不间断的变化之中，无法形成稳定的漂流。第四，冰下海水埃克曼流结构难以观测，人们对冰生和风生埃克曼漂流的了解还十分有限。

近些年来，极地地区正在发生着快速的变化，主要体现在气温升高，海冰厚度和面积减小，中层水的增暖（赵进平等，2004）等。这些变化不仅对北极地区产生显著影响，而且在全球气候系统变化中发挥重要作用，成为国际气候变化研究的重要地区之一。由于海冰覆盖海域埃克曼漂流的特殊性，深入研究各个因素对埃克曼漂流的影响，具有重要的意义。本节的目的是建立层化海洋中的埃克曼漂流垂向结构的计算方法，研究海冰漂移速度的变化和海洋层化两个因素对上层埃克曼层流场造成的影响，从而研究北冰洋上层环流的特殊结构。

埃克曼漂流的垂向结构无法通过卫星遥感获得，只能通过现场的海流剖面观测来获取，或者通过具有剖面功能的浮标来观测，可用的数据不多，尤其缺少持续的测流数据。在2010年中国第四次北极科学考察期间，我们在一个为期12 d（2010年8月9—19日）的冰站开展了物理海洋学连续观测，包括CTD剖面和ADCP的连续观测。

2.5.1 层化条件下冰下埃克曼层流场的计算

冰下海水的垂向剪切主要是海冰在风的作用下漂移，对海水形成拖曳，在科氏力的作用下发生偏转，形成了埃克曼螺旋。海冰对海水的拖曳力为：

$$\vec{\tau}_w = \rho_w C_w |\vec{V}_{wi}| \vec{V}_{wi} \tag{2-28}$$

式中，ρ_w 为海水密度；C_w 为海冰对海水的拖曳系数；相对流速 $\vec{V}_{wi} = \vec{V}_w - \vec{V}_i$，其中 $\vec{V}_w$ 为海水流速，$\vec{V}_i$ 为海冰流速（岳前进等，2001）。海冰拖曳力包括两部分：一是海冰通过湍流摩擦形成表面拖曳；二是海冰底部起伏不平在海冰运动时产生的形状拖曳。在实际海冰数值模拟中大都将形状拖曳隐含到表面拖曳中。由于不同类型海冰底部的表面粗糙度有很大差异，拖曳系数也在很大范围内变化。以往的研究表明，在极区和海冰边缘区的海冰中，可以取 $C_w = 5 \times 10^{-3}$（Overland，1985；Pease et al.，1983）。

在埃克曼漂流理论中，表层流速最大，随深度增加，流速呈指数递减，各层流速矢量端点的连线构成埃克曼螺线。研究大洋中的埃克曼漂流，在无限深海仅考虑湍流摩擦与科氏力的平衡的方程为：

$$\begin{aligned} -2\rho\omega\sin\varphi v &= \frac{\partial}{\partial z}\left[A_z(z)\frac{\partial u}{\partial z}\right] \\ 2\rho\omega\sin\varphi u &= \frac{\partial}{\partial z}\left[A_z(z)\frac{\partial v}{\partial z}\right] \end{aligned} \tag{2-29}$$

方程的解为：

$$\begin{aligned} u &= \frac{\tau_y}{\sqrt{2\rho A_z\omega\sin\phi}} e^{-\frac{\pi}{D_0}z}\cos\left(\frac{\pi}{4} - \frac{\pi}{D_0}z\right) \\ v &= \frac{\tau_y}{\sqrt{2\rho A_z\omega\sin\phi}} e^{-\frac{\pi}{D_0}z}\sin\left(\frac{\pi}{4} - \frac{\pi}{D_0}z\right) \end{aligned} \tag{2-30}$$

式中，ω 为地球自转角速度；ϕ 为纬度；ρ 为海水密度；A_z 为垂向湍流黏性系数；$D_0 = \pi/\sqrt{\rho\omega\sin\phi/A_z}$，$\tau_y$ 为表面风应力（叶安乐和李凤岐，1992；吴望一，1983），在海冰漂移的情形是表面冰应力。

式（2-30）的解只适用于密度均匀的定常运动水体，实际上，由于密度层化，抑制了湍流运动，垂向湍流黏性系数是深度的函数，无法得出简单的解。需要首先确定湍流黏性系数的垂向结构，然后用数值方式计算相应的埃克曼漂流。

根据以往的研究，可以采用 Pacanowski 和 Philander（1981）的参数化方案（简称 PP 参数化方案）确定垂向湍流黏性系数 A_z。

$$A_z = \frac{v_0}{(1+\alpha R_i)^2} + v_b \tag{2-31}$$

其中，$\alpha=5$，$\nu_0=0.01\ \mathrm{m^2/s}\nu_b=1\times10^{-3}\ \mathrm{m^2/s}$。对于 60 m 以浅的水体，理查森数 R_i 可以由实际观测的密度梯度和流速剪切求出：

$$R_i = -\frac{(\mathrm{d}\rho/\mathrm{d}z)g/\rho}{(\partial u/\partial z)^2+(\partial v/\partial z)^2} \tag{2-32}$$

其中，u 和 v 为实测的流速分量剖面；g 为重力加速度。结合式（2-32），式（2-31）的计算结果为密度层化越强，理查森数越大，垂向湍流黏性系数越小；同时，流速的垂向剪切越强，理查森数越小，垂向湍流黏性系数就越大。

式（2-31）将垂向湍黏性系数 A_z 与理查森数 R_i 建立了密切的联系，取得结果后被广泛应用于模式和湍流计算中。PP 方法是以赤道流系为基础发展起来，但其应用范围已经拓展到中高纬度各海区，包括北冰洋。比如，Jungclaus 等（2005）在讨论北极—北大西洋的相互作用与经向翻转环流的变化之间的关系时，采用的海洋模式 MPI-OM（Marsland et al.，2003）的垂向湍扩散系数和黏性系数就是用 PP 参数化方案计算得出的。

由于上层海洋中漂流的剪切最强，式（2-32）中的 u 和 v 主要由漂流的剪切引起，可以用 U 和 V 代替。为了研究海洋层化对埃克曼漂流的影响，我们用实际 CTD 数据获得的密度场代入式（2-32），将式（2-29）、式（2-31）和式（2-32）中的 4 个方程联立，可以求解出 U，V，和 A_z。其中，U 和 V 就是我们需要求取的密度层化条件下的埃克曼漂流场（以下简称“计算埃克曼流”），计算结果可以用同步观测的 ADCP 数据进行验证。经过验证的 u 和 v 可以与式（2-30）的解析解进行对比，了解密度层化产生的埃克曼漂流与密度均匀海水中的漂流的差异。

2.5.2 实测埃克曼漂流

2.5.2.1 从实测流速中分离出埃克曼漂流剖面

在 2010 年的北极考察中，在一个冰站上进行了为期 12 d 的海流连续观测。CTD 剖面连续观测采用自制的自动剖面观测绞车系统（矫玉田等，2010）并配备 RBR XR620 CTD 进行观测，共获得 87 个定时剖面，另外还获得 16 h 不间断升降剖面 110 个（40~160 m）。海流剖面采用 300 kHz 的 RDI ADCP 进行自容式观测，仪器固定于冰间水道之中，每 6 min 测量一次。设置层厚 2 m，最大测量层数为 40 层。获得相对于海冰的相对流速 v_r。在观测期间，海冰一直处于漂流之中，漂移的轨迹如图 2-36 所示。从图中可见，在前面一周的时间里，浮冰一直向东漂移，而后转变为向西偏北的方向漂移。海冰的漂流移速度很大，而且还伴随有显著的惯性流。海冰的漂移速度 v_d 通过放置在海冰上的 GPS 记录的位置计算获得，在实测流速 v_r 中加上海冰的漂移速度，就可以获得各个深度海水的绝对流速。

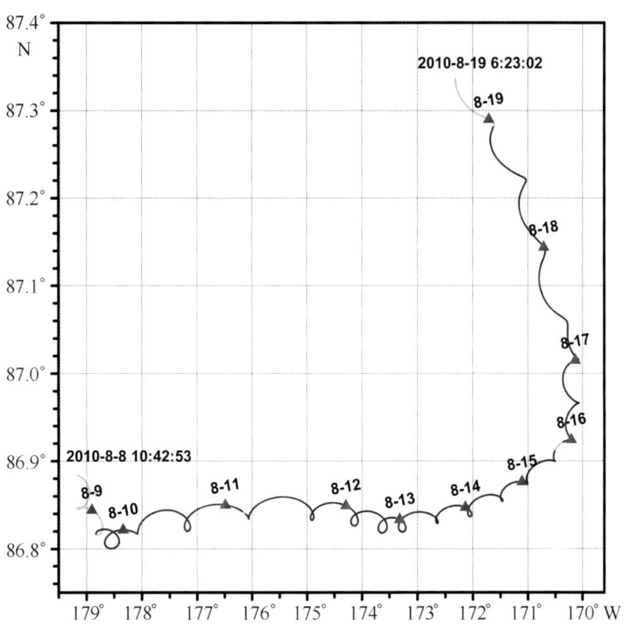

图 2-36 2010 年 8 月 8—19 日冰站漂移轨迹

三角点为世界时零时冰站所在的位置，上方的数字是月份和日期

设实测相对于海冰的流速分量为 u_r 和 v_r，海冰的漂移速度为 u_d 和 v_d，绝对流速分量可以表达为：

$$
\begin{aligned}
u(z) &= u_r(z) + u_d = u_E(z) + u_g(z) + u_i(z) \\
v(z) &= v_r(z) + v_d = v_E(z) + v_g(z) + v_i(z)
\end{aligned} \tag{2-33}
$$

其中，埃克曼漂流分量 u_E 和 v_E、地转流分量 u_g 和 v_g，以及惯性流分量 u_i 和 v_i 的振幅都随时间变化。然而，我们必须从实测数据中分离出埃克曼漂流分量，用以检验层化条件下的埃克曼漂流。考虑在较短的时间内，设惯性流和埃克曼流的振幅不变，式（2-33）可以写为：

$$
\begin{aligned}
u(z) &= u_E(z) + u_g(z) + u_{i1}(z)\cos ft + u_{i2}(z)\sin ft \\
v(z) &= v_E(z) + v_g(z) + v_{i1}(z)\cos ft + v_{i2}(z)\sin ft
\end{aligned} \tag{2-34}
$$

式中，u_{i1} 和 u_{i2} 分别为惯性流分量 u_i 的分解，有：

$$u_i = \sqrt{u_{i1}^2 + u_{i2}^2}$$

$$\tan \phi_i = \frac{u_{i2}}{u_{i1}}$$

用于体现惯性流的初位相，对 v_i 的分解相同。利用实测数据对式（2-34）各分量做最小二乘法拟合，获得拟合方程为（以 u 分量为例，去掉 z）

$$
\begin{aligned}
&(u_E + u_g)N + u_{i1}\sum \cos ft + u_{i2}\sum \sin ft = \sum u \\
&(u_E + u_g)\sum \cos ft + u_{i1}\sum \cos^2 ft + u_{i2}\sum \sin ft\cos ft = \sum u\cos ft \\
&(u_E + u_g)\sum \sin ft + u_{i1}\sum \cos ft\sin ft + u_{i2}\sum \sin^2 ft = \sum u\sin ft
\end{aligned} \tag{2-35}
$$

由于各个流速分量都不可能在较长的时间保持不变，我们采用滑动拟合的方式，每次平移一个时间步长重新进行拟合，同时选取尽可能短的拟合时间。我们选取的时间只有 6 h，拟合结果较好地与实测数据吻合，如图 2-37 所示。

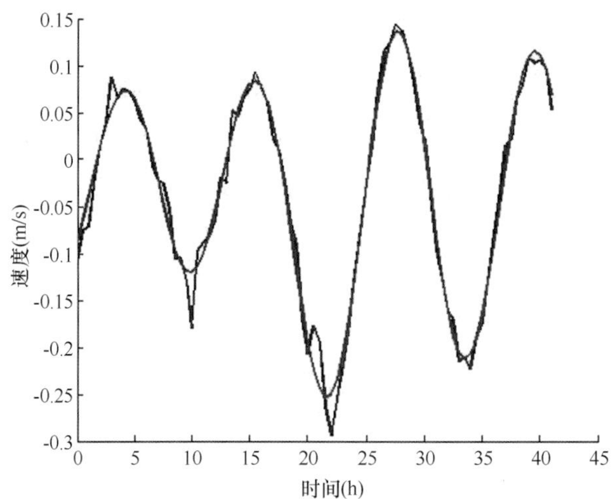

图 2-37　2010 年 8 月 11—13 日实测流速数据（蓝线）与拟合结果（红线）对比

拟合结果表明，式（2-35）很好地将惯性流分离了出来。在式（2-35）中，我们并不能分离地转流和埃克曼流，但显然，在最上层的剪切主要是埃克曼流贡献的，越接近表面，埃克曼流所占的成分越重。根据实测数据，我们确定某一参考深度，在参考深度埃克曼流速分量为零，流速主要是地转流。将剖面的所有数据减去参考深度的流速，得到近似的埃克曼漂流剖面（以下简称“实测埃克曼流”）。虽然在埃克曼层中不同深度的地转流速也会有差异，但剪切主要是埃克曼流引起的，其结果用以与理论结果比较。

2.5.2.2　冰下埃克曼漂流剖面观测结果分析

在 2010 年中国第四次北极科学考察中，ADCP 为每 6 min 观测一次。需要注意的是，式（2-34）的实测埃克曼流是随时间变化的，而用式（2-29）获得的计算埃克曼流是定常的。当海冰漂流速度发生变化时，用式（2-35）得出的结果有时很接近定常状态的埃克曼漂流，有时会有所偏离。由于我们的目的是确定层化条件下埃克曼流的垂向结构，我们主要研究处于准定常状态时期的埃克曼漂流。

作为示例，在图 2-38 和图 2-39 中，将用公式（2-29）和公式（2-31）确定的计算埃克曼流（红线）与实测埃克曼流的 u、v 分量（蓝线）进行对比，图中分别为 8 月 9 日 21：22（86.82° N，178.04° W）、8 月 10 日 02：05（86.84° N，177.68° W）、8 月 10 日 04：07（86.84°N，177.35°W）、8 月 10 日 07：20（86.83°N，177.09°W）的 CTD 测量剖面的计算埃克曼流与前后 2.5 个小时内的实测埃克曼流的对比。

从图 2-38 和图 2-39 中可以看出，实测流速剖面并不十分稳定，有一定的时间变化。另外，20 m 以下 v 分量并不接近零，显然是地转流的成分。由于受未完全分离的地转流的影响，图中部分流速下部实测与计算结果存在一定差异。但是，整体上体现了埃克曼漂流的结构。从图中的数值计算结果可见，考虑密度层化计算得到的埃克曼漂流 u 分量和 v 分量都与实测结果吻合很好，表明计算结果正确的模拟出了层化海洋下的埃克曼流，考虑海水层化的埃克曼漂流可以用式（2-29）和式（2-31）很好地计算出来。

有时，利用公式（2-35）计算得出的流速剖面部分与埃克曼漂流明显偏离，例如，图 2-40 中 8 月 10 日 19—21 时每半小时的平均流速显示，10 m 以上流速变化不符合埃克曼漂流。

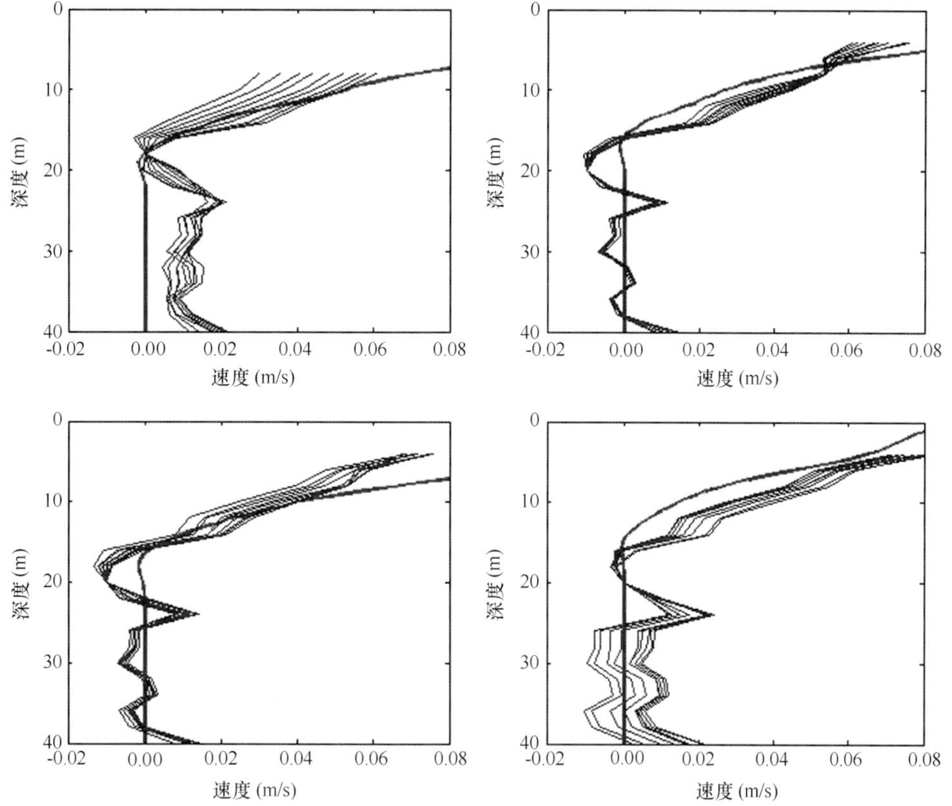

图 2-38　实测（蓝线）与计算（红线）的埃克曼流速 u 分量的比较

使用 GPS 数据分析海冰漂移速度，作出海冰漂移速度大小和漂移方向随时间变化图，如图 2-41 所示。其中蓝色曲线为海冰漂移速度大小随时间变化曲线，红色曲线为海冰漂移方向的相位随时间变化曲线，灰色阴影部分为类似图 2-40 中不完全与埃克曼漂流吻合的情况。从图 2-41 中可以看出，不完全与埃克曼漂流吻合的情况较少，大部分实测结果与计算得出的结果相吻合。其中阴影部分处漂移速度大小和漂移方向的变化率都较大，我们分析认为，不完全与埃克曼漂流吻合的情况是由于表层海冰流速发生变化，速度变化或者发生方向变化，导致较浅处海水流速发生变化，下层海水还未响应过来，仍保持原有流速，导致流速剖面与埃克曼流不符。经过表层海冰一段时间的较为稳定的拖曳后，表层海水达到稳定，将会形成新的埃克曼流动。

以上结果表明，使用海水的密度数据计算得出埃克曼流剖面与观测结果吻合，可以对冰下层化海洋中表层埃克曼流流场进行准确的模拟。这个结果有两方面的意义：第一，在没有 ADCP 观测的条件下，可以依据实测的温盐数据和层化海洋的埃克曼漂流理论，计算获得上层海洋的埃克曼漂流场，该流场可以很好地体现上层海洋的漂流运动，并且代表了上层海洋的流场剪切，对研究上层海洋海水运动有重要意义；第二，由于海洋湍流黏性系数和湍流扩散系数都可以由密度梯度和流速剪切计算出来，用密度剖面数据和埃克曼理论得到的上层海洋剪切可以用来描述海洋湍流结构，有助于理解上层海洋的垂向湍流运动，以及与此相关的能量传输问题。

在极地海洋研究中，由于南北极的观测存在很大困难，现场观测数据比较稀少，在很多时候在处理温盐数据时缺少相应的流场数据，而在数据的处理计算中往往又需要使用流速进

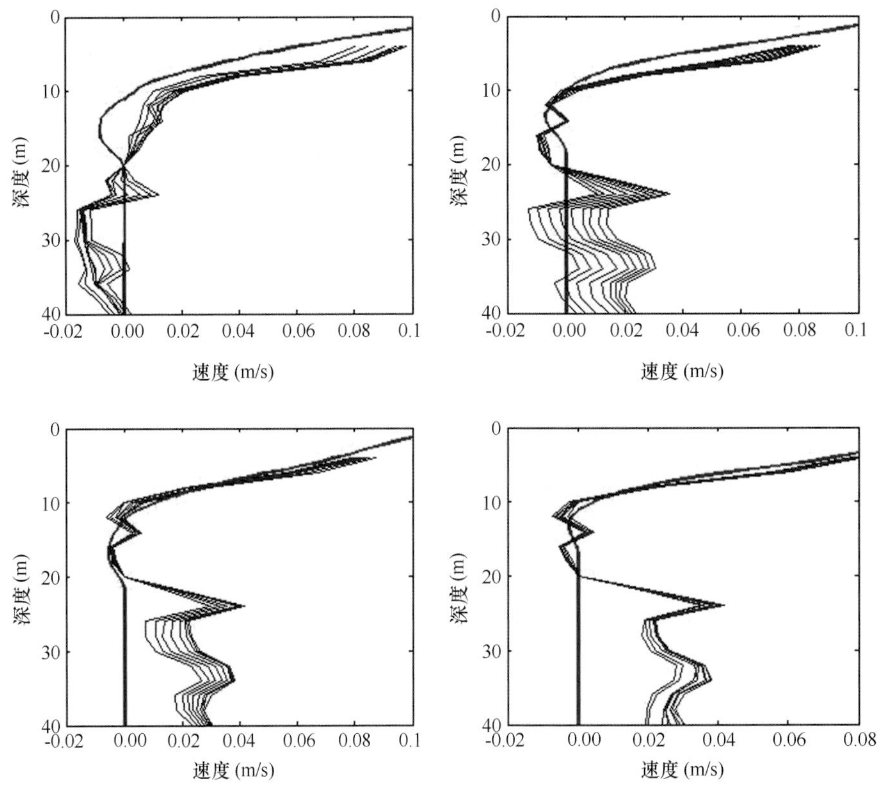

图 2-39　实测（蓝线）与计算（红线）的埃克曼流速 v 分量的比较

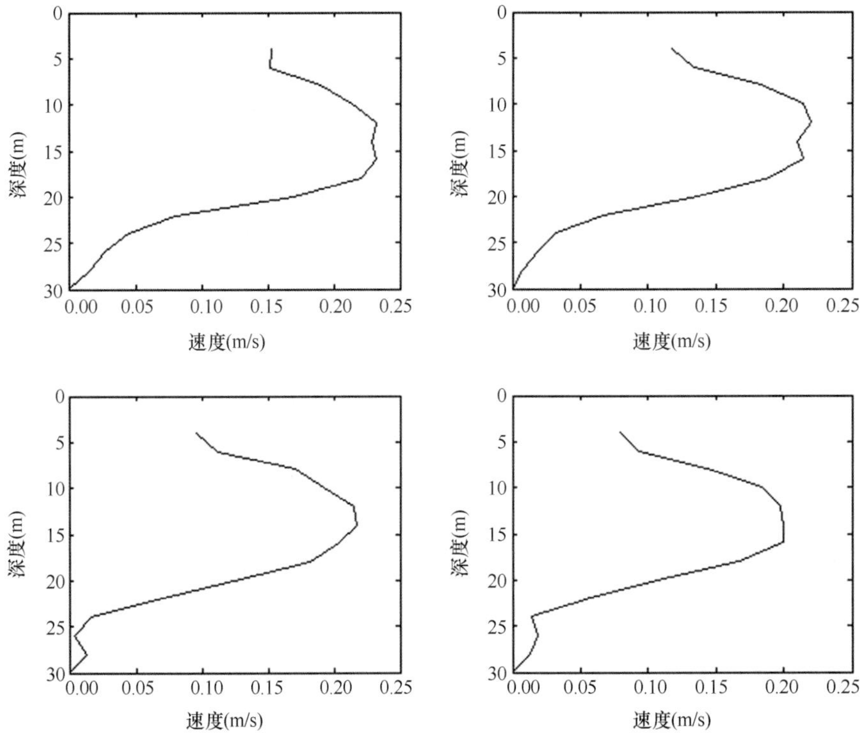

图 2-40　8 月 10 日 19—21 时每半小时埃克曼流平均流速垂向剖面

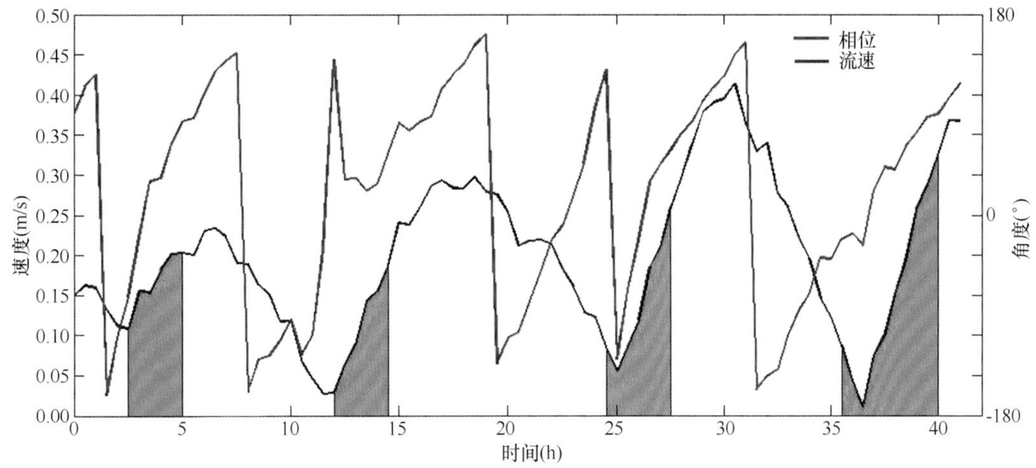

图 2-41 海冰漂移速度与漂移方向，阴影表示实测与理论不一致的时段

行计算，这时可以使用上述方法，使用理论计算得出的埃克曼流流场对表层流场进行估算，尤其是在计算流速垂向剪切时，可以得出较好的结果。

2.5.3 层化和海冰运动对埃克曼漂流的影响

2.5.3.1 海水层化条件下埃克曼剖面结果的差异

我们应用实测的 CTD 数据，确定两种流速剖面：一种是实测的带有密度层化下的埃克曼漂流剖面，使用的实测密度剖面如图 2-42 中的红线所示，A_z 由式（2-31）计算，所得的埃克曼流速剖面如图 2.42 中蓝色实线所示；另一种是采用 100 m 以上海水的平均密度，计算密度均匀条件下的埃克曼漂流剖面，A_z 取带有密度层化时计算得出的平均值，取为 0.01，所得的埃克曼流速剖面如图 2-42 中蓝色虚线所示。从图 2-42 可以看出，在密度均匀的海水中，海冰拖曳产生的埃克曼流速曲线较为平滑，埃克曼漂流的影响深度深达 40 m 左右，到达 70 m 左右速度变为 0。而在存在层化的条件下，流速在 20~30 m 的深度上已经减弱为 0。

在 20 m 处，出现了一个不是很强的密度跃层，密度跃层处密度梯度 $d\rho/dz$ 较大，由式（2-32）可以得出较大的理查森数，并由式（2-31）得出很小的垂向湍流黏性系数。层化的存在改变了海洋的垂向湍流结构，湍流扩散系数在层化很强的水层骤然减小，见图 2-43。层化的发生不仅仅是改变了湍流黏性系数的量值，导致流速分量 u 和 v 迅速减小，而且完全遏制了剪切流速的向下传播，埃克曼漂流在跃层的深度上就完全消失了。由图 2-42 可见，实际发生的层化并不是很强，但仍然可以使埃克曼漂流止于跃层之上。

经过计算得出的流速剖面，流速都在跃层附近减小到 0。这是一个非常有意义的结果，只要层化能够引起足够小的湍流黏性系数，就可以使埃克曼流无法向下扩展，将埃克曼漂流完全控制在跃层以上。这个结果表明，在水体均匀的冬季，海冰拖曳引起的上层海洋漂流会发生在较大的深度上（约 70 m），而夏季层化条件下，海冰拖曳引起的漂流只能达到 20~30 m 的深度，不能进入更深的水层。如果这个结果成立，夏季的上层海洋的漂流成分只存在于很浅的水层内。

漂流不能进入跃层以下，意味着海冰拖曳做功所产生的能量不能进入海洋深处，而是在

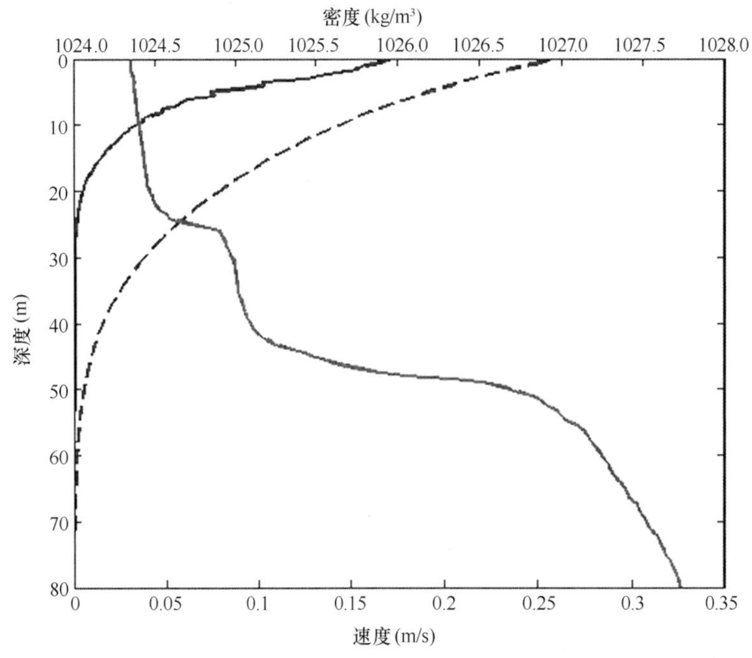

图 2-42　有层化（蓝色实线）与无层化（蓝色虚线）埃克曼漂流的对比红线为层化的密度剖面

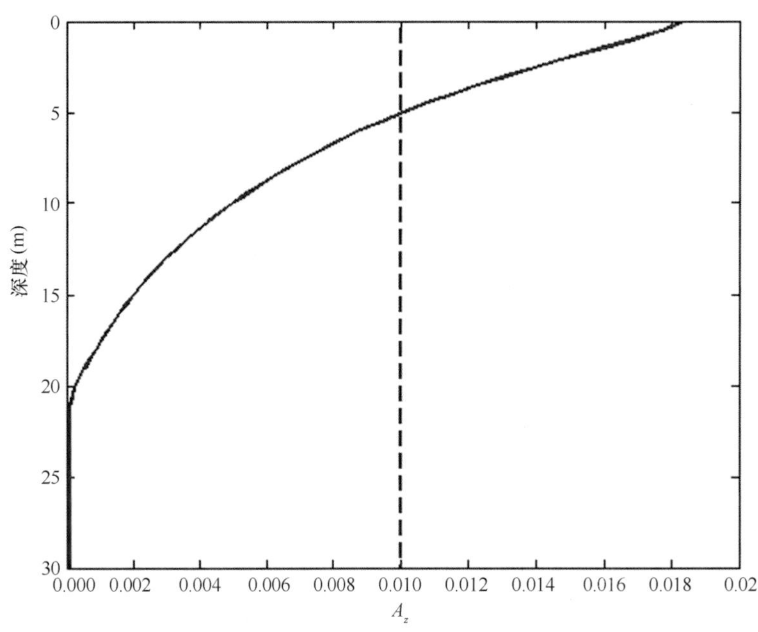

图 2-43　有层化（实线）与无层化（虚线）垂向湍流黏性系数 A_z 的对比

很浅的表层水体内积聚，使埃克曼层内的能量大幅度增加。增加的能量可以转化成海水运动的动能、层化加强形成的势能、或者转化成海水的热能。在定常状态，动能和势能改变不大，不能下传的热量会使上层海洋的温度增加。这种能量的转移有利于产生更加温暖的表层海水，加剧海冰的底部融化。

2.5.3.2　海冰漂移速度的变化对埃克曼流剖面的影响

为了研究海冰漂移速度对埃克曼流的影响，我们通过改变表层海冰流速，按照式

(2-29) 和式 (2-31) 分别计算密度均匀条件下和层化条件下的埃克曼漂流剖面，分析表面海冰漂流速度对上层埃克曼流的影响，结果如图2-44所示，图中用红色线和蓝色线分别表示表面海冰漂流速度为0.2 m/s和0.3 m/s的埃克曼流。从图2-44中可以看出，表层海水流速与表面海冰流速相同，由于表面海冰流速减小时各层海水流速都相应减小。在有层化情况下，两种流速的流场都在20 m到30 m减小为0；在无层化情况下，两种流速的流场都在70 m左右减小为0。因此可以得出，表面海冰流速发生变化时，导致各层流速发生相应的变化，但埃克曼流的摩擦影响深度并不随表面冰速的变化而发生变化。摩擦影响深度是由海水的密度结构所决定的，跃层的位置决定埃克曼流的摩擦影响深度，与海冰漂流流速无关。

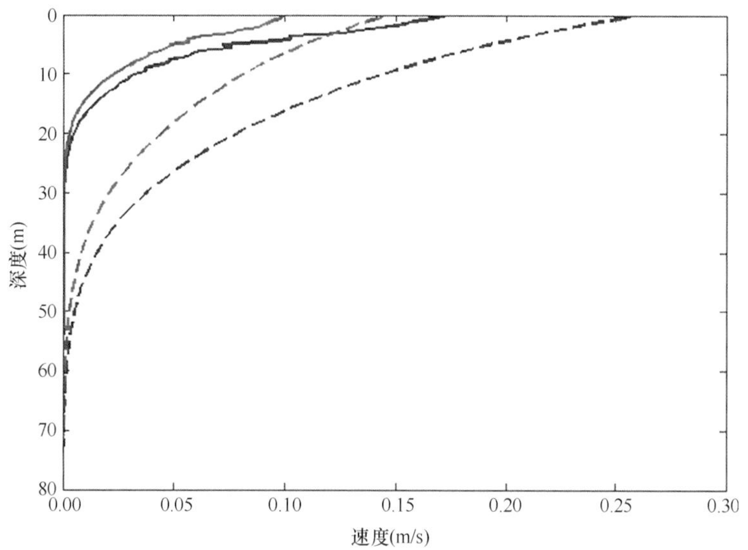

图2-44 层化（实线）与无层化（虚线）条件下的流速剖面

蓝色曲线为海冰流速0.3 m/s的结果；红色曲线为海冰流速0.2 m/s的结果

2.6 夏季北极冰下海洋热通量的时间变化

自20世纪70年代以来，北冰洋大气呈现明显增温趋势（McPhee et al.，2009；Comiso，2003），与此相对应，北冰洋海冰覆盖面积和海冰厚度也出现了急剧降低（Comiso et al.，2008）。卫星数据表明，北冰洋海冰覆盖面积以每10年2%~4%的速度在减小（Serreze et al.，2003；Stroeve et al.，2008）。2012年9月北冰洋海冰面积跌破4×10^6 km^3，达到了历史最低值（NSIDC，2013）。然而，全球气候变暖引起的海冰变化并不仅仅表现于海冰覆盖率的减小，其自身性质也发生了变化：海冰呈现出由大面积多年冰向低龄冰转变趋势（Fowler et al.，2003；Rigor and allace，2004；Maslanik et al.，2007）。2007年北冰洋多年冰面积相对气候态均值降低了37%（Comiso et al.，2008），北冰洋多年冰比例从20世纪80年代的75%降低到2011年的45%（Maslanic et al.，2011）。这可能会导致北冰洋海冰加速融化现象不可逆转，最终产生北冰洋夏季无冰现象（Lindsay et al.，2009；Serreze，2009）。多年冰的维持依赖于冰下边界层微妙的能量平衡，在此，冰下混合层海水向海冰输送的热通量起着核心作用

(Maykut and Untersteiner, 1971)。混合层海水向上的热通量大小主要是由混合层的热含量和湍流混合决定。Maykut (1982) 模式结果表明，若要维持北冰洋 3 m 厚度的海冰平衡，混合层海水向海冰输送的热通量需要达到 2 W/m^2。一般认为，向冰底输送的热量大部分来源于太阳辐射能，深层暖水向上的热量输送可以忽略 (Maykut, 1982; Maykut and McPhee, 1995; Fer, 2009)。太阳辐射能主要通过冰间水道、开阔水和融池向混合层输送热量，随太阳高度角的变化，混合层的热含量也呈现出明显的季节变化。冬季大气冷却和结冰过程会形成低温、高盐、较深的混合层，而夏季增暖和融冰则会导致混合层相对高温、低盐并且较浅。实际观测到的冰底的热通量一般维持在 2~3 W/m^2，随着混合层的热含量变化也存在着显著的季节变化，在 8 月融冰末期混合层热含量达到最大值时，冰底热通量最高可达 40~60 W/m^2 (Maykut and McPhee, 1995)。而 Krishfield 和 Perovich (2005) 利用 1975—1998 年的长期漂流冰站资料估算出年平均冰底热通量为 3~4 W/m^2，并且呈现出以每 10 年 0.2 W/m^2 的速度增长的趋势，同时，冬季混合层向海冰也存在着显著的热通量，说明冰底的热通量的能量来源不仅仅来源于太阳辐射能。冰下海洋热通量对于维持北冰洋海冰的平衡起着关键作用，随着北冰洋海冰面积和厚度的急剧减少，需要对冰下海洋热通量的垂向结构和能量来源有更加清晰的了解。

夏季进入北冰洋表层海水的太阳辐射能一部分向上传输用于海冰融化，一部分也会以湍扩散的方式向下传输。在马卡洛夫海盆，夏季混合层 (Mixed Layer, ML) 之下存在着一层以温度极小值为特征的冬季混合层残留水 (Jackson et al., 2010)。由于北冰洋冬季混合层在表层结冰和盐度对流作用下形成，在夏季其残留水的温度仍接近冰点 (Rudels et al., 1996)。因此，夏季混合层增加的太阳辐射能可以部分向下传输并储存在低温冬季混合层残留水 (rWML) 中。在 rWML 之下是冷盐跃层 (图 2-45)，作为分隔混合层海水和温暖高盐大西洋水的屏障 (Aagaard et al., 1981)。冷盐跃层的强密度层化和相对较低的温度梯度会阻碍大西洋水热量的向上输运 (Rudels et al., 1996; Steele and Boyd, 1998)。在阿蒙森海盆，大西洋水穿过冷盐跃层向上的热通量接近于 0 (Fer, 2009)，而加拿大海盆则平均在 0.3~1.2 W/m^2 (Shaw et al., 2009)。但是夏季低温 rWML 的存在会使其和冷盐跃层之间产生一定的温度梯度，意味着存在深层大西洋暖水透过冷盐跃层向上的热通量。Krishfield 和 Perovich (2005) 发现北冰洋冬季混合层海水的温度明显高于冰点，意味着冰底在冬季也存在着不可忽略的热通量，而冬季混合层的热量可能来源于深层大西洋水的垂向热量输送。因此，夏季 rWML 的存在产生了与冬季冰下海洋相似的垂向温盐结构，大西洋暖水透过冷盐跃层向 rWML 的热通量同样不可忽略。

为了更加明确混合层海水向海冰输送的热通量垂向分布特征和融冰之间的关系及其能量来源，本节利用 2010 年中国第四次北极科学考察期间的冰站温盐深仪 (CTD) 和声学多普勒流速剖面仪 (ADCP) 数据，研究考察期间北冰洋冰下上层海洋的热力学过程。

2.6.1 数据和处理方法

为了研究北冰洋冰下边界层的热通量、海冰融化以及上层海洋热力学性质变化过程，2010 年中国第四次北极科学考察期间我们在马卡洛夫海盆布设了长期冰站，初始位置为 86.884°N，179.162°W，时间自 8 月 8—19 日 (图 2-46)。在 8 月 16 日前，冰站漂移方向以东向为主，8 月 16 日以后漂移方向转为北向为主，平均漂移速度约为 7 cm/s。冰站漂流期间

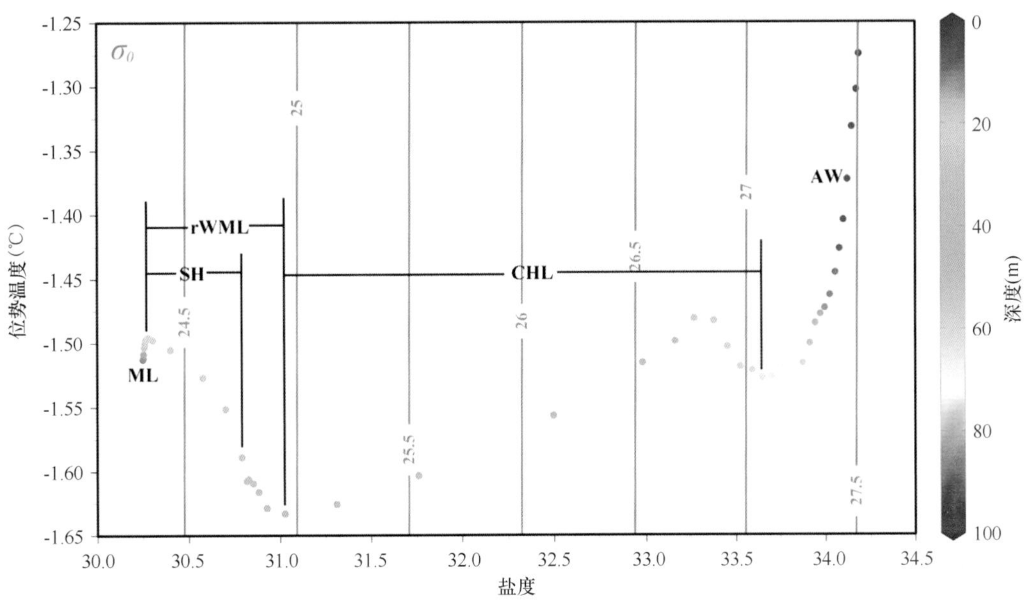

图 2-45　北冰洋冰下 100 m 以浅海洋温-盐图解

数据来自 2010 年中国第四次北极科学考察期间在马卡洛夫海盆布放的长期冰站获得的 CTD 数据

获得的观测数据包括 CTD 剖面数据、ADCP 观测时间序列、大气温度数据和冰站 GPS 经纬度信息。CTD 数据使用加拿大 RBR 公司生产的 XR-620 自容式 CTD 获得。CTD 通过程控绞车缆绳悬吊在冰洞中，每天上下两次，以 6 Hz 的频率对冰下上层 100 m 海洋进行采样观测。冰下海水流速数据通过悬吊在冰洞中的 300 kHz ADCP 获得。ADCP 在水面下 3 m 水深处，采样频率设为 6 min，采样间隔设为 2 m，有效观测数据共 34 层。

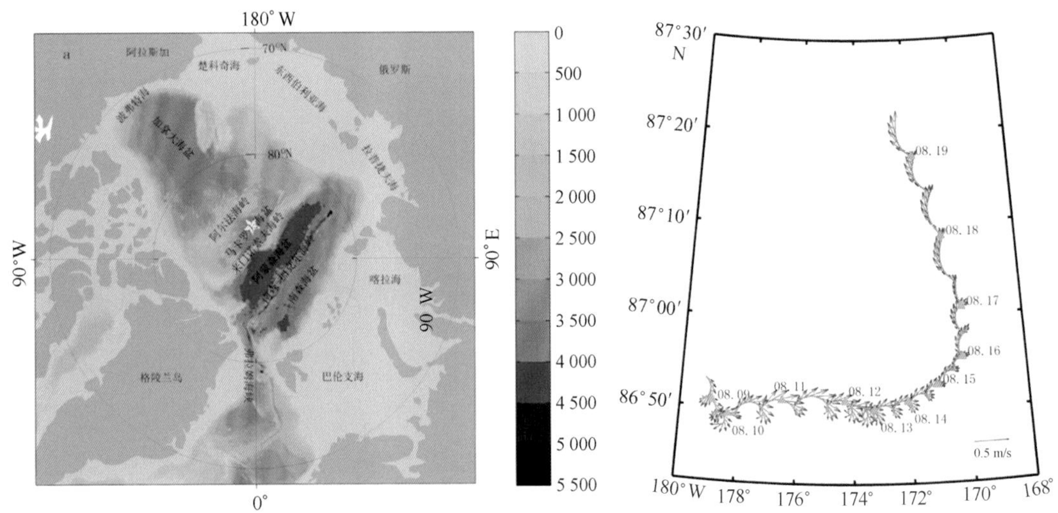

图 2-46　北冰洋地图和冰站位置（左图红色曲线）以及冰站漂流轨迹（右图）

绿色三角形为每天的起始位置，红色箭头为每小时冰站平均漂流速度矢量

2.6.1.1　海洋向海冰的热通量计算

混合层海水向海冰的垂向通量计算公式为：

$$F_{h_0} = \rho c_p < w'T' > \quad (2-36)$$

其中，ρ 为海水密度；c_p 为海水比热；$<w'T'>$为动力湍热通量。McPhee 等（1992；1999）研究表明，海表面垂向热通量可以通过冰海界面的动力摩擦速度和混合层高于冰点的温度来推算，式（2-36）可以转化为：

$$F_{h_0} = \rho c_p c_h u_{*0} \delta T \quad (2-37)$$

其中，c_h 为整体热输送系数；u_{*0}为冰海界面的摩擦速度；δT 为混合层海水高于冰点的温度。McPhee（1992；2002）估测出的北冰洋整体热输送系数 c_h 约为 0.005 7。对于动力摩擦速度 u_{*0}，McPhee（1999）利用海冰相对海表地转流的速度来估算动力摩擦速度：

$$\frac{\kappa V}{u_{*0}} = \log \frac{u_{*0}}{f z_0} - A - iB \quad (2-38)$$

其中，V 为海冰相对海水表层地转流的速度，以复数形式表示；κ 为冯卡曼常数，为 0.4；f 为科氏参数；z_0 为冰底的粗糙度，对于北冰洋多年冰粗糙度取为 0.01（McPhee，2009）；A 和 B 为中性静力稳定常数，分别取为 2.12 和 1.91。对于短期时间尺度来说，海冰漂移速度一般远大于地转流流速，因此此处 V 取为海冰绝对速度。McPhee（1988）指出海冰流速包括平均流速、惯性流速和潮流，在计算海冰动力摩擦速度时，需要除去惯性流和潮流部分。在冰站漂流位置，惯性流周期为 12.0 h，为了消除惯性流和潮流的影响，在计算冰底动力摩擦速度时，对海冰漂流速度进行 24 h 平均。

2.6.1.2 冰下海洋内部热通量计算

冰下海洋内部垂向热通量可以通过 CTD 观测资料和 ADCP 连续观测剖面数据来估算。CTD 数据首先用来计算上层海洋浮力频率的平方：

$$N^2 = -\frac{g}{\rho} \frac{\partial \sigma_t}{\partial z} \quad (2-39)$$

其中，g 为重力加速度，$\frac{\partial \sigma_t}{\partial z}$为在不同深度的位势密度差异。$N^2$ 是海水层化程度的指标，在密度变化最剧烈的层次达到最大值。为了与 ADCP 数据 2 m 的采样间隔相匹配，CTD 数据也以深度为基准平均到 2 m 间隔。

ADCP 数据用来计算冰下上层海洋 2 m 采样间隔上的速度剪切：

$$S^2 = \left(\frac{\partial u}{\partial z}\right)^2 + \left(\frac{\partial v}{\partial z}\right)^2 \quad (2-40)$$

其中，u，v 为东西方向的速度分量。ADCP 换能器悬吊在水下 3 m 处，第一层记录数据在换能器下方 4 m 处，因此 ADCP 记录的第一层流速数据对应的深度为 7 m。由于 ADCP 第一层数据质量一般不够好（Thurnherr，2008），因此流速剪切从第二层数据即 9 m 深度开始算起。

根据式（2-39）和式（2-40），我们利用 PP 参数化方案（Pacanowsky and Philander，1981）计算了冰下上层海洋的垂向扩散系数：

$$K = \frac{5 \times 10^{-3} + 10^{-4}(1 + 5Ri)^2}{(1 + 5Ri)^3} + 10^{-5} \quad (2-41)$$

其中，$Ri = N^2/S^2$ 为理查森数。PP 参数化方案计算出的垂向扩散系数 K 表明，在层化较弱或垂向剪切较强的区域一般与较高的 K 相对应。为了去除潮流和惯性流影响，在计算垂向剪切时，我们对 ADCP 记录的速度剪切进行了 24 h 平均，然后再用于垂向扩散系数的计算。利用式（2-41）计算出垂向扩散系数后，我们即可以根据观测到的温度梯度计算上层海洋内部某一界面的热通量，计算式为：

$$F_h = \rho C_p K \frac{\partial T}{\partial z} \tag{2-42}$$

其中，T 为海水温度。对于计算中所用到的 CTD 剖面资料，我们将每天获得的两个剖面进行平均作为一天的 CTD 垂向剖面。在计算上层海洋通过某一界面的热通量时，采用界面上下各 4 m 层厚的平均温度来计算温度梯度。

2.6.1.3 上层海洋热含量

进入海洋的太阳辐射能一部分用于融化海冰，还有一部分会在海洋内部进行垂向输运，引起海洋内部热含量的变化。根据 CTD 温盐剖面资料，海洋中特定层次海水的热含量为温度、盐度和深度的函数：

$$H = (T - T_f)\rho c_p \tag{2-43}$$

其中，T_f 为冰点温度。对于某一层次海水的热含量，计算公式为：

$$HC = \int_{z_1}^{z_2} H(z)\,\mathrm{d}z \tag{2-44}$$

其中，z_1，z_2 为特定层次的上下边界深度。

2.6.2 观测期间上层海洋物理特征

图 2-47 给出了冰站漂流期间夏季马卡洛夫海盆 0~100 m 层海水的温盐剖面。冰下表层海水为温度、盐度相对均一的混合层，我们以密度梯度自冰下界面增大到 0.02 kg/m^4 的深度作为混合层底部的深度。冰站漂流期间夏季混合层深度平均约为 25 m，平均温度为 -1.51℃，平均盐度为 30.22。在混合层之下为低温的冬季混合层残留水，一直向下延伸到 40 m 左右，以温度极小值为界。冰站观测期间冬季残留水温度极小值在-1.6℃左右，由于夏季海冰融化导致混合层盐度低于冬季残留水，在冬季残留水的顶部产生了较弱的季节性盐跃层，深度在 30 m 上下。冬季混合残留水之下则存在着盐度变化极为剧烈的海水层，形成冷盐跃层上层。冷盐跃层一直延伸到水深 70 m 左右，盐度梯度最为强烈的海水层之下存在着一个微弱的局地温度极大值，我们认为这是由于夏季太平洋水的侵蚀形成。Steele 等（2004）指出夏季太平洋水大致沿着 180°经线从波弗特海向北流动，一直到 87°N 附近转为向东流向格陵兰岛北部。但夏季太平洋水盐度一般低于 33，而冰站观测到的温度极大值对应的盐度则在 33.5 左右。我们认为这是由于冰站处在夏季太平洋水影响的边缘海域，太平洋水在此已经和大西洋水混合变性，因此盐度高于夏季太平洋水的特征盐度。

冰站前期大气温度基本维持在 0℃以下，从 8 月 13 日开始经历了一次强烈的降温过程，并在 16 日降到最低，达到了-4.6℃。温度降到最低以后又开始了剧烈的升温过程，在 18 日最高达了 1.7℃（图 2-48a）。在 13 日开始的降温期间，冰站观测到混合层水温产生了微弱的降温现象，但随后随着大气温度的快速回升而相应增暖。另外，8 月融冰过程也造成了混合层海水的盐度有所降低，在 15 日以后盐度降到了 30.2 以下（图 2-48b）。夏季海冰融化产生的淡水主要储存在表面混合层，冬季混合层残留水盐度并未发生明显变化，但由于夏季混合层吸收的太阳辐射能持续向下输运，冬季残留水的温度存在明显的增暖现象。混合层向冬季

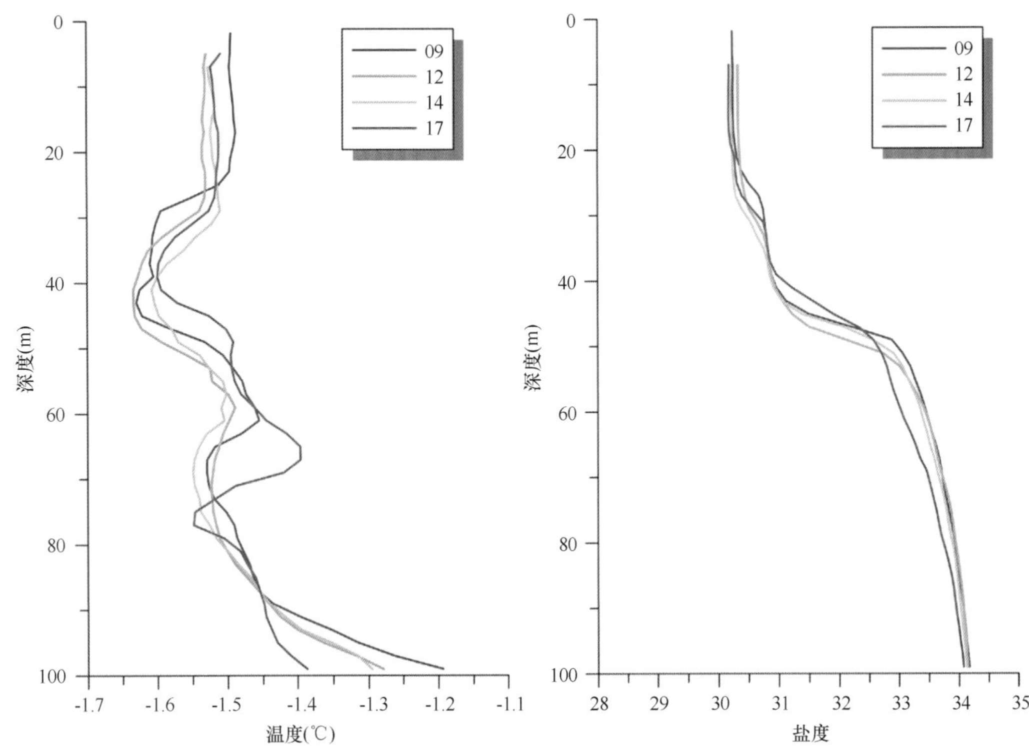

图 2-47　2010 年 8 月 9 日、12 日、14 日和 17 日冰下上层海洋温盐垂直分布

残留水的热量输送将在 2.6.4 节进行讨论。

2.6.3　海洋向海冰输送的热通量

由图 2-46b 的海冰漂流速度矢量可以看出，海冰漂流呈现明显的惯性流变化特征，周期约为 12 h。为了消除惯性流的影响，我们对海冰漂流速度进行了 24 h 平均，得到海冰每天的平均速度。图 2-49a 给出了 8 月 9 日到 18 日的海冰漂流日平均速度 V、冰底的动力摩擦速度 u_{*0}和冰下混合层海水高于冰点的温度 δT 变化。冰站漂流期间 V 一般维持在 5~20 cm/s 之间，在观测后期明显增大。利用公式（2-38），我们得到了冰底的 u_{*0}。u_{*0}的大小呈现与 V 大致相同的变化规律，冰站漂流期间平均大小为 0.69 cm/s。由于 CTD 在冰洞中水面处的观测值受外界因素影响较大，我们采用水深 9 m 处的水温作为混合层的水温。图 2-49a 表明在 13 日开始的剧烈降温过程中产生了一定的下降，观测期间在 0.10℃和 0.17℃范围内波动，平均大小为 0.13℃。

根据 u_{*0}和 δT 以及其他通过温盐资料获得的水文参数，利用公式（2-37），我们计算得到了冰站漂流期间冰下海水向海冰输送的热通量 F_{h0}（图 2-49b）。在 8 月 9 日到 18 日 10 d 内，F_{h0}都维持在 10 W/m^2 以上，平均热通量大小为 21.9 W/m^2，会对海冰融化产生明显的效果。在观测期间内，F_{h0}受 u_{*0}和 δT 共同影响，大致可以分为三个阶段：第一阶段从 8 月 9 日到 11 日的初始阶段，F_{h0}由 12.4 W/m^2 缓慢上升到 29.8 W/m^2；第二阶段然后由于海冰漂流速度的减小和随后的降温过程，从 12 日开始，F_{h0}基本维持在 15 W/m^2 以下；第三阶段 16 日海冰漂流转为向北后（图 2.46），u_{*0}和 δT 共同回升，F_{h0}也随之急剧升高，并在 18 日达到了

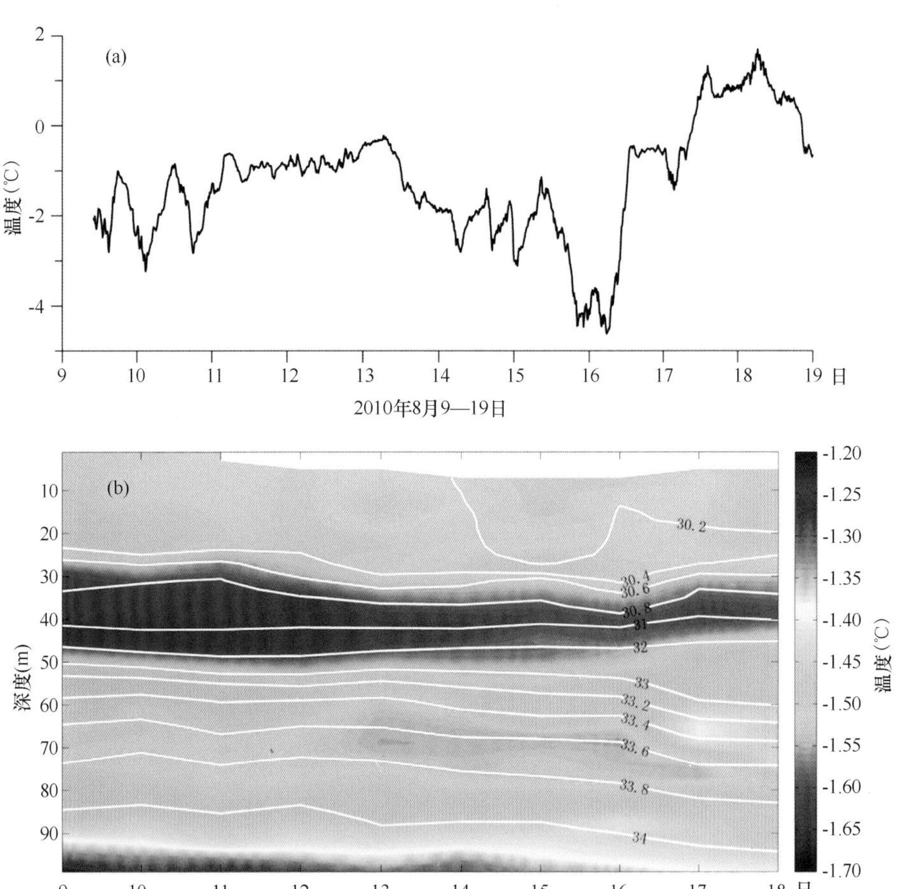

图 2-48　10 m 高度气温（a）和冰下上层海洋（100 m）温盐剖面（b）

最大值 43.6 W/m^2。这与 Maykut 和 McPhee（1995）观测得到的海水在 8 月向海冰输送的热通量最大值达到 40~60 W/m^2 相对应。

夏季混合层海水向海冰输送热通量会使海冰融化。在冰站观测期间，混合层海水向海冰输送的热通量平均为 21.92 W/m^2，共计向海冰输送 2×10^7 J/m^2 的热量。海冰吸收的热量可融冰量计算公式为：$\Delta h_i = \Delta Q / \rho_i L_i$（Steele et al.，2008），其中 L_i 为海冰的熔化潜热 3×10^5 J/kg，为海冰密度。根据 Lei（2012）在同一次冰站观测，冰站观测点的海冰密度约为 850 kg/m^3。据此我们可以推算出在冰站漂流期间，混合层海水向海冰输送的热量可以融化海冰约为 7.4 cm，平均融冰速度为 0.7±0.3 cm/d（图 2.49a）。而 Lei（2012）对该冰站的冰底消退观测表明，在 8 月 9 日至 18 日期间海冰冰底共计融化 5.3 cm，平均融化速度为 0.5±0.2 cm/d，实际观测冰底消退速度与我们根据热通量推算的冰底的融化速度呈现出一致的变化规律。由于在观测期间尤其是 13 日开始的剧烈降温期间，大气出现了低于 2℃ 低温，此时混合层海水向海冰输送的热通量除大部分用于融冰外，还会有部分热量在海冰内以热传导的形式向上传输最终扩散到大气中，因此，我们通过冰底的热通量计算的累积海冰融化总量比观测值略高。

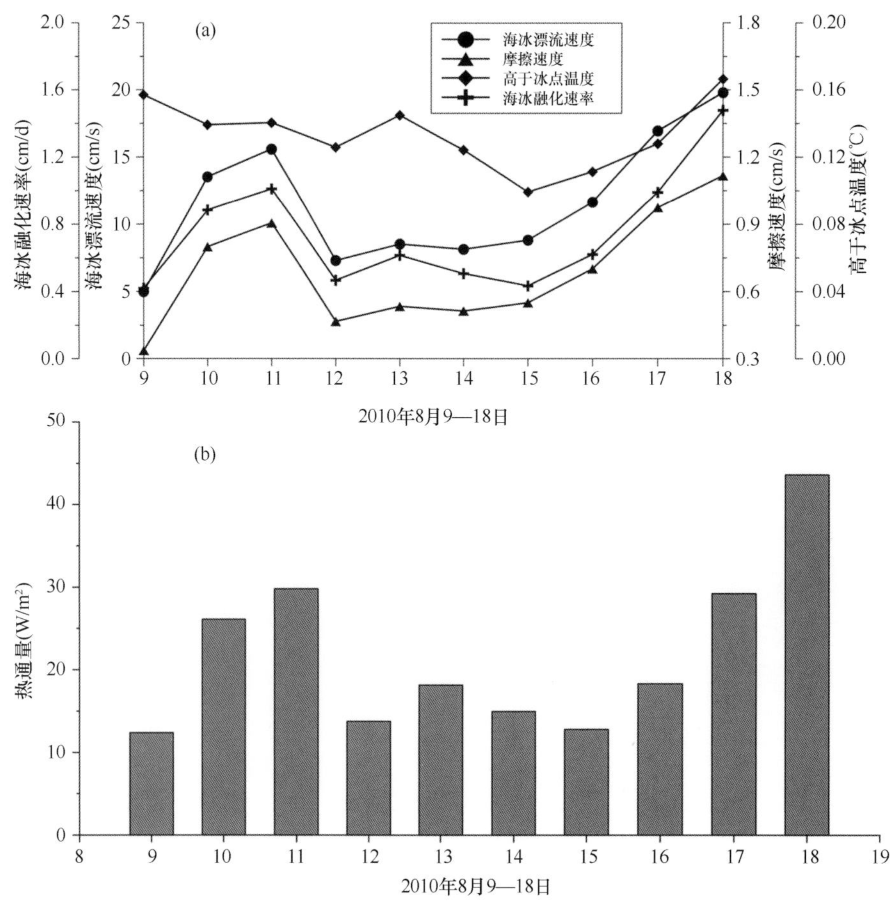

图 2-49　冰站观测期间的日平均数据

（a）海冰日平均漂流速度、冰底的动力摩擦速度和冰下混合层海水高于冰点的温度；

（b）海水向海冰输送的热通量

2.6.4　冰下海洋内部的热通量

北冰洋夏季融冰期间混合层海水增加的太阳辐射能一部分向上输送用于融化海冰，还会有一部分向下扩散存储在夏季混合层之下的 rWML 中。rWML 的存储的热量不会直接用于融化海冰，但对于秋冬季结冰过程起着重要的阻碍作用。针对 rWML 的热量收支，我们估测了冰下海洋内部 rWML 上下界面的热通量。

首先我们利用冰站观测 CTD 数据和 ADCP 数据，并利用公式（2-39）和公式（2-40）分别计算出了冰下海水的浮力频率和水平速度垂向剪切，然后根据公式（2-41）的 PP 参数化方案得到了海水的垂向扩散系数。在冬季混合残留水的上边界即混合层底，平均垂向扩散系数为 $6.8\times10^{-5}\ m^2/s$，而在温度极小值对应的残留水下界面，垂向扩散系数平均为 $1.2\times10^{-5}\ m^2/s$。然后结合 CTD 获得垂向温度梯度，利用公式（2-42），我们得到了冰下上层海洋内部通过 rWML 上下界面的热通量（图 2-50）。

由于夏季进入混合层海水的太阳辐射能增加，夏季混合层温度高于其下的冬季混合层残留水水温，因此穿过混合层底部即 rWML 上界面的热通量在观测期间内一直向下。与海洋向海冰输送的热通量相比，穿过混合层底向下的热通量相对较小，基本维持在 $1.5\ W/m^2$ 以下，

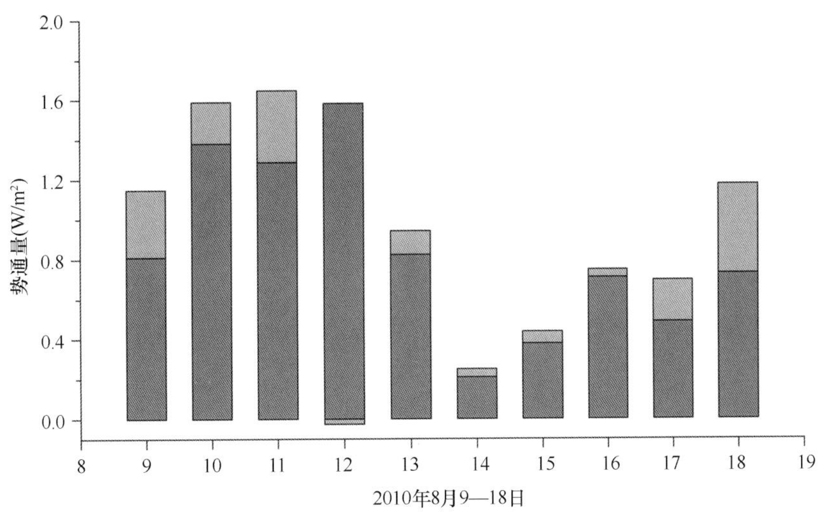

图 2-50 2010 年 8 月穿过 rWML 上界面（深灰色）和下界面的热通量（浅灰色）

注：以 rWML 获得热量为正

说明夏季进入混合层中的太阳辐射能主要向上传输用于融冰，以潜热的形式存在于混合层的淡水中，向下传输的热量只占太阳辐射能的一小部分。图 2-50 表明，大气降温前后，穿过混合层底的热通量明显呈现出两个不同的阶段：在 14 日之前，向下的热通量一般维持在 0.8 W/m^2 以上，平均为 1.18 W/m^2；但在 14 日之后，混合层海水向冬季残留水输送的热通量则降到了 0.8 W/m^2 以下，平均水平仅有 0.56 W/m^2，穿过混合层底的热通量相对大气变化大约迟滞一天。同时，通过 rWML 下界面向其输送的热通量基本维持正值，但相对混合层向其输送的热通量要小很多，平均热通量大小仅为 0.18 W/m^2。由于混合层之下的海水并不能直接受到大气扰动的影响，因此穿过冬季残留水底部的热通量并未呈现出明显的变化规律，只是以一个小量微弱的向 rWML 输送热量。这说明了 rWML 的冷盐跃层有效阻碍了大西洋水热量向上输运，而穿过冷盐跃层的向上传输一小部分热量也被 rWML 捕获，使其不能继续向上到达混合层用于海冰融化。

rWML 上下界面对其持续的热量输送会带来 rWML 热含量的变化。图 2-51 中的曲线表示厚度标准化以后 rWML 相对第一天观测时热含量的变化。在整个观测期间，rWML 热含量存在着明显的升高趋势。8 月 9 日 rWML 单位体积海水的热含量平均为 5.64×10^5 J/m^3，虽然 11 日和 12 日存在着微弱的热含量减少现象，但在观测结束时，单位体积内的热含量平均增加了 1.47×10^5 J/m^3。图 2-51 中的柱状图表示穿过 rWML 上下界面向其累计输送的热量。其中，夏季混合层海水穿过混合层底部即 rWML 上界面向其累计输送的热量为 4.43×10^4 J/m^3，而温度极小值以下的大西洋水通过 rWML 下界面向其输送的热量累计为 8.39×10^3 J/m^3，对 rWML 的热含量变化贡献比率接近 5 : 1。除了平流作用引起的 rWML 热含量变化外，上层海洋内部通过 rWML 上下界面向其输送的总热量占其自身热含量变化的 36%。通过热量输送被 rWML 捕获的该部分热量在夏季不参与融冰过程，但对于秋冬季结冰过程的开始会产生明显的阻碍作用。

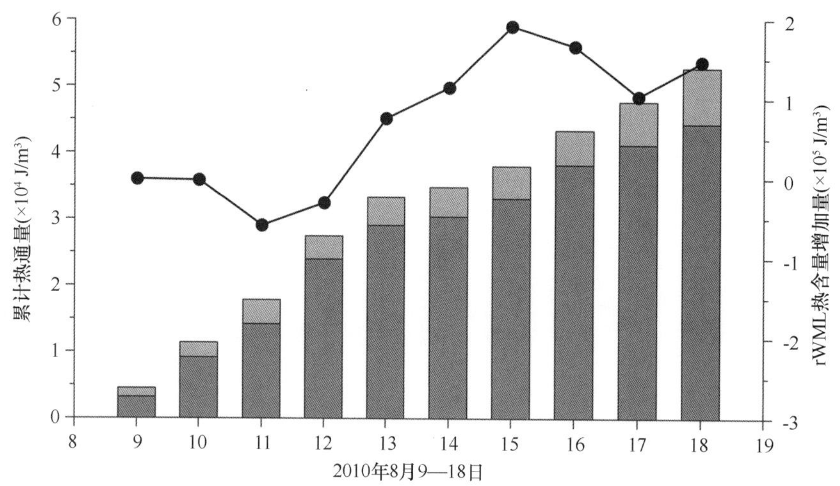

图 2-51　2010 年 8 月 rWML 单位体积海水热量收支和热含量变化

深灰色为穿过夏季混合层底向其累计输送的热量，浅灰色为穿过 rWML 下界面向其累计输送的热量（左侧 y 轴），带圆点的曲线为相对 8 月 9 日 rWML 单位体积海水热含量变化（右侧 y 轴）

2.7　总结

本章所介绍的研究工作主要包括三个方面的内容：一是利用中国第四次北极科学考察的海洋站位实测数据，结合国内外的历史资料，探讨水团的年际变化，包括加拿大海盆中层水深度的变化以及北冰洋西部淡水组分的变化；二是利用上层海洋光学观测数据，开展了辐照度垂直衰减系数变化的分析，并探讨其与海冰和太平洋入流之间的联系；三是围绕在长期冰站获得的资料而开展的一系列研究工作，分别讨论了海冰漂移速度的变化特征、冰下海洋埃克曼漂流的结构与密度跃层的关系以及冰下海洋的热盐结构与垂向热通量的关系。这些研究加深了对北极海洋水团年际变化规律和机制的认识，进一步明确了冰下海洋的热力学和动力学结构与变化特征，对全面认识海洋过程在北极海冰加速减退中的作用有积极的推动意义。

北冰洋中层水的变化是北极气候变化的一个重要信号。利用中国第二次至第四次北极科学考察和国外北极航次的温盐数据，分析了加拿大海盆中层水核心深度在 2003—2011 年间的变化。结果显示在 2003 年，加拿大海盆大部分区域中层水核心深度浅于 350 m，只在海盆东南部存在较深的中层水。从 2004 年开始，一股相对冷的中层水开始进入加拿大海盆西部，取代了从 20 世纪 90 年代开始就占据在海盆中的异常暖中层水。这股相对冷的中层水比 90 年代异常暖的中层水密度要大，逐步占据海盆西部大部分区域，并一直持续到 2009 年。表面应力涡度的增强导致了波弗特流涡旋转加速以及淡水的辐聚。波弗特流涡的旋转加速造就了在流涡中心中层水核心的加深，以及在流涡边缘中层水的变浅。从 2008 年之后，密度变化和海冰减退所导致的表面应力涡度增强共同决定了在波弗特流涡中心的中层水核心深度的变化。

西北冰洋淡水组分的时空变化是通过分析实测的海水氧同位素组成而开展的，运用河水—海冰融化水—大西洋水的三组分混合模型计算出楚科奇海、加拿大海盆海水中河水组分和海冰融化水组分的份额。中国北极考察的数据分析显示，楚科奇海河水组分的份额和积分高度均呈现东高西低、北强南弱的特征，东高西低的形成与东侧受富含河水组分的阿拉斯加沿岸流、西侧受低河水组分的白令海陆架水的影响有关；北高南低的形成则可能与波弗特流涡的埃克曼辐聚作用有关。与河水组分相反，海冰融化水组分的份额和积分高度呈现东低西高、南强北弱的特征，反映出太平洋入流输入强度的时间变化及输入路径变化的影响。加拿大海盆 1967—2010 年间河水、海冰融化水的变化趋势表明，河水组分在 1967—1969 年、1978—1979 年、1984—1985 年、1993—1994 年、2008—2010 年间呈高值分布，说明加拿大海盆河水组分的更新时间为 5.0～16.0 a，其时间变化规律与北极涛动指数的变化密切相关。

海洋光学的研究对认识海冰减退对海洋热盐结构和生态系统的影响有重要的参考价值。利用中国第三次和第四次北极科学考察中的海洋光学数据，计算并分析北极海洋下行辐照度垂直衰减系数的变化规律，发现垂直衰减系数与叶绿素浓度存在明显的幂函数关系，与低纬度海洋最大的区别在于拟合得到的指数仅为低纬度的一半，原因在于北极海洋低的浮游植物比吸收系数，说明在相同叶绿素浓度的情况下，浮游植物产生的衰减系数在北极海洋更低；海冰对垂直衰减系数的影响是间接的，是通过改变进入海水的太阳辐射进而影响浮游植物，最终影响垂直衰减系数；阿拉斯加沿岸水主要通过携带大量营养盐直接影响叶绿素浓度总量，最终导致在 30～60 m 形成垂直衰减系数极大值。

中国第四次北极科学考察期间，于 2010 年 8 月 8—19 日在 87°N，175°W 附近进行了长达 12 d 的长期冰站联合观测。对记录长期冰站漂移轨迹的船载 GPS 数据分析表明，海冰漂移速度呈现出周期为 12 h 的惯性振荡，12 h 平均的海冰漂移速度是风速平均值的 1.4%；海冰漂移的方向基本在风速方向的右侧，二者之间的夹角约为 40°。利用惯性模型、被动拖曳模型和三维海冰-海洋耦合模式对长期冰站期间的海冰漂移进行了数值模拟。结果表明，三种模式均能模拟出海冰的惯性振荡特征，振荡频率与观测一致；相对而言，被动拖曳模型所模拟的结果要好于惯性模型的结果，二者对振荡幅度的模拟均优于三维海冰-海洋耦合模式的结果。

长期冰站获取的冰下海流剖面数据的分析结果，佐证了利用比较容易获得的实测温盐数据计算冰下埃克曼流速垂直结构的方法。海水层化的存在导致在跃层处湍流黏性系数减小，强烈抑制了流动的向下传播，致使埃克曼漂流在跃层处完全消失。夏季海冰拖曳引起的漂流只能达到 20～30 m 的深度。漂流层变浅意味着海冰拖曳做功产生的能量不能进入海洋深处，而是在很浅的表层水体内积聚，有利于加剧海冰的底部融化。

通过对长期冰站的海洋和大气数据的计算和分析，能够深入了解夏季融冰期间上层海洋的垂向热交换情况。研究发现，海洋向海冰输送的热通量在 12.4～43.6 W/m^2 之间变化。夏季进入混合层的太阳辐射能一部分用于融冰，另一部分则主要以湍扩散的形式向下传输存储于冬季混合层残留水中，前者远远大于后者。冬季混合层残留水增暖的垂向热量来源主要为来自混合层储存的太阳辐射能，下层海水由于冷盐跃层的存在向上输送的热量很少。

参考文献

冯士筰，李凤岐，李少菁. 1999. 海洋科学导论. 北京：高等教育出版社.

季顺迎，岳前进. 2011. 工程海冰数值模拟及应用. 北京：科学出版社.

矫玉田，史久新，赵进平，等. 2010. 极区冰下海洋自动剖面观测系统及其应用. 海洋技术，29(4)：

31-33.

刘国昕，赵进平. 2013.海洋层化和海冰漂移速度变化对北极冰下海洋 Ekman 漂流的影响.中国海洋大学学报,43(2):1-7.

沈权，舒启. 2011. 北冰洋极地考察纪实两则. 航海技术，1：9-10.

史久新，赵进平. 2003. 北冰洋盐跃层研究进展. 地球科学进展，18(3)：351-357.

童金炉，陈敏，潘红，等. 2014. 夏季楚科奇海河水与海冰融化水组分的空间变化特征. 海洋学报,36(10):90-102.

吴望一. 1983. 流体力学. 北京：北京大学出版社.

叶安乐，李凤歧. 1992. 物理海洋学. 青岛：青岛海洋大学出版社. 252-257.

岳前进，张希，季顺迎. 2001. 辽东湾海冰漂移的动力要素分析. 海洋环境科学，20(4)：34-39.

张莹，赵进平. 2007. 加拿大海盆冰下表层海水湍扩散系数估计. 中国海洋大学学报，37(5)：695-703.

赵进平，高郭平，矫玉田. 2004. 1999 年楚科奇海台及其周边海域中层与深层水增暖. 中国科学 D 辑，34(2)：188-194.

赵进平，朱大勇，史久新. 2003. 楚科奇海海冰周年变化特征及其主要关联因素. 海洋科学进展，21：123-131.

Aagaard K, Coachman L K, Carmack E. 1981. On the halocline of the Arctic Ocean. Deep-Sea Res., 28: 529-545.

Aksenov Y, Ivanov V V, Nurser A J, Bacon S, Polyakov I V, Coward A C, Naveira-Garabato A C, Beszczynska-Moeller A. 2011. The Arctic Circumpolar Boundary Current. *J. Geophys. Res.*, 116(C9), doi: 10. 1029/2010JC006637.

Anderson L G, Andersson P S, Bjork G, et al. 2013. Source and formation of the upper halocline of the Arctic Ocean. J Geophys Res-Oceans, 118: 410-421.

Arrigo K R, Perovich D K, Pickart R S, et al. 2012. Massive Phytoplankton Blooms under Arctic Sea Ice. Science, 336(6087): 1408-1408.

Arrigo K R, Robinson D H, Worthen D L, et al. 1998. Bio-optical properties of the southern Ross Sea. J Geophys Res, 102(C10): 21683-21695.

Austin R W, Petzold T J. 1981. The determination of the diffuse attenuation coefficient of sea water using the coastal zone color scanner. Oceanography From Space, New York. 239-256.

Bauch D, Dmitrenko I, Wegner C, et al. 2009. Exchange of Laptev Sea and Arctic Ocean halocline waters in response to atmospheric forcing. J Geophys Res-Oceans, 114(C5), doi: 10. 1029/2008jc005062.

Bauch D, Groger M, Dmitrenko I, et al. 2011. Atmospheric controlled freshwater release at the Laptev Sea continental margin. Polar Research, 30, doi: 10. 3402/polar.v30i0. 5858.

Bauch D, Holemann J, Dmitrenko I, et al. 2012. Impact of Siberian coastal polynyas on shelf-derived Arctic Ocean halocline waters. J Geophys Res-Oceans, 117(C9), doi: 10. 1029/2011jc007282.

Bauch D, Holemann J, Nikulina A, et al. 2013. Correlation of river water and local sea-ice melting on the Laptev Sea shelf (Siberian Arctic). J Geophys Res-Oceans, 118: 550-561.

Bauch D, Holemann J, Willmes S, et al. 2010. Changes in distribution of brine waters on the Laptev Sea shelf in 2007. J Geophys Res-Oceans, 115(C11), doi: 10. 1029/2010JC006249.

Bauch D, Schlosser P, Fairbanks R G. 1995. Freshwater balance and the sources of deep and bottom waters in the Arctic Ocean inferred from the distribution of $H_2^{18}O$. Progress in Oceanography, 35: 53-80.

Bauch D, van der Loeff M R, Andersen N, et al. 2011. Origin of freshwater and polynya water in the Arctic

Ocean halocline in summer 2007. Progress in Oceanography, 91: 482-495.

Carmack E C, Aagaard K, Swift J H, Macdonald R W, McLaughlin F A, Jones E P, Perkin R G, Smith J N, Ellis K M, Kilius L R. 1997. Changes in temperature and tracer distributions within the Arctic Ocean: Results from the 1994 Arctic Ocean section. *Deep-Sea Res. II*, 44: 1487-1502.

Carmack E, McLaughlin F, Yamamoto-Kawai M, et al. 2008. Freshwater storage in the northern ocean and the special role of the Beaufort gyre. In: Dickson R R, Meincke J, Rhines P, editors. Arctic-subarctic ocean fluxes. Netherlands: Springer. 145-169.

Chang G C, Dickey T D. 2004. Coastal ocean optical influences on solar transmission and radiant heating rate. J Geophys Res, 109(C1): C01020.

Chen M, Huang Y, Guo L, et al. 2002. Biological productivity and carbon cycling in the Arctic Ocean. Chinese Science Bulletin, 47(12): 1037-1040.

Chen M, Huang Y, Jin M, et al. 2003. The sources of the upper and lower halocline water in the Canada Basin derived from isotopic tracers. Science in China Series D, 46: 625-639.

Chen M, Xing N, Huang Y, et al. 2008. The mean residence time of river water in the Canada Basin. Chinese Science Bullitin, 53: 777-783.

Comiso J C, Parkinson C L, Gersten R, Stock L. 2008. Accelerated decline in the Arctic Sea ice cover. Geophys. Res. Lett., 35(1), doi: 10.1029/2007gl031972.

Comiso J C. 2003. Warming trends in the Arctic from clear sky satellite observations. J. Climate, 16: 3498-3510.

Cota G F, Harrison W G, Platt T, et al. 2003. Bio-optical properties of the Labrador Sea. J Geophys Res, 108(C7): 3228.

Day C G, Webster F. 1965. Some current measurements in the Sargasso Sea. Deep Sea Research and Oceanographic Abstracts, Elsevier, 12(6): 805-814.

Dee D P, Uppala S M, Simmons A J, et al. 2011. The ERA-Interim reanalysis: configuration and performance of the data assimilation system. Quarterly Journal of the Royal Meteorological Society, 137: 553-597.

Dickey T D, Chang G C. 2001. Recent Advances and Future Visions: Temporal Variability of Optical and Bio-optical Properties of the Ocean. Oceanography, 14(3): 15-29.

Dmitrenko I A, et al. 2009. Seasonal modification of the Arctic Ocean intermediate water layer off the eastern Laptev Sea continental shelf break. *J. Geophys. Res.*, 114(C6), doi: 10.1029/2008JC005229.

Dmitrenko I A, Kirillov S A, Tremblay L B, Bauch D, Hölemann J A, Krumpen T, Kassens H, Wegner C, Heinemann G, Schröder D. 2010. Impact of the Arctic Ocean Atlantic water layer on Siberian shelf hydrography. *J. Geophys. Res.*, 115(C8), doi: 10.1029/2009JC006020.

Ekman V W. 1905. On the influence of the Earth's rotation on ocean-currents. Arkiv for Matematik, Astronomi och Fysik, 2 (11): 1-52.

Ekwurzel B, Schlosser P, Mortlock R A, et al. 2001. River runoff, sea ice meltwater, and Pacific water distribution and mean residence times in the Arctic Ocean. J Geophys Res-Oceans, 106: 9075-9092.

Fer I. 2009. Weak vertical diffusion allows maintenance of cold halocline in the central Arctic. Atmospheric and Oceanic Science Letters, 2: 148-152.

Firing E, Qiu B, Miao W. 1999: Time-dependent island rule and its application to the time-varying north Hawaiian ridge current. *J. Phys. Oceanogr.*, 29: 2671-2688.

Fowler C, Emery W, Maslanik J A. 2003. Satellite derived arctic sea ice evolution Oct. 1978 to March

2003. IEEE Trans. Geosci. Remote Sens. Lett., 1(2): 71-74.

Fowler, C., W. Emery, and M. Tschudi, 2013. Polar Pathfinder Daily 25 km EASE-Grid Sea Ice Motion Vectors. Version 2. Boulder, Colorado USA: NASA DAAC at the National Snow and Ice Data Center.

Fukamachi Y, Ohshima K I, Mukai Y, Mizuta G, Wakatsuchi M. 2011. Sea-ice drift characteristics revealed by measurement of acoustic Doppler current profiler and ice-profiling sonar off Hokkaido in the Sea of Okhotsk. Annals of Glaciology, 52(57): 1-8.

Giles K A, Laxon S W, Ridout A L, Wingham D J, Bacon S. 2012. Western Arctic Ocean freshwater storage increased by wind-driven spin-up of the Beaufort Gyre. *Nat. Geosci.*, 5: 194-197.

Griffies S M, Harrison M J, Pacanowski R C, Rosati A. 2004. A Technical Guide to MOM4. NOAA/Geophysical Fluid Dynamics Laboratory, Princeton, USA.

Guay C K H, McLaughlin F A, Yamamoto-Kawai M. 2009. Differentiating fluvial components of upper Canada Basin waters on the basis of measurements of dissolved barium combined with other physical and chemical tracers. J Geophys Res-Oceans, 114(C1), doi: 10.1029/2008jc005099.

Guo G, Shi J. 2015.Vertical heat flux in the upper ocean of the Makarov Basin in summer of 2010. Acta Oceanologica Sinica.

Haas C. 2004. Late-summer sea ice thickness variability in the Arctic Transpolar Drift 1991-2001 derived from ground-based electromagnetic sounding. Geophys. Res. Lett., 31(9), doi: 10.1029/2003GL019394.

Heil P, Hibler III W D. 2002. Modeling the high-frequency component of Arctic sea ice drift and deformation. Journal of physical oceanography, 32: 3039-3057.

Hibler III W D. 1979. A dynamic thermodynamic sea ice model. J. Phys. Oceanogr., 9: 815-846.

Holloway G, Proshutinsky A. 2007. Role of tides in Arctic ocean/ice climate. J. Geophys. Res., 112(C4), doi: 10.1029/2006JC003643.

Hunkins K. 1967. Inertial oscillations of Fletcher's ice island (T-3). Journal of Geophysical Research, 72(4): 1165-1174.

Hutchings J K, Rigor I G. 2012. Role of ice dynamics in anomalous ice conditions in the Beaufort Sea during 2006 and 2007. *J. Geophys. Res.*, 117(C8), doi: 10.1029/2011JC007182.

IPCC. 2007. The Physical Scientific Basis. Working Group I Contribution to the Fourth Assessment Report of the Intergovernmental Panel on Climate Change, Cambridge, UK: Cambridge University Press, 997-1008.

Iselin C O D. 1939. The influence of vertical and lateral turbulence on the characteristics of the waters at mid-depths. Trans. *Amer. Geophys. Union*, 20: 414-417.

Itoh M, Nishino S, Kawaguchi Y, et al. 2013. Barrow canyon volume, heat, and freshwater fluxes revealed by long-term mooring observations between 2000 and 2008. J Geophys Res-Oceans, 118: 4363-4379.

Ivanov V V, Polyakov I V, Dmitrenko I A, Hansen E, Repina I A, Kirillov S A, Mauritzen C, Simmons H, Timokhov L A. 2009. Seasonal variability in Atlantic Water off Spitsbergen. *Deep-Sea Res. Part I*: Oceanographic Research Papers, 56(1): 1-14.

Jackson J M, Allen S E, McLaughlin F A, Woodgate R A, Carmack E C. 2011. Changes to the nearsurface waters in the Canada Basin, Arctic Ocean from 1993-2009: A basin in transition. J. Geophys. Res., 116(C10), doi: 10.1029/2011JC007069.

Jerlov N G. 1976. Marine Optics. New York: Elsevier, pp231.

Kalnay E, et al. 1996. The NCEP/NCAR 40-year reanalysis project. *Bull. Am. Meteorol. Soc.*, 77: 437-471.

Khandekar M. 1980. Inertial oscillations in floe motion over the Beaufort Sea-observations and analysis. Atmosphere-Ocean, 18 (1): 1-14.

Kimura N, Wakatsuchi M. 2000. Relationship between sea-ice motion and geostrophic wind in the northern hemisphere. Geophys. Res. Lett., 27(22): 3735-3738.

Kirk J T. 1994. Light and Photosynthesis in Aquatic Ecosystems. 2nd edition. New York: Cambridge Univ Press, pp400.

Kwok R, Cunningham G F, Hibler III W D. 2003. Sub-daily sea ice and deformation from RADARSAT observations. Geophysical Research Letters, 30 (30): 2218-2221.

Kwok R, Cunningham G F, Wensnahan M, Rigor I, Zwally H J, Yi D. 2009. Thinning and volume loss of the Arctic Ocean sea ice cover: 2003-2008. *J. Geophys. Res.*, 114(C7), doi: 10. 1029/2009JC005312.

Kwok R, Rothrock D A. 2009. Decline in Arctic sea ice thickness from submarine and ICESat records: 1958-2008. Geophys. Res. Lett., 36(15), doi: 10. 1029/2009GL039035.

Lee S H, Whitledge T E. 2005. Primary and new production in the deep Canada Basin during summer 2002. Polar Biol, 28: 190-197.

Lei R, Li Z, Cheng B, et al. 2011. Investigation of the thermodynamic processes of a floe-lead system in the central Arctic during later summer. Adv Polar Sci, 22: 10-16.

Lei R, Zhang Z, Matero I, Cheng B, Li Q, Huang W. 2012. Reflection and transmission of irradiance by snow and sea ice in the central Arctic Ocean in summer. Polar Research, 31: 17325.

Lenn Y D, et al. 2009. Vertical mixing at intermediate depths in the Arctic boundary current. *Geophys. Res. Lett.*, 36(5), doi: 10. 1029/2008GL036792.

Lewis M R, Carr M, Feldman G, et al. 1990. Influence of penetrating solar radiation on the heat budget of the equatorial pacific ocean. Nature, 347: 543-545.

Lindsay R W, Zhang J, Schweiger A J, Steele M A, Stern H. 2009. Arctic sea ice retreat in 2007 follows thinning trend. J. Clim., 22: 165-176.

Lique C, Guthrie J D, Steele M, Proshutinsky A, Morison J H, Krishfield R. 2014. Diffusive vertical heat flux in the Canada Basin of the Arctic Ocean inferred from moored instruments. *J. Geophys. Res. Oceans*, 119: 496-508.

Lique C, Steele M. 2012. Where can we find a seasonal cycle of the Atlantic water temperature within the Arctic Basin?. *J. Geophys. Res.*, 117(C3), doi: 10. 1029/2011JC007612.

Liu Z, Chen J, Liu Y, et al. 2008. The Areal Characteristics of Chlorophyll α Distribution in the Sediments and Seawater in the Surveyed Area. Arctic Ocean, 26(6): 1035-1040.

Macdonald R, Carmack E. 1991. The role of largescale under ice topography in separating estuary and ocean on an arctic shelf. Atmosphere-Ocean, 29: 37-53.

Macdonald R, McLaughlin F A, Carmack E C. 2002. Fresh water and its sources during the SHEBA drift in the Canada Basin of the Arctic Ocean. Deep Sea Research I, 49: 1769-1785.

Macdonald R, Paton D, Carmack E, et al. 1995. The freshwater budget and under-ice spreading of Mackenzie River water in the Canadian Beaufort Sea based on salinity and $^{18}O/^{16}O$ measurements in water and ice. J Geophys Res-Oceans, 100: 895-920.

Makshtas A P, Shoutilin S V, Andreas E L. 2003. Possible dynamic and thermal causes for the recent decrease in sea ice in the Arctic Basin. J. Geophys. Res., 108 (C7): doi: 10. 1029/2001JC000878.

Manizza M, Le Quéré C, Watson A J, et al. 2005. Bio-optical feedbacks among phytoplankton, upper ocean physics and sea - ice in a global model. Geophysical research letters, 32 (5), doi:

10. 1029/2004GL020778.

Marra J, Langdon C, Knudson C A. 1995. Primary production, water column changes, and the demise of a Phaeocystis bloom at the Marine Light-Mixed Layers site (59° N, 21° W) in the northeast Atlantic Ocean. J Geophys Res, 100: 6633-6644.

Maslanik J A, Fowler C, Stroeve J, Drobot S, Zwally J, Yi D, Emery W. 2007. A younger, thinner Arctic ice cover: Increased potential for rapid, extensive sea - ice loss. Geophys. Res. Lett., 34(24), doi: 10. 1029/2007GL032043.

Maslanik J A, Stroeve J, Fowler C, Emery W. 2011. Distribution and trends in Arctic sea ice age through spring 2011. Geophys. Res. Lett., 38(13), doi: 10. 1029/2011GL047735.

Matsuoka A, Huot Y, Shimada K, et al. 2007. Bio-optical characteristics of the western Arctic Ocean: implication for ocean color algorithms. Can J Remote Sensing, 33(6): 503-518.

Maykut G A, McPhee M G. 1995. Solar heating of the Arctic mixed layer. J. Geophys. Res., 100: 24691-24703.

McClain C R, Arrigo K, Tai K S, et al. 1996. Observations and simulations of physical and biological processes at ocean weather station P, 1951-1980. J Geophys Res, 101: 3697-3713.

McLaughlin F, Carmack E C, MacDonald R W, Weaver A J, Smith J. 2002. The Canada Basin 1989-1995: Upstream events and far-field effects of the Barents Sea. *J. Geophys. Res.*, 107(C7), doi: 10. 1029/2001JC000904.

McLaughlin F, Carmack E C, Proshutinsky A, Krishfield R A, Guay C, Yamamoto-Kawai M, Jackson J M, Williams B. 2011. The rapid response of the Canada Basin to climate forcing: From bellwether to alarm bells. *Oceanography*, 24: 146-159.

McLaughlin F, Carmack E C, Williams W J, Zimmermann S, Shimada K, Itoh M. 2009. Joint effects of boundary currents and thermohaline intrusions on the warming of Atlantic water in the Canada Basin, 1993-2007. *J. Geophys. Res.*, 114(C1), doi: 10. 1029/2008JC005001.

McLaughlin F, Carmack E C, Zimmerman S, Sieberg D, White L, Barwell L-Clarke, Steel M, Li W K W. 2008. Physical and chemical data from the Canada Basin, August, 2004. *Can. Data Rep. Hydrog. Ocean Sci.*, 140, 185 pp., Gov. of Can., Ottawa, Ont.

McLaughlin F, Carmack E C. 2010. Deepening of the nutricline and chlorophyll maximum in the Canada Basin interior, 2003-2009. *Geophys. Res. Lett.*, 37(24), doi: 10. 1029/2010GL045459.

McLaughlin F, Shimada K, Carmack E C, Itoh M, Nishino S. 2005. The hydrography of the southern Canada Basin, 2002. *Polar Biol.*, 28: 182-189.

McPhee M G, Kottmeier C, Morison J H. 1999. Ocean heat flux in the central Weddell Sea in winter. J. Phys. Oceanogr., 29: 1166-1179.

McPhee M G, Proshutinsky A, Morison J H, Steele M, Alkire M B. 2009. Rapid change in freshwater content of the Arctic Ocean. Geophys. Res. Lett., 36(10), doi: 10. 1029/2009GL037525.

McPhee M G. 1978. A simulation of inertial oscillation in drifting pack ice. Dynamics of Atmospheres and Oceans, 2 (2): 107-122.

McPhee M G. 1992. Turbulent Heat Flux in the Upper Ocean under Sea Ice. J. Geophys. Res., 97: 5365-5379.

McPhee M G. 2002. Turbulent stress at the ice/ocean interface and bottom surface hydraulic roughness during the SHEBA drift. J. Geophys. Res., 107 (C10): 8037.

McPhee M G. 2004. A spectral technique for estimating turbulent stress, scalar flux magnitude, and eddy viscosity in the ocean boundary layer under pack ice. J. Phys. Oceanogr., 34: 2180-2188.

McPhee M G. 2008. Air-Ice-Ocean interaction: Turbulent Boundary Layer Exchange Processes. New York: Springer. pp215.

Melling H, Moore R M. 1995. Modification of halocline source waters during freezing on the Beaufort Sea shelf: evidence from oxygen isotopes and dissolved nutrients. Continental Shelf Research, 15: 89-113.

Mitchell B G. 1992. Predictive bio-optical relationships for polar oceans and marginal ice zones. J Mar Syst, 3: 91-105.

Mobley C D. 1994. Light and water: Optical Properties of Water. Salt Lake City: Academic Press. pp133.

Morel A, Antoine D. 1994. Heating rate within the upper ocean in relation to its bio-optical state. J Phys Oceanogr, 24: 1652-1665.

Morel A, Maritorena S. 2001. Bio-optical properties of oceanic waters: A reappraisal. J Geophys Res, 106 (C4): 7163-7180.

Morel A. 1988. Optical Modeling of the Upper Ocean in Relation to Its Biogenous Matter Content (Case I Waters). J Geophys Res, 93(C9): 10749-10768.

Morison J, Goldberg D. 2011. A brief study of the force balance between a small iceberg, the ocean, sea ice, and atmosphere in the Weddell Sea. Cold Regions Science and Technology, 76: 69-76.

Morison J, Kwok R, Peralta-Ferriz C, Alkire M, Rigor I, Andersen R, Steele M. 2012. Changing Arctic Ocean freshwater pathways. *Nature*, 481: 66-70.

Mueller J L, Davis C, Arnone R, et al. 2002. Above water radiance and remote sensing reflectance measurement and analysis protocols. NASA Tech. Memo, TM-2002-210004: 171-182.

Newton R, Schlosser P, Mortlock R, et al. 2013. Canadian Basin freshwater sources and changes: results from the 2005 Arctic Ocean Section. J Geophys Res-Oceans, 118: 2133-2154.

NSIDC. 2013. Arctic sea ice news and analysis. http://nsidc.org/arcticseaicenews/2013/09/draft-arctic-sea-ice-reaches-lowest-extent-for-2013/.

Östlund H G, Hut G. 1984. Arctic Ocean water mass balance from isotope data. J Geophys Res-Oceans, 89: 6373-6382.

Ostrom W, Kemp J, Krishfield R, Proshutinsky A. 2004. Beaufort Gyre freshwater experiment: Deployment operations and technology in 2003. *Tech. Rep. WHOI*-2004-01, 32 pp., Woods Hole Oceanogr. Inst., Woods Hole, Mass.

Overland J E. 1985. Aunospheric Boundary Layer Structure and Drag Coefficients over Sea Ice. J of Geophysical Research, 90(CS): 9029-9049.

Pabi S, van Dijken G L, Arrigo K R. 2008. Primary production in the Arctic Ocean, 1998-2006. J Geophys Res, 113(C8): C08005.

Pacanowski R C, Philander S G H. 1981. Parameterization of Vertical Mixing in Numerical Models of Tropical Oceans. J. Phys. Oceanogr., 11 (11): 1443-1451.

Pan H, Chen M, Tong J L, et al. 2014. Variation of freshwater components in the Canada Basin during 1967-2010. Acta Oceanologica Sinica, 33(6): 40-45.

Panteleev G, Nechaev D A, Proshtinsky A, et al. 2010. Reconstruction and analysis of the Chukchi Sea circulation in 1990-1991. J Geophys Res-Oceans, 115(C8), doi: 10. 1029/2009jc005453.

Pease C H, Salo S A, Overland J E. 1983. Drag Measurements for First Year Sea Ice over a Shallow Sea. J of Geophysical Research, 88(CS): 2853-2862.

Plat T, Rao Subba D V. 1975. Primary production of marine microphysics. In: Cooper J P Ed. Photosynthesis and Productivity in Different Environment. Cambridge: Cambridge Univ Press, 249-280.

Polyakov I V, Alexeev G V, Timokhov L A, Bhatt U S, Colony R L, Simmons H L, Walsh D, Walsh J E, Zakharov V F. 2004. Variability of the intermediate Atlantic water of the Arctic Ocean over the last 100 years. J. Clim., 17: 4485-4497.

Polyakov I V, et al. 2005. One more step toward a warmer Arctic. *Geophys. Res. Lett.*, 32(17), doi: 10.1029/2005GL023740.

Polyakov I V, et al. 2011. Fate of Early 2000s Arctic Warm Water Pulse. *Bull. Am. Meteorol. Soc.*, 92(5): 561-566.

Polyakov I V, Pnyushkov A V, Timokhov L A. 2012. Warming of the Intermediate Atlantic Water of the Arctic Ocean in the 2000s. *J. Clim.*, 25(23), 8362-8370.

Polyakov I V, Timokhov L A, Alexeev V A, Bacon S, et al. 2010. Arctic Ocean warming contributes to reduced polar ice cap. *J. Phys. Oceanogr.*, 40(12): 2743-2756.

Proshutinsky A Y, Bourke R H, McLaughlin F A. 2002. The role of the Beaufort Gyre in Arctic climate variability: Seasonal to decadal climate scales. *Geophys. Res. Lett.*, 29: 2100.

Proshutinsky A Y, Johnson M A. 1997. Two circulation regimes of the wind-driven Arctic Ocean. *J. Geophys. Res.*, 102: 12493-12514.

Proshutinsky A Y, Krishfield R, Timmermans M L, Toole J, Carmack E, McLaughlin F, Williams W J, Zimmermann S, Itoh M, Shimada K. 2009. Beaufort Gyre freshwater reservoir: State and variability from observations. *J. Geophys. Res.*, 114(C1), doi: 10.1029/2008JC005104.

Quadfasel D A, Sy A, Wells D, Tunik A. 1991. Warming in the Arctic. *Nature*, 350: 385.

Rampal P, Weiss J, Marsan D. 2009. Positive trend in the mean speed and deformation rate of Arctic sea ice, 1979-2007. *J. Geophys. Res.*, 114(C5), doi: 10.1029/2008JC005066.

Reynolds M, Pease C H, Overland J E. 1985. Ice Drift and Regional Meteorology in the Southern Bering Sea: Results From MIZEX West. J. Geophys. Res., 90(C6): 11967-11981.

Rigor I G, Wallace J M. 2004. Variations in the age of Arctic sea ice and summer sea - ice extent. Geophys. Res. Lett., 31(9), doi: 10.1029/2004GL019492.

Rudels B, Anderson L G, Jones E P. 1996. Formation and evolution of the surface mixed layer and halocline of the Arctic Ocean. J. Geophys. Res.-Oceans, 101: 8807-8821.

Rudels B, Freidrich H J, Quadfasel D. 1999. The Arctic circumpolar boundary current. *Deep-Sea Res., Part II*, 46: 1023-1062.

Sathyendranath S, Gouveia A D, Shetye S R, et al. 1991. Biological control of surface temperature in the Arabian Sea. Nature, 349: 54-56.

Schauer U, Muench R D, Rudels B, Timokhov L. 1997. Impact of eastern Arctic shelf waters on the Nansen Basin intermediate layers. *J. Geophys. Res.*, 102: 3371-3382.

Schauer U, Rudels B, Jones E P, Anderson L G, Muench R D, Bjork G, Swift J H, Ivanov V, Larsson A M. 2002. Confluence and redistribution of Atlantic water in the Nansen, Amundsen and Makarov basins. *Ann. Geophys.*, 20: 257-273.

Schlosser P, Bauch D, Fairbanks R, et al. 1994. Arctic river-runoff: mean residence time on the shelves and in the halocline. Deep Sea Research I, 41: 1053-1068.

Serreze M C, Maslanik J A, Scambos T A, Fetterer F, Stroeve J, Knowles K, Fowler C, Drobot S, Barry R G, Haran T M. 2003. A record minimum arctic sea ice extent and area in 2002. Geophys. Res. Lett., 30(3): 1110.

Shaw W J, Stanton T P, McPhee M G, Morison J H, Martinson D G. 2009. Role of the upper ocean in the energy budget of Arctic sea ice during SHEBA. J. Geophys. Res. - Oceans, 114 (C6), doi : 10. 1029/2008jc004991.

Shi J, Zhao J, Jiao Y, et al. 2004. Pacific inflow and its links with abnormal variation in the Arctic Ocean. Chinese Journal of Polar Science (in Chinese) , 16(3) : 253-260.

Shi J, Zhao J, Li S, Cao Y, Qu P. 2005. A double-halocline structure in the Canada Basin of the Arctic Ocean. Acta Oceanologica Sinica, 24(6) : 25-35.

Shimada K, McLaughlin F, Carmack E, Proshutinsky A, Nishino S, Itoh M. 2004. Penetration of the 1990s warm temperature anomaly of Atlantic Water in the Canada Basin. *Geophys. Res. Lett.*, 31(20) , doi : 10. 1029/2004GL020860.

Shimada K, Nishino S, Itoh M. 2004. R/V Mirai cruise report MR04-05. *Jpn. Agency for Mar.-Earth Sci. and Technol.*, Yokosuka, Japan.

Shimada K, Kamoshida T, Itoh M, Nishino S, Carmack E, McLaughlin F, Zimmermann S, Proshutinsky A. 2006. Pacific Ocean inflow: Influence on catastrophic reduction of sea ice cover in the Arctic Ocean. Geophys. Res. Lett., 33: L08605, doi : 10. 1029/2005GL025624.

Shu Q, Ma H, Qiao F. 2012. Observation and simulation of a floe drift near the North Pole. Ocean Dynamics, 62(8) : 1195-1200.

Siegel D A, Ohlmann J C, Washburn L, et al. 1995. Solar radiation, phytoplankton pigments and the radiant heating of the equatorial Pacific warm pool. J Geophys Res, 100: 4885-4891.

Sirevaag A, Fer I. 2009. Early Spring Oceanic Heat Fluxes and Mixing Observed from Drift Stations North of Svalbard. J. Phys. Oceanogr., 39: 3049-3069.

Smith R C, Baker K S. 1984. Analysis of ocean optical data. In: Blizard Marvin A, ed. Ocean Optics VII. Monterey, USA: SPIE, 119-126.

Smith R C, Baker K S. 1986. The analysis of ocean optical data. In: Blizard Marvin A, ed. Ocean Optics VIII. Orlando, USA: SPIE, 95-107.

Spreen G, Kaleschke L, Heygster G. 2008. Sea ice remote sensing using AMSR-E 89GHz channels. *J. Geophys. Res.*, 113(C2) , doi : 10. 1029/2005JC003384.

Spreen G, Kwok R, Menemenlis D. 2011. Trends in Arctic sea ice drift and role of wind forcing: 1992-2009. *Geophys. Res. Lett.*, 38(19) , doi : 10. 1029/2011GL048970.

Steele M, Ermold W, Zhang J. 2008. Arctic Ocean surface warming trends over the past 100 years. Geophys. Res. Lett., 35(2) , doi : 10. 1029/2007GL031651.

Steele M, Morison J, Ermold W, Rigor I, Ortmeyer M, Shimada K.2004. Circulation of summer Pacific haloclinewater in the Arctic Ocean. J. Geophys. Res., 109: C02027.

Stroeve J C, Maslanik J A, Serreze M C, Rigor I, Meier W, Fowler C. 2011. Sea ice response to an extreme negative phase of the Arctic Oscillation during winter 2009/2010. Geophys. Res. Lett., 38(2) , doi : 10. 1029/2010GL045662.

Stroeve J C, Serreze M, Drobot S, Gearheard S, Holland M, Maslanik J, Meier W, Scambos T. 2008. Arctic sea ice extent plummets in 2007. Eos Trans. AGU, 89(2) : 13-14.

Swift J H, Jones E P, Aagaard K, Carmack E C, Hingston M, MacDonald R W, McLaughlin F A, Perkin R G. 1997. Waters of the Makarov and Canada basins. *Deep-Sea Res., Part I*, 48: 1503-1529.

Thorndike A S, Colony R. 1982. Sea Ice Motion in Response to Geostrophic Winds. J. Geophys. Res., 87 (C8) : 5845-5852.

Timmermans M L, et al. 2012. Ocean. in *Arctic Report Card*, *Update for* 2012, http://www.arctic.noaa.gov/report12/ocean.html.

Timmermans M L, Toole J, Krishfield R, Winsor P. 2008. Ice-Tethered Profiler observations of the double diffusive staircase in the Canada Basin thermocline. *J. Geophys. Res.*, 113 (C1), doi: 10.1029/2008JC004829.

Tong J L, Chen M, Qiu Y S, et al. 2014. Contrasting patterns of the river runoff and the sea-ice melted water in the Canada Basin. Acta Oceanologica Sinica, 33(6): 46-52.

Tsamados M, Feltham D, Schroeder D, Flocco D, Farrell S, Kurtz N, Laxon S, Bacon S. 2014. Impact of variable atmospheric and oceanic form drag on simulations of Arctic sea ice. *J. Phys.* Oceanogr., 44(5): 1329-1353.

Wang J, Cota G F, Ruble D A. 2005. Absorptions and backscattering in the Beaufort and Chukchi Seas. J Geophys Res, 110(C4): C04014.

Wang W, Zhao J. 2014. Variation of diffuse attenuation coefficient of downwelling irradiance in the Arctic Ocean. Acta Oceanologica Sinica, 33(6): 53-62.

Weingartner T, Aagaard K, Woodgate R, et al. 2005. Circulation on the north central Chukchi Sea shelf. Deep Sea Research II, 52: 3150-3174.

Wheeler P A. 1997. Preface: The 1994 Arctic Ocean Section. Deep-sea Res Part II, 44(8): 1483-1485.

Winsor P, Chapman D C. 2004. Pathways of Pacific water across the Chukchi Sea: a numerical model study. J Geophys Res-Oceans, 109(C3), doi: 10.1029/2003jc001962.

Winton M. 2000. A reformulated three-layer sea ice model. Journal of Atmospheric and Oceanic Technology, 17 (4): 525-531.

Woodgate R A, Aagaard K, Swift J H, Smethie W M, Falkner K K. 2007. Atlantic water circulation over the Mendeleev Ridge and Chukchi Borderland from thermohaline intrusions and water mass properties, *J. Geophys. Res.*, 112(C2), doi: 10.1029/2005JC003416.

Woodgate R A, Aagaard K, Weingartner T J. 2005. A year in the physical oceanography of the Chukchi Sea: moored measurements from autumn 1990-1991. Deep Sea Research II, 52: 3116-3149.

Yamamoto-Kawai M, McLaughlin F, Carmack E C, et al. 2008. Freshwater budget of the Canada Basin, Arctic Ocean, from salinity, δ18O, and nutrients. J Geophys Res - Oceans, 113 (C1), doi: 10.1029/2006JC003858.

Yamamoto-Kawai M, McLaughlin F, Carmack E C, et al. 2009. Surface freshening of the Canada Basin, 2003-2007: river runoff versus sea ice meltwater. J Geophys Res - Oceans, 114 (C1), doi: 10.1029/2008JC005000.

Yamamoto-Kawai M, Tanaka N, Pivovarov S. 2005. Freshwater and brine behaviors in the Arctic Ocean deduced from historical data of δ18O and alkalinity (1929-2002AD). J Geophys Res-Oceans, 110 (C10), doi: 10.1029/2004JC002793.

Yang J. 2005. The Arctic and subarctic ocean flux of potential vorticity and the Arctic Ocean circulation. *J. Phys. Oceanogr.*, 35: 2387-2407.

Yang J. 2009. Seasonal and interannual variability of downwelling in the Beaufort Sea. *J. Geophys. Res.*, 114 (C1): doi: 10.1029/2008JC005084.

Zhang J, Rothrock D A, Steele M. 1998. Warming of the Arctic Ocean by a strengthened Atlantic inflow: Model results. *Geophys. Res. Lett.*, 25: 1745-1748.

Zhang X, Ikeda M, Walsh J E. 2003. Arctic sea ice and freshwater changes driven by the atmospheric leading mode in a coupled sea ice-ocean model. J. Clim., 16: 2159-2177.

Zhao J, Gao G, Jiao Y. 2005. Warming in Arctic intermediate and deep waters around Chukchi Plateau and Its adjacent regions in 1999. *Science in China Ser. D Earth Sciences*, 48: 1312-1320.

Zhao J, Wang W. 2010. Calculation of Photosynthetically available radiation using multispectral data in the Arctic. Chinese Journal of Polar Science, 21(2): 113-126.

Zhong W, Zhao J. Deepening of the Atlantic Water core in the Canada Basin in 2003-11. Journal of Physical Oceanography, 44:2353-2369.

第3章　北极海冰快速变化及其机制研究

无论是冬季还是夏季的观测值，北冰洋海冰范围都呈现出快速减少的趋势，其中夏季最为明显。北冰洋海冰快速减少的趋势在最近10年更加显著，1979—1996年，北冰洋海冰的范围和面积的缩减率为每10年2.2%和3.0%；然而，1979—2007年，上述两者则增大到每10年10.1%和10.7%（Comiso et al.，2008）。有卫星记录以来，北冰洋海冰范围的最低值出现在2012年9月16日，为3.41×10^6 km^2，这相对1979—2000年的平均值减少了2.73×10^6 km^2，相对于上一个记录 (2007年)，减少了0.76×10^6 km^2。2010年北冰洋海冰范围年最小值为4.63×10^6 km^2，在1979—2012年处于低第5低的水平。相对其他年份，显著的空间分布特征出现在太平洋扇区，2010年夏季出现了从楚科奇—波弗特海向北极中心区域，乃至欧亚海盆延伸的穿极融化现象。中国第四次北极考察中，“雪龙”号考察船达到了88°26'N，不但打破了我国航海史上达到纬度最高的纪录，而且使得“雪龙”船成为能到达该纬度破冰等级最低的船舶。

依托"雪龙"船，集成了电磁感应海冰厚度测量仪、自动摄影冰情以及红外表面温度观测技术等立体化船基观测技术，在中国第四次北极科学考察中，对太平洋扇区海冰形态学特征进行走航观测，观测区域也随考察船延伸至北极中心区域，这有利于观测数据与1994年和2005年国际上两次穿极观测航次（AOS94和HOTRAX05）以及我国前3次北极科学考察的观测数据比较。同时，在中国第四次北极科学考察中，开展了8个短期冰站和1个长期冰站的观测研究。短期冰站侧重于海冰冰芯样品的采集和物理结构定量化观测，基于观测数据得到了夏季海冰垂向物理结构特征。长期冰站侧重于过程观测研究，开展了定点海冰物质平衡和光学观测，探讨积雪—海冰物质平衡过程与光学特征变化之间关系。开展了海冰厚度空间分布的重复观测。北极中心区域考察作业，使得有机会在该区域布放冰基浮标，实施对穿极流区海冰运动过程的完整冰期观测。

本章基于中国第四次北极科学考察获得的船基以及基于浮冰站和冰基浮标得到观测数据，对海冰物理结构、海冰形态特征参数空间变化、海冰运动和光学特征开展系列的分析研究，从而得到观测扇区北极海冰物理特征全貌性认识，探讨北极海冰快速变化及其物理机制。与大气物理、物理海洋以及海洋生态学等学科交叉，增加对北极气—冰—海相互作用关键过程及其对生态环境影响的科学认知。

3.1 海冰和积雪的物理结构

密度、盐度、温度和层理结构是海冰和积雪最基本的物理特征，上述物理特征的垂向结构决定着海冰和积雪的热力学、光学、电磁学特征。例如，现场观测表明积雪的热传导系数依赖于其物理状态，如密度、颗粒大小、含水量以及变质程度等（Sturm et al.，1997）。积雪相对于海冰，具有更大反照率，从而在春—夏季节能很好地起到阻碍海冰表面融化的作用。积雪的反照率同样决定于积雪厚度、含水量以及杂质（如黑炭）等（Aoki et al.，2003；Nicolaus et al.，2010b）。依据海冰温度、盐度和密度观测值，通过经验公式能估算出海冰内部的卤水和空气体积分数，从而得到海冰内部的相平衡状态（Cox and Weeks，1982）。海冰内部的卤水和气泡对短波辐射的吸收和散射影响较大，进而影响海冰内部和底部的生态环境（Leppäranta et al.，2003）。同时，海冰的热传导系数、比热容和融解潜热都与海冰的相平衡有关，能够依据其盐度和温度的观测值计算得到（Ono，1968）。积雪的层理结构和海冰晶体结构则能很好地反映其热力历史（Eicken et al.，1995），冰芯晶体结构的分析能帮助我们掌握北冰洋海冰快速减少背景下海冰冰龄的变化，对卫星遥感产品进行验证。积雪和海冰密度控制着积雪—海冰层的水静力平衡，后者是基于星载激光高度计观测数据计算海冰厚度的重要依据。因此，充分掌握积雪—海冰层的物理结构对于优化卫星遥感技术的海冰厚度反演算法均具有积极意义。

船基、艇（潜艇）基和卫星遥感观测能为我们提供海盆尺度的积雪—海冰物理特征（Worby et al.，2008；Kwok and Rothrock，2009）。然而，上述观测平台都难以为我们提供积雪—海冰内部物理结构的相关信息。后者只能依赖于积雪坑和冰芯观测，然而受现场观测后勤支持的限制，积雪坑和冰芯的观测数据极为稀缺。

这里，依据中国第四次北极科学考察期间获得的雪坑和冰芯观测数据，对北冰洋中心区域积雪—海冰层的垂向物理结构进行了量化，其目的在于：①探索北冰洋海冰快速减少背景下，积雪—海冰层当前的物理状态；②对积雪—海冰层的垂向物理结构进行参数化，用于海冰数值模式计算。

3.1.1 数据与方法

在中国第四次北极科学考察期间，共建立 8 个短期冰站和 1 个长期冰站开展海冰物理学观测，其中短期冰站的观测时间约 2~4 小时，长期冰站的观测数据约 10 d。如图 3-1 所示，最南的短期冰站位于美国阿拉斯加巴罗北侧，纬度为 72.3°N，最北的短期冰站位于北冰洋中心区域，纬度为 88.4°N，后者是迄今“雪龙”号考察船所达到的最北区域。长期冰站建立于 86.9°N，179.2°W，受穿极流的影响，冰站撤离时浮冰漂移至 87.4°N，172.2°W。长期冰站建立在一个相对较大的浮冰上（直径约 10 km），该浮冰冰面的融池覆盖率约为 10%~30%。

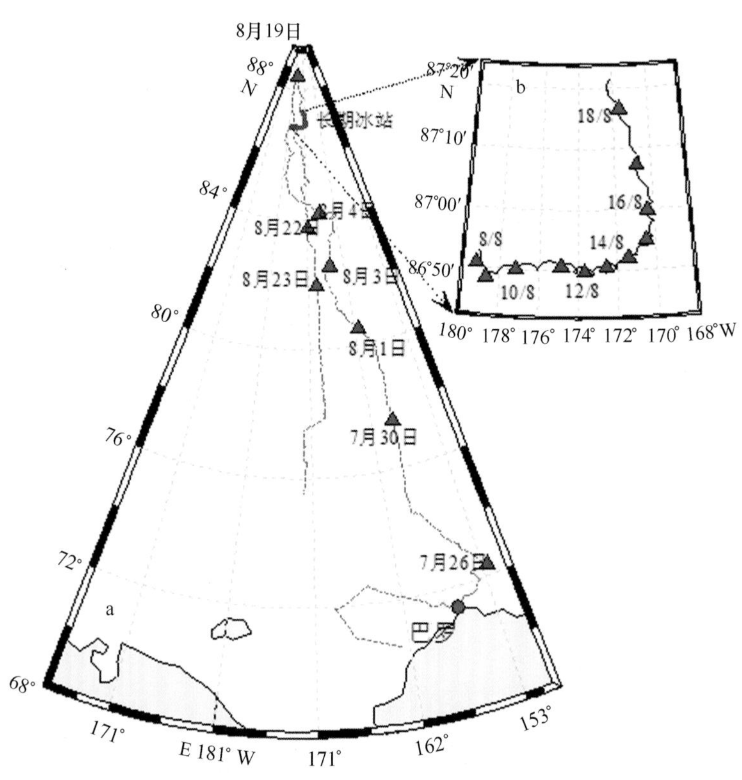

图 3-1 左图：中国第四次北极科学考察期间考察船在冰区的航行轨迹（虚线），长期冰站的漂移轨迹（粗实线），短期冰站的位置（三角形）；右图：长期冰站的漂移轨迹（粗实线），长期冰站每天的位置（三角形）

海冰冰芯通过 Kovacs 冰芯钻钻取得到（New Hampshire，USA），其直径为 9 cm。在 1 号冰站和 2 号冰站，只对其进行了冰温度和盐度的测量，其他短期冰站，均分别钻取了 3 根完整长度的冰芯，其中基于 1 根冰芯测量了冰温度和冰盐度，基于另 1 根冰芯测量了冰密度，还有 1 根冰芯则用于晶体结构的观测。在长期冰站，于 8 月 14 日和 17 日分别钻取了 2 根完整长度的冰芯进行海冰温度、盐度和密度的测量，并于 8 月 14 日钻取了 1 根完整长度的冰芯进行海冰晶体结构的观测。冰芯的卤水和气体体积分数由海冰的盐度、温度和密度测量值计算得到：

$$\upsilon_b = \frac{V_b}{V} = \frac{\rho S}{F_1(T)} \tag{3-1}$$

$$\upsilon_a = \frac{V_a}{V} = \frac{\rho}{\rho_i} + \rho S \frac{F_2(T)}{F_1(T)} \tag{3-2}$$

其中，υ_b 和 υ_a 分别为海冰卤水和气体的体积分数；V_a，V_b 和 V 是冰内气体、卤水和海冰的体积；ρ，S 和 T 是海冰的密度、盐度和温度；ρ_i 是纯冰晶体的密度，F_1（T）和 F_2（T）是海冰温度的函数。

积雪坑的观测包括积雪温度、密度、颗粒大小和层理结构。在所有短期冰站，都在具有代表性的积雪面开展了积雪坑的观测。除了短期冰站所开展的积雪观测，在长期冰站的积雪坑观测中还增加了基于 TOIKKA 雪叉（Espoo，Finland）的积雪含水量测量。长期冰站的积雪坑测量每隔 1~2 d 实施一次，观测点位于一个直径 20 m 的代表性区域，每次观测重新挖一个雪坑以保证测量点不受人工干扰。

3.1.2 积雪的物理结构

如图 3-2 所示，总体上低纬度的积雪厚度略小于高纬度的积雪厚度，积雪层理能分成 2~5 层。当观测时或之前发生降雪时，表面会有新雪层，如 3 号和 5 号冰站，新雪层具有精细的颗粒形态，大小为 1~5 mm。除 2 号冰站外，其他冰站的积雪层均有较明显的圆颗粒积雪层，其颗粒大小为 4~16 mm。2 号冰站积雪表层的 5 cm 厚度已经发展成具有高孔隙率的蜂窝状雪壳，该雪层具有较大的脆性，容易被破坏，其颗粒尺寸不易确定。一般地，积雪与海冰的界面都存在湿雪层和/或重新冻结冰层。由于所有观测点的冰舷高度都为正值，也就是说海冰表面都高于水平面，因此可以推断上述的湿雪层均是由积雪融化形成的，而非海水的满溢。5 号冰站雪层底部的重新冻结冰层不含有盐分，因此可以定义为层理冰（Cheng et al.，2006）。该层理冰与下部自然生长的冰层黏附性较差，能很容易地剥离，所以很容易将该冰层识别出来。7 号和 8 号冰站积雪下部的湿雪层较为明显，观测点铲除积雪层后，冰面会出现渗水现象。这可能与这两个测点观测时间较晚，积雪层的融化程度较大有关。所有测点的积

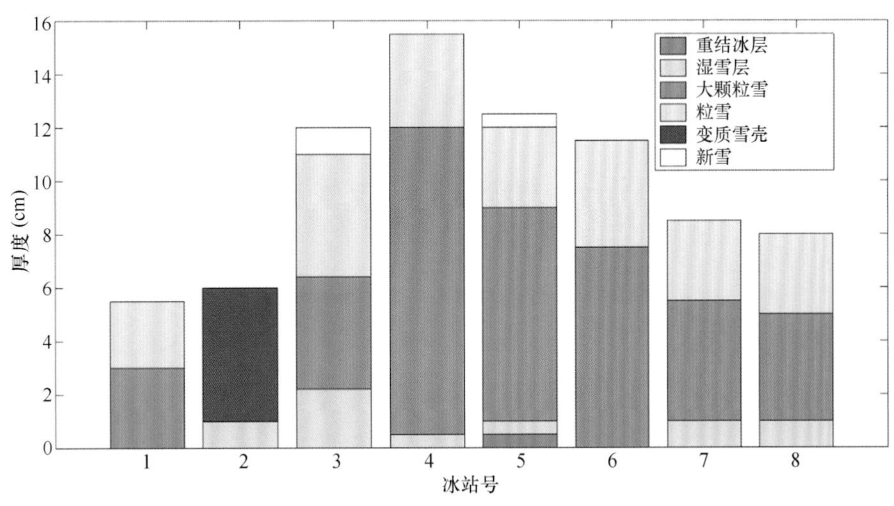

图 3-2　各个短期冰站积雪的层理结构

雪温度都接近 0℃，并且没有明显的温度梯度。这意味着所有积雪层都处于融化阶段，而且透过积雪层的热传导通量很小。

表 3-1　短期冰站积雪物理特征统计参数

参数	1 号冰站	2 号冰站	3 号冰站	4 号冰站	5 号冰站	6 号冰站	7 号冰站	8 号冰站
纬度（°N）	72.3	77.5	80.5	82.5	84.2	88.4	83.7	82.0
经度（°W）	152.6	158.9	161.3	165.6	167.1	177.3	170.7	169.0
气温（℃）	4.5	-0.5	0.5	-0.2	-1.6	-0.2	-1.5	0.4
积雪厚度（cm）*	5.5	6	12	15.5	12	11.5	8.5	8
积雪层中点温度（℃）	0	-0.1	-0.1	-0.2	-0.2	-0.1	-0.4	0.0
积雪层底部温度（℃）	0	-0.1	-0.1	-0.1	-0.1	-0.1	-0.2	-0.1
积雪平均密度（kg/m^3）	341	378	297	299	295	372	380	398

注：“*”包括干雪层和湿雪层。

如图 3-3 所示，长期冰站实施期间曾经发生几次轻微的降雪过程和一次细雨过程。其中细雨过程从 8 月 16 日下午持续到 8 月 17 日早上。至 8 月 17 日，观测点积雪厚度没有发生明显的变化，然而积雪的层理结构却发生了较明显的变化。降雪过程导致 8 月 10 日、11 日和 16 日雪面均出现了新雪层。新雪层会由于晶体变质和颗粒圆化而发展成圆颗粒积雪。8 月 14 日，由于积雪融水的重新冻结而在积雪层底部形成了层理冰，该层理冰持续到 8 月 18 日，之后由于积雪层温度的升高而融化，再次形成湿雪层。积雪层底部 2 cm 以上的雪层含水量在 8 月 13 日之前都没有发生明显的变化。之后，随着层理冰的形成，积雪层含水量下降至最低值，也就是 1.88%。随后，细雨过程促使层理冰融化和湿雪层形成，积雪含水量逐渐增大，至 8 月 18 日增大至 5.26%。与短期冰站类似，积雪温度接近于 0℃。然而积雪层中部的温度相对底部的温度，更易受表面气温的影响，而发生较大的波动。

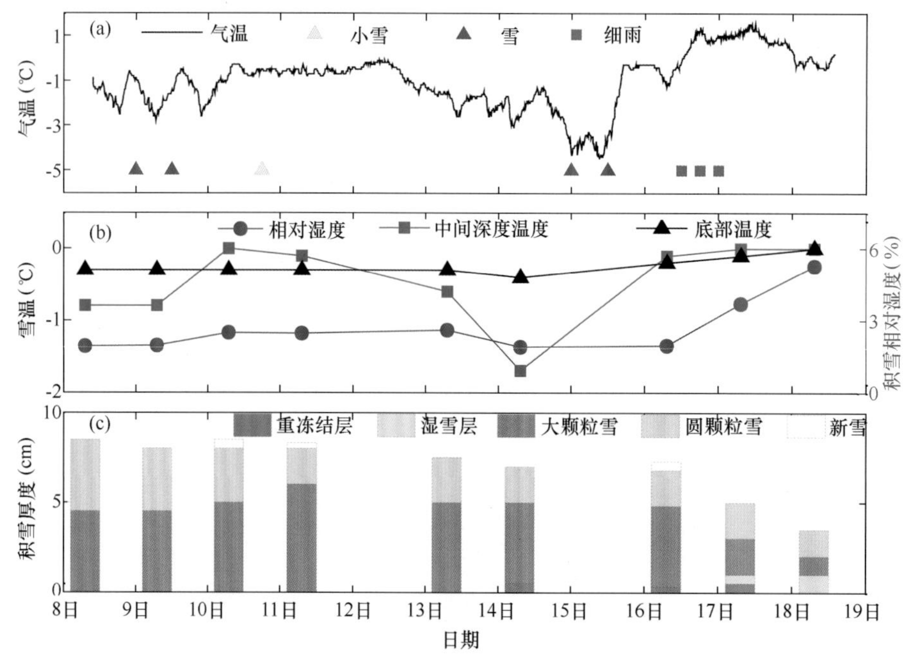

图 3-3　2010 年 8 月 8—19 日气温（1 m）以及特征天气过程记录

（a）积雪温度和含水量；（b）、（c）积雪层理结构

3.1.3 海冰的物理结构

1 号和 2 号冰站的海冰厚度较大。对于 1 号冰站，主要是因为作站浮冰为多年冰，这可以从船基和卫星的观测中得到证明。船基的观测表明，1 号冰站周边海域，被破冰船破坏的浮冰厚度断面大多都具有 1 个甚至多个生长不连续层，而且该区域的冰脊都呈现高度风化的特征，这些都是多年冰所具有的特征。MODIS 遥感产品表明 2010 年 7 月 25 日有大量的多年冰出现在 1 号冰站周边的海域。2 号冰站较大的冰厚可以归因于该浮冰具有较大的脊化程度。钻孔冰厚观测表明该浮冰的厚度标准差为 79.0 cm。对于 3~8 号冰站，海冰晶体观测和船基观测均表明该区域浮冰为一年冰。

如图 3-4 和图 3-5 所示，所有冰芯顶部都具有 7~30 cm 厚的粒状冰层，该冰层的晶体均接近球形，直径大小为 2~7 mm。其下，一般存在较薄的过渡层，但也有例外，如 4 号冰站和长期冰站，粒状冰层下部就紧接着是柱状冰层。过渡层有两种形成机制：一种是海冰从动态生长向静态生长过渡过程中形成，如 3 号和 6 号冰站，该过渡层较薄；另一种则是由于海冰内部融化导致柱状冰晶体结构破坏形成，如 5 号和 7 号冰站，该过渡层较厚。即使没有过渡层，颗粒冰层与柱状冰层的过渡也不如淡水冰凸显（Leppäranta and Kosloff, 2000）。其原因是海冰的生长环境相对淡水冰（如湖冰），动态影响因素较多。4 号、5 号和 7 号冰站，柱状冰层内部还存在不连续界面。然而，这些不连续界面并没有伴随颗粒冰或倾斜的柱状冰晶体。因此可以判断这些不连续界面是由不连续的热力学生长过程引起的，而非海冰的动力学形变或反复的冻融过程。我们认为这些浮冰均为一年平整冰。每一个连续柱状冰层对应着一个连续的热力学生长过程，其晶体大小随深度逐渐增大，这与淡水冰类似，然而其大小又略小于淡水冰柱状冰的晶体大小（Lei et al., 2011）。单个柱状冰层的平均厚度为 55 cm±30 cm，若

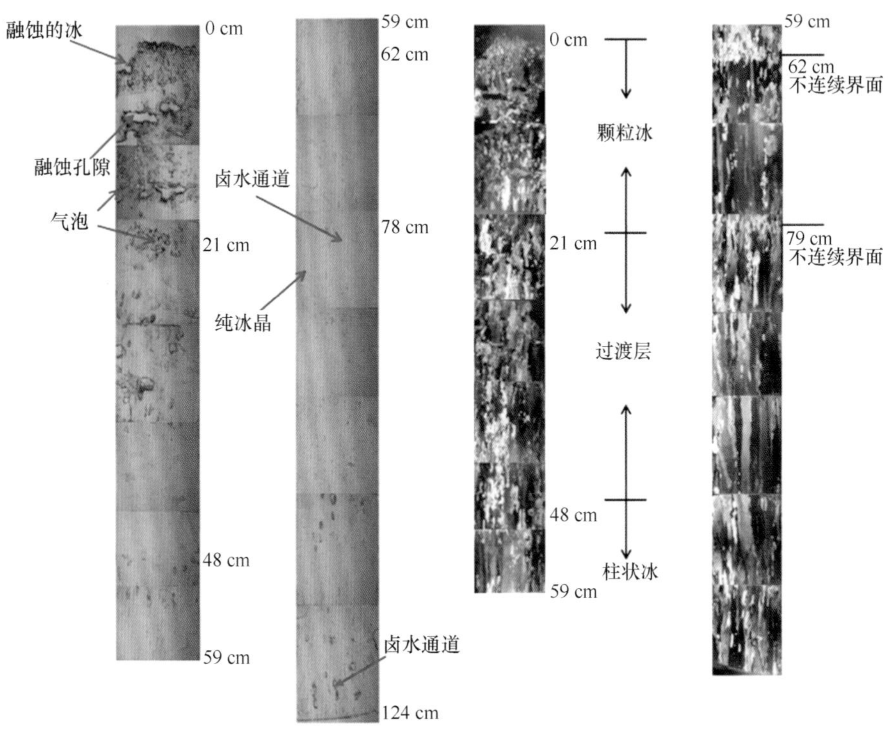

图 3-4 5 号冰站冰芯薄片在自然光和偏振光下的照片

假设海冰生长率为 0.5~2.0 cm/d，单个柱状冰层的生长周期则对应为 0.5~5.5 月。最大的单个柱状冰层出现在 6 号冰站，其厚度为 108 cm。

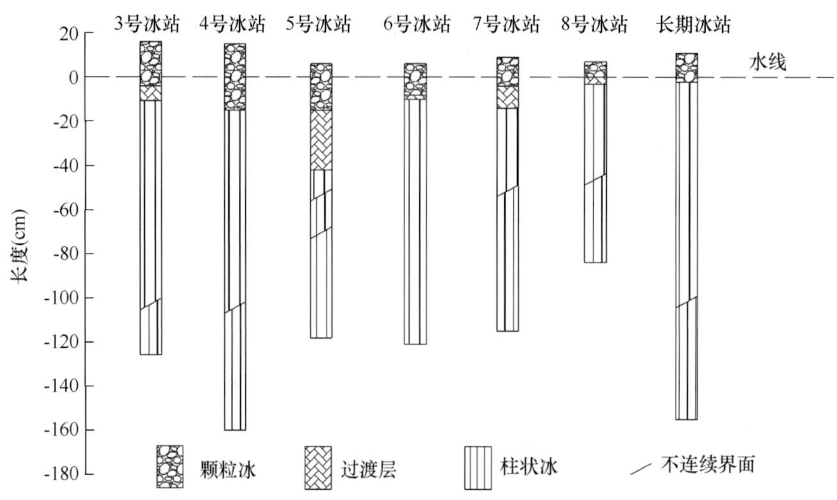

图 3-5 短期冰站和长期冰站冰芯的层理结构

如图 3-6 所示，冰芯的顶部都具有较低的盐度和密度，意味着该部分冰层具有较大的气体含量，这与冰芯薄片的观测结果一致。海冰密度随着深度的增加而逐渐增加，这与冰内孔隙随深度逐渐减少有关。然而，至冰芯底部由于孔隙的再次增加而导致海冰密度有所降低。冰芯水线以上部分的平均密度为（768±52）kg/m^3，该值明显小于水线以下部分的冰芯密度，后者的平均值为（842±72）kg/m^3。5 号冰站的冰芯从顶部至 62 cm 深度处冰内孔隙明显减少，62~100 cm 的深度层，冰芯薄片明显较为完整，透光性更好。海冰顶部的高孔隙特性使得该冰层具有较强的消光能力，能较好地阻止太阳短波辐射向下层进一步传输（Cheng，2002）。

较晚钻取的冰芯，由于其经历了较长的融化季节，所以具有相对较小的厚度（$P<0.1$），较低的密度（$P<0.05$）和较高的温度（$P<0.01$），它们之间的统计关系见表 3-2。由于所研究的冰芯是在不同纬度区钻取的，上述相关关系会受到融化季节的区域差异所干扰。

表 3-2 冰芯参数的统计关系（R^2，$N=10$）

参数	D	Lat	Th_i	T	S	ρ	v_b	v_a
D		0.72**	-0.59*	0.93***	-0.43	-0.68**	0.26	0.73**
Lat			-0.35	0.66**	-0.43	-0.23	0.35	0.30
Th_i				-0.47	0.01	0.59*	-0.39	-0.55*
T_i					-0.70**	-0.64**	0.08	0.64**
S_i						0.52	0.55*	-0.48
ρ_i							0.28	-0.99***
v_b								-0.23

注：D 和 Lat 为采样日期和纬度，Th_i 为海冰厚度，T，S，ρ，v_b 和 v_a 为冰芯的平均温度、盐度、密度、卤水体积分数和气体体积分数；相关显著性分别表示为：$P<0.01$（＊＊＊）、$P<0.05$（＊＊）和 $P<0.1$（＊），0.1 置信水平都不显著则不带星号。

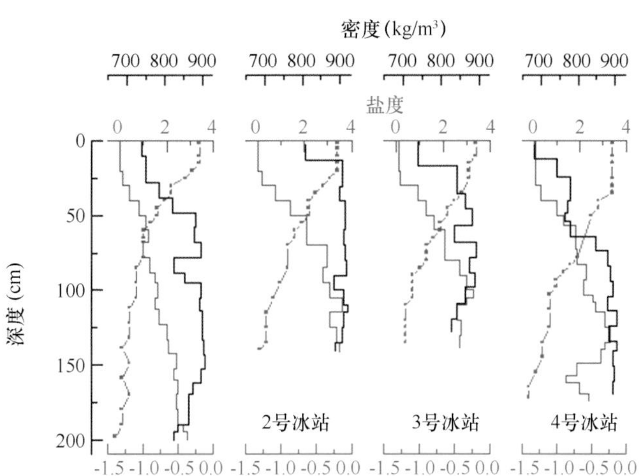

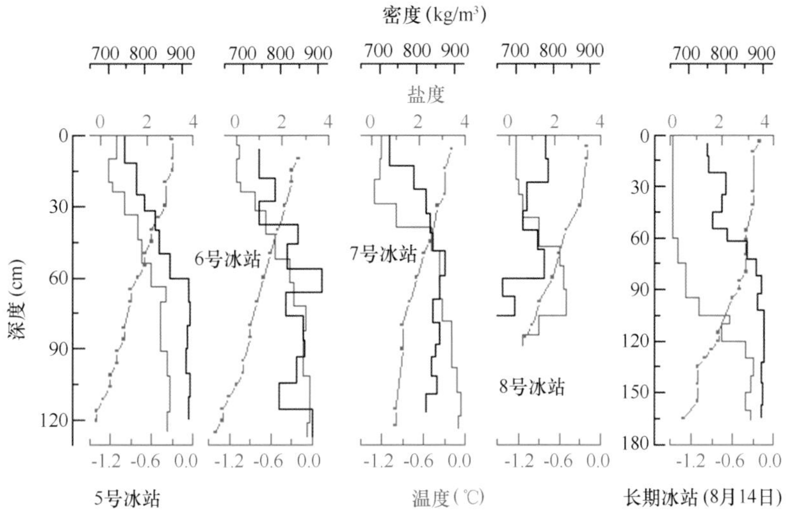

图 3-6　短期冰站和长期冰站冰芯的温度、盐度和密度垂向廓线

海冰顶部 20~30 cm 和底部 10~50 cm 由于是高孔隙层，盐度较低。除此，海冰盐度随深度逐渐增加。海冰顶部温度接近 0.2℃，随着深度加大，其海冰温度逐渐降低，其底部接近 -1.4℃。整个冰层的温度均高于上层海水的冰点温度（盐度约为 25）。夏季随着海冰温度升高，导致冰晶格破坏和形成卤水通道，促进脱盐，最终导致海冰融点温度升高。随着海冰的温度升高，海冰盐度和密度均会有所降低（$P<0.05$），见表 3-3。海冰融化的热力学过程明显不同于热力学生长过程，其突出表现正是海冰内部融化和脱盐过程。

表 3-3　长期冰站冰芯的厚度（Th_i）、温度（T）、盐度（S）、密度（ρ），以及卤水和气体体积分数（v_b 和 v_a）

采样日期	Th_i（cm）	T（℃）	S	ρ（kg/m³）	v_b（%）	v_a（%）
8 月 14 日	167	−0.65	1.24	851	9.1	8.1
8 月 17 日	165	−0.51	1.12	839	10.2	9.4

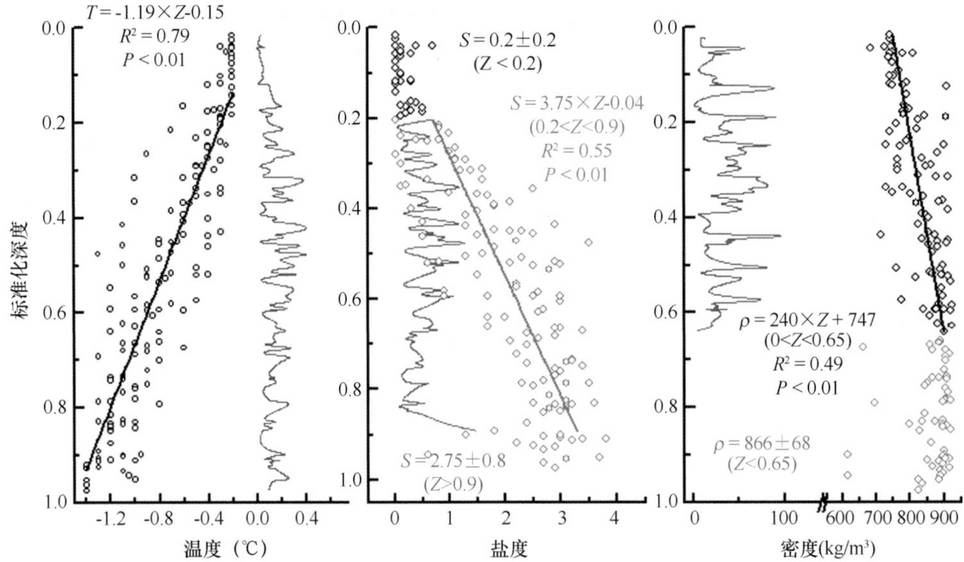

图 3-7　海冰温度（T）、盐度（S）和密度（ρ）相对标准化深度（Z）的统计关系

红或黑线表示线性回归；蓝线表示回归残差

为了进一步刻画海冰温度、盐度和密度的层化特征，并将其表达成能应用到数值模式中的形式，建立了所有冰芯各个参数测量值与标准化深度之间的关系，见图 3-7。海冰温度随着标准化深度的增加而逐渐增大，其垂向梯度为每标准化单位降低 1.19℃。标准化深度对海冰盐度垂向变化的解释度为 79%。标准化深度 0.2 以上的海冰盐度接近常数，平均值为 0.2±0.2。标准化深度层为 0.2~0.9 的海冰盐度随深度增加呈现线性增加的趋势，其增加的梯度为每标准单位 3.75（$P<0.01$，$R^2=0.55$）。标准化 0.9~1.0 的深度层，海冰盐度由于为高孔隙层，离散程度较大，测值范围为 0.6~3.8，平均值为 2.7±0.8。8 号冰站海冰底部盐度最低，测值为 0.6，其原因是该浮冰底部融化最为明显，孔隙率较大。标准化深度 0~0.65 的海冰密度随深度的增加也呈线性增加的趋势，其垂向梯度为每标准单位 240 kg/m^3（$R^2=0.49$）。该层往下，海冰密度离散程度较大，其均值为（866±68）kg/m^3，其中小于 700 kg/m^3 的值均是 8 号冰站的观测结果，这再次说明了该冰站底部融化程度相对其他冰站更为明显。除了 8 号冰站的测量值，标准化深度 0.65 以下的海冰密度接近常数，均值为（883±30）kg/m^3。图 3-7 给出的海冰各个参数与标准化深度之间的统计关系能较好地刻画北冰洋中心区域 7 月底至 8 月底的海冰物理状态，并能较方便地应用到海冰热力学数值模式中（Lv et al.，2009）。

如图 3-8 所示，所有冰芯顶部都具有较大的气体体积分数，该计算值随着深度增大迅速降低，至 50~60 cm 深度层降低到较低水平。8 号冰站浮冰由于内部融化明显，其气体体积在整个冰层都较大。基于线性回归分析发现（图 3-9），海冰气体体积分数的变化主要依赖于海冰密度的变化，后者对前者的解释度为 99.6%。而海冰气体体积分对海冰盐度和温度的依赖度则较低。海冰内部由于大部分卤水通道都已经连通，生长期的卤水泡由于卤水排泄，大部分都已被气体填充，所以卤水的体积分数都较低。海冰的卤水体积分数随着深度增大而逐渐增大，至中间层增大到 15%~20%。往下，卤水体积分数则随着深度的增大而逐渐减小。海冰卤水的体积分数主要依赖于海冰盐度，后者对前者的解释度为 91.5%。

通过比较 8 月 14 日和 17 日在长期冰站钻取冰芯的测量值，发现 8 月 17 日的冰芯具有较高的温度和孔隙率，以及较低的盐度和密度。这说明这期间，海冰内部发生了可识别的融化。

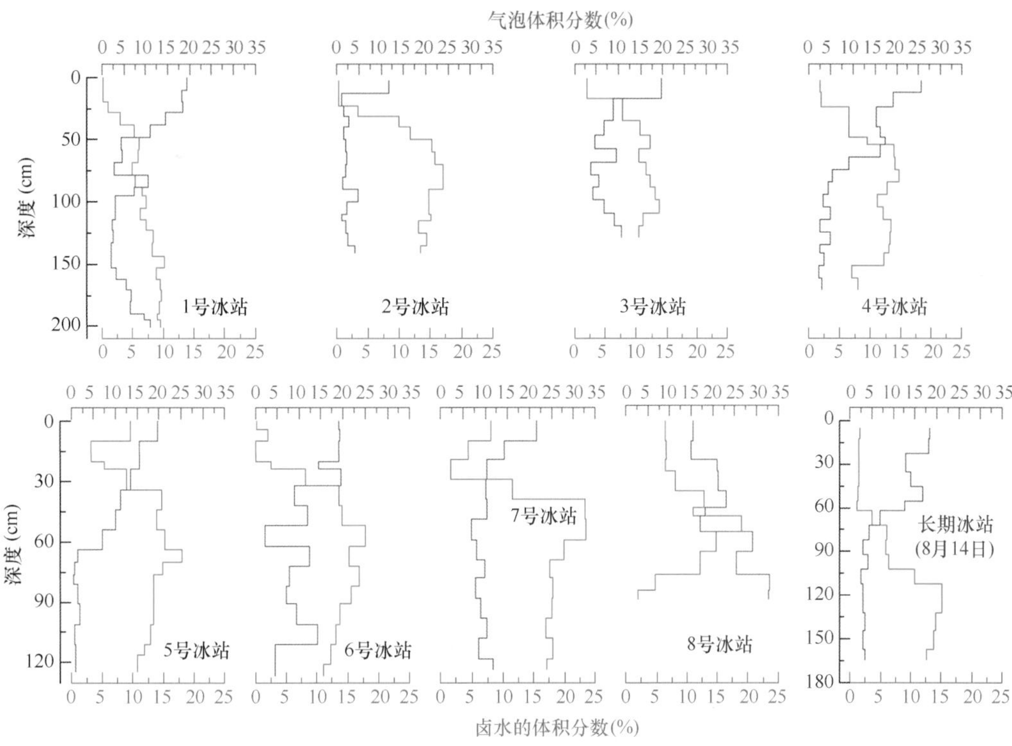

图 3-8 海冰气体和卤水体积分数的垂向廓线

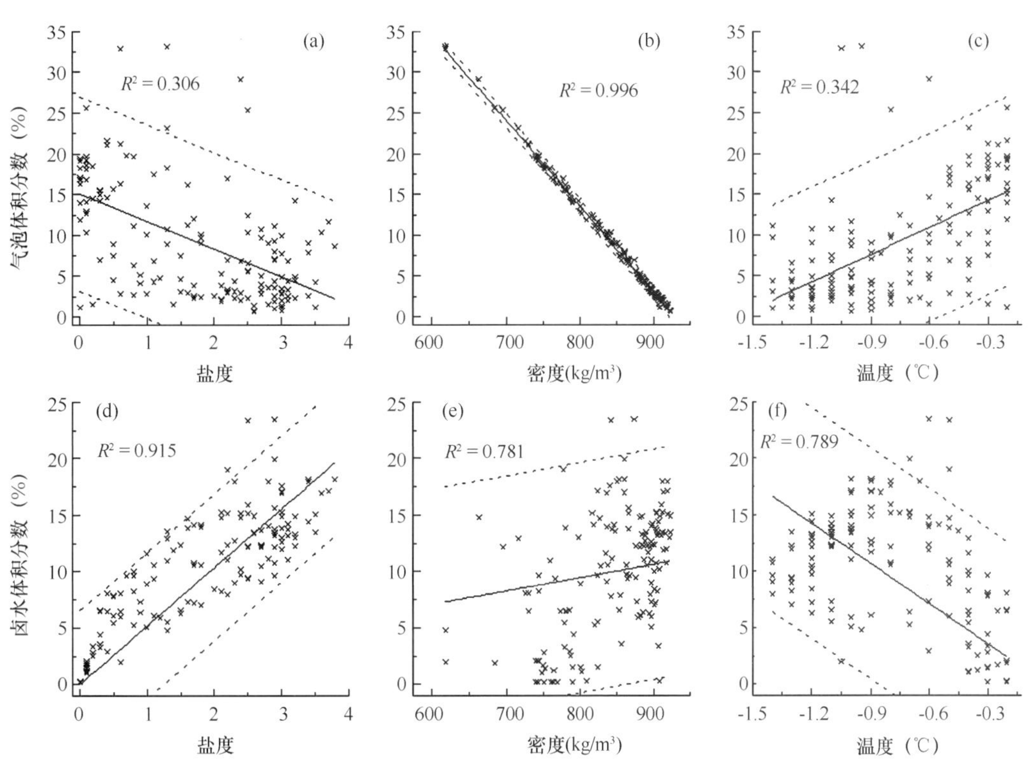

图 3-9 海冰气体和卤水体积分数相对海冰盐度、密度和温度的线性回归

实线表示线性回归线；虚线表示95%置信区间

3.2 海冰形态特征的空间变化

1978—2000 年夏季北冰洋中心区域大部分区域海冰密集度超过 9 成，然而 2003—2008 年夏季该区域只有不到一半的区域海冰密集度超过 9 成（Kwok and Rothrock，2009）。ICESat 和潜艇仰视声呐的观测表明北冰洋中心区域秋季的平均厚度从 1958—1976 年的 3.0 m 减小至 2003—2007 年的 1.4 m，也就是说在 40 年里减少了 53%（Rothrock et al.，2008）。最近几年，北冰洋海冰的减小速度有进一步升高的趋势，北冰洋中心区域从 2001—2007 年峰值厚度从 1.65 m 减小至 0.9 m（Haas et al.，2008）。ICESat 装载有激光高度计，该传感器能观测得到冰舷高度，从而可以得到海冰厚度，然而该卫星在 2009 年已经退役，其下一代卫星 ICESat2 则计划于 2016 年才能发射投入使用。这造成在其窗口期，我们难以获得海盆尺度的北冰洋海冰厚度空间分布数据。2010 年服役的 CryoSat 装载有雷达高度计，为 ICESat 系列数据空白期提供了有效补充。然而，夏季北冰洋冰面大多为湿雪层，并发育有大量的表面融池（Lu et al.，2010）。雷达高度计会穿透湿雪层，这给冰厚反演增加了难度。因此，船基或飞行器支持的海冰厚度观测无疑是卫星遥感观测的有益补充，这在 ICESat 系列数据空白期显得尤为重要。

在中国第四次北极科学考察中，于 7 月 21 日至 8 月 28 日期间，针对北极太平洋扇区，尤其是 140°—180°W，海冰的空间分布和季节变化开展了系列观测研究，主要包括走航海冰冰情观测和基于 EM-31 的冰基海冰厚度观测等。观测结果与 1994 年的 AOS 航次和 2005 年的 HOTRAX 航次的观测结果进行初步比较。海冰密集度走航观测结果与 AMSR-E 的观测结果进行了比较。

3.2.1 观测区域和现场观测

中国第四次北极科学考察海冰观测的区域包括楚科奇海东侧、波弗特海西侧、加拿大海盆以及北冰洋中心区域。观测航段可大致分成 3 段，分别为向东航段、向北航段和向南航段。海冰走航观测 0.5 h 一次，主要依据 ASPeCt 观测规范（Worby et al.，2008），记录的参数包括海冰密集度、浮冰大小、海冰类型、融池覆盖率以及冰/雪厚度等。同时，9.8 kHz 的 EM-31 悬挂于船侧高于水面 3.5 m 用于实时观测海冰厚度。EM-31 观测系统装载有一个激光测距仪和测距声呐，观测得到仪器至冰/雪/水面的距离（D_s）；以及一个 9.8 kHz Geonics EM31，该设备可以观测得到仪器至冰底的距离（D_{EM}）。观测数据结合得到海冰加积雪的厚度（T）。该设备的观测从 8 月 1 日开始，至 8 月 28 日结束。

航渡期间，7 月 21 日于 69.80°N，168.97°W 首次遇到海冰，8 月 28 日于 75.61°N，172.16°W 最后离开冰区。因此，在 38 d 里，楚科奇海的海冰边缘线向北退缩了约 650 km。卫星遥感观测数据（AMSR-E）表明向东航段位于海冰边缘区，同时，7 月 24 日和 8 月 28 日的卫星遥感观测也表明其对海冰边缘区的识别基本与走航观测结果相吻合。观测期间，海冰处于融化和逐渐向北退缩的状态。航渡期间和冰站作业期间，于 7 月 31 日—8 月 4 日以及 8 月 7—11 日，出现了若干次降雪事件，于 8 月 17 日和 26—28 日出现了若干次小雨事件。

向东航段共 280 km，均位于海冰边缘区，离海冰边缘线均小于 50 km，观测期为 7 月 24—25 日，考察船的船速在 6~8 kn 之间。海冰密集度在最初的一半里程约为 40%或更小，之后在约162°W增加至60%~90%，至160°W又逐渐减小，考察船最后驶离海冰边缘区。融池覆盖率（融池占海冰表面的面积比，MC）在0%~30%之间，平均约10%。向东航线边缘区的浮冰大小在20~500 m以小浮冰为主。海冰厚度在40~150 m之间，表层10 cm为高度融蚀的散射层，海冰为一年冰。浮冰以平整冰为主，冰脊的面积比在5%~10%之间，零星存在一些厚度较大（大于2 m）的孤立冰脊，这与厚冰区融冰速率较低使得冰脊得以孤立残留有关。该航段有大量脏冰存在，中间段在1%~5%之间，两端在10%~15%，最高可达70%~80%。脏冰源于冻结时在沿岸浅水区的高度混合致使海床沉积物的悬浮以及沿岸的动物活动（Darby et al.，2011），尤其是海象等哺乳动物在该区域十分常见。脏冰表面反照率较低，使得表面融化更为明显，表面粗糙度较大。

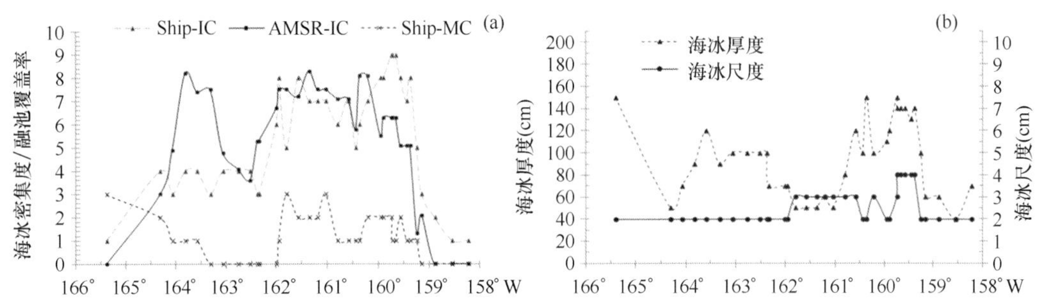

图3-10 向东航段海冰密集度、融池覆盖率、海冰厚度和浮冰大小以及AMSR-E海冰密集度随经度的变化

浮冰大小：1（<2 m），2（2~20 m），3（20~100 m），4（100~500 m），5（500~2 000 m），6（2~10 km）和7（>10 km）

3.2.2 海冰沿航线的空间变化

向北航段始于7月25日，始点位于阿拉斯加巴罗北侧（71.35°N，156.94°W），8月20日达到最北点（88.36°N，177.52°W），期间，实施了6个短期冰站（约3~4 h）和1个长期冰站（约12 d）。向南航段始于8月20日的最北点，至考察船8月28日驶离冰区，期间共执行了2个短期冰站。图3-11给出了向北航段和向南航段海冰密集度、融池覆盖率、主流海冰的厚度和浮冰大小。

走航观测得到的海冰密集度和AMSR-E的观测结果吻合较好，然而在海冰边缘区走航观测结果略高于AMSR-E的值，在海冰密集度比较高的中心区域，AMSR-E的值则略高于走航的观测值。另外，走航观测得到海冰边缘区范围也与遥感数据识别的对应值相一致，对应向北航段为71.5°—75°N（约350 km，7月25—30日），对应向南航段为75.5°—80°N（约450 km，8月25—28日）。

海冰边缘区的融池覆盖率一般比中心区域低，这与边缘区主要为残留的冰脊有关。向北航段边缘区的融池覆盖率平均值为16%，中心密集冰区为23%，而向南航段两者分别为10%和33%。同时在密集冰区，融池覆盖率随纬度增加有逐渐减小的趋势，这在向南航段更为明显，这与低纬度区域（尤其是向南航段）经历的融冰期更长有关。例如在向南航段，8月24日观测得到的81°N的融池覆盖率约为70%，该区域覆盖率为80%的主流海冰的厚度为50~80 cm。

海冰边缘区与中心海冰密集区相比较，向北航段和向南航段相比较，海冰厚度和浮冰大小的差异也比较大。7月底向北航段海冰边缘区的平均海冰厚度为100 cm，至8月底边缘区

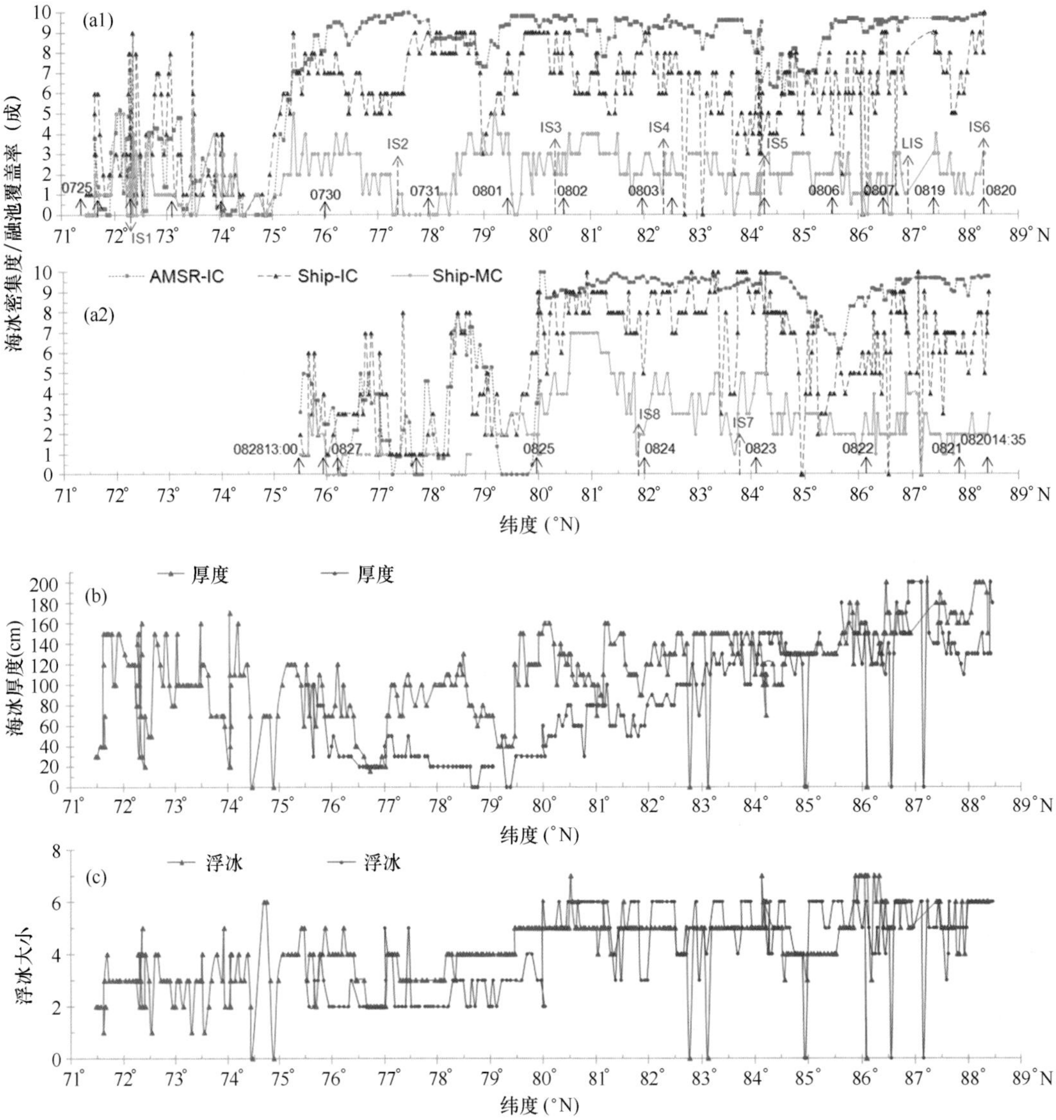

图 3-11　船基观测得到的海冰密集度（IC）、融池覆盖率（MC）、冰厚和浮冰大小以及 AMSR-E 海冰密集度

向北航段自 7 月 25 日至 8 月 20 日（a1，b，c），向南航段自 8 月 20 日至 28 日（a2，b，c），在 a1 和 a2 同时标示了冰站和每天的位置

海冰减薄至 50 cm。海冰边缘区主流海冰的大小为 2～100 m，明显小于中心海冰密集区的观测值（500～100 000 m）。海冰密集区，海冰厚度随纬度有明显增加的趋势，这在向南航段更加明显，这表明 8 月的观测区，尤其是低纬度区域，海冰尚处于融冰期。向北航段海冰厚度主要在 100～150 cm 之间，平均值为（114±39）cm，中值为 120 cm，海冰密集区海冰厚度平均值和中值则分别为（119±37）cm 和 120 cm。向南航段，海冰厚度存在两个峰值：30 cm（图 3-12），这主要代表高度融化的边缘区主流海冰，以及 130 cm，这主要代表密集区海冰的主流冰厚。向南航段的平均冰厚和中值冰厚分别为（101±56）cm 和 125 cm，而其密集区的对应值分别为（120±38）cm 和 130 cm。走航观测（人工）观测得到海冰厚度频率分布模式与船基 EM31 或卫星遥感的观测结果略有差异，后者一般的结论为海冰厚度为单峰分布，峰值位于低厚

度区，随着厚度增加频数逐渐减小，若为双峰，第一个峰值代表无冰区误差或新冰区的测值，第二峰值代表平整冰厚度（Haas et al.，2008）。这主要与人工观测频率较低有关，0.5 h 的观测频率难以像其他自动观测手段一样全面捕捉海冰厚度分布的所有信息。另外，人工观测主要依赖于观测被破冰船压翻的海冰厚度。冰脊和新冰一般都难以在压翻中呈现出完整的厚度断面（Toyota et al.，2004），这无疑会导致人工观测会一定程度上忽略这些海冰的厚度的贡献。

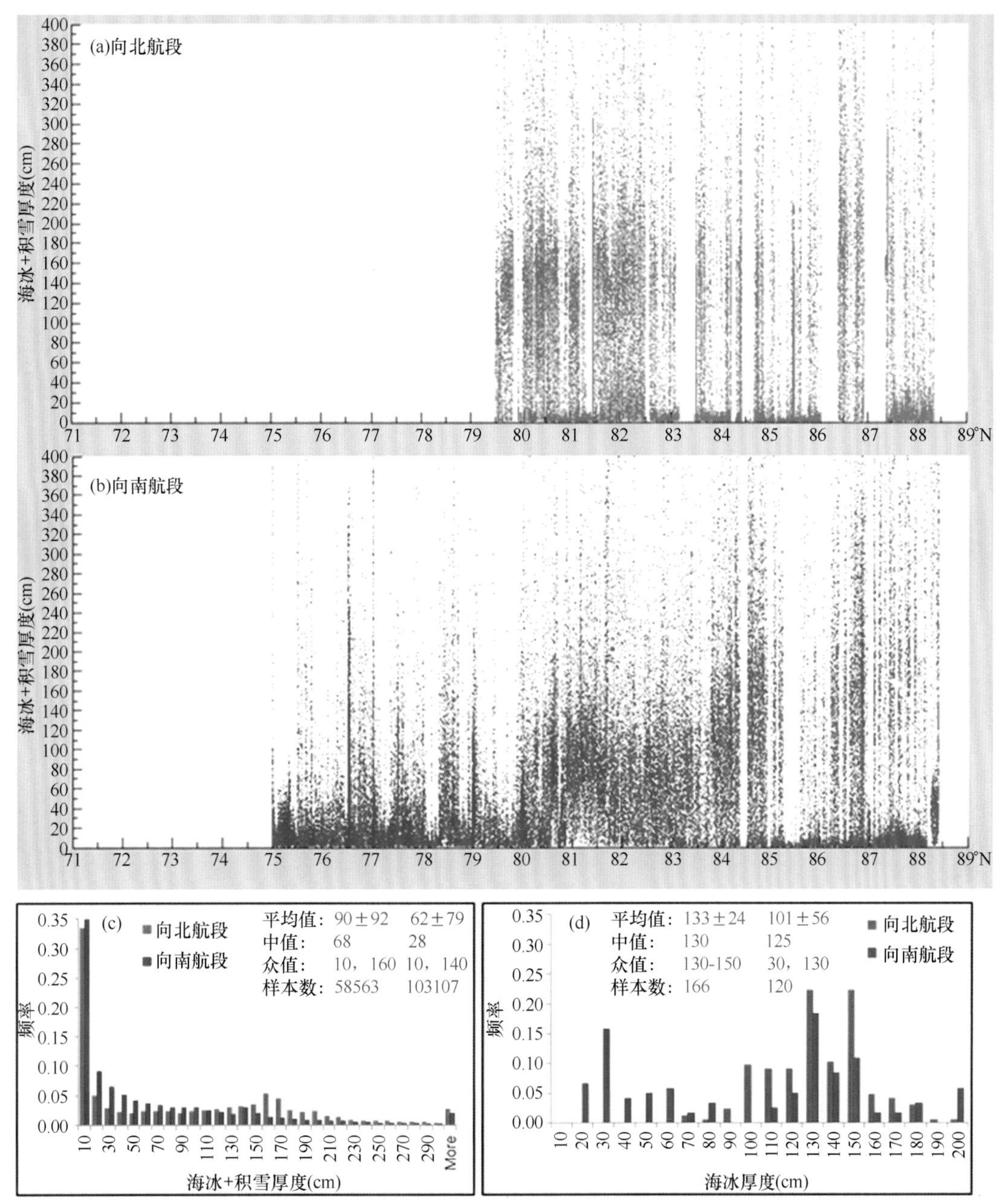

图 3-12 走航 EM31 海冰和积雪总厚度观测结果

向北航段（a），向南航段（b）和频率分布（c），以及人工观测的海冰厚度频率分布（d）

图 3-12 给出了船基 EM-31 的海冰厚度观测结果，向北和向南航段，海冰厚度都为双峰分布，主峰位于 10 cm，源于无冰区的误差，第二峰值位于 140~160 cm，代表平整冰厚度，第二峰值与人工观测结果接近，后者为 130~150 cm。海冰厚度频数总体上随厚度增加逐渐减小。向南航段中，30 cm 的峰值在人工和 EM31 的测值中都比较明显，这代表边缘区高度融化的海冰。

3.2.3 长期冰站海冰空间变化

如图 3-13 所示，中国第四次北极科学考察长期冰站建立于一个直径约 10 km 的浮冰上，融池覆盖率约 30%，平均海冰厚度约 1.8 m。长期冰站的观测期为 12 d，8 月 7 日开始，至 8 月 19 日结束。长期冰站分 3 个观测区，其中第 2 和第 3 个观测区（Zone 2 和 Zone 3）为 EM31 冰厚观测区，观测表明从 8 月 10 日至 19 日，海冰发生了明显融化，Zone 2 积雪加海冰的厚度从 1.89 m 减小至 1.71 m，平均融冰速率约 2.0 cm/d，Zone 3 的测值则从 8 月 11 日 1.76 m 减小至 8 月 18 日的 1.60 m，平均融冰速率约 2.5 cm/d。表面积雪的融化只发生在长期冰站的后两天（Lei et al.，2012），因此融化主要发生在冰底。

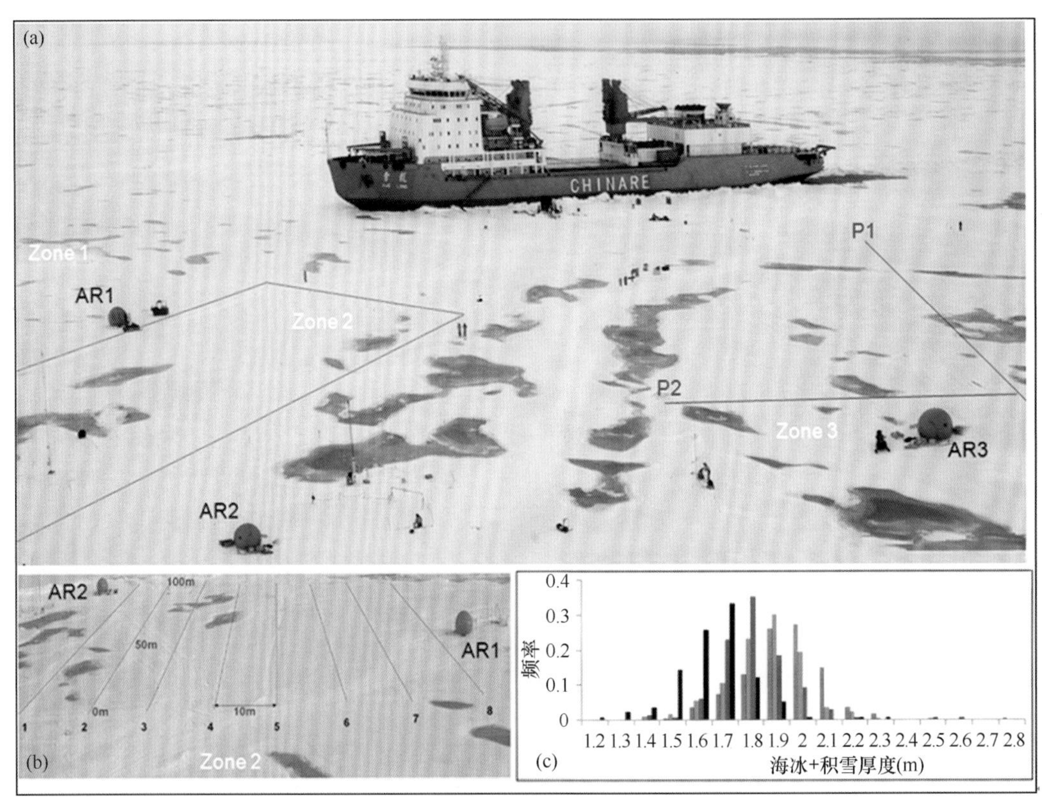

图 3-13 长期冰站布置图（a），Zone 2 的冰厚观测区（b），以及不同时期 Zone 2 和 Zone 3（剖面 P1 和 P2）的海冰厚度频率分布（c）

图 3-14 给出了 Zone 2 观测区 8 月 10 日和 19 日积雪加海冰总厚度以及对应融化量的空间分布，数据空间插值方法为 Kriging 法。观测区左上角靠近冰脊，海冰厚度最大，融化率最小，左下角和右上角接近融池，海冰厚度较小，融化率较大。右下角由于没有融池发育，海冰厚度也比较大。图 3-14 中的 5 号剖面几乎与一条冰缝重叠，尽管该冰缝由于粗糙度较大覆盖有比较厚的积雪，但由于缝隙存在倒渗海水，导致缝隙周边海冰融化率比较大。频率分布图表明融化量主要集中在 0.14~0.19 m，对应融冰速度约为 2 cm/d。

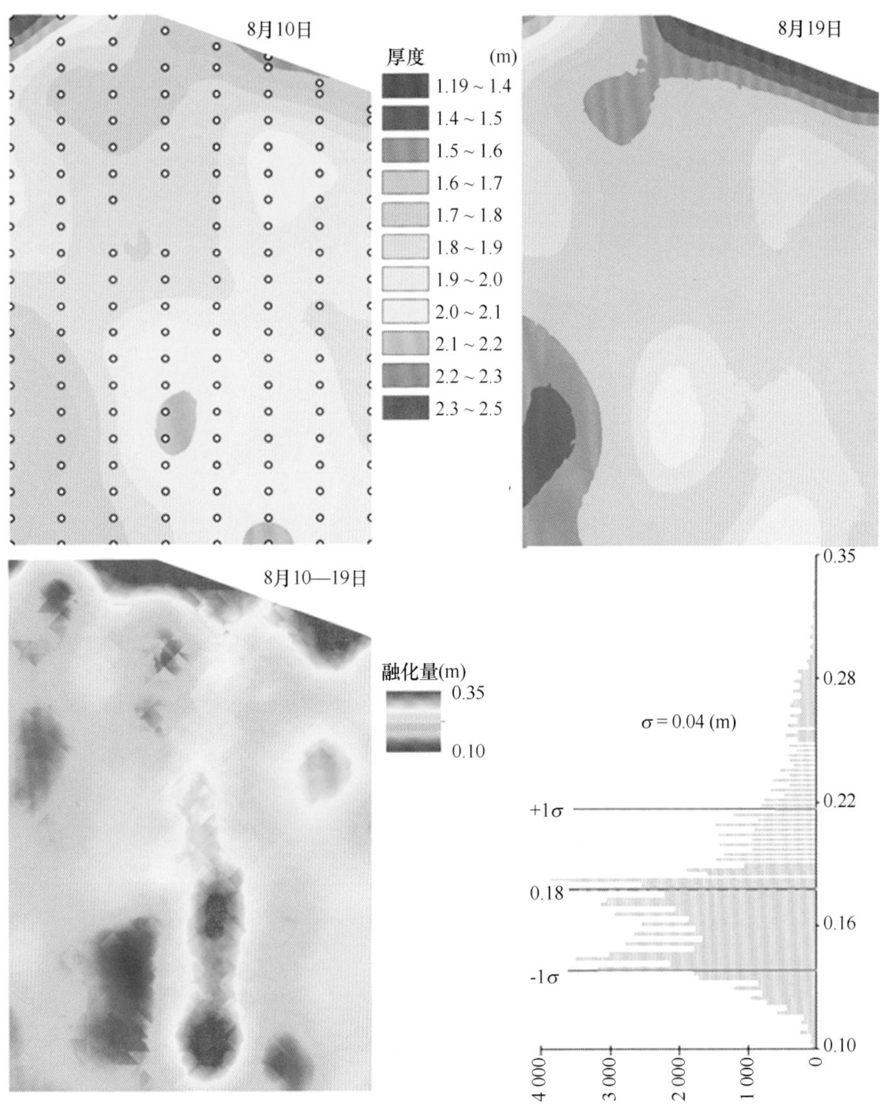

图 3-14 长期冰站 Zone 2 测区积雪加海冰厚度在 8 月 10 日和 19 日空间分布，以及它们的差值空间分布和频率分布，8 月 10 日分布图上的圆点为 EM31 的测点

3.3 海冰输出区海冰运动特征

海冰运动是海冰对表层海流拖曳力、风拖曳力、科氏力、沿倾斜海面的重力分量以及海冰之间内应力的响应（Tremblay and Mysak，1997）。海冰运动会影响海冰厚度的重新分布，从而影响大气—海洋之间的能量和物质交换（Zhang et al.，2010）。随着北冰洋海冰的减少，海冰密集度和厚度的减小，以及极区气旋活动的增多，北冰洋海冰运动速度有加快的趋势，从而增强了海冰的形变并降低了海冰的力学强度（Hakkinen et al.，2008）。这些因素正反馈于海冰变化，导致北冰洋海冰变得更加薄，并趋于一年冰。海冰的减少，尤其是多年冰的减少，很大程度上都与海冰从弗拉姆海峡等边缘口门输出后生长季得不到足够的补充有关（Nghiem et al.，2007）。

海冰的运动伴随着潜热和淡水的输运，其中最明显的是海冰从北极中心区域从弗拉姆海峡输送到北大西洋的过程（Cox et al.，2010）。弗拉姆海峡海冰输出引起的淡水输出约占北冰洋淡水输出的25%（Serreze et al.，2006），从对北大西洋深层水形成和全球的热盐环流作出影响（Stouffer et al.，2006）。虽然卫星遥感能提供海冰运动海盆尺度的产品，但由于其粗糙的时空分辨率，限制了其应用价值（Stern and Lindsay，2009），而且夏季难以得到有效的卫星遥感产品。因此，地面观测是卫星遥感的有效补充，前者也能对后者进行验证。

这里，我们将利用42个海冰漂移浮标观测数据分析海冰从北极中心区域至弗拉姆海峡漂移过程运动特征的时空变化（图3-15），其中包括3个在中国第四次北极科学考察布放的浮标（A-C）以及1个北极点环境观测项目（North Pole Environmental Observatory Program）布放的海冰物质平衡浮标（IMB2010A；Timmermans et al.，2011）以及国际北极浮标计划（International Arctic Buoy Program，IABP）存档的38个浮标。其中IABP存档的浮标由于采样频率大多为12 h，而且早期的浮标大多用Argos定位，精度约为150 m，因此难以满足频域分析的要求，只对其进行长期变化分析。2010年布放的浮标A-C和IMB2010A具有采样频率和定位精度高的优点，有利于分析其频域特性并提取冰场形变率。

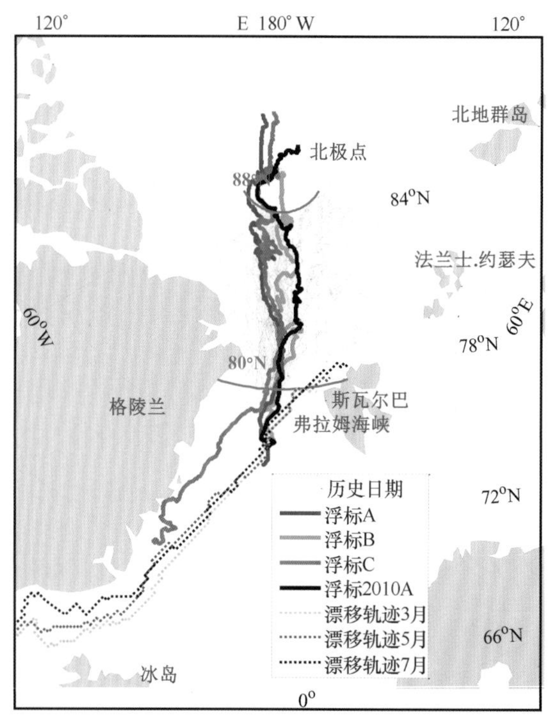

图3-15 浮标漂移轨迹

为量化海冰运动的频域信号，我们利用3 d的滑动时间窗对标准化的海冰运动速度进行傅里叶分析。标准化的海冰运动速度将减小运动速度绝对量对频域的影响。3 d的时间窗口选择则主要是考虑剔除天气尺度和季节尺度的信号，而只关注从小时到天的信号，从而得到海冰运动的内振荡规律。这里分析了浮标A、浮标B和IMB2010A的频域信号。海冰运动的惯性振荡取决于纬度：

$$f_0 = 2\Omega\sin\theta \tag{3-3}$$

式中，f_0 为惯性频率，单位为 cycle/d；Ω 为地球的自转角速度（1.002 736 cycles/d）；θ 为纬度。在 80°—90°N 纬度范围，其惯性频率为 2.01～1.98 cycles/d。该频率与半日潮的惯性频率接近，为将两者加以区分，我们将对速度矢量进行复数傅里叶分析，根据 Gimber 等（2012），复数傅里叶变换定义为：

$$\widehat{U}(\omega) = \frac{1}{N}\sum_{t=t_0}^{t_{end}-\Delta t} e^{-i\omega t}(u_x + iu_y), \tag{3-4}$$

式中，N 和 Δt 分别为速度采样的数量和时间间隔；t_0 和 t_{end} 分别为时间窗口的开始时间和结束时间；u_x 和 u_y 分别为海冰运动的两个分量，ω 是圆频率。

利用每个月浮标的累积位移与净位移的比值定义了浮标的曲折度（Heil et al.，2008），该曲折度会影响海冰在北冰洋的滞留时间，分析了曲折度的空间变化以及与北极偶极子的关系，分析了海冰输出时间的长期变化趋势以及与北极偶极子以及夏季北极海冰范围变化之间的关系。

3.3.1 海冰运动速度及其对风的响应

由 6 h 位移计算得到的海冰运动速度在 0.01～0.64 m/s 之间，从北冰洋中心区域至弗拉姆海峡有逐渐加速的趋势。观测区的平均海冰速度为（0.15±0.12）m/s，这是整个北冰洋平均值的 2 倍（Zhang et al.，2012），说明北冰洋海冰输出区海冰运动速度明显大于北冰洋中心区域。海冰的纬向速度一般都小于 0.2 m/s，明显小于经向速度，径向速度与纬向速度之比在 1.14～1.64 之间。从北冰洋中心区域至弗拉姆海峡，该速度也有逐渐增加的趋势。在 78°—82°N 纬度区间，该比值 1.50～3.14 之间。浮标 A、浮标 B 和 2010A 在弗拉姆海峡趋于向东漂移，最后进入海冰边缘区，不同于上述浮标，浮标 C 趋于向西漂移，最后进入东格陵兰流区，该区域海冰较为密集度，这也导致了浮标 C 在弗拉姆海峡区域的加速并不明显。

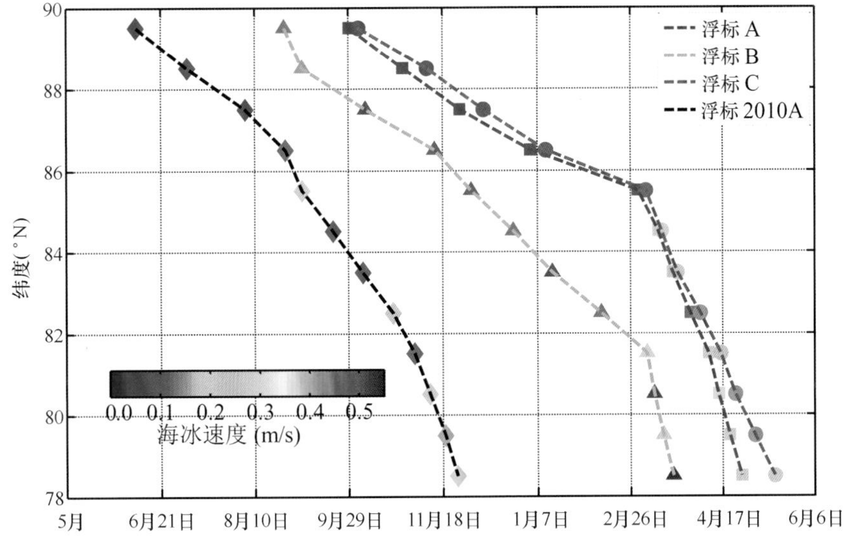

图 3-16 2010 年 5 月—2011 年 6 月间海冰运动速度随纬度的变化

在81°N以北，浮标A和浮标C较接近，相距在34~62 km之间，因此除了个别时段受气旋活动影响外，两者的运动速度较为一致，月相关系数均在0.9以上（图3-17）。然而在弗拉姆海峡区，由于两个浮标流经的冰区冰情差异较大，加速过程也有较大的差异。在88°—85°N，浮标B的运动速度与A/C接近，然而在85°—83°N，浮标B的运动速度相对较小，这与一中尺度气旋活动有关，该气旋导致浮标处于不同的风强迫下，浮标B的风强迫趋于向北，相反，A/C趋于向南。同样，2010A在从北冰洋中心区域向弗拉姆海峡漂移过程中也呈逐渐加速的趋势。

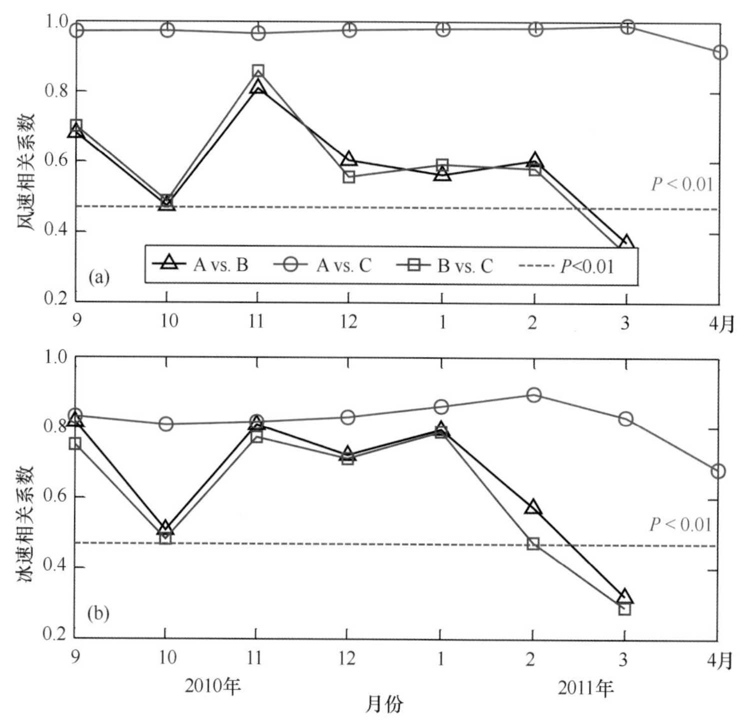

图3-17　2010年9月—2011年4月各个浮标风速和冰速的相关系数

表3-4总结了不同分区海冰漂移速度与表面风速之间的关系。84°N以北，海冰漂移速度约为风速的1.6%~2.2%之间，随着靠近弗拉姆海峡，该比值有所增加，在84°—80°N为1.9%~3.0%，80°N以南为3.3%~8.8%。在弗拉姆海峡的比值比北冰洋其他区域报道的值都要大。在高纬度区域，海冰漂移速度与风速的相关度则相对弗拉姆海峡较大，这可能与海峡区表面海流速度较大有关。然而风强迫的季节变化也导致了2010A浮标的统计结果与其他浮标略有不同。

海冰漂移与风强迫的关系可以分成以下3类：①漂移方向与风朝向夹角小于45°，认为海冰漂移与风是同向的；②夹角在45°—135°之间，认为是垂直的；③夹角大于135°，认为是反向的。在弗拉姆海峡以北，42%~82%的观测采样可以被定义为同向，在弗拉姆海峡，较强表面流会导致当风向与流向不一致时，风和海冰难以同向。当海冰和风同向时，海冰漂移速度相对较大。

表 3-4 海冰漂移速度与表面风速之间的关系

浮标	位置	R_a (%)	R	冰风同向			冰风垂向		冰风反向	
				P(%)	V(m/s)	α(°)	P(%)	V(m/s)	P(%)	V(m/s)
A	>84°N	1.6	0.72	68.0	0.12 (±0.07)	19	28.0	0.08 (±0.06)	4.0	0.03 (±0.02)
	80°~84°N	2.9	0.80	77.1	0.22 (±0.12)	15	22.1	0.12 (±0.05)	0.8	0.05 (±0.00)
	76°~80°N	3.3	0.11	43.7	0.27 (±0.13)	1	33.8	0.31 (±0.18)	22.5	0.28 (±0.13)
B	>84°N	1.7	0.84	67.4	0.12 (±0.07)	22	31.6	0.09 (±0.05)	1.0	0.03 (±0.01)
	80°~84°N	1.9	0.84	72.0	0.17 (±0.13)	19	26.0	0.11 (±0.09)	2.0	0.04 (±0.03)
	76°~80°N	4.5	0.15	68.1	0.38 (±0.16)	18	31.9	0.36 (±0.16)	0.0	-
C	>84°N	1.8	0.57	65.6	0.12 (±0.07)	18	28.8	0.09 (±0.07)	6.6	0.05 (±0.03)
	80°~84°N	2.7	0.58	69.3	0.18 (±0.08)	14	26.8	0.14 (±0.07)	4.9	0.13 (±0.09)
	76°~80°N	3.3	0.17	43.6	0.21 (±0.08)	20	38.5	0.18 (±0.09)	17.9	0.13 (±0.04)
	<76°N	5.9	0.08	51.1	0.17 (±0.07)	9	40.4	0.22 (±0.16)	8.5	0.16 (±0.11)
IMB 2010A	>84°N	2.2	0.35	42.1	0.11 (±0.06)	11	44.7	0.10 (±0.05)	13.2	0.07 (±0.05)
	80°~84°N	3.0	0.26	62.3	0.16 (±0.06)	10	34.7	0.15 (±0.07)	3.0	0.11 (±0.06)
	77°~80°N	8.8	0.29	58.2	0.25 (±0.13)	7	19.4	0.25 (±0.14)	22.4	0.20 (±0.15)

注：R_a 为冰速与风速之比；R 为冰速与风速之间相关系数；P 为概率；V 为平均风速；α 为冰矢量与风朝向的夹角。

以浮标 A 为例，2010 年 10 月和 12 月，以及 2011 年 1 月，浮标所在位置没有主导的风向，从而导致海冰运动方向分布也比较宽广，没有主导的方向（图 3-18）。相反，2010 年 11 月和 2011 年 3 月，风向分布相对集中，而且与表面流向较为一致，导致，海冰漂移方向也十分集中，偏右于风朝向约 20°，结果海冰漂移轨迹曲折度较小，接近于直线。2011 年 2 月，尽管风朝向较为集中，但与表面流方向几乎相反，主要为北到东北方向，因此，浮标 A 在该月包括两个主方向，净位移非常小，约为 16 km。

3.3.2 海冰运动内振荡和冰场形变

对标准化海冰运动速度标量傅里叶变换后，频域信号能量主要集中在低于 1.0 cycle/d 的低频信号，而在半日信号中，能量也十分突出（图 3-19）。海冰运动速度矢量傅里叶变化后，频域振幅呈现明显非对称结构，在-2 cycle/d 存在明显的峰值，而在 2 cycle/d 则不存在对称的峰值。这意味着海冰运动存在单调的顺时针涛动（Heil et al.，2008；Gimbert et al.，2012），这也可以从海冰运动轨迹中得到验证。因此该半日信号主要来自于海冰的内振荡惯性响应，而不是对潮汐的响应。

然而该由海冰惯性振荡引起的半日信号存在明显的季节变化，夏季明显较强。对于浮标 A、浮标 B 和 2010A，其值分别在 8 月 18—20 日，8 月 20—23 日以及 8 月 10—12 日达到峰值。浮标 A 和浮标 B，该值从 2010 年 8—9 月较强，之后随着冬季的来临，海冰密集度和冰内应力逐渐增加，惯性振荡强度逐渐减小。2010A 在 88°—84°N 经历了夏季，从 7 月底开始，

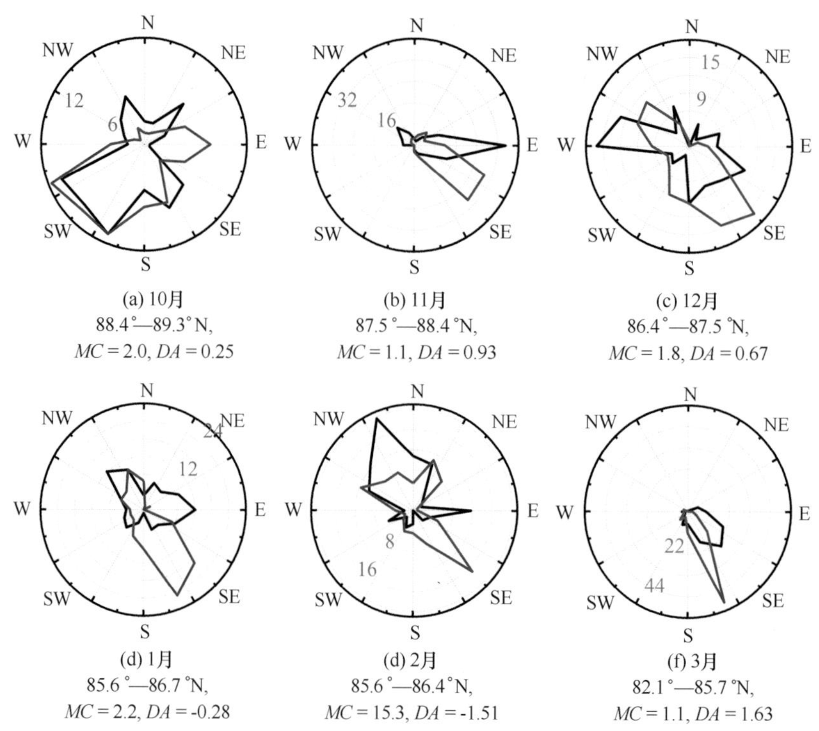

图 3-18　2010 年 10 月—2011 年 3 月浮标 A 所在位置风朝向和冰速矢量方向分布

其中 *MC* 和 *DA* 为海冰运动曲折度和北极偶极子指数

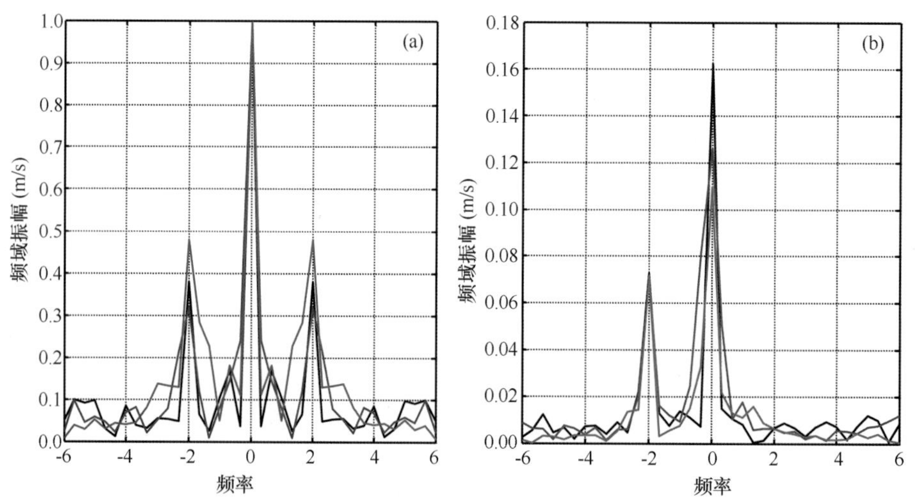

图 3-19　（a）标量标准化冰速傅里叶变换后的频域振幅；（b）标准化冰速矢量傅里叶变换后的频域振幅

海冰密集度逐渐减小，至 8 月 15 日达到最低值 65%。从而，海冰惯性振荡强度逐渐减小，直至 9 月中旬才有所增加。另外，当海冰漂移至海冰边缘区，自振荡也有加强，然而由于经历过程较为短暂，其增加不是十分明显（图 3-20）。

浮标 A~C 布放后最初大致构成一个等腰三角形（图 3-21）。2011 年 2 月底之前三角形

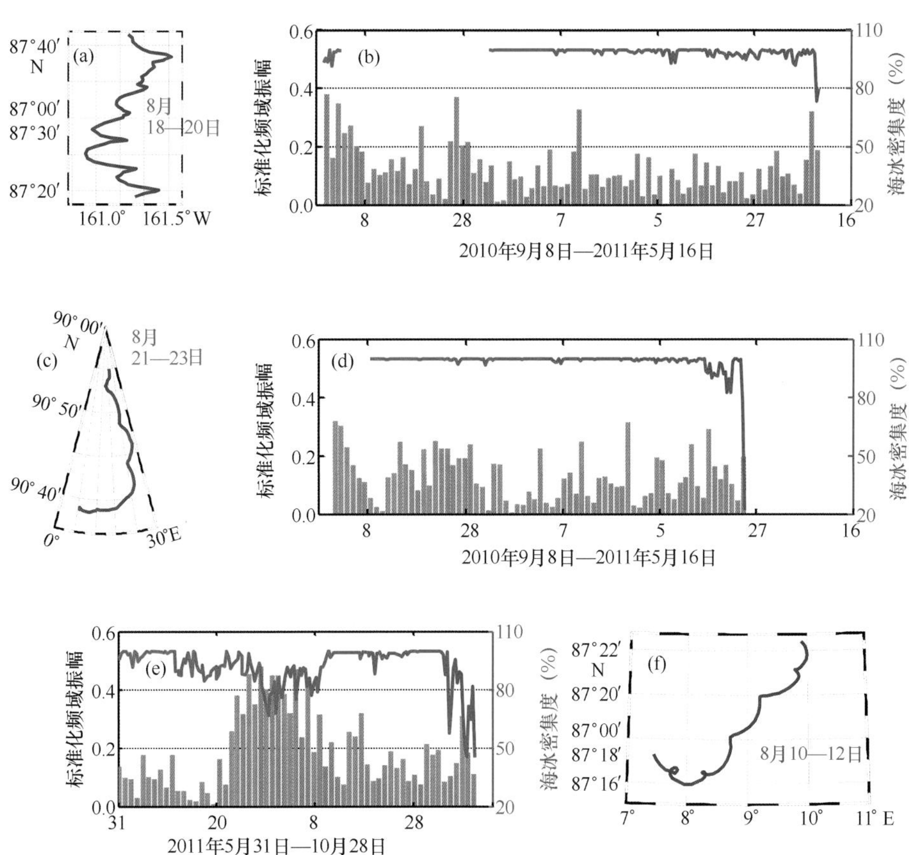

图3-20 浮标A、浮标B和浮标2010运动轨迹（a、c和f）标准化运动速度傅里叶变换后的频域振幅（b，d和e左轴）以及对应的海冰密集度（b、d和e右轴）

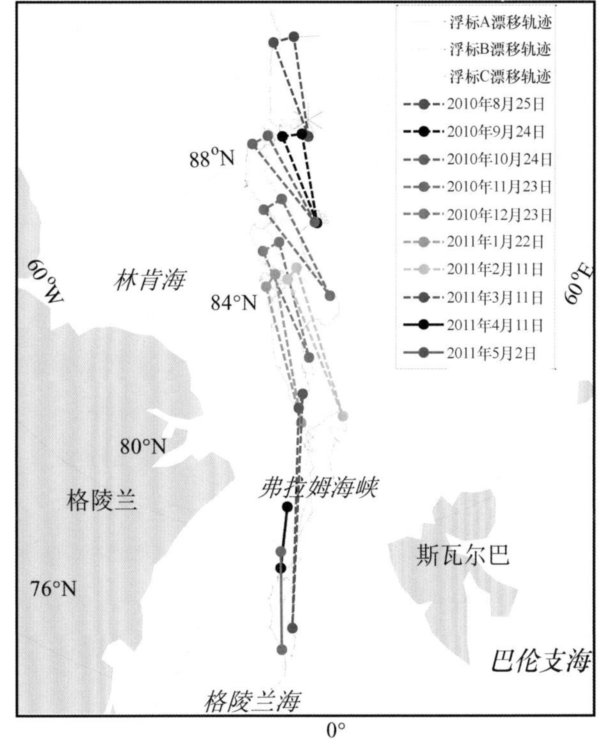

图3-21 2010年8月—2011年5月浮标漂移轨迹以及每30 d的位置

面积变化不大。从2010年12月至2011年2月，浮标B进入84°N以南后，其径向加速以及A/C浮标向海峡方向汇聚导致三角形ABC有所变形，然而该过程三角形的底边收窄和两边加长相互抵消，面积变化不大。之后变形加大，三角形面积迅速减小，在2011年3月，面积减小了约90%。径向的扩散和纬向的汇聚，导致三角形内的海冰密集度变化不大，直至浮标B进入海冰边缘区才有所减小（图3-22）。

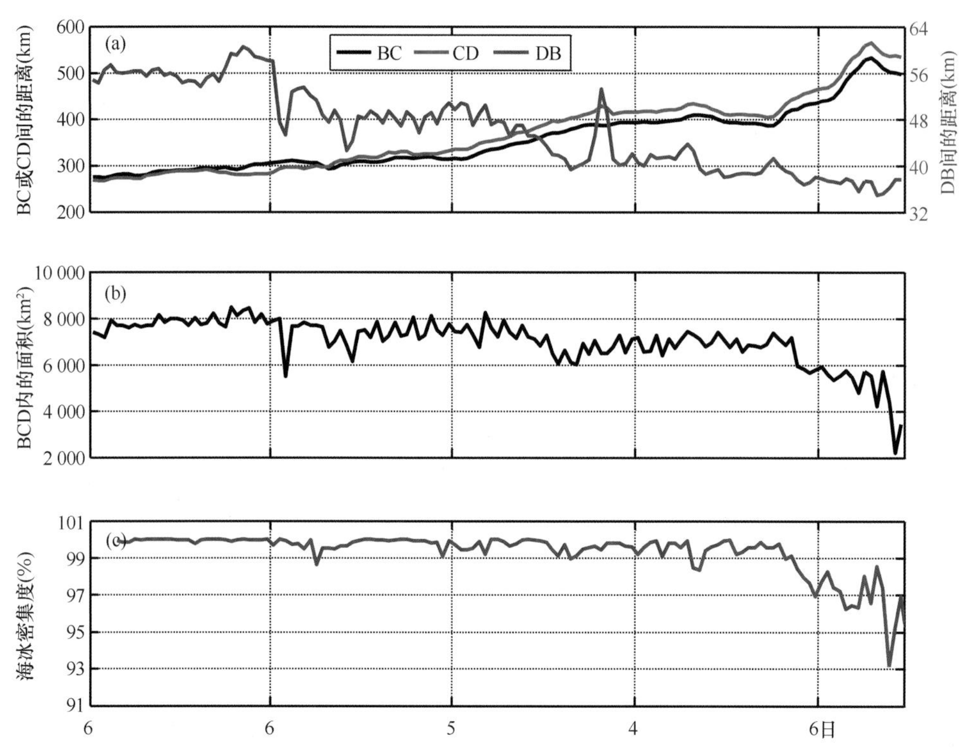

图3-22　2010年11月6日—2011年3月6日间浮标A-B-C间的距离（a）以及三角形ABC面积以及内部海冰密集度（b~c）

3.3.3　海冰运动的季节和长期变化

利用42个浮标，不考虑年份，得到了不同纬度海冰运动速度的季节变化（图3-23）。比较2010年的观测值以及1979—2011年的气候平均，发现2010年海冰运动速度相对较大，但仍然在1倍标准差内，因此可以说2010年数据的分析依然具有较好的代表性。1979—2011年气候平均得到的80°—81°N的海冰漂移速度为0.18 m/s，约为84°—88°N的2倍（0.08~0.10 m/s），该值也与Haller等（2014）给出的2007—2009年浮标阵列的观测值接近，后者在85°N为0.08 m/s，在弗拉姆海峡为0.21 m/s。

海冰运动速度和标准差从84°—80°N都明显增加，标准差的增加主要与风强迫在低纬度区域季节变化加大有关。从季节上看，海冰运动速度从2010年9月至翌年5月逐渐加大（图3-23），这与风强迫的季节变化是一致的。从9月至翌年5月，风朝向以向南为主，其速度从10月至翌年3月较大，因此具有加速穿极流增加南向海冰速度的作用。相反，6月至8月，风主要以朝向偏北为主，与穿极流方向相反，这时海冰速度相对较小。结合冬季海冰密集度较大的基本条件，穿越弗拉姆海峡的海冰输出量必然存在显著的季节变化，这就是6—9月海冰输出量只占全年的13%的主要原因（Kwok，2009）。

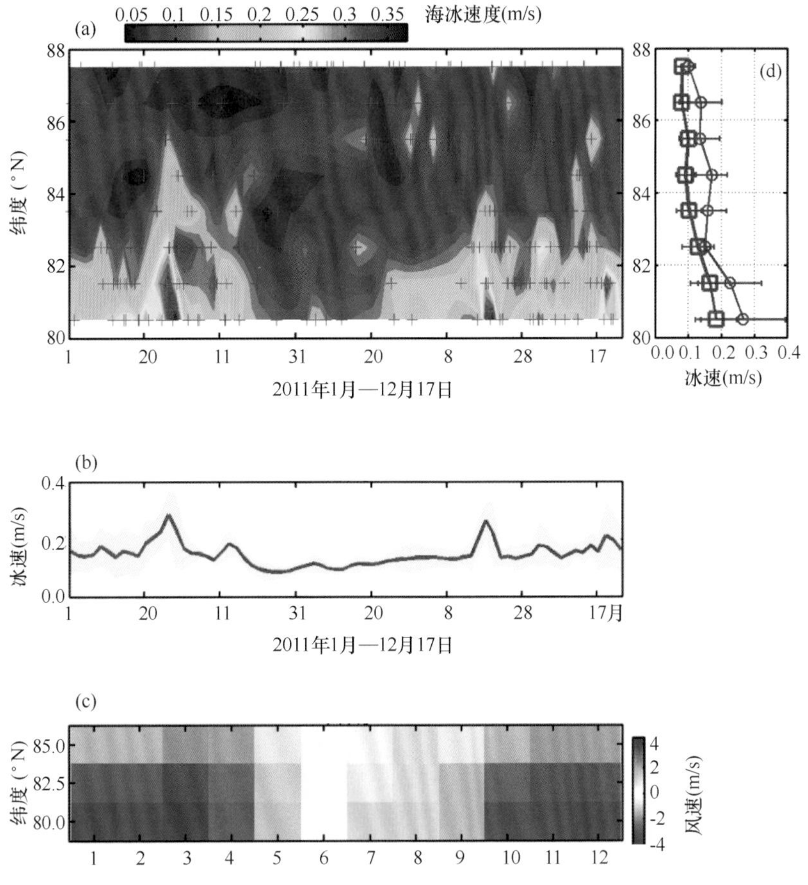

图3-23 海冰运动速度和表面风速的季节变化及其随纬度的变化

基于1979—2011年的观测数据，浮标从88°—80°N的输出时间平均为（183±50）d，2010年布放的浮标则为（154±29）d，相对长期平均快，但依然在1倍标准差中，再次证明了2010年数据具有代表性。线性回归表明，从1979—2011年在0.05的置信水平上没有显著的变化趋势。相反，输出时间存在明显的年际变化，这与北极偶极子（DA）对穿极流的影响有关（Wang et al.，2009）。DA正位相增强时，穿极流增强，海冰输出时间较低，反之亦然。DA指数对海冰输出时间的解释度为31%，这在0.001的置信水平上都是显著的（图3-24）。在偶极子处于正位相时输出时间平均为157 d，负位相时平均为218 d。

相关分析表明，DA正位相增强将会导致海冰径向速度加大，漂移曲折度减小（表3-5）。北极涛动（AO）正（负）位相增强则会导致北极表面气旋式（反气旋式）异常，因此AO与纬向速度显著相关。然而海冰从北极中心区域向弗拉姆海峡输出主要取决于径向速度，而非纬向速度，因此AO与输出时间没有显著相关性。

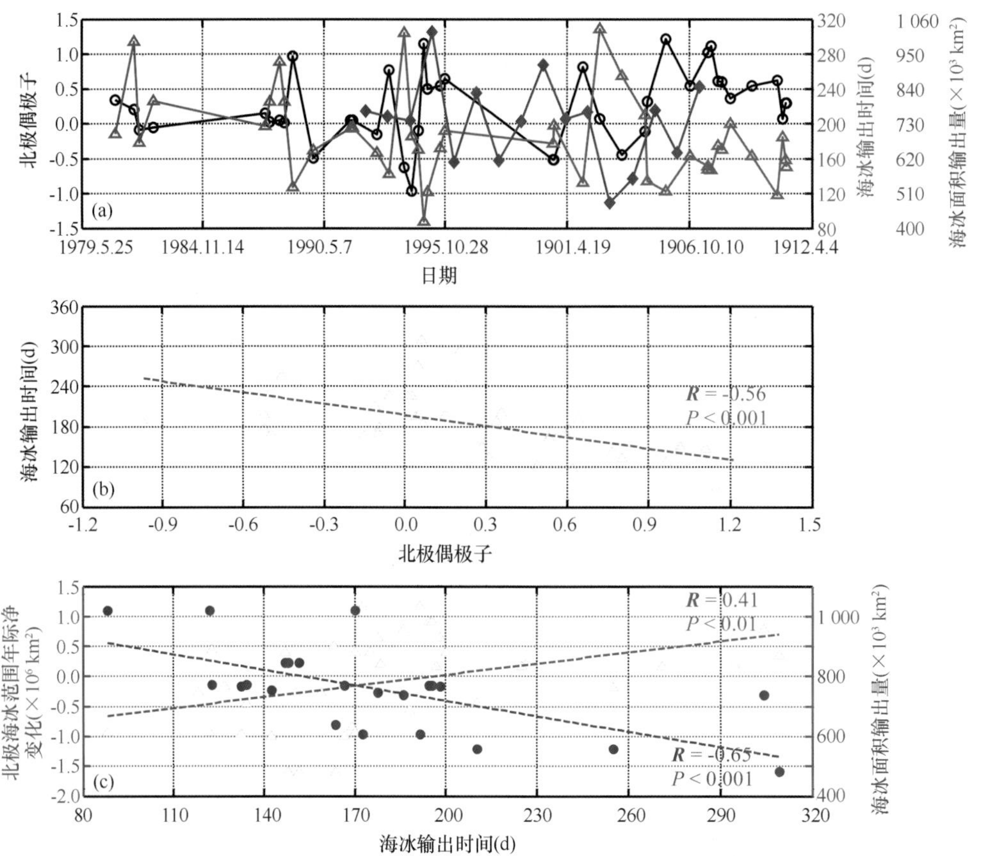

图 3-24　北极偶极子、海冰输出时间、面积输出量以及北极海冰范围年际净变化之间的关系

表 3-5　参数之间的相关分析 $P<0.05$（＊）

参数	T	M	R_v	U_y	U_x	DA
M	0.81＊＊＊					
R_v^3	-0.68＊＊＊	-0.81＊＊＊				
U_y	-0.77＊＊＊	-0.64＊＊＊	0.79＊＊＊			
U_x	n. s.	n. s.	n. s.	n. s.		
DA	-0.56＊＊＊	-0.52＊＊	0.53＊＊	0.59＊＊＊	n. s.	
AO	n. s.	n. s.	n. s.	n. s.	0.34＊	n. s.

注：T 从 88°—80°N 的海冰输出时间；M 为平均的海冰漂移曲折度；R_v 为径向速度与纬向速度之间的比值；U_y 和 U_x 分别径向速度和纬向速度；DA 和 AO 为月指数；置信水平为 $P<0.001$（＊＊＊），$P<0.01$（＊＊），n. s. 表示不显著。

为进一步量化海冰漂移曲折度与北极偶极子的关系，分析了每个月曲折度与 DA 的相关性及其随纬度的变化（图 3-25）。我们发现在 82°N 存在一个明显的分界，这个边界以北，海冰运动曲折度显著依赖与 DA 指数（$R=0.41$，$P<0.001$）。在 DA 正位相增强时（>1.0），曲折度平均为 1.4，海冰接近直线运动；相反，DA 负位相增强时（<-1.0），曲折度平均为 4.3，海冰运动十分曲折；中性的 DA（-1.0~1.0），曲折也接近中性（1.9）。然而 82°N 以南，无论 DA 处于什么位相，强弱如何，海冰运动都趋于直线，曲折度为 1.3，这也主要归因于较强的表面流作用掩盖了风强迫的影响。

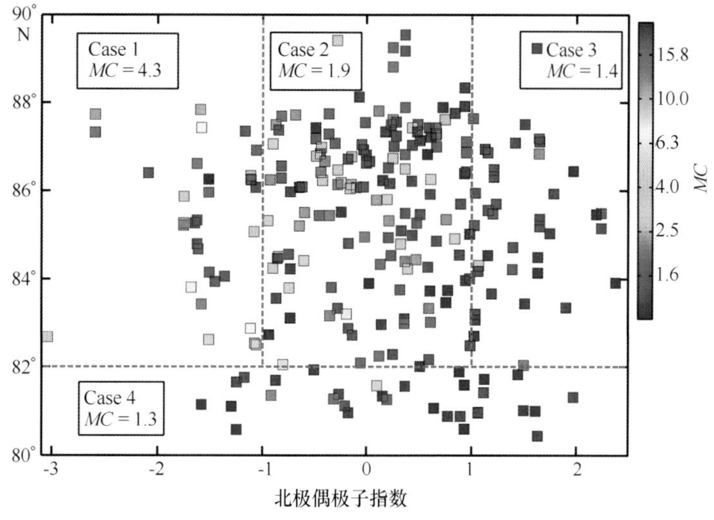

图 3-25　海冰曲折度与北极偶极子和纬度之间的关系

（*MC* 为海冰漂移曲折度）

为探索穿极流对北极海冰变化的影响，我们结合 KwoK（2009）给出的 1992—2007 年弗拉姆海峡海冰输出面积的计算数据，分析海冰输出时间与海冰输出面积以及北冰洋海冰净年际变化之间的关系，后者定义为前后两年北冰洋海冰年最小范围之差。我们发现，穿极流增强，海冰输出时间缩短时，对应的海冰面积输出量增加（$R=0.65$，$P<0.001$），北冰洋海冰面积趋于减少（$R=0.41$，$P<0.01$）。极端地，1994—1995 年，弗拉姆海冰面积输出量达到 1992—2007 年间的最大值，其平均 DA 指数和海冰从 88°—80°N 的输出时间分别为 0.7 d 和 128 d，结果 1995 年夏季北冰洋海冰范围达到了自 1979 年以来的最低值，相对 1994 年的最低值，海冰范围减小了 0.94×10^6 km²。相反，2002—2003 年，弗拉姆海峡海冰输出面积达到了 1992—2007 年间的最低值，期间北极偶极子指数和平均的海冰输出时间分别为 -0.2 d 和 282 d。相对 2002 年海冰范围的最低值，2003 年的最低值增加了 0.35×10^6 km²。随后，北冰洋海冰范围在 2005 年和 2007 年夏季再次达到了最低值，2004—2005 年和 2006—2007 年两年间海冰的输出时间分别为 129 d 和 158 d，均明显小于 1979—2011 年的平均值 183 d。自 2005 年以来，北极偶极子持续偏高，平均值为 0.62±0.35，使得海冰输出时间也相对偏小，平均为（156±22）d。除 2008 年外，2005—2011 年所有年的平均海冰输出时间都小于 1979—2011 年的气候平均值。2008 年为 203 d，也因此导致 2008 年夏季海冰相对 2007 年有较大的恢复。上述分析表明，最近几年海冰输出量偏大在北冰洋海冰减少中起着至关重要的作用。然而，2005 年以来，穿极流增强的现象还不能定义为新常态，因为类似的情况在 20 世纪 80 年代末和 90 年代中也有出现。

3.4　积雪和海冰的光学特征

海冰反照率正反馈机制是联系海冰变化与北极乃至全球气候系统的重要机制。海洋表面的积雪—海冰层由于其较大的反照率，会反射大部分的太阳短波辐射回大气层，对春—夏季节上层海洋的增暖起到抑制作用。近几年，北冰洋海冰的快速减少趋势在春—夏季节尤为突出，从而导致上层海洋吸收的太阳短波辐射明显增加，进一步促进了海冰底部的融化(Perovich et al.，2007)。融池覆盖率的增加以及积雪融化期的提前，则大大降低了积雪—海冰层表面的反照率（Lu et al.，2010)，从而进一步促进积雪—海冰层表面的融化。夏季，由于积雪—海冰内部的热传导通量很弱，太阳短波辐射在积雪—海冰层内部的吸收成为积雪—海冰层内部融化的重要能量源。基于海冰反照率正反馈机制的重要性，目前已经有大量关于积雪—海冰层表面反照率的现场观测实验，观测甚至涵盖了区域反照率的时间和空间变化(Perovich et al.，2002)。透射的短波辐射率可以通过两个途径对冰底的物质平衡做出贡献：①加热上层海洋，增大冰底海洋热通量；②直接加热冰底，对冰底能量平衡做出贡献。另外，积雪—海冰层物质平衡的变化也会影响太阳短波辐射在其内部的吸收和传输。例如，积雪融化形成湿雪层会加大积雪层对近红外部分短波辐射的吸收，海冰内部孔隙率的加大会加大海冰层对短波辐射的散射等。因此，短波辐射在积雪—海冰层的透射和吸收与积雪—海冰层的物质平衡是相互作用的过程。然而，相对于表面的观测，关于积雪—海冰层对短波辐射的透射率和吸收率的观测则由于观测仪器布放的困难，显得十分稀缺，而大部分只限于单点短时的观测（Ehn et al.，2008；Light et al.，2008)。定点连续的积雪—海冰物质平衡观测技术相对成熟（Richter-Menge et al.，2006；Lei et al.，2009)。因此，为研究太阳短波辐射对积雪—海冰层物质平衡的作用的时间序列过程，发展定点连续的短波辐射传输的现场观测技术十分必要。

Nicolaus 等（2010a）发展了一项能连续观测表面反照率和冰底辐射透射率的观测技术，然而其观测技术尚处于逐步优化的阶段，很多方面尚需要改进。我们在其基础上，对观测方案和平台进行了适当调整，使其满足了在北冰洋中心区域临时应用（~10 d）的需要。临时应用强调的是设备易于安装和拆卸，并且尽量避免布放仪器的钻孔对观测的影响。改进后的观测设备被应用到中国第四次北极科学考察长期冰站的观测，目的在于：①量化太阳短波辐射在大气、积雪—海冰层以及海洋的垂向分配；②量化表面反照率和辐射透射率及其波长依赖性；③刻画太阳短波辐射在积雪—海冰层的吸收和透射与积雪—海冰层物质平衡之间的互动关系。

3.4.1 现场观测和数据处理

中国第四次北极科学考察的长期冰站建立于 2010 年 8 月 8 日。太阳短波辐射传输和积雪—海冰物质平衡的观测点远离考察船约 300 m，从而避免了考察船阴影的影响。长期冰站所在浮冰的直径约 10 km，冰面融池覆盖率约 25%。观测系统包括冰面的入射和反射短波辐射观测、冰底透射的短波辐射观测、积雪物质平衡和物理特征观测以及冰底物质平衡观测。表面的短波辐射观测包括高光谱短波辐射和全波段短波辐射观测，冰底面的短波辐射观测则只有高光谱短波辐射观测。高光谱短波辐射观测的设备为 TriOS（Oldenburg，Germany）RAMSES ACC-2 VIS 高光谱照度计（RAMSES)。RAMSES 的观测波长范围为 320~950 nm，涵盖了能够透射积雪覆盖冰层的短波辐射主要波段，其观测探头为半球面余弦收集器，谱分辨率为 3.3 nm，谱精度为 0.3 nm，测量敏感度为 4×10^{-5} W/(m^2·nm)。观测传感器储存于 TriOS DSP 数据采集中，数据采样间隔为 10 min，并保证 3 个传感器同时实施数据采集。

传感器的安装如图 3-26 所示，表面的两个 RAMSES 传感器安装于三脚架支撑的一根横杆中间，横杆的长度为4 m。其中一个传感器垂直向上，用于观测向下的短波辐射；另一个传感器垂直向下，用于观测向上的短波辐射。垂直向下的传感器离积雪面的高度为1 m。传感器在横杆上安装好后，再将其移到待观测的位置，保证垂直向下的传感器所收集的信号96%都来自于未被破坏的冰面。横杆布置的方向与太阳的主要方位角垂直。冰底的RAMSES传感器安装在一个铰接的L型支架上。安装时需钻一个直径30 cm的冰孔，将L型支架保持垂直连同安装好的传感器和一个浮球伸到冰下，然后释放L型支架，浮球的浮力会使该支架呈L型，最后安装固定L型支架并用白板覆盖冰孔。安装完成的传感器垂直向上，与钻孔的水平距离为1.2 m，与冰底的距离为0.2 m。因此钻孔对传感器所收集信号的干扰以及冰底至传感器之间水层对短波辐射的吸收可以忽略。相对于Nicolaus等（2010a）的设计，我们对观测系统的改进在于使传感器远离钻孔，这对于钻孔不能重新冻结的观测条件是十分必要的。表面全波段的短波辐射由两个Kipp和Zonen CM 22辐照度计观测得到（Delft，Netherlands）。海冰底部物质平衡的观测由一个水下超声测距仪完成，其安装原理与冰下的RAMSES传感器类似。该传感器的测量精度为±0.5 cm，采样间隔为0.5 h。用于表面谱短波辐射观测、全波段短波辐射观测、冰底谱短波辐射观测以及冰底物质平衡观测的设备呈四方形布置，彼此相距均超过10 m，从而避免了相互之间的干扰。观测区域为平整冰，积雪厚度空间分布差异不大。冰底物质平衡和冰底短波辐射观测布放传感器钻孔处的海冰厚度、冰舷高度以及积雪厚度分别为1.68 m、0.11 m和0.09 m，以及1.66 m、0.11 m和0.09 m。因此可以大致认为积雪坑的观测点，冰底物质平衡的观测点，以及表面和冰底谱短波辐射的观测点的积雪和海冰厚度是一致的。

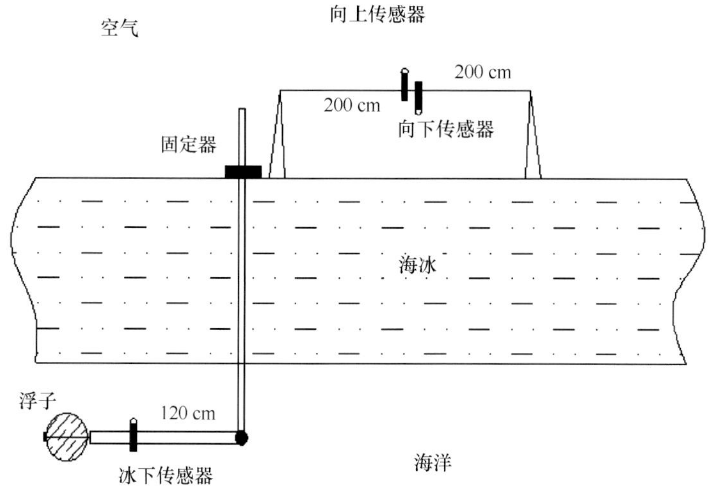

图3-26　基于RAMSES传感器的短波辐射传输观测装置示意图

所有谱短波辐射的观测数据都需要进行介质校正，其中上表面的传感器用大气介质校正系数，冰下的传感器用水体校正系数，校正系数由厂家给出。数据校正后插值到1 nm波长间隔。由于传感器在320~350 nm以及920~950 nm两个波段噪声较大，所以计算反照率、透射率和吸收率时，采用的波长区间为350~920 nm。

将积雪表面定义为0点，向下为坐标正方向。谱反照率α（λ）定义为表面波长为λ的向上谱辐射F_r（0，λ）与向下谱辐射F_d（0，λ）之间的比值。积雪—海冰层的谱透射率T（λ）定义为波长为λ的冰底向下的谱辐射F_d（h，λ）与积雪表面向下的谱辐射F_d（0，λ）

的比值，这里 h 为积雪和海冰的总厚度。波长 λ_1 至 λ_2 的积分反照率和透射率分别定义为：

$$\alpha_{\lambda_1-\lambda_2}=\frac{\int_{\lambda_1}^{\lambda_2}\alpha(\lambda)F_r(0,\ \lambda)d\lambda}{\int_{\lambda_1}^{\lambda_2}F_d(0,\ \lambda)d\lambda} \tag{3-5}$$

和

$$T_{\lambda_1-\lambda_2}=\frac{\int_{\lambda_1}^{\lambda_2}T(\lambda)F_d(h,\ \lambda)d\lambda}{\int_{\lambda_1}^{\lambda_2}F_d(0,\ \lambda)d\lambda} \tag{3-6}$$

对应波长 λ 被积雪—海冰层吸收的短波辐射为：

$$F_{abs}(\lambda)=F_d(0,\ \lambda)-F_r(0,\ \lambda)-F_d(h,\ \lambda) \tag{3-7}$$

为研究不同代表波段范围的反照率、透射率和吸收率，分别计算了对应紫外 a 波段（350～400 nm），光合作用波段（400～700 nm）以及近红外波段（700～920 nm）的积分值。受观测波长范围所限，计算得到紫外 a 波段和近红外波段积分值并不完整。

3.4.2 长期冰站天气、积雪和海冰特征

长期冰站观测期间，主要以阴天为主，太阳圆盘只有在 8 月 8 日、14 日、16 日和 18 日的一些时段才能看见，期间入射的短波辐射较强。如图 3-27 所示，观测期间有几次小的降雪过程，以及一次短暂的零星小雨过程。根据表面气温的观测数据，大致可以分成 3 个阶段：①8 月 12 日中午之前，这阶段气温比较稳定，平均值为-1.0±0.6℃；②8 月 12—16 日，这阶段气温先经历了一个下降过程，至 15 日早上下降到-4.5℃，之后又经历了一个升温过程，至 16 日下午上升到 1.4℃；③为剩余的两天，这阶段气温较高，平均值为 0.6±0.6℃。观测期间的太阳高度角在 10.5°～19.7°之间。

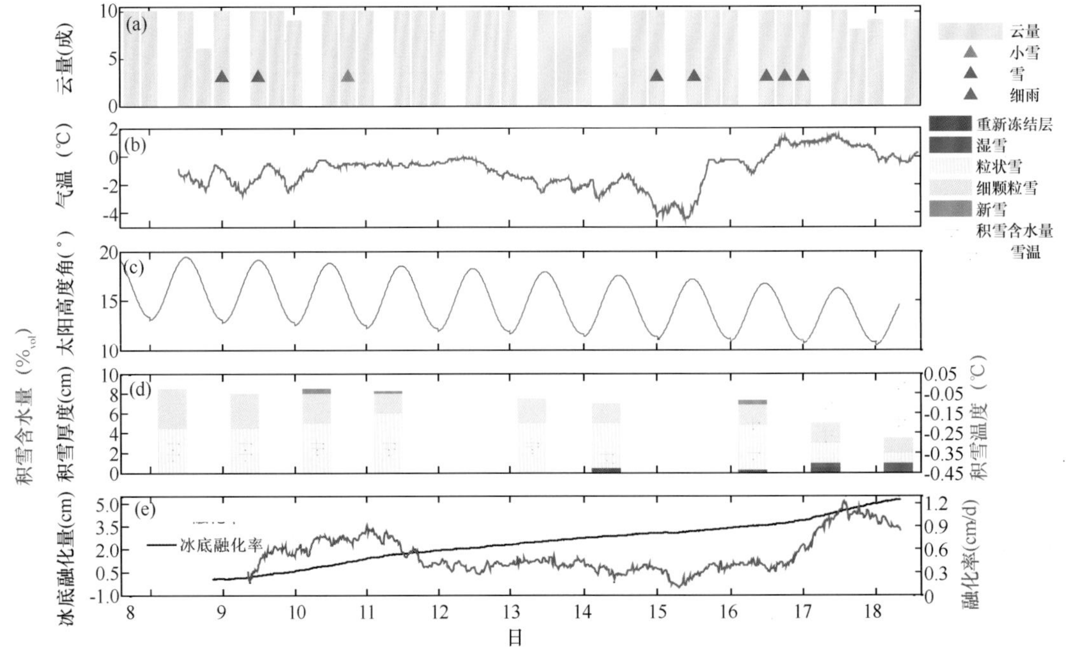

图 3-27 2010 年 8 月 8—18 日长期冰站期间的云量和特征天气记录（a），表面气温变化（b），太阳高度（c），积雪层理结构以及积雪底部往上 2 cm 处的温度和含水量（d），冰底融化量以及融化率（e）

海冰底面从 8 月 9—18 日，融化了 5.3 cm，平均的融化率为（0.5 ± 0.2）cm/d。冰底融化率的时间变化趋势与气温的变化趋势类似，后者对前者的解释度为 39%（$P<0.0001$）。如图 3-28 所示，观测点海冰顶部 0.13 m 为颗粒状海冰，往下（1.53 m）则都是柱状冰。颗粒冰段顶部的颗粒大小为 2~3 mm，底部较大，为 5~10 mm。如图 3-28 所示，柱状冰的晶体尺寸从顶部到底部也呈逐渐增大的趋势。柱状冰内部不存在不连续界面，因此，可以判断观测点为一年冰。比较 8 月 14 日和 17 日的冰芯可以发现，由于冰内部的融化，海冰密度明显降低，内部气体体积分数明显加大。根据 Cox 和 Weeks（1982）的理论，当冰温高于-4℃，冰内结晶盐会完全融化，海冰内部的融化体现为海冰孔隙率（为冰内卤水和气体体积分数的总和，$\boldsymbol{v}=\boldsymbol{v}_a+\boldsymbol{v}_b$）的变化。因此，海冰内部融化所对应的潜热通量 F_{ice} 为：

$$F_{ice}=\frac{\mathrm{d}\boldsymbol{v}}{\mathrm{d}t}\rho_i h_i L_i \tag{3-8}$$

其中，（$\mathrm{d}\boldsymbol{v}/\mathrm{d}t$）为海冰孔隙率的变化率；$h_i$ 为海冰的厚度；ρ_i 为海冰的垂向平均密度以及 L_i 为海冰的融解潜热。因此，8 月 14—17 日时间平均的 F_{ice} 为 22.0 W/m^2。

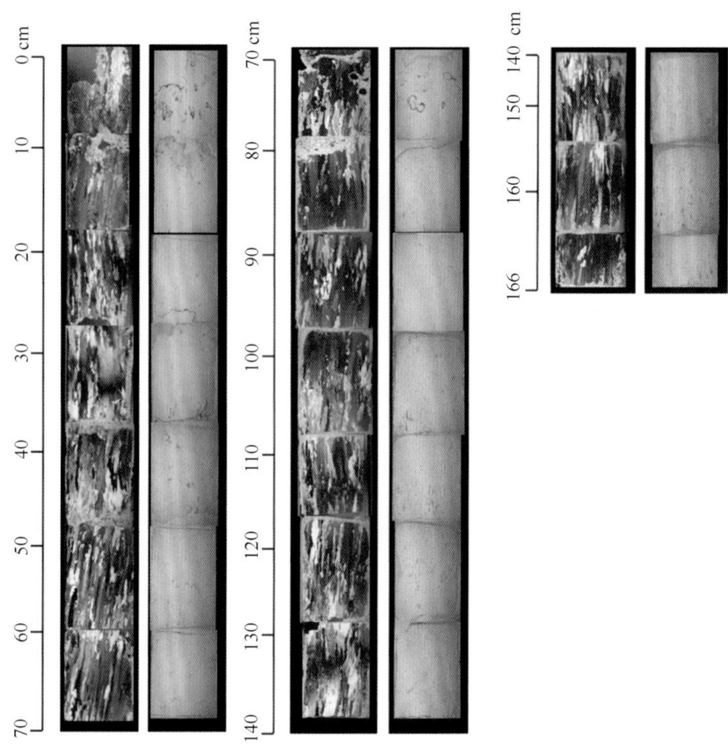

图 3-28　2014 年 8 月 14 日采集冰芯薄片在自然光和偏振光下照片

3.4.3　积雪—海冰层的谱反照率和透射率

图 3-29 给出了观测得到入射、反射和冰底向下的谱短波辐射，以及计算得到的谱反照率和谱透射率，由于记录仪的技术问题，期间部分观测有中断，尤其是反射的谱短波辐射。然而观测数据依然能给出观测点短波辐射传输随时间的变化趋势。由于太阳高度角的日变化，入射、反射和冰底向下的谱短波辐射都存在明显的日变化趋势。8 月 17 日之前，表面反照率的变化不是很明显，之后由于积雪的融化，呈现较明显的减小趋势。8 月 9 日早上至 8 月 10

日早上，冰底的短波辐射传输率较小，这可能与积雪表面出现新雪有关。然而，由于新雪层较薄，且空间分布差异较大，从全波段的反照率观测数据中，并没用发现积雪的影响。如图 3-30 所示，大部分时间，全波段反照率略小于 RAMSES 观测得到的 $\alpha_{350\sim920}$，其原因是前者包含更多的近红外信号，该波段的反照率一般较低。$\alpha_{350\sim920}$的时间变化率对全波段反照率的时间变化率的解释度为 74.5%（$P<0.0001$）。这略低于 Nicolaus 等（2010b）给出的相应值，这可能与在他们的观测中，两个传感器的观测视场几乎完全重合有关。由于积雪和海冰的融化，冰底的谱透射率自 8 月 17 日明显增大。由于表面反照率主要与表面积雪的物理特性有关，而后者则由于降雪、风吹雪、积雪变质和积雪融化等过程呈现较大的时间多变性，所以表面反照率相对冰底透射率的时间多变性也相应较强。例如，如图 3-30 所示，8 月 17 日傍晚和 8 月 18 日早上表面反照率出现了较明显的低值，该低值应对应冰底透射率的增大，然而后者的表现明显相对较弱。长波紫外波段和光合作用波段的反照率略大于近红外波段的反照率，它们之间的差异在 8 月 17 日之后明显增大，这与积雪的融化和含水量增大导致积雪—海冰层对近红外波段短波辐射吸收增大有关。如图 3-30 所示，这导致 $\alpha_{700\sim920}$与 $\alpha_{400\sim700}$的比值明显降低。两者的比值也依赖于 $\alpha_{350\sim920}$的值，也就是 $\alpha_{350\sim920}$越小，$\alpha_{700\sim920}$与 $\alpha_{400\sim700}$的比值越小（$R^2=0.93$，$P<0.0001$）。其原因是，表面反照率越小，表面吸收的太阳短波辐射往往越大，从而进一步促进积雪或表层海冰的融化，含水量增大，最终会增加对近红外短波辐射的吸收。因此，可以说积雪的融化会首先降低近红外波段反照率，然后才对其他波段的反照率产生影响。8 月 17 日之后，积雪的融化和近红外波段反照率的减小导致冰底近红外波段的透射率明显增强（图 3-31）。对近红外波段短波辐射反射、吸收和透射的影响则是积雪融化对反照率和透射率波长依赖性的最大影响。T_{600}和 T_{450}的比值能一定程度上反映冰内和冰底的生物量

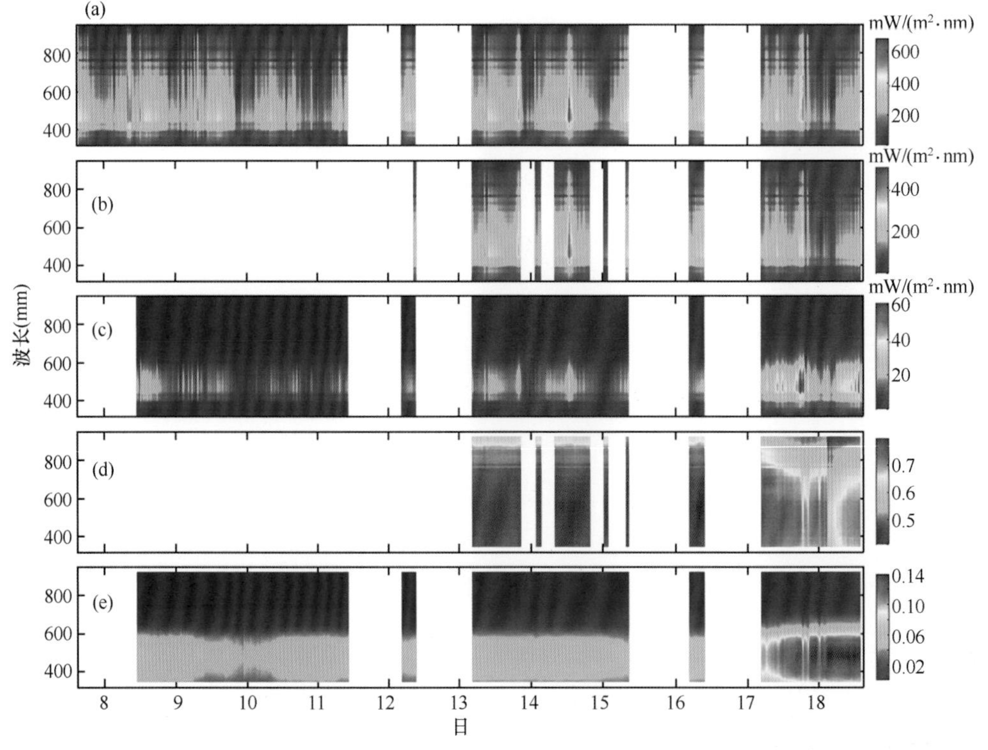

图 3-29　2010 年 8 月 8—18 日入射（a）、反射（b）和透射（c）的短波辐射谱，以及计算得到的反照率（d）和透射率（e）

(Perovich et al., 1993)。观测表明，该比值8月17日之前，逐渐降低，其后则有所增大。前阶段的降低过程可能与冰底融化，导致冰底部分冰藻脱离冰底进入上层海洋有关，后阶段的增加则可能与此时冰底光合作用可利用的短波辐射明显增大有关。由于没有对应的海冰生物学观测数据支持，在这里难以证实上述推断。

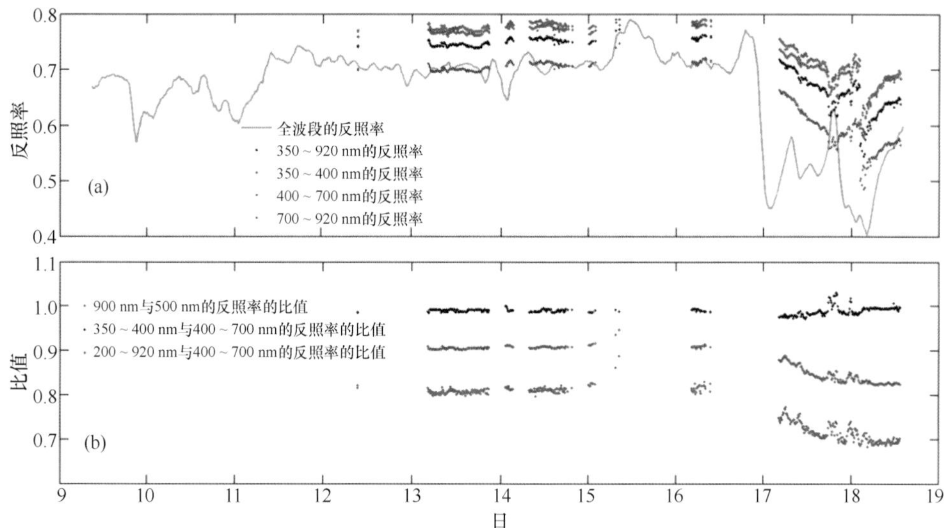

图3-30　2010年8月17—18日不同波段范围的反照率以及全波段反照率（a），α_{900}与α_{500}之比，$\alpha_{350\sim400}$与$\alpha_{400\sim700}$之比以及$\alpha_{700\sim920}$与$\alpha_{400\sim700}$之比（b）

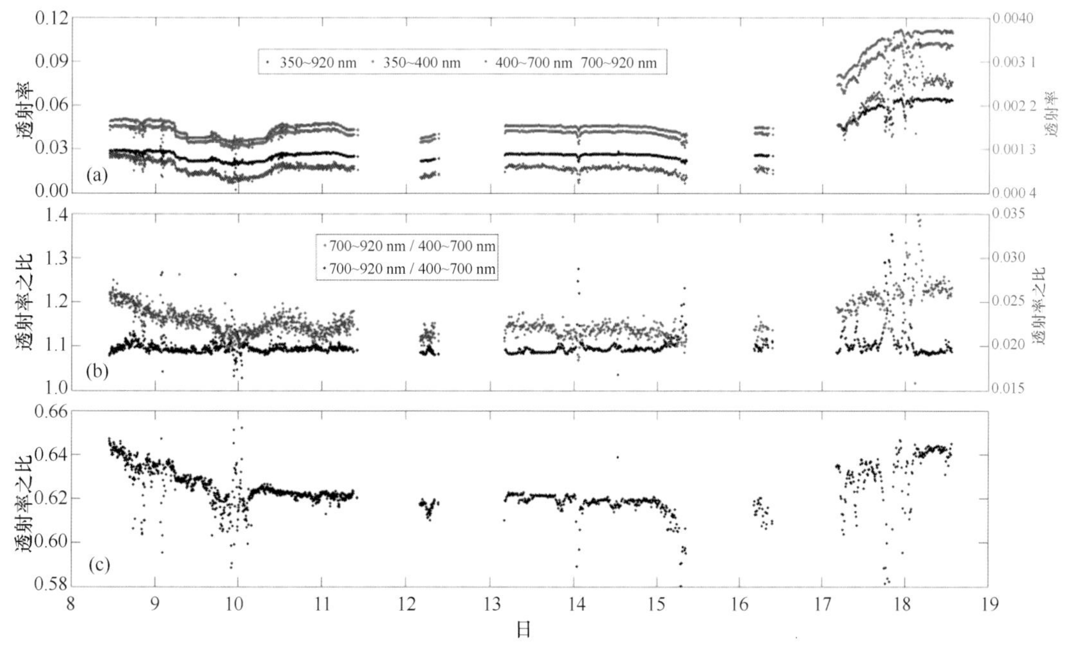

图3-31　2010年8月8—19日海冰不同波段的透射率（a），$T_{350\sim400}$与$T_{400\sim700}$之比以及$T_{700\sim920}$与$T_{400\sim700}$之比（b），T_{600}与T_{450}之比（c）

如图3-32所示，波长小于700 nm的反照率的波长依赖性较弱，波长大于700 nm的反照率会随着波长增大而明显降低，该现象在8月17日之后尤为突出。冰底透射率的峰值出现在

(478±5) nm，大于该波长阈值，冰底透射率会随着波长增大而迅速减小，这与积雪-海冰层对较大波长的短波辐射吸收率更大有关。低于峰值波长，冰底透射率的波长依赖性较小。对应于透射率的峰值波长，积雪-海冰层对短波辐射的吸收率的最低值出现在约 500 nm 的波段。大于绿光波段的吸收率随波长增大迅速增大，小于 600 nm 的吸收率的波长依赖性较小。相对于反照率波长依赖性，吸收率波长依赖性对透射率波长依赖性的影响更大，尤其是近红外波段。

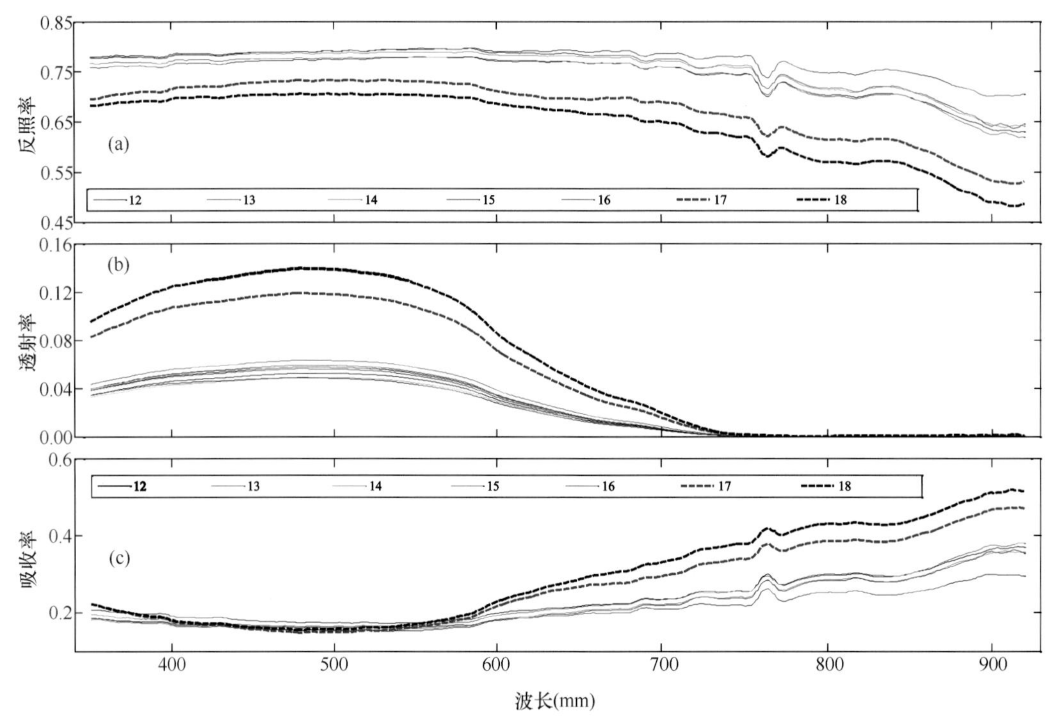

图 3-32　2010 年 8 月 12—18 日海冰不同时间的谱反照率（a），透射率（b）和吸收率（c）

3. 4. 4　能量与物质平衡

图 3-33 说明了入射太阳短波辐射在大气—积雪—海冰—海洋的垂向分配，其中包括积雪表面入射和反射短波辐射能量，积雪—海冰层吸收的短波辐射能量，冰底透射的短波辐射能量以及冰底融化所对应的潜热通量。8 月 17 日积雪的融化导致积雪—海冰层吸收的和透射到冰底的短波辐射能量都明显增大。8 月 13 日中午至 14 日中午，积雪表面反射、积雪—海冰层吸收以及冰底透射的短波辐射能量之比为 0. 70 : 0. 27 : 0. 03；8 月 17 日中午至 18 日中午，该比值变为 0. 60 : 0. 33 : 0. 07。平均地，对应积雪快速融化之前和之后两个阶段，透射到冰底的 320~950 nm 的短波辐射以及光合作用波段的能量分别为（3. 6±0. 9）W/m^2 和（3. 3±0. 9）W/m^2，以及（7. 2±2. 1）W/m^2 和（6. 5±2. 0）W/m^2。这意味着，积雪融化导致冰底加热上层海洋以及生物可利用的短波辐射能量均增大了约两倍。8 月 9—18 日，透射到冰底的短波辐射能量（320~950 nm）的时间平均值为（3. 7±1. 8）W/m^2，为冰底融化对应的潜热通量平均值的 19%。由于观测期间，冰内温度梯度接近于 0，导致冰底融化主要能量为冰底海洋热通量，后者的能量源则是上层海洋吸收的太阳短波辐射。8 月 18 日航空遥感观测表

明，长期冰站周边 20 km 的海冰密集度约为 70%，融池覆盖率约为 25%。因此，我们可以推断，导致冰底融化的最根本能量源是透过融池和开阔水传输到上层海洋被后者吸收的短波辐射，而非透过积雪覆盖海冰的短波辐射。冰底面的湍流主要与冰底和混合层的摩擦速度有关（Shirasawa et al.，1997），由于海流的速度往往比海冰漂移速度小很多，因此冰底海洋热通量还与海冰的漂移速度有关。8 月 8—18 日，长期冰站的漂移速度为（0.62±0.26）km/h。如图 3-33c，海冰漂移速度的低频变化趋势与冰底融化对应的融解潜热通量低频变化趋势十分吻合。海冰漂移速度的日变化能解释 62.3% 冰底融解潜热通量的日变化（$P<0.01$）。因此，冰底摩擦速度对冰底海洋热通量的影响可能就是 8 月 10—11 日冰底融化出现相对较高值的原因。8 月 14—17 日，积雪—海冰层吸收的短波辐射能量的平均值为（34.1±9.3）W/m^2，这是冰内融化对应潜热通量的 1.6 倍，这说明在积雪—海冰层吸收的短波辐射中，大约有 1/3 被积雪吸收用于加热或融化积雪。

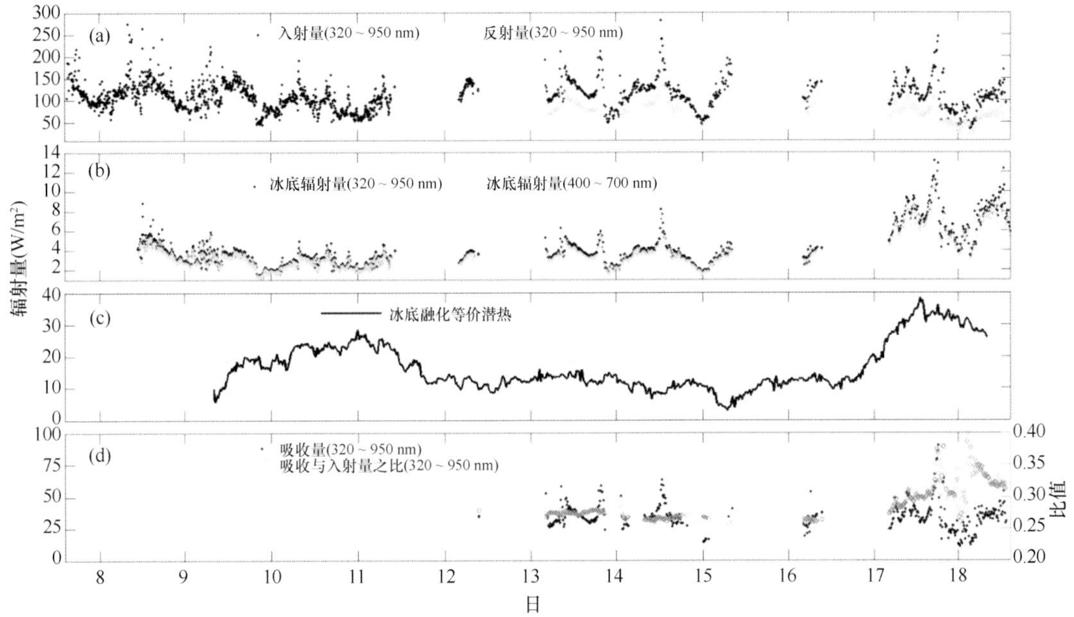

图 3-33　2010 年 8 月 8—18 日海冰入射和反射的短波辐射（320～950 nm）（a），冰底的短波辐射（b），冰底等价融解潜热通量（c），积雪—海冰层吸收的短波辐射（320～950 nm），及其与入射短波辐射的比（d）

3.5　总结

由于大尺度的气旋活动以及较强的夏季北极偶极子，导致 2010 年夏季北冰洋太平洋扇区从楚科奇海—波弗特海沿岸至北极中心区域都出现较大范围的低海冰密集度区域，出现了穿极融化的现象。与 1994 年和 2005 年比较，在相同观测扇区，2010 年夏季海冰空间分布存在以下特点：海冰边缘区明显向北退缩；密集冰区海冰密集度和厚度都明显偏低，融池大量发育，浮冰破碎明显。充分体现自 1994 年以来观测扇区海冰快速减少的趋势。

海冰密集度和覆盖范围的减小，大大增加了上层海洋对太阳短波辐射的吸收，使得北极中心区域至 8 月底尚处于快速融化期。融池的形成发展在浮冰尺度也能体现反照率正反馈机制，融池覆盖区海冰厚度明显较小，融化率远大于冰脊区的融化率，使得融池覆盖区海冰底部与表面呈现镜面对称的形态学特征。冰面积雪的融化和融池的形成，大大增加了海冰吸收的太阳短波辐射，后者使得海冰内部的卤水泡发生明显的融化、扩张和连通，从而导致冰内孔隙率明显增加，海冰处于高温低盐状态。这说明海冰体积的减少不但表现为冰面和冰底的融化，以及海冰密集度的减少，还表现了海冰内部的融化。另一方面，海冰内部孔隙率的加大，会显著降低海冰的力学强度，在外动力作用下，海冰容易发生瓦解破碎，进一步促进海冰的消退。利用多个冰芯的观测数据，提出了依赖于海冰相对厚度的物理特征参数化方案，该方案能很好地解决海冰厚度不一致对物理结构的影响，能较好地描述夏季海冰物理结构的垂向层化特征，将来能较方便地应用于海冰数值模式中。

由于积雪层具有较大的反照率和较小的辐射透射率，对于有积雪覆盖的海冰，太阳短波辐射的透射率主要取决于积雪层而非海冰层，积雪累积和融化会明显影响冰底的辐射透射率。有雪覆盖海冰的透射率在 10%以下，这说明对于整个上层海洋而言，吸收太阳短波辐射的渠道主要是通过融池覆盖的海冰以及开阔水域。透过积雪覆盖海冰的短波辐射更大影响是促进积雪的融化，形成湿雪层，从而增加积雪—海冰层对短波辐射的吸收，增大海冰孔隙率，促进海冰发生破碎瓦解。

冰基海冰浮标的布放和观测使得我们夏季的船基考察得以向冬季延伸。中国第四次北极科学考察在北极中心区域布放多个冰基浮标，从而使我国有机会首次对穿极流区海冰运动特征实施完整冰周期的观测，进而使我们对海冰物理过程的观测研究从北极太平洋扇区向大西洋扇区拓展。观测数据表明，海冰运动的惯性自振荡主要与风场强迫以及海冰运动的自由度有关，夏季海冰密集度减小时海冰惯性自振荡明显增强。穿极流强弱对于处于上游区域的太平洋扇区海冰的空间分布影响较大。穿极流强弱主要与北极偶极子有关，后者处于较强的正位相时，海冰从北极中心区域向弗拉姆海峡的输出时间明显缩短。穿极流较强，有利于整个北极海冰覆盖范围的减少。与自 1979 年以来的浮标观测数据比较，2007 年以来北极海冰输出区海冰输出时间处于较低水平，这与北极偶极子的持续增强有关，这也是导致最近几年北极海冰减少主要驱动力之一。然而，这种状态在过去 30 年也曾经出现，如 20 世纪 90 年代中期，因此穿极流增强也不能称之为北极海冰的新常态。除了年际变化外，海冰输出区海冰运动也存在明显的季节变化。85°N 以南至弗拉姆海峡区域冬季海冰径向向南运动速度明显较大，加之冬季海冰密集度加大，从而导致夏季经弗拉姆海峡的海冰输出量明显小于冬季，6—9 月海冰输出量只占全年的 13%。

参考文献

Aoki, T., Hachikubo, A., Hori, M. Effects of snow physical parameters on shortwave broadband albedos. Journal of Geophysical Research, 2003, 108(D19), 4616, doi: 10. 1029/2003JD003506.

Cheng B. On the numerical resolution in a thermodynamic sea ice model. Journal of Glaciology, 2002, 48 (161), 301-311.

Cheng, B., Vihma, T., Pirazzini, R., Granskog, M. Modeling of superimposed ice formation during spring snowmelt period in the Baltic Sea. Annals of Glaciology, 2006, 44, 139-146.

Comiso, J. C., Parkinson, C. L., Gersten, R., and Stock, L. Accelerated decline in the Arctic sea ice cover.Geophys. Res. Lett., 2008, 35;doi: 10. 1029/20007GL031972.

Cox, G.F.N., and W.F. Weeks.Salinity variations in sea ice. J. Glaciol., 1974, 13(67), 109-120.

Cox K. A., Stanford J. D., McVicar A. J., Rohling E. J., Heywood K. J., Bacon S., Bolshaw M., Dodd P. A., De la Rosa S. and Wilkinson D. Interannual variability of Arctic sea ice export into the East Greenland Current, Journal of Geophysical Research - Oceans, 2010, 115, C12063, doi: 10. 1029/2010JC006227.

Darby D A, Myers W B, Jakobsson M, and Rigor I. Modern dirty sea ice characteristics and sources: The role of anchor ice, Journal of Geophysical Research, 2011, 116, C09008, doi: 10. 1029/2010JC006675.

Eicken, H., Lensu, M., Leppäranta, M., Tucker III, W., Gow, A., Salmela, O. Thickness, structure, and properties of level summer multiyear ice in the Eurasian sector of the Arctic Ocean. Journal of Geophysical Research, 1995, 100(C11), 22697-22710.

Ehn J K, Papakyriakou T N, and Barber D G. Inference of optical properties from radiation profiles within melting sea ice, Journal of Geophysical Research, 2008, 113, C09023, doi: 10. 1029/2007JC00456.

Gascard J.-C., Festy J., Le Goff H., Weber M., Brümmer B., Offermann M., Doble M., Wadhams P., Forsberg R., Hanson S., Skourup H., Gerland S., Nicolaus M., Metaxian J.-P., Grangeon J., Haapala J., Rinne E., Haas C., Heygster G., Jacobson E., Palo T., Wilkinson J., Kaleschke L., Claffey K., Elder B., & Bottenheim J. Exploring Arctic transpolar drift during dramatic sea ice retreat. EOS Transactions, 2008, 89, 21-28.

Gimbert F., Marsan D., Weiss J., Jourdain N. C. and Barnier B. Sea ice inertial oscillations in the Arctic Basin, The Cryosphere, 2012, 6, 1187-1201.

Haas C, Pfaffling A, Hendricks S, et al. Reduced ice thickness in Arctic Transpolar Drift favors rapid ice retreat. Geophysical Research Letter, 2008, 35, L17501, doi: 10. 1029/2008GL034457.

Haas, C., Hendricks, S., Eicken, H., and Herber, A. Synoptic airborne thickness surveys reveal state of Arctic sea ice cover, Geophys. Res. Lett., 2010, 37, L09501, doi: 10. 1029/2010GL042652.

Hakkinen S., Proshutinsky A. and Ashik I. Sea ice drift in the Arctic since the 1950s, Geophysical Research Letters, 2008, 35, L19704, doi: 10. 1029/2008GL034791.

Kwok, R., Rothrock, D. A. Decline in Arctic sea ice thickness from submarine and ICESat records: 1958-2008. Geophysical Research Letters, 2009, 36, L15501, doi: 10. 1029/2009GL039035.

Lei R, Li Z, Cheng Y, Wang X, Chen Y.A new apparatus for monitoring sea ice thickness based on the Magnetostrictive-Delay-Line principle. Journal of Atmospheric and Oceanic Technology, 2009, 26(4): 818-827.

Lei, R., Leppäranta, M., Erm, A., Jaatinen, E., Pärn, Ove. Field investigations of apparent optical properties of ice cover in Finnish and Estonian lakes in winter 2009. Estonian Journal of Earth Sciences, 2011, 60(1), 50-64.

Lei, R., Zhang, Z., Matero, I., Cheng, B., Li, Q., Huang, W.: Reflection and transmission of irradiance by snow and sea ice inthe central Arctic Ocean in summer 2010. Polar Research, 2012, 31, 17325, doi: 10. 3402/polar.v31i0. 17325.

Leppäranta, M., Kosloff, P. The thickness and structure of Lake Pääjärvi ice. Geophysica, 2000, 36(1-2), 233-248.

Leppäranta, M., Reinart, A., Erm, A., Arst, H., Hussainov, M., Sipelgas, L. Investigation of ice and water properties and under-ice light fields in fresh and brackish water bodies. Nordic Hydrology, 2003, 34, 245-266.

Light B, Grenfell T C and Perovich D K. Transmission and absorption of solar radiation by Arctic sea ice during the melt season, Journal of Geophysical Research, 2008, 113, C03023, doi: 10.1029/2006JC003977.

Lu Peng, Li Zhijun, Cheng Bin, Lei Ruibo, Zhang Rui. Sea ice surface features in Arctic summer 2008: Aerial observations, Remote Sensing of Environment, 2010, doi: 10.1016/j.rse.2009.11.009.

Nicolaus M, Hudson S R, Gerland S, Munderloh K. A modern concept for autonomous and continuous measurements of spectral albedo and transmittance of sea ice. Cold Regions Science and Technology, 2010a, 62: 14-28.

Nicolaus M, Gerland S, Hudson S R, Hanson S, Haapala J, and Perovich D K. Seasonality of spectral albedo and transmittance as observed in the Arctic Transpolar Drift in 2007, Journal of Geophysical Research, 2010b, 115, C11011, doi: 10.1029/2009JC006074.

Nghiem S V, Rigor I G, Perovich D K, Clemente-Colòn P, Weatherly J W, and Neumann G. Rapid reduction of Arctic perennial sea ice, Geophysical Research Letters, 2007, 34, L19504, doi: 10.1029/2007GL031138.

Ono N. Thermal properties of sea ice: Ⅳ, Thermal constants of sea ice. Low Temperature Science Series A, 1968, 26: 329-349.

Perovich D K, Cota G F, Maykut G A, Grenfell T C. Biooptical observations of first-year Arctic sea ice, Geophysical Research Letters, 1993, 20(11), 1059-1062, doi: 10.1029/93GL01316.

Perovich D K, Tucker III W B, Ligett K A. Aerial observations of the evolution of ice surface conditions during summer. Journal of Geophysical Research, 2002, 107 (C10), 8048, doi: 10.1029/2000JC000449.

Perovich D K, Richter-Menge J A, Jones K F, et al.Sunlight, water, and ice: extreme Arctic sea ice melt during the summer of 2007. Geophysical Research Letter, 2008, 35, L11501, doi: 10.1029/2008GL034007.

Perovich, D. K., T. C. Grenfell, B. Light, B. C. Elder, J. Harbeck, C. Polashenski, W. B. Tucker III, and C. Stelmach. Transpolar observations of the morphological properties of Arctic sea ice, J. Geophys. Res., 2009, 114, C00A04, doi: 10.1029/2008JC004892.

Richter-Menge J A, Perovich D K, Elder B C, Claffey K, Rigor I, and Ortmeyer M. Ice mass-balance buoys: A tool for measuring and attributing changes in the thickness of the Arctic sea-ice cover. Annals of Glaciology, 2006, 44, 205-210.

Rothrock D A, Percival D B, Wensnahan M. The decline in arctic sea ice thickness: Separating the spatial, annual, and interannual variability in a quarter century of submarine data. Journal of Geophysical Research, 2008, 113, C05003, doi: 10.1029/2007JC004252.

Serreze, M. C. and Coauthors.The large-scale freshwater cycle of the Arctic. Journal of Geophysical Research-Oceans, 2006, 111, C11010, doi: 10.1029/2005JC003424.

Shirasawa K, Ingram R, Hudier E. Oceanic heat fluxes under thin sea ice in Saroma-ko Lagoon Hokkaido, Japan. Journal of Marine Systems, 1997, 11(1-2): 9-19.

Stern H. L. and Lindsay R. W. Spatial scaling of Arctic sea ice deformation, Journal of Geophysical Research-Oceans, 2009, 114, C10017, doi: 10.1029/2009JC005380.

Stouffer R. J., Yin J., Gregory J. M. Investigating the causes of the response of the thermohaline circulation to past and future climate changes, Journal of Climate, 2006, 19, 1365-1387.

Sturm, M., Holmgren, J., König, M., Morris, K. The thermal conductivity of seasonal snow. Journal of Glaciology, 1997, 43, 26-41.

Toyota T, Kawamura T, Kay I O, Shimoda H, and Wakatsuchi M. Thickness distribution, texture and stratigraphy, and a simple probabilistic model for dynamical thickening of sea ice in the southern Sea of Okhotsk, Journal of Geophysical Research, 2004, 109, C06001, doi: 10. 1029/2003JC002090.

Tremblay L.B. and Mysak L. A. Modeling sea ice as a granular material, including the dilatancy effect, Journal of Physical Oceanography, 1997, 27, 2342-2360.

Wang J., Zhang J., Watanabe E., Mizobata K., Ikeda M., Walsh J. E., Bai X. and Wu B. Is the Dipole Anomaly a major driver to record lows in the Arctic sea ice extent? Geophysical Research Letters, 2009, 36, L05706, doi: 10. 1029/2008GL036706.

Worby. A. P., Geige, C. A., Paget, M. J,, Van Woert, M. L., Ackley, S. F., DeLiberty, T. L. Thickness distribution of Antarctic sea ice. Journal of Geophysical Research, 2008, 113, C05S92, doi: 10. 1029/2007JC004254.

Zhang J., Woodgate R. and Moritz R. Sea ice response to atmospheric and oceanic forcing in the Bering Sea, Journal of Physical Oceanography, 2010, 40, 1729-1747.

Zhang J., Lindsay R., Schweiger A. and I. Rigor. Recent changes in the dynamic properties of declining Arctic sea ice: A model study, Geophysical Research Letters, 2012, 39, L20503, doi: 10. 1029/2012GL053545.

第4章　北冰洋中心区辐射平衡和大气边界层观测研究

北极海冰面积和厚度持续减少及其对全球气候变化反馈机制是国内外北极问题研究的关键。目前多数气候模式对北极地区海冰变化趋势模拟的误差都较大（IPCC，2007）。国际上已开展了多次北极大气观测试验计划，20世纪30年代以来俄罗斯在北极海冰上建立了35个北极浮冰站（NP Stations）、欧盟组织实施了国际极地年合作计划DAMOCLES（Developing Arctic Modeling and Observation Capabilities for Long-term Environmental Studies），并建立Tara浮冰站（Vihma et al., 2008）。美国北冰洋SHEBA（Surface Heat Budget of the Arctic Ocean）计划（Uttal et al., 2002）。由于自然环境恶劣，现场实测数据覆盖范围比较小；特别是80°N以北地区几乎为探空观测的空白区。

我国组织并实施了4次北极科学考察，对海冰区的辐射平衡和大气垂直结构进行了观测试验（陈立奇，2003；张占海，2004；张海生 2009；余兴光，2011）。1999 年我国首次对楚科奇海及其邻近地区对大气结构和臭氧分布进行了探测，用系留气艇对不同海冰密集度进行了大气边界层探测（Qu et al.，2002），使我们对北极浮冰区的大气边界层结构有了初步的认识。Zou 等（2001）指出北极大气边界层中的逆温有效地阻碍了大气与地表之间的热量及物质交换。Liu 等（2002）和 Bian 等（2007）揭示出北冰洋浮冰区大气边界层可分为稳定型、不稳定型和多层结构等类型，并发现来自高空较强的暖湿气流与冰面近地层冷空气强烈相互作用会形成强风切变和逆温、逆湿过程，从而导致北冰洋高纬度地区的大块海冰破裂。2008 年夏季中国第三次北极科学考察队到达北冰洋 85°N 海域，采用了 GPS 探空系统对浮冰区大气对流层垂直结构进行了探测，揭示了对流层顶和边界层顶的变化特征（Ma et al.，2011；Bian et al.，2011）。有关对流层顶结构及其变化趋势的大部分研究工作（Hoinka，1998；Randel，2007；Zangl and Hoinka，2001；Seidel and Randel 2006）主要是利用 NCEP（National Centre for Environmental Prediction）和 ECMWF（European Centre for Medium-Range Weather Forecasts）再分析资料研究其长期的变化特征，虽然与探空观测资料进行了对比验证，但是对于观测稀少的地区这些结果只能看出变化趋势，而不能得到精确的变化特征，尤其是在北冰洋中心区探空资料极其稀少。我国第四次北极科学考察队由中国气象科学研究院、国家海洋局海洋环境预报中心和中国科技大学科技人员组成的大气观测组，以"雪龙"号考察船和多年浮冰为观测平台，采用国内外先进的探测仪器，获得了考察航线上和联合冰站观测的海冰大气边界层、辐射平衡、大气化学和气溶胶及相关资料。本章利用这些资料对北冰洋夏季海冰上的大气垂直结构、辐射平衡参数的特征、海冰与大气相互作用过程及其参数化进行研究，提高北冰洋夏季海洋—大气—冰雪相互作用和北极环境特征在气候变化中作用的认识。

4.1 冰站观测概况

中国第四次北极科学考察期间，在北冰洋（86.84°—88.41°N，170.05°—177.07°W）区域内进行了大气廓线观测试验。观测试验主要是在"雪龙"号科学考察船走航和冰站考察过程中实施 GPS 探空观测，从 2010 年 8 月 10 日开始于 86.84°N，8 月 24 日在 87°N 结束，观测点分布详见图 4-1。采用的 GPS 探空系统探测的主要要素有高度、温度、风向和风速。温度测量范围为 -80～+40 ℃，分辨率 0.1 ℃，响应时间小于 2 s；风向和风速测量范围分别为 0～100 m/s 和 0°～360°，分辨率为 0.1 m/s 和 1°，响应时间均为 1s。GPS 探空系统的测量精度满足中国气象局常规高空气象探测规范（中国气象局气象探测中心，2003）。考察期间共进行了 35 次 GPS 探空观测，探测资料获得了不同天气过程下的大气对流层垂直结构。探测最大高度达到 15 km，最低约为 500 m。这是中国北极考察队首次获得的北冰洋中心区靠近极点的资料。

8 月 9 日在 87°N 附近利用直升机侦察，选择了面积约 100 km^2，冰层厚度约 2 m，相对平坦的多年浮冰建立了联合冰站，开展了大气边界层和海—冰—气相互作用的联合观测试验。在 2 m 和 4 m 的高度安装了风、温、湿传感器；在 2m 高度安装了总辐射、反射辐射、大气长波辐射和地面长波辐射传感器；在冰面下 0.1 m、0.4 m 安装了冰温传感器；在冰面安装了大

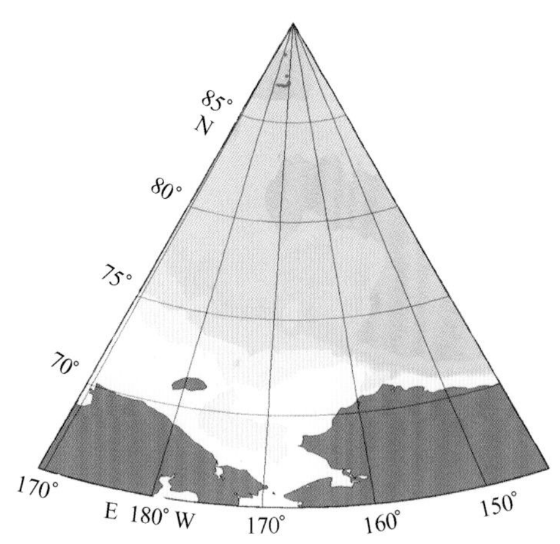

图 4-1　2010 年 8 月 10—24 日北冰洋中心区 GPS 探空点（红色）分布

气压力传感器，观测系统每小时采集一组数据，近地层廓线观测系统由气象观测塔上 2 m、4 m 和 10 m 高度上安装的温度、湿度传感器（HMP45D，Vaisala），风速、风向传感器（05106 monitor-Ma，Young），冰面上气压传感器（CS106，Campbell）和冰面以下 0.1 m 、0.2 m 和 0.4 m 深处冰温传感器（PT100）及数据采集器（CR-5000，Compbell）组成，每分钟采样 1 次，10 min 平均资料自动记录在存储卡上。辐射观测系统由在 2 m 高度安装的向上向下的长波和短波辐射传感器（CNR1，Kipp-Zonen）和冰面红外温度传感器（IRR-P，APOGEE）与数据采集器（CR-5000，Compbell）组成。每分钟采样 1 次，10 min 平均资料自动记录在存储卡上。湍流通量观测系统由安装在 4 m 高度的三维超声风温传感器（WindMaster Pro，Gill）和红外水汽脉动传感器（LiCo-7500）及数据采集器（CR-1000，Compbell）组成，观测三维风速、温度和水汽脉动量，采样频率为 10 Hz。获得了 2010 年 8 月 10—20 日北冰洋海—冰—气相互作用的观测数据。在赴北极前观测仪器在中国气象局计量站进行了标定。

4.2　北冰洋夏季辐射参数

4.2.1　辐射通量

辐射收支是研究海—冰—气相互作用和的重要参数，辐射平衡方程和热量平衡方程分别可以表达为：

$$R_n = S_t - S_g + L_a - L_g \tag{4-1}$$

$$R_n = SH + LE + G_s + M \tag{4-2}$$

式中，R_n 为净辐射；S_t 是总辐射；S_g 是反射辐射；L_a 是大气长波辐射；L_g 是冰面长波辐射，均为实测量。SH 为感热通量；LE 为潜热通量；G_s 为冰中热通量；M 为冰融化（凝结）吸收（释放）的热通量。由短波和长波辐射分量资料可得到方程（4-1）中的净辐射，由湍流观测资料也可计算得到方程（4-2）中的净辐射（卞林根等，2003）。

图 4-2 给出北冰洋中心区冰站观测的 2010 年 8 月 10—20 日每小时向上、向下短波辐射和长波辐射的时间序列。太阳辐射通量除与太阳高度角有关外，受云和天气状况的影响较大，

由图 4-2 可见，观测期在极昼期，全天都有太阳辐射，并具有明显的日际变化和日变化。太阳辐射通量平均为 126 W/m²，中午时段的最大通量为 261 W/m²，午夜的最小通量为 40 W/m²。反射辐射平均通量为 91 W/m²，最大可达 183 W/m² 以上，夜间最小通量为 27 W/m²。向上和向下的长波辐射有日际变化，而日变化不明显，冰面长波辐射变化相对稳定，振幅很小，平均通量为 290 W/m²，中午时段的最大通量为 297 W/m²，午夜的最小通量为 277 W/m²。大气向下的长波辐射变化则较大，反映出大气过程对长波辐射的影响。大气向下的长波辐射平均通量为 280 W/m²，最大和最小通量分别为 305 W/m² 和 223 W/m²。观测期间雪面放出的长波辐射大于大气的长波辐射，显示了冰雪表面的辐射冷却效应。需要说明的是 8 月 17 日出现了短时大气长波辐射大于雪面长波辐射过程，这一过程是由近地层温度和湿度突然升高的强稳定天气过程所引起。为说明长波辐射资料的质量，采用长波辐射表和红外温度传感器观测的海冰的长波辐射与海冰表面红外温度资料，分析了二者的相关关系。由图 4-3 可见，二者的相关关系十分显著，相关系数达到 0.98。表明观测的长波辐射资料具有可靠性。由方程（4-1）计算得到观测期间的净辐射通量。由图 4-2c 可见，2010 年 8 月 10—20 日时平均净辐射通量有明显的日际变化和日变化，净辐射以正值为主，负值很少出现，表明极昼期间海冰表面吸收辐射能。观测期间的平均通量为 18.44 W/m²，最大和最小通量分别为 80 W/m² 和-49 W/m²。2003 年和 2008 年夏季冰站观测的净辐射平均通量分别为 8.4 W/m² 和 2.9 W/m²（卞林根等，2011）。显然，2010 年夏季北冰洋中心区的净辐射高于 2003 年和 2008 年夏季冰站的观测值。其主要原因可能与海冰减少和温度升高有关，引起了海冰表面的物理特性发生了变化，使冰雪表面能够吸收更多的辐射能。

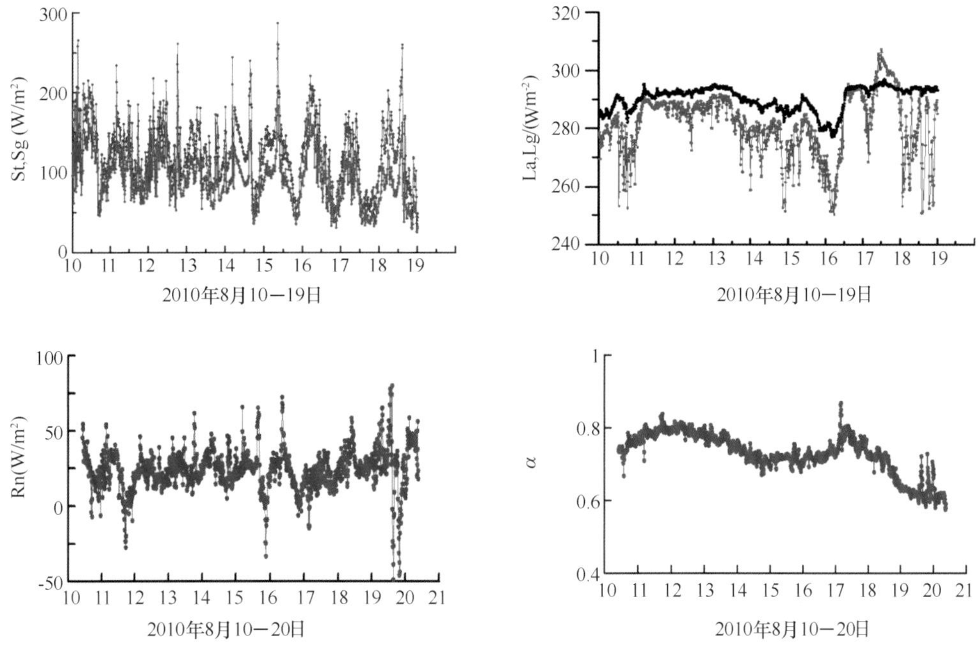

图 4-2 北冰洋中心区冰站观测的 2010 年 8 月 10—20 日每小时太阳辐射（S_t）和反射辐射（S_g）通量（a）、大气长波辐射（L_a）和冰面长波辐射（L_g）通量（b）、净辐射（R_n）通量和反照率（α）的时间序列

冰雪表面反射率是气候模式中的关键参数。通过观测向上和向下短波辐射计算得到冰雪表面反照率（α）。由图 4-2d 可见，观测期间反照率没有日变化，仅有日际变化的趋势，平均反照率为 0.73，最大和最小反照率分别为 0.87 和 0.58。其观测结果明显小于 1999 年夏季 75°N 冰站的平均反照率 0.76（陈立奇，2003）和 2003 年夏季 78°N 冰站的平均反射率 0.85（卞林根等，2007），也小于 2008 年夏季在 84°N 冰站的平均反照率 0.80（卞林根等，2011）。观测期间，由于海冰表面积雪融化，导致反照率从 0.85 降低到 0.5 左右。冰站周围无冰海区的暖湿空气流向冰区，使海冰表面产生融化，是北冰洋中心区反照率年际变化的原因。

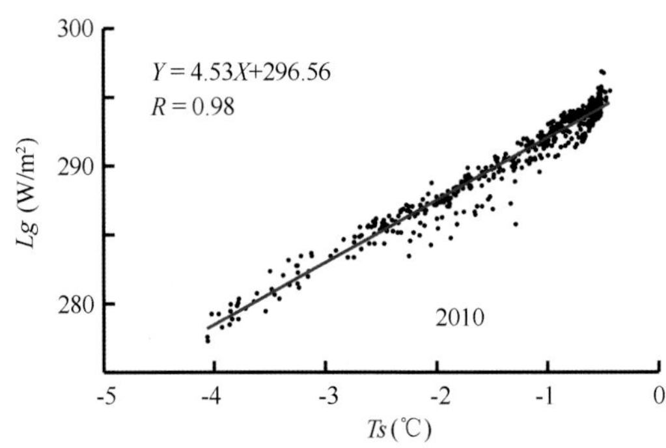

图 4-3 海冰表面长波辐射（*Lg*）与红外温度（*Ts*）的相关关系

4.2.2 气象要素特征

为了分析与北冰洋冰站辐射参数有关的气象要素，图 4-4 给出了 2010 年 8 月 10—20 日冰站观测的气压、风速和风向、温度和湿度每小时的时间序列。观测期间 8 月 10—13 日冰站受到低压系统过程的影响，气压下降约 10 hPa，10 m 高处的平均风速达到 10 m/s 以上，风向由西北转为西南，温度和湿度都发生了急剧变化。其后气压维持在 1 020 hPa 以上，为高压过程和东南气流所控制。如图 4-4 所示，温度和湿度变化显著特点是，大部分时段 2 m 气温高于冰面温度和 10 m 的温度，表明近地层逆温特别浅薄，2 m 以上温度随高度下降，10 m 湿度始终大于 2 m 湿度，维持逆湿层，其特征与 75°N 和 78°N 的冰站观测结果相似，表明夏季在北冰洋浮冰近地层逆温和逆湿的现象普遍存在，仅是强度不同。形成逆温和逆湿的原因主要是冰面和周围无冰洋面的热力差异所引起。观测期间 2 m 平均气温约为 -1.0℃，最低为 -4.2℃，10m 平均风速为 6.2 m/s，平均相对湿度为 93%。可见，北极点地区夏季的气候十分温和。在 8 月 18—19 日，太阳辐射较强，近地层气温升高到 0℃以上，最高达到 1.6℃而雪面温度维持不变，显示出冰面处于明显融化时段，引起反照率的明显下降。观测期间冰温 10 cm 和 40 cm 深处的温度几乎没有变化（图 4-5），且维持在 0℃以上。显然存在显著的融化层，热量来自 10 cm 以下深处的热传导和表面融化水所含热量，在气温下降并产生冻结时，对深层起保温作用，因此能保持 0℃以上。说明雪冰表面吸收的太阳辐射能大部分用于表层冰雪冰的融化，而向下传导的能量很少。

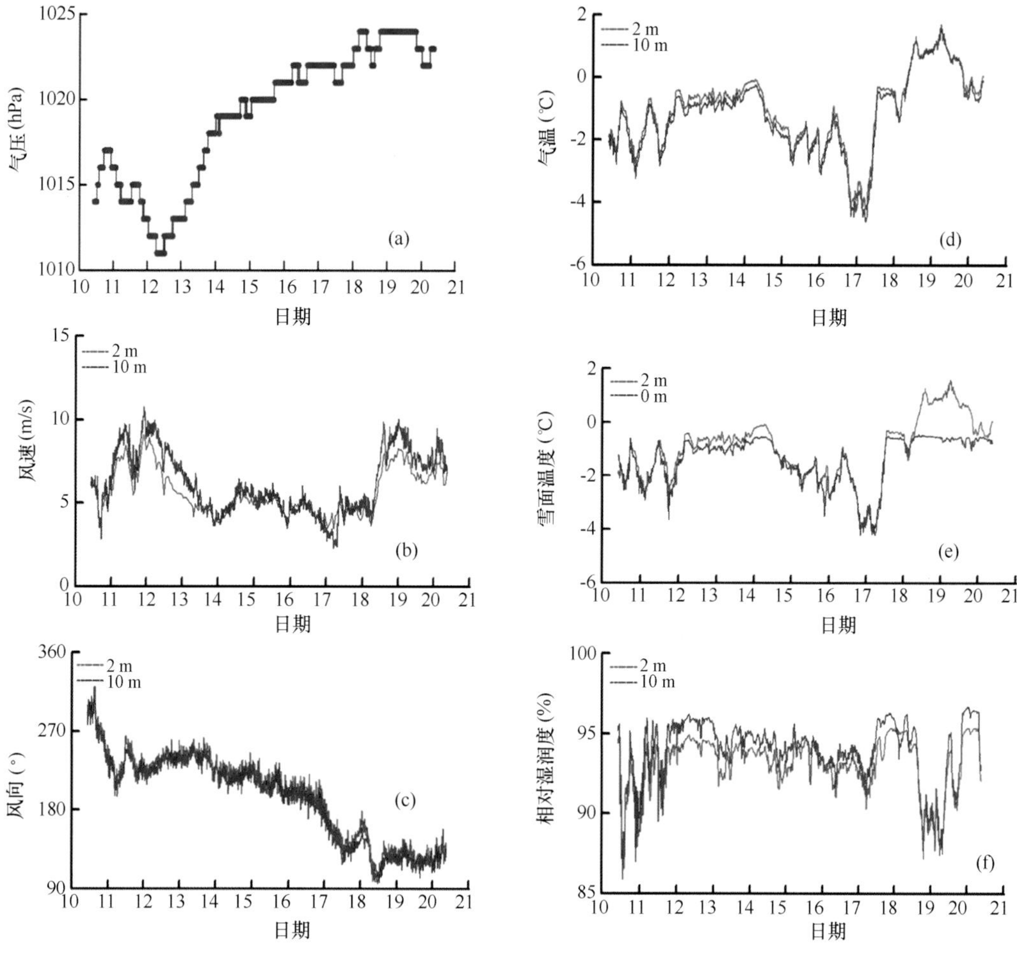

图4-4 2010年8月10—20日冰站观测的逐时气压(a)、2 m和10 m气温(d)、冰雪表面和2 m温度(e)、2 m和10 m风速(b)和风向(c)、2 m和10 m相对湿度(f)的时间序列

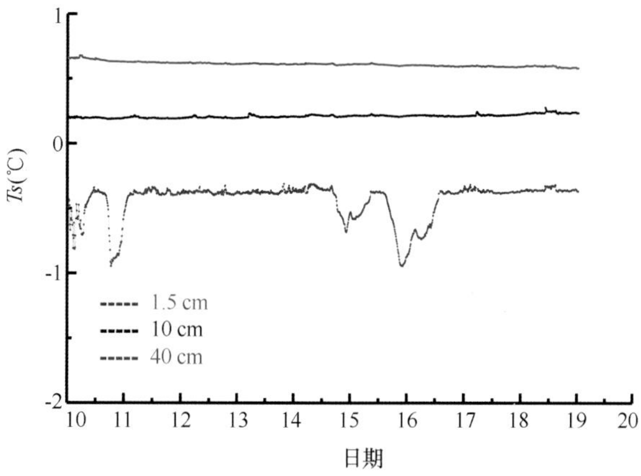

图4-5 2010年8月10—20日冰站观测的不同深度(1.5 cm、10 cm和40 cm)冰温(Ts)的时间序列

4.3 北冰洋夏季湍流参数

4.3.1 湍流通量

湍流热通量包括感热通量（SH）和潜热通量（LE）。在中国第四次北极科学考察中，冰站采用三维超声风温仪观测得到的湍流资料，可以直接计算这些参数（卞林根等，2011）。感热通量和潜热通量也可由观测的温度和湿度廓线和相似理论经验公式求得（李剑东等，2005），涡旋相关法计算通量的精度通常高于相似理论经验公式。冰雪热传导通量通过海冰中不同深度的温度求取，也可以用热流量传感器观测（卞林根等，2003）。冰雪表面获得的净辐射能，一部分以感热和潜热与大气进行热量交换，一部分热量消耗于融化和传导到冰层。考虑到未对冰雪融化的热量进行观测，通过热平衡方程（4-2）的闭合，计算出冰层传导（G）和融化（M）的合成热量（G_s）。图 4-6 给出冰站观测期间热量收支各分量的平均日变化。图中 SH 和 LE 为正值表示雪面向大气输送热量，负值反之。G_s 为正值表示冰雪向下传导热量和融化消耗热量，反之，向大气传输热量。从图 4-6 可见，净辐射（R_n）和冰层传导和融化的合成热量（G_s）相似，都具有显著的日变化。白全天冰雪面吸收净辐射能，午间最大为 30.0 W/m^2，夜间最小为 4.0 W/m^2，日振幅为 26.0 W/m^2。G_s 午间最大为 28 W/m^2，夜间最小为 5.0 W/m^2，日振幅为 23.0 W/m^2。感热和潜热的日变化较小，从 10：00~18：00 LT 向大气输送热量，其余时段反之，午后最大值为 4.0 W/m^2，夜间最小为-3.0 W/m^2，日较差为 7.0 W/m^2，潜热在 05：00~24：00 LT 向大气输送热量，其余时段反之。午后最大值为 3.0 W/m^2，夜间最小为-1.0 W/m^2，日较差为 4.0 W/m^2。观测期间感热和潜热日平均通量分别仅为-1.0 W/m^2 和 1.4 W/m^2，两者通量都不大，显示出冰面与大气之间的湍流交换相对较弱和中性层结的特征。海冰表面吸收的净辐射主要消耗与融化和向冰中传导，占净辐射的 97%，感热和潜热占净辐射的 3%。表明北冰洋中心区冰面融化是热量平衡的关键过程，其结果与第二次和第三次北极冰站的分析结果（Bian et al.，2007）的有所不同，第二次和第三次北极冰站的湍流通量占净辐射的比例远高于 3%。其原因除了与天气过程有关外，很可能与北极海冰减少和气候变暖直接有关。

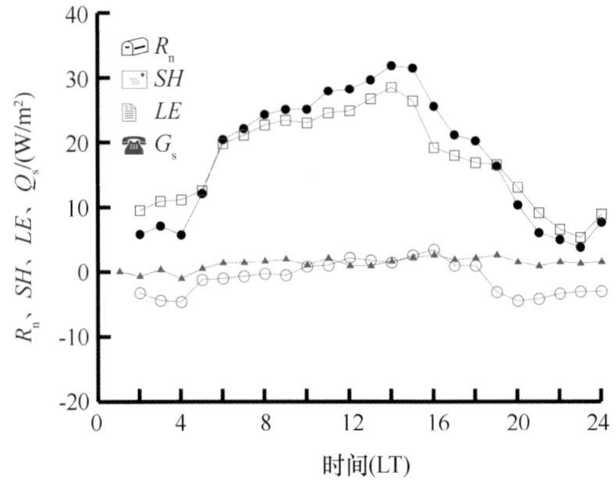

图 4-6 2010 年 8 月 10—19 日冰站观测的净辐射（R_n）、感热（SH）、潜热通量（LE）、融化和冰层热传导通量（G_s）的平均日变化

4.3.2 动力参数

边界层动力过程中的动量通量（τ）、大气稳定度（L）、动力拖曳系数（C_d）是分析海—冰—气相互作用和模式参数化方案中的重要参数。我国第一次至第三次北极科学考察都对不同纬度的这些参数进行了研究（陈立奇，2003；张占海，2008；张海生，2014）。利用2010年8月10—19日北极冰站观测的湍流资料，计算出每小时平均的动量通量（τ）、大气稳定度（L）和拖曳系数（C_d）。

由于观测期间海冰表面特征没有发生大的变化，动量通量与地面风速关系密切。图4-7给出动量通量与随风速变化的关系，二者的相关系数达到0.83，通过拟合得到$\tau=0.0027U^2$（U为风速），其关系显示动量通量随着风速的增大而增大，表明观测区域相对平坦，能够满足湍流运动规律和观测资料的质量可靠。观测期间的动量通量有明显的日变化（图4-8），变化范围为0.067~0.13 N/m^2，白天08：00~17：00LT大于其他时段，其日变化特征与风速基本相似。

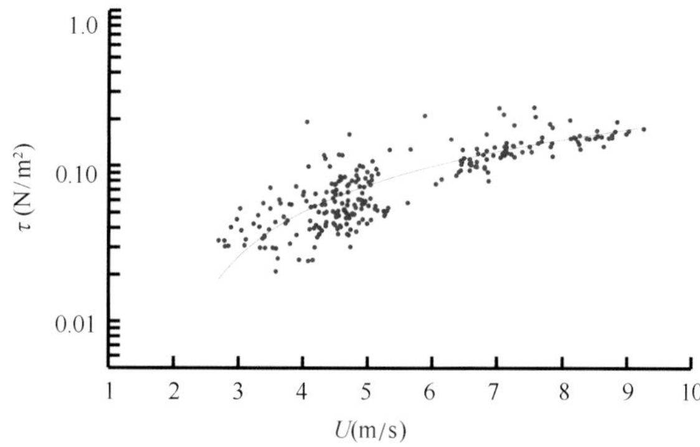

图4-7　2010年8月10—19日冰站观测的动量通量（τ）与风速（U）的变化关系

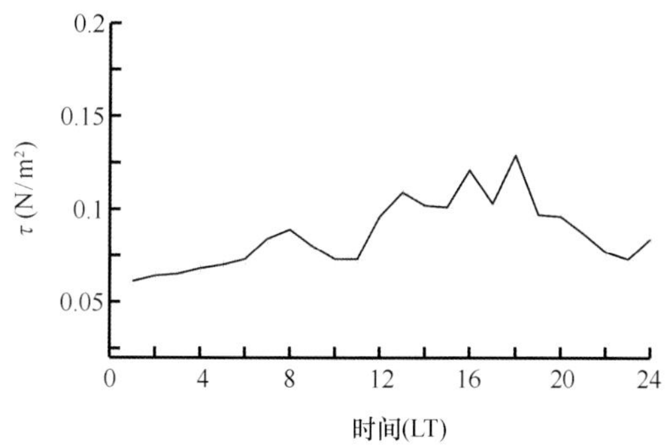

图4-8　2010年8月10—19日冰站观测的动量通量（τ）的平均日变化

拖曳系数（也称动量整体输送系数，C_d）在气候模式中假设C_d为常数，根据2 m高度气温和10 m高度风速计算湍流通量。因此，合理的确定C_d对利用整体输送法求解湍流通量非常重要。图4-9给出C_d与10 m风速U的关系。由性线拟合得到Cd与U的关系式为$C_d=(-0.027U+0.21)\times10^{-3}$，由此式得到在$2<U<4$ m/s和$4<U<10$ m/s的情况下，C_d分别为1.95×10^{-3}和1.92×10^{-3}。由此来看，风速大于4 m/s以后，C_d的变化比较小，表明海冰表面相

对平坦。因此，确定在风速大于 4 m/s 后的中性条件下的动量整体输送系数为 $C_{dn}=1.92\times10^{-3}$，与第三次北极冰站资料计算得到的近中性层结条件下 $C_{dn}=1.64\times10^{-3}$（卞林根等，2011）相比差异不大，但与 Verburg 和 Antenucci（2010）提出的北极海冰近中性层结 C_{dn}会随风速增大的结果有所不同。C_d 的变化不但与风速相关，还与稳定度参数有关。为了验证 C_d 与稳定度 z/L 的关系，图 4-10 给出了 C_d 与稳定度 z/L 的变化关系。由图 4-10 所示，在稳定条件（$z/L>0$）下，由性线拟合得到 C_d 与 z/L 关系式为 $C_d=(0.0231\times Z/L+0.0022)\times10^{-3}$，在不稳定条件（$z/L<0$）下，$C_d$ 与 z/L 关系式为 $C_d=(0.0235\times Z/L+0.0027)\times10^{-3}$。分析本次考察冰站观测资料计算的稳定度，发现近中性层结所占比例很高，与 3 次北极冰站结果相似，C_d 随稳定度变化不大。因此，得到的 C_{dn}具有北冰洋浮冰区夏季动量参数的代表性，但 C_d 与浮冰表面的粗糙度和获取的稳定度样本量有关，还需更多的观测资料来验证和分析。

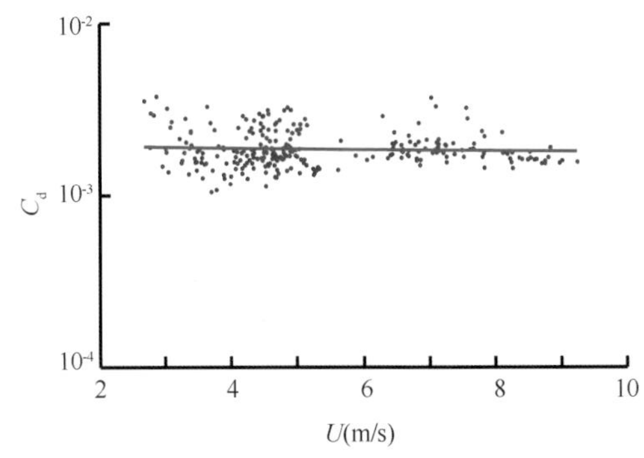

图 4-9　2010 年 8 月 10—19 日冰站的 C_d 与 10 m 风速 U 的关系

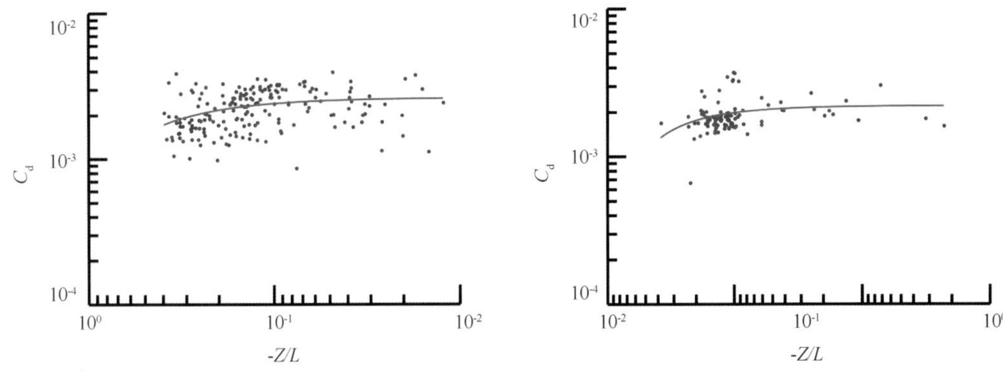

图 4-10　2010 年 8 月 10—19 日冰站的 C_d 与 稳定度（Z/L）的关系

4.4　北冰洋大气的垂直结构

4.4.1　对流层大气结构

由 2010 年 8 月 10—24 日北冰洋中心区（86°—88°N）观测的温度、风速和风向的 35 次 GPS 探测资料求得 50m 间隔的平均垂直廓线。由图 4-11 可以看出，观测期间近地面边界层内（1 km 以下）存在着明显的典型的逆温结构，是由海冰辐射冷却效应所造成，逆温层底和逆温层顶的高度分别约为 100 m 和 500 m，逆温层内平均温度递减率为 1.3℃/100 m。这种强逆温严重阻碍了海—冰—气之间物质与能量的交换（Zou et al.，2002）。1~10 km 之间温度随高度降低，平均温度垂直递减率为 6.12℃/km，与全球平均的对流层中部大气温度递减率 6.5℃/km 基本一致，符合对流层中部的 6~7℃/km 递减率。判别得到的平均 LRT 高度和温度分别为 9.8 km 和−52.2℃，CPT 高度和温度分别为 10.5 km 和−54.1℃。对流层顶向上 10~12 km（对流层与平流层过渡带）温度随高度明显增温，平均垂直温度递减率为−2.9℃/km（Bian et al.，2013）。这种较厚的对流层顶逆温层（Tropopause Inversion Layer，TIL）的形成与维持，其主要原因一方面是对流层顶附近的臭氧和水汽的辐射效应（Randel，2007），另一方面是大尺度的动力过程增强了对流层顶之上的静力稳定度（Wirth，2003）。对流层顶逆温层的存在，使得对流层顶附近大气更加稳定，垂直运动特别微弱，多为大尺度的平流运动，因此平流层比对流层的物质交换能力弱；12km 以上温度随高度变化很小，近似等温层。本次探测的对流层温度垂直结构与 Ma 等（2011）分析的 80°—85°N 海域的 LRT 和逆温强度有明显差异，即 LRT 较高和逆温强度偏强，可能与海冰密集度和影响测区的天气过程有关。

由风速廓线（图 4-11b）可知，在近地层风速随高度有迅速增加的过程，2 km 以下为混合区，在对流层中层（约 5 km）和对流层顶部（10 km）有 2 个急流区，最大风速达到 12 m/s 以上，对流层顶部急流区与 LRT 相对应；即称之高空急流。它与对流层和平流层过渡带的逆温层相对应，减弱平流层与对流层之间的物质交换；10 km 以上，风速随高度减小，很快进入平流层混合层，即风速随高度变化很小，维持在 8 m/s 左右。观测期间对流层中上部风速变化较大，标准差最大 7 m/s。在 80°—85°N 海域的平均风速廓线中仅出现有对流层急流而没有中层急流，显然这种现象与北极点附近冰—气交换的动力作用有关。

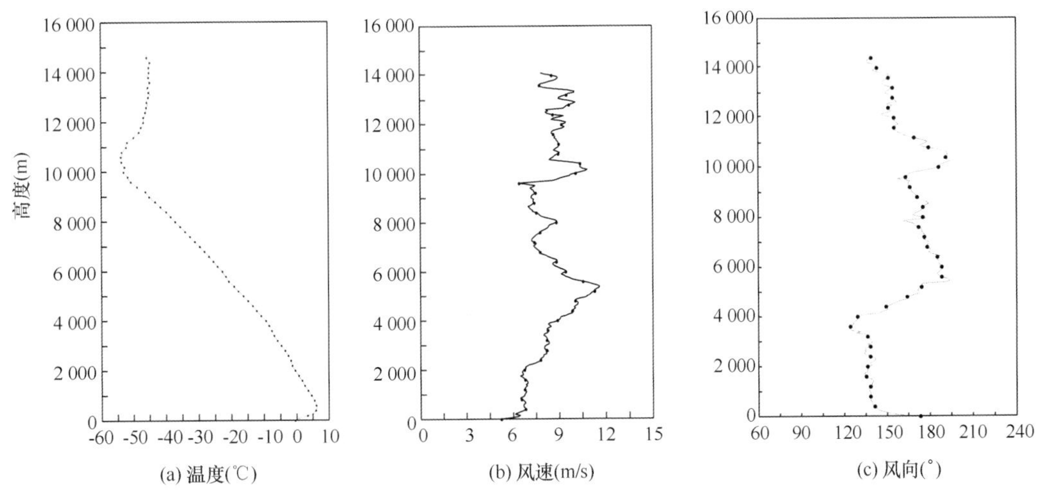

图 4-11 2010 年 8 月 10—24 日北冰洋中心区（86°—88°N）平均温度（a）、风速（b）和风向（c）的垂直廓线

风向（图 4-11c）随高度变化与风速变化特征有相似之处，在近地层（500 m 以下）、对流层中层（4 km）和 LRT 风向均有突变过程，4 km 以下由偏南风转为稳定的东南风，5~10 km 为南风，11 km 以上高度又转为东南风。由风向标准差可知，观测期间对流层风向变化比平流层大，10 km 以下风向平均标准差约为 70°，这种变化与对流层中复杂的垂直结构有关。

4.4.2 边界层逆温特征及边界层高度

图 4-12 给出了观测期间温度垂直递减率的时空分布。近地层至 2.5 km 高度之间存在不同强度、不同厚度的逆温层，并有多层结构的变化特征。多层结构的逆温现象出现与中低层冷暖空气的相互作用有关。由图可见，探测区 8 月 10—13 日受到低压过程的影响，其中 11 日气压最低，并伴随多层逆温结构（图 4-13a），在 2 500 m 以下为偏东气流，风速大于 12 m/s 的低空急流出现在 1 000~2 000 m 高度层（图 4-13b），冷平流的输送破坏了由海冰表面辐射冷却而形成的逆温层，导致近地层逆温结构分层和高度抬升。8 月 14 日以后，测站一直在高压系统中（图 4-14），近地层风速明显减弱，由偏东风转为偏南风（图 4-13c），逆温分层不明显，主要出现在 500 m 以下，逆温强度较强、厚度也较厚，逆温层的平均温度递减率为 3.66℃/100 m，最大达到 5℃/100 m 以上。这是由于探测区高压西南侧稳定的偏南风不断输送暖气流，加强了逆温的强度与厚度。

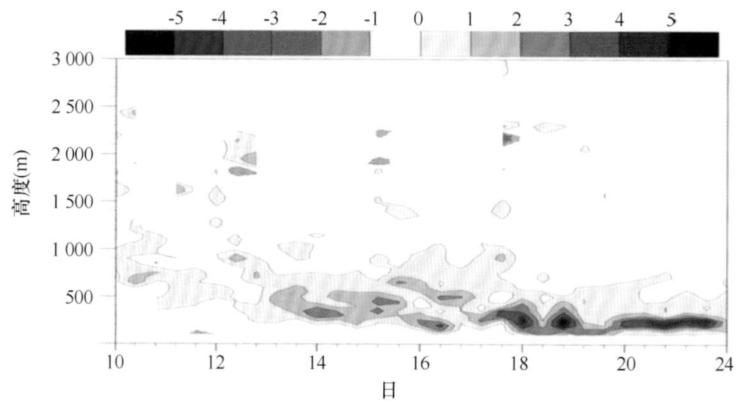

图 4-12 2010 年 8 月 10—24 日北冰洋中心区 3 km 以下温度垂直递减率［单位：(℃/100 m)］时间剖面

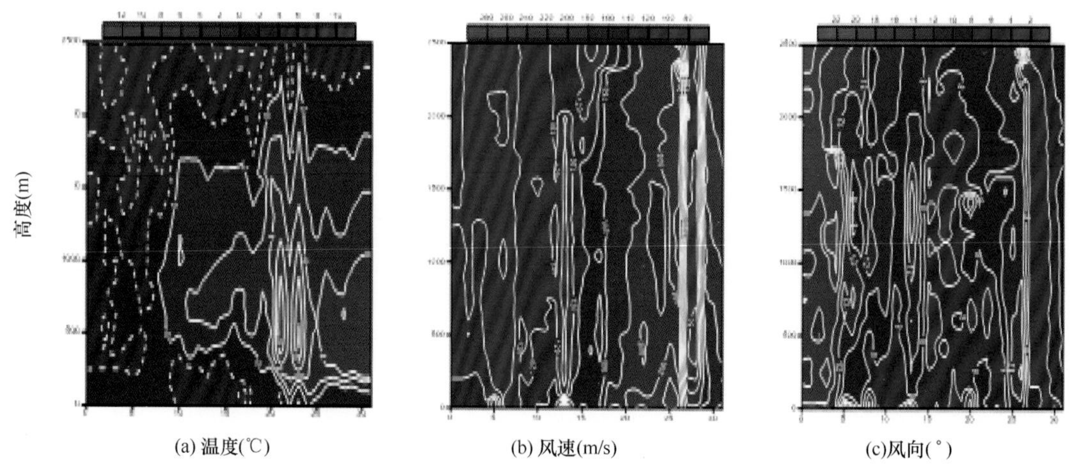

(a) 温度(℃) (b) 风速(m/s) (c)风向(°)

图 4-13 观测期间北冰洋 GPS 探空观测的（a）温度；（b）风速；（c）风向的时间高度剖面

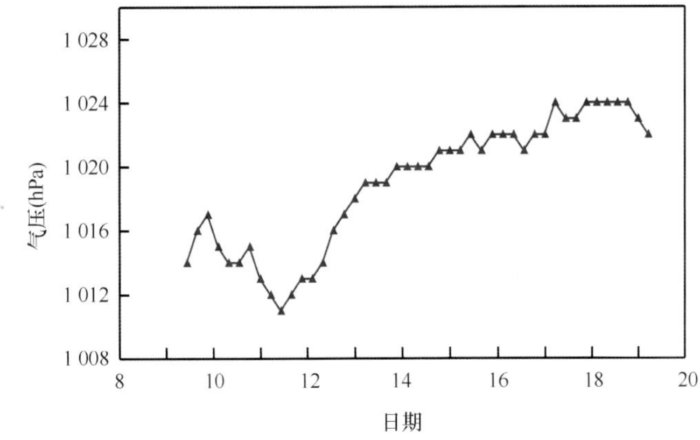

图 4-14 2010 年 8 月 10—20 日地面气压（hPa）的时间序列

北冰洋中心浮冰区边界层中这种多层逆温结构和逆温现象表明，大气边界层一直处于不稳定状态，在中国第一次至第三次北极科学考察中已发现北冰洋多层逆温结构的现象（Zou et al.，2002；Bian et al.，2007），但本次探测的逆温强度要比其他纬度强。多层逆温结构的存在，对确定边界层高度有一定误差。为了定量分析北冰洋中心浮冰区边界层高度，本文采用最常用的两种方法来确定边界层高度：①逆温层底的高度即为边界层高度（Wyngaard and Lemone，1980），用 H_b 表示；②温度梯度最大高度，对应于逆温层的中间高度（Sullivan et al.，1998），用 h 表示。由于北冰洋雪冰下垫面的强烈辐射冷却作用，形成接地逆温，若直接用第一种方法确定，边界层高度就会在贴近地层，因此选取最强的逆温层来进行确定。图 4-15 给出用 2 种方法和 32 次探测资料确定的边界层高度的比较。从图 4-15 可以看出，观测期间 H_b 和 h 平均分别约为 341 m 和 453 m，表明利用逆温层底高度定义的边界层高度比用最大温度梯度高度定义的边界层高度平均低 25%左右。当边界层高度小于 350 m 时，这两种定义的结果比较接近，偏差小于 5%；当边界层高度大于 350 m 时，二者相差较大。因此，对于存在接地逆温以及较低层逆温的情况采用第一种定义边界层高度较好，而逆温层较低时两种方法均可使用。

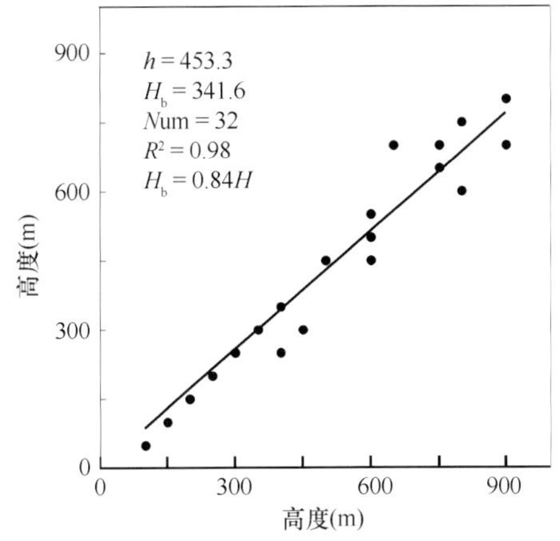

图 4-15 不同定义计算的边界层高度的比较

图 4-16 给出用第一种方法得到的 2010 年 8 月 10—24 日边界层高度（H_b）的时间序列。

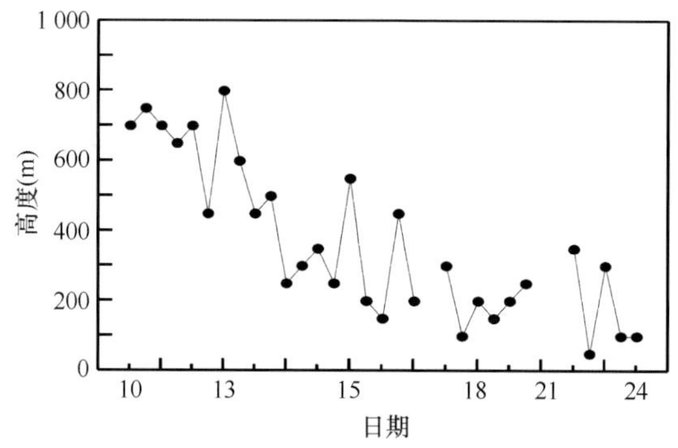

图 4-16　2010 年 8 月 10—24 日边界层高度的时间序列

由图 4-16 可知，在 86°N 附近海区探测的边界层高度都较高，13 日最高达到 900 m。进入到 87°—88°N 后，边界层高度逐渐下降，一般低于 400 m，最低为 50~100 m。Ma 等（2011）给出的 80°—85°N 平均边界层高度为 700 m。显然，靠近北极点中心区的边界层高度比其他北极海区要低。边界层高度与逆温强度关系密切，而逆温强度与冰面辐射冷却有关。虽然极昼期间北极海冰有大量融化，形成大片的无冰海区，但在 86° N 以北海区的海冰密集度仍为 100%，海冰与大气的相互作用十分明显，导致北冰洋中心区强逆温出现的频数相对较高，而且边界层高度较低。

为了分析不同天气过程对边界层结构的影响，采用 NCEP 再分析资料，绘制了 2010 年 8 月 12 日和 24 日北极地区的日平均地面和 500 hPa 天气形势图（图 4-17）。8 月 12 日为多层逆温结果，且逆温厚度很薄及边界层高度较高（约 800 m），而 8 月 24 日为单层强逆温结构，且逆温层厚度较厚（100~400 m）及高度低。可见这两天的边界层结构完全不同。由图 4-17 可以看出，这两天影响测站的天气形势也完全不同。在 8 月 12 日地面天气图（1 000 hPa）上显示，测区靠近 90°—180°W 低压的偏东风气流区，形成冷平流的水平辐合，使得近地层气层比较稳定，抑制了冰面辐射冷却的作用，高空 500 hPa 有一强冷极涡中心位于测区的北部，冷空气不断地向测区上空输送，在混合过程中容易形成多层逆温和不稳定层结。8 月 24 日测区均位于地面和高空的高压系统中，高低层辐散气流较强，没有冷平流输送，有利于辐射冷却加强和近地层强逆温层的形成。由此可见，北冰洋中心区逆温层物理属性的变化与影响探测区的天气系统及其冷暖气流的相互作用有关。

图 4-18 给出边界层高度（H_b）与逆温强度的初步关系。由图 4-18 可知，两者呈显著的对数关系，相关系数达到 0.66。表明逆温强度越强，边界层高度越低。由于在北冰洋中心区考察时间较短，探测资料有限，仅获得两天的边界层高度和逆温强度日变化资料（8 月 20 日和 24 日）。分析显示，逆温层和边界层高度都存在明显的日变化，最强逆温层出现在夜间，逆温层厚度为 250 m，逆温强度达 2.91℃/100 m；边界层高度约为 200 m。白天由于极昼期间太阳辐射的加热作用，使得逆温层的厚度和强度均减弱，在午后边界层高度有所抬升，逆温强度减小为 1.72℃/100 m；傍晚随着太阳辐射的减弱，边界层高度开始下降，逆温强度逐渐加强，夜间达到最强。由于没有太阳辐射的影响，低层大气主要受下垫面辐射冷却作用的影响，大气层结迅速稳定，形成残留层或者夜间的稳定边界层，且夜间大气边界层稳定在一个很低的高度。

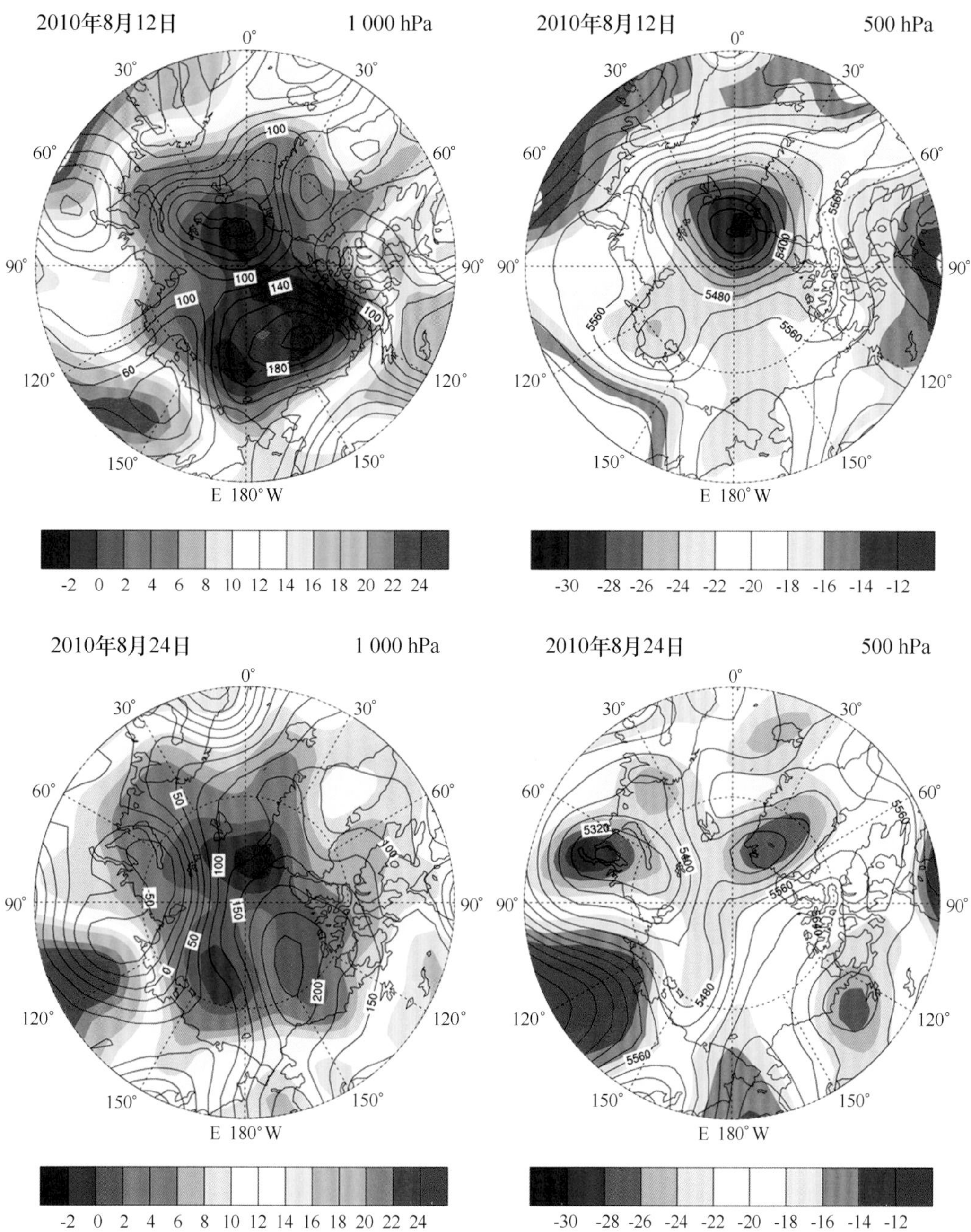

图4-17 2010年8月12日和24日北极地区NCEP再分析资料的日平均地面和500 hPa天气图（上）1 000 hPa（下）位势高度场（等值线）和温度场（阴影，单位：K）（http：//www. esrl. noaa. gov/psddatagridded/data. ncep. reanalysis2. pressure. html）

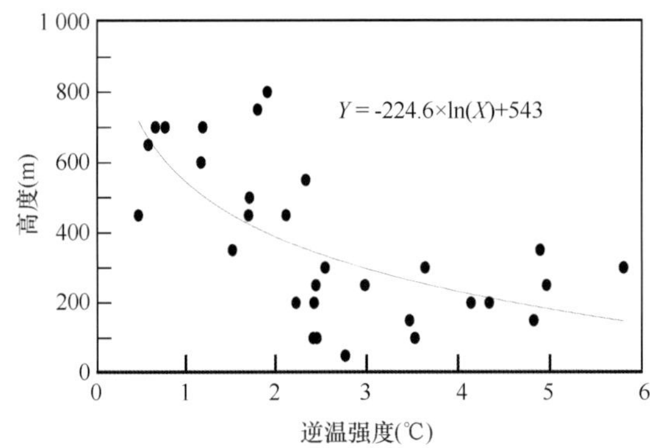

图 4-18 2010 年 8 月 10—24 日的逆温强度与边界层高度的关系

4.5 总结

利用 2010 年夏季中国第四次北极科学考察队在北冰洋中心区（86°—88°N，144°—170°W）获得的海—冰—气相互作用观测资料和相关资料，对北冰洋夏季辐射通量、气象要素特征、湍流通量、动力参数、北冰洋大气的垂直结构、对流层大气结构、边界层逆温特征及边界层高度进行了研究，对北极点附近的边界层过程和变化特征有新认识，提出的动力和热力参数对改变气候模式中的参数化方案和提高模拟能力具有重要作用。主要结果如下。

2010 年夏季观测期间浮冰区近地层始终存在逆温层和逆湿层，1999 年夏季在 75°N 和 2003 年夏季在 78°N 及 2008 年夏季在 84°N 都观测到这一现象，表明北极海冰区逆温层和逆湿层普遍存在。观测期间的平均反照率为 0.73，明显小于 1999 年夏季 75°N 的平均反照率 0.76 和 2003 年夏季 78°N 的平均反射率 0.85，也小于 2008 年夏季在 84°N 的平均反照率 0.80。由于海冰表面积雪融化，导致反照率从 0.85 降低到 0.5 左右。冰站周围无冰海区的暖湿空气流向冰区，使海冰表面产生融化，是北冰洋中心区反照率年际变化的原因。

2010 年夏季北冰洋中心区冰面净辐射平均通量为 18.44 W/m^2，明显高于 2003 年和 2008 年夏季冰站的观测值。其原因可能与北极温度升高有关，冰雪表面能够吸收更多的辐射能。平均感热和潜热通量分别为 -0.89 W/m^2 和 1.40 W/m^2，占净辐射的 5% 和 8%，其余净辐射消耗与冰雪融化和冰中热传导。与第一次至第三次北极冰站观测结果差异较大，显示出冰面湍流交换比较弱，消融过程中在热量平衡中起重要作用。

观测期间北冰洋中心区大气以近中性层结为主，拖曳系数（C_d）与 10 m 风速（U）和稳定度（z/L）的关系显示，中性条件下的动量整体输送系数为 $C_{dn} = 1.92\times10^{-3}$，结果大于第三次北极冰站资料计算的近中性层结条件下的 C_{dn}，表明冰面融化可能导致动力交换系数的增大。

观测期间北冰洋中心区对流层顶高度为 9.8～10.5 km，对流层顶温度为 -52.2～-54.1℃；风速随高度变化存在低空急流和高空急流两个最大风速区，分别在对流层中层（约 5 km）和对流层顶部，两个急流区的风向有明显的转折点，均由东南风变化到西南风。用两种方法确定的平均边界层高度分别为 341 m 和 453 m，逆温层较低时两种方法均可使用，逆温层较高时两种方法偏差较大。边界层高度与逆温强度呈显著的对数关系，相关系数达到0.66，显示了逆温强度越强，边界层高度越低的变化特征。与中国第三次北极科学考察区探测结果相比差异较大，主要表现在北极点附近海区的边界层高度较低，而逆温强度较强，显示了很强的冰—气相互作用，由于大气边界层结构与影响测站的天气系统和海冰密集度有关，需要更多的观测资料来加以验证和研究。

参考文献

陈立奇,等. 2003. 北极海洋环境与海气相互作用研究[M]. 北京:海洋出版社. 108-115.

张海生. 2009. 中国第三次北极科学考察报告[M]. 北京:海洋出版社. 1-203.

张占海. 2004. 中国第二次北极科学考察报告[M]. 北京:海洋出版社. 202-203.

余兴光. 2011. 中国第四次北极科学考察报告[M]. 北京:海洋出版社. 1-156.

中国气象局气象探测中心. 2003.中国气象局常规高空气象探测规范 [S]. 北京:气象出版社. 27.

卞林根，高志球，陆龙骅,等. 2003. 北冰洋夏季开阔洋面和浮冰近地层热量平衡参数的观测估算. 中国科学（D辑），33(2)：139-147.

卞林根,张占海,陆龙骅,等. 2007.北冰洋78°N冰站近地层参数的观测研究 [J]. 极地研究，19(3)：163-170.

李剑东,卞林根,高志球,等. 2005.北冰洋浮冰区近冰层湍流通量计算方法比较 [J]. 冰川冻土，27(3)：368-375.

卞林根,马永锋,逯昌贵. 2011. 北冰洋浮冰区湍流通量观测试验及其参数化研究. 海洋学报,33(2)：27-35.

VihmaT, Jaagus J,Jakobson E,*et al.* 2008. Meteorological condition in the Arctic Ocean in spring and summer 2007 as recorded on the drifting ice station Tara. Geophys. Res. Lett., 35：1-5.

Uttal T, Curry J A,Mcphee M G,*et al.* 2002. Surface heat budget of the Arctic Ocean, Bull. Amer. Meteor. Soc., 83：255-276.

IPCC. Climate Change. 2007. The Physical Scientific Basis. Working Group I Contribution to the Fourth Assessment Report of the Intergovernmental Panel on Climate Change, Cambridge, UK：Cambridge University Press, 997-1008pp.

Qu S H, Zhou L B, et al. 2002. Eexperiment of planetary boundary layer structure in period of the polar day over Arctic ocean. Chinese Journal of Geophysics,45(1):8-16.

Zou H, Zhou L B, Jiang Y, et al. 2001. Arctic upper air observations on Chinese Arctic Research expedition 1999 [J]. Polar Meteorol Glaciol, 15：141-146.

Liu Y, Zhou L B, Zou H. 2002. A temperature inversion in Chinese Arctic Research Expedition 1999[J]. Chinese J Polar Sci, 13(1)：83-88.

Bian L G, Lu L H, Zhang Z H. 2007. Analyses of structure of planetary boundary layer in ice camp over Arctic Ocean [J]. Chinese J Polar Sci, 18(1)：8-17.

Ma Y F, Bian L G, Zhou X J, Lu C G. 2011. Vertical structure of troposphere in the floating ice zone over the Arctic Ocean. ACTA. Oceanologica sinica,Vol.33,No.2.

Bian L G, Ma Y F, Lu C G. 2011. Experiment of Turbulent flux Near Surface Layer and Its Parameterizations on an Drift ice over the Arctic Ocean. ACTA. Oceanologica sinica,Vol.33,No.2.

Hoinka K P. 1998. Statistics of the global tropopause pressure [J]. Mon Wea Rev, 126：3303-3325.

Randel W J, Wu F, Forster P. 2007. The extratropical tropopause inversion layer：Global observations with

GPS data, and a radiative forcing mechanism [J]. J Atmos Sci, 64: 4489-4496.

Zangl G, Hoinka K P. 2001. The tropopause in the polar regions [J]. J Climate, 14: 3117-3139.

Seidel D J, Randel W J. 2006. Variability and trends in the global tropopause estimated from radiosonde data [J]. J Geophys Res, 111(D21101): 1-17.

Verburg P, Antenucci J P. 2010. Persistent unstable atmospheric boundary layer enhances sensible and latent heat loss in a tropical great lake: Lake Tanganyika [J]. J. Geophy. Res., 115, D11109, doi: 10. 1029/2009JD012839.

Wirth, V. 2003. Static stability in the extratropical trpopause region. J. Atmos. Sci., 60: 1395-1409.

Wyngaard J C, Lemone M A. 1980. Behavior of the refractive index structure parameter in the entraining convective boundary layer. J. Atmos. Sci., 37: 1573-1585.

Sullivan P P, Moeng C H, Stevens B, et al. 1998. Structure of the entrainment zone capping the convective atmospheric boundary layer [J]. J Atmos Sci, 55: 3042-3064.

Bian L G,MA YF, LU C G, LIN X. 2013.The vertical structure of the atmospheric boundary layer over the central Arctic. Ocean.Acta Oceanol.Sin., Vol. 32,No. 10,P 34-40.

第5章　北极地区碳循环和海洋酸化研究

北冰洋是一个潜在重要的大气CO_2的汇。虽然北冰洋的面积仅占世界大洋总面积的4%，但根据最近的估算表明北冰洋对大气CO_2的净吸收量占全球海洋的5%~14%。北极海洋碳循环和大气与海洋之间的CO_2的交换对环境改变尤其敏感，包括海冰融化、气候变暖、海洋浮游植物的季节性初级生产力的变化、海洋环流和淡水输入的改变，以及海洋酸化的影响。

巴伦支海、拉普捷夫海、喀拉海、东西伯利亚海、楚科奇海和波弗特海为北冰洋总面积的53%，完全包围了中央深海盆（欧亚海盆和加拿大海盆）。北冰洋有几个重要的通道可以与太平洋（白令海峡）和大西洋（加拿大北极群岛、弗拉姆海峡、巴伦支海）交换海水。在西北冰洋，宽而浅的楚科奇海占据了北极陆架系统的很大一部分。来自白令海通过白令海峡向北流动的相对温暖和营养盐丰富的太平洋水进入楚科奇海。楚科奇海的物理和生物地球化学特征受到入流的高度影响，因此可以称之为“入流”型的陆架。由于富含营养盐的白令海入流水的输入，西北冰洋边缘海，特别是楚科奇海在夏季高生产力季节时营养盐能得到及时的补给，同时通过低盐的白令海入流水流入和海冰融化水一起对水体的层化作用，加上长时间的光照，共同使得其具有很高的生产力。在楚科奇海浅的近岸水中具有极高的初级生产和净群落生产（NCP）的速率，而相比之下，北冰洋海盆区，基本上是寡营养盐状态的，初级生产速率很低。过去几十年北冰洋海冰的空前减少，进入西北冰洋的淡水及其营养盐输送量也有着相应的变化，北冰洋海洋生物地球化学过程及温室气体、生源要素碳循环等日趋重要。自1999年以来，中国北极科学考察对北冰洋区域进行了碳循环的相关研究，研究区域主要集中在西北冰洋海域（北冰洋的太平洋扇区）。总体而言，关于物理和生物过程对海洋碳循环的控制调节，自然的和人为干扰的季节性和年际变化，以及北冰洋的 CO_2 的源和汇都有相当大的不确定性。

北冰洋海洋酸化日趋严重，在西北冰洋已观测到其加剧的发展变化。本章利用中国第四次北极科学考察取得的资料和成果；结合前3次中国北极科学考察成果，研究白令海及西北冰洋的最新变化；主要分析温室气体源汇机制、碳循环过程、碳通量变化等，初步探讨其主要控制的关键过程的机制及机理。

5.1 营养盐及生物泵结构对快速融冰的响应

5.1.1 区域海洋营养盐分布及生物泵组成结构的变化

由于圣劳伦斯岛南部海域的大范围季节性次表层冷水团的存在，北白令海陆架区藻类旺发的形成机制、勃发时间及浮游群落结构和功能与冰区边缘和开阔水域均有所区别。一些生物地球化学过程与浮游群落结构息息相关，如冷水团分布范围的收缩（由于冰覆盖率降低及融冰提前）会影响浮游植物的勃发乃至降低底栖生物量（Saitoh et al.，2002），甚至生态系统可能由底栖群落为主演替为浮游群落为主（Grebmeier et al.，2006a）。并且季节性海冰覆盖降低和海水增温正在驱动着北极海洋生态群落的演替和碳循环机制的改变，而北白令海和楚科奇海等西北冰洋边缘海是海冰减少最为显著的地区（Steele et al.，2008）。

5.1.1.1 北白令海夏季冷水团收缩对营养盐及生物泵过程的影响

北白令海陆架区营养盐分布基本呈表层低，底层高的特点，由于融冰期间低营养盐融水输入和温盐跃层限制了水体垂直混合，白令海陆架上层水的营养盐随着生物利用而表现为贫营养（高生泉等，2011）。调查海区上层水（温跃层之上，$T>0$ ℃，包括NB06-NB09站）营养盐的平均浓度分别为（0.4±0.5）μmol/dm³（N+N），（2.1±2.6）μmol/dm³（Si）和（0.50±0.18）μmol/dm³（P），营养盐限制对浮游植物生长的抑制比较明显（图5-1）。温跃层下方冷水团（$T<0$ ℃）的营养盐平均浓度分别为（6.0±5.0）μmol/dm^3（N+N），（18.4±15.2）μmol/dm^3（Si），（1.01±0.50）μmol/dm^3（P），营养盐相对较为丰富，无机氮和硅酸盐在次表层有明显的生物消耗。陆架区西南端（BB01～BB03，B14～B15 站）冷水团之下营养盐平均浓度分别为（20.0±4.8）μmol/dm^3（N+N），（63.3±11.8）μmol/dm^3（Si），（1.97±0.43）μmol/dm^3（P）。次表层冷水团的存在对北白令海陆架的理化环境产生的影响包括：接近冰点的低温环境；增强水体稳定性；提供了较为充足的营养盐。这些因素均有利于浮游植物的生长繁殖。

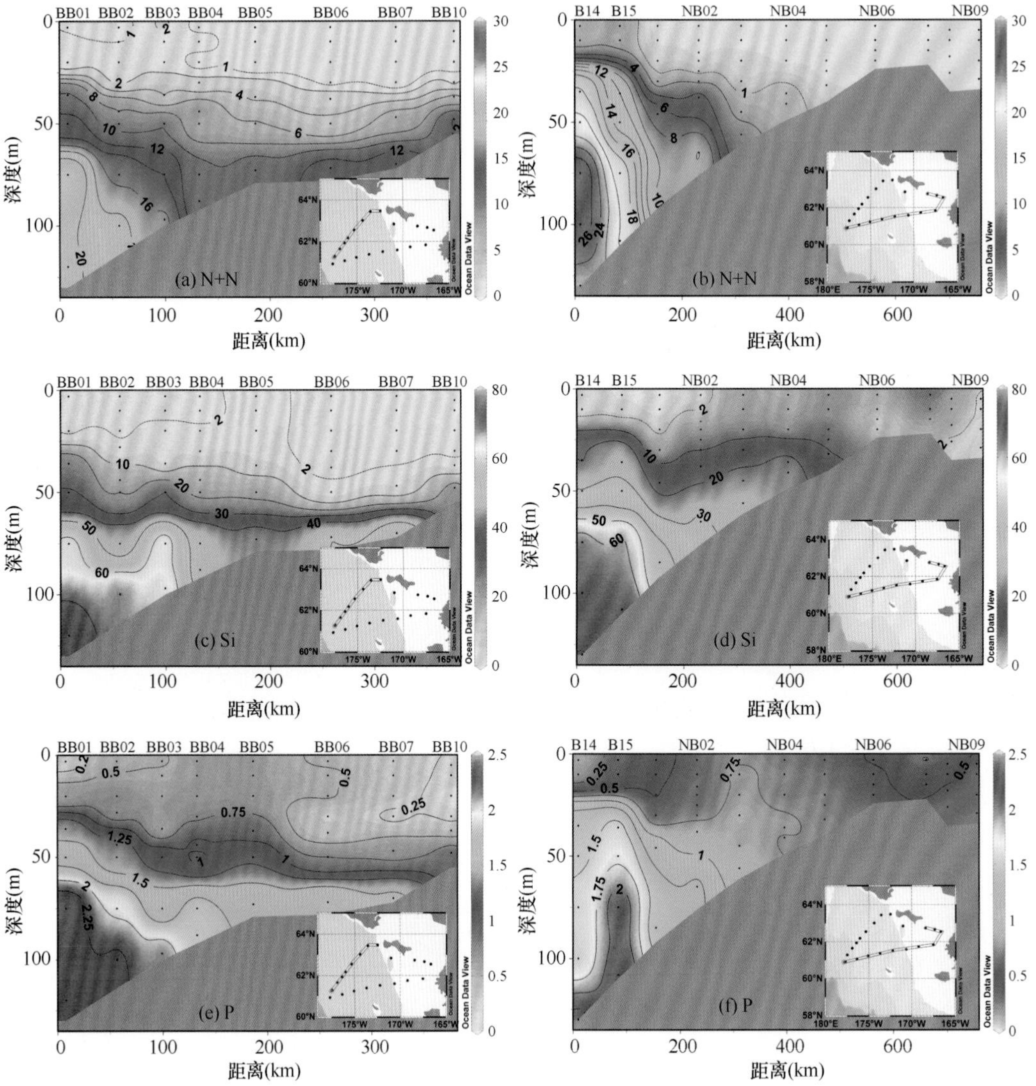

图 5-1　硝酸盐+亚硝酸盐（N+N）断面分布

（a）BB 断面；（b）NB 断面，硅酸盐（Si）断面分布图（c）BB 断面；（d）NB 断面，磷酸盐（P）断面分布图（e）BB 断面；（f）NB 断面。虚线分别表示浮游植物生长阈值，（N+N）<1 μmol/dm^3 和 Si<2 μmol/dm^3

色素和营养盐浓度相结合能够用于评估浮游植物旺发的状态，因为旺发通常会消耗所有可利用的营养盐，营养盐的供给则是造成浮游植物群落结构的差异的主要驱动力（Falkowski et al.，2004）。站位 B14 和 B15 处于冷水团的边缘，次表层冷水层厚度较薄，硅酸盐和硝酸盐相对丰富，浮游植物并未大量繁殖（图 5-2），色素 Hex-fuco+But-fuco 浓度则相对较高，指示了金褐鞭毛藻的分布。在研究海区，水柱中 But-fuco+Hex-fuco 的浓度远远低于岩藻黄素（Fuco），但垂直分布模式为表层高，中下层低，与岩藻黄素的分布相反，表明了金褐鞭毛藻在低营养的上层水体更有竞争力。

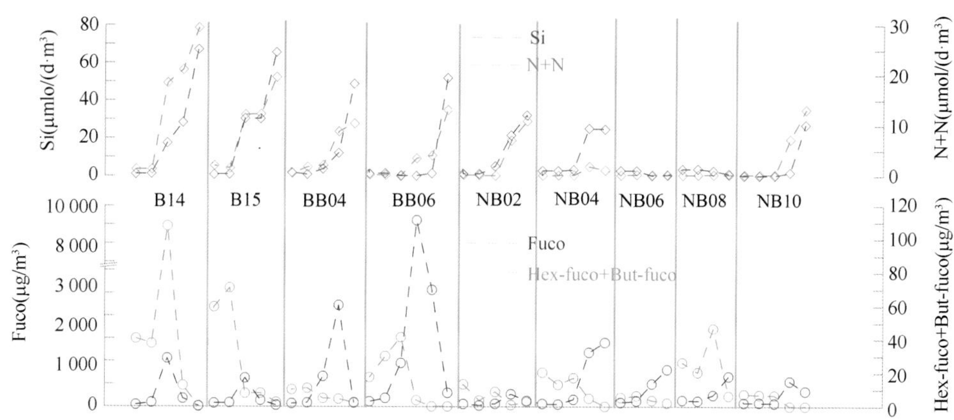

图 5-2 调查海区硅酸盐（Si）和硝酸盐+亚硝酸盐（N+N）、色素 Hex-fuco+But-fuco 和 Fuco 的空间分布
采样站位由灰色实线分隔，并且在从左向右深度增加

BB04、BB06、NB02 及 NB04 站位于冷水团的中心区，并且 BB04、BB06 和 NB04 站浮游植物较为繁盛，岩藻黄素在冷水层的浓度均超过 1 000 μg/m³，NB02 站的硅藻生物量则相对较低。岩藻黄素的最高浓度出现在 BB06 的 38 m 层（冷水），岩藻黄素浓度达到 9 214 μg/m³，同时叶绿素浓度高达 20 350 μg/m³，指示了硅藻的旺发，体现了硅藻在冷水层的大量积累。尽管海区上层水体整体表现为氮的潜在性限制，但在 BB06 站硅藻大量繁殖首先耗尽的是硅酸盐。NB10 站浮游植物并不繁盛，在 30 m 以浅硅酸盐已经耗尽，无机氮的浓度小于 0.2 μmol/dm³，显然处于藻类旺发后期，硅酸盐供应不足中止了以硅藻为主的藻类旺发。NB06 及 NB08 站水深较浅，不存在冷水（$T < 0$ ℃），水柱的硅酸盐浓度整体很低，呈表层高底层低的特点，且岩藻黄素在近底层较高，水体的低营养状况限制了浮游植物的生长。

因此冷水团的存在对生物泵结构和过程具有显著的影响。圣劳伦斯岛南边的季节性次表层冷水主要存在于 20 m 以深水体，并且冷水团中心区水温小于 0 ℃的冷水可延伸到底层。温盐跃层主要在 10~30 m 之间，温度层化作用明显，水体稳定性较强，适合极地硅藻的繁殖（Arrigo et al.，1999）。最大岩藻黄素层主要存在于 30~50 m 层，岩藻黄素的平均浓度垂直分布如图 5-2 所示，表层和底层均低于 110 μg/m³，而冷水团（30~50 m）的平均浓度达（1 524±1 348）μg/m³，比表层和底层高了一个数量级，表明冷水团的存在有利于硅藻的繁殖，并且由于硅藻主要在跃层之下大量繁殖，具有高效的细胞沉降。降解叶绿素脱镁叶绿酸（Phide a）和脱镁叶绿素（Phytin a）的相对含量主要决定于食物的构成和摄食者的类型。微小浮游动物排泄颗粒物主要含有 Phytin a，小型甲壳动物桡足类摄食产生叶绿素代谢产物包括 Phide a 和 Phytin a，而原生动物（Protozoa）摄食活动则主要产生 Phide a（Strom et al.，1993）。冷水团接近于冰点的低温和较强的温跃层不利于微小浮游动物和桡足类的生长繁殖。考虑到水体的低温环境和降解叶绿素的分布，认为冷水团的存在限制了浮游动物的捕食过程，而原生动物是夏季（7 月）冷水团大范围分布时北白令海陆架区的主要捕食者，过往研究发现北白令海原生动物主要分布在表层水体，平均丰度可达 $5×10^8$ 个/m³ 以上（何剑锋等，2005）。

考虑到北白令海陆架区水深较浅，在细胞高沉降率和低摄食率的共同作用下，沉降到底栖环境的藻类细胞累积量远远高于上层捕食消耗，并且由于较短的食物链结构，沉积物有机质较海台和海盆更为新鲜，这部分有机产物成为潜在的食物来源，支撑了底栖群落的发展，同时也造就了陆架区的高效的有机碳埋藏效率。而与冷水相比，当硅藻旺发发生在暖水时，浮游动物数量会迅速增加，支撑更丰富的浮游食物链。显然，冷水团的存在对夏季北白令海的生态群落的组成和结构及“生物泵”固碳过程均有显著的影响。

5.1.1.2 太平洋入流变化对西北冰洋楚科奇海生物泵作用的影响

栖息环境的理化因子对浮游植物的分布和群落结构起到非常关键的作用，这些扰动因子包括温度、生源要素、光辐射和气候水文条件等因素。因为白令海峡是太平洋入流进入楚科奇海的狭窄通道，太平洋入流对区域生源要素和水文条件的影响最开始体现在白令海峡（图5-3）。对于 BS01 和 BS03 站来说，尽管水体营养盐丰富，但由于水体稳定性差，不利于浮游植物的生长繁殖，生物现存量显然与营养盐储量不在同一个水平。而 BS09 站受到阿拉斯加近岸流（ACW）的影响处于贫营养状态，尽管水体分层明显，但受到可利用营养盐的限制，叶绿素 a 的浓度处于很低的水平。这种区别同样体现在光合色素的断面分布上，岩藻黄素（Fuco）的浓度在营养盐充足的情况下具有相对更高的浓度。可见良好的水体稳定性是浮游植物旺发的必要条件，而营养盐可利用性则是决定潜在的叶绿素 a 生物量和光合色素浓度分布的主要因素，并且营养盐要素对浮游植物的区域分布有明显的环境选择，富营养的白令海峡西侧主要由大细胞的微小型浮游植物（主要为硅藻）占据着，而小细胞的微型和微微型浮游植物是寡营养的海峡东侧的主要群落组成。温盐差异明显的白令海陆架水（BSW）与 ACW 在 BS05 和 BS07 站之间形成了锋面，水团相互混合强烈。这种锋面结构显然有利于浮游植物的生长，两个站水体下层均形成叶绿素 a 高于 5 mg/m^3 的 DCM 层。

位于楚科奇海南部的站位 BS11 和 R01 显然也得益于冷暖水团的交汇混合，水柱上下均有很高的生物生产力，DCM 层深度分别为 17 m 和 18 m，叶绿素 a 浓度均高于 10 mg/m^3，岩藻黄素（Fuco）的浓度均高于 2 mg/m^3，细胞较大的小型浮游植物在群落中占据了绝对的优势，贡献率高达 87%，并且群落主要由硅藻组成，硅藻的贡献率接近于 100%。

受高温低营养盐的 ACW 影响，东南楚科奇海（R03~R06 站）水柱营养盐浓度很低（图5-4），同时叶绿素含量极低，平均浓度为 0.13 mg/m^3，与 BS09 站相当，小型（Micro-级分）浮游植物在群落中的贡献率更是只有 28%（图 5-5）。岩藻黄素（Fuco）和多甲藻素（Peri）的平均浓度分别为 180 μg/m^3 和 35 μg/m^3，硅藻对总叶绿素 a 的平均贡献率降低至 65%，甲藻的平均贡献率则达到 11%，这表明 ACW 极大地影响了东南楚科奇海的生物量和浮游植物群落，暗示太平洋水在楚科奇海的分布变化对楚科奇海的生态系统有重要的作用。

楚科奇海中部则具有相当高的初级生产力，其中 R08 和 C09 站的 DCM 层均检测到浓度高于 12 mg/m^3 的叶绿素 a。叶绿素 a 浓度分布层化现象明显，表层和底层浓度都较低，3 种粒级的浮游植物均有分布，DCM 层叶绿素 a 浓度很高，以小型浮游植物为主。整体上体现为春季浮游植物勃发消耗表层的营养盐，导致水柱处于后勃发状态，在光照充足的条件下，形成了更深的 DCM 层（Hill and Cota，2005）。这种现象也体现在 R08 和 C09 站，具体表现为在高浓度叶绿素 a 的 DCM 层，可利用的营养盐已经耗尽，而营养盐跃层则位于 DCM 层之下，营养盐需求将驱动 DCM 向更深的营养盐跃层迁移。这种由春季到夏季，水体自上而下，DCM

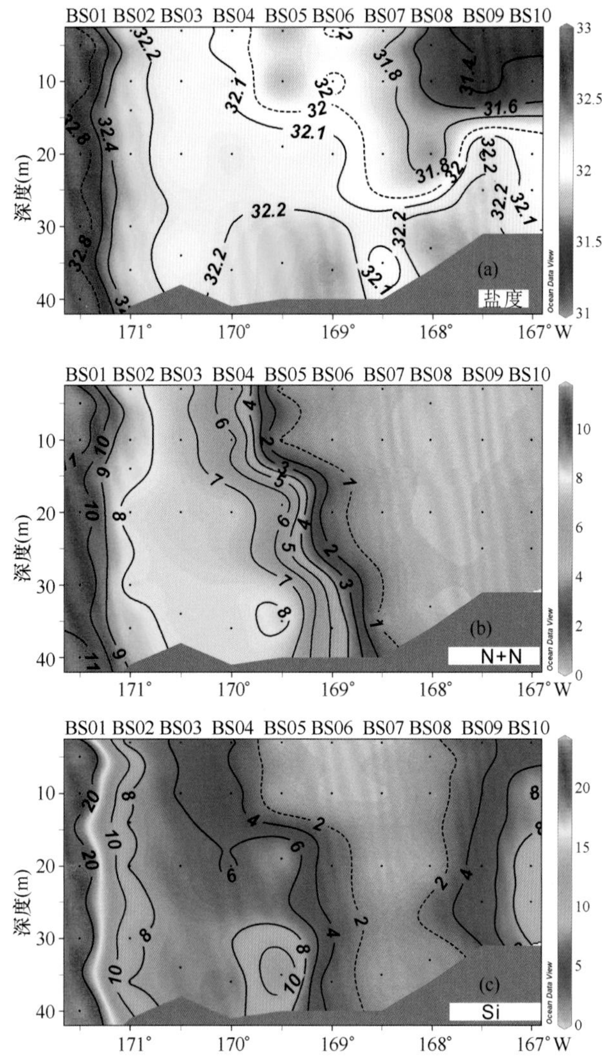

图 5-3 白令海峡 BS 断面（BS01-BS10）的断面分布

（a）盐度，虚线为三个水团分界值；（b）硝酸盐+亚硝酸盐（μmol/dm³），虚线为生长阈值 N<1 μmol/dm³；（c）硅酸盐（μmol/dm³），虚线为生长阈值 Si<2 μmol/dm³

层浮游植物勃发耗尽营养盐的现象也可以称为“DCM 的分层营养盐清除作用”。换言之，营养盐跃层随着 DCM 层的下移而变深。

显然，具有硅质壁的硅藻因其优势的生态学特征而在富含营养盐的区域占据优势地位（Jeffery et al.，1997），而在寡营养盐条件下，甲藻对总叶绿素 a 的贡献有明显的提升，此外，金藻和青绿藻在一些站位其贡献率也高达 30%。在夏季楚科奇海，浮游植物群落主要由硅藻和甲藻组成，硅藻和甲藻的分布模式在不同的营养盐条件下呈负相关关系，随着营养盐可利用性的逐步降低，硅藻优势地位下降，甲藻的贡献增加，并且这种趋势是从上层水体开始。

楚科奇海的“生物泵”组成和空间变化主要受控于太平洋水的分布及海冰的融化情况。在楚科奇海南部白令海峡入口，白令海陆架流（BS）、阿纳德尔流（AW）和阿拉斯加近岸流（ACW）在此强烈混合，形成了初夏楚科奇海最强的“生物泵”强度和效率。楚科奇海中部汉纳浅滩附近也是“生物泵”较强的区域，其生产力主要有 3 个来源：融冰期，冰藻生物量

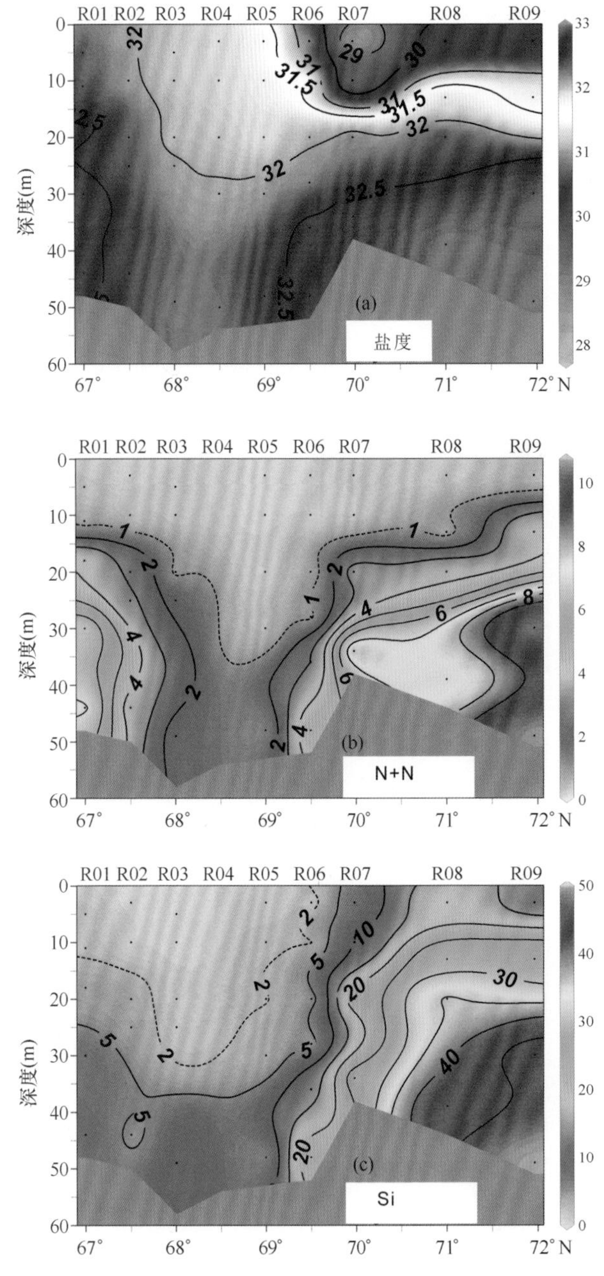

图 5-4 楚科奇海 R 断面（R01～R09）的断面分布

（a）盐度；（b）硝酸盐+亚硝酸盐（μmol/dm³），虚线为生长阈值 N<1 μmol/dm³；（c）硅酸盐（μmol/dm³），虚线为生长阈值 Si<2 μmol/dm³

的输入；表层春季浮游植物勃发和初夏开阔水域浮游植物勃发，3 个过程均与融冰过程息息相关。目前，沉积物有机碳分布也表明这两个区域是楚科奇海“生物泵”作用较强的区域。

沿阿拉斯拉沿岸进入楚科奇海的 ACW 则影响了东南楚科奇海，浮游植物群落以细胞更小、营养盐需求更低的微型或微微型甲藻、金藻和青绿藻为主要组成，初级生产力的主要贡献为再生产力，同时海洋碳吸收能力明显更低。

目前，科学家已经观测到了白令海南风的增强，白令海南风的增强将导致季节海冰覆盖减少和生态系统变化（Grebmeier et al.，2006b）。Codispoti 等则观测到 2004 年 ACW 相对于

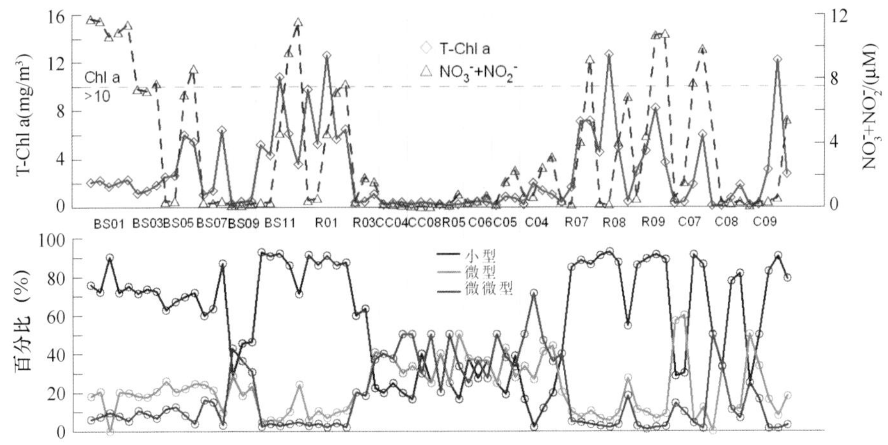

图 5-5　无机氮盐（μM）、叶绿素 a 和不同粒级贡献率在白令海峡和楚科奇海的空间分布

灰色区域表示受到 ACW 的影响，采样站位由实线分隔，并且在从左向右深度增加

2002 年更强，并且显著降低水体可利用营养盐浓度（Codispoti et al., 2009）。毫无疑问，无论从时间还是强度，ACW 的变强都不利于楚科奇海生物泵的碳沉积。

5.1.2　表层海水营养盐及浮游植物群落对融冰事件的响应

中国第四次北极科学考察布设了 1 个连续观测冰站（图 5-6a），观测时间为 8 月 9—18 日，期间浮冰漂移的路线如图 5-6b 所示，漂移的平均速度约为 8 km/d（根据每天经纬度变化换算）。使用冰铲挖开一个直径 1 m 左右的冰洞，每隔 1~2 d 采集水样用于色素和营养盐分析。利用 Mark Ⅱ 型冰钻在冰洞附近于 8 月 15 日和 8 月 17 日钻取了冰芯，将冰芯每隔 20 cm 分层，并在黑暗低温条件下解冻后冷藏用于营养盐分析。表层水的温盐数据来自于 RBR 多参数水质剖面仪（加拿大）。由于 RBR 缺失 8 月 9 日到 8 月 10 日的数据，因而也采用船载表层传感器数据。冰芯和表层水经预洁净的醋酸纤维膜（47 mm，0.45 μm）过滤后则使用 Skalar

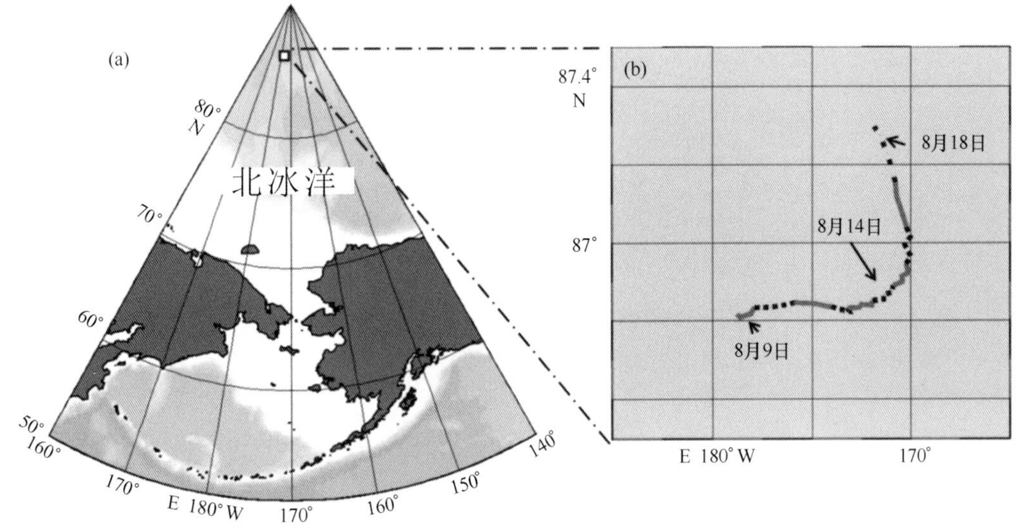

图 5-6　北冰洋冰站（a）及海冰漂移路线（b）

日期用实线和虚线分隔

营养盐自动分析仪（荷兰，布雷达）测定，检测限分别为 0.1 μmol/l（NO_3+NO_2）、0.1 μmol/l（SiO_2）和 0.03 μmol/l（PO_4）。

5.1.2.1 浮冰的营养盐水平

前人研究表明海冰的营养盐储量与其年龄息息相关，形成时间长的海冰一般与表层水营养盐水平并不相关（Dieckmann et al.，1991）。本研究位于高纬度北冰洋，海冰为多年冰，海冰表现为显著的贫营养盐状况。冰芯 8 月 15 日和 8 月 17 日的营养盐垂直分布见图 5-7。冰芯 8 月 15 日的平均无机营养盐浓度分别为（0.46±0.22）μmol/L（NO_3+NO_2），（0.51 ± 0.15）μmol/L（SiO_2），磷酸盐浓度低于检测限（0.03 μmol/L）；冰芯 8 月 17 日的平均值分别为（0.77±0.39）μmol/L（NO_3+NO_2），（0.45±0.16）μmol/L（SiO_2），磷酸盐浓度低于检测限（0.03 μmol/L）。冰芯营养盐分布显示无机氮和硅酸盐平均浓度均低于 1 μmol/L，N/Si 比接近于 1。

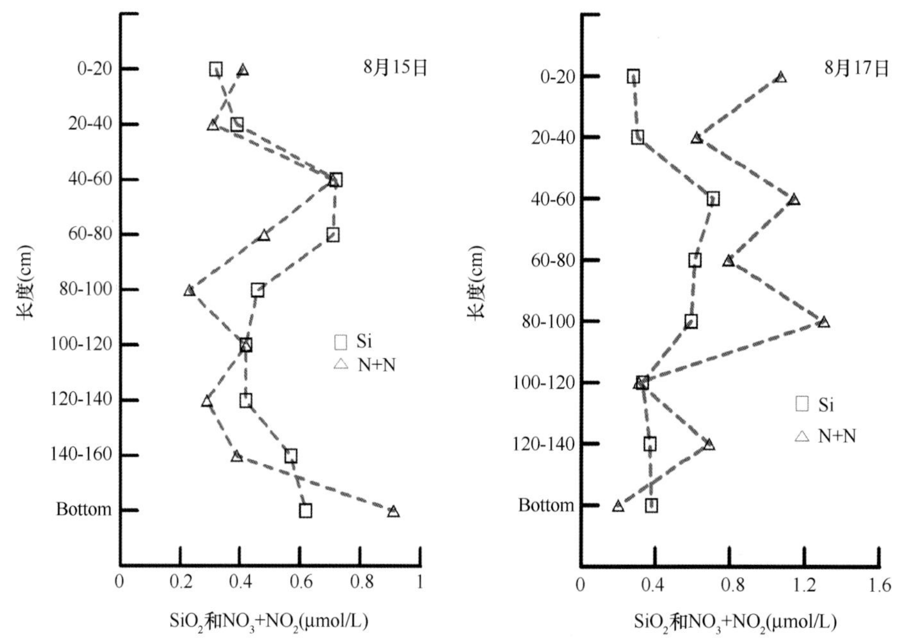

图 5-7 冰芯 8 月 15 日（左图）和冰芯 8 月 17 日（右图）营养盐的垂直分布

5.1.2.2 冰下海水营养盐及浮游植物光合色素随融冰的变化

影响冰水界面表层水的盐度主要过程包括低盐度融水的输入和外部水团的交换。表层水温度和盐度在调查期间的变化如图 5-8 所示。8 月 11 日到 8 月 12 日之间，水温轻微的降低，盐度有一定的升高。我们缺失了 8 月 9 日至 8 月 10 日的温盐数据，但船载表层传感器数据显示 8 月 9 日和 8 月 10 日的盐度均为 30.1（数据未列出），表明 8 月 9 日至 8 月 12 日期间外部高盐水的入侵。8 月 14 日至 8 月 17 日期间表层盐度有较为显著的降低（约 0.2），体现为低盐度融水的贡献。而后在 8 月 17 日至 8 月 18 日期间盐度增高，温度无明显变化，而 8 月 18 日至 8 月 19 日期间盐度降低且水温增高。

世界大洋真光层水体营养盐总体表现为氮限制（<1 μmol/L），北冰洋也不例外（Falkowski，1997）。而冰下表层水又是北冰洋氮限制最显著的水体，通常在垂直水柱中具有最低的无机营养盐浓度（Cota et al.，1990）。在 10 d 的融冰调查期间，浮冰底部表层水营养

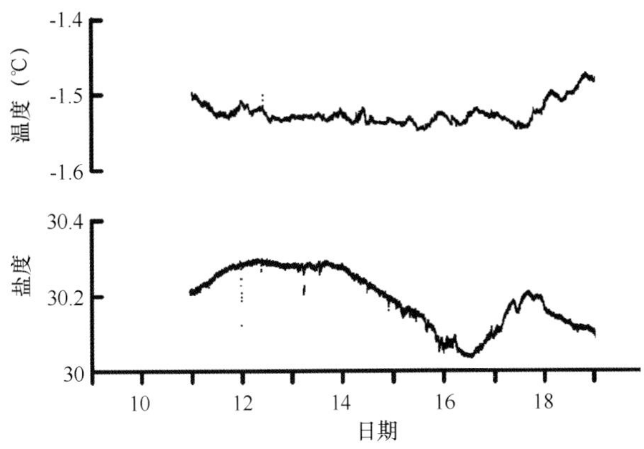

图 5-8　2010 年 8 月 10—18 日 RBR 测定的水深 3 m 层温度和盐度随时间的变化

盐的平均浓度分别为 0. 18 μmol/L（NO_3+NO_2）、0. 69 μmol/L（PO_4）、4. 78 μmol/L（SiO_2）（图 5-9）。磷酸盐在水体的储量丰富，未对浮游植物的生长形成抑制。可利用的无机氮平均浓度低于 0. 2 μmol/L，平均 Si/N 比高达 27，表现为显著的 N 限制。与海冰中营养盐浓度相比较，表层海水磷酸盐和硅酸盐的浓度更高，无机氮则相对更低。因而海冰融化对表层水磷酸盐和硅酸盐有一定的稀释作用，但对无机氮有一定的补充。

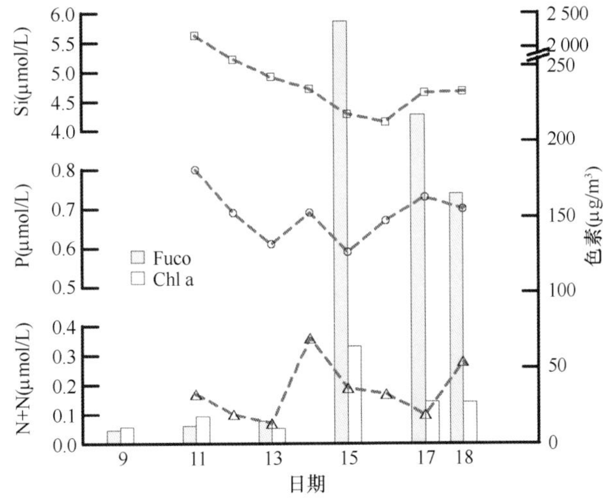

图 5-9　2010 年 8 月 9—18 日冰水界面营养盐及光合色素 Fuco 和 Chl a 的浓度时间序列

如图 5-9 所示，8 月 11 日至 8 月 13 日期间，营养盐均呈线性降低趋势，磷酸盐的降低速率明显高于无机氮（约为 2 倍），显然与 Redfield 比值不符（氮磷消耗为 16∶1）。导致表层水营养盐降低的主要因素包括：①生物吸收利用；②融水稀释作用；③外部贫营养水体的交换。进一步分析可以发现低浓度的叶绿素 a 并不能导致那么高的营养盐消耗，同时盐度变化显示 8 月 11 日至 8 月 13 日之间融冰的影响很小，因此推断营养盐的降低主要由于低营养盐的外部水团的影响。8 月 14 日至 8 月 16 日期间，盐度快速降低，同时伴随硅酸盐浓度的降低，暗示快速融冰事件的发生。考虑到海冰的营养盐分布，融冰的输入造成了水体无机氮浓度在 8 月 14 日显著升高。8 月 15 日各项营养盐均显著消耗，相对于 8 月 14 日分别降低了 0. 17 μmol/L（NO_3+NO_2）、0. 10 μmol/L（PO_4）、0. 42 μmol/L（SiO_2），对应了高的岩藻黄素和叶绿素 a 浓度，体现为生物消耗利用。磷酸盐在 8 月 15 日至 8 月 17 日期间有一定的提升，这可能与释放的有机质中磷酸盐的再循环有关，磷酸盐相对于硝酸盐和硅酸盐有更快的再矿化过程。此阶段中如果表层海水的营养盐均是融冰输入的贡献，则海水中的硅酸盐和磷酸盐应有显著降低，而硝酸盐略有升高。但实际情况则相反，说明营养盐有其他输入。磷酸盐升高的一个主要因素可能是有机质降解，营养元素的矿化循环，而硅酸盐的升高和硝酸盐的降低则与融冰水输入的减少，海水所占比例增加有关。8 月 17 日至 8 月 18 日磷酸盐和硅酸盐的浓度有所降低，无机氮浓度又有提升，对应了盐度的降低，即反映了融冰对磷、硅的稀释作用以及对氮的补充。

岩藻黄素（Fuco）和叶绿素 a（Chl a）分别是水体颗粒物类胡萝卜素（Carotenoids）及叶绿素（Chlorophylls）的主要成分。如图 5-9 所示，8 月 9 日至 8 月 13 日期间，光合色素 Fuco 及 Chl a 的平均浓度均为 12 μg/m³，浓度维持在较低水平，Fuco/Chl a 比值为 1。8 月 15 日至 8 月 18 日期间，存在于硅藻细胞中的叶绿素 c（Chl c）、硅藻黄素（Diato）、硅甲藻黄素（Diadino）和岩藻黄素（Fuco）是检测到的主要色素，平均浓度分别为 62 μg/m³、222 μg/m³、732 μg/m³ 和 922 μg/m³，这表明硅藻（Diatoms）在群落中占据优势。

硅藻的特征色素岩藻黄素（Fuco）在 8 月 15 日相对于 8 月 9 日至 8 月 13 日期间有显著的提升，其浓度达到了 2 382 μg/m³，但叶绿素 a 并没有相应比例的升高，其色素光谱图如图 5-9 所示。考虑到水体的氮限制及硅藻繁殖强烈的硅需求，冰水界面的贫营养的水体环境并不能支撑硅藻的大量生长。而盐度及营养盐变化显示 8 月 14 日有显著的融水输入，这暗示硅藻细胞可能来源于融冰释放。冰生硅藻主要分布在海冰底部的卤水通道中，其生物量累积在春季达到最高（Gradinger，1999；Ambrose et al.，2005），并且在融冰期形成聚集物释放到水体中。在 8 月 14 日至 8 月 18 日期间，均在水体中发现淡黄的类似于面包屑的碎屑物质，虽然并没有鉴定，但估计为硅藻细胞聚集形成。

一些特征色素尽管浓度很低，但仍表现出一定的规律性。青绿藻（Prasinophyceae）的特征色素青绿黄素（Prasino）及绿藻（Chlorophyceae）的特殊色素叶黄素（Lut）的分布与岩藻黄素（Fuco）呈相反的分布模式，在 8 月 15 日至 8 月 18 日期间色素浓度明显更低，显示青绿藻和绿藻与硅藻对海冰消融不同的响应（图 5-10）。青绿藻和绿藻的浓度由于融冰的稀释而降

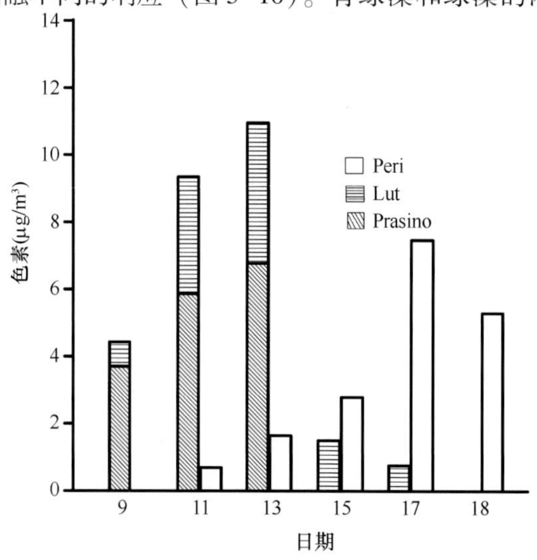

图 5-10　2010 年 8 月 9—18 日特征色素的浓度的时间序列

低。一般认为硅藻是冰藻和浮游植物的优势种，青绿藻则主要存在于盐度更低（盐度<10）的冰下融池（under-ice pond）（Gradinger，1996）。多甲藻素（Peri）在 8 月 15 日至 8 月 18 日期间的检测平均浓度是 8 月 9 日至 8 月 13 日期间的 5 倍，表明冰融提升了甲藻（Dinophyta）的浓度。其余的特征色素检测平均浓度均很低（<1 μg/m^3），如 But-fuco、Hex-fuco、Allo、Zea 等，分别指示了金褐鞭毛藻（含定鞭金藻 Prymnesiophyceae 和金藻 Chrysophyceae）、隐藻（Cryptophyta）及蓝细菌（Cyanobacteria）的分布。特征色素二乙烯叶绿素 a（DV Chl a）则未检测到，表明原绿球藻（Prochlorophyta）在夏季冰下表层水没有分布。

5.2 生源要素的生物地球化学

5.2.1 楚科奇海沉积物—水界面营养盐输送通量估算

楚科奇海营养盐储量和分布的控制因子包括水团输送、河流输入、垂直混合以及海冰融化。由于楚科奇海非常浅且范围有限，太平洋入流是楚科奇海营养盐状况的主要控制因素（Grebmeler et al.，1996）；河流输入（Holmes et al.，2000；Peterson et al.，2002；Guo et al.，2004）、垂直混合（Mundy et al.，2009；Hannah et al.，2009）对于楚科奇海营养盐来源具有重要贡献；海冰融化释放的无机氮和金属元素对表层水体有一定的补充（Tovar et al.，2010；Zhuang et al.，2011）。此外，沉积物间隙水中营养盐的再生和向水体的扩散也是水体营养盐补充的重要途径之一。尤其对于像楚科奇海这样的陆架海域，沉积物间隙水向上覆水体输送营养盐在生源要素循环和生态系统结构中起着相当重要的作用。沉积物—水界面是水体和沉积物两相组分组成的环境边界，此处存在着典型的生物地球化学过程，在一定水深和缺氧条件下发生反应，并且都伴有有机质和微生物细菌的间接或是直接的参与（吴丰昌等，1996），是营养盐输送的重要媒介。沉积物—水界面下有机质的矿化作用是早期成岩的主要过程，向沉积物间隙水中释放营养物质，往往使间隙水中营养盐浓度高于上覆水体，之后通过生物扰动、分子扩散等过程进行交换或迁移（Van et al.，1999）。楚科奇海陆架区沉积物中发生的强烈反硝化作用，尽管表现为 N 迁出，但是从沉积物间隙水输送的 NO_3^- 补偿了部分迁出，其通量不容忽视（Souza et al.，2014）。沉积物间隙水输送的 SiO_3^{2-} 通量分布表明，其最高值出现在陆架坡折区，并随离岸距离的增加而指数降低（Christensen，2008）。

Devol 等（1997）对西北冰洋陆架沉积物中发生的反硝化作用进行了研究，发现楚科奇海沉积物间隙水 NO_3^- 输送通量有显著地空间变化。继此之后，鲜有研究分析楚科奇海沉积物间隙水营养盐输送通量（Souza et al.，2014；Christensen，2008），尤其是对硅酸盐输送通量的研究。中国第四次北极科学考察期间（2010 年 7—9 月）在楚科奇海采集了 4 个站位的水柱和沉积物间隙水的营养盐样品，分析探讨沉积物间隙水中营养盐的分布与上层水体中的营养盐分布的关系，推算沉积物—水界面的营养盐扩散通量，进而着重研究楚科奇海硅酸盐的生物化学过程。

5.2.1.1 研究海区概况

楚科奇海位处于楚科奇半岛、阿拉斯加半岛和弗兰格尔岛之间，形似倒三角，纬度跨越 65°—75°N，是北冰洋的陆架边缘海，陆架区水深较浅，平均水深约 80 m，面积约 62×10^4 km^2，是北冰洋陆架面积的 22%左右，同时也是北冰洋和太平洋之间物质和能量交换的重要纽带。

穿过白令海峡的太平洋水分成3股流经楚科奇海（图5-11），东侧是高温低盐的阿拉斯加近岸流（ACW），西侧是低温高盐的阿纳德尔流（AW），中间是水体介于两者之间的白令海陆架流（BS）。此外还有通过 De Long Strait 进入楚科奇海的东西伯利亚流，它对楚科奇海水体的营养盐也有一定的影响。楚科奇海陆架每年有8~9个月被冰封覆盖着，冬季冰封期间生产力相对较低，而夏季融冰时期则表现出很高的生物生产力。

本文研究中采用的4个多管短柱沉积物来源于中国第四次北极科学考察中的4个考察站CC1、R06、C07和S23（图5-11），水深分别为45 m、49 m、47 m和363 m。样品采用多管取样器（DSC-2）进行采集，为沉积物短柱样。先收集沉积物上覆水并用0.45 μm滤膜过滤后测定其营养盐，短柱样在现场分割，0~10 cm以1 cm为间隔而10 cm到底端以2 cm为间隔进行分割并离心（3 000 r/min，15 min），取上清液测定其营养盐。同时还采集了多管样站位的上层水样，用于分析水柱营养盐。

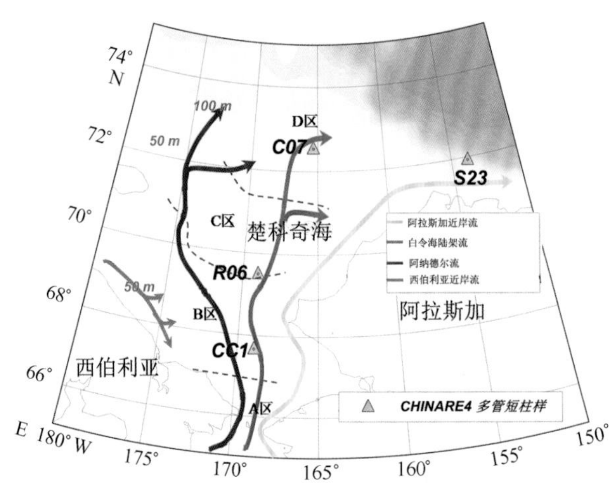

图5-11　楚科奇海多管短柱采集及区域海流分布

5.2.1.2　水柱营养盐的垂直分布特征

4个调查站位水体盐度及营养盐（硝酸盐、磷酸盐和硅酸盐）的垂直分布情况总体来看，上层水营养盐浓度低，深层水营养盐浓度高。营养盐在20~30 m层以浅水体中几乎处于耗尽状态，30 m以深水层随深度增加而浓度逐渐增加。营养盐在底层均出现高值，且其浓度和上覆水中基本一致。楚科奇海南部的CC1站位跃层明显而且较浅，在20 m左右；位于楚科奇海中部的R06站位跃层在30 m左右，而其磷酸盐跃层并不明显；靠北端的C07站位硝酸盐跃层在20 m左右，而磷酸盐和硅酸盐跃层不明显；位于陆坡区的S23站位营养盐分布与其他站位有所不同，跃层相对较深，在50 m左右，这可能与其处于陆坡区且水深较深有关。

调查站位硝酸盐分布基本一致，表层耗尽，在20~50 m层左右出现硝酸盐的跃层，而底层硝酸盐基本在9~13 μm之间，R06站位底层硝酸盐相对较低，在5 μm左右，底层硝酸盐值也为其水柱最大值；靠近楚科奇海南部的CC1站位存在明显的磷酸盐跃层，其他3个站位变化不明显，表层均在0.1~0.6 μm之间，CC1和C07站位底层磷酸盐在1.8 μm左右，R06和S23站位底层磷酸盐在1.0 μm左右，S23站位在150 m存在磷酸盐极大值，其他站位底层为最大值；硅酸盐表层均基本耗尽，在0~1.5 μm之间，底层C07和S23相对较高，在20~35 μm之间，CC1和R06相对较低在7~8 μm之间，S23站位在75 m层存在较弱的硅酸盐极大值（13.4 μm），可能为冬季白令海陆架水的贡献（金明明等，2004）。

5.2.1.3 沉积物间隙水中营养盐的垂直分布特征

以 R06 站为例，其营养盐的分布（图 5-12）与沉积物—水界面处于较弱的物理和生物扰动状态下的典型分布特征相类似，即营养盐均在靠近沉积物—水界面处有明显的浓度梯度，随深度增加，溶解态营养盐分布呈现指数增加，随后逐渐达到一个趋于稳定的浓度（扈传昱等，2006）。如图 5-12 所示，依据营养盐浓度梯度，沉积物间隙水中的营养盐随深度变化可以划分为 3 个阶段：①指数增加层，三项营养盐的浓度均随着沉积深度的变深快速升高；②稳定变化层，营养盐浓度在该阶段基本不变，表明其沉积再矿化作用与营养盐移出速率相互抵消；③缓慢递减层，由于有机质降解作用耗尽氧气，NO_3^- 和 PO_4^{3-} 被还原细菌利用而失去氧离子。

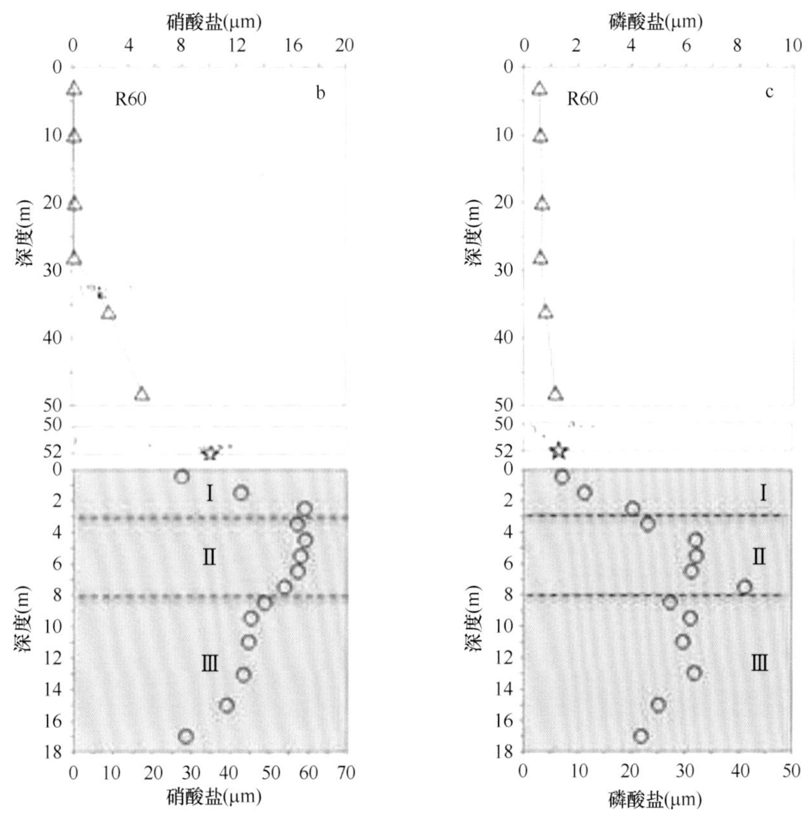

图 5-12 楚科奇海陆架区 R06 水柱和沉积物间隙水中硝酸盐及磷酸盐垂直分布
（上覆水和水柱营养盐共 x 轴）

R06 站位沉积物间隙水中营养盐在 0~3 cm 层处于指数增加层（Ⅰ层），变化幅度呈现硝酸盐大于磷酸盐，表层营养盐含量分别为 27.60 μm（NO_3^-）、7.26 μm（PO_4^{3-}）；3~8 cm 为稳定变化层（Ⅱ层），硝酸盐接近 60 μm，而磷酸盐基本 32 μm 左右；8 cm 层以深至 18 cm 营养盐呈现缓慢递减趋势（Ⅲ层），硝酸盐含量近 30 μm，磷酸盐约 22 μm。

调查站位沉积物间隙水中溶解态硅酸盐分布：陆架区站位（CC1、R06 和 C07）总体分布相似，且符合沉积物—水界面处于较弱的物理和生物扰动状态下的典型分布特征，均呈现表层含量最低，沿间隙深度快速增加的规律，硅酸盐含量在 4 cm 左右的层位达到最大值（400~600 μm）。而后硅酸盐浓度随深度增加缓慢降低；S23 位于陆坡区，其沉积物间隙水中硅酸盐分布表现不同，随深度增加呈现逐渐递增趋势，含量变化幅度相对较小，没有稳定阶段的存在。陆架区沉积物间隙水中溶解态硅酸盐总含量呈现由南向北递减的趋势，即 CC1>R06>C07，其中 CC1 和 R06 含量接近。

沉积物间隙水中的营养盐均由表层向下逐渐增加的现象，越接近沉积物表层营养盐含量越低；而水体中由上向下越接近沉积物表层营养盐含量越高，说明沉积物表层中的营养盐再生，向上层水体贡献了一定量的营养盐。

5.2.1.4 沉积物—水界面营养盐输送通量估算方法

沉积物—水界面的生物地球化学过程是指新近沉降的沉积物（15 cm 左右）与水界面及其附近发生的在生物参与下的物理和化学反应，包括氧化和还原、溶解和沉淀、吸附和解吸、迁移和转化、扩散和埋藏、细菌生化反应及生物扰动等作用（Christensen，2008）。在微生物作用、有机质矿化降解和沉积物中各种早期成岩作用下，沉积物间隙水中营养盐与上层水体进行交换。沉积物—水界面的营养盐扩散通量是据沉积物—水界面双层模型理论计算得出的，双层包括界面之上受到生物扰动的区域和界面下方未受到扰动的区域。

沉积物—水界面的营养盐扩散通量计算依据 Fick 第一定律（Berner et al.，1980）：

$$J_0^* = -\Phi_0 \cdot \left(\frac{\partial C}{\partial z}\right)_0 \cdot D_T \tag{5-1}$$

其中，J_0^* 表示沉积物—水界面的扩散通量［mmol/（m^2·d）］；0 表示沉积物—水界面；Φ 表示沉积物表层 1 cm 层的平均孔隙度（$0<\Phi<1$），采用 Baskaran 和 Naidu（1995）的含水率（H_2O%）计算得出 CC1、R06 和 C07 的孔隙度 Φ 分别为 0.73、0.57 和 0.56，S23 站位由于缺少合适的含水率数据，所以直接引用 Chang 和 Devol（2009）在楚科奇海陆架区 S23 附近的 Φ 数据；$\left(\frac{\partial C}{\partial z}\right)_0$ 表示沉积物界面浓度梯度，可以采用沉积物表层（0~0.5 cm）间隙水中营养盐的含量与上覆水中营养盐含量的差值进行估算（叶曦雯等，2002）；D_T 沉积物总扩散系数，由 D_s 估算而得（Ullman and Aller，1982）：

$$D_s = D \cdot \Phi^{m-1} \tag{5-2}$$

其中，D 代表任意溶剂的分子扩散系数（Yuanhui and Gregory，1974）；m 是经验常数，$\Phi \geq 0.7$ 时，$m=2.5\sim3$ 之间，$\Phi \leq 0.7$ 时，$m=2$。

海水中硅酸盐的分析扩散系数 D 为 10×10^{-6} cm^2/s（Wollast and Garrels，1971），而海水中磷酸盐和硝酸盐的分子扩散系数 D 是与温度有关的函数（Chang and Devol，2009）：

$$D\ (NO_3^-) = (9.5+0.388t) \times 10^{-6}\ cm^2/s \tag{5-3}$$

$$D\ (NO_3^-) = (2.62+0.143t) \times 10^{-6}\ cm^2/s \tag{5-4}$$

其中，t 为近海底温度，单位为℃。

5.2.1.5 估算楚科奇海陆架区沉积物-水界面硝酸盐及磷酸盐的输送通量

本文采用 Fick 第一定律结合沉积物—水界面双层模型理论，同样以 R06 站为例，计算出了 R06 站位磷酸盐和硝酸盐的沉积物—水界面扩散通量（表 5-1）。硝酸盐的扩散通量与 Chang 和 Devol（2009）在楚科奇海陆架区测得的数据（0.03~0.425 mmol/（m^2·d）（以氮计）基本吻合，略高于 Souza 等（2014）在楚科奇海东陆架区测得的数据（0.007~0.100 mmol/（m^2·d）（以氮计），而磷酸盐扩散通量略低于 Souza 等（2014）在楚科奇海东陆架区测得的数据（0.014~0.345 mmol/（m^2·d）（以磷计）。

表 5-1 楚科奇海陆架区（R06 站）沉积物—水界面磷酸盐与硝酸盐扩散通量

营养盐	Φ	D（$\times10^{-6}cm^2/s$）	D_s（$\times10^{-6}cm^2/s$）	J_0［mmol/（$m^2\cdot d$）］
NO_3^-	0.57	5.24	5.24	0.117
PO_4^{3-}	0.57	1.43	1.43	0.008

注：J_0 为正值表示营养盐由沉积物向水体中输送。

从通量计算结果可以看出，沉积物中硝酸盐与磷酸盐扩散通量的原子比值为 DIN：P = 15：1，低于 Liu 等（2003）在渤海海域测定的沉积物中硝酸盐与磷酸盐扩散通量的原子比值 51：1，即楚科奇海沉积物为上覆水体提供的硝酸盐低于渤海海域。

5.2.1.6 脱氮固氮指数指示沉积物中反硝化作用

脱氮固氮指数（N＊）可用于评估大洋水体的硝化和反硝化作用，这一参数由 Gruber 和 Samiento 在 1997 年提出，按照公式 N＊＝［c（NO_3^-）−16c（PO_4^{3-}）+2.98］×0.87 计算得到脱氮固氮指数含量（Gruber and Sarmiento，1997）。其中，常数 2.98 是全球海洋反硝化作用的平均亏损值，该参数表示全球平均脱氮固氮指数设定为 0；因子 0.87 代表扣除反硝化作用过程中有机质释放磷酸盐的影响。脱氮固氮指数值越偏向正值表示硝化作用强于反硝化作用，越偏向负值表示反硝化作用越强。

楚科奇海陆架区水柱和沉积物间隙水中脱氮固氮指数剖面分布如图 5-13 所示，水柱中和沉积物间隙水中脱氮固氮指数均为负数（陆坡区 S23 站位 200 m 和 360 m 层为正值，间隙水中脱氮固氮指数的绝对值远大于水柱中脱氮固氮指数的绝对值，即间隙水中脱氮固氮指数比水柱中负得多（小 1~2 个数量级），说明间隙水中反硝化作用强于水柱中。水柱中脱氮固氮指数基本在−16~−1 之间，陆架区脱氮固氮指数随深度增加，陆坡区出现极大值，两者有所差异。水体中脱氮固氮指数偏负可能是源于融冰的影响。间隙水中脱氮固氮指数负值均表现为随深度先增后减，陆架区极值层浅于陆坡区。4 个站位沉积物间隙水中脱氮固氮指数的平均值分别为−49.13（CC1）、−320.30（R06）、−119.04（C07）和−188.83（S23），差异显

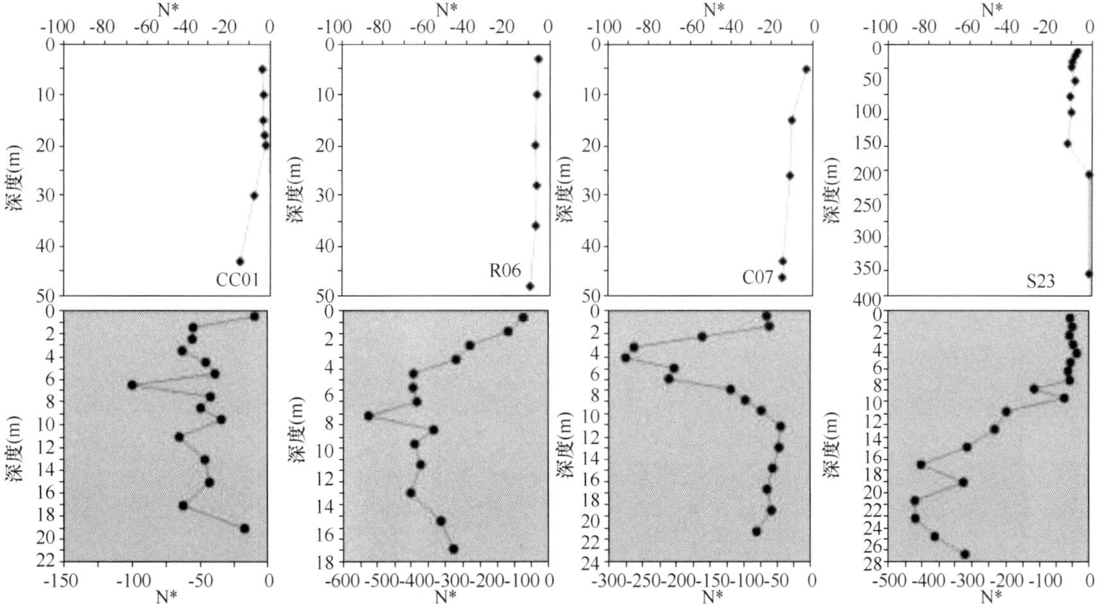

图 5-13 楚科奇海陆架区水柱和沉积物间隙水中 N＊的垂直分布

著，R06 站位反硝化作用最强，CC1 站位最弱，而 C07 和 S23 基本接近，但都表示出强的反硝化作用。Devol 等（1997）和 Rysgarrd 等（2004）的调查研究结果显示，陆架沉积物和海冰包裹的卤水中是西北冰洋脱氮作用的主要区域。

5.2.1.7 估算楚科奇海陆架区沉积物—水界面硅酸盐的输送通量

楚科奇海区调查站位沉积物—水界面硅酸盐扩散通量如表 5-2 所示，4 个站位沉积物中生物硅均表现出强的源特征，即由沉积物中向上覆水中大量输送硅酸盐。此外，各站位之间硅酸盐的输送通量存在明显的区域差异，其中 CC1 站位最高，S23 站位最低，整体表现为随纬度增高而降低的趋势。

表 5-2 楚科奇海陆架区沉积物—水界面硅酸盐的扩散通量

站位	深度（m）	Φ	Ds（$\times10^{-6}$ cm^2/s）	J_0［mmol Si/（m^2 · d）］
CC1	50	0.73	5.75	3.101
R06	52	0.57	5.70	1.660
C07	51	0.56	5.60	1.307
S23	359	0.25	2.50	0.243

注：海水中硅酸盐的分析扩散系数 D 为 10×10^{-6} cm^2/s。

与其他海域（表 5-3）相比，楚科奇海陆架区沉积物-水界面中硅酸盐的扩散通量与 Link 等（2013）在 Beaufort 海陆架采集的沉积物的培养实验结果［0.43～2.5 mmol/（m^2 · d）（以硅计）］基本吻合，略高于近海海域和南大洋以及北大西洋沉积物中硅酸盐的扩散通量，这与楚科奇海生物生产力中硅藻等硅质生物的绝对优势是分不开的（冉丽华，2012）；明显高于北冰洋陆架沉积物中硅酸盐的扩散通量，这与北冰洋高纬度的海冰覆盖以及硅质生物数量减少有关；远低于东太平洋陆架区沉积物中硅酸盐的扩散通量，这也可能与两者海域的硅质生产力不同有关。此外，楚科奇海陆架区沉积物中硅酸盐的扩散通量表现出较大的变化范围。

表 5-3 楚科奇海陆架区及其他海域沉积物—水界面硅酸盐扩散通量比较

单位：mmol/（m^2 · d）（以硅计）

研究区域	SiO_3^{2-} 扩散通量	数据来源
渤海	0.56	Liu et al.，2003
黄海、东海	1.67～1.72	戚晓红等，2006
南大洋	0.17～1.12	扈传昱等，2006
南大洋	0.59	Treguer，2014
北大西洋	0.01	Ziebis et al.，2012
东太平洋陆架	15.4	Gomoiu and Vollenweider，1992
北冰洋陆架	0.18	Marz et al.，2015
楚科奇海	0.24～3.10	本研究

从通量计算结果可以看出，楚科奇海陆架区沉积物硅酸盐、磷酸盐和硝酸盐的扩散通量均为正值，说明在该区域沉积物中营养盐再矿化后，基本都是由沉积物向水体输送的，即楚科奇海陆架区沉积物是水体营养盐的源。并且，根据沉积物中各营养盐扩散通量的原子比值 Si∶DIN∶P＝2 075∶15∶1（以 R06 站为例），硅酸盐的扩散通量远远高于硝酸盐的扩散通

量，而硝酸盐的扩散通量又是磷酸盐的15倍。相对硝酸盐和磷酸盐，硅酸盐表现出非常高的再生率。

5.2.2 西北冰洋磷的存在形态

磷是一些海洋生态系生物生产力的限制性营养盐（Wu et al., 2000; Karl et al., 2001; Carmack et al., 2004），直接影响到碳以及其他主要营养盐和生物活性金属元素的生物地球化学循环。磷的相态包括溶解态和颗粒态，而化学形态包括无机磷形态和有机磷形态（Yoshimura et al., 2007; Cai and Guo, 2009）。在操作上，总溶解磷（TDP，<0.45 μm）可分为溶解无机磷（DIP）和溶解有机磷（DOP），总颗粒磷（TPP，>0.45 μm）可分为颗粒无机磷（PIP）和颗粒有机磷（POP）。开阔海洋中磷的主要来源为河流输入的溶解态磷，因而颗粒磷主要由生物过程产生（Froelich et al., 1982; Delaney, 1998; Faul et al., 2005）。对于北极和亚北极陆架区而言，颗粒磷的潜在来源还包括陆地径流、沿岸侵蚀、大气沉降、冰碛颗粒物等陆源输入（Guo et al., 2004; Ping et al., 2011; Eicken et al., 2005; Chen et al., 2012; Lin et al., 2012）。目前关于北冰洋生源要素的研究，更多地集中在碳和营养盐的时空分布及其影响因素（Grebmeier and Harvey, 2005; Grebmeier et al., 2006; Mathis et al., 2007; McGuire et al., 2009; Cai et al., 2010），对于溶解态和颗粒态磷之间的转化了解甚少。

迄今为止，对于海洋生态系DIP的生物利用进行了较为广泛的研究（Perry and Eppley, 1981; Harrison and Harris, 1986; Benitez-Nelson, 2000），与此同时，由于认识到DOP也是生物可利用磷的一个潜在来源，近10多年来关于DOP生物地球化学循环的研究也得以加强（Karl and Craven, 1980; Björkman and Karl, 1994, 2003; Cavender-Bares et al., 2001; Yoshimura et al., 2007; Ruttenberg and Sulak, 2011）。与溶解磷的研究相比，关于颗粒磷的存在形态、含量及分布的研究仍十分薄弱，北冰洋的研究则更为稀少（Paytan et al., 2003; Suzumura and Ingall, 2004; Zhang et al., 2010）。颗粒磷连续提取法（SEDEX）的建立（Ruttenberg, 1992）为开展海洋环境中不同形态颗粒磷的生物地球化学行为研究奠定了基础。西北冰洋可能是一个磷限制的海洋生态系统（Carmack et al., 2004），掌握西北冰洋无机磷和有机磷的形态及其时空分布规律对于深入认识西北冰洋生态系的运转具有重要意义。本研究借助中国第四次北极科学考察的机会，开展了白令海、楚科奇海、波弗特海DIP、DOP、PIP、POP和颗粒磷不同存在形态的研究（图5-14），揭示水体中不同磷形态之间的转化及其在西北冰洋磷循环中的作用。

5.2.2.1 溶解磷的形态分配

西北冰洋的溶解磷主要以溶解无机磷（DIP）形式存在，白令海表层水的DIP占TDP的比例平均达到89%±15%，楚科奇-波弗特海表层水的DIP/TDP平均为82%±17%。另外，随着深度的增加，DIP所占比例也呈增加趋势，白令海和楚科奇—波弗特海深层水的DIP/TDP比值分别为97%±4%和95%±8%（图5-15），表明上层水体的DIP因生物吸收的缘故，其含量分配有所降低。与DIP不同，表层水的DOP/TDP比值明显高于深层，且楚科奇-波弗特海的DOP/TDP比值高于白令海（图5-15），体现了生物活动产生DOP过程的影响。楚科奇-波弗特海较高的DOP/TDP比值与这些海域具有较高的生物生产力（Cota et al., 1996; Mathis et al., 2009）是符合的。

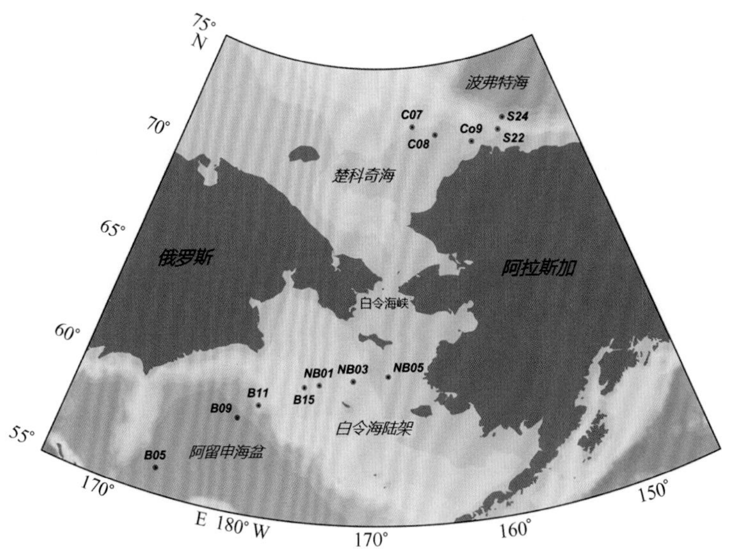

图 5-14 西北冰洋磷存在形态的研究站位

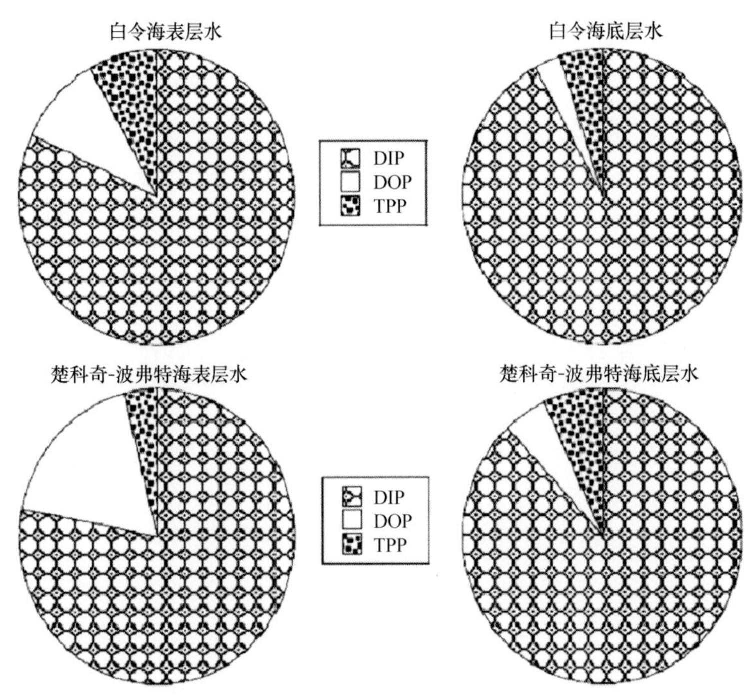

图 5-15 白令海、楚科奇—波弗特海表层、深层水中磷在 DIP、DOP、TPP 的分配

与其他海域相比，白令海表层水的 DIP 浓度和 DIP/TDP 比值与亚北极北太平洋接近（Yoshimura et al.，2007），反映出北太平深层水上涌对白令海的影响。另外，当太平洋入流由白令海向楚科奇—波弗特海输送的过程中，生物的吸收导致 DIP 逐渐降低，由此在波弗特陆坡出现 DIP 的低值。比较而言，白令海的 DOP 浓度总体低于其他开阔大洋海域，但楚科奇—波弗特海的 DOP 浓度则较高，与南大洋的报道值接近（Loh and Bauer，2000）。

5.2.2.2 颗粒磷的形态分配

西北冰洋的颗粒磷含量明显低于溶解磷，颗粒磷仅占总磷（TP=TPP+TDP）的 4%±4%。

在白令海，颗粒磷占总磷的比例（TPP/TP 比值）从表层水的 8%±6%降低至深层水的 5%±7%，而在楚科奇—波弗特海，TPP/TP 比值则从表层水的 4%±2%增加至近底层水的 7%±6%（图 5-16）。

对于颗粒磷而言，主要以颗粒无机磷的形态存在（72%±23%），白令海和楚科奇—波弗特海颗粒无机磷占颗粒磷的比例（PIP/TPP 比值）分别为 71%±25%和 74%±21%。在白令海，PIP/TPP 比值从表层的 79%±13%降低至近底层的 63%±32%，而在楚科奇—波弗特海，PIP/TPP 比值则从表层的 83%±10%略微增加至近底层的 85%±8%（图 5-16），说明白令海水体中颗粒磷不同形态之间存在明显的转化。

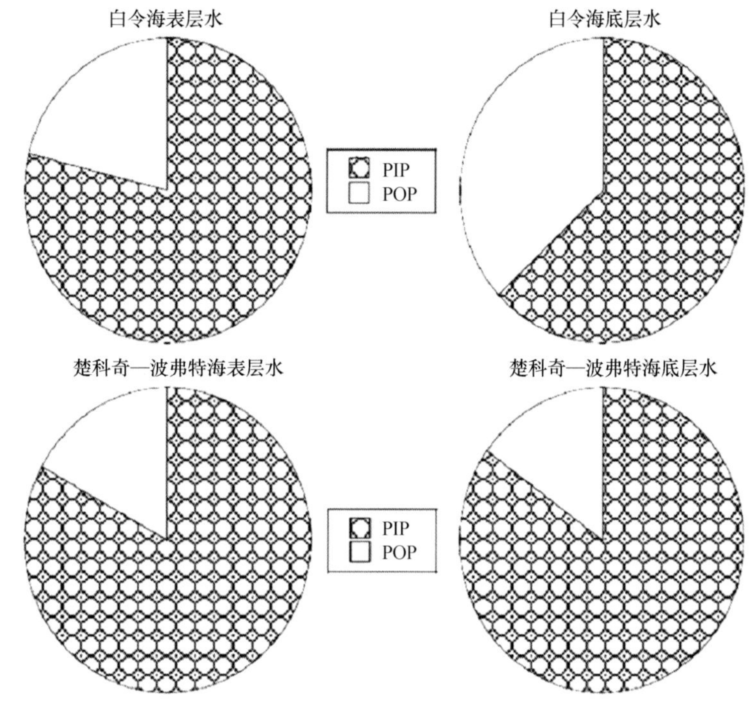

图 5-16　白令海、楚科奇—波弗特海表层、深层水中颗粒磷在 PIP、POP 的分配

对颗粒磷进行的连续提取结果显示，弱结合态磷（Labile-P）和铁结合态磷（Fe-P）是颗粒磷的主要存在形态，而磷灰石、碳酸钙结合态的磷（CFA-P）和碎屑磷（Detr-P）的贡献最小（图 5-17）。表层水中弱结合态磷（Labile-P）所占比例明显高于深层水，白令海和楚科奇—波弗特海的 Labile-P/TPP 比值分别由表层水的 56%±19%和 22%±14%增加至深层水的 67%±17%和 39%±23%。铁结合态磷（Fe-P）的情况与弱结合态磷略有不同，白令海的 Fe-P/TPP 比值从表层水的 34%±19%降低至深层水的 23%±25%，但楚科奇-波弗特海的 Fe-P/TPP 比值则从表层水的 14%±20%增加至近底层水的 44%±31%（图 5-17）。磷灰石、碳酸钙结合态磷（CFA-P）、碎屑磷（Detr-P）和难降解有机磷（Org-P）均表现出由表及底增加的趋势，CFA-P、Detr-P 和 Org-P 分别由表层的 1%±2%、0%±1%和 8%±5%增加至深层的 20%±15%、6%±6%和 30%±27%（图 5-17）。

西北冰洋表层水中 CFA-P 的较低丰度与罗斯海观测到的情况类似，可能与颗粒物中碳酸盐含量较低有关（Latimer et al.，2006；Dutay et al.，2009；Kretschmer et al.，2011），这也可能是高纬度海洋的共同特征之一。研究海域 CFA-P/TPP 比值随深度的增加与此前报道的

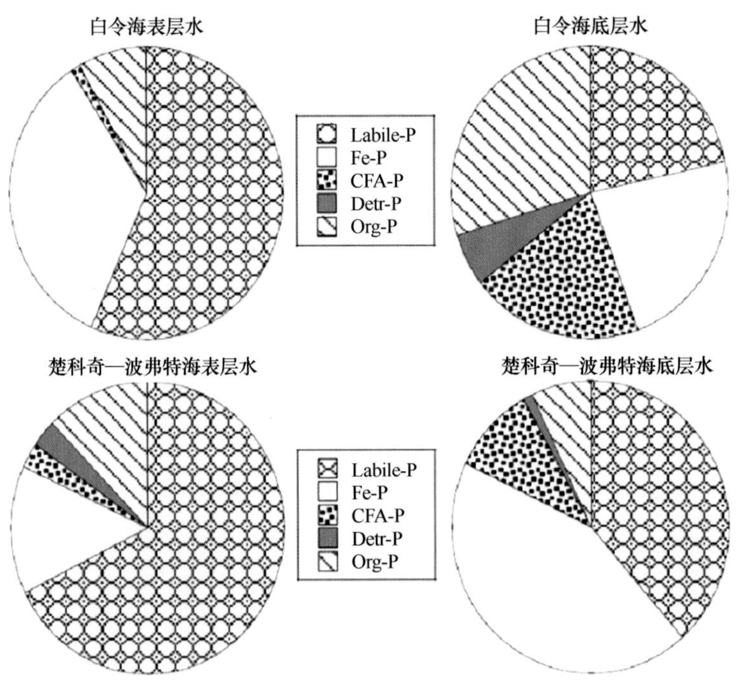

图 5-17　白令海、楚科奇—波弗特海表层和深层水中颗粒磷在弱结合态（Labile-P）、Fe 结合态（Fe-P）、磷灰石和碳酸钙结合态（CFA-P）、碎屑态（Detr-P）和酸不溶有机态（Org-P）的分配

自生磷随深度增加（Faul et al.，2005）相一致。西北冰洋较低的 Detr-P/TPP 比值与此前在开阔大洋如赤道太平洋、中心北太平、南大洋等观测到的情况接近，但明显不同于加利福利亚沿岸区等近岸环境的情况，表明陆源磷灰石的输入存在空间上的变化。

5.2.2.3　颗粒磷的来源、输送和转化

（1）弱结合态磷（Labile-P）

对于水深较深站位（B05、B09、B11 和 S24 站）的上层水体，在丰度最高的 4 种颗粒磷形态中，弱结合态磷（Labile-P）是各种磷形态中与 POC 或 PN 存在较好正相关关系的磷形态，而且上层水体中的 Labile-P 随着 DIP 浓度的增加而降低，但在中深层水体中上述关系则不存在，表明研究海域的弱结合态磷可能来自生物活动的现场产生，这与其他海域观察到的情况类似（Miyata and Hattori，1986；Paytan et al.，2003；Sañudo-Wilhelmy et al.，2004；Fu et al.，2005）。上述关系在水深较浅的陆架区站位则表现不明显，说明陆源输入的有机物也同时影响着陆架区颗粒磷的形态。深海区弱结合态磷随深度的增加而降低，以及中深层水中较低的 Labile-P 含量表明弱结合态的无机磷和有机磷在水柱中存在快速的再生过程，仅有很小部分的 Labile-P 可到达陆架/陆坡的深层，这部分 Labile-OP 可能由非常不活跃的疏水性磷组分构成，如磷脂等（Suzumura and Ingall，2001，2004）。

（2）酸不溶有机态磷（Org-P）

此前一些研究显示，水环境中的酸不溶有机磷与 POC 之间存在显著的正相关关系（Faul et al.，2005；Hou et al.，2009），但在白令海、楚科奇—波弗特海上层水体中并未观察到二者之间正相关关系的存在（图 5-18），这说明研究海域的酸不溶有机磷可能并非来自生物的

现场产生。鉴于 Org-P 大多在研究海域的次表层出现极大值分布，可能反映出水平输送是影响研究海域 Org-P 含量与分布的重要因素，这与 Chen 等（2012）基于^{210}Pb 揭示的西北冰洋水平输送过程的重要性相一致。

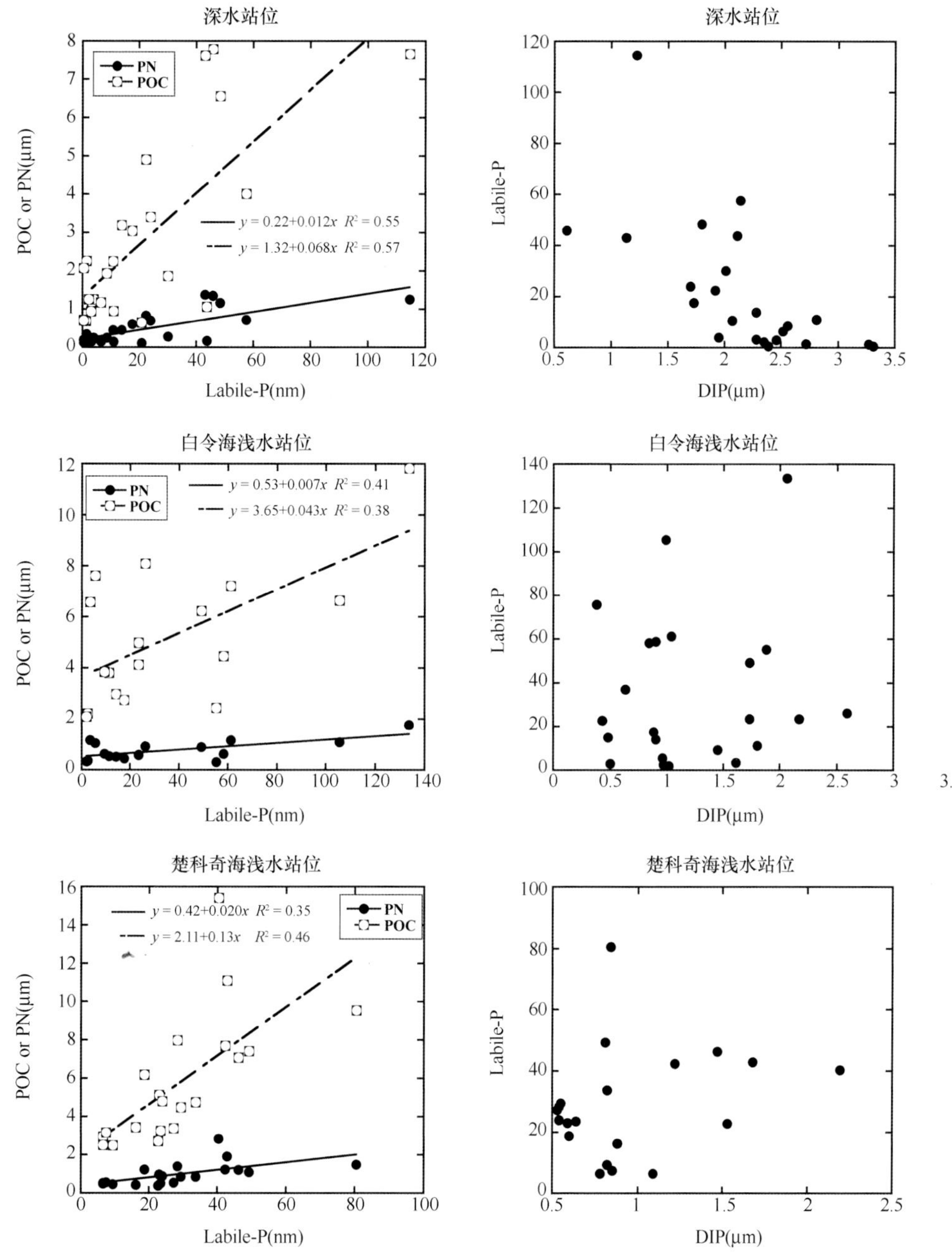

图 5-18 白令海、楚科奇—波弗特海不同区域弱结合态磷（Labile-P）与 POC、PN、DIP 的关系

（3）磷灰石和碳酸钙结合态磷（CFA-P）

研究海域颗粒磷储库中 CFA-P 的贡献是很低的，它们与 POC 或 DIP 之间也不存在显著的相关关系，而且 CFA-P 的相对高值主要出现在深层水中，因此，研究海域 CFA-P 的分布可能主要不是受生物过程所控制，这也与高纬度海域浮游植物种群主要是硅质生物为主（Dutay et al.，2009；Crosta，2011）相符合。有趣的是，水体中总活性磷（Labile-P+Fe-P+CFA-P+Org-P）保持相对恒定的状态下，当 Labile-P 和 Fe-P 丰度在深层水中出现降低时，

CFA-P 表现出随深度的增加而增加，这说明深层水中的 Labile-P 和 CFA-P 之间可能存在活跃的转化过程。前期的一些研究也表明，海洋水体和沉积物种存在 Labile-P 向自生 P 的有效转化（Ruttenberg and Berner，1993；Filippelli and Delaney，1995，1996；Anderson et al.，2001；Faul et al.，2003，2005）。与深海站位不同，白令海和楚科奇-波弗特海陆架区 CFA-P 的增加则可能主要是受沉积物再悬浮和/或水平输送过程的影响（Chen et al.，2012）。

（4）铁结合态（Fe-P）和碎屑磷（Detr-P）

海洋环境中的 Fe-P 和 Detr-P 主要来自陆源输入，而且往往是近岸水和近岸沉积物颗粒磷中丰度最高的两个组分（Zhang et al.，2010）。比较而言，Fe-P 组分比 Detr-P 相对活跃，Detr-P 被认为是颗粒磷中最惰性的组分，并被用于指示陆源输入的变化（van Cappellen and Berner，1988；Ruttenberg，1992；Hou et al.，2009）。在白令海陆架区，Fe-P 含量在水柱中变化较小，而 Detr-P 则随着深度的增加而增加，特别是在受沉积物再悬浮影响明显的站位。在白令海 B11 站的 75~500 m 和 B09 站的 300~1 000 m，Fe-P 含量较高，但这两个站 100 m 以深的 Detr-P 则低于检出限。中层水体中 Fe-P 的异常分布表明其存在额外的来源，由于上升流和沉积物再悬浮不可能是研究海域中层水体较高 Fe-P 的来源，因而陆架底层水的水平输送是最为可能的原因。在波弗特陆坡 S24 站的 250 m 以浅水体中，Fe-P 和 Detr-P 含量均低于检出限，表明太平洋水在输送进入北冰洋的过程中，Fe-P 和 Detr-P 被不断地从水体中清除。该站位 250 m 以深水体中的 Fe-P 含量则较高，而 Detr-P 非常低，可能反映了现场物理化学转化过程的影响。

5.2.2.4 西北冰洋磷的存在形态及其生物地球化学意义

无机磷是西北冰洋溶解磷和颗粒磷的主要存在形态，其贡献分别占 91%±13%（溶解磷）和 73%±23%（颗粒磷）。白令海、楚科奇海的 DIP 浓度明显高于波弗特海，显示了太平洋入流的明显影响。在溶解磷储库中，DOP 所占份额随深度增加而增加，且楚科奇海高于白令海，反映出上层水体的初级生产过程是 DOP 的主要来源。在颗粒磷储库中，弱结合态磷（Labile-P）和铁结合态磷（Fe-P）是最主要的两个组分，而磷灰石、碳酸钙结合态磷（CFA-P）和碎屑磷（Detr-P）的贡献最小。弱结合态磷（Labile-P）与 POC、PN 具有正相关关系，表明研究海域的弱结合态磷主要由生物过程产生，而且它是颗粒磷再生的最活跃组分。研究海域深层水中的磷灰石、碳酸钙结合态磷（CFA-P）相对较高，说明弱结合态磷（Labile-P）和自生磷之间存在活跃的转化。铁结合态磷（Fe-P）和碎屑磷（Detr-P）则主要受物理、化学过程的影响，如水平输送、沉积物再悬浮等。因此，不同形态颗粒磷在海洋磷循环中可能起着不同的作用，未来有必要加强不同形态磷生物地球化学行为的研究。

5.2.3 白令海的透明胞外聚合颗粒物

透明胞外聚合颗粒物（TEP）是由酸性多糖构成且可以被阿尔新蓝染色的透明胶状颗粒物质（Alldredge et al.，1993），它们绝大多数来自浮游植物，少数来自细菌等其他生物的胞外分泌物（Passow，2002a）。TEP 是介于溶解有机物和颗粒有机物之间的中间形态（Verdugo et al.，2004），它可以促进水体中的溶解有机物或小颗粒物更快地形成大颗粒物，提高小颗粒物转化成大颗粒物的聚集速率，从而影响海洋颗粒动力学过程（Passow et al.，2002b）。在海洋食物链中，TEP 通过凝聚作用使溶解有机物、细菌、微型鞭毛藻和浮游植物等形成凝聚体（Passow and Alldredge，1994；Tranvik et al.，1993），这些凝聚体可以直接被浮游动物（Prieto et al.，2001）、鱼类或其他海洋动物（Flood et al.，1992）所摄食，不仅缩短食物链路径，还将微食物环和经典食物链连接在一起（Passow and Alldredge，1994；Flood et al.，1992；Mari and Rassoulzadegan，2004）。TEP 还可以通过直接沉降来改变碳垂向输送通量，在凝聚沉降过程中，TEP 可大量吸附环境水体中的 DOC 和 POC，导致聚集体中的 C/N 比值远高于 Redfield 比值，从而更为有效地将碳埋藏至深海，对大气 CO_2 浓度的变化起到反馈和调节作用（Engel，2002）。此外，TEP 在海洋微量元素及有机物形态转化、清除与迁出（Guo et al.，2002；Quigley et al.，2002）等方面也发挥着重要作用。

白令海与周边的北太平洋亚北极海域是世界大洋的高生产力海区之一，它既是重要的渔场，也是调控 CO_2 等温室气体海—气交换通量的关键水体。此前研究者已对白令海浮游植物的丰度与分布、初级生产力（Banse and English，1999；刘子琳等，2006）、新生产力（陈敏等，2007）及其他碳、氮循环过程（Walsh，1989；陈立奇等，2003）进行了研究，但至今尚未见到有关白令海 TEP 的研究报道。本研究利用中国第四次北极科学考察之机，采用阿利新蓝染色—分光光度法测定了白令海陆架、陆坡和海盆区的 TEP 含量（马丽丽等，2012），目的在于揭示白令海 TEP 的分布、来源及其生物地球化学行为，评估其在海洋碳、氮循环中所起的作用（图 5-19）。

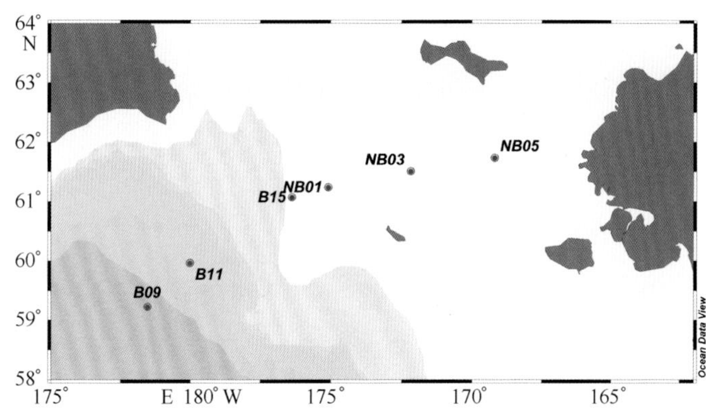

图 5-19 北白令海 TEP 采样站位

B09 和 B11 站分别位于白令海海盆区和陆坡区；B15、NB01、NB03 和 NB05 站位于白令海陆架区

5.2.3.1 TEP 的含量与分布

北白令海 TEP 含量介于 34~628 mg/m^3（Xeq）之间，最高值出现在陆架区 NB05 站的近底层，最低值出现在海盆区 3 421 m 层。从 TEP 含量看，海盆区 TEP 含量明显比陆坡区和陆架区来得低，特别是深层水，其含量基本稳定在 30~40 mg/m^3（Xeq）。陆坡区表层暖水的 TEP 含量较高，接近或稍高于陆架表层水的相应值，与颗粒有机碳（POC）的分布特征一致。值得指出的是，在中国第三次北极科学考察期间曾观察到白令海陆坡区表层水具有高溶解无机碳（DIC）和高总碱度（TA）的特征，从而形成 pCO_2 低值，白令海陆坡区成为白令海 CO_2 吸收能力最强的汇区（高众勇等，2011）。本研究揭示的陆坡区表层暖水 TEP 含量较高的分布与 pCO_2 分布具有一定的对应关系，说明生物活动在白令海陆坡区生物地球化学循环中可能起着重要的作用。陆坡区次表层冷水的 TEP 含量低于陆架区，而深层水的 TEP 含量高于海盆区。陆架区 TEP 含量均高于 95 mg/m^3（Xeq），整体高于海盆区和陆坡区的水平。从

TEP 的垂直分布看，海盆区和陆坡区 TEP 含量均随着深度的增加而降低，但陆坡区中深层的垂向变化较小。另外，陆架区近底层存在 TEP 高值，与悬浮颗粒物含量（TSM）的分布类似（图 5-20）。

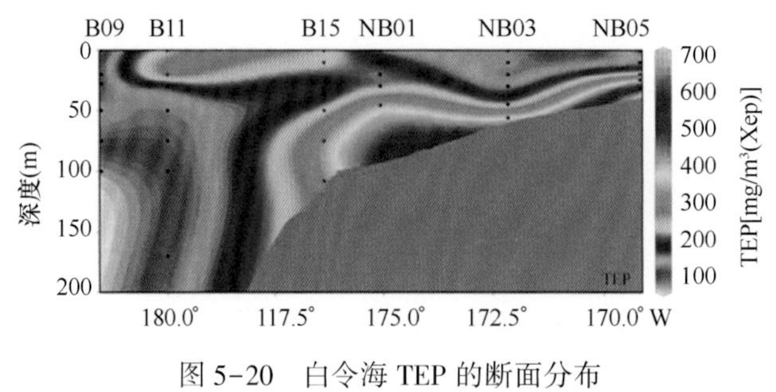

图 5-20　白令海 TEP 的断面分布

目前文献报道的近岸海域 TEP 平均含量介于 118～1 172 mg/m^3（Xeq）之间，白令海陆架区 TEP 平均含量［240 mg/m^3（Xeq）］落在上述范围内，且与挪威峡湾［191 mg/m^3（Xeq），Passow and Alldredge，1995］、南极昂韦尔岛海域［256 mg/m^3（Xeq），Passow et al.，1995］等高纬度近岸海域的相应值比较接近。白令海陆坡区 0～170 m 层 TEP 平均含量为 157 mg/m^3（Xeq），与亚喀巴湾［155 mg/m^3（Xeq），Bar-Zeev et al.，2009］和圣巴巴拉水道上层水体［0～20 m，207 mg/m^3（Xeq），Azetsu-Scott and Passow，2004］的数值相近，高于南极布兰斯菲尔海峡的数值［50 mg/m^3（Xeq），Corzo et al.，2005］。有关陆坡区中深层水 TEP 的含量，唯一的报道值来自圣巴巴拉水道 50～500 m 层，其平均含量为 24 mg/m^3（Xeq）（Passow and Alldredge，1995），白令海陆坡中深层水的 TEP 含量［102 mg/m^3（Xeq）］明显高得多。对于海盆区，白令海海盆上层水体 TEP 平均含量为 98 mg/m^3（Xeq），高于威德尔海、别林斯高晋海［15 mg/m^3（Xeq），Ortega-Retuerta et al.，2009］和东北大西洋［42 mg/m^3（Xeq），Engel，2004］的报道值，但低于罗斯海的相应值［308 mg/m^3（Xeq），Hong et al.，1997］。本研究获得的白令海海盆区深层水 TEP 含量可能是迄今第一份有关深层水 TEP 含量的报道值，其平均含量为 38 mg/m^3（Xeq），明显低于海盆区上层水体和陆坡区深层水，反映出 TEP 来源与迁出过程的影响。

不同海区的 TEP 含量存在较大的时空变化，即使是同一海域的不同季节，TEP 含量也会发生变化，这与浮游生物的空间分布、生长阶段、生理状态（Passow，2002a；Mari and Rassoulzadegan，2004；Passow et al.，1995）以及环境条件的变化（Engel，2002；Corzo et al.，2005；Hong et al.，1997）密切相关。总体而言，从文献报道的各海域 TEP 含量看，存在由河口、近岸海域向陆坡、海盆区降低的整体趋势，白令海 TEP 含量的断面分布亦显示出由陆架、陆坡向海盆区降低的分布态势，与文献报道的变化规律相符合。2008 年夏季中国第三次北极科学考察期间，曾在与本研究相同的断面开展过水化学、浮游植物、异养细菌等方面的研究，结果显示，白令海陆架上层水体的叶绿素 a 浓度、初级生产力、异养浮游细菌丰度明显高于白令海盆（刘子琳等，2011；林凌等，2011），TEP 的分布与浮游植物、异养细菌的分布相吻合。

5.2.3.2　TEP 的来源

海洋中的 TEP 主要由多糖等溶解有机组分絮凝形成（Passow，2000），浮游植物被认为是 TEP 及其前体的主要来源（Passow，2002a；Passow and Alldredge，1994）。浮游植物通过分泌多糖类有机组分等 TEP 前体（Allgredge et al.，1993；Passow，2002b）或细胞死亡、溶解直接释放（Hong et al.，1997）这两种途径提供 TEP。也有一些研究显示，其他生物包括大型藻类（Ramaiah et al.，2001；Thornton，2004）、浮游动物（Prieto et al.，2001）、细菌（Ortega-Retuerta et al.，2009）等也是海水 TEP 的次级来源。

白令海 TEP 含量与水体荧光强度的关系表明，二者的对数值之间存在良好的线性正相关关系，但陆架近底层水体和其他水体的对应值分别落在两条不同的拟合线上，其中陆架近底层水的拟合线位于其他水体拟合线的上方（图 5-21），说明研究海域 TEP 存在两个不同来源：其一为水体浮游生物的活动产生；其二为沉积物再悬浮所提供，这部分 TEP 可能是底栖生物所产生。陆架近底层水体具有异常高的 TSM、POC 和 TEP 含量，但荧光强度较低，证明白令海陆架底部存在沉积物再悬浮作用，其高的 TEP 含量应为再悬浮沉积物所提供。由于陆架近底层水 TEP 与荧光强度拟合关系的斜率（0.17）与其他水体的拟合关系斜率（0.24）存在差异，说明沉积物再悬浮所提供的 TEP 与其他水体的 TEP 来源不同，其可能来源为沉积物底栖生物的活动。有关底栖生物能否产生 TEP 的研究很少，仅见 Heinonen 等（2007）通过实验室和现场培养实验证明，贻贝（*Mytilus edulis*）、扇贝（*Argopecten irradians*）、蜗牛（*Crepidula fornicata*）和海鞘（*Ciona intestinalis*, *Styela clava*）等底栖生物在其摄食活动中会产生 TEP。此前的诸多研究已在培养实验和现场研究中观察到 TEP 与叶绿素 a 之间存在 TEP = a（Chl. a）^{b} 的相互关系（Passow，2002b；Corzo et al.，2005；Hong et al.，1997），本研究观察到的 TEP 与荧光强度之间的关系与这些研究结果是符合的。

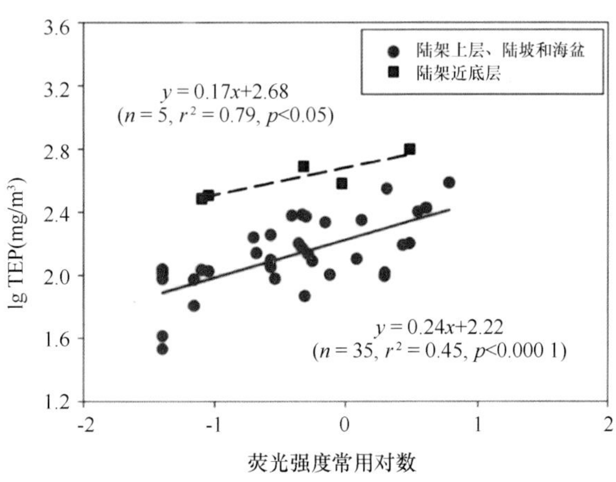

图 5-21　白令海 TEP 含量与荧光强度的关系

白令海 TEP 存在两个不同的来源可从 TEP 与 TSM、POC 的关系得到支持。白令海陆架表层暖水和次表层冷水，以及陆坡、海盆水体中的 TEP 与 TSM 之间呈现良好的线性正相关关系，但陆架近底层水体的 TEP 明显落在拟合线的上方（图 5-22），表明陆架近底层水单位重量颗粒物中的 TEP 含量与其他水体存在差别，二者的来源存在差异。Fabricius 等（2003）曾在大堡礁附近海域观察到海水 TEP 含量与 TSM 之间的线性正相关关系，并据此证明沉积物再悬浮对海水 TEP 含量存在影响。白令海 TEP 与 POC 之间的关系呈现出与 TSM 类似的情况，陆架表层暖水和次表层冷水，以及陆坡、海盆水体中的 TEP 与 POC 之间具有很好的线性正相关关系，而陆架近底层水体的数据落在拟合线上方（图 5-23），同样表明陆架近底层水中 TEP 的不同来源。

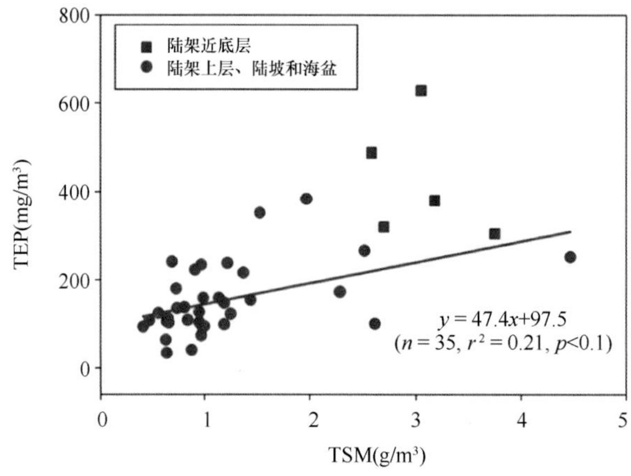

图 5-22　白令海 TEP 与 TSM 含量的关系

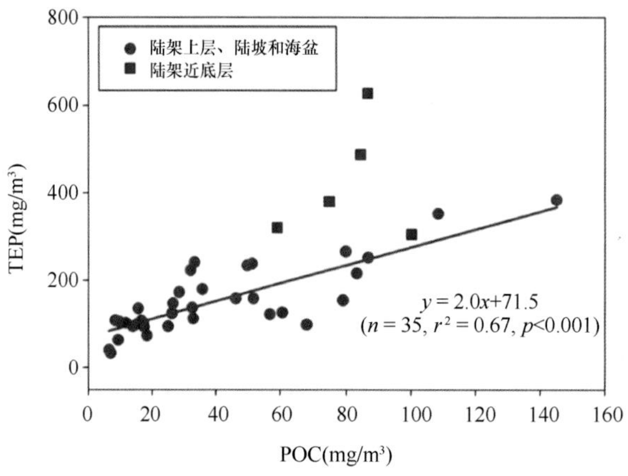

图 5-23　白令海 TEP 与 POC 含量的关系

陆架近底层水体存在沉积物再悬浮额外提供的 TEP，可能会强化水体中颗粒物的聚集和沉降，提高 POC 的输出与埋藏（Kiorbe et al.，1994；Passow et al.，2001），同时也有助于底栖生物更有效地获取食物（Heinonen et al.，2007）。以往的研究往往仅考虑 TEP 与水体生物活动（如叶绿素 a、初级生产力）的关系，而忽略了底栖生物过程通过沉积物再悬浮对水体产生的影响，由此可能导致对海洋 TEP 循环路径、TEP 在碳循环、痕量金属清除等过程中所起作用的认识产生偏差。

5.2.3.3　白令海 TEP 的生物地球化学

白令海 TEP 含量介于 34~628 mg/m^3（Xeq）之间，整体呈现由陆架向海盆降低的趋势，但陆架近底层水出现高 TEP 特征。在陆坡和海盆区，TEP 含量随深度的增加逐渐降低，反映出 TEP 来源与降解作用的影响。TEP 与荧光强度、TSM、POC 的关系表明，研究海域 TEP 存在两个来源：其一为海洋上层水体的浮游生物，其主要贡献于陆架表层暖水和次表层冷水、陆坡和海盆区水体；其二为陆架沉积物的底栖生物，其主要通过沉积物再悬浮贡献于陆架近底层水。沉积物再悬浮提供 TEP 至水体中可能对海洋 TEP 的循环路径，以及 TEP 在海洋碳循环、痕量元素的清除等方面产生影响。

5.3 河流及融冰淡水的化学示踪研究

5.3.1 夏季西北冰洋表层淡水分布的总碱度示踪研究

尽管北冰洋水量只是世界大洋的1%，但其周边河水输入量却占到全球大洋的10%。北极水域除了与白令海峡和格陵兰东部水域与外部大洋连通外，与北半球大洋完全隔离，是相对封闭的水体。地表径流和低盐的太平洋水输入使得北冰洋有表层水具有显著的低盐特征。北冰洋上层海洋长年存在盐跃层，成为北冰洋上层海洋独有的结构之一。盐度跃层使得北冰洋上下层水体的对流受到限制，通常被限制在25~30 m水深内，大西洋水传入北极海盆的热量传递给上覆表层水和海冰的速率非常缓慢，对维系北冰洋表层的低温特征和海冰存在起着非常重要的作用。在西北冰洋，白令海入流水提供的淡水占到北冰洋淡水来源的40%。随着全球变暖的不断加剧，引起了北冰洋水体性质的改变．随着冷盐跃层水的退缩，欧亚海盆的淡水含量在20世纪90年代期间不断下降。Schlosser等报道在1991—1996年欧亚海盆上层河源淡水含量和海冰的形成量有所下降。Macdonald等研究指出在20世纪90年代加拿大海盆，表层海水有淡化的趋势。模式研究表明北冰洋水体性质和淡水含量的改变与大气环流的波动有关，气旋和反气旋强度和中心位置发生了变化。测量结果显示流入北冰洋的河流径流量发生了变化，太平洋入流水及其淡水含量与海冰快速融化有关。为了解西北冰洋淡水分布的驱动机制，利用2008年及2010年夏季北极海域测量的总碱度（TA）数据和相关资料，分析西北冰洋海冰融化水和河水所占的比例，并对其形成原因进行研究。

5.3.1.1 西北冰洋各端元总碱度特征值

总碱度是海水接受质子的能力，也就是海水中含有的HCO_3^-、CO_3^{2-}、$H_2BO_3^-$、$H_2PO_4^-$、$SiO(OH_3)^-$等弱酸阴离子的净浓度总和，它们都是氢离子的接受体。海水中的总碱度定义为：1 kg海水海水样品中平衡过量的质子受体所需要的摩尔数。

总碱度可以代表保守性阳离子和保守性阴离子的电荷差别，而电荷差随盐度的变化而变化，因此海水总碱度与盐度有密切关系。CO_2在海气界面的交换以及海洋生物对CO_2的吸收和释放不会影响总碱度，这为解析分离不同水团的混合提供了可能性与潜在的分析途径。在西北冰洋融冰季节中，由于海冰融化水及强烈的生物吸收作用，海水CO_2处于严重不饱和状态，pCO_2处于低值，$CaCO_3$的沉淀或溶解过程的影响微小，海水总碱度将不随温度、压力的变化而变化。

两个不同水团混合后的总碱度可以依据简单的加权平均获得：

$$M_m \cdot TA_m = M_1 \cdot TA_1 + M_2 \cdot TA_2 \tag{5-5}$$

其中，M_1、M_2、M_m分别代表水团1、水团2和混合水团的质量；TA_1、TA_2、TA_m分别代表水团1、水团2和混合水团的总碱度。因此，总碱度可作为一种保守混合参数来研究西北冰洋的淡水分布。

2008年和2010年夏季西北冰洋表层海水总碱度与盐度的关系如图5-24所示。由图可以看出，总碱度与盐度具有显著的线性关系。根据淡水稀释的比例而呈现不同的值，高端值代表淡水比例小，低值端代表被淡水稀释多。将低值端向下延伸至盐度等于5，即得到海冰的总碱度值（海冰盐度为5），根据线性回程方程［$TA(\text{sim}) = 71.2\times S$，$R^2=0.78$，$n=85$；

2010 年 TA（sim）$=70.7\times S$，$R^2=0.76$，$n=83$］2008 年海冰融化水的总碱度为 356 μmol/kg，2010 年情况为 354 μmol/kg（2010 年），这与 Fransson 等（2009）得到的结果 349 μmol/kg 基本一致。

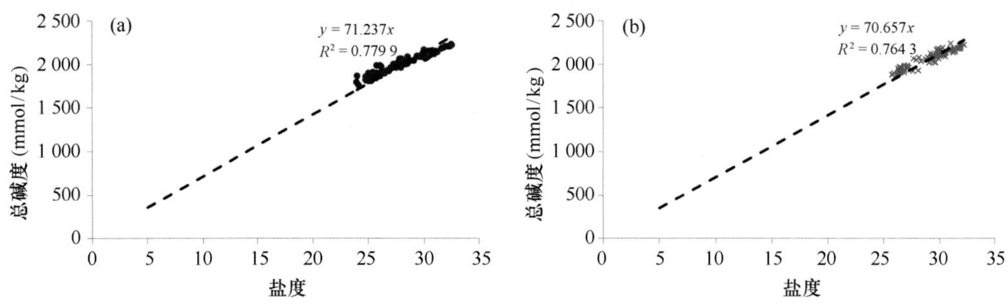

图 5-24　2008 年（a）和 2010 年（b）西北冰洋表层碱度对盐度回归关系

由于表层海水受到海冰融化水或径流淡水的影响，我们将下层水体中的夏季温度最小值（T_{min}）的水层代表冬季残留水，其 T_{min} 水层对应的平均盐度为 33.1（2008 年）和 32.9（2010 年），测量得到其平均总碱度为 2 266 μmol/kg（2008 年）和 2 248 μmol/kg（2010 年），这与前人的研究结果相似。因此，其值可以代表海水端元的总碱度特征值。西北冰洋主要受到从白令海海峡的阿拉斯加沿岸流带来的 Yukon 河水，加拿大的 Mackenzie 河水和东西伯利亚沿岸流所携带的俄罗斯沿岸径流的影响，由于没有本文航次的测量资料，河流径流水端元值参照文献给出的 Mackenzie 河的特征值（1 540 μmol/kg）来估算径流水。选用的各个端元的初始值见表 5-4。

表 5-4　各个混合端元初始碱度和盐度

端元	盐度		总碱度（μmol/kg）	
	2008 年	2010 年	2008 年	2010 年
海水	33.1	32.9	2 266	2 248
冰融水		5	356	354
河水		0	1 540	

5.3.1.2　西北冰洋表层海冰融化水分布

仅用盐度不能完全分辨出河水和冰雪融化水的差异。为了区别河水与海冰融化水，及其变化，可以利用海水、河水和海冰融化水的三端混合，以总碱度（TA）为主要特征参数结合盐度来进行分析。与利用氢、氧同位素（^{2}H、^{18}O）方法计算淡水比例相比，TA 具有其优点，河水中^{18}O 的值（-21‰）能显著区别于北冰洋中的值，然而海冰中的^{18}O 值（-1.9‰）并不能从海水（北冰洋中大西洋水为+0.3‰，太平洋水为-1.1‰）中区别出来；但总碱度却能够弥补此不足，海水的 TA 特征值大约在 2 300 μmol/kg，而输入北冰洋河水的 TA 特征值大约在 1 100 μmol/kg，海冰融化水 TA 值约为 400 μmol/kg。因此，在充分被验证 TA 为满足保守的条件下，TA 混合过程的测量来判别水的性质是一种有效的示踪方法。

西北冰洋表层水主要由 3 种水团混合而成：北冰洋海水（sea water，sw）、河流径流（river run-off，rro）和海冰融化水（sea ice melting water，sim）。为了计算淡水所占的比例，根据已知的3个端元的特征值，用采质量平衡方程可以计算出3个端元淡水所占的比例。由于温度、压力和生物过程对 *TA* 影响很小，*TA* 的变化主要是由各种水团混合所引起。利用 Fransson 等（2009）的公式：

$$1 = f_1\ (\text{sim}) + f_2\ (\text{rro}) + f_3\ (\text{sw}) \tag{5-6}$$

$$A_T\ (m) = A_T\ (\text{sw}) * f_1 + A_T\ (\text{sim}) * f_2 + A_T\ (\text{rro}) * f_3 \tag{5-7}$$

$$S\ (m) = S\ (\text{sw}) * f_1 + S\ (\text{sim}) * f_2 + S\ (\text{rro}) * f_3 \tag{5-8}$$

这里“*f*”代表海水，海冰融化水或者径流所占的比例；“*m*”代表测量值。

由式（5-6）~式（5-8）计算到水团淡水所占比例。图5-25给出2008年（a）和2010年（b）夏季西北冰洋表层水中海冰融化水所占比例分布情况。由图5-25可以看出，2008年及2010年夏季北冰洋表层水中淡水主要都来自海冰融化，北冰洋表层淡水所占比例几乎是河流淡水的两倍。淡水比例峰值区在加拿大海盆区附近，中心在155°W，75°N。西北冰洋夏季的盐度分布（图5-26）也直接反映了海冰融化水的峰值区，该区域的盐度明显比周围海区，清楚地显示出海冰融化水的特征。

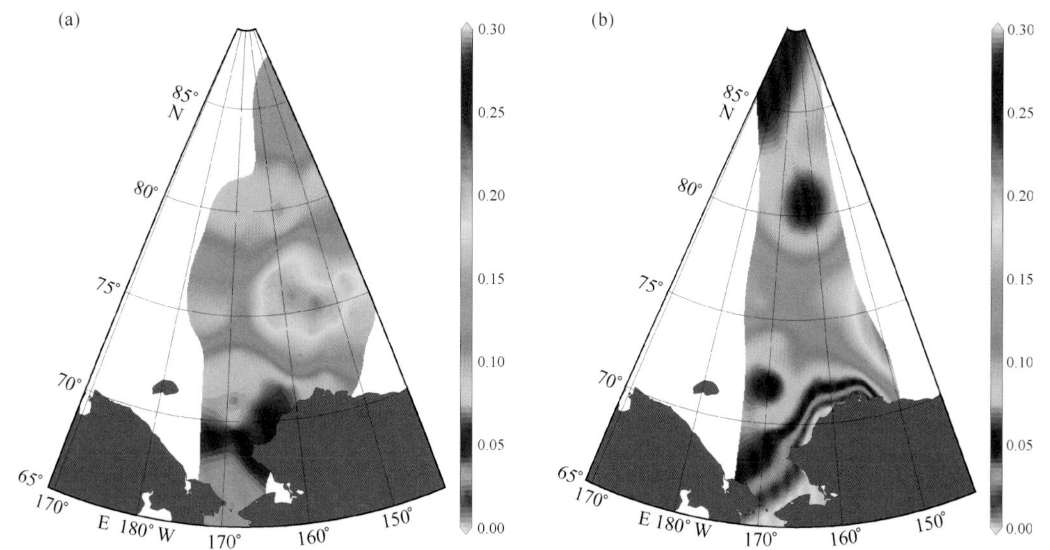

图5-25　2008年（a）及2010年（b）夏季西北冰洋表层水中海冰融化水所占比例（%）

5.3.1.3　西北冰洋表层径流淡水的分布

图5-27绘制了2008年（a）及2010年（b）夏季西北冰洋表层水中径流水所占比例。由图可见，海冰融化水的分布与径流淡水明显不同。海冰融化水在西北冰洋中有两个中心区：其一，位于楚科奇海大约169°W，75°N中心位置，2008年与2010年间其中心位置相对稳定，但范围则明显不同，2010年此区域范围明显增大，面积范围达到2008年的3倍；另一个则位于加拿大海盆朝向加拿大的 Mackenzie 河输入北冰洋的方向。影响面积范围都比较大，但中心区域位置则变化较大，2008年其中心位置位于152°W，74°N（图5-27a），2010年则向西向南偏移至158°W，73°N，影响强度则明显减弱（图5-27b）。

从总体面上分布特征来看，波弗特海、楚科奇海台及加拿大加拿大海盆径流淡水所占的比例在5%~15%，普遍高于楚科奇海陆架区，那里河源淡水所占的比例基本上在5%以下。

楚科奇海陆架中、西侧大部分地区则主要显示了从白令海入流的太平洋水特征，径流比

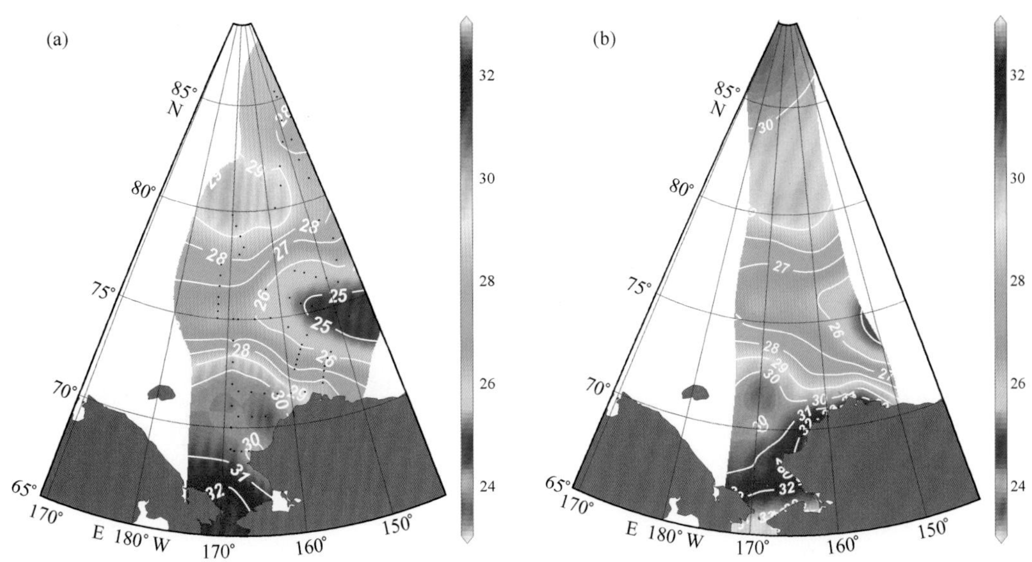

图 5-26　2008 年（a）及 2010 年（b）夏季西北冰洋表层水盐度分布

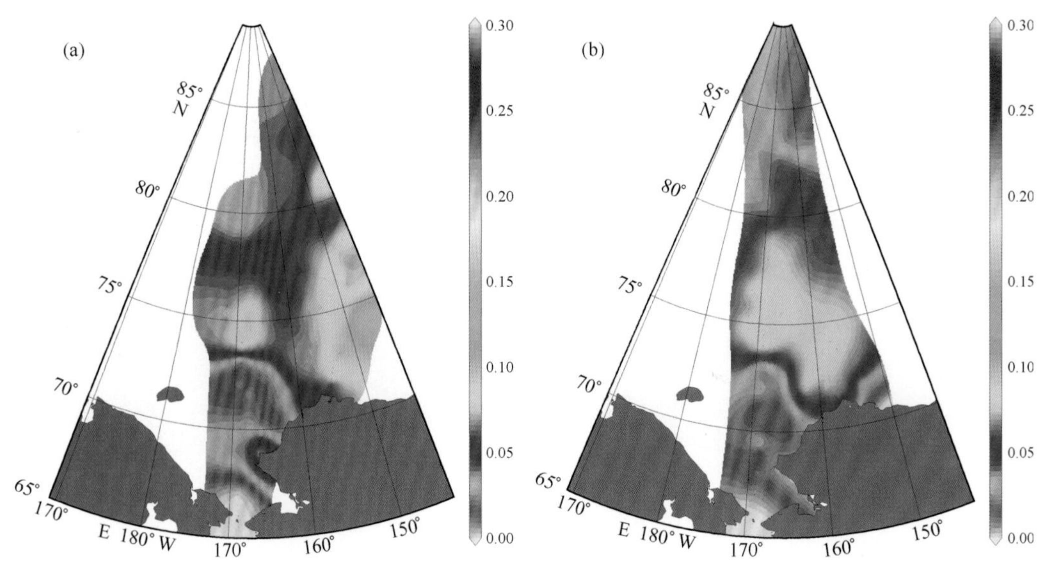

图 5-27　2008 年（a）及 2010 年（b）夏季西北冰洋表层水中径流水所占比例

例较小。但是，楚科奇海陆架东侧沿沿岸区域淡水比例较高，主要是受阿拉斯加沿岸流的影响，其在白令海混合了大量育空河的径流水一起向北输运至北冰洋。这在图 5-27a 中反映得尤其明显。

虽然夏季北冰洋表层淡水中河流淡水的贡献普遍低于海冰融化水的贡献。但从其两大块主要区域及中心位置的分布特征上看，却显示了北冰洋表层环流对河源淡水的输移作用以及海冰分布对淡水分布的影响。

首先是第一个中心，即加拿大海盆南部朝向马更些河输入北冰洋的方向。这些径流水主要来自从马更些河的贡献，其从近岸区域向深海盆进行输运，而后得到累积。在加拿大海盆，这些河源淡水被波弗特环流携带着，继续在楚科奇海台西侧得到累积加强，形成第二个中心区域（169°W，75°N 位置）。这些径流水在西北冰洋中运移，最终可以分布于西北冰洋的各个角落，甚至在高纬 85°N 以上都能发现河流水的踪迹（图 5-27）。

相比于海冰融化水而言，径流水对夏季西北冰洋表层淡水分布的影响并不大，这与 Fransson 等（2009）的结论是一致的，Yamamoto-Kawai（2005）亦发现马更些河冲淡水的影响主要限制在近岸河口区，径流水在加拿大海盆的累积主要是从陆架区向深海输运。

5.3.1.4 西北冰洋径流水输入变化

2008 年与 2010 年相比，其径流水输入在西北冰洋的变化主要是随海冰的分布而造成了峰值中心区位置的偏移变化。首先是来自从马更些河的贡献淡水，2010 年其第二个中心区域较之 2008 年向西南方向偏移，与另外一个中心区域相接而在加拿大海盆边缘以及楚科奇海台区域形成大面积影响区；其次是来自白令海入流水输运的淡水（主要是河水），其在 2008 年输运量较之 2010 年的输运量明显要高。特别是阿拉斯加沿岸流绕过希望角（68.5°N，166.5°W）区域，很明显形成一个高值区。而这正是白令海入流水携带注入白令海东侧的最大淡水入流（育空河）运移路径。

5.3.1.5 西北冰洋海冰变化

西北冰洋夏季海冰融化水的分布特征差异与海冰融化情况密不可分，从表层水温度分布来看，2010 年楚科奇海东侧靠阿拉斯加巴罗角区域温度较高（图 5-28b），海冰已经早早地融化，然后随阿拉斯加沿岸流向波弗特海方向累积（图 5-27b）。而 2008 年则在加拿大海盆水温偏高（图 5-28a），海冰大量融化，形成高值区。这些都与本研究所得到的海冰融化水比例相对应。

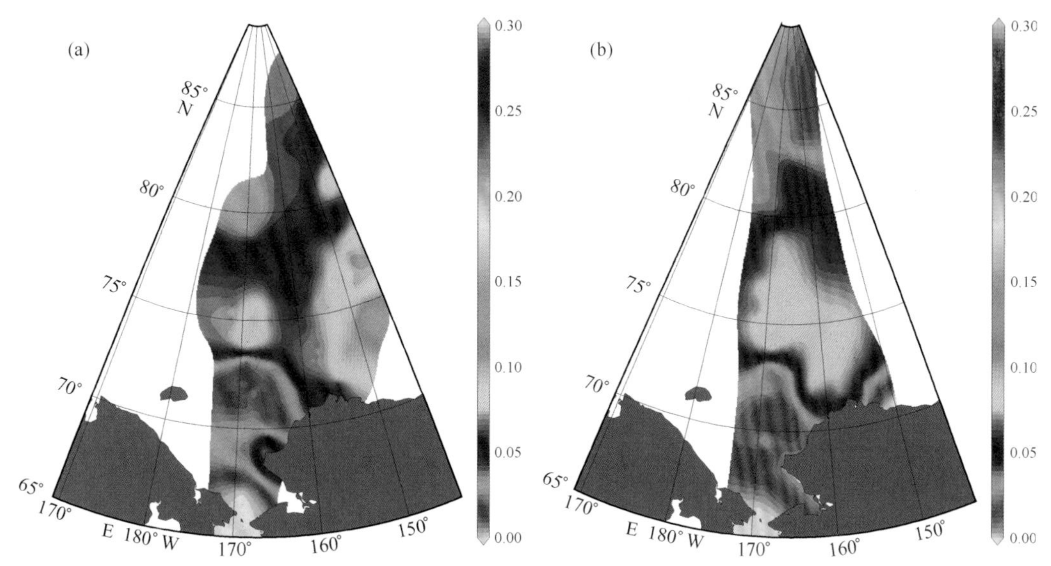

图 5-28 2008 年（a）及 2010 年（b）夏季西北冰洋表层水温度（℃）分布

2010 年西北冰洋表层水中的海冰融化水并没有比 2008 年的多，即 2008 年夏季海冰融化更多、范围更广。这从海冰冰情图也得到了证实（图 5-29），在 2008 年，75°N 以南海冰大量融化，但高纬度海冰依然密集，而在 2010 年，海冰融化面积并没有比 2008 年多，但有水道可以通向高纬度海冰区，这在海冰分布比例图（图 5-29）中可以得到反映，而这也正是

2010 年中国第四次北极科学考察能够超越前 3 次北极科学考察的最北纪录（85.5°N）能够到达 88°26′N 的重要原因。

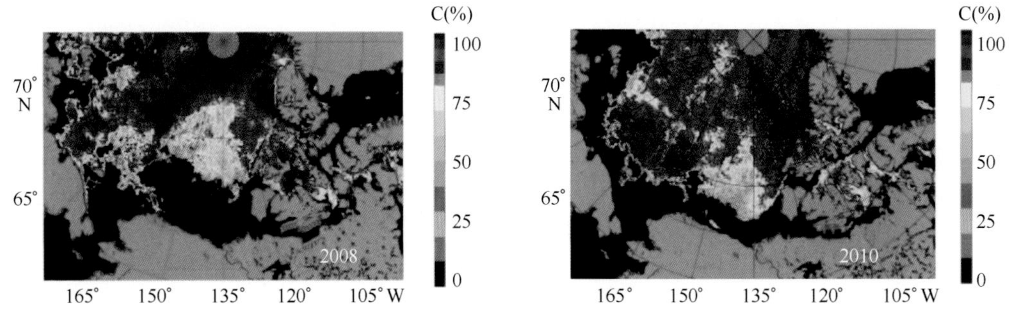

图 5-29 2008 年及 2010 年 8 月 1 日西北冰洋海冰密集度

5.4 海水碳酸盐体系及海—气界面 CO_2 通量

5.4.1 白令海碳酸盐体系

中国第四次北极科学考察中，2010 年夏季白令海表层溶解无机碳（DIC）、盐度归一化溶解无机碳（nDIC，nDIC = DIC * 35/S）、总碱度（TA）和盐度归一化总碱度（nTA，nTA = TA * 35/S）的范围分别为 DIC：1 815 ~ 2 107 μmol/kg，nDIC：2 048 ~ 2 307 μmol/kg，TA：2 081 ~ 2 255 μmol/kg，nTA：2 363 ~ 2 462 μmol/kg。仅仅从范围我们看出 TA 在去除淡化的影响后，范围明显减小，而 DIC 在标准化后其范围仍然很大，说明保守性的 TA 分布可能主要受淡水输入等物理因素的影响，而 DIC 由于受到多种因素综合影响而呈现出复杂的变化。DIC 和 TA 的具体分布格局如图 5-30 所示。DIC 和 TA 的分布整体上都呈现出海盆区较高，陆架陆坡区域较低的分布格局。DIC 的最低值位于白令海陆架区圣劳伦斯岛的西侧，最高值位于白令海峡西部；TA 的最低值位于白令海陆架东部靠近阿拉斯加一侧，最高值和 DIC 一样也位于白令海峡西部。由于白令海盆区是典型的高营养盐低叶绿素（HNLC）海区，因此生物活动较弱，初级生产力低，导致了 DIC 不易被生物去除，再加上白令海盆区纬度较低表层海水相对较高，蒸发作用相对较强，所以 DIC 和 TA 比白令海其他区域都高一些。而在白令海峡西部，也存在一个 DIC 和 TA 的高值区，结合此区域的低温高盐特征，可能是一个上升流区，因此是底层水的涌升所导致的。在白令海靠近阿拉斯加沿岸附近，由于受到附近径流和阿拉斯加沿岸流的影响，淡水可能稀释了 DIC 和 TA，存在 DIC 和 TA 的相对低值区域。在白令海陆架和陆坡区域，由于生产力非常高，生物对 DIC 的去除作用非常明显，因此整体上陆架区的 DIC 浓度都是非常低的。

在穿越白令海海盆、陆坡和陆架的断面上，2010 年中国第四次北极科考的调查结果发现其 DIC 和 TA 的分布趋势也有很明显的相似性（图 5-31）。在断面的表层分布上与前面所分析的分布趋势是一样的。在断面的垂向分布上，在混合层由于受到冰融水的稀释作用和生物初级生产对 CO_2 的吸收，DIC 和 TA 的含量都较低，而随着深度的加深迅速的升高，TA 和 DIC 都表现出层化的分布。上层由于受到海冰融化水的影响表现得特别明显。中层水 TA 的升

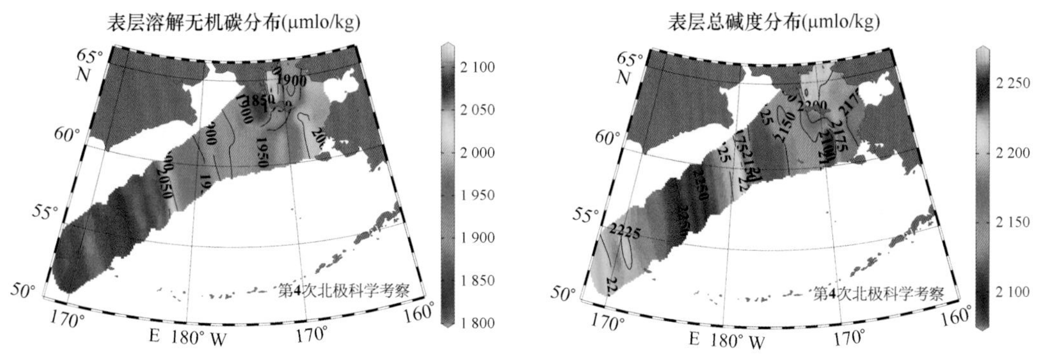

图 5-30 夏季白令海表层 DIC（左）和 TA（右）分布

高表明了中、深层水的混合。深层水中 TA 则一直维持着高值不变，主要是由于碳酸钙的溶解。中深层水的垂直分布与北太平洋的典型分布趋势是一致的，因为白令海中深层水源自北太平洋，并且中深层水终年理化性质变化不大。

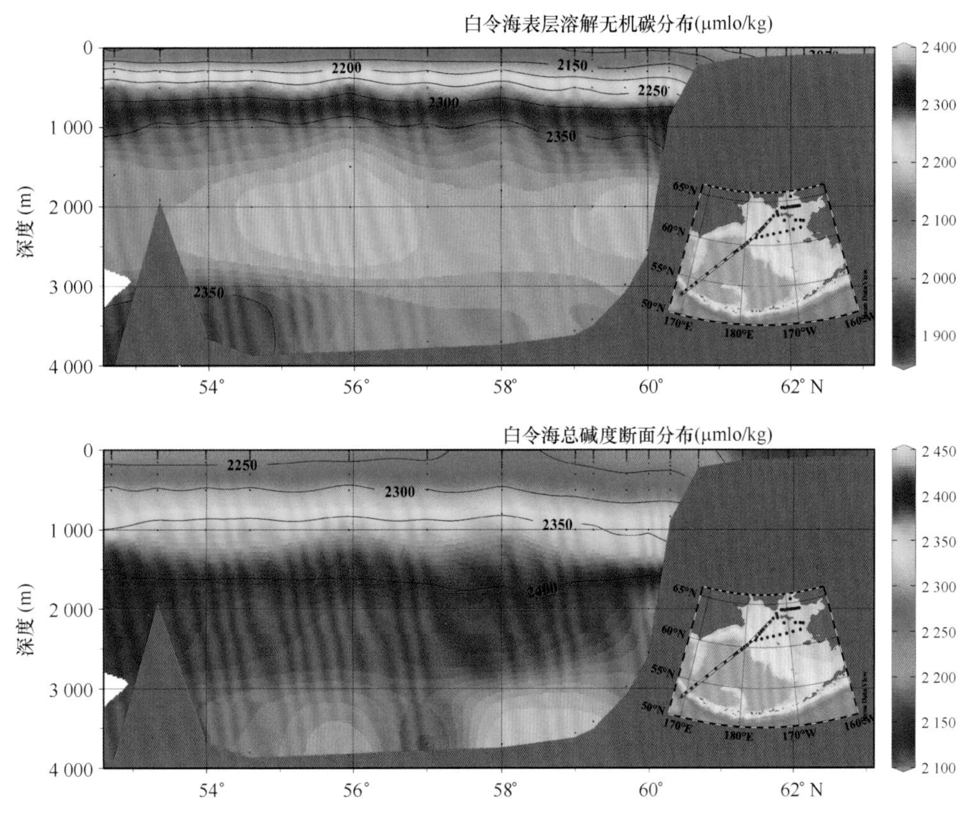

图 5-31 中国第四次北极科学考察白令海 DIC（上）和 TA（下）断面分布

5.4.2 西北冰洋碳酸盐体系

2010 年中国第四次北极科学考察期间，西北冰洋表层 DIC、nDIC、TA 和 nTA 的范围分别为 1 652 ~ 2 071 μmol/kg，2 052 ~ 2 558 μmol/kg，1 884 ~ 2 249 μmol/kg 和 2 382 ~ 2 622 μmol/kg。由于夏季西北冰洋的海冰融化非常严重，在盐度归一化去除海冰融水的影响之后，nDIC 和 nTA 的波动范围明显减小，特别是受淡水稀释影响更大的 TA 表现更为明显。2010 年夏季西北冰洋表层 DIC 和 TA 如图 5-32 所示。DIC 的最低值位于 169°W 断面的 70°N 左右，最大值位于 169°W 断面的靠近白令海峡口的区域；TA 的最小值位于 76.5°N，158.9°W 附近的加拿大海盆区域，最大值位于 70.5°N，162.8°W 的楚科奇海沿岸区域。我们发现，以 75°N 附近为中心的观测区域，DIC 和 TA 都存在着一个明显的低值区域，然后向南和向北都分别逐渐升高，并在靠近白令海峡区域或者沿岸区域发现 DIC 和 TA 的极大值区。形成这样的分布格局，是与海冰融水的分布密切相关的。根据考察航次的海冰分布图可以发现，在夏季考察期间都位于 75°N 附近的区域，而这个区域的海冰融化水恰恰是最多的，因此 DIC 和 TA 的分布受到了海冰融化强烈的稀释作用，而表现出与海冰融水相吻合的分布状况。楚科奇海表层海水在靠近白令海峡附近观测到的高 TA、高 DIC 的主要原因是高盐度太平洋入流水带来高 TA，高 DIC。而在 78°N 以北的海盆区由于海冰的覆盖，水团性质变化不大，因此二氧化碳体系分布都相对比较均匀，TA 和 DIC 的值都在一个较小的范围内波动。

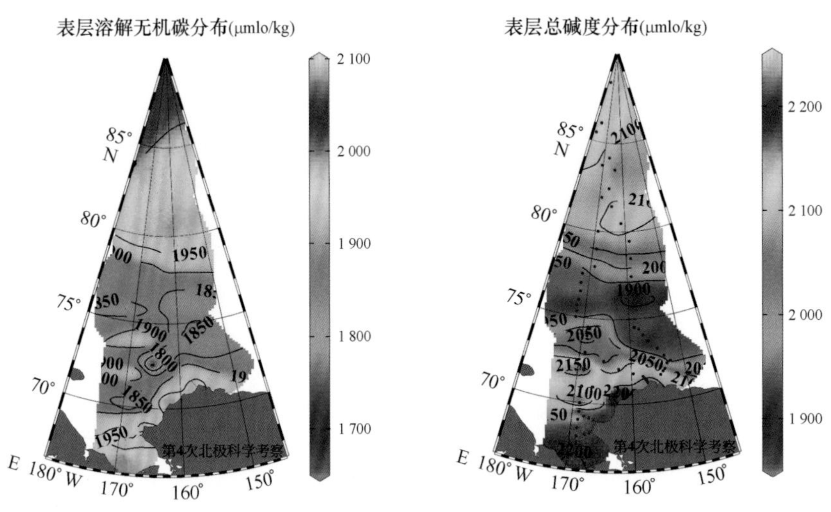

图 5-32　西北冰洋 DIC 和 TA 分布

一般在大洋中，TA 相对保守，基本不受生物活动的影响，只受到蒸发/降水的影响（极地海区则主要是海冰生成/融化），甚至与盐度通常有固定的比率。另外，TA 影响过程还有：水团混合；碳酸钙的沉淀/溶解；反硝化等。DIC 的影响过程主要有：有机质生产/降解；蒸发/降水；碳酸钙的沉淀/溶解；水团混合；海—气 CO_2 交换等。我们的研究显示，78°N 以南西北冰洋表层海水 TA 和 DIC 由于受到水和海冰融化水的稀释作用，表层 DIC 和 TA 的浓度都比较低，而且在海冰融化最为剧烈的考察区域——75°N 左右为中心的海盆区是 TA 和 DIC 的低值区；然而在 78°N 以北海盆区由于海冰的覆盖，水团性质变化不大，TA 和 DIC 的值都在一个较小的范围内波动。78°N 以南西北冰洋上层水柱中 TA 呈现出一种保守分布。在初级生产力较高的楚科奇海，DIC 分布主要受到有机质生产或降解的主控。而在初级生产力较低的加拿大海盆无冰区，混合层中 DIC 分布的主控因素是海水与海冰融化水的保守混合。这些研究对进一步开展北冰洋的碳循环调查打下了坚实基础，为加深对北冰洋二氧化碳体系在全球变暖下的响应和反馈的认识也有很大益处。

5.4.3 白令海海—气 CO_2 通量

5.4.3.1 白令海表层海水 pCO_2 分布

在2010年中国第四次北极科学考察中，进行了 CO_2 走航观测，获得了白令海表层海水二氧化碳分压（pCO_2）数据的第一手资料，了解了白令海区域表层海水 pCO_2 的大致分布状况（图5-33）。2010年夏季白令海海水 pCO_2 最大值479 μatm，最小值136 μatm，其中白令海盆区265~387 μatm，白令海东北部陆架区为339~377 μatm。

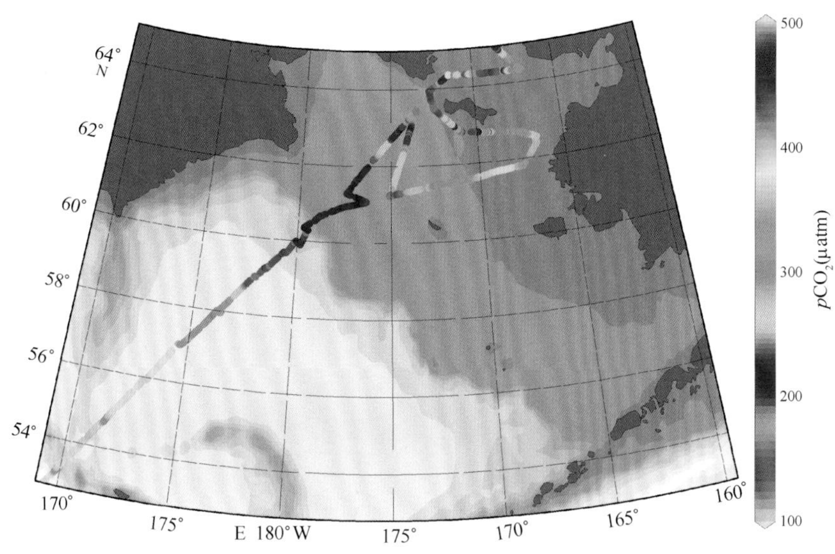

图5-33　2010年夏季白令海表层海水 pCO_2 分布

表层海水 pCO_2 的布格局总体上为海盆区较高，陆架陆坡区较低。纵穿白令海盆、陆坡和陆架区的断面上 pCO_2 表现出了剧烈梯度。在57°N以南，白令海盆表层 pCO_2 是一个极高值区域。然而，在59.5°—61.5°N之间，pCO_2 开始突然降低，然后在62°N慢慢上升。与白令海盆不同，白令陆架区的整体都较低，在150~240 μatm之间波动。在白令海东北部的断面，pCO_2 向东逐渐升高而且同时伴随着表层盐度的逐渐降低。值得注意的是 pCO_2 最高值位于在此断面最东部，已经达到了大气 pCO_2 的水平。在白令海峡断面，pCO_2 向东突然升高然后又逐渐降低。显然，白令海峡西部是一个非常特殊的区域，它的表层温度都比其他区域低，表层盐度都比其他区域高，同时它的 pCO_2 又非常的过饱和。

在海盆区基本处于 CO_2 源汇平衡或者弱源的状态；在陆架和陆坡区，除东北部陆架处于 CO_2 源汇平衡外，都是一个强烈的大气 CO_2 汇区；在白令海峡口，西部是一个非常特殊的区域，海水 pCO_2 都非常的过饱和。不同区域海水 pCO_2 表现出较大的差异，也说明各个区域的 CO_2 源汇控制机制可能大不相同。在纵穿白令海盆、陆坡和陆架区的断面，陆架坡折两侧的海表温度、盐度和 pCO_2 都是显著不同。这些差异可以归因于白令海不同水团混合过程的影响。在白令海中部，一条长达1 000 km的陆架陆坡锋从Unimak水道一直延伸至海角，把相对较淡的陆架水和盐度较高的海盆水分开。白令陆坡流位于陆架陆坡锋上，沿着200 m流动在白令海盆边缘形成了白令海环流（Bering Gyre），而白令海盆水与白令陆坡、陆架水团性质差异显著。与前3次中国北极科考的研究结果一致，白令海盆 pCO_2 显著高于白令海陆坡和陆架。原因就在于白令海盆是典型的高营养盐低叶绿素海区（HNLC）。在57°N以南，受限的生物生产维持着白令海盆的高 pCO_2。61°N pCO_2 最低的区域正好位于陆架陆坡锋上，这个区域被称为白令海"绿带"，是一个具有巨大生产力的区域。同时在白令海盆边缘邻近陆坡的区域也发现了较低的 pCO_2。这是因为白令海陆坡流是一个向西北流动的相对较宽的流，更倾向于是一种涡流，而不是一般人所认为的连续流，它在陆架波折处存在着涡动扩散，陆架—海盆的交换过程，如剧烈的潮汐，横向环流、涡流等，都将补充营养盐到邻近的区域并加强了初级生产，最终造成了 pCO_2 显著的生物去除。总而言之，与海表温度向北的降低一起，在此断面 pCO_2 驱动因素主要有生物生产和水团的横向交换。

根据白令海东北部断面的盐度和其他相关参数分布，我们推断其 pCO_2 的分布是由低的陆架水 pCO_2 和高的河流源 pCO_2 混合所控制。与前人研究一致，高 pCO_2 的区域一直扩展到我们的研究区域之外，甚至可能高于大气 CO_2 水平。

最显著的发现是在白令海峡西部发现了相对大气 CO_2 高度过饱和的 pCO_2。结合BS断面盐度、温度、DIC和TA的垂直分布，这个独特的区域可以被认为是一个上升流。尽管此区域也位于白令"绿带"上具有巨大的生产力，但是底层富含 CO_2 的海水涌升到表层补偿了 CO_2 的生物去除。

分析表明，在海盆区，由于其是高营养盐低叶绿素海区，可能受溶解度泵和水文环流因素的控制；在陆坡和大部分陆架区，由于强烈的浮游植物初级生产，而可能主要受到生物泵的影响；在东北部陆架区域，可能受到河流径流水影响、有机质降解和生物作用的复杂影响；在白令海峡西部，发现整个水柱的盐度都很高温度都很低，可能存在上升流。

5.4.3.2 白令海的海—气 CO_2 通量

海—气 CO_2 通量是通过下式计算得出：

$$F=k\cdot\alpha\cdot\Delta pCO_2 \tag{5-9}$$

其中，k 为迁移速率（cm/h）；α 为某温盐条件下海水中 CO_2 的溶解度（mol/（L·atm），ΔpCO_2 为表层海水 pCO_2 与大气 pCO_2 的差值。气体迁移速率与风速的关系是基于Wannikhof（1992）的经验公式：$k=0.31\,U^2\,(Sc/660)^{-1/2}$，其中，$U$ 为船上气象站记录的海面上10 m高的风速，Sc为施密特常数。

在2010年的中国第四次北极科学考察中，瞬时海—气 CO_2 通量的范围为 -175.7 ~ 18.8 mmol/（m^2·d），最小值位于63.5°N，172.5°W附近的白令海陆架区域，最大值位于64.2°N，171.8°W附近的白令海峡西部区域。然而，我们发现瞬时吸收通量的最大值或最小值往往并没有与 ΔpCO_2 的最大值或最小值重合，这是由于瞬时通量受风速的影响显著。并且研究发现高风速一般对应了高的海—气 CO_2 吸收通量。为了检验风速对海—气 CO_2 通量的影响，应用白令海考察期间的平均风速来计算瞬时通量。应用考察期间的平均风速之后，海—气 CO_2 通量的分布和 ΔpCO_2 的分布格局完全一致。2010年的海—气 CO_2 通量的变化范围变为-40.6-17.8 mmol/（m^2·d）（图5-34）。由于其瞬时风速和平均风速相差无几，原来的源区最高值无太大变化，而且其最大值的位置前后是重合的，可是原来的汇区的最小值由于风速的变化（从17.5 m/s变为7.8 m/s）急剧缩小为-36.7 mmol/（m^2·d），并不与现在的最小值位置重合。在短期的航次中，对瞬时海—气 CO_2 通量的估算只能提供我们对当地海区小时级的通量趋势和形式的认识，但是它对总体上海区的源汇状态的揭示很少。大气条件（风速）无论在分钟级还是每天的变化都很大，而海洋条件（海表温度，盐度，海水 pCO_2）变化相对较少。因此我们为了揭示白令海夏季海—气 CO_2 通量，应用海区观测到的平均值来估算。

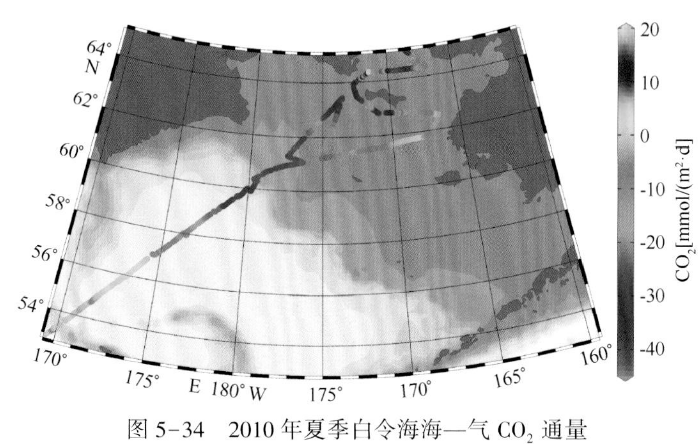

图 5-34　2010 年夏季白令海海—气 CO_2 通量

5.4.4　西北冰洋海—气 CO_2 通量

5.4.4.1　西北冰洋表层海水 pCO_2 分布

在 2010 年的中国第四次北极科学考察中，对北冰洋的调查达到了 88°N 附近，涵盖了西北冰洋的大部分区域，对整体上北冰洋的夏季表层 pCO_2 分布状况有了比较全面的了解，这是在全球变暖和北冰洋海冰不断融化的背景下获取的第一手 pCO_2 数据，对于我们评估北冰洋的源汇状况和预测其趋势有重要意义。根据在西北冰洋的 CO_2 走航数据绘制了西北冰洋夏季 pCO_2 分布图（图 5-35）。

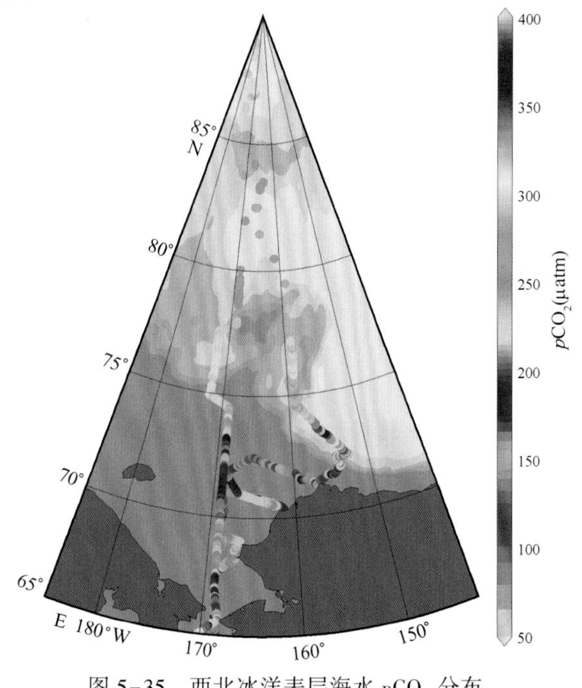

图 5-35　西北冰洋表层海水 pCO_2 分布

2010 年夏季西北冰洋表层 pCO_2 分布范围为：74～383 μatm，最低值出现在楚科奇海 169°W 断面附近的 72°N 区域，最大值出现在楚科奇海沿岸 70.4°N，161.4°W 附近区域。总体上，西北冰洋的 pCO_2 分布从大到小依次为：楚科奇海区、加拿大海盆海冰区、加拿大海盆无冰区。在楚科奇海陆架观测到极端低的 pCO_2 值，陆坡的 pCO_2 分布显示存在很大的梯度差异，向海盆方向增高，在加拿大海盆南部无冰区存在高值区，而在海冰覆盖的加拿大海盆北部（主要在 78°N 以北）的表层 pCO_2 值又是相对低的。整个西北冰洋测区在夏季对于大气 CO_2 都是不饱和的。前人对楚科奇海区的研究中都表明了它在夏季是一个强汇区，与我们的发现一致。而由于以前海冰覆盖的影响，鲜有对加拿大海盆的 pCO_2 分布进行大规模调查，在本研究中则表明海盆区无论是海冰区还是无冰区在夏季都是 CO_2 的汇区，这对预测未来夏季北冰洋海冰完全融化后的碳汇的变化具有指导意义。

5.4.4.2 楚科奇海碳汇

夏季楚科奇海陆架区的 pCO_2 值非常低，2010 年在 74～383 μatm 之间波动。陆架区由于源自北太平洋富含营养盐入流水的注入，保持着高速率的非常高的季节性初级生产力和净群落生产力，从表层水中去除无机和有机碳导致了海水 pCO_2 的低值，这是保持楚科奇海在夏季是一个强汇区的主要原因。

2010 年，根据平均风速计算的楚科奇海陆架区海—气 CO_2 通量范围为-55.3～1.1 mmol/（m^2·d），平均海—气 CO_2 通量是-19.3 mmol/（m^2·d）。2008 年，根据平均风速计算的楚科奇海陆架区海—气 CO_2 通量范围为-2.9～-26.2 mmol/（m^2·d），平均海—气 CO_2 通量是-17 mmol/（m^2·d）。两个考察航次楚科奇海（陆架）海—气 CO_2 通量的详细情况如表 5-5 所示。

表 5-5 楚科奇海（陆架）海—气 CO_2 通量

航次	温度（℃）	盐度	风速 *（m/s）	pCO_2water（μatm）	pCO_2air（μatm）	通量［mmol/（m^2·d）］
2008 年	1.8	29.6	6	203.4	375	-17.0
2010 年	3.8	30	6.7	217	376	-19.3

注：* 2010 年风速用的是楚科奇海 7 月实测风速（8 月，9 月风速较高），2008 年用的是整个航次的平均风速。

另外，我们假设这个海域的无冰期为 100 d，而且其他季节没有 CO_2 通量的贡献。因此，使用我们的调查断面的资料代表整个楚科奇海（～595 000 km^{-2}）的年均 CO_2 吸收大约为 12.1×10^{12} g C/a。以前也有研究者报道一些楚科奇海开放水域的海—气 CO_2 通量，所有的这些研究显示楚科奇海作为大气 CO_2 的汇，平均海—气 CO_2 通量为-20～-5 mmol/（m^2·d），除了 Bates（2006）估算的极高的通量-40 mmol/（m^2·d）。我们基于直接测量调查的 CO_2 通量与 Murata 和 Takizawa（2003）有很好的一致性，但是显著低于 Bates（2006）。从 1996 年到 2008 年，在已有的资料里显示楚科奇海的海—气 CO_2 通量没有大的改变。我们也不能清楚解释 Bates（2006）使用 TA 和 DIC 数据计算的 CO_2 通量和我们使用的走航 pCO_2 所得通量的差异。我们认为可能的原因是所采用的风速数据不同。Bates（2006）使用的风速数据来自于模型而不是船载测量数据，因为两者的$\triangle pCO_2$是具有可比性的。Bates（2006）认为楚科奇海陆架和陆坡的机制无冰期的高初级生产力和净群落生产和有机物的横向输出驱动的陆架碳泵使它成为一个可能的汇。

5.5 海冰变化与有机碳输出通量研究

5.5.1 有机碳（POC）输出通量

5.5.1.1 颗粒态^{210}Po和溶解态^{210}Pb分布

不同站位的$^{210}Po/^{210}Pb$垂直分布见图5-36。可以看出不同站位溶解态^{210}Pb活度分布在1.12~1.78 Bq/m^{3}之间，并由南向北呈增加趋势，这可能是由于融冰导致大气输入的增加所致。颗粒态^{210}Pb的平均活度（2.22 Bq/m^3）明显高于溶解态颗粒的平均值（1.49 Bq/m^3），表明该区域的颗粒清除作用较强（Bacon et al.，1976；Shimmield et al.，1995）。

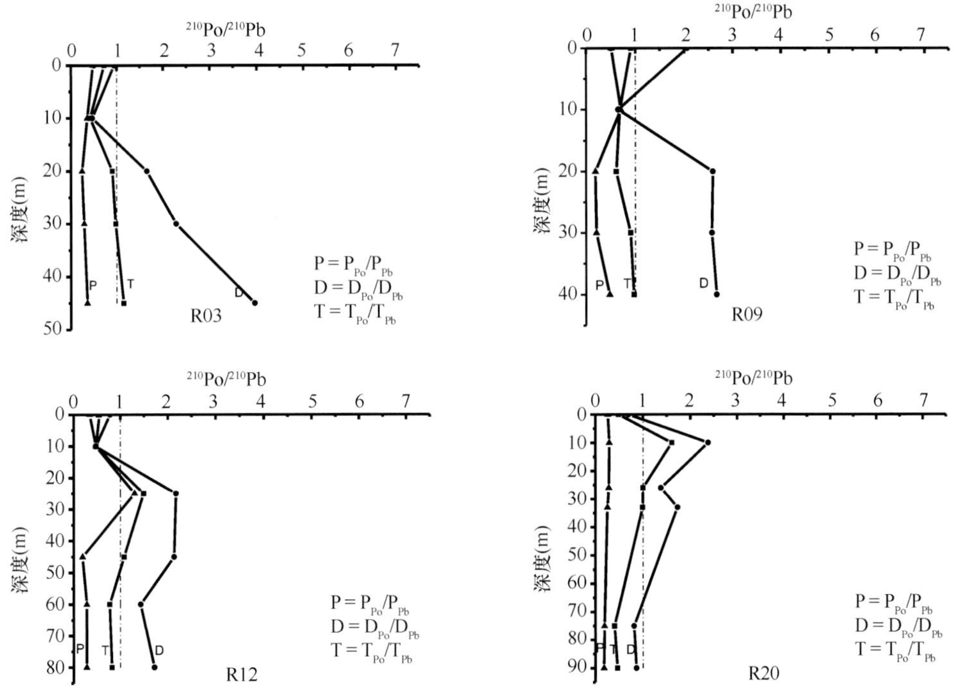

图5-36 不同站位的^{210}Po、^{210}Pb和POC垂直分布

图5-37给出了不同站位POC剖面分布图，同时给出了POC与颗粒态Po之间的关系图，可以看出，POC平均含量由南向北逐渐下降，但最高值出现在R09站，这可能与冰层底部的冰藻藻化有关（Yu et al.，2012），此外，POC含量与颗粒态Po活度之间呈现出正相关关系（$R^2=0.027$）。

5.5.1.2 总Po和总Pb，^{210}Po滞留时间及其通量

忽略平流和扩散的影响，运用稳态模式计算^{210}Po和^{210}Pb的迁移与沉降，其计算公式如下

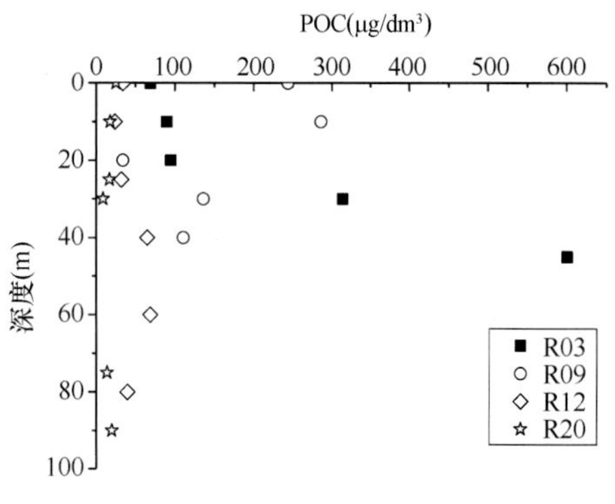

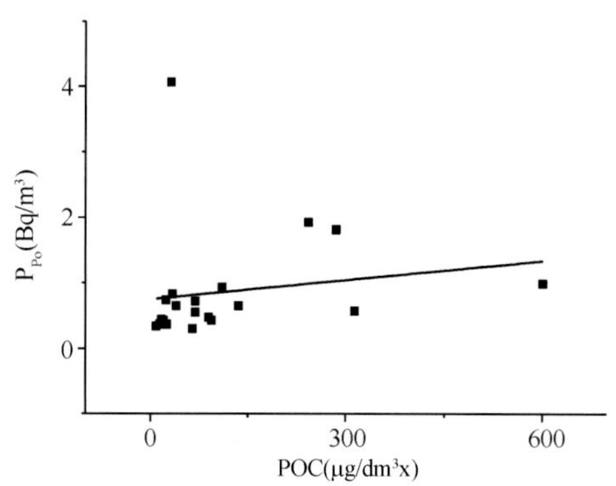

图 5-37 不同站位的 POC 随深度分布（左），以及 POC 与颗粒态^{234}Th 的关系（右）

(Bacon et al. , 1976):

$$J=\lambda_{Po}\ (I_{DPb}-I_{DPo}) \tag{5-10}$$

$$P=\lambda_{Po}\ (I_{PPb}-I_{PPo})\ +J \tag{5-11}$$

式中，J 为溶解态^{210}Po 的输出通量；λ_{Po}为^{210}Po 的衰变常数 0. 005 d^{-1}；I_{DPo}和 I_{DPb}分别是溶解态^{210}Po 和溶解态^{210}Pb 的积存量；P 是^{210}Po 的输出通量；I_{PPo}和 I_{PPb}则分别是颗粒态^{210}Po 和颗粒态^{210}Pb 的积存量。颗粒态^{210}Po 的滞留时间计算公式如下：

$$\tau_{DPo}=I_{DPo}/J \tag{5-12}$$

$$\tau_{PPo}=I_{PPo}/P \tag{5-13}$$

基于上述公式，J, P, τ_{DPo}和 τ_{PPo}的计算结果列于表 5-6。从表中可以看出，真光层颗粒态和溶解态^{210}Po 的滞留时间几乎都是负值，这可能与颗粒物的再矿化有关（He et al. , 2008）。然而，颗粒态^{210}Po 的滞留时间要高于溶解态，表明研究区域存在较强的生物地球化学循环作用（Rutgers van der Loeff et al. , 1995）。

表 5-6 真光层颗粒态和溶解态^{210}Po、^{210}Pb 的积存量及其滞留时间

站位号	真光层 (m)	I_{DPo}	I_{PPo}	I_{DPb}	I_{PPb}	J_{Po}	P_{Po}	τ_{DPo}	τ_{PPo}
		(Bq/m²)					(Bq/(m² · a))	(a)	
R03	30	53. 70	15. 15	43. 73	47. 18	-18. 20	40. 26	-2. 95	0. 38
R09	30	71. 10	39. 08	37. 88	104. 18	-60. 63	58. 18	-1. 17	0. 67
R12	40	78. 00	59. 40	71. 80	86. 80	-11. 32	38. 69	-6. 89	1. 54
R20	75	202. 80	28. 50	136. 05	114. 15	-121. 82	34. 49	-1. 66	0. 83

5. 5. 1. 3 真光层 POC 输出通量

北冰洋 POC 输出通量具有明显的时空变化分布特征（Yu et al. , 2012）。本研究中采用稳态清除模型计算真光层颗粒态^{210}Po 的输出通量及其滞留时间（Yang, 2005），并进一步通过 POC 含量与^{210}Po 活度比值计算 POC 输出通量（Buesseler et al. , 1992；Yang, 2005）：

$$B_{POC\text{-}flux}=f_{POC}=f_{Po}\cdot r, \tag{5-14}$$

式中，（标记为方法 B）f_{Po}是颗粒态 ^{210}Po 输出通量；r 是 POC 与真光层底部 颗粒态 ^{210}Po 活度比值。同样，该式加酸^{210}Po 与 POC 具有相同的载体，而不是假设它们具有相同的生物地球化学行为，这一假设在研究区域更容易得到满足。颗粒态^{210}Po输出通量及其滞留时间结果列于（表5-7），可以看出，在R03站，^{210}Po的滞留时间是最短的，仅为0.38 a，而其POC输出通量则是最大的，达到5.06 mmol/（m^2·d）（以碳计），而这有可能是由于该区域的上升流引起的（余雯，2010）。

同样，可采样Eppley（1989）的公式（标记为方法E）来计算POC输出通量：

$$E_{POC-flux} = f_{POC} = f_{POCinv} / \tau_{PPo} \quad (5-15)$$

式中，f_{POCinv}是真光层POC的积存量。结果显示，两者的计算结果在40%的误差范围内一致（He et al.，2008），因此，我们也认为两种方法的计算结果是一致的。

两种方法计算的R03站位的平均POC输出通量分别为2.60 mmol/（m^2·d）（以碳计）（方法E）和5.06 mmol/（m^2·d）（以碳计）（方法B），明显高于R20站位的0.35 mmol/（m^2·d）（以碳计）（方法E）和0.30 mmol/（m^2·d）（以碳计）（方法B），显示出从南向北POC输出通量逐渐下降的趋势，该结果与Yu等（2012）在该区域的研究结果一致。

5.5.2 基于^{234}Th/^{238}U不平衡法的颗粒有机碳（POC）输出通量研究

5.5.2.1 ^{234}Th与^{238}U比活度

2008年夏季考察区域内总^{234}Th比活度变化幅度较大，范围为0.451~3.211 dpm/L，平均值为（1.850±0.681）dpm/L，最低值出现在R05站的40 m层，最高值出现在B22站的30 m层；溶解态^{234}Th比活度范围为0.069~2.959 dpm/L，平均值为（1.463±0.760）dpm/L，最低值出现在R13站的60 m层，最高值与总^{234}Th最高值同样出现在B22站的30 m层；颗粒态^{234}Th比活度范围为0.114~1.058 dpm/L，平均值为（0.387±0.200）dpm/L，最低值出现在B80站的30 m层，最高值出现在S14站的100 m；^{238}U比活度变化幅度较小，范围为1.720~2.388 dpm/L，平均值为（2.188±0.164）dpm/L。

根据地形特点的不同，把考察区域划分为楚科奇海陆架区、陆坡区和加拿大海盆区，楚科奇海陆架区包括R01、R05、R05＊、R09、R09＊、R13、R13＊、R17、R17＊、C13、C25、C100共12个站位，陆坡区包括S14和S22两个站位，加拿大海盆区包括B12、B22、B33、B80、P25、N01共6个站位。

3个区域的^{238}U比活度相近，在2.095~2.249 dpm/L之间变化，差别不超过7%。而^{234}Th比活度存在较大差异，其中，总^{234}Th比活度在楚科奇海陆架区的平均值为（1.416±0.575）dpm/L，陆坡区的平均值为（2.037±0.258）dpm/L，加拿大海盆区的平均值为（2.474±0.338）dpm/L，分布趋势从低到高依次为楚科奇海陆架区、陆坡区、加拿大海盆区，表明楚科奇海陆架区水体中具有更强的颗粒清除作用。溶解态^{234}Th的分布规律与总^{234}Th相似，但颗粒态^{234}Th比活度在楚科奇海陆架区与陆坡区比较接近，略高于加拿大海盆区。各海区不同形态^{234}Th与^{238}U比活度平均值的比较见图5-38。

不同形态的^{234}Th占总^{234}Th的比重在不同区域也存在差异。如颗粒态^{234}Th与总^{234}Th之比在楚科奇海陆架区为30 %，在陆坡区为22 %，而在加拿大海盆区仅为12 %，说明在楚科奇海陆架区，由于存在更多的生源颗粒物或由沉积物再悬浮产生的非生源颗粒物，^{234}Th更容易吸附于颗粒物上而从溶解态转化为颗粒态。

考察区域内水柱平均的总^{234}Th/^{238}U比活度比值为0.86±0.34，显示总体上各站位上层水

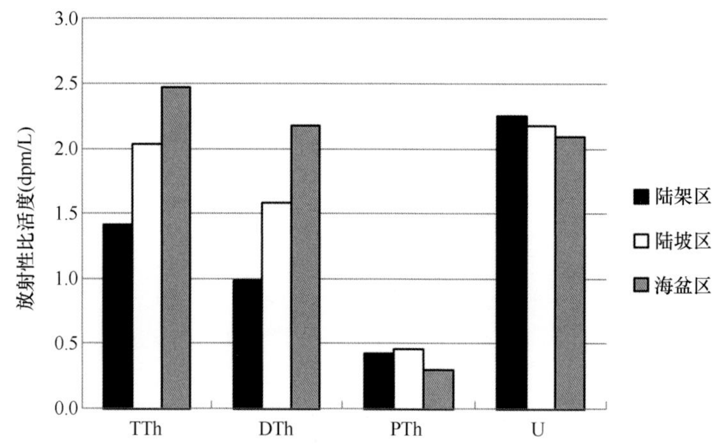

图 5-38 各海区不同形态^{234}Th 与^{238}U 比活度平均值比较

柱中^{234}Th 明显亏损于^{238}U。其中，楚科奇海陆架区的水柱平均总^{234}Th/^{238}U 比活度比值为 0.64±0.28，陆坡区的为 0.94±0.09，加拿大海盆区的为 1.19±0.16，说明在楚科奇海陆架区，受该区域强烈的颗粒清除作用影响，^{234}Th 与^{238}U 之间存在明显的比活度不平衡，随着纬度的升高及离岸距离的增大，颗粒清除作用逐渐减弱。采样水柱各层位总^{234}Th/^{238}U 比活度比值的平均值分布情况见图 5-39。

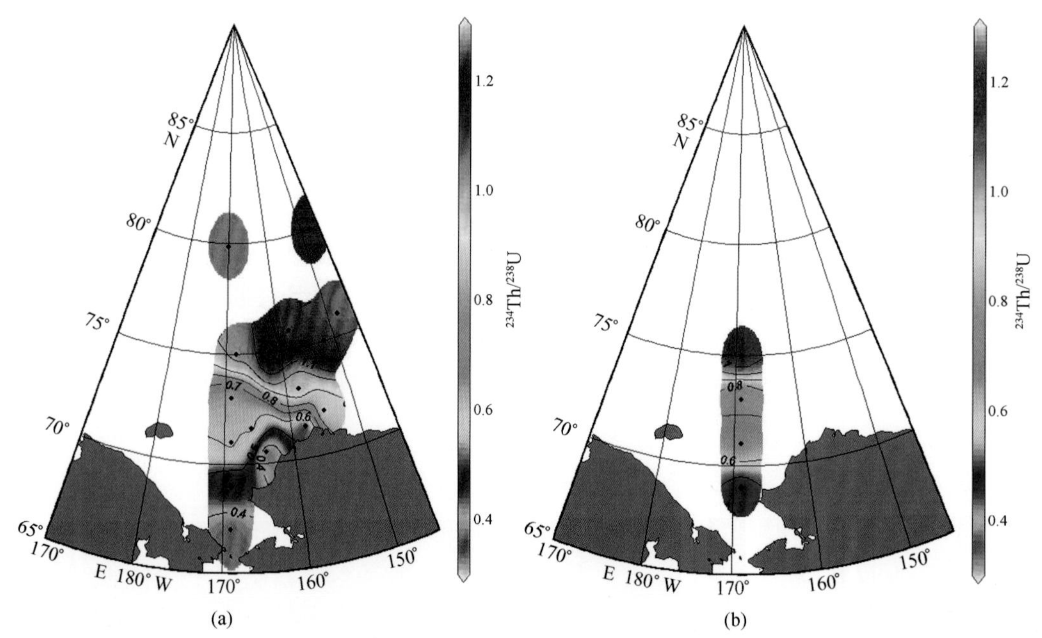

图 5-39 水柱平均总^{234}Th/^{238}U 比活度比值分布

5.5.2.2 POC 含量

考察区域内上层水柱中 POC 的浓度范围为 1.7～42.2 μmol/L（以碳计），平均值为（11.8±7.6）μmol/L（以碳计），其中楚科奇海陆架区的平均值为（15.8±7.9）μmol/L，陆坡区的平均值［（10.2±2.9）μmol/L）］比陆架区的平均值低，但高于加拿大海盆区的平均值［（6.1±3.5）μmol/L］。考察区域内采样水柱中的平均 POC 含量水平分布（图 5-40）显示，POC 含量呈自陆架向深海降低，自低纬向高纬降低的分布趋势，与叶绿素浓度分布趋势高度一致，说明考察区域的 POC 主要是生源颗粒物而非陆源输入的颗粒物。

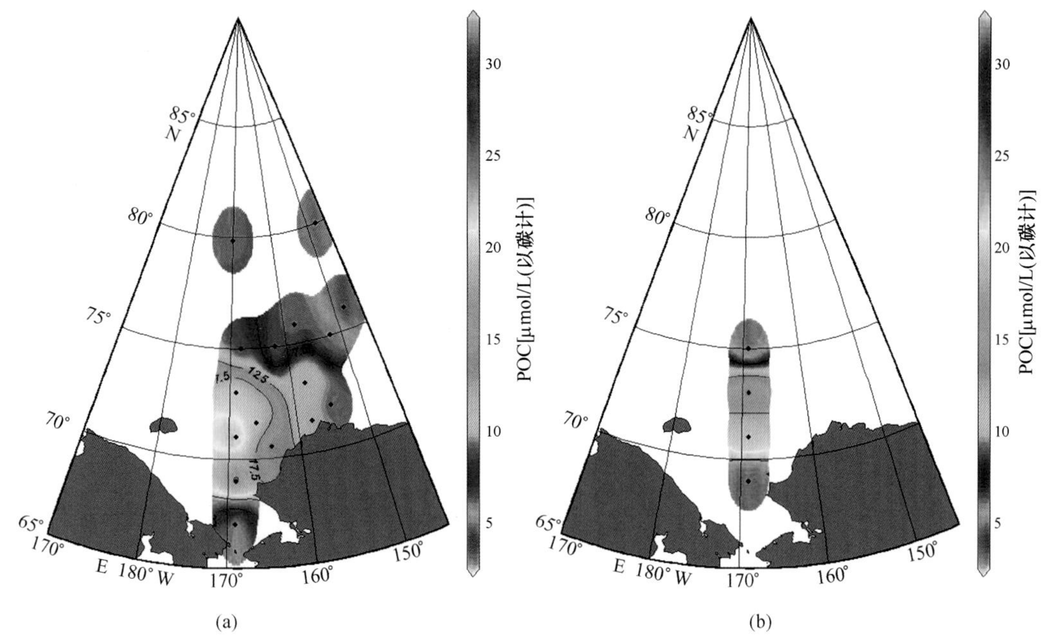

图 5-40 水柱平均 POC 含量分布

考察区域表层的 POC 含量范围为 3.8～42.2 μmol/L（以碳计），平均值为（15.2±8.7）μmol/L（以碳计），20 m 深度的水体中 POC 含量范围为 3.0～28.6 μmol/L（以碳计），平均值为（11.5±7.3）μmol/L（以碳计），40 m 深度的水体中 POC 含量范围为 2.6～26.5 μmol/L（以碳计），平均值为（9.9±6.9）μmol/L（以碳计），60 m 深度的水体中 POC 含量范围为 2.0～16.8 μmol/L（以碳计），平均值为（7.7±4.4）μmol/L（以碳计），100 m 深度的水体中 POC 含量范围为 1.7～10.8 μmol/L（以碳计），平均值为（6.3±3.2）μmol/L（以碳计），可见随深度增加，POC 含量有下降的趋势，与水体中自然光强自表层向深层衰减从而限制浮游植物的生长有关。

R 断面两次观测到的 POC 含量垂直剖面图如图 5-41、图 5-42 所示，9 月初的 POC 含量平均值为（13.9±7.0）μmol/L（以碳计），比 8 月初的平均浓度［（16.1±7.4）μmol/L（以碳计）］有所下降，但变化幅度远小于叶绿素 a 浓度的变化幅度，说明夏季末期水体中营养盐接近耗尽，浮游植物的生长受到限制，但之前旺发的水华使水体中仍存有足够的生源颗粒物，足可以支持浮游动物的继续生长。

值得注意的是，与 2003 年中国第二次北极科学考察在楚科奇海陆架区、陆坡区和加拿大海盆区得到的 POC 含量平均值 8.3 μmol/L（以碳计）、7.2 μmol/L（以碳计）和 3.7 μmol/L（以碳计）相比，本次考察得到的 POC 含量有明显上升，平均值要高出 40%～60%。考虑到两次考察均用相同的采样瓶进行采样，因此两次考察得到 POC 含量的差异不应为采样方法带来的误差。第二次北极科学考察和本次考察用于过滤 POC 的滤膜孔径分别为 0.7 μm 和 1.0 μm，在 POC 含量恒定的情况下，小孔径滤膜应该能截获更多的 POC 粒子从而计算得到更高的 POC 含量，而本次考察所用滤膜孔径比第二次北极科学考察的大，但测定的 POC 含

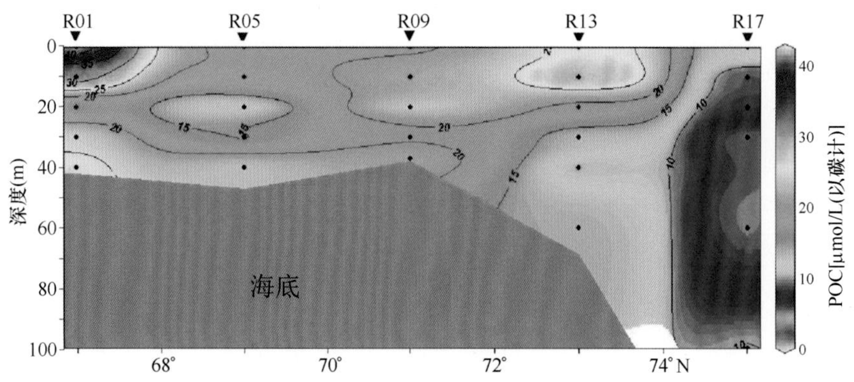

图 5-41　8 月初 R 断面 POC 含量垂直剖面

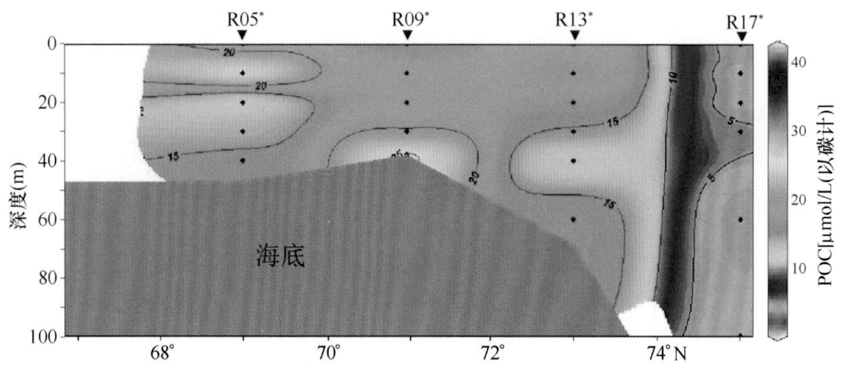

图 5-42　9 月初 R 断面 POC 含量垂直剖面

量却比第二次北极科学考察的高，这说明两次考察结果中 POC 含量的差异也不应该是由滤膜孔径大小变化带来的。因此，我们有理由推测，考察区域内 POC 含量的增加可能是受到全球气候变化带来的影响。随着全球变暖，北冰洋海水温度上升，陆源输入的营养物质增加，这些因素都有利于生物的生长，从而使水体中 POC 含量显著提高。

5.5.2.3　真光层^{234}Th 输出通量和停留时间

各水层中^{234}Th 的迁出速率变化范围为 0.2～52.0 dpm/（m^3·d），平均值为（24.3±15.1）dpm/（m^3·d），清除速率变化范围为 6.3～60.6 dpm/（m^3·d），平均值为（37.2±15.5）dpm/（m^3·d）。颗粒态^{234}Th 在水层中的平均停留时间变化范围为 3.9～1038.4 d，平均值为（70.2±163.1）d，溶解态^{234}Th 在水层中的平均停留时间变化范围为 3.8～313.9 d，平均值为（50.6±73.1）d。可见^{234}Th 的平均停留时间远小于北冰洋陆架区水体 5～20 a 的平均停留时间（Rutgers van der Loeff et al.，1995），说明考察区域内有着非常高的颗粒物清除和迁出效率。

计算得到各站位真光层底部输出的^{234}Th 通量，如图 5-43 所示，具体数据列于表 5-8 中。考察区域内真光层^{234}Th 的输出通量变化范围为 174.8～1298.8 dpm/（m^2·d），平均值为（742.1±363.1）dpm/（m^2·d）。其中，陆架区的真光层^{234}Th 的输出通量变化范围为 529.7～1298.8 dpm/（m^2·d），平均值为（855.3±274.9）dpm/（m^2·d），与 Yu 等（2012）在楚科奇海陆架的观测结果与 Coppola（2002）在巴伦支海的观测结果一致，在 Moran 等（2005）

观测结果的变化范围之内，高于 Moran 等（1997）及 Moran 和 Smith（2000）在巴伦支海得到的结果。陆坡区两个站位的真光层^{234}Th 的输出通量非常接近，分别为 174.8 dpm/（m^2·d）和 176.6 dpm/（m^2·d），平均值为（175.7±1.3）dpm/（m^2·d），此结果略低于 Trimble 和 Baskran（2005）在楚科奇海陆坡得到的结果（366 dpm/（m^2·d））。

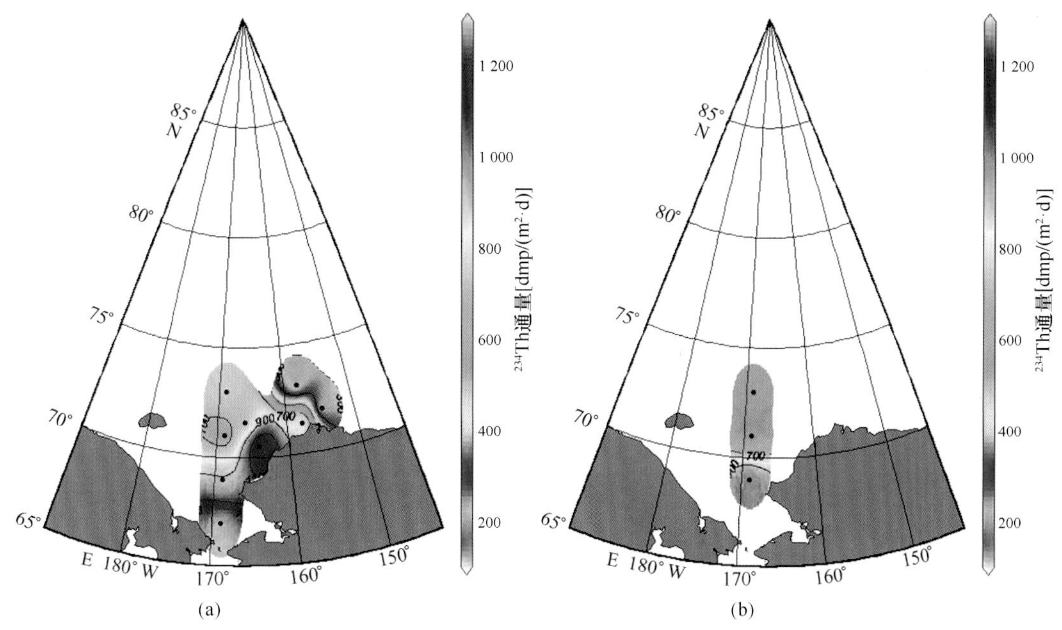

图 5-43 真光层^{234}Th 输出通量水平分布

在 R 断面两次观测到的真光层^{234}Th 输出通量分别为（767.6±123.5）dpm/（m^2·d）（8 月初）和（690.5±275.2）dpm/（m^2·d）（9 月初），相隔一个月的观测结果并无明显变化，显示从夏季中期到末期，北冰洋上层水体中一直保持着较强的颗粒清除、迁出作用。

5.5.2.4 真光层 POC 输出通量和平均输出速率

真光层底部输出的 POC 通量水平分布如图 5-44 所示，各站位分布如图 5-45 所示，具体数据列于表 5-8 中。考察区域内真光层 POC 输出通量总体上呈自近岸向离岸递减、自陆架向深海递减的趋势，与陆架和近岸水体中更活跃的生物活动一致，最高值出现在 C25 站，与该站位较高的^{234}Th 输出通量及较大的 POC/P^{234}Th 比值有关。考察区域内真光层 POC 输出通量变化范围为 1.8~79.2 mmol/（m^2·d）（以碳计），平均值为（24.9±23.3）mmol/（m^2·d）（以碳计），此结果接近于 Trimble 和 Baskran（2005）在楚科奇海陆架陆坡得到的 30.5 mmol/（m^2·d）（以碳计）及 Cochran 等（1995）在格陵兰东北部得到的 33 mmol/（m^2·d）（以碳计）。其中，陆架区的真光层 POC 输出通量变化范围为 8.3~79.2 mmol/（m^2·d）（以碳计），平均值为（29.5±23.0）mmol/（m^2·d）（以碳计），略低于 Moran 等（1997）在楚科奇海陆架得到的 38 mmol/（m^2·d）（以碳计），而高于 Yu 等（2012）于楚科奇海陆架得到的 15.4 mmol/（m^2·d）（以碳计）。本研究得到的真光层 POC 输出通量远高于中低纬度得到的结果（Cai et al.，2008），显示了高纬度海区活跃的生物过程及高效的碳汇作用。

8 月初在 R 断面观测到的真光层 POC 输出通量变化范围为 8.3~29.1 mmol/（m^2·d）（以碳计），平均值为（21.4±11.4）mmol/（m^2·d）（以碳计），9 月初观测到的真光层 POC

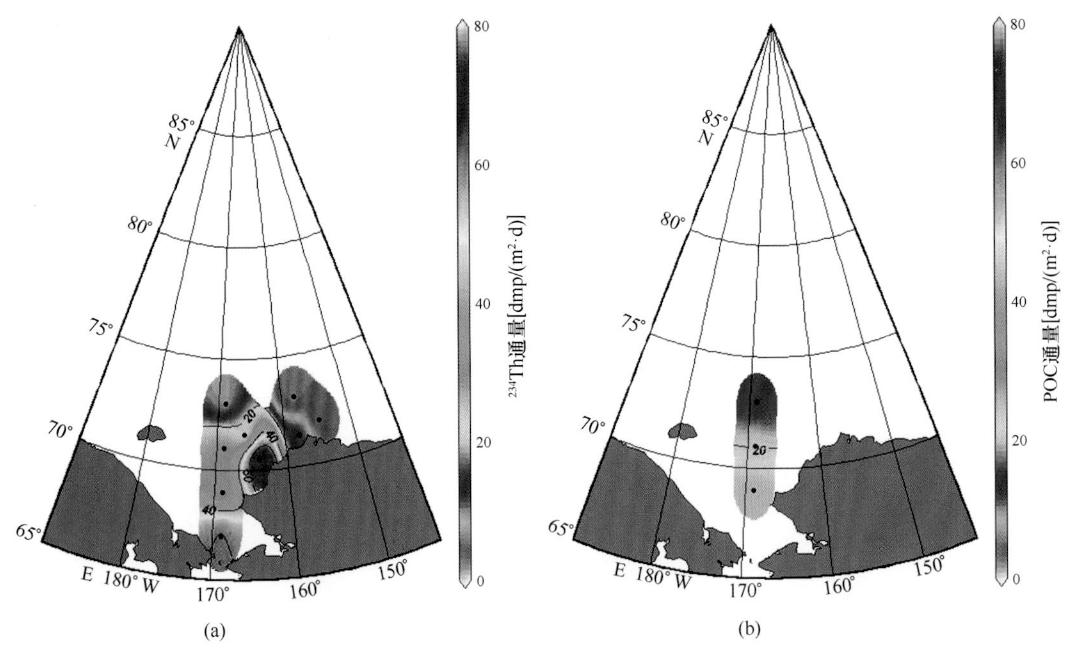

图 5-44 真光层 POC 输出通量水平分布

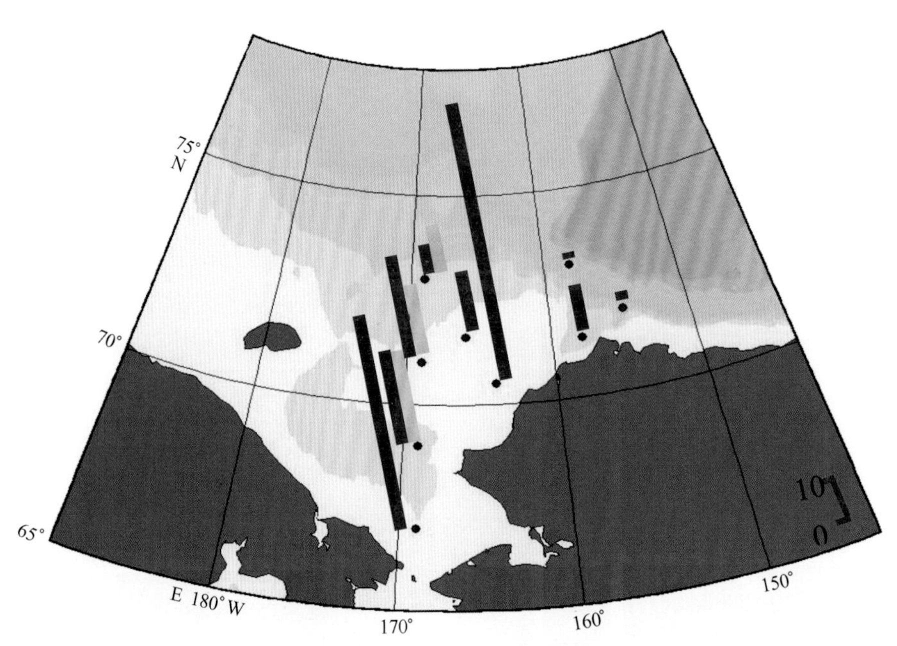

图 5-45 各站位真光层 POC 输出通量分布（柱形的长度代表真光层 POC 输出通量的大小，红色为 8 月的观测值，黄色为 9 月的观测值）

输出通量变化范围为 13.5~26.2 mmol/（m^2·d）（以碳计），平均值为（19.9±6.4）mmol/（m^2·d）（以碳计）。9 月初的叶绿素 a 含量比 8 月初明显下降，说明夏季末期浮游植物初级生产力有所下降，但从真光层 POC 输出通量的观测结果来看，两次观测的结果并无明显变化，9 月初的真光层 POC 输出通量仅略低于 8 月初的通量，仍维持在比较高的水平，说明夏末虽然浮游植物初级生产力大为降低，但由于浮游动物的生长比浮游植物存在滞后，北冰洋仍能保持高效的碳汇作用，把上层水体中的碳源源不断的输送到中深层水体。

由于 POC 输出通量与积分深度有关，为了消除深度的影响，把 POC 输出通量除以真光层的深度，得到真光层 POC 平均输出速率［mmol/（m^3·d）（以碳计）］，如图 5-46 和表 5-7 所示。考察区域内真光层 POC 平均输出速率的变化范围为 0.03~2.64 mmol/（m^3·d）（以碳计），平均值为（0.81±0.79）mmol/（m^3·d）（以碳计）。其中楚科奇海陆架区的平均值为（0.96±0.78）mmol/（m^3·d）（以碳计），远高于陆坡区的平均值（0.04±0.01）mmol/（m^3·d）（以碳计），显示陆架区对碳元素有着更强的垂直输送能力。

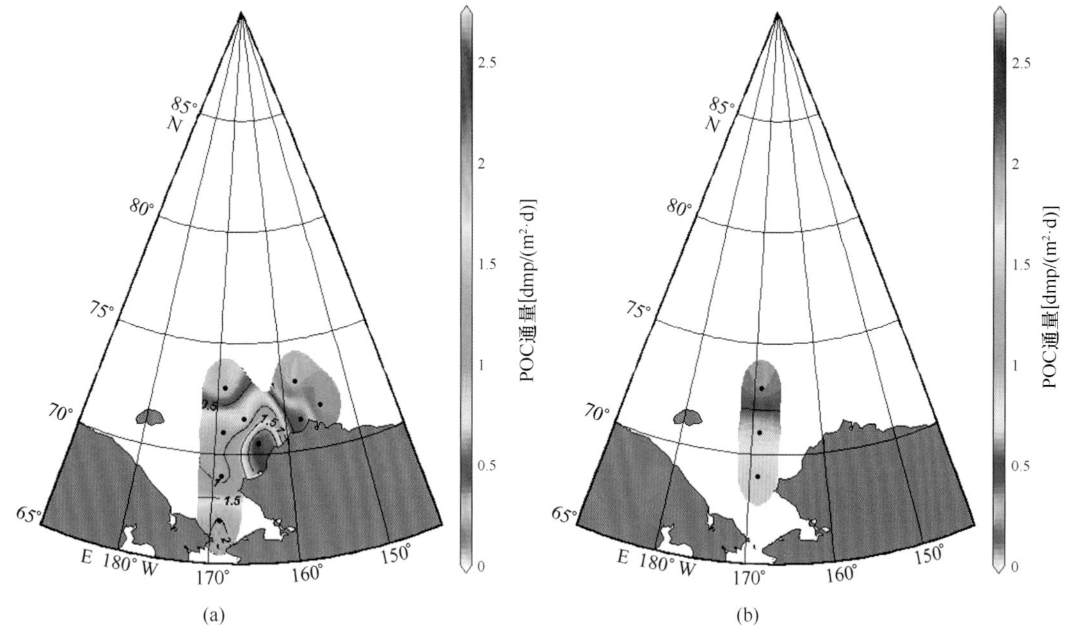

图 5-46 真光层 POC 平均输出速率水平分布

表 5-7 各站位的真光层 POC 输出通量等数据

站位	真光层深度（m）	^{234}Th 输出通量［dpm/（m^2·d）］	POC/P^{234}Th（umol/dpm）	POC 输出通量［mmol/（m^2·d）（以碳计）］	POC 平均输出速率［mmol/（m^3·d）（以碳计）］
C100	30	917.6±41.6	14.3±0.6	13.2±0.8	0.44±0.03
C13	30	697.3±40.8	24.6±1.1	17.1±1.2	0.57±0.04
C25	30	1265.2±34.6	62.6±5.7	79.2±7.6	2.64±0.25
R01	30	1298.8±34.7	47.4±2.1	61.6±3.2	2.05±0.11
R05	30	894.9±43.4	29.9±1.6	26.8±1.9	0.89±0.06
R05 *	30	1008.3±42.6	26.0±1.5	26.2±1.9	0.87±0.06
R09	30	648.2±48.4	45.0±2.3	29.1±2.6	0.97±0.09
R09 *	30	529.7±52.9	37.5±2.2	19.9±2.3	0.66±0.08
R13	40	759.7±66.1	10.9±0.3	8.3±0.8	0.21±0.02
R13 *	40	533.7±61.0	25.3±1.2	13.5±1.7	0.34±0.04
S14	60	174.8±93.9	10.0±0.3	1.8±0.9	0.03±0.02
S22	50	176.6±83.7	14.0±0.6	2.5±1.2	0.05±0.02

5.6 北冰洋 CH_4、N_2O 等温室气体的海—气通量

5.6.1 北冰洋 N_2O 分布特征及其调控因子

N_2O 气体对全球气候和大气化学过程均有重要影响。等浓度 N_2O 的温室效应是 CO_2 的 200~300 倍。同时，其光化学产物 NO 在平流层中可与 O_3 反应，破坏大气臭氧层。在人类限制生产使用氟氯烃并致其大气浓度逐年下降的情况下，N_2O 成为 21 世纪排放量最大的臭氧层破坏气体。因此，N_2O 相关研究受到日益关注。海洋是大气 N_2O 最主要的来源之一。然而，限于现场条件的恶劣，北极至今仍是一个研究有限的区域。海洋 N_2O 观测工作在在中国第四次北极科学考察中广泛开展，观测区域包括白令海，加拿大海盆及相关通道。

现场研究数据显示，北冰洋次表层到底层水体分布特征与之前已有对其他洋区的描述存在明显的区域性差异（图 5-47）。N_2O 在世界大洋的分布上均存次表层到中层水的极大值，除北大西洋部分站区发现 N_2O 浓度低于 10 nmol/L 以外，北冰洋水体在 N_2O 浓度垂直分布上为全球海洋 N_2O 浓度相对低值，加拿大海盆水体中 N_2O 浓度相对目前全球大气 N_2O 背景分压（325 μg/L）甚至工业革命前大气 N_2O 背景分压（270 μg/L）均显示出明显的不饱和特征。同时，发现 N_2O 分布存在中层和底层浓度 1 nmol/L 差异。

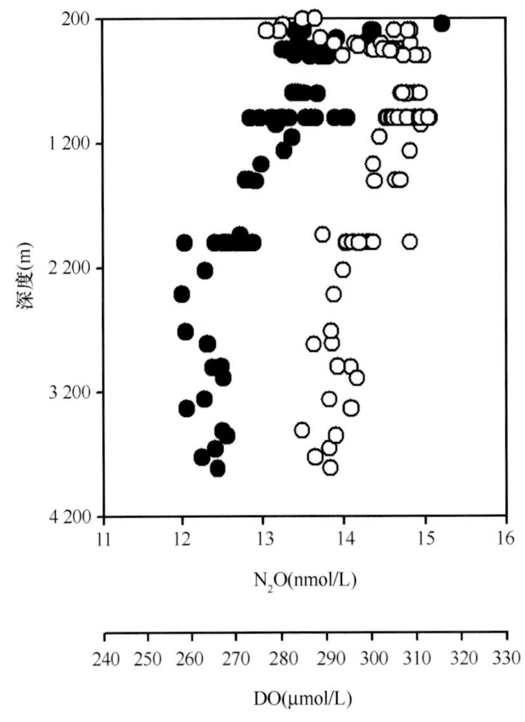

图 5-47 加拿大海盆 N_2O 与 DO 分布特征

根据上述两个现象，可以提出以下科学问题：①加拿大海盆底层水中 N_2O 低值的形成机制为何？②加拿大海盆中层水与底层水之间存在的浓度差异形成机制为何？

根据上述问题，进行如下分析。首先，全球水体中 N_2O 不饱和现象较为罕见。通常存在低氧区域，如大洋东边界。由于水体缺氧，N_2O 中的正一价氮成为反硝化过程的电子受体，

进而被消耗，形成中层水体 N_2O 低值区。然而，在加拿大海盆，观测到的水体中溶解氧浓度较高，并不具备 N_2O 消耗的化学环境，因而，生物过程对水体 N_2O 的消耗可能性可以排除。因此，上述现象可能与水体的运移过程密切相关。

根据加拿大海盆 N_2O 分布特征，可以发现，加拿大海盆水体中 N_2O 浓度变化梯度在 1 000~2 000 m，于此相对应，存在罗门罗索夫海脊，其深度约在 1 500 m。一直以来，研究显示加拿大海盆海水 1 500 m 以浅和以深的水体年龄分别为 30 年和 300~500 年，均来源于北大西洋。可能形成过程是北大西洋水在格陵兰海或巴伦支海在垂直对流作用下向深层沉降，沉降至一定深度后北向移动，中层水体通过巴伦支海进入北冰洋，形成中层水，部分水体下沉后经过弗拉姆海峡进入北冰洋，在一定的历史条件下越过罗门罗索夫海脊并在加拿大海盆中沉降下来，形成加拿大海盆底层水。如果这一假设成立，加拿大海盆中层水和加拿大海盆底层水应携带有北大西洋格陵兰海或者临近海域的信号。Codispoti（2005）对比了加拿大海盆和弗拉姆海峡的营养盐数据，发现两者非常接近。据此，可以从格陵兰海寻找上述假说的证据。图 5-48 显示格陵兰海 N_2O 和溶解氧的分布特征。和营养盐不同，水体中的 N_2O 除了受生物过程控制外，还可能受大气中 N_2O 的调控。本研究中所选取的格陵兰海 N_2O 和 O_2 的分布特征呈现一致的分布特征，这种现象在 N_2O 研究中是绝无仅有的，全球各大海洋中 N_2O 与 O_2 通常呈镜像关系，说明硝化过程 N_2O 产生的主控作用。格陵兰海所观察到的 N_2O 与 O_2 同步变化说明两种物质很可能共同受其他因素的控制。根据上述分布特征，可以假定硝化和反硝化等过程对海洋物理过程的贡献或者消耗很可能不存在或者可以忽略，因此，可以假定，物理过程主控格陵兰海 N_2O 分布。

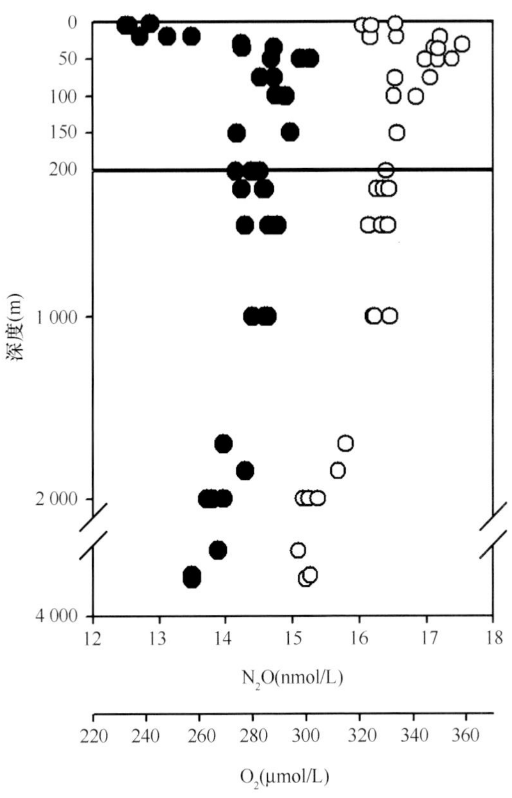

图 5-48 格陵兰海 N_2O 和 O_2 分布特征

因此，调控格陵兰海 N_2O 分布特征的因素只剩下海洋物理过程和海气界面交换过程。格陵兰海是大洋传送带的始发站，深层水通过垂直沉降在该区域下沉进入深层，已有研究显示，格陵兰海水柱中的水团从表层下沉到底层需要约 40 年时间，对于近 4 000 m 的水深而言，格陵兰海垂直下沉水团的下沉速度约为 100 m/a。自工业革命以来，大气中的 N_2O 分压持续增加，目前的增长速率月为 0. 25%/a。因此，如果其他过程对 N_2O 的贡献或者影响可以不考虑，格陵兰海水柱中应该记录了过去 40 年大气中 N_2O 的变化信息。因此，假定一个水团存在于格陵兰海表层在过去某一时刻与大气发生交换后沉降至某一深度，其在表层海水所对应的大气 N_2O 可以通过公式（5-16）进行计算：

$$x = 324.9e^{-2.4\times10^{-5}z} = 324.9e^{-2.4\times10^{-5}(2012-y)r} \tag{5-16}$$

其中，x 为对应大气 N_2O 分压；z 为水团存在的深度；y 为年份；r 为水团沉降的速度。将由此计算获得的 x 与现场观测到的 N_2O 浓度相关，可以看到两者间存在显著相关关系（图 5-48），两者之间存在稳定的比例常数 K，K 约为（0. 044 9±0. 000 9）nmol/L（atm），该结果进一步证明物理过程和海气交换过程在格陵兰海 N_2O 分布中起到主控作用。虽然其他潜在的过程也可能影响 N_2O，然而这种过程很可能与上述两个过程对 N_2O 的控制共同作用，并已经被包含在 K 值当中。

加拿大海盆中层水和深层水均来自格陵兰海及其周边海区，且传输过程中受扰动较小。当 x 可以预测，上述 K 值也可以用于评估对应水体中 N_2O 的浓度。已有研究显示，加拿大海盆中层水体从格陵兰海附近传输到加拿大海盆研究区域所需时间约为 18 年，考虑在格陵兰海从表层下降到 1 000 m 处所需的时间约为 10 年。28 年前大气所对应的 x 约为 303 ug/L，由此计算获得的 N_2O 浓度约为（13. 6±0. 3）nmol/L，该浓度与现场观测平均值（13. 5±0. 3）nmol/L 一致。加拿大海盆底层水体中 N_2O 浓度约为（12. 5±0. 2）nmol/L，其所对应的 300~500 年前大气 N_2O 分压 x 约为 270 ug/L，根据 K 至计算获得的估计值约为（12. 1±0. 2）nmol/L。两者也十分接近，证明上述假说具有很高的可能性。然而，我们可以留意到加拿大海盆底层水体中存在的 N_2O 低值可能存在，大约为 0. 7 nmol/L，虽然其仅为误差的两倍，然而，其也可能预示着历史上存在的低温事件—小冰期。研究记载，小冰期期间格陵兰海区域水温可能比当今低 1. 2℃，这足以导致 5%左右的历史浓度差异。这可能是上述加拿大海盆底层水浓度观测值和评估值之间差异的一个合理解释。

加拿大海盆中层水更新相对快速，然而也存在一定的滞后，而加拿大海盆底层水则是记录的 300~500 年前格陵兰海的历史演变。与快速变化的北冰洋表层海水一起，对加拿大海盆的研究将为我们打开一扇了解过去、现在以至将来的重要窗口。

5. 6. 2 北冰洋 CH_4 分布特征及其调控因子

在楚科奇海 R 断面，表层的甲烷浓度范围为 4. 59~14. 57 nmol/L（图 5-49），显著地高于大气的平衡浓度 3. 23~4. 08 nmol/L，均处于过饱和状态。在水柱中的饱和度范围由表层的 114. 46%升高至底层的 962. 31%，最高的浓度位于 SR03、SR10、SR11 站位的底部，同时这 3 个站位的溶解氧浓度为最低（约 9 mg/L），甲烷的浓度分布呈现明显的由表层向底层逐渐增高的现象，这与 Savvichev（2007）等在该海域的调查结果一致，然后与北冰洋其他海域的甲烷结果相比：在西伯利亚和拉普捷夫海发现了极高的甲烷饱和度异常，浓度高达 87 nmol/L，认为海底来源的甲烷应当起重要作用（Shakhova et al.，2005；Shakhova et al.，2010）；在斯匹次卑尔根陆架区，甲烷持续的由海底泄漏进入水柱中并充满了整个盐跃层的底部并有可能随着水体扰动而进入生层水体和大气；在波弗特海，同样是甲烷的泄漏和沉积物中的微生物活动，使得沿岸海域成为大气甲烷的来源。

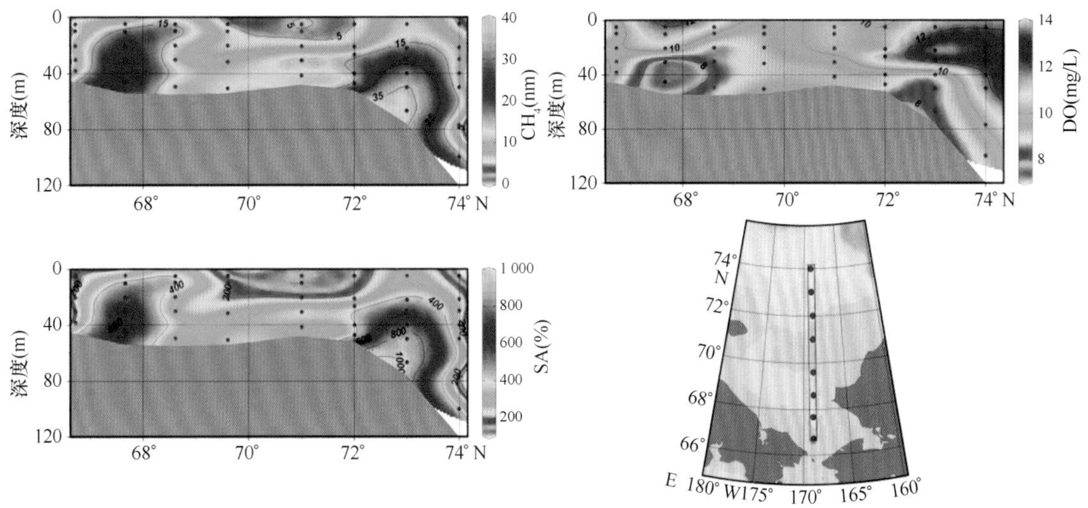

图 5-49　楚科奇海 R 断面甲烷浓度与饱和度分布

已有大量研究表明甲烷可以通过微生物对有机质的降解（基质包括甲基化合物）和产甲烷反应产生甲烷（Damm et al.，2008），海底热成因的甲烷泄漏同样也在斯瓦尔巴德（Smith et al.，2014）和斯匹次卑尔根岛陆架区（Westbrook et al.，2009）被观测到。目前仍未观测到相关的菌群活动利用 DMSP 或者 MPn 等甲基化合物作为碳源（Karl et al.，2008；Metcalf et al.，2012）。在楚科奇海陆架区，高的生产力和低的浮游动物摄食压力导致有机碳以极高的效率（59%~82%）由真光层输出，再加上楚科奇海的水深较浅，这些有机质相当部分被保存在海底，表现出了极高的有机质含量（40%~46%），这些都为微生物的活动提供了丰富的能量支持（Lein et al.，2007），而且在该海域，产甲烷菌被广泛地检测到，即使在高含氧量水柱中其产甲烷速率达到了 0.6~67 μmol/（m^2·d）（Savvichev et al.，2007），而且甲烷由底层向上浓度逐渐减小的现象也说明在该海域，海底甲烷来源应该起到重要作用。相较于水柱中的现场生产，因此我们推断在北冰洋陆架海域，富含有机质的沉积物应当为产甲烷活动提供了能量和物质来源，海底来源的甲烷应当是水柱中甲烷的主要来源。

5.7　北冰洋海洋酸化研究

5.7.1　北冰洋酸化研究概况

由于大量吸收大气 CO_2 所引发的海洋酸化是人类所面临的又一个重大环境问题。自工业革命以来，海洋从大气中吸收约 1/3 人类排放的 CO_2，海洋吸收 CO_2 引起海洋酸化，导致海水 pH 降低和碳酸钙饱和度显著下降。近年来的大量研究结果显示，海洋酸化对整个海洋生态系统可能具有潜在的巨大影响。海洋酸化可以通过 pH 变化直接影响生物的生理过程，还可能会通过改变反应物产生间接影响，如钙化作用和光合作用。最近，对海洋酸化对海洋生物的影响的研究揭示了海洋生物响应的复杂性和多样性。然而，在海洋酸化的恶果到来之前，亟需进一步地研究生物个体和生态系统对海洋酸化的响应。

研究表明，海洋酸化对许多成钙类生物体的生理过程存在影响，控制其影响过程的因子是海水的碳酸钙饱和度，而不是 pH 和 pCO_2，这说明了 CO_3^{2-} 浓度的变化影响海水 $CaCO_3$ 的饱和度，进而影响生物钙化作用。

碳酸钙饱和度 Ω 被定义为钙离子浓度与碳酸根离子浓度的乘积除溶度积 K_{sp}^*：

$$\Omega = [Ca^{2+}] \times [CO_3^{2-}] / K_{sp}^* \tag{5-17}$$

K_{sp}^* 是与温度、盐度、压力有关的函数，单位是 mol^2/kg^2。海洋环境中的碳酸钙存在形式有两种：方解石和文石。这两种晶型有不同的 K_{sp}^* 函数，但是方解石在海洋中更加稳定。文石和方解石这两种矿物在海水中的饱和度分别以 Ω_{arag} 和 Ω_{cal} 来表示。根据测得的海水 DIC 和 TA 以及相关的温盐数据，采用碳酸盐体系互算软件 CO2SYS 计算碳酸根离子（CO_3^{2-}）浓度。钙离子（Ca^{2+}）浓度通过盐度估算。由于海水中钙-盐比变化幅度没有超过 1.5%，碳酸根离子与溶度积比率的变化很大程度上控制了碳酸钙饱和度。海水碳酸钙饱和度这个参量实际上是衡量海水对海洋生物碳酸钙外壳和骨架的“腐蚀潜力”。在海洋生物体没有防腐蚀保护机制的情况下，不饱和海水（$\Omega<1$）对成钙类有机体是有腐蚀性的。而且文石饱和度高达 3.1 的海水就会对一些生物体比如说是造礁珊瑚产生生物学的损害。因此在海洋酸化的研究过程中 pH 和 Ω 往往被作为海水酸化的特征参量，其变化与碳酸盐体系的变化息息相关。

由于所谓的极区放大效应的影响，极区对全球气候变化非常敏感。尽管海洋酸化是全球化现象，高纬度海域海洋酸化相对低纬度海域更为明显。北冰洋的三个特点使其受到全球海洋酸化的影响最严重：第一，北冰洋表层海水 pCO_2 较低，可以大量吸收 CO_2，特别是在一些高生产力海域。楚科奇海陆架区夏季的 pCO_2 在 132~301 μatm 之间波动，楚科奇海区年吸收 CO_2 的量为~10.9 T g；第二，极地气候寒冷，表层水温较低，使得 $CaCO_3$ 的溶度积常数 K_{sp} 较大，使水体中 $CaCO_3$ 饱和度降低；第三，夏季北极大量海冰融化，Ca^{2+} 浓度降低，进一步降低水体中 $CaCO_3$ 的饱和度。

北冰洋也是对气候变化的最敏感的物理和化学系统之一，人为 CO_2 引发的海洋酸化对北冰洋地区的反应最明显，因此相较于其他海域，北冰洋在全球变化快速发生过程中受到的影响更严重。北极格陵兰冰川消融、北极圈内冻土解冻输出的淡水将会与北冰洋夏季海冰的锐减带来的融水一同稀释北冰洋表层海水，这将会成为北冰洋海水酸化另一重要诱因。因此相较于其他海域，北冰洋在全球变化快速发生过程中受到的影响更严重，同时也表明北冰洋酸化已提前到来，而且已发现有生物学响应，翼足目对海水酸度的升高尤为敏感。实验证明，它们的外壳在高酸度的水中生长变得缓慢，并很容易因腐蚀、脱落和部分溶解而破坏掉，而这个外壳的作用是保护自己不被捕食和在水中垂直迁徙。海水酸化对这些冷水生物的冲击程度尚属未知，但通过脆弱的生态系统食物链的传递，必将产生巨大的影响。据预测，高纬表层水有可能将会在未来几十年内就经历酸化带来的不利影响。

北冰洋的低温环境使其相对于温带和热带的表层海水拥有大的 CO_2 溶解度，而且酸碱离解常数对温度敏感，结合极地的环流混合模式，高纬度海区的碳酸盐离子浓度和 $CaCO_3$ 饱和状态本来就低。人为原因引起的海水酸化使高纬度的表层海水饱和程度进一步降低。目前一般认为高纬度的表层海水是文石过饱和的，但是新的研究显示在北冰洋的表层和次表层海水中已经出现季节性文石不饱和。根据当前的 CO_2 释放速率，模型预测南大洋、北冰洋和亚北极太平洋部分海域将在 21 世纪末变成文石不饱和区域。极区海洋由于低盐水造成的低钙离子浓度以及较低温度下 K_{sp}^* 具有高值，造成了低饱和度。McNeil 和 Matear 等使用海气耦合模型评估了碳酸钙饱和度和 pH 对气候变化反馈敏感性。他们证明了在大多数海域气候反馈对于未来海洋的酸化水平相关性较小，相比于气候变化引起的海洋变化来说海洋酸化很大程度上与大气中人为 CO_2 浓度变化有关，然而北半球（>60°N）高纬海域却是个例外，根据他们的模型，海冰消退导致了海气更大程度上的 CO_2 交换，这将会导致 pH 和饱和度的急剧下降。

从 1765 年到 1994 年，根据全球人为产生 CO_2 排放量估算，全球大洋表层海水平均 pH 下降了 0.08，北大西洋的北部海域发现的 pH 下降最大值（-0.10），pH 下降最小（-0.05）的海域是亚热带南太平洋海域，不同海域的 pH 变化程度不同是由于高纬海域相比低纬海域一般都具有相对较弱的缓冲能力，北冰洋与南大洋相比纬度更高，所以年均 CO_3^{2-} 也应该是比热带小很多。尽管 TA 的变化较小且随盐度变化，表层的 DIC 的变化因吸收大量的人为 CO_2 而变大，因此极地和亚极地海洋自然 CO_3^{2-} 较低而 DIC/TA 比值较高。高 DIC/TA 也在高 CO_2 的次表层水中发现，当这些水团在高纬度地区上升，如南大洋，进一步减少了表层的 CO_3^{2-}。天然就低的表层 CO_3^{2-}，大的人为 CO_2 吸收能力，高 DIC/TA 的次表层水这些因素共同作用使高纬度海域的碳酸钙饱和状态受到更严重的人为 CO_2 的威胁。

在高纬海域的海洋酸化会比中纬度和低纬度海域的酸化更快发生并且更严重，此外极地海洋生物生长过程缓慢，生物适应酸化的能力可能更低。北冰洋是地球上生产力最丰富的区域之一，生态多样性丰富，是主要的渔业来源，其中处于食物链底部的是大量的翼足目生物，它们是整个生态系统的基础，海洋酸化严重影响了它们的生存。但是，北冰洋的实际情况要更复杂，在夏季 pCO_2 分布并不是简单地与生物生产力相关，根据 GAO 等对西北冰洋研究结果，在最近 10 年内西北冰洋不同海区对大气 CO_2 升高的响应并不相同，存在显著的区域差异。总的 pCO_2 分布格局为：陆架区 pCO_2 值很低，而在海盆区则有较高的 pCO_2 值，陆坡区则介于两者之间，但从陆架区向深水海盆区会出现快速升高。

虽然对于高纬度地区，海洋酸化还是一个未知问题，Ω 降低和文石不饱和状态对生态系统的影响可能还不是非常清楚，但实验模拟指出，在高 CO_2 的海水环境中，Ω 的改变造成许多海洋生物的钙化速率改变，包括球石藻、有孔虫、翼足类、蚌类和蛤。它们是高纬度海域生态系统多样性的重要组成部分，但是海水变酸威胁到了它们的生存。在北冰洋生活的一些幼虫形成文石外壳时会在大约 50 m 水深聚集，但是这里是 Ω 降低和冰融水注入最剧烈的区域 。在未来几十年，预计变暖、物种入侵和海洋酸化将会显著影响极区浮游生物和海底生态系统。因此高纬度海域的海洋酸化是对中、低纬度海域生物影响一个预警和指示。为了更好地了解海洋酸化对未来北极的影响，迫切需要增加对极地和亚极地海域的酸化研究和监测，了解北冰洋的酸化速率和承受能力底线。

5.7.2 北冰洋酸化状况评估

文石饱和度是评估海洋酸化及对海洋含 $CaCO_3$ 类生物影响的重要指标之一。研究预测表明北冰洋表层水将成为全球深海最先出现文石饱和度小于 1 的海域。然而，受制于政治因素和现场恶劣的海况，北冰洋航次观测数据至今十分稀少。基于中国北极科学考察航次，我们对西北冰洋的海洋酸化状况进行了初步的研究。

文石饱和度作为衡量酸化的重要指标，考察文石饱和度的变化对于海洋酸化的成因以及年际变化趋势的研究具有重要的意义。春夏期间，富含营养盐的太平洋水团进入楚科奇海的陆架，其与海冰融水对海水的层化作用，加之强烈的太阳光照使楚科奇海具有极高浮游植物初级生产力和净群落生产力（>300 g/（m^2·a）（以碳计）或 0.3~2.8 g/（m^2·d）（以碳计）。植物光合作用的过程增加了海水的碳酸根离子浓度，这使得整个楚科奇海都处于过饱和状态。早在 1991 年，Jutterström 等首次在北冰洋进行了文石和方解石饱和度的调查，研究结果显示整个楚科奇海都处于碳酸钙过饱和状态，Ω_{arag}绝大部分都在 2~3 之间。

随着全球气候的变暖，海冰后撤更为迅速，在靠近洋盆附近的开阔水域，钙离子浓度几乎为零的海冰融水同时具有极高的 CO_2 吸收能力，此时 Ω_{arag} 极其容易出现不饱和。因此，2008 年和 2010 年都在楚科奇海北部总会观测到 Ω_{arag}的极小值。2008 年和 2010 年考察期间楚科奇海的 Ω_{arag}都在 1~3 之间（图 5-52），对比两年的表层海水 Ω_{arag} 可以发现，Ω_{arag} 有逐渐变小的趋势。

2008 年和 2010 年的 169°W 断面 Ω_{arag}分布如图 5-50 所示。从图中可以看出，有 3 个位置存在 Ω_{arag}低值区。陆架边缘 10 m 以浅表层水 Ω_{arag} 值较小，在水深 100 m 处的陆架坡折处发生了较大范围的文石不饱和，同时在陆架边界的水深 200 m 处也发生了文石不饱和。2010 年的分布图中可以看出 3 个 Ω_{arag} 低值区具有明显的边界，而在 2008 年，陆架坡折处的 Ω_{arag} 低值区域与水深 200 m 处的低值区连到了一起并有扩大的趋势。

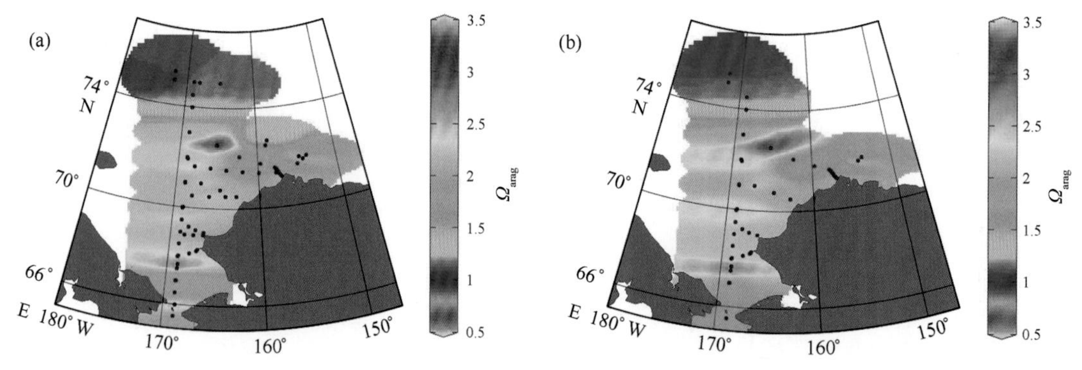

图 5-50 2008 年（a）和 2010 年（b）年楚科奇海表层海水文石饱和度 Ω_{arag} 分布

图中虚线为 $\Omega_{arag}=1$ 的分界线

200 m 深处的不饱和水团与陆架坡折处的 Ω_{arag} 低值区存在明显的边界，说明两个 Ω_{arag} 低值区的成因是存在差异的。有研究显示在加拿大海盆 100~200 m 深处的海水也发现了海水文石不饱和现象，根据氧同位素 ^{18}O 示踪研究发现，这一层水是白令海和楚科奇海陆架的冬季变性水组成，具有低温、高营养盐、高 pCO_2（由于有机物的在矿化过程导致）特点的太平洋冬季水进入加拿大海盆，引起了海水文石不饱和。加拿大海盆更深层次的海水来自于欧亚海盆（欧亚海盆深层水主要来源于大西洋水），并在 400 m 深水观测到了文石饱和度的极大值。因此，200 m 深处的 Ω_{arag} 不饱和水团来源主要是海盆次表层水的侵袭，特别是在 2012 年夏季，这个水团与陆架破折处的 Ω_{arag} 不饱和水团连为一体，这有可能是由于海冰融化后气旋引起的涌升导致次表层水的向陆架区域侵袭。

2008 年和 2010 年的 169°W 断面 pH 分布如图 5-51 所示。pH 的分布与文石饱和度的分布趋势较为一致，低 pH 发生在陆架边缘靠近海盆海区的表层与陆架坡折处的海底，文石不饱和现象也可能会同时在这些区域发生。从每一年的断面图都可以看出楚科奇海 Ω_{arag} 与深度有关，在陆架和陆坡的水团都有所不同。海表在陆架区域 Ω_{arag} 平均值在 0~15 m 之间是 2.1±0.6，唯一的异常是加拿大海盆的陆架坡折处深度具有较低的碳酸钙饱和度，同时伴随着营养盐最大值和较低溶解氧浓度，这说明有机物发生了矿化作用。春夏期间，富含营养盐的太平洋水团通过狭窄浅平（宽度 85 km，平均深度 50 m）白令海峡进入楚科奇海的陆架，其与海冰融水对海水的层化作用和长时间的光照共同使得楚科奇海有很高的生产力。大量的营养盐输入为北冰洋提供了极高的生物生产力，楚科奇海成为北冰洋碳吸收的重要来源，太平洋水支持了楚科奇海极高浮游植物初级生产力和净群落生产力（>300 g/（m^2·a）（以碳计）或 0.3~2.8 g/（m^2·d）（以碳计）。生物对 DIC 的消耗引起了海水 pH 的剧烈变化，导致了表层海水在春季水华之后的 pH 相比春季水华之前的 pH 值有所升高，2010 年夏季表层水原位 pH 达到了 8.348±0.100，8 月整个水柱中的文石和方解石饱和度都属于过饱和（即 $\Omega_{arag}>1$，$\Omega_{cal}>1$），其中方解石饱和度（Ω_{arag}）在表层水达到了 3.21±0.69，表层水 pCO_2 值在 180~320 μatm 之间，这意味着表层水存在着相当大的吸收大气中 CO_2 的潜力。

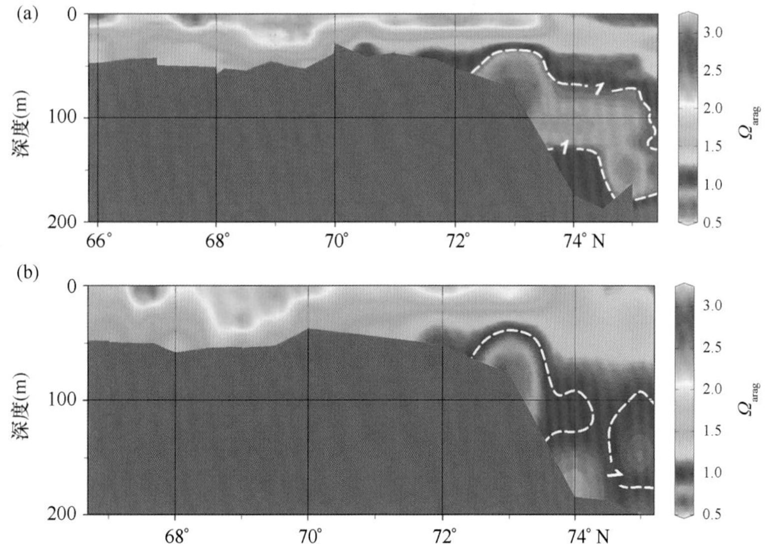

图 5-51 2008 年（a）和 2010 年（b）楚科奇海 169°W 断面海水文石饱和度 Ω_{arag} 分布。图中虚线为 $\Omega_{arag}=1$ 的分界线

在陆架区近底层，25 m 以下，pH 在 8 左右，文石饱和度在 1.5，尽管表层文石和方解石饱和度都有所下降但是依然都在饱和补偿深度以上，即 Ω_{arag} 和 Ω_{cal} 都大于 1。在一些深水区站位的近底层中，由于 DIC 的积累以及随后的 pCO_2 增加导致了碳酸钙饱和度的锐减，文石饱和度首先出现了不饱和（$\Omega_{arag}<1$）。海水深处继续增长的 pCO_2，导致了 pH 变得更低，大部分的值都降低到了 7.95 至 8.10 之间，同时诱发了在楚科奇海的 30 m 到底层出现了广泛的文石不饱和（$\Omega_{arag}<1$），方解石饱和度尽管依然处于过饱和状态（$\Omega_{cal}>1$）。作为极区亚极地陆

架海域高生产力的典型海域，生物过程很可能是楚科奇海碳酸盐参数变异的决定性驱动力，这种变化符合“浮游植物—碳酸盐饱和度”模型。表层海水大量浮游植物生产导致表层水 pH 和 Ω 升高，生源有机物输送到海底通过好氧细菌再矿化过程消耗有机物和氧产生 CO_2 导致 pH 和 Ω 降低（图 5-55）。目前观测到 $\Omega_{arag}<1$ 的海水主要在西北冰洋楚科奇海近底层水和加拿大海盆的陆架坡折处（图 5-52）。有学者在 2010 年和 2011 年的观测中发现，在整个南楚科奇海和东西伯利亚海接海底的底层水中都有超过 400 μatm 的高 pCO_2 海水出现。在西楚科奇海和东西伯利亚海陆架的 Ω_{arag} 普遍较低，分别在 2~3 和 1.5~2 之间，在东西伯利亚海发现较低 Ω_{arag} 值并不奇怪，拥有较高的 pCO_2 值（>600 μatm）和低 pH 值（7~7.5）的表层水经过 Long 海峡从西伯利亚往楚科奇海流动的西伯利亚流动，并在 Long 海峡发现了更低的值。这些高 pCO_2 的表层水的出现很大程度上是由于陆源有机物的再矿化和海洋有机碳的分解。

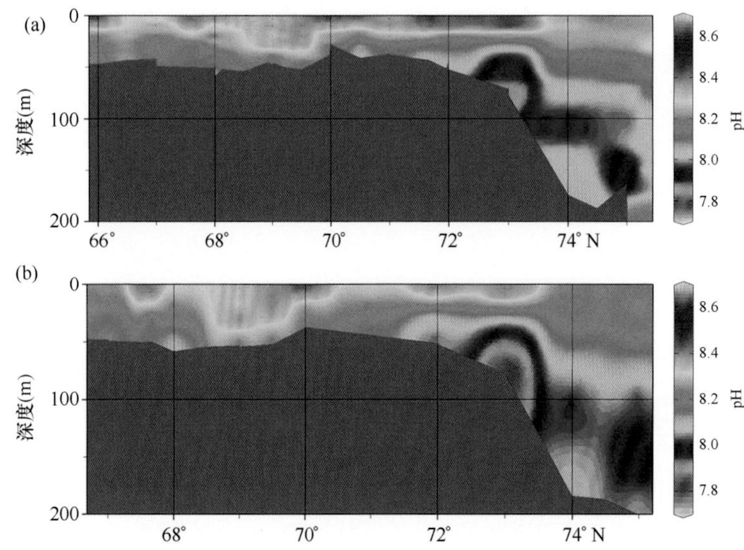

图 5-52　2008 年（a）和 2010 年（b）楚科奇海 169°W 断面海 pH 分布

夏季楚科奇海陆架区域表层海水酸化主要控制因素为生物因素，在陆架边缘海域主控因素是融冰水的稀释作用，生物因素对酸化的影响较小。楚科奇海陆架区次表层中文石季节性不饱和的出现是人为 CO_2 的吸收和次表层有机物再矿化的原因。在夏季海冰退缩时，高初级生产力降低了陆架区表层水中 pCO_2，加深了 $CaCO_3$ 的饱和深度，但是颗粒碳再矿化增加了 pCO_2 使得次表层海水是文石不饱和。浮游植物初级生产季节性变化引发的 $CaCO_3$ 饱和状态季节性响应的结果是在楚科奇海北部大陆架和加拿大海盆的温盐跃层（100~200 m）以上出现不饱和现象。在未来几十年，大气中的人为 CO_2 含量会越来越高，气候变暖引发的北冰洋无冰期变长使生产力不断增长，这种文石的不饱和状态可能会恶化或持续更长的时间。

5.8　总结

随着北极海冰的快速变化，北冰洋及其邻近海区的营养盐分布、生物泵组成结构、温室气体、碳循环等过程也在发生着重大变化。

总体而言，北白令海陆架区营养盐分布基本呈表层低，底层高的特点，由于融冰期间低营养盐融水输入和温盐跃层限制了水体垂直混合，白令海陆架上层水的营养盐随着生物利用而表现为贫营养。次表层冷水团的存在使得北白令海陆架水体稳定性增强，并提供了较为充足的营养盐，均有利于浮游植物的生长繁殖。在楚科奇海南部白令海峡入口，BS、AW 和 ACW 在此强烈混合，形成了初夏楚科奇海最强的"生物泵"强度和效率，此外楚科奇海中部汉纳浅滩附近由于融冰期浮游植物勃发也是"生物泵"较强的区域。

白令海、楚科奇海的溶解无机磷（DIP）浓度明显高于波弗特海，显示了太平洋入流的明显影响。在溶解磷储库中，DOP 所占份额随深度增加而增加，且楚科奇海高于白令海，反映出上层水体的初级生产过程是 DOP 的主要来源。在颗粒磷储库中，弱结合态磷（Labile-P）和 Fe 结合态磷（Fe-P）是最主要的两个组分，而磷灰石、碳酸钙结合态磷（CFA-P）和碎屑磷（Detr-P）的贡献最小。弱结合态磷（Labile-P）与 POC、PN 具有正相关关系，表明研究海域的弱结合态磷主要由生物过程产生，而且它是颗粒磷再生的最活跃组分。研究海域深层水中的磷灰石、碳酸钙结合态磷（CFA-P）相对较高，说明弱结合态磷（Labile-P）和自生磷之间存在活跃的转化。铁结合态磷（Fe-P）和碎屑磷（Detr-P）则主要受物理、化学过程的影响，如水平输送、沉积物再悬浮等。

沉积物间隙水 N＊的分布表明，楚科奇海沉积环境具有很强的反硝化过程，沉积物脱氮作用是硝酸盐一个重要的汇。楚科奇海沉积物是营养盐的源，表明沉积物中生物硅再矿化产生的硅酸盐对楚科奇海硅酸盐含量的贡献非常高。并且其含量呈现明显的纬度分布特征。

大量的营养盐向北输运使得北冰洋在夏季发展成大气 CO_2 的重要汇区，特别是楚科奇海，其在夏季有着很高的碳吸收通量，是大气 CO_2 的强汇区，而输出生产力的研究也充分证明，在夏季，海冰的融化将会导致上层水体中 POC 输出通量的增加，北冰洋是一个潜在的 CO_2 汇区。其中，楚科奇海陆架区具有最高的 POC 输出通量，在楚科奇海陆架往上更高纬度的海区，POC 输出通量呈下降趋势。相应地，在初级生产力较高的楚科奇海，DIC 分布主要受到有机质生产或降解的主控。而在初级生产力较低的加拿大海盆无冰区，混合层中 DIC 分布的主控因素是海水与海冰融化水的保守混合。

白令海透明胞外聚合颗粒物（TEP）含量整体也呈现由陆架向海盆降低的趋势，但陆架近底层水出现高 TEP 特征。在陆坡和海盆区，TEP 含量随深度的增加逐渐降低，反映出 TEP 来源与降解作用的影响。TEP 与荧光强度、TSM、POC 的关系表明，研究海域 TEP 存在两个来源：其一为海洋上层水体的浮游生物，其主要贡献于陆架表层暖水和次表层冷水、陆坡和海盆区水体；其二为陆架沉积物的底栖生物，其主要通过沉积物再悬浮贡献于陆架近底层水。沉积物再悬浮提供 TEP 至水体中可能对海洋 TEP 的循环路径，以及 TEP 在海洋碳循环、痕量元素的清除等方面产生影响。

在此次北极考察中，"雪龙"号极地科考破冰船首次对北冰洋的调查深入到了 88°26′N，涉及西北冰洋陆架区、陆坡区海盆区等各个典型代表性区域，并深入到了北极冰盖覆盖下的中心海盆区。对整体上北冰洋的夏季表层 pCO_2 分布状况有了比较全面的了解，并对海冰变化情形下西北冰洋及碳通量的变化做了深入的研究。研究发现白令海及西北冰洋整体上都表现为大气 CO_2 的汇，特别是西北冰洋海盆区无论是海冰区还是无冰区在夏季都是 CO_2 的汇区，这对预测未来夏季北冰洋海冰完全融化后的碳汇的变化具有指导意义。

除 CO_2 之外的其他两种温室气体（N_2O 和 CH_4）的情况则大不相同。北冰洋水体在 N_2O

浓度垂直分布上为全球海洋 N_2O 浓度相对低值，加拿大海盆水体中 N_2O 浓度相对目前全球大气 N_2O 背景分压（325 ug/L）甚至工业革命前大气 N_2O 背景分压（270 ug/L）均显示出明显的不饱和特征。同时，发现 N_2O 分布存在中层和底层浓度 1 nmol/L 差异。而在楚科奇海 R 断面，表层的甲烷浓度显著地高于大气的平衡浓度，处于过饱和状态。北冰洋陆架海域，富含有机质的沉积物应当为产甲烷活动提供了能量和物质来源，海底来源的甲烷应当是水柱中甲烷的主要来源。

78°N 以南西北冰洋表层海水 TA 和 DIC 由于受到河水和海冰融化水的稀释作用，表层 DIC 和 TA 的浓度都比较低，而且在海冰融化最为剧烈的考察区域——75°N 左右为中心的海盆区是 TA 和 DIC 的低值区；然而在 78°N 以北海盆区由于海冰的覆盖，水团性质变化不大，TA 和 DIC 的值都在一个较小的范围内波动。78°N 以南西北冰洋上层水柱中 TA 呈现出一种保守分布。

2010 年并不是北极海冰融化最严重的年份，特别是相比于 2008 年，但是，此次北极科考却超越 2008 年的最北 85. 5°N 的纪录进一步挺进到 88°26′N，刷新历史纪录，是由于淡水分布区域的变化，使得西北冰洋有了一条北进的水域通道。根据西北冰洋中碳酸盐体系系统参数的分布特征，利用海水总碱度示踪研究表明，由于目前北极海冰的快速变化，目前夏季西北冰洋表层水体中海冰融化水对淡水的贡献较大，远远高于径流水的贡献；西北冰洋夏季海冰融化水峰值出现在冰缘带（75°N 中心的纬度带），其海冰融化水所占的比例最大，然后依次向高纬和低纬递减，与海冰的分布情况密切相关；2010 年西北冰洋海冰融化情况与 2008 年有所不同，这在用总碱度示踪所揭示海冰分布情况得到了详细反映。2008 年比 2010 年融冰更多，特别是在加拿大海盆南部更多融化，其融冰淡水比例比 2010 年时更大。2010 年融冰淡水在 80°N 中心低值区域之后明显增大，显示有通向高纬度的开阔水道出现，与实际情况相吻合。径流水在北冰洋表层水体中分布明显受西北冰洋环流影响，并随环流输运而有明显地积累。2010 年较之 2008 年西北冰洋中的淡水分布，其主要峰值分布中心位置有所偏移。这些海冰融化水分布情况分析研究结果与海冰融化分布情况基本对应，这些结论为今后对北极快速变化研究分析提供了科学依据。

参考文献

陈立奇，高众勇，王伟强，等. 2003. 白令海盆 CO_2 分布特征及其对北极碳汇的影响. 中国科学 D 辑，33(8)：781-790.

陈立奇，高众勇，詹力扬，等. 2013. 极区海洋对全球气候变化的快速响应和反馈作用. 应用海洋学学报(1)：138-144.

陈敏，黄奕普，邱雨生. 2007. 白令海盆氮吸收速率的同位素示踪. 自然科学进展，17(12)：1672-1684.

陈敏. 2009. 化学海洋学. 北京：海洋出版社.

高生泉，陈建芳，李宏亮，等. 2008 年夏季白令海营养盐的分布及其结构状况. 海洋学报，33(2)：157-165.

高众勇，陈立奇，王伟强. 2002. 南北极海区碳循环与全球变化研究. 地学前缘，9(2).

高众勇，陈立奇. 2007. 全球变化中的北极碳汇：现状与未来. 地球科学进展，22(8)：857-865.

高众勇，孙恒，陈立奇. 2011. 白令海 BR 断面海—气 CO_2 通量及其参数特征. 海洋学报，33(6)：

85-92.
何剑锋, 陈波, 曾胤新, 等. 2005. 白令海夏季浮游细菌和原生动物生物量及分布特征. 海洋学报, 27(4): 127-134.
扈传昱,潘建明,刘小涯,等. 2006. 南大洋沉积物间隙水中营养盐分布及扩散通量研究. 海洋学报, 28(4): 102-107.
金明明,陈建芳,赵进平,等. 2004. 加拿大海盆的营养盐极大. 极地研究, 16(3): 240-252.
林凌, 何剑锋, 张芳, 等. 2011. 2008年夏季白令海和北冰洋异养浮游细菌丰度与分布特征. 海洋学报, 33(3): 166-174.
刘子琳, 陈建芳, 陈忠元, 等. 2006. 白令海光合浮游生物现存量和初级生产力. 生态学报, 26(5): 1345-1351.
刘子琳, 陈建芳, 刘艳岚, 等. 2011. 2008年夏季白令海粒度分级叶绿素a和初级生产力. 海洋学报, 33(3): 148-157.
马丽丽,陈敏,郭劳动,等. 2012. 北白令海透明胞外聚合颗粒物的含量与来源. 海洋学报,34(5): 81-90.
戚晓红, 刘素美, 张经. 2006. 东、黄海沉积物—水界面营养盐交换速率的研究. 海洋科学, 30(3): 9-15.
冉莉华, 陈建芳, 金海燕, 等. 2012. 白令海和楚科奇海表层沉积硅藻分布特征. 极地研究, 24(1): 15-23.
吴丰昌,万国江,蔡玉蓉. 1996. 沉积物—水界面的生物地球化学研究. 地球科学进展, 11(2): 191-197.
叶曦雯, 刘素美, 张经. 2002. 黄海, 渤海沉积物中生物硅的测定及存在问题的讨论. 海洋学报, 24(1): 129-134.
余兴光. 2011. 中国第四次北极科学考察报告. 北京: 海洋出版社.
张海生. 2009. 中国第三次北极科学考察报告. 北京: 海洋出版社.
Aagaard K and Coachman L K. 1975. Toward an ice-free Arctic Ocean. EOS, 56: 484-486.
Aagaard K, Coachman L K, and Carmack E. 1981. On the halocline of the Arctic Ocean. Deep Sea Research Part A. Oceanographic Research Papers, 28(6): 529-545.
Alldredge A L, Passow U, Logan B E. 1993. The abundance and significance of a class of large, transparent organic particles in the ocean. Deep Sea Research I, 40(6): 1131-1140.
Ambrose W G, van Quillfeldt C, Clough L M, et al. 2005. The sub-ice algal community in the Chukchi Sea: large-and small-scale patterns of abundance based on images from a remotely operated vehicle. Polar Biology, 28: 784-795.
Anderson L D, Delaney M L, Faul K L. 2001. Carbon to phosphorus ratios in sediments: implications for nutrient cycling. Global Biogeochemical Cycles, 15: 65-79.
Arrigo K R, Robinson D H, Worthen D L, et al. 1999. Phytoplankton Community Structure and the Drawdown of Nutrients and CO_2 in the Southern Ocean. Science, 283(15): 365-367.
Azetsu-Scott K, Passow U. 2004. Ascending marine particles: significance of transparent exopolymer particles (TEP) in the upper ocean. Limnology and Oceanography, 49(3): 741-748.
Banse K, English D C. 1999. Comparing phytoplankton seasonality in the eastern and western subarctic Pacific and the western Bering Sea. Progress in Oceanography, 43(2-4): 235-287.
Bar-Zeev E, Berman-Frank I, Stambler N, et al. 2009. Transparent exopolymer particles (TEP) link phytoplankton and bacterial production in the Gulf of Aqaba. Marine Ecology Progress Series, 56: 217-225.

Baskaran M, Naidu A S. 1995. 210Pb-derived chronology and the fluxes of 210Pb and 137Cs isotopes into continental shelf sediments, East Chukchi Sea, Alaskan Arctic. Geochimica et Cosmochimica Acta, 59 (21): 4435-4448.

Bates N R M J T, 2009. The Arctic Ocean marine carbon cycle: evaluation of air-sea CO_2 exchanges, ocean acidification impacts and potential feedbacks. Biogeosciences, 6(11): 2433-2459.

Benitez-Nelson C R. 2000. The biogeochemical cycling of phosphorus in marine systems. Earth-Science Reviews, 51: 109-135.

Björkman K M, Karl K M. 2003. Bioavailability of dissolved organic phosphorus in the euphotic zone at Station ALOHA, North Pacific Subtropical Gyre. Limnology and Oceanography, 48: 1049-1057.

Björkman K, Karl D M. 1994. Bioavailability of inorganic and organic phosphorus compounds to natural assemblages of microorganisms in Hawaiian coastal waters. Marine Ecology Progress Series, 111: 265-273.

Cai W, Chen L, Chen B, et al. 2010. Decrease in the CO_2 uptake capacity in an ice-free Arctic Ocean basin. Science, 329: 556-559.

Cai Y, Guo L. 2009. Abundance and variation of colloidal organic phosphorus in riverine, estuarine and coastal waters in the northern Gulf of Mexico. Limnology and Oceanography, 54: 1393-1402.

Carmack E, Macdonald R W, Jasper S. 2004. Phytoplankton productivity on the Canadian Shelf of the Beaufort Sea. Marine Ecology Progress Series, 277: 37-57.

Cavender-Bares K K, Karl D M, Chisholm S W. 2001. Nutrient gradients in the western North Atlantic Ocean: relationship to microbial community structure and comparison to patterns in the Pacific Ocean. Deep-Sea Research I, 48: 2373-2395.

Chang B X, Devol A H. 2009. Seasonal and spatial patterns of sedimentary denitrification rates in the Chukchi Sea. Deep Sea Research Part II: Topical Studies in Oceanography, 56(17): 1339-1350.

Chen L and Gao Z. Spatial variability in the partial pressures of CO_2 in the northern Bering and Chukchi seas. 2007. Deep Sea Research Part II: Topical Studies in Oceanography, 54(23-26): 2619-2629.

Chen L Q, Gao Z Y, Wang W Q, et al. 2004. Characteristics of pCO_2 in surface water of the Bering Abyssal Plain and their effects on carbon cycle in the western Arctic Ocean. Science in China Series D: Earth Sciences, 47(11): 1035-1044.

Chen M, Ma Q, Guo L, et al. 2012. Importance of lateral transport on 210Pb budget in the eastern Chukchi Sea. Deep-Sea Research II, 81/84: 53-62.

Christensen J P. 2008. Sedimentary carbon oxidation and denitrification on the shelf break of the Alaskan Beaufort and Chukchi Seas. Open Oceanography Journal, 2: 6-17.

Codispoti L A, Flagg C, Kelly V, et al. 2005. Hydrographic conditions during the 2002 SBI process experiments. Deep-Sea Research Part II, 52(24-26): 3199-3226.

Codispoti L A, Flagg C, Swift J H. 2009. Hydrographic conditions during the 2004 SBI process experiments. Deep-Sea Research II, 56: 1144-1163.

Comeau S, Gorsky G, Jeffree R, Teyssie J L, Gattuso J P. 2009. Impact of ocean acidification on a key Arctic pelagic mollusc (Limacina helicina). Biogeosciences, 6(9): 1877-1882.

Cooper L W, Benner R, McClelland J W, et al. 2005. Linkages among runoff, dissolved organic carbon, and the stable oxygen isotope composition of seawater and other water mass indicators in the Arctic Ocean. Journal of Geophysical Research, 110: G02013.

Corliss B H, Honjo S, 1981. Dissolution of deep-sea benthonic foraminifera. Micropaleontology: 356-378.

Corzo A, Rodriguez-Galvez S, Lubian L, et al. 2005. Spatial distribution of transparent exopolymer particles in the Bransfield Strait, Antarctica. Journal of Plankton Research, 27(7): 635-646.

Cota G F, Anning J L, Harris L R, et al. 1990. Impact of ice algae on inorganic nutrients in seawater and sea ice in barrow strait, NWT, Canada, during spring. Canadian Journal of Fisheries and Aquatic Sciences, 47(7): 1402-1415.

Cota G F, Pomeroy L R, Harrison W G, et al. 1996. Nutrients, primary production and microbial heterotrophy in the southeastern Chukchi Sea: Arctic summer nutrient depletion and heterotrophy. Marine Ecology Progress Series, 135: 247-258.

Cummings V, Hewitt J, Van Rooyen A, Currie K, Beard S, Thrush S, Norkko J, Barr N, Heath P, Halliday N J, Sedcole R, Gomez A, Mcgraw C, Metcalf V, 2011. Ocean acidification at high latitudes: potential effects on functioning of the Antarctic bivalve Laternula elliptica. PLoS One, 6(1): e16069.

Delaney M L. 1998. Phosphorus accumulation in marine sediments and the oceanic phosphorus cycle. Global Biogeochemical Cycles, 12: 563-572.

Devol A H, Codispoti L A, Christensen J P. 1997. Summer and winter denitrification rates in western Arctic shelf sediments. Continental Shelf Research, 17(9): 1029-1050.

Dickson A G, Sabine C L, and Christian J R. 2007. Guide to best practices for ocean CO_2 measurements. Sidney, British Columbia, North Pacific Marine Science Organization,PICES Special Publication 3.

Dieckmann G S, Lange M A, Ackley S F, et al. 1991. The nutrient status in sea ice of the Weddell Sea during winter: effects of sea ice texture and algae. Polar Biology, 11: 449-456.

Doney S C, Fabry V J, Feely R A, Kleypas J A. 2009. Ocean acidification: the other CO_2 problem. Ann Rev Mar Sci, 1: 169-192.

Eicken H, Gradinger R, Gaylord A, et al. 2005. Sediment transport by sea ice in the Chukchi and Beaufort Seas: increasing importance due to changing ice conditions? Deep-Sea Research II, 52: 3281-3302.

Engel A. 2002. Direct relationship between CO_2 uptake and transparent exopolymer particles production in natural phytoplankton. Journal of Plankton Research, 24(1): 49-53.

Engel A. 2004. Distribution of transparent exopolymer particles (TEP) in the northeast Atlantic Ocean and their potential significance for aggregation processes. Deep Sea Research I, 51(1): 83-92.

Fabricius K E, Wild C, Wolanski E, et al. 2003. Effects of transparent exopolymer particles and muddy terrigenous sediments on the survival of hard coral recruits. Estuarine, Coastal and Shelf Science, 57(4): 613-621.

Falkowski F G, Katz M E, Knoll A H, et al. 2004. The evolution of modern eukaryotic phytoplankton. Science, 305: 354-360.

Falkowski P G. 1997. Evolution of the nitrogen cycle and its influence on the biological sequestration of CO_2 in the ocean. Nature, 387:272-275.

Faul K L, Paytan A, Delaney M L. 2005. Phosphorus distribution in sinking oceanic particulate matter. Marine Chemistry, 97: 307-333.

Filippelli G M, Delaney M L. 1995. Phosphorus geochemistry and accumulation rates in the eastern equatorial Pacific Ocean: results from Leg 138. Proceedings of the Ocean Drilling Program. Scientific Results, 138: 757-767.

Filippelli G M, Delaney M L. 1996. Phosphorus geochemistry of equatorial Pacific sediments. Geochimica et Cosmochimica Acta, 60: 1479-1495.

Flood P R, Deibel D, Morris C C. 1992. Filtration of colloidal melanin from sea water by planktonic tunicates. Nature, 355(6361): 630-632.

Fransson A, Chierici M, and Nojiri Y. 2009. New insights into the spatial variability of the surface water carbon dioxide in varying sea ice conditions in the Arctic Ocean. Continental Shelf Research, 29: 1317-1328.

Froelich P, Bender M L, Luedtke N A, et al. 1982. The marine phosphorus cycle. American Journal of Science, 282: 474-511.

Fu F-X, Xiang Y, Leblanc K, et al. 2005. The biological and biogeochemical consequences of phosphate scavenging onto phytoplankton cell surfaces. Limnology and Oceanography, 50: 1459-1472.

Gattuso J-P, Allemand D, Frankignoulle M, 1999. Photosynthesis and calcification at cellular, organismal and community levels in coral reefs: a review on interactions and control by carbonate chemistry. American Zoologist, 39(1): 160-183.

Gattuso J-P, Frankignoulle M, Bourge I, Romaine S, Buddemeier R, 1998. Effect of calcium carbonate saturation of seawater on coral calcification. Global and Planetary Change, 18(1): 37-46.

Gomoiu M T. 1992. Marine eutrophication syndrome in the north-western part of the Black Sea. Science of the Total Environment: 683-692.

Gradinger R. 1996. Occurrence of an algal bloom under Arctic pack ice. Marine Ecology Progress Series, 131: 301-305.

Gradinger R. 1999. Vertical fine structure of algal biomass and composition in Arctic pack ice. Marine Biology, 133: 745-754.

Grasshoff K, Kremling K, Ehrhardt M. 1999. Methods of seawater analysis. Weinheim: Wiley-VCH, 177-197.

Grebmeier J M, Cooper L W, Feder H M, et al. 2006. Ecosystem dynamics of the Pacific-influenced Northern Bering and Chukchi Seas in the Amerasian Arctic. Progress in Oceanography, 71: 331-361.

Grebmeier J M, Cooper L W, Feder H M. 2006a. Ecosystem dynamics of the Pacific-influenced northern Bering and Chuchi Seas in the Amerasian Arctic. Prog Oceanogr, 71:331-361.

Grebmeier J M, Harvey H R. 2005. The Western Arctic Shelf-Basin Interactions (SBI) project: An overview. Deep-Sea Research II, 52: 3109-3115.

Grebmeier J M, Overland J E, Moore S E, et al. 2006b. A Major ecosystem shift observed in the northern Bering Sea. Science, 311: 1461-1464.

Gruber N, Sarmiento J L. 1997. Global patterns of marine nitrogen fixation and denitrification. Global Biogeochemical Cycles, 11(2): 235-266.

Guo L D, Zhang J Z and Guéguen C. Speciation and fluxes of nutrients (N, P, Si) from the upper Yukon River. 2004. Global Biogeochemical Cycles, 18, GB1038, doi: 10.1029/2003GB002152

Guo L, Hung C C, Santschi P H, et al. 2002. 234Th scavenging and its relationship to acid polysaccharide abundance in the Gulf of Mexico. Marine Chemistry, 78(2-3): 103-119.

Hannah C G, Dupont F and Dunphy M. 2009. Polynyas and tidal currents in the Canadian Arctic Archipelago. Arctic, 62(1): 83-95.

Harrison W G, Harris L R. 1986. Isotope-dilution and its effects on measurements of nitrogen and phosphorus uptake by oceanic microplankton. Marine Ecology Progress Series, 27: 253-261.

Heinonen K B, Ward J E, Holohan B A. 2007. Production of transparent exopolymer particles (TEP) by benthic suspension feeders in coastal systems. Journal of Experimental Marine Biology and Ecology, 341: 184-195.

Hill V, Cota G, Stockwell D. 2005. Spring and summer phytoplankton communities in the Chukchi and

Eastern Beaufort Seas. Deep Sea Research Pt II, 52: 3369-3385.

Holmes R M, Peterson B J and Gorceev V V. 2000. Flux of nutrients from Russian rivers to the Arctic Ocean: Can we establish a baseline against which to judge future changes?. Water Resources Research, 36 (8): 2309-2320.

Hong Y, Smith Jr W O, White A M. 1997. Studies on transparent exopolymer particles (TEP) produced in the Ross Sea (Antarctica) and by phaeocystis antarctica (prymnesiophyceae). Journal of Phycology, 33 (3): 368-376.

Hou L, Liu M, Yang Y, et al. 2009. Phosphorus speciation and availability in intertidal sediments of the Yangtze Estuary, China. Applied Geochemistry, 24: 120-128.

Jeffrey S W and Vesk M. 1997. Introduction to marine phytoplankton and their pigment signatures. In: Jeffery S W, Mantoura R F C and Wright S W, ed. Phytoplankton pigments in oceanography. Paris: UNESCO publishing, 37-84.

Johnson M A, Proshutinsky A Y, and Polyakov I V. 1999. Atmospheric patterns forcing two regimes of Arctic circulation: A return to anticyclonic conditions? Geophysical Research Letters, 26(11): 1621-1624.

Karl D M, Björkman K M, Dore J E, et al. 2001. Ecological nitrogen-to-phosphorus stoichiometry at station ALOHA. Deep-Sea Research II, 48: 1529-1566.

Karl D M, Craven D B. 1980. Effects of alkaline phosphatase activity on nucleotide measurements in aquatic microbial communities. Applied and Environmental Microbiology, 40(3): 549-561.

Kiorbe T, Lundsgaard C, Olesen M, et al. 1994. Aggregation and sedimentation processes during a spring phytoplankton bloom: a field experiment to tesst coagulation theory. Journal of Marine Research, 52: 297-323.

Kleypas J A, Buddemeier R W, Archer D, Gattuso J-P, Langdon C, Opdyke B N. 1999. Geochemical consequences of increased atmospheric carbon dioxide on coral reefs. Science, 284(5411): 118-120.

Kleypas J A, Buddemeier R W, Gattuso J-P. 2001. The future of coral reefs in an age of global change. International Journal of Earth Sciences, 90(2): 426-437.

Kretschmer S, Geibert W, Rutgers van der Loeff M M, et al. 2011. Fractionation of 230Th, 231Pa, and 10Be induced by particle size and composition within an opal-rich sediment of the Atlantic Southern Ocean. Geochimica et Cosmochimica Acta, 75: 6971-6987.

Latimer J C, Filippelli G M, Hendy I, et al. 2006. Opal-associated particulate phosphorus: Implications for the marine P cycle. Geochimica et Cosmochimica Acta, 70: 3843-3854.

Lin P, Guo L D, Chen M, et al. 2012. The distribution and chemical speciation of dissolved and particulate phosphorus in the Bering Sea and the Chukchi-Beaufort Seas. Deep-Sea Research II, 81/84: 79-94.

Link H, Chaillou G, Forest A, Piepenburg D, Archambault P. 2013. Multivariate benthic ecosystem functioning in the Arctic-benthic fluxes explained by environmental parameters in the southeastern Beaufort Sea. Biogeosciences, 10: 5911-5929.

Liu S M, Zhang J, Jiang W S. 2003. Pore water nutrient regeneration in shallow coastal Bohai Sea, China. Journal of Oceanography, 59(3): 377-385.

Loh A N, Bauer J E. 2000. Distribution, partitioning and fluxes of dissolved and particulate organic C, N and P in the eastern North Pacific and Southern Oceans. Deep-Sea Research I, 47: 2287-2316.

Mari X, Rassoulzadegan F. 2004. Role of TEP in the microbial food web structure I. Grazing behavior of a bacterivorous pelagic ciliate. Marine Ecology Progress Series, 279: 13-22.

Marz C, Meinhardt A K, Schnetger B, Brumsack H J. 2015. Silica diagenesis and benthic fluxes in the

Arctic Ocean. Marine Chemistry, 171: 1-9.

Maslowski W, Marble D, Walczowski W, et al. 2001. On large-scale shifts in the Arctic Ocean and sea-ice conditions during 197998. Annals of Glaciology, 33(1): 545-550.

Mathis J T, Bates N R, Hansell D A, et al. 2009. Net community production in the northeastern Chukchi Sea. Deep-Sea Research II, 56: 1213-1222.

Mathis J T, Pickart R S, Hansell D A, et al. 2007. Eddy transport of organic carbon and nutrients from the Chukchi Shelf: Impact on the upper halocline of the western Arctic Ocean. Journal of Geophysical Research, 112, C05011, doi: 10. 1029/2006JC003899.

McGuire A D, Anderson L, Christensen T R, et al. 2009. Sensitivity of the Carbon Cycle in the Arctic to Climate Change. Ecological Monographs, 79(4): 523-555.

Mcneil B I, Matear R J. 2007. Climate change feedbacks on future oceanic acidification. Tellus B, 59(2): 191-198.

McWhinnie M A. 1978. Polar research : to the present, and the future. Boulder, Colorado: Westview Press.

Michiyo Yamamoto-Kawai F a M, Eddy C. Carmack, Shigeto Nishino, Koji Shimada, 2009. Aragonite Undersaturation in the Arctic Ocean: Effects of Ocean Acidification and Sea Ice Melt. Science, 326 (5956): 1098-1100.

Millero F J. 1995. Thermodynamics of the carbon dioxide system in the oceans. Geochimica et Cosmochimica Acta, 59(4): 661-677.

Miyata K, Hattori A. 1986. A simple fractionation method for determination of phosphorus components in phytoplankton: application to natural populations of phytoplankton in summer surface waters of Tokyo Bay. Journal of the Oceanographical Society of Japan, 42: 255-265.

Moritz C. 2002. Strategies to protect biological diversity and the evolutionary processes that sustain it. Systematic biology, 51(2): 238-254.

Moy A D, Howard W R, Bray S G, Trull T W. 2009. Reduced calcification in modern Southern Ocean planktonic foraminifera. Nature Geoscience, 2(4): 276-280.

Mucci A. 1983. The solubility of calcite and aragonite in seawater at various salinities, temperatures, and one atmosphere total pressure. American Journal of Science, 283: 780-799.

Mundy C J, Gosselin M, Ehn J, et al. 2009. Contribution of under-ice primary production to an ice-edge upwelling phytoplankton bloom in the Canadian Beaufort Sea. Geophysical Research Letters, 36(17), doi: 10. 1029/2009GL038837.

Opsahl S, Benner R, and Amon R M W. 1999. Major flux of terrigenous dissolved organic matter through the Arctic Ocean. Limnology and Oceanography, 44(8): 2017-2023.

Orr J C, Fabry V J, Aumont O, Bopp L, Doney S C, Feely R A, Gnanadesikan A, Gruber N, Ishida A, Joos F. 2005. Anthropogenic ocean acidification over the twenty-first century and its impact on calcifying organisms. Nature, 437(7059): 681-686.

Ortega-Retuerta E, Reche I, Pulido-Villena E, et al. 2009. Uncoupled distributions of transparent exopolymer particles (TEP) and dissolved carbonhydrates in the Southern Ocean. Marine chemistry, 115: 59-65.

Passow U, Alldgedge A. 1995. A dye-binding assay for the spectrophotometric measurement of transparent exopolymer particles (TEP). Limnology and Oceanography, 40(7): 1326-1335.

Passow U, Alldredge A. 1994. Distribution, size and bacterial colonization of transparent exopolymer particles (TEP) in the ocean. Marine Ecology Progress Series, 113(1): 185-198.

Passow U, Kozlowski W, Vernet M. 1995. Palmer LTER: temporal variability of transparent exopolymeric particles in Arthur Harbor during the 1994-95 growth season. Antarct J Review, 265-266.

Passow U, Shipe R, Murray A, et al. 2001. The origin of transparent exopolymer particles (TEP) and their role in the sedimentation of particulate matter. Continental Shelf Research, 21(4): 327-346.

Passow U. 2000. Formation of transparent exopolymer particles from dissolved precursor material. Marine Ecology Progress Series, 192: 1-11.

Passow U. 2002a. Production of transparent exopolymer particles (TEP) by phyto-and bacterioplankton. Marine Ecology Progress Series, 236: 1-12.

Passow U. 2002b. Transparent exopolymer particles (TEP) in aquatic environments. Progress in Oceanography, 55(3-4): 287-333.

Paytan A, Cade-Menun B J, McLaughlin K, et al. 2003. Selective phosphorus regeneration of sinking marine particles: evidence from 31P-NMR. Marine Chemistry, 82: 55-70.

Perry M J, Eppley R W. 1981. Phosphate uptake by phytoplankton in the central North Pacific Ocean. Deep -Sea Research I, 28: 39-49.

Peterson B J, Holmes R M, McClelland J W, et al. 2002. Increasing River Discharge to the Arctic Ocean. Science, 298(5601): 2171-2173.

Ping C-L, Michaelson G J, Guo L, et al. 2011. Soil carbon and material flux across the eroding coastline of the Beaufort Sea, Alaska. Journal of Geophysical Research - Biogeosciences, 116, G02004. doi: 10. 129/2010JG001588.

Prieto L, Sommer F, Stibor H, et al. 2001. Effects of planktonic copepods on transparent exopolymeric particles (TEP) abundance and size spectra. Journal of Plankton Research, 23(5): 515-525.

Proshutinsky A Y and Johnson M A. 1997. Two circulation regimes of the wind-driven Arctic Ocean. Journal of Geophysical Research, 102(C6): 12493-12514.

Quigley M S, Santschi P H, Hung C C, et al. 2002. Importance of acid polysaccharides for 234Th complexation to marine organic matter. Limnology and Oceanography, 47(2): 367-377.

Ramaiah N, Yoshikawa T, Furuya K. 2001. Temporal variations in transparent exopolymer particles (TEP) associated with a diatom spring bloom in a subarctic ria in Japan. Marine Ecology Progress Series, 212: 79-88.

Richard A. Feely C L S, Kitack Lee, Will Berelson, Joanie Kleypas, Victoria J. Fabry, Frank J. Millero. 2004. Impact of Anthropogenic CO_2 on the CaCO3 System in the Oceans. Science, 305: 5.

Riebesell U, Scholoss I, Smetacek V. 1991. Aggregation of algae released from melting sea ice: Implications fro seeding and sedimentation. Polar Biology, 11: 239-248.

Ruttenberg K C, Berner R A. 1993. Authigenic apatite formation and burial in sediments from non-upwelling, continental margin environments. Geochimica et Cosmochimica Acta, 57: 991-1007.

Ruttenberg K C, Sulak D J. 2011. Sorption and desorption of dissolved organic phosphorus onto iron (oxyhydr)oxides in seawater. Geochimica et Cosmochimica Acta, 75: 4095-4112.

Ruttenberg K C. 1992. Development of a sequential extraction method for different forms of phosphorus in marine sediments. Limnology and Oceanography, 37: 1460-1482.

Rysgaard S, Glud R N, Sejr M, et al. 2007. Inorganic carbon transport during sea ice growth and decay: A carbon pump in polar seas. Journal of Geophysical Research, 112(C3): C03016.

Rysgaard S, Glud R N. 2004. Anaerobic N2 production in Arctic sea ice. Limnology and Oceanography, 49

(1): 86-94.

Saitoh S, Iida T, Sasaoka K. 2002. A description of temporal and spatial variability in the Bering Sea spring phytoplankton blooms (1997-1999) using satellite multi-sensor remote sensing. Progress in oceanography, 55: 131-146.

Sañudo-Wilhelmy S A, Tovar-Sanchez A, Fu F-X, et al. 2004. The impact of surface-adsorbed phosphorus on phytoplankton Redfield stoichiometry. Nature, 432: 897-901.

Souza A C, Kim I N, Gardner W S, et al. 2014. Dinitrogen, oxygen, and nutrient fluxes at the sediment-water interface and bottom water physical mixing on the Eastern Chukchi Sea shelf. Deep Sea Research Part II: Topical Studies in Oceanography, 102: 77-83.

Steele M and Boyd T. 1998. Retreat of the cold halocline layer in the Arctic Ocean. Journal of Geophysical Research, 103(C5): 10419-10435.

Steele M, Ermold W, Zhang J. 2008. Arctic Ocean surface warming trends over the past 100 years. Geophysical Research Letters, 35:L02614.

Steinacher M, Joos F, Frolicher T L, Plattner G K, Doney S C. 2009. Imminent ocean acidification in the Arctic projected with the NCAR global coupled carbon cycle - climate model. Biogeosciences, 6: 515-533.

Strom S L. 1993. Production of pheopigments by marine protozoa: Results of laboratory experiments analyzed by HPLC. Deep Sea Research Part I, 40: 57-80.

Suzumura M, Ingall E D. 2001. Concentration of lipid phosphorus and its abundance in dissolved and particulate organic phosphorus in coastal seawater. Marine Chemistry, 75: 141-149.

Suzumura M, Ingall E D. 2004. Distribution and dynamics of various forms of phosphorus in seawater: insights from field observations in the Pacific Ocean and a laboratory experiment. Deep Sea Research I, 51: 1113-1130.

Thornton D C O. 2004. Formation of transparent exopolymeric particles (TEP) from macroalgal detritus. Marine Ecology Progress Series, 282: 1-12.

Tovar A S, Duarte C M, Alonso J C, et al. 2010. Impacts of metals and nutrients released from melting multiyear Arctic sea ice. Journal of Geophysical Research, 115, C07003, doi: 10. 1029/2009JC005685.

Tranvik L J, Sherr E, Sgerr B F. 1993. Uptake and utilization of colloidal DOM by heterotrophic flagellates in seawater. Marine Ecology Progress Series, 92: 301-309.

Treguer P J. 2014. The Southern Ocean silica cycle. Geoscience, 346: 279-286.

Ullman W J, Aller R C. 1982. Diffusion coefficients in nearshore marine sediments. Limnology and Oceanography, 27(3): 552-556.

van Cappellen P, Berner R A. 1988. A mathematical model for the early diagenesis of phosphorus and fluorine in marine sediments: apatite precipitation. American Journal of Science, 288: 289-333.

Van Luijn F, Boers P C M, Lijklema L, et al. 1999. Nitrogen fluxes and processes in sandy and muddy sediments from a shallow eutrophic lake. Water Research, 33(1): 33-42.

Verdugo P, Alldredge A L, Azam F, et al. 2004. The oceanic gel phase: a bridge in the DOM-POM continuum. Marine Chemistry, 92(1-4): 67-85.

Victoriaj.Fabry J M, Jeremyt.Mathis, Andjacquelinem.Grebmeier. 2009. Ocean Acidificationat High Latitudes:The Bellwether. Oceanography, 22(4): 160-171.

Wallace P D E L a D W R. 2006. MS Excel Program Developed for CO_2 System Calculations. ORNL/CDIAC - 105a. Carbon Dioxide Information Analysis Center, Oak Ridge National Laboratory, U. S.

Department of Energy, OakRidge, Tennessee.

Walsh J E, Overland J E, Groisman P Y, Rudolf B. 2011. Ongoing climate change in the Arctic. Ambio, 40(1): 6–16.

Walsh J J. 1989. Arctic carbon sinks: present and future. Global Biogeochemical Cycles, 3(4): 393–411.

Wang W Q, Chen L Q, Yang X L, et al. 2003. Investigations on distributions and fluxes of sea–air CO 2 of the expedition areas in the Arctic Ocean. Science in China Series D: Earth Sciences, 46(6): 569–579.

Woodgate R A, Aagaard K, Weingartner T J. 2005. A year in the physical oceanography of the Chukchi Sea: moored measurements from autumn 1990–1991. Deep Sea Research II, 52: 3116–3149.

Wu J, Sunda W, Boyle E A, et al. 2000. Phosphate depletion in the Western North Atlantic Ocean. Science, 289: 759–762.

Yamamoto–Kawai M, Mclaughlin F A, Carmack E C, Nishino S, Shimada K. 2009. Aragonite undersaturation in the Arctic Ocean: effects of ocean acidification and sea ice melt. Science, 326(5956): 1098.

Yanpei Z, Haiyan J, Jianfang C, et al. 2011. Response of nutrients and the surface phytoplankton community to ice melting in the central Arctic Ocean. Advances in Polar Science, 22(4): 266–272.

Yoshimura T, Nishioka J, Saito H, et al. 2007. Distributions of particulate and dissolved organic and inorganic phosphorus in North Pacific surface waters. Marine Chemistry, 103: 112–121.

Zhang J–Z, Guo L, Fischer C. 2010. Abundance and Chemical Speciation of Phosphorus in Sediments of the Mackenzie River Delta, the Chukchi Sea and the Bering Sea: Importance of Detrital Apatite. Aquatic Geochemistry, 16: 353–371.

Ziebis W, McManus J, Ferdelman T, Schmidt–Schierhorn F, Bach W, Muratli J, Edwards K.J, Villinger H. 2012. Interstitial fluid chemistry of sediments underlying the North Atlantic gyre and the influence of subsurface fluid flow. Earth and Planetary Science Letters, 323–324, 79–91.

第6章　北极海洋上层浮游生态系统及变化

进入21世纪以来，全球气温持续升高，且在北极地区被显著放大（Jeffries et al., 2013），其增幅是全球其他地区的2倍以上（Kosaka and Xie, 2013）。北极地区的持续增温是一系列环境变化过程的反馈效应，包括海冰退缩、积雪消融、陆地冰盖融化和水汽浓度增加等（Serreze and Barry, 2011），受此影响，北极上层海洋环境变化显著。总体而言，北极快速变化的核心是海冰面积的持续减少（Perovich et al., 2014）和海冰厚度变薄（Holland et al., 2006），同时伴随着诸如海水升温（Steele et al., 2008)、盐度下降（Proshutinsky et al., 2009）、光强增加（Lei et al., 2012）以及海水的寡营养化等上层海洋环境变化。这种变化会影响海洋生态系统结构，如海冰厚度下降导致楚科奇海春季冰下出现了冰下浮游植物藻华（Arrigo et al., 2012），而表层海水盐度下降导致微微型浮游植物份额明显增加（Li et al., 2009）。这种变化不仅影响海洋生物泵效率，同时会影响北冰洋渔业资源的分布和潜在渔获量。

我国在1999年、2003年和2008年分别组织了3个航次的北极多学科综合考察，系统观测了海冰、海洋和大气变化。在此基础上实施的中国第四次北极科学考察，北极海洋生态系统及其海冰快速变化的响应成为其重要研究目标。本次考察对上层浮游生态系统进行了系统的研究，为阐明北极海洋生态系统调控机制、预测北极生态系统变化趋势提供了科学依据。其研究对象涵盖了浮游细菌、浮游植物、浮游动物以及与浮游生态系统关系密切的海冰生物区系，研究区域涵盖白令海、楚科奇海、加拿大海盆以及北冰洋中心区，并依托直升机的支持采集了北极点海冰生物样品。2010年夏季北冰洋中心海域出现了大量的冰间水道，为“雪龙”船深入该海域开展系统研究提供了机会。

6.1 浮游植物生物量和初级生产力

浮游植物是海洋中最主要的初级生产者，其光合作用过程对北冰洋碳通量有着重要影响。卫星观测数据结果显示，由于光照随着北极夏季海冰的退缩得到大幅度增强，北冰洋边缘海的初级生产力在过去十几年内增长迅速，其中西伯利亚海增幅高达112.7%，拉普捷夫海和楚科奇海也分别增长了54.6%和57.2%（Petrenko et al.，2013）。现场调查结果同样显示，随着海冰的消退，在楚科奇海观测到了更多的浮游植物藻华现象（Arrigo et al.，2012）。除了初级产量水平的变化以外，浮游植物粒级结构也在发生着变化（Li et al.，2009）。2010年中国第四次北极科学考察覆盖了从白令海到楚科奇海再到北冰洋中心区的广大海域，获得了120多个站位的叶绿素a含量和26个站位的初级生产力数据，为环境变化背景下北冰洋浮游植物产量变化提供了重要参考。

6.1.1 叶绿素平面分布特征

6.1.1.1 白令海

2010年7月10—20日间利用“雪龙”船在涵盖白令海峡以南的白令海海盆区（B1~B10站位）、陆坡区（B11~B13站位）和陆架区（BB01~BB07、BB14~BB15、NB01~NBA~NB12、BS01~BS11站位）进行了现场叶绿素a（Chl a）和初级生产力的调查研究（余兴光，2011），共设置6条断面、46个测站（图6-1）。其中陆架区根据水深分为外陆架区（>100 m）、中陆架区（50~100 m）和近岸区（<50 m）（Kang et al.，2014）。

结果表明，白令海叶绿素a含量平面分布区域性差异明显，从低到高依次为海盆区、陆坡区、外陆架区、、近岸区、中陆架区。海盆区、陆坡区、外陆架区中陆架区的Chl a垂直分布结构主要为单峰型，Chl a极大值（Chl a_{max}）分别位于25~50 m、30~35 m、36~44 m以及37~47 m。近岸区Chl a垂直结构形式多样，主要有单峰型、表层最大值型、底层最大值型3种。

白令海柱总Chl a含量见表6-1，变化范围为13.41~553.89 mg/m^2，平均为118.15 mg/m^2。柱总Chl a区域差异明显，总体从低到高表现为海盆区、陆坡区、外陆架区、近岸区、中陆架区。其中，B1~B13断面跨越阿留申群岛岛链，Chl a含量最低，平均仅为52.41 mg/m^2；BB01~BB07断面柱总Chl a含量平均值在所有断面中最高，约为B1~B13断面的3.6倍；BB14~NB06断面横跨10个经度，柱总Chl a含量变化范围也大，约为B1~B13断面的2.1倍；NB07~NBA

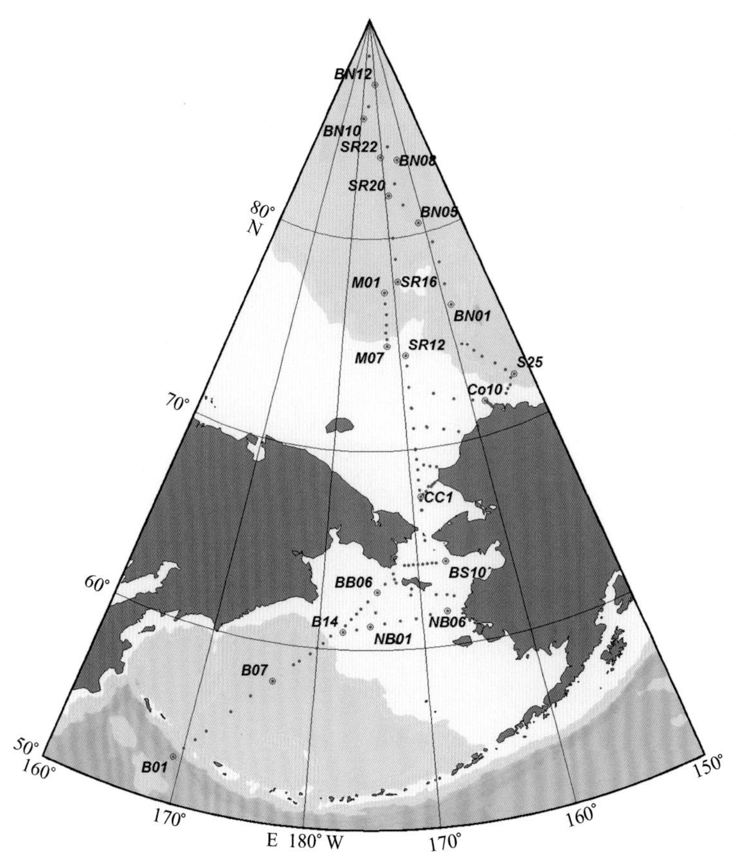

图 6-1　2010 年夏季中国第四次北极科学考察站位

断面位于圣·劳伦斯岛的南侧，柱总 Chl a 含量仅高于 B1～B13 断面，平均仅为 70.70 mg/m^2；NB10～NB12 断面位于圣·劳伦斯岛的西侧，柱总 Chl a 含量为 B1～B13 断面的 2.7 倍；BS01～BS10 断面柱总 Chl a 含量平均值较高，仅略低于 BB01～BB07 断面，平均为 179.19 mg/m^2。从区域上来看，海盆区柱总 Chl a 含量是陆坡区 1.4 倍，陆架区明显高于陆坡区。陆架区不同水深站位的 Chl a 含量差异亦较大：水深超过 100 m 的外陆架区柱总 Chl a 含量平均为 67.27 mg/m^2，与陆坡区相差无几；水深 50～100 m 的中陆架区总柱 Chl a 含量是外陆架区的 3.4 倍；水深小于 50 m 的近岸区柱总 Chl a 含量平均为 136.90 mg/m^2，约为外陆架区的 2 倍。

表 6-1　白令海观测区断面和区域柱总 Chl a 含量　　单位：mg/m^2

调查断面和区域	柱总 Chl a	站位数
B1～B13 断面	52.41±12.91	n=13
BB01～BB07 断面	187.69±178.61	n=7
BB14～NB06 断面	112.42±110.96	n=8
NB07～NBA 断面	70.70±50.99	n=4
NB10～NB12 断面	144.02±23.39	n=3
BS01～BS10 断面	179.19±169.21	n=10
海盆区	48.13±8.78	n=10
陆坡区	66.73±15.93	n=3
外陆架区（>100 m）	67.27±10.43	n=5
中陆架区（50～100 m）	230.41±165.98	n=11
近岸区（<50 m）	136.90±142.02	n=17

6.1.1.2 西北冰洋

2010年7月20日至8月31日利用“雪龙”船在楚科奇海、波弗特海、加拿大海盆区、门捷列夫海脊和北冰洋中心区共设置83个测站（图6-2），进行了现场Chl a和初级生产力的调查研究。

调查结果表明，2010年夏季西北冰洋观测海区Chl a浓度区域性特征明显，柱总Chl a浓度从高到低的总体表现为陆架区、海台区、海盆区等于海脊区，极大值多数出现在20~40 m，其中R断面Chl a浓度7月底比8月底高近3倍。

从柱总Chl a含量的平面分布来看，其总体显示由南往北逐渐降低，南部陆架海域的Chl a浓度明显高于北部海台、海盆和海脊区。在R断面的南、北两端存在明显的异常高值，同时在普遍低值的北冰洋中心78°N附近海域，亦存在一明显的相对高值。阿拉斯加沿岸Chl a分布趋势不符合典型近岸分布规律，甚至相反，与阿拉斯加沿岸水的贫营养有关（图6-2）。

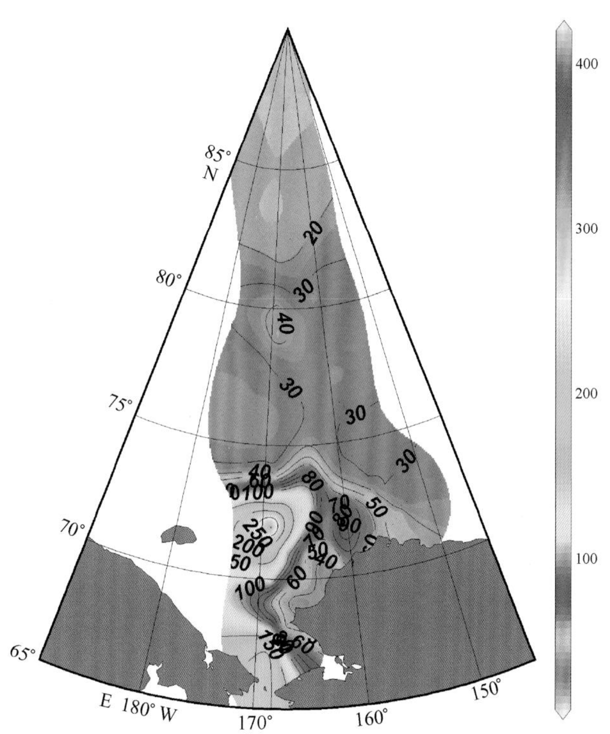

图6-2 西北冰洋柱总Chl a含量（mg/m^2）分布

表层Chl a浓度变化范围为0.05~11.97 mg/m^3，平均为0.85 mg/m^3；最高值出现在楚科奇海南部、白令海峡口的R01站，最低值在加拿大海盆北部和北冰洋中心区均有出现（图6-3，表层）。30 m层Chl a浓度在0.05~10.92 mg/m^3，平均为1.13 mg/m^3；最高值出现在楚科奇海南部R断面的R09站，最低值在加拿大海盆区的S24~S26站位（图6-3，30 m）。50 m层Chl a浓度变化范围在0.09~3.03 mg/m^3，平均值为0.57 mg/m^3；最高值出现在楚科奇海南部、邻近白令海峡口的SR03站，最低值则出现于加拿大海盆北部BN11和BN13站，以及北冰洋中心区的SR22站（图6-3，50 m）。100 m层Chl a浓度变化范围在0.00~1.61 mg/m^3，平均值为0.13 mg/m^3；分布相对较为均匀，最高值出现在楚科奇海西部的Co4站，其余大片海域呈现低值，尤其是加拿大海盆区，部分站位Chl a浓度低于检测限（图6-3，100 m）。

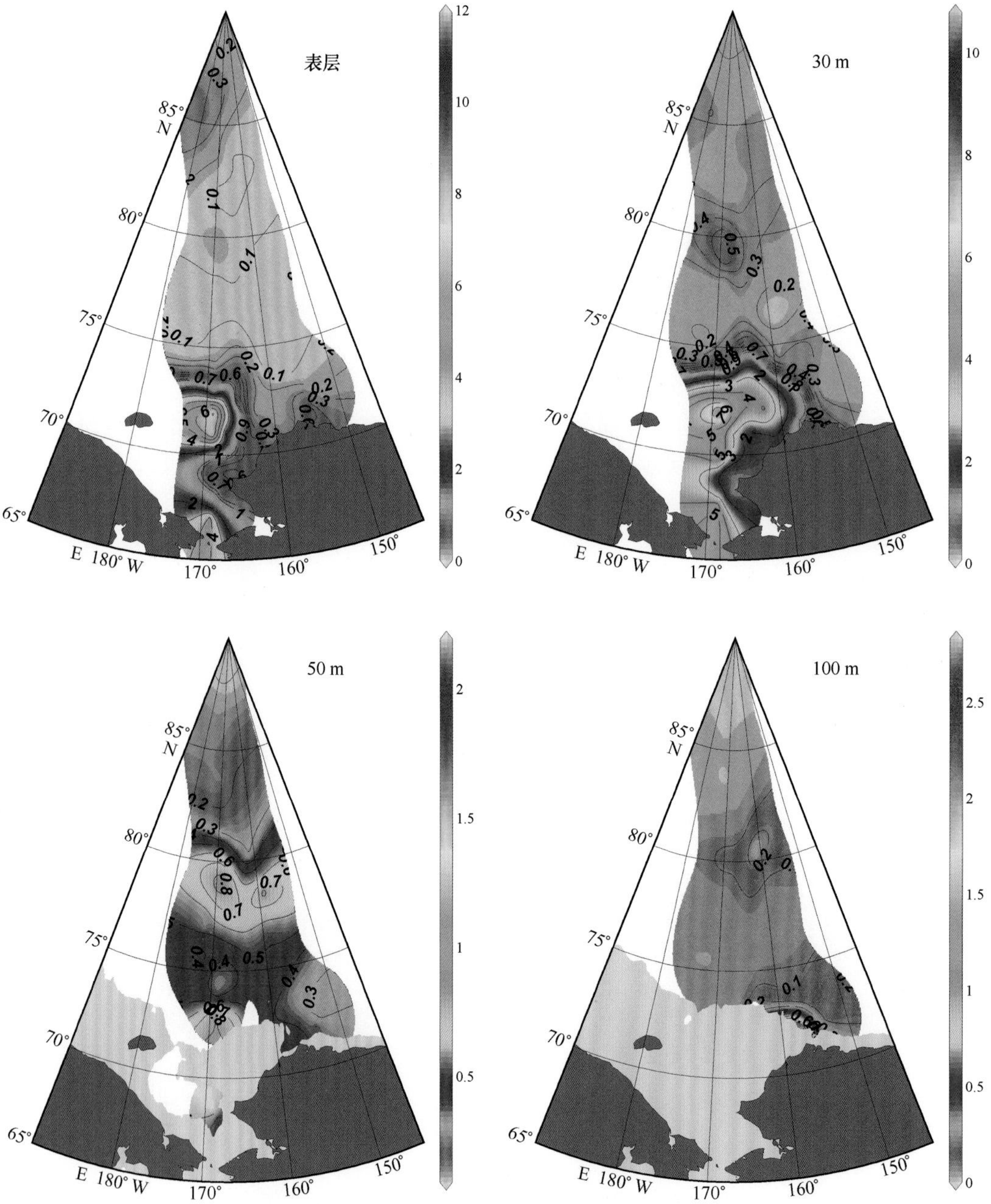

图 6-3　西北冰洋各水层 Chl a 含量（mg/m³）分布

6.1.2　叶绿素 a 的垂直分布特征

6.1.2.1　白令海

海盆区、陆坡区和陆架区的 Chl a 的垂直分布特点各异（表 6-2）。其中，海盆区多数站位 Chl a 随深度增加先增后减，呈典型单峰型垂直结构，Chl a_{max} 出现在 25～50 m，仅有 A8 站 Chl a 属于表层最大值型，Chl a_{max} 出现在表层，高达 4.77 mg/m³。海盆区 150 m 以深 Chl a 含量仅有 0.05 mg/m³ 左右。

陆坡区所有站位 Chl a 的垂直结构均为单峰型，Chl a_{max} 出现的位置较海盆区明显抬升且非常稳定，在30~35 m之间，而100 m以深Chl a含量降至0.05 mg/m³。

外陆架区（>100 m）Chl a垂直结构与陆坡区一样亦为单峰型，Chl a_{max}出现的位置变化幅度亦较小，较陆坡区略有下降，在36~44 m。100 m水深的Chl a含量为0.10 mg/m³，底层（<150 m）一般降至0.05 mg/m³。

中陆架区（50~100 m）所有站位Chl a的垂直结构均为单峰型，Chl a_{max}层的变化范围在17~47 m，其中水深小于70 m的站位其Chl a_{max}出现在20 m以浅，水深大于70 m的站位Chl a_{max}位置稳定在37~47 m，与外陆架区相差较小。近岸区（<50 m）Chl a垂直结构形式多样，主要有单峰型、表层最大值型和底层最大值型3种。随着近岸真光层厚度的减小，Chl a_{max}的位置相对中陆架区变得更浅，变化范围缩小至3~40 m，2/3站位的Chl a_{max}层在30 m以内。从白令海各区域Chl a_{max}层的Chl a平均含量来看，其大小规律与柱总Chl a含量的平面分布特征一致从高到低依次为海盆区、陆坡区、外陆架区、近岸区、中陆架区。

表6-2 2010年7月白令海不同区域Chl a含量（mg/m³）垂直分布

水深（m）	海盆区（n=10）	陆坡区（n=3）	陆架区（n=33）			全海域（n=46）
			外陆架区 >100 m（n=5）	中陆架区 50~100 m（n=11）	近岸区 <50 m（n=17）	
0	0.38±0.16	0.44±0.19	0.23±0.07	1.03±1.84	2.12±2.79	1.26±2.10
10	ND	ND	0.26±0.06	1.95±4.64	2.60±3.24	2.08±3.60
20	0.43±0.10	1.39±0.39	0.50±0.24	2.54±4.71	4.10±4.95	2.46±4.09
30	0.49±0.13	1.54±0.36	1.93±0.85	2.48±2.66	5.51±2.57	2.65±2.59
50	0.42±0.09	0.23±0.12	0.68±0.38	5.60±3.44	ND	2.03±3.04*
75	0.24±0.11	0.17±0.21	0.15±0.06	0.40±0.27*	ND	0.24±0.17*
100	0.11±0.05	0.05±0.00	0.10±0.04	ND	ND	0.09±0.05*
150	0.05±0.03	0.05±0.00	ND	ND	ND	0.05±0.02*
200	0.04±0.02	0.05±0.00	ND	ND	ND	0.04±0.02*
300	0.04±0.02	0.03±0.03	ND	ND	ND	0.04±0.02*
Chl a_{max}	1.11±1.30	1.70±0.29	2.40±0.61	10.60±8.01	5.49±4.83	5.18±5.96

注：ND表示无数据；*表示统计站位个数不足46个。

6.1.2.2 西北冰洋

西北冰洋不同区域的Chl a浓度垂直分布完全不同，以楚科奇海为例，其Chl a垂直分布特征非常复杂和多样化，存在标准单峰型、不规则单峰型、宽峰型、双峰型、三峰型、递增型、S型、层化型等多种模式。楚科奇海比较突出的一个Chl a分布垂直现象是层化明显，高值异常。有较多站位20~40 m次表层浓度明显高于表层，尤其在CC01站20 m处，出现50.20 mg/m³的异常高值。波弗特海、加拿大海盆区和北冰洋中心区的垂直分布通常表现为单峰型结构特点，即表层Chl a浓度趋低，次表层（20~50 m）出现Chl a极大值，100 m以深Chl a浓度趋近于0的分布特征（表6-3），但在部分融冰区域偶尔会有表层及次表层高值的现象存在，可能是融冰导致冰藻释放于海水导致局部浓度爆发性提高导致（Michel et al.，1993）。

楚科奇海R断面Chl a浓度虽然平面分布总体均呈南北两端高中间低的分布趋势，但垂直分布在去程和回程则完全不同。7月去程平均值在30 m水层最高，为（5.80±4.22）mg/m³，整个 R 断面浓度变化范围为 0.23~12.93 mg/m³，8 月底回程重复断面平均值最高层位明显上移，在 10 m 水层达到最高，为（1.86±1.45）mg/m³。整个 R 断面浓度变化范围明显缩小，仅为 0.37~6.19 mg/m³。7 月 R01 站 18 m 出现 Chl a 浓度为 12.93 mg/m³ 的最大值，在断面中部 R03~R07 站表层甚至次表层均有出现小于 1.00 mg/m³ 的低值区。8 月底回程对 R 断面进行重复观测时，垂直方向上各水层的 Chl a 浓度均呈现明显下降，其水柱平均浓度仅为 7 月底的约 1/3（表 6-4）。

表 6-3　2010 年夏季西北冰洋观测区 Chl a 含量区域差异　　单位：mg/m³

深度（m）	陆架区（n=53）	海台区（n=1）	海盆区（n=24）	海脊区（n=5）	平均值（n=83）
0	1.27	0.05	0.08	0.19	0.85*
10	1.44*	ND	0.05*	ND	1.38*
20	1.34*	0.09	0.13*	0.33	0.90*
30	4.58	0.14	0.18	0.24	1.13*
40	2.33*	ND	0.64*	ND	2.20*
50	0.83*	0.73	0.41*	0.14	0.57*
75	0.51*	ND	0.11*	0.06	0.22*
100	0.40*	0.05	0.07	0.03	0.13*
150	0.09*	ND	0.03	0.01	0.03*
200	0.03*	ND	0.01	0.01	0.01*
平均值	1.85	0.32	0.18	0.18	1.25

注：ND 表示无数据；* 表示统计站位个数不足 83 个。

表 6-4　2010 年 R 断面不同日期观测的 Chl a 浓度垂直分布　　单位：mg/m³

深度（m）	7 月 20—24 日		8 月 29—30 日	
	平均值	变化范围	平均值	变化范围
0	3.99±5.14	0.32~11.97	1.84±1.92	0.37~6.19
10	3.60±4.23	0.37~11.56	1.86±1.45	0.50~4.82
20	5.21±4.70	0.23~12.93	1.61±1.27	0.64~4.72
30	5.80±4.22	0.50~10.92	1.11±0.43	0.64~1.97
底层	3.94±3.55	0.46~10.14	1.46±0.91	0.37~3.03
平均值	4.51±4.37	0.38~11.50	1.58±1.20	0.50~4.15

6.1.3　初级生产力分布特征

6.1.3.1　白令海

2010 年夏季在白令海区选择了 7 个初级生产力站位进行统计分析，结果表明，陆架区的初级生产力略高于深海区（表 6-5）。水柱潜在初级生产力变化范围为 0.16~0.82 mg/(m³·h)（以碳计），平均值为（0.51±0.22）mg/(m³·h)（以碳计），最高与最低生产力出现在以圣劳伦斯岛的东部和南部，在东部 NB07 站出现最大值，低生产力出现在圣劳伦斯岛南部 NB02 站。该两站水层 Chl a 浓度也有显著差异，在 NB07 站位水柱平均 Chl a 浓度为 1.25 mg/m³，NB02 站的浓度仅为 0.51 mg/m³，两者相差 2.4 倍。所有站位真光层（至表面光强 1%水层）初级生产力均不高，最大生产力通常出现在海面光强衰减至10%~50%的次表层水。初级生产力站位的Chl a浓度较低，光合作用同化数指数也较低，平均同化数为（0.77±0.69）mg/（mgChl a·h）（以碳计）。

表6-5　2010年夏季白令海初级生产力和光合作用同化系数

海区	初级生产力 [mg/（m^3·h）（以碳计）]	Chl a含量 （mg/m^3）	同化数 [mg/（mgChl a·h）（以碳计）]
深海区（n=3）	0.48±0.17	0.16±0.02	0.92±0.95
陆架区（n=4）	0.54±0.28	0.86±0.31	0.65±0.55
观测区（n=7）	0.51±0.22	0.56±0.43	0.77±0.69

6.1.3.2　西北冰洋

2010年夏季在西北冰洋共选取了19个站位的初级生产力进行分析统计，结果表明，初级生产力整体较低，真光层水柱平均生产力为0.05~4.01 mg/(m^3·h)（以碳计）。仅在R断面陆架区其初级生产力高于1.00 mg/(m^3·h)（以碳计），而加拿大海盆的BN断面水柱平均初级生产力多数低于0.08 mg/(m^3·h)（以碳计）。多数站位初级生产力极大值出现在光衰减至海面光强10%~50%的次表层，在真光层底部（光强衰减至1%光强时）的初级生产力均很低。

初级生产力由高到低依次为陆架区、海盆区、海脊区（表6-6）。站位的低水温使光合浮游生物碳的同化能力下降，因而无论在陆架区还是海盆区其平均光合作用同化系数均较低。

表6-6　2010年夏季西北冰洋初级生产力和光合作用同化系数

海区	初级生产力 [mg/（m^3·h）（以碳计）]	Chl a含量 （mg/m^3）	同化数 [mg/（mgChl a·h）（以碳计）]
陆架区（n=12）	1.11±1.23	2.11±2.89	0.53±0.37
海盆区（n=4）	0.07±0.02	0.16±0.03	0.62±0.41
海台区（n=1）	0.58	0.32	1.81
海脊区（n=2）	0.18±0.00	0.16±0.03	0.30±0.01
平均值（n=19）	0.76±1.11	1.46±2.51	0.52±0.35

6.1.4　叶绿素和初级生产力变化

全球的气温从20世纪70年代末至今呈现加速升温的趋势（Spielhagen et al., 2011; Jutterström and Anderson, 2010）。在全球气候变暖背景下，北极海冰的快速融化及其对生态系统的影响越来越受到科学家们的关注（Kerr, 2002; Mathis et al., 2009）。综合1999—2010年期间我国对北极太平洋扇区海域的历史调查资料（陈立奇等, 2003; 张占海, 2004; 张海生, 2009; 余兴光, 2011），Chl a浓度和初级生产力的年际变化呈现以下特征。

平面分布：无论Chl a还是初级生产力，历年的分布总体呈现陆架区>陆坡区>海台区>海盆区；进入楚科奇海后Chl a和初级生产力总体呈现随着纬度的增加而递减的趋势。

垂直分布：近10年Chl a和初级生产力的垂直分布总体趋势无大的差别，但融冰过程会对其产生一定影响从而改变其垂直结构特点。北冰洋Chl a主要为单峰型垂直分布结构，峰值通常位于 20~50 m 的水层，初级生产力为弱单峰型垂直结构，极大值出现在光衰减至海面光强的 10%~50%的次表层水，真光层底层初级生产力均很低。融冰初期，冰藻的快速释放会导致在表层出现 Chl a 和初级生产力极大值，垂直分布模式亦由单峰型变为双峰型。

重点断面：历年资料均表明，横跨白令海峡入口的径向 BS 断面和楚科奇海沿 169°W 的纬向 R 断面夏季会经常存在局部水华现象，尤其是 R 断面，融冰过程释放的冰藻会对该断面的 Chl a 浓度和初级生产力产生显著影响（刘子琳等, 2007; 刘子琳等, 2011），建议在今后的考察中予以重点关注。

含量水平：历年数据表明，白令海和楚科奇海陆架区为 Chl a 和初级生产力高值区，白令海盆、加拿大海盆和北冰洋中心为低值区（Banse and English, 1999; 张武昌等, 2000; 杨清良等, 2002; 刘子琳等, 2006; Lalande et al. , 2007; 刘子琳等, 2008），其中尤以加拿大海盆区表现最为突出。

受全球气候变暖影响，海冰融化过程加剧，冰藻不断释放至海洋中（何剑锋等, 1997; Gradinger, 2009），在白令海峡入口和楚科奇海，无论是 Chl a 或生产力在近 10 年来都略有提高且年际变化较明显（图 6-4 和图 6-5），这些都将进一步影响至整个北极的海洋生态系统（e. g. Post et al. , 2009; Cai et al. , 2010）。

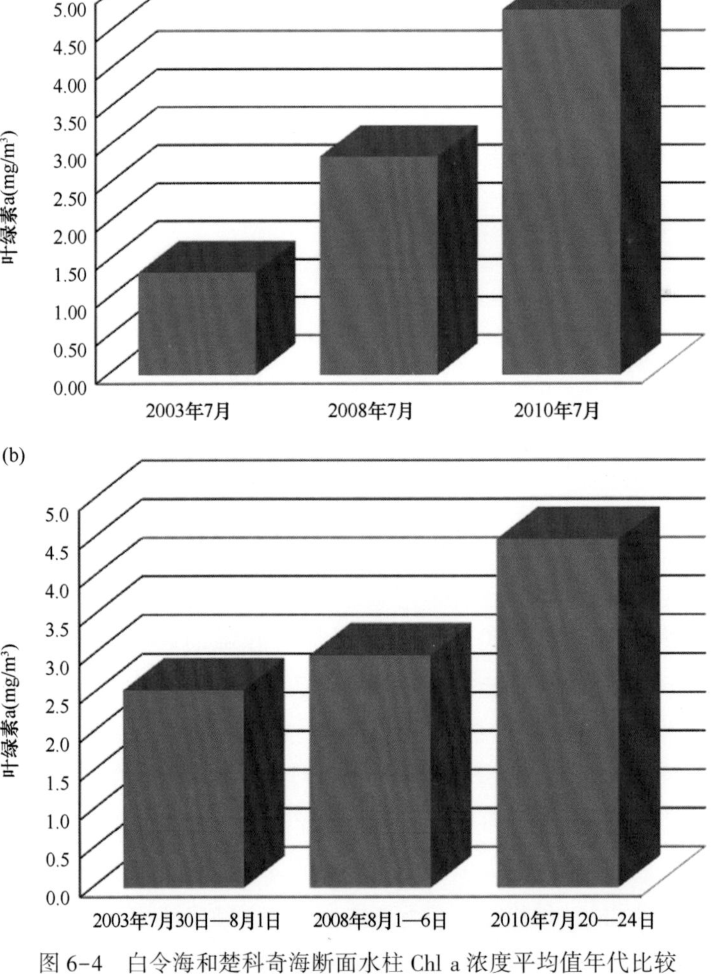

图 6-4 白令海和楚科奇海断面水柱 Chl a 浓度平均值年代比较

（a）白令海 BS 断面；（b）楚科奇海 R 断面

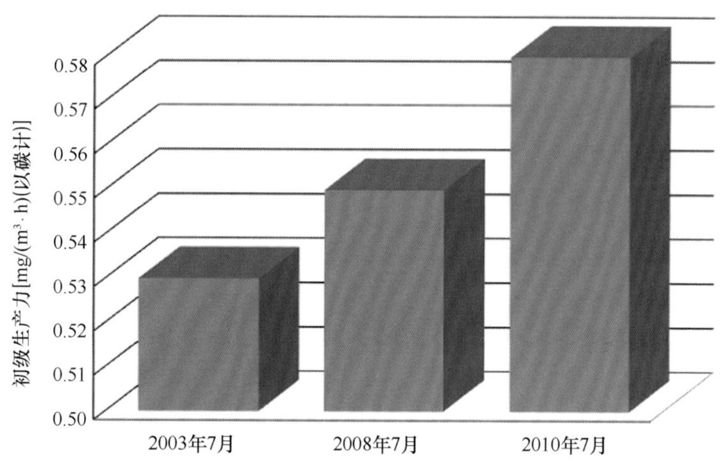

图 6-5 楚科奇海海台区水柱初级生产力平均值年代比较

6.2 微微型浮游生物群落

海洋微微型浮游生物（Picoplankton）是指海洋中细胞粒径小于 2 μm 的浮游生物，在某些寡营养海域甚至能占到总光合生物量以及总固碳量的 90%以上（Li，1998）。它们同时又是海洋中的最主要的消费者，可消耗一半以上的初级生产力（Landry and Calbet，2004）。在北冰洋、尤其是中心海盆区，低营养盐条件限制了较大粒级浮游植物的生长，使得该海域浮游植物主要以微微型为主（He et al.，2012）；而异养细菌生物量和丰度与中低纬度海域的相当（108～109 cells/L，Kirchman et al.，2009；Steward et al.，2007）。此外，微微型浮游生物对环境变化极为敏感，是研究环境变化影响的良好指示生物（Comeau et al.，2011）。

2010 年 7—8 月我国第四次北极科学考察期间，对白令海、西北冰洋和北冰洋中心区海域（图 6-6）的微微型浮游生物（异养浮游细菌和微微型浮游植物）丰度、分布、多样性和群落结构组成进行了调查，同时分析其环境变化影响，为进一步了解白令海和北冰洋微微型浮游生物分布特征，分析微微型浮游生物的变化趋势提供参考。

6.2.1 白令海微微型浮游生物空间分布

白令海各断面聚球藻分布见图 6-7a。聚球藻主要分布于海盆区，丰度范围为 0.06～22.89 cells/μL，平均丰度 5.37 cells/μL。由南向北呈递减趋势，在白令海峡附近（60°N 以北）降至接近 0 cells/μL。最高丰度处于 57°N 附近的 50 m 水层。垂直分布上，57°N 以南海域中，表层至 50 m 水深处丰度逐渐升高，50 m 以深水域随水深增大其丰度逐渐下降，在 90 m 水深附近减至接近 0 cells/μL。聚球藻在白令海陆架区丰度低于 0.5 cells/μL。2010 年夏季白令海聚球藻分布与 2008 年夏季中国第三次北极科学考察期间的分布相似。

微微型真核浮游植物分布见图 6-7b。海盆区（B01～BB01～BB07）的丰度集中在 0.13～30.16 cells/μL，平均 8.81 cells/μL，最高值出现在 60°N 附近的 20 m 水层，58°N 以南海域中主要分布于 80 m 以浅的上层水体，而 58°N 以北海域则主要分布于 40 m 以浅的上表层水体。

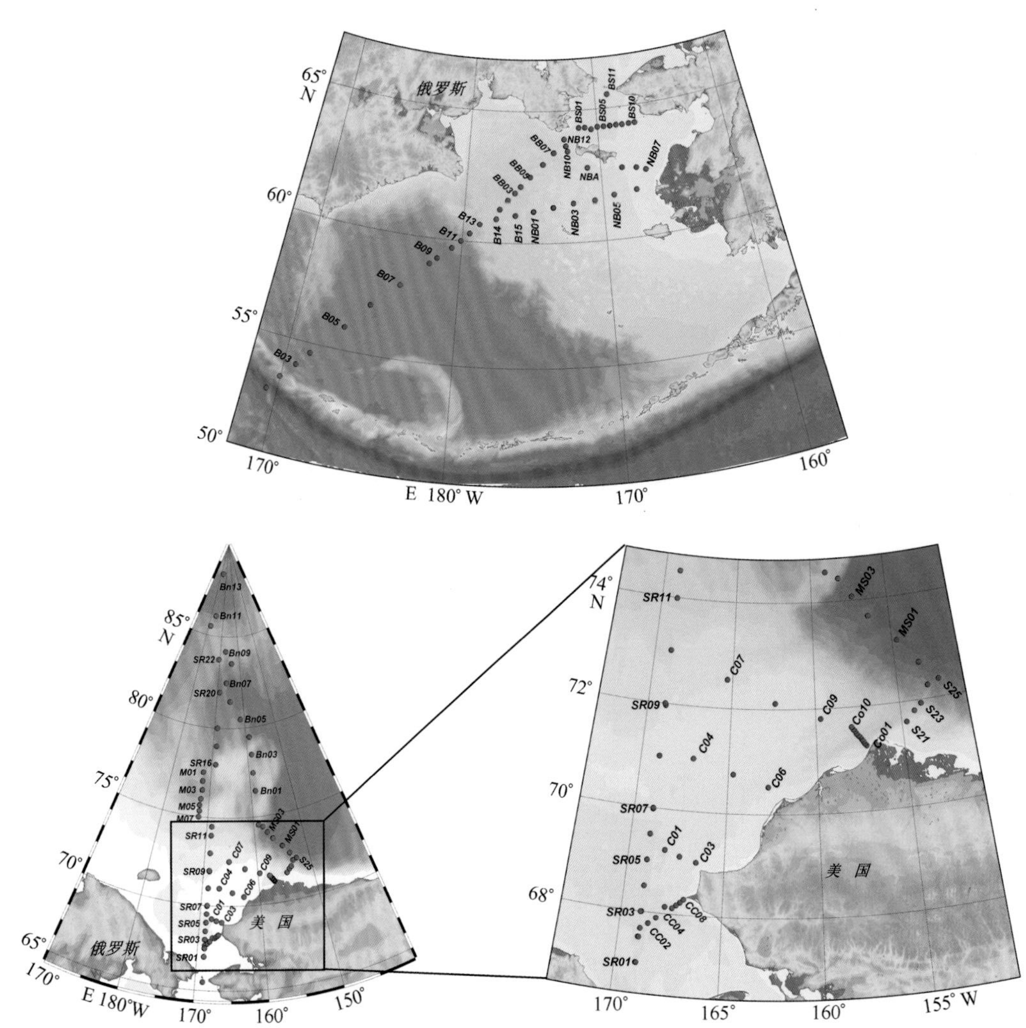

图 6-6　中国第四次北极科学考察微微型浮游生物采样站位

白令海峡附近丰度最低，接近 0 cells/μL。白令海至诺顿湾断面（NB01～NB06）丰度范围为 0. 03～25. 45 cells/μL，平均为 3. 81 cells/μL，在近岸区丰度较高。白令海峡南部断面（BS01～BS10）丰度集中于 0. 57～7. 12 cells/μL，平均为 2. 87 cells/μL。

异养浮游细菌在整个白令海海盆区（B01～BB01～BB07）断面中分布较为均匀（图 6-7c），丰度主要集中在 $1×10^5$～$2×10^5$ cells/mL，在 58°N 和 63°N 的 35 m 水层出现高值，分别为 $4×10^5$ cells/mL 和 $3×10^5$ cells/mL。白令海至诺顿湾断面（NB01～NB06）浮游细菌丰度在表层至 20 m 水层较低，20 m 以深水体中可达 $1×10^5$～$4×10^5$ cells/mL，最大值出现在 169°W 附近底层水中，约为 $4×10^5$ cells/mL。白令海峡南部断面（BS01～BS10），浮游细菌丰度变化范围为 $1×10^5$～$5×10^5$ cells/mL，最高值出现在 168. 5°W 附近底层水中，而受阿拉斯加沿岸流影响较大的 BS08～BS10 站表层丰度最低，仅为 $0. 7×10^5$ cells/mL 左右（林凌，2011）。

6. 2. 2　西北冰洋微微型浮游生物空间分布

6. 2. 2. 1　表层微微型浮游生物空间分布

西北冰洋表层聚球藻丰度主要集中在 0～2 cells/μL（图 6-8），楚科奇海的 SR1（67°N 附

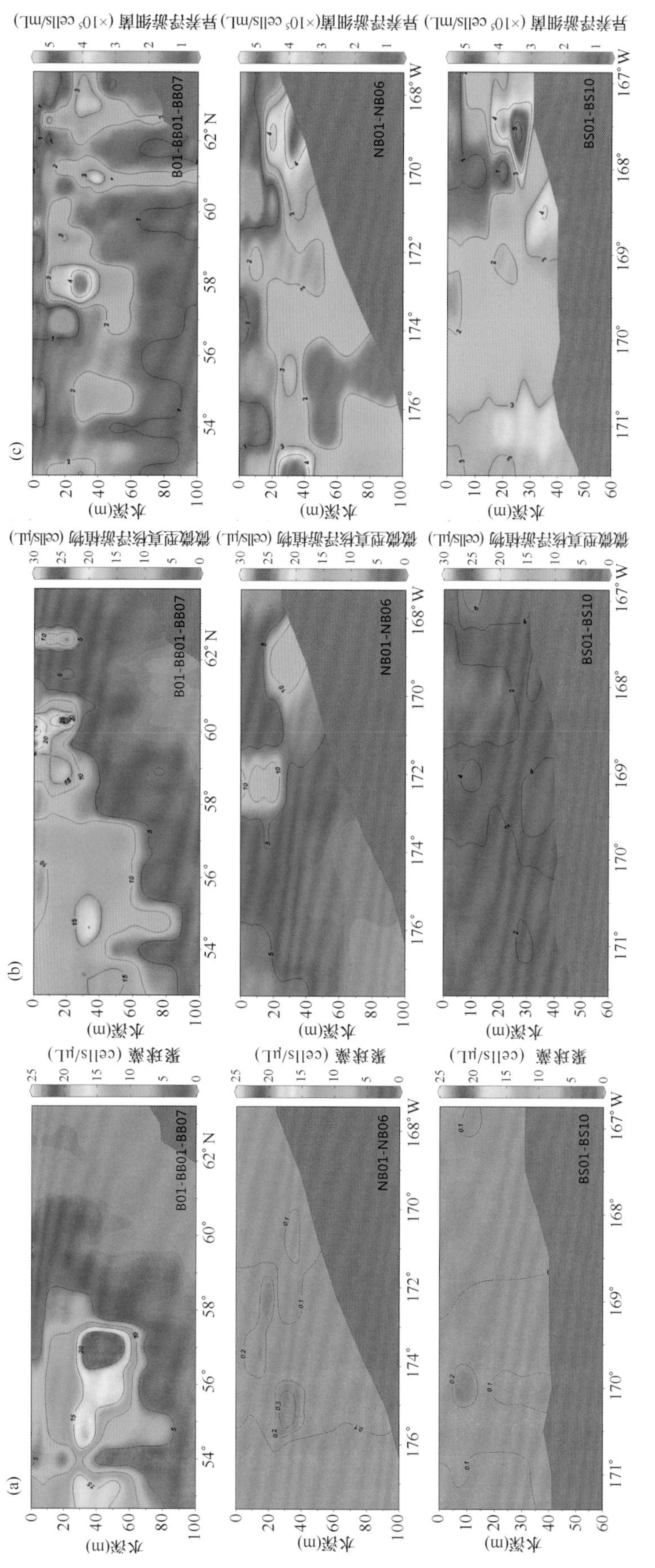

图6-7 2010年夏季白令海各断面不同类群分布

(a)—聚球藻 cells/μL; (b)—微微型真核浮游植物 cells/μL; (c)—异养浮游细菌 $\times 10^5$ cells/mL

近）和 SR6（69°N 附近）站位有两个高值点，丰度分别为 6.69 cells/μL 和 19.85 cells/μL。可能是太平洋高温水对北冰洋入侵加剧，导致聚球藻丰度增加（张海生，2015）。微型（Nano 级）真核浮游植物丰度范围为 0~0.98 cells/μL，最大值出现在 SR08 站位。微微型（Pico 级）真核浮游植物表层丰度主要集中在 0~10 cells/μL，在楚科奇海 SR05 站位出现最大值，为 14.83 cells/μL。异养浮游细菌丰度主要集中在 $0\sim2\times10^5$ cells/mL，楚科奇海与加拿大海盆表层异养浮游细菌丰度高，集中在 $1.5\times10^5\sim2\times10^5$ cells/mL，73°N 以北丰度接近 0 cells/mL。

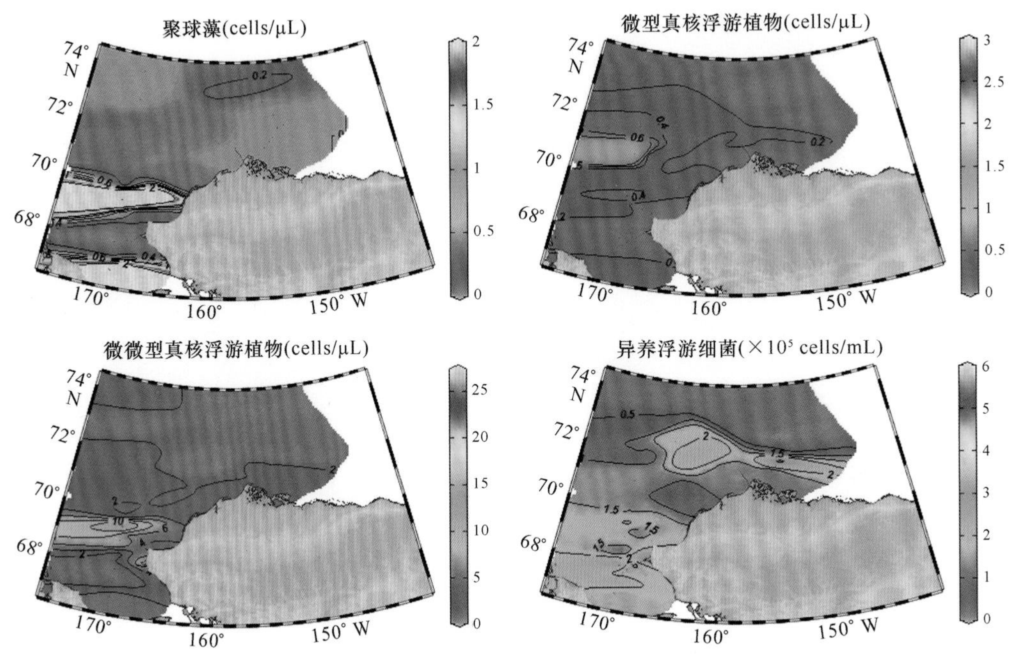

图 6-8　西北冰洋表层各类群丰度分布

6.2.2.2　西北冰洋微微型浮游生物空间分布

CC 断面（CC01~CC08）位于阿拉斯加西部的楚科奇海（图 6-9a），其聚球藻丰度较低，主要集中在 0~0.2 cells/μL。近岸海区表底分布较均匀，约为 0.1 cells/μL。Nano 级真核浮游植物丰度也比较低，集中在 0~0.4 cells/μL，底层水体中丰度稍高于表层。Pico 级真核浮游植物丰度由西向东呈升高趋势，近岸丰度高于外海。在近岸海域出现分层，表层丰度可达 12 cells/μL，并随水深梯度递减，底层丰度约为 6 cells/μL。出现分层的主要原因是由于近岸海域的陆源营养物质丰富，且表层水体中光照充足，水温适宜，促进表层浮游植物大量繁殖。异养浮游细菌在近岸海域中分布较为均匀，约为 5×10^5 cells/mL，且高于外海；外海中丰度主要集中在 $1.5\times10^5\sim2\times10^5$ cells/mL，底层丰度稍高于表层。

Co 断面（Co01~Co10）位于阿拉斯加北部海域（图 6-9b），受阿拉斯加沿岸流影响。其聚球藻丰度非常低，接近 0 cells/μL。微型真核浮游植物丰度主要集中在 0~0.6 cells/μL，最大值出现在 71.65°N 附近表层，约为 0.6 cells/μL。微微型真核浮游植物丰度则呈现近岸高外海低的分布趋势，丰度范围为 0~3.5 cells/μL。浮游细菌在 71.3°—71.5°N 海盆附近丰度高，约为 3.5×10^5 cells/mL；在表层水中丰度为 $1\times10^5\sim1.5\times10^5$ cells/mL。

S-MS 断面（S21~S26~MS03）位于加拿大海盆（图 6-9c），聚球藻丰度较低，近岸海区低，加拿大海盆水深约 40 m 丰度最高，为 0.3 cells/μL。微型浮游植物丰度也相对较小，

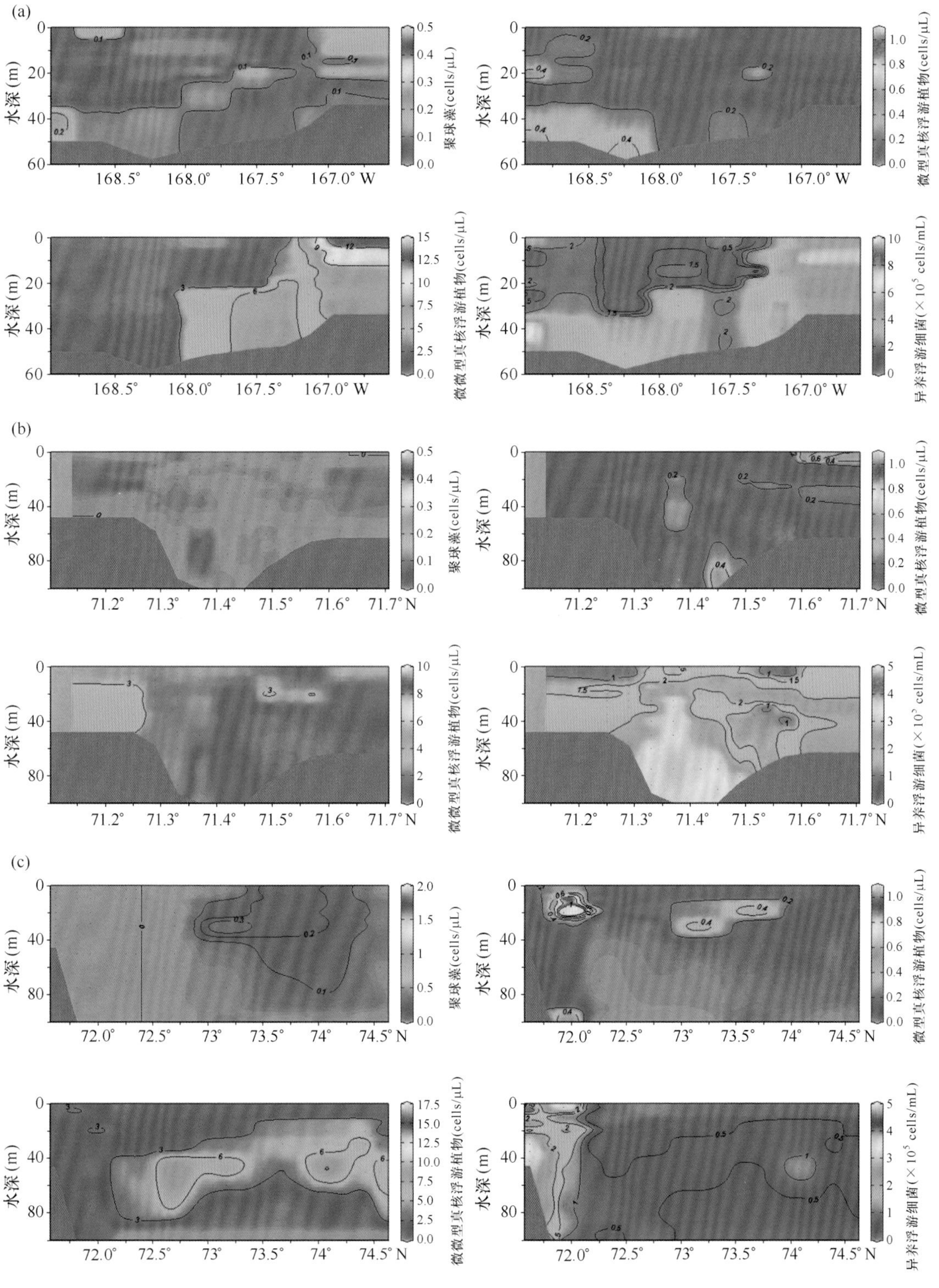

图 6-9 西北冰洋各断面不同类群丰度分布

(a) CC 断面；(b) Co 断面；(c) S-MS 断面

最大值位于近岸S23站20 m水层（1.7 cells/μL）。而微微型浮游植物主要集中在40~80 m水层，近岸至海盆的分布较为均匀，丰度约为3~10 cells/μL。浮游细菌则主要分布在近岸海域（72.2°N以南），丰度约为1×10^5~3.5×10^5 cells/mL，在加拿大海盆中丰度低，仅为0.5×10^5~1×10^5 cells/mL。

6.2.3 北冰洋中心区微微型浮游生物空间分布

6.2.3.1 表层微微型浮游生物空间分布

北冰洋中心区表层水中（图6-10），只有微微型真核浮游植物丰度在85°N附近稍高，最大值位于Bn10站位表层，丰度为9.79 cells/μL。聚球藻、浮游细菌丰度在北冰洋中心区表层水中均较低。

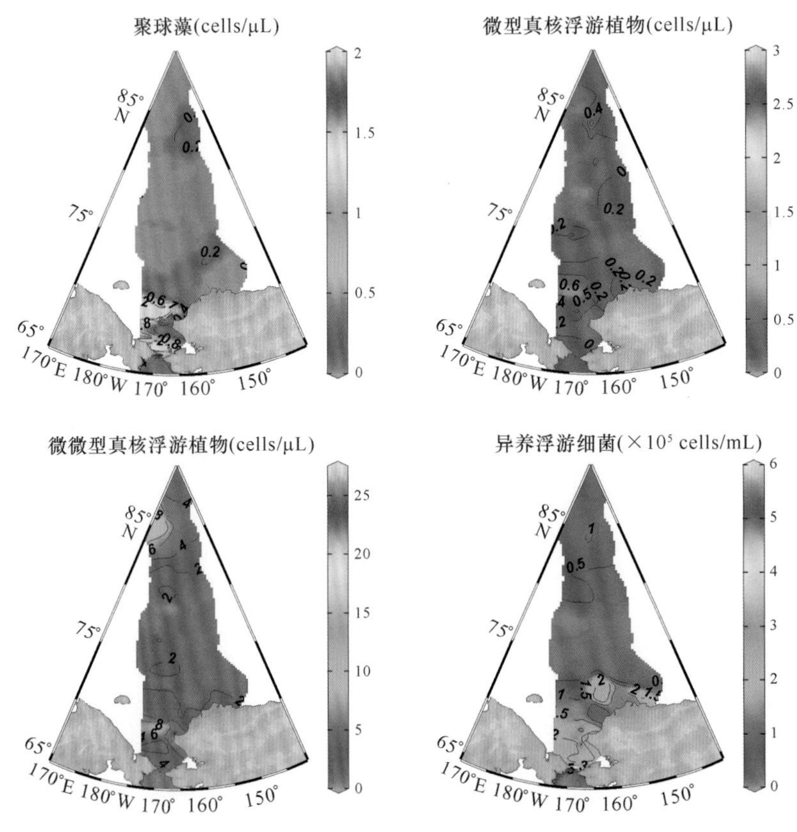

图6-10 北冰洋中心区表层各类群的丰度分布

6.2.3.2 观测断面微微型浮游生物空间分布

SR/M断面（SR01~M07~M01~SR22）和Bn断面（Bn01~Bn13）的大部分采样站位位于加拿大海盆，75°N以北的北冰洋中心区聚球藻、微微型浮游植物和异养浮游细菌丰度在两条断面中分布相似（图6-11）。两条断面聚球藻丰度均小于0.3 cells/μL；微微型浮游植物集中在0~13 cells/μL，由南向北分布水层逐渐变薄，如Bn断面由76°N附近的70 m减至88°N附近的40 m；浮游细菌在100 m以浅水域中分布较为均匀，集中在0.5×10^5~1×10^5 cells/mL。

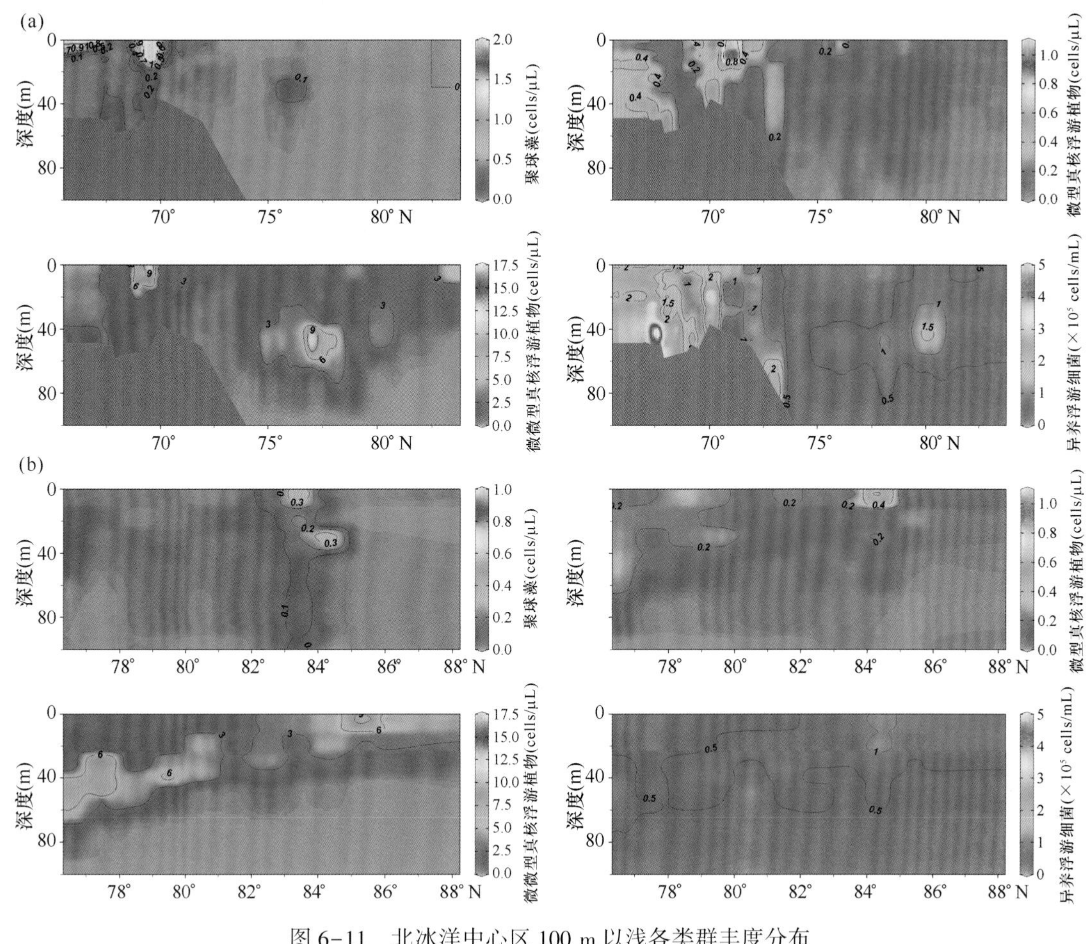

图6-11 北冰洋中心区100 m以浅各类群丰度分布

(a) SR/M断面；(b) Bn断面

6.2.4 微微型浮游生物多样性

6.2.4.1 香侬多样性指数

利用2010年夏季我国第四次北极科学考察获得的北冰洋楚科奇海样品，以北冰洋楚科奇海的微微型和微型浮游生物为研究对象，采用变性梯度凝胶电泳（DGGE）和构建克隆文库等方法，对楚科奇海的微微型和微型浮游生物的多样性、群落结构和物种鉴定进行调查。

其中浮游细菌的香侬多样性指数为2.90（R09站位47 m层）~3.29（R5站位48 m层）；微（微）型真核浮游生物的香侬多样性指数为1.92（R07站位10 m层）~2.69（R01站位18 m层）。F-检验及t-检验结果也表明：两者具有显著差异性（$P<0.05$）；由图6-12可知，在楚科奇海所有站位中，浮游细菌的生物多样性指数要高于真核浮游生物。

6.2.4.2 细菌和真核浮游生物UPGMA聚类分析

基于细菌DGGE图谱的聚类分析表明，总体而言，在相似度为0.69~0.70时，整个聚类树被分为2大支：R09号和R07站位的所有水层聚为一大支；R01和R05站位的水层也按照深度很好地聚为另一大支。R09号站位的30 m和47 m水层相似度较高，而其13 m水层差别

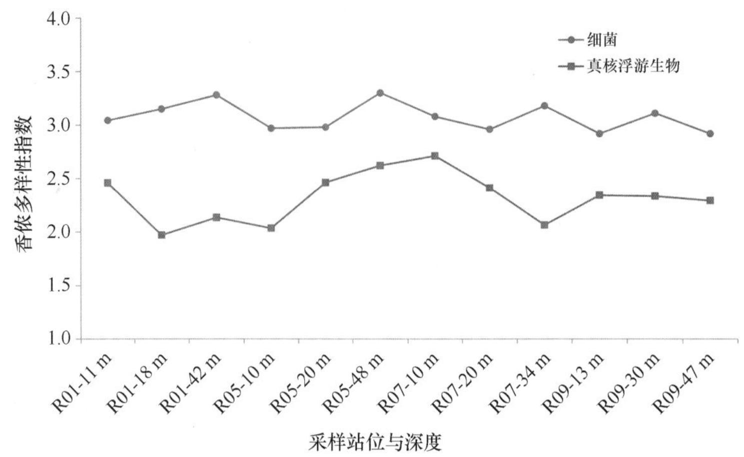

图 6-12　楚科奇海不同站位和深度的细菌和真核浮游生物的香依多样性指数

很大。R01 和 R05 站位水层相似度很高（图 6-13a）。

基于真核浮游生物 DGGE 图谱的聚类分析表明，在相似度为 0.47~0.65 时，水层明显被分为三大分支，R05 站位除了 48 m 水层外，10 m 和 20 m 深度很好地聚在一起，相似度较高。R09 号和 R01 站位各水层基本聚在一起，R07 站位较复杂，各水层相似度不高（图 6-13b）。

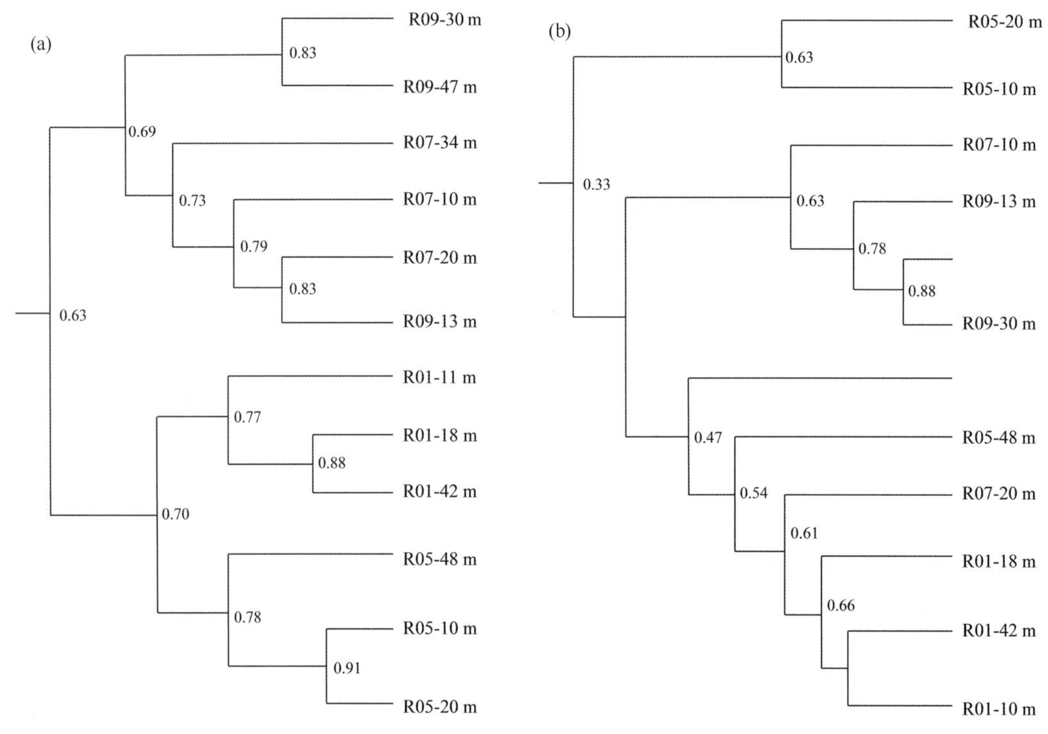

图 6-13　基于细菌和真核浮游生物 DGGE 图谱的 UPGMA 聚类分析

（a）细菌 16S 聚类分析；（b）真核浮游生物 18S 聚类分析

6.2.4.3　多样性及其在楚科奇海中的分布

将楚科奇海 170°W 断面的 R1、R5、R7 和 R9 4 个站位的不同深度的样品经 DGGE 电泳，把 DGGE 图谱中的代表性条带切割下来，经克隆和测序后，将得到的序列输入到基因库中进行 BlastN 比对，得到与已知序列的相似度较高的序列信息。我们得到了 19 个条带中 16 个条带的序列信息，16 个条带做了克隆，得到 35 个克隆子的信息，确定了 21 种楚科奇海的浮游细菌，主要包括血杆菌、黄杆菌（2 种）、硫盐单胞菌、假单胞菌、极地杆菌（2 种）、冷单胞菌、红假单胞菌、超微细菌、不动杆菌、*Mesonia*、*Thioalkalivibrio*、*Gilvimarinus chinensis*、*Lacinutrix*、*Mariniflexile*、*Jannaschia*、*Thalassomonas*、*Nereida*、*Citreimonas* 和 *Oceaniserpentilla*。在这 21 个物种类群中，红假单胞菌类群在所有样品中所占比例最大（16%），为 4 条，黄杆菌 3 条，极地杆菌和硫盐单胞菌次之，为 2 条，其他的物种各为 1 条（图 6-14）。

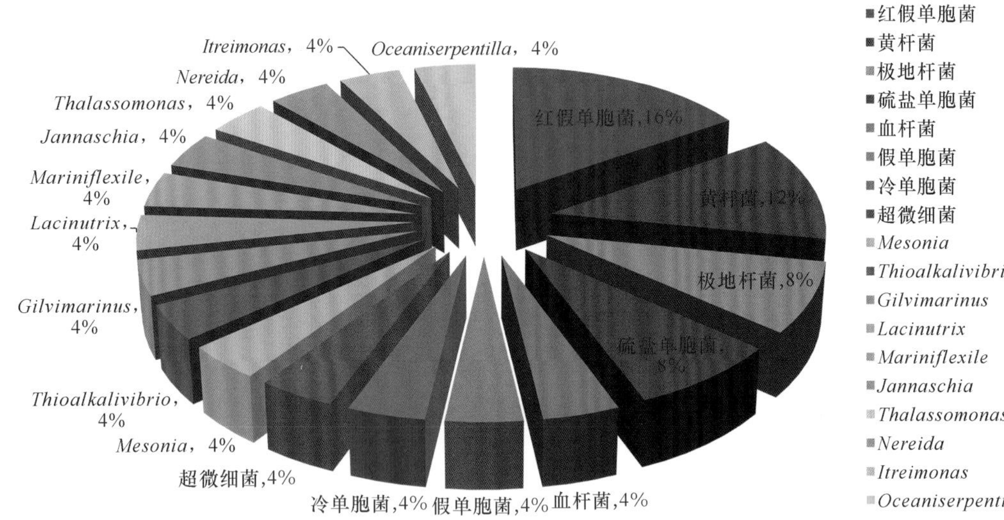

图 6-14 楚科奇海不同浮游细菌类群占总细菌的比例

对楚科奇海 1 站、5 站、7 站和 9 站位微微型和微型真核浮游生物进行 DGGE 电泳分析，切下优势条带，经过克隆、测序和 Genebank 数据库中 BlastN 比对，得到了 6 个条带的序列信息。鉴定出的主要微微型和微型浮游真核生物类群包括：念珠菌、节担菌、链形植物、未能培养的海洋超微型真核生物、未能培养的超微型真核浮游生物、未培养的真核生物、Uncultured Banisveld eukaryote、Allium fistulosum、Protacanthamoeba bohemica 共 9 种。

这 6 个条带中只有条带 3 显示为单一的物种，其他条带均为多个物种。克隆子条带 1~4 号（4 号克隆）与未培养的 Banisveld 真核生物 EU091873.1 相似度较低，为 92%。克隆子条带 1~10 号与未培养的超微型真核浮游生物 GU433181.1 高度吻合，相似度为 99%。克隆子条带 1~12 号与 Allium fistulosum JQ283942.1 相似度很高，也为 99%。条带 2 的 7 号和 11 号克隆显示与未培养的海洋超微型真核生物 FR874302.1 相似度高达 99%，而条带 2 的 10 号克隆与念珠菌 DQ515959.1 的相似度达到 100%。B 条带 3 显示为单一的物种节担菌，相似度高达 99%。条带 4 鉴定为 3 个物种，即未培养的真核生物、链形植物和未培养的海洋超微型真核浮游生物，相似度均为 99%。条带 5 显示为两种未培养的生物，即未培养的超微型真核浮游生物和未培养的海洋超微型真核生物，相似度分别为 100% 和 99%。条带 6 鉴定为两个物种，未培养的海洋超微型真核生物和 Protacanthamoeba。对 6 个条带的 9 个物种进行分类，并计算各个物种所占的比例，其结果如图 6-15 所示。

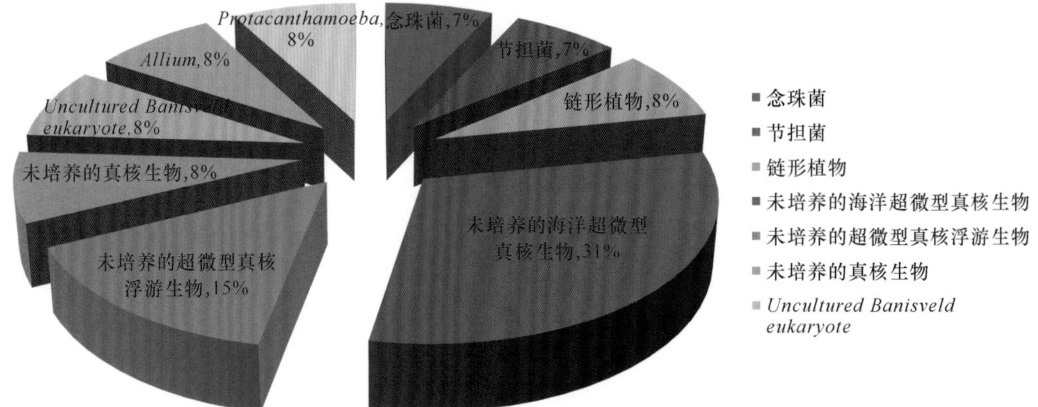

图 6-15　楚科奇海各个类群微微型和微型真核浮游生物的相对比例

6.2.5　微微型浮游生物群落的潜在变化

6.2.5.1　楚科奇海

Pearson 相关性分析表明，楚科奇海浮游细菌的香依多样性指数与所处深度、及其温度、盐度、营养盐（磷酸盐、硝酸盐、亚硝酸盐、铵盐）、叶绿素及溶解有机碳的分布均无明显的相关性（$n=12$, $P>0.5$）；微（微）型真核浮游生物的香依多样性指数仅与盐度呈显著性负相关（$n=12$, $P=0.048$, $R=-0.581$），而与其他所有环境因子的分布无明显相关性（$n=12$, $P>0.5$）。

研究区域有 3 个水团分布，根据其温盐变化，R0 及 R05 站位的 10 m 及 30 m 层（温度为 2.52~4.91℃，盐度为 31.76~32.71）属于白令海陆架水，R05 站位的 46 m 层及 R07 站位的 10 m 和 20 m 层（温度为-1.59~0.21℃，盐度为 28.67~32.33）属于混合水团（含海冰融化混合水），R07 站位 34 m 层及 R09 站位（温度为-1.74~-1.48℃，盐度为 31.34~32.92）属于阿纳德尔水（Grebmeier and Barry, 2007）。R07 站位位于先驱浅滩，具有较为复杂的水团组成。

微（微）型浮游生物对环境的变化具有很强的敏感性，尤其能够反映水团变化（Zhang et al., 2012）。本文所研究的区域位于 67°—72°N 之间（横跨 5 个纬度），水深较浅（35~55 m），由白令海陆架水、阿纳德尔水及白令海陆架—阿纳德尔—海冰融水所组成的混合水团组成，水团组成较为复杂，环境变化比较剧烈。而研究结果也表明，无论是浮游细菌还是微（微）型真核浮游生物群落结构均能反映出水团变化的信息（图 6-16）相较而言，微（微）型真核浮游生物不但较为准确地反映出 R07 站位水团组成的复杂性，且随水团变化表现出更强的敏感性，主要表现为群落多样性与盐度变化具有显著相关性（$P<0.5$），而盐度变化恰是划分水团信息的基本因素。相对而言，楚科奇海微（微）型浮游生物的多样性对单个环境因子的变化反应多不敏感（$P>0.5$）。

而与 2008 年调查结果相比，2010 年度两类微（微）型浮游生物的多样性数值均较大，且分布有显著差异性（F-检验：$P<0.5$，t-检验：$P<0.5$）。相对而言，R07 站位多样性变动较大。相较而言，2008 年温度高于 2010 年温度（两年度平均值分别为 3.85℃与 0.59℃），

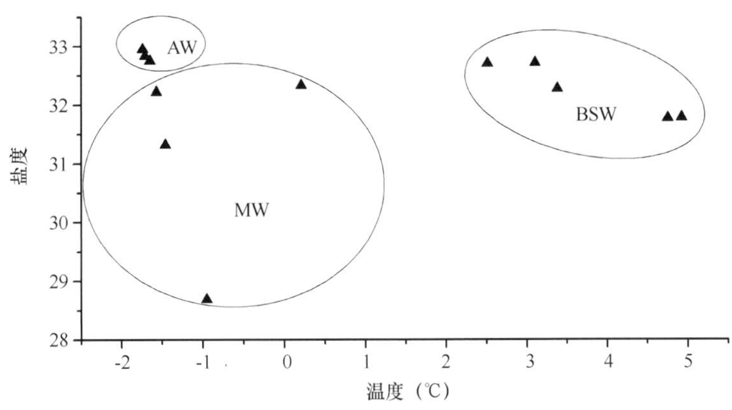

图 6-16　楚科奇海断面温盐分布点聚图及水团分类

BSW：白令海陆架水；AW：阿纳德尔水；MW：混合水

且温度分布具有显著差异性；（F-检验：$P<0.5$，t-检验：$P<0.5$）；而盐度分布则无明显差异性。可见，低温有助于保持较高的微型浮游生物（尤其是浮游细菌）多样性，而稳定的盐度（水团）分布是保持微（微）型真核浮游生物多样性的因素。

相对而言，国际上对北冰洋微（微）型真核浮游生物的研究较少。在本研究中该类微型生物仅与盐度呈明显负相关，说明在温度变暖海冰融化导致的盐度下降的未来海域中，该类生物的多样性将有所增加。在本文所研究的海域，共有40%的浮游细菌克隆序列与已知序列的相似度小于94%，而微（微）型真核浮游生物中有60%以上为未培养种群，说明北极海域中存在大量未知新物种，这些新物种将成为未来研究的重点。

6.2.5.2　北冰洋中心区

对北极点附近新开水域表层微微型浮游植物群落进行调查发现（Zhang et al.，2015），该区域群落丰度范围为 $1.58\times10^6 \sim 9.47\times10^6$ cells/L，对总叶绿素的贡献率44%~80%。微微型浮游植物以青绿藻（Prasinophytes）为主（图 6-17），可占微微型叶绿素总量的88%，其次为硅藻、蓝藻、定鞭金藻及甲藻，分别占到2%~80%，0%~20%，4%~14%及2%~11%。塔胞藻（*Pyramimonas*）和（*Micromonas*）为青绿藻的优势属而他们相应的优势种分别为 *Pyramimonas gelidicola* 及 *Micromonas pusilla*。尽管前者为微胞藻一直被认为是泛北冰洋优势种，但本次调查发现塔胞藻可超越微胞藻3倍之多，相应的优势种之间也有1.5倍的差距。在这次调查中也发现了大量棕囊藻（*Phaeocystis*）的存在，其量同样超过了 *Micromonas*，成为调查海域的第二优势属。硅藻的相对存量会随着逐渐向北而降低，而青绿藻则逐渐增高。一个有趣的现象是：定鞭金藻与甲藻及蓝藻不会同时出现，定鞭金藻更易在东侧出现，甲藻更易在西侧出现。

光（春季）和营养盐（夏季）是北冰洋中心区浮游植物生长的两大限制因子。在开阔水域，微微型浮游植物占绝对优势。而叶绿素含量则与纬度、盐度（$P<0.01$）及营养盐 $P<0.05$ 密切相关。不同的种群与环境因子具有不同的相关性。蓝细菌及硅藻与盐度呈显著负相关（$P<0.05$ 及 $P<0.01$）；而青绿藻则与盐度呈显著正相关（$P<0.01$）；甲藻与纬度呈显著正相关（$P<0.05$）。硅藻可能来源与融冰时冰藻的释放；而青绿藻则可能来源于深层水的输入。环境因子的交互作用导致了不同微微型浮游植物的群落分布（图 6-18）。影响浮游植物群落

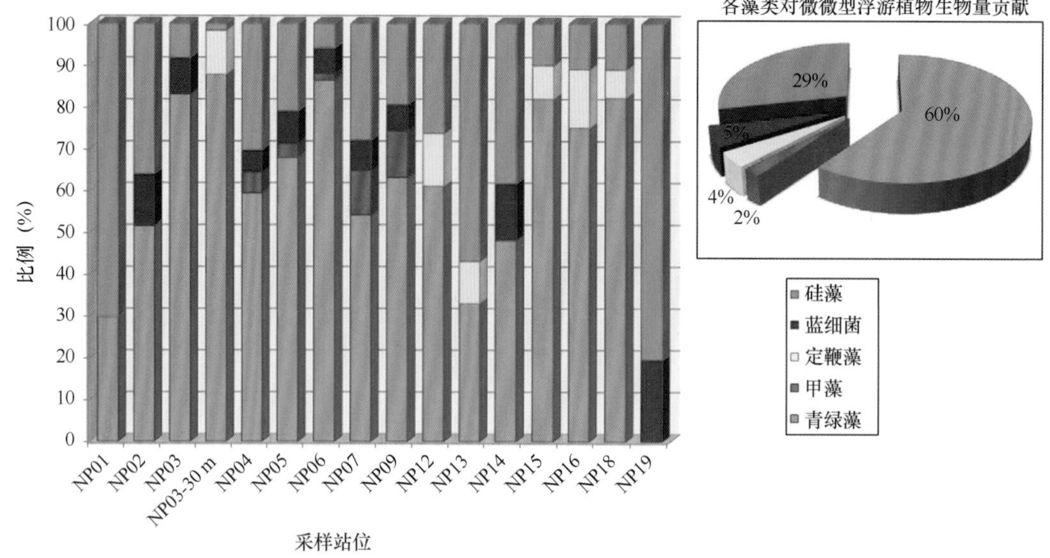

图 6-17　微微型浮游植物群落组成分布

分布的环境因子顺序为：盐度、纬度、温度、冰覆盖率、硅酸盐、磷酸盐、硝酸盐+亚硝酸盐。

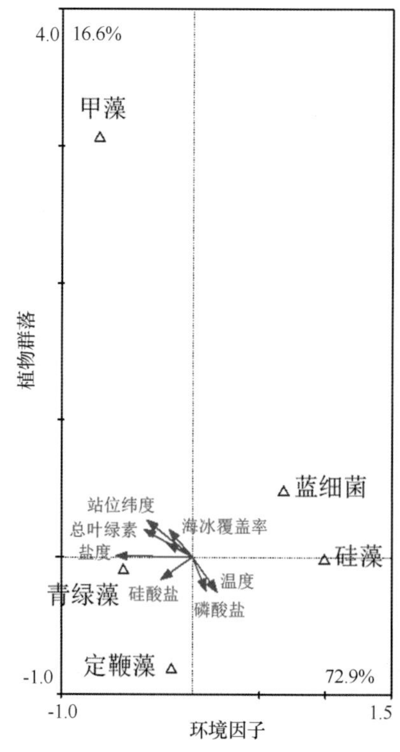

图 6-18　微微型浮游植物群落与环境因子相关性的 CCA 分析

北极海冰正在迅速的融化，光照及淡水输入都随之发生了明显的变化。随着淡水输入的增加，海水层化现象将更加严重，这会进一步阻止深层水对营养盐的补充，从而进一步提高微微型浮游植物类群的优势地位。而这种趋势会随着接近于北极点而逐渐变缓，但会随着气候变化而更加剧烈。

6.3 浮游植物群落

6.3.1 白令海浮游植物种类组成

样品于2010年夏季利用"雪龙"船在白令海（169°E—166°W，50°—67°N）（图6-19）调查期间时所采集，在白令海盆、陆坡和陆架的18个大面站和10个分层站用CTD梅花采水器分层采集浮游植物样品70份。各层采水样1 000 mL，具体采集深度视跃层等水文因素调整。

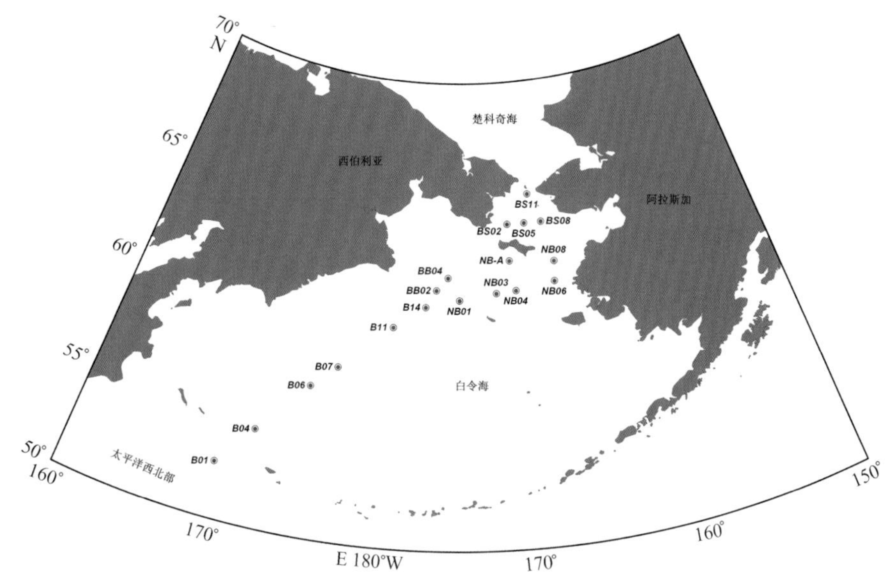

图6-19 白令海浮游植物采样站位

上述样品用终浓度为2%中性甲醛固定密封保存。浮游植物样品经静置沉降和浓缩，随机抽取分样置于蔡司Zeiss-Z1倒置显微镜200倍及400倍下镜检，使用Kolkwitz计数法进行物种分类和丰度统计，丰度的统计和误差处理参照孙军等（2002）的研究。细胞直径小于2 μm的微微型生物细胞数量不计入浮游植物丰度总量。

共鉴定浮游植物（>5 μm）5门56属143种（不含未定种）。硅藻37属95种，甲藻15属44种，绿藻2属2种，裸藻和金藻各1属1种。硅藻是主体类别，不但物种较多，占总种数的66.7%，丰度也高，占总丰度的98.7%；其次为甲藻，分别占总种数和总丰度的29.4%和2.9%。其余门类的丰度比例很低，合计占总丰度的1.9%。主要的优势种为：丹麦细柱藻（*Leptocylindrus danicus*）、诺登海链藻（*Thalassiosira nordenskioldi*）、柔弱伪菱形藻（*Pseudonitzschia delicatissima*）、海洋拟桅杆藻（*Fragilariopsis oceanica*）、旋链角毛藻（*Chaetoceros curvisetus*），分别占浮游植物总丰度的20.8%、31.6%、6.1%、6.3%和11.2%。硅藻是白令海浮游植物的主体门类，与巴伦支海北部和挪威海南部（Okolodkov，1999）等北极北欧海某些区域夏季甲藻物种及丰度均超过硅藻的特点相反。

白令海浮游植物物种分布具有特殊的区域性和时间性差异（Werner，1977；McRoy et al.，1972）：①北极类群（Pan-Arctic group）：广泛分布与北极和寒带海域的种类，代表种有诺登海链藻、连结脆杆藻（*Fragillaria crotonensis*）、圆柱拟脆杆藻（*Fragilariopsis cylindrus*）、叉尖角毛藻（*Chaetoceros furcellatus*）、弯顶角藻（*Ceratium longipes*）、波切特棕囊藻（*Phaeocysis pouchetii*）。这些种类主要分布于白令海北部陆坡和陆架，尤其在白令海西部西伯利亚沿岸表层。②北方大洋类群（Boreal oceanic group）：为白令海浮游植物物种组成的主体，代表种有西氏新细齿状藻、大西洋角毛藻（*Chaetoceros atlanticus*）、半棘钝根管藻（*Rhizosolenia hebetata* f. *semispina*）、无刺鼻状藻（*Proboscia inermis*）、扭角毛藻（*Chaetoceros convolutus*）和长海毛藻（*Thalasiothrix longissima*）。这些种类在白令海盆明显较多。③广温性类群（Eurythermal group）：从热带到寒带海都有广泛分布，代表种有扁面角毛藻（*Chaetoceros compressus*）、菱形海线藻、笔尖根管藻（*Rhizosolenia styliformis*）、旋链角毛藻、丹麦细柱藻和扁形原多甲藻（*Protoperidinium depressus*）。

6.3.2 白令海浮游植物群落类型和地理分布

统计软件采用 PRIMER5.0（Plymouth Marine Laboratory，UK）软件运算，采用 Bray-Curtis 距离系数建立站位间的相似矩阵进行聚类分析。为简化分析数据，避免种类检出的偶然性等，挑选物种的出现率大于等于 10%的物种丰度经过平方根转换和标准化处理。

基于 2010 年 7 月样品，以各测站浮游植物物种和丰度组成的 Bray-Curtis 相似性系数进行聚类分析。结果显示，BB02 站和 BB04 站的相似性最高（85%），其余站位及组合的相似性均大于 50%，介于 50%~80%之间，研究区域内浮游植物群落的空间分布差异较小，呈明显的群聚特征，在大约 30% Bray-Curtic 相似性水平上可划分为两个明显差别的群落，即是深水区群落和浅水区群落（图 6-20）。浮游植物群落结构的差异反映了北太平洋水对白令海不同程度的影响以及楚科奇海寒流与白令海在一定程度上的联系。

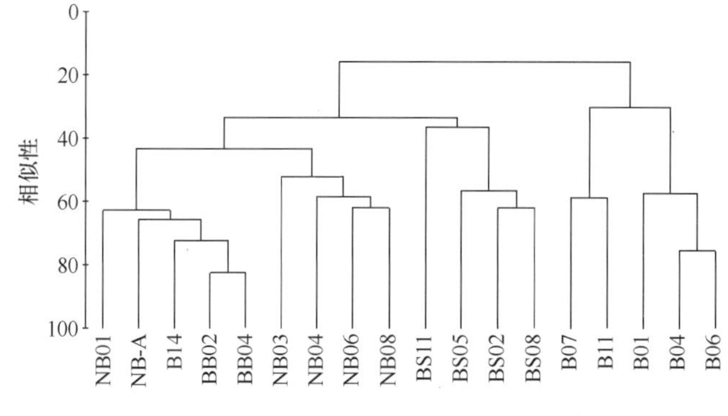

图 6-20 白令海浮游植物群落相似性聚类

深水区群落分布于太平洋西北部和白令海海盆，水深大于 2 600 m，种类组成主要由北方大洋性的西氏新细齿状藻、大西洋角毛藻、曲刺角毛藻（*Chaetoceros concavicornis*）和广布种菱形海线藻、扁面角毛藻（*Chaetoceros compressus*）等组成。该群落各测站物种丰富度均低于 2.0，浮游植物丰度均小于 5.00×10^4 cells/L，平均丰度仅为浅水区群落的 1/5。然而，由于优势种不突出，种间丰度分配均匀，物种多样性指数反而高于浅水区群落。

浅水区群落分布于白令海陆坡区和北部陆架区，水深小于 130 m，种类组成主要由近岸冷水种诺登海链藻、叉尖角毛藻、聚生角毛藻和广温广盐种丹麦细柱藻、旋链角毛藻等组成。

该群落各测站物种丰富度除 NB-A 测站外均高于 2.0，浮游植物丰度除 NB 断面外均在 5.00×10^4 cells/L 以上，BS 断面大多保持在 5.00×10^4～10.00×10^4 cells/L 内。然而，由于浮游植物种间分配不均匀，优势种突出，种类多样性指数低（表 6-7）。

表 6-7　白令海不同生境类型的浮游植物群落比较

浮游植物群落	深水区群落		浅水区群落	
生境类型	太平洋西北部	白令海海盆	白令海陆坡区	白令海陆架区
站位	B01	B04、B06、B07、B11	B14、BB02、BB04、NB01	NB03、NB04、NB06、NB08、BS02、BS05、BS08、BS11、NB-A
水深（m）	5860	2634～3873	84～129	24～58
盐度	平均：4.64 范围：34.54～34.67		平均：32.32 范围：31.72～32.88	
水温（℃）	平均：1.71 范围：1.57～2.12		平均：0.3891 范围：-1.38～2.75	
丰度	平均：13510 范围：950～48075		平均：76110 范围：13700～192400	
物种丰富度	平均：1.66 范围：1.49～1.95		平均：2.55 范围：1.89～3.21	
均匀度	平均：0.69 范围：0.43～0.89		平均：0.50 范围：0.33～0.71	
多样性指数	平均：2.61 范围：1.94～3.18		平均：2.39 范围：1.63～3.13	
优势种组成	柔弱角毛藻、叉尖角毛藻、诺登海链藻、丹麦细柱藻、海洋拟桅杆藻、菱形海线藻、柔弱伪菱形		西氏新细齿状藻、大西洋角毛藻、丹麦细柱藻、曲刺角毛藻、菱形海线藻、柔弱伪菱形藻	

究其群落分化的原因，白令海是一个半封闭海，南面是阿留申群岛，中部是水深超过 4 000 m 的深海盆，虽然受阿留申群岛的阻隔，与北太平洋水的交换仍然畅通无阻。而北面通过白令海峡与楚科奇海相通，西部是俄罗斯的宽广大陆架，受从西伯利亚和堪察加半岛南下寒流的影响，而东部则受阿拉斯加沿岸流的影响。陆架海和深海盆的表层环流有很大差别，水团变化很大，海水的性质像两个不同的海（Stabeno et al.，2001）。白令海磷酸盐浓度普遍较高，不是浮游植物光合作用限制因子。受硅限制水域主要限于硅藻大量繁殖的陆坡区，在白令海陆架区绝大部分水域主要表现为氮限制（Niebauer et al.，1995；高生泉等，2011）。白令海浮游植物的生长繁殖与环境因素密切相关，其种类组成及丰度变化直接受制于表层环流、营养盐、融冰等环境因素。南部海盆受从科曼尔群岛附近进入的高温、高盐的北太平洋水影响，浮游植物基本上属北方大洋群落；而北部陆架和陆坡受从楚科奇海南下的低温、低盐的北冰洋水和融冰影响，浮游植物基本上属北极群落。

6.3.3　白令海浮游植物优势种组成

群落内物种的优势度采用 Duffrene 和 Legendre（1997）的方法，通过以下公式获取：

$$Y=\frac{n_i}{N}fi$$

其中，n_i 为第 i 种的丰度；N 为每种出现的丰度的总和；fi 为第 i 种的测站出现率，即是群落内出现该种的站位和总站位之比。选取 0.02 位优势种节点，大于等于 0.02 的物种被认定是该群落的优势种。

在所有的浮游植物种类当中，西氏新细齿状藻、丹麦细柱藻、菱形海线藻、柔弱伪菱形藻在两个群落当中都是优势种（表 6-7）。以表层为例，西氏新细齿状藻丰度不高，但出现率较高，主要分布于白令海盆（B04～B07 测站），其次为白令海陆坡区，而白令海陆架区仅少量出现于底层（图 6-21）。通常认为西氏新细齿状藻可作为北太平洋水的指示种（Simonsen and Kanaya，1961；Marumo，1956），最远距离可向北可扩散到楚科奇海南部和东部（杨清良和林更铭，2006；Lin et al.，2009）。本次调查该种在白令海的分布与北太平洋水的影响趋势基本吻合，在受北太平洋水影响较直接的白令海盆数量最多，往东北部陆架逐渐减少。一些优势种出现频率虽不高，但在个别站位数量较高，呈现明显的区域特点。例如，诺登海链藻分布于陆架，在白令海与楚科奇海交汇的 S18 站大量密集，深水区没有发现（图 6-21）。诺登海链藻主要分布在北极寒冷海域，是春季白令海和楚科奇海浮游植物的主要优势种（Irina et al.，2009；王鹏，2009），在阿纳德尔（Anadyr）湾和西部白令海浮游生物和沉积物中分布普遍。在楚科奇海陆架的个别站位，该种占表层浮游植物丰度的 88%，在底层甚至高达 97%（Irina et al.，2009）。

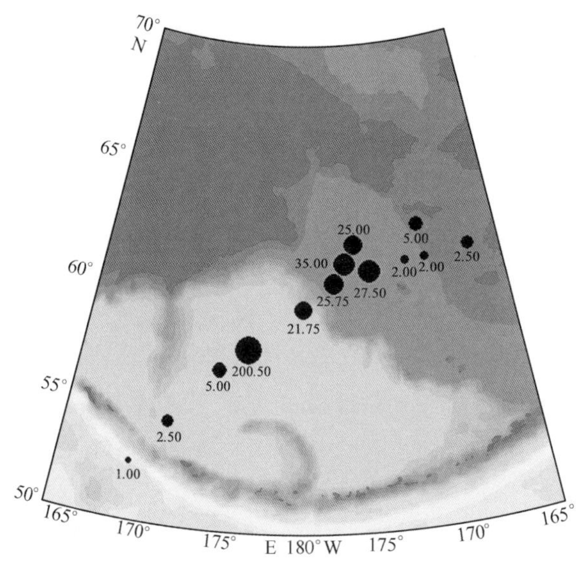

图 6-21　白令海表层西氏新细齿状藻丰度的空间分布（$\times10^2$ cells/L）

此外，林更铭等（2013）研究发现，白令海浮游植物自表层直至近 200 m 的底层均有一定数量的分布，但表层丰度普遍较低，丰度最高值出现的水层具有区域性差异，深水区出现丰度最高值的水深比浅水区深。在水深大于 5 800 m 的太平洋西北部 B01 测站，各水层的丰度都较低且变化幅度不大，最高值 50 m 水层的数量也仅为 2 250 cells/L；在水深大于 3 700 m 的白令海海盆 B06 和 B07 测站，最高值出现于 30～40 m 水层，40 m 以下则急剧下降；浅水区各测站（如 NB06 站）丰度的最高值均在 10～20 m 水层，各层丰度变化幅度较小（图 6-22）。就种类组成而言，表层以旋链角毛藻、叉尖角毛藻、聚生角毛（*Chaetoceros socialis*）

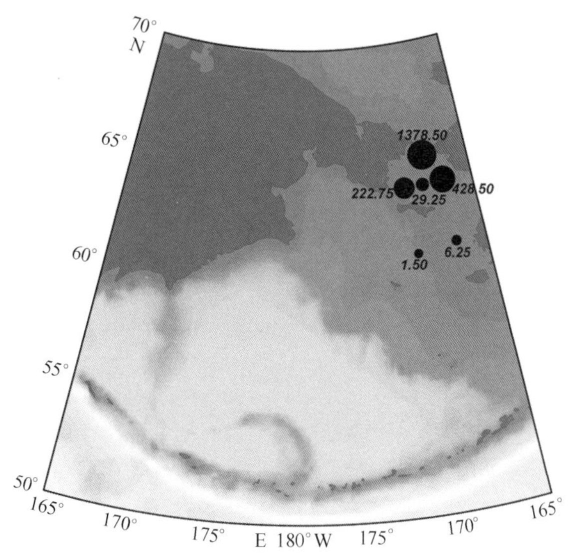

图 6-22 白令海表层诺登海链藻丰度的空间分布（×10² cells/L）

和丹麦细柱藻等圆心硅藻为主，次表层以带纹曲壳藻（*Achnanthes taeniata*）和海洋拟脆杆藻（*Fragilariopsis oceanica*）等羽纹硅藻为主体。而深水层则以纺锤环沟藻和原多甲藻（*Protoperidinium* spp.）等异养型甲藻占优势。

6.3.4 西北冰洋浮游植物种类组成

样品于2010年夏季依托“雪龙”船在西北冰洋（67.0°—88°26′N，152.5°—169.0°W）用CTD梅花采水器分层采集，共采集了50个站位的50份表层水样和62份垂直分层水采。分层各取水样1 000 mL，具体采集深度视跃层等水文因素调整。采样范围涵盖楚科奇陆架（Chukchi Shelf，CS）和阿拉斯加近岸浅海区，楚科奇边缘带［楚科奇陆架外侧，包括楚科奇深海平原（Chukchi Abyssal Plain，CAP），楚科奇冠（Chukchi Cap，CC）和罗斯文海脊（Northwind Ridge，NR）］和深海区［包括加拿大海盆（Canadian Basin，CB），门捷列夫深海平原（Mendeleev Abyssal Plain，MAP）和阿尔法海脊（Alpha Ridge，AR）等］（图6-23）。（Coupel et al.，2011）。

上述样品均用终浓度为2%中性甲醛固定密封保存。浮游植物样品经静置沉降和浓缩，随机抽取分样置于蔡司Zeiss-Z1倒置显微镜200倍及400倍下镜检，使用Kolkwitz计数法进行物种分类和丰度统计，丰度的统计和误差处理参照孙军等（2002）的研究。细胞直径小于2 μm的超微型生物的细胞数量不计入浮游植物丰度总量。

西北冰洋共鉴定浮游植物（>5 μm）4门3纲75属169种（不含未定种）。硅藻48属105种，甲藻17属52种，隐藻4属3种，裸藻3属6种，定鞭藻纲、针胞藻纲和领鞭毛藻纲各1属1种。硅藻是主体类别，不但物种较多，占总种类数目的62.13%，丰度也高，占总丰度的95.86%；其次为甲藻，分别占总种类数目和总丰度的30.77%和3.26%。其余门类的丰度比例很低，合计占总丰度的0.88%。硅藻是西北冰洋浮游植物的主体门类，与北极北欧海某些区域夏季甲藻物种及丰度均超过硅藻的特点相反（Okolodkov，1999）。

西北冰洋浮游植物物种分布的区域性和时间性差异较之白令海更为明显。根据浮游植物

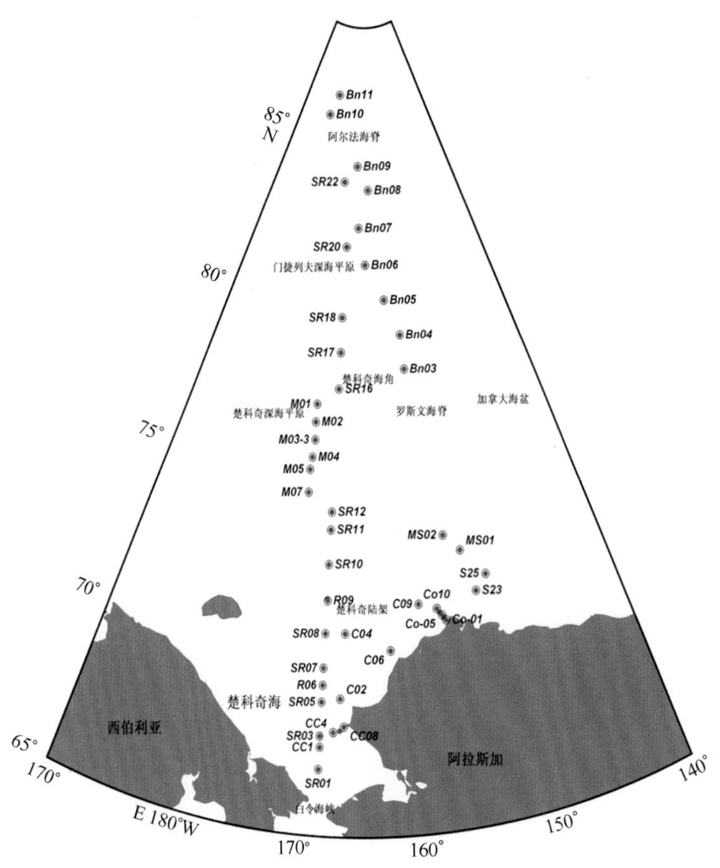

图 6-23　西北冰洋浮游植物采样站位

种地理分布特点，大致包括：①极地海类群：包括北极类群（Arctic group）和极区类群（Bipolar group）。前者代表种是硅藻类的脆杆链藻（*Bacteriosira fragilis*），也是唯一的北极特有种，仅出现于水体（Melnikov, 1997; Booth and Horner, 1997）。后者如甲藻类的北极鳍藻（*Dinophysis arctica*）（Okolodkov, 1998, 1999）和裸藻类的布氏拟双鞭藻（*Eutreptiella braarudii*），在北极以及南极地区均能发现。②北极-北方类群：广布于北极和北方寒带海，是该区浮游植物物种组成的主体。代表种包括曲刺角毛藻（*Chaetoceros concavicornus*）、大洋舟形藻（*Navicula pelagica*）、格鲁弯角藻（*Eucampia groenlandica*）和双脚原多甲藻（*Protoperidinium bipes*）等冷水近岸种以及常见于海冰的寒带菱形藻（*Nitzschia frigida*）、北极直链藻（*Melosira arctica*）等（Syvertsen, 1991; Booth and Horner, 1997）。这些种类在高纬度深海区明显较多。③暖温带类群：主要分布于受北太平洋水影响较大的楚科奇陆架区，种类与白令海陆架区类似。④广温性类群：从热带到寒带海都有广泛分布，代表种有扁面角毛藻（*Chaetoceros compressus*）、菱形海线藻、笔尖根管藻（*Rhizosolenia styliformis*）、旋链角毛藻、丹麦细柱藻。

6.3.5　西北冰洋浮游植物群落类型和地理分布

统计软件采用 PRIMER5.0（Plymouth Marine Laboratory, UK）软件运算，采用 Bray-Curtis 距离系数建立站位间的相似矩阵进行聚类分析。为简化分析数据，避免种类检出的偶然性等，挑选物种的出现率大于等于 10%的物种丰度经过平方根转换和标准化处理。

以各测站浮游植物物种和丰度组成的 Bray-Curtis 相似性系数进行聚类分析，结果显示，MS01 站和 MS02 站的相似性最高（82%），其余站位及组合的相似性均大于 30%，介于 30%~60%之间，研究区域内浮游植物群落的空间分布差异较大，呈分散的斑块状分布。结合 MDS 以及 Bray-Curtis 相似性水平，大体可分为两个群落（图 6-24 和图 6-25），即陆架群落（楚科奇海陆架和陆坡）和深海群落（楚科奇深海平原，门捷列夫深海平原和加拿大海盆等）。前者较为复杂，稳定性不如后者。本调查去程和返程前后耗时 2 个多月，在不同采样月份陆架群落的丰度及优势种组成有较大变化（表 6-8），而深海群落始终以菱形海线藻为首要优势种，且丰度变动微小。另外，调查还发现，东侧巴罗角断面及其附近有关测站，虽与西侧的楚科奇海同属陆架浅水区，但其浮游植物优势种组成有所不同，按其优势度排序依次为菱形海线藻、大洋舟形藻、纺锤环沟藻等，在一定程度上表现深海群落的特征。相似的证据也出现在浮游动物群落的物种分布中：在夏季楚科奇海南部陆架的浮游动物类群基本上具有太平洋的特征，该情况一直延续到楚科奇海东北区，直到陆坡位置，北冰洋群落才全部取代楚科奇海的物种（Hopcroft et al.，2009）。

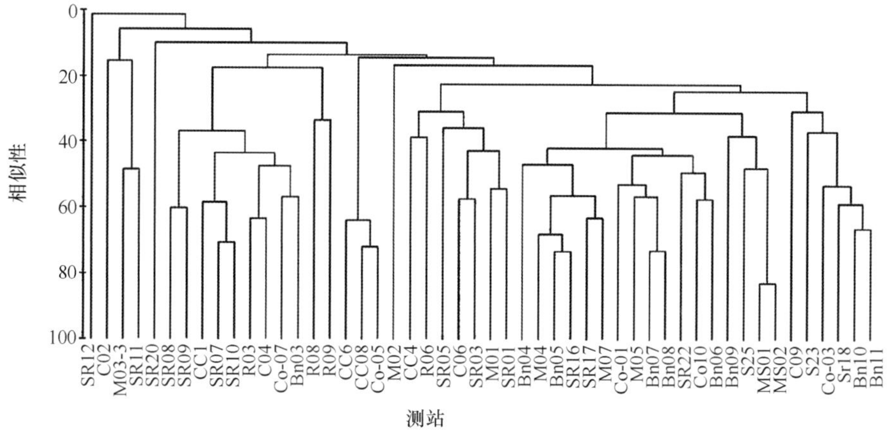

图 6-24　西北冰洋浮游植物群落相似性聚类树状图

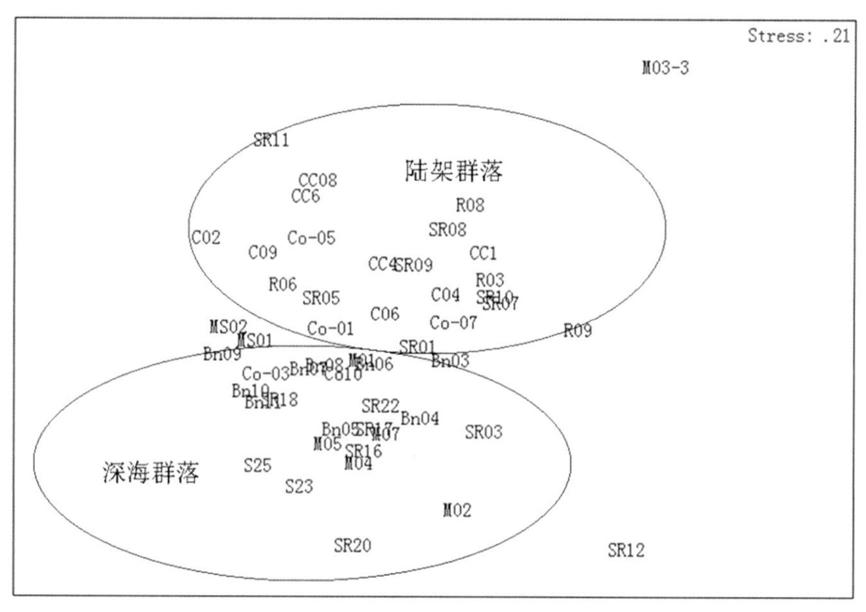

图 6-25　西北冰洋浮游植物群落多维尺度标序

表 6-8 西北冰洋表层浮游植物群落与若干环境参数的时空特点（2010 年 7—9 月）

生境类型	陆架以及陆坡（<500 m）		深海区（>500 m）		全区	
站位	去程（18 站）	返程（10 站）	去程（12 站）	返程（10 站）	去程（30 站）	返程（10 站）
采样时间	7 月 20 日—8 月 6 日	8 月 28—30 日	7 月 20 日—8 月 6 日	8 月 22—28 日	7 月 20 日—8 月 6 日	8 月 22—30 日
总种数（种）	116	71	67	40	141	84
	137		81		169	
种数（种）/站(个)	20（9~34）	17（4~39）	13（7~21）	8（2~15）	17（7~34）	12（2~39）
	19（4~39）		11（2~21）		15（2~39）	
物种丰富度	1.87	1.69	1.55	0.95	1.74	1.32
	1.8		1.28		1.57	
总丰度（$\times10^2$ cells/L）	1 185.2（12.8~13 419.4）	366.051（2.5~1 430.0）	41.8（6.8~201.2）	10.7（0.8~27.0）	727.9（6.8~13 419.4）	188.4（0.8~1 430.0）
	892.7（2.5~13 419.4）		27.7（0.8~201.2）		512.1（0.8~13 419.4）	
物种多样性指数值	2.56	2.62	2.68	2.12	2.61	2.37
	2.58		2.43		2.52	
均匀度	0.63	0.72	0.74	0.83	0.67	0.78
	0.66		0.78		0.72	
主要优势种	大洋舟形藻(0.10) 诺登海链藻(0.08)	皇冠角毛藻(0.14) 丹麦细柱藻(0.03) 新月筒柱藻(0.02) 长菱形藻(0.02)	菱形海线藻(0.10)	菱形海线藻(0.03)	大洋舟形藻(0.10) 诺登海链藻(0.04)	皇冠角毛藻(0.09) 丹麦细柱藻(0.02) 部分
	大洋舟形藻（0.06）；诺登海链藻（0.05）；皇冠角毛藻（0.02）		菱形海线藻（0.08）		大洋舟形藻（0.05）；诺登海链藻（0.03）	
T	3.028	3.629	−1.181	−1.264	1.374	1.182
	3.250		−1.221		1.294	
S	30.586	29.582	28.676	27.686	29.836	28.634
	30.214		28.205		29.335	
P（μmol/L）	0.558	0.537	0.559	0.644	0.558	0.591
	0.550		0.600		0.572	
DIN（μmol/L）	0.409	0.866	0.313	0.277	0.371	0.572
	0.579		0.296		0.455	
Si（μmol/L）	3.485	3.891	2.238	2.082	2.995	2.986
	3.635		2.164		2.991	
DO（mg/L）	0.368	0.25	0.362	0.256	0.366	0.253
	0.325		0.312		0.319	
氧饱和度（%）	3.364	2.29	2.922	2.044	3.190	2.167
	2.966		2.504		2.764	
高浮冰覆盖率（>50%）的测站比例	86%（6/7）	0%（0/10）	92（11/12）	33%（3/9）	89%（17/19）	16%（3/19）
	35%（6/17）		67%（14/21）		53%（20/38）	

深海区较高的海冰覆盖率会因长期光照不足而影响硅藻类等自养型光合浮游植物生长。此外，随着厚冰盖的融化大洋上层积聚了大量融冰水，加上有些区域（如加拿大海盆南部等）在波弗特环流作用下还受到附近河流的影响（Coupel et al.，2011），导致本航次深海区测站表层低温低盐（$S<30$，$T<-1$℃）现象比陆架区更为普遍。其中全区盐度最低（$S<27$）的测站出现在上述波弗特环流区（S25，MS01，MS02）和75°N以北的边缘带深水站（M01～M07站）。深海区表层低温低盐，温盐跃层厚，水体垂直稳定度高，上下层水体之间的垂直交换受阻，抑制了DIN的补充，均值为0.296 μmol/L，仅为陆架区的1/2（表6-8），成为75°N以北大洋浮游植物群落物种多样性和丰度都较低的另一主要原因。特别是在楚科奇海深海平原因海冰绝大部分融化（覆盖率约为10%），表层海水积聚了大量融冰水（$S<27.0$），海水层化现象明显，抑制了营养盐向表层的补充，因而浮游植物丰度较低。

陆架区由于冰层较薄而光照较强，加上由风驱动上升流带来的较高有效营养盐导致较高的初级生产，也有利于较大型的植物如硅藻的生长发育，因此丰度高于深海盆，且以硅藻为主（Babin et al.，2004；Sukhanova et al.，2009；Coupel et al.，2012）。另一更为重要的原因是，陆架区受到太平洋水的直接影响。据研究，由于太平洋入流水密度小于北大西洋入流水的密度，主要进入北冰洋的上层水体，所携带的营养盐对北冰洋浮游植物生长发育至关重要（Grebmeier，2006；李宏亮等，2011）。进入本区的太平洋水通过东、西侧两个主要海流经白令海峡进入楚科奇陆架。西侧有低温高营养盐的阿纳德尔河水（图6-25），东侧有温暖但营养盐贫乏的阿拉斯加沿岸流（Coupel et al.，2011）。本航次70°N以北陆架区的表层浮游植物丰度分布基本上反映了这种流系的格局，并与近年来的有关调查结果（杨清良等，2002；Coupel et al.，2011）类似，即东侧阿拉斯加沿岸以及波弗特海有关测站的总丰度明显低于西侧的楚科奇海陆架测站。在70°N以南，受到两个海流的共同作用，植物呈斑块状分布。东西侧间丰度的显著差异出现在70°N以北。70°—73°N之间、170°E附近测站出现的高丰度区可能是太平洋入流水的西侧分支影响较明显的区域。其中的水华测站（R09站）在调查时与其他陆架站相比具有低温（-1.224℃）、高营养盐（P含量达0.73 μmol/L，DIN达0.53 μmol/L）的特点，盐度与同期的陆架站均值（30.6）相比稍有偏低（30.0）。该处同时还出现较多的寒带菱形藻等冰藻，因其特有的树叉状群体而易聚集沉降离开表层（Michel et al.，1993），可能是因为太平洋入流对该处海冰融化过程产生影响且在时间上晚于70°N以南。据分析，太平洋水对流域内海冰的融化作用并非在整个楚科奇海域内平均的行进，而是与其移动方向有很大关系（赵进平等，2003）。至于冰盖融化对水华形成的正面作用已有不少报道，除了冰融化时冰藻自身的释放对水华有叠加和“播种”作用（Michel et al.，1993）外，水华与海冰消融后退之间还有强烈的生物物理学联系（Wang et al.，2005；Perrette et al.，2011）。受季节性海冰覆盖的楚科奇海陆架区，表层水的硅藻丰度普遍较高；至楚科奇海75°N以北的海区，水中硅藻丰度骤降；而BN03以北的站位，由于存在多年的固定冰，水中的硅藻仅零星检出。

6.3.6 西北冰洋浮游植物优势种组成

群落内物种的优势度采用Duffrene和Legendre（1997）的方法，通过以下公式获取：

$$Y=\frac{n_i}{N}fi$$

其中，n_i 为第 i 种的丰度；N 为每种出现的丰度的总和；f_i 为第 i 种的测站出现率，即是群落内出现该种的站位和总站位之比。选取 0.02 位优势种节点，大于等于 0.02 的物种被认定是该群落的优势种。

由于去程和返程调查时间间隔历时 1 个多月，调查海域的冰清、水温、盐度、营养盐等环境条件以及浮游植物优势种发生巨大变化。调查发现，浮游植物群落主要的常见种和优势种组成在不同海域和不同调查阶段（去程和返程）有较大差异（表 6-9），陆架区硅藻优势种属的阶段性更替现象明显。

表 6-9　西北冰洋陆架区表层浮游植物优势属组成的阶段性演替（2010 年 7—9 月）

丰度（$\times10^2$/cells/dm^3）及比例	平均丰度	最大测站丰度	丰度比例（%）	平均丰度	最大测站丰度	丰度比例（%）
采样时间	去程（7 月 20—26 日）			返程（8 月 28—30 日）		
舟形藻属（*Navicula*）	509.1	9089.6	43	0	0	0
海链藻属（*Thalassiosira*）	270.9	4360.8	22.9	0.5	5	0.1
拟脆杆藻（*Fragilariopsis*）	151.5	2656.7	12.8	0	0	0
角毛藻属（*Chaetoceros*）	121.1	1554.3	10.2	222.7	1504	60.8
菱形藻属（*Nitzschia*）	41.5	532.9	3.5	9.5	36.5	2.6
伪菱形藻（*Pseudonitzschia*）	26.6	286.7	2.2	0	0	0
细柱藻属（*Leptocylindrus*）	2.2	40	0.2	26.5	125	7.2
筒柱藻属（*Cylindrotheca*）	3.6	56.7	0.3	18.6	155	5.1
根管藻属（*Rhizosolenia*）	0.4	7.5	0	9.4	66	2.6
海线藻属（*Thalassionema*）	0.7	4	0.1	5.9	37.5	1.6
总丰度	1185.2	13419.4	1	366.1	1430	1
羽纹硅藻主要属丰度比例（%）		61.5			9.3	
圆心硅藻主要属丰度比例（%）		33.1			70.6	

深海群落指 72°N 以北水深大于 500 m 的陆架外侧和加拿大海盆等深水海域，去程期间（7 月 20 日至 8 月 6 日）的常见种（出现率大于 30%，下同）主要有菱形海线藻、大洋舟形藻、运动拟双鞭藻（*Eutreptiella gymnastica*），以及舟形藻（*Navicula* spp.）、菱形藻（*Nitzschia* spp.）和原多甲藻（*Protoperidinium* spp.）等属种类；返程（8 月 22—28 日）的主要常见种仍为菱形海线藻，以及一些角毛藻（*Chaetoceros* spp.）和菱形藻（*Nitzschia* spp.）等属种类；优势种组成去程和返程期间变化不大，主要是菱形海线藻，优势度分别达 0.10 和 0.03。以往常见于高纬度深海盆区的优势种北极海链藻（Booth and Horner，1997；Coupel et al.，2012）由于其往往形成大片群体藻垫，当冰融化后便迅速下沉（Syvertsen，1991），本航次仅在 80°N 附近的有关测站（SR18）零星发现。

陆架群落指水深小于 500 m 的楚科奇陆架、陆坡浅水区，去程常见的种类包括大洋舟形藻、诺登海链藻、圆海链藻（*Thalassiosira rotula*）、长菱形藻、成列伪菱形藻、双脚原多甲藻、丹麦细柱藻和纺锤环沟藻等，前两种是主要优势种。返程常见种是皇冠角毛藻、丹麦细柱藻、新月筒柱藻、长菱形藻、细长翼鼻状藻（*Proboscia alata*）、菱形海线藻、钝棘根管藻半刺变种、刚毛根管藻（*Rhizosolenia setigera*）、双脚原多甲藻、小细柱藻（*Leptocylindrus minimus*）和弯顶角藻等，主要优势种是前4种（表6-9）。优势种组成的这种阶段性快速演变特点也反映在优势属（丰度比例≥2%）组成上，尤其是硅藻类（表6-9），去程期间主要以舟形藻属等羽纹硅藻类为主（占总量的61.5%），返程则以角毛藻属等圆心硅藻类为主（占70.6%）。

随着陆架季节性海冰的不断消融和朝深海区方向后退，去程受融冰的影响程度可能要比返程期间强烈。分析显示，在一个单一的季节里，西北冰洋表层浮游植物群落经历了不同阶段的季节性发育，使得夏季的时空异质性更强。陆架区浮游植物优势种阶段性演替的动因是多方面的，可能在很大程度上与物理环境的季节性过程不规则相关，如冰融化的速度，季节性加热，动态形成的季节性分层以及无冰海域的存在及其持续时间等（Sukhanova et al.，2009）。

浮游植物丰度的垂直分布具有区域性和年际变化现象，丰度最大值均位于盐跃层、温跃层以及营养盐跃层附近（图6-26）。然而，陆架区浮游植物丰度最大值出现的水层较浅，且与温跃层、盐跃层和营养盐跃层都有关；陆坡区浮游植物垂直分布只与营养盐跃层有关。深海盆地浮游植物丰度最大值出现的水层较深，与盐跃层和营养盐跃层一致，而与水温没有关系。

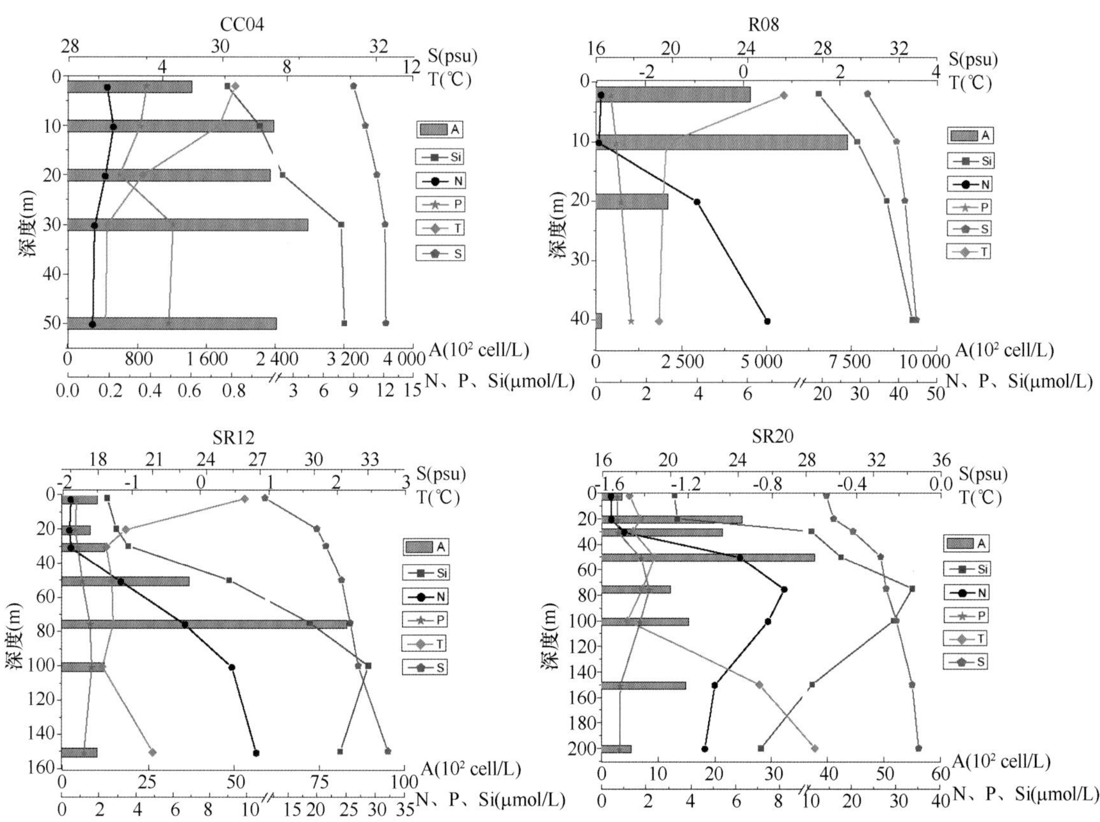

图6-26 西北冰洋浮游植物丰度、盐度、水温及营养盐的垂直分布

6.4 浮游动物群落

浮游动物作为海洋食物链重要的一环，是连接初级生产者和次级消费者的桥梁，其研究在海洋生态学研究中具有承上启下的作用，同时浮游动物作为海洋生物泵的主要驱动者，在海洋生物地球化学循环中起着重要作用（Bathmann et al.，2001；Su et al.，2014）。

北冰洋浮游动物研究最早始于1893年的南森考察，此后的1个多世纪里国外的许多科学家做了大量的工作，但是这些工作的重点主要集中在东北冰洋，对西北冰洋浮游动物的研究不论是从深度上还是广度上都远远的低于大西洋一侧（Auel and Hagen，2002）。目前对极北哲水蚤（*Calanus hyperboreus*）、北极哲水蚤（*Calanus glacialis*）、飞马哲水蚤（*Calanus finmarchicus*）以及细长长腹水蚤（*Metridia longa*）等有关桡足类分布与种群结构的研究已经比较细致，而对浮游动物的组成以及群落研究相对较少（Ashjian et al.，2003；Astthorsson and Gislason，2003；Ｎummá et al.，1998；Prokopowicz and Fortier，2002；Thibault et al.，1999）。通过之前的北极科学考察航次，我国对西北冰洋浮游动物也有一定的研究（林景宏等，2001；张光涛，孙松，2011）。

中国第四次北极科学考察的调查海域涵盖了白令海、楚科奇海以及加拿大海盆在内的广大海域，通过对浮游动物种类组成、分布特点以及与环境因子关系的分析，为全球变化背景下西北冰洋浮游动物的长期变化研究提供资料和数据支持。

6.4.1 采样站位和分析方法

6.4.1.1 采样站位

2010年7—9月中国第四次北极科学考察期间，依托“雪龙”船对包括白令海、楚科奇海以及加拿大海盆在内的39个站位采用垂直拖网的方法进行了浮游动物取样，其中白令海9个站位，楚科奇海8个站位，加拿大海盆22个站位（表6-10，图6-27）。在每个站位采用北太平洋分层网（网口面积0.5 m^2，网目330 μm，网长1.8 m）对浮游动物进行200 m至表层的拖网，水深不足200 m的站位垂直拖取近底层上2 m至表层的水体，拖网的速度为0.5 m/s。样品采集完成以后迅速转移至250 mL的丝口玻璃瓶中，并加入体积百分比为5%的甲醛溶液密封保存。

6.4.1.2 样品的鉴定与计数

所有浮游动物种类的鉴定和计数都是回到陆地实验室以后，在解剖镜（Nikon，SMZ645）下完成。大型浮游动物（前体长>2 mm）计数全样，个体较小的种类（前体长≤2 mm）则按照样品量的大小进行1/2至32/1不等的分样后再进行鉴定和计数。为了更好地分析和比较各群落内部的组成和差异，按浮游动物种类的生态特征和功能，将所有的浮游动物分为8个类群：桡足类、水母类、毛颚类、被囊类、季节性浮游生物、其他甲壳动物、藤壶幼体及其他。藤壶的无节幼体以及腺介幼体属于季节性浮游动物，但是由于其丰度特别高，所以将其分离出来，单独作为一个类群。采样站位的具体信息见表6-10。

表 6-10 2010 年夏季白令海、楚科奇海以及加拿大海盆浮游动物调查站位的具体信息

海区	站位号	纬度（°）	经度（°）	水深（m）	绳长（m）	采样时间
白令海	B04	54.63°N	171.46°E	3 800	200	2010-07-11
	B07	57.99°N	176.26°E	3 800	200	2010-07-13
	B11	59.96°N	179.99°E	2 500	200	2010-07-15
	NB01	61.24°N	175.06°W	80	70	2010-07-17
	NB02	61.38°N	173.67°W	73	67	2010-07-17
	BS01	64.34°N	171.49°W	50	45	2010-07-19
	BS04	64.33°N	170.00°W	45	25	2010-07-19
	BS07	64.34°N	168.50°W	40	35	2010-07-20
	BS11	65.50°N	168.98°W	51	50	2010-07-20
楚科奇海	R02	67.50°N	169.01°W	50	45	2010-07-20
	CC2	67.78°N	168.61°W	50	45	2010-07-21
	C03	69.02°N	166.46°W	33	28	2010-07-21
	R04	68.51°N	169.01°W	53	50	2010-07-22
	C06	70.53°N	162.75°W	35	30	2010-07-24
	C08	72.11°N	162.04°W	32	26	2010-07-25
	Co9	71.59°N	157.84°W	65	60	2010-07-25
	Co2	71.29°N	157.25°W	58	54	2010-07-26
加拿大海盆	S25	72.33°N	152.51°W	3 000	200	2010-07-27
	S26	72.71°N	153.55°W	3 521	200	2010-07-28
	MS01	73.19°N	154.71°W	3 800	200	2010-07-28
	MS02	73.73°N	156.33°W	3 800	200	2010-07-28
	BN03	78.48°N	158.81°W	3 060	150	2010-07-31
	BN04	79.46°N	159.01°W	3 500	200	2010-08-01
	BN05	80.49°N	161.33°W	2 000	200	2010-08-02
	BN07	82.50°N	166.16°W	3 500	200	2010-08-03
	BN08	83.50°N	163.71°W	2 760	200	2010-08-04
	BN09	84.18°N	167.14°W	2 500	200	2010-08-05
	BN10	85.50°N	178.61°W	2 500	200	2010-08-06
	IS06	86.85°N	174.75°W	4 000	200	2010-08-12
	M03	76.51°N	171.79°W	2 300	200	2010-08-27
	BN13	88.41°N	176.89°W	3 960	200	2010-08-21
	SR22	83.75°N	170.65°W	2 500	200	2010-08-23
	SR20	81.95°N	169.02°W	3 400	200	2010-08-24
	SR18	80.08°N	169.09°W	3 400	200	2010-08-25
	SR17	79.03°N	168.90°W	3 060	200	2010-08-26
	SR16	77.99°N	168.93°W	657	200	2010-08-26
	M01	77.50°N	172.09°W	2 300	200	2010-08-26
	M04	76.00°N	171.96°W	2 010	200	2010-08-28
	M06	75.32°N	172.03°W	790	200	2010-08-29

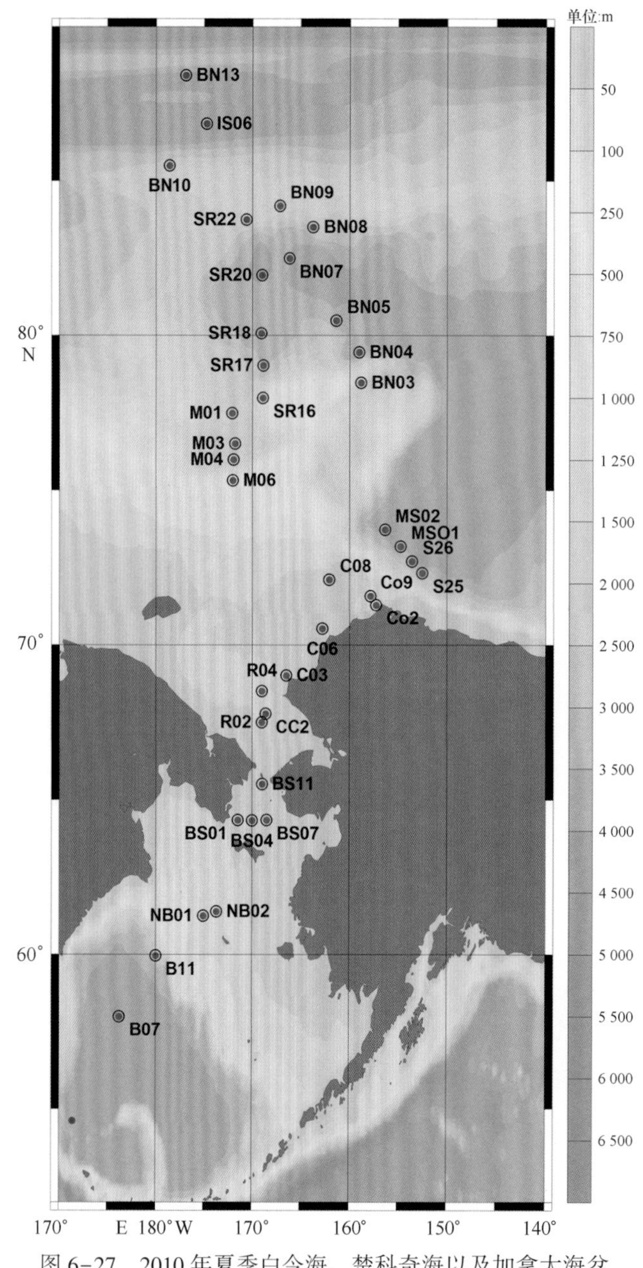

图 6-27　2010 年夏季白令海、楚科奇海以及加拿大海盆浮游动物取样站位的地理分布

6.4.2　物种组成与丰度

6.4.2.1　各海区浮游动物种类组成和丰度

白令海共鉴定浮游动物 39 种（类），其中以桡足类数目最多 21 种（图 6-28），丰度上以布氏真哲水蚤（*Eucalanus bungii*）、小伪哲水蚤（*Pseudocalanus minutus*）、纽氏伪哲水蚤（*Pseudocalanus newmani*）、北极哲水蚤以及斯氏手水蚤（*Chirudndina streetsi*）占绝对优势。其次为水母类 4 种，但是每个种类的出现频率较低，丰度也不高。其他甲壳动物 3 种，包含端足类、介形类以及 1 种磷虾。毛颚类 2 种，组成上以秀箭虫（*Sagitta elegant*）为主，翘箭虫

(*Eukrrohnia hamata*) 只有在 B07 和 B11 两个站位丰度较高。季节性浮游幼体，记录到一种磷虾幼体和腹足类幼体。其中磷虾幼体在 BS11 站位丰度很高，达到了 51.52 个/m^3。从各类群的丰度来看，桡足类占绝对优势，占浮游动物总丰度的 92.57%，其次为毛颚类（2.09%），再次为季节性浮游幼体（1.41%）。

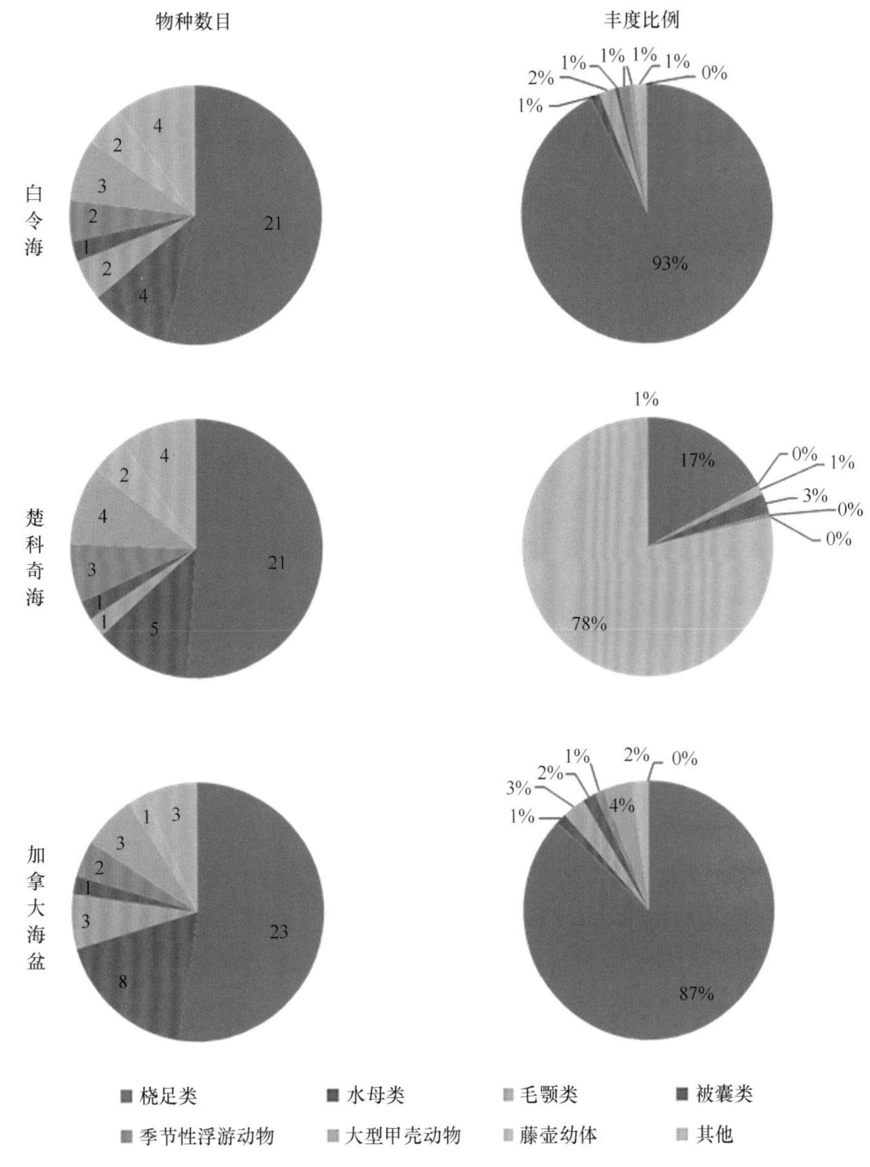

图 6-28 2010 年夏季调查海域浮游动物的种数及各自占浮游动物总丰度的比例

楚科奇海 8 个站位共鉴定浮游动物 41 种（类），同样以桡足类物种数目最多（21 种），其次为水母类 5 种。大型甲壳动物 4 种。此外，记录到的藤壶幼体丰度比例很高，平均丰度为 1 365.48 个/m^3，最高的站位 C06，其丰度达到了 8 206.93 个/m^3。藤壶幼体在占浮游动物总丰度的比例也是最高的（77.76%）。其次为桡足类（16.95%），平均丰度为 264.66 个/m^3。种类组成上以小型的小伪哲水蚤、纽氏伪哲水蚤等哲水蚤类为最多（47.56%），其次为北极哲水蚤（21.00%），再次为长纺锤水蚤（*Acartia longiremis*）（10.20%）。此外布氏真哲水蚤也占有较高的丰度比例（8.81%），平均丰度为 23.28 个/m^3，主要出现在楚科奇海南部的 R02 和 CC2 两个站位。

加拿大海盆共鉴定浮游动物 44 种，其中桡足类 23 种，其次水母类 8 种。其他类群种类数目较少。各类群在丰度比例上也是桡足类占绝对优势，平均丰度为 20.31 个/m^3。种类组成上以体型较大的极北哲水蚤、北极哲水蚤、北极拟真刺水蚤、细长长腹水蚤以及体型较小的矮小微哲水蚤（*Microcalanus pygmaeus*）、拟长腹剑水蚤（*Oithona similis*）为主。其次为毛颚类（3.69%），组成上也是以秀箭虫为主，巨大箭虫（*Sagitta maxium*）以及翘箭虫只在个别站位出现。水母类主要是以北极单板水母（*Dimophyes arctica*）以及指腺华丽水母（*Aglantha digitale*）为主。

从生态类群来看，根据生态属性以及地理分布特点，所有的浮游动物大致可以分为 4 个生态类群。白令海主要为北太平洋类群，代表种类为布氏真哲水蚤、斯氏手水蚤、太平洋长腹水蚤（*Metridia pacific*）、吕氏长腹水蚤（*Metridia lucens*）等；楚科奇海为北极类群，代表种类为北极哲水蚤；加拿大海盆主要为高纬度冷水类群，代表种类为极北哲水蚤，细长长腹水蚤以及北极拟真刺水蚤（*Paraeuchaeta glacialis*）等。广布性的北极哲水蚤以及伪哲水蚤类（*Pseudocalanus* spp.）在 3 个海区都有较高的丰度，而矮小微哲水蚤以及拟长腹剑水蚤只在加拿大海盆的丰度较高。

6.4.2.2 总丰度以及各站位组成

3 个调查海区浮游动物总丰度的分布表现出明显的地理差异（图 6-29）。白令海区 B 断面与 NB 断面的站位的平均丰度 194.25 个/m^3，明显低于靠近白令海峡的 BS 断面（987.22 个/m^3）。楚科奇海 8 个站位浮游动物总丰度的差异较大。丰度最高的站位为 C06 站位，丰度为 8 529.07 个/m^3，远高于其他的站位。其次为靠近阿拉斯加沿岸的 C03 和 C02 两个站位，丰度分别为 1 325.14 个/m^3 和 1 022.81 个/m^3。丰度最低的站位为 CC2 站，仅为 380.44 个/m^3。加拿大海盆浮游动物的总丰度明显低于白令海和楚科奇海，平均站位丰度仅为 26.17 个/m^3，而前两者分别为 546.68 个/m^3 和 1 712.68 个/m^3。丰度最高的站位为 BN10（55.84 个/m^3），最低的站位为 M03（8.58 个/m^3）。

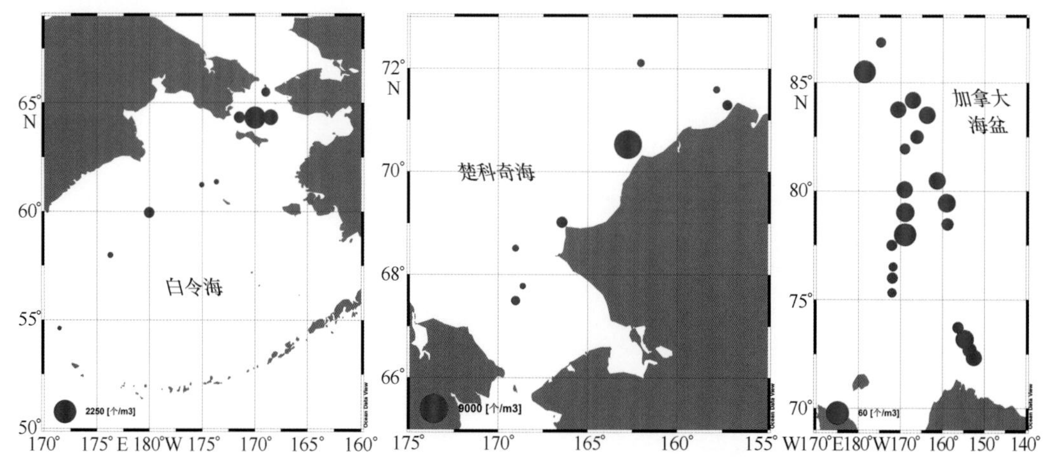

图 6-29 2010 年夏季各调查站位浮游动物总丰度的地理分布

从各站位的浮游动物类群组成来看，3 个调查海区也存在很大的差异。白令海的所有站位均以桡足类占有最高的丰度比例（74.65%~97.62%）。然而在最南部的 B04 站相对其他站位含有更高比例除桡足类外的大型甲壳动物（主要是磷虾幼体），而 B07，B11，NB01 和

NB02 4 个站位含有更高比例的毛颚类（2.32%~12.23%）。BS 断面的 4 个站位各有差异。BS11 含有较多的季节性浮游幼体和水母类，也是 4 个站位丰度最低的。楚科奇海的 8 个站位浮游动物丰度比例差异较大。R02，R04 以及 CC2 3 个站位位于楚科奇海南部，组成上也是以桡足类占绝对优势（67.92%~87.66%）。然而其余 5 个站位均以藤壶幼体占绝对优势，桡足类其次。丰度最高的 C06 站位，藤壶幼体所占的比例为 96.22%，桡足类仅为 1.50%。加拿大海盆含有的站位较多，虽然在组成上均是以桡足类上占绝对优势。但是不同的断面之间也存在组成上的差异。位于阿拉斯加沿岸的 S 和 MS 断面，含有较多的藤壶幼体和大型甲壳动物；BN 断面，被囊类，甲壳动物，毛颚类以及水母类组成比较平均；M 断面水母类的组成相对较少；而 SR 断面，除桡足类外，毛颚类的优势更加明显（图 6-29，图 6-30）。

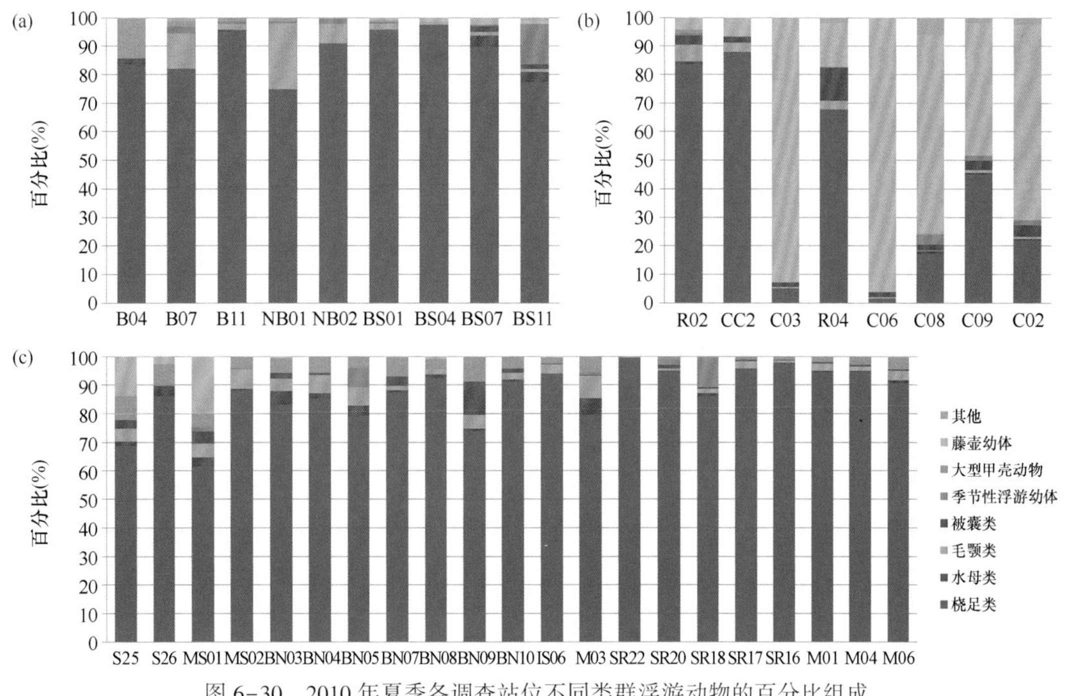

图 6-30　2010 年夏季各调查站位不同类群浮游动物的百分比组成

6.4.2.3　优势种的地理分布

对数量上占绝对优势的 8 个物种（类群）的分析表明，3 个海区优势种在种类组成和地理分布上均存在明显的地理差异。在白令海区，只有毛颚类的分布相对均匀，平均丰度为 11.43 个/m^3。此外，大部分种类都集中分布北部的 BS 断面，在南部的 B04 站位只有斯氏手水蚤以及长腹水蚤（主要是太平洋长腹水蚤）仍有相对较高的分布。数量最多的伪哲水蚤类在 BS 断面的平均丰度为 338.50 个/m^3，而南部 B 断面和 NB 断面的平均丰度仅为 6.34 个/m^3；布氏真哲水蚤除主要分布在 BS 断面外，在 B11 站位也有较高的丰度（296.640 个/m^3）；北极哲水蚤、磷虾幼体以及季节性浮游幼体在 BS 断面集中分布的现象更为明显（62.07%~88.89%）（图 6-31）。

在楚科奇海长纺锤水蚤和布氏真哲水蚤主要分布在南部的 R02、R04 以及 CC2 站位，平均丰度分别为 50.23 个/m^3 和 58.88 个/m^3；北极哲水蚤以及伪哲水蚤则主要分布在楚科奇海南部以及北部的 C09、C02 站位；藤壶幼体主要分布在靠近阿拉斯加沿岸的站位，其中以 C06 站位最高（8 206.93 个/m^3）；其余毛颚类，被囊类以及季节性浮游幼体的分布相对比较平均（图 6-32）。

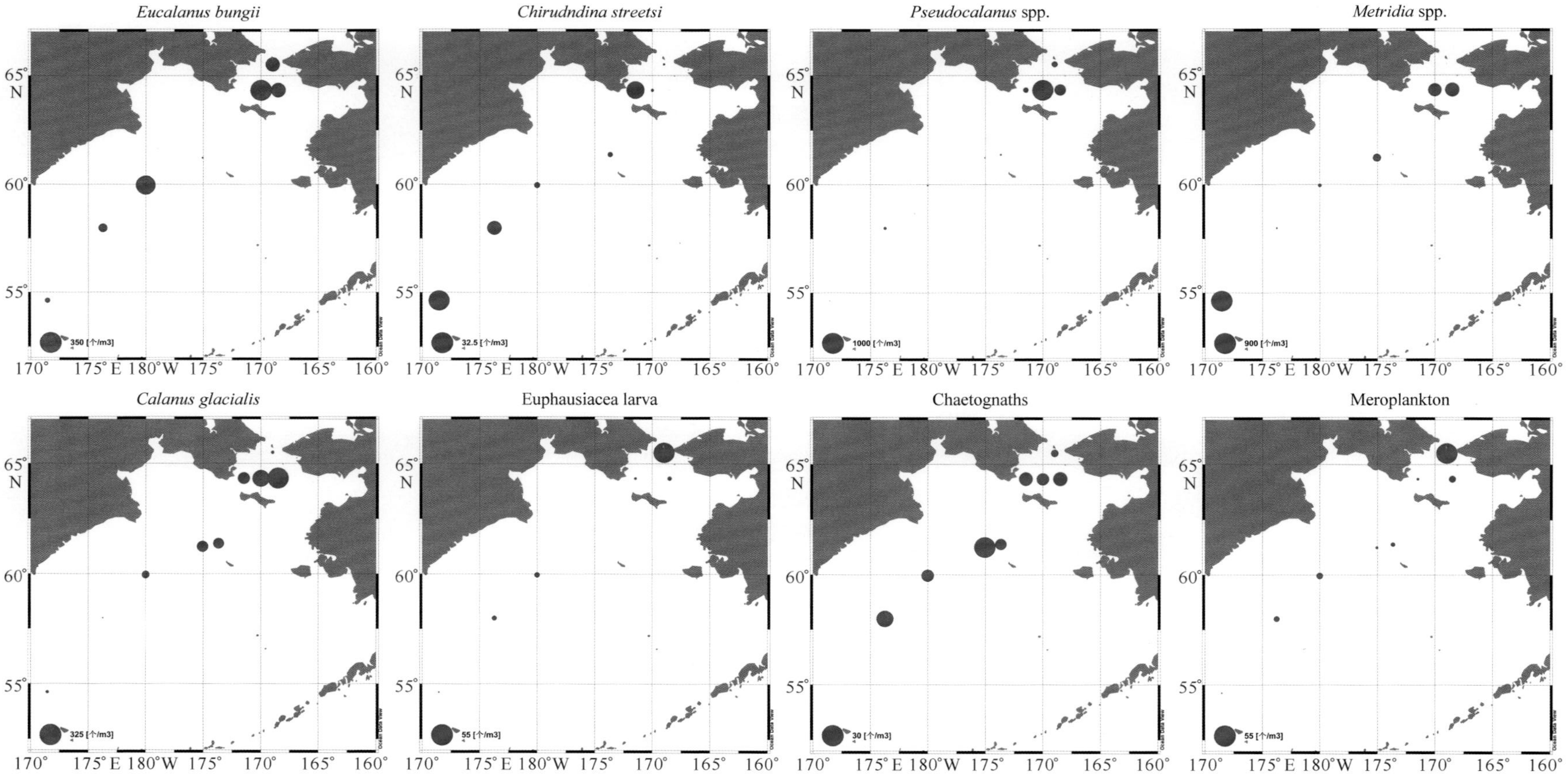

图6-31　2010年夏季白令海主要浮游动物的地理分布

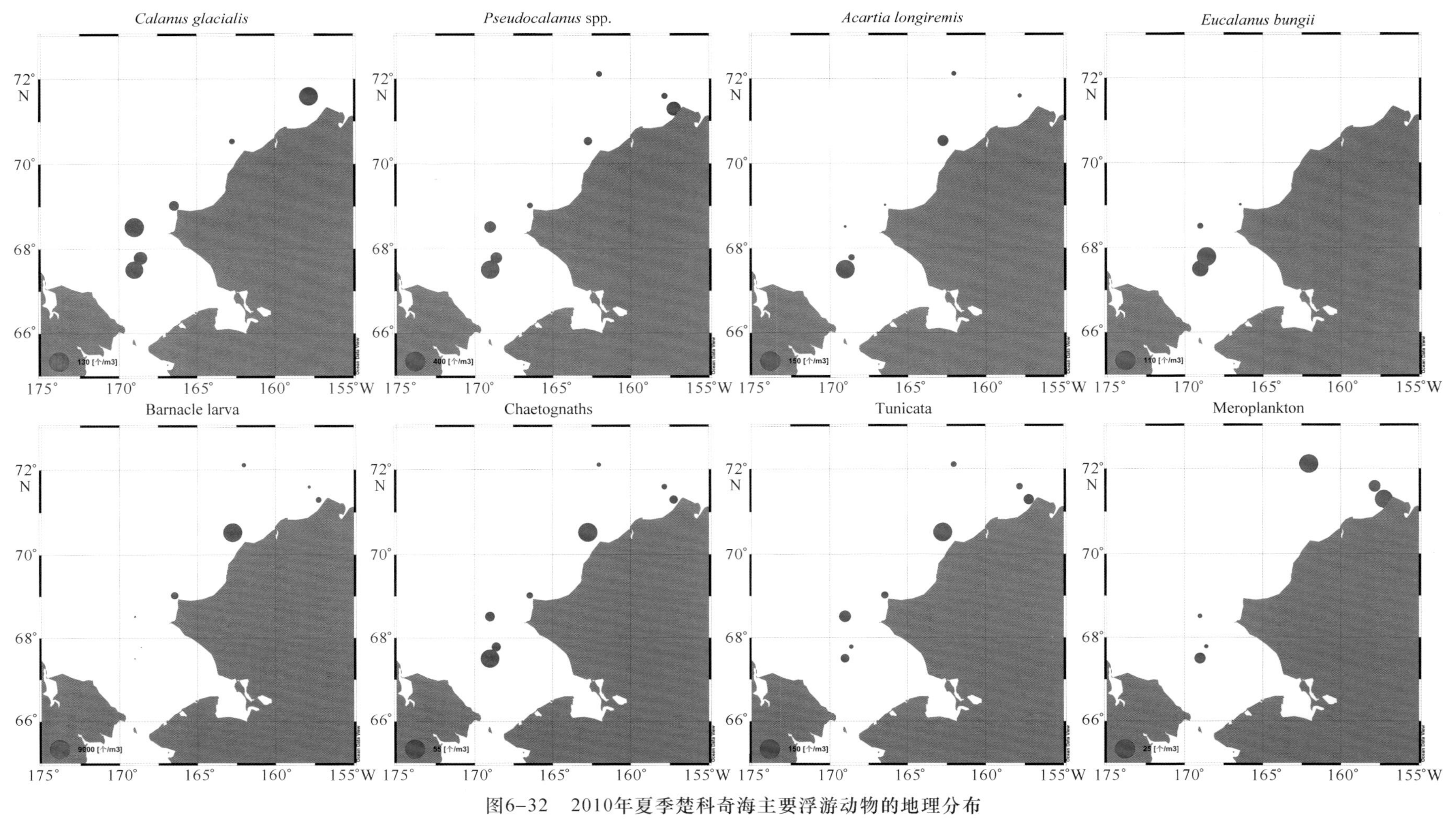

图6-32 2010年夏季楚科奇海主要浮游动物的地理分布

北极哲水蚤、极北哲水蚤、北极拟真刺水蚤、细长长腹水蚤以及毛颚类在加拿大海盆的分布相似，即主要集中在水深较深的波弗特海边缘以及 BN 断面，而水深较浅的 M 断面以及 SR 断面分布较少；体型较小的矮小微哲水蚤以及拟长腹剑水蚤主要分布在 M 断面以及 SR 断面，平均丰度分别为 4.75 个/m^3 和 7.91 个/m^3，其他站位的丰度极低（<1.00 个/m^3）；季节性浮游幼体主要出现在 BN05 和 SR18 两个站位，在 BN05 站主要是磷虾幼体（1.76 个/m^3），而在 SR18 站主要为腹足类幼体（3.07 个/m^3）（图 6-32）。

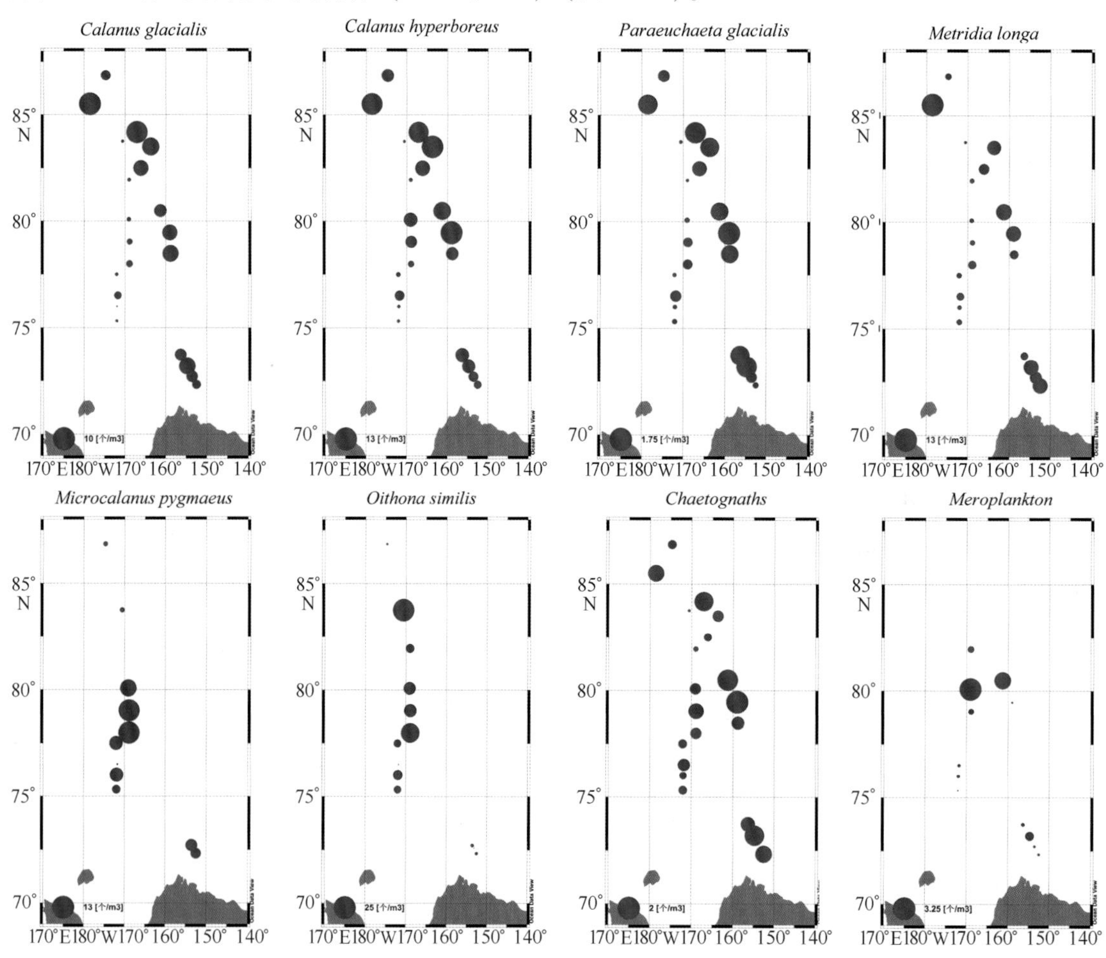

图 6-33 2010 年夏季加拿大海盆主要浮游动物的地理分布

6.4.3 浮游动物地理分布的差异

以往的研究倾向于将浮游动物的组成及分布与调查海区的水团运动结合起来。Hopcroft 等（2010）在 2004 年的研究中，便沿阿拉斯加到俄罗斯的 3 条断面和先驱峡谷（Herald Valley）的 4 条较短的断面根据温度和盐度分成 5 种水团，对应 5 个浮游动物群落。分别是阿拉斯加沿岸流群落、白令海水群落、过渡群落、冬季水群落和楚科奇海群落。阿拉斯加沿岸、楚科奇海和波弗特海陆坡和邻近的加拿大海盆地区，根据化学和生物特征分成 5 个群落，即：陆架内、陆架外、楚科奇海陆坡、波弗特海陆坡和外海群落。即便如此，在有些研究中也没有将它们一一对应起来。原因在于北冰洋浮游生物群落在夏季变化较快，而其反应时间往往会滞后于环境变化（Grebmeier et al.，2006a；Grebmeier et al.，1989；Grebmeier et al.，1988）。

本次研究白令海调查海区以及楚科奇海区站位分布相对分散，难以进行水团的划分。加拿大海盆的为高纬度深水海区，受临近海域水团运动的影响很小，理化性质也相对稳定。虽然不能够区分出各海区的不同水团，但是由于调查海区覆盖范围较广，地理位置差异较大站位的浮游动物组成同样表现出了不同的区系特种。白令海属于北太平洋海区，受到太平洋水团的影响较大，温度盐度都要高于北部的楚科奇海，加之海流的输送作用，因此表现出明显的北太平洋区系特征。布氏真哲水蚤、斯氏手水蚤、太平洋长腹水蚤等亚北极种类是该海区的主要优势种。而楚科奇海独特的地理位置使得楚科奇海不同海区的浮游动物群落组成受到不同程度海流的影响。在楚科奇海南部，自西向东依次受到西伯利亚沿岸流（Siberian Coastal Current）、阿纳德尔流（Anadyr Water）和阿拉斯加沿岸流（Alaskan Coastal Current）的影响（Grebmeier et al.，2006a；Pickart et al.，2010；Questel et al.，2013），该海区高温高盐的海水很大程度上是受白令海暖水涌入的影响，水团交汇混合的同时，存在于水团内部的浮游动物同样也经历了交汇混合。水团与浮游动物群落的对应关系在这里也有很好的对应。布氏真哲水蚤主要分布在R02、R04以及CC2这3个靠近白令海峡的站位，平均丰度为58.88个/m^3，而在北部靠近阿拉斯加沿岸的5个站位几乎没有记录。加拿大海盆位于高纬度的深海区域，以极北哲水蚤，北极拟真刺水蚤以及细长长腹水蚤等深海冷水种为优势种，并且这些物种主要在水深较深（>1 000 m）的BN以及SR断面，而较浅的M断面分布较少。

浮游动物群落结构的另一个决定因素是不同来源的生物群落在本地的繁殖和扩增。楚科奇海以及白令海北部海区水深较浅，具有相似的生态系统营养结构，均为底栖食物链占主导的生态系统。浮游植物产生的初级生产大部分沉降进入底栖食物链，只有一小部分被浮游动物所利用。因此，浮游动物的生物量一般较低，相反底栖生物量较高。在楚科奇海以及白令海北部捕获的大量底栖生物就证实了这一点。不仅如此，在楚科奇海东北部的巴罗海的研究证明以底栖食物链为主导的生态系统，浮游动物主要以本地的近岸种类为主，同时鱼类等高级捕食者丰度也比较高，而在底栖动物生物量较低的海域则正好相反（Day et al.，2013）。在本次研究中，阿拉斯加沿岸站位记录到了大量的藤壶幼体，丰度最高的C06站位丰度更是8 206.03个/m^3。然而，藤壶幼体集中分布在楚科奇海沿岸，在白令海沿岸的BS断面其丰度就很低。并且从发育期组成上来看，晚期腺介幼体分布重心位于阿拉斯加沿岸，而早期的无节幼体分布重心在楚科奇海中部陆架区。

因此，虽然由于调查站位的分散难以细化具体的水团作用，但是却证实了浮游动物的组成和分布受不同水团的影响，而表现出不同的区系特征。另一方面，在北冰洋夏季，底栖动物的浮游幼体对浮游动物群落结构有极其重要的影响，其丰度甚至会超过终生浮游动物。在楚科奇海出现的大量藤壶幼体就是很好的证明。底栖动物浮游幼体的出现和丰度很大程度上受当地水团的理化性质以及成熟个体分布的影响。但是由于没有翔实的理化数据以及底栖动物分布的数据，加之浮游幼体受海流等物理输运作用的影响较大，因此其对整个食物链乃至整个生态系统的影响仍然难以评估。

6.4.4 浮游动物的长期变化

浮游动物对变化的气候环境的响应，主要集中在物种的组成、地理分布以及相对丰度几个方面。目前对白令海北部底栖动物长期变化的趋势已经有所了解，底内生物的数量在

1990—2000 年间呈下降的趋势，而蟹类和鱼类的分布范围正在向北移动（Grebmeier et al.，2006b）。但是对于浮游动物的调查，各航次调查范围与站位设置存在较大的差异，难以进行有效的比较。与 1997 年的调查相比，本次调查白令海区的覆盖范围以及站位设置密度都存在较大的差异（林景宏等，2002）。白令海区南部只有 B 断面以及 NB 断面的 5 个站位，而且地理跨度较大，难以在群落层次进行比较。但是从浮游动物的总丰度以及各类群丰度来看，两次调查的差异并不大，略有升高。1997 年的调查浮游动物的总丰度为 513.80 个/m^3，而本次为 546.68 个/m^3。浮游动物的组成中也是以桡足类占比最高，约为 93.00%，而本次调查为 92.61%。其次是毛颚类，1997 年中国第一次北极科学考察毛颚类的平均丰度为 13.80 个/m^3，而且在平面分布上呈现出南高北低的分布趋势。与之相比，本次调查毛颚类的分布较为均匀，南北差异不大，平均丰度略有降低为 11.43 个/m^3。

楚科奇海与加拿大海盆浮游动物长期变化的研究也存在局限性。目前的研究都是通过不同年份的对比，来分析浮游动物群落对海冰消退的相响应。但是，由于调查范围以及调查时间等的差异，不同的调查航次难以进行有效的比较，得出的结论也各不相同。许多研究认为在过去的 50 年里，楚科奇海和加拿大海盆的浮游动物丰度和生物量是升高的（Hopcroft et al.，2005；Hopcroft et al.，2010；Lane et al.，2008），但是由于条件限制缺乏翔实的数据支持。Matsuno 等对楚科奇海的分析则表明，2007/2008 年相对于 1991/1992 年海冰消退刺激了浮游动物次级生产，同时伴随着地理分布的北移（Matsuno et al.，2011）。此次调查我们在楚科奇海划分出两个截然不同的浮游动物群落，即楚科奇海南部的群落，以及阿拉斯加沿岸群落，前者以桡足类占绝对优势，藤壶幼体次之，后者正好相反。与 2003 年相似海区的结果进行比较，发现楚科奇海南部浮游动物的平均丰度由 852.43 个/m^3 下降为 567.70 个/m^3，并且减量主要来自于桡足类的减少。相对于桡足类等类群在浮游动物群落中的重要性，季节性浮游动物往往会被忽视。本次调查在阿拉斯加沿岸站位出现的大量藤壶幼体在 1997 年以及 2003 年的调查中都没有记录，Hopcroft 等在 2004 年的调查中也只是记录了藤壶幼体的丰度，并没有将其作为划分浮游动物群落的标准。然而，本次调查所划分出的阿拉斯加沿岸群落充分表明，季节性浮游动物在北冰洋夏季的快速增殖与发育对浮游动物群落结构有极其重要的影响。Hunt 等（2014）对 2004—2008 年加拿大海盆的浮游动物群落组成和结构进行了比较，结果发现浮游动物的平均丰度基本一致，但是生物量升高了。为了排除因调查范围不同造成的差异，我们选取与 2003 年相似的站位进行比较。2003 年加拿大海盆浮游动物的平均丰度为 49.61 个/m^3，而本次的结果为 27.46 个/m^3，减量主要来自于拟长腹剑水蚤以及北极哲水蚤的减少（张光涛等，2011）。

生物与环境是相互作用的整体，随着北极地区温度的升高，海冰的快速消融，浮游动物群落的组成和结构必然随之改变。但是目前就浮游动物长期变化的趋势以及程度尚未达成一致的结论，各个结果都还需要更为翔实、有效的数据支持。

6.5 海冰生物群落及其变化

海冰是北极海域的最主要特征，绝大多数以浮冰的形态存在。浮冰是一个封闭和半封闭生境，其中卤水含量超过总体积的 5%（Pringle et al.，2009），部分生物类群由于对浮冰生境的高度适应性得以在浮冰内部生长繁殖（Gradinger et al.，1999）。浮冰还支持了一个冰-水界面的生物群落（Scott et al.，1999；Werner et al.，2002），冰下水体的桡足类和端足类以浮冰底部的冰藻为食，加速了碳向海洋中的输送（Werner，2000）。在全球气候变化大背景下，海冰覆盖面积减少、厚度变薄等正威胁着与冰相关的生态系统（Melnikov，2008），对浮冰生物群落的研究对了解北冰洋生态系统对全球变化响应具有重要意义。

2010年中国第四次北极科学考察对海冰生物群落结构组成的深入调查，增加对北冰洋高纬海域浮冰生物群落组成、粒级结构和相关环境特征的了解，进一步分析海冰融化过程中浮冰生物群落结构及变化趋势，为深入了解北冰洋高纬海域浮冰生物群落生态作用及潜在变化积累基础资料。

6.5.1 海冰基础环境特征

6.5.1.1 采样站位

在中国第四次北极科学考察期间（2010年7—9月），共设置了10个浮冰考察站（图6-34），其中Ice06为长期冰站，Ice08为极点站。

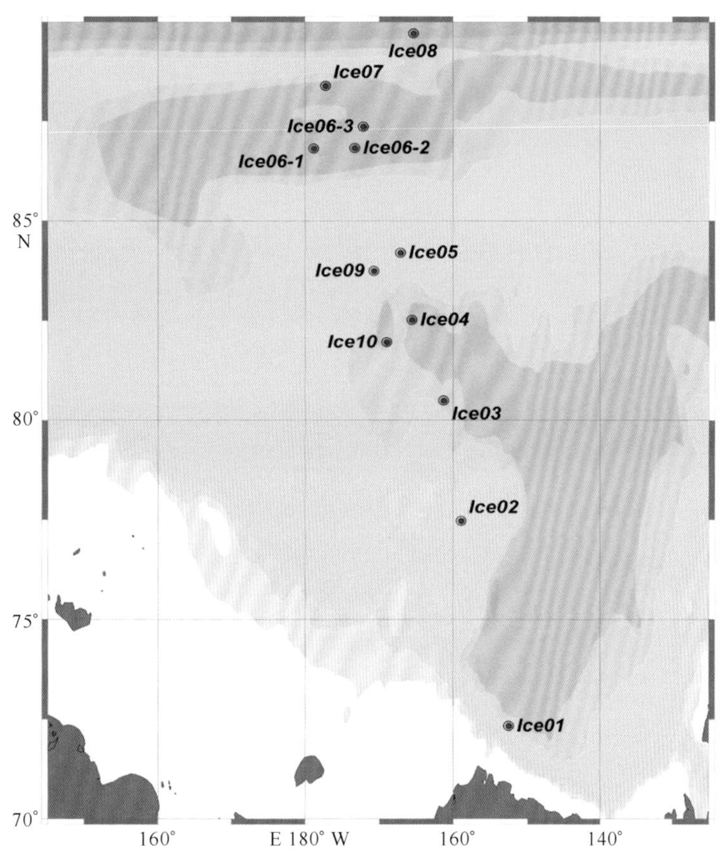

图6-34 中国第四次北极科学考察海冰站位分布

6.5.1.2 海冰密集度

调查航线附近的海冰密集度变化情况如图6-35所示，海冰密集度范围基本上在0.2~0.9

之间，海冰平均覆盖率约为 0.6。Ice01 站位位于融冰剧烈的区域，Ice09 和 Ice10 站位附近海冰覆盖率为 0.8 左右，其余站位海冰覆盖率约为 0.6，海冰基本类型为当年冰，极点站位 Ice08 附近海冰为多年冰。

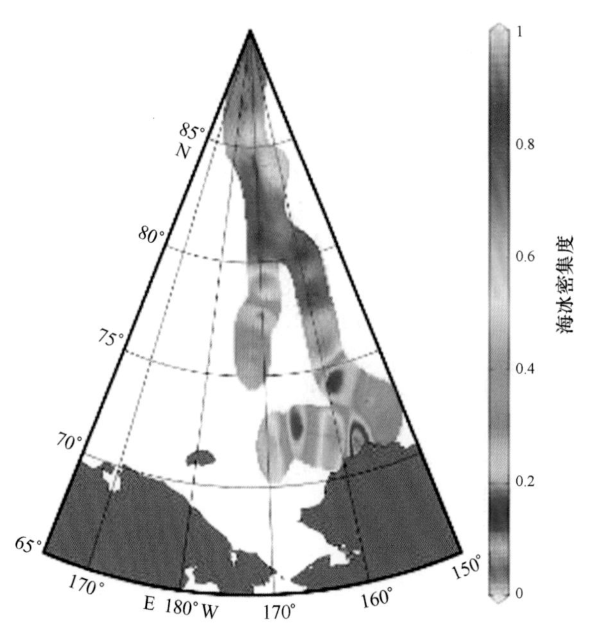

图 6-35　2010 年 7—8 月采样区域海冰密集度

6.5.1.3　温度、盐度分布特征

海冰各层的温度变化范围在-1.3~0.2℃之间，总体上冰温随着海冰深度的增加呈下降趋势，冰底温度最低（图 6-36）。Ice02 站位存在冰内间隙海水（推测由两层海冰堆积而成），导致下部分冰芯温度较低（-1.2℃）。各站位的冰表温度都在 0℃左右，且出现大小不一的冰表融池。

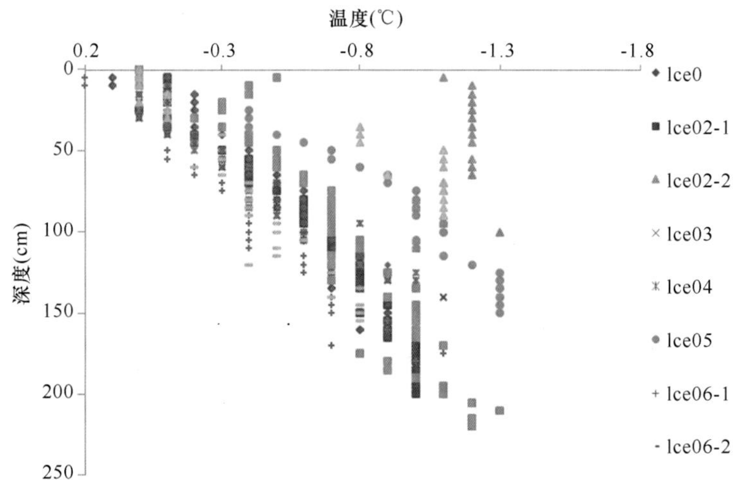

图 6-36　冰芯温度垂直分布特性

海冰盐度随深度的增加呈明显升高趋势，盐度值变化幅度较小，在0.0~4.0之间波动；表层盐度值均接近0，低卤道盐度和相对较高的温度是夏季海冰典型特征。Ice08极点站位整冰芯盐度较低（图6-37），可能与运输时间过长、部分卤水流失有关。

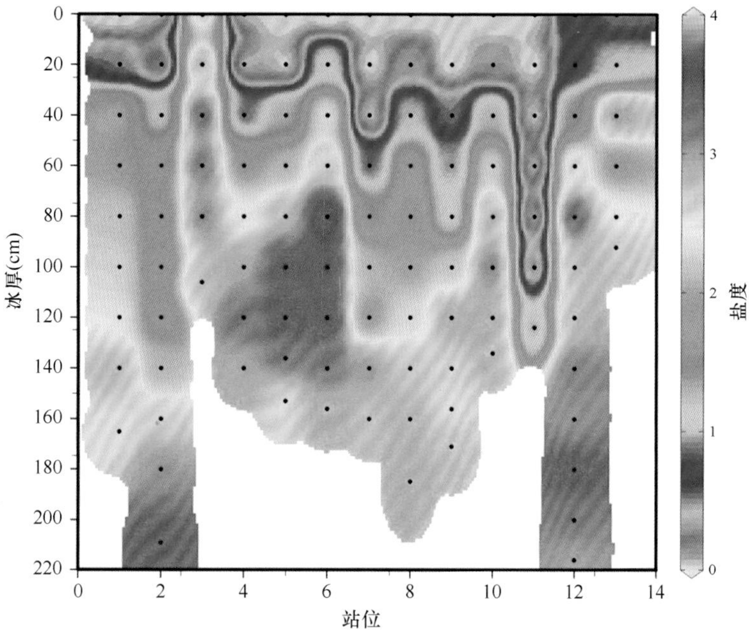

图6-37 冰芯盐度的垂直分布特性

6.5.1.4 叶绿素a分布特性

冰芯厚度在0.9~2.2 m之间，除站位Ice09和Ice10外，其余冰芯厚度为1~2 m。叶绿素a浓度变化范围为0.02~4.58 mg/m^3，最高值出现在Ice07站位的冰底，次高值（3.82 mg/m^3）出现在极点站位冰底（图6-38）。叶绿素a峰值出现在各个冰站冰底30 cm，其中有6个冰芯

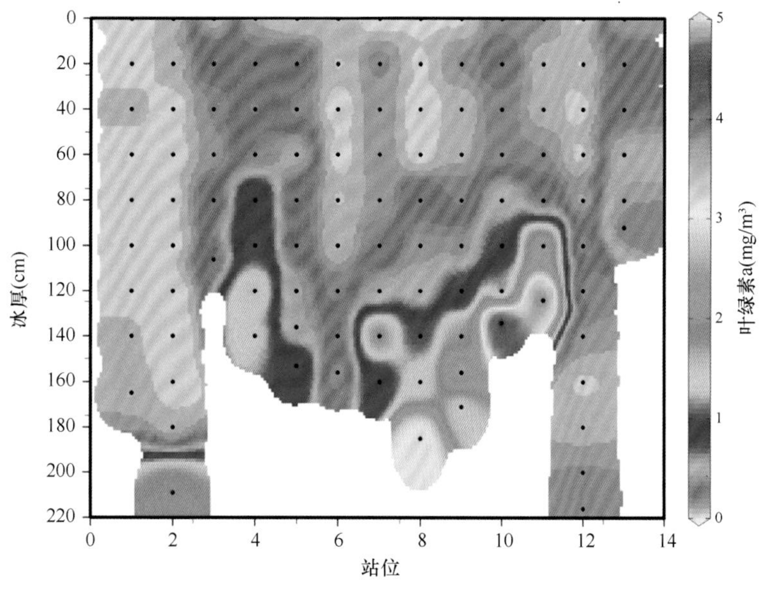

图6-38 浮冰叶绿素a垂直分布特性

(总量的46%)冰底叶绿素浓度达到1 mg/m^{3}以上，个别站位在海冰内部出现较高的叶绿素a浓度。冰芯Ice02-1和Ice02-2在同一冰站（Ice02）获得，其中Ice02-2站位冰层中央存在间隙海水，导致各层叶绿素浓度相对较高。整冰芯柱叶绿素a浓度变化范围为0.37～7.49 mg/m^3，其变化趋势与海冰覆盖率、冰雪厚度、冰表融池深度有一定的相关性。冰下8 m以浅水柱中的叶绿素a浓度普遍较低，在0.03～0.6 mg/m^{3}之间波动，而在冰表融池，除了极点站位Ice08冰表融池叶绿素a浓度较高外（1.65），其他均低于0.24 mg/m^3。

6.5.2 海冰生物群落结构及空间分布

重点对海冰细菌、冰藻（硅藻和微型鞭毛藻）和原生动物（微型异养鞭毛虫和纤毛虫）进行了分析。其中，异养细菌丰度为1.42×10^8～30.47×10^8 cells/L，平均为8.72×10^8 cells/L。最大值出现在Ice06-2站位，整个冰芯柱细菌丰度随纬度的增加呈现增多的趋势。Ice09、Ice10站位冰芯细菌丰度较同纬度的Ice01、Ice02站位低，但采集的时间较晚，应受融冰的影响更为明显。细菌丰度在冰芯各层都有分布，总体上无明显规律，其最大值可出现在冰芯表层、中层和底层（图6-39）。硅藻丰度在0～3.98×10^5 cells/L之间变化，平均为5.20×10^4 cells/L。最大值出现在Ice03站位的冰芯中层，次大值出现在近冰点站位Ice08的冰底(3.23×10^5 cells/L)。在绝大多数冰芯中，硅藻均聚集在冰芯底部，其次在冰芯中层出现，表层几乎

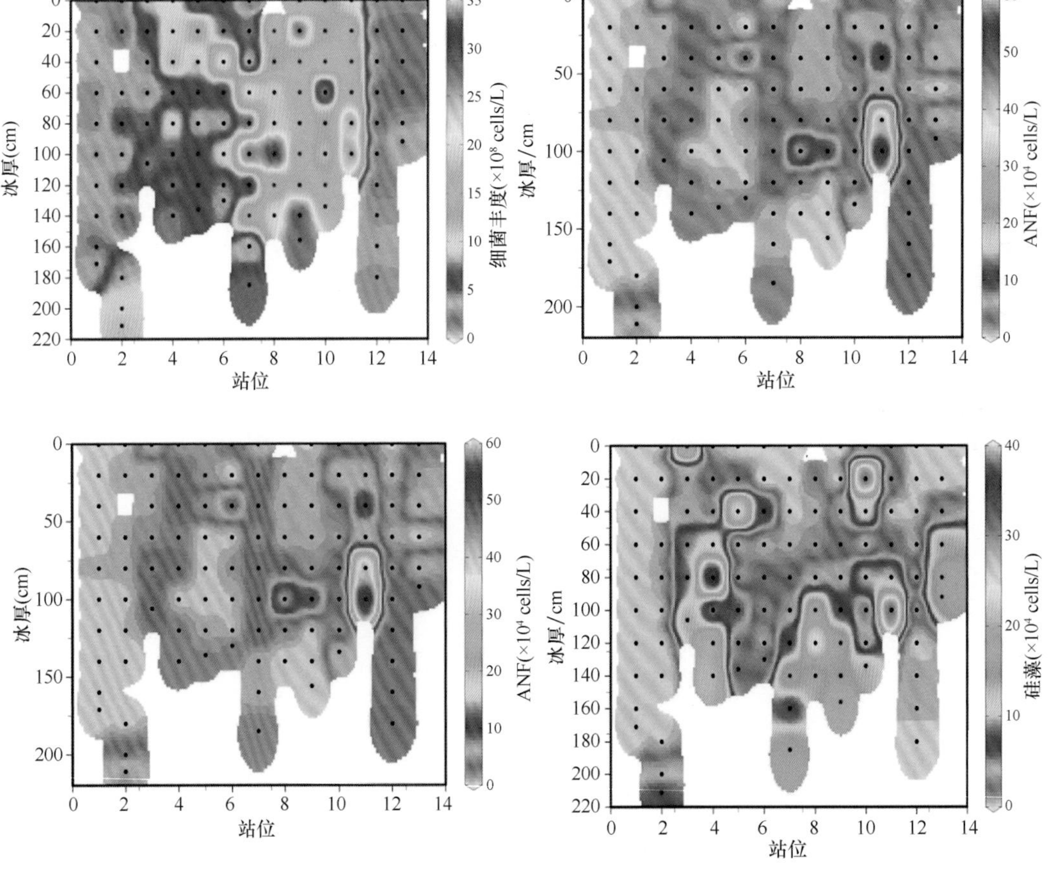

图6-39 浮冰生物群落各类群丰度分布特性

没有硅藻生存，硅藻丰度分布在空间上无明显规律（图6-39）。自养鞭毛藻丰度在0~5.76×10^5 cells/L之间，平均为3.09×10^4 cells/L。最大值出现在极点站位Ice08的冰底，该站次冰底自养鞭毛藻丰度为4.11×10^5 cells/L，仅次于最大值；高值在冰表层、中层和底层均有出现，在空间分布上没有明显规律（图6-39）。在空间分布上，鞭毛藻的丰度变化较硅藻小。异养鞭毛虫丰度为0.16×10^4~11.70×10^4 cells/L，平均为3.33×10^4 cells/L。最大值出现在Ice08站位的次冰底，在垂直分布上，其最大值可以出现在冰芯的表层、中层和冰底；空间分布上亦缺少明显规律（图6-39）。

细菌生物量在3.52~60.96 μg/L（以碳计）之间波动。最大值出现在Ice6-2站位的冰芯中、下层。该层细菌生物量占总生物量的比例最大。在海冰中、上层，细菌生物量在整个生物群落中占据优势，但在大多数站位的底层优势不明显，甚至失去主导地位。从垂直分布上来看（图6-40），细菌生物量在底层分布较多，个别生物量峰值出现在冰芯中层，总体分布无明显规律。

硅藻的优势类群主要为羽纹硅藻，生物量范围在0~34.97 μg/L（以碳计）之间，最高值出现在Ice03站位的冰芯中层，但绝大多数硅藻生物量峰值都出现冰底30 cm。微型自养鞭毛藻生物量为0~21.74 μg/L（以碳计），平均为1.10 μg/L（以碳计）。最高值出现在北极点附近Ice08站位的冰底5 cm，但其生物量高值能在其他站位的任何层位，且从垂直分布上看没有明显规律。微型异养鞭毛虫生物量为0.03~10.56 μg/L（以碳计），生物量最高值出现在极点站位Ice08的冰底5 cm。

冰下水体中异养生物在整个生物群落中占的比重较大，特别是异养细菌在大多数站位冰下水体中占据优势。站位Ice03和站位Ice07表层水体硅藻分别为6.15×10^4 cells/L和1.45×10^4 cells/L，在其他冰站，冰下水柱硅藻丰度普遍较低（图6-41）。

冰下水柱（8 m以浅）叶绿素a浓度在0.13~2.24 mg/m^3之间，最高值出现在Ice07站位，同时异养生物生物量的高值也出现在该站位（图6-42）。

6.5.3 浮冰生物群落及环境相关性

本研究是在北极夏季期间（7—9月）进行的，因此大部分浮冰底部都存在融化的迹象，整冰芯柱叶绿素a浓度变化范围为0.06~1.18 mg/m^2，冰藻生物量要低于早期研究结果但高于中国第三次北极科学考察的结果。两次考察生物量的差异能是区域不同所造成的。中国第三次北极科学考察采样站位更多地分布在太平洋扇区的快速融冰区，导致冰藻在融冰过程中减少得更多，而中国第四次北极科学考察部分站位分布在北冰洋中心区，纬度更高，融冰程度相对较轻。

冰芯底部冰藻以硅藻为优势类群，而冰下表层水体叶绿素a浓度较冰芯内低，鞭毛藻为其优势类群；只有Ice03和Ice07站位冰下水体中出现较多的硅藻，而这两个站位冰底冰藻生物量也较高。在巴伦支海和南森海盆冰缘区研究发现，夏季融冰期间，硅藻在融冰早期海冰输出通量中占优势，但随着融冰过程的持续，鞭毛藻对输出通量的贡献越来越大，并逐渐占据优势地位；冰底和冰下水存在完全不同的藻类群落，推测藻类部分来源于冰藻的释放，但释放到海水中的冰藻可能并没有成为冰下海水的“种子源”，促进冰下海水发生藻华（Tamelander et al.，2009）。由于硅藻（常见的有拟脆杆藻、圆柱拟脆杆藻和寒冷菱形藻）具有较高

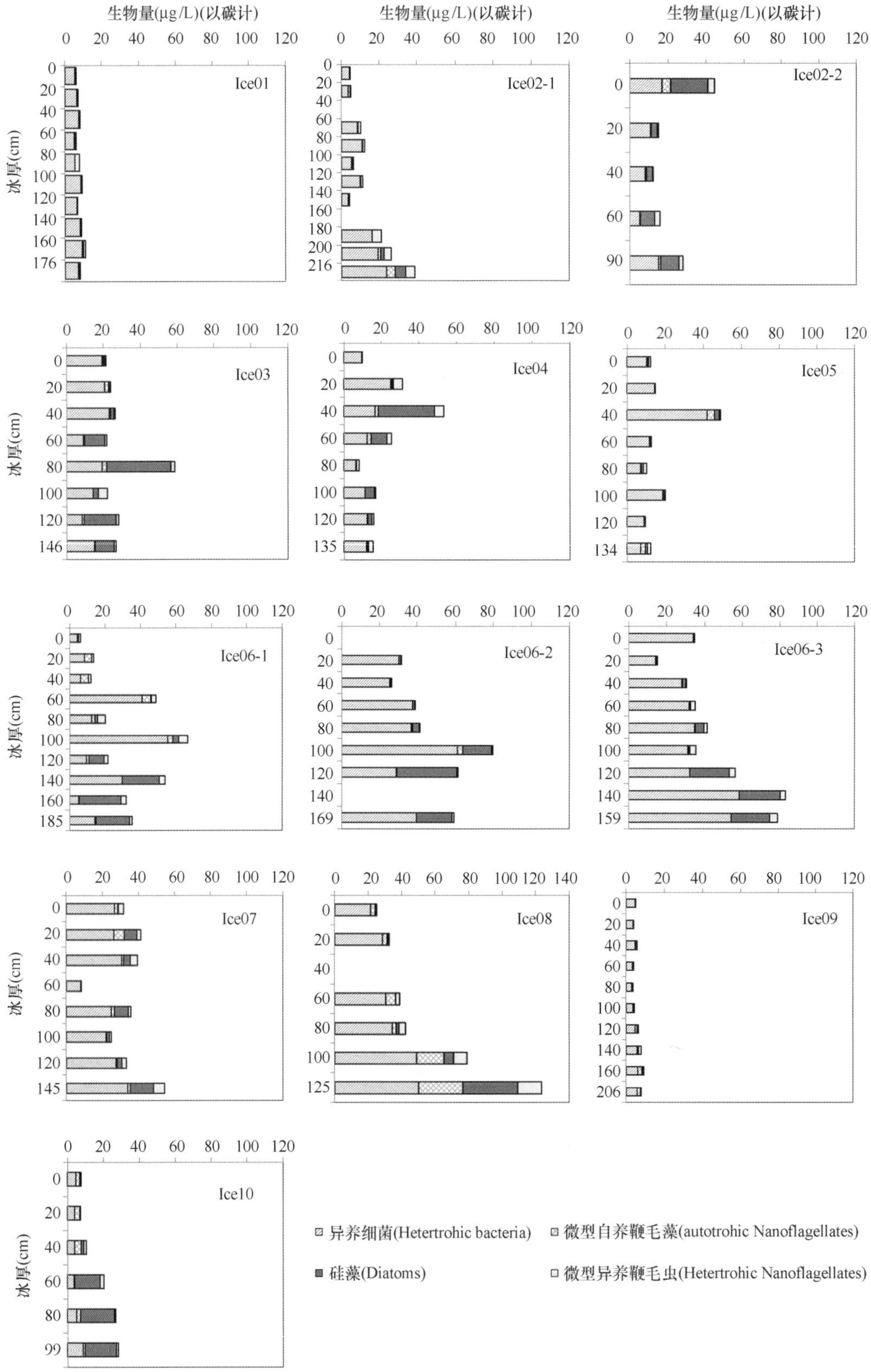

生物量(μg/L)(以碳计)

冰厚(cm)

Ice01　Ice02-1　Ice02-2

Ice03　Ice04　Ice05

Ice06-1　Ice06-2　Ice06-3

Ice07　Ice08　Ice09

Ice10

▨ 异养细菌(Hetertrohic bacteria)　▨ 微型自养鞭毛藻(autotrohic Nanoflagellates)

■ 硅藻(Diatoms)　□ 微型异养鞭毛虫(Hetertrohic Nanoflagellates)

图 6-40　浮冰生物群落各类群生物量垂直分布特性

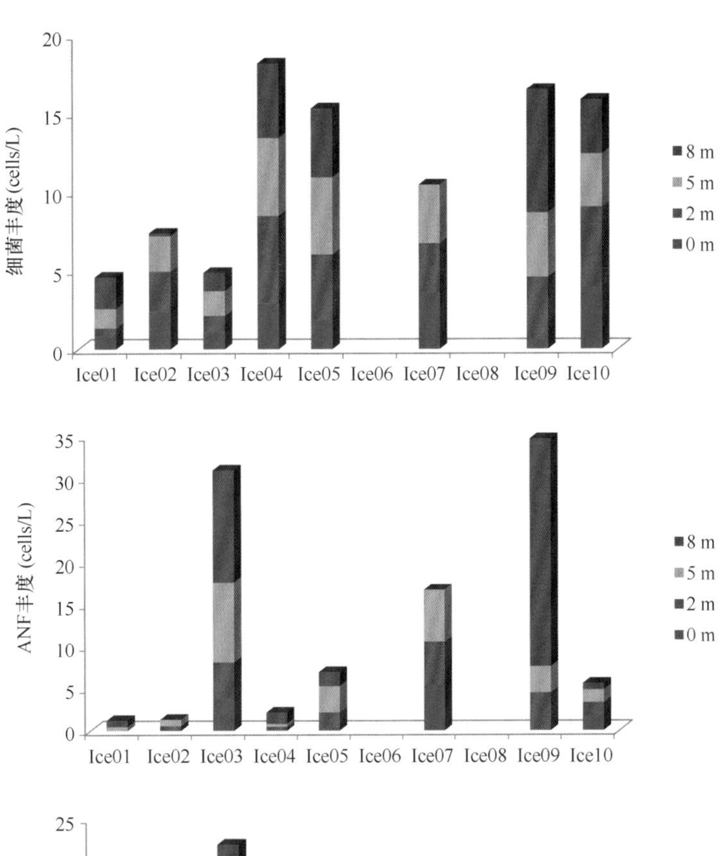

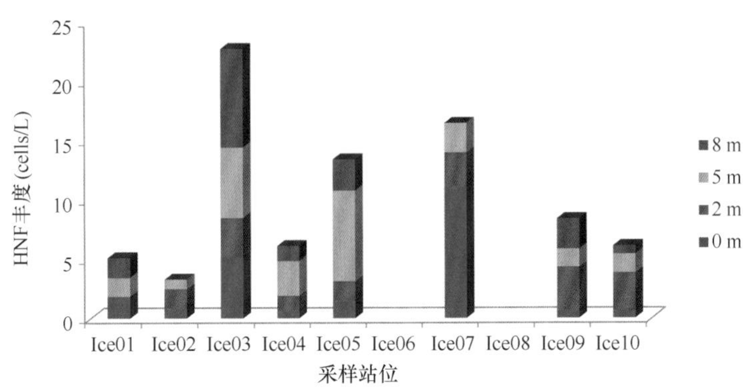

图6-41 冰下水体（8 m以浅）微型生物群落组成及丰度分布

的沉降速率，大部分被冰下浮游动物摄食或沉降至海底（Cremer，1999；Fortier et al.，2002）。

本研究结果呈现的一个典型特性是：硅藻生物量在冰藻群落中处于优势地位，鞭毛藻在冰藻群落中也具有重要作用，尤其是在冰芯的中、上层，但冰底鞭毛藻丰度相对较高，可能是由于冰下水体中的鞭毛藻的“侵入”而导致的。已有研究认为：自养鞭毛藻对冰藻生物量的贡献主要发生在冰芯的上层，冰藻下层生物量主要由硅藻组成（Gradinger et al.，1999；Sazhin et al.，2004）。这种分布规律可能反映了不同冰藻类群之间对外界环境因子适应性和竞争能力的差异。与鞭毛藻相比较，能适应低光照强度而快速生长的硅藻在利用冰水间隙间高浓度营养盐方面更有效率（Gradinger et al.，1999）。受空间大小、低营养盐浓度、高盐和温度波动幅度大的限制，冰芯上部分群落生物量较低。在这种条件下，由鞭毛藻主导的食物网得以形成和发展，其中异养生物在生物群落中的比重较营养盐丰富的冰芯下半部分大。

冰下浮游生物的生长依赖于融冰期释放的有机物质，但是可能这一部分有机物被异养浮

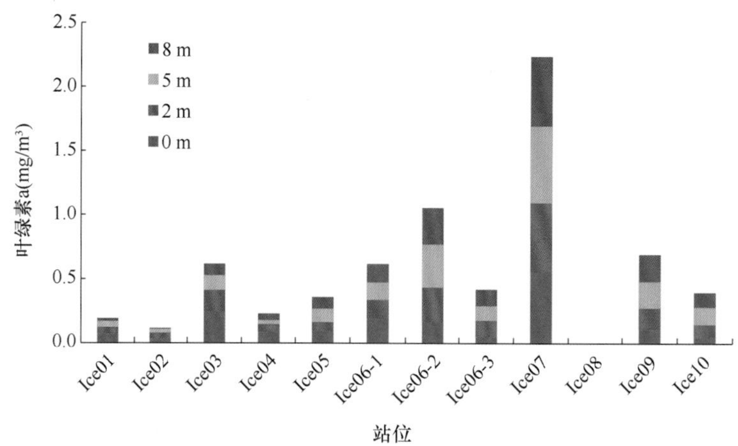

图 6-42　冰下水体（8 m 以浅）叶绿素 a 浓度分布特性

游细菌利用，致使水体中异养生物所占比例较大。海冰中的溶解有机物作为异养细菌主要的营养来源，由冰藻分泌产生。在垂直分布上，细菌生物量在大多数冰芯生物群落中都占据优势，只有在少部分冰藻生物量高峰的冰底，其生物量少于冰藻。已经有研究显示，异养细菌在海冰生物量中所占比重最大，小粒径鞭毛藻可能被摄食，导致冰底大粒径的（20 μm）硅藻的丰度较高（Riedel et al.，2007）。

冰芯硅藻生物量和叶绿素 a 浓度有显著的相关性，高叶绿素 a 浓度和原生生物生物量高值总是同时出现在冰芯底层。柱冰藻总生物量（以叶绿素 a 浓度值代替）与冰上积雪厚度、海冰覆盖率无线性相关性，反映其不受光照强度影响。

比较各站位浮冰理化特性和生物类群生物量分布发现，Ice01 站位冰下表层水体平均盐度为 24.8，温度为 0.2℃，其盐度较其他站位低 4～5，温度高于其他站位 1.5℃，可能受到融冰水和太平洋入流水的影响较大；导致此处浮冰各类群生物量低于其他站位。

6.6　冰表融池生物群落结构及生物多样性

随着北极地区的升温，冰表大面积的融池覆盖已成为夏季北冰洋浮冰的重要特征。在夏季融冰期，根据海冰类型不同，融池在冰表的覆盖面积可达 5%～50%（Tschudi et al.，2008；Fetterer and Untersteiner，1998）。融池的大面积存在极大地改变了海冰性质并影响冰下海洋和上层海洋生态系统。例如，冰表融池的存在显著降低了阳光的反照率，加速海冰融化过程（Hohenegger et al.，2012；Lei et al.，2012），有助于冰底和冰下海洋初级生产力的增加（Arrigo et al.，2012；Boetius et al.，2013）。目前，相较于夏季大面积的冰表融池覆盖，对冰表融池微生物群落组成的研究非常有限（Gradinger and Nürnberg，1996；Brinkmeyer et al.，2004；Lee et al.，2012）。

本研究在 2010 年中国第四次北极科学考察期间采集了北冰洋高纬海域 7 个冰站的 16 个融池水样，利用 454 高通量测序测序技术进行了细菌生物多样性分析，目的在于分析中心区融池细菌群落特征及其对上层海洋微生物群落的潜在影响。

6.6.1 样品数据采集与分析

中国第四次北极科学考察期间，于2010年8月4—24日共采集了7个冰站上的15个冰表融池水样，站位纬度范围为81°57′—90°00′N。融池分为封闭式融池（淡水融池，MPf）和开放式融池（咸水融池，MPs）两种类型。融池水温度和盐度由WTW盐度计现场测得。

融池水样经过滤用用唐纳荧光仪（型号：TD10）参照Parsons等（1984）的方法测定叶绿素a浓度。细菌丰度用流式细胞仪（型号：BD FACSCalibur）在船上现场测定（He et al.，2012；Lin et al.，2012）。用于DNA分析的样品经过滤在-20℃环境保存回国，进行罗氏454高通量测序。用分析软件Mothur进行细菌群落组成分析（Schloss et al.，2009）。通过计算Unique Reads的序列覆盖百分率来确定Chao丰富度指数（Chao，1984）。稀释度的计算采用Mothur和custom Perl脚本，分别计算100%、97%、95%和90%相似度水平的稀释度，计算群落组成的辛普森（Simpson）和香侬（Shannon）多样性指数（Chao and Shen，2003）。并用主成分分析（PCA）评估样本细菌群落组成结构的差异。

6.6.2 冰表融池生态环境和生物群落

6.6.2.1 融池的基础环境特征

中国第四次北极科学考察期间共采集了15个融池（含12个MPf和3个MPs）的水样。MPf水温范围为-0.2～0.4℃，平均0.1℃，而MPs水温范围则是-1.3～-1.0℃，平均-1.1℃，MPf平均水温高出MPs的1℃以上。MPf盐度范围为0～6.7（平均1.5），明显低于MPs的24.3～28.9（平均26.6）。从营养盐状况来看，不管是封闭式融池还是开放式融池，营养盐浓度都很低，硝酸盐、磷酸盐和硅酸盐的浓度范围分别是0.0～0.8 μmol/L、0.0～0.56 μmol/L和0.2～1.9 μmol/L。但受表层海水的补充，MPs营养盐浓度尤其是磷酸盐和硅酸盐浓度一般要高于MPf，如磷酸盐浓度在MPf中接近0而在MPs中可达0.52 μmol，而硅酸盐浓度在PFf和PFs中的平均浓度分别为0.3 μmol和1.5 μmol。

尽管两类融池生境差异很大，但异养细菌丰度（HBA）并没有明显差异。HBA范围为$0.47×10^4$（ICE09-2）和$12.98×10^4$ cells/mL（ICE09-1），平均$4.38×10^4$ cells/mL；而微微型浮游植物丰度（PPA）丰度范围则为$0.06×10^3$（ICE09-2）～$3.03×10^3$（ICE05-3）cells/mL，平均$0.69×10^3$ cells/mL。MPf和MPs微微型浮游植物丰度分别为$0.34×10^3$ cells/mL和$2.11×10^3$ cells/mL。MPs间叶绿素a浓度差异不大，大多在0.06～0.07 mg/m^{3}之间。相反，MPf间的叶绿素a浓度差异明显，变化范围在0.04（ICE10-2和ICE10-3）～1.65 mg/m^3（ICE08）之间，总体上MPf叶绿素a浓度高于MPs，且最高值出现在ICE08站位。

6.6.2.2 细菌群落组成和多样性

15个融池水样共计获得136 342条有效序列。阿尔法多样性分析结果显示，在97%相似性水平，除了样品ICE06-1和ICE06-2以外，开放式融池细菌丰富度（richness）指数高于封闭式融池（图6-43a），但是物种均匀度（evenness）指数没有明显差异。样品ICE06-1细菌多样性指数最高（图6-43b）。对各个样品的分类操作单元（OUT）做贝塔多样性分析（主成分分析PCA）以后，显示样品可以划分为3组：1个开放式融池组MPs和2个封闭式融池组 MPf1 和 MPf2。开放式融池和封闭式融池样品在 PCA 排序图上的距离显示两类融池细菌群落组成差异明显。而在 3 个组别当中，MPf1 包含 ICE06-1、ICE06-2、ICE06-3 和 ICE08-1，其余封闭式融池样品则被划分到 MPf2 组。

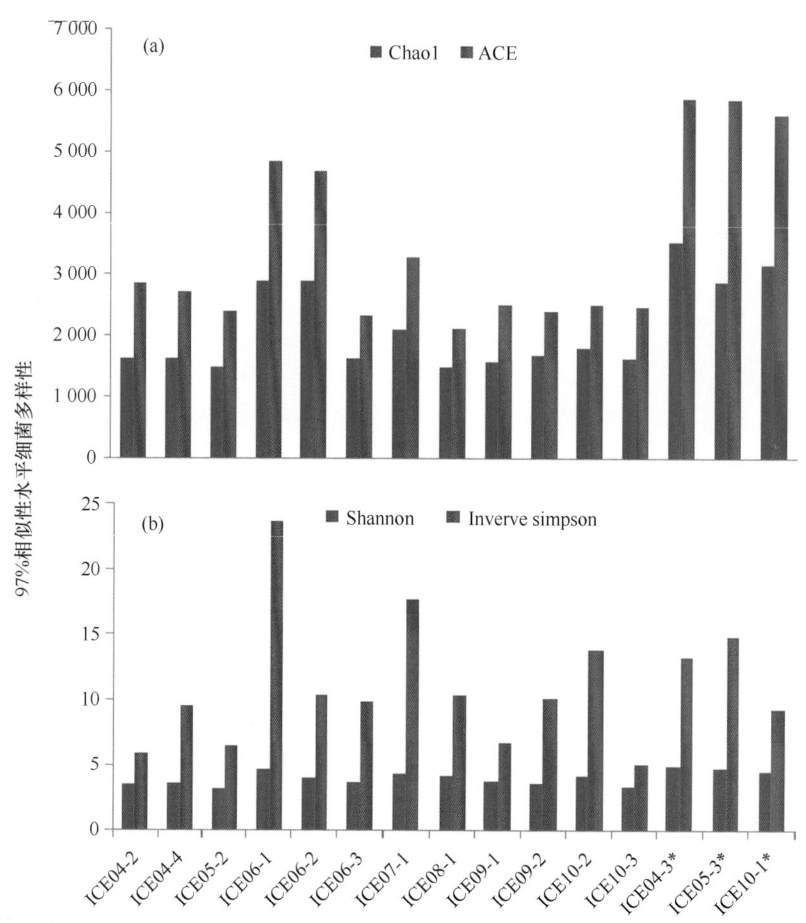

图 6-43 基于高通量测序分析细菌群落组成的阿尔法多样性分析（97%相似性水平）
(a) 物种丰富度指数（Chao1 和 ACE）；(b) 物种多样性指数（Shannon 和 InverseSimpson）

按照细菌群落结构特征，闭合式融池还能区分成加拿大海盆、马卡洛夫海盆和北极点 3 个区域，各类型和不同区域融池细菌群落组成如图 6-44 所示。其中加拿大海盆海域闭合式融池拟杆菌门（Bacteroides）占据绝对优势地位，其在总群落中所占比例高达 98.3%。而在马卡洛夫海盆海域，融池中拟杆菌优势地位下降，但同样较高，达到 65.3%，缺少的这一部分细菌被阿尔法变形菌（Alphaproteobacteria）(5.8%)、贝塔变形菌（Betaproteobacteria）(21.2%) 和伽玛变形菌（Gammaproteobacteria）(5.6%) 取代。北极点海域拟杆菌在总类群中所占比例进一步下降，低至 35.4%，同时贝塔变形菌优势度进一步提升，在总类群中所占比例高达 61.8%，此外阿尔法变形菌和伽玛变形菌比例都下降，低于 1%。对开放式融池来讲，优势细菌类群为阿尔法变形菌，比例达到 60.1%，其次是拟杆菌，29.2%，随后是伽玛变形菌和贝塔变形菌，所占比例分别是 4.8%和 1.7%，另外尚有 3.1%OTUs 未能确定分类地位，其余细菌比例低于 1%。

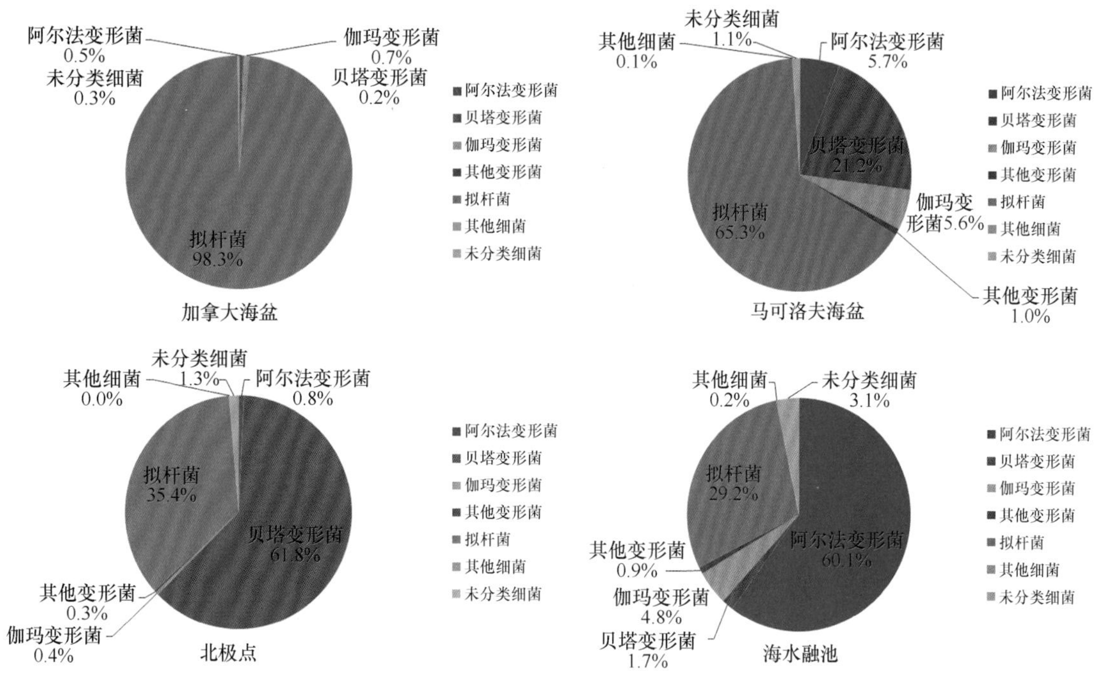

图6-44　两类融池不同海域细菌群落组成

6.6.2.3　细菌群落及其环境相关性

细菌主要类群相对丰度和环境因子之间的非参数线性相关分析（Spearman）结果显示黄杆菌相对丰度与温度显著正相关（$r=0.669$，$P<0.05$），同时黄杆菌相对丰度和磷酸盐（$r=-0.782$，$P<0.01$）、硅酸盐（$r=-0.857$，$P<0.01$）以及微微型浮游植物丰度（PPA）（$r=-0.764$，$P<0.01$）显著负相关。阿尔法变形杆菌相对丰度和磷酸盐浓度显著正相关，伽玛变形杆菌相对丰度则和磷酸盐（$r=0.862$，$P<0.01$）、硅酸盐（$r=0.740$，$P<0.01$）显著正相关且和叶绿素a浓度（$r=-0.721$，$P<0.05$）显著负相关。尽管盐度是区分两类融池的主要环境特征，但是不管是在开放式还是封闭式融池中，主要细菌类群相对丰度都和盐度没有显著相关关系。

基于主要细菌类群相对丰度和环境因子之间的典型相关分析（CCA）排序同样将样品划分为3个生态功能组（图6-45），也包含两个封闭式融池组和一个开放式融池组。温度、盐度、硅酸盐浓度、磷酸盐浓度和微微型浮游植物丰度是细菌分布的主要控制因子，而硝酸盐的影响则十分有限。对封闭式融池来说，温度、细菌丰度、叶绿素a浓度和硝酸盐浓度影响细菌群落组成和分布。但对开放式融池组来说，磷酸盐、盐度、硅酸盐和微微型浮游植物丰度影响程度更大，而硝酸盐的影响受到限制。由于冰站ICE06融池水样缺失营养盐数据，所以ICE06站位的封闭式融池在CCA排序图中和其他融池不同，组成另外一个封闭式融池组。

6.6.3　融池细菌群落特征及生态作用

6.6.3.1　融池基本特征

在融池形成初期，融池水为低盐淡水（本研究中封闭式融池盐度范围是0~6.7）；而开

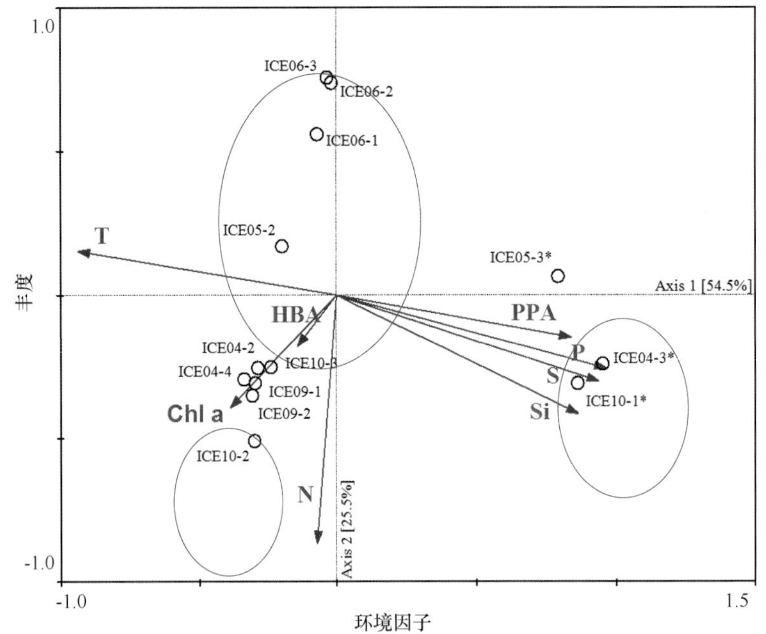

图 6-45　基于细菌主要类群（OTUs）相对丰度和环境因子的典型相关分析

T-温度；S-盐度；P-磷酸盐；Si-硅酸盐；N-硝酸盐和亚硝酸盐；HBA-细菌丰度；PPA-微微型浮游植物丰度；Chl a-叶绿素 a 浓度

放式融池的温盐特征（-1.1℃，26.6）和该海域内表层海水（-1.0℃，29.5）相似，和加拿大海盆区表层温盐也没有明显差异（24.0~30.3，He et al.，2012）。融池封闭时，营养盐主要来源于灰尘、雨水、海冰卤水以及小量的表层海水，极易在浮游生物的生长过程中被消耗干净，限制了浮游植物的进一步生长。尽管海冰融化过程中形成的稳定盐跃层限制了下层海洋对表层海洋的营养盐补充，使得表层浓度也不高（Sigman et al.，2004；McLaughlin and Carmack，2010），但表层海洋营养盐仍是冰表融池重要的营养盐补充来源。

封闭式融池和开放式融池的细菌丰度在本研究中并没有明显差异，表明细菌生长受不同融池环境的限制可能很少。此外，本研究中所测得的封闭式融池温度（-0.2~0.4℃）低于而盐度（0.0~6.7）高于弗拉姆海峡附近海域冰表融池（0.1~0.8℃，0~3）（Brinkmeyer et al.，2004），从另一个方面证实了北冰洋海冰的进一步融化趋势。北冰洋中心区冰表融池细菌丰度（4.38×10^4 cells/mL）数值和弗拉姆海峡附近融池（Brinkmeyer et al.，2004）相近，但比另一个航次中心区融池细菌丰度低一个数量级（8.3×10^5 cells/mL，Gradinger and Nürnberg，1996），表明由于融池生长环境的严酷性，大面积融池的出现并不一定有利于细菌的生长。

6.6.3.2　融池微生物群落组成

未通透融池细菌群落组成和海冰发源地有很大相似性，能作为追溯海冰发育和形成的重要指标（Gerdes et al.，2005）。在所有的细菌类群当中（分类到纲），伽玛变形杆菌被认为是近岸海域的优势类群，阿尔法变形杆菌是远洋海域优势类群（Kirchman et al.，2010），贝塔变形杆菌则代表河水影响区域（Garneau et al.，2006）。本研究中封闭式融池的优势类群为黄杆菌（69.5%），其次为贝塔变形杆菌（7.7%）和放线菌（4.2%）。由于贝塔变形杆菌和放线菌都是重要的河水指示细菌，表明本年度北冰洋中心区的海冰可能主要来源于河口影响区域，如西伯利亚沿岸海域。这与西北冰洋（77°N）融池细菌群落的调查结果相反，在那片海域，封闭式融池的主要细菌群落为伽玛变形杆菌，其次为拟杆菌（Han et al.，2014）。

冰表融池通透变成开放式融池以后，其细菌群落受表层海水影响。封闭式融池优势细菌类群是黄杆菌和贝塔变形杆菌而开放式融池则是阿尔法变形杆菌和黄杆菌（图6-44）。Han等（2014）同样报道了北冰洋冰表融池黄杆菌和阿尔法变形杆菌在开放式融池中的优势地位。开放式融池中阿尔法变形杆菌平均出现频率和北冰洋远洋海水相近（Kirchman et al.，2010）。一般来说，盐度是开放式融池细菌群落组成首要影响因素而对封闭式融池来说则是温度（图6-45）。由于盐度和两种融池组细菌类群相对丰度之间都没有显著相关关系，因而盐度虽是区分两类融池的首要指标，但并不能直接影响细菌群落组成。融池通透过程中盐度能影响黄杆菌和拟杆菌相对丰度（Han et al.，2014）的主要原因是融池通透后表层海水对融池的营养盐补充。

6.6.3.3 融池的生态作用

春季和夏季冰表融池的形成以及打开的海冰卤道对大气 CO_2 的利用是北冰洋碳汇的重要组成部分（Semiletov et al.，2007）。海冰融池同时影响北冰洋海冰（Flocco et al.，2012）和冰下生物（Arrigo et al.，2012）。Arrigo等（2012）报道了楚科奇海海冰边缘区大面积的冰下浮游植物藻华，并证实与冰表融池覆盖率增加导致的光照增强有关。但融池生物本身对浮游生物群落的影响十分有限。本研究中，封闭式融池叶绿素a浓度和2008年夏季北冰洋间大海海盆区融池相近但低于2005年所获数据（Lee et al.，2012）。Lee等（2012）认为北冰洋冰表融池年度碳固定能力为0.67 g/m^3（以碳计），不足北冰洋总固碳量的1%。细菌是海洋中的主要分解者和消费者，消耗溶解有机碳和颗粒有机碳，对碳固定不利。而不同类型的融池细菌群落和组成受不同因素影响，例如温度和叶绿素a浓度控制封闭式融池而磷酸盐、盐度、微微型浮游植物丰度和硅酸盐影响开放式融池。由于不同细菌类群对溶解有机碳的喜好和利用程度不同，融池通透过程中发生的诸如优势类群相对丰度波动和非优势类群的消亡和演替是北冰洋碳和物质循环的重要内容，对北冰洋融池固碳能力有重要影响。此外，海冰对细菌群落的搬运作用和随着融池形成和通透而进行的“播种”过程对北冰洋上层海洋微生物生态系统有重要作用，不可忽视。

6.7 总结

白令海Chl a含量和柱总含量区域性差异明显，从低到高依次为海盆区、陆坡区、外陆架区、近岸区、中陆架区。柱总Chl a含量变化范围为13.41～553.89 mg/m^2，平均为118.15 mg/m^2。西北冰洋总体显示由南往北逐渐降低。白令海初级生产力变化范围为0.16～0.82 mg/（m^3·h）（以碳计），平均为（0.51±0.22）mg/（m^3·h）（以碳计）；西北冰洋水柱平均生产力为0.05～4.01 mg/（m^3·h）（以碳计），仅在R断面陆架区其初级生产力较高，加拿大海盆区平均初级生产力多数低于0.08 mg/（m^3·h）（以碳计）。

微微型浮游生物中，浮游细菌丰度集中在0～4×10^5 cells/mL；聚球藻主要分布在白令海，丰度最高可达22.89 cells/μL；微微型浮游植物丰度变化范围为0～30.16 cells/μL。丰度随着纬度的增加而下降。楚科奇海浮游细菌的生物多样性指数要高于真核浮游生物。与同年度白令海调查结果相比，楚科奇海的浮游细菌多样性较大，且存在显著差异性，而微（微）型真核浮游生物多样性则无明显差异性。

白令海共鉴定浮游植物（>5 μm）5门56属143种（不含未定种）。硅藻37属95种，甲藻15属44种，绿藻2属2种，裸藻和金藻各1属1种。硅藻占总种数的66.7%和总丰度的98.7%；其次为甲藻。主要的优势种为丹麦细柱藻、诺登海链藻、柔弱伪菱形藻、海洋拟桅杆藻、旋链角毛藻。西北冰洋共鉴定浮游植物（>5 μm）4门3纲75属169种（不含未定种）。硅藻48属105种，甲藻17属52种，隐藻4属3种，裸藻3属6种，定鞭藻纲、针胞藻纲和领鞭毛藻纲各1属1种。硅藻占总种类数目的62.13%和总丰度的95.86%；其次为甲藻。

白令海共鉴定浮游动物39种（类），其中以桡足类数目最多21种，丰度上以布氏真哲水蚤、小伪哲水蚤、纽氏伪哲水蚤、北极哲水蚤以及斯氏手水蚤占绝对优势。楚科奇海共鉴定浮游动物41种（类），其中桡足类21种，以小型的小伪哲水蚤、纽氏伪哲水蚤等哲水蚤类为最多（47.56%）。加拿大海盆共鉴定浮游动物44种，其中桡足类23种，以体型较大的极北哲水蚤、北极哲水蚤、北极拟真刺水蚤、细长长腹水蚤以及体型较小的矮小微哲水蚤、拟长腹剑水蚤为主。

2010年夏季北冰洋中心区整冰芯柱冰藻生物量总体较低，变化范围为0.06～1.18 mg/m^2，平均为0.53 mg/m^2，其中绝大部分生物量分布在冰底，硅藻在浮冰冰藻群落中占据优势，最大生物量达34.97 μg/L（以碳计），且与冰下水体群落结构差异明显。异养生物生物量（主要包括异养细菌和原生动物）超过冰藻的生物量，在浮冰生物群落结构中处于优势地位。浮冰整冰芯生物量总体上随纬度的升高而增加，可能与融冰程度相关。而融池由于严酷的生长环境，融池微生物群落本身对上层海洋的影响有限。

受全球气候变暖影响，海冰融化过程加剧，在白令海峡入口和楚科奇海，无论是Chl a或生产力在近10年来都略有提高且年际变化较明显；浮游动物因各航次站位各异而较难对比，但对其他一个航次的对比显示，两次调查的总丰度以及各类群丰度差异不大，略有升高；海冰生物量比前人的研究有显著下降，但存在明显的区域差异。本研究总体显示浮游生物生物量随着北极升温而略有提高、海冰生物量则显著下降，对整个北冰洋生态系统的影响有待进一步深入研究。

参考文献

陈立奇，赵进平，卞林根，等. 2003. 北极海洋环境与海气相互作用研究[M]. 北京：海洋出版社. 1-300.

高生泉，陈建芳，李宏亮，等. 2011. 2008年夏季白令海营养盐的分布及其结构状况[J]. 海洋学报，33(2)：157-165.

何剑锋，陈波. 1997. 南极中山站近岸海冰生态学研究 Ⅲ. 冰藻优势种的季节变化及其与冰下浮游植物的关系[J]. 南极研究，9(3)：182-191.

李宏亮，陈建芳，高生泉，等. 2011. 西北冰洋中太平洋入流水营养盐的变化特征[J].海洋学报，33(2)：85-95.

林更铭，杨清良，王雨. 2013. 2010年夏季白令海小型浮游植物分布[J]. 应用生态学报，24(9)：2643-2650.

林景宏，戴燕玉，林茂，等. 2002. 夏季白令海浮游动物的分布[J]. 极地研究，14(2)：126-135.

林景宏，戴燕玉，张金标，等. 2001. 夏季楚科奇海浮游动物的生态特征[J]. 极地研究，13(2)：107-116.

林凌. 2011. 夏季北极太平洋扇区微微型海洋浮游生物空间分布及环境相关性研究[D]. 华东师范大学.

刘子琳，陈建芳，陈忠元，等. 2006. 白令海光合浮游生物现存量和初级生产力[J]. 生态学报，26(5)：1345-1347.

刘子琳，陈建芳，张涛，等. 2007. 楚科奇海及其海台区粒度分级叶绿素a与初级生产力[J]. 生态学报，27(12)：4953-4962.

刘子琳，陈建芳，刘艳岚，等. 2008. 北冰洋沉积物和海水叶绿素a浓度分布的区域性特征[J]. 沉积学报，26(6)：1036-1042.

刘子琳，陈建芳，刘艳岚，等. 2011. 2008年夏季西北冰洋观测区叶绿素a和初级生产力粒级结构[J]. 海洋学报，33(2)：124-133.

孙军，刘东艳，钱树本. 2002. 一种海洋浮游植物定量研究分析方法—Utermöhl方法的介绍及其改进[J]. 黄渤海海洋，20(2)：105-112.

王鹏. 2009. 白令海东部海域浮游植物生态特征与遗传多样性研究[D]. 厦门大学.

杨清良，林更铭. 2006. 楚科奇海和白令海网采浮游植物聚群的多元分析[J]. 植物生态学报，30(5)：763-770.

杨清良，林更铭，林茂，等. 2002. 楚科奇海和白令海浮游植物的种类组成与分布[J]. 极地研究，14(2)：113-125.

余兴光. 2011. 中国第四次北极科学考察报告[R]. 北京：海洋出版社. 1-15.

张芳，何剑锋，郭超颖，等. 2012. 夏季北冰洋楚科奇海微微型、微型浮游植物和细菌的丰度分布特征及其与水团的关系[J]. 极地研究，24(3)：34-42.

张光涛，孙松. 2011. 2003年夏季西北冰洋浮游动物群落结构和地理分布研究[J]. 海洋学报，33(3)：146-156.

张海生. 2009. 中国第三次北极科学考察报告[R]. 北京：海洋出版社. 1-9.

张海生. 2015. 北极海冰快速变化及气候与生态效应[M]. 北京：海洋出版社.

张武昌，孙松，李超伦，等. 2000. 白令海浮游植物添加营养盐培养实验[J]. 极地研究，12(4)：245-251.

张占海. 2004. 中国第二次北极科学考察报告[R]. 北京：海洋出版社. 1-15.

赵进平，朱大勇，史久新. 2003. 楚科奇海海冰周年变化特征及其主要关联因素[J]. 海洋科学进展，21(2)：123-131.

Arrigo K R, Perovich D K, Pickart R S, et al. 2012. Massive phytoplankton blooms under Arctic sea ice [J]. Science, 336(6087): 1408.

Ashjian C J, Campbell R G, Welch H E, et al. 2003. Annual cycle in abundance, distribution, and size in relation to hydrography of important copepod species in the western Arctic Ocean[J]. Deep Sea Research I, 50: 1235-1261.

Auel H, Hagen W. 2002. Mesozooplankton community structure, abundanceand biomass in the central Arctic Ocean[J]. Marine Biology, 140: 1013-1021.

Babin S M, Carton J A, Dickey T D, et al. 2004. Satellite evidence of hurricaneinduced phytoplankton blooms in an oceanic desert[J]. Journal Geophysical Research, 109: C03043.

Banse K, English D C. 1999. Comparing phytoplankton seasonality in the eastern and western subarctic Pacific and the western Bering Sea[J]. Progress of Oceanography, 43: 235-288.

Bathmann U, Bundy M H, Clarke M E, et al. 2001. Future marine zooplankton research-a perspective[J]. Marine ecology progress series, 222: 297-308.

Boetius A, Albrecht S, Bakker K, et al. 2013. Export of algal biomass from the melting Arctic sea ice[J]. Science 339(6126): 1430-1432.

Booth B C, Horner R A. 1997. Microalgae on the Arctic Ocean Section, 1994: species abundance and biomass[J]. Deep Sea Research II, 44(8): 607-1622.

Brinkmeyer R, Glöckner F-O, Helmke E, et al. 2004. Predominance of β-proteobacteria in summer melt pools on Arctic pack ice[J]. Limnology and Oceanography, 49(4): 1013-1021.

Cai W-J, Chen L, Chen B, et al. 2010. Decrease in the CO_2 uptake capacity in an ice-free Arctic Ocean basin[J]. Science, 2010, 329: 556-559.

Chao A. 1984. Nonparametric estimation of the number of classes in a population[J]. Scandinavian Journal of Statistics 11(4):265-270.

Chao A, Shen T-J. 2003. Nonparametric estimation of Shannon's index of diversity when there are unseen species in sample[J]. Environmental and Ecological Statistics, 10(4):429-433.

Comeau A M, Li W K W, Tremblay J-E, et al. 2011. Arctic Ocean Microbial Community Structure before and after the 2007 Record Sea Ice Minimum[J]. PLoS ONE, 6: e27492.

Coupel P, Jin H Y, Joo M, et al. 2012. Phytoplankton distribution in unusually low sea ice cover over the Pacific Arctic[J]. Biogeosciences Discussion, 9 : 2055-2093.

Coupel P, Jin H Y, Ruiz-Pino D, et al. 2011. Phytoplankton distribution in the Western Arctic Ocean during a summer of exceptional ice retreat[J]. Biogeosciences Discussion, 8: 6919-6970.

Cremer H. 1999. Spatial distribution of diatom surface sediment assemblages on the Laptev Sea Shelf (Russian Arctic). In: Kassens H, Bauch H A, Dmitrenko I A, et al. (eds.) Land-Ocean Systems in the Siberian Arctic[M]. Dynamics and History, Springer Verlag, Berlin, pp 533-551.

Day R H, Weingartner T J, Hopcroft R R, et al. 2013. he offshore northeastern Chukchi Sea, Alaska: A complex high-latitude ecosystem[J]. Continental Shelf Research, 67: 147-165.

Dufrene M, Legendre P. 1997. Species assemblages and indicator species: The need for a flexible asymmetrical approach[J]. Ecological Monographs, 67(3): 345-366.

Fetterer F, Untersteiner N. 1998. Observations of melt ponds on Arctic sea ice[J]. Journal of Geophysical Research, 103(C11): 24821-24835.

Fortier M, Fortier L, Michel C, et al. 2002. Climatic and biological forcing of vertical flux and biogenic particles under seasonal Arctic sea ice[J]. Marine Ecological Progress Series, 225: 1-16.

Garneau M-È, Vincent W F, Aloso-Sáez L, et al. 2006. Prokaryotic community structure and heterotrophic production in a river-influenced coastal arctic ecosystem[J]. Aquatic Microbial Ecology, 42: 27-40.

Gerdes B, Brinkmeyer R, Dieckmann G, et al. 2005. Influence of crude oil on changes of bacterial communities in Arctic sea-ice[J]. FEMS Microbiology Ecology, 53(1): 129-139.

Gradinger R, Friedrich C, Spindler M. 1999. Abundance, biomass and composition of the sea ice biota of the Greenland Sea pack ice[J]. Deep Sea Research II, 46(6-7): 1457-1472.

Gradinger R, Nurnberg D. 1996. Snow algal communities on Arctic pack ice floes dominated by Chlamydomonas nivalis (Bauer) Wille[J]. Proceedings of the NIPR Symposium on Polar Biology, 9: 35-43.

Gradinger R. 2009. Sea-ice algae: Major contributors to primary production and algal biomass in the Chukchi and Beaufort Seas during May/June 2002[J]. Deep Sea Research II, 56: 1201-1222.

Grebmeier J M, Cooper L W, Feder H M, et al. 2006a. Ecosystem dynamics of the Pacific-influenced northern Bering and Chukchi Seas in the Amerasian Arctic[J]. Progress in Oceanography, 71(2): 331-361.

Grebmeier J M, Overland J E, Moore S E, et al. 2006b. A major ecosystem shift in the northern Bering Sea [J]. Science, 311(5766): 1461-1464.

Grebmeier J M, McRoy C P, Feder H M, et al. 1988. Pelagic-benthic coupling on the shelf of the northern Bering and Chukchi Seas. I. Food supply source and benthic biomass[J]. Marine Ecology Progress Series, 48: 57-67.

Grebmeier J M, Feder H M, McRoy C P, et al. 1989. Pelagic-benthic coupling on the shelf of the northern Bering and Chukchi Seas. II. Benthic community structure[J]. Marine Ecology Progress Series, 51: 253-268.

Grebmeier J M and Barry J P. 2007. Benthic processes in polynyas. In Smith Jr W & Barber D (eds.): Polynyas: windows to the world[M]. Amsterdam: Elsevier. 363-390.

Han D, Kang I, Ha H K, et al. 2014. Bacterial communityes of surface mixed layer in the Pacific sector of the Western Arctic Ocean during sea-ice Melting[J]. PLoS One, 9(1): e86887.

He J, Zhang F, Lin L, et al. 2012. Bacterioplankton and picophytoplankton abundance, biomass, and distribution in the Western Canada Basin during summer 2008[J]. Deep Sea Research II, 81-84: 36-45.

Hohenegger C, Alali B, Steffen K R, et al. 2012. Transition in the fractal geometry of Arctic melt ponds [J]. The Cryosphere, 6: 1157-1162.

Holland M M, Bitz C M, Tremblay B. 2006. Future abrupt reductions in the summer Arctic sea ice[J]. Geophysical Research Letter, 33: L23503.

Hopcroft R R, Clarke C, Nelson R J, et al. 2005. Zooplankton communities of the Arctic's Canada Basin: the contribution by smaller taxa[J]. Polar Biology, 28(3): 198-206.

Hopcroft R R, Questel J, Clarke-Hopcroft C. 2009. Oceanographic assessment of the planktonic communities in the Klondike and Burger prospect regions of the Chukchi Sea[R]. Final report to ConocoPhillips Alaska Inc., Institute of Marine Science, University of Alaska Fairbanks, 52 pp.

Hopcroft R R, Kosobokova K N, Pinchuk I A, et al. 2010. Zooplankton community patterns in the Chukchi Sea during summer 2004[J]. Deep Sea Research II, 2010, 57: 27-39.

Hunt B P, Nelson R J, Williams B, et.al. 2014. Zooplankton community structure and dynamics in the Arctic Canada Basin during a period of intense environmental change (2004-2009)[J]. Journal of Geophysical Research, 119(4): 2518-2538.

Irina N S, Mikhail V F, Larisa A P, et al. 2009. Phytoplankton of the western Arctic in the spring and summer of 2002: Structure and seasonal changes[J]. Deep-Sea Research II, 56: 1223-1236.

Jeffries M O, Overland J E., Perovich D K. 2013. The Arctic shifts to a new normal[J]. Physics Today, 66: 35-40.

Jutterström S, Anderson L G. 2010. Uptake of CO_2 by the Arctic Ocean in a changing climate[J]. Marine Chemistry, 122: 96-104.

Kang J, Chen X, Zhang M. 2014. The distribution of chlorophyll a and its influencing factors in different regions of the Bering Sea[J].Acta Oceanologica Sinica, 33(6): 112-119.

Kaplan J O, New M. 2006. Arctic climate change with a 2℃ global warming: Timing, climate patterns and vegetation change[J]. Climatic Change, 79(3): 213-241.

Kerr R A. 2002. Whither Arctic Ice? Less of it, for sure[J]. Science, 297: 1491.

Kirchman D L, Hill V, Cottrell MT, et al. 2009. Standing stocks, production, and respiration of phytoplankton and heterotrophic bacteria in the western Arctic Ocean[J]. Deep Sea Research II, 56(17): 1237-1248.

Kirchman D L, Cottrell M T, Lovejoy C. 2010. The structure of bacterial communities in the western Arctic Ocean as revealed by pyrosequencing of 16S rRNA genes[J]. Environmental Microbiology, 12(5): 1132-1143.

Kosaka Y, Xie S-P. 2013. Recent global-warming hiatus tied to equatorial Pacific surface cooling[J]. Nature, 501: 403-407.

Lalande C, Grebmeier J M, Wassmann P, et al. 2007. Export fluxes of biogenic matter in the presence and absence of seasonal sea ice cover in the Chukchi Sea[J]. Continental Shelf Research, 27: 2051-2065.

Landry M R, Calbet A. 2004. Microzooplankton production in the oceans[J]. ICES Journal of Marine Science 61: 501-507.

Lane P V Z, Llinás L, Smith S L, et al. 2008. Zooplankton distribution in the western Arctic during summer 2002: Hydrographic habitats and implications for food chain dynamics [J]. Journal of Marine Systems, 70(1-2): 97-133.

Lee S H, Stockwell D A, Joo H-M, et al. 2012. Phytoplankton production from melting ponds on Arctic sea ice[J]. Journal of Geophysical Research, 117(C4): C04030.

Lei R, Zhang Z, Matero I, et al. 2012. Reflection and transmission of irradiance by snow and sea ice in the central Arctic Ocean in summer 2010[J]. Polar Research, 31: 17325.

Li W K W. 1998. Annual average abundance of heterotrophic bacteria and Synechococcus in surface ocean waters[J]. Limnology and Oceanography, 43(7): 1746-1753.

Li W K W, McLaughlin F A, Lovejoy C, et al. 2009. Smallest algae thrive as the Arctic Ocean freshens [J]. Science, 326(5952): 539.

Lin G M, Yang Q L,TANG S M. 2009. Relationship between phytoplankton distribution and environmental factors in the Chukchi Sea[J]. Marine Science Bulletin, 11(2): 55-63.

Lin L, He J, Zhao Y, et al. 2012. Flow cytometry investigation of picoplankton across latitudes and along the circum Antarctic Ocean[J]. Acta Oceanologica Sinica, 31(1): 134-142.

Marumo R. 1956. Diatom communities in Bering Sea and its neighboring waters in the summer of 1954[J]. Oceanographical Magazine, 8: 69-73.

Mathis J T,Bates N R,Hansell D A, et al. 2009. Net community production in the northeastern Chukchi Sea [J]. Deep Sea Research II, 56: 1213-1222.

Matsuno K, Yamaguchi A, Hirawake T, et al. 2011. Year-to-year changes of the mesozooplankton community in the Chukchi Sea during summers of 1991, 1992 and 2007, 2008[J]. Polar Biology, 34(9): 1349-1360.

McLaughlin F A, Carmack E C. 2010. Deepening of the nutricline and chlorophyll maximum in the Canada Basin interior, 2003-2009[J]. Geophysical Research Letters, 37(24): L24602.

McRoy C P, Goering J J, Shiels W E. 1972. Studies of primary production in the eastern Bering Sea. In: Takenouti A Y ed. Biological Oceanography of the Northern North Pacific Ocean[M]. Tokyo: Idemitsu Shoten: 199-216.

Melnikov I A. 1997. The Arctic Sea Ice Ecosystem[M]. Gordon and Breach Science Publishers, Amstedam, the Nethelands: 67-90.

Melnikov I A. 2008. Recent Arctic sea-ice ecosystem: Dynamics and forecast[J]. Doklady Earth Sciences, 423(2): 1516-1519.

Michel C, Legendre L, Therriault J, et al. 1993. Springtime coupling between ice algal and phytoplankton assemblages in southeastern Hudson Bay, Canadian Arctic[J]. Polar Biology, 13(7): 441-449.

Niebauer H J, Alexander V, Henrichs S M. 2005. A timer-series study of the spring bloom at the Bering Sea edge I. Physical processes, Chlorophyll and nutrient chemistry[J]. Continental Shelf Research, 15(15): 1859-1877.

Nummá N, Auel H, Hanssen H, et al. 1998. Breaking the ice: large-scale distribution of mesozooplankton after a decade of Arctic and transpolar cruises[J]. Polar Biology, 20(3): 189-197.

Okolodkov Y B. 1998. A checklist of dionflagellates recorded from the Russian Arctic Seas[J]. Sarsia, 83: 267-292.

Okolodkov Y B. 1999. Species range type of recent marine dinoflagelates recorded from the Arctic[J]. Grana, 38: 162-169.

Parsons T R, Maita Y, Lalli C M. 1984. A manual of chemical and biological methods for seawater analysis [M]. Oxford: Pergamon Press. 173 p.

Perovich D, Gerland S, Hendricks S, et al. 2014. Sea Ice in: Arctic Report card 2014. http://arctic.noaa.gov/reportcard.

Petrenko D, Pozdnyako D, Johannessen J, et al. 2013. Satellite-derived multi-year trend in primary production in the Arctic Ocean. International Journal of Remote Sensing, 34(11): 3903-3937.

Perrette M, Yool A, Quartly G D, et al. 2011. Near-ubiquity of ice-edge blooms in the Arctic[J]. Biogeosciences, 8 (2): 515.

Pickart R S, Pratt L J, Torres D J, et al. 2010. Evolution and dynamics of the flow through Herald Canyon in the western Chukchi Sea[J]. Deep Sea Research II, 57(1-2): 5-26.

Post E, Forchhammer M C, Bret-Harte M S, et al. 2009. Ecological dynamics across the Arctic associated with recent climate change[J]. Science, 325: 1355-1358.

Pringle D J, Miner J E, Eicken H, et al. 2009. Pore space percolation in sea ice single crystals[J]. Journal of Geophysical Research, 114: C1207.

Prokopowicz A, Fortier L. 2002. Population structure of three dominant Calanus species in North Water Polynya, Baffin Bay[J]. Polish Polar Research, 23(3-4): 241-252.

Proshutinsky A, Krishfield R A, Timmermans M-L, et al. 2009. Beaufort Gyre freshwater reservoir: State and variability from observations[J]. Geophysical Research Letters, 114(C1): C00A10.

Questel J M, Clarke C, Hopcroft R R. 2013. Seasonal and interannual variation in the planktonic communities of the northeastern Chukchi Sea during the summer and early fall[J]. Continental Shelf Research, 67: 23-41.

Riedel A, Michel C, Gosselin M. 2007. Grazing of large-sized bacteria by sea-ice heterotrophic protists on the Mackenzie Shelf during the winter-spring transition[J]. Aquatic Microbial Ecology, 50: 25-38.

Sazhin A F, Rat'kova T N, Kosobokova K N. 2004. Inhabitants of the White Sea coastal ice during the early spring period[J]. Oceanology, 44(1): 82-89.

Scott C L, Falk-Petersen S, Sargent J R, et al.1999. Lipid indicators of the diet of the sympagic amphipod Gammarus wilkitzkii in the Marginal Ice Zone and in open waters of Svalbard (Arctic) [J]. Polar Biology, 21(2): 65-70.

Semiletov I P, Pipko II, Repina I, et al. 2007. Carbonate chemistry dynamics and carbon dioxide fluxes across the atmosphere-ice-water interfaces in the Arctic Ocean: Pacific sector of the Arctic[J]. Journal of Marine Systems, 66(1-4): 204-226.

Serreze M C, Barry R G. 2011. Processes and impacts of Arctic amplification: A research synthesis[J]. Global and planetary Change, 77(1-2): 85-96.

Sigman D M, Jaccard S L, Haug G H. 2004. Polar ocean stratification in a cold climate[J]. Nature, 428: 59-63.

Simonsen R, Kanaya T. 1961. Notes on the marine species of the diatom genus Denticula Kutz. Int. Revueges., Hydrobiol., 46: 498-513.

Spielhagen R F, Werner K, Sørensen S A, et al. 2011. Enhanced modern heat transfer to the Arctic by warm Atlantic water[J]. Science, 331: 450-453.

Stabeno P J, Bond N A, Kachel N B, et al. 2001. On the temporal variability of the physical environment over the south-eastern Bering Sea[J]. Fisheries Oceanography, 10: 81-98.

Steele M, Ermold W, Zhang J. 2008. Arctic Ocean surface warming trends over the past 100 years[J]. Geophysical Research Letters, 35(2): L02614.

Steward G F, Fandino L B, Holibaugh J T, et al. 2007. Microbial biomass and viral infections of heterotrophic prokaryotes in the sub-surface layer of the central Arctic Ocean[J]. Deep Sea Research I, 54(10): 1744-1757.

Su Q, Jiang X, Li J. 2014. Phosphorus limitation and excess carbon in zooplankton[J]. Acta Ecologica Sinica, 34(4): 191-195.

Sukhanova I N, Flint M V, Pautova L A, et al. 2009. Phytoplankton of the western Arctic in the spring and summer of 2002: Structure and seasonal changes[J]. Deep Sea Research II, 56: 1223-1236.

Syvertsen E E. 1991. Ice algal assemblages in the Barents Sea[J]. Polar Research, 10: 277-287.

Tamelander T, Reigstad M, Hop H, et al. 2009. Algal assemblages and vertical export of organic matter from sea ice in the Barents Sea and Nansen Basin (Arctic Ocean) [J]. Polar Biology, 32(9): 1261-1273.

Thibault D, Head E J H, Wheeler P A. 1999. Mesozooplankton in the Arctic Ocean in summer[J]. Deep Sea Research I, 46: 1391-1415.

Tschudi M A, Maslanik J A, Perovich D K. 2008. Derivation of melt pond coverage on Arctic sea ice using MODIS observations[J]. Remote Sensing of Environment, 112: 2605-2614.

Wang J, Cota G F, Comiso J C. 2005. Phytoplankton in the Beaufort and Chukchi Seas: distribution, dynamics, and environmental forcing[J]. Deep-Sea Research II, 52: 3355-3368.

Werner D. 1977. The biology of diatoms[J]. Botanical monographs, 13: 1-498.

Werner I. 2000. Faecal pellet production by Arctic under-ice amphipods-transfer of organic matter through the ice/water interface[J]. Hydrobiologia, 426(1): 89-96.

Werner I, Auel H, Friedrich C. 2002. Carnivorous feeding and respiration of the Arctic under-ice amphipod *Gammarus wilkitzkii*[J]. Polar Biology, 25(7): 523-530.

Zhang F, He J, Lin L, et al. 2015. Dominance of picophytoplankton in the newly open surface water of the central Arctic Ocean[J]. Polar Biology, 38(7): 1081-1089.

Zhang F, Ma Y, Lin L, et al. 2012. Hydrophysical correlation and water mass indication of optical physiological parameters of picophytoplankton in Prydz Bay during autumn 2008[J]. Journal of Microbiological Methods, 91(3): 559-565.

第7章　北极海洋底层生物生态系统的变化

北极是对全球变化响应和反馈最为敏感的地区之一，并且具有极高的生态价值（Macdonald，1996；Carlos，2008）。最近几十年来北极海域发生了明显的异常变化，最主要的当属全球变暖背景下海冰总量及其分布范围不断缩减研究显示，北极平均气温的升高幅度是全球平均的2倍（IPCC，2007），季节性最小的海冰覆盖面积收缩的幅度达45 000 km^2/a（Post et al.，2009）。据模式预估到2060年夏季，北极海冰可能全部消失（Walsh J E，2008）。另外，石油天然气的开采、近岸污染物的排放、航运、海洋酸化、生物入侵、过度的渔业捕捞和旅游业的发展等严重影响着北极生态系统的健康（ACIA，2005；Johnsen et al.，2010）。

气候变暖是影响北极生态系统最重要的压力源，普遍认为全球变暖引起的气候、水文地理学和生态学的变化能在北极海域得到很好的显示。因此，北极可以称之全球变化的预言者（IPCC 2001；ACIA 2004）。气候变暖潜在的物理效应包括海冰厚度和覆盖面积的减少，表层反射率的降低，水体温度的升高等；潜在的生物效应包括物种分布、生产周期和初级生产力的改变，威胁北极熊等依赖海冰生存的海洋生物，增加海洋生物紫外线暴露的风险等；潜在的社会效应包括传统狩猎文化的改变，全球海洋航运的扩展，北极海洋自然资源的开采和渔业捕捞等（ACIA，2004）。

海洋生物群落对气候变化的响应是敏感的，与水层中寿命较短的浮游生物以及具有大范围移动能力的游泳生物相比，许多极地底栖生物具有相对缓慢的生长速度和较长的生命周期，它们被水柱生产力的年际变率和小规模波动的影响较小（Carey，1991）。因此，底栖生物对生态系统的潜在变化有很好的指示作用，气候效应引起的长期变化可在几年到几十年时间尺度上的底栖群落的变化中得到体现（Dunton，2005）。如，Franz J 等（2008）在白令海底拖网调查鱼类和无脊椎动物后发现，由于气候变暖，从 20 世纪 80 年代早期至今该海域的北极—亚北极群落交错区已向北移动了 230 km。Sirenko 等（2007）发现气候变化引起了楚科奇海底栖生物群落的改变，如生长缓慢且生命周期较长的种类向生长快速的温带种的转变、物种分布范围的向北迁移等。

2009 年 3 月在挪威举行的北极峰会上，北极科学界和国际组织进一步表示了对北极快速变化的关注，一致将北极快速变化作为北极研究的核心科学问题。同年 5 月 113 个国家 120 名代表参加了在美国召开的“北极环境变化及海洋法国际会议”，研讨重点关注北极海上航线、北极外大陆架划界、北极油气资源、斯匹次卑尔根约、北极海洋环境和生物多样性等议题。

伴随着全球变暖，北极极区冰层快速融化，极地环境和全球变化面临新的重大变革和不确定性，极地科学将迎来新的发展机遇和繁荣；与此同时，随着陆地资源的日益枯竭，北极丰富的资源储藏引来环北极国家的竞相争夺；再者，我国位于北半球，北极的异常变化将直接影响我国的气候和国民经济发展。因此，值此极地权益争夺方兴未艾和我国综合国力日益提升的重大历史机遇期，系统掌握北极环境的第一手资料，加强北极气候和环境变化研究，对于维护我国在北极地区的长远利益和潜在权益，提高我国在未来国际极地事务中的影响力和决策力，减少我国气象灾害损失和经济可持续发展均有重大意义。

北极底栖生物群落的有关研究最早可追溯到 20 世纪 30 年代，苏联科学家对欧亚—北极海域底栖生物的生物地理学、物种组成、丰度和生物量进行了综合的描述和概括性的介绍，而系统性的底栖生物生态研究始于 20 世纪 40 年代晚期至 20 世纪 50 年代早期，直到 20 世纪 80 年代，在白令海东南部和东北部以及楚科奇海进行了第一次多学科的综合性调查。近年来，为了了解人类足迹对北极海洋生物多样性的改变，国外在北极海域进行了一些相关研究，主要分析了北极海域底栖食物链以及大型底栖生物群落与水深、沉积物类型、沉降速率和沉积物特性等因素的相关关系（Maria et al.，2001；Maria et al.，2004；Howard，2007；Burd et al.，2008；Kathleen et al.，2008；Ian R. MacDonald et al.，2010；Monika Kedra et al.，2012；Cynthia Yeung et al.，2013）；Frank Beuchel 等（2006）利用长期的高分辨率照片资料定点观察岩相底质站位的大型底栖生物群落的时间变化，发现大型底栖生物多样性和丰度与北大西洋涛动（NAO）有关；Ming-Yi Sun 等（2009）评估了因海冰覆盖面积减少引起的食物供应变化对底栖生物群落的影响。

决定北极底栖生物群落结构的主要环境因素包括食物供应、底质类型、沉降速率、温盐、水深、海冰、水层—海底耦合以及人类活动干扰等。Dieter（2005）认为北极底栖群落并非单一的典型的地方性群落，而是因空间异质性而存在着多种多样的群落结构类型。与南极相比，北极具有较短的地质年龄、不稳定的持续周期性振动的环境和不发达的生物地理隔离，从而使北极与北方其他海区有着相对强烈的物种交流，种类组成以北方冷水种和广温性的迁入种为主。到目前为止，共在北极海域发现了近 8 000 种生物，其中，底栖原生动物和无脊椎动物 4 500 种，大型藻类 160 多种和鱼类 243 种（Bodil et al.，2011）。

水层—海底耦合被认为是影响高纬度海域底栖生物群落丰度和生物量的关键因素（Dieter，1997），因为这决定着从上覆水而来的食物和营养供应。在北极海域，富营养的太平洋温水经白令海峡进入北冰洋，对白令海和楚科奇海浅海大陆架、大陆坡产生重要影响（Grebmeier J M et al.，2006；George L. Hunt Jr. et al.，2013），在富营养的太平洋水体和较强的水层—海底耦合的作用下，白令海北部和楚科奇海南部具有较高的生产力（Walsh JJ et al.，1989；Grebmeier JM，1993；Springer A et al.，1996；Feder HM，2007），同时也为海鸟和海洋哺乳动物提供了丰富的食物来源；而在北冰洋深海和加拿大海盆，由于较弱的水层—海底耦合使该区域食物匮乏，底栖生物现存量较低（Bodil A. Bluhm et al.，2005）。

气候变暖引起的一系列生态后果可能会累及海洋生物的各个营养级。Grebmeier 等（2006）认为，海冰的快速融化提高了水体的生产力，但同时也降低了海底生产力。浮游动物摄食的增加将导致颗粒有机碳向海底流通的减少，底栖生物量因此而减少，这对大型的底栖捕食者（如腹足类、蟹类、底栖和游泳虾类、海星、海蛇尾等）产生了激烈的负面影响。据推测，随着海冰的持续性收缩，北极海冰、水层和海底生物群落的总碳通量和能量流通模式将可能由原来的“冰藻—底栖生物”为主变成“浮游植物—浮游动物”为主（Dieter，2005），届时摄食海底生物的较高营养级消费者（如海象、海豹、灰鲸等）的生存现状将会发生改变（Russ Hopcroft et al.，2008）。

7.1 小型底栖动物空间分布

7.1.1 站位分布

在 2010 年中国第四次北极科学考察期间，以“雪龙”船为海上平台，以箱式或多管取样器从海底采集沉积物到甲板，将内径为 2.9 cm 的注射器改装的取样管插入沉积物中，获得长 10 cm 的表层沉积物芯样，在现场按 0~1 cm、1~2 cm、2~4 cm、4~6 cm 和 6~10 cm 由沉积物表层到底层的顺序分成 5 层，分别装入封口袋，密封，置于-20℃冷冻保存。每个站位取 2~3 份平行样。泥样带回实验室后经 5 层套筛（套筛孔径从上至下分别为 500 μm，250 μm，125 μm，65 μm 和 32 μm）淘洗分选，将余留在套筛上的样品以 0.1%虎红（四氯四碘荧光素二钠，$C_{20}H_2O_5Cl_4I_4Na_2$）溶液静置染色 30 min 后镜检，分别按类群计数。生物量按照常规计算方法进行（平均干重换算法）（慕芳红等，2001）。站位信息如表 7-1 所示，白令海共 7 个站位，楚科奇海共 12 个站位。

表 7-1 白令海小型底栖动物站位信息

海区	站位号	采样时间	纬度	经度	水深（m）	采样方式
白令海	B06	2010-07-12	57.01 °N	174.49 °E	3 780	箱式
	B07	2010-07-12	58.00 °N	176.20 °E	3 743	多管
	B14	2010-07-15	60.92 °N	177.69 °W	130	箱式
	B15	2010-07-15	61.07 °N	176.37 °W	110	多管
	BB05	2010-07-16	62.54 °N	175.33 °W	79	箱式
	NB01	2010-07-16	61.23 °N	175.06 °W	92	多管
	NB08	2010-07-18	62.66 °N	167.34 °W	35	多管
楚科奇海	CC1	2010-07-20	67.67 °N	168.96°W	50	多管
	CC4	2010-07-20	68.13 °N	167.86°W	52	多管
	R06	2010-07-21	69.50 °N	168.98°W	52	多管
	R08	2010-07-22	71.00 °N	168.98°W	44	多管
	CO4	2010-07-23	71.01 °N	167.03°W	46	多管
	R09	2010-07-24	71.96 °N	168.94°W	51	多管
	CO7	2010-07-24	72.54 °N	165.33°W	51	多管
	M02	2010-08-26	77.00 °N	171.99°W	2 300	箱式
	M03	2010-08-26	76.50 °N	171.83°W	2 298	箱式
	M05	2010-08-28	75.65 °N	172.13°W	1 617	箱式
	M06	2010-08-28	75.33 °N	172.00°W	809	箱式
	M07	2010-08-28	74.99 °N	172.03°W	393	箱式

7.1.2 白令海的小型底栖动物

7.1.2.1 类群组成

白令海 7 个小型底栖动物站位，共检出 14 个类群，分别为自由生活海洋线虫、底栖桡足类、多毛类、动吻类、端足类、双壳类、涟虫、介形类、原足类、腹足类、等足类、海蛇尾、缓步类以及少量无法鉴定的个体和幼体归为其他类。线虫为丰度的最优势类群，占平均丰度比例的 94.81%，桡足类为第二优势类群，占 3.60%，多毛类为第三优势类群，占 0.92%，剩余类群均未超过 0.50%（图 7-1）。

各站位的类群比例如表 7-2 所示。可见，除了 B06 站以桡足类为最优势类群外，其余站位皆以线虫为最优势类群，而且线虫的丰度比例都非常高，占据绝对优势，其他类群的丰度比例都非常低。

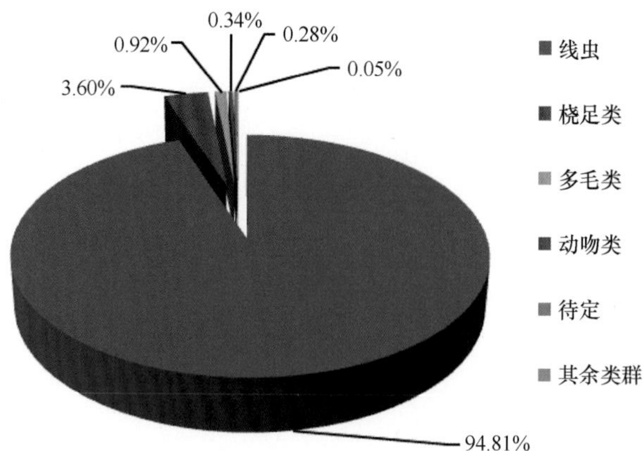

图 7-1　2010 年夏季白令海小型底栖动物丰度百分比

表 7-2　各站位的小型底栖动物类群组成

类群	B06	B07	B14	B15	BB05	NB01	NB08
线虫	35. 14%	89. 69%	96. 13%	98. 78%	97. 80%	96. 14%	87. 46%
桡足类	51. 35%	3. 61%	2. 00%	1. 06%	0. 47%	2. 26%	10. 58%
多毛类	—	1. 03%	0. 70%	0. 16%	1. 36%	0. 89%	1. 61%
动吻类	—	—	0. 53%	—	0. 21%	0. 58%	—
端足类	—	—	0. 02%	—	—	0. 02%	0. 02%
涟虫	—	—	0. 02%	—	—	0. 03%	—
介形类	—	0. 52%	0. 02%	—	—	—	—
等足类	—	—	0. 02%	—	—	—	—
缓步类	1. 35%	—	—	—	—	—	—
蛇尾	—	—	—	—	—	0. 01%	—
其他	12. 16%	5. 15%	0. 55%	—	0. 16%	0. 06%	0. 33%

注：“—” 表示未检出。

7. 1. 2. 2　丰度与生物量

白令海 7 个小型底栖动物站位平均丰度为（2 658. 89±2 452. 86）ind. /10 cm^2，最高出现在位于陆架上的 NB01，为（7 135. 12±429. 43）ind. /10 cm^2，最低值出现在位于白令海海盆西部深水区的 B06，仅为（56. 04±39. 38）ind. /10 cm^2（图 7-2a）。由于 B07 与 B06 同处海盆区而且水深相近，但前者的小型底栖动物丰度为（146. 93 ±1. 51）ind. /10 cm^2，远高于后者，而且 B06 的桡足类比例很高，推测这两个差异主要是因现场采样时表层浮泥有所流失，部分生物样品（尤其是线虫）未能被收集及桡足类因扰动而非正常聚集所致，所以 B06 的小型底栖动物的真实丰度应该高于测量值。

白令海 7 个小型底栖动物站位平均生物量为（1 587. 56±1 452. 65）μg/10 cm^2（干重），与丰度相似，生物量最高值仍出现在位于陆架上的 NB01，为（4 056. 42±721. 33）μg/10 cm^2（干重），最低值出现在位于白令海海盆西部深水区的 B06，仅为（87. 91±85. 60）μg/10 cm^2

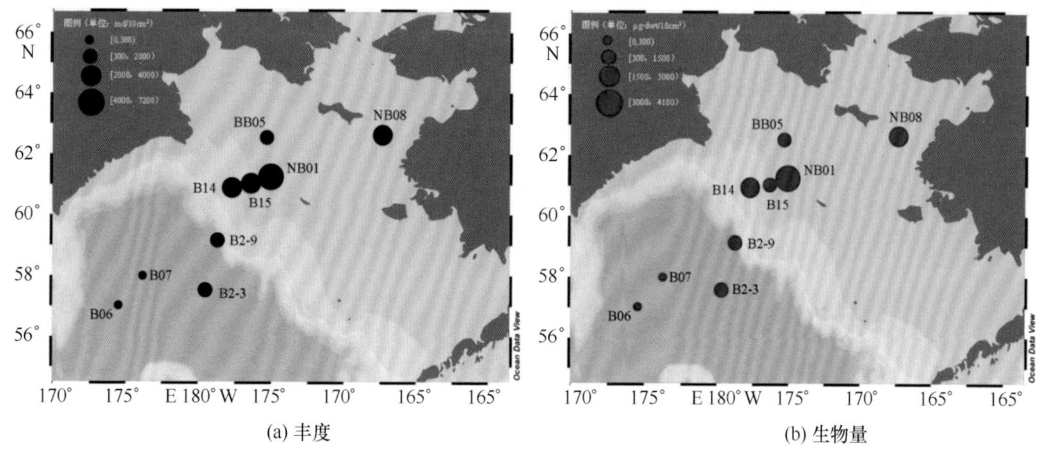

(a) 丰度 (b) 生物量

图 7-2 小型底栖动物丰度与生物量的平面分布

(干重)(图 7-2b)。深水区站位(B06 和 B07)的平均丰度与平均生物量分别为(101.49±64.26)ind./10 cm² 和(108.95±29.74)μg/10 cm²(干重),皆比浅水区(其余 5 站,(3 681.85±2 108.44)ind./10 cm² 和(2 179.01±1 278.54)μg/10 cm²(干重))小得多。

站位 B2-3 和 B2-9 为 1999 年 7—8 月中国第一次北极科学考察在白令海的调查站位(水深分别为 3 850 m 和 2 200 m,小型底栖动物丰度分别为 685.2 ind./10 cm² 和 761.5 ind./10 cm²,采样设备为多管取样器,表层沉积物芯样取样长度为 6 cm,小型底栖动物过滤网筛下限孔径为 63 μm(陈立奇,2003)。

7.1.2.3 粒径组成

白令海 7 个站位的小型底栖动物中,94.78%的个体大小在 32~250 μm 范围内,其中 65~125 μm 范围内的平均比例最高,占 47.37%;125~250 μm 范围内次之,占 30.02%;32~65 μm 范围内占 17.40%,但不同站位间有所差异(图 7-2b)。

位于海盆深水区的 B06 和 B07 的小型底栖动物个体偏小,有 81.58%的个体处于 32~125 μm 范围内,其中 44.48%处于 65~125 μm 范围内,37.10%处于 32~65 μm 范围内,仅有 16.97%处于 125~250 μm 范围内;而浅水区站位的小型底栖动物个体略大,主要集中于 65~250 μm 范围内,占 83.75%,处于 32~65 μm 范围内的小个体底栖动物仅有 9.53%(表 7-3)。

表 7-3 粒径组成比例

种类	250~500 μm	125~250 μm	65~125 μm	32~65 μm
深水区底栖动物	1.45%	16.97%	44.48%	37.10%
浅水区底栖动物	6.72%	35.23%	48.52%	9.53%
线虫	5.03%	34.50%	48.86%	11.62%
桡足类	4.86%	62.37%	31.75%	1.02%

不同类群的粒径组成也略有区别:线虫的个体大小主要处于 65~125 μm 范围内,占 48.86%;其次为 125~250 μm 范围内,占 34.50%;32~65 μm 范围内占 11.62%。桡足类主

要处于 125~250 μm 范围内，占 62.37%，其次为 65~125 μm 范围内，处于 32~65 μm 范围内的个体仅占 1.02%。

可见，从此次调查海区有限的站位数据来分析，若以 65 μm 作为小型底栖动物粒径的下限进行样品处理，整体上将会丢失约 17.40%数量的小型底栖动物，线虫这个最优势类群的数量也将会丢失超过 10%，第二优势类群桡足类受到的影响则很小。其中浅水区小型底栖动物的整体丢失率将近 10%，而在深海区，这个比例将高达 37.10%。

7.1.2.4 垂直分布

分析结果（图 7-3a）显示，小型底栖动物分布于沉积物 0~1 cm、1~2 cm、2~4 cm 和 4~6 cm 各层的丰度比例分别为 30.13%、30.24%、26.71%和 6.36%，表明小型底栖动物主要聚集在表层 0~6 cm 的沉积物中并且有由表层向底层递减的趋势。但不同类群的垂直分布有所差别。线虫在前三层的比例极为接近，分别为 30.14%、29.66%和 31.71%，占总比例的 91.51%，而 4~6 cm 层为 6.01%，6~10 cm 为 2.48%，即绝大部分的线虫栖息于表层 0~4 cm 的沉积物中。桡足类 92.41%集中分布于表层 0~1 cm，仅有 6.33%分布于 1~2 cm，其余分层均不到 1%。线虫的垂直分布较广，在较深的层次中仍有相对较高的数量，与中国第一次北极科学考察的结果相同（陈立奇，2003），也与我国沿海的部分研究结果相似（Schewe and Soltwedel，1998；张敬怀等，2011；唐玲等，2012；张志南等，2004；华尔等，2005；孟昭翠和徐奎栋，2013），这可能与其运动能力和能够从深部沉积物获取食物有关（Schewe and Soltwedel，1998；邹丽珍，2006）。

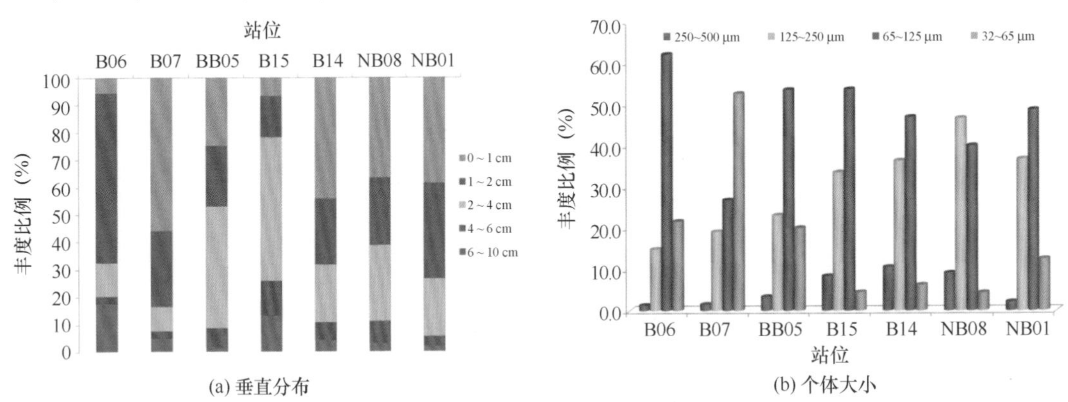

图 7-3 垂直分布与个体大小组成

7.1.2.5 多样性和聚类分析

多样性指数如表 7-4 所示，B06 的多样性指数最高，B07 次之，其余站位皆较低。B06 虽然类群数较低，但由于均匀性指数较高且类群优势度指数很低（可能是受到现场采样时部分表层浮泥流失的影响），因而其多样性指数为 7 个站位中最高，即 B06 的类群数虽较低但因为各类群的丰度相对较为接近，所以该站位的多样性指数为高值，B07 同理。B14 虽然类群数和类群丰富度指数皆很高，但较高的类群优势度指数和较低的均匀性指数皆表明该站位优势类群的优势度偏高，即各类群的丰度差异相对太过悬殊，进而导致其类群多样性指数很低，BB05 和 NB01 同理。B15 的低类群数、低类群丰富度、低均匀性指数以及最高的类群优势度指数，导致了该站位的多样性指数最低。从以上分析还可以得到：深水区小型底栖动物的类群数并不比浅水区多，但因各类群的个体数较为接近，使得深水区拥有相对高的类群多样性指数，即以类群数和类群丰度为基础数据的群落多样性统计分析上，深水区的小型底栖动物的多样性高于浅水区。

表 7-4 多样性指数

站位	S	d	J'	H'（loge）	λ
B06	4	0.7451	0.738 8	1.024 1	0.402 1
B07	5	0.801 6	0.276 3	0.444 6	0.808 5
B14	9	0.978 2	0.097 7	0.214 6	0.924 6
B15	3	0.252 0	0.064 3	0.070 6	0.975 9
BB05	5	0.549 9	0.080 0	0.128 8	0.956 6
NB01	8	0.788 9	0.098 9	0.205 7	0.924 8
NB08	5	0.490 6	0.274 6	0.442 0	0.776 4

以小型底栖动物各类群的丰度为数据矩阵，通过 Primer 软件，构建白令海 7 个站位的聚类分析及多元标序（MDS）（图 7-4）。因线虫优势度太高，在计算 Bray-Cutis 相似性系数矩阵时，对所有类群的丰度做了开平方处理。

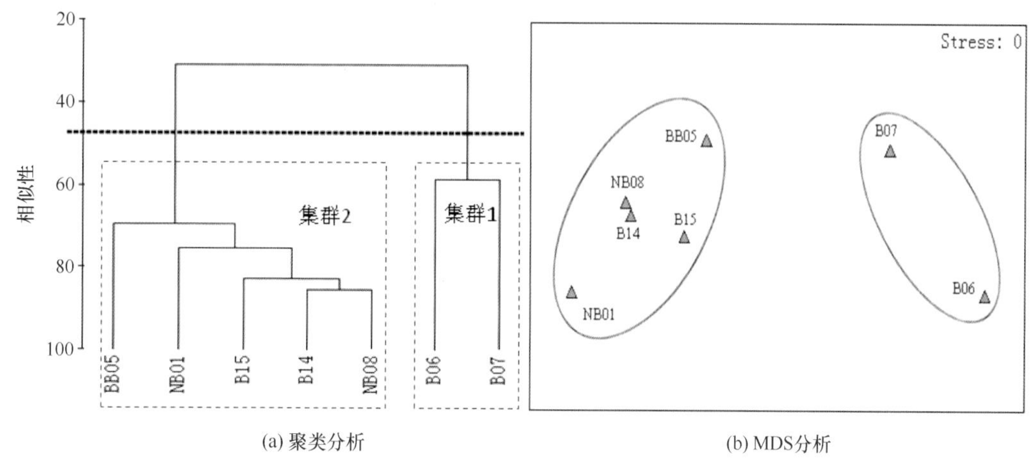

图 7-4 聚类与多元标序分析

由图 7-4 可见，白令海的 7 个站位可以在相似性系数区间（30.72%，58.59%）内分为两个集群。集群 1 包括处于海盆深水区的 B06 和 B07，平均水深为 3 762 m，主要特征是丰度极低，平均为（101.49±45.44）ind./10 cm^2，与其余 5 个站位相差了 1 个数量级。但由于 B06 和 B07 之间，相同类群的丰度所占比例差异较大，导致这两个站位相似性程度不高，相似性系数仅有 58.59%。集群 2 包括其余的 5 个站位，平均水深为 89 m，丰度都很高，平均为（3 681.85±942.92）ind./10 cm^2，最优势类群都是线虫，平均比例为 95.26%，它们的相似性程度也较高，其中 B14 和 NB08 的相似性系数高达 85.51%。

7.1.2.6 讨论

上述分析显示，白令海 7 个小型底栖动物站位共检出 13 个类群，线虫为丰度的最优势类群，占平均丰度比例的 94.81%，桡足类为第二优势类群，多毛类为第三优势类群。小型底栖动物平均丰度为（2 658.89±2 452.86）ind./10 cm^2，平均生物量为（1 587.56±1 452.65）μg/10 cm^2（干重），主要聚集在表层 0~6 cm 的沉积物中并且有由表层向底层递减的趋势，但不同类群的垂直分布有所差别。94.78%的小型底栖动物的粒径在 32~250 μm 范围内，陆架浅水区的粒径略大于海盆深水区。陆架区以高丰度且线虫占有很高优势度为主要特征，深水区具有相对均匀的类群丰度。

在忽略采样方法和处理方法上的差异后，本次考察与中国第一次北极科考的结果相比，此次考察站位 B06 和 B07 虽然与 B2-3 同处海盆区，但小型底栖动物的类群数和丰度却都低很多。与其他海区相比（表 7-5），白令海海盆深水区小型底栖动物丰度相当或略高于太平洋深海区（邹丽珍，2006；Drazen et al.，1998；王小谷等，2013；黄丁勇，2010），但白令海陆架浅水区的丰度明显高于水深相近的我国海域（吴绍渊和慕芳红，2009；张艳等，2007；张玉红，2009；Cai et al.，2012）及南极洲周边海域（Herman and Dahms，1992；Fabiano and Danovaro，1999），显示出丰富的小型底栖生物资源，虽然平均每站的类群数略低于其他海区。群落多样性方面，白令海调查区比太平洋深海区低得多。此外，由于线虫的优势度太高，导致白令海陆架浅水区多样性指数很低，而白令海海盆深水区比陆架浅水区及我国台湾海峡高，但比南黄海低得多，与山东南部沿海处于相近水平。生物量方面，与水深相近的我国东黄海、南黄海、长江口、台湾海峡、大亚湾、北部湾等海域小型底栖动物的生物量相比（张志南等，2004；华尔等，2005；张艳等，2007；张玉红，2009；王彦国等，2011；Cai et al.，2012；唐玲等，2012），白令海陆架浅水区具有明显高的生物量。

表 7-5 白令海海盆与其他海区的小型底栖动物多样性指数比较

采样地点	采样年份	水深（m）	平均类群数 S（个/站）	H'	小型底栖动物丰度（ind./10 cm^2）	参考文献
白令海海盆	2010	3743~4780	4.5	0.7344	56.04~146.93	本研究
白令海陆架	2010	35~130	6	0.2123	1442.78~7135.12	本研究
东北太平洋 Monterey deep-sea fan	1989-1996	4055~5133	—	—	7.87~9.01	Drazen 等，1998
太平洋中国多金属结核合同区	2005	5074~5329	—	—	17.35~137.55	王小谷等，2013
西南太平洋劳盆地	2007	2255~2547	7.3	1.2187	10.29~29.86	黄丁勇，2010
山东南部沿海	2006	10~31	7.5	0.7474	396.26~946.81	吴绍渊等，2009
南黄海	2003-2004	20~90	—	2.765~4.12	954~1186	张艳等，2007
台湾海峡	2006-2007	70~80	5.8	0.5238	2.27~1198.91	张玉红，2009
南极 Ross sea	1994-1995	439~567	6.3	—	192.0~1191.2	Fabiano 等，1999
南极 Weddell sea	1989	340~1960	—	—	790~3720	Herman 等，1992

深海环境中，上层水体沉降下来的有机物是深海小型底栖动物的最主要食物来源（陈立

奇，2003）。对于深海底部生态系统中的小型底栖动物而言，食物的可获得性可能是最重要的限制因子（Gage and Paul，1991）。表层水体初级生产力的高低决定了有机物沉降的数量，从而影响小型底栖动物食物的丰富程度，进而影响其群落的丰度。因此，小型底栖动物的丰度可以间接地反映出表层水体初级生产力的高低。陆架上的站位的小型底栖动物丰度都很高，意味着该海域具有极丰富的有机物作为小型底栖动物的食物，而这部分有机物可能主要来自表层水体的浮游植物群落。表层初级生产力调查结果也证明，陆架区拥有远比海盆区更高的初级生产力（刘子琳等，2006；刘子琳等，2011）。白令海陆架浅水区与白令海海盆深水区的小型底栖动物资源量相差很大，浅水区具有更高的量值，与我国海域相比，白令海陆架浅水区具有明显更高的小型底栖动物丰度和生物量。

7.1.3 楚科奇海的小型底栖动物

7.1.3.1 类群组成

在7个浅水站位共鉴定到小型底栖动物10个类群，包括自由生活的海洋线虫、多毛类、底栖桡足类、双壳类、等足类、寡毛类、轮虫、介形类、蜱螨类和包括无节幼体在内的其他类。7个站位海洋线虫丰度占小型底栖动物总丰度的96.8%，为第一优势类群；桡足类为第二优势类群，平均占小型底栖动物总丰度的2.5%。双壳类、多毛类和其余类群平均占小型底栖动物总丰度为0.1%、0.2%和0.6%。首次北极科考在楚科奇海3个站位的结果表明有22个类群，线虫丰度占小型底栖动物总丰度的87%，两次相比本研究类群数量少很多，虽然两次考察在样品处理方法上有所不同。

在5个深海站位中，共仅镜检到3个类群，分别是线虫、桡足类和多毛类。线虫为最优势类群，占总丰度比例的98.9%，桡足类占0.9%，多毛类仅出现在M07站位的一份平行样中。

7.1.3.2 丰度与生物量

7个浅水站位的小型底栖动物平均丰度为2 640 ind./cm^2。CC1站位平均丰度最高，为(4 868±1 211)ind./10 cm^2，R06站位丰度居次位，平均丰度为（3 786±2 593） ind./10 cm^2，CC4站位平均丰度最低，为（1 217±582） ind./10 cm^2。首次北极科考在楚科奇海浅水区3个站位的结果平均为2 598.2 ind./10 cm^2，与中国第四次北极科学考察所获得的数据结果十分接近。

在5个深海站位中，小型底栖动物平均丰度为407 ind./10 cm^2，M07丰度最高，为(627.60±175.35) ind./10 cm^2，最低丰度出现在M03，为（235.29±89.10） ind./10 cm^2。在水深393~2 300 m范围内，小型底栖动物的丰度值表现出随着水深的增加而递减的趋势。M02、M03和M05显著低于M07，而M06与M07的差异则不显著。此外，浅水站位和深海站位的丰度差异达到极显著水平（F=101.15，P<0.01）。

7.1.3.3 粒径组成

在7个浅水站位小型底栖动物丰度在网筛粒径500 μm、250 μm、125 μm、65 μm和32 μm的百分比分别为1.5%，7.8%，20.3%，36.8%和33.5%。可见小型底栖动物丰度在65 μm孔径网筛上的最多，在32 μm孔径网筛上的小型底栖动物丰度次之。当前极地小型底栖动物研究所采用的网筛孔径有 65 μm，有 32 μm（Fonseca and Soltwedel，2009），还有 40 μm（Vanaverbeke et al.，1997）。本研究表明，如果采用的网筛孔径为 65 μm，这样显然会低估了小型底栖动物的密度。

在 5 个深海站位中，小型底栖动物丰度在网筛粒径 500 μm、250 μm、125 μm、65 μm 和 32 μm 的百分比分别为 0.1%、1.3%、6.1%、31.9%和 60.5%。显然，32 μm 孔径网筛所截留的数量最高，其次为 65 μm，可见深海站位的小型底栖动物以粒径较小的个体为主。

7.1.3.4 垂直分布

从垂直分布来，0~1 cm、1~2 cm、2~4 cm、4~6 cm 和 6~10 cm 共 5 个垂直段层内，7 个浅水站位的小型底栖动物的数量分别占总数量的 33.2%、25.4%、26.2%、9.9%和 5.3%。在 0~1 cm、1~2 cm 和 2~4 cm 三层数量相差不大，在 4~6 cm 和 6~10 cm 数量显著减少。在 4~6 cm 和 6~10 cm 两层中，除了 CC1 和 CC4 两站外，其余 5 个站位仅发现了线虫，表明线虫的分布相对较深。由于线虫占绝对优势，因此线虫丰度的分布模式与小型底栖生物相近，此外，桡足类主要分布在沉积物表层。

在极地的研究中，多数有采样在 0~10 cm（Vanaverbeke et al.，1997；Kroncke et al.，2000；Gallucci et al.，2009），但未分析其垂直分布；也有采样 0~5 cm 的（Fonseca and Soltwedel，2009），还有研究表层 0~1 cm 表层（Bessiere et al.，2007）。本研究的结果表明，在楚科奇海陆架区，小型底栖动物 0~6 cm 的采样效率可达 94.7%。

在 5 个深海站位中，5 个垂直分层的小型底栖动物平均丰度比例分别为 25.6%、28.1%、30.1%、11.1%和 5.1%，与浅水站位相似，绝大部分的小型底栖动物（94.9%）分布在 0~6 cm 层。

7.1.3.5 讨论

上述分析显示，楚科奇海浅水站位和深海站位的小型底栖动物群落差异较大。7 个浅水站位的小型底栖动物平均丰度为 2 640 ind./cm^2，与白令海的调查结果相近，也与首次北极科考在楚科奇海浅水区 3 个站位的结果（平均为 2 598.2 ind./10 cm^2）十分接近。在 5 个深海站位中，小型底栖动物平均丰度则低得多，仅为 407 ind./10 cm^2，但仍远高于白令海深海站位，而且在水深 393~2 300 m 范围内，小型底栖动物的丰度值表现出随着水深的增加而递减的趋势。

粒径组成上，浅水区小型底栖动物在 65 μm 孔径网筛上的最多，32 μm 孔径网筛的小型底栖动物丰度为第二。深海站位则相反，32 μm 的百分比高达 60.5%，显然，深海站位的小型底栖动物以粒径较小的个体为主。垂直分布上，在楚科奇海陆架区，线虫的分布相对较深，桡足类则主要分布在沉积物表层，小型底栖动物 0~6 cm 的采样效率可达 94.7%，深海站位与之相似。

Vanaverbeke 等（1997）在拉普捷夫海发现了 11 个类群的小型底栖动物，在 65 m 水深的一个站位中，小型底栖动物的丰度为（2 683±299）ind./10 cm^2。Bessiere 等（2007）对于北极波夫特海东南部海区的研究表明，小型底栖动物包括了 6 个类群，自由生活海洋线虫、底栖桡足类、甲壳类的幼体、多毛类、涡虫和动物类，其中的浅水站位中的小型底栖动物丰度与本研究的数据结果相近。尽管在类群数量和组成上，本研究与文献报道有所差异，但相同的是优势类群皆为线虫。线虫占丰度比例非常高，所以，楚科奇海浅水区和白令海陆架区的小型底栖动物与世界其他浅海区没有本质上的不同。

另外，楚科奇海是太平洋和北冰洋交汇的区域，是一个高效的有机碳“汇”区，寒冷水体中微生物活动并未受到明显抑制，Grebmeier（1993）观察到，在楚科奇海南部具有较高的沉积物氧呼吸率和底栖生物量。研究表明，楚科奇海的浮游细菌丰度明显高于北冰洋其他海域（杨清良等，2002），浮游植物丰度水平也较高（张芳等，2012）。有机碳和微生物作为小型底栖动物的食物来源，其数量丰富是这里存在一个高丰度的小型底栖动物群落的重要原因。

7.2 大型底栖动物空间分布及变化

7.2.1 白令海

7.2.1.1 站位分布

本研究大型底栖动物样品为2010年中国第四次北极科学考察所获得，采样设备为箱式采样器，每站采样面积为0.062 5 m^2。样品放入“MSB型底栖生物漩涡分选器”中淘洗，用网目为0.5 mm的过筛器分选标本，并用7%的福尔马林溶液固定保存，带回实验室进行分类鉴定、计数和称重。样品取样、保存、分离和处理按《海洋调查规范》（GB/T 12763.6—2007）要求进行。白令海大型底栖动物共设采样站位10个，其中2个深水站位，8个陆架区浅水站位。站位设置见图7-5，站位相关环境基础信息见表7-6。

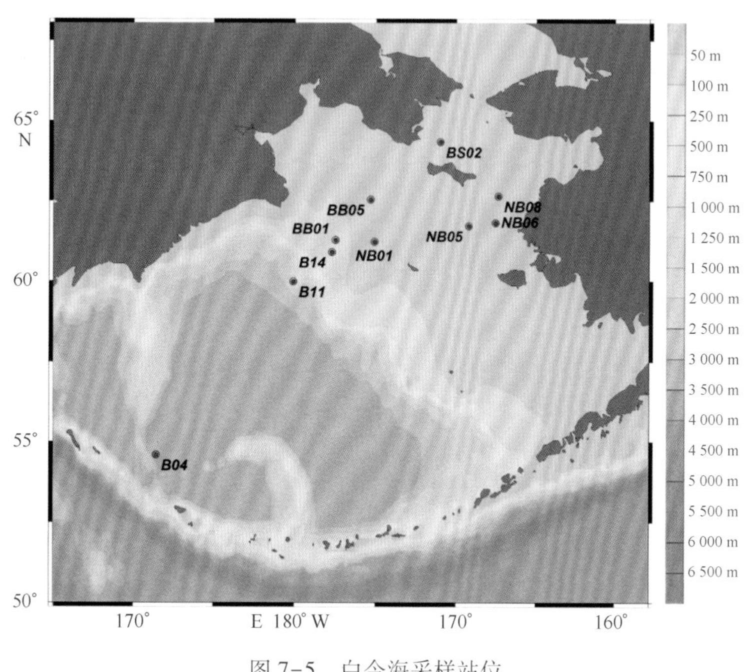

图7-5 白令海采样站位

表 7-6　采样站位基本环境参数

站位	水深 (m)	温度 (℃)		盐度		沉积物类型	采样时间
		底层	表层	底层	表层		
B04	3873	1.6	7.3	34.67	33.00	粉砂	2010-07-11
B11	2603	1.7	7.2	34.63	32.63	粉砂	2010-07-14
B14	130	2.1	7.5	32.88	30.85	砂质粉砂	2010-07-15
BB01	130	2.0	7.4	32.80	30.86	砂质粉砂	2010-07-15
BB05	79	-1.1	7.9	32.12	31.41	砂质粉砂	2010-07-16
BS02	41	0.4	0.5	32.21	32.20	粗中砂	2010-07-19
NB01	92	-0.7	7.4	31.88	30.74	粉砂	2010-07-17
NB05	40	-1.0	6.9	32.12	30.11	砂质粉砂	2010-07-17
NB06	24	2.8	7.3	31.72	31.14	细砂	2010-07-18
NB08	35	0.5	8.3	32.66	30.33	粉砂质砂	2010-07-18

7.2.1.2　种类组成及其分布

研究区域共获得大型底栖动物 90 种，率属于 9 门 59 科 78 属，其中环节动物 22 科 34 属 41 种，节肢动物 18 科 23 属 23 种，软体动物 10 科 12 属 16 种，棘皮动物 3 科 3 属 3 种，其他动物 6 科 6 属 7 种（图 7-6）。从沉积物类型来看，砂纸粉砂底质物种最丰富，主要以环节动物为主，棘皮动物种类较少；细砂底质物种最少；其他 3 种类型底质物种数相差不大，但类群分布有较大差别（图 7-7）。

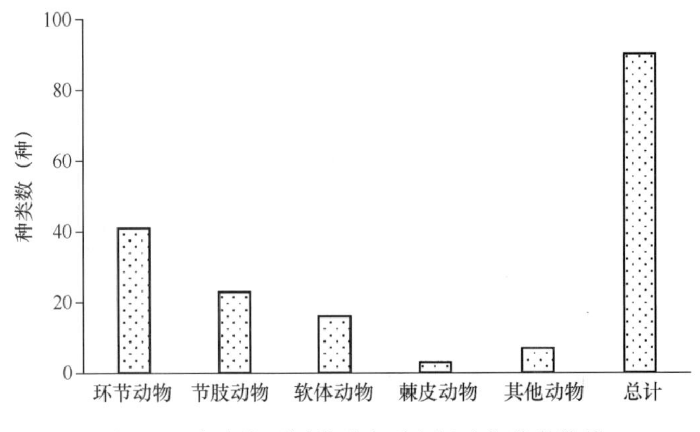

图 7-6　白令海不同类群大型底栖动物种类数量

图 7-8 显示了底栖动物种类数的分布特征，整体来看白令海底栖动物物种较丰富，从水深分布来看，深海区物种较少，仅有 1~2 种，陆架区种类较丰富，总种数达 87 种。深海区以环节动物为主，北白令海陆架区以环节动物和节肢动物为主，白令海峡以节肢动物和软体动物为主，深海区主要为环节动物和其他动物（图 7-9）。

7.2.1.3　数量及其分布

白令海大型底栖动物平均密度为 984 个/m^2，平均生物量为 1 207.1 g/m^2。密度以环节动

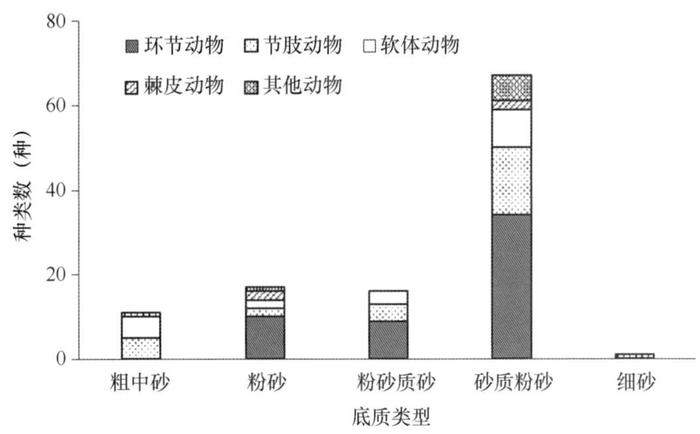

图 7-7 白令海不同底质类型的大型底栖动物种类数

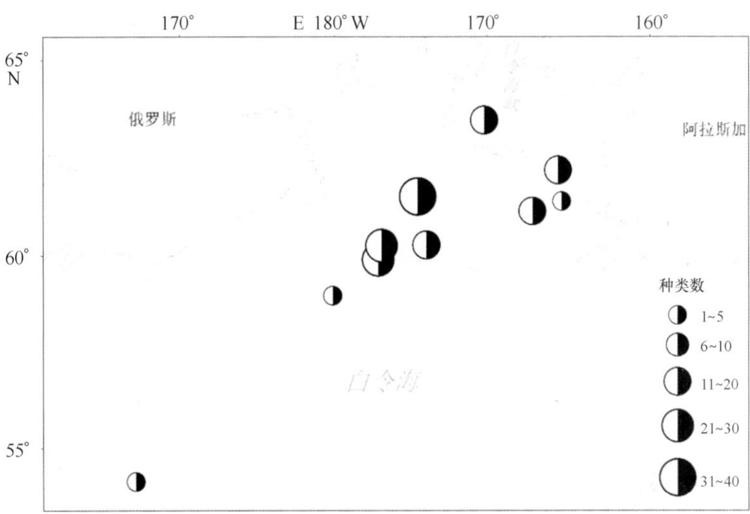

图 7-8 白令海大型底栖动物种类数空间分布

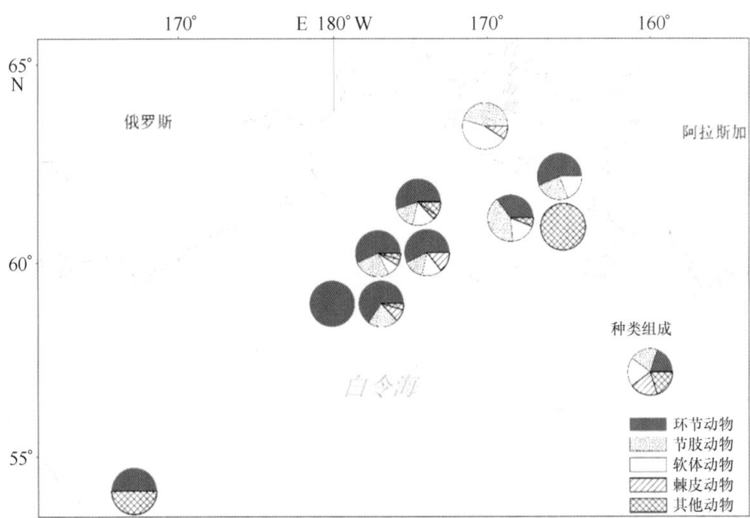

图 7-9 白令海不同类群大型底栖动物的空间分布

物为主，平均密度为 426 个/m^2；生物量以棘皮动物为主，平均生物量为 968.7 g/m^2（图 7-10）。

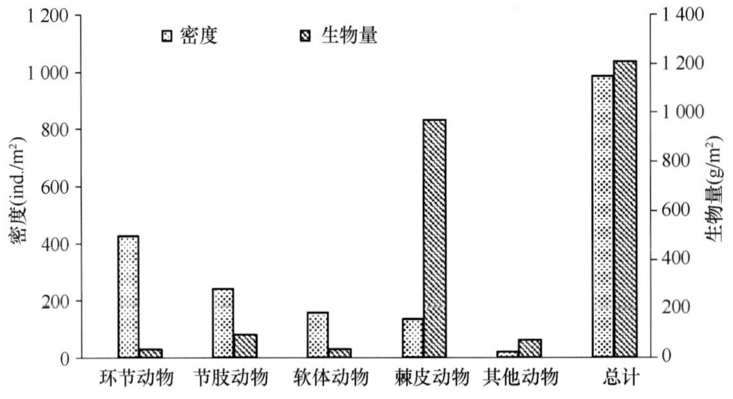

图 7-10　不同类群大型底栖动物的密度和生物量

深海区大型底栖动物密度较低，仅 20 个/m^2；陆架区密度大，最高达到 2 304 个/m^2，平均密度为 1 225 个/m^2（图 7-11）。深海区密度主要为环节动物，西北白令海陆架区以环节动物为主，其次为节肢动物和棘皮动物，白令海峡以节肢动物和棘皮动物占较高比例（图 7-12）。

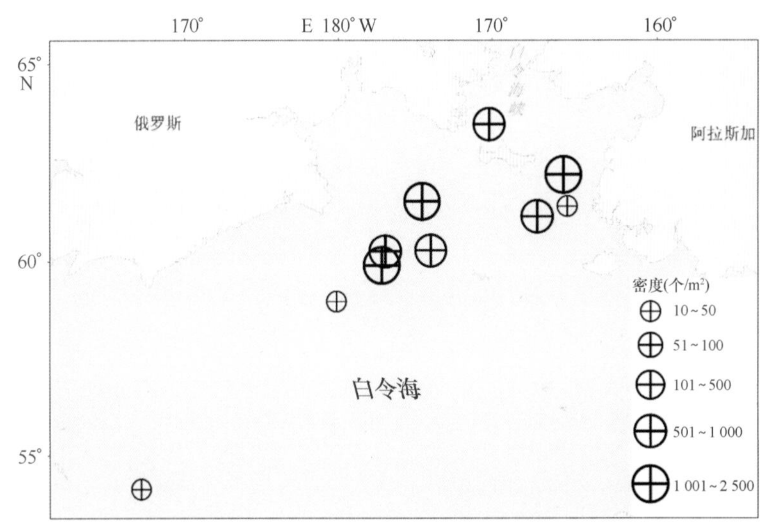

图 7-11　白令海大型底栖动物密度空间分布

生物量方面，深海区大型底栖动物生物量很低，仅 0.20 g/m^2，陆架区生物量大，达到 1 508.86 g/m^2，其中 BS02 站位生物量达到 9 890.88 g/m^2（图 7-13）。各研究类群方面，深海区大型底栖动物主要为环节动物，陆架区生物量以棘皮动物和节肢动物为主，相对生物量具体分布特征见图 7-14。

以密度计，研究区域大型底栖动物优势种为尖锥虫（*Scoloplos armiger*）、太平洋方甲涟虫（*Eudorella pacifica*）、萨氏真蛇尾（*Ophiura sarsii*），白令海陆架区的优势种还有丝异须虫（*Heteromastus filiformis*）、橄榄胡桃蛤（*Nucula tenuis*）和滩拟猛钩虾（*Harpiniopsis vadiculus*）；以生物量计，研究区域大型底栖动物优势种为网沟海胆（*Echinarachnius parma*）。

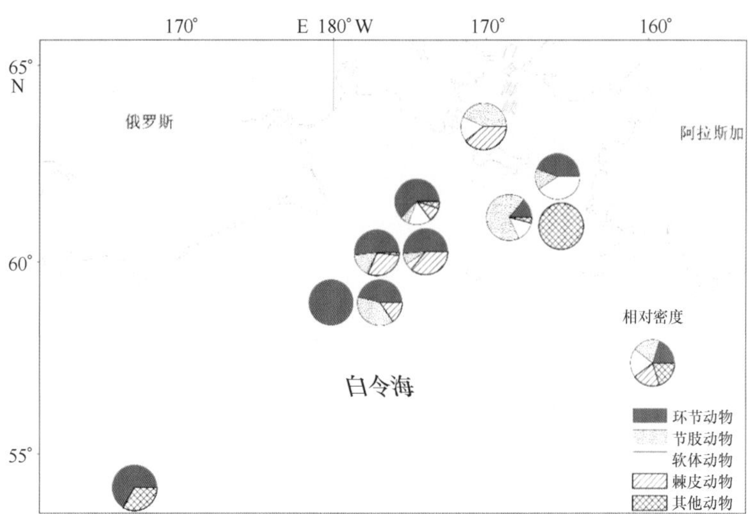

图7-12 白令海大型底栖动物相对密度分布

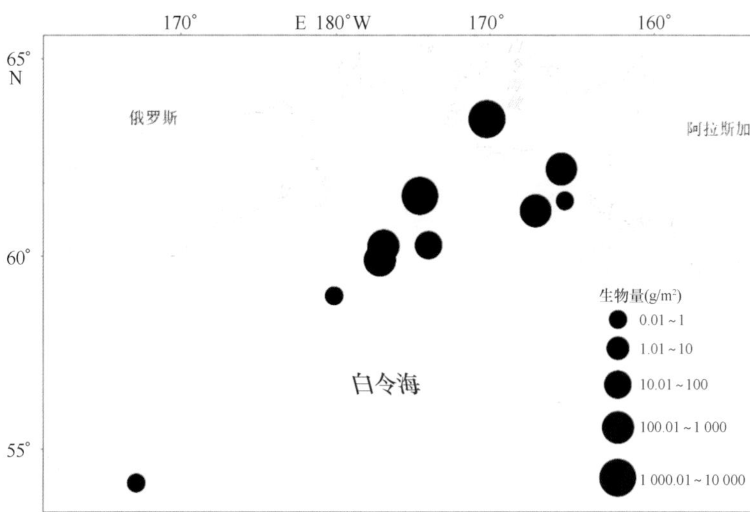

图7-13 白令海大型底栖动物生物量空间分布

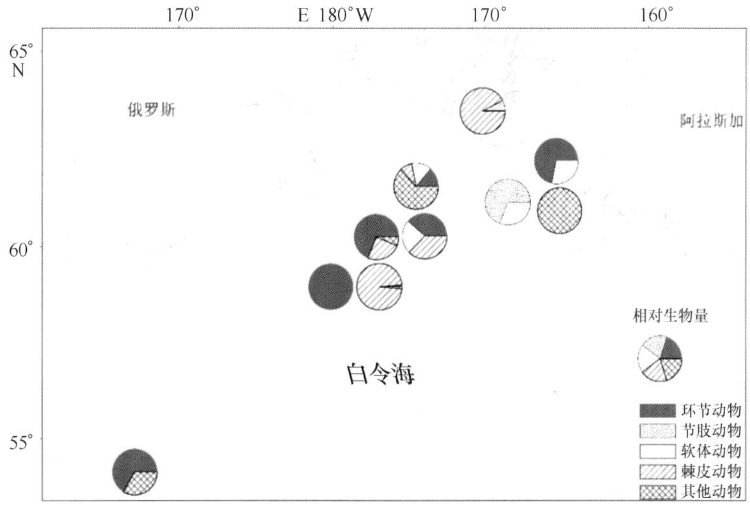

图7-14 白令海大型底栖动物相对生物量分布

7.2.1.4 多样性指数

各站位 Margalef 的物种丰富度指数（d）、Shannon-Wiener 多样性指数（H'）、Pielou 均匀度（J）以及 Simpson 物种优势度（D）见表 7-7。由于深水区 B04 站、B11 站和 NB06 站种类数较少，仅有 1~2 种，故没计算该站位的生物多样性值。物种丰富度 BB01 站位较高，BS02 最低。均匀度 NB01 站位较高，BS02 和 NB08 最低。Shannon-Wiener 多样性指数 BB05 站位较高，BS02 最低。物种优势度 BS02 站位较高，BB05 最低。

表 7-7 白令海大型底栖生物各站位多样性指数

站位	d	J	H	D
B14	2.86	0.79	3.59	0.13
BB01	3.34	0.80	3.60	0.13
BB05	3.87	0.79	3.91	0.11
BS02	1.46	0.71	2.46	0.26
NB01	2.02	0.83	3.15	0.17
NB05	2.39	0.73	3.00	0.25
NB08	1.95	0.71	2.85	0.21

7.2.1.5 群落聚类和稳定性

等级聚类分析将研究区域的大型底栖生物群落分为两大组，群落结构组成相似的聚成一组，群落 A：包括 NB01 站、B14 站、BB01 站、BB05 站和 NB08 站；群落 B：NB05 站和 BS02 站；B04 站、B11 站和 NB06 站由于种类较少并没有形成主要群落（图 7-15）。

应用丰度生物量比较法和部分优势度对白令海大型底栖生物群落结构进行分析，结果表明：群落 A 丰度和生物量曲线不交叉，生物量优势度曲线始终位于丰度上方，群落结构稳定；群落 B 丰度和生物量曲线虽不交叉，但其生物量累积百分优势度高达 90%，部分优势度曲线中，生物量曲线与丰度曲线有交叉，群落结构不稳定（图 7-16）。

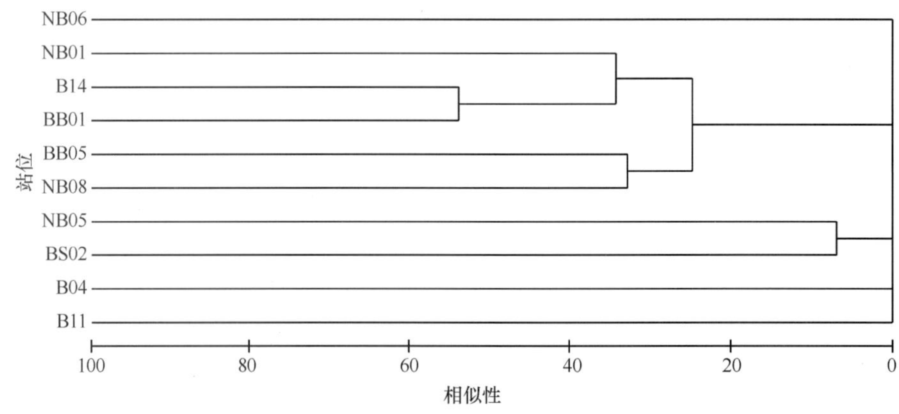

图 7-15 白令海大型底栖生物群落聚类

7.2.1.6 与沉积环境的关系

对白令海陆架区 8 个站位的大型底栖动物的各研究类群的种类数、密度和生物量与沉积物砂百分含量、粉砂百分含量、黏土百分含量、中值粒径、底层和表层水温、底层和表层盐度、水深等基础环境参数作相关分析，发现研究区域环节动物种类数与沉积物砂百分含量、粉砂百分含量、黏土百分含量、中值粒径具有较好的相关关系，其中砂百分含量与环节动物

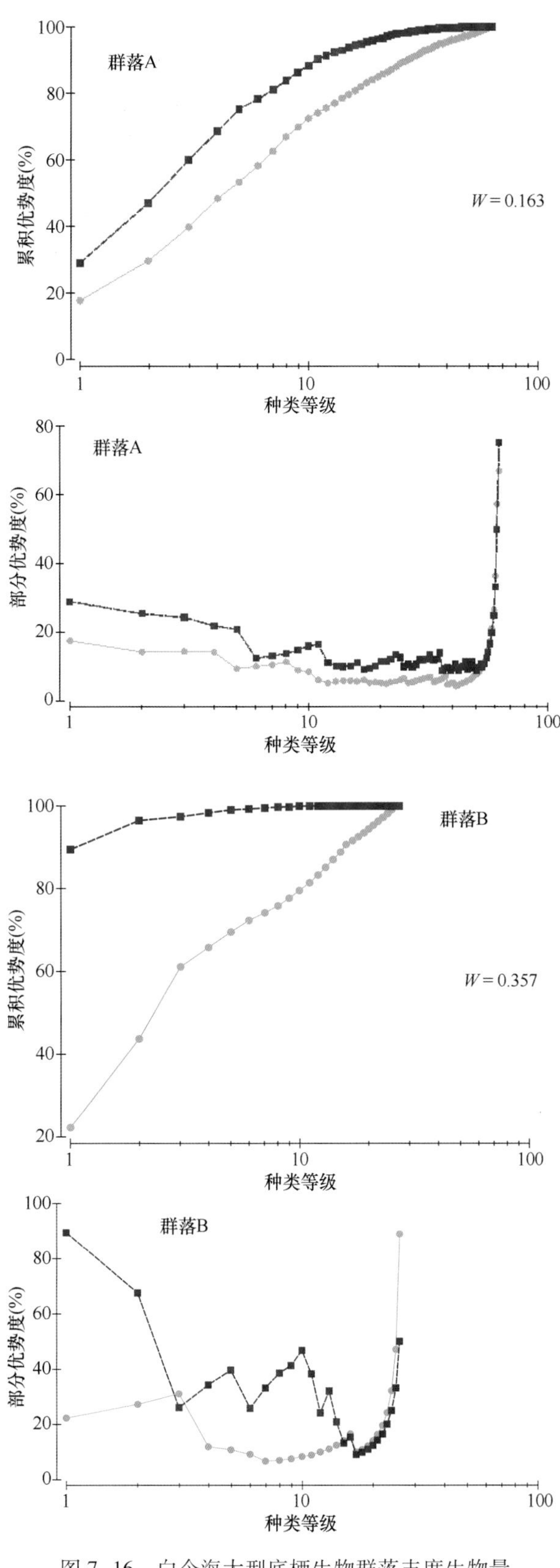

图 7-16 白令海大型底栖生物群落丰度生物量复合 k-优势度和部分优势度曲线

种类数呈负相关，其他均为正相关（图 7-17）。

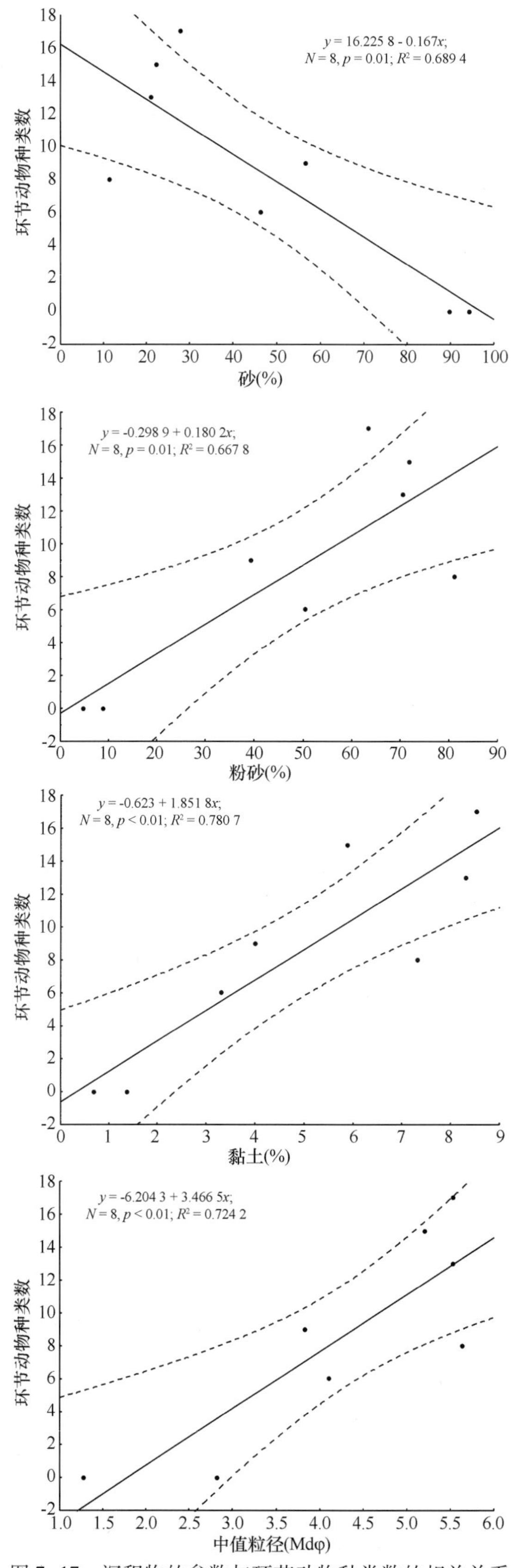

图 7-17　沉积物的参数与环节动物种类数的相关关系

7.2.1.7 讨论

研究区域共获得大型底栖动物90种，各站种类数在1~31种之间，而我国第一次北极科学考察在海域记录了底栖生物68种，各站种类数均超过30种（李荣冠等，2003），本次调查比上次种类数明显增多，但各站种类数分布极不均匀，可能是因为本次调查区域相对分布较广，底质环境和纬度均有较大差别，而上次站位分布比较集中。

种类组成方面，本次调查结果密度方面主要以环节动物多毛类占主要优势，这与第一次北极研究结果相似（李荣冠等，2003）。国外相关研究也显示该海域优势类群主要为多毛类、端足类、腹足类和双壳类动物等，但不同海区其优势类群有差别，如圣劳伦斯岛南部陆架区中部以双壳类和多毛类为主，圣劳伦斯岛北部到白令海峡主要以端足类为主（National Research Council (US) Committee on the Bering Sea Ecosystem，1996）。

密度方面，白令海大型底栖动物平均密度为984个/m^2，平均生物量为1 207.1 g/m^2。中国第一次北极科学考察时该海域平均密度大于2 500个/m^2，平均生物量为47 g/m^2（李荣冠等，2003），两次调查差别较大。而McCormick-Ray（2011）和Grebmeier（2006）在分析已有的相关研究基础上统计分析认为白令海区大型底栖生物分布呈斑块状，空间差异变动较大，如在北白令海区底栖生物各站总生物量变动范围为（0.01~3 222）g/m^2；而且对同一区域多次采样其种类数变动范围为（3~82）种，密度变动范围达（38~8 760）个/m^2（Grebmeier，2003）。而与其相比，在中国近海，大型底栖生物生物量和密度则较低，如平均生物量渤海海域为23.63 g/m^2，平均密度为423个/m^2；黄海海域平均生物量37.17 g/m^2，平均密度为250个/m^2；东海海域平均生物量为21.36 g/m^2，密度为283个/m^2，南海海域平均生物量为10.8 g/m^2，平均密度为122个/m^2（李新正等，2010）。可以说白令海区特别是陆架区底栖生物具有密度生物量高、生产力高、成斑块分布和空间分异较大的特点（McCormick-Ray et al.，2011）。

利用ABC曲线分析发现白令海区群落B底栖生物群落结构并不稳定，该群落主要分布于圣劳伦斯岛南北两个方向，这可能与该区域的人类活动影响有关。而对研究区域的底栖生物群落结构特征与底质类型做相关分析表明该区域夏季底栖生物群落结构与底质类型有较大的相关关系。这与国外相关研究较一致，白令海区底栖生物的空间分布主要受到水深、海冰、食物来源、海洋哺乳动物等的捕食和沉积物类型等因素影响（National Research Council (US) Committee on the Bering Sea Ecosystem，1996）。

7.2.2 楚科奇海

7.2.2.1 站位分布

本航次共在楚科奇海进行了23个站位（169°—157°W，67°—74°N，图7-18）的大型底栖生物取样。使用50 cm×50 cm的箱式采泥器，每站取样面积为25 cm×25 cm，沉积物样放入WBS漩涡分选器进行冲洗，并用0.5 mm的过筛器分选生物样品。样品处理及室内分析和资料整理均按《海洋调查规范》（GB/T12763.6—2007）要求进行。

7.2.2.2 种类组成及其分布

所获样品经鉴定共有大型底栖动物9门140种。其中，多毛类的种数最多（66种），其次是甲壳类（30种）和软体动物（25种），还有棘皮动物9种，刺胞动物4种，苔藓动物2

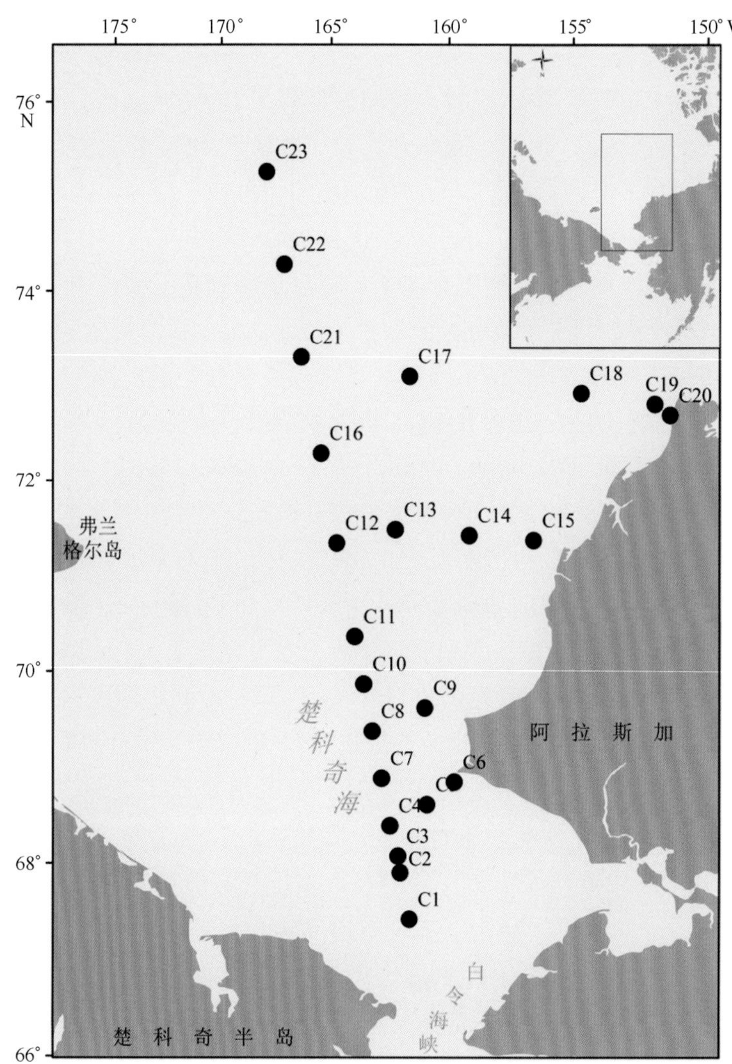

图 7-18 楚科奇海大型底栖动物取样站位

种，曳鳃动物、寡毛类、星虫动物和尾索动物各 1 种。

根据物种的出现频率及其数量，楚科奇海大型底栖动物的主要种和优势种有多毛类的太平洋独毛虫（*Tharyx pacifica*）、丝异须虫（*Heteromastusfiliformis*）、毛齿吻沙蚕（*Nephtysciliata*）、囊叶齿吻沙蚕（*Nephtyscaeca*）和脆索沙蚕（*Lumbrinerisfragilis*）；星虫动物的珠光戈芬星虫（*Golfingiamargaritacea*）；软体动物的放射吻状蛤（*Nuculanapernularadiata*）、钙质白樱蛤（*Macoma calcarea*）、橄榄胡桃蛤（*Nuculatenuis*）、不洁白樱蛤（*Macomainquinata*）和圆盘黑肌蛤（*Musculusdiscors*）；棘皮动物的网沟海胆（*Echinarachnius-parma*）和萨氏真蛇尾（*Ophiura sarsii*）等。

从空间分布上来看，楚科奇海东北部（Barrow Canyon 附近海域）以及楚科奇海中部的种类数较高，而楚科奇海北部的种类数则较低，种类数最高的站位是 C11 站和 C19 站（均有 31 种），种类数最低的站位是 C15 站和 C23 站（均仅有 5 种）（图 7-19）。多毛类是楚科奇海大型底栖动物中最主要的优势类群，其在大部分站位中的种类数占总种数的一半以上；软体动物主要分布与楚科奇海中部海域；甲壳类主要分布于楚科奇海南部、中部和东北部；棘皮动物则主要分布在楚科奇海北部和阿拉斯加沿岸海域（图 7-20）。

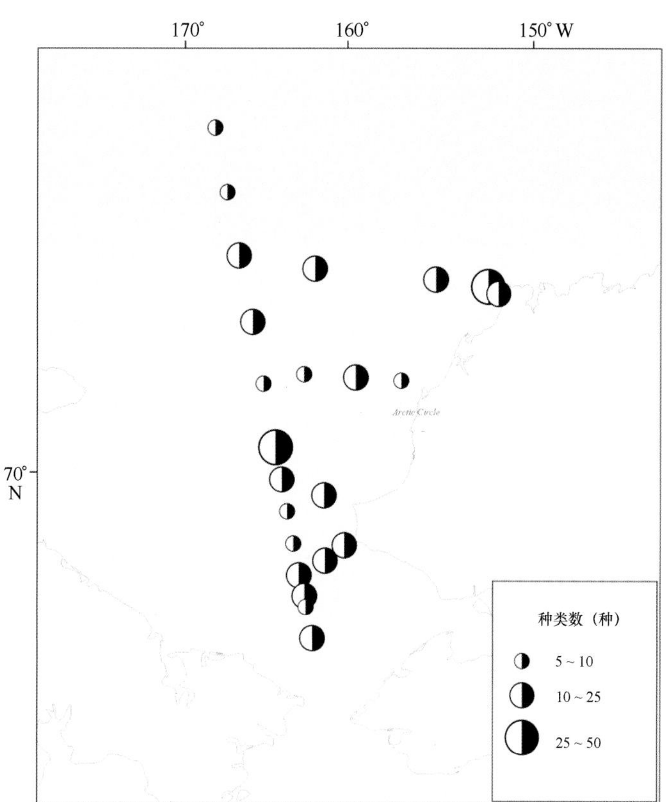

图 7-19　楚科奇海大型底栖动物种类数的空间分布

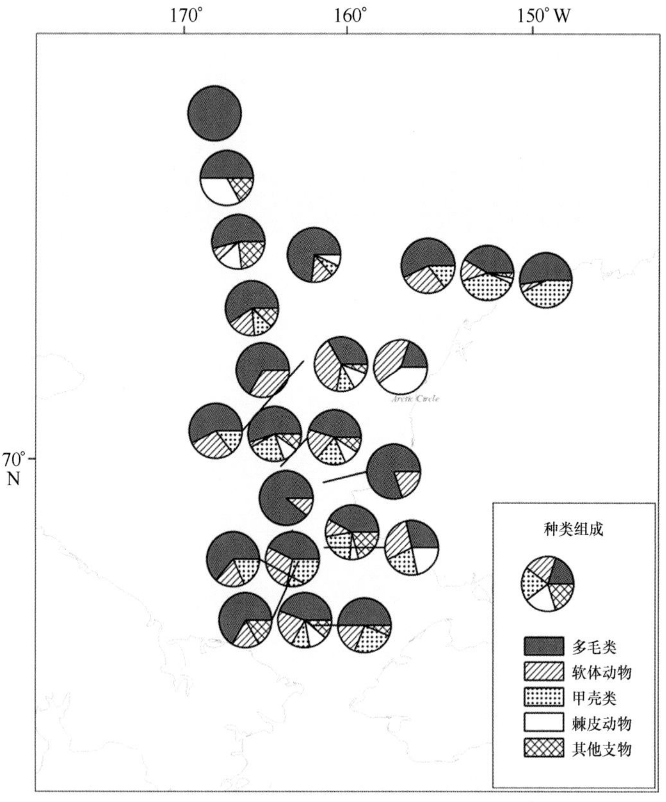

图 7-20　楚科奇海主要类群组成及分布

7.2.2.3 数量及其分布

各站大型底栖动物的栖息密度介于96（C22站）~3600 ind./m^2（C19站）之间，所有站位的平均总密度的统计结果为（916±907）ind./m^2；各站的湿重生物量介于1.4（C23站）~3 992.5 g/m^2（湿重）（C3站）之间，所有站位的平均总湿重生物量的统计结果为（902.9 ± 1 227.7）g/m^2（湿重）。栖息密度和湿重生物量的高值主要分布在楚科奇海南部和东北部（图7-21~图7-23）。

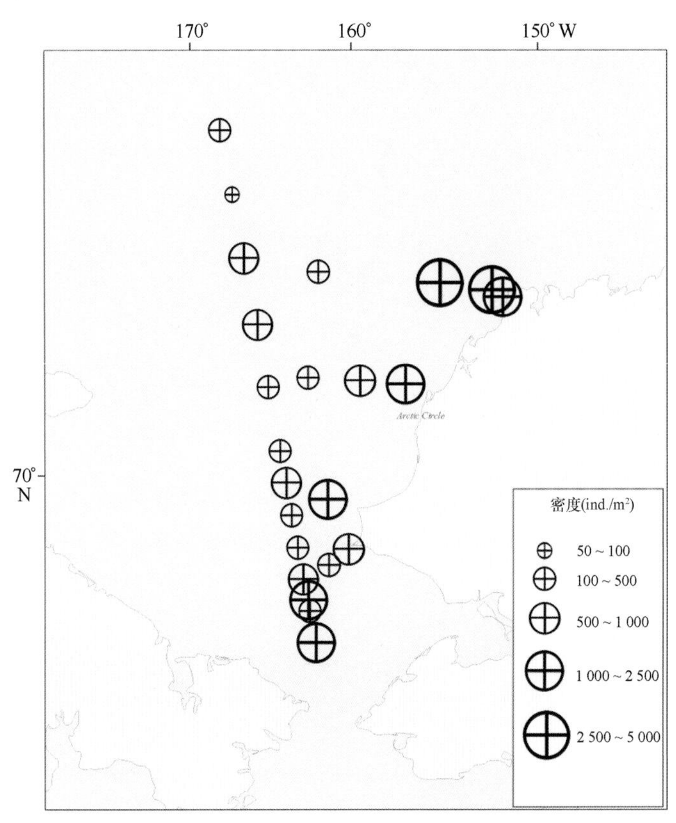

图7-21 楚科奇海大型底栖动物密度的空间分布

在平均总密度中，多毛类的贡献最大［（410±463）ind./m^2，占平均总密度的44.8%］，尤其是在楚科奇海北部（C23站多毛类的栖息密度占该站总密度的100%）和中部；其次是软体动物［平均密度和加减标准差为（249±412）ind./m^2］，其在楚科奇海的中部、南部和东北部的相对密度较高；甲壳类和棘皮动物的平均密度相当（分别占平均总密度的11.7%和11.5%），前者主要出现在楚科奇海中部和东北部，而后者则在阿拉斯加沿岸的C15站有极高的相对密度（密度1 696 ind./m^2，占该站总密度的94.6%）。

在平均总湿重生物量中处于优势地位的类群则是软体动物［（473.0±961.5）g/m^2，占平均总湿重生物量的52.4%］，其相对生物量较高的区域在楚科奇海的中部、南部和东北部；其次是棘皮动物（平均湿重生物量和加减标准差为［（209.8 ± 734.5）g/m^2（湿重）］，其在楚科奇海北部和阿拉斯加沿岸部分站位具有较高的相对生物量，尤其是C15站（占该站总湿重生物量的99.8%）；甲壳类和多毛类的平均湿重生物量分别仅占平均总湿重生物量的4.6%和7.4%。详见图7-24。

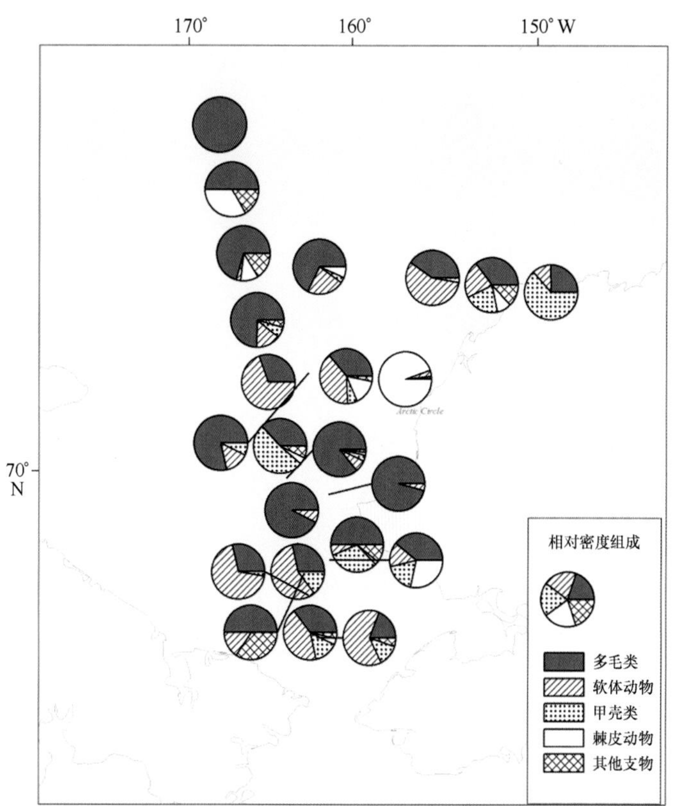

图 7-22 楚科奇海大型底栖动物的密度组成及分布

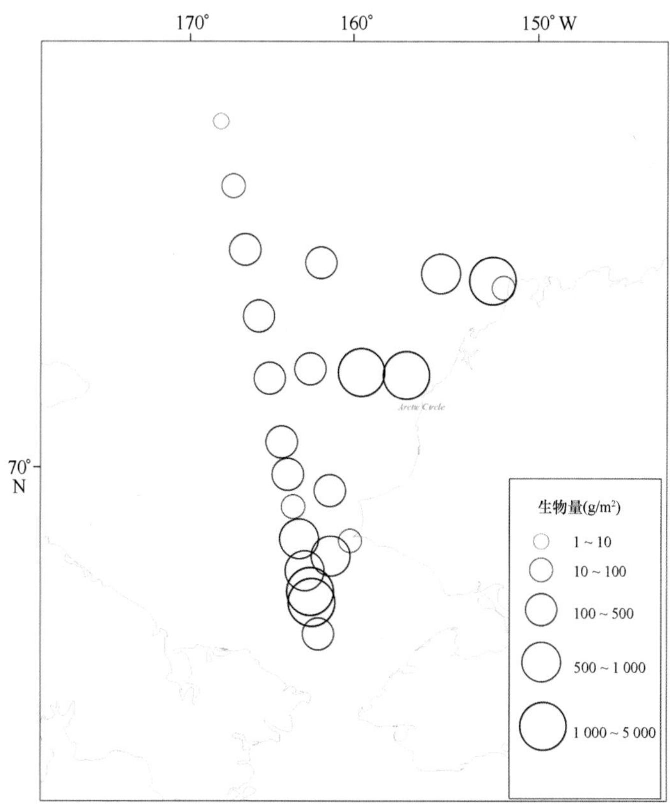

图 7-23 楚科奇海大型底栖动物生物量的空间分布

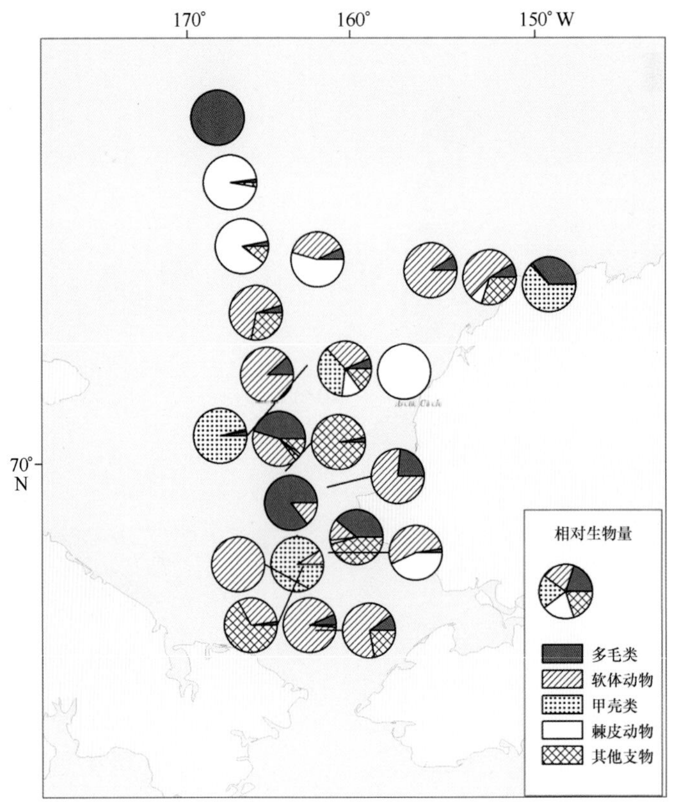

图 7-24　楚科奇海大型底栖动物的生物量组成及分布

物种个体数占总个体数排名前三位的是丝异须虫（11.5%）、网沟海胆（8.4%）和橄榄胡桃蛤（7.7%），其中丝异须虫在各站位的栖息密度介于 0~960 ind./m^2 之间，高密度区域分布在楚科奇海中部（C9 和 C10 站）和东北部（C19 站）；而钙质白樱蛤和网沟海胆的生物量之和占总湿重生物量的 50.7%，其中钙质白樱蛤（占总湿重生物量的 32.6%）主要分布在楚科奇海南部，网沟海胆则在阿拉斯加沿岸的 C15 站有极高的生物量。

7.2.2.4　多样性指数

研究区域内各站位的物种丰富度（*d*）、Shannon-Wiener 多样性指数（*H′*）、均匀度（*J*）及物种优势度（*D*）等指数值详见表 7-8。各站位的 *d* 值介于 0.53~4.88 之间，平均值为 1.95，*H′*值介于 0.45~4.21 之间，平均值为 2.83，二者的最高值和最低值均分别出现在 C11 站和 C15 站；*J* 值介于 0.19（C15 站）~1.00（C22 站）之间，平均值为 0.78；*D* 值介于 0.07（C14 站）~0.88（C15 站）之间，平均值为 0.24。

表 7-8　楚科奇海大型底栖生物各站位多样性指数

站位	*d*	*J*	*H′*	*D*
C1	2.10	0.64	2.58	0.34
C2	1.31	0.83	2.64	0.22
C3	1.41	0.52	1.79	0.47
C4	1.76	0.85	3.03	0.16
C5	2.13	0.88	3.34	0.14

续表

站位	d	J	H'	D
C6	2.56	0.93	3.87	0.08
C7	1.11	0.81	2.26	0.30
C8	1.48	0.89	2.84	0.18
C9	1.85	0.76	2.95	0.18
C10	1.46	0.57	1.99	0.45
C11	4.88	0.85	4.21	0.09
C12	0.85	0.65	1.68	0.46
C13	1.11	0.86	2.41	0.24
C14	2.71	0.96	3.98	0.07
C15	0.53	0.19	0.45	0.88
C16	2.42	0.86	3.53	0.12
C17	2.26	0.95	3.69	0.09
C18	2.49	0.61	2.66	0.27
C19	3.66	0.71	3.54	0.14
C20	2.89	0.83	3.64	0.13
C21	1.88	0.89	3.29	0.13
C22	1.10	1.00	2.59	0.17
C23	0.85	0.96	2.24	0.22
平均	1.95	0.78	2.83	0.24

7.2.2.5 群落聚类

对该海域23个站位的大型底栖生物数据进行相似性聚类（Bray-Curtis）和排序分析（详见图7-25、图7-26），结果显示，C7站和C13站的相似性最高（76%），其余站位及组合的相似性均小于50%，介于5%~47%之间，研究区域内大型底栖生物群落的空间分布差异较大，呈分散的斑块分布。

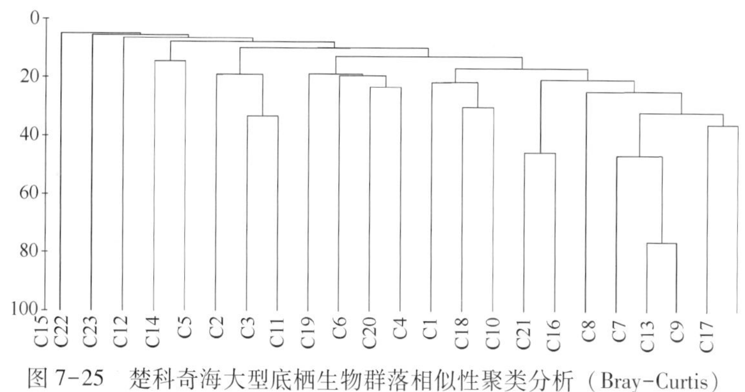

图7-25 楚科奇海大型底栖生物群落相似性聚类分析（Bray-Curtis）

7.2.2.6 讨论

本次考察共在楚科奇海获得大型底栖生物9门140种，种类组成以北方冷水种——广温性迁入种为主，而真正意义上的北极本地种较少，这与南大洋有着显著区别；大部分优势种均有着较为宽广的纬度分布范围，除了刚鳃虫仅出现在北部海域，而圆盘黑肌蛤仅出现在中部海域（图7-27）；Bray-Curtis聚类分析显示大部分站位的大型底栖生物群落的相似性较差，

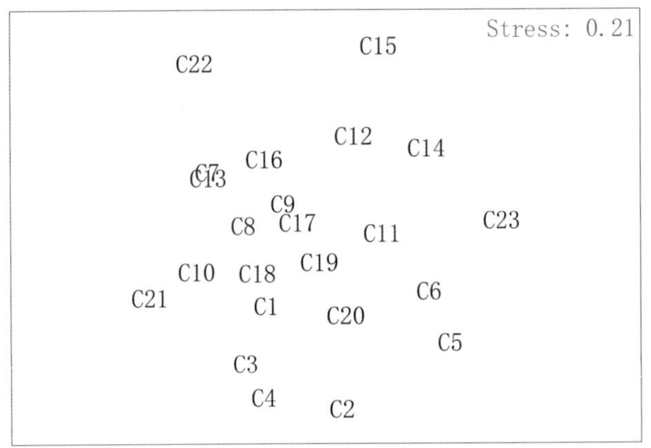

图 7-26 楚科奇海大型底栖生物群落多维尺度排序

仅有 2 个站位的相似性超过 50%，其余站位或组合之间的相似性均低于 50%。Dieter 认为北极底栖群落并非单一的典型的地方性群落，而是因空间异质性而存在着多样化的群落结构类型，北极具有较短的地质年龄、不稳定的持续周期性振动的环境和不发达的生物地理隔离，从而使北极与北方其他海区有着相对强烈的物种交流（Dieter，2005）。

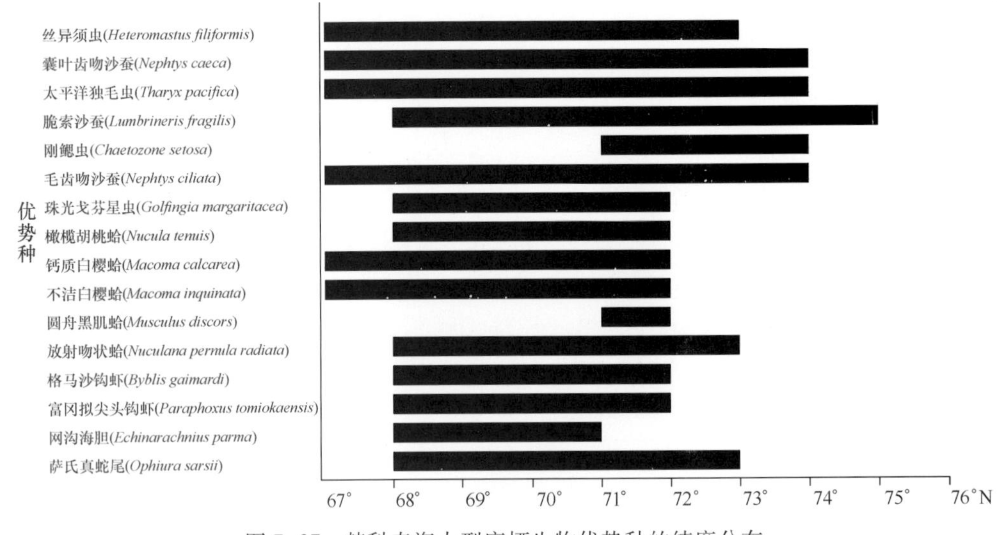

图 7-27 楚科奇海大型底栖生物优势种的纬度分布

研究区域内大型底栖生物群落的空间分布极不均匀，各站的种类数、栖息密度和湿重生物量的差异性较大，分别介于 5~31 种、96~3 600 ind./m^2 和 1.4~3 992.5 g/m^2（湿重）之间。与 Grebmeier 等的研究结果（Grebmeier et al.，2006）相同，楚科奇海大型底栖生物的高生物量区域位于东北部和南部海域，研究区域内平均湿重生物量的空间分布次序为东北部［（1 798.1±1 621.4）g/m^2（湿重）］>南部［（1 332.9±1 413.4）g/m^2（湿重）］>中部［（232.7±163.6）g/m^2（湿重）］>北部［（210.0±179.4）g/m^2］（湿重）（图 7-28）。东北部海域湿重生物量的主要优势类群是棘皮动物和软体动物，网沟海胆的平均湿重生物量可达（708.0±1 583.2）g/m^2（湿重），占总湿重生物量的 39.4%，另外圆盘黑肌蛤的平均湿重生物量也较高［（359.8±804.6）g/m^2］（湿重）；南部海域则以软体动物的钙质白樱蛤为最主要的贡献种，其平均湿重生物量可达（929.6±1 486.3）g/m^2（湿重），占总生物量的

70.2%；中部和北部海域的生物量优势种分别有珠光戈芬星虫［（74.3±181.9）g/m^2（湿重）］和卷栉盘海星（Ctenodiscus crispatus）［（83.0± 154.5）g/m^2（湿重）］。

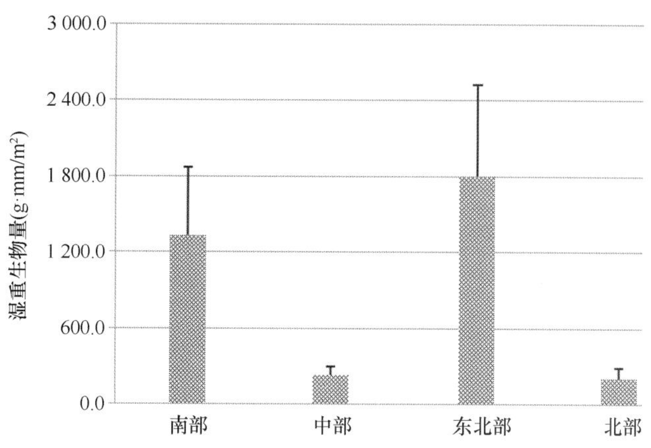

图 7-28　楚科奇海大型底栖生物湿重生物量的区域分布

Springer 和 Grebmeier 等认为，楚科奇海大型底栖生物的高生物量与该区域的高水柱生产力和有机碳输入密切相关（Springer et al.，1996；Grebmeier et al.，1994，2000;），楚科奇海东北部和南部海域由于获得向北输送而来的富营养的太平洋水体及沿岸有机碳输入的滋养，具有较高的底栖生物量，而随着水柱生产力的衰减及有机碳输入的减少，楚科奇海中部和北部海域的底栖生物量明显减少。

与1999年第一次北极考察该海域的调查数据相比（李荣冠等，2003）（表7-9），本次调查大型底栖生物的平均密度、平均种数、d 和 H' 值明显小于1999年第一次北极考察，而本次调查底栖生物的平均湿重生物量明显大于1999年第一次北极考察，2010年第四次北极考察的 J 和 D 值与第一次北极考察时的差异不大。这主要是因为第一次北极考察时该海域的密度优势类群为多毛类，平均栖息密度高达1 634 ind./m^2，占平均总密度的70.8%，而2010年第四次北极考察该海域的多毛类的平均栖息密度下降到410 ind./m^2，其他类群的栖息密度的变化不大；相反，2010年第四次北极考察的软体动物和棘皮动物为该海域的绝对优势类群，二者的平均湿重生物量分别可达473.0 g/m^2（湿重）和209.8 g/m^2（湿重）。1999年第一次北极考察和2010年第四次北极考察该海域的共有优势种有囊叶齿吻沙蚕、橄榄胡桃蛤和放射吻状蛤。

表 7-9　楚科奇海 1999 年第一次北极考察与 2010 年第四次北极考察大型底栖生物群落对比

航次	平均密度（ind./m^2）	平均湿重生物量（g/m^2）（湿重）	平均种数（种/站）	d	J	H'	D	优势种
1999年第一次北极考察	2307	155.9	22	2.87	0.73	3.06	0.23	拟单指虫属一种、缩头竹节虫、囊叶齿吻沙蚕、齿吻沙蚕属一种、丝鳃稚齿虫、多鳞虫科一种、独毛虫属一种、橄榄胡桃蛤、户枢蛤属一种、放射吻状蛤、鳞甲钩虾属一种、葛氏希泊钩虾等
2010年第四次北极考察	916	902.9	14	1.95	0.78	2.83	0.24	太平洋独毛虫、丝异须虫、毛齿吻沙蚕、囊叶齿吻沙蚕和脆索沙蚕、珠光戈芬星虫、放射吻状蛤、钙质白樱蛤、橄榄胡桃蛤、不洁白樱蛤、圆盘黑肌蛤、网沟海胆、萨氏真蛇尾等

7.3 北极鱼类物种多样性及其对环境变化的响应

7.3.1 站位分布

中国第四次北极科学考察鱼类生物现场采样分别使用法式底拖网（宽 2.5 m，高 0.5 m，长 9 m，囊网网目 10 mm）、三角网（宽 2.2 m，高 0.65 m，长 6.5 m，囊网网目 20 mm）和阿氏网（宽 1.6 m，高 0.5 m，长 3 m，囊网网目 20 mm）进行底层拖网，使用 IKMT 网（长 9 m，网口面积 4 m^2，囊网网目 10 mm）进行中层拖网，拖网时间为 30 min，调查船为中国“雪龙”号科学考察船。站位点由白令海中央海盆、白令海大陆坡、白令海大陆架、白令海峡一直延伸至楚科奇海大陆架和楚科奇海大陆坡，站位布设及拖网类型见图 7-29。

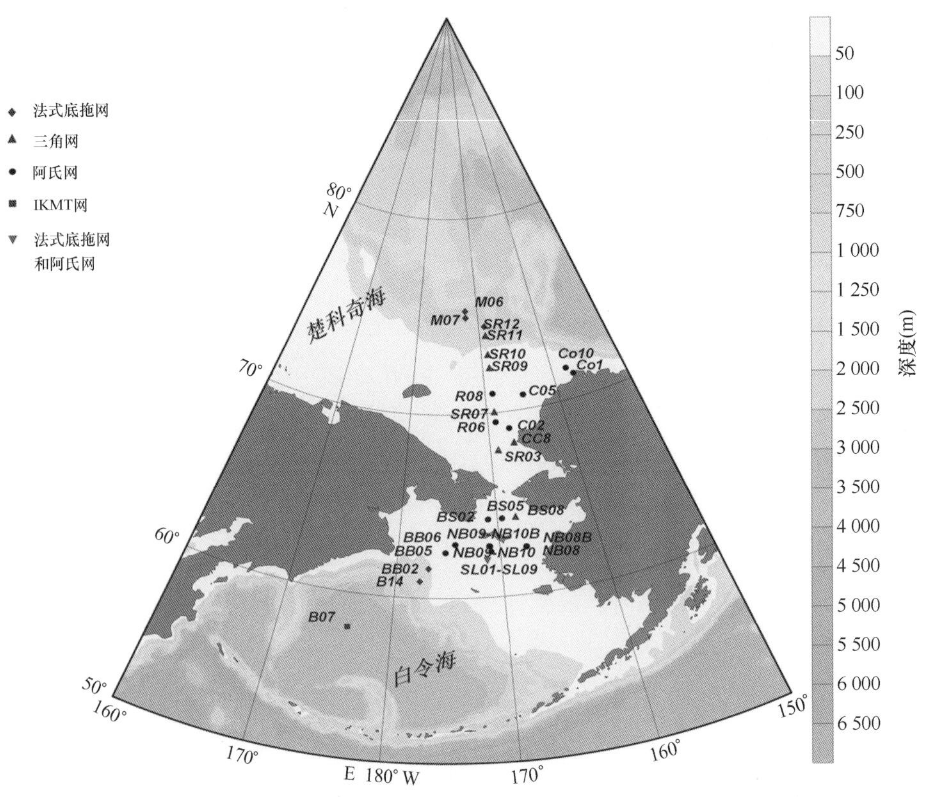

图 7-29　2010 年北极科学考察白令海和楚科奇海调查站位布设

7.3.2 鱼类种类组成

本次调查从 36 个站位点中捕获鱼类 41 种（共 1 226 尾），隶属于 7 目 14 科 31 属（软骨鱼类 1 目 1 科 1 属 1 种，硬骨鱼类 6 目 13 科 30 属 40 种），以鲉形目出现种类最多，为 17 种（尾数占 34.8%，427 尾），其次为鲈形目 14 种（尾数占 27.0%，331 尾）、鲽形目 5 种（尾数占 22.3%，273 尾）、鳕形目 2 种（尾数占 15.4%，189 尾），鳐形目、巨口鱼目、鲱形目各 1 种（尾数占 0.5%，6 尾）（表 7-10）。

表 7-10 白令海与楚科奇海渔获物种类组成

纲	目	科	属	种
软骨鱼纲 Chondrichthyes	鳐形目 Rajiformes	1	1	1
硬骨鱼纲 Osteichthyes	巨口鱼目 Stomiiformes	1	1	1
	鲱形目 Clupeiformes	1	1	1
	鳕形目 Gadiformes	1	2	2
	鲈形目 Perciformes	3	8	14
	鲉形目 Scorpaeniformes	6	13	17
	鲽形目 Pleuronectiformes	1	5	5

从不同调查站位种类分布来看，SR12 站位种类数最多，有 12 种，其次为 BS08 站位，有 11 种，NB08、NB09-NB10 和 BS05 站位也各有 10 种，最少的为 B07 站位和 BB05 站位，仅各有 1 种。就不同海区而言，白令海水域共鉴定出鱼类 31 种，楚科奇海水域共鉴定出鱼类 24 种，两个海区共有种鱼类有 14 种，分别为北鳕（*Boreogadus saida*）、半花裸鳚（*Gymnelus hemifasciatus*）、北极狼绵鳚（*Lycodes polaris*）、紫斑狼绵鳚（*Lycodes raridens*）、中间弧线鳚（*Anisarchus medius*）、斑鳍北鳚（*Lumpenus fabricii*）、北极胶八角鱼（*Ulcina olrikii*）、强棘杜父鱼（*Enophrys diceraus*）、东方裸棘杜父鱼（*Gymnocanthus tricuspis*）、短角床杜父鱼（*Myoxocephalus scorpius*）、林氏短吻狮子鱼（*Careproctus reinhardti*）、蝌蚪狮子鱼（*Liparis fabricii*）、粗壮拟庸鲽（*Hippoglossoides robustus*）和东白令海刺黄盖鲽（*Limanda aspera*）（附录 7-1）。

7.3.3 生态类型及区系特征

从适温性来看，调查海区鱼类以常年栖息于冷水水域的冷温性及冷水性种占绝对性的优势，冷水性种类最多，有 35 种，占总鱼种数的 85.37%，其中亚寒带种 31 种，寒带种 4 种；其次为温水性种类，冷温性种类有 6 种，占 14.63%，无暖温性种类，这表明白令海与楚科奇海海域鱼类区系属于典型的寒带和冷温带特征。从栖所生态类型来看，底层鱼类最多，有 35 种，占 85.37%，其中大陆架浅水底层鱼类共 29 种，占 70.74%，大洋深水底层鱼类，共 6 种，占 14.63%；其次为近底层鱼类，共 5 种，占 12.20%，其中大陆架浅水近底层鱼类有 3 种，占 7.32%，大洋深水近底层鱼类 2 种，占 4.88%；大陆架中上层鱼类 1 种，占 2.43%。具洄游习性的鱼类仅 5 种，分别为太平洋鲱（*Clupea pallasii*）、北鳕、六斑玉筋鱼（*Ammodytes hexapterus*）、粗壮拟庸鲽及马舌鲽（*Reinhardtius hippoglossoides*）。具经济性的鱼类为 7 种，分别为太平洋鲱、北极鳕（*Arctogadus glacialis*）、北鳕、六斑玉筋鱼、东白令海刺盖鲽、黄腹鲽及马舌鲽（附录 7-2）。

将此次调查所得渔获物种类全球地理分布资料进行整合，将出现在白令海与楚科奇海的种类数与中国黄渤海水域、北大西洋—东格陵兰水域和西北太平洋边缘海水域（鄂霍次克海、日本海及日本东部海域）共有种种类进行对比（图 7-30），可以看出，仅出现于楚科奇海水域的种类为 37 种，而仅出现于白令海水域的种类为 33 种，41 种鱼类中与黄渤海共有种数量仅为4种，并且随着由北向南纬度距离的扩大，各海区与白令海、楚科奇海的共有种数量逐渐减少，但与北大西洋—东格陵兰海域的共有种却多达26种。由此可以初步判定，在鱼类区系上，白令海与楚科奇海所处的北太平洋—北冰洋冷温带—寒带区系与北大西洋—北冰洋冷温带—寒带区系的区系相近程度较高，而与西北太平洋边缘海冷温带区系的区系相近程度较低，与中国黄渤海水域的相近程度很低。

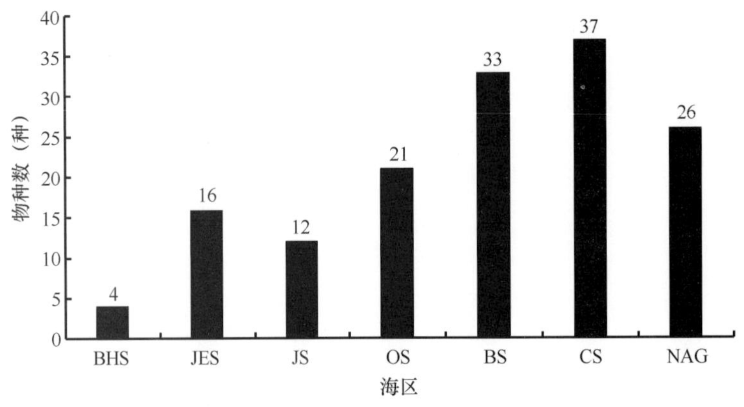

图7-30 不同海区鱼类共有种数对比

黄渤海：BHS；日本东部海域：JES；日本海：JS；鄂霍次克海：OS；白令海：BS；楚科奇海：CS；北大西洋—东格陵兰海域：NAG

7.3.4 优势种及其分布

调查结果显示，在36个调查站位中，各鱼类物种出现站位数10站以上的有7种，分别为北鳕23站（出现率63.89%）、粗壮拟庸鲽20站（55.56%）、东方裸棘杜父鱼15站（41.67%）、蝌蚪狮子鱼15站（41.67%）、北极胶八角鱼13站（36.11%）、东白令海刺黄盖鲽和黄腹鲽（*Pleuronectes quadrituberculatus*）各10站（27.78%），其余种类出现率均不高于25%。

渔获物以粗壮拟庸鲽、北鳕、短角床杜父鱼、斑鳍北鳚和粗糙钩杜父鱼（*Artediellus scaber*）在尾数上占优势，分别为191尾（15.58%）、179尾（14.60%）、143尾（11.66%）、100尾（8.16%）和64尾（5.22%），渔获物数量均占5%以上；其中，白令海水域以粗壮拟庸鲽（179尾）、斑鳍北鳚（95尾）、北鳕（81尾）、枝条狼绵鳚（*Lycodes palearis*）（51尾）、东白令海刺黄盖鲽（49尾）和蝌蚪狮子鱼（42尾）在尾数上占优势；楚科奇海水域则以短角床杜父鱼（123尾）、北鳕（98尾）、粗糙钩杜父鱼（64尾）、半裸狼绵鳚（*Lycodes seminudus*）（55尾）和东方裸棘杜父鱼（38尾）在尾数上占优势（表7-11）。

各海域优势种种类组成变化较为明显，在不同海区具有不同的优势种。其中，北鳕在总调查站位、白令海水域以及楚科奇海水域中所占的尾数比例均较高，且站位出现率排第一，是调查海区的主要优势物种；粗壮拟庸鲽和斑鳍北鳚在白令海水域的尾数比例上占优势，粗糙钩杜父鱼和短角床杜父鱼在楚科奇海水域的尾数比例上占优势。

表 7-11 白令海与楚科奇海渔获物优势种类

区域	优势种	尾数比例（>5%）
总站位	粗壮拟庸鲽（*Hippoglossoides robustus*）	15.58%
	北鳕（*Boreogadus saida*）	14.60%
	短角床杜父鱼（*Myoxocephalus scorpius*）	11.66%
	斑鳍北鳚（*Lumpenus fabricii*）	8.16%
	粗糙钩杜父鱼（*Artediellus scaber*）	5.22%
白令海	粗壮拟庸鲽（*Hippoglossoides robustus*）	25.50%
	斑鳍北鳚（*Lumpenus fabricii*）	13.53%
	北鳕（*Boreogadus saida*）	11.54%
	枝条狼绵鳚（*Lycodes palearis*）	7.26%
	东白令海刺黄盖鲽（*Limanda aspera*）	6.98%
	蝌蚪狮子鱼（*Liparis fabricii*）	5.98%
楚科奇海	短角床杜父鱼（*Myoxocephalus scorpius*）	23.47%
	北鳕（*Boreogadus saida*）	18.70%
	粗糙钩杜父鱼（*Artediellus scaber*）	12.21%
	半裸狼绵鳚（*Lycodes seminudus*）	10.50%
	东方裸棘杜父鱼（*Gymnocanthus tricuspis*）	7.25%

7.3.5 北极鱼类多样性及其分布

根据鱼类尾数组成计算不同站位鱼类生物 Shannon-Wiener 多样性指数范围为 0~2.18，平均为 1.21；Margalef's 物种丰富度指数范围为 0~3.11，平均为 1.48；Pielou's 均匀度指数范围为 0~1.00，平均为 0.76。从不同水域来看，白令海水域的 Shannon-Wiener 多样性水平和物种丰富度水平都较楚科奇海水域的 Shannon-Wiener 多样性水平和物种丰富度水平高，且白令海水域各站位的 Shannon-Wiener 多样性指数和物种丰富度指数波动较大。而均匀度水平则为楚科奇海水域较高，白令海水域较低（表 7-12）。多样性水平和物种丰富度水平整体上呈现的是南高北低的趋势，且二者的分布显著正相关（$r^2=0.889$，$P<0.01$，$n=36$）。

表 7-12 白令海与楚科奇海渔获物多样性指数

区域	种类多样性指数（H'）		物种丰富度指数（D）		均匀度指数（J'）	
	范围	平均	范围	平均	范围	平均
总站位	0~2.18	1.21	0~3.11	1.48	0~1.00	0.76
白令海	0~2.18	1.32	0~3.11	1.65	0~1.00	0.74
楚科奇海	0.16~1.87	1.07	0.30~1.92	1.25	0.23~1.00	0.78

将不同站点按照不同纬度由南向北进行 Shannon-Wiener 多样性指数、物种丰富度指数及均匀度指数差异比对（图 7-31），Shannon-Wiener 多样性指数和物种丰富度指数的高值点出现在 BS08、BS05、NB09-NB10 和 R08 站位，均位于大陆架上，其中 BS08 与 BS05 处于白令海峡内，其较高的多样性指数和物种丰富度指数很可能与其为白令海与楚科奇海唯一的水交换通道有关。低值点 B07 与 BB05 两个站点，仅因此二站位各捕获 1 种鱼类，且与此二站位

所使用的拖网类型及所处的海区位置有一定的关系。

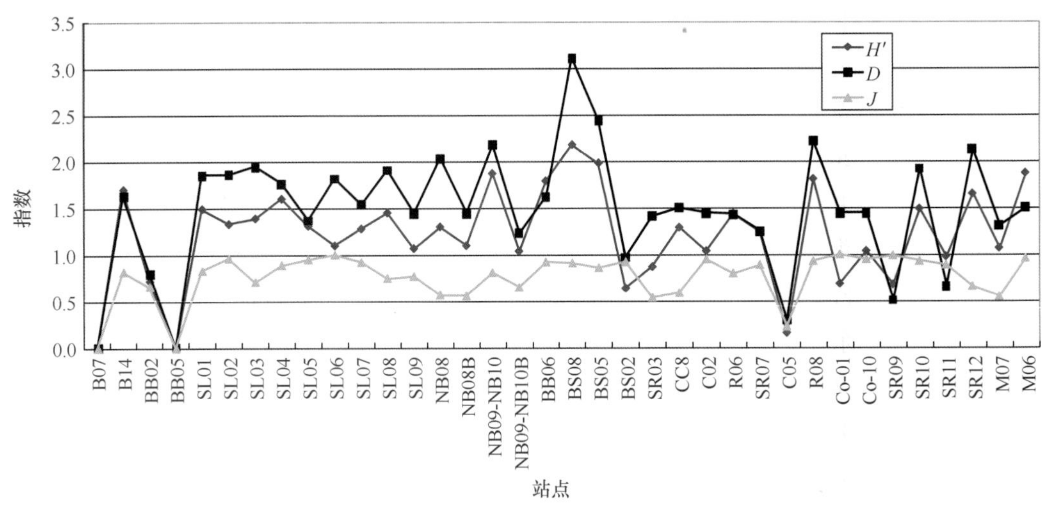

图 7-31　各站点多样性指数比较

7.3.6　讨论

7.3.6.1　种类组成、区系特征及多样性特点

鱼类种类组成是在不同鱼类种群的相互联系及其环境条件综合因子的长期影响和适应过程中逐渐形成的，在环境因子中，水温、盐度及水系影响最大。此次调查海区地处北极和亚北极中高纬度地区，白令海南部与太平洋相通，两者之间的水交换畅通无阻，白令海夏季表层水温常处于 8℃以下（高郭平等，2003），北白令海陆架夏季底层冷水核心最低温度多年平均值是-1.61℃（王晓宇和赵进平，2011）；楚科奇海南部通过白令海峡与白令海相连通，水文特征深受太平洋上层水系的影响，北部则受北极冰盖融冰结冰低温水的影响，并由弗拉姆海峡及加拿大群岛间的水道与北大西洋入流水相通（Steele et al.，2004）。由此，白令海与楚科奇海水域的鱼类种类组成既有北太平洋鱼类区系和北冰洋鱼类区系的区系特征，又与北大西洋海区的鱼类区系相关联，构成了这一海区独特的鱼类种类组成。

此次北极科考鱼类种类以鲉形目和鲈形目为主，这两个目共有 9 科鱼类出现，其中，杜父鱼科与绵鳚科鱼类最多，各有 8 种，其次线鳚科和狮子鱼科，各有 5 种；其余种类以鲽形目鲽科鱼类种类数居首，为 5 种。这与之前俄罗斯与美国在楚科奇海与白令海峡对底栖鱼类长期观测的结果类似（Mechlenburg et al.，2007）。从适温性来看，海区以冷水性鱼类占主要优势种，冷水性种类随着纬度的升高而增多。从生态类型来看，调查海区鱼类以大陆架底栖性种类居多，大多数种类并无长距离的洄游特性，存在显著洄游特性的种类多数具有较高经济价值，如鲱形目的太平洋鲱，鳕形目的北鳕，鲈形目的六斑玉筋鱼及鲽形目中的东白令海刺黄盖鲽、黄腹鲽和马舌鲽，经济价值较高的 7 种鱼类中，除太平洋鲱、六斑玉筋鱼和马舌鲽渔获物数量较少以外，北鳕、东白令海刺黄盖鲽及黄腹鲽渔获物数量比例均较高，经济性鱼类尾数占总渔获物尾数的 21.62%。

此次调查海区渔获物与黄渤海共有种类仅为 4 种，占所鉴定鱼类物种数的 9.76%，这与之前刘静等（2011）所得出的白令海与黄海共有种数比例（8.10%）较为接近，4种同为冷温性种类，其中太平洋鲱（刘瑞玉，2008）、六斑玉筋鱼（Froese and Pauly，2012）和东白令海刺黄盖鲽（Froese and Pauly，2012）在黄海海域都有发现，属于近岸冷温性鱼类，经济价值高，是北太平洋周边国家重要的渔业对象，所在区系为“鄂霍茨克海—白令海”冷温带区系亚区（刘瑞玉，2008），其发源于北太平洋西部的寒冷海域（刘静和宁平，2011），在黄渤海的出现与黄海中央深水区受黄海冷水团的控制有一定关系；而马康氏蝰鱼（*Chauliodus macouni*）属于大洋深海性鱼类，广布于北太平洋沿岸，其在中国沿海的记录仅在台湾岛东北部基隆近海有分布（Froese and Pauly，2012）。相对于地理位置更加接近的鄂霍次克海、日本海而言，北大西洋—东格陵兰海域与白令海—楚科奇海海域的鱼类共有种数量最多，多达26种，而鄂霍次克海仅为21种，而与日本海的共有种数量仅为12种，这说明，白令海与楚科奇海在种类组成上更接近于处于同一纬度的北大西洋—东格陵兰海域，除了纬度上的相似外，出现这种分布格局更可能的原因是由于白令海中央海盆的阻隔，适应于浅海大陆架生活的底栖性鱼类只能栖息于白令海东部及北部广大的白令海陆架上，而楚科奇海通过宽广的北冰洋海底陆架与北大西洋水域相连，鱼类区系相互之间的关系更为密切。且在此次调查的海区中，除了B07站是处于白令海海盆中以外，其他的站位点都位于大陆架或陆坡区域。

从调查海域鱼类Shannon-Wiener多样性指数和物种丰富度指数分布来看，白令海鱼类物种多样性比楚科奇海的多样性高，呈现南高北低的特点，这与王雪辉等（2012）和陈国宝等（2007）对中国各海域鱼类多样性指数比较后得出的结果一致，即低纬度海域的物种多样性要高于高纬度海域。对比中国黄海海域（刘勇等，2006）、日本东北部海域（Toshihiko et al.，1993）、东北太平洋圣胡安岛海域（Fleischer，2007）和阿拉斯加湾东南部海域（Johnson et al.，2003）生物多样性指数（表7-13），此次调查海域鱼类Shannon-Wiener多样性指数要低于圣胡安岛、阿拉斯加湾东南海域和黄海海域，但稍高于日本东北部海域，物种丰富度也较圣胡安岛与黄海海域低，此外，白令海峡Shannon-Wiener多样性指数（1.60）也低于同属于海峡类型的台湾海峡（2.47）（宋普庆等，2012）。由此可见，白令海与楚科奇海海域的多样性水平并不高。

表7-13 不同海区鱼类多样性指数对比

海区	多样性指数（H'）	物种丰富度指数（D）	参考文献
圣胡安岛	1.34	6.20	Fleischer，2007
阿拉斯加湾东南	1.42	—	Johnson et al.，2003
黄海海区	1.56	1.87	刘勇等，2006
日本东北部海域	1.13	—	Toshihiko et al.，1993
白令海与楚科奇海	1.21	1.48	本研究

鱼类生物多样性高低的影响因素是多样的，除了与地理位置有密切关系外，主要原因在于过度捕捞，如我国的黄海与东海海域（刘静和宁平，2011；宋普庆等，2012；林楠等，2009），由于渔业资源的不合理开发，多样性指数、渔获物的单位捕捞努力量渔获量（CPUE）呈下降趋势，优质的经济性种类被小型、低质的鱼类所取代，出现资源衰退的现象，白令海与楚科奇海3种主要鳕科经济鱼类同样面临着过度捕捞，资源衰退困境（Saitoh et al.，2008）。近年来，环境、气候的变化也逐渐成为影响海区资源状况的重要因子。白令海东部陆架区是全球渔业最高产的海区之一（Mueter et al.，2008），狭鳕、大头鳕（*Gadus macrocephalus*）等资源丰富，白令海公海海域也是我国远洋渔业的场所之一（宋云升和陈大刚，1998），但是，目前该区域渔业资源也出现了衰退等问题。为此，美国海洋渔业署（NMFS）从20世纪60年代开始就对东白令海进行综合性渔业调查并制定总允许渔获量（TAC）计划，北太平洋渔业管理委员会（NPFMC）也于2008年开始每年派出调查船进入楚科奇海和波弗特海进行渔业资源调查。

7.3.6.2 鱼类分布变化及其对环境变化的响应

在对此次鱼类生物全球地理分布资料进行整合的过程中，发现某些鱼类的出现站位点有超越之前文献资料中记录的分布区域的现象，在所搜集到的资料中显示，林氏短吻狮子鱼、蝌蚪狮子鱼是属于北大西洋—北冰洋区系的物种，而此次在白令海陆架B14站渔获到1尾林氏短吻狮子鱼，在B14等12个白令海站点中渔获到了42尾蝌蚪狮子鱼，两鱼种都极大地偏离了原本已知的分布区域，而尾棘深海鳐（*Bathyraja parmifera*）原本是属于北太平洋区系的物种，此次调查，尾棘深海鳐成鱼在靠近圣劳伦斯岛的北白令海陆架上有所渔获，而在楚科奇海陆坡M06和M07站点上却发现了尾棘深海鳐的鱼卵，马舌鲽的主要分布区是白令海东部陆架区和圣劳伦斯湾，此次仅在楚科奇海陆坡M07站点有所发现，在白令海陆架等其他区域并无发现。这说明原本栖息于北太平洋或者北冰洋—北大西洋的本土鱼类，由于环境、气候的改变，正在逐渐改变自己的栖息地范围，出现不同程度的扩散现象。此外，包括马康氏蛙鱼、奥霍狮子鱼（*Liparis ochotensis*）、北爱尔兰双线鲽（*Lepidopsetta polyxystra*）在内的3种北太平区系的鱼类物种和紫斑狼绵鳚、粗壮拟庸鲽在内的2种北太平洋—西北冰洋区系的鱼类物种，在此次调查中的渔获地点都接近其已知地理分布的最北端（附录7-3）。

Perry等（2005）的研究显示了在亚北极北大西洋北海海域，包括大西洋鲱（*Gadus morhua*）、欧洲鳎（*Solea solea*）在内的经济性或非经济性等15种鱼类表现出了不同程度上的纬向扩散，扩散范围从48~403 km，其中13种是北向移动，而Dulvy（2008）等的研究则显示了包括帆鳞鲆（*Lepidorhombus whiffiagonis*）等在内的多种经济性鱼类以平均每年5.5 m左右的速度向较深的水区内移动，表现出深度上的扩散。表7-14显示的是1982—2006年在白令海陆架区有显著北向移动的游泳动物位移数据（Mueter et al.，2008），其中，如雪蟹（*Chionoecetes opilio*）、马舌鲽等都是具有极高经济价值的经济性种类，马舌鲽和粗壮拟庸鲽在此次调查中也有记录。

表7-14 白令海陆架区北向移动游泳动物

种类	位移（km）	经济性
斑鳍深海鳚（*Bathymaster signatus*）	237	N
短鳍狼绵鳚（*Lycodes brevipes*）	153	N
马舌鲽（*Reinhardtius Hippoglossoides*）	98	Y
雪蟹（*Chionoecetes opilio*）	89	Y
双线鲽（*Lepidopsetta bilineata*）	76	Y
粗壮拟庸鲽（*Hippoglossoides robustus*）	76	N
白令棘八角鱼（*Occella dodecaedron*）	66	N

续表

种类	位移（km）	经济性
波氏绒杜父鱼（*Hemitripterus bolini*）	60	N
太平洋拟庸鲽（*Hippoglossoides elassodon*）	57	Y
狭鳞庸鲽（*Hippoglossus stenplepis*）	55	Y
细鳞鲽（*Limanda proboscidea*）	51	N
美洲箭齿鲽（*Atheresthes stomias*）	46	Y
太平洋细齿鲑（*Thaleichthys pacificus*）	34	N
日本栗蟹（*Telmessus cheiragonus*）	26	N
乔氏杂鳞杜父鱼（*Hemilepidotus jordani*）	21	N

数据来源：Mueter 等，2008。

全球气候变暖对北极和亚北极海区的影响显著，而白令海作为北极和亚北极的过渡海区，是气候年代际变化的重要指示性海域，在过去100年内，白令海、楚科奇海、波弗特海等亚北极海域海表面温度有显著的升高（Steel et al.，2008）。许多底栖冷温性鱼类因无法适应温度极低的融冰冷水层，分布范围受海冰的分布所限制，然而全球暖化使得亚北极海区的水体温度上升，海冰覆盖面积减少，Mueter 等（2008）的研究即显示了过去30年，白令海的南部陆架冷水团向北移动了230 km，这就使得原本只能生存于较低纬度范围的鱼类因环境的改变，也能分布到较高的纬度海区，出现北移的现象；而冷水性鱼类因海表面温度上升而向温度更低的深层水域移动，出现深移的现象。这种分布区偏移的现象同样出现于我国黄海小黄鱼（*Pseudosciaena polyactis*）种群，调查资料表明，过去10年间黄海中南部小黄鱼种群的分布在春季分布区向外海偏移，而冬季分布区向北部偏移（单秀娟等，2011），因小黄鱼的产卵场受黄海冷水团的控制，黄海冷水团的北移使得小黄鱼的产卵场变大，向北部和外海迁移（林龙山等，2008）；此外，某些喜暖型亚热带或热带鱼类，如蓝圆鲹（*Decapterus maruadsi*），开始在我国北方水域频繁出现或定居（曾慧慧等，2012）。温度是鱼类产生各种生理过程的标志性因子（单秀娟等，2011），温度的升高，将在很大程度上影响鱼类生物的正常代谢，迫使其改变自身的生理过程和生态对策。

鱼类生物持续性的北向迁移将改变北极地区的鱼类种类构成，原本生存于北极地区的本地种将很有可能因亚北极地区的入侵物种而被取代。一般而言，寒带水域生物的生态幅比低纬度水域的低2~4倍，对气候变化响应更为敏感（Cheung et al.，2009），持续性的暖化将对北极和亚北极地区生物多样性及渔业资源产生不可逆转的影响，而全球气候变化对鱼类栖息地范围扩散的影响机制及影响程度尚未有定论。本研究因调查资料有限，无法对鱼类栖息地迁移程度在统计学上做准确性的描述，因此，对北极及亚北极地区海域生物及资源变化的监测将有助于对其对气候变化的影响机制、影响程度的了解及对海区渔业资源的综合管理。

7.4 总结

根据中国第四次北极科学考察采集样品分析，结果表明，各类群生物空间分布差异较大。

其中，白令海小型底栖动物主要聚集在表层 0~6 cm 的沉积物中，并且有由表层向底层递减的趋势，但不同类群的垂直分布有所差别。94.78%的小型底栖动物的粒径在 32~250 μm 范围内，陆架浅水区的粒径略大于海盆深水区。陆架区以高丰度且线虫占有很高优势度为主要特征，深水区则因具有相对更均匀的类群丰度而拥有更高的类群多样性。陆架上的站位的小型底栖动物丰度都很高，意味着该海域具有极丰富的有机物作为小型底栖动物的食物，而这部分有机物可能主要来自表层水体繁盛的浮游植物群落。表层初级生产力调查结果也证明，陆架区拥有远比海盆区更高的初级生产力。

楚科奇海小型底栖动物群落分布差异较大，浅水站位的小型底栖动物平均丰度比深海站位的平均丰度则高得多，但楚科奇海深海区的丰富仍远高于白令海深海站位，而且在水深 393~2 300 m 范围内，小型底栖动物的丰度值表现出随着水深的增加而递减的趋势。

大型底栖生物方面，其种类空间分布极不均匀，多数白令海区大型底栖生物分布呈斑块状，生物量和密度的空间差异变动较大，但总体生物量较其他海域高，特别是白令海陆架区，其高生物量和高密度特征明显。这与调查区域相对分布较广，底质环境和纬度均有较大差别密切相关，既白令海区底栖生物的空间分布受到水深、海冰、食物来源、海洋哺乳动物等的捕食作用和沉积物类型等因素影响。

楚科奇海大型底栖生物群落的空间分布同样极不均匀，各站位的种类数、栖息密度和湿重生物量的差异性较大；生物量的空间分布次序为东北部［（1 798.1±1 621.4）g/m^2（湿重）］>南部［（1 332.9±1 413.4）g/m^2（湿重）］>中部［（232.7 ± 163.6）g/m^2（湿重）］>北部［（210.0±179.4）g/m^2（湿重）］。

另外，研究结果显示，中国第四次北极科考鱼类样品中的林氏短吻狮子鱼、蝌蚪狮子鱼受环境变化影响，分布范围从北大西洋—北冰洋区域跨越到白令海，极大地偏离了原本已知的分布区域，而在楚科奇海陆坡区，更是首次发现了尾棘深海鳐的产卵群体，此外，马舌鲽、马康氏蝰鱼、奥霍狮子鱼、北爱尔兰双线鲽等鱼种，由于环境、气候的改变，正在逐渐改变自己的栖息地范围，出现不同程度地向北扩散现象。这表明北极生物的生物学和生态学特征已经受到全球变化的影响，并因此产生适应性响应。

参考文献

曾慧慧，徐斌铎，薛莹，等. 2012. 胶州湾浅水区鱼类种类组成及其季节变化[J]. 中国海洋大学学报，42(12)：67-74.

陈国宝，李永振，陈新军. 2007. 南海主要珊瑚礁水域的鱼类物种多样性研究[J]. 生物多样性，15(4)：373-381.

陈立奇. 2003. 北极海洋环境与海气相互作用研究［M］. 北京：海洋出版社.

单秀娟，李忠炉，戴芳群，等. 2011. 黄海中南部小黄鱼种群生物学特征的季节变化和年际变化[J]. 渔业科学进展，32(6)：7-16.

丁永敏. 1986. 白令海渔场气象水文概况［J］. 水产科学，5(2)：33-36.

高爱根，王春生，杨俊毅，等. 2002. 中国多金属结核开辟区东、西两小区小型底栖动物的空间分布［J］. 东海海洋，20(1)：28-35.

高郭平，董兆乾，侍茂崇. 2003. 1999 年夏季中国首次北极考察区水团特征[J]. 极地研究，15(1)：11-19.

华尔，张志南，张艳. 2005. 长江口及邻近海域小型底栖生物丰度和生物量［J］. 生态学报，25(9)：2234-2242.

黄丁勇. 2010. 西南太平洋劳盆地与西南印度洋中脊深海热液区底栖动物初探［D］. 国家海洋局第三海洋研究所.硕士研究生论文.

李荣冠，郑凤武，江锦祥，等. 2003. 楚科奇海及白令海大型底栖生物初步研究[J].生物多样性，11(3):204-215

李新正,刘录三,李宝泉,等. 2010. 中国海洋大型底栖生物:研究与实践. 北京:海洋出版社.

林龙山,程家骅,姜亚洲,等. 2008. 黄海南部和东海小黄鱼(*Larimichthys polyactis*)产卵场分布及其环境特征[J]. 生态学报,28(8):3485-3494.

林楠,苗振清,卢占晖. 2009. 东海中部夏季鱼类群落结构及其多样性分析[J]. 广东海洋大学学报,29(3):42-47.

刘爱原，林荣澄，郭玉清. 2015. 全球北极底栖生物研究的文献计量分析［J］. 生态学报,35(9)：1-14.

刘静,宁平. 2011. 黄海鱼类组成、区系特征及历史变迁[J]. 生物多样性,19(6):764-769.

刘瑞玉. 2008. 中国海洋生物名录[M]. 北京:科学出版社.

刘勇,李圣法,程家骅. 2006. 东海、黄海鱼类群落结构的季节变化研究[J]. 海洋学报,28(4):108-114.

刘子琳，陈建芳，陈忠元，等. 2006. 白令海光合浮游生物现存量和初级生产力［J］. 生态学报，26(5)：1345-1351.

刘子琳，陈建芳，刘艳岚，等. 2011. 2008年夏季白令海粒度分级叶绿素a和初级生产力［J］. 海洋学报，33(3)：148-156.

孟昭翠，徐奎栋. 2013. 长江口及东海春季底栖硅藻、原生动物和小型底栖生物的生态特点[J]. 生态学报，33(21)：6813-6823.

慕芳红，张志南，郭玉清. 2001. 渤海小型底栖生物的丰度和生物量［J］. 青岛海洋大学学报，31(6)：897-905

沈国英，黄凌风，郭丰，等. 2010. 海洋生态学［M］. 北京：科学出版社.

宋普庆,张静,林龙山,等. 2012. 台湾海峡游泳动物种类组成及其多样性[J]. 生物多样性,20(1):32-40.

宋云升,陈大刚. 1998. 东白令海的刺黄盖鲽渔场海洋学与渔业生物学特征[J]. 海洋科学,1:45-48.

唐玲，张洪波，李恒翔，等. 2012. 大亚湾秋季小型底栖生物初步研究［J］. 热带海洋学报，31(4)：104-111.

王小谷，周亚东，张东声，等. 2013. 2005年夏季东太平洋中国多金属结核区小型底栖生物研究［J］. 生态学报，33(2)：0492-0500.

王晓宇,赵进平. 2011. 北白令海夏季冷水团的分布及其年际变化研究[J]. 海洋学报,33(2):1-9.

王雪辉,邱永松,杜飞雁,等. 2012. 北部湾秋季底层鱼类多样性和优势种数量的变动趋势[J]. 生态学报,32(2):333-341.

王彦国，王春光，陈小银，等. 2011. 北部湾海域小型底栖动物丰度和生量［J］. 生态科学，30(4)：375-382.

吴昌文，李志国，夏武强. 2008. 小型底栖动物(Meiofauna)研究概况［J］. 现代渔业信息，23(03)：9-12.

吴绍渊，慕芳红. 2009. 山东南部沿海冬季小型底栖生物的初步研究［J］. 海洋与湖沼，40(6)：682-691.

闫福桂，王海军，王洪铸，等. 2010. 藻型浅水湖泊小型底栖动物的群落特征及生态地位探讨［J］. 水生生物学报，34(3)：361-368.

杨清良，林更铭，林茂，等. 2002. 楚科奇海和白令海浮游植物的种类组成与分布［J］. 极地研究，14(2)：113-125.

袁俏君，苗素英，李恒翔，等. 2012. 珠江口水域夏季小型底栖生物群落结构［J］. 生态学报，32：5962-5971.

张芳，何剑锋，郭超颖，等. 2012. 夏季北冰洋楚科奇海微微型、微型浮游植物和细菌的丰度分布特征及其与水团的关系［J］. 极地研究，24(3)：238-246.

张海生. 2015. 北极海冰快速变化及气候与生态效应［M］. 北京：海洋出版社.

张敬怀，高阳，方宏达. 2011. 珠江口伶仃洋海域小型底栖生物丰度和生物量［J］. 应用生态学报，22(10)：2741-2748.

张艳，张志南，黄勇，等. 2007. 南黄海冬季小型底栖生物丰度和生物量［J］. 应用生态学报，18(2)：411-419.

张玉红. 2009. 台湾海峡及邻近海域小型底栖动物密度和生物量研究［D］. 厦门大学.

张志南，林岿旋，周红，等. 2004. 东、黄海春秋季小型底栖生物丰度和生物量研究［J］. 生态学报，24(5)：997-1005.

邹丽珍. 2006. 中国合同区小型底栖动物及其深海沉积物中 18SrDNA 基因多样性研究［D］. 国家海洋局第三海洋研究所.

ACIA. Arctic Climate Impact Assessment [M]. Cambridge University Press, Cambridge, 2005.

ACIA. Impacts of a warming Arctic [M]. Cambridge University Press, Cambridge,2004.

Bodil A. Bluhm, Andrey V. Gebruk, Rolf Gradinger, et al. Arctic Marine Biodiversity, an update of species richness and examples of biodiversity change [J]. Oceanography, 2011, 24(3): 232-248.

Bodil A. Bluhm, Ian R. MacDonald, C. Debenham, et al. Macro-and megabenthic communities in the high Arctic Canada Basin: initial findings [J]. Polar Biol, 2005, 28: 218-231.

Bodil B, Ambrose W, Bergmann M, *et al*. Diversity of the arctic deep-sea benthos [J]. Marine Biodiversity, 2011, 41(1): 87-107.

Borja A, Franco J, Perez V. A Marine Biotic Index to Establish the Ecological Quality of Soft-Bottom Benthos within European Estuarine and CoastalEnvironments [J]. Marine Pollution Bulletin, 2000, 40(12): 1100-1114.

Brey T. Estimating production of macrobenthic invertebrates from biomass and mean individual weight[J]. Meeresforsch, 1990, 32: 329-343.

Burd B J, Macdonald R W, Johannessen S C, et al. Responses of subtidal benthos of the Strait of Georgia, British Columbia, Canada to ambient sediment conditions and natural and anthropogenic depositions [J]. Marine Environmental Research, 2008, 66: S62-S79.

CAFFInternational Secretariat. Arctic Biodiversity Trends 2010 - Selected indicators of change [M]. Akureyri, Iceland, 2010.

Cai L.Z., Fu, S.J., Yang J., *et al*. Distribution of meiofauna abundance in relation to environmental factors in Beibu Gulf, South China Sea [J]. Acta Oceanologica Sinica, 2012, 31(6): 92-103.

Carey A. G. Ecology of North American Arctic continental shelf benthos: a review [J]. Cont Shelf Res, 1991, 11: 865-883.

Carlos M. Duarte. Impacts of global warming on polar ecosystems [M]. Fundación BBVA, 2008.

CHEUNG W W L, LAM V W Y, SARMIENTO J, et al. Projecting global marine biodiversity impacts under climate change scenarios[J]. Fish and Fisheries, 2009, 10: 235-251.

Cynthia Yeung, Mei-Sun Yang, Stephen C. Jewett, et al. Polychaete assemblage as surrogate for prey availability in assessing southeasternBering Sea flatfish habitat [J]. Journal of Sea Research, 2013, 76: 211-221.

Dieter Piepenburg, Willian G. Ambrose, Jr., et al. Benthic community patterns reflect water column processes in the Northeast Water polynya (Greenland) [J]. Journal of Marine Systems, 1997, 10: 467-482.

Dieter Piepenburg. Recent research on Arctic benthos: common notions need to be revised [J]. Polar Biol, 2005, 28: 733-755.

Drazen J C, Baldwin R J, Smith Jr K L. Sediment community response to a temporally varying food supply at an abyssal station in the NE pacific [J]. Deep Sea Research Part II: Topical Studies in Oceanography, 1998, 45(4-5): 893-913.

DULVY N K, ROGERS S I, JENNINGS S, et al. Climate change and deepening of the North Sea fish assemblage: a biotic indicator of warming seas [J]. Journal of Applied Ecology, 2008, 45(4): 1029-1039.

Dunton KH, Goodall JL, Schonberg SV, et al. Multi-decadal synthesis of benthic-pelagic coupling in the western arctic: Role of cross-shelf advective processes [J]. Deep-Sea Res II, 2005, 52: 3462-3477.

Fabiano M, Danovaro R. Meiofauna distribution and mesoscale variability in two sites of the Ross Sea (Antarctica) with contrasting food supply [J]. Polar Biology, 1999, 22(2): 115-123.

Feder HM, Jewett SC, Blanchard AL. Southeastern Chukchi Sea (Alaska) macrobenthos [J]. Polar Biol, 2007, 30: 261-275.

FLEISCHER A J. The abundance, distribution, and diversity of ichthyoplankton in the Puget Sound estuary and San Juan Islands during early spring[R]. School of Aquatic&Fishery Science. 2007.

Fonseca G, Soltwedl T. Regional patterns of nematode assemblages in the Arctic deep seas[J]. Polar Biology. 2009, 32(9): 1345-1357.

Frank Beuchel, Bjørn Gulliksen, Michael L. Carroll. Long-term patterns of rocky bottom macrobenthic community structure in an Arctic fjord (Kongsfjorden, Svalbard) in relation to climate variability (1980-2003) [J]. Journal of Marine Systems, 2006, 63: 35-48.

Franz J M, Michael A L. Sea ice retreat alters the biogeography of the Bering Sea continental shelf [J]. Ecological Applications, 2008, 18(2): 309-320.

FROESE R, PAULY D. Fishbase[EB/OL]. [2012]. http://www.fishbase.org.

Gage J D, Paul A T. Deep-sea biology: a natural history of organisms at the deep-sea floor [M]. Cambridge: Cambridge University Press, 1991.

George L. Hunt Jr., Arny L. Blanchard, Peter Boveng, et al. The Barents and Chukchi Seas: Comparison of two Arctic shelf ecosystems [J]. Journal of Marine Systems, 2013, 109-110: 43-68.

Giere O. Meiobenthology [M]. Berlin Heidelberg: Springer-Verlag, 2009.

Gorska B, Grzelak K, Kotwicki L, *et al*. Patterns of vertical distribution of deep-sea meiofauna in Arctic continental margin sediments (HAUSGARTEN area) shaped by depth and food supply [C]. Arctic Science Summit Week, Krakow, Poland, 2013.

Grebmeier J M, Cooper L W, Feder H M, et al. Ecosystem dynamics of the Pacific-influenced Northern Bering and Chukchi Seas in the Amerasian Arctic [J]. Progress in Oceanography, 2006, 71: 331-361.

Grebmeier JM, Cooper LW. A decade of benthic research on the continental shelves of the northern Bering and Chukchi seas: lessons learned. In: Meehan RH, Sergienko V, Weller G (Eds.), Bridges of Science between North America and the Russian FarEast. American Association for the Advancement of Science, Fairbanks, AK, 1994, pp. 87-98.

Grebmeier JM, Dunton KH. Benthic processes in the northern Bering/Chukchi seas: Status and global change. In: Huntington, H.P. (Ed.), Impacts of changes in sea ice and other environmental parameters in the Arctic, Marine Mammal Commission Workshop, Girdwood, Alaska, 15-17 February 2000, pp. 80-93.

Grebmeier J M, Overland J E, Moore S E et al. A major ecosystem shift in the northern Bering Sea [J]. Science, 2006, 311: 1461-1464.

Grebmeier J M, Overland J E, Moore S E, *et al.* A major ecosystem shift in the northern Bering Sea [J]. Science, 2006, 311(5766): 1461-1464.

Grebmeier J M. Studies of Pelagic Benthic Coupling Extended onto the Soviet Continental-Shelf in the Northern Bering and Chukchi Seas[J]. Continental Shelf Research. 1993, 13(5-6): 653-668.

Grebmeier JM. Studies of pelagic-benthic coupling extended onto the Soviet continental shelf in the northern Bering and Chukchi Seas [J]. Cont Shelf Res, 1993, 13: 653-668.

Guo Y Q, Huang D Y, Chen Y Z, *et al.* Two new free-living nematode species of Setosabatieria (Comesomatidea) from the East China Sea and the Chukchi Sea [J]. Journal of Natural History, DOI: 10. 1080/00222933. 2015. 1006286.

Herman R L, Dahms H U. Meiofauna communities along a depth transect off Halley Bay (Weddell Sea-Antarctica) [J]. Polar Biology, 1992. 12(2): 313-320.

Ian R. MacDonald, Bodil A. Bluhm, Katrin Iken, et al. Benthic macrofauna and megafauna assemblages in the Arctic deep-sea Canada Basin [J]. Deep-Sea Research II, 2010, 57: 136-152.

IPCC. Climate Change 2000 [M]. Third assessment report, Cambridge University Press, 2001.

IPCC. Climate Change 2007 [M]. Fourth assessment report, Cambridge University Press, 2007.

Johnsen, K. I., B. Alfthan, et al. Protecting Arctic Biodiversity [M]. United Nations Environment Programme, GRID-Arendal, Norway. 2010.

JOHNSON S W, MURPHY M L, CSEPP D J, et al. A survey of Fish Assemblages in Eelgrass and Kelp Habitats of Southeastern Alaska[R]. Alaska Fisheries Science Center. 2003.

Kathleen Conlan, Alec Aitken, Ed Hendrycks, et al. Distribution patterns of Canadian Beaufort Shelf macrobenthos [J]. Journal of Marine Systems, 2008, 74: 864-886.

Lin R C, Huang D Y, Guo Y Q, *et al.* 2014. Abundance and distribution of meiofauna in the Chukchi Sea [J]. Acta Oceanologica Sinica, 33(6): 90-94.

Lovvorn J R, Cooper L W, Brooks M L, *et al.* Organic matter pathways to zooplankton and benthos under pack ice in late winter and open water in late summer in the north-central Bering Sea [J]. Marine Ecology Progress Series, 2005, 291: 135-150.

Macdonald R. W. Awakenings in the Arctic [J]. Nature, 1996, 380: 286-287.

Maria Wlodarska-Kowalczuk, Jan M. Weslawski. Impact of climate warming on Arctic benthic biodiversity: a case study of two Arctic glacial bays [J]. Climate Research, 2001, 18: 127-132.

Maria Wlodarska-Kowalczuk, Thomas H. Pearson. Soft-bottom macrobenthic faunal associations and factors affecting species distributions in an Arctic glacial fjord (Kongsfjord, Spitsbergen) [J]. Polar Biol, 2004, 27: 155-167.

McCormick-Ray J, Warwick R M, Ray G C. Benthic macrofaunal compositional variations in the northern

Bering Sea[J]. Marine biology, 2011, 158(6): 1365-1376

McRoy, C P. ISHTAR, the project: an overview of inner shelf transfer and recycling in the Bering and Chukchi seas [J]. Continental Shelf Research, 1993, 13(5-6): 473-479.

MECHLENBURG C W, STEIN D L, SHEIKO B A, et al. Russian-American long-term census of the Arctic: benthic fishes trawled in the Chukchi Sea and Bering Strait[J]. Northwestern Naturlist, 2007, 88 (3): 168-187.

Ming-Yi Sun, Lisa M. Clough, Michael L. Carroll, et al. Different responses of two common Arctic macrobenthic species (*Macoma balthica* and *Monoporeia affinis*) to phytoplankton and ice algae: Will climate change impacts be species specific? [J].Journal of Experimental Marine Biology and Ecology, 2009, 376: 110-121.

Monika Kedra, Karol Kuliński, Wojciech Walkusz, et al. The shallow benthic food web structure in the high Arctic does not followseasonal changes in the surrounding environment [J]. Estuarine, Coastal and Shelf Science, 2012, 114: 183-191.

Montagna P A. Rates of metazoan meiofaunal microbivory: a review [M]. Banyuls-sur-Mer, FRANCE: Laboratoire Arago, Universite Pierre et Marie Curie, 1995.

MUETER F J, LITZOW M A. Sea ice retreat alters the biogeography of the Bering Sea continental shelf[J]. Ecological Applications, 2008, 18(2): 309-320.

National Research Council (US) Committee on the Bering Sea Ecosystem. The Bering Sea ecosystem[M]. National Academies Press, 1996.

PERRY A L, LOW P J, ELLIS J R, et al. Climate change and distribution shifts in marine fishes[J]. Science, 2005, 308(5730): 1192-1195.

Post, E., Mads, et al. Ecological dynamics across the Arctic associated with recent climate change [J]. Science, 2009, 325 (5946): 1355-1358.

Russ Hopcroft, Bodil Bluhm, Rolf Gradinger. Arctic Ocean Synthesis: Analysis of Climate Change Impacts in the Chukchi and Beaufort Seas with Strategies for Future Research [M]. University of Alaska, Fairbanks. 2008.

SAITOH S. HIRAWAKE T, SAKURAI Y, et al. Change in the biodiversity of the demersal fish community in the northern Bering and Chukchi Seas[R]. Monitor/ESSAS Workshop. 2008.

Sambrotto R N, Goering J J, Mcroy C P. Large yearly production of phytoplankton in the western Bering strait [J]. Science, 1984, 225(4667): 1147-1150.

Sharma J, Bluhm B A. Diversity of larger free-living nematodes from macrobenthos (>250 μm) in the Arctic deep-sea Canada Basin[J]. Marine Biodiversity, 2011, 41(3): 455-465.

Springer A, McRoy CP, Flint M. The Bering Sea Green Belt: shelf-edge processes and ecosystem production [J]. Fish Oceanogr, 1996, 5: 205-223.

STEEL M, ERMOLD W, ZHANG J. Arctic ocean surface warming trends over the past 100 years[J]. Geophysical Research Letters, 2008, 35(2), L02614, doi: 10. 1029/2007GL031651.

STEELE M, MORISON J, ERMOLD W, et al. Circulation of summer Pacific halocline water in the Arctic Ocean[J]. Journal of Geophysical Research, 2004, 109: C02027, doi: 10. 1029/2003JC002009.

TOSHIHIKO Fujita, TADASHI Inada, YOSHIO Ishito. Density, biomass and community structure of demersal fishes off the Pacific coast of northeastern Japan[J]. Journal of Oceanography, 1993, 49(2): 211-229.

Vanaverbeke J, Arbizu P M, Dahms H U, *et al.* The Metazoan meiobenthos along a depth gradient in the

Arctic Laptev Sea with special attention to nematode communities[J]. Polar Biology, 1997, 18(6): 391-401.

Walsh J E. Climate of the Arctic marine environment [J]. Ecol Applic, 2008, 18: S3-S22.

Walsh JJ, McRoy CP, Coachman LK, et al. Carbon and nitrogen cycling within the Bering/Chukchi Seas: Source regions for organic matter effecting AOU demands of the Arctic Ocean [J]. Prog Oceanogr, 1989, 22: 277-359.

Warwick R M. A new method for detecting pollution effects on marine macrobenthic communities [J]. Mar Biol, 1986, 92: 557-562.

附录 7-1 白令海和楚科奇海鱼类种类组成

种名	出现地		
	白令海	楚科奇海	白令海峡
鳐科 Rajidae			
尾棘深海鳐 *Bathyraja parmifera*	○		
巨口鱼科 Stomiidae			
马康氏蝰鱼 *Chauliodus macouni*	○		
鲱科 Clupeidae			
太平洋鲱 *Clupea pallasii*	○		
鳕科 Gadidae			
北极鳕 *Arctogadus glacialis*		○	
北鳕 *Boreogadus saida*	○	○	○
玉筋鱼科 Ammodytidae			
六斑玉筋鱼 *Ammodytes hexapterus*	○		○
绵鳚科 Zoarcidae			
半花裸鳚 *Gymnelus hemifasciatus*	○	○	
阿氏狼绵鳚 *Lycodes adolfi*		○	
黏狼绵鳚 *Lycodes mucosus*	○		
枝条狼绵鳚 *Lycodes palearis*	○		○
北极狼绵鳚 *Lycodes polaris*	○	○	
紫斑狼绵鳚 *Lycodes raridens*	○	○	
箭狼绵鳚 *Lycodes Sagittarius*		○	○
半裸狼绵鳚 *Lycodes seminudus*		○	
线鳚科 Stichaeidae			
中间弧线鳚 *Anisarchus medius*	○	○	
四线蛇线鳚 *Eumesogrammus praecisus*	○		○
斑细鳚 *Leptoclinus maculatus*	○		
斑鳍北鳚 *Lumpenus fabricii*	○	○	○
北极单线鳚 *Stichaeus punctatus*		○	
八角鱼科 Agonidae			
北极胶八角鱼 *Ulcina olrikii*	○	○	○
杜父鱼科 Cottidae			
大西洋杜父鱼 *Artediellus atlanticus*		○	
粗糙钩杜父鱼 *Artediellus scaber*		○	
强棘杜父鱼 *Enophrys diceraus*	○	○	
东方裸棘杜父鱼 *Gymnocanthus tricuspis*	○	○	○
横带杂鳞杜父鱼 *Hemilepidotus papilio*	○		○
项棘冰杜父鱼 *Icelus spatula*	○		○
短角床杜父鱼 *Myoxocephalus scorpius*	○	○	○
平氏鲉杜父鱼 *Triglops pingeli*	○		

续表

种名	出现地		
	白令海	楚科奇海	白令海峡
圆鳍鱼科 Cyclopteridae			
眶刺狮子鱼 *Eumicrotremus orbis*	○		○
棘皮油鱼科 Hemitripteridae			
暗色帆鳍杜父鱼 *Nautichthys pribilovius*		○	
狮子鱼科 Liparidae			
林氏短吻狮子鱼 *Careproctus reinhardti*	○	○	○
蚓蚪狮子鱼 *Liparis fabricii*	○	○	
细尾狮子鱼 *Liparis gibbus*	○		
奥霍狮子鱼 *Liparis ochotensis*	○		○
格陵兰狮子鱼 *Liparis tunicata*	○		
隐棘杜父鱼科 Psychrolutidae			
极地拟杜父鱼 *Cottunculus microps*		○	
鲽科 Pleuronectidae			
粗壮拟庸鲽 *Hippoglossoides robustus*	○	○	
北爱尔兰双线鲽 *Lepidopsetta polyxystra*	○		○
东白令海刺黄盖鲽 *Limanda aspera*	○	○	○
黄腹鲽 *Pleuronectes quadrituberculatus*	○		
马舌鲽 *Reinhardtius hippoglossoides*		○	

注：○代表有出现。

附录 7-2 各种类适温性、栖息环境、经济价值、洄游性和分布区域

种名	生态特征				
	适温性	栖息环境	经济性	洄游性	分布区域
鳐科 Rajidae					
尾棘深海鳐 *Bathyraja parmifera*	SCW	CSD	0	0	BS OS JS JES
巨口鱼科 Stomiidae					
马康氏蝰鱼 *Chauliodus macouni*	CT	OBP	0	0	BS OS JS HBS JES
鲱科 Clupeidae					
太平洋鲱 *Clupea pallasi*	CT	CSP	1	1	BS CS OS JS HBS JES
鳕科 Gadidae					
北极鳕 *Arctogadus glacialis*	CW	OBP	1	0	CS NAG
北鳕 *Boreogadus saida*	SCW	CSD	1	1	BS CS NAG
玉筋鱼科 Ammodytidae					
六斑玉筋鱼 *Ammodytes hexapterus*	CT	CSB	1	1	BS CS OS JS HBS NAG JES
绵鳚科 Zoarcidae					
半花裸鳚 *Gymnelus hemifasciatus*	SCW	CSD OBD	0	0	BS CS
阿氏狼绵鳚 *Lycodes adolfi*	SCW	CSD	0	0	CS NAG
黏狼绵鳚 *Lycodes mucosus*	CW	CSD	0	0	BS CS OS NAG
枝条狼绵鳚 *Lycodes palearis*	SCW	CSD	0	0	BS CS OS JS
北极狼绵鳚 *Lycodes polaris*	SCW	CSD	0	0	BS CS NAG
紫斑狼绵鳚 *Lycodes raridens*	SCW	OBD	0	0	BS CS OS
箭狼绵鳚 *Lycodes Sagittarius*	CW	OBD	0	0	CS NAG
半裸狼绵鳚 *Lycodes seminudus*	CW		0	0	CS NAG
线鳚科 Stichaeidae					
中间弧线鳚 *Anisarchus medius*	SCW	CSD	0	0	BS CS NAG JES
四线蛇线鳚 *Eumesogrammus praecisus*	SCW	CSB	0	0	BS CS NAG
斑细鳚 *Leptoclinus maculatus*	SCW	CSD	0	0	BS CS OS NAG
斑鳍北鳚 *Lumpenus fabricii*	SCW	CSD	0	0	BS CS NAG
北极单线鳚 *Stichaeus punctatus*	SCW	CSD	0	0	BS CS NAG
八角鱼科 Agonidae					
北极胶八角鱼 *Ulcina olrikii*	SCW	CSD	0	0	BS CS NAG
杜父鱼科 Cottidae					
大西洋杜父鱼 *Artediellus atlanticus*	SCW	CSD	0	0	CS NAG
粗糙钩杜父鱼 *Artediellus scaber*	SCW	CSD	0	0	BS CS NAG
强棘杜父鱼 *Enophrys diceraus*	SCW	CSD	0	0	BS CS OS JS JES
东方裸棘杜父鱼 *Gymnocanthus tricuspis*	SCW	CSD	0	0	BS CS NAG
横带杂鳞杜父鱼 *Hemilepidotus papilio*	SCW	CSD	0	0	BS CS OS JES
项棘冰杜父鱼 *Icelus spatula*	SCW	CSD	0	0	BS CS OS NAG
短角床杜父鱼 *Myoxocephalus scorpius*	SCW	CSD	0	0	BS CS OS NAG
平氏鲉杜父鱼 *Triglops pingeli*	SCW	CSD	0	0	BS CS OS NAG JES

续表

种名	生态特征				
	适温性	栖息环境	经济性	洄游性	分布区域
圆鳍鱼科 Cyclopteridae					
眶刺狮子鱼 *Eumicrotremus orbis*	SCW	CSD	0	0	BS CS OS JES
棘皮油鱼科 Hemitripteridae					
暗色帆鳍杜父鱼 *Nautichthys pribilovius*	SCW	CSD	0	0	BS CS OS JS JES
狮子鱼科 Liparidae					
林氏短吻狮子鱼 *Careproctus reinhardti*	SCW	OBD	0	0	CS NAG
蝌蚪狮子鱼 *Liparis fabricii*	SCW	OBD	0	0	CS NAG
细尾狮子鱼 *Liparis gibbus*	SCW	CSD	0	0	BS CS NAG
奥霍狮子鱼 *Liparis ochotensis*	CT	CSD	0	0	BS OS JS JES
格陵兰狮子鱼 *Liparis tunicata*	SCW	CSD	0	0	BS CS NAG
隐棘杜父鱼科 Psychrolutidae					
极地拟杜父鱼 *Cottunculus microps*	CT	OBD	0	0	CS NAG
鲽科 Pleuronectidae					
粗壮拟庸鲽 *Hippoglossoides robustus*	SCW	CSD	0	1	BS CS OS JS JES
北爱尔兰双线鲽 *Lepidopsetta polyxystra*	SCW	CSD	0	0	BS OS JES
东白令海刺黄盖鲽 *Limanda aspera*	CT	CSD	1	0	BS CS OS JS HBS JES
黄腹鲽 *Pleuronectes quadrituberculatus*	SCW	CSD	1	0	BS CS OS JS JES
马舌鲽 *Reinhardtius hippoglossoides*	SCW	CSB	1	1	BS CS OS JS NAG JES

注:①适温性:冷温性(CT)、亚寒性(SCW)、寒性(CW);

②栖息环境:大陆架底层(CSD)、大洋底层(OBD)、大陆架中底层(CSB)、大洋中底层(OBP)、大陆架中上层(CSP);

③经济性、洄游性:有(1)、无(0);

④分布区域:白令海(BS)、楚科奇海(CS)、鄂霍次克海(OS)、日本海(JS)、日本东部海域(JES)、黄渤海(BHS)、北大西洋东格陵兰(NAG)。

附录 7-3 对生态环境变化产生响应的种类及其变化情况

种类	本次调查出现站位	调查分布范围情况
鳐科 Rajidae 尾棘深海鳐 *Bathyraja parmifera*	SL01 SL02 SL03 (M6 M7)	成鱼接近分布范围最北端，鱼卵超越分布范围
巨口鱼科 Stomiidae 马康氏蝰鱼 *Chauliodus macouni*	B07	北太平洋区系物种，接近分布范围最北端
绵鳚科 Zoarcidae 紫斑狼绵鳚 *Lycodes raridens*	BB06 BS05 NB09-NB10 NB09-NB10B SR09	接近分布范围最北端
狮子鱼科 Liparidae 奥霍狮子鱼 *Liparis ochotensis*	NB08	北太平洋区系物种，接近分布范围最北端
鲽科 Pleuronectidae 粗壮拟庸鲽 *Hippoglossoides robustus*	B14 BB02 BB06 BS05 BS08 NB08 NB08B NB09-NB10 R06 R08 SL01…SL06 SL09 SR03 SR09	北太平洋-西北冰洋区系物种，接近分布范围最北端
鲽科 Pleuronectidae 北爱尔兰双线鲽 *Lepidopsetta polyxystra*	BS02 BS05 SL06	北太平洋区系物种，接近分布范围最北端
鲽科 Pleuronectidae 马舌鲽 *Reinhardtius hippoglossoides*	M07	主要分布区为白令海，仅在楚科奇海陆架发现
狮子鱼科 Liparidae 蝌蚪狮子鱼 *Liparis fabricii*	B14 BB06 BS05 BS08 M06 NB08 NB08B NB09-NB10 NB09-NB10B SL01 SL02 SL04 SL05 SR11 SR12	为大西洋—北冰洋区系物种，在 B14 等 12 个白令海站位上发现
狮子鱼科 Liparidae 林氏短吻狮子鱼 *Careproctus reinhardti*	B14 M07 SR11	为大西洋—北冰洋区系物种，在 B14 站位有发现

注：括号内为鱼卵出现的站位。

第8章 北极沉积特征与古气候环境演化

北极地区是世界大洋冷而致密的中层和底层水源，海冰覆盖使得北极地区对全球气候变化具有非常明显的放大效应，而北冰洋的环境变化将影响全球的大洋环流，从而对全球气候变化产生重要的影响。常年海冰的覆盖是北极地区最大的环境特征，海冰阻隔了海洋与大气的能量交换。近年来，北极海冰的覆盖面积、厚度和密集度都发生了快速减小，导致海洋吸收太阳辐射能的增加，对气候变化产生正反馈效应，对全球气候产生显著的影响（赵进平等，2009）。北极地区作为全球系统的一部分，是全球气候变化的驱动器和响应器之一（Moritz et al.，2002；陈立奇，2003），对于全球气候变化更为敏感（Serreze et al.，2011）。通过对北极沉积物的研究，可以获得古海洋、古气候环境等方面的重要信息，从宏观上了解全球的气候变化和地质过程，为更全面地认识海洋地质过程提供科学依据。

本章研究资料主要来源于中国第四次以及首次、第二次和第三次北极科学考察在白令海和北冰洋西部采集的沉积物样品。主要针对白令海和西北冰洋西部悬浮体特征、表层沉积物特征及其沉积环境指示意义，白令海和北冰洋古海洋与古气候变化等内容开展研究，追踪北极海域过去与近代的环境变化，对进一步认识北极在全球变化中的作用具有重要的参考意义。

8.1 悬浮体特征

8.1.1 楚科奇海悬浮体含量分布及其颗粒组分特征

悬浮体是指悬浮在水体中的，粒径大于0.45 μm的一切颗粒物，包括陆源碎屑颗粒、生物碎屑、各种絮凝体等(Turner et al.，2002)。海水中悬浮体含量由水动力条件、物理化学过程、生物过程等控制(Trimble et al.，2005；Qiao et al.，2011；Zuo et al.，2012)。悬浮体中的细颗粒物，是多种污染物和营养盐的主要携带者(Zwolsman et al.，1999；Kawahata et al.，2002；Anschutz et al.，2009)。也是陆架和洋盆沉积的主要物质来源。进行海水中悬浮体分布、颗粒组成及其成因的研究，对深远海沉积过程、污染物输送、海底物质循环、输出生产力、生态系统等的研究具有重要科学意义(Velegrakis et al.，1999；Antia et al.，1999；Lartiges et al.，2001；Suzumura et al.，2004；Bian et al.，2010；刘升发等，2011)。

楚科奇海位于西北冰洋，太平洋不同性质的海水经白令海峡进入楚科奇海后，受地形的影响分成3支向北流(Weingartner et al.，2005；Grebmeier，2006)，其所携带的陆源碎屑颗粒、营养盐和浮游生物等随洋流迁移，对楚科奇海沉积物、营养盐和生物分布等产生影响。已有的研究表明，楚科奇海表层沉积物中的生源和陆源组分存在地域差异(Ashjian et al.，2005；李宏亮等，2007；王汝建等，2007；孙烨华等，2011；冉莉华等，2012)。了解楚科奇海悬浮体的分布及成因，有助于对楚科奇海沉积特征及古海洋的研究。有关楚科奇海悬浮体研究的报道，多见于颗粒有机碳输出或利用放射性方法研究输出生产力时，对楚科奇海北部陆坡坡折带海域悬浮体浓度分布的研究，而对悬浮体颗粒物组成的研究(Lepore et al.，2007；Lepore et al.，2009；Chen et al.，2012；Moran et al.，2005)，报道较少。本章节以中国第四次北极科学考察期间所采集到的楚科奇海悬浮体样品为基础，对海悬浮体浓度分布、颗粒组成及其控制因素进行研究。

8.1.1.1 材料与方法

2010年7月中国第四次北极科学考察期间，对楚科奇海23个站位进行了悬浮体调查(图8-1)。悬浮体调查的海水样品是由SBE 911 plus CTD/采水系统采集到甲板后，分装不同层位的海水进行悬浮体海水过滤。除10R02和10CC8两个站位分表、中、底三层采水样外，其余21个调查站位，均分为表、底、中间2层共4个层位采集水样(表8-1)。在采集水样的同时，SBE 911 plus CTD记录了各层位的温度和盐度。悬浮体调查的海水样量用量筒量取，一般为2 000 mL，个别层位为1 300 mL。水样用事先已经称量至衡重的滤膜(Millipore醋酸纤维滤膜，孔径0.45 μm，直径47 mm)抽滤后，用蒸馏水洗盐3次，过滤后的滤膜在-20℃冰箱中冷冻保存。室内用冷冻真空干燥机将滤膜干燥后，用十万分之一的电子天平称至衡重。各层位海水悬浮体质量浓度SPM(mg/L)计算如下：

$$SPM = \frac{Mp - Ms - \Delta M}{V} \tag{8-1}$$

式中，Mp 为滤后膜重，单位为 mg；Ms 为滤前膜重，单位为 mg；ΔM 为空白膜校正值，单位为 mg；V 为过滤水样体积，单位为 L。

悬浮体颗粒组分特征分析，是将干燥称重后的滤膜，用电子探针对滤膜上的颗粒物进行图像扫描。

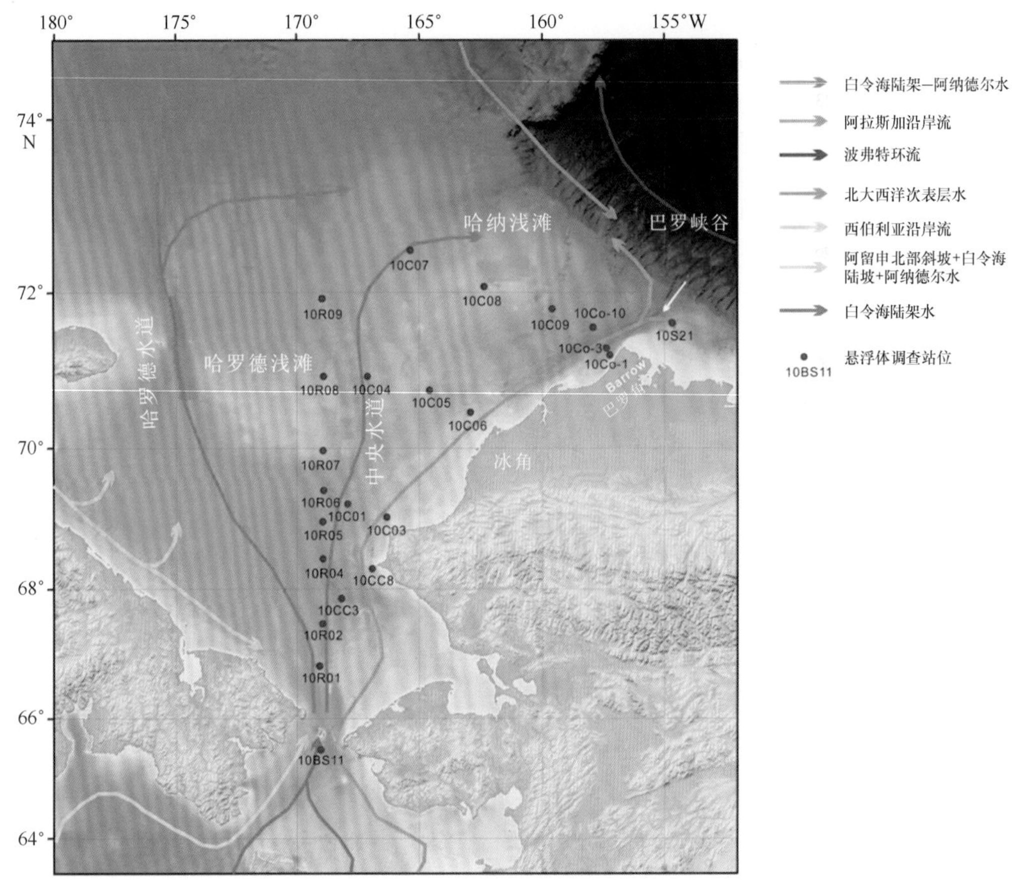

图 8-1　楚科奇海悬浮体调查站位及洋流分布

表 8-1　楚科奇海各站位悬浮体含量、温度和盐度

站位	纬度(°) N	经度(°) E	采样水深 (m)	悬浮体含量 (mg/L)	温度 (℃)	盐度	站位	纬度(°) N	经度(°) E	采样水深 (m)	悬浮体含量 (mg/L)	温度 (℃)	盐度
10BS11	65.50383	-168.97150	3	0.33	4.59	32.33	10C05	70.76000	-164.72833	3	0.00	4.82	30.44
			17	1.07	3.88	32.51				10	0.00	4.43	30.73
			30	1.11	3.11	32.64				22	0.44	-0.08	32.38
			49	2.95	1.74	32.61				30	0.00	-0.49	32.44
10R01	67.00100	-169.01000	5	1.37	3.40	32.25	10R08	71.00317	-168.98017	3	0.59	0.86	30.35
			18	1.14	3.11	32.71				13	0.98	-1.59	31.91

续表 8-1

站位	纬度(°) N	经度(°) E	采样水深 (m)	悬浮体含量 (mg/L)	温度 (℃)	盐度	站位	纬度(°) N	经度(°) E	采样水深 (m)	悬浮体含量 (mg/L)	温度 (℃)	盐度
			30	1.77	2.55	32.70				23	4.99	-1.64	32.33
			42	3.20	2.52	32.70				39	0.65	-1.72	32.94
10R02	67.50133	-169.00767	3	0.00	5.01	31.99	10C04	71.01183	-167.02983	3	0.00	4.18	29.96
			20	1.86	2.19	32.19				10	0.00	4.39	31.53
			44	0.47	2.19	32.21				28	1.69	0.02	32.53
10CC3	67.89867	-168.23617	5	0.00	5.14	31.89				42	2.35	0.02	32.53
			15	0.00	5.13	31.88	10Co-1	71.24680	-157.15880	40	1.13	3.25	32.07
			30	0.06	0.84	32.10				5	0.00	2.69	30.39
			51	2.28	0.94	32.14				10	0.48	2.94	31.18
10CC8	68.20000	-166.96333	5	0.00	6.78	30.99				30	1.62	3.25	32.07
			20	0.38	4.14	31.67	10Co-03	71.33183	-157.31550	5	0.33	2.42	30.62
			30	0.48	3.98	31.71				20	0.59	1.72	32.26
10R04	68.50000	-169.00000	3	0.00	5.86	31.87				50	0.00	0.58	32.53
			10	0.10	5.98	31.87				87	1.06	0.12	32.70
			30	0.00	2.44	32.02	10Co-10	71.62017	-157.92683	5	0.91	3.48	29.21
			50	0.42	1.18	32.13				15	0.00	0.41	29.96
10R05	69.00000	-169.00000	3	0.13	4.98	31.78				30	0.77	-0.50	31.37
			20	0.00	4.83	31.75				50	0.22	-0.91	32.22
			30	0.00	1.36	32.03	10S21	71.62350	-154.72217	5	0.35	1.91	29.91
			48	0.15	0.21	32.33				15	1.06	4.35	31.65
10C03	69.02750	-166.46617	3	0.00	4.72	31.34				25	0.77	4.39	31.87
			10	0.00	4.18	31.60				42	0.93	3.48	32.26
			20	0.06	2.48	31.82	10C09	71.81383	-159.71467	3	2.74	-1.21	29.33
			30	1.03	2.16	31.85				10	0.00	-1.22	29.37
10C01	69.22200	-168.12600	15	0.13	2.40	31.92				20	0.00	-0.80	30.59
			5	0.00	5.83	30.98				46	2.69	-1.23	32.84
			25	0.00	1.38	31.95	10R09	71.96333	-168.94000	3	1.18	-1.21	29.98
			35	0.15	0.29	32.23				13	1.55	-1.43	31.06
			46	4.97	-0.30	32.44				30	1.59	-1.73	32.89
10R06	69.50000	-168.98333	3	0.00	5.21	31.06				47	1.34	-1.73	32.92
			10	0.00	3.82	31.92	10C08	72.10517	-162.37900	3	0.00	-0.82	28.14
			36	0.44	-0.71	32.66				10	2.78	-0.56	28.38
			48	0.00	-0.78	32.70				20	0.00	1.97	32.29
10R07	69.97883	-168.98300	3	0.01	0.23	27.69				30	1.52	-1.27	32.54
			10	1.44	-0.96	28.86	10C07	72.54117	-165.32567	5	0.42	-0.46	29.12
			20	0.85	-1.59	32.22				15	0.07	-1.63	32.77
			34	1.80	-1.68	32.78				26	3.70	-1.63	32.77
10C06	70.51667	-162.76333	3	0.03	5.33	32.09				46	1.37	-1.72	33.05
			13	0.00	5.33	32.09							
			20	0.17	5.24	32.16							
			30	6.73	2.90	32.68							

8.1.1.2 楚科奇海悬浮体含量平面分布

由滤膜称重结果计算的楚科奇海悬浮体浓度在0~6.73 mg/L之间(表8-1)。其中,表层海水中的悬浮体浓度低于底层海水的,表层海水的悬浮体浓度变化范围为0~2.74 mg/L,而底层海水的悬浮体浓度变化范围为0~6.73 mg/L。楚科奇海南部靠近白令海峡的海域、楚科奇海中北部和东北部海域,其表层海水中的悬浮体含量相对较高,而楚科奇海中部海域,表层海水的悬浮体含量整体较低。楚科奇海南部靠近白令海峡的海域、阿拉斯加 Icy Cape 外侧、楚科奇海中部海域局部的底层海水悬浮体含量相对较高(图8-2~图8-4)。

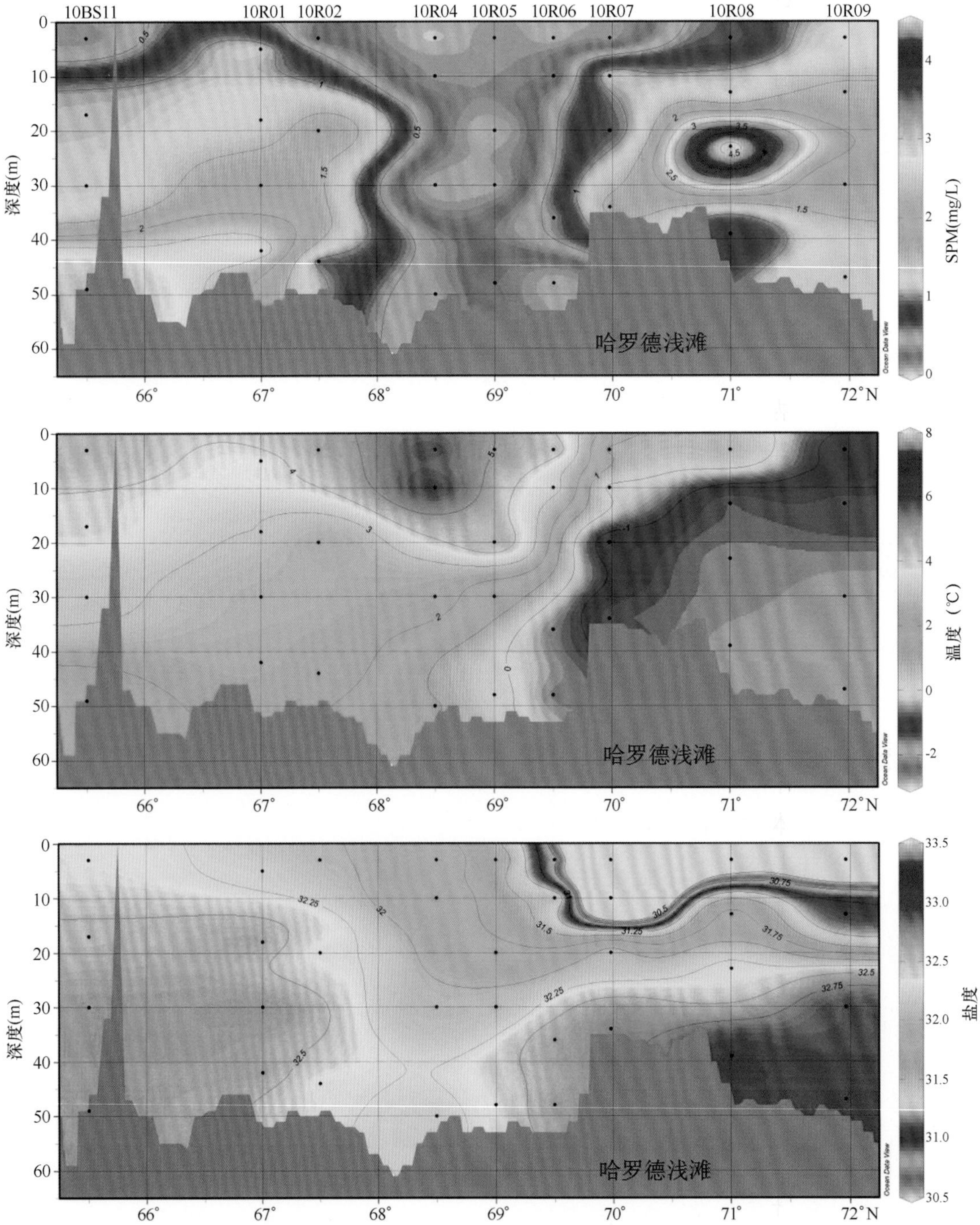

图8-2 楚科奇海中部南北向断面1悬浮体含量(SPM)、温度、盐度分布

8.1.1.3 楚科奇海悬浮体含量断面分布

断面可反映不同层位悬浮体含量的分布。根据悬浮体调查站位的分布，本章节选择3条断面对楚科奇海悬浮体含量变化进行分析。其中，断面1为沿经度169°W南北向展布，自南向北由10BS11、10R01、10R02、10R04~10R09共9个站位组成，其中，最南端的10BS11站位位于白令海峡。断面2位于楚科奇海东北部，近北西向展布，自西北向东南由10C07、10C08、10C09、10Co-10、10Co-3和10Co-1共6个站位组成。断面3位于楚科奇海中东部，自冰角（Icy Cape）近北西向延伸，自西北向东南依次由10R08、10C04~10C06共4个站位组成。以下为这3条断面悬浮体含量、温度和盐度分布特征。

楚科奇海中部南北向展布的断面1悬浮体含量变化见图8-2。由图可知，白令海峡至楚科奇海南部和楚科奇海中北部，为2个悬浮体含量高值区，楚科奇海中部表、中、底层海水中的悬浮体含量均很低，将这2个悬浮体含量高值区隔断。断面1上南部白令海峡和楚科奇海南部的悬浮体高含量区，其40 m以深的底部悬浮体含量最高，含量大于2.5 mg/L，向上悬浮体含量逐渐降低。而楚科奇海中北部的悬浮体含量高值区，15~35 m的中层海水中悬浮体含量最高，向表、底层悬浮体含量降低。海水温度在断面1上表现为表层高于底层，南部高于北部的变化趋势。盐度在断面1上的变化趋势和悬浮体的变化相似，呈南北高、中部低的特征，且底层海水盐度高于表层，尤其是在69.5°N以北，10 m以浅的浅表层海水盐度低于31，这与海冰的融化有关。

断面2穿过哈纳浅滩（Hannal Shoal）和巴罗峡谷（Barrow Canyon）。该断面上悬浮体呈高、低相间的层状分布（图8-3）。在哈纳浅滩两侧25 m以深的中下层海水，有一高悬浮体层。该高悬浮体层在哈纳浅滩西侧的10C07站位26 m深处含量最高，与10C07站位较近的10R09、10R08站位相似，说明该高悬浮体含量层在楚科奇海中北部区域上存在。由位于巴罗峡谷内的10Co-1、10Co-3站位以及峡谷西侧的10Co-10站位悬浮体含量的分布可知，巴罗峡谷70 m以深的底层和20~40 m水深的中上层海水中悬浮体含量相对较高，20 m以浅的浅表层和40~70 m之间的中下层悬浮体含量极低。从悬浮体断面分布图上可以看出，巴罗峡谷底层的高悬浮体层不是哈纳浅滩中下层的高悬浮体层向东的扩散，因为10Co-10站位中下层悬浮体浓度极低，隔断了哈纳浅滩和巴罗峡谷底的高悬浮体层。阿拉斯加沿岸和巴罗峡谷20 m以浅的浅表层海水中的悬浮体含量极低，该低悬浮体层向西远离岸线方向下沉，使哈纳浅滩15~25 m的中层海水中的悬浮体含量降低。从温度剖面上也可以看出，哈纳浅滩中层的相对高温的海水与沿岸相对高温的浅表层水相连。盐度剖面也显示，10Co-10站底层海水盐度较巴罗峡谷和哈纳浅滩底层海水的盐度低，将这个底层高盐度海水分割。且巴罗峡谷底层海水盐度不超过32.5，而哈纳浅滩底层海水的盐度高于32.5。

断面3的悬浮体在靠近阿拉斯加沿岸一侧的25 m以深的中下层水体中含量较高，向上至表层和向西北远离岸线方向，悬浮体含量迅速降低，至10C05站，表、中、底层海水中的悬浮体含量均较低（图8-4）。再向西，中下层海水中的悬浮体含量又逐渐升高。断面3温度分布表现为表层高于底层，并自阿拉斯加沿岸向楚科奇海中部温度逐渐降低。断面3盐度分布呈底层高于表层，底层海水盐度以10C05站最低，向东和向西盐度逐渐增大。

8.1.1.4 楚科奇海悬浮体颗粒组分特征

通过对楚科奇海不同区域采集的悬浮体滤膜进行电镜分析发现，楚科奇海不同海域悬浮体

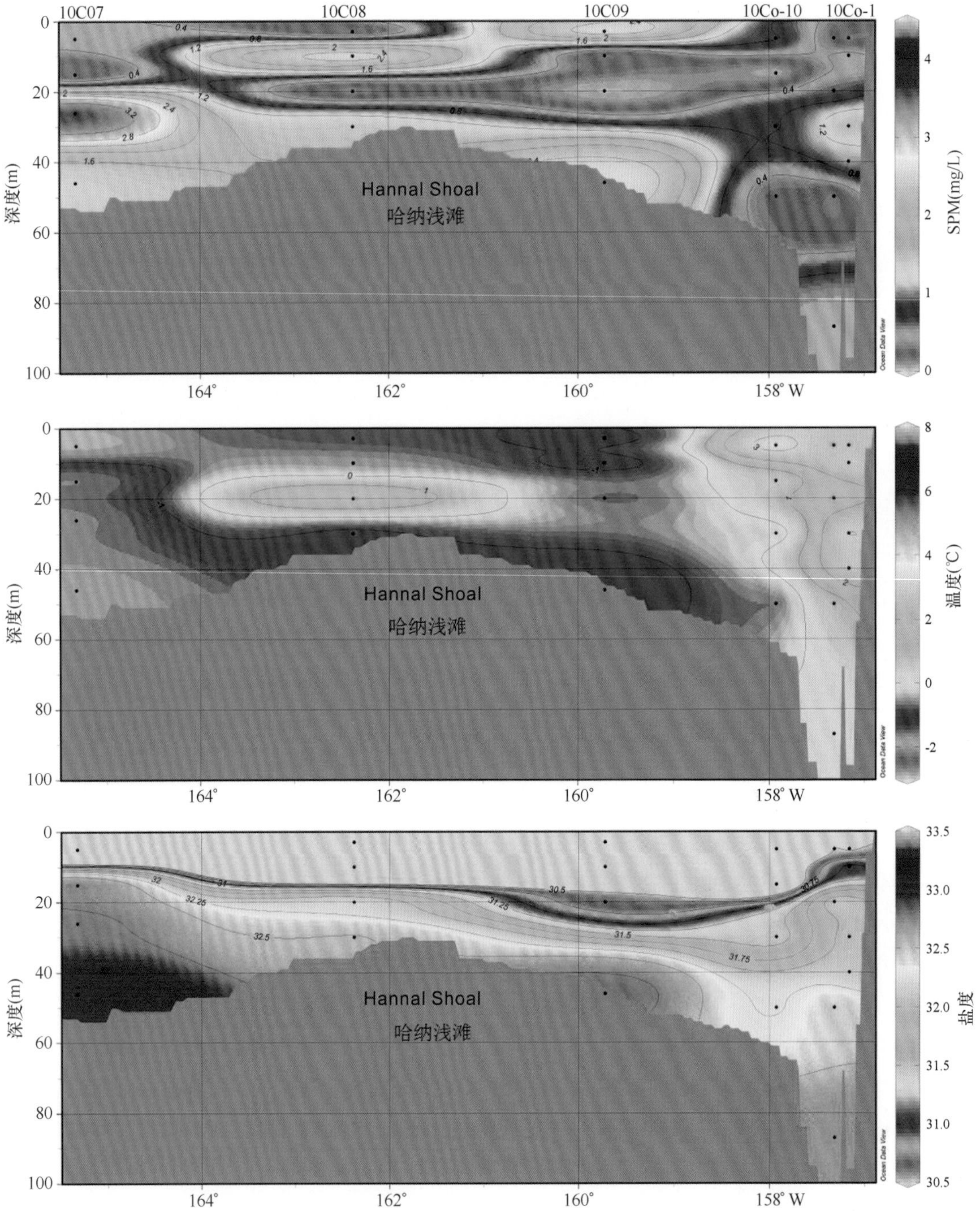

图 8-3　楚科奇海东北部断面 2 悬浮体(SPM)、温度、盐度分布

颗粒组分不同。楚科奇海南部和中北部中下层海水中含悬浮体含量层,其悬浮体以硅藻为主,碎屑颗粒物次之。从扫描电镜照片还清楚显示楚科奇海南部和楚科奇海中北部这两个高悬浮体含量层中硅藻的组成有明显的不同。楚科奇海南部的硅藻,以中心纲的硅藻为主(图 8-5a),而楚科奇海中北部的硅藻,除中心纲的硅藻种属外,还有羽纹纲的种属(图 8-5b)。巴罗峡谷和阿拉斯加沿岸悬浮颗粒物,主要以碎屑矿物为主,含少量浮游生物或生物碎屑(图 8-5c)。楚科奇海中部低悬浮体含量区域,其悬浮颗粒物以生物碎屑为主,浮游生物含量极少(图 8-5d)。

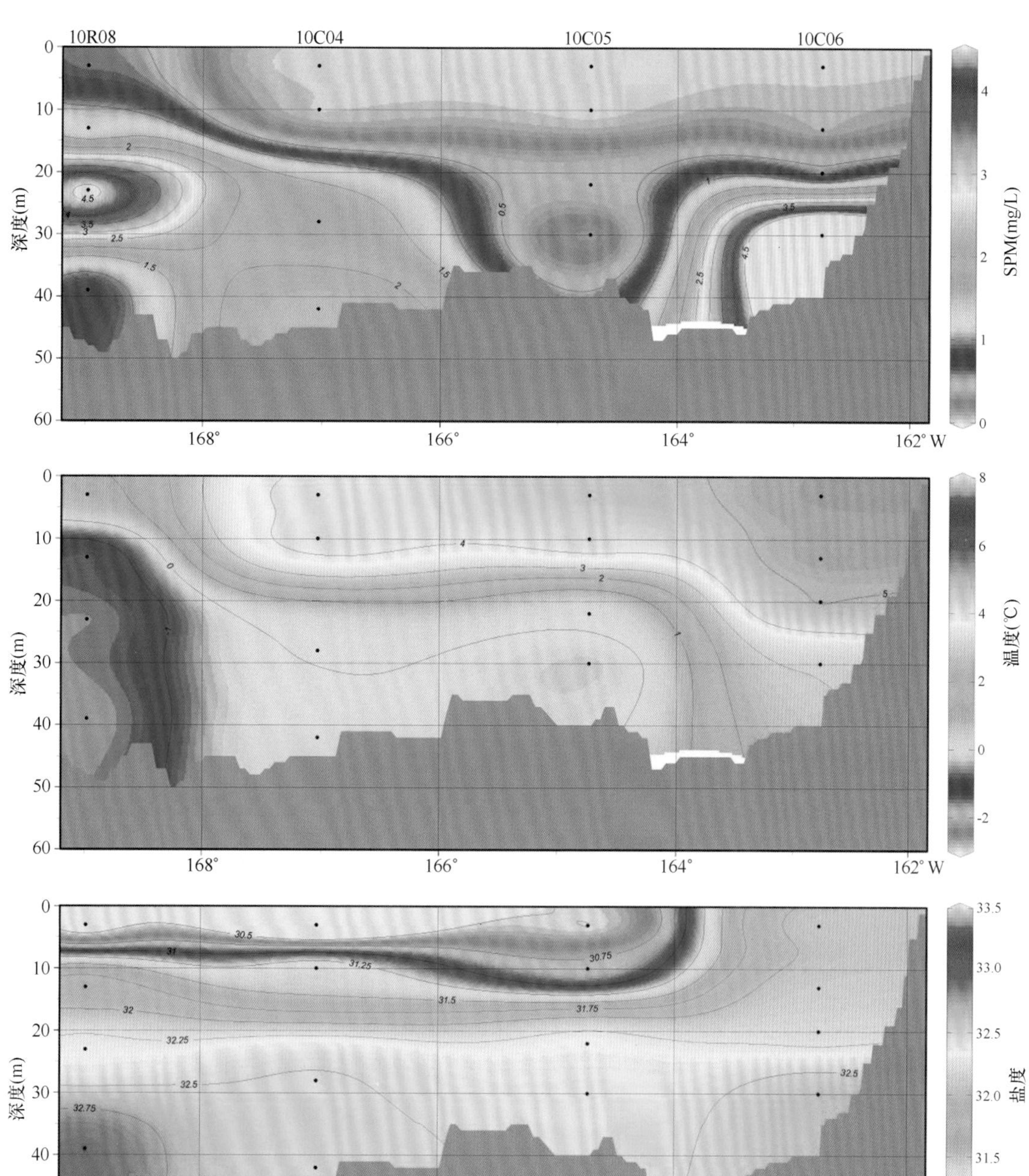

图 8-4 楚科奇海中东部断面 3 悬浮体(SPM)、温度、盐度分布

8.1.1.5 楚科奇海悬浮体特征讨论

楚科奇海悬浮体含量空间分布显示楚科奇海南部靠近白令海峡海域、楚科奇海中北部海域中下层海水中悬浮体含量最高,并以浮游硅藻为主。这两处以浮游硅藻为主的高悬浮体含量海域,其海底表层沉积物中的蛋白石含量也较高(王汝建等, 2007),说明楚科奇海沉积物中硅藻的来源,主要是原地海水中浮游硅藻沉降而来的。楚科奇海南部和中北部这两处以硅藻为主的高悬浮体含量海域应常年夏季存在。2003 年中国北极科考调查结果显示,沿本章节断面 1 南

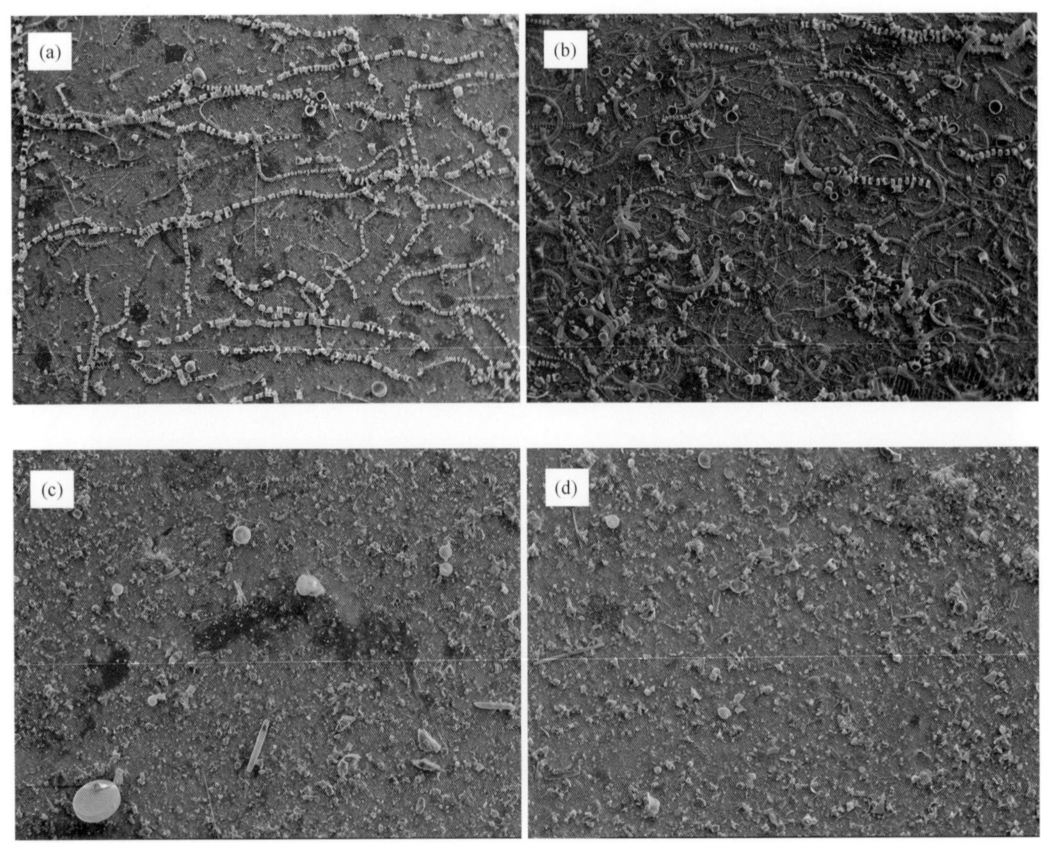

图 8-5　楚科奇海典型悬浮体颗粒组分扫描电镜照片

(a)10R01,5 m;(b)10R09,30 m;(c)10Co-10,15 m;(d)10R05,48 m

北向剖面上,海水中的颗粒硅含量和硅酸盐含量分布,与本章节中的悬浮体含量分布趋势一致,自南向北呈高—低—高的分布模式,并在楚科奇海中部含量最低(李宏亮等, 2007)。

通过悬浮体颗粒组分分析显示,楚科奇海南部和中北部悬浮体中硅藻的组合有差异,而且,这两个浮游硅藻繁盛区在空间上是分割的。同时,温度和盐度资料也显示,楚科奇海南部和中北部海域受不同的水团影响,因此,楚科奇海洋流和水团对楚科奇海南部和中北部以浮游硅藻为主的悬浮体起控制作用。

楚科奇海南部悬浮体以中心纲的浮游硅藻为主。断面 1 显示楚科奇海南部海水的温度和盐度自南向北逐渐降低,这与北太平洋海水经白令海峡流入楚科奇海南部后继续向北的扩散过程中热量的散失有关。有 2 股海流经白令海峡流入楚科奇海,其中,西侧靠近俄罗斯一侧的阿纳德尔流(Anadyr Water)与东侧阿拉斯加沿岸流(Alaska Coastal Water)相比,呈相对低温、高盐、富营养盐(Grebmeier, 2006;王汝建等, 2007;Woodgate et al., 2005)。阿纳德尔流水团中的硅藻属种,与楚科奇海南部海域的相似,表明楚科奇海南部断面 1 上的浮游硅藻,有部分是随阿纳德尔流侵入楚科奇海南部的,此外,也不排除从白令海峡西侧流入的阿纳德尔流的营养盐、温度和盐度,适合硅藻的生长环境,和白令海西北部海域相同优势种的硅藻繁盛。

楚科奇海中北部悬浮体中的硅藻,除中心纲的硅藻种属外,还含有大量的羽纹纲的硅藻。断面 1 的悬浮体、盐度表明楚科奇海南部与中北部的硅藻受不同的水团控制。与楚科奇海南部的海水相比较,楚科奇海中北部中下层海水的温度更低,但盐度相对较高。北大西洋中层水具有低温高盐的特征，并在楚科奇海北部自西向东流的过程中，可沿陆坡爬升(Greene et al.，2007)，但是，北大西洋中层水贫营养盐，而且多位于陆坡100 m水深以下(即上部温盐跃层之下)(Cooper et al.，1997)，本章节楚科奇海中北部硅藻含量高的海域，水深在50 m左右，因此，可以断定，楚科奇海中北部的低温、高盐海水，非北大西洋来源的。前人研究表明，富营养盐的阿纳德尔流进行楚科奇海后，受地形的影响，一支向西偏转，经楚科奇海西部的哈罗德水道(Herald Valley)向北流东，在约71°N，该海流在哈罗德浅滩北侧向东偏转，进入楚科奇海中北部(Woodgate et al.，2005；Nikolopoulos et al.，2009；Winsor et al.，2004)；另一支经哈罗德浅滩东侧的中央水道(Central Channel)向北流，流经哈纳浅滩西侧后，沿哈纳浅滩北侧折向东流(Weingartner et al.，2005，Grebmeier et al.，2006，Nikolopoulos et al.，2009)。因此，楚科奇海中北部适宜硅藻生长的富营养盐的高盐度海水，仍为经白令海峡输入的太平洋海水，但与楚科奇海南部富营养盐的太平洋输入海水相比，其温度更低、盐度更高，其原因是楚科奇海南部的富营养盐的海水是夏季经白令海峡输入的，而楚科奇海中北部的高盐度海水，是楚科奇海冬季残留水。在冬季，白令海周边陆上淡水输入量减少，海水的盐度增大，而且，表层海水结冰也导致海冰下海水的盐度增大。Cooper等(1997)认为太平洋海水穿越楚科奇海陆架，至少需3~4个月。高盐度的白令海冬季海水在海冰融化前就已经流至楚科奇海中北部，当楚科奇海中北部海冰消融后，表层形成密度较轻的低盐度海水，形成温盐跃层，限制海水的对流，使得楚科奇海中北部夏季中下层海水呈低温、高盐、富营养盐的特征(Cooper et al.，1997)，这也使得楚科奇海中北部海水中的硅藻与楚科奇海南部海水中的硅藻在属种上的差异。

阿拉斯加沿岸和巴罗峡谷近底层海水中的悬浮体含量较楚科奇海南部和中北部的悬浮体含量低，其悬浮体颗粒为陆源和生物碎屑颗粒为主。这一方面与经白令海峡东侧进入楚科奇海并沿阿拉斯加沿岸经巴罗峡谷进入加拿大海盆的阿拉斯加沿岸流的营养盐含量较低，导致浮游生物较少有关，另一方面，与阿拉斯加一些小河流流入楚科奇海所携带的陆源悬浮颗粒物有关。由于悬浮体颗粒成分和来源的差异，使得阿拉斯加沿岸和巴罗峡谷中悬浮颗粒物的^{210}Pb特征与楚科奇海中北部的不同(Lepore et al.，2009；Chen et al.，2012)。

8.1.2 白令海北部悬浮体含量分布及其颗粒组分特征

白令海是太平洋沿岸纬度最高的边缘海，属现代高生产力海区(Berger et al.，1987)，北部通过白令海峡与北冰洋相通，南部以阿留申群岛与太平洋相隔。白令海的海水通过白令海峡进入北冰洋的楚科奇海，对楚科奇海的生态环境起重要作用，因此白令海在北太平洋和北冰洋之间起到重要的桥梁与纽带作用(Shaffer et al.，1994)。由于其独特的地理位置，白令海是北半球乃至全球气候变化过程中的重要一环(Cook et al.，2005；Okazaki et al.，2005)。近年来由于全球气候变化，北极海域的剧烈变化及反馈调节使这一带的海洋科考工作日趋活跃。开展白令海海区悬浮体分布、颗粒组成及其成因的研究，对深远海沉积过程、污染物输送、海底物质循环、输出生产力、生态系统等的研究具有重要科学意义(Turner et al.，2002；Choi et al.，2005；Pang et al.，2001；韦钦胜等，2012；Kawahata et al.，2002；Suzumura et al.，2004；Bian et al.，2010；王汝建等，2004；张海峰等，2014；黄元辉等，2014；Clement et al.，2009；Stabeno et al.，2010)。目前有关白令海悬浮体的研究报道，多集中在研究颗粒有机碳输出或利用放射性方法研究输出生产力时，对白令海悬浮体浓度分布的研究(Cooper et al.，1997；Nikolopoulos et al.，

2009;Lovvorn et al., 2005),而对整个白令海陆架海区悬浮体颗粒分布和组成的系统研究则鲜有报道。本节对白令海悬浮体颗粒进行了电子探针分析,并结合各调查站位的水文调查资料,对白令海悬浮体浓度分布、颗粒组分特征及其成因进行了系统研究,以期反映白令海陆架北部海区现代沉积作用的特点。

8.1.2.1 研究区域概况

白令海北部是一个宽阔的陆架,面积约占白令海总面积的一半,水深小于 200 m。在南部分布科曼多尔(Commander Basin)、巴韦尔斯(Bowers Basin)和阿留申(Aleutian Basin)3 个海盆(Shaffer et al., 1994;Cook et al., 2005;Okazaki et al., 2005)。汇入白令海的河流主要有 3 条,分别是发源于阿拉斯加的卡斯科奎姆河(Kuskokwim River)和育空河(Yukon River),及发源于西伯利亚的阿纳德尔河(Anadyr River)。其中,育空河最长,径流量也最大,年平均流量达 $5\times10^3\ m^3/s$(Scientists et al., 2010;Wang et al., 2012)。

阿留申海流和阿拉斯加沿岸流沿阿留申岛弧外侧向南西西方向流动,部分阿拉斯加流通过阿留申岛弧上众多通道将太平洋的海水输送至白令海(Scientists et al., 2010)。白令海的洋流在南部的阿留申海盆区,其表层和深层的洋流均呈逆时针方向。在白令海陆架上,源自阿留申海流和阿拉斯加沿岸流的海水,分东、中、西三部分向北流,绕过圣劳伦斯岛后经过白令海峡进入楚科奇海。其中,东侧称为阿拉斯加沿岸流,中部的称为白令海陆架水,西侧的称为阿纳德尔流(Clement et al., 2009;Vestfals et al., 2014)(图 8-6)。白令海与北冰洋相连的通道(白令海峡)较浅,而与太平洋相连的通道(堪查加海峡)较深,因此白令海水团结构主要受太平洋水团的影响。

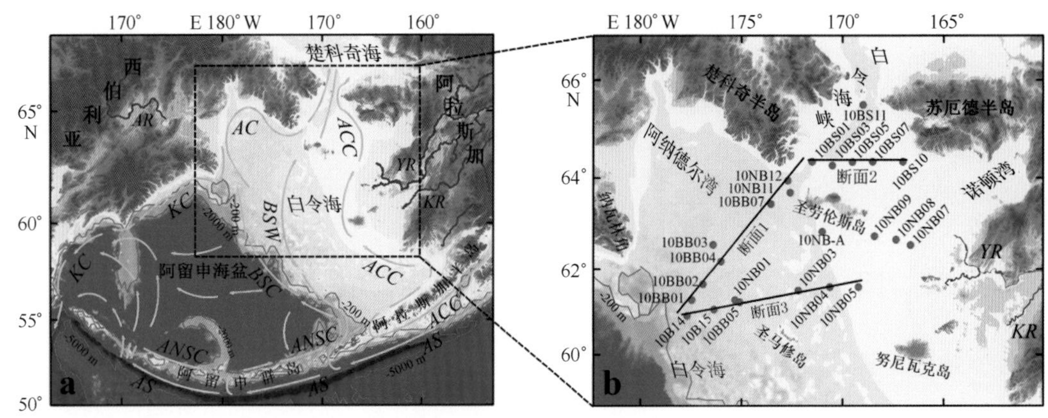

图 8-6 白令海北部悬浮体调查站位及洋流分布,海流分布

根据 Vestfals 等(2014)修改 ACC:阿拉斯加沿岸流(Alaska Coastal Current);AS:阿留申海流(Aleutian Stream);ANSC:阿留申北部陆坡流(Aleutian North Slope Current);BSC:白令海陆坡流(Bering Slope Current);KC:堪察加流(Kamchatka Current);AC:阿纳德尔流(Anadyr Current);BSW:白令海陆架水(Bering Shelf Water);AR:阿纳德尔河(Anadyr River);YR:育空河(Yukon River);KR:卡斯科奎姆(Kuskokwim River)

8.1.2.2 材料与方法

2010 年 7 月 14—24 日中国第四次北极科学考察期间,在白令海陆架北部海区共进行了 24 个站位的悬浮体调查(图 8-6)。除个别站位分表、中、底三层采水样外,绝大部分调查站位,均分为表、底、中间两层共 4 个层位采集水样。

悬浮体调查的海水样品由 SBE 911 plus CTD/采水系统采集，在采集水样的同时，SBE 911 plus CTD 记录了各层位的荧光强度、温度和盐度（余兴光，2011）。荧光强度主要表示海水中活体生物含量的多少，可用来参考活体生物组分对于悬浮体的贡献，本章节荧光强度为实测吸光值并无单位。悬浮体颗粒组分特征分析，是将干燥称重后的滤膜，用电子探针对滤膜上的颗粒物进行图像扫描。所用仪器为日本电子株式会社生产的 JXA-8100 电子探针，工作时加速电压 15 kV，工作距离 11 mm。

8.1.2.3 白令海悬浮体含量平面分布

白令海陆架海域各调查站位悬浮体含量、温度、盐度和荧光数据见表 8-2。由表可知，白令海陆架水域悬浮体含量在 0~5.35 mg/L。其中，表层海水的悬浮体含量低于底层海水的悬浮体含量，表层海水中的悬浮体含量在 0~2.75 mg/L 之间，底层海水中悬浮体含量在 0.29~5.35 mg/L 之间。表层悬浮体的高值区位于圣劳伦斯岛和努尼瓦克岛之间的靠近阿拉斯加沿岸的白令海东侧陆架上，其浓度可达 2.75 mg/L；次高值区位于圣劳伦斯岛以北白令海峡西侧，其浓度可达 1.5 mg/L；圣劳伦斯岛以西海域和研究区的西南海域为表层悬浮体的低值区（图 8-7a）。底层悬浮体的高值区位于圣劳伦斯岛以北的楚科奇半岛沿岸，浓度高达 5.35 mg/L；次高值区位于研究区西南部的圣马修岛西北侧海域，其浓度可达 3.99 mg/L；底层悬浮体低值区位于圣劳伦斯岛西北的阿拉斯加沿岸（图 8-7b）。

表 8-2 白令海陆架北部悬浮体含量、温度、盐度和荧光数据

站位	纬度	经度	采样水深 (m)	悬浮体含量 (mg/L)	温度 (℃)	盐度	荧光
10BS10	64.34°N	167.00°W	3	0.00	6.83	31.22	0.24
			10	0.41	5.09	31.34	0.43
			25	0.54	0.28	32.04	2.33
10BS07	64.34°N	168.50°W	3	0.03	5.76	31.91	0.80
			10	0.44	5.76	31.91	1.03
			20	1.32	5.35	31.86	1.08
			35	2.32	3.92	31.97	3.79
10BS11	65.50°N	168.97°W	3	0.33	4.59	32.33	0.99
			17	1.07	3.88	32.51	8.66
			30	1.11	3.11	32.64	3.49
			49	2.95	1.74	32.61	2.67
10NB05	61.58°N	169.19°W	3	2.75	6.94	30.11	0.25
			10	0.00	6.93	30.11	0.31
			20	1.04	(0.97)	32.12	3.59
			32	1.29	(1.00)	32.12	3.11
10NB04	61.58°N	170.63°W	3	0.00	7.12	31.30	0.34
			20	0.37	5.45	31.37	0.49
			41	2.31	(1.20)	32.62	1.49

续表

站位	纬度	经度	采样水深（m）	悬浮体含量（mg/L）	温度（℃）	盐度	荧光
10NB03	61.51°N	172.19°W	3	0.00	7.12	31.13	0.54
			10	0.00	7.12	31.13	0.50
			30	0.16	(1.00)	31.42	2.23
			56	3.99	(1.30)	31.87	0.97
10NB07	62.54°N	166.63°W	3	0.20	10.50	25.93	0.67
			10	0.28	9.36	27.27	0.77
			15	1.68	4.11	31.33	1.53
10NB08	62.66°N	167.34°W	5	0.00	8.21	30.37	0.24
			18	0.00	6.48	31.11	0.56
			26	0.71	0.54	32.66	0.74
10NB09	62.73°N	168.31°W	5	0.05	4.50	32.08	0.55
			10	0.00	4.49	32.08	0.56
			20	0.22	3.89	32.11	2.08
			26	1.56	1.32	32.27	6.29
10NB11	63.68°N	172.59°W	5	0.09	8.38	30.71	0.74
			20	0.02	5.30	31.29	0.96
			30	0.77	(0.97)	32.03	1.23
			46	0.70	(0.62)	32.46	2.38
10NB-A	62.83°N	171.00°W	5	0.00	6.68	31.57	0.53
			20	0.25	6.34	31.58	0.53
			30	0.53	(1.33)	32.31	2.01
			40	1.02	(1.37)	32.32	2.60
10NB12	63.94°N	172.72°W	5	0.19	6.93	31.61	0.83
			18	0.77	3.59	32.46	4.46
			40	0.98	1.56	33.07	1.13
			54	0.29	1.55	33.08	1.66
10BS01	64.34°N	171.50°W	5	1.50	2.22	32.93	0.92
			20	1.94	2.20	32.93	2.50
			30	1.63	2.21	32.94	2.97
			40	5.35	2.21	32.94	2.83
10BS03	64.26°N	170.50°W	3	0.58	1.07	32.11	0.88
			10	1.37	1.01	32.11	0.84
			20	1.36	0.91	32.12	2.86
			34	1.59	0.93	32.13	2.36
10BS05	64.33°N	169.50°W	3	0.69	6.40	31.76	4.10
			10	0.81	6.39	31.75	3.72
			19	3.40	2.66	32.16	8.50
			35	2.76	1.39	32.25	2.67
10B14	60.92°N	177.69°W	0	0.00	7.52	30.86	0.22
			40	0.40	(0.96)	32.12	3.76
			75	1.01	2.11	32.80	0.06
			130	1.81	2.11	32.88	0.06
10B15	61.07°N	176.37°W	0	0.00	6.79	30.84	0.42

续表

站位	纬度	经度	采样水深（m）	悬浮体含量（mg/L）	温度（℃）	盐度	荧光
			70	0.00	1.55	32.60	0.23
			108	2.82	1.62	32.62	0.08
10BB01	61.29°N	177.48°W	3	0.00	7.45	30.87	0.31
			36	0.38	(1.22)	31.88	5.11
			75	0.05	1.88	32.73	0.07
			120	2.58	1.96	32.80	0.07
10BB04	62.18°N	176.02°W	3	0.70	7.67	31.00	0.14
			20	0.13	3.17	31.17	0.64
			30	0.41	(1.07)	31.53	0.66
			88	1.81	(1.25)	32.19	0.10
10BB02	61.647000	176.92°W	3	0.00	7.68	31.00	0.16
			20	0.00	3.74	31.08	0.34
			75	0.00	(0.28)	32.08	0.33
			100	3.53	1.17	32.48	0.09
10BB03	62.54°N	176.42°W	3	0.01	7.67	30.75	0.15
			20	0.23	2.97	31.01	0.72
			50	0.00	(1.45)	31.81	0.73
			100	2.29	0.53	32.34	0.09
10BB05	61.29°N	175.33°W	3	0.04	7.91	31.41	0.16
			20	0.05	7.52	31.38	0.23
			50	0.00	(1.22)	31.79	1.04
			73	1.82	(1.09)	32.12	0.14
10NB01	61.23°N	175.08°W	3	0.01	7.44	30.74	0.22
			20	0.16	5.94	30.67	0.51
			46	1.22	(1.33)	31.64	5.48
			85	2.01	(0.74)	31.89	0.52
10BB07	63.44°N	173.55°W	3	0.42	7.40	31.08	0.55
			20	0.30	7.07	31.14	0.45
			47	0.40	(1.13)	32.10	4.68
			70	2.57	0.26	32.64	0.41

8.1.2.4 白令海北部悬浮体断面分布

根据白令海陆架悬浮体调查站位位置，形成 3 条悬浮体断面（图 8-8）。其中，断面 1 位于白令海陆架西侧，呈北东—南西向延伸，自西南向北东，依次为 10B14、10BB01、10BB02、10BB04、10BB07、10NB11、10NB12 和 10BS01 共 8 个站位组成。断面 2 位于白令海峡南侧，呈东—西向延伸，自西向东依次为 10BS01、10BS03、10BS05、10BS07 和 10BS10 共 5 个站位组成。断面 3 位于白令海陆架南部，呈北东—南西方向延伸，断面自西向东由 10B14、10B15、10BB05、10NB01、10NB03、10NB04 和 10NB05 共 7 个站位组成。

断面 1 位于白令海陆架西侧，水深自北向南逐渐加深，在水深 100 m 处的陆架坡折带水深突然变深（图 8-8）。断面 1 的悬浮体分布呈现垂向上的层化现象，悬浮体浓度由表层至底层逐

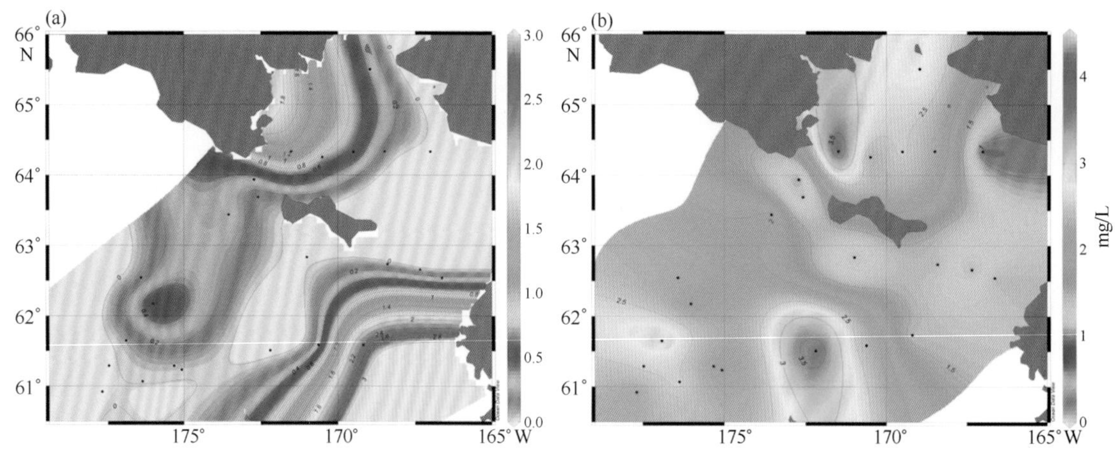

图 8-7　白令海陆架北部海水悬浮体含量分布

(a)表层悬浮体;(b)底层悬浮体

渐增大(图 8-8):表层的悬浮体浓度除断面最北部的 10BS01 站位悬浮体相对较高外,其他站位悬浮体含量极低;断面西南部陆坡上的 10BB01、10BB02 站位近底层悬浮体含量较高,并沿陆架向北逐渐降低至圣劳伦斯岛西侧的 10NB11 和 10NB12 站位,而后向北近底层悬浮体浓度又升高,从而表现为南、北两个底层悬浮体高含量区。断面 1 的温度、盐度分布模式与悬浮体浓度分布类似,垂向分层现象明显(图 8-8):海水温度大体呈现由表层向底层逐渐降低的趋势,而盐度则与之相反;在陆坡区域,海水温度略有回升而盐度在此区域也较高。断面 1 悬浮体浓度、温度、盐度,体现了高温高盐的白令陆坡流对底层沉积物的再悬浮和向北输运的过程。断面 1,荧光强度在约 40 m 水深处表现为高值区,说明该层位生物活动最为活跃。荧光强度高值带与悬浮体浓度高值带不一致,表明悬浮体高值带非生物成因。

断面 2 位于白令海峡南侧,水深大体呈西侧深东侧浅的特点(图 8-9)。断面 2 的悬浮体分布除表现为底层高于表层外,还有东、西分异的特点:表层悬浮体浓度表现为西高东低,底层浓度也表现为类似的趋势;而断面 2 的悬浮体浓度最大值位于断面 10BS01 站位的底层,处于白令海峡西侧的水道,体现了阿纳德尔流对底质的再悬浮作用。断面 2 的温度表现为东侧高西侧低,而盐度分布则相反;温度和盐度在东侧垂向分层较明显,而在西侧的垂向混合非常好(图 8-9)。断面 2 中下层海水的荧光强度高于表层,其中在断面 2 中部的 10BS05 站位,20 m 水深处的荧光值最高(图 8-9),说明水体中浮游生物含量较多。断面 2 西侧中下层海水中的悬浮体浓度和荧光强度均相对较强。在断面东侧的阿拉斯加沿岸区域,阿拉斯加沿岸流受河流影响较大,水体表现为高温低盐的特性,并表现出了较低的生产力和低浓度的悬浮体含量。断面西侧则受高盐的阿纳德尔流的影响,中部则受白令海陆架水的影响,这两个海流均表现出较高营养盐含量。断面 3 位于白令海陆架南部,水深自东向西逐渐变深,在水深 100 m 处为陆坡坡折带(图 8-10)。断面 3 的悬浮体浓度垂向分层明显,表现为由表层到底层逐渐变大;表层悬浮体浓度在东侧表现为一个高值区域;底层悬浮体浓度最大值位于 10NB03 站位,在陆坡上也表现为一个高值区(图 8-10)。断面 3 的温度和盐度在表、中层的垂向分层明显,而在断面西部陆坡的低层垂向混合较好(图 8-10)。断面 3 最东侧近表层盐度全剖面最低,应与育空河冲淡水有关。荧光强度的分布与断面 1 相似,在 40 m 水深处形成高值带,表明该深度生物量最大(图 8-10)。总的来看,断面 3 的西侧主要受高温高盐的白令海陆架水影响,而东侧则受到育空河冲淡水和

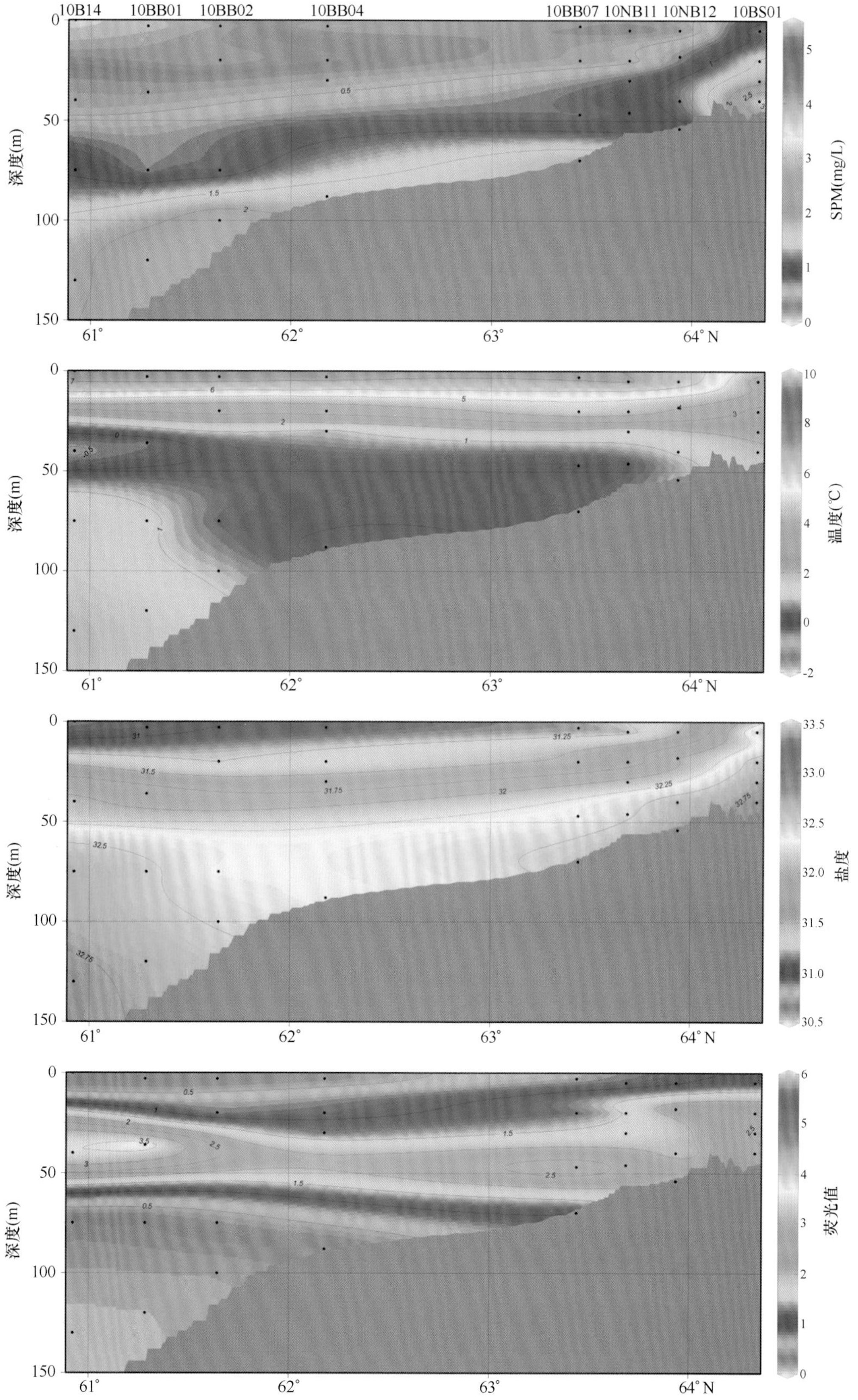

图 8-8　白令海断面1悬浮体(SPM)、温度、盐度和荧光分布

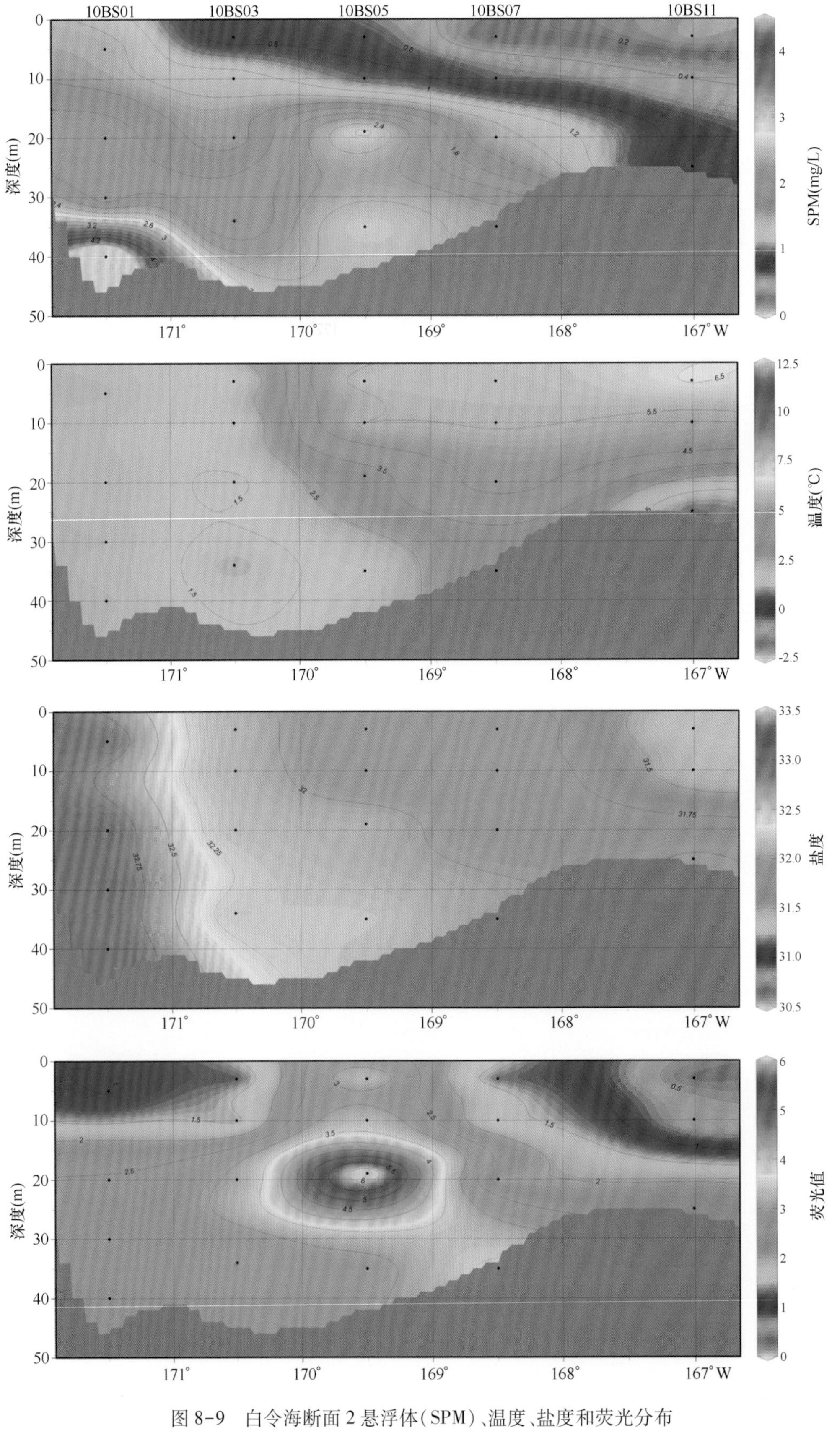

图 8-9　白令海断面 2 悬浮体(SPM)、温度、盐度和荧光分布

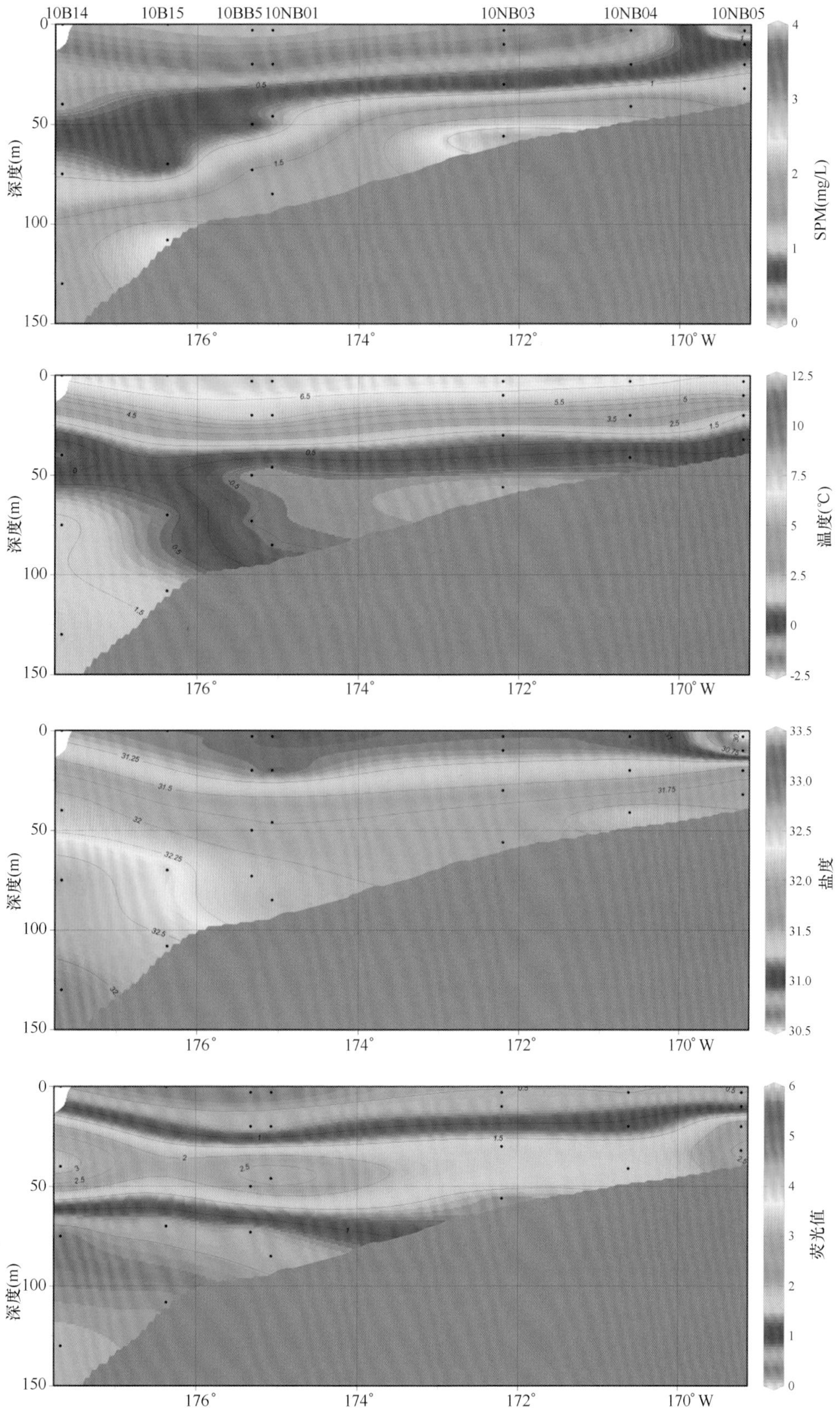

图 8-10 白令海断面 3 悬浮体(SPM)、温度、盐度和荧光分布

阿拉斯基沿岸流的影响。

8.1.2.5 白令海悬浮体颗粒组分特征

电子探针结果显示，白令海陆架西南侧陆坡坡折带底层海水中悬浮体颗粒，主要由生物骨骼碎屑组成（图 8-11a，图 8-11b）。而在圣劳伦斯岛北侧靠近楚科奇半岛一侧海水悬浮体中的颗粒物，含极少量碎屑矿物，主要以藻类为主，如诺氏海链藻、旋链角毛藻、塔形冠盖藻等中心纲硅藻属种含量较高（图 8-11c，图 8-11d）。然而断面 2，悬浮体中藻类生物含量自西向东逐渐降低，而碎屑矿物含量相对增加，体现了东西两侧悬浮体颗粒组分以及物质来源的差异。

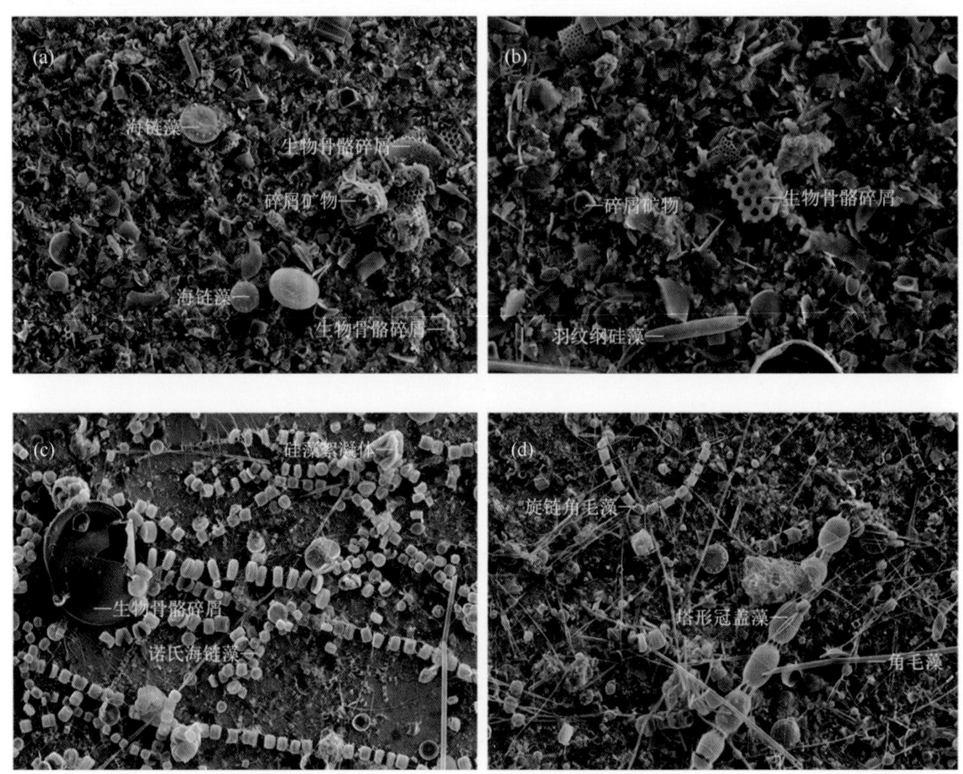

图 8-11 白令海陆架悬浮体电子探针图像

(a) 10B15，130 m；(b) 10BB02，100 m；(c) 10BS11，17 m；(d) 10BS01，30 m

8.1.2.6 白令海悬浮体的成因分析

断面 1 南部和断面 3 西侧的悬浮体、温盐以及荧光强度的分布模式显示，研究区西南部海域表现为一个悬浮体的高值区。电子探针分析结果表明该海域中、下层悬浮体颗粒中陆源碎屑矿物含量较低，而主要以生物骨骼碎屑为主，根据电子探针下面积百分比可估算其相对含量大于 50%，这是因为该海域离陆地较远，基本不受河流物质输入的影响。此外，白令海陆坡流在该海域附近分支出北东向的阿纳德尔流，这个近底层的悬浮体高值区正是由于阿纳德尔流的爬升导致的底床沉积物质的再悬浮作用造成的。白令海陆架水自南向北沿陆架爬升并深入陆架内部，随着动力的减弱近底层悬浮体浓度也逐渐降低。断面 1 北部和断面 2 西侧的悬浮体、温盐以及荧光强度的分布模式显示，该海域悬浮体浓度和荧光强度高值区基本一致，表明该海域悬浮体与生物有关，电子探针分析结果也证实该海域悬浮体以硅藻为主，硅藻相对含量大于 90%。

阿纳德尔河输入陆源营养盐在阿纳德尔流的输运下，使得断面1北部和断面2西侧的海域营养盐含量较高，有利于硅藻的生长。白令海北部的硅藻以中心纲为主（图8-11c）与楚科奇海南部的硅藻属种相似（Wang Weiguo et al.，2014；冉莉华等，2012；于晓果等，2014），表明楚科奇海南部以硅藻为主的悬浮体受经白令海峡西侧流入的、富营养盐的阿纳德尔流的影响。

在白令海的东岸，有发源于阿拉斯加的育空河和卡斯科奎姆河等河流汇入。前人通过Sr、Nd同位素分析（Wang Weiguo et al.，2014），阿拉斯加沿岸流可将育空河和卡斯科奎姆河输入的陆源沉积物向北输运，同时受地形和白令海陆架南部向西和西北方向洋流的影响，部分陆源沉积物也可向西搬运。断面2东侧和断面3东侧悬浮体、温盐以及荧光强度的分布模式均显示，受发源自阿拉斯加的河流冲淡水的影响，阿拉斯加沿岸海水表现出高温低盐的特征，并且营养盐的含量也较低。与西侧的阿纳德尔流和白令海陆坡流相比，阿拉斯加沿岸流的悬沙能力相对较低。

断面2显示出了东西两侧在悬浮体分布和组成上的差异。断面西侧因距离阿纳德尔河较远，受河流冲淡水的影响较小，海洋生态环境相对稳定，而东侧受育空河等大河冲淡水作用较大（如10NB07站位表层盐度较低），并且白令海陆架北部西侧阿纳德尔流的营养盐丰富而东侧的阿拉斯加沿岸流的营养盐含量相对匮乏（王汝建等，2004；Grebmeier et al.，2006；Weingartner et al.，2005）。正是由于断面东西两侧的这种差异，导致了悬浮颗粒物组成的差异：西侧的海洋环境更有利于生物的生长，因此悬浮体中的碎屑颗粒物以藻类生物为主，而东侧则以陆源碎屑矿物为主，藻类生物的比例降低。西侧的悬浮体更多地反映了陆架外侧海洋的信号，而东侧受源自阿拉斯加的河流影响较大，悬浮体更多地反映了陆地的信号。综合来看，自白令海输运至楚科奇海的物质，主要来自西侧的阿纳德尔流和白令海陆坡流的贡献。

8.2 表层沉积物特征及其环境意义

8.2.1 白令海与西北冰洋表层沉积物粒度分布特征及其环境意义

北极既是全球气候变化的主要驱动器之一，也是主要响应器之一，在直接影响全球尺度大气环流、大洋环流和气候变异的同时，也拥有典型的全球性环境变化记录，如格陵兰冰芯中有Heinrich事件、Dansgaard/Oeschgar事件等短期气候变化的详尽记录（孟翊等，2001；Bond et al.，1995）。现有对北极地区的研究，集中于“极地气候”与“太平洋中低纬度气候”相对独立研究的模式，而将白令海等西北太平洋边缘海的关键区域与楚科奇海、加拿大海盆及马卡洛夫海盆等在内的北冰洋重点海域相互关联研究，能够将“白令海—西北冰洋”作为一个整体进行多学科、多尺度的系统考察与研究，将对西太平洋和东亚气候与极地气候之间的区域性差异、内在联系和响应机制等提供重要的科学依据，对于北极地区的整体研究具有重要的作用。北极海域表层沉积物的研究是恢复古气候、古环境的重点，通过对沉积物粒度特征分析，能够系统认识白令海与西北冰洋的底质特征、分布规律及沉积作用等特点。

因此，本节根据粒度特征及粒度参数的变化，分析西北冰洋及其边缘海——白令海的沉积物分布特征以及沉积环境。对沉积物类型进行划分，结合洋流方向及入海河流大致判断沉积物运移方式和输运机制，分析表层沉积物来源、分类及空间分布规律，判定沉积物所处环境的类型，研究该区域的沉积物来源、沉积动力、生物作用等沉积环境，为解释近现代北极地区的全球性变化研究提供基础性资料。

8.2.1.1 现代海洋环境

现代北冰洋为北美大陆和欧亚大陆环抱，仅通过格陵兰与斯匹次卑尔根之间的弗拉姆(Fram)海峡以及亚美之间的白令海峡与大西洋和太平洋联通。向北流动的大西洋湾流进入北极地区，水团变冷，向下沉降并逐渐增加比重，它们在北极海盆产生逆时针环流并和周围的水团混合(陈立奇，2003)。

太平洋水通过白令海峡后，首先进入楚科奇海，它对北冰洋的影响也首先体现在对楚科奇海的影响(陈立奇，2003)。太平洋水流入楚科奇海后分为3支不同性质的水团：东侧的阿拉斯加沿岸流(Alaska Coastal Current，ACC)具有高温低盐低营养盐的特征，沿着阿拉斯加沿岸流向东北，经过巴罗海谷(Barrow Canyon)后转向东沿波弗特海陆坡流动，在加拿大海盆表层由于风力驱动，形成顺时针流向的波弗特环流(史久新等，2004；Newton et al.，1974；Wang et al.，2013；Xiao et al.，2014)。西侧的阿纳德尔(Anadyr)流则是低温高盐高营养的洋流，在白令海峡口外沿50 m等深线向西北方向流动至弗兰格尔岛(Wrangle Island)西南海域转向北，后又在弗兰格尔岛东北部分成两个分支分别沿哈罗德(Herald)水道向北流入北冰洋深水区和沿60m等深线流向东北。在阿纳德尔流与阿拉斯加沿岸流之间还存在一支性质介于两者之间的白令海陆架水(Bering Sea Shelf Water)，它穿过中央水道后，向北流至哈纳(Hanna)浅滩东北部亦分化为两支(肖文申等，2006；Weingartner et al.，1998；Weingartner et al.，2005；王磊等，2014)，带入北冰洋，影响当地物质成分。北冰洋沉积记录中的冰筏碎屑(Ice-Rafted Detritus，IRD)事件则反映了冰期与间冰期旋回中北冰洋周围冰盖的不稳定性和崩塌，提供了北极冰盖和环流的重要信息(Darby et al.，2006；王汝建等，2009；陈志华等，2014；刘伟男等，2012)。

8.2.1.2 材料与方法

本次研究的材料来源于中国第二次、第三次、第四次、第五次北极科学考察在北冰洋、白令海、楚科奇海等海区以及俄罗斯科学院远东分院太平洋海洋研究所提供的北冰洋和西北太平洋的表层沉积物样品。本次研究共选取样品202个(图8-12)，表层沉积物样品采集区域广泛，涉及北冰洋、白令海、楚科奇海、楚科奇海台、阿尔法脊、加拿大海盆和马卡洛夫海盆，水深从19 m的陆架区到4 000 m的深海盆地不等，经纬度范围为53°—88°N、123°—144°W，涵盖了北极白令海和楚科奇海等海区表层水到深层水的广泛深度。

对于获取的表层沉积物样品，进行现场岩性描述和实验室粒度分析。由于样品所含的砾石组分较少，颗粒用肉眼很容易分辨，因此，粒度分析时直接将砾石挑选出来，没有参与下一步的激光粒度仪分析。细颗粒组分样品采用激光粒度分析法，仪器采用的是Malvern公司的Mastersizer2000激光粒度分析仪，其精确度优于1%，测量范围为0.02~2 000 μm，重复测量相对误差小于3%。本次粒度分析步骤主要包括去除沉积物中的有机质、碳酸盐和生物硅(Chunjuan et al.，2014)，最后计算不同粒级所占的百分含量。

本次研究分别采取图解法和矩法计算沉积物的平均粒径(*Mz*)、分选系数(或标准偏差)(δ)、偏态(*Sk*)、峰度(*Ku*)等参数。图解法是以累积曲线上读出某些累积百分比处的颗粒直径，利用简单的算术公式计算，求得粒度参数，计算简便，使用广泛。矩法计算沉积物粒度各参数，理论上是统计参数测量中精度最高的方法，不用绘制粒度曲线，而直接由粒度分析的数据中

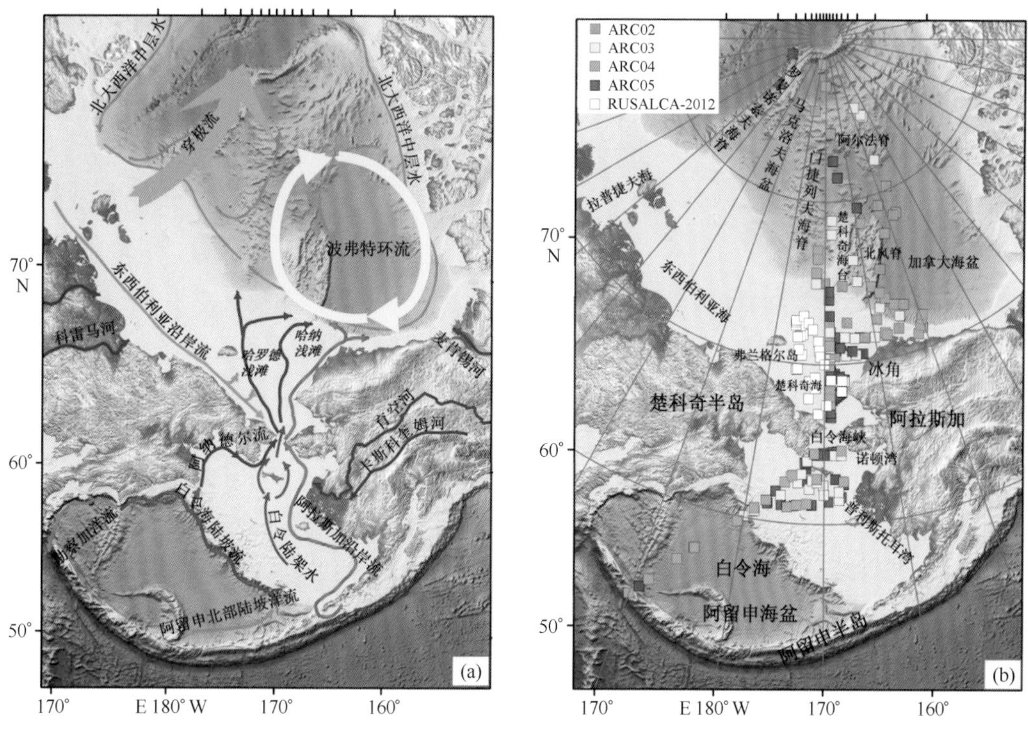

图 8-12　白令海与西北冰洋海流及表层沉积物取样站位信息

求出来，可以避免绘制曲线时的人为因素，另外矩法计算时能考虑到每一粒级的百分含量，而不同于图解测量，仅仅把粒度曲线中某几个数据投入计算。

8.2.1.3　粒度组分分布特征

整个研究区砂粒级组分百分含量（> 63 μm，以下简称砂含量）的变化较大，0% ~ 100% 不等，如图 8-13a，含量较高的区域集中在白令海东北部靠近阿拉斯加的陆架区、白令海峡，以及沿阿拉斯加西北部至冰角（Icy Cape）陆架区，另外在楚科奇海中部海区（70°N、170°W）附近也有小部分高值区；白令海中部陆架与陆坡交接带的砂含量居中，在 50%左右，楚科奇海高地中部海区也有小部分区域砂含量居中。如图 8-13b，粉砂粒级组分百分含量（4 ~ 64 μm，以下简称粉砂含量）的范围是 0% ~ 81. 78%，其分布特征与砂含量差别较大，含量较高的区域分布在楚科奇海的西部和北部海区，白令海的西北陆架区和海盆区；加拿大海盆、北风脊、楚科奇海台及向西北延伸至门捷列夫海脊处的粉砂含量均处于中等，约为 52%。从图 8-13c 可以看出，白令海峡以北的海区黏土粒级组分百分含量（< 4 μm，以下简称黏土含量）分布与水深有一定的关系，随着水深的增加，黏土含量逐渐增加，尤其是陆架与陆坡交接处有明显的界线，界线以北直至阿尔法脊等海区黏土含量较高；界线以南的楚科奇海陆架、白令海峡、白令海西北部陆架、陆坡直至水深 2 600 m 以深的深海区，黏土含量均较低；白令海的阿留申海盆西北部直至阿留申群岛的岛坡区黏土含量居中。

8.2.1.4　表层沉积物类型及其分布

根据表层沉积物各粒级组分含量间的相互关系和 Folk 等（1970）的海洋碎屑沉积物分类原则，将沉积物站位投影至三角分类图的相应位置进行命名（如图 8-14），可划分为 6 种基本类型，分别是：砂（S）、粉砂质砂（zS）、砂质粉砂（sZ）、粉砂（Z）、砂质泥（sM）、泥（M）。根据命名划

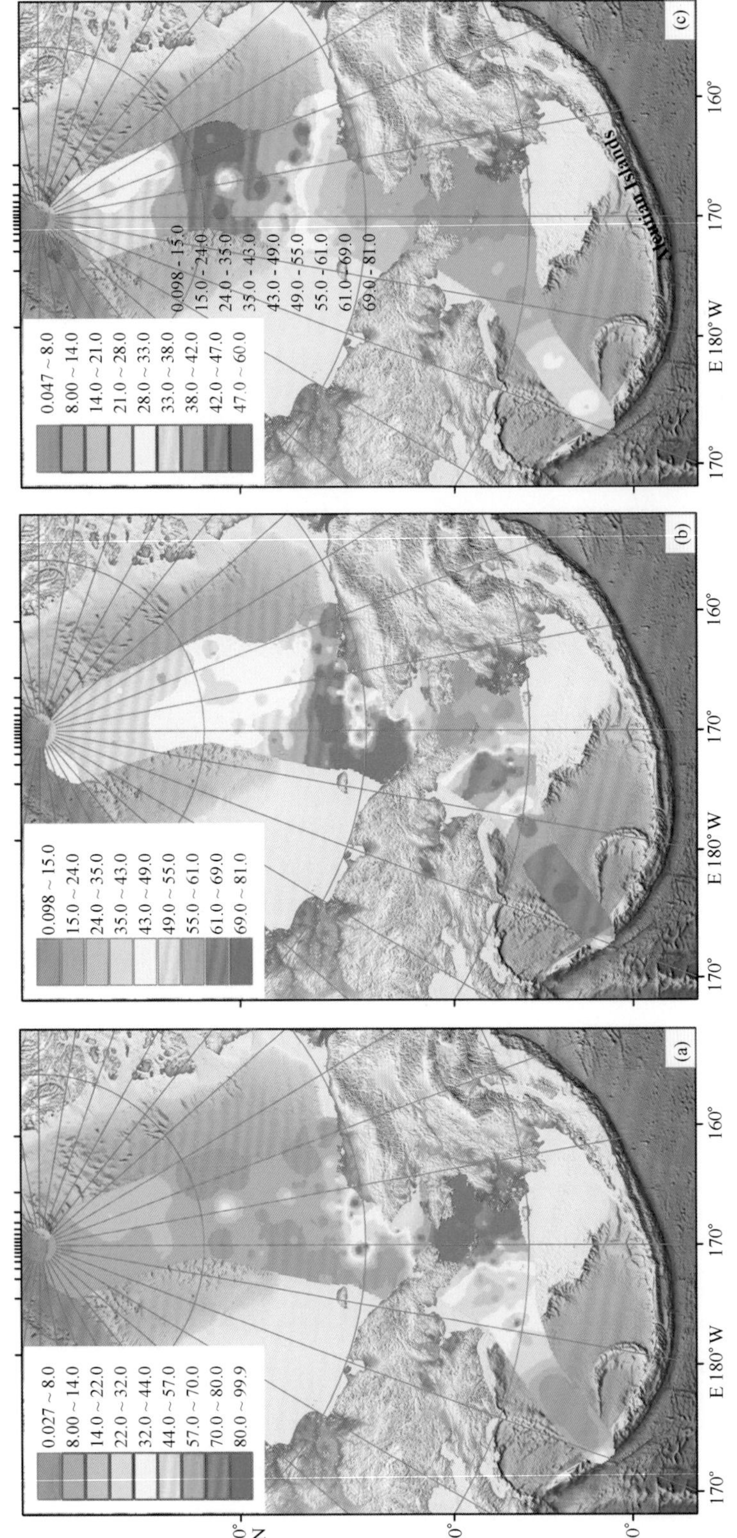

图8-13 粒度组分百分含量等值线图

(a)为砂的百分含量等值线图；(b)为粉砂的百分含量等值线图；(c)为泥的百分含量等值线图

分研究区沉积物类型(图 8-15),可以看出,研究区表层沉积物粒度由白令海峡向两侧减小,局部出现相对高值或低值。砂质沉积物主要分布在水深小于 250 m 的白令海和楚科奇海陆架,另外,在深海区如门捷列夫海脊、加拿大海盆、楚科奇海台、楚科奇海中部海区以及白令海的阿留申海盆北部陆坡处也有较粗组分的砂质沉积物出现。粉砂质砂的表层沉积物分布比较均匀且有一定规律,主要分布于诺顿湾(Norton Sound)以南、普利斯托耳湾(Bristo Channel)西北的地区,但在门捷列夫海脊东侧海盆、水深大于 2 700 m 的楚科奇海台和加拿大海盆等狭长范围亦有分布。砂质粉砂的分布与粉砂质砂的分布很类似,主要分布在水深小于 400 m 的白令海和楚科奇海陆架,另外也有 3 个站位出现在深海区,一站分布于水深为 2 290 m 的加拿大海盆,还有两站分布在水深大于 3 600 m 白令海的阿留申海盆。含量较高的粉砂质组分分布于楚科奇海的西部和北部,白令海的西北陆架区和海盆区域含量较高,另外在水深 2 500 m 的阿尔法脊、水深大于 3 500 m 的加拿大海盆、水深大于 2 600 m 的白令海深海区也有少量分布。砂质泥沉积物主要分布在水深大于 2 000 m 的加拿大海盆,另在水深为 3 800 m 的北风脊处有少量分布,但是,值得注意的是,在靠近楚科奇半岛东南角的楚科奇海陆架水深为 44 m 处也有少量分布。泥质沉积物的分布比较广泛,从水深 34 m 的楚科奇海陆架至水深 4 000 m 的马卡洛夫海盆皆有分布;同时,在高纬度地区的表层沉积物粒度不均、分选很差。

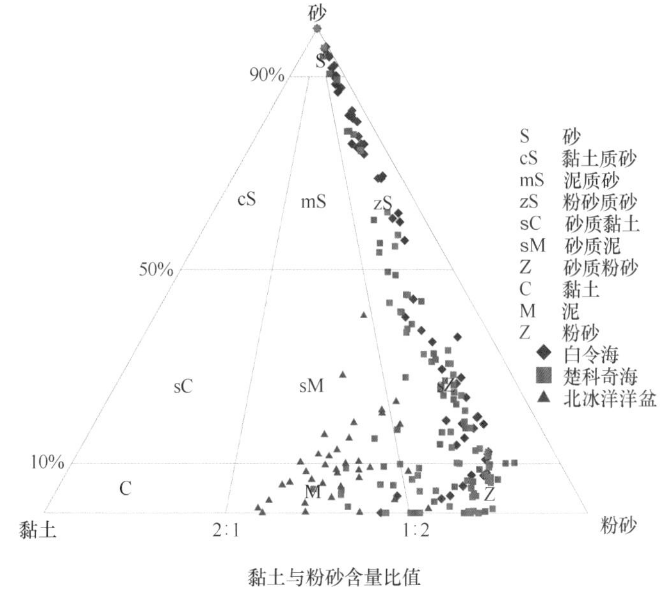

图 8-14 白令海与西北冰洋表层沉积物 Folk 等三角形分类(无砾)

8.2.1.5 粒度参数分析

沉积物粒度参数能反映出沉积物的平均粒径、样品的分选性,不仅可以对沉积物的成因作出解释,而且能够间接说明其沉积环境特征,在区分沉积环境方面也具有重要的参考意义。平均粒径的变化情况,代表粒度分布的集中趋势,可以反映沉积介质的平均动能。分选系数反映的是沉积物颗粒大小的均匀性,常常用作反映沉积物分选好坏的一个标志,代表沉积物粒度的集中态势。

本研究分别运用图解法和矩法计算沉积物的粒度参数,研究区表层沉积物平均粒径变化范围在 0.03~5.07 μm 不等,分选系数(标准偏差)变化范围为 0.49~3.13。选取图解法计算的沉

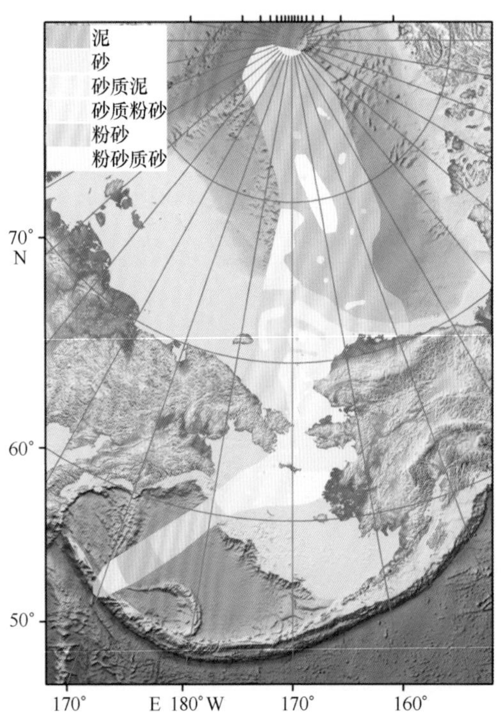

图 8-15　白令海与西北冰洋沉积物类型分布

积物平均粒径(横坐标)和分选系数(纵坐标)做散点图,如图 8-16 所示,沉积物分选系数小于 0.5 的仅有一个站位,分布于楚科奇海中部,其砂含量为 100%。处于中等分选程度的沉积物分选系数范围为 0.5~1.0,整个研究区仅有 15 站位,分布于白令海水深小于 404 m 和楚科奇海水深小于 57 m 的陆架区,且这 15 个站位的砂质组分含量较高,一般都大于 80 %。研究区大部分站位的表层沉积物分选差或分选很差,分选差的站位沉积物平均粒径在 0.03~2.72 μm,主要分布于白令海陆架、陆坡及深海区,楚科奇海大部分海区,楚科奇海台以及加拿大海盆的西部;分选很差的站位沉积物平均粒径变化范围较大,为 0.04~2.33 μm,主要分布于包括白令海陆架、楚科海陆架、楚科奇海台、北风脊、阿尔法脊、门捷列夫海脊、马卡洛夫海盆、罗蒙诺索夫海脊以及加拿大海盆南部小块区域。

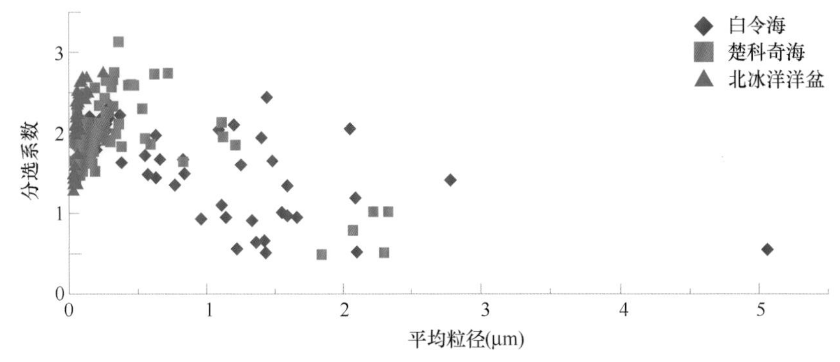

图 8-16　表层沉积物平均粒径与分选系数散点图

偏态和峰度也是沉积物粒度的两个重要参数。偏态可判别粒度分布的对称性,并表明平均值与中位数的相对位置,对于了解沉积物的成因有一定的作用。本研究采用图解法计算偏态,如图 8-17a 所示为平均粒径(横坐标)和偏态(纵坐标)的散点图,可以看出大部分站位处于正偏,即沉积物粒度以粗组分为主,且全部位于阿尔法脊的南部,包括加拿大海盆的大部分海域、北风脊、楚科奇海台、楚科奇海和白令海。以平均粒径为 0.31 μm 为分界点,大于 0.31 μm 的区域仅有两例位于楚科奇海陆架的站位为负偏,其余全为正偏;小于 0.31 μm 的区域既有正偏又有负偏。81.9°N 以北的阿尔法脊、门捷列夫海脊、马卡洛夫海盆以及罗蒙诺索夫海脊等高纬度海区,偏态均为负偏,负偏的站还有楚科奇海北部陆架、楚科奇海台、加拿大海盆北部等海区。由此可根据偏态将研究区分为 3 个区域:白令海绝大部分区域是正偏,沉积物粒度以砂/粉砂等粗组分为主;而楚科奇海向北直至楚科奇海台和加拿大海盆等海区正偏负偏均有,粒度组分较为混乱,分选性很差;高纬度海区如阿尔法脊、门捷列夫海脊、马卡洛夫海盆和罗蒙诺索夫海脊处均为负偏,沉积物粒度以黏土质细组分为主。

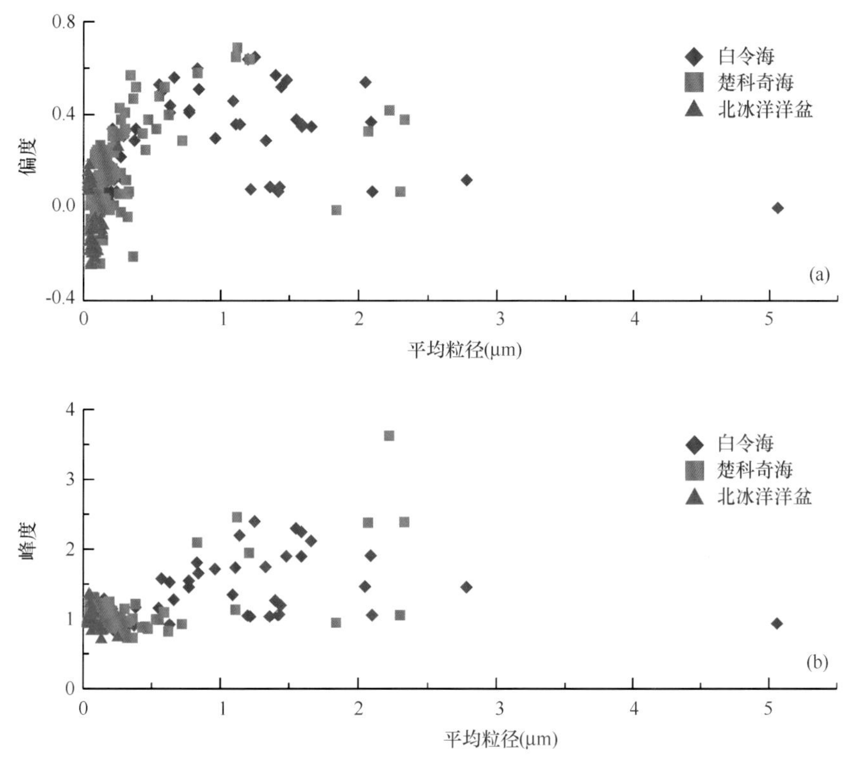

图 8-17　表层沉积物粒度参数偏态、峰度与平均粒径散点

(a)为偏态与平均粒径散点;(b)为峰度与平均粒径散点

如图 8-17b,沉积物粒度峰度基本均大于 0.88,属于中等峰度或窄峰度,仅有位于白令海、楚科奇海、加拿大海盆等海区零星分布有 16 个站位的峰度小于 0.88,属于宽峰度;以平均粒径 0.31 μm 为分界点,小于 0.31 μm 的站位其峰度均处于小于 1.50 的范围内,属于宽峰度或者中等峰度,大于 0.31 μm 的站位峰度不稳定,宽峰度、中等峰度、窄峰度均有。据此,可认为平均粒径 0.31 μm 是研究区表层沉积物的一个敏感粒级。

造成沉积物分选系数差异的主要因素为沉积物来源、搬运方式以及水动力环境的差异。由于白令海峡的存在,周边大陆的陆源碎屑可以通过各种方式进入白令海和楚科奇海,在通过白令海的强大洋流的作用下，尤其是在较浅水的区域更易受到洋流和波浪的影响，沉积物结构成熟度增加，分选性增强。而在白令海陆架及深海部分，由于白令海深层水等多个水团存在并相互影响，致使粒度不同的沉积物相互混杂。白令海峡以北的广大西北冰洋地区，气温低，广泛存在海冰，冰筏搬运作用强烈，楚科奇海以北的沉积物分选系数大的原因主要为此。由于洋流的作用，白令海的大部分沉积物中的细组分被洋流带走，因此其广泛的地区以粗组分更为集中。楚科奇海以北的北冰洋大部由于海冰的搬运作用，沉积物粗细混杂，粒度混乱。而高纬度海区，距离大陆远，粗粒碎屑难以到达，主要以泥质为主，组分偏细，所含的部分粗粒物质，亦为冰筏所携带沉积物。

8.2.1.6 表层沉积物输运机制探讨

(1)白令海

目前白令海东部陆架以及阿留申群岛附近的表层沉积物粒度特征研究较多(Sharma et al., 1972;Smith et al., 1999;Knebel et al., 1974)，白令海北部的研究则较少。本研究分析了白令海表层沉积物粒度组分分布特征，可以看出，砂含量较高，其次是粉砂含量，最后是黏土含量。砂含量较大的区域为白令海峡，白令海中部陆架与陆坡交接带的砂含量比较居中，约为50%；白令海的西北陆架区和海盆区域粉砂含量较高；白令海的阿留申海盆西北部直至阿留申群岛的岛坡区黏土含量居中。基本符合随着离岸距离的增加和水深深度的增加，沉积物的粒度变细的规律(Weingartner et al., 1998)，水深大于650 m的深海区，砂含量较低，而白令海的陆架区砂含量较高。

白令海表层沉积物平均粒径集中在0.63~2.5 μm、0.08~0.31 μm两个区间内，标准偏差集中在0.9~2.0，偏度集中在0~0.6，不同站位峰度变化大，主要集中在0.9~1.2。白令海表层沉积物粒度相对较粗，分选差，峰度图像中等到尖锐，说明粒度较为集中，应该是近距离的搬运，主要原因可能是堪察加洋流携带楚科奇半岛东部沿海及白令海峡的陆源碎屑沉积物至白令海并沉降，另外，白令海陆架东部砂含量最高，反映了育空河(Yukon)和卡斯科奎姆河(Kuskokwim)流入海白令海提供大量的沉积物(Smith et al., 1999)。白令海陆架西北部，阿纳德尔流也为研究区提供沉积物，多为粉砂粒级。白令海陆架和陆坡区均受到陆源物质输入的影响，输入速率较高(王汝建等, 2004)。由于陆坡区存在堪察加洋流、白令陆坡流等主要的洋流，对海底表层沉积物进行了一定程度的分选，使其粒径0.63~2.5 μm的粗颗粒沉积物相对集中。白令海陆架靠近白令海峡的诸多站位含有砾石组分，且白令海峡砂质组分含量较高，可能是两个方面的原因造成：一是阿拉斯加的育空河入海，携带大量粗颗粒陆源组分；二是海峡口流速大，细粒沉积物被搬运走，留下了相对较粗的组分。育空河水源主要为冰川融水，温暖时期水量加大，可以携带大量粗颗粒的陆源组分入海，致使其河口附近为粉砂质砂。另外，Weingartner等(1999)和Aagaard等(1989)的研究表明，经过白令海峡的诸多海流主要是由白令海流向北冰洋，因此白令海的砾石及粗颗粒组分很难由北冰洋的浮冰携带而来(高爱国等, 2008)。

(2)楚科奇海

楚科奇海是非常浅的陆架边缘海，位于亚洲大陆东北部楚科奇半岛和北美大陆西北部阿拉斯加之间。其西面是弗兰格尔岛，东面是波弗特海，陆架区56%面积的水深浅于50 m。由于夏季楚科奇海的温、盐度明显高于白令海，白令海水通过白令海峡东水道进入楚科奇海(汤毓祥等, 2001)，将细颗粒组分向北搬运至陆坡区沉降，而相对较粗的粉砂留在楚科奇陆架；此外，从粉砂含量分布图上看到楚科奇海研究区西北侧的粉砂含量高于东南侧(图 8-13b),可以大概判断有西伯利亚来源的物质经河流和东西伯利亚沿岸流(董林森等,2014)长距离的搬运,最后沉淀下来,可能是西伯利亚东部科雷马河(Kolyma)等的河流入海和东西伯利亚海的沉积物。另外可能还有少量海冰携带的沉积物。而其东南侧靠近白令海峡的部分砂质组分高于西北侧,其砂质主要来源于阿拉斯加的陆源碎屑,通过育空河及卡斯奎姆河携带入海(董林森等,2014)。由于楚科奇海被阿拉斯加和楚科奇半岛环抱,陆源碎屑沉积的相对较多,楚科奇海靠陆侧粒度较粗,向海沉积物粒度变细;由于阿纳德尔流与白令海陆架水在哈罗德浅滩、哈纳浅滩两侧通过(汪卫国等, 2014),导致其沉积物为较粗的砂及粉砂质砂;同时,在弗兰格尔岛东侧沿哈罗德水道沉积物粒度也相对较粗,主要是因为在地形的作用下流速增强搬运走相对细粒的沉积物。楚科奇海中北部的广大深海区,距陆较远,以泥质沉积物为主,主要来源于阿纳德尔流以及北大西洋中层水携带的细颗粒组分(董林森等,2014),但楚科奇海北部与楚科奇海台的水深较浅,同时有冰筏碎屑的存在,导致其粒度相对周围较粗。

根据沉积物粒度参数分析,楚科奇海东南部与西北部有明显的差异。东南部表层沉积物平均粒径在 0.16~0.31 μm,标准偏差集中在 1.5~2.2,偏度集中在 0.1~0.3,峰度为 0.9~1.2,由中度到平坦,表明沉积物粒度组成主要为粗粒的粉砂,沉积物分选差,细粒沉积物较为集中,原因主要是地处高纬度地区,其搬方式以海冰为主,只有粒度较小的陆源碎屑能够通过洋流及风力作用到达。西北部表层沉积物平均粒径在 0.08~0.16 μm,标准偏差主要集中在 1.3~1.7,偏度在 0.1~0.3,峰度为 0.9~1.3,由中度到平坦,表明沉积物粒度组成主要是细粒的粉砂和黏土,细粒沉积物较为集中。楚科奇海东南部表层沉积物较之西北部更粗,主要是因为楚科奇半岛陆源物质输入量低,而东南部阿拉斯加陆源物质输入量相对较高(王昆山等, 2014),在楚科奇海表现为距物源越远,沉积物颗粒越细;其次,楚科奇海东南部的阿纳德尔流长距离搬运,水动力减弱,在楚科奇海西北部卸载更细粒沉积物;另外,由于白令海海流从白令海峡进入楚科奇海(汤毓祥等, 2001),进入开阔海域,流速降低,沉积物搬运能力减弱。

(3)北冰洋洋盆

北冰洋中部全部的粗组分均来源于冰筏搬运(Darby et al., 1997),而细颗粒组分来源较多,如北大西洋中层水、波弗特环流等洋流,以及冰山、海冰等,同时加拿大麦肯锡河也为北冰洋中部提供一些细粒物质(陈志华等, 2004)。罗蒙诺索夫海脊、阿尔法海脊的砂质沉积物主要来源于冰筏沉积,可能受到部分洋流的微弱影响。门捷列夫海脊北部的沉积物,主要是因为受波弗特环流的影响,亦为海冰或者冰山携带来的冰筏碎屑沉积。北风脊北部的粉砂沉积物,除冰筏沉积物外,还可能受到加拿大海盆东部岛屿的陆源碎屑影响。加拿大海盆、北风脊、楚科奇海台、向西北延伸至门捷列夫海脊处的粉砂含量均处于中等;罗蒙诺索夫海脊、阿尔法海脊等部分地区,存在粒度较粗的组分。

加拿大海盆沉积物平均粒径在 0.04~0.16 μm,部分站点小于 0.04 μm,其标准偏差集中在 2.0~2.7,说明加拿大海盆主要为粉砂,掺杂有部分黏土组分,且分选差。加拿大海盆细粒沉积物主要来源于波弗特环流(孙烨忱等, 2011)所携带的细颗粒沉积物,另外,还有部分来自于拉普捷夫海的冰海沉积物以及北大西洋中层水的长距离搬运的黏土级物质(董林森等,2014)。

8.2.2 西北冰洋表层沉积物黏土矿物分布特征及物质来源

海相黏土矿物由于富含金属元素和污染物且在搬运和沉积后相对稳定不会发生矿物或者化学组分的转变而被作为一种长距离搬运的示踪矿物(Chamley et al.,1989)。相关研究表明沉积物黏土矿物的丰度在时间和空间上的变化可以用来指示沉积物来源(Naidu et al.,1982;Naidu et al.,1983;Boo-Keun Khim, 2003)。

北冰洋西部海洋沉积物黏土矿物组成特征研究的相关报道比较少(陈志华等,2004;邱中炎等,2007;张德玉等,2008;Ortiz et al.,2009),对黏土矿物来源的意见也不统一。在以加拿大海盆为主的北冰洋深水区,黏土矿物相关研究站位相对更少,以至于对该区物质来源的判别分歧很大:Naidu 等(1998)和陈志华等(2004)认为加拿大海盆中黏土矿物主要来自加拿大马更些河;张德玉等(2008)认为除马更些河的物质贡献以外,北冰洋欧亚海盆输送的细粒物质也可为加拿大海盆提供黏土矿物;Naidu 等(1998)的研究认为部分来源于俄罗斯陆架的黏土矿物也可随海冰被搬运到加拿大海盆;Reimnitz(1998)认为东西伯利亚海和波弗特海可能为加拿大海盆沉积物中的蒙皂石做出贡献。所以对北冰洋深水区黏土矿物来源的研究尚无定论。本次研究采用我国多次北极考察获得的表层沉积物样品开展西北冰洋沉积物黏土矿物的物质来源系统研究,对于反映沉积物沉积过程以及重建古海洋学演化历史等有重要意义。

8.2.2.1 北冰洋的河流和洋流概况

北冰洋的入海河流主要包括西伯利亚陆地的鄂毕河(Ob River)、叶尼塞河(Yenisei River)、勒拿河(Lena River)、卡哈坦噶河(Khatanga River)、亚纳河(Yana River)、科雷马河(Kolyma River)和因迪吉尔卡河(Indigirka River)以及加拿大的马更些河(Mackenzie River)等(图 8-18),这些河流可以将陆地来源的黏土矿物搬运至北冰洋。

洋流系统对于周缘陆地沉积物往北冰洋的搬运是非常重要的。太平洋的低盐水通过白令海峡进入北冰洋对北极表层水做出贡献,通过阿拉斯加沿岸流、白令陆架水及阿纳德尔流 3 支海流将白令海沉积物搬运到楚科奇海(陈志华等,2004)(图 8-18)。西伯利亚沿岸流从拉普捷夫海(Laptev Sea)流至东西伯利亚海,最后到达楚科奇海域(Viscosi-Shirley et al., 2003)(图 8-18)。北冰洋主要的表层洋流有美亚盆地的波弗特环流以及欧亚盆地的穿极漂流(图 8-18),它们控制了海冰和冰山的移动,这些海冰和冰山为北冰洋的沉积物的贡献也比较大。负北极涛动时,穿极漂流将来自西伯利亚的沉积物搬运到欧亚海盆后到达弗拉姆海峡(Fram Stait),而波弗特环流将来自美亚海盆周缘陆地的沉积物搬运到美亚海盆,正北极涛动时,西伯利亚陆架的沉积物则可被搬运到美亚海盆和门捷列夫脊(Darby et al., 2012)(图 8-18)。

此外,中层水也为北冰洋贡献沉积物,粉砂和泥质沉积物可以通过中层水搬运或者再沉积(Winkler et al., 2002)。北大西洋暖流到达北冰洋后分为两支:一支为弗拉姆海峡(Fram Strait)支流;另一支为巴伦支海(Barents Sea)支流。这两支支流变冷下沉形成北冰洋中层水,在北冰洋沿着大陆坡和海脊流动,其中巴伦支海支流可以到达加拿大海盆的南端以及北风脊(Nørgaard-Pedersen et al., 2007)(图 8-18)。

8.2.2.2 材料与方法

本次研究所采用的样品为中国第二次、第三次和第四次北极科考获得的表层沉积物样品,共81站，其中楚科奇海陆架46站，加拿大海盆18站，北风脊5站、楚科奇高地6站、阿尔法脊4站、马卡洛夫海盆2站，研究区位置及取样站位如图8-18所示。

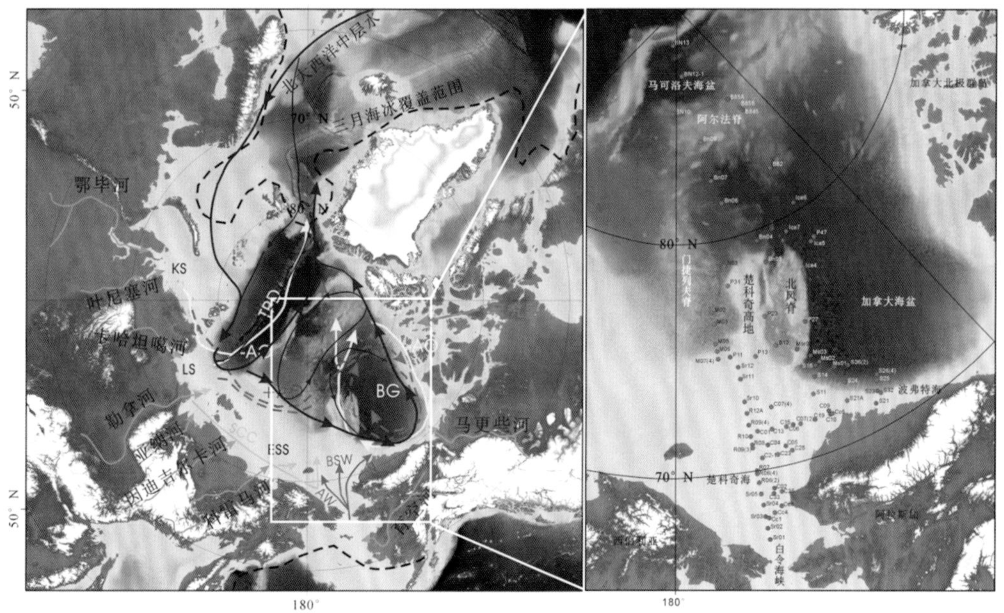

图8-18 研究区位置、河流、洋流、海冰范围及表层取样站位

KS：喀拉海，LS：拉普捷夫海，ESS：东西伯利亚海，SCC：西伯利亚沿岸流，ACW：阿拉斯加沿岸流，BSW：白令海陆架水，AW：阿纳德流，TPD：穿极漂流，BG：波弗特环流，+AO：正北极涛动，-AO：负北极涛动。黄色实线为副北极涛动时海冰的流向，红色及紫色虚线分别代表正北极涛动时从喀拉海和拉普捷夫海搬运的海冰的流向

黏土矿物组成的分析程序大体如下：取10~50 g的沉积物样品放入大烧杯中，加蒸馏水分散搅拌，并加少量双氧水去除有机质，按斯托克斯沉降定律，用吸管吸取小于2 μm的黏土粒级颗粒，重复多次，以获取足量黏土，制取黏土矿物的定向片。待定向片干燥后，一套直接上机测试，另一套用乙二醇蒸汽饱和48 h后再上机测试。黏土矿物的X射线衍射分析在国家海洋局第一海洋研究所海洋沉积与环境地质国家海洋局重点实验室完成，所用仪器为日本理学Dmax2500X射线衍射仪，仪器的工作条件为：CuKα发射，工作电压为40 kV，工作电流为100 mA，扫描宽度为3 °~30 °(2θ)，扫描速率为4 °/min。

黏土矿物半定量分析用Biscaye等(1965)方法，即选用乙二醇饱和片图谱上蒙皂石(17Å)、伊利石(10Å)、绿泥石(7Å)+高岭石(7Å)4种矿物的3个特征衍射峰的峰面积作为基础数据进行计算。峰面积计算方法为衍射峰高乘以半峰宽；权因子确定，蒙皂石重量因子为1，伊利石重量因子为4，绿泥石+高岭石重量因子为2，其中高岭石和绿泥石是通过拟合3.58Å/3.54 Å衍射峰峰面积比值来确定。黏土矿物的定性及半定量分析是利用X衍射仪测得的数据结果结合Jade5.0软件进行的。

8.2.2.3 黏土矿物实验结果

北冰洋西部表层沉积物中的黏土矿物主要为伊利石、绿泥石和高岭石，另含有少量的蒙皂石。根据前面提到的XRD数据处理方法，对取得的北冰洋西部表层沉积物中黏土矿物相对含量计算得出，伊利石含量为49.2%~72.5%，绿泥石含量为14.8%~33.8%，高岭石含量为7.4%~22.9%，蒙皂石的含量为0~5.6%。伊利石的化学指数是通过衍射图谱上5Å/10Å峰面积比来计算，比值大于 0.5 为富 Al 伊利石，代表强烈的水解作用；比值小于 0.5 的为富 Fe-Mg 伊利石，为物理风化结果。伊利石的结晶度是根据 10 Å 衍射峰处的半峰宽来确定，利用 Diekmann（1996）对结晶程度的划分标准：对伊利石来说，结晶极好（<0.4）、结晶好（0.4~0.6）、中等结晶（0.6~0.8）和结晶差（>0.8），各个站位的黏土矿物组成数据列于表 8-3。

表 8-3 研究区表层沉积物黏土矿物组成

航次	站位号	所属海区	水深（m）	蒙脱石（%）	伊利石（%）	高岭石（%）	绿泥石（%）	伊利石化学指数	伊利石结晶度（°Δ2θ）
N03	B85A	阿尔法脊	2376.42	3.89	49.15	22.94	24.02	0.469	0.347
N03	B845	阿尔法脊	2290	3.78	57.08	15.86	23.29	0.424	0.375
N03	B85B	阿尔法脊	2200	3.11	58.82	15.28	22.79	0.432	0.378
N04	BN10	阿尔法脊	2434	3.33	58.87	14.19	23.61	0.516	0.324
N03	B82	北风脊	3387.07	0.96	57.37	22.08	19.60	0.406	0.479
N02	Ice4	北风脊	3800	4.30	61.83	13.57	20.31	0.414	0.417
N04	Mor02	北风脊	1224	4.53	54.36	14.20	26.92	0.630	0.398
N02	P27	北风脊	3050	2.16	57.13	14.92	25.79	0.514	0.351
N03	B12	北风脊	2000	2.13	68.98	10.28	18.61	0.397	0.421
N04	M02	楚科奇高地	2300	3.76	56.89	12.99	26.36	0.489	0.324
N04	M03	楚科奇高地	2298	3.45	57.82	17.03	21.70	0.493	0.35
N04	M05	楚科奇高地	2016	5.28	58.14	11.73	24.85	0.465	0.328
N03	N03	楚科奇高地	2655	2.02	67.45	10.87	19.66	0.460	0.38
N03	P23	楚科奇高地	2080	2.70	67.48	10.27	19.55	0.439	0.407
N03	P31	楚科奇高地	445	1.65	67.87	11.52	18.96	0.465	0.444
N02	C01	楚科奇海	48	1.02	52.29	17.38	29.31	0.572	0.408
N04	C02	楚科奇海	49	3.30	51.80	14.91	29.99	0.577	0.336
N04	C04	楚科奇海	46	1.10	52.95	17.88	28.08	0.574	0.409
N04	C05	楚科奇海	34	2.27	56.77	14.65	26.31	0.523	0.425
N02	C06	楚科奇海	57	1.87	56.72	16.95	24.46	0.546	0.428
N04	C07(4)	楚科奇海	51	2.08	49.29	14.81	33.83	0.617	0.336
N04	C09	楚科奇海	50	1.40	53.52	21.39	23.69	0.627	0.348
N02	C2-1	楚科奇海	45	0.58	52.88	17.20	29.34	0.618	0.463
N04	CC1	楚科奇海	50	0.17	55.50	18.91	25.41	0.559	0.512
N04	CC4	楚科奇海	52	1.29	55.82	16.90	25.99	0.471	0.414
N04	CC8	楚科奇海	34	0.93	56.96	13.55	28.56	0.549	0.309
N04	Co5	楚科奇海	126	3.75	62.78	14.72	18.75	0.430	0.461
N04	M06	楚科奇海	809	2.68	54.50	13.39	29.43	0.621	0.323
N04	M07(4)	楚科奇海	393	4.17	56.86	11.92	27.05	0.537	0.378
N02	P11	楚科奇海	167	5.60	56.65	19.43	18.22	0.619	0.388
N02	P13	楚科奇海	447	4.48	55.16	17.03	23.33	0.588	0.296
N02	R06(2)	楚科奇海	52	2.89	49.67	18.26	29.17	0.662	0.306

续表

航次	站位号	所属海区	水深（m）	蒙脱石（%）	伊利石（%）	高岭石（%）	绿泥石（%）	伊利石化学指数	伊利石结晶度（°Δ2θ）
N04	R06(4)	楚科奇海	52	0.52	57.99	10.57	30.93	0.583	0.374
N04	R08	楚科奇海	44	0.55	55.12	19.58	24.76	0.613	0.28
N02	R10	楚科奇海	50	1.94	54.76	13.76	29.55	0.545	0.34
N02	R12A	楚科奇海	75	0.65	58.22	21.28	19.85	0.478	0.388
N02	S11	楚科奇海	47	1.82	53.21	14.54	30.43	0.559	0.362
N02	S21A	楚科奇海	76	3.03	58.64	17.32	21.01	0.544	0.331
N02	S32	楚科奇海	268	3.73	59.75	17.42	19.10	0.522	0.438
N04	SR03	楚科奇海	58	0.00	59.85	13.75	26.39	0.541	0.388
N04	SR04	楚科奇海	56	0.02	57.89	14.62	27.47	0.839	0.379
N04	SR05	楚科奇海	54	0.33	60.04	17.60	22.03	0.729	0.339
N04	SR10	楚科奇海	77	1.21	56.24	17.93	24.62	0.587	0.327
N04	SR11	楚科奇海	184	2.22	60.22	16.44	21.12	0.544	0.377
N04	SR12	楚科奇海	187	0.63	62.18	18.38	18.71	0.663	0.352
N02	C07(2)	楚科奇海	57	1.28	67.21	10.05	21.47	0.375	0.381
N03	C10	楚科奇海	107	1.34	70.23	9.11	19.31	0.421	0.444
N03	C13	楚科奇海	41	1.85	68.82	12.24	17.09	0.451	0.429
N03	C15	楚科奇海	40	1.19	69.32	8.59	20.90	0.471	0.418
N03	C19	楚科奇海	45	1.86	71.04	10.97	16.13	0.446	0.401
N03	C23	楚科奇海	38	1.69	67.67	10.24	20.40	0.438	0.421
N03	C25	楚科奇海	37.01	1.19	70.04	9.83	18.94	0.442	0.407
N03	C33	楚科奇海	46	1.66	69.17	10.53	18.64	0.418	0.413
N03	C35	楚科奇海	40	1.21	72.48	9.53	16.77	0.428	0.421
N03	R07	楚科奇海	37	1.63	69.79	9.15	19.44	0.466	0.422
N03	R09(3)	楚科奇海	42	1.37	68.00	11.05	19.58	0.440	0.428
N04	R09(4)	楚科奇海	51	0.21	63.44	14.08	22.27	0.639	0.363
N04	S21	楚科奇海	46	3.01	71.68	10.53	14.78	0.512	0.455
N04	S23	楚科奇海	338	2.85	69.07	12.54	15.54	0.518	0.453
N04	SR01	楚科奇海	49	1.18	62.84	7.38	28.60	0.441	0.453
N04	SR02	楚科奇海	51	0.29	60.73	7.71	31.28	0.583	0.367
N04	BN03	加拿大海盆	2790	3.80	59.36	13.35	23.48	0.464	0.42
N04	BN04	加拿大海盆	3476	3.04	57.02	13.22	26.72	0.477	0.318
N04	BN06	加拿大海盆	3566	2.64	59.64	13.37	24.35	0.464	0.404
N04	BN07	加拿大海盆	3627	5.12	53.94	16.91	24.03	0.514	0.359
N04	BN09	加拿大海盆	2500	2.85	58.51	14.34	24.30	0.464	0.413
N02	Ice6	加拿大海盆	3800	5.56	56.00	13.83	24.60	0.446	0.358
N02	Ice7	加拿大海盆	3800	4.47	61.13	12.74	21.66	0.458	0.427
N04	MS01	加拿大海盆	3814	2.79	59.19	14.48	23.54	0.487	0.421
N04	MS02	加拿大海盆	3743	3.99	56.43	13.77	25.82	0.494	0.389
N04	MS03	加拿大海盆	3890	4.36	59.67	14.17	21.81	0.483	0.406
N02	P47	加拿大海盆	3850	3.87	61.58	13.24	21.31	0.356	0.451
N02	S16	加拿大海盆	3500	5.32	54.44	16.56	23.68	0.528	0.391

续表

航次	站位号	所属海区	水深(m)	蒙脱石(%)	伊利石(%)	高岭石(%)	绿泥石(%)	伊利石化学指数	伊利石结晶度(°Δ2θ)
N02	S26(2)	加拿大海盆	3000	3.90	61.48	16.20	18.32	0.440	0.446
N04	S26(4)	加拿大海盆	3521	2.80	60.34	13.63	23.23	0.557	0.378
N02	Ice5	加拿大海盆	3850	3.32	64.07	12.00	20.62	0.450	0.433
N03	S14	加拿大海盆	2531	2.07	66.50	11.26	20.17	0.417	0.413
N03	S24	加拿大海盆	2176	1.52	65.79	12.61	20.08	0.447	0.422
N04	S25	加拿大海盆	2830	2.37	65.51	11.71	20.41	0.500	0.379
N04	BN13	马卡洛夫海盆	3995	2.15	60.89	20.01	16.95	0.435	0.355
N04	BN12-1	马卡洛夫海盆	4000	1.19	68.13	14.05	16.63	0.531	0.401

8.2.2.4 黏土矿物的区域变化特征

图 8-19 所示为北冰洋西部表层黏土矿物组成的区域变化，从图中可以看出其分布和变化均表现出明显的规律性。

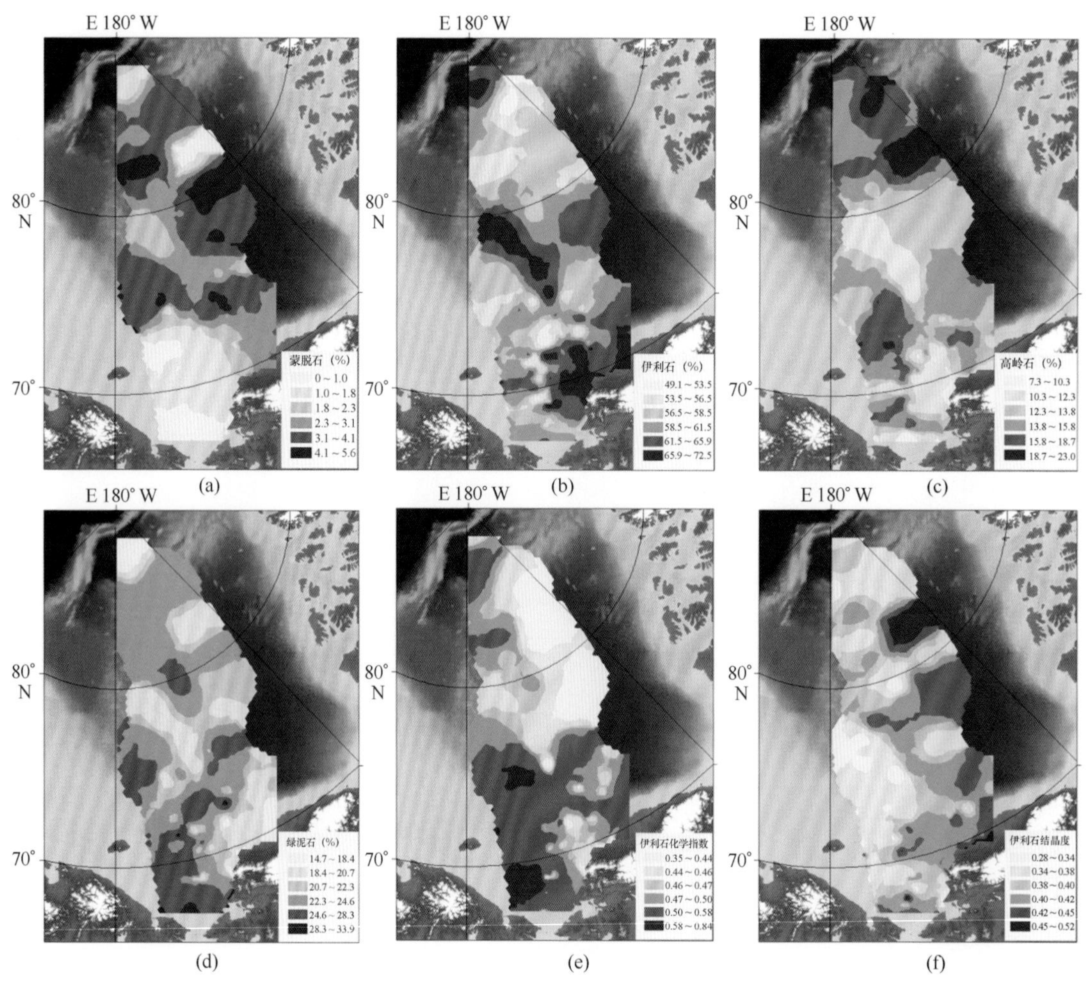

图 8-19　表层沉积物中黏土矿物的含量(%)、伊利石化学指数和伊利石结晶度分布

(a)蒙皂石；(b)伊利石；(c)高岭石；(d)绿泥石；(e)伊利石化学指数；(f) 伊利石结晶度

蒙皂石：蒙皂石是本区含量最低的黏土矿物，其含量在楚科奇海陆架的变化范围为0~5.6%，平均值为1.74%，西北冰洋深水区（含北风脊、楚科奇高地、加拿大海盆、阿尔法脊和马卡洛夫海盆）的变化范围为0.96%~5.56%，平均值为3.26%。在加拿大海盆、阿尔法脊和楚科奇高地等海域蒙皂石含量较高。总体上看，西北冰洋深水区沉积物蒙皂石含量要略高于楚科奇海陆架（图8-19a）。

伊利石：伊利石是本研究区内含量最高的黏土矿物，其含量在楚科奇海陆架的变化范围为49.3%~72.5%，平均值为60.3%。西北冰洋深水区伊利石含量相对较低，含量范围为49.15%~70.0%，平均值为60.3%。从图8-19b可以看出，阿拉斯加一侧的楚科奇海近岸海域、楚科奇高地和北风脊的伊利石含量最高，其他海域相对较低。总体上楚科奇海含量高于西北冰洋深水区。

高岭石：楚科奇海陆架沉积物高岭石的含量为7.4%~21.4%，平均值为14.3%，西北冰洋深水区的含量范围为10.3%~22.9%，平均值为14.3%。从图8-19c可以看出，研究区高岭石含量的高值区集中在楚科奇海陆架局部和阿尔法脊等80°N以北等海域，其他海域含量较低。

绿泥石：楚科奇海陆架沉积物绿泥石的含量为14.8%~33.8%，平均值为23.7%。西北冰洋深水区的含量范围为16.6%~26.9%，平均值为22.2%。高值主要出现在楚科奇海高地及南端靠近白令海峡处，靠近阿拉斯加一侧的楚科奇海域和加拿大海盆部分海域绿泥石含量相对较低（图8-19d）。

伊利石化学指数：楚科奇海陆架的变化范围为0.37~0.84，平均值为0.54。西北冰洋深水区的变化范围为0.36~0.63，平均值为0.47。总体看来，伊利石化学指数高值集中出现在楚科奇海靠东西伯利亚海一侧，从低纬度到高纬度逐渐降低（图8-19e）。

伊利石结晶度：楚科奇海陆架伊利石结晶度值范围为0.28~0.51，平均值为0.388，西北冰洋深水区范围为0.32~0.48，平均值为0.391，从图8-19f可以看出，在研究区的东侧，伊利石结晶度值较高。

利用Q型聚类分析方法，对上述6种黏土矿物参数进行聚类分析，可将研究区各站位的矿物组合类型分为6类（图8-20），各类黏土矿物组合的矿物组成特征列于表8-4。

表8-4 各矿物组合的平均黏土矿物组成

类别	蒙皂石（%）	伊利石（%）	绿泥石（%）	高岭石（%）	伊利石化学指数	伊利石结晶度（°Δ2θ）
Ⅰ	1.8	68.2	19.0	11	0.46	0.42
Ⅱ	0.66	60.5	30.3	8.6	0.54	0.40
Ⅲ	2.67	60.0	18.7	18.7	0.50	0.41
Ⅳ	2.38	55.2	24.4	18.0	0.56	0.37
Ⅴ	3.1	58.5	24.2	14.3	0.51	0.38
Ⅵ	2.1	52	29.3	16.5	0.58	0.36

矿物组合分区图（图8-21）显示，Ⅰ类矿物分布在楚科奇海及楚科奇海的北部边缘，包括楚科奇高地和北风脊，Ⅱ类矿物组合分布在白令海峡附近，以绿泥石含量高为特征，Ⅲ类和Ⅳ类组合主要分布在楚科奇海北部和加拿大海盆南部，Ⅴ类组合分布在加拿大海盆和楚科奇海的西北部，Ⅵ类组合主要分布在楚科奇海的中部和北部边缘。

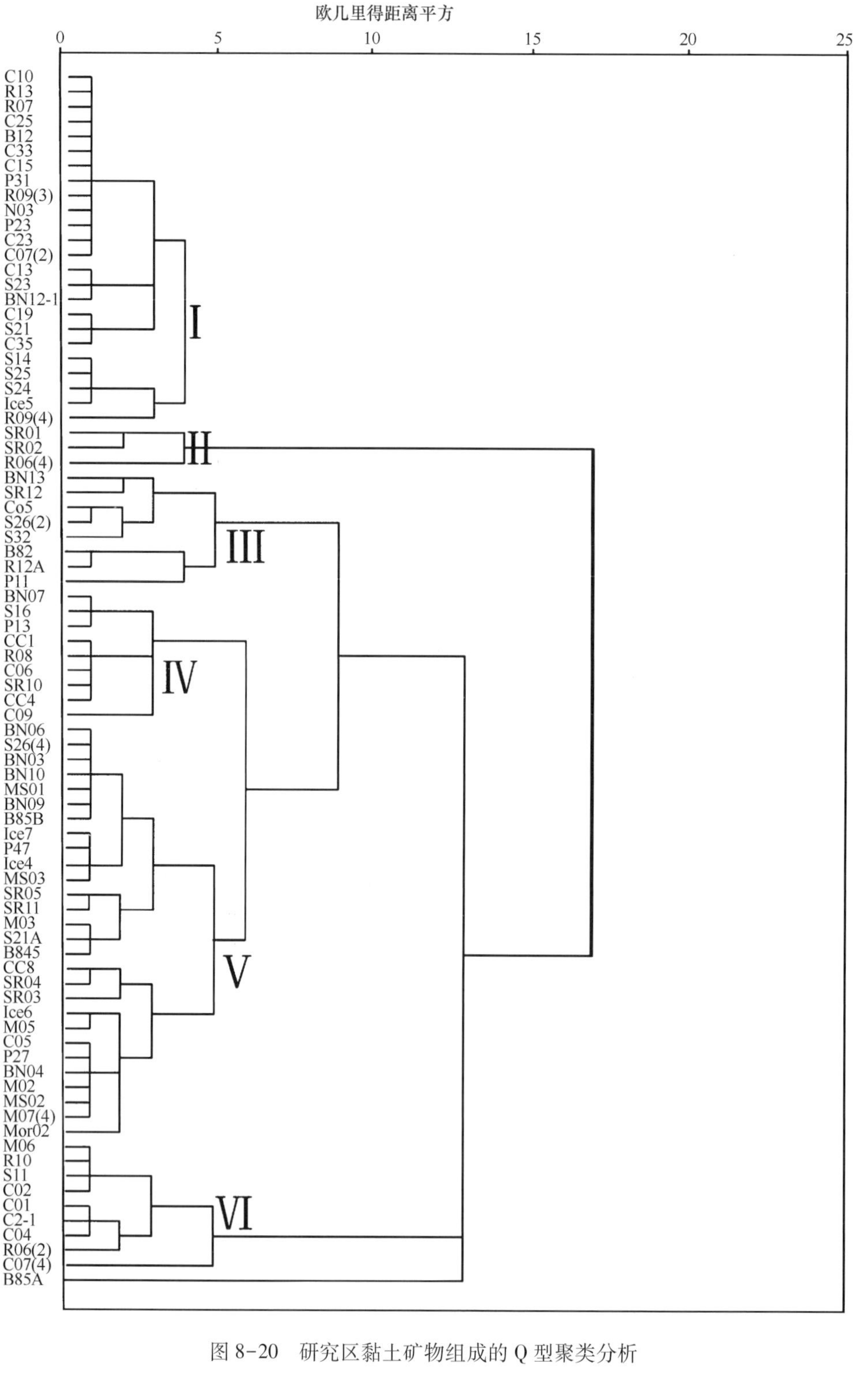

欧几里得距离平方

0 5 10 15 20 25

C10 R13 R07 C25 B12 C33 C15 P31 R09(3) N03 P23 C23 C07(2) C13 S23 BN12-1 C19 S21 C35 S14 S25 S24 Ice5 R09(4)

I

SR01 SR02 R06(4)

II

BN13 SR12 Co5 S26(2) S32 B82 R12A P11

III

BN07 S16 P13 CC1 R08 C06 SR10 CC4 C09

IV

BN06 S26(4) BN03 BN10 MS01 BN09 B85B Ice7 P47 Ice4 MS03 SR05 SR11 M03 S21A B845 CC8 SR04 SR03 Ice6 M05 C05 P27 BN04 M02 MS02 M07(4) Mor02

V

M06 R10 S11 C02 C01 C2-1 C04 R06(2) C07(4) B85A

VI

图 8-20 研究区黏土矿物组成的 Q 型聚类分析

8.2.2.5 西北冰洋表层沉积物黏土矿物特征讨论

由上述结果可以看出，北冰洋西部表层沉积物黏土矿物组成的区域分布和变化以及聚类分析的研究均表现出明显的规律性特征，这些特征可有效地反映研究区沉积物中黏土矿物的来源和成因。

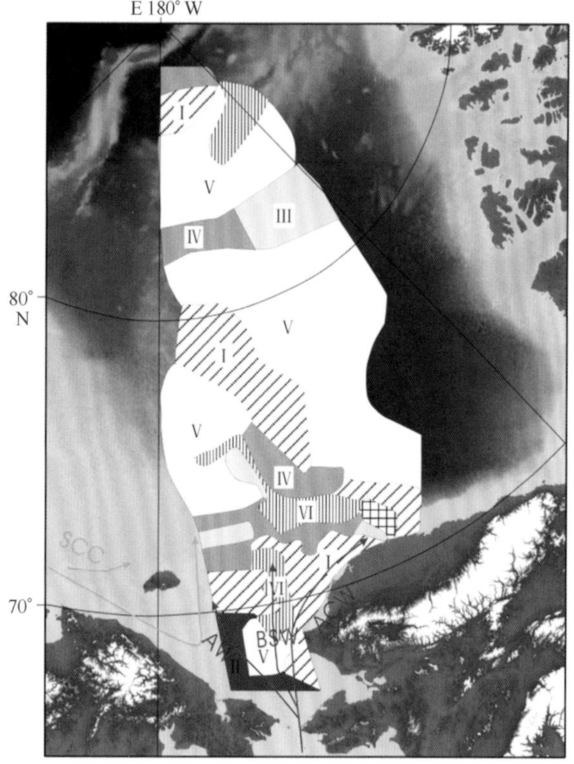

图 8-21　黏土矿物组合分区

(1)楚科奇海陆架

一般认为,伊利石和绿泥石是碎屑黏土矿物,是物理风化和冰川侵蚀的典型产物,因此也是高纬度地区典型的黏土矿物,北冰洋海域中大量的伊利石和绿泥石多来自变质沉积岩和火成岩的物理风化。研究区伊利石化学指数均小于 0.5,说明化学风化作用很弱,伊利石都为物理风化的结果(图 8-19e)。楚科奇海和加拿大海盆的伊利石结晶度相当,平均值都稍大于 0.4,伊利石结晶度低值代表结晶度高,说明结晶度均处于极好与好之间,指示陆地物源区水解作用弱,为干冷的气候条件(图 8-19f),可见沉积物中的伊利石主要来自周缘陆地变质的沉积岩和火成岩的物理风化,这些岩石在西伯利亚和阿拉斯加非常普遍。从伊利石结晶度和化学指数的分布图可以看出,楚科奇海东侧的结晶度值高,化学指数值低,西侧的结晶度值低,化学指数值高,说明伊利石至少有两个来源。科雷马河和因迪吉尔卡河(图 8-18)卸载的高含量的伊利石在西伯利亚沿岸流的作用下搬运到楚科奇海(Münchow et al., 1998),此外,育空河等河流沉积物在阿拉斯加沿岸流作用下被搬运到楚科奇海。

研究发现白令海峡附近黏土矿物主要是Ⅱ类组合,以绿泥石含量高为特征,楚科奇海北端的绿泥石含量也高于楚科奇海南端和北冰洋深水区(图 8-19b),前人的研究(Naidu et al., 1983;Kalinenko et al., 2001)认为绿泥石是北太平洋的主要黏土矿物,这就说明绿泥石可以作为太平洋水通过白令海峡流入北冰洋的示踪矿物。Ortiz 等(2009)的研究认为楚科奇海绿泥石的来源是阿拉斯加的河流流到北太平洋,然后通过白令海峡输运到楚科奇海的。

通过西伯利亚河流搬运到楚科奇海陆架的黏土矿物中伊利石和绿泥石的含量分别大于 59%和 21%(Naidu et al.,1982)。Viscosi-Shirley 等(2003)研究也认为在西伯利亚陆架表层沉积物中伊利石和绿泥石的含量分别大于 50%和 20%。本次研究结果发现楚科奇海西部主要是以Ⅳ类矿物组合为主，伊利石和绿泥石含量分别为55.2%和24.4%，说明来源为西伯利亚陆地，是在西伯利亚沿岸流的作用下搬运到楚科奇海的（图8-21）。所以可以判断西伯利亚陆架为楚科奇海提供沉积物。

楚科奇海沉积物中的蒙皂石可以通过河流注入、海岸侵蚀以及海冰携带而来（Nürnberg et al.，1994；Pfirman et al.，1997）。Viscosi-Shirley et al.（2003）认为楚科奇—阿拉斯加海域的蒙皂石来自东西伯利亚火山岩省，在东西伯利亚海陆架、喀拉海东部和拉普捷夫海西部的表层沉积物中蒙皂石含量均较高（Wahsner et al.，1999），这些蒙皂石的来源是普托拉纳高原的中生代溢流玄武岩，通过叶尼塞河和卡哈坦噶河搬运，在西伯利亚沿岸流的作用下搬运到楚科奇海域。Dethleff等（2000）认为在卡哈坦噶河的悬浮颗粒中黏土矿物主要由蒙皂石组成，含量平均为83%，物源为西伯利亚玄武岩。勒拿河悬浮体中黏土矿物以伊利石为主，含量为54%；亚纳河中未见蒙皂石，伊利石含量高达67%，绿泥石含量高达29%，高岭石含量小于10%。本次研究显示，楚科奇海陆架西侧海域蒙皂石含量较低，这是因为在亚纳河等不含蒙皂石的河流作用下稀释了卡哈坦噶河等河流搬运的蒙皂石，此外由于远距离搬运也对蒙皂石含量起到了稀释作用。在楚科奇海陆架东侧蒙皂石含量相对较高，这主要是育空河等河流的沉积物在阿拉斯加沿岸流的作用下将蒙皂石搬运到楚科奇海陆架，Naidu等（1982）和Viscosi-Shirley等（2003）研究得出的结论是楚科奇海的蒙皂石是西伯利亚和阿拉斯加的火山岩经河流入白令海，然后经白令海峡搬运到楚科奇海。综合前人研究结果，我们认为蒙皂石有两个主要的来源：一个是西伯利亚和阿拉斯加的火山岩经河流入白令海，然后经白令海峡搬运到楚科奇海（Naidu et al.，1983；陈志华等，2004；张德玉等，2008；Viscosi-Shirley et al.，2003）；另一个是卡哈坦噶河等携带的来自西伯利亚中生代Putorana高原玄武岩的蒙皂石在西伯利亚沿岸流的作用下搬运到楚科奇海。

极地的高岭石可能来源于含高岭石的沉积物以及古土壤的侵蚀等（Boo-Keun Khim，2003）。本次研究发现高岭石含量并没有明显的区域变化，前人的研究判断白令海的高岭石通过白令海峡到达楚科奇海西部（Boo-Keun Khim，2003；张德玉等，2008）。另外科雷马河和因迪吉尔卡河输入到东西伯利亚海的沉积物也为楚科奇提供少量的高岭石（Naidu et al.，1982；陈志华等，2004；张德玉等，2008）。

从矿物组合来看，楚科奇海的类型较多，靠近阿拉斯加一侧海域以Ⅰ类组合为主，靠东西伯利亚海一侧主要有Ⅱ类、Ⅲ类和Ⅳ类，中部主要为Ⅵ类，根据矿物组合分区结合来自太平洋的3股洋流的方向以及西伯利亚沿岸流的流向，可以判断楚科奇海Ⅲ类和Ⅳ类矿物来源为西伯利亚陆地，经河流搬运后在西伯利亚沿岸流的作用下到达楚科奇海的西侧，Ⅱ类组合可能是阿纳德尔流搬运而来，Ⅵ类矿物由白令陆架水搬运而来，Ⅰ类矿物由西伯利亚沿岸流搬运而来。

综上所述，楚科奇海的黏土矿物来源于西伯利亚和阿拉斯加的火山岩、变质岩以及一些含高岭石的沉积物以及古土壤等，经河流搬运，在北太平洋的3股洋流及西伯利亚沿岸流的作用下沉积形成的。

（2）西北冰洋深水区

西北冰洋深水区包含楚科奇高地、北风脊、加拿大海盆、阿尔法脊和马卡洛夫海盆。西北冰洋深水区中黏土矿物含伊利石、绿泥石、高岭石和蒙皂石，其中伊利石含量最高，其次为绿泥石和高岭石，蒙皂石含量最小。

从伊利石化学指数和结晶度的分布图上可以大致判断黏土矿物有东侧物源和西侧物源。

根据海冰的流向(图 8-18)可以进一步判断有来自西伯利亚陆架和加拿大北极群岛的物质贡献。

北冰洋中部的沉积物主要是冰筏搬运(Darby et al., 1996;Darby et al., 2009),一些专家认为俄罗斯陆架的海冰被搬运到了美亚海盆(Naidu et al., 1998),为美亚海盆提供沉积物。穿极漂流可以将海冰中的沉积物搬运到北冰洋的深水区,穿极漂流分为西伯利亚支流和穿极支流,西伯利亚支流海冰来源为东喀拉海和西拉普捷夫海,蒙皂石含量较高;穿极支流的海冰来源为东西拉普捷夫海,蒙皂石含量较低,伊利石含量较高(Dethleff et al., 2000)。从图 8-19a 看出北冰洋深水区蒙皂石含量比楚科奇海含量高,可能是西伯利亚陆架为研究区提供了蒙皂石,从图 8-18 可以看出,正北极涛动时,来自喀拉海和拉普捷夫海的海冰均被搬运到了美亚海盆,这就为美亚海盆提供大量蒙皂石。亚纳河流域是由二叠纪和石炭纪的陆源沉积物(主要是页岩)组成,这些沉积物中含大量绿泥石,通过亚纳河等河流卸载(Dethleff et al., 2000),正北极涛动时为北冰洋深水区沉积物提供绿泥石。此外还提供伊利石及高岭石等黏土矿物。

加拿大北极群岛的维多利亚岛出露一些玄武岩以及辉绿岩的岩墙和岩床(Okulitch,1991),在维多利亚岛和班克斯岛周缘海域海冰沉积物中蒙脱石和绿泥石含量也较高(Darby et al., 2011),负北极涛动时,波弗特环流可以搬运携带该海域沉积物的海冰,为北冰洋深水区提供蒙皂石、伊利石以及绿泥石等黏土矿物。研究区周缘陆地的古土壤可为研究区提供高岭石。

此外,大西洋中层水也可以搬运沉积物到楚科奇高地附近海域(张德玉等,2008)。Yurco等(2010)认为北大西洋中层水洋流动力较弱,不能将弗拉姆海峡附近的黏土矿物搬运到加拿大海盆的南部,但是西拉普捷夫海和喀拉海的黏土矿物可以被北大西洋中层水搬运到加拿大海盆的南部以及楚科奇高地等海域(Vogt et al.,2009)。

从矿物组成分区图上可以看出,加拿大海盆和阿尔法脊以V类为主,该类组合蒙皂石含量比其他五类高,说明主要为西伯利亚海冰来源,另外根据洋流方向可以判断有加拿大北极群岛来源。楚科奇高地和北风脊以Ⅰ类为主,伊利石含量高达 68.2%,西伯利亚的亚纳河等河流中伊利石含量高达 67%,在大西洋中层水的作用下搬运到楚科奇高地、北风脊等海域。加拿大北极群岛的班克斯(Banks Island)和马更些河为北风脊沉积物的主要来源。与加拿大海盆不同,马卡洛夫盆地的两站分别为Ⅰ类和Ⅲ类,可能是受北大西洋中层洋流弗拉姆海峡支流的影响。

综合以上信息,我们认为西北冰洋深水区的沉积物来源为来自欧亚陆架和加拿大北极群岛周缘海域的海冰沉积和大西洋水体的搬运以及加拿大马更些河的河流注入。

8.2.3 北冰洋西部表层沉积物矿物学特征及其物质来源

北极在晚新生代环境演化及现今气候变化中都起着非常重要的作用(Aagard et al., 1999),一方面由于大面积的海冰覆盖,反照率大,影响全球能量平衡;另一方面北冰洋与大西洋和太平洋通过水体交换制约着全球海洋温盐循环(Smith et al.,2002)。北冰洋西部沉积环境比较复杂,既有水体作用,又有冰筏作用,特别是北冰洋与太平洋之间的水体交换以及加拿大北极群岛周边海域和欧亚陆架海冰的冰筏沉积作用,有别于其他海域。

为了研究北冰洋新生代沉积物来源、示踪河流卸载、海冰和冰山的冰筏沉积等颗粒搬运路径,前人曾开展了矿物学(Peregovich et al., 1999; Darby et al., 1996; Phillips et al., 2001; Viscosi-Shirley et al.,2003;陈志华等,2004;张德玉等,2008;Yurco et al.,2010)、元素地球化学

(邱中炎等,2007;Reimnitz et al. , 1998)及稳定同位素等(陈志华等,2011;Asahara et al. , 2012)研究,对于矿物学的研究主要集中在重矿物(Peregovich et al. ,1999)、冰筏碎屑(Darby et al. , 1996;Phillips et al. , 2001)和黏土矿物(Viscosi-Shirley et al. ,2003;陈志华等,2004;张德玉等,2008;Yurco et al. ,2010)等方面。由于北冰洋深水区沉积物粒度较细,碎屑矿物含量较少,所以对沉积物全岩的X射线衍射(XRD)研究显得尤为重要。根据沉积物全岩的XRD研究可查明沉积物的矿物组成,对于反映沉积物的搬运路径、来源、沉积过程以及重建古海洋学演化历史等有重要意义(Vogt et al. ,1996)。

目前对北冰洋海域全岩XRD的研究主要是在欧亚盆地(Vogt et al. ,1996;Vogt et al. ,2001;März et al. ,2011)。Vogt et al 对北冰洋Yermak高原全岩XRD的研究发现,沉积物中的矿物主要为石英、长石、方解石、白云石和辉石(Vogt et al. , 2001),并跟据全岩矿物组成、黏土矿物组成结合有机地球化学特征阐明了冰盖历史,重建了古海洋学演化历史。März 等对北冰洋中部全岩XRD的研究发现沉积物中含石英、页硅酸盐、斜长石、钾长石、沸石、闪石、堇青石和黄铁矿等(März et al. ,2011),并根据矿物学组成和元素查明早第四纪-晚第四纪的沉积机制的变化。Vogt 识别出北冰洋中东部全岩矿物中主要由石英、白云石、方解石和长石,通过对矿物的半定量计算得出各种矿物含量的平面分布图,查明大概的沉积物搬运路径及来源(Vogt et al. ,1996)。

对欧亚盆地沉积物质的研究多是仅识别出主要的矿物组成(Vogt et al. , 2001;März et al. ,2011),给出半定量计算的较少(Winkler et al. , 2002)。目前对北冰洋西部表层沉积物全岩XRD的研究尚未见报道。本节首次对北冰洋西部海域表层沉积物进行了全岩XRD研究,在查明矿物组成的同时给出全岩矿物的半定量计算结果,并在此基础上阐述其搬运机制及沉积物来源。

8.2.3.1 地质背景沉积物输入及洋流

北冰洋西部的周缘陆地包括阿拉斯加、加拿大北极群岛及西伯利亚等。

阿拉斯加半岛由侏罗纪到白垩纪的砂岩、页岩和花岗岩,以及第三系至今的酸性火成岩、安山岩和玄武岩组成(Beikman et al. , 1980)。

西伯利亚的地质体和陆地包括西伯利亚地台、维尔霍扬斯克山脉、科累马—奥莫隆地块、鄂霍茨克—楚科奇海火山带和楚科奇地块(Viscosi-Shirley et al. ,2003)。俄罗斯中部的前寒武纪西伯利亚地台上覆大面积的沉积矿床和世界上最大面积之一的溢流玄武岩(Sharma et al. ,1992)。维尔霍扬斯克山脉位于西伯利亚地台的东部,山脉隆起导致泥盆纪的沉积物变形,形成了陆架碎屑岩沉积序列和深海页岩沉积。科累马—奥莫隆地块是一个增长的地形,是弧前和弧后盆地的残余物和大陆碎片拼贴形成的。鄂霍茨克—楚科奇海火山带的西部由酸性到中性火山岩组成,东部由中性到基性火山岩组成。楚科奇地块主要是由沉积岩组成(Fujita et al. ,1990)。

加拿大北极群岛主要由班克斯岛、维多利亚岛等组成,岩石类型总体上以碳酸盐岩和碎屑岩为主(Okulitch et al. , 1991)。

北冰洋周缘陆地的沉积物输入到北冰洋主要通过河流输运、海岸侵蚀以及海冰(冰山)的搬运。北冰洋西部的入海河流主要有:加拿大的马更些河,西伯利亚的鄂毕河、叶尼塞河、哈坦加河、勒拿河、亚纳河、科累马河和因迪吉尔卡河等(图8-22)。此外,阿拉斯加的育空河和卡斯科奎姆河流入到白令海之后通过洋流搬运到楚科奇海,也为北冰洋的提供大量的入海物质(张德玉等,2008)。各河流的流量、沉积物卸载量及其流域盆地的主要岩性见表 8-5。海岸侵蚀也是北冰洋沉积物的一个重要来源(Timokhov, 1994)。海冰和冰山的沉积物搬运是北冰洋深水区的主要的搬运方式(Darby et al. , 1997)。

表 8-5 各河流的流量、沉积物卸载量及其流域盆地的主要岩性

河流	河流流量 (km^3/a)	沉积物负载量 ($\times10^6$ t/a)	流域盆地的主要岩性
鄂毕河	427(Holmes et al. , 2012)	16.5(Gordeev,1995)	花岗岩、砂岩、石灰岩(Gordeev et al. , 2004)
叶尼塞河	636(Holmes et al. , 2012)	5.9(Gordeev,1995)	主要为二叠—三叠纪巨型溢流玄武岩(Wahsner,1999)
哈坦加河	101(Rachold,1997)	1.4(Rachold,1997)	主要为二叠—三叠纪巨型溢流玄武岩(Nalivkin et al. , 1965)
勒拿河	525(Rachold,1997)	21(Rachold,1997)	沉积岩和变质岩(古生代到中生代的沉积岩),少量玄武岩(Peregovich,1999)
亚纳河	31(Rachold,1997)	3(Rachold,1997)	砂岩、页岩(Suchet,2003)
因迪吉尔卡河	57(Ivanov,1999)	13.7 (Timokhov,1994)	砂岩、页岩(Suchet,2003)
科累马河	120(Ivanov,1999)	16.1 (Timokhov,1994)	砂岩、页岩(Suchet,2003)
马更些河	298(Holmes et al. , 2012)	127(Macdonald et al. , 1998)	碳酸盐岩、页岩、粉砂岩(Amon,2012)
育空河	210(Milliman,2011)	54(Milliman,2011)	古生代—中生代的变质沉积岩,花岗岩等(Beikman, H. M. , 1980)
卡斯科奎姆河	60 (Milliman,2011)	8.2 (Milliman,2011)	
阿纳德尔河	68(Milliman,2011)	3.6 (Milliman,2011)	白垩纪到第三纪的火山岩、花岗岩和花岗闪长岩(U. S. S. R. Academic Sciences, 1970)

洋流系统对于周缘陆地沉积物往北冰洋的搬运是非常重要的。太平洋的低盐水通过白令海峡进入北冰洋对北极表层水做出贡献,太平洋水自白令海峡进入楚科奇海以后,分 3 支向北扩散(图 8-22),西面的一支沿 50m 等深线向西北流动,至弗兰格尔岛东北部分成 2 支,分别沿赫雷德峡谷向北流向陆坡和沿 60m 等深线折向东北;中间的一支大致沿 170°W 经线附近的中央水道向北流,至赫雷德浅滩东北部亦分为两支:一支继续向北流;另一支折向东北;东面的一支沿阿拉斯加海岸带流动,在巴罗角附近折向东,沿波弗特海陆坡流动(Weingartner et al. , 2001)。

西伯利亚沿岸流从拉普捷夫海(Laptev Sea)流至东西伯利亚海,最后到达楚科奇海域(Viscosi-Shirley et al. ,2003)(图 8-22)。北冰洋主要的表层洋流有美亚盆地的波弗特环流以及欧亚盆地的穿极流(图 8-22),它们控制了海冰和冰山的移动,这些海冰和冰山为北冰洋的沉积物做出贡献,发生负北极涛动时,穿极流将来自西伯利亚的沉积物搬运到欧亚海盆后到达弗拉姆海峡(Fram Stait),波弗特环流将来自美亚海盆周缘陆地的沉积物搬运到美亚海盆,正北极涛动时,西伯利亚陆架的沉积物被搬运到美亚海盆和门捷列夫脊(Darby et al. , 2012)(图 8-22)。

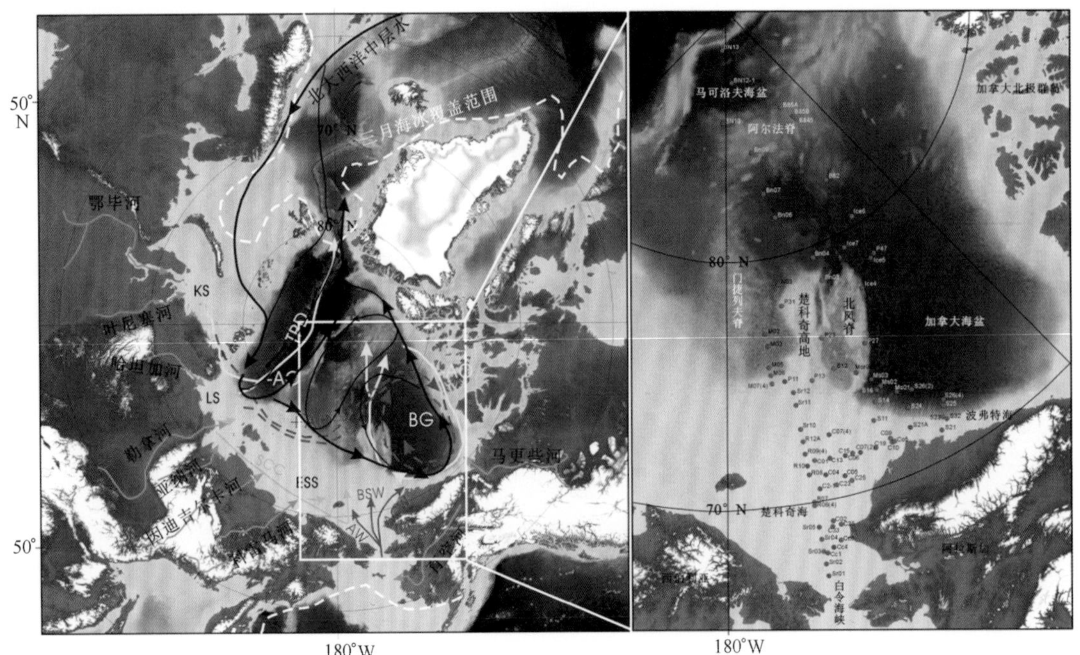

图 8-22　研究区位置、河流、洋流

KS：喀拉海，LS：拉普捷夫海，ESS：东西伯利亚海，SCC：西伯利亚沿岸流，ACW：阿拉斯加沿岸流，BSW：白令海陆架水，AW：阿纳德尔流，TPD：穿极流，BG：波弗特环流，+AO：正北极涛动，-AO：负北极涛动。黄色实线为负北极涛动时海冰的流向，红色及紫色虚线分别代表正北极涛动时从喀拉海和拉普捷夫海搬运的海冰的流向

资料来源：Viscosi-Shirley et al.，2003；Darby et al.，2012；方习生等，2013；王汝建等，2009；（Dyck et al.，2010）、海冰范围及表层取样站位

此外，中层水也为北冰洋贡献沉积物，粉砂和泥可以通过中层水搬运或者再沉积（Winkler et al.，2002）。北大西洋暖流到达北冰洋后分为两支：一支为弗拉姆海峡支流；另一支为巴伦支海（Barents Sea）支流。这两支支流变冷下沉形成中层水，在北冰洋沿着大陆坡和海脊流动，其中巴伦支海支流可以到达加拿大海盆的南端以及北风脊（Nørgaard-Pedersen et al.，2007）（图 8-22）。

8.2.3.2　材料与方法

本研究所用样品为中国第二次、第三次和第四次北极科学考察所采集的表层沉积物，共 79 个样品，其中楚科奇海 44 站，楚科奇海台 4 站，北风脊 2 站，阿尔法脊 5 站，加拿大海盆 22 站，马卡洛夫盆地 2 站（图 8-22）。

先用研磨机将沉积物研磨成小于 200 目的粉末。矿物成分鉴定所使用的仪器为日本理学生产的 D/max-2500 型转靶 X 射线衍射仪，样品测试前仪器通过校正，保证正常运转，仪器的衍射强度稳定度误差小于 0.5%，衍射角测量的准确度小于 0.04。采用铜靶辐射，工作电压 40 kV，工作电流 100 mA，扫描范围为 3°～65°（2θ），扫描速率为 2°/min（方习生等，2013），所有样品的测试条件相同。由于每种矿物出现衍射峰的角度不同，因此可由衍射峰的位置来鉴定沉积物的组成矿物。衍射峰的强度大致可以判断矿物含量的多少，但无法计算矿物的绝对含量，分析误差小于 5%。X 射线衍射图形因仪器本身的影响可能产生位移，2θ 值稍有变化，范围在 ±0.1° 左右。

各种矿物的鉴定以及相对含量的计算按照 Cook 等的方法进行(表 8-6)(Cook et al., 1975)。利用 Jade5.0 软件读取各站位沉积物衍射峰,识别并计算出各矿物衍射峰高度和面积。

表 8-6 矿物衍射数据

矿物名称	窗口(°2θ, CuKα)	D-(A) 的范围	强度因子
角闪石	10.30~10.70	8.59~8.27	2.5
方沸石	15.60~16.20	5.68~5.47	1.79
锐钛矿	25.17~25.47	3.54~3.50	0.73
硬石膏	25.30~25.70	3.52~3.46	0.9
磷灰石	31.80~32.15	2.81~2.78	3.1
文石	45.65~46.00	1.96~1.97	9.3
普通辉石	29.70~30.00	3.00~2.98	5
重晶石	28.65~29.00	3.11~3.08	3.1
方解石	29.25~29.60	3.04~3.01	1.65
绿泥石	18.50~19.10	4.79~4.64	4.95
斜发沸石	9.70~9.99	9.11~8.84	1.56
方石英	21.50~22.05	4.13~4.05	9
白云石	30.80~31.15	2.90~2.87	1.53
毛沸石	7.50~7.90	11.70~11.20	3.1
针铁矿	36.45~37.05	2.46~2.43	7
石膏	11.30~11.80	7.83~7.50	0.4
岩盐	45.30~45.65	2.00~1.99	2
赤铁矿	33.00~33.40	2.71~2.68	3.33
高岭石	12.20~12.60	7.25~7.02	2.25
钾长石	27.35~27.79	3.26~3.21	4.3
磁铁矿	35.30~35.70	2.54~2.51	2.1
云母	8.70~9.10	10.20~9.72	6
蒙脱石	4.70~5.20	18.80~17.00	3
坡缕石	8.20~8.50	10.70~10.40	9.2
钙十字沸石	17.50~18.00	5.06~4.93	17
斜长石	27.80~28.15	3.21~3.16	2.8
黄铁矿	56.20~56.45	1.63~1.62	2.3
菱锰矿	31.26~31.50	2.86~2.84	3.45
石英	26.45~26.95	3.37~3.31	1
海泡石	7.00~7.40	12.60~11.90	2
菱铁矿	31.90~32.40	2.80~2.76	1.15
滑石	9.20~9.55	9.61~9.25	2.56
鳞石英	20.50~20.75	4.33~4.28	3
三水铝石	18.00~18.50	4.93~4.79	0.95

注:强度因子由石英与各矿物标准物的 1∶1 混合物测定,通过求特征鉴定峰强度之比得出。指定石英的特征鉴定峰的强度为 1.00。各矿物的重量百分比检出限为强度因子与 0.12 的乘积(对于硅质和钙质的基体)。

8.2.3.3 沉积物中的矿物含量

全岩矿物的定性及半定量分析是利用X衍射仪测得的数据结果结合Jade5.0软件进行的。识别出了北冰洋西部表层沉积物中的主要矿物(含量>5%)以石英、斜长石、钾长石、云母为主,典型矿物包括方解石、白云石、辉石、角闪石、高岭石和绿泥石等,这些矿物可以示踪沉积物的物质来源。此外,在X射线谱线上还识别出了针铁矿、钙十字石、文石、盐岩、锐钛矿、黄铁矿、菱铁矿和硬石膏等矿物(图8-23),以百分制计算所有识别出来的矿物含量,其中根据需要表8-7仅列出了主要矿物和典型矿物的百分含量。

表8-7 北冰洋西部表层沉积物主要及典型矿物组成

矿物 海区	石英(%)		钾长石(%)		斜长石(%)		云母(%)		角闪石(%)	
	含量范围	平均值	含量范围	平均值	含量范围	平均值	含量范围	平均值	含量范围	平均值
楚科奇海	12.97~45	21.50	2.5~13.04	5.21	5.14~20.49	11.60	3.44~18.05	10.86	0~1.51	0.64
楚科奇海台	18.22~21.25	19.27	4.43~8.15	6.05	6.66~18.71	11.41	5.93~13.43	9.67	0~1.25	0.31
北风脊	16.76~19.78	18.27	3.55~6.04	4.8	6.08~9.47	7.78	5.62~18.58	12.1	0~0	0
加拿大海盆	13.59~24.83	16.93	2.42~7.16	4.29	2.82~10.99	6.68	8.09~22.99	15.43	0~0.71	0.2
阿尔法脊	17.16~24.33	19.83	4.25~10.73	7.21	7.14~10.53	9.58	6.7~11.85	10.05	0~0.52	0.22
马卡洛夫海盆	14.21~15.32	14.76	6.74~6.97	6.85	11.70~11.98	11.84	13.79~16.78	15.28	0~0.42	0.21

矿物 海区	辉石(%)		方解石(%)		白云石(%)		高岭石(%)		绿泥石(%)	
	含量范围	平均值	含量范围	平均值	含量范围	平均值	含量范围	平均值	含量范围	平均值
楚科奇海	0~5.43	2.55	0~2.75	0.27	0.19~12.89	1.70	0.48~7.81	5.03	0~4.67	2.43
楚科奇海台	1.32~4.41	2.96	0~11.1	3.98	0.43~11.27	3.89	3.05~5.08	4.26	0.63~3.46	1.98
北风脊	3.76~4.31	4.04	0~9.6	4.8	0.83~6.24	3.53	3.91~5.53	4.72	1.14~1.45	1.30
加拿大海盆	1.72~4.72	3.06	0~7.29	1.79	0.26~13.04	3.31	4.06~7.28	5.72	0.58~4.58	2.18
阿尔法脊	0~7.05	3.03	0.76~8.69	4.76	1.02~5.35	4.01	3.33~5.77	4.39	1.3~1.68	1.48
马卡洛夫海盆	3.13~5.1	4.11	3.5~4.33	3.91	1.53~1.83	1.68	3.97~5.75	4.86	1.7~1.89	1.8

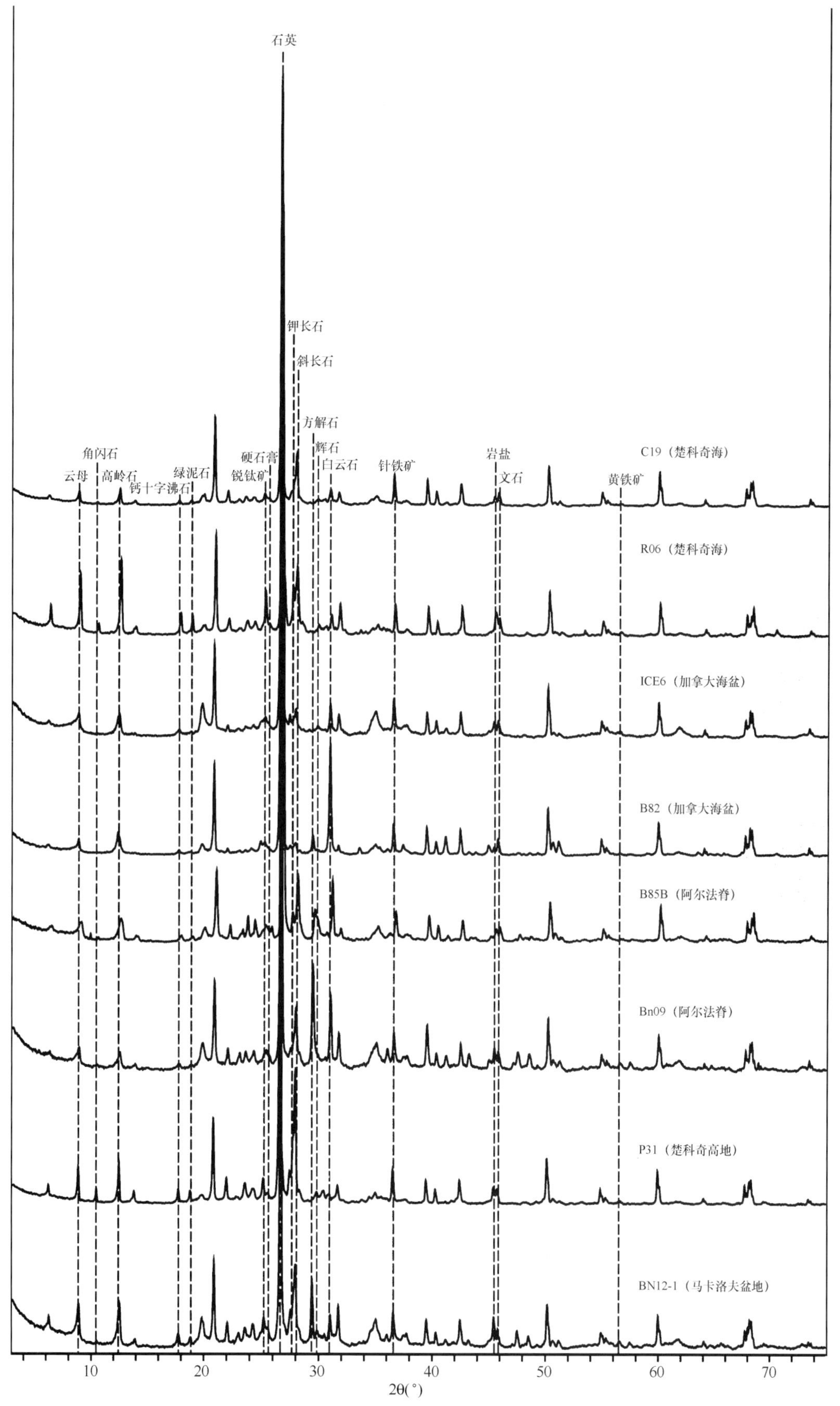

图 8-23　北冰洋西部表层沉积物矿物 X 射线衍射峰特征

8.2.3.4 沉积物矿物分布特征

矿物分布图是基于ARCGIS的反距离权重插值法得出的，从图8-24上可以看出，石英在楚科奇海靠阿拉斯加一侧含量较高，含量最高达45%，另外，在阿尔法脊及加拿大海盆北端含量也相对较高，总体上楚科奇海的石英含量高于北冰洋深水区（阿尔法脊、北风脊、加拿大海盆和楚

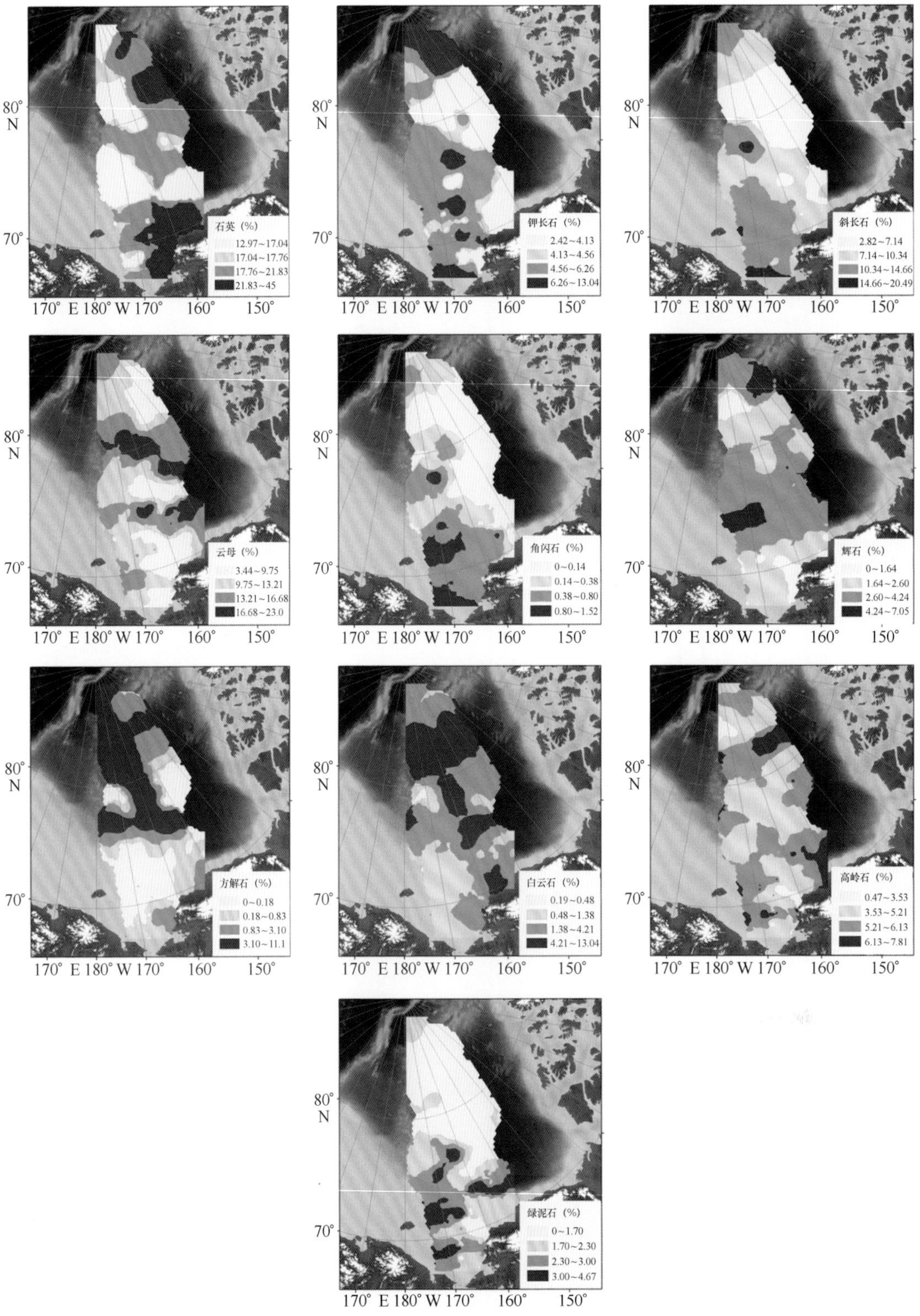

图8-24 北冰洋西部沉积物主要矿物和典型矿物分布

科奇海台)。钾长石在研究区的靠近欧亚海盆一侧的含量高于美亚海盆一侧,钾长石含量最高13.04%,加拿大海盆区含量较低。斜长石的分布特征跟钾长石基本一致,含量范围为2.82%~20.49%。在加拿大海盆及马卡洛夫海盆云母含量较高,含量高达22.99%,在楚科奇海以及北风脊、楚科奇海台和阿尔法脊含量相对较低。楚科奇海的角闪石含量为0%~1.51%,北冰洋深水区含量为0%~1.25%,总体上楚科奇海角闪石含量高于北冰洋深水区,且楚科奇海的高值区集中在靠东西伯利亚海一侧。辉石在加拿大海盆南端、北风脊、楚科奇高地以及阿尔法脊和马卡洛夫海盆的含量较高,最高值为4.1%,其他海区含量较低。在加拿大海盆方解石和白云石的含量较高,最高值分别为11.1%和13.04%,楚科奇海含量较低。绿泥石含量变化范围为0%~4.67%,在楚科奇海含量较高,加拿大海盆含量较低。高岭石含量范围为0.47%~4.81%,没有明显的变化特征。

长石/石英(F/Q)比值已经成为沉积物化学风化强度的传统性替代指标,并据此探讨沉积物的来源和气候变化(杨作升等,2008),从图8-25可以看出Fk/Qz,Fp/Qz和Fk+Fp/Qz表现出相同的变化趋势,研究区靠近欧亚海盆一侧的比值大于美亚海盆的一侧,说明风化程度相对较低。

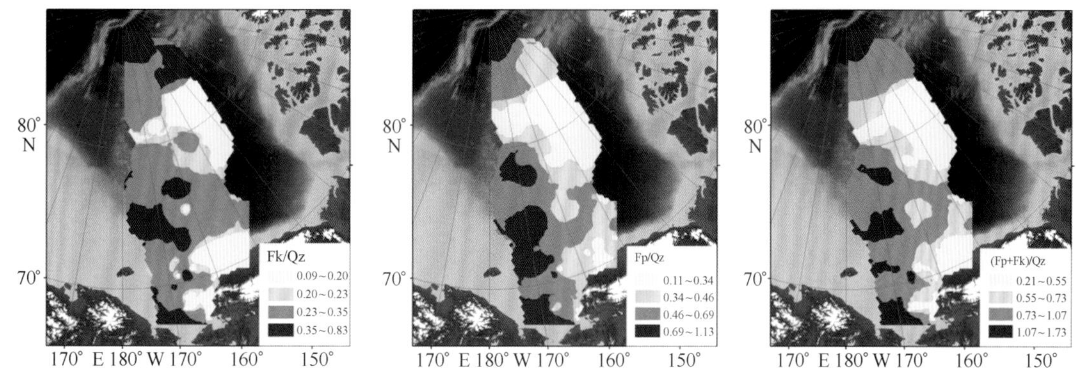

图8-25 沉积物长石/石英比值变化分布

以79个站位矿物组分的主成分得分作为划分的新指标,用欧氏距离来衡量各矿物组成的差异大小,采用类平均法对各站位进行系统聚类,划分为6类矿物组合(图8-26),其中R08和Bn03均自成一类不做考虑。又将Ⅰ类矿物组合分为Ⅰa、Ⅰb和Ⅰc三类。各矿物组合的平均矿物组成见表8-7,其中,Ⅰa型分布在楚克奇海的两端,靠阿拉斯加一侧(Ⅰa1)石英含量较高,靠西伯利亚海一侧(Ⅰa2)石英含量较低,与其他矿物组合相比,斜长石含量相对较高,这一点和Ⅰc型矿物组合以相似。Ⅰb型矿物组合分布在加拿大海盆的南部(Ⅰb1)和中部(Ⅰb2),以云母含量高,石英和斜长石含量低为特征,其中南部的碳酸盐含量略高于中部。Ⅱ型矿物组合以方解石和白云石含量高为特征,平均含量分别为6.08%和5.66%。Ⅲ型矿物组合以石英和白云石含量高为特征,平均含量分别为25.85%和6.8%。Ⅳ型矿物斜长石和钾长石含量高,平均为9.81%和18.29%。Ⅴ型矿物组合方解石和白云石含量也相对较高,平均含量分别为5.18%和3.72%,比Ⅱ型相比略低。Ⅵ型矿物组合石英含量最高,平均为36.74%。矿物组合类型分布图见图8-27。

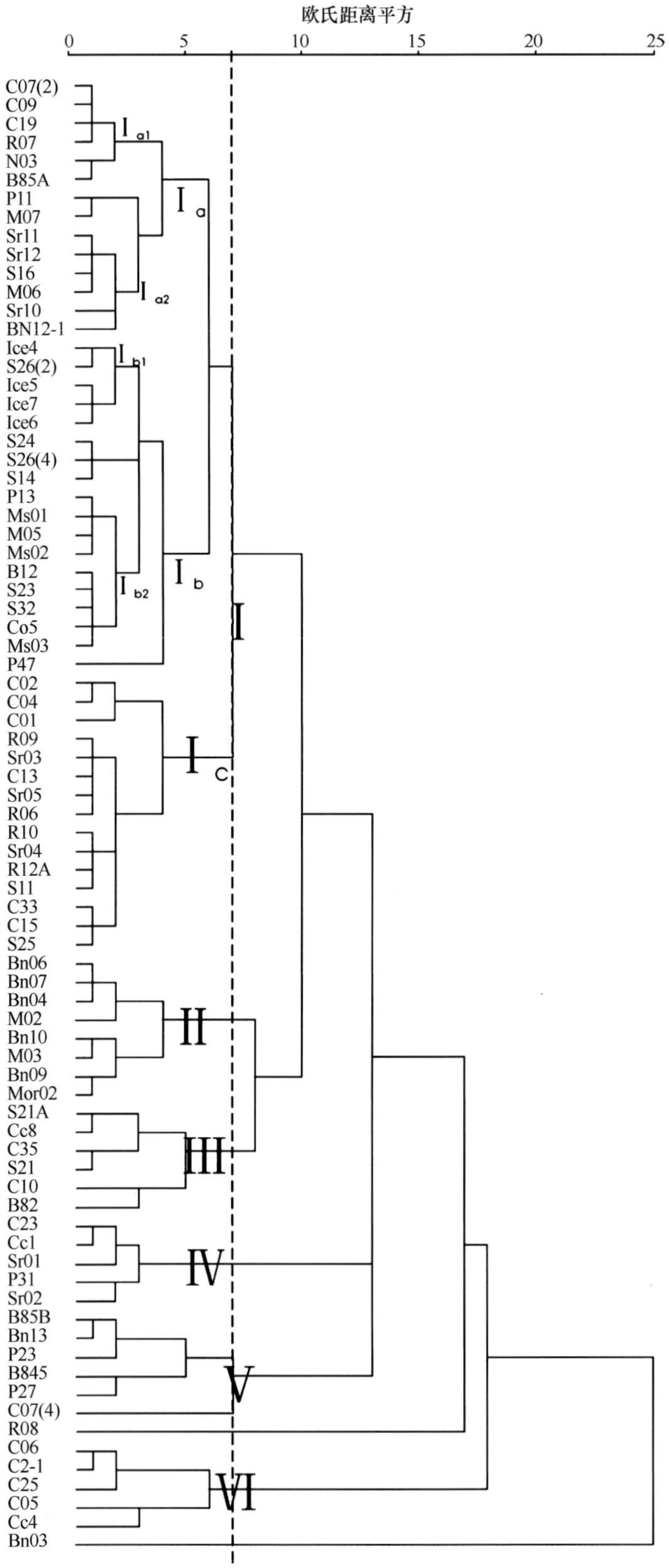

图 8-26　研究区全岩矿物组成的 Q 型聚类分析

表 8-8 各矿物组合的平均矿物组成

类别	石英(%)	钾长石(%)	斜长石(%)	云母(%)	角闪石(%)	辉石(%)	方解石(%)	白云石(%)	高岭石(%)	绿泥石(%)
Ⅰa1	23.62	4.98	11.36	10.13	0.41	2.73	0	1.14	3.81	1.64
Ⅰa2	15.41	5.89	11.53	12.26	0.47	4.4	0	0.41	4.89	2.93
Ⅰb1	16.61	3.76	7.51	16.47	0.18	3.18	1.00	2.1	6.5	2.25
Ⅰb2	18.19	4.05	4.93	16.81	0	3.46	0.05	1.77	4.06	1.52
Ⅰc	18.38	4.55	12.70	12.69	0.81	2.59	0.046	1.2	6.18	3.03
Ⅱ	16.39	4.60	7.37	13.31	0.35	2.26	6.08	5.66	4.91	1.65
Ⅲ	25.86	2.95	7.15	9.44	0.39	1.36	1.47	6.8	5.47	1.93
Ⅳ	18.38	9.81	18.29	10.1	1.05	2.12	0.21	0.88	4.70	2.4
Ⅴ	19.1	8.25	9.53	8.7	0.175	4.7	5.18	3.72	4.36	2.03
Ⅵ	36.74	4.65	8.99	3.95	0.45	1.36	0	0.594	1.83	0.99

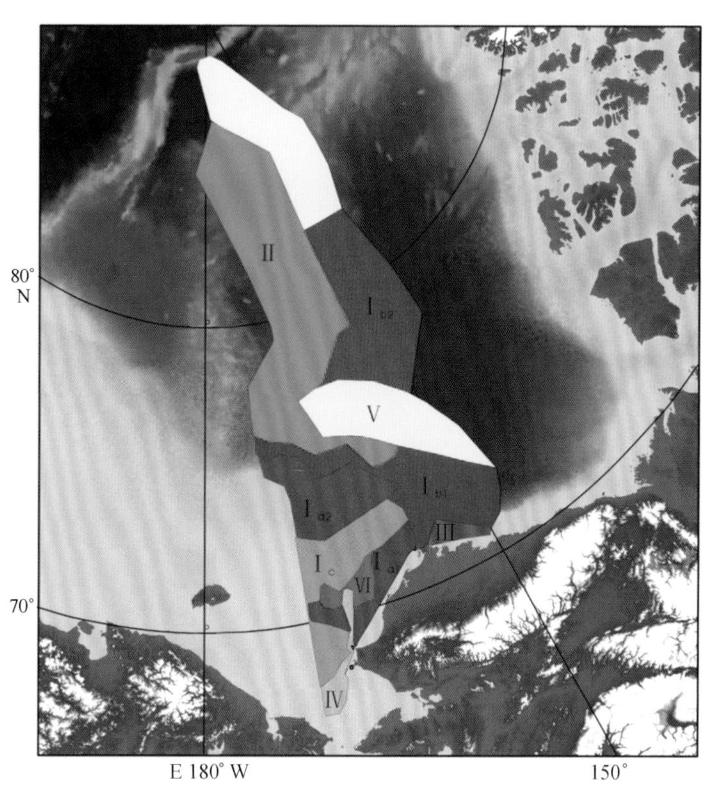

图 8-27 沉积物矿物组合类型分布

8.2.3.5 北冰洋西部表层沉积物矿物学特征讨论

(1)楚科奇海

楚科奇海位于北冰洋西部陆架区,周缘陆地河流众多,水文环境复杂,可能存在多个物质来源。从图 8-26 可以看到楚科奇海的矿物组合类型包括Ⅰa、Ⅰb、Ⅰc 型、Ⅲ型、Ⅳ型以及Ⅵ型。Ⅲ型矿物组合以白云石含量高为特点,该型矿物分布在阿拉斯加北部海域,Ⅳ类组合以钾长石和斜长石含量高为特点,该型矿物主要集中在白令海峡附近,Ⅵ型组合以石英含量高为特征,该型矿物分布在赫雷德浅滩和汉纳浅滩附近，Ⅰa1 型矿物组合分布在阿拉斯加周缘海域也以石英含量高为特点，除去以上 3 种组合类型，其余为Ⅰa2 型和Ⅰc 型组合，这两种组合的矿物组成较为相似，位于楚科奇海的西部，另外在楚科奇海的北部边缘地带有Ⅰb 型组合。

楚科奇海陆架区的沉积物来源包括河流、海岸侵蚀、洋流和海冰融化。大量的地质体和陆地沉积物通过河流等被搬运到大陆架。北冰洋的入海河流众多，且河流的卸载量较高，是最主要的来源之一。前已述及，太平洋水进入北冰洋以阿拉斯加沿岸流、白令海陆架水及阿纳德尔流 3 支海流将白令海沉积物搬运到楚科奇海，白令海的入海河流包括阿拉斯加的育空河和卡斯科奎姆河以及楚科奇半岛的阿纳德尔河。

其中，育空河和卡斯科奎姆河沉积物在阿拉斯加沿岸流的作用被搬运到楚科奇海，例如 Ortiz 等(2009)的研究发现巴罗海峡西北的楚科奇陆架的沉积物有大量来自育空河，以及阿拉斯加的一些较小的河流，特别是在早全新世和现今海平面较低的时期。育空河和卡斯奎姆河流域盆地的岩石类型以页岩、砂岩和花岗岩为主(Beikman, H. M. , 1980)，石英含量高，从与洋流与沉积物组合类型的关系上可以判断，Ⅰa1 型矿物组合应该是育空河和卡斯奎姆河沉积物在阿拉斯加沿岸流的作用沉积形成的，Ⅵ型矿物应该也受这两条河流沉积物的影响。Eberl 等(2003)对育空河从源头到入海口的沉积物矿物组成进行了 XRD 的半定量分析，发现育空河入海口处沉积物中斜长石含量约 22%，钾长石的含量约 13%，石英含量约 50%，方解石和白云石的含量都较低，含量不足 1%。这与本次研究得出的Ⅲ型沉积物石英含量高是吻合的，长石含量相对较低可能是搬运过程中长石的不稳定性所决定的。

白令海峡附近的楚科奇海的南端，以Ⅳ型沉积物为主，钾长石和斜长石的含量最高，前已述及，阿纳德尔河流经的岩石类型主要是火山岩、花岗岩和花岗闪长岩，这些岩石类型中斜长石和钾长石的含量非常高，所以大概可以判断，Ⅳ型沉积物主要是阿纳德尔河沉积物在阿纳德尔流作用下被搬运到楚科奇海的南端。Ⅰa 型和Ⅰc 型沉积物中钾长石和斜长石的含量也较高，结合洋流的流向，可以大概判断阿纳德尔流对这两类沉积物做出贡献。此外，西伯利亚沿岸流携带欧亚陆架沉积物搬运到楚科奇海，对这两类沉积物也做出贡献，前面提到，西伯利亚陆地由酸性到基性火山岩及一些沉积岩等组成，在河流的搬运下可以为沉积物提供钾长石、斜长石和石英等以及一些重矿物和黏土矿物。哈坦加河流经西伯利亚玄武岩携带大量的辉石在拉普捷夫海西部入海，是该海区主要的重矿物，勒拿河携带大量角闪石在拉普捷夫海中东部入海，并成为该区含量最高的重矿物，另外贝尔加山(Byrranga mountains)的冰川融水为拉普捷夫海提供了高含量的云母(Peregovich et al. ,1999)，西伯利亚沿岸流将拉普捷夫海沉积物搬运到东部到达东西伯利亚，最后到达楚科奇海(Münchow et al. , 1999)，为研究区提供辉石、角闪石和云母等矿物。高岭石和绿泥石等黏土矿物的来源前人已经有大量研究，认为绿泥石来自变质沉积岩和火成岩的物理风化(Chamley et al. ,1989)，这些岩石在西伯利亚和阿拉斯加非常普遍。黏土矿物通过河流搬运到东西伯利亚海(Viscosi-Shirley et al. ,2003；Naidu et al. , 1982)，东西伯利亚海的沉积物在向东的西伯利亚沿岸流的作用下通过德朗海峡搬运到楚科奇海西部(Münchow et al. , 1999；Weingartner et al. , 1996)。Ⅲ型矿物组合中白云石含量高，这可能与马更些河沉积物卸载有关，马更些河流域盆地中碳酸盐岩含量较高(Amon,2012)，为Ⅲ型沉积物提供物质基础。

(2)北冰洋深水区

北冰洋深水区包括加拿大海盆、北风脊、楚科奇高地、阿尔法脊和马卡洛夫海盆等海区。

北冰洋西部深水区的组合类型主要包括Ⅰb 型、Ⅱ型和Ⅴ型。

北冰洋深水区受到波福特环流、穿极漂流以及大西洋中层水的影响,在这些洋流的作用下,欧亚陆架和加拿大北极群岛周缘海域沉积物被搬运到北冰洋西部深水区。

北冰洋特别是沉积速率较低的深海区,海冰及冰山的搬运是其沉积物的主要搬运方式,Darby 等(2009)认为北冰洋中部全部的粗组分和几乎全部的细组分均来源于冰筏沉积。从矿物组成可以看出,Ⅱ类和Ⅴ类沉积物以方解石和白云石含量高为特点,且在波弗特环流的路径上,可以判断加拿大北极群岛周缘海域为这两类沉积物的主要来源,对于碳酸盐岩的来源前人均认为是加拿大北极群岛的碳酸盐岩地台在海冰(冰山)的作用下通过波福特环流搬运而来。Polyak 等(2004)的研究也认为门捷列夫脊附近的 NP26 站位沉积物中的碳酸盐碎屑来源于加拿大北极群岛的班克斯(Banks)岛和维多利亚(Victoria)岛。美亚盆地晚第四纪碎屑中含大量的石灰岩岩屑且从马卡洛夫海盆到加拿大海盆东南部含量增加,这就说明源自劳伦泰德冰盖的冰山携带碎屑物质进入北冰洋中部(Phillips et al., 2001),物源为加拿大西北部以及加拿大北极群岛的富石灰岩的早古生代碳酸盐岩层(Okulitch et al., 1991)。

Ⅰb 型沉积物主要在楚科奇海台、北风脊等中等水深的海域,该海域环流结构复杂,既受波弗特环流和穿极流的影响,还受大西洋中层水的影响。此外在加拿大海盆有几站,该型沉积物的特点是方解石和白云石的含量均较低,说明受波弗特环流影响相对较小,此外较其他矿物组合类型,云母含量最高,前面提到贝尔加山的冰川融水能为拉普捷夫海提供高含量的云母,结合洋流的搬运路径可以判断,在正北极涛动时来自拉普捷夫海海冰沉积物为Ⅰb 型沉积物做出了一定的贡献(Sellén et al.,2010),Polyak et al(2004)对门捷列夫脊附近沉积物的研究认为石英的来源主要是拉普捷夫海。此外一些黏土级细粒物质可能由大西洋中层水携带而来(张德玉等,2008;Winkler et al., 2002)。

8.2.4 白令海和西北冰洋表层沉积物磁化率特征

环境磁学分析具快捷、简单、成本低、不损毁样品等优点,而且,环境磁学还可以解决一些化学和其他物理学方法难以解决的问题(Oldfield et al., 1991),这使得环境磁学自 20 世纪 70 年代以来迅速发展,现已广泛应用于气候变化、环境污染、生物矿化、沉积作用和成岩过程等领域(Thompson et al., 1986;Verosub et al., 1995;Dekkers et al., 1997;Evens et al., 2003;Liu et al., 2012)。

近年来,环境磁学技术应用于海洋沉积物(包括污染物)来源与输运的研究,尤其是大尺度沉积物源到汇的研究,如北大西洋(Watkins et al., 2003;Kissel et al., 2009)、墨西哥湾(Ellwood et al., 2006)、中国陆架边缘海等(Ge et al., 2003;Liu et al., 2003;Liu et al., 2010;Wang et al., 2010;Hong et al., 2011)。海洋沉积物中磁性矿物的种类和成因多样,既有铁氧化物,如磁铁矿、磁赤铁矿等,也有铁硫化物,如胶黄铁矿、磁黄铁矿等;既有经河流和大气陆源输入的,也有生物成因和早期成岩作用形成的(Thompson et al., 1986;Yamazaki et al., 1997;Itambi et al., 2010;Horng et al., 2006;Glasauer et al., 2002;Bleil et al.,2000;Farine et al., 1990),利用环境磁学方法获得沉积物中磁性矿物的种类及含量变化,可辨别沉积物来源及成因。北冰洋海区,由于有孔虫、硅藻等含量较低,且不易保存,致使古气候环境变化研究困难,但环境磁学却非常适用于该海区的研究(Brachfeld et al., 2009)。Stein 等(2004)利用磁化率研究了叶尼赛河和鄂毕河的入海泥沙来源及其在喀拉海陆架上的分布。Brachfeld 等(2009)研究了楚科奇—阿拉斯加陆架边缘早期成岩作用对磁学参数的影响。迄今为止，有关西北冰洋及白令海沉积物环境磁学参数在大尺度海域的变化研究鲜有报道。西北冰洋和白令海从陆架至海盆水深变化大，水动力环境复杂(Darby et al., 2003;Sellén et al., 2008;Grebmeier et al., 2006)，该海域表层沉积物磁学特征的研究，将有助于对该海区沉积物来源、输运、磁性矿物成因等的认识，进而为该地区古气候环境变化和古地磁研究中对磁学参数的解释提供基本信息。基于此目的，本节分析了白令海和西北冰洋表层沉积物的磁化率变化特征，并探讨了其反映的沉积物来源及成因。

8.2.4.1 材料与方法

本节研究样品为2010年中国第四次北极科学考察期间利用箱式取样器在白令海和西北冰洋采集的61个站位的表层沉积物(站位名见图8-28)。用塑料勺取最表层2~5 cm的沉积物装入封口塑料袋，4℃冷藏保存。用于磁化率分析的样品，在40℃下烘干后，用玛瑙研钵使样品分散开，称取约7~10 g的干样(精确到0.001 g)装入8 cm^3无磁性塑料盒(容积为4.74 cm^3)后，在国家海洋局第三海洋研究所环境磁学实验室用MFK1-FA卡帕桥磁化率仪进行磁化率测量。样品分别在976 Hz和15 616 Hz频率下各测量3次，取平均值作为每个样品的低频和高频体积磁化率(k_{lf}和k_{hf})，然后用质量归一获得低频和高频质量磁化率(χ_{lf}和χ_{hf})。频率磁化率的计算公式如下：

$$\chi_{fd}\% = 100(\chi_{lf}-\chi_{hf})/\chi_{lf}(\%)$$

磁化率随温度的变化(k-T)也用MFK1-FA磁化率仪测量，其高温装置为CS-4，测量时在氩气环境下先将样品由室温加热至700℃，再冷却至室温。非磁滞磁化率(χ_{ARM})的测量用D-2000型交变退磁仪和JR6A旋转磁力仪完成，先将样品在100mT交变磁场和0.05mT的恒定直流磁场中退磁后，测量其非磁滞剩磁(ARM)，再除以退磁时的直流磁场(0.05mT)即为χ_{ARM}。

8.2.4.2 地质环境背景

61个表层沉积物站位分布在白令海和西北冰洋，涵盖阿留申海盆、白令海陆架、楚科奇海陆架、加拿大海盆(包括楚科奇海盆、门捷列夫海盆)、北风脊、阿尔法脊、马卡洛夫海盆等海域。白令海为半封闭海，面积2.29×10^6 km^2，其东北部为陆架区，地形向西和西南方向变深。白令海西南部的阿留申海盆，水深约3 800~3 900 m。楚科奇海陆架中部的哈罗德浅滩和东北部的哈纳浅滩，使楚科奇海陆架形成3条向北的低地形，自西向东分布为哈罗德水道(Herald Valley)、中央水道(Central Channel)和巴罗峡谷(Barrow Canyon)。

沿阿留申岛弧南侧向西流的阿拉斯加洋流经阿留申群岛间的海峡进入白令海后，沿岛弧北侧折向东流，受白令海陆坡的阻挡后，再折向西北沿陆坡形成逆时针环流。其中，部分洋流爬升至陆架并向北流动，经白令海峡进入楚科奇海。白令海陆架向北的洋流分为3支：东侧的为阿拉斯加沿岸流；中部的为白令海陆架流；西侧的为阿纳德尔流。这3股洋流在流经白令海峡时，未完全混合。阿拉斯加沿岸流仍沿阿拉斯加沿岸向北并经巴罗峡谷流入波弗特海。阿纳德尔流和白令海陆架流进入楚科奇海后，受地形的影响，一支经哈罗德水道向北流，另一支经中央水道向北流。在楚科奇海以北的西北冰洋海盆区，表层为波弗特环流，次表层为北大西洋流，这两股洋流的流动方向相反(Grebmeier et al., 2006)(图8-28)。

所采集样品的粒度分析结果显示，白令海陆架和楚科奇海陆架表层沉积物较粗，为粉砂质砂或砂质粉砂，阿留申海盆、楚科奇海陆坡及其前缘海盆区的表层沉积物为粉砂或泥。西北冰洋高纬度区的门捷列夫海盆、阿尔法脊和马卡洛夫海盆的表层沉积物为粉砂质泥。

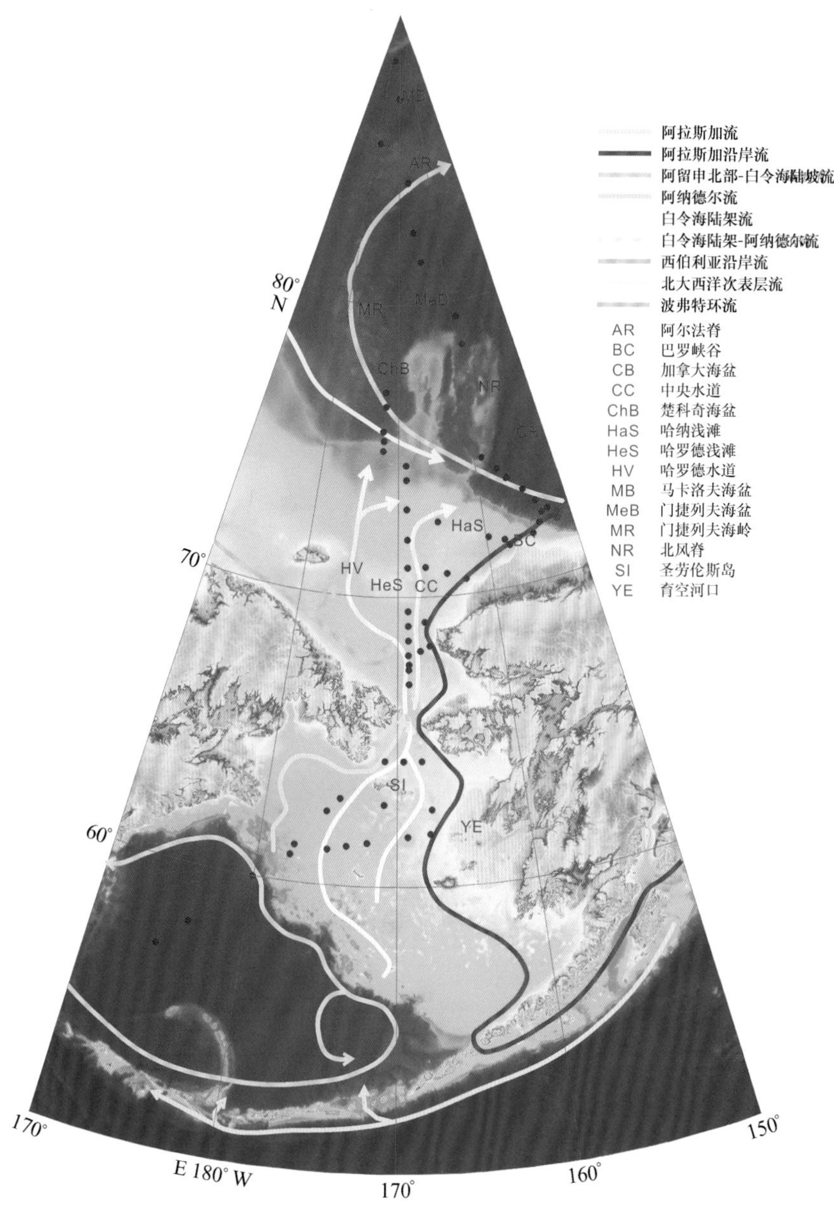

图 8-28　白令海及西北冰洋地形、洋流及采样站位

8.2.4.3　环境磁学参数分布特征

(1)质量磁化率(χ_{lf})

白令海和西北冰洋表层沉积物 χ_{lf} 在 3.26×10^{-8} ~ 40.08×10^{-8} m^3/kg 之间,并在区域上变化明显(图 8-29)。白令海陆架圣劳伦斯岛以南、育空河口以西的陆架区,表层沉积物的 χ_{lf} 值整体较高,均大于 20×10^{-8} m^3/kg,最高值达 40.08×10^{-8} m^3/kg(NB-A 站),χ_{lf} 值向西和西南方向减小,至阿留申海盆的 B06 站位,χ_{lf} 减小为 6.43×10^{-8} m^3/kg。由圣劳伦斯岛向北至白令海峡,χ_{lf} 也呈逐渐降低的变化趋势。经白令海峡进入北冰洋,表层沉积物的 χ_{lf} 值整体低于白令海陆架上的。在楚科奇海陆架,除靠近阿拉斯加沿岸个别站位外,如 CC8、C05、C06、S21 等的 χ_{lf} 值低于 10×10^{-8} m^3/kg 外,其他绝大部分站位表层沉积物的 χ_{lf} 在 14×10^{-8} ~ 18×10^{-8} m^3/kg 之间。

西北冰洋水深大于 200 m 以深的陆坡、海盆和洋脊区，χ_{lf}普遍低于 10×10^{-8} m^3/kg。位于巴罗水道内的表层沉积物，如 Co1 和 Co10 站位，以及位于加拿大深海平原正对巴罗水道的表层沉积物，如 S25、S26、站位，其 χ_{lf}值高于周边深海平原表层沉积物的。

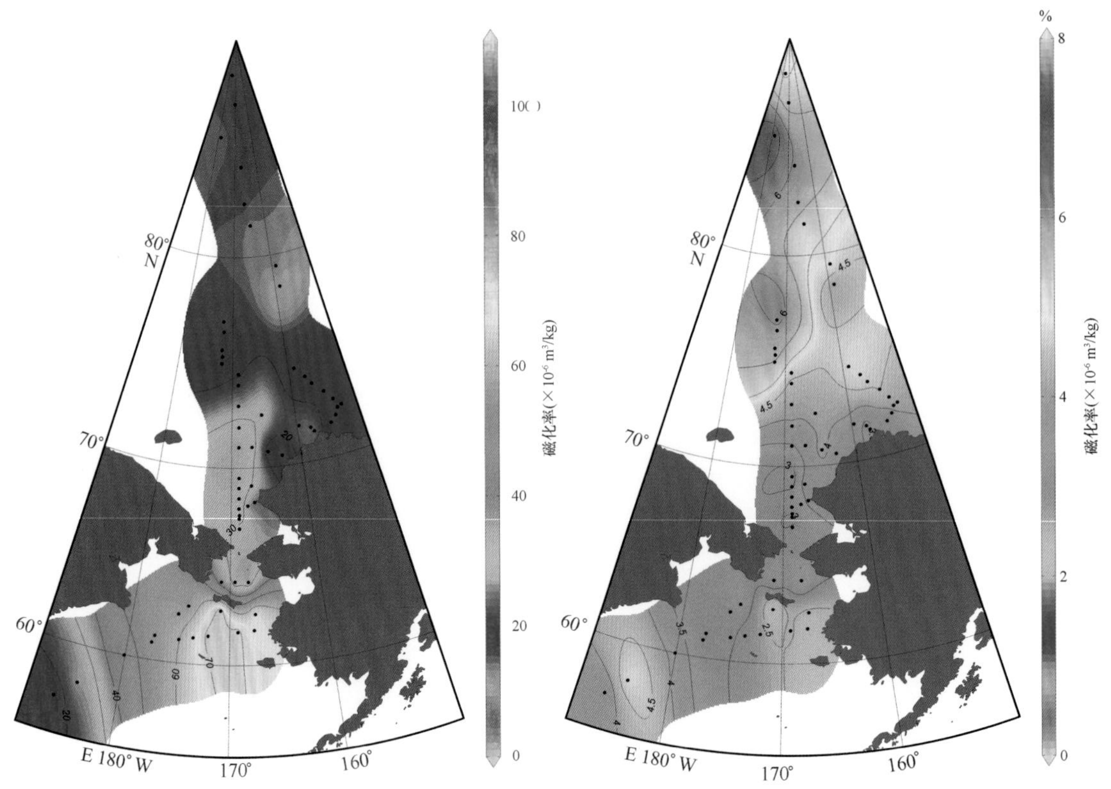

图 8-29　白令海和西北冰洋表层沉积物低频质量磁化率（左）和频率磁化率（右）

（2）频率磁化率（χ_{fd}）

白令海和西北冰洋表层沉积物 χ_{fd}值在 0.84%～7.25%之间，其在平面上的变化趋势和 χ_{lf}的相反（图 8-29）。在白令海，育空河口外侧和圣劳伦斯岛以南海域表层沉积物的 χ_{fd}最低，通常小于 2.5%，向西、西南方向以及向北，χ_{fd}值增大。楚科奇海陆架上，表层沉积物 χ_{fd}值在 3%～4.5%之间。在西北冰洋海盆和洋脊区，χ_{fd}值普遍大于 4.5%，最大达 7.25%。

（3）非磁滞磁化率（χ_{ARM}）

白令海和西北冰洋表层沉积物 χ_{ARM}在 1.03×10^{-6}～33.10×10^{-6} m^3/kg 之间。圣劳伦斯岛以南的白令海陆架上表层沉积物的 χ_{ARM}值全区最高，普遍大于 16×10^{-6} m^3/kg，白令海盆和楚科奇海陆架表层沉积物的 χ_{ARM}值次之，楚科奇海陆坡和加拿大海盆的 χ_{ARM}值最低，小于 4×10^{-6} m^3/kg。西北冰洋高纬度区的阿尔法脊和马卡洛夫海盆表层沉积物的 χ_{ARM}值也较加拿大海盆中的高（图 8-30）。

（4）磁化率-温度变化（k-T）

白令海和西北冰洋表层沉积物 k-T 分析结果显示，所有样品经过加热至 700℃，再冷却至室温后，磁化率值较加热前均有明显的增大，表明在升温和降温过程中有新的磁性更强的矿物生成。从磁化率在加热值 550～580℃后快速减小以及及在降温过程中在 580℃之后的磁化率快速升高，表明新生成的磁性矿物以磁铁矿为主。不同的磁性矿物，因其解阻温度或居里点温

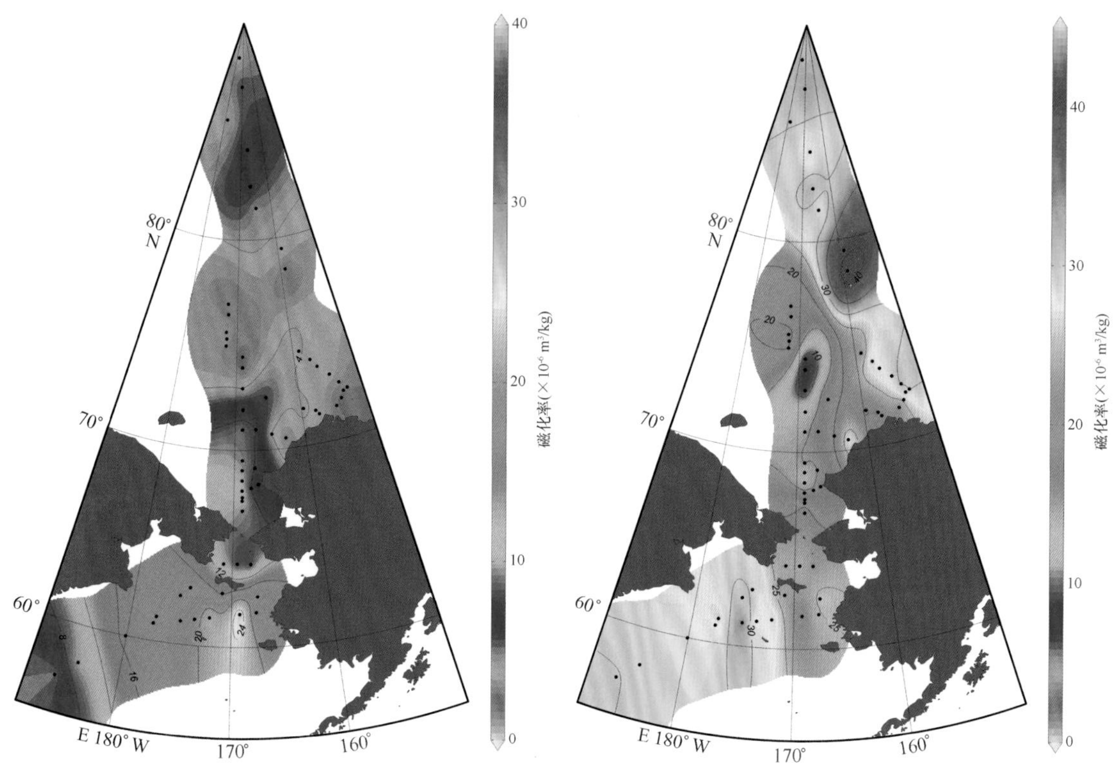

图 8-30　白令海和西北冰洋表层沉积物非磁滞磁化率(左)及其与低频质量磁化率的比值(右)

度不同,导致加热过程中磁化率值在特定温度发生变化,由此反映出样品中所含的磁性矿物。白令海和西北冰洋表层沉积物的 *k*-T 曲线区域性特征明显,共可分为 6 种类型(图 8-31),各类型的分布见图 8-32。

第一类 *k*-T 曲线,从室温加热至 300℃,磁化率值缓慢增加,300℃ 至 700℃,磁化率值持续减小。降温曲线自 700℃ 至 300℃,磁化率持续增大,降温至 300℃ 以下时磁化率减小(图 8-31a)。此 *k*-T 曲线显示样品中的磁性矿物主要为磁赤铁矿(Oches et al., 1996; Deng et al., 2000; Deng et al., 2001)。磁化率值从 300℃ 开始随温度的增加而减小,可解释为亚稳定的磁赤铁矿(γ-Fe_2O_3)受热转变为赤铁矿(α-Fe_2O_3)(Deng et al., 2000; Deng et al., 2001; Liu et al., 2007; Sun et al., 1995)。具此类 *k*-T 曲线的沉积物,分布在阿留申海盆中的 B06 和 B07 站位以及白令海陆架南部,如 NB01、NB02 和 NB05 站位。

第二类 *k*-T 曲线,除具有在 300℃ 开始磁化率降低的磁赤铁矿特征外,升温和降温过程中在约 580℃ 磁化率急剧减小或增大(图 8-31b)。580℃ 为磁铁矿的居里温度,表明样品中还有一定量的磁铁矿。具此类 *k*-T 曲线的样品,分布在白令海靠近俄罗斯大陆一侧的陆架和陆坡上,如 B11、B14、BB01、BB05 和 BB06 站位,此外,还分布在远离阿拉斯加沿岸海域的楚科奇海陆架上,如 SR 断面上的 SR1-SR10 站位、C04、C05、C07、C09 等站位。位于加拿大深海平原巴罗峡谷外侧的 S25 站位,其 *k*-T 曲线也属此类型。

第三类 *k*-T 曲线,在升温至 580℃ 前,磁化率值变化较小,580℃ 附近磁化率值急剧降低。降温曲线在 580℃ 附近急剧增大,580~300℃ 缓慢增大,之后缓慢减小(图 8-31c)。此类 *k*-T 曲线表明样品中磁性矿物主要为磁铁矿,样品加热至 450℃ 后磁化率缓慢下降,至 580℃ 附近快速下降,表明其中含极少量磁赤铁矿。具此类 *k*-T 曲线的沉积物,分布在白令海陆架育空河口外

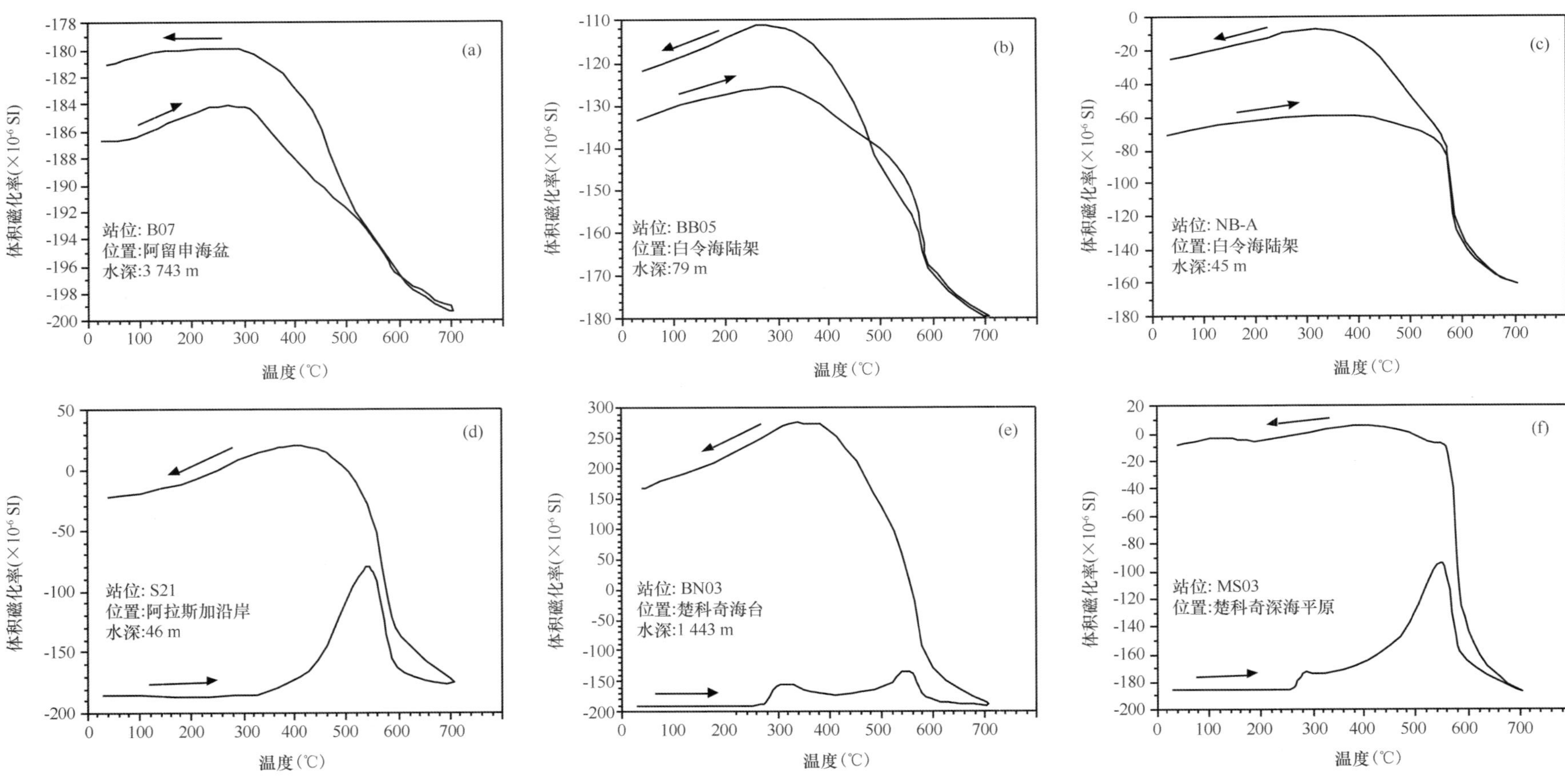

图8-31 白令海和西北冰洋表层沉积物典型磁化率—温度曲线

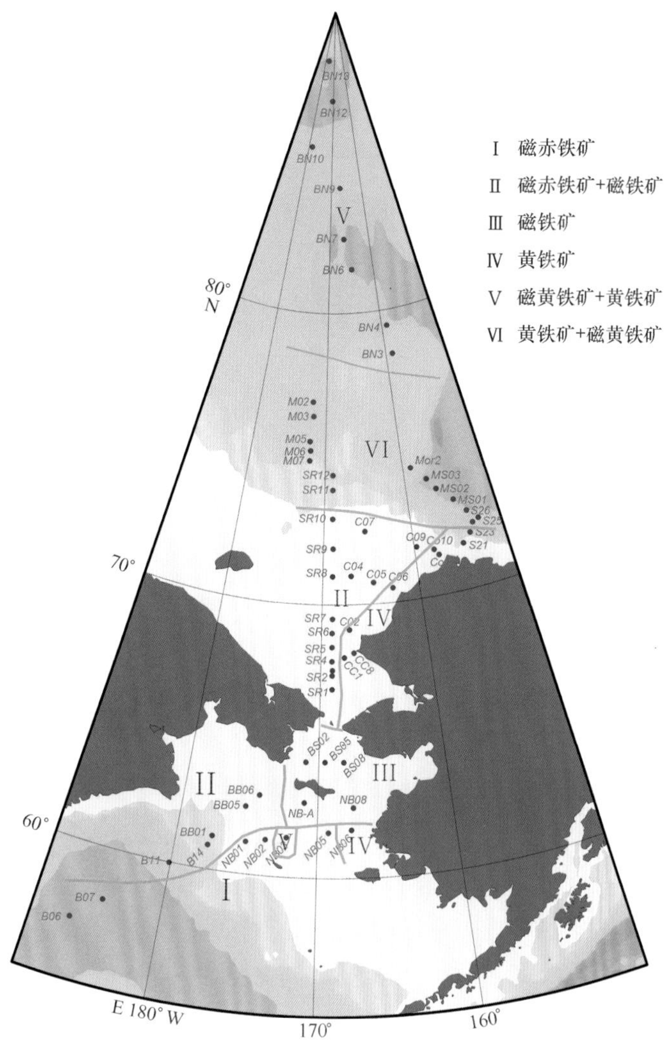

图 8-32 白令海和西北冰洋表层沉积物磁性矿物分布

侧、圣劳伦斯岛的南北两侧，如 NB08、NB-A、BS02、BS05、BS08 等站位。

第四类 k-T 曲线，样品加热前后磁化率值增大幅度较大。在升温至约 350℃前，磁化率值保持不变，自 350℃左右磁化率值开始增大，并在约 540℃时达到最大，然后快速降低（图 8-31d）。这种类型的 k-T 曲线表明沉积物中含黄铁矿，在升温过程中黄铁矿转变为磁性更强的磁铁矿（Tudryn et al.，2004；Li et al.，2005）。具此类 k-T 曲线的沉积物，分布在楚科奇海阿拉斯加沿岸，如 CC8、C02、C06、Co1、S21、S23 等站位。

第五类 k-T 曲线，样品加热过程中磁化率值整体较低，降至室温后的磁化率值远大于加热前的。对升温曲线放大后可以看出曲线呈双峰或平台形。当温度低于 280℃，磁化率值保持稳定，然后，磁化率值突然升高，但从 320℃开始磁化率值又变小，至 400℃后又开始升高，加热至约 550℃之后，磁化率快速降至最低。从 700℃降温至 580℃附近时，磁化率值急剧增大（图 8-31e）。此 k-T 曲线表明沉积物中含胶黄铁矿和黄铁矿。280℃附近磁化率值的增高，是胶黄铁矿的典型特征（Roberts et al.，1995；Torii et al.，1996；刘健等，2003）。胶黄铁矿在 280℃以下温度保持稳定，280℃开始，胶黄铁矿分解并形成少量的磁黄铁矿和硫化物蒸汽（Skinner et al.，1964），而新生成的磁黄铁矿的居里温度在 320～325℃（Torii et al.，1996；Dekkers et al.，1989），这导致在 k-T 升温曲线上形成第 1 个峰。沉积物中的黄铁矿随着温度的继续升高，转化为磁铁矿，并在达到磁铁矿居里温度前形成第 2 个峰。有的样品，由于磁化率在 280℃附近增大后，因磁黄铁矿分解而导致的磁化率降低幅度相对较小，使得双峰特征不明显，k-T 升温曲线在 280～540℃形成平台形状的高值区。具此类 k-T 曲线的沉积物，分布在楚科奇海台以北的马卡洛夫海盆、阿尔法脊、门捷列夫海盆，如 BN03-BN12 等站位。

第六类 k-T 曲线，如同第五类一样，升温过程中磁化率值远低于降至室温后的磁化率值。但与第五类 k-T 曲线不同的是加热至 280℃时磁化率值仅有小幅度的增大，400℃以后磁化率值的增大更为明显（图 8-31f）。表明该类型样品中，尽管仍含胶黄铁矿和黄铁矿，但胶黄铁矿相对于黄铁矿的含量，与第五类 k-T 曲线的样品相比大为降低。具此类型 k-T 曲线的沉积物，分布在楚科奇海盆、北风脊以及楚科奇陆坡外侧的加拿大海盆。

8.2.4.4 沉积物磁化率特征

磁化率主要反映了样品中亚铁磁性矿物的含量，此外，磁化率值还与磁性矿物的粒度和矿物种类有关（Liu et al.，2003；Brachfeld et al.，2009；Zheng et al.，2010；Peters et al.，2003）。通过对白令海和西北冰洋沉积物的 k-T 分析，研究区内表层沉积物中所含的磁性矿物，依其磁性强弱分别是：磁铁矿、磁赤铁矿、胶黄铁矿和黄铁矿（Thompson et al.，1986）。表层沉积物中磁性矿物种类及其磁性强弱的差异，导致白令海和西北冰洋表层沉积物 χ_{lf}的高低变化。白令海陆架育空河口外侧、圣劳伦斯岛南侧的表层沉积物，磁化率值为研究区最高，其所含磁性矿物为磁铁矿，而位于圣劳伦斯北侧的 BS02、BS05 和 BS08 站位，尽管表层沉积物中的磁性矿物仍为磁铁矿，但其磁化率值明显小于育空河口和圣劳伦斯岛南侧陆架的，表明沉积物中磁铁矿含量相对较低，含磁铁矿的沉积物在白令海陆架上是向北扩散和搬运的。

k-T 曲线特征表明白令海靠近俄罗斯大陆一侧表层沉积物中含磁赤铁矿。其中，位于阿留申海盆西部的 B06、B07 站位的 k-T 曲线反映其仅含磁赤铁矿，向北东方向，自陆坡向陆架区域，表层沉积物中的磁铁矿相对含量增大。该磁铁矿，应为育空河输入的来自阿拉斯加陆地的磁铁矿向西的扩散。对白令海陆架石英的 ESR 研究表明来自育空河的沉积物可扩散至白令海西部陆架和陆坡区（Nagashina et al.，2012）。而磁赤铁矿，应来自白令海西侧的亚洲大陆。磁赤铁矿是亚洲大陆粉尘沉积中最常见的磁性矿物之一（Deng et al.，2001；朱日祥等，2000）。亚洲粉尘可沉降至白令海（Maher et al.，2010），但也不排除该区域磁赤铁矿是通过东西伯利亚的阿纳德尔河输入白令海的，其他证据也表明白令海陆架西部，尤其是阿纳德尔河口外沉积物和育空河输入沉积物具明显不同的特征，表明白令海陆架西侧有阿纳德尔河输入的沉积物（Nagashina et al.，2012；Asahara et al.，2012）。

楚科奇海阿拉斯加沿岸，表层沉积物中含黄铁矿。沉积物中的黄铁矿可以是自生的或陆源输入的。在还原条件下，如果沉积物中有足够的 S^{2-}，则可生成稳定的铁硫化物-黄铁矿（Snowball et al.，1999）。但根据前人对阿拉斯加沿岸沉积物中的有机碳和生物耗氧量等的研究表明阿拉斯加沿岸底质并非处于缺氧环境（Grebmeier et al.，2006）。在阿拉斯加西部，发育一些较小的河流，其向西北方向流入楚科奇海，如 Kukpowruk River、Kokolik River、Utukok River 等，这些河流流域出露岩石为中生代沉积岩（http://maps.unomaha.edu/maher/Alaskatrip/USGSAlaskageomap.gif），与流入白令海的育空河流域以变质岩和火山岩为主的岩石类型不同，因此，可以推断，阿拉斯加沿岸沉积物中的黄铁矿，可能来自阿拉斯加西北部沉积岩中的黄铁矿。

流入楚科奇海的河流与流入白令海的育空河的流域出露岩石的差异,也可解释为什么其输入的铁磁性矿物的种类的差异,但也不排除该黄铁矿是早期成岩作用的产物。

k-T 曲线显示,除阿拉斯加沿岸的楚科奇海中东部陆架上,表层沉积物中的磁性矿物为磁赤铁矿和磁铁矿,与白令海陆架西侧靠近俄罗斯大陆一侧的沉积物类似。因此,楚科奇海陆架上的磁赤铁矿和磁铁矿,一种可能的来源为来自白令海陆架。根据白令海和楚科奇海陆架上的洋流特征,位于白令海中西部的阿纳德尔流和白令海陆架流在白令海陆架上自南向北流经白令海陆架的磁赤铁矿和磁铁矿分布区,穿过白令海峡后在楚科奇海陆架上继续向北流。白令海颗粒物向楚科奇海的输运,已被沉积物中的 Sr、Nd 同位素(Asahara et al., 2012)以及水体颗粒物中的^{210}Pb 所证实(Chen et al., 2012)。另一种可能的来源为东西伯利亚海。西伯利亚内陆的黄土沉积物中含磁赤铁矿(朱日祥等,2000),这些磁性矿物经河流向北输入北冰洋后,再经如图 8-28 所示路径由东西伯利亚海输入到楚科奇海陆架。多种证据表明楚科奇海陆架沉积物有部分来自东西伯利亚海(Asahara et al., 2012;Viscosi-Shirley et al., 2003)。至于楚科奇海陆架中部和阿拉斯加沿岸沉积物中磁性矿物的差异,除表明其物质来源不同外,还受楚科奇海陆架上洋流的控制。来自阿拉斯加陆含黄铁矿的沉积物受阿拉斯加沿岸流的作用,没有向西侧陆架扩散,同时,受楚科奇海陆架上向北流的白令海陆架-阿纳德尔流的控制,也使得陆架中东部含磁赤铁矿和磁铁矿的沉积物没有进一步向阿拉斯加沿岸扩散。

楚科奇海陆架以北深水区的表层沉积物中,含胶黄铁矿和黄铁矿等铁的硫化物,而且,在更高纬度的马卡洛夫海盆区、阿尔法脊以及门捷列夫深海平原,沉积物中胶黄铁矿的含量较南部的楚科奇深海平原、靠近陆坡的加拿大深海平原区的高。此深水区与陆架浅水区沉积物中磁性矿物的差异,一方面与北冰洋洋流的作用有关。在楚科奇海陆坡处,向北流的白令海陆架-阿纳德尔流受表层顺时针方向流动的波弗特环流和次表层逆时针方向流动的大西洋水团的影响,阻碍了楚科奇海陆架上的沉积物进一步向高纬度的海盆区的扩散,表层沉积物质量磁化率值在高纬度区很低,也证实了陆架上磁性较强的磁赤铁矿和磁铁矿等铁的氧化物在西北冰洋深水区不存在或含量极低。此外,随着水深的增大,海底的氧化-还原环境发生变化。在还原环境下,碎屑成因的亚铁磁性氧化物(如磁铁矿)按粒级先小后大的顺序有选择性地被溶解(Karlin et al., 1983;刘健, 2000)。沉积物中有机质降解和细菌硫酸盐还原作用,也可生成亚铁磁性的铁硫化物(Glasauer et al., 2002;Bleil et al. ,2000;Farine et al., 1990;Snowball et al., 1999;Mann et al., 1990)。频率磁化率值的变化表明高纬度深水区沉积物中磁晶粒度位于 SP/SD 界线附近的磁性矿物含量显著增高,显示了陆架和深水区磁性矿物成因上的差异。沉积物中胶黄铁矿的成因,除早期成岩作用外,还多与微生物成因有关(Mann et al., 1990)。高纬度深水区表层沉积物中胶黄铁矿含量增加的原因,还有待进一步地深入研究。

值得注意的是,位于加拿大海盆巴罗峡谷外侧的 S25 站位,其表层沉积物中的磁性矿物特征与楚科奇海陆架上的一致,与周围其他富含铁硫化物的沉积物显著不同,这说明楚科奇海陆架上含磁赤铁矿和磁铁矿的沉积物,可通过巴罗峡谷输运到加拿大海盆中。

χ_{fd}和 χ_{ARM}分别对磁性矿物中的 SP/SD 和 SD/PSD 颗粒敏感。白令海和西北冰洋表层沉积物 χ_{fd}值的分布表明加拿大海盆、阿尔法脊和马卡洛夫海盆区,表层沉积物中 SP/SD 磁性颗粒含量最高,楚科奇海陆架和白令海陆架西部 SP/SD 磁性颗粒含量次之,而白令海陆架东部育空河口外和圣劳伦斯岛南部陆架区,表层沉积物中 SP/SD 磁性颗粒含量最低。相对于多畴磁性颗粒,单畴颗粒能获得很强的 ARM。一般磁性颗粒越大,χ_{ARM}/χ 越小。白令海和西

北冰洋表层沉积物 χ_{ARM}/χ 比值变化显示(图 8-30),白令海陆架东部和楚科奇海陆架、楚科奇海盆表层沉积物中的磁性颗粒相对较粗,而白令海陆架西部、阿留申海盆、加拿大海盆、阿尔法脊和马卡洛夫海盆区表层沉积物磁性颗粒相对较细。χ_{fd} 和 χ_{ARM} 均反映出陆架上表层沉积物的磁性矿物颗粒较海盆中的粗,这与物质来源相关的沉积物颗粒的粗细、前述磁性矿物的成因有关。χ 与 χ_{fd} 反相关,表明陆架上强磁性矿物的磁晶粒度较粗,而海盆区弱磁性矿物的磁晶粒度较细。

白令海和西北冰洋不同区域表层沉积物中的磁性矿物种类和磁晶粒度不同,表明沉积物及其磁性矿物的来源、成因差异及其扩散范围。利用白令海和西北冰洋沉积物柱样的环境磁学参数进行古气候、古环境变化研究时,需根据磁性矿物来源及成因变化,分区域对环境磁学参数进行解释,这样才能更准确地获得过去气候环境变化的信息。

8.2.5 白令海与西北冰洋表层沉积物中四醚膜类脂物研究及其生态和环境指示意义

古气候研究和气候模拟表明,从几十年到几百万年的时间尺度上,北半球高纬过程和变化对驱动和增强全球气候变化都起到关键的作用(Stein et al., 2010)。北极表层沉积物中的有机碳含量较高,在 0.14%~2.3%之间(Schubert et al., 1997; 孙烨忱等,2011),其中包含了各种脂类化合物。尽管目前的检测技术还远远不能检测出有机质中全部的脂类,但已取得很大进展,烷烃、脂肪酸、醇类、酮类、醚类等多种有机化合物得到鉴定(Hummel et al., 2011)。这些化合物的含量或相对丰度,如同生物的分子“指纹”,可用以推断沉积环境和生态环境的变迁(卢冰等,2004),即所谓的生物标记物。陆源和海洋自生的分子生物标记物能被保存下来作为替代性指标,用以研究水体过程、碳循环在数十年到地质年代的时间尺度上的变化,特别是在有机碳多源区的复杂体系中极为有用(Belicka et al., 2004; Yunker et al., 2005)。

北极的生物标记物蕴含现代初级生产力的分布及其对于气候变动的响应机制等重要信息,如果不对生物标记物进行研究,那么北极地区是如何响应全球气候变化的这一问题将无法完全解决(Yunker et al., 2005)。目前,北极生物标记物的研究已有很大进展(Belicka et al., 2004; Yunker et al., 2002; 2009; 2011; Yamamoto et al., 2008; 2009)。对北极生物标记物的研究揭示了北极有机碳的搬运与保存状况(Belicka et al., 2004)。以烷烃、多元芳香烃作为北极陆源有机碳示踪剂的研究表明,北极中央海盆沉积物在组分上与拉普捷夫海的相似,而与马更些河/波弗特海或者巴伦支海大不相同(Yunker et al., 2011)。北冰洋中部长链烷烃和门捷列夫脊四醚膜类脂物(Glycerol Dialkyl Glycerol Tetraethers,简称 GDGTs)的研究揭示了晚第四纪冰期与间冰期旋回中环境的演变(Yamamoto et al., 2008; 2009)。生物标记物记录也可以重建北极中部古近纪的有机碳来源、海表温度(Weller and Stein, 2009)。但是表层沉积物中的类异戊二烯 GDGTs 能否记录北冰洋海水的温度信号,支链 GDGTs 与源区和海洋环境之间存在怎样的联系,并没有得出确切的结论。而近年来的研究发现,类异戊二烯 GDGTs 和支链 GDGTs 都有海洋原位产生和陆地输入的混合来源(Fietz et al., 2012),使得上述问题变得更为复杂。本节旨在研究白令海与西北冰洋表层沉积物中两种 GDGTs 的空间分布模式,探讨它们的分子组成特征,海域分布状况,及其与沉积环境和生态环境的联系。

8.2.5.1 GDGTs 的生态和环境指示意义

GDGTs(Glycerol Dialkyl Glycerol Tetraethers，即甘油-二烷基-甘油-四醚脂)，一般简称为四醚膜类脂物，是古菌和细菌等原核生物细胞膜的组成部分。每个 GDGT 分子包含 86 个碳原子，两侧各一个甘油基(Sinninghe Damsté et al.，2002；Bechtel et al.，2010)。GDGTs 包含类异戊二烯 GDGTs 和支链 GDGTs 两种(图 8-33)。

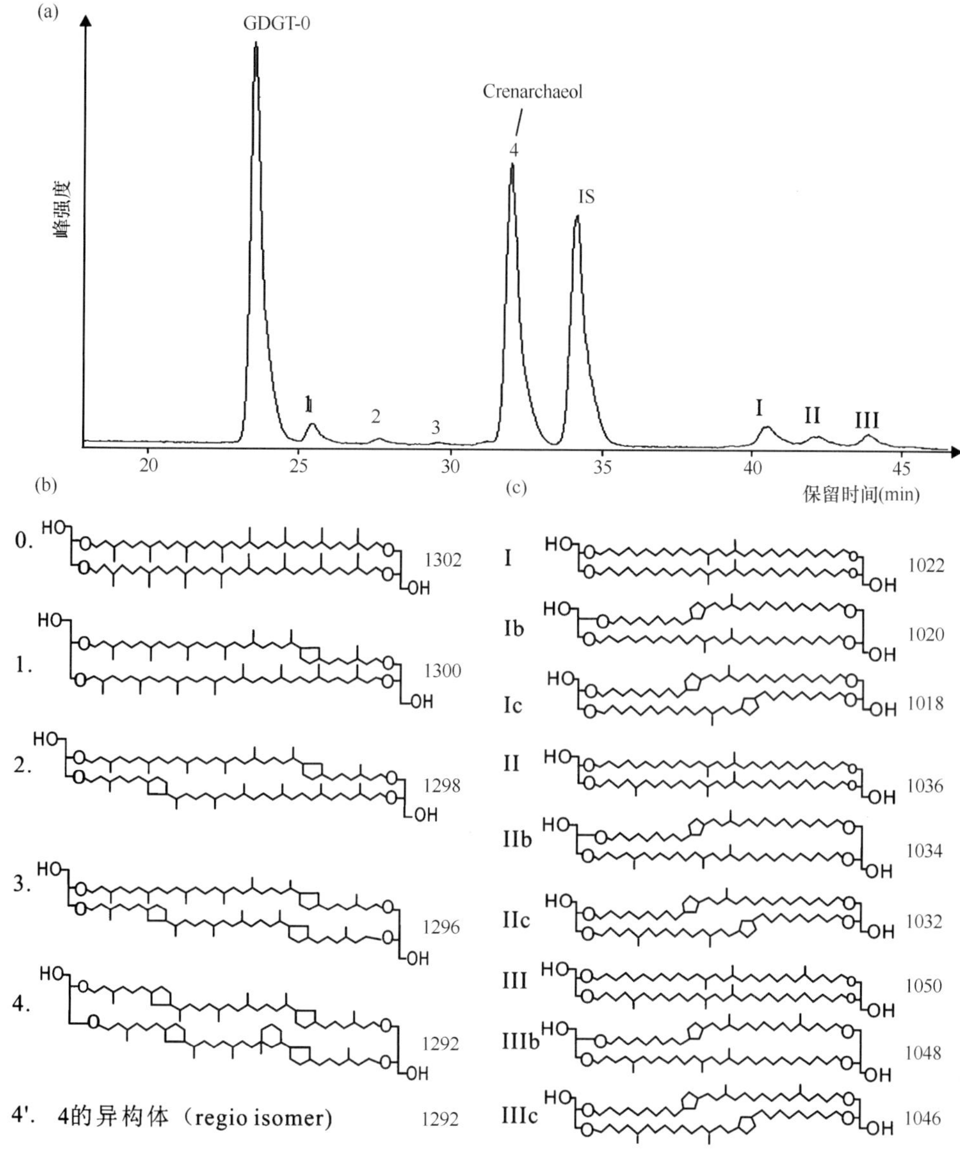

图 8-33 GDGTs 的液相色谱图及其化学结构式

(a)加拿大海盆 10MS03 站位表层沉积物的液相色谱图(IS 为内部标志物，其化学成分为 C_{46})，数字 0~4 代表分子结构中五元环的个数，I-III 为支链 GDGTs；(b)类异戊二烯 GDGTs 化学结构图(据 Schouten et al.，2002 修改)；(c)支链 GDGTs 化学结构图(据 Weijers et al.，2007a 修改)。(a)中 0-4 与(b)中 0-4 的分子化学结构式对应；(a)数字 I-III 与(c)中 I-III 的分子化学结构式对应

(1)类异戊二烯 GDGTs

类异戊二烯 GDGTs 主要来自古菌门(Archaea)的泉古菌集合 I(Group I Crenarchaeota)

(Schouten et al. , 2008)。20 世纪 70 年代末以来一直认为只在极端环境(如高盐、极热、极端厌氧等环境)下存在的古菌类,比如嗜热泉古菌(thermophilic archaea),到 90 年代,借助古菌的基因序列测试与细胞膜脂类检测(Sinninghe Damsté et al. , 2002),发现非嗜热泉古菌大量存在于现代的常温海洋和湖泊环境中,且在生态系统中扮演着举足轻重的角色,尤其是在极地海域中(潘晓驹等,2001)。

嗜热泉古菌和非嗜热泉古菌均能合成类异戊二烯 GDGTs,但是有所不同。嗜热泉古菌合成的类异戊二烯 GDGTs 包含 4 种,分别包含 0~3 个五元环(结构式见图 8-33b),而非嗜热泉古菌合成另外一种 GDGT,被称为 Crenarchaeol,除了 4 个五元环以外,还包含一个六元环(见图 8-33b),及其异构体(regio-isomer)。在海洋沉积物中,Crenarchaeol 被认为是海洋 I 组泉古菌专有的产物(Sinninghe Damsté et al. , 2002)。

Schouten 等(2002)基于类异戊二烯 GDGTs 提出了一种重建海水表面温度(SST)的替代性指标 TEX_{86}(the TetraEther indeX of tetraethers consisting of 86 carbon atoms)(Schouten et al. , 2002)。Kim 等(2010)区分了适用于高温与低温范围的 TEX_{86},在低温海域适用的指标是 $TEX^L_{86}=\log([GDGT-2]/[GDGT-1]+[GDGT-2]+[GDGT-3])$,校正方程为 $SST=67.5\times TEX^L_{86}+46.9$ ($r^2=0.86$, $n=396$, $P<0.0001$)(Kim et al. , 2010),这也是本次研究中所使用的方程。

TEX_{86}指标的应用,有赖于类异戊二烯 GDGTs 来源于海洋水体本身这一基本前提。而越来越多的研究表明,类异戊二烯 GDGTs 在土壤和泥炭中也都广泛存在(Weijers et al. , 2006a),这使得 TEX_{86}的应用受到影响。

(2)支链 GDGTs

支链 GDGTs 是 2000 年在德国的一个全新世泥炭沉积物中发现的,Sinninghe Damsté 等(2000)使用核磁共振确定了它的结构,随后的研究表明支链 GDGTs 也广泛存在于土壤中(Sinninghe Damsté et al. , 2000; Weijers et al. , 2006b)。与前述的类异戊二烯 GDGTs 相比,支链 GDGTs 的结构中,联结在烷基链上的甲基数目以及所含的五元环,也即环戊基的数目都不相同。基于此,支链 GDGTs 分为 3 种,分别含有 4 个、5 个、6 个甲基支链,即图 8-33c 中的 I、II、III。这 3 种支链 GDGTs 各自有两个异构体(Weijers et al. , 2006b),即 Ib, Ic, IIb, IIc, IIIb, IIIc,这种含有环戊基的异构体的浓度通常小于不含环的支链 GDGTs,以致其中一些异构体在某些地区的样品中检测不到。换言之,含有环戊基的异构体的浓度相对于不含环的支链 GDGTs 来说,在不同的土壤有着明显的变化(Weijers,2007a)。

在湖泊、海洋沉积物中,上述的支链 GDGTs 早期的研究认为源于陆地环境的有机物质(Hopmans et al. , 2004),主要由土壤和泥炭中的厌氧细菌产生(Weijers et al. , 2006a; 2007a)。支链 GDGTs 主要源于陆源泥炭和土壤,而 Crenarchaeol 则主要由海洋自生,据此 Hopmans 等(2004)建立陆源输入指数,即 BIT=[I+II+III]/[I+II+III]+[4],用来指示海洋的沉积物中陆源有机质的贡献(Hopmans et al. , 2004)。

近年来对支链 GDGTs 的研究发现,其不同组分的相对丰度与陆地环境参数之间存在较高的相关性,比如甲基化指数 MBT(Methylation index of branched tetraether, MBT=[I+Ib+Ic]/[I+Ib+Ic]+[II+IIb+IIc]+[III+IIIb+IIIc])用以表征支链 GDGTs 中甲基的相对多少,MBT 值越高,表示甲基化的程度越低。该指数与年均气温 MAT(Annual Mean Air Temperature)成较高的正相关关系($R^2=0.62$)(Weijers et al. , 2007a)。

支链 GDGTs 环化率 CBT(cyclisation ratio of branched tetraethers, CBT=[Ib]+[IIb]/[I]+

[II])用以表征支链GDGTs中环状分子的相对多少，主要与土壤的pH存在相关性(CBT=0.33-0.38×pH, R^2=0.70)(Weijers et al., 2007a)。

年均大气温度MAT与上述的CBT和MBT存在如下关系MBT=0.122+0.187×CBT+0.02×MAT(R^2=0.77)，据此可计算出MAT(Weijers et al., 2007a)。大气温度MAT的恢复标准偏差为0.4℃(Weijers et al., 2007b)。

但是，最近有研究发现，湖泊沉积物中的支链GDGTs不仅有周边土壤输入，还有湖泊原位产生的来源(Sinninghe Damsté et al., 2009; Bechtel et al., 2010)。Peterse等(2009)和Zhu等(2011)指出，在海洋沉积物中，支链GDGTs也有海洋自生来源(Peterse et al., 2009; Zhu et al., 2011)。因此，基于类异戊二烯GDGTs与支链GDGTs的古气候指标，包括TEX_{86}、BIT、MBT/CBT都在应用方面受到限制(Fietz et al., 2012)。

8.2.5.2 区域海洋环境

白令海约一半面积为浅陆架区(0~200 m)，其中大部分陆架区受到季节性海冰的影响。白令海盆主要受到沿陆坡、勘察加半岛及阿留申群岛的反气旋式表层环流体系控制(Takahashi K, 2005)。白令海通过白令海峡与楚科奇海相连，靠西侧的阿纳德尔流(Anadyr Water)在白令海陆架和楚科奇海的西部，其特征是低温，高盐(盐度>32.5)，高营养盐；东侧一支为阿拉斯加沿岸流，其特征是高温，低盐(盐度<31.8)，低营养盐，在白令海与楚科奇海的东部沿着阿拉斯加流向东北，经由巴罗峡谷(Barrow Canyou)转向东沿着波弗特海陆坡流动(史久新等,2004)。中间还有一股水体性质介于两者之间的白令海陆架水(Bering Shelf Water)(Grebmeier et al., 2006)。阿拉斯加半岛的育空河(Yukong River)在白令海陆架的东北注入(Grebmeier et al., 2006)。近年来的研究显示，白令海峡的流量呈现显著的季节和年际的变化，且不同时间的温盐性质也有差别(史久新等,2004)。从白令海北部进入北冰洋的太平洋水对美亚大陆一侧的北极浅海陆架和陆坡有着强烈的影响，是北冰洋的热量、淡水、营养盐以及有机质的重要来源(Grebmeier et al., 2006)，这也是本节将白令海与西北冰洋放在一起研究的原因所在。该海域存在垂直的水文锋面，从白令海北部呈南北向延伸到楚科奇海南部，将西面富营养的高盐低温的阿德纳尔流与东面性质完全相反的阿拉斯加沿岸流分开(Coachman et al., 1975)。

北冰洋表层海洋主要有两大洋流体系，即极地穿越流和波弗特环流。西北冰洋加拿大海盆主要是由风力驱动的顺时针方向的波弗特环流控制。来自大西洋的表层海水通过弗拉姆海峡进入北冰洋后，迅速冷却下沉成为北冰洋中层水，沿陆坡呈逆时针方向流经整个北冰洋(Anderson et al., 1994)(图8-34)。在夏季海冰界线以北的广大海区，包括楚科奇海台、北风脊、阿尔法脊以及加拿大海盆等被终年海冰所覆盖(图8-34)，加上水体中的营养盐含量低，海洋生产力低下(Grebmeier et al., 2006)。

8.2.5.3 材料来源与研究方法

本节研究的材料是中国第三和第四次北极科学考察在白令海和北冰洋西部所采集的65个表层沉积物样品(图8-34)，均为箱式取样器所采集。表层沉积物站位信息如表8-9所示。表层样采集区域位于白令海、楚科奇海、波弗特海、加拿大海盆，以及阿尔法脊，水深从35 m的陆架区到3 850 m的深水海盆不等。169°E—146°W,53°—85°N，涵盖了白令海到北冰洋西部的广阔区域。

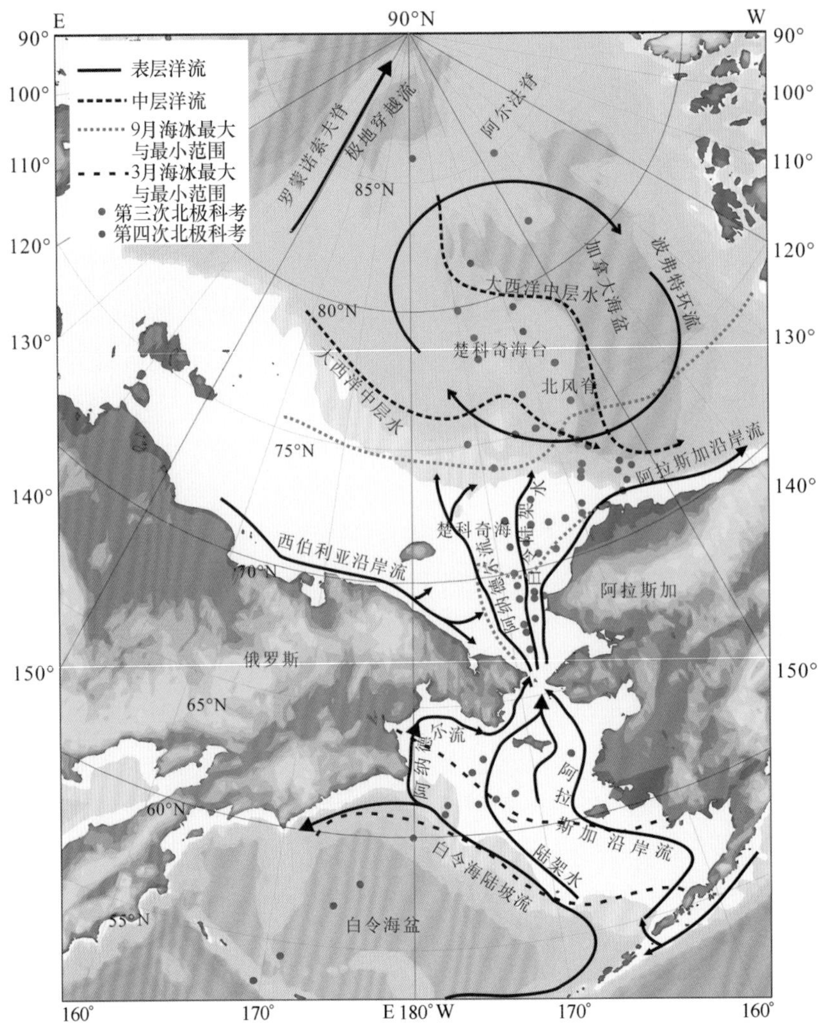

图 8-34　白令海与西北冰洋表层沉积物站位、洋流及海冰分布范围

表 8-9　白令海和西北冰洋表层沉积物采样站位和经纬度

中国第三次北极科考(2008 年)				中国第四次北极科考(2010 年)			
站位	纬度(N)	经度(W)	水深(m)	站位	纬度	经度	水深(m)
8B11	75°0′0″	165°2′6″	552	10B02	53°19. 87′N	169°57. 49′E	2 305
08B12	75°0′28″	162°1′39″	2 013	10B04	54°35. 51′N	171°24. 29′E	3 870
08B82	81°58′44″	147°16′7″	3 387	10B06	57°00. 30′N	174°29. 63′E	3 777
08B86	85°24′14″	147°29′6″	2 376	10B07	58°0. 00′N	176°12. 24′E	3 749. 9
08C10A	71°24′3″	157°50′42″	107	10B11	59°59. 55′N	179°55. 04′E	2 586. 7
08C13	71°48′0″	166°45′0″	38	10B14	60°55. 27′N	177°41. 53′W	132
08C15	71°32′40″	163°58′59″	37	10BB01	61°17. 25′N	177°28. 58′W	124
08C17	71°29′10″	161°58′53″	41	10BB05	62°32. 64′N	175°19. 87′W	80
08C19	71°26′48″	159°58′46″	42	10BB06	63°00. 48′N	174°22. 85′W	71

续表

中国第三次北极科考(2008年)				中国第四次北极科考(2010年)			
站位	纬度(N)	经度(W)	水深(m)	站位	纬度	经度	水深(m)
08C23	70°29′5″	165°59′54″	39	10BN03	78°29. 96′N	158°53. 99′W	3 119. 4
08C25	70°30′11″	164°2′0″	37	10BN04	79°28. 27′N	159°02. 35′W	3 468. 2
08C33	68°54′59″	167°30′26″	41	10BN06	81°27. 69′N	164°56. 37′W	3 611
08C35	68°55′12″	166°30′48″	28	10BN10	82°28. 95′N	166°28. 28′W	2 434. 2
08M07	75°0′48″	171°59′36″	394	10C02	69°07. 40′N	167°20. 15′W	41
08N01	79°49′58″	170°0′12″	3 341	10C04	71°00. 71′N	167°01. 79′W	38
08N03	78°50′20″	167°53′26″	2 655	10C07	72°32. 47′N	165°19. 54′W	43
08P23	76°20′8″	162°29′9″	2 086	10C09	71°48. 83′N	159°42. 88′W	44
08P27	75°29′52″	155°58′16″	3 239	10CC1	67°40. 33′N	168°57. 37′W	45
08P31	77°59′52″	168°0′42″	434	10CC4	68°08. 03′N	167°51. 81′W	44
08P37	76°59′55″	156°0′55″	2 267	10Co-5	71°24. 95′N	157°29. 56′W	121. 1
08R01	66°59′42″	168°59′54″	42	10Mor02	74°32. 83′N	158°59. 15′W	1 174
08R03	67°59′42″	169°1′30″	50	10MS02	73°40. 51′N	156°22. 05′W	3 703
08R05	68°59′42″	168°59′43″	47	10MS03	74°04. 05′N	157°17. 92′W	3 900
08R07	69°59′42″	168°59′30″	31	10NB01	61°14. 02′N	175°04. 55′W	84
08R09	70°59′4″	168°58′24″	37	10NB02	61°22. 69′N	173°41. 18′W	76
08R11	71°59′52″	168°59′6″	47	10NB03	61°30. 41′N	172°11. 82′W	65
08R15	73°59′3″	169°0′24″	173	10NB08	62°39. 52′N	167°20. 52′W	27
08S12	72°43′8″	158°39′24″	207	10R06	69°30. 00′N	168°59. 00′W	44
08S13	72°56′2″	158°19′30″	1 430	10R08	71°00. 19′N	168°58. 81′W	36
08S14	73°10′5″	157°55′18″	2 517	10R09	71°57. 80′N	168°56. 40′W	43. 5
08S24	72°24′6″	154°10′31″	2 346	10S21	71°37. 41′N	154°43. 33′W	38. 7
				10S23	71°55. 75′N	153°45. 81′W	383
				10S25	72°20. 53′N	152°30. 00′W	2 827. 4
				10S26	72°42. 04′N	153°33. 12′W	3 597

首先取5 g左右表层样沉积物在35℃烘干,研磨后称取2~3 g装入10 mL的样品管中,加入有机物内标30 μL,内标成分为C_{46}。然后用甲醇:氯甲烷(1∶3)超声抽提(7 mL×4),离心分离收集上清液(3 000 r/min,3 min),得到总的可萃取有机质。将此有机质萃取液在氮气(N_2)流下吹干,加入含有6%KOH的甲醇溶液3 mL,超声振荡10 min后,室温放置过夜。用正己烷(hexane)萃取非酸类物质(3 mL×4)后进行硅胶柱层析分离,用二氯甲烷:甲醇(1∶1)淋洗12 mL,再用甲醇淋洗5 mL得到含有GDGTs的极性组分。然后浓缩后进行液相色谱(Liquid

Chromatography，简称 LC）分析。

样品中的各组分依据色谱图中的保留时间以及先后的峰形确定其化学成分（图 8-33a），定量采用内标法，根据目标峰和内标峰的面积比计算各种生物标记物的浓度，加以分析。

8.2.5.4 GDGTs 的分布特征

不论是水体还是陆源的组分，GDGTs 与其有机质来源的输入、沉积和保存过程存在紧密的联系，总有机碳（TOC）归一化的 GDGTs 含量就最大程度地消除了沉积和保存过程中有机质总量在时间和区域上的变化带来的影响（Feitz et al. ），因此，本节中 GDGTs 的浓度用每克 TOC 的含量来表示。

（1）类异戊二烯 GDGTs

在整个研究区，GDGT-0 与 Crenarchaeol 是类异戊二烯 GDGTs 中相对丰度最高的组分，远高于 GDGT-1、GDGT-2 和 GDGT-3 的含量（图 8-33a）。在西北冰洋，类异戊二烯 GDGTs 含量为 0. 16~124. 15 μg/g TOC，平均值为 33. 72 μg/g TOC。在楚科奇海，类异戊二烯 GDGTs 含量较高，在 16. 33~130. 79 μg/g TOC 之间，平均值为 52. 64μg/g TOC 。楚科奇海陆坡明显下降，含量在 9. 76~14. 29 μg/g TOC 之间。在楚科奇海台、北风脊、阿尔法脊以及加拿大海盆，类异戊二烯 GDGTs 含量在 0. 16~6. 88 μg/g TOC 之间，平均值为 1. 83 μg/g TOC （图 8-35）。白令海表层沉积物中的类异戊二烯 GDGTs 的含量变化剧烈。在陆架区，类异戊二烯 GDGTs 含量在 13. 20~225. 66 μg/gTOC 之间，且可以看出自圣劳伦斯岛向西南白令海方向呈现明显增加的趋势（图 8-35），平均值为 69. 40 μg/g TOC，靠近阿留申群岛，降至最低。在白令海盆中，最高值与最低值分别为 237. 31 μg/g TOC 和 13. 55 μg/g TOC，平均值为 108. 06 μg/g TOC。

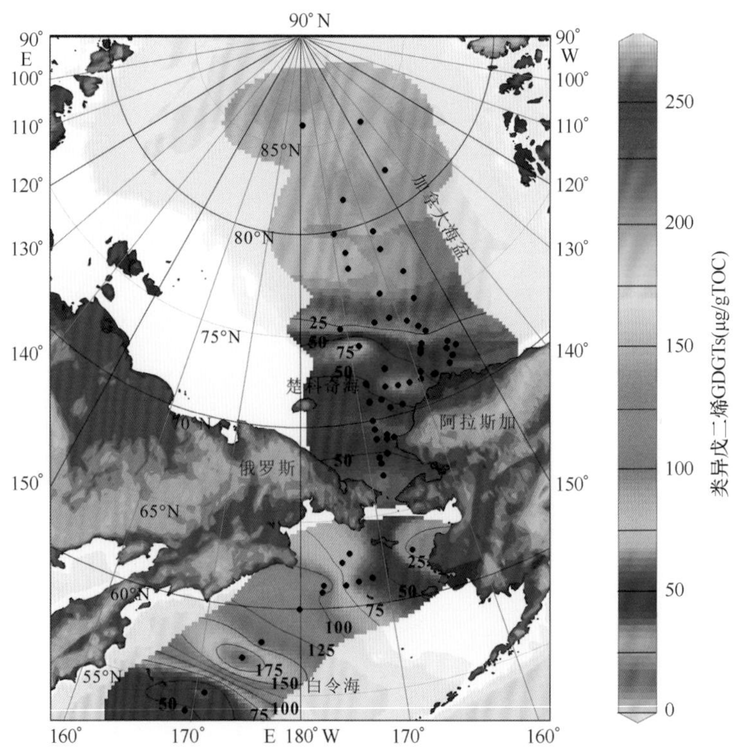

图 8-35 白令海与西北冰洋表层沉积物中类异戊二烯 GDGTs 含量分布

(2)支链 GDGTs

在整个研究区内,支链 GDGTs 含量(图 8-36)明显低于类异戊二烯 GDGTs 含量(图 8-35)。在图 8-33 的谱图中也可明显看出,类异戊二烯 GDGTs 的峰值明显较高。支链 GDGTs 含量最高与最低值分别为 9.11 μg/g TOC 和 0.02 μg/g TOC,平均值为 2.56 μg/g TOC。在西北冰洋,支链 GDGTs 同样是在楚科奇海陆架含量较高,在 1.84~7.96 μg/g TOC 之间,平均值为 3.74 μg/g TOC。在楚科奇海东侧阿拉斯加沿岸流的方向上支链 GDGTs 的含量也较高,为 4 μg/g TOC,往北到楚科奇海陆坡下降到 2 μg/g TOC,越过楚科奇海陆坡,大多数表层样站位沉积物中的的支链 GDGTs 含量降到 1 μg/g TOC 以下。在楚科奇海台、北风脊、阿尔法脊以及加拿大海盆较低,支链 GDGTs 含量在 0.48~2.03 μg/g TOC 之间,平均值为 0.92 μg/g TOC。

在白令海陆架区表层沉积物中,支链 GDGTs 的最高与最低值为 6.31 μg/g TOC 和 1.63 μg/g TOC,平均值为 2.73 μg/g TOC。白令海盆的表层沉积物中,支链 GDGTs 浓度在 0.29~4.45 μg/g TOC 之间,平均值为 2.57 μg/g TOC。陆架区的支链 GDGTs 浓度总体略高于海盆区,内陆架区沉积物中的支链 GDGTs 浓度要略高于外陆架。

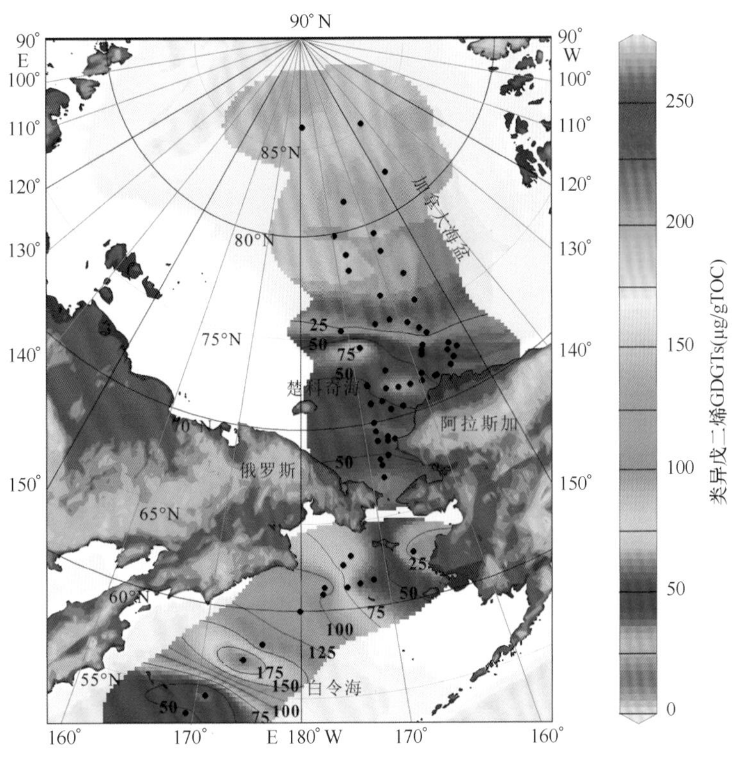

图 8-36　白令海与西北冰洋表层沉积物中支链 GDGTs 含量分布

8.2.5.5　BIT 的分布特征

在本研究区,陆源输入指数 BIT 的变化范围较大,在 0.03~0.88 之间(图 8-37)。在广大的楚科奇海区,BIT 在 0.2 以下。仅在拉斯加北部,BIT 值达到 0.3。楚科奇海台、北风脊 BIT 在 0.3~0.6 之间,而到阿尔法脊站位的表层沉积中的 BIT 在 0.6~0.8 之间。在白令海,BIT 值均较低,大部分在 0.1 以下,陆架区由东向西其 BIT 值呈现降低的趋势。

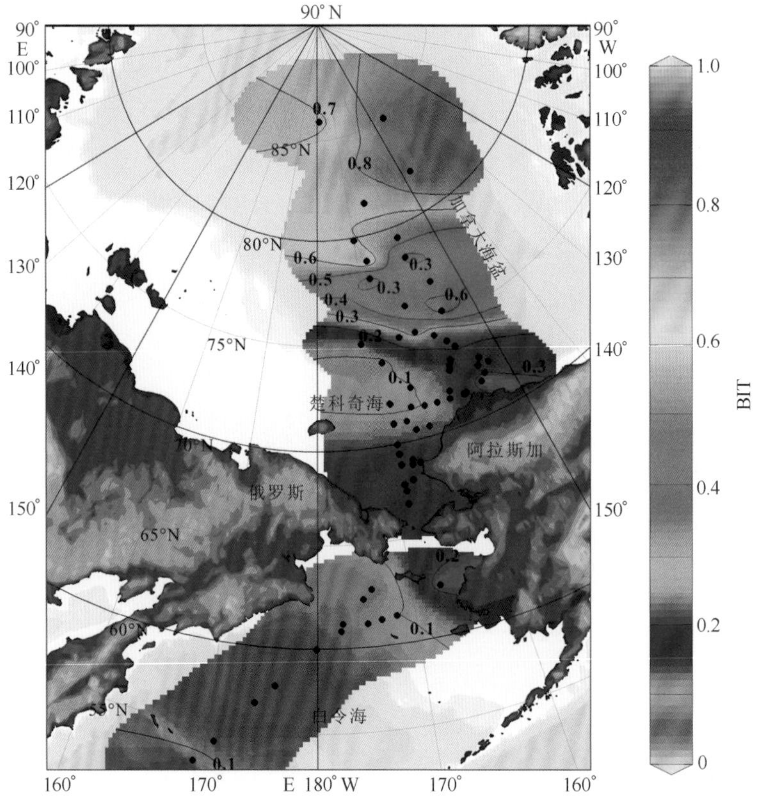

图 8-37　白令海与西北冰洋表层沉积物中陆源输入指数 BIT 分布

8.2.5.6　TEX_{86}^{L}-SST 的估算

从 5 月持续到夏季后期，开阔海域面积的增加会驱动水柱中初级生产力增加（Grebmeier et al., 2006），这很可能将导致季节性海冰与终年海冰覆盖区的水柱中初级生产力存在较为明显的差异，因此将季节性海冰区与永久性海冰区区分开来（图 8-38）。再根据各个海区的纬度分布，从南到北区分出不同的海域。并应用 Kim 等（2010）建立的低温海域适用指标 $TEX_{86}^{L}=\log([GDGT-2]/[GDGT-1]+[GDGT-2]+[GDGT-3])$ 和温度方程 $SST=67.5\times TEX_{86}^{L}+46.9$ 来计算白令海至西北冰洋表层沉积物中 SST。计算结果显示，阿留申群岛向北至白令海陆坡（60°N）的 5 个 SST 值呈现良好的线性变化趋势，估算的 SST 在 16.7～14.1℃之间。自白令海陆坡（60°N）向北至 63°N 的白令海陆架，估算的 SST 突然下降，SST 范围在 2.1～-3.9℃之间。由于白令海峡没有样品分布，海峡中间没有数据点。

在楚科奇海陆架，估算的 SST 范围在-5.7～3.3℃之间，平均值为 0.5℃，最低值与最高值相差高达 9℃，分布比较散乱，随着纬度的升高，估算的 SST 也未显示出明显的变化趋势；并且多个估算的 SST 数据低于海水结冰临界值-1.8℃，与真实海水温度明显不符。约 74°N 以北的永久性海冰区，估算的 SST 范围在-0.4～6.7℃之间，平均值为 2.1℃，最低值与最高值相差达到 7℃，散布性较高，总体上高于楚科奇陆架沉积物估算的 SST 范围，并且大多也高于现代调查所获得的海水温度。

8.2.5.7　CBT/MBT 与陆地 MAT 和土壤 pH 的估算

支链 GDGTs 环化指数 CBT 在-0.04～1.13 之间，平均值为 0.45。在 72°N 以南，CBT 集中

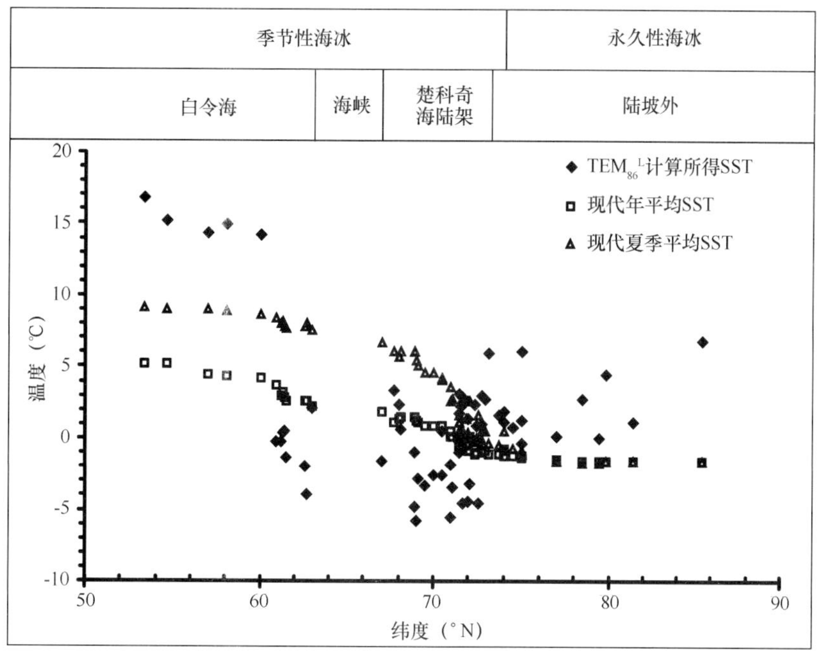

图 8-38　白令海与西北冰洋表层沉积物中 TEX_{86}^{L} 估算的 SST 与现代海洋调查温度比较

现代表层海水年均 SST 与夏季 SST 的数据来自于 World Ocean Atlas 2009（WOA09）：http://www.nodc.noaa.gov/OC5/WOA09. 图中方点代表 TEX86L 值估算得到的表面海水 SST，方框代表现代年均表层海水 SST，三角代表现代夏季平均表层海水 SST

在-0.04~0.34 之间，平均值为 0.28，而 72°N 以北的海域，CBT 在 0.65~1.13 之间，平均值为 0.68（图 8-39a）。从 72°N 到 75°N，CBT 呈现明显上升的趋势，75°N 以北的 CBT 呈现平稳下降的趋势。支链 GDGTs 甲基化指数 MBT 在 0.15~0.40 之间，平均值为 0.26。从白令海到西北冰洋深水盆地 MBT 总体呈现喇叭状分布，以 72°N 为界线，72°N 以南则较为集中，MBT 在 0.18~0.26 之间，平均值为 0.24，72°N 以北的海域 MBT 值则明显分散开来（图 8-39b），MBT 在 0.15~0.40 之间，平均值为 0.28。土壤 pH 值的分布范围在 5.78~8.87 之间，平均值为 7.59。在 72°N 以南的表层沉积物中，陆地源区土壤的 pH 值在 6.97~8.87 之间，平均值为 8.03。而 72°N 以北的海域，pH 值范围在 5.78~8.25 之间，平均值为 6.92（图 8-39c）。与 CBT 的变化趋势相反，从 72°N 到 75°N，pH 值呈现显著的下降趋势，75°N 以北的 pH 值趋于平稳。陆地年均气温 MAT 的范围在-7.13~6.27℃之间，平均值为 2.38℃。在 72°N 以南，MAT 的范围在-0.44~6.22℃之间；但是 72°N 以北的区域，MAT 明显分散，最高值与最低值分别为 6.27 和-7.13（图 8-39d）。

8.2.5.8　四醚膜类脂物生态和环境指示意义

（1）GDGTs 与初级生产力

类异戊二烯 GDGTs 的含量大致以楚科奇海、波弗特海的陆坡（图 8-34）为界，明显存在南高北低的差异（图 8-35）。类异戊二烯 GDGTs 在西北冰洋表层物中的分布趋势与有机碳的分布（孙烨忱等，2011）存在一定的相似性，即在有机碳高的海域类异戊二烯 GDGTs 的含量较高，比如楚科奇海西部，同时也与现代海洋学调查所获得的水柱中叶绿素 a 浓度的分布趋势基本一致。水柱中初级生产力的最高区域为白令海北部和楚科奇海南部、其次为楚科奇海北部、波弗

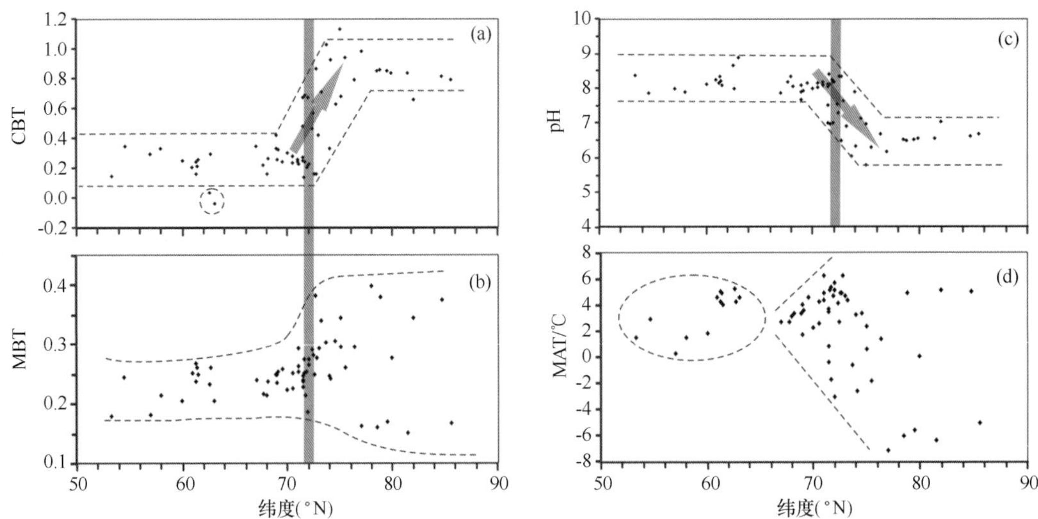

图 8-39 白令海与西北冰洋表层沉积物中 GDGTs 分子参数分布特征

(a)和(b)分别为支链 GDGTs 的环化指数 CBT 和甲基化指数 MBT;(c)为基于 CBT 所重建的陆源土壤的 pH 值;(d)为基于 MBT 和 CBT 估算的陆地年平均大气温度 MAT

特海,并且陆架区高于海台区、海盆区和海脊区(Grebmeier et al., 2006; 刘子琳等,2011)。沉积物中的类异戊二烯 GDGTs 含量取决于上覆水体中古菌的生产力大小,上述 GDGTs 分布特征表明,相比较于楚科奇海北部的海台和深海盆地,陆架区具有较高的古菌生产力,这可能与来自太平洋的阿纳德尔流密切相关。因为富营养盐并携带海源颗粒有机碳 POC 的太平洋水,从白令海西北部进入楚科奇海南部,使得这一区域的古菌生产力得以提高,但这股太平洋水只能到达楚科奇海北部边缘,影响不到楚科奇海以北的区域(Grebmeier et al., 2006),因而楚科奇海北部的古菌生产力较低。

西北冰洋支链 GDGTs 在分布上与异戊二烯 GDGTs 相同之处在于两者大致都存在南高北低的特点,但两者的值有 3 个数量级的差别(图 8-35 和图 8-36)。然而,早年的研究结果认为,支链 GDGTs 主要由陆源土壤中的细菌所产生(Hopmans et al., 2004; Weijers et al., 2006b; 2007a)。因此,在楚科奇海南部和阿拉斯阿加沿岸较高的支链 GDGTs 值(图 8-37)可能是白令海峡两侧和阿拉斯加的陆源有机物质输入所造成的,因为在阿拉斯加西北部和西部有 3 条河流和水系注入楚科奇海和白令海峡(Hill et al., 2008)。而白令海陆坡,海盆和阿留申群岛相对较高的支链 GDGTs 值可能与白令海陆坡流所携带的陆源物质和阿留申群岛陆源物质的输入有关。

(2)BIT 与陆源有机物质输入

前文已述,陆源输入指数 BIT 用以指示近海环境中的陆源输入所占比例的多少(Sinninghe et al., 2000)。在所研究的白令海和楚科奇海,BIT 均较低,基本在 0.2 以下,表明沉积物中陆源输入有机质只占很小的比例。Belicka 等(2002)对烷烃、醇类和酮类分子标志物的综合研究表明,楚科奇海陆架沉积物以海洋自生有机质为主(Belicka et al., 2002)。西北冰洋表层沉积物中有机碳中 $\delta^{13}C$ 的研究也表明,楚科奇海中西部海域海源有机质含量超过 60%(陈志华等,2006)。

从楚科奇海北部到楚科奇海台,加拿大海盆,以及阿尔法脊,BIT 值逐渐增加,指示了陆源有机物质输入的增加(图 8-38)。这可能是由于这些区域终年被海冰覆盖,营养盐供应少,海洋生产力低,与受顺时针方向流动的波弗特环流影响,来自马更些河和阿拉斯加北部的陆源有机质输入增多有关(陈志华等,2006)。而阿尔法脊较高 BIT 值也可能与加拿大北极群岛的冰筏所携带的陆源有机物质的输入有关,因为 Schouten 等(2007)在北大西洋晚更新世 Heinrich 沉积层中发现 BIT 的值高达 0.4~0.6,认为代表了冰筏作用带来的陆源土壤(Schouten et al., 2007)。西北冰洋表层沉积物中有机碳中 $\delta^{13}C$(陈志华等,2006)和分子生物标记物的分布(Belicka et al., 2002)都表明,楚科奇海以北的高纬度海区的陆源有机质逐渐增加,与 BIT 值的分布趋势一致,说明 BIT 用来指示陆源有机质的输入是可靠的。

(3)TEX_{86}^{L}-SST 在北极的应用

Sluijs 等(2006)利用 TEX_{86}指标,重建北冰洋新生代早期即古新世—始新世极热时期 PETM 的表层海水温度(Sluijs et al., 2006)。除了这一特殊的地质时期外,目前还没有利用这一指标重建北冰洋表层海水温度的正式报道。因此,本节试图利用白令海和西北冰洋表层沉积物中的 TEX_{86}来重建北极地区近现代的表层海水温度变化,并与该区现代表层海水温度资料对比,检验 TEX_{86}^{L}-SST(Kim et al., 2010)是否适用于北极地区。

根据现代海洋调查的数据,图 8-38 中标明了每个沉积物站位的现代表层海水年均温度和夏季平均温度。从白令海南部至 72°N,年均 SST 和夏季平均 SST 均呈现逐渐降低的趋势,年均 SST 的变化范围在 5.19~0.07℃之间,夏季平均 SST 的变化范围在 9.07~2.53℃,年均 SST 与夏季平均 SST 的温差在 3~5℃之间。72°N—75°N,夏季平均 SST 快速降低,接近年均 SST。而 75°N—86°N,年均 SST 与夏季平均 SST 重合,两者几乎没有变化,都在 0℃以下。然而,利用 TEX_{86}^{L}(Kim et al., 2010)重建的白令海和西北冰洋的表面海水温度 EX_{86}^{L}-SST 与现代年均 SST 和夏季平均 SST 相比较,三者几乎没有相关性(图 8-38)。尽管阿留申群岛至白令海陆坡(60°N)5 个站位的 TEX_{86}^{L}-SST 呈现出较好的分布趋势和较高的相关性,但是它们明显地分别高出现代年均 SST 和夏季平均 SST 大约 10~6℃。从白令海陆坡(61°N)至白令海峡入口的 8 个站位的 TEX_{86}^{L}-SST 突然从白令海陆坡(60°N)的 14℃下降至 1~-4℃,显示出快速下降的趋势,并具有一定的相关性,但是它们又明显的分别低于现代年均 SST 和夏季 SST 平均为 3~12℃。从白令海峡到楚科奇海陆架北部的永久性海冰区边缘,TEX_{86}^{L}-SST 在 3.5~-6℃之间,并且高度分散,相关性差,大部分 TEX_{86}^{L}-SST 值明显低于现代年均 SST 和夏季平均 SST,部分 TEX_{86}^{L}-SST 值还低于海水的结冰临界值-1.8℃,三者之间几乎不相关。现代白令海表层温度长期观测结果显示,白令海北部陆坡存在北极—亚北极温度锋面,与白令海南部相比,白令海北部与楚科奇海有着更为紧密的联接(Grebmeier et al., 2006),这可能造成了白令海北部与楚科奇海 TEX_{86}^{L}-SST 相似的分布趋势。而 74°N 以北的永久性海冰区,TEX_{86}^{L}-SST 在 0~7℃之间,高度分散,相关性差,也高于年均 SST 和夏季 SST 平均为 2~9℃,可能与该区高的陆源有机质输入有关。

白令海北部和西北冰洋具有宽阔的陆架和巨大的河流径流量,来自陆源有机质的输入量大,尤其是楚科奇海台、加拿大海盆、波弗特海,陆源有机质超过了海洋自生的有机质(Naidu and Cooper, 2000; 陈志华等,2006)。如前文所述,Weijers 等(2006)发现类异戊二烯 GDGTs 在土壤和泥炭中也都广泛存在(Weijers et al., 2006a)。因此,白令海北部和西北冰洋来自陆源类异戊二烯 GDGTs 信号的干扰,可能导致了 TEX_{86}^{L}-SST 值的分散和较差的相关性,限制了 TEX_{86}^{L} 在北极的应用。

而 74°N 以北的永久性海冰区,终年海冰覆盖,古菌生产力极低,保存在表层沉积物中的

GDGTs 含量也极低，在液相色谱上显示具有多个峰或不规则形状等，导致积分时难以准确地计算相应 GDGTs 的含量，并且积分时的微小差异，经过一系列计算的放大效应，可能会造成 TEX^L_{86}-SST 产生严重的偏差。因此，永久性海冰覆盖海域的低古菌生产力，也可能限制了类异戊二烯 GDGTs 在重建 TEX^L_{86}-SST 的应用。

(4) CBT/MBT 的环境指示意义与土壤 pH 值和陆地 MAT 的变化

西北冰洋 72°N 以北海区，类异戊二烯 GDGTs 与支链 GDGTs 的浓度呈现明显的低值，而 BIT 指数为高值（图 8-37），表明在永久性海冰覆盖区的海洋生产力极低。同样的，支链 GDGTs 的环化率 CBT 在该区明显升高（图 8-39a），可能反映了 CBT 对海冰覆盖的敏感性。从长期的海冰浓度观测结果来看，永久性海冰的界限呈现带状移动，75°N 以南的海域的海冰浓度变化范围超过 50%（Parkinson et al.，2008），而 CBT 在 72°—75°N 的带状区逐渐升高（图 8-39a），可能反映了 CBT 响应于海冰覆盖状况。Park 等（2012）在楚科奇—阿拉斯加边缘发现，全新世以来随着冷期海冰覆盖的增加，CBT 也随之明显升高（Park et al.，2012）。因此，西北冰洋永久性海冰覆盖区表层沉积物中 CBT 明显高于季节性海冰覆盖区，有力地支持了 Park 等的观点。然而，作为支链 GDGTs 的环化率 CBT 是如何响应海冰覆盖状况的机制依然还不清楚。Peterse 等（2009）和 Zhu 等（2011）指出，在海洋沉积物中支链 GDGTs 也有海洋自生来源。楚科奇海相对高的支链 GDGTs 说明其中部分可能源于海洋自身，但楚科奇海以北海区支链 GDGTs 逐渐降低对应于陆源输入指数 BIT 的逐渐增加。

基于支链 GDGTs 的环化率 CBT 和甲基化指数 MBT 估算的周边陆地年平均大气温度 MAT 变化范围在-7.13~6.27℃之间（图 8-39d），而基于支链 GDGTs 的环化率 CBT 估算的土壤 pH 值在 5.78~8.87 之间（图 8-39c）。但是，环化率 CBT 与土壤 pH 的分布趋势呈现出明显的负相关。从前面的校正方程可以看出，与环化率 CBT 相比较，大气年均气温 MAT 很大程度上取决于甲基化指数 MBT 中甲基的相对多少，因此，MAT 的分布特征与 MBT 有一些相似的（图 8-39b）。尽管支链 GDGTs 在重建古温度上有普遍适用的潜力（Loomis et al.，2012），但是 Sinninghe Damsté 等（2008）利用非洲东部坦桑利亚乞力马扎罗山脉土壤中 MBT 和 CBT 重建 MAT 和 pH 的结果发现，区域性的校正方程比全球性的校正方程具有更为准确的 MAT 重建结果（Sinninghe Damsté et al.，2008）。但是，白令海和西北冰洋表层沉积物样品分布海域广阔，沉积物来源相对较复杂，陆地年均气温和土壤 pH 值可能存在较大差异，因而造成基于支链 GDGTs 的环化率 CBT 和甲基化指数 MBT 估算的 MAT 和 pH 存在较大差异。另外陆源有机物质在搬运的过程中有可能发生混合，造成土壤的不均一性（Weijers et al.，2007b），从而可能导致 MAT 值相对分散，缺乏相关性。鉴于此，在应用这一指标重建陆地的温度时，最好采用来源明确而单一的沉积物，比如高径流量河口前的沉积物通常更好地记录陆地大气温度信号（Weijers et al.，2007b），以使重建的结果更为确切。因此，应用类异戊二烯 GDGTs 与支链 GDGTs 重建北极海洋和陆地环境有着不可估量的潜力，但是这两种 GDGTs 的来源有待更加深入的研究。

8.2.6 西北冰洋表层沉积物中的底栖有孔虫组合及其古环境意义

北极地区是世界大洋冷而致密的中层和底层水源，广泛的海冰覆盖使得北极地区对全球气候变化具有非常明显的放大效应，而北冰洋的环境变化将影响全球的大洋环流，从而对全球气候变化产生重要的影响。常年海冰的覆盖是北极地区最大的环境特征，海冰阻隔了海洋与大气的能量交换。近年来,北极海冰的覆盖面积、厚度和密集度都发生了快速减小,导致海洋吸收太阳辐射能的增加,对气候变化产生正反馈效应,对全球气候产生显著的影响(赵进平等, 2009)。

为正确解释北极地区的古海洋和古环境变化,前人对该区的现代沉积环境进行了大量调查。迄今为止已有科学家通过分析北冰洋现代海洋环境与各种环境指标之间的相关关系来重建古环境,例如,通过对北冰洋西部表层沉积物黏土矿物分布的研究,陈志华等(2004)分析了沉积环境、沉积物的来源和搬运路径以及源区的岩石和气候特征。Naidu 等(2000)根据北极美亚大陆架表层沉积物的 $\delta^{13}C$ 和 $\delta^{15}N$ 分析结果来反映表层海水的营养情况。通过沉积物样品有机碳含量的测定,Macdonald 等(1998)认为加拿大波弗特海陆架输入北冰洋的溶解和颗粒有机碳主要来自加拿大的马更些河、西伯利亚的叶尼塞河、勒拿河和鄂毕河等。Gordeev 等(1996)认为北冰洋对全球变化最为敏感的要素是来自河流的溶解有机碳(DOC)量,特别是来自欧亚大陆的河流,包含大量的 DOC。Grebmeier 等(2006)认为太平洋入流水携带的热能、淡水、营养盐和亚极地生物种,对北冰洋的海冰、环流及海洋生态系统至关重要,并首次在楚科奇海验证了在全球变暖背景下的海冰消退,会使底栖食物链主导的营养结构向浮游食物链主导转化的假设。王汝建等(2007)通过对北冰洋西部表层沉积物中生源组分的研究,认为表层生产力变化与通过白令海峡进入楚科奇海的 3 股太平洋水和大西洋次表层水密切相关。陈志华等(2006)通过对楚科奇海及邻近的北冰洋深水区表层沉积物中有机碳同位素($\delta^{13}C$)和氮同位素量($\delta^{15}N$)及生物成因 SiO_2($BSiO_2$)含量等的分析,发现海源和陆源有机质的分布受海区环流结构和营养盐结构所制约。张海生等(2007)在白令海和楚科奇海岩芯样品中检出众多的生物标志物(正构烷烃、类异戊二烯、脂肪酸、甾醇等),这些精细分子组合特征以及甾醇含量特征变化,指示海域沉积物中有机质主要由陆源碎屑物质以及海洋自生源(硅质生物)组成。

底栖有孔虫可以生存在各种环境中,并且与水团密切相关。底栖有孔虫组合特征的变化能够很好地指示水团和洋流的变迁,是灵敏的古环境替代性指标。北极地区表层沉积物中钙质生物及其沉积环境的研究,主要集中在北冰洋靠欧美一侧的陆架和深水区。Green(1960)将北冰洋中部阿尔法脊附近 433~2760 m 水深范围内的底栖有孔虫划分为 4 个群落,一个主要群落与 0℃等温一致,其他次要群落的变化与水深相关,并提到了 4 个与水深变化密切相关的属种。Lagoe(1977)对加拿大海盆和阿尔法脊的底栖有孔虫进行了研究,发现共 75 个种,其中 95%属于轮虫亚目,只有 0.1%是胶结质壳,3 700 m 以深底栖有孔虫含量稀少。随后 Lagoe(1979)鉴定了阿拉斯加大陆架和陆坡上的底栖有孔虫,将其划分为 3 个生物相:1 个胶结质相(17~350 m),2 个钙质相(350~900 m,>900 m),并指出水团在其中扮演了重要的角色。Lagoe(1979)认为浅水胶结质有孔虫主要生存在永久性海冰覆盖的区域,而浅水钙质有孔虫主要生存在季节性无冰区。然而,Schroeder-Adams 等(1990)的结论却与 Lagoe 的相反,前者认为浅水胶结质群落是来自季节性无冰区。Scott 和 Vilks(1991)利用 CESAR、LOREX、FramII 和 FramIII 4 个航次的底栖有孔虫资料,总结了北极深海底栖有孔虫的现代分布,发现了位于弗拉姆海峡附近的胶结质壳有孔虫群落,并且在欧亚海盆中发现了代表北极深海底层水属种 *Stetsonia arctica*。Wollenburg 和 Mackensen(1998)研究了北冰洋中部活体底栖有孔虫,以及化石底栖有孔虫组合,丰度以及多样性。其结果表明底栖有孔虫群落主要受到食物供应,食物竞争的控制,同时,水团特征,底流活动,基底结构和水深也十分重要。

随着对北冰洋西部海区的深入研究,这一海区的有孔虫相关研究也逐渐受到重视。孟翊等研究了白令海和楚科奇海表层样中的有孔虫,发现浮游有孔虫稀少可能与表层生产力低、碳酸盐溶解作用较强有关,而底栖有孔虫的分布则主要受表层初级生产力以及与水深相关的碳酸盐溶解作用和水团性质所控制(孟翊等, 2001)。陈荣华等对北极地区楚科奇海和白令海表层沉积中钙质和硅质微体化石进行定量分析,总结了两个海区钙质和硅质微体化石分布特征(陈荣华等, 2001)。孙烨忱等(2011)对西北冰洋表层沉积物中的有孔虫进行统计,通过其丰度来反映生产力状况。Saidova(2011)总结了北极地区现有的底栖有孔虫相关研究成果,指出北极深海区底栖有孔虫出现了360个种,共分为16个群落,主要分布在大陆坡和海脊的坡上,底栖有孔虫的生物多样性随着深度减少,在深海盆底部,只发现20个种。在条件恶劣的地区,主要属种可占到60%~80%或更多。这些群落的分布受到纬度和深度,海流,水团和底层水以及沉积物中碳酸钙和有机碳含量等环境因素的控制。

本章节对中国第一次至第四次北极科学考察在西北冰洋所采获的139个表层沉积物样品进行底栖有孔虫组合特征分析,旨在揭示北极地区现代海洋环境与底栖有孔虫组合特征的关系,为解释该地区的海洋古环境和古气候变化提供新的依据。

8.2.6.1 西北冰洋区域环境特征

低盐而富营养的北太平洋水通过白令海峡进入北冰洋,与环绕北冰洋宽阔的浅水陆架区的河流输入以及海冰融水一起形成低盐的北冰洋表层水(Miller et al., 2010)。现代北冰洋表层环流受加拿大海盆顺时针流动的波弗特环流和欧亚海盆穿极漂流的控制。表层洋流通过西弗拉姆海峡(Fram Strait)输出低盐的表层水和海冰,而相对暖而高盐的北大西洋水通过东弗拉姆海峡和巴伦支海(Barents Sea)流入北冰洋以补偿损失(Osterman et al., 1999)。较暖而高盐的北大西洋水由于密度较大,下潜至更冷而低盐的表层水之下进入北冰洋,因而导致北冰洋海盆强烈的海水分层,自下而上可分成3个主要的水团,即北冰洋表层水团,大西洋中层水团和北冰洋深层水团(Osterman et al., 1999):①北冰洋表层水团(0~200 m)是一冷的低盐水团,为低盐的太平洋水通过相对狭窄和较浅(约50 m)的白令海峡进入北冰洋,由于受到来自西伯利亚和阿拉斯加的河流淡水影响,盐度降至27,向格陵兰方向盐度增至34.5;②相对温暖和高盐的大西洋水团通过弗拉姆海峡和巴伦支海进入北冰洋,最高温度达3℃,盐度高于35。随着向北极的移动,大西洋中层水下沉至200~900 m,最高温度0.5℃,盐度34.85。大西洋中层水在北冰洋环极边界流的作用下沿着1 500~2 500 m等深线,于80°N穿过门捷列夫脊后分成两支:一支向南进入楚科奇深海平原,另一支向北围绕楚科奇海台进入北风脊北部地区(Woodgate et al., 2007);③北极底层水位于中层水之下,起源于挪威和格陵兰海,温度低于0℃,盐度在34.92~34.99之间(Scott et al., 1991)。

传统观念认为,由于大量的海冰覆盖,北冰洋的生产力很低。可是海冰覆盖在年内是变化的,每年夏季浮冰的边缘地区大面积融化(Osterman et al., 1999)。在北冰洋陆架区,最高的底栖生物量出现在高质量富氮食物通量最大的地区(Grebmeier et al., 1993)。在这个地区,高的表层水生产力与富营养的太平洋水的注入有关。太平洋水含有北大西洋水2倍的氮和磷、7倍的硅(Heimdal et al., 1989),这些营养盐导致极端高的表层浮游生物初级生产力(Springer et al., 1993),表层浮游生物常常直接沉降到海底(Grebmeier et al., 1993)。北风脊至马卡洛夫海盆的表层水生产力最高,楚科奇海和欧亚盆地生产力较低(Wheeler et al., 1996)。美亚海盆上部100 m表层水团的生产力指示了活跃的浮游群落,这个群落维持着底栖生物的有机碳循环(Osterman et al., 1999)。浮游生物生产力依赖海冰条件和营养盐,美亚盆地更高的表层水生产力可能与流入的高营养的太平洋水有关(Wheeler et al., 1996)。在北冰洋陆架区,底栖生物量反映增加的生产力(Grebmeier et al., 1993),但在更深的水中,增加的底栖生物量是否反映增加的生产力尚不清楚(Osterman et al., 1999)。

北冰洋的海冰具有明显的季节性变化,海冰覆盖范围在3月达到最大,春季和夏季收缩,至9月达到最小。海冰可明显地分为全年出现的常年冰带和仅仅季节性出现的季节冰带,季节冰带的海冰密集度高度可变,一般向着南部海冰边缘减少。在风场和洋流的影响下,北冰洋冰层几乎在恒定的运动,大规模的环流主要由波弗特环流和穿极漂流控制(Polyak et al., 2010)。冬季楚科奇海完全被海冰覆盖,从12月初到翌年4月底,长达5个月,最大海冰覆盖面积出现在3月(Heimdal et al., 1989),夏季海冰逐渐融化,9月下旬海冰面积最小,最小面积为23.6%(Springer et al., 1993)。

8.2.6.2 材料来源与研究方法

本研究的材料为中国第一次至第四次北极科学考察在北冰洋西部所采集的139个表层沉积物样品(图8-40和表8-10)(中国首次北极科学考察队, 2000;张占海, 2003;张海生, 2009;余兴光, 2011)。表层沉积物样品采集区域位于楚科奇海、波弗特海,楚科奇海台和北风脊、门捷列夫深海平原,加拿大海盆、阿尔法脊以及马卡洛夫海盆,自143°35′—178°39′W,66°30′—88°24′N,涵盖了北冰洋西部海区从水深26 m的陆架区到3 990 m的深海盆区的范围。

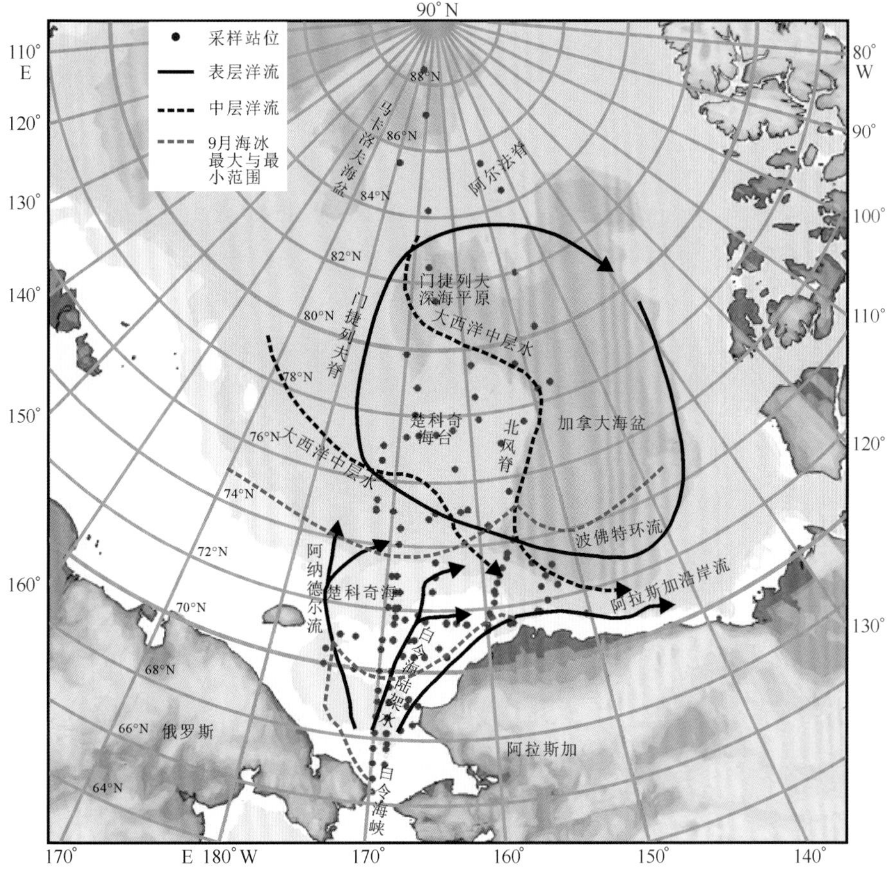

图8-40 中国第一次至第四次北极科学考察表层沉积物采样站位,洋流和海冰分布范围

表 8-10　中国第一次至第四次北极考察表层沉积物站位位置和水深

第一次北极科考(1999 年)				第二次北极科考(2003 年)			
站位	北纬(N)	西经(W)	水深(m)	站位	北纬(N)	西经(W)	水深(m)
J1	67°29′45″	170°1′0″	47	B11	73°59′42″	156°19′54″	3 500
J2	68°0′10″	170°0′14″	58	B77	77°31′10″	152°22′28″	3 800
J3	68°31′18″	169°58′10″	56	B78	78°28′43″	147°1′41″	3 850
J4	69°0′33″	169°59′19″	55	B80A	80°13′25″	146°44′16″	3 750
J5	69°20′51″	169°59′1″	52	C11	71°39′51″	167°59′3″	48
J6	69°59′59″	170°0′38″	35	C13	71°36′51″	165°59′51″	38
J7	69°59′10″	172°14′34″	47	C15	71°34′45″	164°0′46″	43
J8	70°0′34″	174°59′2″	59	C16	71°32′51″	163°0′52″	57
J9	70°29′53″	175°1′42″	54	C17	71°29′21″	162°2′1″	57
J10	71°0′5″	173°54′17″	38	C21	70°30′0″	168°0′48″	45
J11	71°0′15″	172°29′17″	38	C25	70°29′38″	163°58′9″	47
J12	70°39′58″	170°2′17″	30	CNIS7	78°23′14″	149°6′55″	3 850
J13	70°28′49″	167°1′13″	50	IS10	79°17′36″	151°50′49″	3 800
J14	71°0′0″	167°30′35″	47	M01	77°17′56″	169°0′46″	1 456
P1	71°15′15″	160°0′32″	45	M03	76°32′13″	171°55′52″	2 300
P2	71°40′34″	159°34′17″	50	M07	75°0′3″	171°56′35″	388
P3	72°6′23″	159°9′2″	49	M07A	75°0′3″	171°56′35″	388
P4	72°22′27″	158°56′30″	50	P11	75°0′24″	169°59′37″	167
P5	73°27′12″	157°21′4″	2 600	P13	74°48′2″	165°48′24″	447
P7	75°4′55″	161°7′17″	1 700	P21	77°22′44″	167°21′38″	562
P6630	66°30′9″	169°52′55″	51	P22	77°23′43″	164°55′59″	320
P6700	67°0′17″	169°58′38″	47	P23	77°31′40″	162°31′5″	2 200
P7100	70°59′17″	169°59′28″	40	P24	77°48′38″	158°43′16″	1 890
P7130	71°41′57″	168°52′35″	50	P27	75°29′33″	156°0′22″	3 050
P7200	72°0′14″	168°40′16″	45	R01	66°59′28″	169°0′49″	50
P7230	72°29′33″	168°38′10″	54	R03A	68°0′0″	169°0′0″	51
P7300	73°0′21″	165°3′1″	61	R05	69°0′0″	169°0′0″	53
P7327	73°26′58″	165°1′44″	92	R06	69°29′43″	169°0′0″	53
				R10	71°29′51″	169°0′34″	50
				R11	72°0′50″	169°39′54″	55
				R12A	72°30′13″	168°59′5″	77
				R13	73°0′0″	169°32′44″	67
				R15A	73°59′53″	168°59′26″	175
				S11	72°29′24″	159°0′14″	40
				S11A	72°29′24″	159°0′0″	47
				S16	73°35′28″	157°9′50″	2 800
				S21A	71°39′5″	154°59′2″	76
				S26	152°40′0″	73°0′0″	3 000
				S32	71°15′40″	150°22′33″	268

表 8-10　中国第一次至第四次北极考察表层沉积物站位位置和水深（续）

	第三次北极科考（2008 年）				第四次北极科考（2010 年）		
站位	北纬（N）	西经（W）	水深（m）	站位	北纬（N）	西经（W）	水深（m）
B11	75°0′0″	165°2′6″	552	BN03	78°29. 96′	158°53. 99′	3 119. 4
B12	75°0′28″	162°1′39″	2 013	BN04	79°28. 27′	159°02. 35′	3 468. 2
B82	81°58′44″	147°16′7″	3 387	BN06	81°27. 69′	164°56. 37′	3 611
B84-A	84°26′32″	143°34′49″	2 247	BN07	82°28. 95′	166°28. 28′	3 700
B85-A	85°24′14″	147°29′6″	2 376	BN09	84°11. 21′	167°07. 61′	2 493. 1
C10	71°24′3″	157°50′42″	107	BN10	85°30. 21′	178°38. 60′	2 434. 2
C13	71°48′0″	166°45′0″	38	BN13-2	88°23. 66′	176°37. 77′	3 972
C15	71°32′40″	163°58′59″	37	C02	69°07. 40′	167°20. 15′	41
C17	71°29′10″	161°58′53″	41	C04	71°00. 71′	167°01. 79′	38
C19	71°26′48″	159°58′46″	42	C05	70°45. 60′	164°43. 70′	26
C23	70°29′5″	165°59′54″	39	C0-5	71°24. 95′	157°29. 56′	121. 1
C25	70°30′11″	164°2′0″	37	C07	72°32. 47′	165°19. 54′	43
C33	68°54′59″	167°30′26″	41	C09	71°48. 83′	159°42. 88′	44
C35	68°55′12″	166°30′48″	28	CC1	67°40. 33′	168°57. 37′	45
M07	75°0′48″	171°59′36″	394	CC4	68°08. 03′	167°51. 81′	44
N01	79°49′58″	170°0′12″	3 341	CC8	68°18. 00′	166°57. 80′	28
N03	78°50′20″	167°53′26″	2 655	ICE	87°04. 27′	170°29. 31′	3 990
P23	76°20′8″	162°29′9″	2 086	M02	76°59. 94′	171°59. 33′	2 278
P27	75°29′52″	155°58′16″	3 239	M05	75°59. 90′	171°59. 06′	1 559. 8
P31	77°59′52″	168°0′42″	434	M06	75°19. 80′	171°59. 85′	752. 4
P37	76°59′55″	156°0′55″	2 267	M07	74°59. 68′	172°01. 87′	384
R01	66°59′42″	168°59′54″	42	MOR02	74°32. 83′	158°59. 15′	1 174
R03	67°59′42″	169°1′30″	50	MS01	73°10. 48′	154°42. 44′	3 808
R05	68°59′42″	168°59′43″	47	MS02	76°59. 94′	171°59. 33′	2 278
R07	69°59′42″	168°59′30″	31	MS03	75°59. 90′	171°59. 06′	1 559. 8
R09	70°59′4″	168°58′24″	37	R06	69°30. 00′	168°59. 00′	44
R11	71°59′52″	168°59′6″	47	R08	71°00. 19′	168°58. 81′	36
R15	73°59′3″	169°0′24″	173	R09	71°57. 80′	168°56. 40′	43. 5
S12	72°43′8″	158°39′24″	207	S21	71°37. 41′	154°43. 33′	38. 7
S13	72°56′2″	158°19′30″	1 430	S23	71°55. 75′	153°45. 81′	383
S14	73°10′5″	157°55′18″	2 517	S25	72°20. 53′	152°30. 00′	2 827. 4
S24	72°24′6″	154°10′31″	2 346	S26	72°42. 04′	153°33. 12′	3 597
				SR01	67°00. 24′	168°58. 20′	41. 5
				SR02	67°29. 94′	168°58. 87′	43. 3
				SR03	67°59. 85′	169°00. 92′	50. 7
				SR04	68°29. 88′	168°59. 79′	48
				SR05	69°00. 10′	168°59. 86′	46. 7
				SR10	73°00. 04′	169°00. 05′	69. 9
				SR11	73°59. 69′	168°59. 25′	175. 9
				SR12	74°29. 86′	169°00. 08′	178. 8

本章节采用标准微体古生物学分析方法对139个表层沉积物样品进行处理。一般称取样品干重30 g(最少为1.68 g,最多为110.81 g)置于烧杯中,加入适量的H_2O_2浸泡,采用63 μm孔径的铜筛水洗,烘干后再过150 μm孔径的铜筛,仅分析粒径大于150 μm的屑样。参考前人对北极地区表层沉积物中底栖有孔虫的研究结果(Lagoe et al., 1977;Schroder-Adams et al., 1990;Scott et al., 1991;Osterman et al., 1999;Feyling-Hanssen et al., 1972;Alvea et al., 1999;Schweizer et al., 2009;Murraya et al., 2003;Shetye et al., 2011),鉴定底栖有孔虫属种并统计其数量。样品经过缩分后,统计底栖有孔虫个体数一般不少于100枚,不足100枚的则全样统计。经过底栖有孔虫的属种鉴定和统计结果显示,139个样品中含有底栖有孔虫的样品98个。其中,底栖有孔虫数量100枚以上的样品32个,数量50~100枚的样品15个,数量40~50枚的样品6个,数量30~40枚的样品4个,数量20~30枚的样品3个,数量10~20枚的样品21个,数量10枚以下的样品17个。由于大部分样品全样统计数量不足50枚,故只针对底栖有孔虫含量在50枚以上的共47个样品计算各属种百分含量,绘制主要属种的平面分布和深度分布图,根据主要属种的分布特征划分底栖有孔虫组合,探讨底栖有孔虫分布与水深、海冰、碳酸盐溶解作用以及温度、盐度等环境因子的关系。

8.2.6.3 底栖有孔虫丰度群落特征

(1)底栖有孔虫丰度分布特征

该海域的大部分地区都有底栖有孔虫分布,139个样品中有98个样品含有底栖有孔虫,41个样品不含底栖有孔虫。底栖有孔虫的丰度在1~219枚/g之间,平均13枚/g,其中24个样品的丰度大于10枚/g,28个样品的丰度在1~10枚/g之间,46个样品的丰度小于1枚/g。其丰度的区域分布特征为楚科奇海平均5枚/g,门捷列夫深海平原和加拿大海盆平均3枚/g,楚科奇海台和北风脊平均32枚/g,阿尔法脊平均21枚/g。底栖有孔虫丰度大于25枚/g的高值区出现在白令海峡,楚科奇海台和阿尔法脊西部(图8-41a),而在阿尔法脊东部,门捷列夫深海平原,加拿大海盆和楚科奇海,底栖有孔虫丰度均小于10枚/g。底栖有孔虫丰度随着深度的增加而减小,2 500 m以深海区的样品丰度均小于10枚/g(图8-41b)。

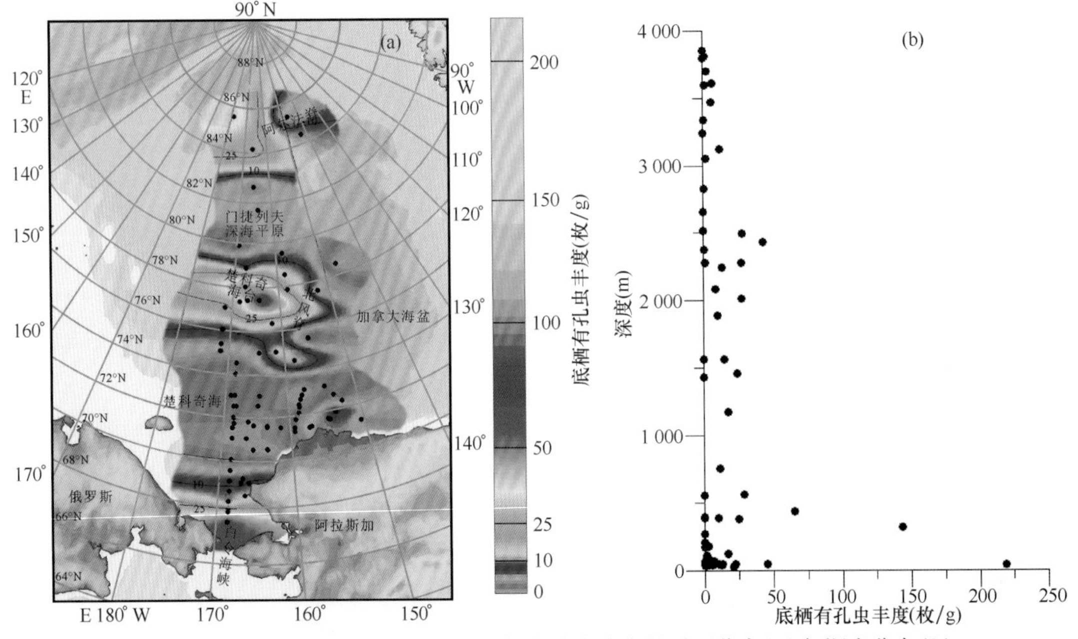

图8-41 北冰洋西部表层沉积物中底栖有孔虫丰度的平面分布(a)与深度分布(b)

(2)底栖有孔虫主要属种分布特征

由于西北冰洋海区底栖有孔虫丰度不高,大部分样品全样统计数不足50枚,并且底栖有孔虫组合分异度也不高,故本次研究只针对底栖有孔虫含量在50枚以上的47个样品做属种鉴定和统计分析。这47个样品中的底栖有孔虫属种鉴定和统计结果显示,底栖有孔虫属种共有31个,其中有7个优势种出现在大多数样品中,它们的平均百分含量都大于5%,这7个优势种的平均百分含量之和达到78.9%(表8-11)。它们的分布特征与环境因子等存在着一定的相关性。

表8-11 西北冰洋表层沉积物中底栖有孔虫7个优势种的含量

属种名称	百分含量(%)	平均值(%)
Elphidium excavatum	0~64.9	11.5
Buccella frigida	0~28.2	5.6
Florilus scaphus	0~47.8	6.6
Elphidium albiumbilicatum	0~58.8	18.2
Cassidulina laevigata	0~96.1	9.5
Cibicidoides wuellerstofi	0~100	15.7
Oridorsalis umbonatus	0~92.4	11.8

有孔虫(*Elphidium excavatum*)是研究区常见属种之一,出现在24个站位中,其含量为0.8%~64.9%。该种主要分布在楚科奇海至白令海峡,其含量大于10%,楚科奇海南部至白令海峡其含量逐渐增加至30%以上(图8-42)。而波弗特海陆坡,74°N以北的楚科奇海陆坡,楚科奇深海平原,楚科奇海台和北风脊,门捷列夫深海平原,以及阿尔法脊,其含量小于10%,。该种主要分布在水深28~121 m的范围内,其含量大于30%的7个站位分布在水深41.5~50 m的范围内,平均水深44 m。

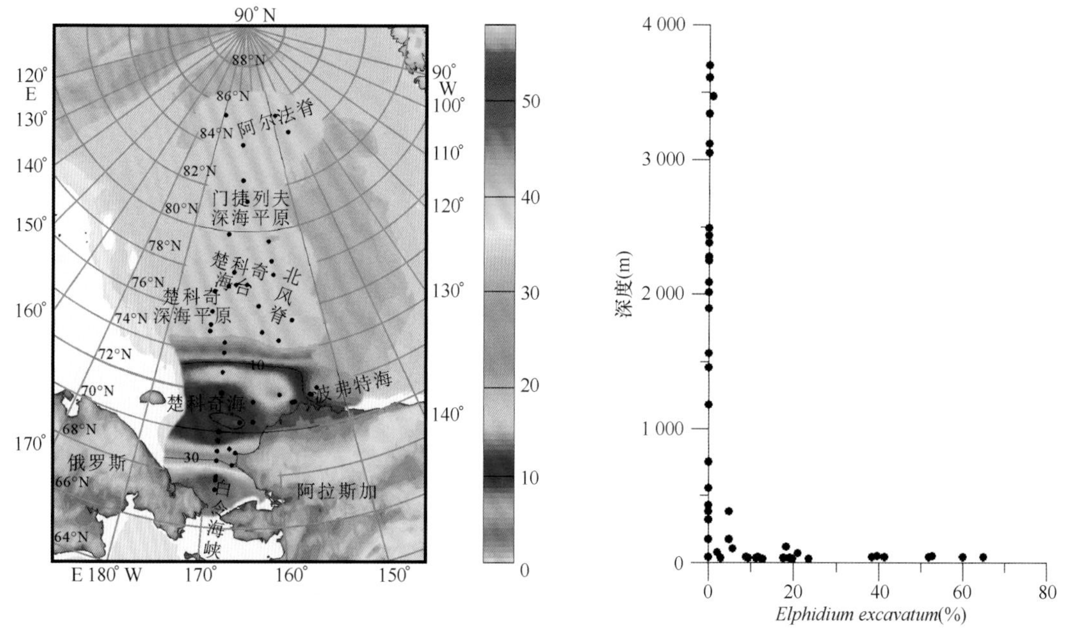

图8-42 西北冰洋表层沉积物中底栖有孔虫(*Elphidium excavatum*)含量随水深分布

Elphidium albiumbilicatum 是研究区最常见属种之一，出现在 39 个站位中，其含量为 0.4%~58.8%。该种主要分布在 71°N 以南的楚科奇海以及阿拉斯加沿岸，其含量大于 30%（图 8-43）。而 71°N 以北的楚科奇海其含量小于 30%，楚科奇深海平原，楚科奇海台和北风脊，门捷列夫深海平原，以及阿尔法脊，其含量小于 10%。该种主要分布在水深 28~179 m 的范围内，其含量大于 30%的 14 个站位分布在水深 28~121 m 的范围内，平均水深 53 m。

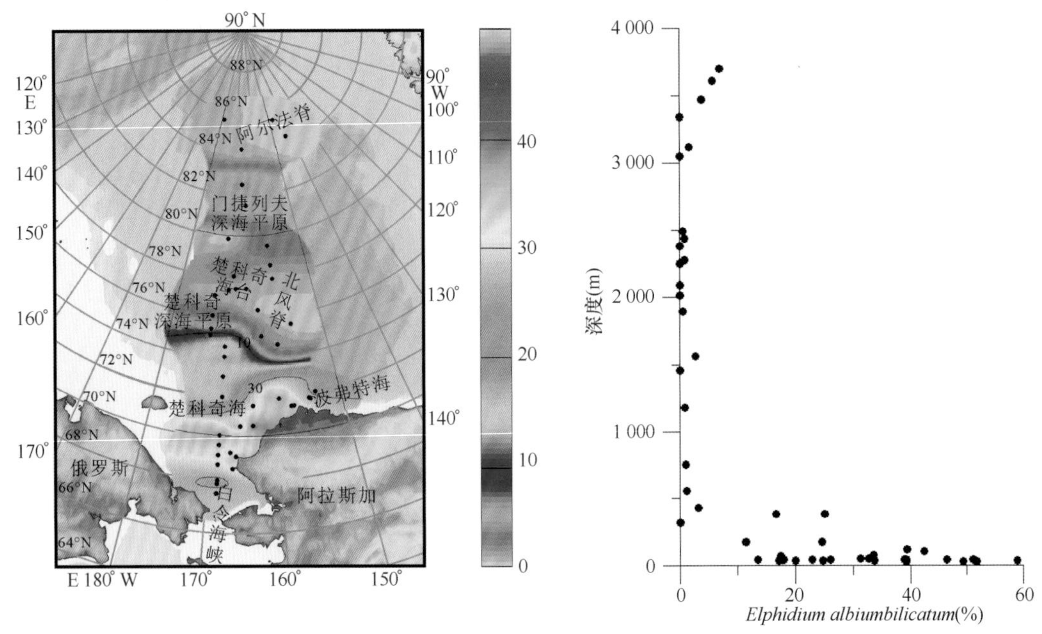

图 8-43 西北冰洋表层沉积物中底栖有孔虫 *Elphidiumalbiumbilicatum* 含量随水深分布

Buccella frigida 是研究区最常见属种之一，出现在 26 个站位中，其含量为 0.4%~28.2%。该种主要分布在 71°N 以南的楚科奇海至白令海峡，其含量大于 10%（图 8-44）。而 71°N 以北的楚科奇海，楚科奇深海平原，楚科奇海台和北风脊，门捷列夫深海平原，以及阿尔法脊，其含量小于 10%。在深度分布上，该种主要分布在水深 28~383 m 的范围内，其含量大于 10%的 11 个站位分布在水深 28~176 m 的范围内，平均水深 53 m。

Florilus scaphus 为研究区常见属种之一，出现在 21 个站位中，其含量为 0.2%~47.8%。该种主要分布在楚科奇海中部至阿拉斯加北部岸外的波弗特海陆架和陆坡区，其含量大于 10%，在波弗特海陆架和陆坡其含量大于 30%（图 8-45）。而 69°N 以南的楚科奇海至白令海峡，72°N 以北的楚科奇海，楚科奇深海平原，楚科奇海台和北风脊，门捷列夫深海平原，以及阿尔法脊，其含量小于 10%。该种主要分布在水深 28~383 m 的范围内，平均水深 117 m。

Cassidulina laevigata 仅出现在研究区的 15 个站位中，并且存在明显的区域分布特征。该种的百分含量为 0.4%~96.1%，其中含量大于 10%的站位集中分布在楚科奇海台，北风脊北部，以及楚科奇海北部陆坡上（图 8-46）。而楚科奇海、门捷列夫深海平原和阿尔法脊其含量均低于 10%。在深度分布上，该种主要分布在水深 38.7~1 174 m 的范围内，其含量大于 10%的站位主要分布在水深 38.7~1 174 m 的范围内，平均水深 524 m，其中含量大于 60%的 5 个站位的水深分别为 320 m、384 m、562 m、434 m、752.4 m，平均水深 490 m。

Cibicidoides wuellerstofi 为研究区最常见属种之一，出现在研究区不同水深的 22 个站位中，其百分含量为 0.7%~100%。该种主要出现在楚科奇深海平原，楚科奇海台南部和北风脊以及

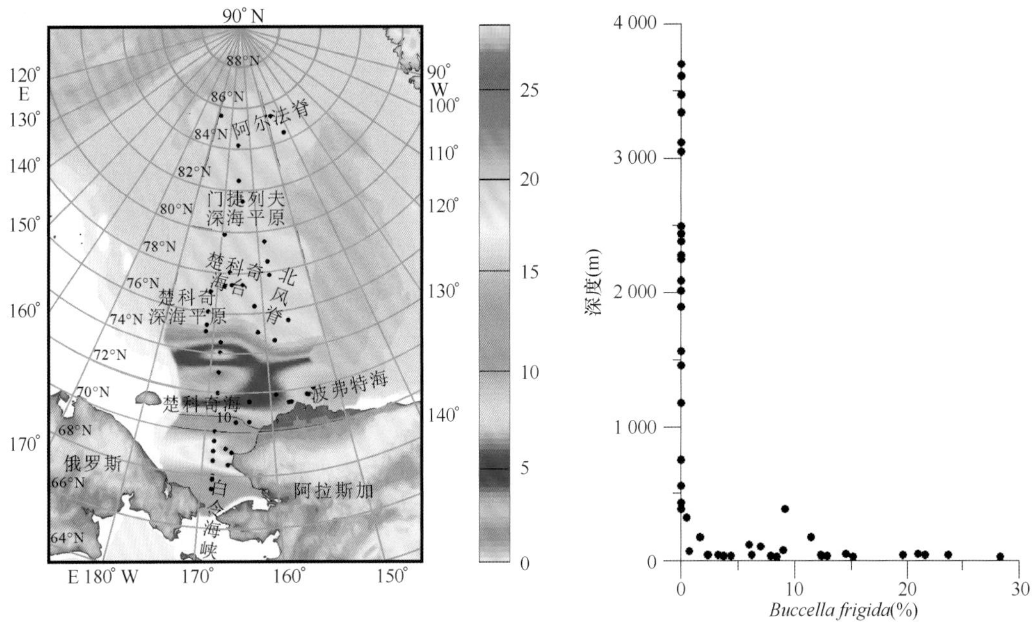

图 8-44 西北冰洋表层沉积物中底栖有孔虫 *Buccella frigida* 含量随水深分布

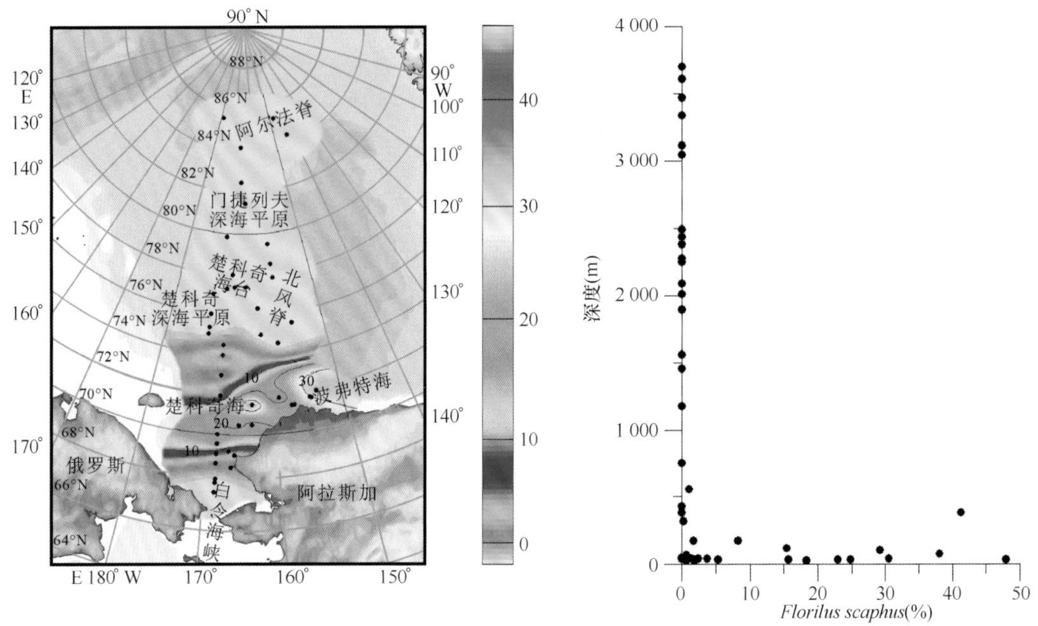

图 8-45 西北冰洋表层沉积物中底栖有孔虫 *Florilus scaphus* 含量随水深分布

之间的深水盆地,以及阿尔法脊,其含量大于 20%(图 8-47)。其中在阿尔法脊东部,楚科奇深海平原,以及楚科奇海台和北风脊之间的深水盆地,其含量大于 60%;而在楚科奇海陆坡以南以及门捷列夫深海平原,其含量低于 20%。该种主要分布在水深 1 456~3 341 m 的范围内,其含量随深度的变化由水深 1 456~2 493 m 的 40%~100%逐渐减少到水深 3 341 m 的 20%。

Oridorsalis umbonatus 是西北冰洋研究区常见属种之一,出现在 16 个站位中,其百分含量为 1.7%~92.4%。其含量大于 30%的站位主要出现在阿尔法脊西部,门捷列夫深海平原,北风脊西部陆坡下部,其中含量大于 60%的站位出现在 79°N 以北的门捷列夫深海平原,而在阿尔法

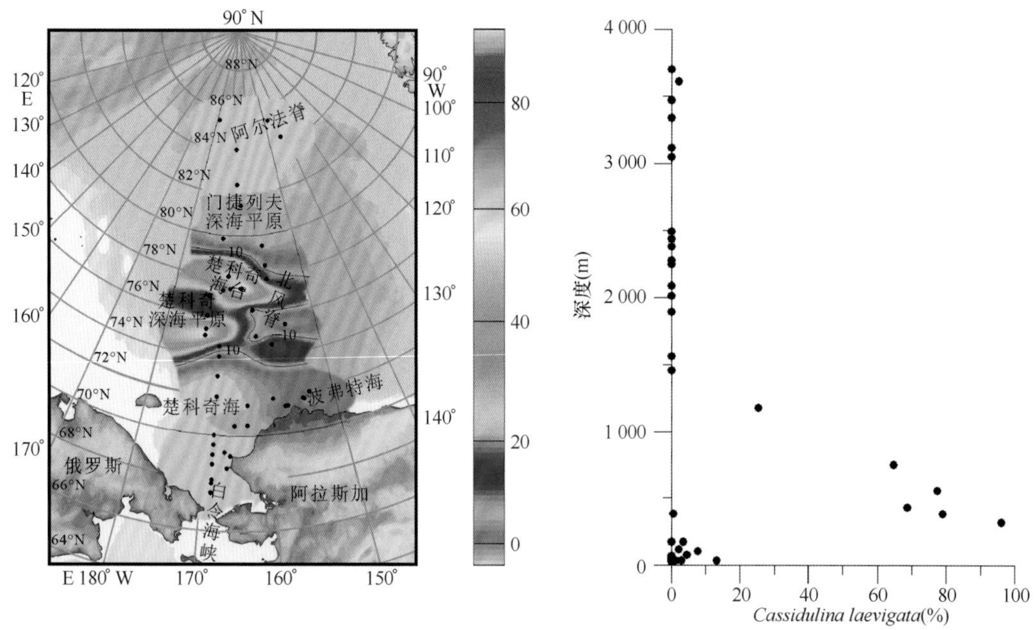

图 8-46 西北冰洋表层沉积物中底栖有孔虫 *Cassidulina laevigata* 含量随水深分布

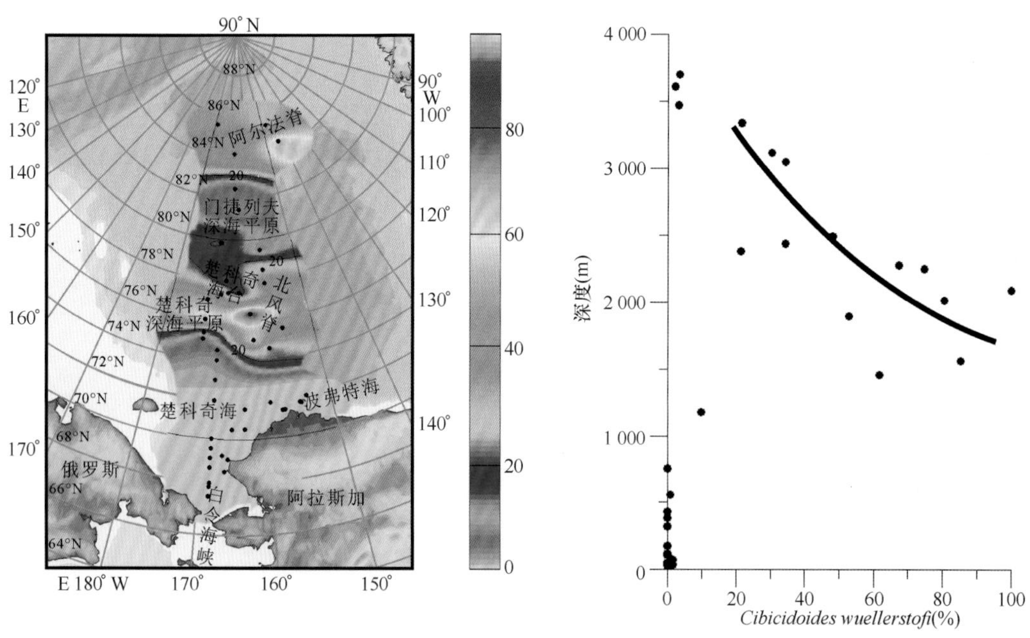

图 8-47 西北冰洋表层沉积物中底栖有孔虫 *Cibicidoides wuellerstofi* 含量随水深分布

（深度分布图中的曲线代表变化趋势）

脊东部，楚科奇海台和北风脊及以南地区其含量小于 30%（图 8-48）。该种主要分布在水深 1 456～3 700 m 的范围内，其含量的深度变化随着深度的增加而增加，由水深 2 278～3 119 m 的 25%～47%逐渐增加到水深 3 611～3 700 m 的 86. 3%～92. 4%。

8. 2. 6. 4 底栖有孔虫丰度分布特征与环境因子的关系

底栖有孔虫的分布通常会受到水深、海冰、食物供给、碳酸盐溶解作用和陆源稀释作用，以及温盐等环境因素的影响。西北冰洋底栖有孔虫的分布特征十分明显，白令海峡，楚科奇海台

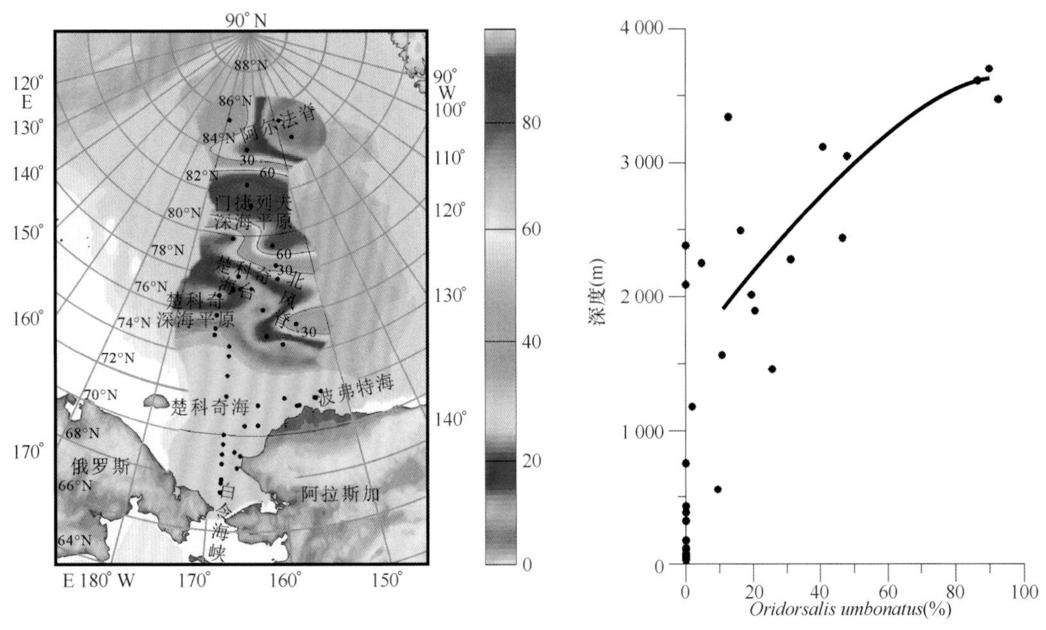

图 8-48 西北冰洋表层沉积物中底栖有孔虫 *Oridorsalis umbonatus* 含量随水深分布

(深度分布图中的曲线代表变化趋势)

和阿尔法脊西部较高,而楚科奇海、加拿大海盆以及门捷列夫深海平原较低(图 8-41)。Wollenburg 和 Mackensen 认为季节性无冰区的底栖有孔虫丰度和多样性是随着食物供应的增加而增加的(Wollenburg et al., 1998)。楚科奇海底栖生物量和有机碳含量都较高,说明表层生产力较高(Grebmeier et al., 2006;王汝建等, 2007;孙烨忱等, 2011),但是楚科奇海底栖有孔虫丰度却较低,可能受到楚科奇海陆架区通过河流以及近岸海冰融化输入的陆源物质的稀释作用的影响。楚科奇海台和阿尔法脊底栖有孔虫丰度较高,可能是由于其站位水深范围分别为 434~2 086 m 和 2 247~2 493 m,受碳酸盐溶解作用影响较小,并且受到了暖而咸的大西洋中层水的影响。在北冰洋中部营养贫乏的永久性海冰覆盖区,非常低的底栖有孔虫丰度和多样性反映了食物供应的限制,主要为沿岸浅水种,包括单一的胶结质壳和小的钙质壳种(Wollenburg et al., 1998)。而加拿大海盆和门捷列夫深海平原底栖有孔虫丰度较低,是因为其站位水深范围为 3 050~3 700 m,受碳酸盐溶解作用影响较大。在加拿大海盆的站位 S26,水深 3 597 m,出现了似瓷质壳的 *Pyrgo williamsoni*。似瓷质壳的建造需要 $CaCO_3$,因此对海水中 $CaCO_3$ 的含量要求较高,说明加拿大海盆的 CCD 较深,至少大于 3 600 m,与前人研究结果基本一致(孟翊等, 2001)。

8.2.6.5 底栖有孔虫主要属种与环境因素的关系

根据 7 个底栖有孔虫优势种的百分含量和水深分布特征,本章节将西北冰洋表层沉积物中底栖有孔虫埋葬群划分为 5 个组合,分别代表不同的区域环境。

(1)楚科奇海陆架-白令海峡组合

该组合的优势种 *Elphidium excavatum* 和 *Buccella frigida* 主要分布在楚科奇海陆架以及白令海峡。常见种有 *Elphidium albiumbilicatum*, *Florilus scaphus*, *Ammoscalaria tenuimargo*, *Eggerella* spp., *Reophax scorpiurus*;稀少种有 *Ammosiphonia* spp., *Haplophragmoides canariensis*, *Pyrgo williamsoni*, *Recurvoides turbinatus*。该区域的底栖有孔虫简单分异度在 3~12 之间,平均为 6,比其

他区域的简单分异度要高，反映该区域的环境相对较为复杂。优势种 *Elphidium excavatum* 主要分布在楚科奇海南部至白令海峡，平均水深 44 m（图 8-42）。*Elphidium excavatum* 在北极和亚北极地区的底栖有孔虫群中的含量大于 50%，主要在挪威沿岸、冰岛、阿拉斯加等周围海域，在第四纪晚冰期海洋沉积物中也有较高的含量（Feyling-Hanssen et al.，1972）。该种也出现在温度 1~21℃、盐度 28~30 的半咸水的 Gardiners 湾中（Feyling-Hanssen et al.，1972）。*Elphidium excavatum* 能够适应的环境变化范围较大，能在底流活动强、环境多变的白令海峡地区成为优势种。该组合另一优势种 *Buccella frigida* 为典型的冷水种。在前人研究中，该种主要出现在楚科奇海陆架上，并且百分含量不高（1.6%~5.2%）（Osterman et al.，1999）。本次研究中它主要出现在楚科奇海南部至白令海峡，平均水深 53 m（图 8-44）。该组合水深较浅，平均水深小于 50 m，主要分布在楚科奇海以及白令海峡，可能反映了受白令海陆架水影响的楚科奇海陆架-白令海峡浅水环境。

（2）阿拉斯加沿岸—波弗特海组合

该组合的优势种 *Florilus scaphus* 和 *Elphidium albiumbilicatum* 主要分布在阿拉斯加沿岸流流经的区域以及波佛特海陆架和陆坡。常见种有 *Buccella frigida*，*Elphidiumexcavatum*；稀少种有 *Reophax scorpiurus*，*Ammoscalaria tenuimargo*，*Cassidulina laevigata*，*Haplophragmoides canariensis*。该区域的底栖有孔虫简单分异度在 3~12 之间，平均为 7，比其他区域的简单分异度要高，反映该区域的环境相对较为复杂。优势种 *Florilus scaphus* 为内陆架浅海种（石丰登等，2007），主要分布在楚科奇海中部至阿拉斯加北部岸外的波弗特海陆架和陆坡区，平均水深 117 m（图 8-45）。另一优势种为 *Elphidium albiumbilicatum*，其分布受盐度的影响大于受水深的影响（Alvea et al.，1999）。在北极阿拉斯加沿岸埃尔松潟湖及其入湖河口中，它栖息在主要离子含量和盐度偏离正常海水较大的河口底质中（李元芳等，1999）。在本次研究中，*Elphidium albiumbilicatum* 主要分布在楚科奇海至阿拉斯加沿岸，平均水深 53 m（图 8-43）。故该组合可能反映了受季节性海冰融化，低盐的阿拉斯加沿岸流以及河流淡水输入影响的低盐环境。

（3）大西洋中层水组合

该组合的优势种 *Cassidulina laevigata* 主要分布在楚科奇海台，北风脊北部，以及楚科奇海北部陆坡。常见种有 *Cibicides* spp.，*Recurvoides turbinatus*；稀少种有 *Oridorsalis umbonatus*，*Quinqueloculina orientalis*，*Cibicidoides wuellerstofi*，*Florilus scaphus*。该区域的底栖有孔虫简单分异度在 3~8 之间，平均为 5。Green 指出其数量变化与水深相关，在北极地区的最大丰度是在 Ellesmere 岛附近水深 500m 的陆架区域，未出现在 2 000 m 以深的区域（Green et al.，1960）。Osterman 等指出 *Cassidulina teretis*（本章节中的 *Cassidulina laevigata*）大量存在（30%~80%）于楚科奇海台水深 402~528 m 的范围内，并一直延续到门捷列夫脊和罗蒙诺索夫脊，这种现象与受大西洋水影响的北极中层水有关（Osterman et al.，1999）。Saidova 指出 *Cassidulina teretis*（本章节中的 *Cassidulina laevigata*）为大西洋水团的特有种，出现在水深 433~510 m 的范围内（Saidova，2011）。在鄂霍次克海的捷留金盆地晚第四纪沉积物中，*Cassidulina teretis*（本章节中的 *Cassidulina laevigata*）指示低温和高有机质的环境（Barash et al.，2008）。在本次研究中，*Cassidulina laevigata* 主要分布在楚科奇海台，北风脊北部，以及楚科奇海北部陆坡上，含量大于 60% 的站位平均水深 490 m（图 8-46）。暖而咸（盐度>34.8）的大西洋水进入北冰洋后沿着欧亚大陆坡向东流，发生冷却增密下沉，形成所谓的北极中层水（Arctic Intermediate Water，AIW），AIW 也称为大西洋水。中层水的流动属于北极环极边界流，由于楚科奇海台的直接阻碍作用，主要部分绕过海台流动,进入波弗特海,其影响范围正是该组合所分布的区域。故该组合可能反映了高温高盐的大西洋中层水影响的区域。

(4)北极深层水组合

该组合的优势种 *Cibicidoides wuellerstofi* 主要分布在楚科奇深海平原,楚科奇海台和北风脊之间的深水盆地,北风脊以及阿尔法脊的深水区。常见种有 *Oridorsalis umbonatus*, *Quinqueloculina orientalis*;稀少种有 *Pyrgo williamsoni*, *Recurvoides turbinatus*。该区域的底栖有孔虫简单分异度在 1~5 之间,平均为 3,与分布在其他区域的底栖有孔虫组合相比较低,反映环境较为单调。在不同深度分布着不同的水团,被不同水团占据的海底生活着不同属种组合的底栖有孔虫(张江勇等, 2004)。Green(1960)报道了北冰洋与水深变化密切相关的 4 个重要的属种,其中 *Cibicidoides wuellerstofi* 在 500 m 水深数量很少,而随着深度增加,在 2 760 m 丰度最大,指示深层水环境。Osterman 等(1999)发现北冰洋 *Fontbotia wuellerstorfi*(本章节中的 *Cibicidoides wuellerstofi*)分布在水深 900~3 500 m 的范围内。北极 Yermak 高原的有孔虫组合中 *Planulina wuellerstorfi*(本章节中的 *Cibicidoides wuellerstofi*)出现在 2 000~2 500 m 水深范围(Bergsten et al., 1994)。在 Lagoe(1977)的研究中,北极深水有孔虫包括 *Stetsonia horvathi* 和 *Planulina wuellerstorfi*(本章节中的 *Cibicidoides wuellerstofi*)。在西北冰洋,*Cibicidoides wuellerstofi* 主要出现在阿尔法脊,楚科奇深海平原,以及楚科奇海台和北风脊之间的深水区,水深范围在 1 456~3 341 m 之内,其含量随深度的增加而逐渐减少(图 8-47)。根据 Scott 和 Vilks(1991)的报道,北冰洋深海(水深>3 600 m)样品中 *Stetsonia arctica* 的平均含量达 44%,但这个典型北极深水种 *Stetsonia arctica* 并未在我们的样品中出现。该组合分布的平均水深为 2 334 m,可能反映了水深大于 1 500 m 的低温高盐的北极深层水环境,因为北极深层水的温度下降到-0. 96℃,盐度增加到 34. 95(Saidova, 2011)。

(5)门捷列夫深海平原组合

该组合的优势种 *Oridorsalis umbonatus* 主要分布在北风脊西部陆坡下部,门捷列夫深海平原,以及阿尔法脊西部。常见种只有北极深水区的优势种 *Cibicidoides wuellerstofi*;稀少种有 *Pyrgo williamsoni*, *Quinqueloculina orientalis*。该区底栖有孔虫组合的简单分异度十分低,平均为 4,缺失其他深海地区的常见种(Lagoe et al., 1977)。Scott 和 Vilks(1991)的北冰洋有孔虫研究发现,*Oridorsalis umbonatus* 出现在北极 1 570~1 980 m 深的罗蒙诺索夫脊附近以及 3 765~4 000 m 水深的相对平坦的格陵兰北部大陆隆。Osterman 等(1999)通过对北冰洋底栖有孔虫的研究指出,*Oridorsalis umbonatus* 主要出现在 1 020 m 以深的地区(12%~60%)。本次研究中,*Oridorsalis umbonatus* 分布在水深 1 500~3 700 m 的范围内(图 8-48),与另一深水种 *Cibicidoides wuellerstofi* 不同的是前者含量随深度的增加而增加,而后者含量随深度的增加而降低。该组合主要分布于水深大于 1 500 m 的地区,受永久性海冰覆盖影响,表层生产力较低(王汝建等, 2007),可能反映了低营养的底层水环境。

8.2.7 北冰洋马卡洛夫海盆现代浮游有孔虫深度分布及其生态与氧碳同位素特征

北冰洋以强烈的水团分层为特征,几乎完全抑制了海水的垂直混合,水团分布受平流过程控制(Rudels,1989)。气候寒冷加上海水的垂直热对流受阻,致使北冰洋洋面上海冰极易形成。

海冰覆盖是北冰洋最典型的特征，且具有明显的季节性，海冰的覆盖范围和厚度在年内或更长的时间尺度上发生变化（Polyak et al.，2010）。海冰覆盖范围和厚度的减少将通过海冰反照率反馈机制促进北极地区强烈地变暖，并可能影响到北极地区的天气系统（Francis et al.，2009；李向应等，2011），且北冰洋海冰覆盖层的膨胀和收缩也改变了北冰洋和上覆大气层的垂直热交换，从而进一步强化了北极地区的气候变化（Serreze et al.，2011），因此，北极地区对气候变化极为敏感并具有非常明显的放大效应。而北冰洋的海冰和淡水流出的变化可能会影响北大西洋环流，从而影响到欧洲和北美的气候（Holland et al.，2006）。过去几十年的观察证明，北冰洋海冰正在加速的后退和变薄（Polyak et al.，2010）。气候模拟显示，最早2040年，北冰洋就可能变成季节性无冰（Holland et al.，2006a），故有关北极地区气候变化的研究变得非常迫切而重要。

深海沉积物能够提供高分辨率不受扰动的过去的环境变化记录，是理解地球上气候变化的第一手资料（Hebbeln et al.，1997，1998；Volkmann et al.，2000）。浮游有孔虫钙质壳作为远洋沉积物的主要组成成分，也是古海洋重建的重要工具（Volkmann et al.，2000）。浮游有孔虫已知生活在不同的水域，其分布不仅随纬度发生变化，在上部0~1 000 m水层中也随深度发生变化，正因为这种生物地理分布特征，浮游有孔虫组合能够很好地反映它们生活水团的温、盐、营养含量等变化（Eynaud et al.，2011）。深海沉积物中浮游有孔虫组合、壳体稳定同位素及元素化学特征是古气候研究的重要指标，通过它们能够定量估算过去海水温度和盐度的变化。为了准确地解释沉积物中浮游有孔虫组合、稳定同位素组成以及元素特征所反映的环境信息，必须对现代有孔虫的生活深度、生命周期以及季节性变化，壳体稳定同位素组成及元素化学特征进行分析，建立它们与环境之间的相关关系，使之成为精确的古环境替代性指标。

对北冰洋外拉普捷夫海（Out Laptev Sea）、弗拉姆海峡（Fram Strait）和西巴伦支海（Barents Sea）的现代浮游有孔虫分布及生态的研究发现，水柱中活有孔虫的绝对丰度受可利用的食物、西伯利亚河流的淡水排放造成的低盐效应以及海冰覆盖范围的控制（Volkmann et al.，2000）。在极地冷水中 *Neogloboquadrina pachyderma*（sinistralcoiling）占绝对优势，在更暖更咸的大西洋水中 *Turborotalitaquinqueloba* 占优势。在无冰区，*N. pachyderma*（sin.）较 *T. quinqueloba* 生活的水层更深一些，而在多年冰覆盖区，这两个种因为食物的可利用性，都被迫生活在更浅的水中（Volkmann et al.，2000）。Eynaud 详细地分析了北极地区浮游有孔虫 *N. pachyderma*（sin.）的各种形态类型、在沉积物中的保存状况，为进一步的古环境分析提供了基础。Kohfeld 等和 Bauch 等（1996，1997）对北冰洋东北冰间湖、南森盆地（Nansen Basin）的浮游拖网、表层沉积中 *N. pachyderma*（sin.）的丰度和壳体氧同位素组成进行了研究，并分析了壳体的次生钙化深度及其对同位素组成的影响。

有关北冰洋现代浮游有孔虫分布及生态、壳体同位素组成的研究主要限于东部地区，占北冰洋至少一半面积的西部地区现代浮游有孔虫分布及生态、壳体同位素组成的系统研究目前少有相关报道，而北冰洋环境极为复杂，不同的海域水团的温盐性质、营养供应以及海冰覆盖情况差异巨大。随着中国北极考察在北冰洋西部海域古海洋学研究的展开，对这一地区现代浮游有孔虫的研究将更加迫切需要。本章节试图通过中国第四次北极考察在北冰洋马卡洛夫海盆（Makarov Basin）BN13站位浮游拖网取得的样品的分析（图8-49），尝试利用生物、地球化学等多学科手段，初步建立浮游有孔虫组合及其壳体同位素组成与环境之间的相关关系，为北冰洋西部海域古海洋学研究提供更为精确的古环境替代性指标。

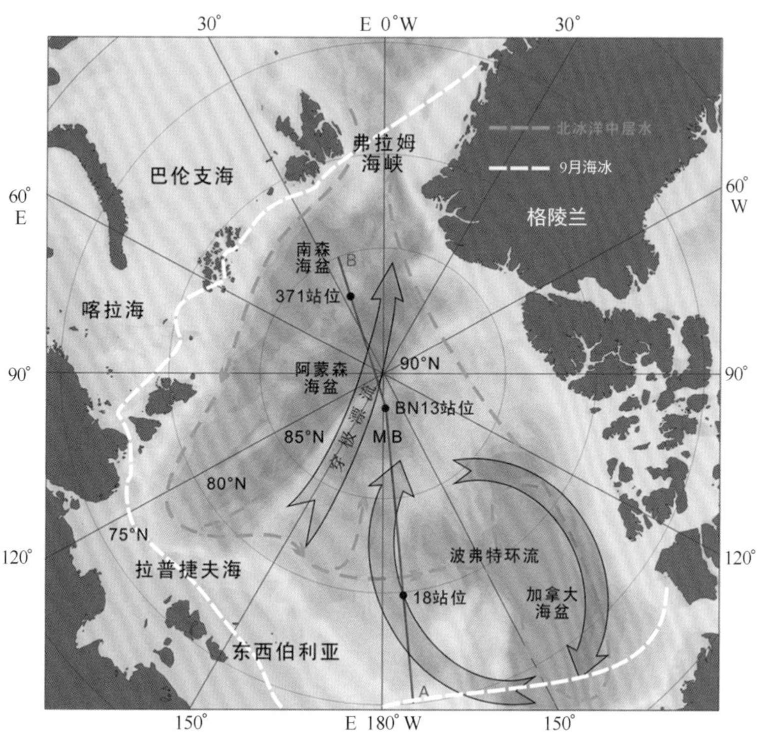

图 8-49　北冰洋洋流,9 月海冰分布范围,马卡洛夫海盆浮游拖网站位 BN13 以及引用站位 371、18 和 A-B 温盐断面位置

8.2.7.1　现代水文学特征

低盐而富养的北太平洋水通过白令海峡进入北冰洋,与环绕北冰洋宽阔的浅水陆架区河流输入的淡水以及海冰融水一起形成低盐的北冰洋表层水。现代北冰洋表层洋流受加拿大海盆顺时针流动的波弗特环流和欧亚海盆穿极漂流的控制(图 8-49)。表层洋流通过西弗拉姆海峡(Fram Strait)输出低盐的表层水和海冰,而相对暖而高盐的北大西洋水通过东弗拉姆海峡和巴伦支海(Barents Sea)流入北冰洋以补偿损失(Miller et al., 2010)。较暖而高盐的北大西洋水由于密度较大,下潜到更冷而低盐的表层水之下进入北冰洋,因而导致北冰洋海盆强烈的海水分层,自上而下出现北冰洋表层水、北冰洋中层水和北冰洋深层水 3 个水团(Miller et al., 2010;Osterman et al.,1999)。图 8-50 显示从西北冰洋至东北冰洋南森海盆,沿 18 站位、BN13 站位和 371 站位延伸方向多年平均温度和盐度剖面(图 8-49 中的 A-B 断面)。

北冰洋表层水通常位于水柱上面的 0℃ 等温线之上(Osterman et al.,1999),由冷而低盐的表层混合层和其下的盐跃层组成。混合层厚 10~50 m,温度接近冰点(~-1.8℃),盐度介于 30~34 之间;盐跃层厚 100~200 m,温度-1.4~0℃,盐度介于 33~34.3 之间(Aagaard et al., 1981;Anderson et al., 1989;Swift et al., 1997),它将冷的表层水和温暖的北冰洋中层水分开,并阻止了热对流(Volkmann et al., 2000)。北冰洋中层水,有时也称“大西洋水”,位于两个 0℃ 等温线之间,温度大于 0℃,盐度较高 34.5~34.9,是北冰洋最温暖的水(Aagaard et al., 1985;Swift et al., 1997),北冰洋中层水的核心位于水深 200~900 m 之间(Osterman et al.,1999)。北冰洋深层水通常位于水深 900 m 之下,温度低于 0℃,但温度变化稍受位置影响(Osterman et al.,1999)。

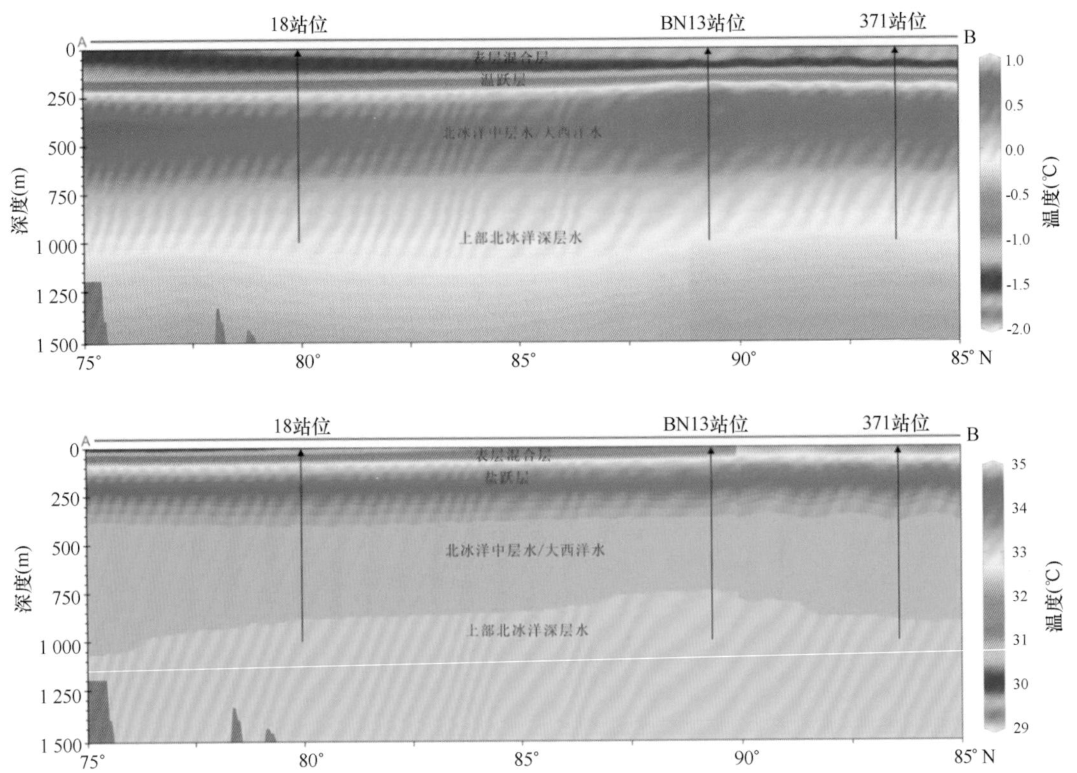

图 8-50　西北冰洋至东北冰洋南森海盆 A-B 断面的温度和盐度分布特征

温度和盐度数据来自 WOD 数据库(www. nodc. noaa. gov),自 2003 年 4 月至 2011 年 4 月

8.2.7.2　材料来源与研究方法

本次研究材料来自 2010 年 8 月中国第四次北极科学考察在马卡洛夫海盆 BN13 站位取得的浮游拖网样品。BN13 站位位于 176°37.77′W,88°23.66′N,水深 3 972 m(图 8-49)。筛孔直径为 150 μm 的拖网垂直放入海水中,分别在水深 0~50 m,50~100 m,100~200 m,200~500 m,500~1 000 m 的 5 个间隔采集样品,同时使用多联网 CTD(conductivity/temperature/depth)测量浮游拖网站位水柱中各个深度的温度和盐度。在 3 天的不同时间里进行了 5 次浮游拖网取样,以了解浮游有孔虫在不同水层中生活和迁移的情况。

拖网取样的样品保存在 4%的福尔马林海水溶液中,并储存在冰箱的冷藏室里。在实验室中用孔径 150 μm 的铜筛滤去福尔马林海水溶液,并用流量很小的自来水冲洗后,直接从湿样中挑出所有浮游有孔虫个体,然后分别鉴定和统计全部活体与空壳,统计数据见表 8-12。

挑出大于 150 μm 的 *N. pachyderma*(sin.) ~20 个壳体进行稳定氧碳同位素分析。对于水深 50~100 m 间隔的 5 个样品,由于浮游有孔虫数量较多,各样分别分析;对于水深 100~200 m,200~500 m,500~1 000 m 的 3 个间隔,由于浮游有孔虫数量很少,将 BN13 站位不同时间取得的同一水层的样品合并分析。氧碳同位素分析在同济大学海洋地质国家重点实验室完成。

8.2.7.3　浮游有孔虫的分布及生态特征

(1)浮游有孔虫组合

西北冰洋马卡洛夫海盆浮游拖网 BN13 站位 5 次浮游拖网取得的全部样品中,大于 150 μm

的浮游有孔虫组合都以极地种 *N. pachyderma*（sin.）占绝对优势，含量80%～100%，平均92.3%；其次为 *N. pachyderma*（dextral coiling），含量0%～15%，平均4.3%；未见亚极地种 *T. quinqueloba*。另外见有个别种 *Neogloboquadrina dutertrei*，*Globigerinoides ruber*，*G. trilobus*，*Globorotalia crassformis*，*G. menardii*，*G. tumida*，*Globigerina bulloides* 和 *G. falconensis*，其中 *G. crassformis*，*G. tumida*，*G. bulloides* 三个种仅在一个样品中有出现，其余种在两个以上的样品中有出现，这些种在样品中出现时也仅见一个个体。

（2）浮游有孔虫深度分布

西北冰洋马卡洛夫海盆浮游拖网BN13站位的5次浮游拖网中，上部水深0～50 m间隔，仅一个样品见有少量 *N. pachyderma*（sin.）活体，一个样品见一个 *G. menardii* 空壳，其余样品全部未见浮游有孔虫。水深50～100 m间隔，是5个水深间隔里浮游有孔虫百分含量（浮游有孔虫数量占整个水柱浮游有孔虫总量的比例）最高的水层（图8-51，表8-13），以 *N. pachyderma*（sin.）为主，活体，壳薄，易碎，壳壁透明，可见内部包裹的软体。在样品BJ04-35中发现活体 *N. dutertrei*，*G. trilobus*，*G. crassformis*，*G. menardii* 和 *G. falconensis* 各1个。水深100～200 m间隔，浮游有孔虫百分含量较上一间隔明显减少（图8-51，表8-13），仍以 *N. pachyderma*（sin.）为主，亦都为活体，较上一间隔样品中的个体略微增大，壳壁明显增厚，虽仍然易碎，但较上层结实。样品BN13-3中见有一个 *G. tumida*、BJ04-41中见有一个 *G. ruber*、BJ04-46中见有一个 *G. falconensis*，都为活体。水深200～500 m间隔，浮游有孔虫百分含量少于50～100 m水深间隔，与100～200 m水深间隔相近略有增加（图8-51，表8-13），仍以 *N. pachyderma*（sin）为主，不同的是都为死体，白色空壳，壳壁厚，结实。样品BN13-4和BJ04-52中各见有一个 *G. ruber*，BJ04-37中见有一个 *G. falconensis*，都为死体空壳。水深500～1 000 m间隔，浮游有孔虫百分含量少于50～100 m水深间隔，较200～500 m水深间隔多（图8-51，表8-12），仍以 *N. pachyderma*（sin.）为主，与200～500 m水深间隔同样都为死体，白色空壳，壳壁厚，结实。样品BJ04-38中见有 *G. trilobus*，*G. menardii*，*G. bulloides* 空壳各一个，BJ04-48和BJ04-53中各见有一个 *N. dutertrei* 空壳。*N. pachyderma*（sin.）的百分含量与浮游有孔虫全群有相同的变化趋势（图8-52，表8-13）。

（3）浮游有孔虫绝对丰度

利用拖网的入口面积和进水的速度计算在拖网放置时间里拖网的实际过水体积，将各样品的浮游有孔虫数量除以对应水深间隔的实际过水体积，获得各样品浮游有孔虫的绝对丰度（图8-51，表8-14）。总的来说，BN13站位整个水柱浮游有孔虫的绝对丰度都不高，水深0～50 m间隔几乎未见浮游有孔虫；水深50～100 m间隔浮游有孔虫的绝对丰度最大；其次为水深100～200 m间隔；水深200～500 m的间隔，虽然浮游有孔虫数量仅次于50～100 m水深间隔，但由于这段过水体积较大，浮游有孔虫绝对丰度并不高，且都为空壳；水深500～1 000 m间隔，是整个水柱除最上部0～50 m几乎未见浮游有孔虫的间隔外，浮游有孔虫绝对丰度最低的水层，也都为空壳。*N. pachyderma*（sin.）的绝对丰度与浮游有孔虫全群有相同的变化趋势（图8-52，表8-13）。

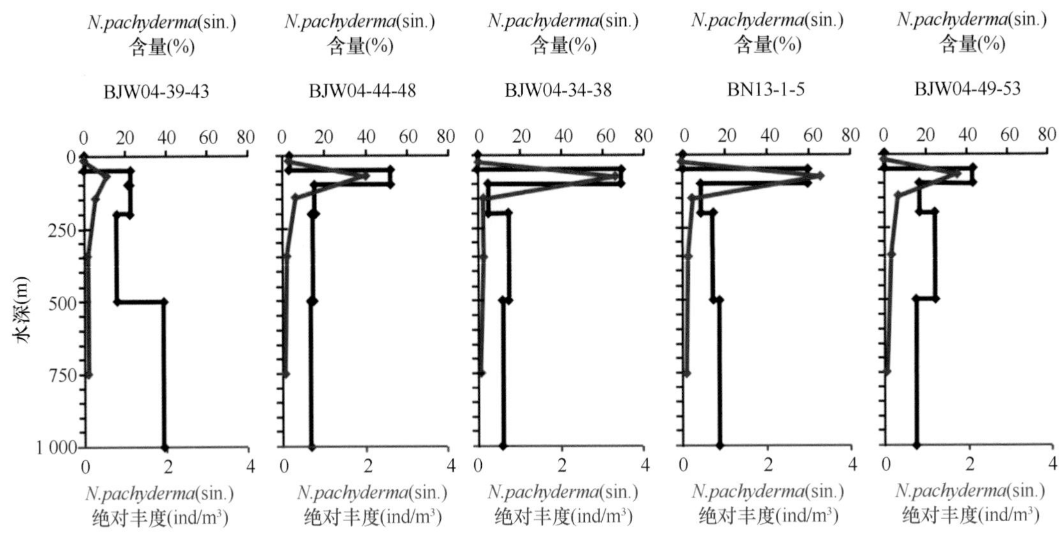

图 8-51　西北冰洋马卡洛夫海盆 BN13 站位的 5 次浮游拖网取样各水深间隔中 *N. pachyderma*(sin.)的含量和绝对丰度

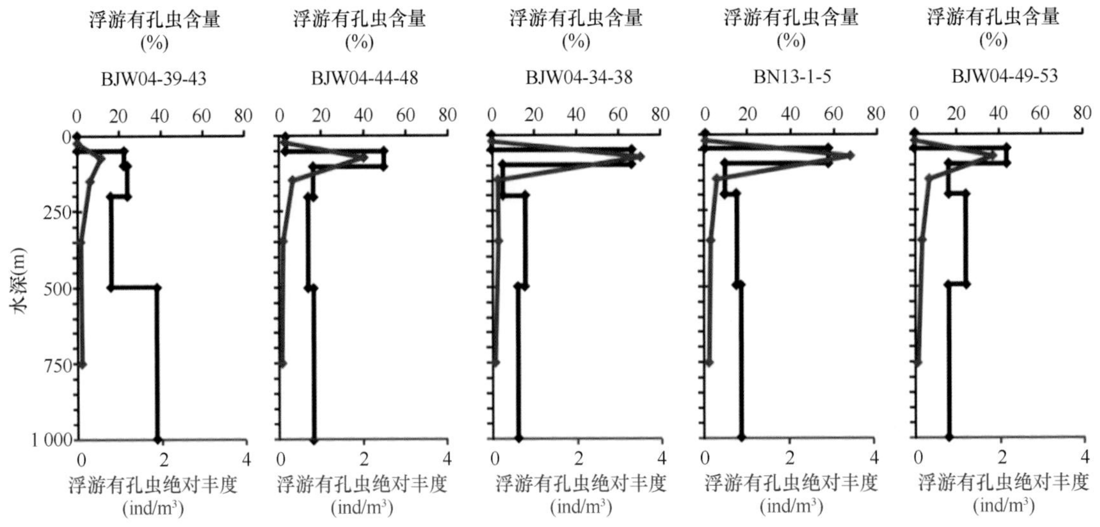

图 8-52　西北冰洋马卡洛夫海盆 BN13 站位的 5 次浮游拖网取样水深间隔中浮游有孔虫的含量和绝对丰度

表 8-12 西北冰洋马卡洛夫海盆 BN13 站位的 5 次拖网取样各水深间隔中浮游有孔虫及 *N. pachyderma*(sin.)的统计数(个)

水深(m)	BJW04-39-43				BJW04-44-48				BJW04-34-38				BN13-1-5				BJW04-49-53			
	9:28-10:02				15:25-15:55				19:21-19:52				21:09-22:09				2:33-3:17			
	浮游有孔虫		*N. pachyderma*(sin.)		浮游有孔虫		*N. pachyderma*(sin.)		浮游有孔虫		*N. pachyderma*(sin.)		浮游有孔虫		*N. pachyderma*(sin.)		浮游有孔虫		*N. pachyderma*(sin.)	
	活体	死体	活体	死体	活体	死体	活体	死体	活体	死体	活体	死体	活体	死体	活体	死体	活体	死体	活体	死体
0~50	0	0	0	0	4	0	4	0	0	0	0	0	0	1	0	0	0	0	0	0
50~100	14	0	14	0	60	0	60	0	101	0	96	0	87	0	82	0	54	0	51	0
100~200	15	0	14	0	20	0	18	0	8	0	7	0	15	0	12	0	20	0	20	0
200~500	0	10	0	10	0	17	0	17	0	24	0	20	0	23	0	20	0	30	0	29
500~1 000	0	24	0	24	0	20	0	16	0	19	0	16	0	26	0	24	0	20	0	18
总数	63		62		121		115		152		139		152		138		124		118	

表 8-13 西北冰洋马卡洛夫海盆 BN13 站位的 5 次拖网取样各水深间隔中浮游有孔虫及 *N. pachyderma*(sin.)的含量(%)

水深(m)	BJW04-39-43		BJW04-44-48		BJW04-34-38		BN13-1-5		BJW04-49-53		平均值	
	9:28-10:02		15:25-15:55		19:21-19:52		21:09-22:09		2:33-3:17			
	浮游有孔虫	*N.pachyderma*(sin.)	浮游有孔虫	*N.pachyderma*(sin.)	浮游有孔虫	*N.pachyderma*(sin.)	浮游有孔虫	*N.pachyderma*(sin.)	浮游有孔虫	*N.pachyderma*(sin.)	浮游有孔虫	*N.pachyderma*(sin.)
0~50	0	0	3.3	3.5	0	0	0.7	0	0	0	0.8	0.7
50~100	22.2	22.6	49.6	52.2	66.4	69.1	57.2	59.4	43.5	43.2	47.8	49.3
100~200	23.8	22.6	16.5	15.7	5.3	5.0	9.9	8.7	16.1	16.9	14.3	13.8
200~500	15.9	16.1	14.0	14.8	15.8	14.4	15.1	14.5	24.2	24.6	17.0	16.9
500~1 000	38.1	38.7	16.5	13.9	12.5	11.5	17.1	17.4	16.1	15.3	20.1	19.4

表 8-14　西北冰洋马卡洛夫海盆 BN13 站位的 5 次拖网取样各水深间隔中浮游有孔虫和 ***N. pachyderma*** **(sin.)** 的绝对丰度（个/m^3）

水深(m)	BJW04-39-43 9:28-10:02		BJW04-44-48 15:25-15:55		BJW04-34-38 19:21-19:52		BN13-1-5 21:09-22:09		BJW04-49-53 2:33-3:17		平均值	
	浮游有孔虫	*N.pachyderma* (sin.)	浮游有孔虫	*N.pachyderma* (sin.)	浮游有孔虫	*N.pachyderma* (sin.)	浮游有孔虫	*N.pachyderma* (sin.)	浮游有孔虫	*N.pachyderma* (sin.)	浮游有孔虫	*N.pachyderma* (sin.)
0~50	0	0	0. 13	0. 13	0	0	0. 04	0	0	0	0. 03	0. 03
50~100	0. 56	0. 56	2. 01	2. 01	3. 49	3. 32	3. 45	3. 25	1. 83	1. 73	2. 27	2. 17
100~200	0. 30	0. 28	0. 34	0. 30	0. 14	0. 12	0. 30	0. 24	0. 34	0. 34	0. 28	0. 26
200~500	0. 07	0. 07	0. 10	0. 10	0. 14	0. 12	0. 15	0. 13	0. 17	0. 16	0. 12	0. 11
500~1 000	0. 10	0. 10	0. 07	0. 05	0. 07	0. 06	0. 10	0. 10	0. 07	0. 06	0. 08	0. 07

8.2.7.4 稳定氧碳同位素

西北冰洋马卡洛夫海盆浮游拖网 BN13 站位水深 0~50 m 间隔由于样品中几乎不见浮游有孔虫，所以未有氧碳同位素[*N. pachyderma*(sin.)]数据。水深 50~100 m 间隔共有 5 个样品获得了 *N. pachyderma*(sin.)氧碳同位素数据，除一个样品 BJ04-40 的氧同位素值较轻，为 1.68‰外，其余样品的氧同位素值都偏重，变化范围在 2.24‰~2.68‰之间；同样是这个样品 BJ04-40 的碳同位素值则偏重，为 0.5‰，其余样品的碳同位素值变化范围在 0.26‰~0.36‰之间。水深 100~200 m、200~500 m 和 500~1 000 m 三个间隔由于有孔虫数量很少，将同一水层不同时间的浮游拖网样品合并，因此每一水深间隔仅获得一个氧碳同位素数据。氧同位素值自上而下分别为 2.11‰、2.16‰和 1.91‰，相较水深 50~100 m 间隔都略偏轻，碳同位素值自上而下分别为 0.47‰、0.39‰和 0.45‰，相较水深 50~100 m 间隔都略偏重(图 8-53)。

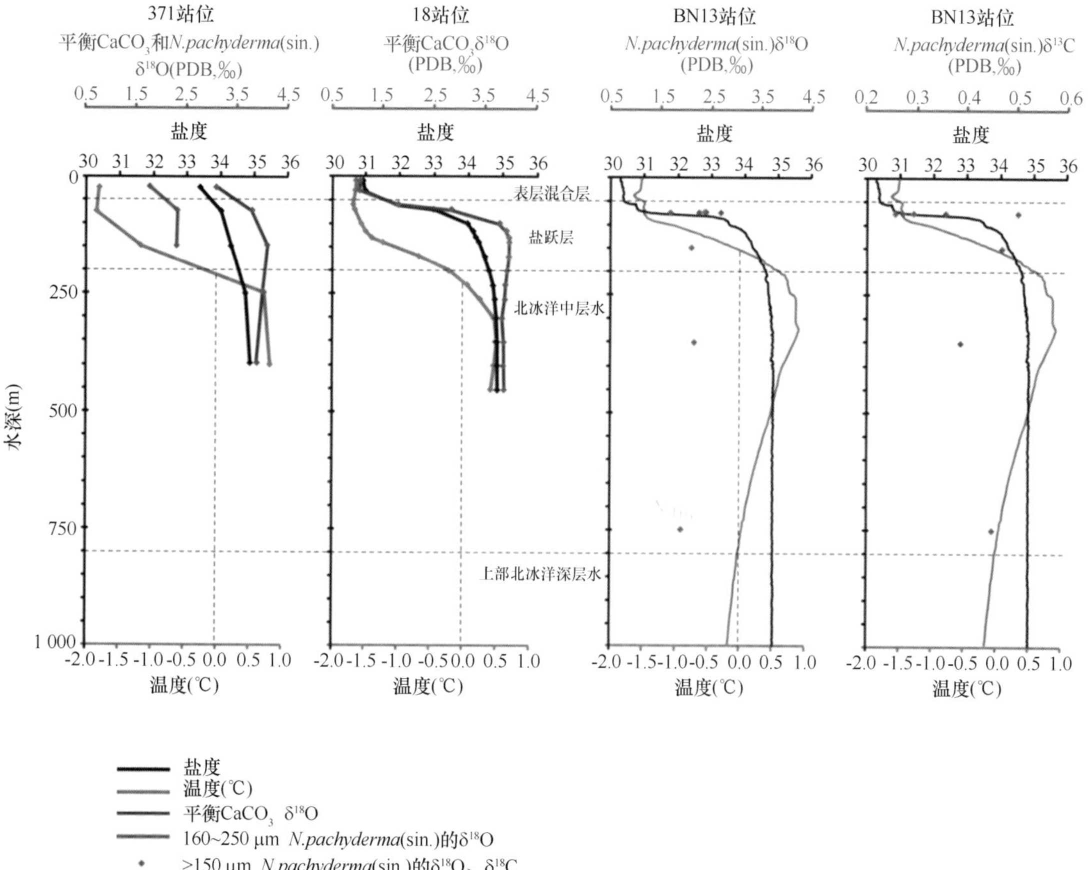

图 8-53 BN13 站位、371 站位和 18 站位海水温度、盐度以及海水平衡 $CaCO_3$ 和 N. pachyderma(sin.)的 $\delta^{18}O$ 值，BN13 站位 N. pachyderma(sin.)的 $\delta^{13}C$ 值

8.2.7.5 马卡洛夫海盆浮游有孔虫的生态意义

马卡洛夫海盆浮游拖网 BN13 站位位于永久海冰区，浮游有孔虫组合以极地种 *N. pachyderma*(sin.)占绝对优势，平均含量 90%以上，另见有少量 *N. pachyderma*(dex.)、个别常见于热带亚热带的暖水种 *G. menardii*, *G. crassformis*, *G. tumida*, *G. trilobus*, *N. dutertrei*, *G. ruber* 等，未见亚极地种 *T. quinqueloba*。

弗拉姆海峡拖网浮游有孔虫壳体大小分析结果显示，*T. quinqueloba* 壳体以约 110 μm 大小的含量最丰(Carstens et al. , 1997)。本次研究未发现 *T. quinqueloba* 也可能与采用的拖网筛孔直径较大(150 μm)有关，以前在北冰洋区的相关研究所采用的浮游拖网筛孔直径多为 120 μm 或 63 μm(Volkmann et al. , 2000;Volkmann et al. , 2000;Carstens et al. , 1997;Spielhagen et al. , 1994)。

BN13 站位出现的浮游有孔虫暖水种除 *G. ruber* 也见于外拉普捷夫海外(Volkmann et al. , 2000)，其余在北冰洋区均未见有报道。由于本次研究材料有限，尚无法判断这些暖水种的出现是否是受北太平洋水、波弗特环流或穿极漂流变化的影响。有意思的是，同时期挪威极地研究所在斯瓦尔巴特群岛(Svalbard)北部采集的浮游拖网样品中，也发现异常丰富的，并不常见于高纬地区的热带亚热带放射虫分类群，分析推测是大西洋暖水脉动进入挪威海并最终进入北冰洋所致(Bjϕrklund et al. , 2012)。这二者之间的关系还有待于进一步的研究。

在水深 0~50 m 的混合层中几乎不见浮游有孔虫，CTD 测量结果显示，混合层水温度和盐度变化都很小，温度-1. 63~-1. 50℃，盐度 30. 3~30. 4。在水深 50~100 m 的上部盐跃层中浮游有孔虫绝对丰度最高，*N. pachyderma*(sin)活体最多为 3. 3 个/m^3，此段温度较混合层仅略为增加，自-1. 50~-1. 09℃，而盐度从 30. 4 迅速上升至 33. 5。而在水深 100~200 m 的下部盐跃层中浮游有孔虫绝对丰度迅速下降，*N. pachyderma*(sin)活体最高仅 0. 3 个/m^3，此段温度变化较大，自-1. 07~0. 60℃，而盐度变化较小，自 33. 5~34. 6，随深度上升仅~1。

在相邻的外拉普捷夫海，*N. pachyderma*(sin.) 活体也显示温度在-1. 7~-1. 3℃之间，盐度介于 32. 7 与 34. 4 之间的盐跃层水中达到最大数量，在 50~100 m 最高可达到 10. 4 个/m^3(Volkmann et al. , 2000)。这种分布模式在弗拉姆海峡表现更为清楚，在温度变化较小(-1. 8~-1. 5℃)和盐度变化较大(32. 6~34. 0)的上部 100 m 水层中，*N. pachyderma*(sin.)表现出最大的丰度(Volkmann et al. , 2000)。而在北地群岛(Severnaya Zemlya)附近无冰的条件下，相较北冰洋盆地内部水柱分层不明显(Rudels et al. , 2000)，下伏没有出现北大西洋水，位于水深 20~80 m 的盐跃层不发育，*N. pachyderma*(sin.)喜欢生活在水深 100~200 m 更暖而咸的水中(Volkmann et al. , 2000)。类似的水团分布，*N. pachyderma*(sin.)最高丰度也可能出现在水深 50~100 m，但在温度~0℃、盐度大于 34. 5 的 100 m 水深之下，*N. pachyderma*(sin.)仍表现为较高丰度(Volkmann et al. , 2000)。以前的研究也证实，无冰区的 *N. pachyderma*(sin.)是生活在 100 m 水深之下的深水种(Carstens et al. , 1997;Bé et al. , 1977)。而在永久海冰覆盖之下，*N. pachyderma*(sin.)迁移到更浅的 0~50 m 水深中(Volkmann et al. , 2000)。在外拉普捷夫海 81°N 以北、弗拉姆海峡大约 82°N 以北以及南森海(Nansen Sea)以北大约 83°N 处，浮游有孔虫组合中亚极地种 *T. quinqueloba* 和 *N. pachyderma*(dex.)的丰度减少，*N. pachyderma*(sin.)似乎更愿生活在更冷而低盐的水团中(Volkmann et al. , 2000;Carstens et al. , 1992)。以上的分析揭示，*N. pachyderma*(sin.) 在无海冰的条件下主要生活在 100 m 水深之下更暖咸的水中，在海冰边缘和永久海冰覆盖之下，则主要生活在盐跃层水中。

8.2.7.6 马卡洛夫海盆浮游有孔虫在水层中的迁移

将马卡洛夫海盆 BN13 站位的 5 次拖网样品分析结果按昼夜时间顺序排列(不考虑是哪天取的)，结果发现，不同时间的拖网样品中浮游有孔虫的绝对丰度及其在水柱中的分布情况不尽相同(表 8-13 和表 8-14，图 8-51)。因为不是每次拖网都获得了对应的 CTD 温盐数据，故我们使用浮游有孔虫两个主要生活水层,即 50~100 m 和 100~200 m 间隔的样品中 *N. pachyderma* 右旋和左旋壳(*dex.* /sin.)的比值指示温度变化情况,比值大指示相对较暖,据此分析浮游有孔虫在一天的不同时间在水层中迁移的可能原因。

在 9:28—10:02 的样品中均未见 *N. pachyderma* (dex.)。此次拖网中浮游有孔虫数量最低,5 个水深间隔仅获得 63 个个体,其中 *N. pachyderma*(sin.) 62 个。水深 50~100 m 间隔的浮游有孔虫(都为活体)百分含量较低,其绝对丰度也不高;水深 100~200 m 间隔的浮游有孔虫(都为活体)百分含量较高;而水深 500~1 000 m 间隔的浮游有孔虫(都为死体空壳)百分含量最高。

在 15:25—15:55 的样品中,水深 50~100 m 的间隔仍未见 *N. pachyderma* (dex.),水深 100~200 m 的间隔 *N. pachyderma* dex./sin. 比值为 0.056。此次拖网浮游有孔虫数量明显增加,5 个水深间隔共获得浮游有孔虫 121 个,其中 *N. pachyderma*(sin.) 115 个。水深 50~100 m 间隔的浮游有孔虫活体绝对丰度和百分含量均增加;水深 100~200 m 间隔的浮游有孔虫活体百分含量减少;而水深 500~1 000 m 间隔空壳的百分含量则明显下降。

在 19:21—19:52 的样品中,水深 50~100 m 的间隔未见 *N. pachyderma* (dex.),但在样品 BJ04-35 中出现暖水种 *N. dutertrei*, *G. trilobus*, *G. crassformis*, *G. menardii*,而水深 100~200 m 的间隔 *N. pachyderma* dex./sin. 比值升至 0.14,水深 200~500 m 的样品 BJ04-38 中见有暖水种 *G. trilobus*, *G. menardii* 空壳。此次拖网 5 个水深间隔获得的浮游有孔虫数量最多,为 152 个,其中 *N. pachyderma*(sin.) 139 个。水深 50~100 m 间隔浮游有孔虫活体百分含量和绝对丰度都是本次研究所有样品中最高的,而水深 500~1 000 m 间隔空壳的百分含量则表现为最低。

在 21:09—22:09 的样品中,水深 50~100 m 的间隔 *N. pachyderma* dex./sin. 比值为 0.06,水深 100~200 m 的间隔比值为 0.17,且样品 BN13-3 中见有暖水种 *G. tumida*。此次拖网样品中浮游有孔虫数量与 19:21—19:52 相同,共获得浮游有孔虫 152 个,其中 *N. pachyderma*(sin.) 138 个。水深 50~100 m 的间隔浮游有孔虫活体绝对丰度和百分含量也较高,仅次于 19:21—19:52,而水深 100~200 m 的间隔浮游有孔虫活体绝对丰度和百分含量增加。另外,水深 500~1 000 m 间隔空壳的百分含量也有所增加。

在 2:33—3:17 的样品中,水深 50~100 m 的间隔 *N. pachyderma* dex./sin. 比值为 0.06,水深 100~200 m 的间隔中未见 *N. pachyderma* (dex.)。此次拖网样品中浮游有孔虫数量明显下降,为 124 个,其中 *N. pachyderma*(sin.) 118 个。相比 21:09—22:09 的样品,水深 50~100 m 的间隔浮游有孔虫活体绝对丰度和百分含量都明显下降,水深 100~200 m 的间隔浮游有孔虫活体百分含量却略为增加,而水深 200~500 m 间隔空壳的百分含量则为同一水层 5 个样品中最高。

从以上分析可知,虽然在永久海冰覆盖区浮游有孔虫主要生活在盐跃层中,但盐跃层水温度的变化会影响到浮游有孔虫的数量和在水柱中的分布,盐跃层更暖的环境更有利于浮游有孔虫的发育。

8.2.7.7 马卡洛夫海盆 *N. pachyderma*(sin.)氧碳同位素的环境意义

由于 BN13 站位没有水样的氧碳同位素数据,为了解该站位浮游拖网中 *N. pachyderma* (sin.)壳体的氧碳同位素值与其生活的水体环境之间的相关关系,我们分别选取位于南森海盆北部 371 站位(25.54°E, 86.67°N)和门捷列夫脊(Mendeleyev Ridge)18 站位(174.31°W,

79.98°N)的资料与 BN13 站位进行对比分析(图 8-49,图 8-53)。其中,371 站位温度和盐度、水样同位素组成,以及 160~250 μm 大小的 *N. pachyderma*(sin.)壳体氧同位素值参考自 Bauch 等(1997),而 18 站位温度和盐度以及水样同位素组成参考自 Ekwurzel 等(2001)。以下讨论所使用的温度和盐度数据均为采样时的实测值。

与周围海水同位素达到平衡的 $CaCO_3$ 的 $\delta^{18}O$ 值(‰, VPDB)根据如下公式计算获得:$T=16.9\sim4.38[\delta c(\delta w-0.27)]+0.10[\delta c-(\delta w-0.27)]^2$,其中 T 为温度,δw 为海水 $\delta^{18}O$ (‰, VSMOW)(Scott et al., 1991)。Bauch 等对北冰洋东部 *N. pachyderma*(sin.)活体氧同位素组成的研究指出,拖网样品中 *N. pachyderma*(sin.)壳体氧同位素值和平衡 $CaCO_3$ 的 $\delta^{18}O$ 值之间存在一致的、大约 1‰的偏移(Bauch et al., 1997)。因此,*N. pachyderma*(sin.)壳体氧同位素能够较好地指示海水 $\delta^{18}O$ 的变化趋势。如图 8-53 所示,371 站位和 18 站位平衡 $CaCO_3$ 的 $\delta^{18}O$ 值和盐度之间存在着很好的相关性,而对温度的反应则不是十分明显。在深度 150~250 m 的水层中,温度自上而下迅速增暖,371 站位自-1.18℃上升到 0.72℃,18 站位自-1.22℃上升到 0.25℃,而盐度变化很小,仅增加 0.4,如果忽略盐度的影响,温度上升 1℃,可导致平衡 $CaCO_3$ 的 $\delta^{18}O$ 值约-0.05‰的变化。

BN13 站位水深 50~100 m 的上部盐跃层,温度变化范围-1.50~-1.09℃,平均 -1.45℃,盐度变化范围 30.78~33.52,平均 31.62。按昼夜时间顺序,5 个样品中 *N. pachyderma*(sin.)壳体的 $\delta^{18}O$ 值分别为 1.68‰,2.24‰,2.68‰,2.35‰和 2.38‰,平均值 2.27‰。371 站位水深 50~100 m 的盐度平均值为 34.01,远高于 BN13 站位,温度平均值为 -1.084℃,其 *N. pachyderma*(sin.)壳体的 $\delta^{18}O$ 值为 2.31‰(Bauch et al., 1997),低于 BN13 站位同一水层 5 个样品中的 3 个,仅略高于该站位同一水层的平均值(图 8-53)。BN13 站位水深 100~200 m 盐度向下迅速增加,从 33.54~34.64,平均 34.30,而 *N. pachyderma*(sin.)壳体的 $\delta^{18}O$ 值仅为 2.11‰,较其上 50~100 m 水层的 $\delta^{18}O$ 平均值不重反轻(图 8-53)。尽管 100~200 m 水层温度也明显增加,自-1.07~0.60℃,平均-0.01℃,但如上所述,剔除温度对 $\delta^{18}O$ 值的影响,该水层的 $\delta^{18}O$ 值也低于其上水层的 $\delta^{18}O$ 值。371 站位水深 100~200 m 的温度平均-1.18℃,盐度平均 34.31,较 BN13 站位同一水层的温度低、盐度相近。371 站位水深 100~200 m 的 *N. pachyderma*(sin.)壳体的 $\delta^{18}O$ 值为 2.29‰,剔除温度对 $\delta^{18}O$ 值的影响,该站位水深 100~200 m 的 *N. pachyderma*(sin.)壳体的 $\delta^{18}O$ 值仍然较 BN13 站位相同水层的 $\delta^{18}O$ 值略偏重。

由于 371 站位受陆地河流淡水输入的影响较小,故 0~50 m 的混合层水盐度较高(平均 33.38(Bauch et al., 1997)),而 18 站位则由于受波弗特环流影响,故 0~50 m 混合层水盐度低(平均 30.96(Ekwurzel et al., 2001)),这两个站位的北冰洋中层水都位于大约 200 m 水深之下。虽然 BN13 站位比 18 站位更加靠近极地中心,但其混合层水的盐度(平均 30.35)比 18 站位还低,从该站位所处的位置分析,应该是受到穿极漂流所携带的陆地河流输入淡水的影响,而令人迷惑的是,该站位水深 50~100 m 处大多数样品的 $\delta^{18}O$ 值较盐度更高的 371 站位偏重,如果仅仅是河流输入的淡水应该导致该站位的 $\delta^{18}O$ 值偏轻。我们注意到,图 8-50 所示 BN13 站位混合层多年平均盐度并不低于 18 站位,说明 BN13 站位较低的盐度实测值可能还受到其他因素的影响。图 8-53 所示 BN13 站位盐跃层薄,中层水顶界 0℃等温线位于水深 155 m 处,说明本次采样时 BN13 站位所在位置可能受海冰冻融的影响显著。在北极区,海冰形成时析出卤水,伴随着同位素分馏。低盐的表层海水结冰时产生高密度轻同位素卤水,下沉到盐跃层中,并与次表层水混合,而海冰融化时则导致重同位素的低盐水添加到表层水中(Hillaire-Marcel et al., 2008)。因此,推测 BN13 站位的水深 100~200 m 间隔,*N. pachyderma*(sin.)壳体较轻的 $\delta^{18}O$ 值应与海冰冻结时析出的轻同位素卤水有关,而水深 50~100 m 间隔较重的 $\delta^{18}O$ 值可能是受表层海冰融化形成的低盐水影响。

BN13 站位 200~500 m 和 500~1 000 m 两个水层与 100~200 m 水深间隔氧同位素值很接近,因为这两个水层发现的 *N. pachyderma*(sin.)均为死体,且壳体钙化很好,推测为生活在 100~200 m 水深处的个体,因壳体具较厚的次生钙化层,死亡后不易溶解而保留在更深的水层中,它们的 $\delta^{18}O$ 值应代表其生活和钙化时的 100~200 m 水深处的 $\delta^{18}O$ 值。上述分析可知,北冰洋区海水 $\delta^{18}O$ 值和盐度之间存在着密切的关系,但并不是简单的正相关或负相关,取决于造成海水盐度变化的原因,是陆地河流淡水输入的影响还是海冰融水的影响。

因为浮游有孔虫只有钙化壳才能用于沉积物的 $\delta^{18}O$ 分析,基于 BN13 站位浮游拖网取得的不同水层中全部 *N. pachyderma*(sin.)壳体的 $\delta^{18}O$ 值,为了解它们与海底表层沉积物中的 *N. pachyderma*(sin.)壳体 $\delta^{18}O$ 值之间的关系,我们参考 Bauch 等的加权平均公式(Bauch et al., 1997),尝试对 *N. pachyderma*(sin.)在不同水层的钙化情况、百分含量以及水层厚度进行加权。Bauch 等(1997)的公式剔除了死体,考虑到有钙化壳的死体对沉积物的 $\delta^{18}O$ 值亦有贡献,我们保留了全部钙化个体,即:加权因子(%)=(百分含量×水层厚度×钙化个体)/Σ(百分含量×水层厚度×钙化个体),然后对 BN13 站位水柱中所有水层的 *N. pachyderma*(sin.)壳体 $\delta^{18}O$ 值进行加权平均,这样所获得的 $\delta^{18}O$ 值为 2.0‰,与该站位所在区域海底表层沉积物样品 *N. pachyderma*(sin.)的 $\delta^{18}O$ 实测值(~1.9‰)比较接近。由于 BN13 站位水深 50~100 m 间隔的浮游有孔虫壳体多未钙化,所以此加权平均获得的 $\delta^{18}O$ 值主要反映的是 100~200 m 水层的环境。

在 0℃、和大气 CO_2 达到同位素平衡的条件下,海水中碳酸氢盐的 $\delta^{13}C$ 值应是 2.5‰(Feyling-Hanssen et al., 1972)。碳酸氢盐近似地反映了溶解无机碳的 $\delta^{13}C$ 值,由于生物效应,有孔虫壳体和溶解无机碳之间 $\delta^{13}C$ 值有-0.8‰偏移,因此,*N. pachyderma*(sin.)的 $\delta^{13}C$ 期望值是 1.7‰(Labeyrie et al., 1985)。但 BN13 站位拖网样品 *N. pachyderma*(sin.)的 $\delta^{13}C$ 值为 0.26‰~0.5‰,水深 50~100 m 更轻,平均仅 0.34‰,远低于和大气碳同位素达到平衡的期望值。

河水的溶解无机碳 $\delta^{13}C$ 值通常是负值,典型的为-5‰~-10‰(Spielhagen et al., 1994),因此环绕北冰洋的河流输入可能对此碳同位素结果产生影响。现代北冰洋海底表层沉积物中 *N. pachyderma*(sin.)的 $\delta^{13}C$ 值显示,在弗拉姆海峡东北部、拉普捷夫海大陆边缘和巴伦支海陆架北部的 $\delta^{13}C$ 值都很低(0.2‰~0.5‰),而在北冰洋中部,$\delta^{13}C$ 值更高,大部分值介于 0.75‰~0.95‰之间(Spielhagen et al., 1994)。此外,表层水在洋盆中的停留时间也会影响到和大气 CO_2 的同位素平衡。波弗特环流相较穿极漂流中的表层水,可能循环并停留更长的时间,与大气之间有更好的同位素平衡,因此在波弗特环流区,溶解无机碳的 $\delta^{13}C$ 值更高(Spielhagen et al., 1994)。

BN13 站位拖网样品中 *N. pachyderma*(sin.)的 $\delta^{13}C$ 值,较所在区域海底表层沉积物中 *N. pachyderma*(sin.)的 $\delta^{13}C$ 值(0.8‰~0.9‰)更低,目前尚不知这二者之间的相关关系。因此,准确地解释 BN13 站位拖网样品 $\delta^{13}C$ 值的环境意义,必须与其他海区浮游拖网样品的 $\delta^{13}C$ 值进行对比分析,还有待于收集更多的材料和进一步的研究。

8.3 过去古海洋、古气候环境变化研究

8.3.1 西北冰洋楚科奇边缘晚第四纪冰筏碎屑记录及其古气候意义

北极地区作为全球系统的一部分,是全球气候变化的驱动器和响应器之一(Moritz et al., 2002;陈立奇, 2003),对于全球气候变化更为敏感(Serreze et al., 2011),尤其是近 10 年来,北极地区大气温度升高的速率是低纬地区气温升高速率的近两倍(Delworth et al., 2000;Knutson et al., 2006),将对未来全球气候变化产生重要影响。为了更好地理解现代北极的气候变化,古环境研究有助于我们了解北极地区长期气候变化方式,并根据地质历史时期与现在相似的气候条件(如第四纪间冰期)制作长期气候变化的模型(Adler et al., 2009;Cronin et al., 2014)。

楚科奇边缘(Chukchi Borderland,CB)地区位于北冰洋西部,包括楚科奇海台和北风脊,是太平洋水进入北冰洋的必经通道(史久新等, 2004),能较好地反映北冰洋西部的沉积环境,以及冰期—间冰期旋回中白令海的开闭对于该地区沉积过程的影响。西北冰洋沉积物地层学研究发现,由于缺乏连续的钙质生物沉积,深海沉积物的有孔虫丰度(Polyak et al., 2013),Ca 和 Mn 元素相对含量可以作为北冰洋地层划分的依据(Adler et al., 2009;Jakobsson et al., 2000;O'Regan et al., 2008;Polyak et al., 2009;Stein et al., 2010;Cronin et al., 2013)。同时,沉积物中的冰筏碎屑(Ice-Rafted Detritus,IRD)也是北冰洋沉积物中的常见组分,从陆地冰川分离出来进入海洋的冰山和大冰块会携带,搬运并卸载陆源碎屑到海洋沉积物中(Phillips et al., 2001;Darby et al., 2002,2006,2009)。北冰洋的 IRD 组分不仅指示了这些陆源碎屑沉积物的来源,还能反映冰期—间冰期旋回中北冰洋周围冰盖、冰山以及洋流的变化历史(王汝建等, 2009;Stärz et al., 2012;Wang Rujian et al., 2013),例如冰期的 IRD 事件与北美劳伦泰德(Laurentide)冰盖和伊努伊特(Innuitian)冰盖的崩裂时间一致(Darby et al., 2008)。过去对于北极冰盖的研究认为,末次冰盛期(Last Glacial Maximun,LGM)欧亚冰盖终止于拉普捷夫(Laptev)海的边缘,楚科奇海和东西伯利亚海的大部分地区被认为没有冰盖(Ehlers et al., 2007;Svendsen et al., 2004;Stauch et al., 2008)。然而,最新的地球物理和海底地形与地貌形态的研究表明,东西伯利亚海至楚科奇海西部在冰期存在一个单独的冰盖(Niessen et al., 2013;Brigham-Grette et al., 2013)(图 8-54),该冰盖厚达 1 km,对反照率、海洋和大气环流产生重要影响。本节通过分析 2003 年、2008 年和 2010 年中国第二次至第四次北极科学考察在西北冰洋楚科奇海和北风脊钻取的 6 个岩芯沉积物,并结合国外在邻近区域的冰筏碎屑研究成果,研究楚科奇海和北风脊晚第四纪以来的 IRD 事件以及其指示的晚第四纪北极冰盖和气候的演化。

8.3.1.1 现代海洋环境

北冰洋接受了来源于欧亚大陆和北美大陆大量的淡水注入,约占全球入海径流总量的 10%(Opzahl et al., 1999;Olssen et al., 1997;隋翠娟等, 2008),是冰期冰架和海冰的主要来源。其表层环流主要由波弗特环流(Beaufort Gyre)和穿极流(Transpolar drift)组成,前者以加拿大海盆为中心顺时针流动,将来自北冰洋周缘陆地的沉积物搬运到美亚海盆,甚至欧亚海盆;而后者从

俄罗斯北极的边缘海陆架穿越北极点，沿格陵兰岛东侧流向北大西洋（图 8-54），并将沉积物输送到欧亚海盆和北大西洋（Jones et al.，2001）。西北冰洋楚科奇边缘地区常年被海冰覆盖（Thomas et al.，2003），并受到波弗特环流控制，是北冰洋与太平洋进行能量与物质交换的区域（高爱国等，2008），通过很浅的白令海峡（约 50m）与太平洋相连。受楚科奇海海底地形影响，太平洋水进入楚科奇边缘地区后分为 3 支进入北冰洋，由东向西依次为：阿纳德流、白令海陆架水和阿拉斯加沿岸流（Weingartner et al.，2005）。同时，西伯利亚沿岸流从东拉普捷夫海（Laptev Sea）流至东西伯利亚海，最后到达楚科奇海边缘地区，向该地区输入来自欧亚大陆的陆源物质（Viscosi-Shirley et al.，2003；董林森等，2014）。

8.3.1.2 材料与方法

本次研究的材料来源于中国第三次（2008 年）和第四次（2010 年）北极科学考察在西北冰洋楚科奇海台和北风脊取得的 ARC4-BN03、ARC3-P37 和 ARC4-MOR02 岩芯沉积物，以及国外研究者对于楚科奇海台和北风脊相关岩芯的研究数据（表 8-15，图 8-54）。其中，位于楚科奇海台的 ARC4-BN03 岩芯长度为 145 cm，位于北风脊的 ARC3-P37 和 ARC4-MOR02 岩芯长度分别为 246 cm 和 218 cm，3 个岩芯均以 2 cm 间隔取样，总计共获得 301 个样品。其余岩芯 ARC2-M03、ARC3-P23、ARC3-P31、P1-92-AR-P25 和 P1-92-AR-P39 的数据分别来自于 Wang 等（2013）、章陶亮等（2014）、梅静等（2012）、Yurco 等（2010）和 Cronin 等（2014）。

表 8-15 研究的岩芯及其信息汇总

岩芯编号	缩写	海域	纬度（°N）	经度（°W）	水深（m）	柱长（cm）	来源
ARC2-M03	M03	楚科奇深海平原	76.54	-171.93	2300	348	Wang et al.，2013
PS72-340-5	340-5	楚科奇深海平原	77.61	-171.48	2349	350	Stein et al.，2010
ARC3-P23	P23	楚科奇海台	76.38	-162.49	2086	294	章陶亮等，2014
ARC3-P31	P31	楚科奇海台	78.00	-168.01	435	60	梅静等，2012
ARC4-BN03	BN03	楚科奇海台	78.50	-158.90	3044	145	本章节
ARC4-MOR02	MOR02	北风脊	74.55	-158.99	1174	218	本章节
ARC3-P37	P37	北风脊	77.00	-156.01	2267	240	段肖等，本专辑
P1-92-AR-P25	P25	北风脊	74.82	-157.37	1625	542	Yurco et al.，2010
P1-92-AR-P39	P39	北风脊	75.84	-156.03	1470	150	Polyak et al.，2013

本章节中对楚科奇海台和北风脊的 BN03、P37 和 MOR02 共 3 个岩芯沉积物所作的分析包括：XRF 元素相对含量扫描，IRD 含量测定，浮游和底栖有孔虫丰度统计以及浮游有孔虫 *Neogloboquadrina pachyderma*（sin.）（Nps）的 AMS^{14}C 测年。

XRF 元素相对含量扫描：柱状样剖开后，切割成 1 m 左右一段，将表面刮平整，将专业测试薄膜覆在表面上。使用荷兰 AVAATECH 公司制造的 XRF Core-Scanner 元素扫描分析仪对柱状样进行元素相对含量无损扫描测试，分辨率为 1 cm，测得从 Al 至 U 元素的相对含量，数据单位为 counts/30s。

筏冰碎屑（Ice Rafted Debris：IRD）含量测定以及浮游和底栖有孔虫丰度统计：取 10~15 g 干样经过水泡开，使用孔径为 63 μm 的筛子冲洗，收集筛子里的屑样，烘干后称重。再将大于

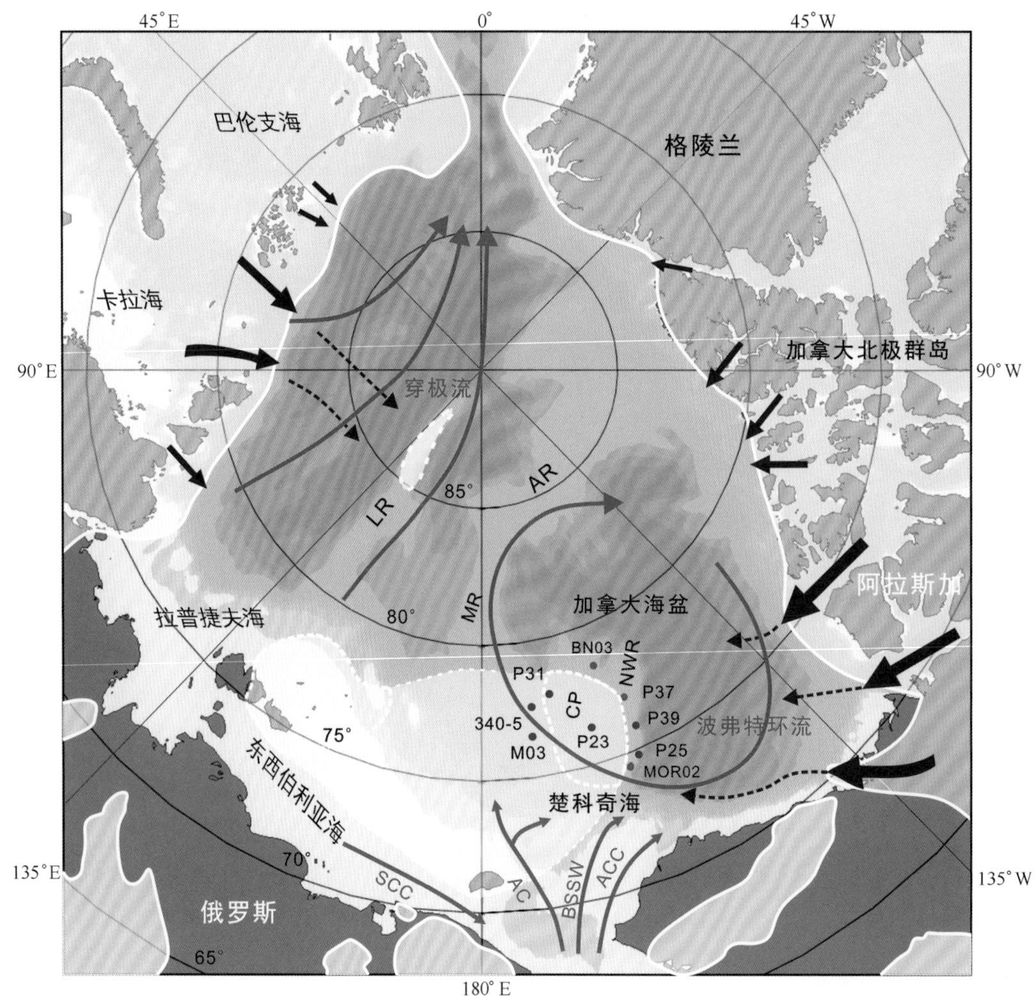

图 8-54　西北冰洋楚科奇海台和北风脊相关站位的位置以及表层洋流分布

图中红色实线表示表层洋流，白色实线表示过去认为的冰期大陆冰盖的范围（Jakobsson et al.，2010），白色粗虚线表示北冰洋海洋冰盖范围，白色点线表示冰期北冰洋海洋冰盖的范围（Niessen et al.，2013），蓝色箭头表示冰流方向。红色点表示本章节研究站位，蓝色点为引用站位，其信息可见表 8-15

图中 CP：楚科奇海台；NWR：北风脊；MR：门捷列夫脊；LR：罗蒙索诺夫脊；AR：阿尔法脊；AC：阿纳德尔流；BSSW：白令海陆架水；ACC：阿拉斯加沿岸流；SCC：西伯利亚沿岸流

63 μm 的屑样依次用 150 μm 和 250 μm 筛子干筛，依次称重，由此分别得到大于 63 μm，大于 150 μm 和大于 250 μm 的 IRD 含量。有孔虫的丰度统计是在显微镜下鉴定，并统计大于 150 μm 的浮游和底栖有孔虫个体数量，然后计算其丰度。

AMS ^{14}C 测年：分别在有孔虫丰度较高的样品中，挑出壳径大小 150～250 μm 的 Nps 个体 10 mg 左右进行 AMS ^{14}C 测年。

XRF 元素扫描、IRD 含量测定和有孔虫丰度统计在同济大学海洋地质国家重点实验室完成，AMS ^{14}C 测年是在美国加州大学欧文分校地球系统科学系的放射性碳实验室完成。

8.3.1.3　地层年代框架

地层年代框架的建立是古海洋学研究的基础。北冰洋深海沉积物的地层划分要比其他中低纬度海区往往困难得多。由于北冰洋的低温冰海环境使生物生产力低下，同时碳酸盐补偿深度变浅，溶解作用导致有孔虫保存较差，广泛运用于中低纬地区的地层划分和对比的有孔虫氧同位素纪录在北冰洋地区受到限制(Backman et al. , 2004)。因此，本章节研究的岩芯沉积物进行地层划分采用浮游有孔虫 Nps 的 AMS ^{14}C 测年(表 8-16)，并结合多指标的区域性地层对比的方法，包括沉积物褐色层，浮游和底栖有孔虫丰度(Cronin et al. , 2014；Polyak et al. , 2013)和 IRD 含量(Stein et al. , 2010；Darby et al. , 2008)等。由于不同的研究者使用不同粒径大小的 IRD 含量来指示 IRD 事件，为了统一楚科奇边缘地区不同岩芯中的 IRD 事件的衡量标准，在本章节中将 IRD(>1 mm)含量超过 2%，或是 IRD(>250 μm)和 IRD(>150 μm)含量超过 5%，或是 IRD(>63 μm)含量超过 10%的层位作为一个 IRD 事件。

表 8-16 楚科奇海台与北风脊 BN03 和 MOR02 岩芯 Nps-AMS ^{14}C 测年数据的校正

样品编号	深度(cm)	AMS^{14}C 年龄(a BP)	碳储库校正年龄(a BP)	日历年龄(cal a BP)
UCIT27337	BN03/0-2	5450±15	4750±15	5524±35
UCIT27340	BN03/12-14	5860±20	5160±20	5938±30
UCIT27341	BN03/30-32	40310±640	38910±640	42794±453
UCIT27343	BN03/40-42	44910±1130	43510±1130	46782±1150
UCIT27354	MOR02/138-140	41320±730	39920±730	43592±606
UCIT27355	MOR02/152-154	44350±1060	42950±1060	46220±1039

(1)楚科奇海台 BN03 岩芯的地层年代框架

楚科奇海台 BN03 岩芯的浮游有孔虫丰度变化显示，在深度 0~4 cm、30~38 cm、40~66 cm 和 88~98 cm 处出现高峰，这些层位平均浮游有孔虫丰度分别为 6 412 枚/g，1 608 枚/g，3 874 枚/g 和 1 656 枚/g。其余层位的浮游有孔虫丰度较低，平均丰度为 60 枚/g。浮游有孔虫丰度变化形式与底栖有孔虫丰度基本一致(图 8-55)。

该岩芯 IRD(>1 mm)含量的变化范围是 0%~56.5%，平均值为 5.6%。IRD 高峰出现于深度 12~14 cm，26~34 cm，40~42 cm，92~96 cm，108~118 cm 和 142~145 cm，其余深度 IRD(>1 mm)含量较少。IRD(>154 μm)含量变化范围是 0.07%~58.7%，平均值为 10.3%，其变化形式与 IRD(>1 mm)含量基本一致(图 8-56)。

楚科奇海台 BN03 岩芯沉积物中 Nps 的 AMS ^{14}C 测年结果显示，沉积物顶部深度 0~2 cm 的年龄为 5.5 ka，深度 12~14 cm 的年龄为 5.9 ka，深度 30~32 cm 的年龄为 43.2 ka，深度 40~42 cm 的年龄为 46.7 ka(表 8-16)。为了建立 BN03 岩芯的地层年代框架，我们将 BN03 岩芯与附近的 M03(Wang Rujian et al. , 2013)，P23(章陶亮等，2014)，P31(梅静等，2012)，340-5 岩芯(Stein et al. , 2010；März et al. , 2011)的褐色层，有孔虫丰度，IRD 含量以及沉积物岩性特征进行对比。BN03 岩芯深度 0~22 cm、29~65 cm、92~105 cm 和 136~142 cm 分别为褐色层，根据地层对比以及 BN03 岩芯褐色层中浮游有孔虫 Nps 的 AMS ^{14}C 测年结果，这 4 个褐色层分别对应于邻近岩芯中的褐色层 B1，B2a，B2b 和 B3(图 8-55)。以 IRD(>1 mm)含量 2%为界，BN03 岩芯可以识别出 6 个明显的 IRD 事件：其中为深度 25~28 cm 的 IRD 事件对应于 P23 和 M03 岩芯中的 IRD 2/3(?)事件；深度 29~34 cm，40~42 cm，92~96 cm，106~126 cm 和 144~145 cm，分别对应于 P23 和 M03 岩芯中的 IRD 7-11 事件(图 8-56)。

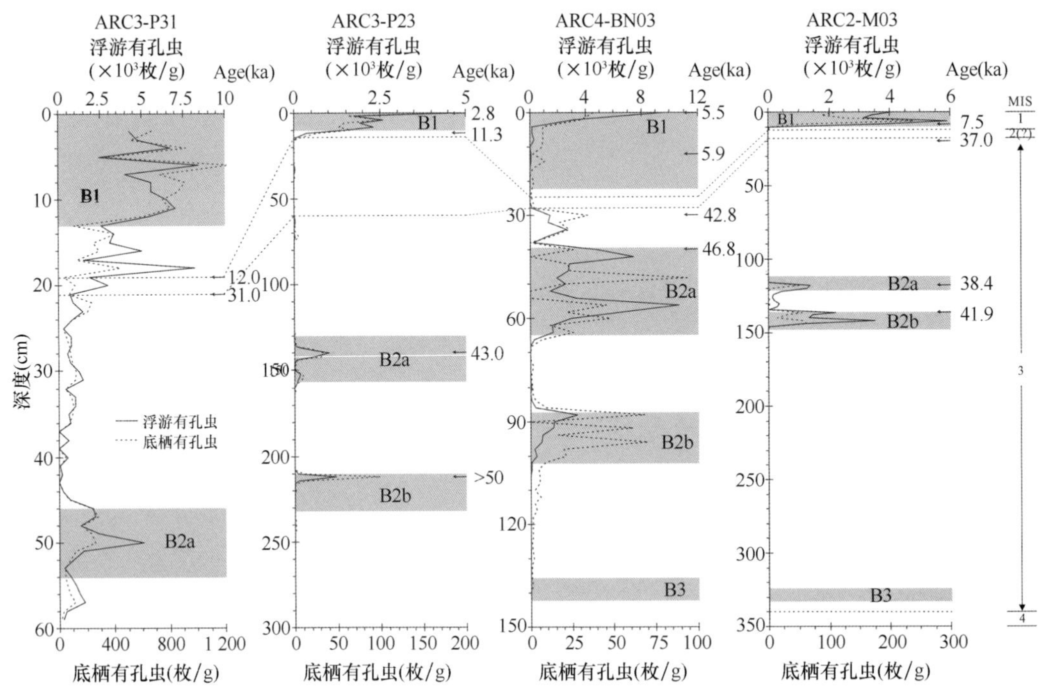

图 8-55 楚科奇海台 ARC4-BN03 岩芯沉积物褐色层、有孔虫丰度、AMS ^{14}C 测年结果与该地区的 ARC3-P23(章陶亮等,2014),ARC3-P31(梅静等, 2012)和 ARC2-M03(Wang Rujian et al., 2013)和的地层对比

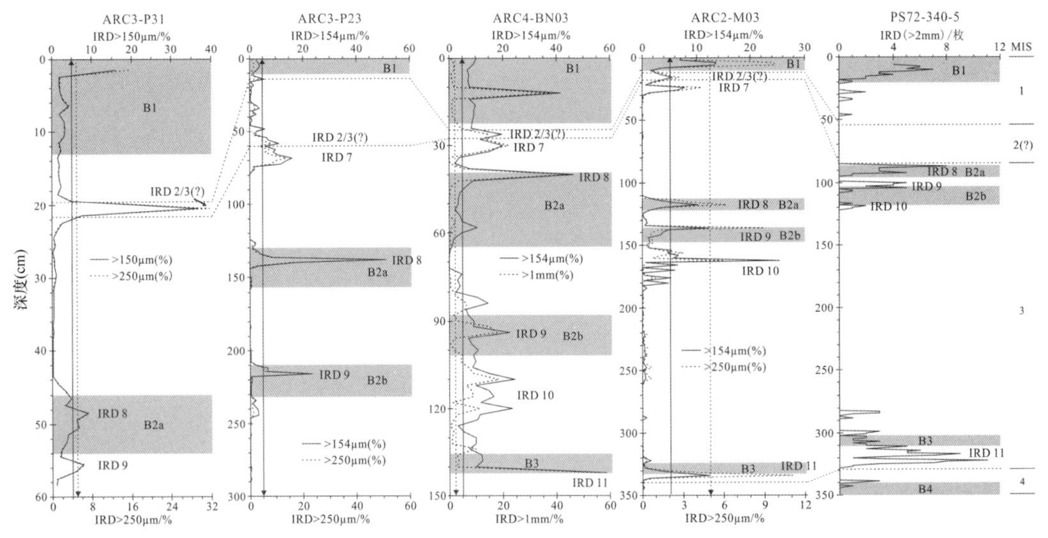

图 8-56 楚科奇海台 BN03 岩芯的 IRD 含量与该地区的 ARC3-P23(章陶亮等,2014),ARC3-P31(梅静等, 2012),ARC2-M03(Wang Rujian et al., 2013)和 PS72-340-5 岩芯(Stein et al., 2010)的 IRD 含量对比

根据 Nps 的 AMS ^{14}C 测年结果以及该区域地层的对比,BN03 岩芯深度 0~25 cm 为氧同位素(MIS)1 期;深度 25~28 cm 为 MIS 2;深度 28~145 cm 的沉积物,其年龄大于 42.8 ka,褐色层 B2a,B2b 和 B3 以及 IRD 8-11 事件与邻近的 P23 岩芯和 M03 岩芯有较好的对应关系(Wang Rujian et al., 2013;梅静等, 2012),为 MIS 3 的沉积(图 8-55)。

(2)北风脊 MOR02 岩芯的地层年代框架

北风脊 MOR02 岩芯的浮游有孔虫丰度变化显示(图 8-57),有孔虫丰度仅在深度 132~

142 cm 和 150～162 cm 处出现高峰，这两个层位平均浮游有孔虫丰度分别为 1 241 枚/g 和 1 230 枚/g。其余层位的浮游有孔虫几乎缺失，其平均丰度为 1 枚/g。浮游有孔虫丰度变化形式与底栖有孔虫丰度完全一致。

该岩芯 IRD(>1 mm)含量的变化范围是 0%～10.5%，平均值为 0.98%。高峰出现在深度 42～44 cm，68～74 cm，124～140 cm 和 150～162 cm。其余深度 IRD(>1 mm)含量较少。IRD(>154 μm)含量变化范围是 0.04%～17.7%，平均值为 3.7%，其变化形式与 IRD(>1 mm)含量基本一致(图 8-58)。

MOR02 岩芯沉积物中 Nps 的 AMS ^{14}C 测年结果显示，沉积物深度 138～140 cm 的年龄为 43.9 ka，深度 152～154 cm 的年龄为 46.1 ka(表 8-16)。为了建立 MOR02 岩芯的地层年代框架，我们将 MOR02 岩芯与北风脊的 P37，P39 和 P25 岩芯(Cronin et al.，2014；Polyak et al.，2013；Yurco et al.，2010)的有孔虫丰度和 IRD 事件进行对比(图 8-57，图 8-58)。由于该岩芯顶部沉积物有孔虫缺失，缺乏 AMS ^{14}C 测年数据，因此通过 MOR02 岩芯与北风脊其他岩芯的 IRD 事件对比，以及北风脊区域沉积速率建立地层年代框架。北风脊地区沉积速率的研究表明，除少数站位以外，一般沉积速率较高，为 1.5～3.1 cm/ka(Stein et al.，2010；Yurco et al.，2010)。根据 MOR02 岩芯的 IRD 含量，以 IRD(>1 mm)含量 2%为界，可以识别出 5 明显的 IRD 事件，分别为 IRD 2/3(?)，IRD 6-10 事件。其中深度 42～44 cm 的 IRD 2/3(?)事件出现在 MIS 2；深度依次为 62～74 cm，80～86 cm，124～140 cm 和 150～160 cm 的 IRD 6-9 事件出现在 MIS 3(Darby et al.，2008)。因此，推测 MOR02 岩芯可以分为 MIS 3-MIS 1 的沉积序列，其中深度 0～20 cm 为 MIS 1，深度 20～52 cm 为 MIS 2，深度 52～218 cm 为 MIS 3(图 8-57)。

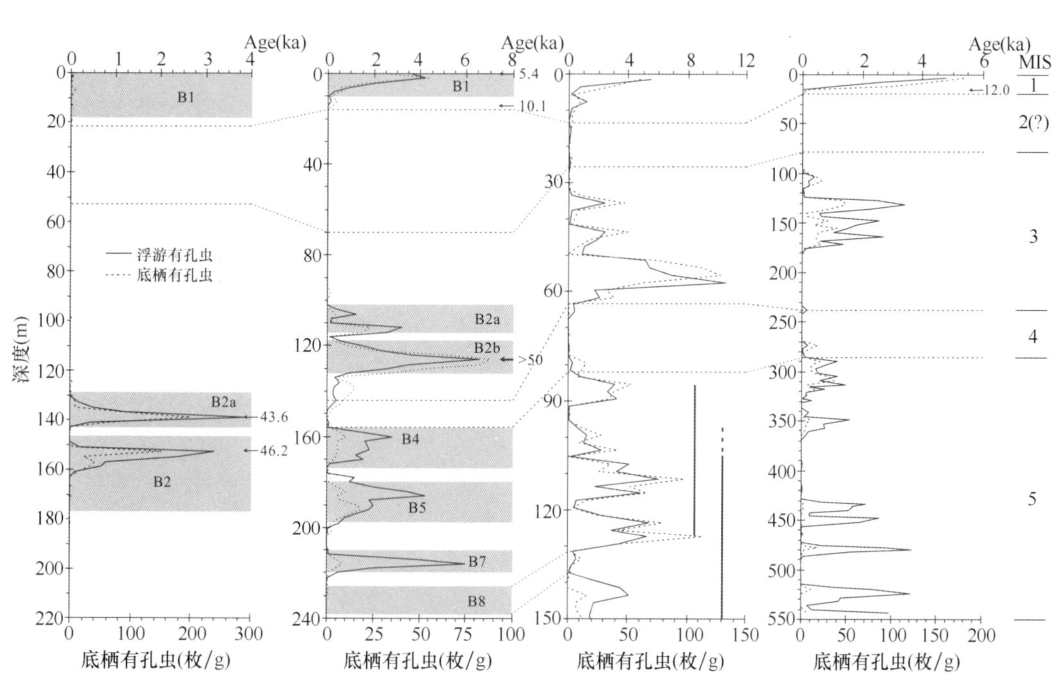

图 8-57 北风脊 ARC4-MOR02 和 ARC3-P37 岩芯有孔虫丰度、AMS ^{14}C 测年结果与 P39(Polyak et al.，2013)和 P25(Yurco et al.，2010)岩芯的对比

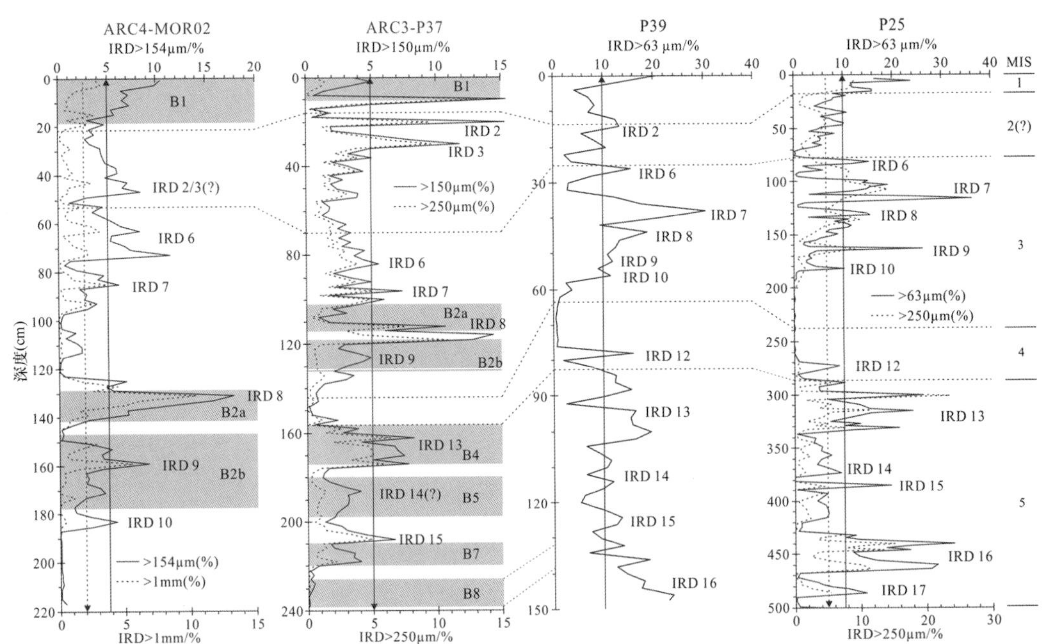

图 8-58 北风脊 ARC4-MOR02 和 ARC3-P37 岩芯 IRD 含量以及 IRD 事件与 P39(Polyak et al., 2013)和 P25(Yurco et al., 2010)岩芯的对比

8.3.1.4 楚科奇海台的 IRD 事件

根据楚科奇海台 BN03,P23(章陶亮等,2014)和 P31(梅静等, 2012)岩芯与楚科奇深海平原 M03(Wang Rujian et al., 2013)和 340-5 岩芯(Stein et al., 2010;März et al., 2011)沉积物的地层与 IRD 含量对比(图 8-56),BN03 岩芯可以识别出 6 个 IRD 事件,其中 IRD 2/3(?)事件发生于 MIS 2,IRD 7-11 事件发生于 MIS 3:其中 IRD 8,IRD 9 和 IRD 11 事件分别出现在 MIS 3 的褐色层 B2a,B2b 和 B3 中。P31 岩芯的 IRD 8 事件和 IRD 9 事件出现在 MIS 3,IRD 2/3(?)事件出现在 MIS 2。P23 岩芯可以识别出 4 个 IRD 事件:其中 IRD 7-9 事件出现在 MIS 3,IRD 2/3(?)事件出现在 MIS 2;IRD 2/3(?)事件与 IRD 7 事件之间可能存在沉积间断(章陶亮等,2014),这是由于该地区末次冰盛期较厚的冰层覆盖,使得该地区 IRD 4-6 事件缺失;IRD 8 和 IRD 9 事件出现在 MIS 3 的两个褐色层 B2a 和 B2b 中。M03 岩芯可以识别出 6 个 IRD 事件:其中 IRD 11 事件出现于 MIS 3 的褐色层 B3 中,对应于 BN03 岩芯的 IRD 11 事件;IRD 2/3(?)事件,IRD 7-10 事件与 BN03 和 P23 岩芯的 IRD 事件对应(图 8-56)。340-5 岩芯根据大于 2 mm 的 IRD 统计,可以识别出 4 个 IRD 事件,全部出现于 MIS 3:分别是位于 MIS 3 的两个褐色层 B2a 和 B2b 中的 IRD 8-10 事件,以及出现在褐色层 B3 中的 IRD 11 事件。

对比楚科奇海台和楚科奇深海平原 5 个岩芯沉积物的岩性以及 IRD 事件(图 8-56),在 MIS 3,发现在岩芯 BN03,M03 和 340-5 的褐色层 B3 中,出现较高的 IRD 含量,对应于 IRD 11 事件,该事件可能出现于 MIS 3 早期。除了 P31 岩芯较短未发现两个褐色层,其他 4 个岩芯均在两个褐色层 B2a 和 B2b 中出现较高的 IRD 含量,分别对应于 IRD 8 和 IRD 9 事件;另外,BN03,M03 和 340-5 岩芯的 IRD 10 事件出现于 MIS 3 褐色层 B2b 下部。在 MIS 2,岩芯 BN03,P31,P23 和 M03 出现较高的 IRD 含量,对应于 IRD 2/3(?)事件。IRD 2/3(?)事件与 IRD 7 事件之间可能存在沉积间断。

8.3.1.5 北风脊的IRD事件

根据北风脊MOR02,P37,P25(Cronin et al., 2014;Yurco et al., 2010)和P39岩芯(Cronin et al., 2014;Polyak et al., 2013)这4个岩芯沉积物的地层划分与IRD含量对比(图8-58),MOR02岩芯可以识别出6个IRD事件:IRD 6-10事件出现于MIS 3,其中IRD 8和IRD 9事件出现于MIS 3的褐色层B2a和B2b中;IRD 2/3(?)事件出现于MIS 2,并且与IRD 6事件之间可能存在沉积间断。北风脊MOR02岩芯的IRD 2/3(?)和IRD 7-10事件对应于楚科奇海岩芯的IRD事件(图8-56)。P37和P39岩芯的IRD事件相似,其中IRD 13-15事件出现在MIS 5(图8-58);IRD 6-10事件出现于MIS 3;在MIS 2,P37岩芯可以识别出IRD 2和IRD 3事件,而P39岩芯只能识别出一个IRD 2/3(?)事件。以IRD(>250 μm)含量5%为界,P25岩芯可以识别出11个IRD事件,其中IRD 13-17事件出现于MIS 5;IRD 12事件出现于MIS 4;IRD 6-10事件出现于MIS 3,其中IRD 8-9事件出现于褐色层B2中;MIS 2的IRD事件在P25岩芯中不明显(图8-58)。

对比北风脊4个岩芯沉积物的IRD事件(图8-58),其中IRD 13-17事件出现于MIS 5,IRD 12事件出现于MIS 4,IRD 6-10事件出现于MIS 3,IRD 2和IRD 3事件出现于MIS 2。北风脊沉积物的IRD事件与楚科奇海地区有着较好的对应关系。

8.3.1.6 楚科奇海台和北风脊地区的IRD事件及其来源

现代西北冰洋楚科奇海台和北风脊地区主要受波弗特环流控制,沉积物中的IRD来源于加拿大北极群岛和波弗特海沿岸,随波弗特环流被搬运至西北冰洋各地(Phillips et al., 2001)。冰期北冰洋的沉积环境与现代不同,海平面显著降低,冰盖面积增大,北美冰盖向加拿大海盆延伸,导致波弗特环流减弱(Polyak et al., 2001,2004)。根据楚科奇海表层沉积物黏土矿物源区的研究,楚科奇海台的黏土矿物来源为欧亚陆架和加拿大北极群岛周边海域的海冰沉积和大西洋水体的搬运以及加拿大马更些河的河流注入,西拉普捷夫海和喀拉海的黏土矿物可以通过大西洋中层水进入楚科奇海台(董林森等,2014;Vogt et al., 2009)。加拿大北极群岛的班克斯岛和马更些河为北风脊沉积物的主要来源(董林森等,2014)。北冰洋IRD搬运方式的研究表明,虽然海冰、大冰块和冰山都能携带或搬运IRD,但其搬运能力不同,海冰主要携带的是细砂级以下(<250 μm)的IRD,而较粗的IRD(>250 μm)主要是通过大冰块以及冰山搬运进入沉积区(Phillips et al., 2001;Darby et al., 2008)。

楚科奇海和北风脊的9个岩芯沉积物中,只有北风脊的P25,P37和P39岩芯沉积物的底部年龄可达MIS 5(Polyak et al., 2013;Yurco et al., 2010),其他岩芯的底部年龄为MIS 3或MIS 4(图8-57和图8-58)。P25岩芯的IRD 17事件对应于较高的Ca元素相对含量;对比这3个岩芯在MIS 5的IRD 13-17事件,P37和P39岩芯的IRD 13-15事件对应于较高的Ca元素相对含量(图8-59);P25岩芯MIS 5的IRD 13-17事件也对应于Ca元素高峰(Polyak et al., 2013;Yurco et al., 2010),表明了当时北风脊地区碎屑碳酸岩含量的增加。北冰洋沉积物中碎屑组分的研究表明,碎屑碳酸岩主要来源于加拿大北极群岛分布广泛的古生代碳酸岩露头(Clark et al., 1980;Darby et al.,1989;Fagel et al., 2014),它们通过加拿大北极群岛的麦克卢尔等海峡冰流被输送到波弗特海,夹带在大冰块和冰山里,被波弗特环流搬运至楚科奇海和北风脊的沉积物中(Wang Rujian et al., 2013;Bischof et al., 1996)。因此,北风脊地区MIS 5的IRD事件来源于加拿大北极群岛的古生代碳酸岩露头。

在 MIS 4,P39 和 P25 岩芯的 IRD 12 事件均对应于较高的 Ca 元素相对含量(Polyak et al., 2013;Yurco et al., 2010),指示了该 IRD 事件也来源于加拿大北极群岛。

在 MIS 3,BN03 岩芯的 IRD 8-10 事件对应于较高的 Ca 元素相对含量(图 8-59),IRD 7 事件由于缺乏对应的 XRF 数据难以判断元素相对含量;P23,MOR02 和 P37 岩芯的 IRD 7-9 事件均对应于 Ca 元素相对含量的高峰(图 8-59)。M03 岩芯的 IRD 7-9 事件以及 P39 和 P25 岩芯 MIS 3 的 IRD 6-9 事件也对应于较高的 Ca 元素相对含量(Polyak et al., 2013;Yurco et al., 2010;Wang Rujian et al., 2013),即碎屑碳酸岩含量的增加。与 MIS 5 的楚科奇边缘地区的 IRD 事件相似,MIS 3 该地区的 IRD 事件来源于加拿大北极群岛的古生代碳酸岩露头,但根据 Wang 等(2013)对于 M03 岩芯 MIS 3 的 IRD 事件的研究,除了来源于加拿大北极群岛外,欧亚大陆和东北冰洋边缘海对其 MIS 3 的 IRD 事件也有贡献(Wang Rujian et al., 2013)。IRD 8 事件与 IRD 9 事件出现于 MIS 3 的褐色层中,对应于较高的有孔虫丰度(图 8-55 和图 8-57),表明研究区发生了融冰水事件(Wang Rujian et al., 2013;章陶亮等,2014),此时研究区为间冰段,具有高生产力和开放的海区环境,使得 IRD 事件中有孔虫的丰度较高。

根据 Darby 和 Zimmerman(2008)的研究,在 MIS 2,IRD 2 和 IRD 3 事件的年龄分别为 13~15 ka 和 16~17.5 ka。楚科奇海台和北风脊出现了 IRD 2/3(?)事件,其中,北风脊地区的 MOR02 岩芯的 IRD 2/3(?)事件对应于较高的 Ca 元素相对含量(图 8-59),并且 P39 岩芯的 IRD 2/3(?)事件同样对应较高的 Ca 元素相对含量(Polyak et al., 2013),表明北风脊地区 MIS 2 的 IRD 2/3(?)事件来源于加拿大北极群岛的古生代碳酸岩露头。这与加拿大北极群岛的班克斯岛和马更些河为北风脊沉积物的主要来源(董林森等,2014)的结果一致。另外,Yurco 等(2010)对于北风脊 P25 的黏土矿物研究发现,冰期该岩芯的沉积物主要来源于北美的劳伦泰德冰盖(Laurentide Ice Sheet)。楚科奇海台的 P23 和 BN03 岩芯沉积物 MIS 2 的 IRD 2/3(?)事件对应的 Ca 元素相对含量较低(图 8-59),M03 岩芯 IRD 2/3(?)事件也对应于较低的 Ca 元素相对含量和 $CaCO_3$ 含量(Wang Rujian et al., 2013),指示了一个与北风脊不同 IRD 的来源。同时,楚科奇海的 P23 岩芯和 M03 岩芯的 IRD 2/3(?)事件对应较高的石英含量(Wang Rujian et al., 2013;章陶亮等,2014),推测楚科奇海 IRD 2/3(?)事件中的沉积物可能来源于欧亚大陆和东北冰洋边缘海,其最显著的特征是石英含量较高(Stein et al., 2010;Spielhagen et al., 2004)。楚科奇海台 P31 的 IRD 2/3(?)事件对应于较高的 Ca 元素相对含量,由于 P31 岩芯水深较浅,仅为 435m(表 8-15),在 MIS 2 被厚达 1km 的冰盖完全覆盖至海底,因此无法接受来自于欧亚大陆沉积,在 MIS 2 几乎沉积完全间断,与 M03 岩芯和 P23 岩芯有着不同的沉积模式(Polyak et al., 2013;Wang Rujian et al., 2013;Niessen et al., 2013)。

8.3.1.7 IRD 事件指示的北极冰盖演化

北冰洋东部的冰山和 IRD 大部分来源于欧亚冰盖,而北冰洋西部的 IRD 沉积指示了一个更复杂的起源,主要来自于北美冰盖,包括冰消期的几次 IRD 事件(Löwemark et al., 2008)。过去对于北极冰盖的研究认为北极冰盖在 LGM 覆盖了北美洲北部和欧亚大陆北部的大部分地区,其中北美冰盖向加拿大海盆进一步延伸、断裂,厚达 800 m 的冰架直接覆盖楚科奇海台和北风脊地区(Polyak et al., 2013; Jakobsson et al., 2010),而欧亚冰盖终止于拉普捷夫海的边缘,但楚科奇海和东西伯利亚地区的大部分地区被认为没有冰盖(Ehlers et al., 2007;Svendsen et al., 2004;Stauch et al., 2008)。但最新的地球物理和海底地形与地貌形态的证据表明,东西伯

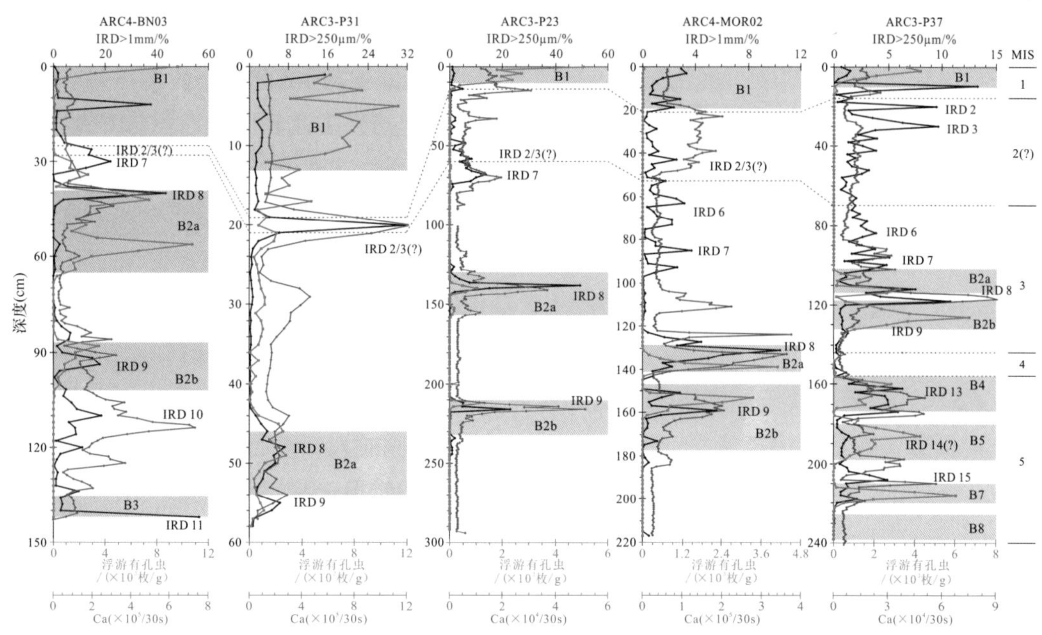

图 8-59　楚科奇海台的 ARC4-BN03，ARC3-P31（梅静等，2012）和 ARC3-P23（章陶亮等，2014）岩芯与北风脊 ARC4-MOR02 和 ARC3-P37 岩芯 IRD 事件与 Ca 元素相对含量和浮游有孔虫丰度的对比

利亚海在冰期存在一个单独的冰盖（Niessen et al.，2013；Brigham-Grette et al.，2013），其范围覆盖了楚科奇深海平原和楚科奇海台的 4 个岩芯 P31，P23，M03 和 340-5 岩芯，而 BN03 岩芯和北风脊的 4 个岩芯 MOR02，P37，P39 和 P25 岩芯正好处于这个冰盖的边缘（图 8-54）。

在冰期，楚科奇深海平原和楚科奇海台岩芯沉积物在 MIS 2 的沉积速率很低，平均沉积速率仅为 1.11 cm/ka，其中 BN03 和 M03 岩芯在 MIS 2 的沉积速率为 0.2 cm/ka（图 8-55），P31 岩芯在 MIS 2 也仅有 0.16 cm/ka 的沉积速率，远低于楚科奇海全新世以来的平均沉积速率（梅静等，2012；刘伟男等，2012）。在北风脊地区，4 个岩芯在 MIS 2 的平均沉积速率为 2.7 cm/ka，明显高于楚科奇海。楚科奇深海平原和楚科奇海台在 MIS 2 较低的沉积速率可能是由于该地区在 LGM 受到厚厚的冰层覆盖，导致沉积物急剧减少（Stein et al.，2010；Wang Rujian et al.，2013；梅静等，2012），这与该地区冰期存在一个冰盖的结果一致（Niessen et al.，2013；Brigham-Grette et al.，2013）；而北风脊地区在 LGM 时期处于这个冰盖的边缘，并未被完全覆盖，来自于冰盖边缘和海冰中的沉积物输入增加，导致较高的沉积速率。如前文所述，在 MIS 2 楚科奇海台和北风脊岩芯沉积物中出现了 IRD 2/3（?），IRD 2 和 IRD 3 事件（图 8-56 和图 8-58）。在 LGM 时期，由于楚科奇深海平原和楚科奇海台受到一个靠近欧亚大陆的冰盖覆盖（图 8-54），阻断了来自于北美冰盖的沉积物输入，导致了沉积物中的 IRD 事件对应于较少的碎屑碳酸岩和较高的石英颗粒含量，因此其沉积物可能主要来源于欧亚大陆和东北冰洋边缘海；与楚科奇深海平原和楚科奇海台不同的是，LGM 时期北风脊地区正处于这个冰盖边缘，受到其影响较小，同时北美冰盖进一步向加拿大海盆延伸、断裂（Niessen et al.，2013；Dyke et al.，2002），冰山和大冰块携带了较高的碎屑碳酸岩，因此北风脊地区的沉积物主要来源于北美冰盖。

在间冰期，北风脊地区 MIS 5 的 IRD 事件对应于较高的碎屑碳酸钙含量，来源于加拿大北极群岛。在 MIS 3 和 MIS 1，楚科奇海台和北风脊地区的 IRD 主要来源于加拿大北极群岛，它们被加拿大北极群岛的麦克卢尔等海峡冰流被输送到波弗特海，夹带在大冰块和冰山里，被波弗特环流搬运至楚科奇海台和北风脊地区(Phillips et al., 2001;Darby et al., 2008)。因此,间冰期楚科奇海台和北风脊地区不再受到冰盖覆盖,指示了楚科奇海西部冰盖在间冰期的消亡。

8.4 总结

在中国第一次、第二次和第三次北极科学考察沉积物样品研究的基础上,本章节利用中国第四次北极科学考察白令海和北冰洋西部表层沉积样品以及岩芯沉积物等相关资料,对楚科奇海和白令海北部悬浮体含量分布及颗粒组分特征、白令海与西北冰洋表层沉积物粒度分布特征及其环境意义、黏土矿物分布特征及物质来源、矿物学特征及其物质来源、磁化率特征、四醚膜类脂物研究及其生态和环境指示意义、底栖有孔虫组合及其古环境意义、马卡洛夫海盆现代浮游有孔虫深度分布及其生态与氧碳同位素特征以及西北冰洋楚科奇边缘地晚第四纪冰筏碎屑记录及其古气候意义进行了分析,对深入了解白令海和北冰洋西部海域现代和过去的环境变化具有一定的参考价值,主要结果如下。

楚科奇海悬浮体含量在其南部和中北部中下层海水中含量最高,阿拉斯加沿岸和巴罗峡谷中下层海水中含量次之。楚科奇海中部海水中悬浮体含量较低。楚科奇海南部和中北部的悬浮体颗粒,以硅藻为主,但楚科奇海南部海水中的几乎全部为中心纲的硅藻种属,而楚科奇海中北部海水中硅藻,既有中心纲的,也有羽纹纲的硅藻种属。阿拉斯加沿岸和巴罗峡谷海水中的悬浮体,为生物碎屑和陆源碎屑。楚科奇海南部以硅藻为主的悬浮体,受富营养盐的经白令海峡西侧流入的阿纳德尔流的影响,而楚科奇海中北部以硅藻为主的悬浮体,受冬季流入楚科奇海的太平洋残留海水的影响。阿拉斯加沿岸和巴罗峡谷中的悬浮体,则受低营养的阿拉斯加沿岸流和阿拉斯加入海河流输入的陆源悬浮颗粒物的影响。

白令海陆架海区悬浮体含量大体呈现出表层浓度低而底层浓度高的特点。表层海水悬浮体含量在白令海峡西侧,以及陆架东侧靠近阿拉斯加沿岸含量较高。底层海水中悬浮体含量则在白令海峡西侧的海域,以及白令海陆架西南部的圣马修岛西北侧海域较高。白令海陆架西南部坡折带底层海水中,悬浮体颗粒主要由生物骨骼碎屑组成。在陆架北部,西侧营养盐丰富,而东侧营养盐匮乏又受河流冲淡水的影响,导致圣劳伦斯岛北侧靠近楚科奇半岛一侧的海区悬浮颗粒物以藻类为主,而在东侧的阿拉斯加沿岸流区悬浮颗粒则以陆源的碎屑矿物为主。白令海悬浮颗粒物的分布受物源、洋流和生物等作用的控制。陆架悬浮体浓度的高值区多位于近底层海水中,体现了陆架流系对底床物质的再悬浮作用。在西南部的悬浮体高值区是悬浮体受沿路坡爬升的阿纳德尔流的再悬浮作用的表现,而底层悬浮体浓度自南向北逐渐减弱的模式体现了白令海陆架水以及阿纳德尔流携带悬浮颗粒向北输运的作用。

白令海与西北冰洋表层沉积物粒度砂含量的变化较大,0%~100%不等,含量较大的区域集中在白令海东北部靠近阿拉斯加的陆架区、白令海峡;粉砂含量分布与砂含量差别较大,在楚科奇海的西部和北部海区含量较高;白令海峡以北海域,随着水深的增加,黏土含量逐渐增加,陆架与陆坡交接处有明显的界线,界线以北直至阿尔法脊等海区黏土含量较高;界线以南直至深海区,黏土含量均较低。根据粒度组成,并结合 Folk 分类命名原则,将北冰洋及西北太平洋海域表层沉积物划分为砂、粉砂质砂、砂质粉砂、粉砂、砂质泥、泥 6 个沉积物类型。平均粒径和分选系数从白令海到北冰洋深海区增大。根据偏度可以将研究区分为二个区:加拿大海盆、楚科奇海台、阿尔法脊以及马卡洛夫盆地附近为负偏;白令海以及楚科奇海的沉积物为正偏,从白令海到北冰洋深海区域偏态变小。白令海与西北冰洋的沉积物来源主要是陆源碎屑以及冰筏沉积物。白令海及白令海峡附近沉积物主要来自于楚科奇半岛及阿拉斯加的陆源碎屑,并被堪察加洋流、阿纳德尔流、白令陆坡流、阿拉斯加沿岸流等多条海流再悬浮搬运;楚科奇海及其以北海域,则以冰筏沉积物为主,辅以部分洋流携带而来的细粒陆源碎屑,其中北大西洋中层水、波弗特环流起重要作用。白令海、白令海峡及楚科奇海中南部表层沉积物受洋流影响较大,部分受季节性洋流影响;楚科奇海北部以北地区受洋流影响较小,只有北大西洋中层水对其有一定作用。

北冰洋西部表层沉积物黏土矿物的区域分布和变化具有明显的规律性:从楚科奇海到北冰洋深水区,蒙皂石含量增高,绿泥石含量降低,伊利石高值区出现在楚科奇环阿拉斯加海域以及楚科奇高地和北风脊,高岭石的高值区出现在阿尔法脊和加拿大海盆的北端。北冰洋西部表层沉积物伊利石化学指数西侧高于东侧,楚科奇海高于北冰洋深水区,伊利石结晶度值总体上西侧低于东侧。楚科奇海的黏土矿物是西伯利亚和阿拉斯加的火山岩、变质岩以及一些含高岭石的沉积物以及古土壤等,经河流搬运,在北太平洋的三股洋流及西伯利亚沿岸流的作用下沉积形成的,其中Ⅲ类和Ⅳ类矿物来源为西伯利亚陆地,经河流搬运后在西伯利亚沿岸流的作用下到达楚科奇海的西侧,Ⅱ类组合可能是阿纳德尔流搬运而来,Ⅵ类矿物由白令海陆架水搬运而来,Ⅰ类矿物由西伯利亚沿岸流搬运而来。西北冰洋深水区的黏土矿物以穿极漂流和波弗特环流控制的海冰搬运为主,来源分别为欧亚陆架和加拿大北极群岛周缘海域,楚科奇高地和北风脊的Ⅰ类矿物组合可能由于北大西洋中层水的搬运,加拿大马更些河为加拿大海盆的南端和北风脊提供黏土矿物。

北冰洋西部表层沉积物中的主要矿物(含量>5%)以石英、斜长石、钾长石、云母为主,典型矿物包括方解石、白云石、辉石、角闪石、高岭石和绿泥石等,这些矿物可以示踪沉积物的物质来源。此外,在 XRD 谱线上还识别出了针铁矿、钙十字石、文石、盐岩、锐钛矿、黄铁矿、菱铁矿和硬石膏等矿物。共分出 6 个矿物组合。又将Ⅰ类矿物组合分为Ⅰa1、Ⅰa2、Ⅰb1、Ⅰb2 和Ⅰc 五类。其中,Ⅰa1 和Ⅵ型矿物组合石英含量较高,Ⅰa2 和Ⅰc 型矿物组合相似,与其他矿物组合相比,以斜长石和角闪石含量高为特征,Ⅰb 型矿物组合以云母含量高,石英和斜长石含量低为特征,Ⅱ型和Ⅴ型矿物组合以方解石和白云石含量高为特征,Ⅲ型矿物组合以白云石含量高为特征,Ⅳ型矿物斜长石和钾长石含量高。楚科奇海的矿物组合类型包括Ⅰa1、Ⅰa2、Ⅰc 型、Ⅲ、Ⅳ型以及Ⅵ型。其中,Ⅳ分布在楚科奇海的中部靠近白令海峡处,这主要是阿纳德尔流携带的来自阿纳德尔河的沉积物,Ⅰa2 和Ⅰc 型沉积物矿物组合相似,分布在楚科奇海的西侧,受阿纳德尔流和东西伯利亚沿岸流的双重影响,沉积物来自西伯利亚陆地的高含长石的一些火山岩。Ⅰa2 和Ⅵ型分布在楚科奇海的东侧,石英含量高,来源为阿拉斯加沿岸流携带的育空河及卡斯奎姆河的沉积物。Ⅲ型分布在阿拉斯加北部,碳酸盐含量高,这与马更些河搬运的沉积物有关。北冰洋西部深水区的组合类型主要包括Ⅰb1 型、Ⅰb2、Ⅱ型、Ⅴ型。Ⅱ型、Ⅴ型沉积物以方解石和白云石含量高为特点,主要受波弗特环流的影响,来源主要为加拿大北极群岛的班克斯岛和维多利亚岛,此外还受来自西伯利亚陆架主要是拉普捷夫海沉积物的影响。Ⅰb1 型分布在楚科奇海北部边缘及加拿大海盆南端,方解石和白云石的含量较低,说明受波弗特环流影响相对较小,Ⅰb2 型沉积物方解石和白云石含量更低,说明几乎不受波弗特环流的影响。这两种类型的主要来源是来自拉普捷夫海的海冰沉积物,此外一些黏土级细粒物质可能由大西洋中层水携带而来。

白令海陆架表层沉积物质量磁化率值整体高于楚科奇海陆架的。在白令海，表层沉积物质量磁化率值在育空河口外侧和圣劳伦斯岛南侧的陆架上最高，向北和西南方向质量磁化率值变小。西北冰洋楚科奇海陆架中东部表层沉积物的质量磁化率高于阿拉斯加沿岸和高纬度深海平原和洋脊区的。白令海和西北冰洋表层沉积物的频率磁化率变化趋势与质量磁化率的相反，非磁滞磁化率的变化趋势与质量磁化率的相似。白令海和西北冰洋表层沉积物中的磁性矿物种类具明显的区域性分布。白令海圣劳伦斯岛南北两侧和育空河口外侧沉积物中的磁性矿物为磁铁矿，靠近俄罗斯陆地一侧和楚科奇海中东部陆架上为磁赤铁矿和磁铁矿。楚科奇海阿拉斯加沿岸表层沉积物中含黄铁矿。楚科奇海陆坡区及其以北的深海平原与洋脊区，表层沉积物中含胶黄铁矿和黄铁矿，并且胶黄铁矿在高纬度区含量增加。沉积物中的铁磁性矿物种类差异表明，白令海陆架东部以磁铁矿主的表层沉积物是育空河输入的，并向北和西南方向扩散。阿拉斯加沿岸含黄铁矿的沉积物，是阿拉斯加西北部中小河流输入的，并受阿拉斯加沿岸流的控制。楚科奇海陆架上的沉积物，来自白令海或东西伯利亚海。楚科奇海陆坡及其以北的深海平原和洋脊区的胶黄铁矿，为自生成因的。受物质来源、洋流、沉积环境等因素的控制，白令海和西北冰洋沉积物中的磁性矿物种类和成因具区域性特征。在利用环境磁学参数进行沉积物柱样古气候环境变化的研究中，需考虑不同的区域磁性矿物的来源和变化等因素。

西北冰洋表层沉积物中类异戊二烯和支链 GDGTs 的浓度分布大致以楚科奇海和波弗特海的陆坡为界线，呈现南高北低的分布特征，这一分布趋势与太平洋水的影响基本上限制在楚科奇陆架范围相一致，而影响不到楚科奇海和波弗特海陆坡以北的海区。楚科奇海高的类异戊二烯和支链 GDGTs 响应于该区高的初级生产力，但支链 GDGTs 的一部分可能来源于白令海峡两侧和阿拉斯加的陆源有机物质的输入。基于西北冰洋表层沉积物中陆源输入指数 BIT 估算的海源与陆源有机物质的相对比例显示，从楚科奇海至北部高纬度区的阿尔法脊，BIT 值逐渐增加，反映陆源有机物质输入的增加，与前人通过有机碳稳定同位素 $\delta^{13}C$ 以及烷烃、醇类和酮类生物标记物的研究结果相一致，表明 BIT 可以用来指示北极陆源有机质输入量的变化。应用前人的 TEX_{86}^{L}-SST 方程估算的白令海和西北冰洋表面海水温度 TEX_{86}^{L}-SST 与现代年均 SST 和夏季平均 SST 的比较显示，前者与后二者的相关性较差，其主要原因可能与陆源输入的类异戊二烯 GDGTs 干扰有关，尤其在楚科奇以北的高纬度海区陆源有机质超过海洋自生有机质。而永久性海冰覆盖区较低的古菌生产力也可能造成表层沉积物中类异戊二烯 GDGTs 含量降低，导致实验分析中准确积分困难，限制了北极类异戊二烯 GDGTs 在重建 TEX_{86}^{L}-SST 的应用。从季节性海冰覆盖区到永久性海冰覆盖区，基于支链 GDGTs 的环化指数 CBT 明显升高，可能反映了环化指数 CBT 对海冰覆盖状况的响应，但是 CBT 如何响应海冰覆盖状况的机制依然还不清楚。基于支链 GDGTs 的环化指数 CBT 和甲基化指数 MBT 估算的北极陆地年均大气温度和土壤 pH 差异较大，可能该区表层沉积物来源相对较复杂，陆源有机物质在搬运的过程中可能发生混合，从而导致 MAT 值相对分散，缺乏相关性。因此，在运用 MBT/CBT 指数重建陆地环境时，有必要选择沉积物源单一的区域，比如河口区。

楚科奇海区低的底栖有孔虫丰度主要受较高的陆源物质输入的稀释作用影响；楚科奇海台和阿尔法脊较高的底栖有孔虫丰度主要受到暖而咸的大西洋中层水的影响；受碳酸钙溶解作用影响的门捷列夫深海平原和加拿大海盆底栖有孔虫丰度较低，并且水深 3 597 m 的站位出现了似瓷质壳的 *Pyrgo williamsoni* 和 *Quinqueloculina orientalis*，说明该区的 CCD 深度大于 3 600 m。

根据7个底栖有孔虫优势属种的百分含量分布特征，将底栖有孔虫埋葬群划分为5个区域组合。南楚科奇海陆架—白令海峡组合的优势种为 *Elphidium excavatum* 和 *Buccella frigida*，可能反映受白令海陆架水影响的浅水环境；阿拉斯加沿岸—波弗特海组合的优势种为 *Florilus scaphus* 和 *Elphidium albiumbilicatum*，可能反映受季节性海冰融化，低盐的阿拉斯加沿岸流以及河流淡水输入影响的低盐环境；大西洋中层水组合的优势种为 *Cassidulina laevigata*，可能反映高温高盐的大西洋中层水影响的环境；北极深层水组合的优势种为 *Cibicidoides wuellerstofi*，可能反映水深大于1 500 m低温高盐的北极深层水环境；门捷列夫深海平原组合的优势种为 *Oridorsalis umbonatus*，可能反映低营养的底层水环境。

在马卡洛夫海盆BN13站位，大于150 μm的浮游有孔虫组合以极地种 *N. pachyderma* (sin.)占绝对优势，平均含量92.3%；其次为 *N. pachyderma* (dex.)，平均含量4.3%；未见亚极地种 *T. quinqueloba*。马卡洛夫海盆浮游有孔虫主要生活在水深50~100 m的上部盐跃层中，其次是水深100~200 m间隔，而水深200~500 m和500~1 000 m两个间隔出现的都是死体空壳。BN13站位不同时间取得的拖网样品显示，虽然浮游有孔虫主要生活在盐跃层中，但盐跃层中温度的变化会影响到浮游有孔虫的绝对丰度和在水柱中的分布，盐跃层更暖的环境更有利于浮游有孔虫的发育。马卡洛夫海盆水深100~200 m间隔 *N. pachyderma* (sin.)壳体较轻的 $\delta^{18}O$ 值应与海冰冻结时析出的轻同位素卤水有关，而水深50~100 m间隔较重的 $\delta^{18}O$ 值可能是受海冰融化形成的重同位素低盐水影响。

通过西北冰洋楚科奇海台BN03岩芯，北风脊P37岩芯和MOR02岩芯中的Ca和Mn元素相对含量、有孔虫丰度、AMS^{14}C测年结果和IRD含量的分析，并与该地区其他岩芯的地层进行对比，建立了这3个岩芯的地层年代框架。在此基础上，研究了该地区9个岩芯沉积物中的IRD事件及其来源，并探讨了晚第四纪以来北极冰盖的演化，得出以下3点结论。

(1)通过楚科奇海台BN03和北风脊MOR02和P37岩芯沉积物中的浮游有孔虫Nps-AMS ^{14}C的测年结果以及有孔虫丰度，IRD含量和区域性褐色地层的对比，初步建立了这2个岩芯的地层年代框架。楚科奇海台BN03岩芯深度0~25 cm为氧同位素(MIS)1期，深度25~28 cm为MIS 2，深度28~145 cm为MIS 3。北风脊MOR02岩芯深度0~20 cm为MIS 1，深度20~52 cm为MIS 2，深度52~218 cm为MIS 3。在北风脊地区MIS 5的IRD 13-17事件，MIS 4的IRD 12事件，MIS 3的IRD 6-10事件和MIS 2的IRD 2/3(?)事件中，IRD事件对应于较高的碎屑碳酸岩含量，表明了这些IRD事件均来自于加拿大北极群岛的碳酸岩露头，被波弗特环流搬运至北风脊；而在楚科奇海深海平原和楚科奇海台MIS 3的IRD 7-10事件中，IRD事件也对应于较高的碎屑碳酸岩含量，表明也来自于加拿大北极群岛的碳酸岩露头，但MIS 2的IRD 2/3(?)对应于较低的碎屑碳酸岩和较高的石英碎屑含量，这些IRD可能来源于欧亚大陆和东北冰洋边缘海。

(2)在MIS 2楚科奇海深海平原和楚科奇海台较低的沉积速率和来源于欧亚大陆和东北冰洋边缘海较高石英碎屑含量的IRD输入表明，楚科奇海深海平原和楚科奇海台可能受到一个冰盖的覆盖，阻止了北美地区沉积物的输入；而此时北风脊地区正处于这个冰盖的边缘，未被冰盖完全覆盖，因此沉积速率较高，其沉积物来源于北美地区，这与前人近期的欧亚大陆边缘冰盖研究结果一致。

(3)在间冰期，该冰盖消亡，楚科奇边缘地区的沉积物主要来源于加拿大北极群岛。

参考文献

陈立奇. 2003. 北极海洋环境与海气相互作用研究[M]. 北京：海洋出版社 . 1-339.

陈立奇. 2003. 南极地区与全球变化集成研究展望[J]. 地球科学进展，18(1) ：133-137.

陈立奇. 2003. 北极海洋环境与海气相互作用研究[M]. 北京：海洋出版社. 1-339.

陈荣华，孟翊，华棣，等. 2001. 楚科奇海与白令海表层沉积中的钙质和硅质微体化石研究[J]. 海洋地质与第四纪地质，21(4)：25-30.

陈志华，陈毅，王汝建，等. 2014. 末次冰消期以来白令海盆的冰筏碎屑事件与古海洋学演变记录[J]. 极地研究，(1):17-28.

陈志华，李朝新，孟宪伟，等. 2011. 北冰洋西部沉积物黏土的 Sm—Nd 同位素特征及物源指示意义. 海洋学报，33(2):96-102.

陈志华，石学法，蔡德陵，等. 2006. 北冰洋西部沉积物有机碳、氮同位素特征及其环境指示意义.海洋学报，28 (6)：61-71.

陈志华，石学法，韩贻兵，等. 2004. 北冰洋西部表层沉积物黏土矿物分布及环境指示意义[J]. 海洋科学进展，22(4):446-454.

董林森，刘焱光，石学法，等. 2014. 西北冰洋表层沉积物黏土矿物分布特征及物质来源[J]. 海洋学报:中文版，36(4):22-32.

董林森，石学法，刘焱光，等. 2014. 北冰洋西部表层沉积物矿物学特征及其物质来源[J]. 极地研究，(1):58-70.

方习生，石学法，程振波，等. 2013. 琉球群岛以东海域表层沉积物全样矿物特征及其地质意义.海洋地质与第四纪地质，33(3):57-63.

高爱国，王汝建，陈建芳，等. 2008. 楚科奇海与加拿大海盆表层沉积物表观特征及其环境指示[J]. 海洋地质与第四纪地质，28(6):49-55.

黄元辉，石学法，葛淑兰，等. 2014. 白令海深海异常沉积特征及成因分析[J]. 极地研究，26(1)：39-44.

李宏亮，陈建芳，刘子琳，等. 2007. 北极楚科奇海和加拿大海盆南部颗粒生物硅的粒级结构. 自然科学进展，17 (1)：72-78.

李向应，秦大河，效存德，等. 2011. 近期气候变化研究的一些最新进展. 科学通报，56：3029-3040.

李元芳，张青松. 1999. 北极阿拉斯加埃尔松潟湖及入湖河口的现代有孔虫[J]. 微体古生物学报，16(1)：22-30.

刘健，朱日祥，李绍全，等. 2003. 南黄海东南部冰后期泥质沉积物中磁性矿物的成岩变化及其对环境变化的响应. 中国科学(D 辑)[J]，33(6)：583-592.

刘健. 2000. 磁性矿物还原成岩作用述评. 海洋地质与第四纪地质[J]，20(4)：103-107.

刘升发，石学法，刘焱光，等. 2011. 东海内陆架泥质区夏季悬浮体的分布特征及影响因素分析. 海洋科学进展，29 (1)：37-46.

刘伟男，王汝建，陈建芳，等. 2012. 西北冰洋阿尔法脊晚第四纪的陆源沉积物记录及其古环境意义[J]. 地球科学进展，27(2):209-217.

刘子琳，陈建芳，刘艳岚，等. 2011. 2008 年夏季西北冰洋观测区叶绿素 a 和初级生产力粒级结构[J]. 海洋学报，33 (2)：124-133.

卢冰，周怀阳，陈荣华，等. 2004. 北极现代沉积物中正构烷烃的分子组合特征及其与不同纬度的海域对比[J]. 极地研究，16 (4)：281-294.

梅静,王汝建,陈建芳,等. 2012. 西北冰洋楚科奇海台 P31 孔晚第四纪的陆源沉积物记录及其古海洋与古气候意义[J]. 海洋地质与第四纪地质, 32(3): 77-86.

孟翊, 陈荣华, 郑玉龙. 2001. 白令海和楚科奇海表层沉积中的有孔虫及其沉积环境[J]. 海洋学报, 23(6):85-93.

潘晓驹, 焦念志. 2001. 海洋古菌的研究进展[J]. 海洋科学, 25 (2): 21-23.

邱中炎,沈忠悦,韩喜球. 2007. 北极圈海域表层沉积物的黏土矿物特征及其环境意义[J].海洋地质与第四纪地质, 27(3):31-36.

冉莉华, 陈建芳, 金海燕,等. 2012. 白令海和楚科奇海表层沉积物硅藻分布特征. 极地研究, 24(1): 15-23.

石丰登, 程振波, 石学法,等. 2007. 东海北部陆架柱样中底栖有孔虫组合及其古环境研究[J]. 海洋科学进展, 25(4): 428-435.

史久新, 赵进平, 矫玉田,等.2004. 太平洋入流及其与北冰洋异常变化的联系[J]. 极地研究, 16(3): 253-260.

隋翠娟,张占海,刘骥平,等. 2008. 北极河流径流量变化及影响因子分析. 海洋学报, 30(4): 39-47.

孙烨华, 王汝建, 肖文申,等. 2011.西北冰洋表层沉积物中生源和陆源粗组分及其沉积环境. 海洋学报, 33(2): 103-114.

汤毓祥, 矫玉田, 邹娥梅. 2001. 白令海和楚科奇海水文特征和水团结构的初步分析[J]. 极地研究, (1):57-68.

汪卫国, 方建勇, 陈莉莉,等. 2014. 楚科奇海悬浮体含量分布及其颗粒组分特征[J]. 极地研究, 26(1): 79-88.

王昆山, 刘焱光, 董林森,等. 2014. 北冰洋西部表层沉积物重矿物特征[J].极地研究, (1):71-78.

王磊, 王汝建, 陈志华,等. 2014. 白令海盆 17 ka 以来的古海洋与古气候记录[J]. 极地研究, (1): 29-38.

王汝建, 肖文申, 向霏,等. 2007. 北冰洋西部表层沉积物中生源组分及其古海洋学意义. 海洋地质与第四纪地质, 27(6): 61-69.

王汝建, 肖文申,李文宝,等. 2009. 北冰洋西部楚科奇海盆晚第四纪的冰筏碎屑事件[J]. 科学通报, (23):3761-3770.

王汝建,陈荣华. 2004.白令海表层沉积物中硅质生物的变化及其环境控制因素[J].地球科学-中国地质大学学报, 29(6):685-690.

韦钦胜,刘璐,臧家业,等. 2012. 南黄海悬浮体浓度的平面分布特征及其输运规律[J].海洋学报, 34(2):73-83.

肖文申,王汝建, 成鑫荣,等. 2006. 北冰洋西部表层沉积物中的浮游有孔虫稳定氧、碳同位素与水团性质的关系[J]. 微体古生物学报, 23(4):361-369.

杨作升,赵晓辉,乔淑卿,等. 2008. 长江和黄河入海沉积物不同粒级中长石/ 石英比值及化学风化程度评价. 中国海洋大学学报, 38(2): 244-250.

于晓果,雷吉江,姚旭莹,等. 2014. 楚科奇海表层海水颗粒物组成与来源[J]. 极地研究, 26(1): 89-96.

余兴光.2011. 中国第四次北极科学考察报告[R]. 北京: 海洋出版社.1-159.

余兴光主编. 2011. 中国第四次北极科学考察报告[R]. 北京: 海洋出版社. 1-254.

张德玉,高爱国,张道建. 2008. 楚科奇海—加拿大海盆表层沉积物中的黏土矿物[J].海洋科学进展, 26(2):171-183.

张海峰, 王汝建,陈荣华,等. 2014. 白令海北部陆坡全新世以来的生物标志物记录及其古环境意义

[J].极地研究, 26(1):1-12.

张海生, 潘建明, 陈建芳, 等. 2007. 楚科奇海和白令海沉积物中的生物标志物及其生态环境响应[J]. 海洋地质与第四纪地质, 27(2): 41-49.

张海生. 2009. 中国第三次北极科学考察报告[R]. 北京: 海洋出版社. 1-225.

张江勇, 汪品先. 2004. 深海研究中的底栖有孔虫:回顾与展望[J]. 地球科学进展, 19(4): 545-551.

张占海. 2003. 中国第二次北极科学考察报告[R]. 北京: 海洋出版社. 1-229.

章陶亮,王汝建,陈志华,等. 2014. 西北冰洋楚科奇海台08P23孔氧同位素3期以来的古海洋与古气候记录[J],极地研究, 26(1): 46-57.

赵进平, 李涛. 2009. 极低太阳高度条件下穿透海冰的太阳辐射研究[J]. 中国海洋大学学报, 39(5): 822-828.

赵进平, 史久新. 2004. 北极环极边界流研究及其主要科学问题[J]. 极地研究, 16(3): 159-170.

中国首次北极科学考察队. 2000. 中国首次北极科学考察报告[R]. 北京: 海洋出版社. 1-191.

朱日祥, Kazanshy A, Matasova G, 郭斌, 等. 2000. 西伯利亚南部黄土沉积物的磁学性质. 科学通报[J], 45(11):1200-1205.

Aagaard K, Carmack E C. 1989. The sea ice and other f res h water in the Arctic circulation [J]. Journal of Geophysical Research, 94(C10): 14 485-14 498.

Aagaard K, Coachman L K, and Carmack E C. On the halocline of the Arctic Ocean. Deep-Sea Res, 1981, 28: 529-545.

Aagaard K, Swift J H, Carmack E C. 1985. Thermohaline circulation in the Arctic mediterranean seas. J Geophys Res, 90: 4833-4846.

Aagard K, Darby D, Falkner K, Flato G, Grebmeier J, Measures C, Walsh J. 1999. Marine Science in the Arctic:A Strategy. Arctic Research Consortium of the United States (ARCUS),Fairbank s,AK, 84 pp.

Adler R E, Polyak L, Ortiz D, et al. 2009. Sediment record from the western Arctic Ocean with an improved Late Quaternary age resolution: HOTRAX core HLY0503-8JPC, Mendeleev Ridge[J]. Global and Planetary Change, 68(1-2): 18-29.

Alvea E, Murray J W. 1999. Marginal marine environments of the Skagerrak and Kattegat:a baseline study of living (stained) benthic foraminiferal ecology[J]. Palaeo. Palaeo. Palaeo., 146:171-193.

Amon R M W, Rinehart A J, Duan S, et al. 2012. Dissolved organic matter sources in large Arctic rivers. Geochimica et Cosmochimica Acta (94) 217-237.

Anderson L G, Jones E P, Koltermann K P, et al. 1989. The first oceanographic section across the Nansen Basin in the Arctic Ocean. Deep-Sea Res I, 36: 475-482.

Andersson L G, Bjork G, Holby O, et al. 1994. Water masses and circulation in the Eurasian Basin: results from the Oden 91 expedition[J]. *Journal of Geophysical Research*, 99 (C2): 3273-3283.

Anschutz P, Chaillou G. 2009. Deposition and fate of reactive Fe, Mn, P, and C in suspended particulate matter in the Bay of Biscay. Continental Shelf Research, 29: 1038-1043.

Antia A N, Bodungen B, Peinert R. 1999. Particle flux across the mid-European continental margin. Deep-Sea Research I, 46: 1999-2024.

Asahare Y, Takeuchi F, Nagashima K, et al. 2012. Provenance of terrigenous detritus of the surface sediments in the Bering and Chukchi Seas as derived from Sr and Nd isotopes: Implications for recent climate change in the Arctic regions. [J]. Deep Sea Research Part II, 61-64: 155-171.

Ashjian C J, Gallager S M, Plourde S. 2005. Transport of Plankton and particles between the Chukchi and

Beaufort Seas during summer 2002, described using a video Plankton Recorder. Deep-Sea Research II, 52: 3259-3280.

Backman J, Jakobsson M, Løvlie R, et al. 2004. Is the central Arctic Ocean a sediment starved basin? [J]. Quaternary Science Reviews, 23(11-13): 1435-1454.

Barsh M S, Khusid T A, Matul A G, et al. 2008. Distribution of benthic foraminifera in upper Quaternary sediments of the Deryugin basin (Sea of Okhotsk)[J]. Marine Geology, 48(1): 113-122.

Bauch D, Carstens J, Wefer G. 1997. Oxygen isotope composition of living *Neobloboquadrina pachyderma* (sin.) in the Arctic Ocean. Earth Planet Scie Lett, 146: 47-58.

Bechtel A, Smittenberg R H, Bernasconi S M, et al. 2010. Distribution of branched and isoprenoid tetraether lipids in an oligotrophic and aeutrophic Swiss lake: Insights into sources and GDGT-based proxies[J]. *Organic Geochemistry*, 41 (8): 822-832.

Beikman H M, 1980. Geologic Map of Alaska. Scale1:2,500,000. U.S. Geol. Surv., Arlington.1-213.

Belicka L L, Macdonald R W, Harvey H R. 2002. Sources and transport of organic carbon to shelf, slope, and basin surface sediments of the Arctic Ocean[J]. *Deep-Sea Research I*, 49: 1463-1483.

Belicka L L, Macdonald R W, Yunker M B, et al. 2004. The role of depositional regime on carbon transport and preservation in Arctic Ocean sediments[J]. *Marine Chemistry*, 86: 65-88.

Berger W H, Fisher K, C, et al. 1987. Ocean Productivity and Organic Carbon Flux: Part I. Overview and Map of Primary Production and Export Production [M]. San Diego: Scripps Institution of Oceanography. 2-134.

Bergsten H. 1994. Recent benthic foraminifera of a transect from the North Pole to the Yermak Plateau, eastern central Arctic Ocean[J]. Marine Geology, 119: 251-267.

Bian C, Jiang W, Song D. 2010. Terrigenous transportaion to the Okinawa Trough and the influence of typhoons on suspended sediment concentration. Continental Shelf Research, 30: 1189-1199.

Biscaye P E. 1965. Mineralogy and sedimentation of recent deep-sea clay in the Atlantic Ocean and adjacent seas and oceans [J]. The Geological Society America Bulletin, 76: 803-832.

Bischof J F, Clark D L, Vincent J S. 1996. Origin of ice-rafted debris: Pleistocene paleoceanography in the western Arctic Ocean[J]. Paleoceanography, 11(6): 743-756.

Bjϕrklund K R, Kruglikova S B, Anderson O R. 2012. Modern incursions of tropical radiolaria into the Arctic ocean. Journal of Micropalaeontology, 31: 139-158.

Bleil U. 2000. Sedimentary Magnetism[M]// Schulz H D, Zabel M. Marine Geochemistry. Springer, 73-84.

Bond G C, Lottir. 1995. Iceberg discharges into the North Atlantic on millennial time during the last glaciation[J]. Science, 267: 1005-1010.

Boo-Keun Khim. 2003. Two modes of clay-mineral dispersal pathways on the continental shelves of the East Siberian Sea and western Chukchi Sea [J]. Geosciences Journal, 7:253-262.

Brachfeld S, Barletta F, St-Onge G, et al. 2009. Impact of diagenesis on the environmental magnetic record from a Holocene sedimentary sequence from the Chuchi-Alaskan margin, Arctic Ocean. Global and Planetary Change[J], 68: 100-114.

Brigham-Grette. 2013. A fresh look at Arctic ice sheets[J]. Nature Geoscience, 6:807-808

Bé A N H, Tolderlund D S. 1971. Distribution and ecology of living planktonic foraminifera in surface waters of the Atlantic and Indian Oceans. In: Funneal B M, and Riedel W R (eds.), The Micropaleontology of the Oceans, Cambridge University Press, 105-144.

Bé A N H. 1977. An ecological, zoogeographic and taxonomic review of recent planktonic foraminifera. In: Ramsey A T S (ed.), Oceanic Micropaleontology, London, Academic Press, 1-100.

Carstens J, Hebbeln D, Weffer G. 1997. Distribution of planktic foraminifera at the ice margin in the Arctic (Fram Strait). Mar Micropaleontol, 29: 257-269.

Carstens J, Wefer G. 1992. Recent distribution of planktonic foraminifera in the Nansen Basin, Arctic O-cean. Deep-Sea Res, 39: S507-S524.

Chamley H. 1989. Clay Sedimentology [M]. Springer, Berlin. 23-223.

Chamley H. 1989.Clay Sedimentology [M]. Springer, Berlin.1-212.

Chen M, Ma Q, Guo L, et al. 2012. Importance of lateral transport processes to 210Pb budget in the eastern Chukchi Sea during summer 2003. Deep-Sea Research II, 81: 53-62.

Chen Z.,Gao A., Liu Y. Sun H., Shi X, Yang Z. 2003. REE geochemistry of surface sediments in the Chukchi Sea. Science In China (Series D), 46:603-611.

Choi B H, Mun J Y, Ko J S, et al. 2005. Simulation of suspended sediment in the Yellow and East China seas [J]. China Ocean Engineering, 19(2): 235-250.

Chunjuan W, Zhihua C, Chunshun L I, et al. 2014. Distributions of surface sediments surrounding the Ant-Arctic Peninsula and its environmental significance[J]. Advances in Polar Science, 25 (3):164-174

Clark D L, Whitman R, Morgan K A, et al. 1980. Stratigraphy and glacial-marine sediments of the Amera-sian Basin, central Arctic Ocean[J]. The Geological Society of America, 181(1): 1-65.

Clement K, Maslowski J W, Okkonen S. 2009. On the processes controlling shelf-basin exchanges and outer shelf dynamics in the Bering Sea[J]. Deep-Sea Research Part II, 56: 1351-1362.

Coachman L K, Aagaard K, Tripp R B. 1975. Bering Strait: the regional physical oceanography[M]. Univ Washington Press, Seattle, pp: 1-172.

Cook H E, John son P D, Matti J C, et al. 1975. Methods of sample preparat ion and X-ray diff ract ion dat a analysis, X-ray min eralogy laboratory. In: Kaneps AG, ed. Init Rept s, DSDP XXVIII, 997-1007 [Online]. Available f rom World Wide Web:ht tp: / / w w w. deepseadril ling. org/ 28/ volume/ ds dp28-appen di x-IV. Pdf

Cook M S, Keigwin L D, Sancetta C A. 2005. The deglacial history of surface and intermediate water of the Bering Sea[J]. Deep-Sea Research II, 52(16-18): 2163-2173.

Cooper L W, Whitledge T E, Grebmeier J M. 1997. The nutrient, salinity, and stable oxygen isotope composition of Bering and Chukchi Seas waters in and near the Bering Strait. Journal of Geophysical Research, 102: 12563-12573.

Coulthard R D, Furze M F A, Pieńkowski A J, et al. 2010. New marine ΔR values for Arctic Canada. Quaternary Geochronology, 5(4): 419-434.

Cronin T M, DeNinno L H, Polyak L, et al. 2014. Quaternary ostracode and foraminiferal biostratigraphy and paleoceanography in the western Arctic Ocean[J]. Marine Micropaleontology, 111:118-133.

Cronin T M, Polyak L, Reed D, et al. 2013. A 600-ka Arctic sea-ice record from Mendeleev Ridge based on ostracodes[J]. Quaterary Science Review, 79:157-167.

Darby D A, Bischof J F, Jones G A. 1997. Radiocarbon chronology of depositional regimes in the western Arctic Ocean[J]. Deep Sea Research Part II: Topical Studies in Oceanography, 44(8):1745-1757.

Darby D A, Bischof J F, Spielhagen R F, et al. 2002. Arctic ice export events and their potential impact on global climate during the late Pleistocene[J]. Paleoceanography, 17 (2).

Darby D A, Bischof J F. 1996. A statistical approach to source determination of lithic and Fe-oxide grains:

An example from the Alpha Ridge, Arctic Ocean [J]. Journal of Sediment Research, 66:599-607.

Darby D A, Naidu A S, Mowatt T C, et al. 1989. Sediment composition and sedimentary processes in the Arctic Ocean[M]. In: Herman Y, ed. The Arctic Seas. New York: Springer, 657-720.

Darby D A, Ortiz J D, Polyak L, et al. 2009. The role of currents and sea ice in both slowly deposited central Arctic and rapidly deposited Chukchi-Alaskan margin sediments [J]. Global Planetary Change, 68: 58-72.

Darby D A, Polyak L, Bauch H A. 2006. Past glacial and interglacial conditions in the Arctic Ocean and marginal seas — a review[J]. Progress in Oceanography, 71:129-144.

Darby D A, Zimmerman P. 2008. Ice-rafted detritus events in the Arctic during the last glacial interval, and the timing of the Innuitian and Laurentide ice sheet calving events[J]. Polar Research, 27(2): 114-127.

Darby D A. 2003. Sources of sediment found in sea ice from western Arctic Ocean, new insights into processes of entrainment and drift patterns. Journal of Geophysical Research[J], 108: 3257-3269.

Darby D, Myers W, Jakobsson M, et al. 2011. Modern dirty sea ice characteristics and sources: The role of anchor ice. Journal of Geophysical Research, 116: C09008.

Darby D, Ortiz J, Grosch C, et al. 2012. 1,500-year cycle in the Arctic Oscillation identified in Holocene Arctic sea-ice drift [J]. Nature Geoscience, 5: 897-900.

Darby D, Polyak L, Bauch H. 2006. Past glacial and interglacial conditions in the Arctic Ocean and marginal seas-a review[J]. Progress InOceanography, 71:129-144.

Darby, D., Ortiz, J., Grosch, C., et al. 2012. 1,500-year cycle in the Arctic Oscillation identified in Holocene Arctic sea-ice drift [J]. Nature Geoscience, 5: 897-900.

Dekkers M J. 1989. Magnetic properties of natural pyrrhotite II: High-and low temperature behaviour of Jrs and TRM as function of grain size. Phys Earth Planet Inter[J]. 57: 266-283.

Dekkers M J. 1997. Environmental magnetism: an introduction. Geologie en Mijnbouw[J], 76: 163-182.

Delworth T L, Knutson T R. 2000. Simulation of early 20th century global warming [J]. Science, 287: 2246.

Deng C, Zhu R, Jackson M J, et al. 2001. Variability of the temperature-Dependent susceptibility of the Holocene eolian deposits in the Chinese Loess Plateau: A pedogenesis indicator. Physics and Chemistry of the Earth (A)[J], 26(11-12): 873-878.

Deng C, Zhu R, Verosub K L, et al. 2000. Paleoclimatic significance of the temperature-dependent susceptibility of Holocene loess along a NW-SE transect in the Chinese loess plateau. Geophysical Research Letters[J], 27(22): 3715-3718.

Dethleff, D, Rachold, V, Tintelnot M, et al. 2000. Sea-ice transport of riverine particles from the Laptev Sea to Fram Strait based on clay mineral studies[J]. International Journal of Earth Sciences, 89: 496-502.

Diekmann B, Wopfner H. 1996. Petrographic and diagenetic signatures of climatic change in peri-and post-glacial Karoo Sediments of SW Tanzania [J].Palaeogeography Palaeoclimatology Palaeoecology, 125: 5-25.

Dyck S, Tremblay L B, de Vernal A. 2010. Arctic sea-ice cover from the early Holocene: the role of atmospheric circulation patterns[J]. Quaternary Science Reviews, 29: 3457-3467.

Dyke A S, Andrews J T, Clark P U, et al. 2002.The Laurentide and Innuitian ice sheets during the Last Glacial Maximum[J]. Quaternary Science Review, 21(1-3), 9-31.

Eberl D D. 2003.Quantitative Mineralogy of the Yukon River System: Variation with Reach and Season, and Sediment Source Unmixing, U.S. Geological Survey, Boulder, Colorado,89(11-12):1784-1794.

Ehlers J and Gibbard P L. 2007. The extent and chronology of Cenozoicglobal glaciation[J]. Quat. Internat, 164-165: 6-20.

Ekwurzel B, Schlosser P, Mortlock R A, et al. 2001. River runoff, sea ice meltwater and Pacific water distribution and mean residence times in the Arctic Ocean, J Geophys Res, 106: 9075-9092.

Ellwood B B, Balsam W L, Roberts H H. 2006. Gulf of Mexico sediment sources and sediment transport trends form magnetic susceptibility measurements of surface samples. Marine Geology [J], 230: 237-248.

Emrich K, Ehhalt D H, Vogel J C. 1970. Carbon isotope fractionation during the precipitation of calcium carbonate. Earth Planet Sci Lett, 8:363-371.

Evens M E, Heller F. 2003. Environmental Magnetism: Principles and Applications of Enviromagnetics [M]. San Diego: Academic Press, 1-122.

Eynaud F. Planktonic foraminifera in the Arctic: potentials and issues regarding modern and quaternary populations. IOP Conf. Series: Earth and Environmental Science, 2011, 14: 12005.

Fagel N, Not C, Gueibe J, et al. 2014. Late Quaternary evolution of sediment provenances in the Central Arctic Ocean: mineral assemblage, trace element composition and Nd and Pb isotope fingerprints of detrital fraction from the Northern Mendeleev Ridge[J]. Quaternary Science Reviews, 92:140-154.

Farine M, Esquivel D M S, Barros H G P. 1990. Magnetic iron-sulphur crystals from a magnetotactic microorganism. Nature[J], 343: 256-258.

Feyling-Hanssen R W. 1972.The foraminifer *Elphidium excavatum*(Terquem)and its Variant forms[J]. Micropaleontology, 18(3): 337-354.

Fietz S, Huguet C, Bende J, et al. 2012. Co-variation of crenarchaeol and branched GDGTs in globally-distributed marine and freshwater sedimentary archives[J]. *Global and Planetary Change*, 92-23: 275-285.

Folk R L, Andrews P B, Lewis D W. 1970. Detrital sedimentary rock classification and nomenclature for use in New Zealand [J].New Zealand Journal of Geology and Geophysics, 13(4) : 937-968.

Francis J A, Chan W, Leathers D J. 2009. Winter Northern Hemisphere weather patterns remember summer Arctic sea-ice extent. Geophys Res Lett, 36: L07503.

Fujita K, Cook D B. 1990. The Arctic continental margin of eastern Siberia. In: Grantz, A., Johnson, L., Sweeney, J.F.(Eds.), The Geology of North America, the Arctic Ocean Region, Vol. Geological Society of America, Boulder,CO, pp. 289-304.

Fujita K, Stone D B, Layer P W, et al. 1997. Cooperative program helps decipher tectonics of northeastern Russia [J]. EOS, Transactions, American Geophysical Union, 78(24), 245, 252-253.

Ge S, Shi X, Han Y. 2003. Distribution characteristics of magnetic susceptibility of the surface sediments in the southern Yellow Sea. Chinese Science Bulletin[J], 48: 37-41.

Glasauer S, Langley S, Beveridge T J. 2002. Intracellular iron minerals in a dissimilatory iron-reducing bacterium. Science[J], 295: 117-119.

Gordeev V V, Martin J M, Sidorov I S, et al. 1996. A reassessment of the Eurasian River input of water, sediment, major elements, and nutrients to the Arctic Ocean[J]. American Journal of Science, 296: 664-691.

Gordeev V V, Rachold V. Vlasova I E. 2004 Geochemical behaviour of major and trace elements in suspended particulate material of the Irtysh river, the main tributary of the Ob river, Siberia. Appl. Geochem. 19, 593-610.

Gordeev V V, Shevchenko V P. 1995. Chemical composition of suspended sediments in the Lena River and its mixing zone. Russian-German Cooperation: Laptev Sea System. In: Kassens, H., Piepenburg, D., Thiede, J., Timokhov, L., Hubberten, H.-W., Priamikov, S.M. (Eds.), Berichte zur Polarforschung 176, 154-169.

Grebmeier J M, Cooper L W, Feder H M, et al. 2006. Ecosystem dynamics of the Pacific-influenced Northern Bering and Chuchi Seas in the Amerasian Arctic. Progress in Oceanography[J], 71: 331-361.

Grebmeier J M. 1993. Studies of pelagic-benthic coupling extending onto the Soviet continental shelf in the northern Bering and Chukchi Seas[J]. Continental Shelf Research, 13: 653-668.

Green K E. 1977. Ecology of some Arctic foraminifera[J]. Micropaleontology, 1960, 6(1): 57-78.

Greene C H, Pershing A J. 2007. Climate drivers sea change. Science, 315: 1084-1085.

Hebbeln D, Henrich R, Baumann K H. 1998. Paleoceanography of the last interglacial/glacial cycle in the polar North Atlantic. Quat Sci Rev, 17: 125-153.

Hebbeln D, Wefer G. 1997. Late Quaternary paleoceanography in the Fram Strait. Paleoceanography, 12 (1): 65-78.

Heimdal B R. 1989. Arctic Ocean phytoplankton[C]//Herman, Yvonne. The Arctic seas. New York: Van Nostrand Reinhold. 193-222.

Hill J C, Driscoll N W. 2008. Paleodrainage on the Chukchi shelf reveals sea level history and meltwater discharge[J]. *Marine Geology*, 254: 129-151.

Hillaire-Marcel C, de Vernal A. 2008. Stable isotope clue to episodic sea ice formation in the glacial north Atlantic. Earth Planet Sci Lett, 268: 143-150.

Holland M M, Bitz C M, Tremblay B. 2006a. Future abrupt reductions in the summer Arctic sea ice. Geophys Res Lett, 33: L23503.

Holmes R M, McClelland J W, Peterson B J, Tank S. E, Bulygina E, Eglinton T I, Gordeev V V, Gurtovaya T Y, Raymond P A, Repeta D J, Staples R, Striegl R G, Zhulidov A V, Zimov S A. 2012. Seasonal and annual fluxes of nutrients and organic matter from large rivers to the Arctic Ocean and surrounding seas. Estuaries Coasts 35, 369-382.

Hong C, Huh C. 2011. Magnetic properties as tracers for source-to-sink dispersal of sediments: A case study in the Taiwan Strait. Earth and Planetary Science Letters[J], 309: 141-152.

Hopmans E C, Weijers J W H, Schefuss E, et al. 2004. A novel proxy for terrestrial organic matter in sediments normalized on branched and isoprenoid tetraether lipids[J]. *Earth and Planetary Science Letters*, 224: 107-116.

Horng C S, Chen K H. 2006. Complicated magnetic mineral assemblages in marine sediments offshore of Southwestern Taiwan: Possible influence of methane flux on the early diagenetic process. Terr. Atmos. Ocean. Sci.[J], 17: 1009-1026.

http://maps.unomaha.edu/maher/Alaskatrip/USGSAlaskageomap.gif

Hummel J, Segu S, Li Y, et al. 2011. Ultra performance liquid chromatography and high resolution mass spectrometry for the analysis of plant lipids[J]. *Frontiers in Plant Science*, 2: 1-17.

Itambi A C, Dobeneck T, Dekkers M J. 2010. Magnetic mineral inventory of equatorial Atlantic Ocean marine sediments off Senegal-glacial and interglacial contrast. Geophysical Journal International[J], 183: 163-177.

Ivanov V V, and Piskun A A. 1999. Distribution of river water and suspended sediment loads in the deltas of rivers in the basins of the Laptev and East-Siberian Seas. In: Kassen, H., Bauch H A, Dmitrenko I, Eicken H, Hubberten H W, Melles M, Thiede J, Timokhov L. (eds.), Land-Ocean Systems in the Siberian Arctic: Dynamics and History. Springer-Verlag, Berlin, p. 239-250.

Jakobsson M, Løvlie R, Al-Hanbali H, et al. 2000. Manganese and color cycles in Arctic Ocean sediments constrain Pleistocene chronology[J]. Geology, 28(1): 23-26.

Jakobsson M, Nilsson J, O'Regan M, et al. 2010. An Arctic Ocean ice shelf during MIS 6 constrained by new geophysical and geological data[J]. Quaternary Science Reviews, 29:3505-3517.

Jones E P. 2001. Circulation in the Arctic Ocean. Polar Research, 20: 139-146.

Jones E P. 2001. Circulation in the Arctic Ocean[J]. Polar Research, 20(2): 139-146.

Kalinenko V V. 2001. Clay minerals in sediments of the Arctic Seas [J]. Lithology and Mineral Resources, 36, 362-372 .

Karlin R, Levi S. 1983. Diagenesisi fo magnetic minerals in Recent heamipelagic sediments. Nature[J], 303: 327-330.

Kawahata H. 2002. Suspended and settling particles in the Pacific. Deep-Sea Research II, 49: 5647-5664.

Kim J, Meer J, Schouten S, et al. 2010. New indices and calibrations derived from the distribution of crenachaeal isoprenoid tetraether lipids: Implications for past sea surface temperature reconstructions[J]. *Geochimica et Cosmochimica Acta*, 74: 4639-4654.

Kissel C, Laj C, Mulder T, et al. 2009.The magnetic fraction: A tracer of deep sea circulation in the North Atlantic. Earth and Planetary Science Letters[J], 288: 444-454.

Knebel H J, Creager J S, Echols R J. 1974. Holocene sedimentary framework, east-central Bering Sea continental shelf[M]//Marine geology and oceanography of the Arctic seas. Springer Berlin Heidelberg, 157-172.

Knutson T R, Delworth T L, Dixon K W, et al. 2006. Assessment of twentiethcentury regional surface temperature trends using the GFDL CM2 coupled models[J]. Journal of Climate, 19 (9): 1624-1651.

Kohfeld K E, Fairbanks R G, Smith S L, et al. 1996. *Neogloboquadrina pachyderma* (sinistral coiling) as paleoceanographic tracers in polar oceans: Evidence from Northeast Water Polynya plankton tows, sediment traps, and surface sediments. Paleoceanography, 11: 679-699.

Labeyrie L D, Duplessy J C. 1985. Changes in the oceanic 13C/12C ratio during the last 140,000 years: High latitude surface water records. Palaeogeogr Palaeoclimatol Palaeoecol, 50: 217-240.

Lagoe M B. 1979. Recent benthonic foraminiferal biofacies in the Arctic Ocean[J]. Micropaleontology, 25 (2): 214-224.

Lagoe M B.1999. Recent benthic foraminifera from the central Arctic Ocean[J]. Journal of Foraminiferal Research, 7(2): 106-129.

Lartiges B S, Deneux-Mustin S, Villemin G, et al. 2001. Composition, structure and size distribution of suspended particulates from the Rhine River. Water Research, 35 (3): 808-816.

Lepore K, Moran S B, Grebmeier J M, et al. 2007. Seasonal and interannual changes in particulate organic carbon export and deposition in the Chukchi Sea. Journal of Geophysical Research, 112: C10024.

Lepore K, Moran S B, Smith J N. 2009. ^{210}Pb as a tracer of shelf-basin transport and sediment focusing in the Chukchi Sea. Deep-Sea Research II, 56: 1305-1315.

Li H, Zhang S. 2005. Detection of mineralogical changes in pyrite using measurements of temperature-dependence susceptibility. Chinese Journal of Geophysics[J], 48(6): 1454-1461.

Liu J, Chen Z, Chen M, et al. 2010. Magnetic susceptibility variations and provenance of surface sediments in the South China Sea. Sedimentary Geology[J], 230: 77-85.

Liu J, Zhu R, Li G. 2003. Rock magnetic properties of the fine-grained sediment on the outer shelf of the East China Sea: implication for provenance. Marine Geology[J], 193: 195-206.

Liu J, Zhu R, Li T, et al. 2007. Sediment-magnetic signature of the mid-Holocene paleoenvironmental change in the central Okinawa Trough. Marine Geology[J], 239: 19-31.

Liu Q, Roberts A P, Larrasoaña J C, et al. 2012. Environmental magnetism: Principles and Applications. Reviews of Geophysics[J], 50, RG4002.

Loomis S E, Russell J M, Ladd B, et al. 2012. Calibration and application of the branched GDGT temperature proxy on East African lake sediments[J]. *Earth and Planetary Science Letters*, 357-358: 277-288.

Lovvorn J R, Cooper L W, Brooks M L, et al. 2005. Organic matter pathways to zooplankton and benthos under pack ice in late winter and open water in late summer in the north-central Bering Sea[J]. Marine Ecology Progress Serise, 291:135-150.

Löwemark L, Jakobsson M, Mörth M, et al. 2008. Arctic Ocean manganese contents and sediment colour cycles[J]. Polar Research, 27(2): 105-113.

Macdonald R W, Solomon S M, Cranston R E, et al. 1998. A sediment and organic carbon budget for the Canadian Beaufort Shelf[J]. Marine Geology, 144(4): 255-273.

Maher B A, Prospero J M, Mackie D, et al. 2010. Global connections between Aeolian dust, climate and ocean biogeochemistry at the present day and at the last glacial maximum. Earth-Science Review[J], 99: 61-97.

Mann S, Sparks N H C, Frankel R B, et al. 1990. Biomineralization of ferromagnetic greigite (Fe_3S_4) and iron pyrite (FeS_2) in a magnetotactic bacterium. Nature[J], 343: 258-261.

Miller G H, Alley R B, Brigham-GRETTE J, et al. 2010. Arctic amplification: can the past constrain the future? [J]. Quat. Sci. Rev., 29: 1779-1790.

Milliman J D, Farnsworth K L. 2011. River discharge to the coastal ocean a gloal synthesis.pp292.

Moran S B, Kelly R P, Hagstrom K, et al. 2005. Seasonal changes in POC export flux in the Chukchi Sea and implications for water column-benthic coupling in Arctic shelves. Deep-Sea Research II, 52: 3427-3451.

Moritz R E, Bitz C M, Steig E J. 2002. Dynamics of Recent Climate Change in the Arctic[J]. Science, 297 (5586): 1497-1502.

Murraya J W, Elisabeth A, Andrew C. 2003. The origin of modern agglutinated foraminiferal assemblages: evidence from a stratified fjord[J]. Estuarine, Coastal and Shelf Science, 58: 677-697.

März C, Stratmann A, Matthiessen J, et al. 2011. Manganese-rich brown layers in Arctic Oceansediments: composition, formation mechanisms, and diagenetic overprint[J]. Geochimica et Cosmochimica Acta, 75: 7668-7687.

März C, Vogt C, Schnetger B, et al. 2011. Variable Eocene-Miocene sedimentation processes and bottom water redox conditions in the Central Arctic Ocean (IODP Expedition 302). Earth and Planetary Science Letters, (310)526-537.

Münchow A, Weingartner T J, Cooper L W. 1998. The summer hydrography and surface circulation of the east Siberian shelf sea [J]. Journal of Geophysical Oceanography, 29:2167-2182.

Nagashina K, Asahara Y, Takeuchi F, et al. 2012. Contribution of detrital materials from the Yukon River to the continental shelf sediments of the Bering Sea based on the electron spin resonance signal intersity and crystallinity of quartz. Deep-Sea Reserch II[J], 61-64: 145-154.

Naidu A S and Mowatt T C. 1983. Sources and dispersal patterns of clay minerals in surface sediments from the western continental shelf areas of Alaska [J]. Geological Society of America Bulletin, 94 : 841-854.

Naidu A S, Cooper L W, Finney B P, et al. 2000. Organic carbon isotope ratios ($\delta^{13}C$) of Arctic Amerasian Continental shelf sediments[J]. International Journal of Earth Sciences, 89(3): 522-532.

Naidu A S, Creager J S and Mowatt T C. 1982. Clay mineral dispersal patterns in the north Bering and Chukchi Seas [J]. Marine Geology, 47(1) :1-15.

Naidu S A, Cooper L W. 1998. Clay mineral composition of ice-rafted sediment s collected from the 1994 Arctic Ocean section, eastcentral Chukchi Sea-North Pole[C/OL]. Fall Meeting, American Geophysical Union[2007204219]. http://www. agu. org/ cgi bin/ SFgate.

Nalivkin DV, Markovskiy AP, Muzylev S A, Shatalov E T, Kolosova L P. 1965. Geological Map of the Union Of Soviet Socialist Republics, Scale I : 2 500 000. The Ministry of Geology of the USSR, Moscow

Newton J L, AagaardK, CoachmanL K. 1974. Deep Sea Research and Oceanographic Abstracts[J]. Elsevier, 21(9) : 707-719.

Niessen F, Hong J K, Hegewald A, et al. 2013.Repeated Pleistocene glaciation of the East Siberian continental margin[J]. Nature geoscience, 6, 842-846.

Nikolopoulos A, Pickart R S, Fratantoni P S, et al. 2009. The western Arctic boundary current at 152°W: structure, variability, and transport. Deep-Sea Research II, 56: 1164-1181.

Nørgaard-Pedersen N, Mikkelsen N, Lassen S J, et al. 2007. Arctic Ocean record of last two glacial-interglacial cycles off North Greenland/Ellesmere Island — implications for glacial history[J]. Marine Geology, 244: 93-108.

Nürnberg D, Wollenburg I, Dethleff D. 1994. Sediments in Arctic sea ice: implications for entrainment transport and release [J]. Marine Geology, 119:184-214.

Oches E A, Banerjee S K. 1996. Rock-magnetic proxies of climate change from loess-paleosol sediment of the Czech Pepublic. Studia Geophysica et Geodaetica[J], 40: 287-300.

Okazaki Y, Takahashi K, Asahi H, et al. 2005. Productivity changes in the Bering Sea during the late Quaternary[J]. Deep-Sea Research Part II, 52(16-18): 2080-2091.

Okulitch A V. (compiler) 1991. Geology of the Canadian Archipelago and North Greenland. In: Trettiln, H.P. (Ed.), Innuitian orogen and Arctic Platform: Canada and Greenland. The Geology of North America. The Geological Society of America,Boulder, Colorado, E, 1:200,000.

Oldfield F. 1991. Environmental magnetism-A personal perspective. Quaternary Science Review[J], 10: 73-85.

Olssen K, Anderson L G. 1997. Input and biogeochemieal transformation of dissolved carbon in the Siberian shelf seas[J]. Continental Shef Research, 17: 819-833.

Opzahl S, Benner R, Amon R M W. 1999. Major flux of terrigenous dissolved organic matterthrougII the Arctic Ocean. Limnology and Oceonography, 44: 2017-2023.

Ortiz J D, et al. 2009. Provenance of Holocene sediment on the Chukchi-Alaskan margin based on combined diffuse spectral reflectance and quantitative X-Ray Diffraction analysis [J]. Global and Planetary Change, 68(1-2):73-84.

Osterman L E, Poore R Z, Foley K M. 1999. Distribution of Benthic Foraminifers (>125 μm) in the Surface Sediments of the Arctic Ocean. U.S. Geological Survey Bulletin, 2164: 1-28.

O'Regan M, King J, Backman J, et al. 2008. Constraints on the Pleistocene chronology of sediments from the Lomonosov Ridge[J]. Paleoceanography, 23, PA1S19.

Pang Chongguang, Bai Xuezhi, Hu Dunxin. 2001. Seasonal variations of circulation and suspended transport in the Yellow and East China Seas [J]. Journal of Hydrodynamics (Series B), 4:8-13.

Park Y H, Yamomoto M, Polyak L, et al. 2012. Reconstruction of paleoenvironmental change based on GDGT-proxies from the Chukchi-Alaska margin during the Holocene[Z]. The 18th international symposium on polar sciences: miletones in polar research collaboration. Jeju Island, Korea, May 22-24.

Parkinson C L, Cavalieri D J. 2008. Arctic sea ice variability and trends, 1976-2006[J]. *Journal of Geophysical Research*, 113 (C7).

Peregovich B, Hoops E. Rachold V. 1999. Sediment transport to the Laptev Sea (Siberian Arctic) during the Holocene-evidence from the heavy mineral composition of fluvial and marine sediments. *Boreas*, Vol. 28, pp. 205-214. Oslo. ISSN 0300-9483.

Peters C, Dekkers M J. 2003. Selected room temperature magnetic parameters as a function of mineralogy, concentration and grain size. Physics and Chemistry of the Earth[J], 28: 659-667.

Peterse F, Kim J H, Schouten S, et al. 2009. Constraints on the application of the MBT/CBT paleothermometer at high latitude environments (Svalbard, Norway). *Organic Geochemistry*, 40: 692-699.

Pfirman S L, Colony R, Nürnberg D, et al. 1997. Reconstructing the origin and trajectory of drifting Arctic sea ice [J]. Journal of Geophysical Research, 102 (C6):12575-12586.

Phillips R L, Grantz A. 2001. Regional variations in provenance and abundance of ice-rafted clasts in Arctic Ocean sediments: implications for the configuration of late Quaternary oceanic and atmospheric circulation in the Arctic[J]. Marine Geology, 172(1): 91-115.

Polyak L, Alley R B, Aandrews J T, et al.2010. History of sea ice in the Arctic[J].Quaternary Science Reviews, 29:1757-1778.

Polyak L, Alley R B, Andrews J T et al. 2010. History of sea ice in the Arctic. Quat Sci Rev, 29: 1757-1778.

Polyak L, Best K M, Crawford K A, et al. 2013. Quaternary history of sea ice in the western Arctic Ocean based on foraminifera[J]. Quaternary Science Review, 79, 145-156.

Polyak L, Bischof J, Ortiz J D, et al. 2009. Late Quaternary stratigraphy and sedimentation patterns in the western Arctic Ocean. Global and Planetary Change, 68(1-2): 5-17

Polyak L, Curry W B, Darby D A, Bischof J, Cronin T M. 2004. Contrasting glacial/interglacial regimes in the western Arctic Ocean as exemplified by a sedimentary record from the Medeleev Ridge. Palaeogeography, Palaeoclimatology, Palaeoecology.203, 73-93.

Polyak L, Edwards M H, Coakley B J, et al. 2001. Ice shelves in the Pleistocene Arctic Ocean inferred from glaciogenic deep-sea bedforms[J]. Nature, 410(6827): 453-457.

Qiao L L, Wang Y Z, Li G X, et al. 2011. Distribution of suspended particulate matter in the northern bohai Bay in summer and its relation with thermacline. Estuarine, Coastal and Shelf Science, 93: 212-210.

Rachold V, Eisenhauer A, Hubberten H W. Meyer H. 1997. Sr isotopic composition of suspended particulate material (SPM) of East Siberian rivers-sediment transport to the Arctic Ocean. Arctic and Alpine Research 29, 422-429.

Rachold V. 1999. Major, trace and rare earth element geochemistry of suspended particulate material of East Siberian rivers draining to the arctic ocean. In Land-Ocean Systems in the Siberian Arctic Dynamics and

History (eds. H. Kassens, H. A.Bauch, I. A. Dmitrenko, H. Eicken, H. W. Hubberten, M.Melles, J. Thiede and L. A. Timokhov). Springer-Verlag, New York.

Reimer P J, Bard E, Bayliss A, et al. 1993. IntCal13 and Marine13 Radiocarbon Age Calibration Curves 0 -50,000 Years cal BP[J]. Radiocarbon, 55(4):1869-1887.

Reimnitz E, McCormick I, Bischof J, et al. 1998. Comparing sea-ice sediment load with Beaufort sea shelf deposits: is entrainment selective? [J]. Journal of Sedimentary Research, 68(5):777-787.

Roberts A P. 1995. Magnetic properties of sedimentary greitite(Fe_3S_4). Earth and Planetary Science Letters [J], 134: 227-236.

Rudels B, Muench R D, Gunn J, et al. 2000. Evolution of the Arctic Ocean boundary current north of the Siberian shelves.Journal of Marine Systems, 25: 77-99.

Rudels B. 1989. The formation of polar surface water, the ice export and exchanges through the Fram Strait. Progress in Oceanography, 22: 205-248

Saidova K M. Deep water foraminifera communities of the Arctic Ocean[J]. Marine Biology, 2011, 51(1): 60-68.

Schouten S, Hopmans E C, Baas M. 2008. Intact membrane lipids of "Candidatus Nitrosopum ilus maritimus" a cultivated representative of the cosmopolitan mesophilic Group I Crenarchaeota[J]. *Appllied Environmental Microbiology*, 74: 2433-2440.

Schouten S, Hopmans E C, Schefuss E, et al. 2002. Distributional variations in marine crenarchaeotal membrane lipids: a new tool for reconstructing ancient sea water temperatures? [J]. *Earth Planet. Sci. Lett.*, 204: 265-274.

Schouten S, Ossebaar J, Brummer G J, et al. 2007. Transport of terrestrial organic matter to the deep North Atlantic Ocean by ice rafting[J]. *Organic Geochemistry*, 38: 1161-1168.

Schroder-Adams C J, Cole F E, Medioli F S, et al. 1990. Recent Arctic shelf foraminifera: seasonally ice covered vs. perennially ice covered areas[J]. Journal of Foraminiferal Research, 20(1): 8-36.

Schubert C J, Stein R. 1997. Lipid distribution in surface sediments from the eastern central Arctic Ocean [J]. *Marine Geology*, 13:11-25.

Schweizer M, Pawlowski J, Kouwenhoven T, et al. 2009. Molucelar phylogeny of common Cibidids and related rotaliida (foraminifera) based on small subunit rDNA sequences[J]. Journal of Foraminiferal Research, 39(4): 300-315.

Scientists E. 2010. Bering Sea paleoceanography: Pliocene - Pleistocene paleoceanography and climate history of the Bering Sea[J]. IODP Preliminary Report, 1-323.

Scott D B, Vilks G. 1991. Benthonic foraminifera in the surface sediments of the deep-sea Arctic Ocean [J]. Journal of Foraminiferal Research, 21(1): 20-38.

Sellén E, Jakobsson M, Backman J. 2008. Sedimentary regimes in Arctic's Amerasian and Eurasian Basins: clues to differences in sedimentation rates. Global and Planetary Change, 61: 275-284.

Sellén E, O'Regan M, Jakobsson M. 2010. Spatial and temporal Arctic Ocean depositional regimes: a key to the evolution of ice drift and current patterns. Quaternary Science Reviews, 29:3644-3664.

Serreze M C, Barry R G. 2006. Processes and impacts of Arctic amplification: A research synthesis. Glob Planet Change, 2011, 77: 85-966 Holland M M, Finnis J, Serreze M C. Simulated Arctic Ocean freshwater budgets in the 20th and 21st centuries. J Clim, 19: 6221-6242.

Serreze M C, Barry R G. 2011. Processes and impacts of Arctic amplification: a research synthesis[J]. Global and Planetary Change, 77: 85-96.

Shaffer G, Bendtsen J. 1994. Role of the Bering Strait in controlling North Altantic Ocean circulation and climate[J].Nature, 367(6461):354-357.

Sharma M, Basu A R, Nesterenko G V. 1992. Temporal Sr-, Nd-and Pb-isotopic variations in the Siberian flood basalts: implications for the plume-source characteristics.Earth and Planetary Science Letters 113, 365-381.

Sharma, G D, Naidu A S, Hood D W. 1972. Bristol Bay: A model contemporary graded shelf[J]. Am. Assoc. Petrol. Geol. Bull., 56:2000-2012.

Shetye S, Mohan R, Shukla S K, et al. 2011. Variability of *Nonionella labradorica* dawson in surface sediments from Kongsfiorden, west Spitsbergen [J]. Acta Geologica Sinica (English edition), 85 (3): 549-558.

Sinninghe Damsté J S, Hopmans E C, Pancost R D, et al. 2000. Newly discovered non-isoprenoid dialkyl diglycerol tetraether lipids in sediments [J]. *Journal of the Chemical Society*, *Chemical Communications*, 1683-1684.

Sinninghe Damsté J S, Ossebaar J, Abbas B, et al. 2009. Fluxes and distribution of tetraether lipids in an equatorial African lake: constraints on the application of the TEX_{86} palaeothermometer and BIT index in lacustrine settings[J]. *Geochimica et Cosmochimica Acta*, 73: 4232-4249.

Sinninghe Damsté J S, Ossebaar J, Schouten S, et al. 2008. Altitudinal shifts in the branched tetraether lipid distribution in soil from Mt. Kilimanjaro (Tanzania): Implications for the MBT/CBT continental palaeothermometer[J]. *Organic Geochemistry*, 39: 1072-1076.

Sinninghe Damsté J S, Schouten S, Hopmans E C, et al. 2002. Crenarchaeol: the characteristic core glycerol dibiphytanyl glycerol tetraether membrane lipid of cosmopolitan pelagic crenarchaeota [J]. *The Journal of Lipid Research*, 43 (10): 1641-1651.

Skinner B J, Erd R C, Grimaldi F S. 1964. Greigite, the thio-spinel of iron: A new mineral. Am. Mineral [J], 49: 543-555.

Sluijs A, Schouten S, Pagani M, et al. 2006. Subtropical Arctic Ocean temperatures during the Palaeocene/Eocene thermal maximum. *Nature*, 441: 610-613.

Smith K R, McConnaughey R A. 1999. Surficial Sediments of the Eastern Bering Sea Continental Shelf: EBSSED Database Documentation[R]. NOAA Technical Memorandum NMFS-AFSC-104.

Smith L M, Miller G H, Otto-Bliesner B, Shin S. 2002. Sensitivity of the Northern Hemisphere climate system to extreme changes in Holocene Arctic sea ice. Quat. Sci.Rev. 22,645-658.

Snowball I, Torri M. 1999. Incidence and significance of magnetic iron sulphides in Quaternary sediments and soils //Maher B A, Thompson R. Quaternary Cliantes, Environments and Magnetism[M]. Cambridge: Cambridge University Press, 199-230.

Spielhagen R F, Baumann K, Erlenkeuser H, et al. 2004. Arctic Ocean deep-sea record of northern Eurasian ice sheet history[J]. Quaternary Science Reviews, 23(11-13): 1455-1483.

Spielhagen R F, Erlenkeuser H. 1994. Stable oxygen and carbon isotopes in planktic foraminifers from Arctic Ocean surface sediments: Reflection of the low salinity surface water layer. Mar Geol, 119: 227-250.

Springer A M, Mcroy C P. 1993.The paradox of pelagic food webs in the northern Bering Sea-III. Patterns of primary production[J]. Continental Shelf Research, 13: 575-599.

Stabeno P J, Napp J M, Mordy C W, et al. 2010. Factors influencing physical structure and lower tropic levels of the eastern Bering Sea shelf in 2005:Sea ice, tides and winds[J].Progress in Oceanography, 85:180-196.

Stauch G and Gualtieri L. 2008. Late Quaternary glaciations in northeastern Russia[J]. Journal of Quaternary Science, 23, 545–558.

Stein R, Dittmers K, Fahl K, et al. 2004. Arctic (palaeo) river discharge and environmental change: evidence from the Holocene Kara Sea sedimentary record. Quaternary Science Review[J], 23: 1485–1511.

Stein R, Matthiessen J, Niessen F, et al. 2010. Towards a better (litho–) stratigraphy and reconstruction of Quaternary paleoenvironment in the Amerasian Basin (Arctic Ocean)[J]. *Polarforschung*, 79 (2): 97–121.

Stein R, Matthießen J, Niessen F, et al. 2010. Towards a better (litho–) stratigraphy and reconstruction of Quaternary paleoenvironment in the Amerasian Basin (Arctic Ocean) [J]. Polarforschung, 79(2): 97–121.

Stone D B, Crumley S G, Parfenov L M. 1992. Paleomagnetism and the Kolyma structural loop. In: International Conference on Arctic Margins Proceedings [M]. US Department of the Interior Mineral Management Service, Alaska Outer Continental Shelf Region, Anchorage, AK, pp. 189–194.

Stuiver M and Reimer P J. 1993. Extended 14C database and revised CALIB radiocarbon calibration program [J]. Radiocarbon, 35:215–230.

Stärz M, Gong Xun, Stein R, et al. 2012. Glacial shortcut of Arctic sea–ice transport[J]. Earth and Planetary Science Letters, 357–358: 257–267.

Suchet PA, Probst PL, Ludvig.2003. Worldwide distribution of continental rock lithology: Implications for the atmospheric/soil CO_2 uptake by continental weathering and alkalinity river transport to the oceans. Global Biogechemical Cycles, 17(2):1038

Sun W W, Banerjee S K, Hunt C P. 1995. The role of maghemite in the enhancement of magnetic signal in the Chinese loess–paleosol sequence–an extensive rock magnetic study combined with citrate–bicarbonate–dithionite treatment. Earth and Planetary Science Letters[J], 133: 493–505.

Suzumura M, Kokubun H, Arata N. 2004. Distribution and characteristics of suspended particulate matter in a heavily eutrophic estuary, Tokyo Bay, Japan. Marine Pollution Bulletin, 49: 496–503.

Svendsen J I, Alexanderson H, Astakhov V I, et al. 2004. Late Quaternary ice sheet history of northern Eurasia. Quaternary Science Review, 23, 1229–1271.

Swift J H, Jones E P, Aagaard K, et al. 1997. Waters of the Makarov and Canada Basins. Deep Sea Res II, 44: 1503–1529.

Takahashi K. 2005. The Bering Sea and paleoceanography[J]. *Deep–Sea ResearchII*, 52: 2080–2091.

Thomas D N, DieckmannG S. 2003. Sea Ice: An Introduction to Its Physics, Chemistry, Biology and Geology, Chapter 4. New York: Wiley–Blackwell, 112–141.

Thompson R, Oldfield F. 1986. Environmental Magnetism[M]. Winchester: Allen and Unwin,

Timokhov L A. 1994. Regional characteristics of the Laptev and the East Siberian seas: climate, topography, ice phases, thermohaline regime, circulation. In: Kassens, H., Piepenburg, D., Thiede, J., Timokhov, L., Hubberten, H.–W., Priamikov, S.M. (Eds.), Berichte zur Polarforschung 144, 15–31.

Torii M, Fukuma K, Horng C S, et al. 1996. Magnetic discrimination of pyrrhotitc–and greigite–bearing sediment samples. Geophysical Research Letters[J], 23: 1813–1816.

Trimble S M, Baskaran M. 2005. The role of suspended particulate matter in 234^{Th} scavenging and 234^{Th}–derived export fluxes of POC in the Canada Basin of the Arctic Ocean. Marine Chemistry, 96: 1–19.

Tudryn A, Tucholka P. 2004. Magnetic monitoring of thermal alteration for natural pyrite and greigite. Acta Geophysica Polonica[J], 52 (4): 509–520.

Turner A, Millward G E. 2002. Suspended particles: their role in estuarine biogeochemical cycles. Estuarine, Coastal and Shelf Science, 55: 857-883.

U.S.S.R. 1970. Academy of Sciences, Geological Inst. and Inst. Of Oceanology, Tectonic Map of the Pacific Segment of the Earth. Moscow.

Velegrakis A F, Michel D, Collins M B, et al. 1999. Sources, sinks and resuspension of suspended particulate matter in the eastern English Channel. Continental Shelf Research, 19: 1933-1957.

Verosub K L, Roberts A P. 1995. Environmental magnetism: Past, present, and future. Journal of Geophysical Research[J], 100: 2175-2192.

Vestfals C D, Ciannelli L, Duffy-Anderson J T, et al. 2014. Effects of seasonal and interannual variability in along-shelf and cross-shelf transport on groundfish recruitment in the eastern Bering Sea [J]. Deep Sea Research Part II: Topical Studies in Oceanography, 109: 190-203.

Viscosi-Shirley C, Mammone K, Pisias N, et al. 2003. Clay mineralogy and mult-element chemistry of surface sediments on the Siberian-Arctic shelf. Implications for sediment provenance and grain size sorting. Continental shelf Research[J], 23: 1175-1200.

Viscosi-Shirley C, Mammone K, Pisias N. 2003. Dymond J. Clay mineralogy and multi-element chemistry of surface sediments on the Siberian-Arctic shelf: implications for sediment provenance and grain size sorting. Continental Shelf Research. (23) 1175-1200.

Viscosi-Shirley C, Pisias N, Mammone K. 2003. Sediment source strength, transport pathways and accumulation patterns on the Siberian-Arctic's Chuchi and Laptev shelves. Continental shelf Research[J], 23: 1201-1223.

Vogt C, Knies J, 2009. Sediment pathways in the western Barents Sea inferred from clay mineral assemblages in surface sediments. Norwegian Journal of Geology,89:41-55.

Vogt C, Knies J, Spielhagen R F, Stein R. 2001. Detailed mineralogical evidence for two nearly identical glacial/deglacial cycles and Atlantic water advection to the Arctic Ocean during the last 90,000 years. Global and Planetary Change 31(1-4(QUEEN Special Issue)), 23-44.

Vogt C, Knies J. 2009. Sediment pathways in the western Barents Sea inferred from clay minerals assemblages in surface sediments. Norwegian Journal of Geology, 89: 41-55.

Vogt C. 1996. Bulk mineralogy in surface sediments from the eastern central Arctic Ocean. In: Stein R, Ivanov G, L Evitan M, et al. Surface-sediment composition and sedimentary processes in the Central Arctic Ocean and along the Eurasian Continental Margin. Reports on Polar Research. 212 :159-171.

Volkmann R. 2000. Planktic foraminifers in the outer Laptev Sea and the Fram Strait-modern distribution and ecology. J Foraminifer Res, 30: 157-176.

Wahsner M, Müller C, Stein R, et al. 1999. Clay mineral distribution in surface sediments of the Eurasian Arctic Ocean and continental margins as indicator for source areas and transport pathways-a synthesis [J]. Boreas, 28: 215-233.

Wang M Y, Overland J E, Stabeno P. 2012. Future climate of the Bering and Chukchi Seas projected by global climate models[J]. Deep-Sea Research Part II, 65-70: 46-57.

Wang R, Xiao W, März C, et al. 2013. Late Quaternary paleoenvironmental changes revealed by multi-proxy records from the Chukchi Abyssal Plain, western Arctic Ocean[J]. Global & Planetary Change, 108(3):100-118.

Wang Weiguo, Fang Jianyong, Chen Lili, et al. 2014. The distribution and characteristics of suspended particulate matter in the Chukchi Sea[J]. Advances in Polar Science, 25(3):155-163.

Wang Y, Dong H, Li G, et al. 2010. Magnetic properties of muddy sediments on the northeastern continental shelves of China: Implication for provenance and transportation. Marine Geology[J], 274: 107-119.

Watkins S J, Maher B A. 2003. Magnetic characterization of present-day deep-sea sediments and sources in the North Atlantic. Earth and Planetary Science Letters, 214: 379-394

Weijers J W H, Schouten S, Hopmans E C, et al. 2006b. Membrane lipids of mesophilic anaerobic bacteria thriving in peats have typical archaeal traits[J]. *Environ. Microbiol.*, 8: 648-657.

Weijers J W H, Schouten S, Sluijs A, et al. 2007b. Warm arctic continents during the Palaeocene-Eocene thermal maximum[J]. *Earth and Planetary Science Letters*, 261: 230-238.

Weijers J W H, Schouten S, Spaargaren O C, et al. 2006a. Occurrence and distribution of tetraether membrane in soils: Implications for the use of the BIT index and the TEX86 SST proxy [J]. *Organic Geochemistry*, 37: 1680-1693.

Weijers J W H, Schouten S, van den Donker J C, et al. 2007a. Environmental controls on bacterial tet raether membrane lipid distribution in soils [J]. *Geochimica et Cosmochimica Acta*, 71: 703-713.

Weingartner T J, Cavalieri D J, Aagaard K, et al. 1998. Circulation, dense water formation and outflow on the northeast Chukchi shelf [J]. Journal of Geophysicl Research,103 :7647-7661.

Weingartner T J, Cavalieri D J, Aagaard K, et al. 1998. Circulation, dense water formation, and outflow on the northeast Chukchi shelf[J]. Journal of Geophysical Research: Oceans (1978-2012), 103(C4): 7647-7661.

Weingartner T J, Danielson S L, Royer T C. 2005. Freshwater variability and predictability in the Alaska Coastal Current. Deep-Sea Research: Part II. Topical Studies in Oceanography, 52(1-2): 169-191.

Weingartner T J, Danielson S, S asaki Y, et al. 1999. The Sib erian Coast al Current :Awind and buoyancy-forced Arctic coast al current [J]. J. Geophys. Res. 104: 29 697-29 713.

Weingartner T, Aagaard K, Woodgate R, et al. 2005. Circulation on the north central Chukchi Sea shelf. Deep-Sea Research II, 52: 3150-3174.

Weingartner T, Kashino Y, Sasaki Y, Mitsudera F, Pavlov V, Kulakov M, Grebmeier J, Cooper L, Roach A. 1996. The Siberian Coastal Current: multiyear observations from the Chukchi Sea. Abstract of AGU 1996 Ocean Science Meeting, p. OS119.

Weingartner T. 2001.Chukchi Sea Circulation[EB/ OL]. http :/ / www. ims. uaf. edu/ chukchi/ .

Weingartner, Aagaard, Woodgate, et al. 2005. Circulation on the north central Chukchi Sea shelf[J]. Deep-Sea Research Part II, 52(24-26):3150-3174.

Weller P, Stein R. 2008. Paleogene biomarker records from the central Arctic Ocean (Integrated Ocean Drilling Program Expedition 302): Organic carbon sources, anoxia, and sea surface temperature[J]. *Paleoceanography*, 23: 1-15.

Wheeler P A, Gosselin M, Sherr E, et al. 1996. Active cycling of organic carbon in the central Arctic Ocean[J]. Nature, 380(6576): 697-699.

Winkler A, Wolf-Welling T C W, Stattegger K, et al. 2002. Clay mineral sedimentation in high northern latitude deep-sea basins since the Middle Miocene (ODP Leg 151, NAAG) [J]. International Journal of Earth Sciences, 91:133-148.

Winsor P, Chapman D C. 2004. Pathways of Pacific water across the Chukchi Sea: A numerical model study. Journal of Geophysical Research, 109, C03002.

Wollenburg J E, Mackensen A. 1998. Living benthic foraminifers from the central Arctic Ocean: faunal composition, standing stock and diversity[J]. Marine Micropaleontology, 34: 153-185.

Woodgate R A, Aagaard K, Swift J H, et al. 2007. Atlantic water circulation over the Mendeleev Ridge and Chukchi Borderland from thermohaline intrusions and water mass properties [J]. J Geophys Res, 112: C02005.

Woodgate R A, Aagaard K. 2005. Revising the Bering Strait freshwater flux into the Arctic Ocean.Geophysical Research Letter, 32, L02602.

Xiao W, Wang R, Astakhov A, et al. 2014. Stable oxygen and carbon isotopes in planktonic foraminifera Neogloboquadrinapachyderma in the Arctic Ocean: An overview of published and new surface-sediment data[J]. Marine Geology, 352(2):397-408.

Yamamoto M, Okino T, Sugisaki S, et al. 2008. Late Pleistocene changes in terrestrial biomarkers in sediments from the central Arctic Ocean[J]. *Organic Geochemistry*, 39 (6): 754-763.

Yamamoto M, Polyak L. 2009. Changes in terrestrial organic matter input to the Mendeleev Ridge, western Arctic Ocean, during the Late Quaternary[J]. *Global and Planetary Change*, 68 (1-2): 30-37.

Yamazaki T, Ioka N. 1997. Environmental rock-magnetism of pelagic clay: Implications for Asian eolian input to the North Pacific since the Pliocene. Paleoceanography[J], 12: 111-124.

Yunker M B, Backus S M, Pannatier E G, et al. 2002. Sources and Significance of Alkane and PAH Hydrocarbons in Canadian Arctic Rivers[J]. *Estuarine*, *Coastal and Shelf Science*, 55 (1): 1-31.

Yunker M B, Belicka L L, Harvey H R, et al. 2005. Tracing the inputs and fate of marine and terrigenous organic matter in Arctic Ocean sediments: A multivariate analysis of lipid biomarkers[J]. *Deep Sea Research II*, 52: 3478-3508.

Yunker M B, Macdonald R W, Snowdon L R, et al. 2011. Alkane and PAH biomarkers as tracers of terrigenous organic carbon in Arctic Ocean sediments[J]. *Organic Geochemistry*, 42: 1109-1146.

Yunker M B, Macdonald R W, Snowdon L R. 2009. Glacial to postglacial transformation of organic input pathways in Arctic Ocean basins[J]. *Global Biogeochemical Cycles*, 23 (4): 1-13.

Yurco L N, Ortiz J D, Polyak L, et al. 2010. Clay mineral cycles identified by diffuse spectral reflectance in Quaternary sediments from the Northwind Ridge: implications for glacial-interglacial sedimentation patterns in the Arctic Ocean. Polar Research, 29, 176-197.

Zheng Y, Kissel C, Zheng H B, et al. 2010. Sedimentation on the East China Sea: Magnetic properties, diagenesis and paleoclimate implications. Marine Geology[J], 268: 34-42.

Zhu C, Weijers J W H, Wagner T, et al. 2011. Sources and distributions of tetraether lipids in surface sediments across a large river dominated continental margin. *Organic Geochemistry*, 42: 376-386.

Zhu R, Shi C, Suchy V, et al. 2001. Magnetic properties and paleoclimatic implications of loess-paleosol sequences of Czech Republic. Science in China(Series D)[J], 44(5): 385-394.

Zuo S, Zhang N, Li B, et al. 2012. A study of suspended sediment concentration in Yangshan deep-water port in Shanghai, China. International Journal of Sediment Research, 27: 50-60.

Zwolsman J J G, Eck G T M. 1999. Geochemistry of major elements and trace metals in suspended matter of the Scheldt estuary, southwest Netherlands. Marine Chemistry, 66: 91-111.

第9章　北极大气温室气体和污染物的分布特征

北冰洋是欧亚大陆和北美大陆严密包围的大洋。从20世纪70年代起，国际上开始研究周边大陆区域人类活动排放的各类污染物向北冰洋海区的输送机制及其对北极环境气候生态的影响。近年来的研究结果显出，自1976年以来，北极地区每10年变暖0.5℃，其温度升高速率几乎是全球平均速率的2倍。海冰年平均面积每10年减少2.7%（IPCC，2007）。在全球变暖的大背景下，北极地区的快速气候和环境变化问题已经引起了全球社会及学术界的极大关注。AMAP（Arctic Monitoring and Assessment Programme）2009年发布的报告（http://www.amap.no/documents）指出，在北极地区，除了二氧化碳的辐射强迫效应高于全球平均以外，甲烷、大气臭氧、气溶胶等短寿命的大气污染物的辐射强迫增温作用对北极气候变暖也有重要作用。尤其是黑碳气溶胶，对北极地区的辐射强迫增温作用是全球平均的近4倍，是仅次于二氧化碳的增温效果最强的大气成分。

通过观测获取北冰洋区域的温室气体、气溶胶及其他短寿命大气成分的时空分布和变化特征，对于深入了解近几十年来北极地区的快速气候变化，并预测未来变化，都具有十分重要的意义。相对于陆地地区全球海洋的大气成分观测极为有限，北冰洋海区更为稀少。除了卫星的遥感观测外，利用船舶平台是海洋地区最为有效的观测手段。我国自1999年开展北极科学考察以来，对北极航线上的多种温室气体进行了观测（陈立奇，2003；张占海，2004；张海生，2009）。2008年在中国第三次北极科学考察航线上对黑碳气溶胶等大气成分进行了走航观测，获得了对北冰洋海区黑碳气溶胶浓度变化规律的初步认识（汤洁等，2011）。在2010年7—9月我国第四次北极科学考察期间，我们继续利用国际上先进的标准仪器，在“雪龙”号船上对上海—厦门—黄海—日本海—白令海—北冰洋海区的大气汞、真菌、氮氧化物、黑碳气溶胶、气溶胶散射系数、臭氧、紫外辐射等要素进行了在线测量和采样分析，获得了航行期间的观测数据（赖鑫等，2012）。本章对所获要素的本底特征和环境变化进行分析，为进一步了解和评估北极地区气候与环境快速变化的机理提供科学基础。

9.1 观测航线

中国第四次北极科学考察“雪龙”号破冰船于2010年6月25日从上海到厦门，7月1日由厦门港出发驶向北极（图9-1）。途中驶经对马海峡、日本海、宗谷海峡、鄂霍次克海、西北太平洋、白令海，进入北冰洋。8月8—19日在选择的浮冰上开展了冰站的综合科学考察，于8月20日到达最北点88°26′N，176°59′W。其后返回白令海，沿着堪察加半岛经鄂霍次克海，进入日本海，9月18日到达上海长江口锚地。温室气体分析仪器和资料采集系统均安置和固定在“雪龙”船顶层气象室内，专用气管从船顶引入室内。紫外辐射表固定安装在船艏楼顶层甲板上的平衡支架上，高出甲板2.5 m左右，距离海面约30 m。船的动力装置在

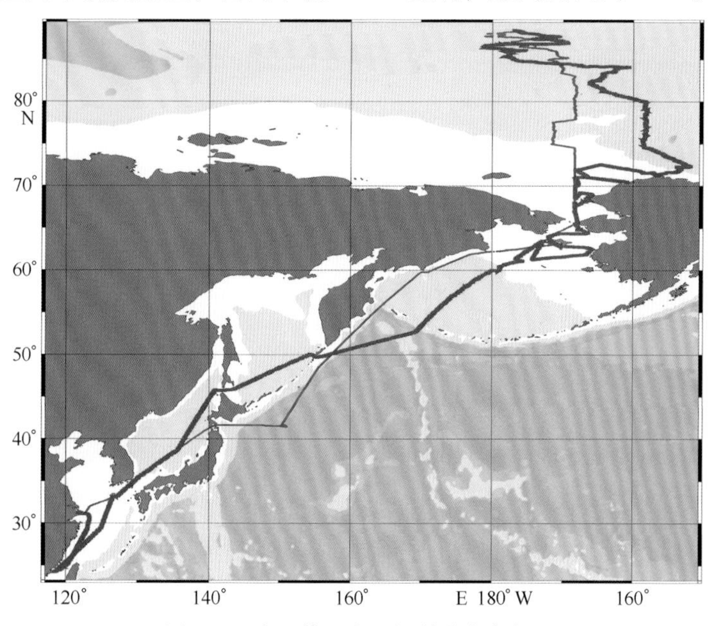

图9-1 中国第四次北极科学考察航迹

红粗线为去程，蓝细线为回程

后部，正常行船中的观测数据一般不会受船尾烟囱的影响，但在停船、慢速前行、船尾来风等情况下，数据可能会受到影响。在资料处理中，参考船速、船艏向、风速、风向等资料，将异常数据剔除，并对数据进行了平滑处理。

9.2 大气汞的分布特征

汞是远距离跨境空气污染监测的8个痕量元素之一（Kuss and Schneider，2007）。它通过各种自然（Wang et al.，2006）和人为排放（Street et al.，2005）进入大气中，主要是以元素形态（GEM）在大气中存在0.5～2年，能传输到高纬度的北极地区（Schroeder et al.，1998）。沉积物汞浓度调查显示，沉积物中的汞含量在工业革命后有明显增加的趋势。Hermanson等（1998）在依未塔维克地区调查显示，大气汞沉降通量在过去240年中增加了6倍。Hart Hansen等（1991）的调查显示格陵兰地区Inuit人头发中的汞含量从工业革命前的3.1 μg/g增加到了现在的9.8 μg/g，增加了2倍多。北极是人类活动对环境影响的指示表，如果某种污染物使北极地区都受到了明显的污染，那么就可以认为该污染物已经影响到了全球的环境安全。研究已经表明汞的污染已经在北极地区明显存在。格陵兰岛居民血液的汞含量是人体健康标准的12倍，造成这一结果的原因是当地居民食用大量受到汞污染的海产品。Bard等（1999）的研究显示，北极地区生物链底层的汞含量水平为（0.005±0.569）μg/g，海鸟体内为（0.046±2.67）μg/g，而海豹、鲸鱼等体内含量高达21.6 μg/g。格陵兰居民的食物中有很多海豹、鲸鱼，这种生物富集作用使当地居民受到的汞污染达到危险的水平。北极地区的汞污染已经引起了人们的重视，有报道显示汞在低纬度地区高温条件下从土壤和水体挥发进入大气循环并在高纬度严寒条件下沉积。工业发展造成的汞污染正在逐步向北极地区转移和富集，大气汞消耗事件（AMDEs）给予了这一理论有利的支持（Steffen et al.，2008）。有模型研究显示，北极地区大气汞的沉积量估计每年在90～450 t之间（Poissant et al.，2008），这一结论已经被普遍接受。在过去几十年里，对阿拉斯加、加拿大北极地区、格陵兰和斯瓦尔巴群岛的研究显示高纬度地区汞污染日益严重（Pacyna and Keeler，1995；Fiztgerald et al.，1998；Rognerud et al.，1998；Bindler et al.，2001；Lindeberg et al.，2006）。气候变暖也对北极的环境体系造成了挑战，高纬度地区对气候变暖的反应尤为敏感。北极地区海冰快速减少对北极熊生存造成严重后果已经有所报道（Derocher et al.，2004；ACIA，2005）。就大气汞来说，海冰的快速消减对汞的海冰—大气循环的研究提出了新的问题、领域和任务。

9.2.1 大气汞观测仪器和资料

大气汞的监测是安装在“雪龙”号船顶端甲板上的自动汞检测仪（model 2537B，Tekran Inc.，Toronto，Canada）。自动汞检测仪走航采集数据，每天内部自我校准，确保了数据的准确性和可靠性。汞检测仪的分析原理是先用纯金表面富集大气汞，然后经过热脱附使用冷原子荧光光谱仪（CVAFS，253.7 nm）进行浓度值分析，误差小于5 %（Tekan，2002）。Tekran 2537B使用交替采样的原理，一只管进行5 min，1.5 L/min的采样；另一只管进行解吸附测量，交替进行，5 min间隔1个数据。检测线最低为0.1 ng/m^3，仪器测定的是气态总汞，包括元素汞和气态汞（Temme et al.，2003）。

9.2.2 大气汞的分布特征

图 9-2 是考察航线上不同纬度大气 TGM 的浓度分布。考察航线上的 TGM 平均浓度为（1.99±0.89）ng/m^3，变化范围为 0.42~8.97 ng/m^3。高于北半球背景值范围 1.5~1.7 ng/m^3（Lindberg et al.，2007）。不同纬度的大气 TGM 浓度去程和回程存在差异。如图 9-2 所示，回程大气 TGM 平均浓度明显高于去程，去程为（1.70±0.65）ng/m^3，回程为（2.59±1.00）ng/m^3。整个走航期间，纬度大于 66°30′N 的 TGM 平均浓度为（2.01±0.54）ng/m^3。其中 66°30′—70°N、70°—80°N 和 80°—90°N 三个纬度范围的大气 TGM 浓度分别为（2.01±0.81）ng/m^3、（1.90±0.45）ng/m^3 和（2.08±0.55）ng/m^3，其中以 70°—80°N 纬度之间的 TGM 浓度和标准方差最低，总体上波动要小。整个北极圈内的 TGM 的最高浓度为 4.67 ng/m^3，没有出现中国第三次北极科学考察期间发现的在靠近 76°N 出现的超高 TGM 浓度（29.76 ng/m^3）的现象，中国第三次北极科学考察期间的高浓度可能受到了某种短期的汞污染事件的影响。考察走航区域经过中国东海、日本海、鄂霍次克海、白令海、楚科奇海、加拿大海盆、北极点等海域。北极圈以外的海域去回程的间隔时间较长，因此分别统计不同海域的的去回程大气 TGM 浓度，有助于了解走航经过的海域的大气 TGM 浓度的时空变化特征。

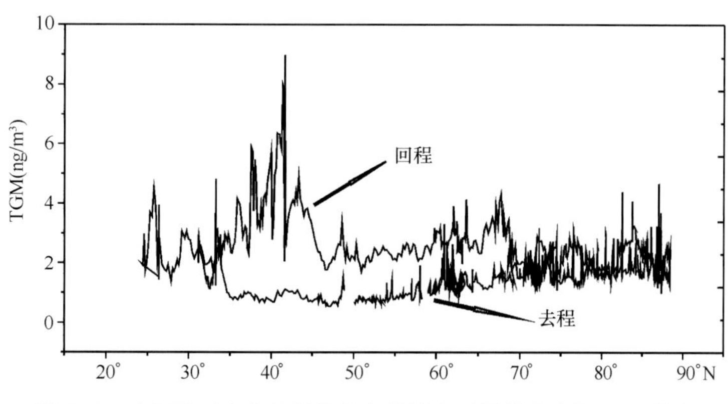

图 9-2 中国第四次北极科学考察航线上不同纬度大气 TGM 分布

表 9-1 是整个航线期间去程和回程不同海域的平均浓度和浓度范围。如表 9-1 所示，整个航线中 TGM 平均浓度最低的海域并不是在北极圈内，而是在鄂霍次克海海域和西伯利亚东部海区。该区域陆地树木覆盖率很高，大气汞污染较少，很可能是一个汞的“汇”。整个航线覆盖区域中 TGM 平均浓度最高的区域在白令海峡附近（66°30′—70°N），这个区域西部是人烟稀少的俄罗斯领土，东部是靠近美国的阿拉斯加，大气汞污染很可能是来自美国的阿拉斯加和加拿大西部，并且独特的地理特点可能是造成 TGM 平均浓度较高的一个因素。在 70°—80°N 和 80°—90°N 纬度范围内的大气 TGM 浓度不是很高，但值得注意的是这两个纬度范围的回程的大气 TGM 平均浓度要高于去程的 32.0 %和 7.32 %。

表 9-1　整个航线期间去程和回程不同海域的 TGM 平均浓度和浓度范围

海域区域	去程		回程	
	平均浓度（ng/m³）	浓度范围（ng/m³）	平均浓度（ng/m³）	浓度范围（ng/m³）
中国东海	1.94±0.78	0.41~4.52	1.79±0.57	1.13~2.95
日本海	1.46±0.83	0.67~3.84	2.97±1.48	0.95~8.96
鄂霍次克海	0.77±0.14	0.54~1.3	2.27±0.78	1.70~4.92
白令海	1.21±0.36	0.67~3.32	2.59±0.37	1.97~3.42
66°30′—70°N	1.62±0.30	1.1~2.71	3.02±0.68	1.96~4.32
70°—80°N	1.72±0.37	1.19~3.19	2.27±0.36	1.48~3.23
80°—90°N	2.05±0.53	0.99~4.67	2.20±0.61	1.33~3.08

日本海、鄂霍次克海、白令海等非高纬度海冰区域回程的大气 TGM 平均浓度比去程分别高出 103.4 %、194.8 %和 114 %，显示出非同寻常的变化幅度。人类活动对这几个海域的影响很难达到这个幅度，本次航次去程经过这几个海域的时间是在 7 月，回程的时间是 9 月，之前广州的研究表明温度和大气 TGM 浓度存在显著的负相关关系，这可能是造成去回程大气 TGM 浓度差别的原因之一。此外，较低的本底浓度也可能使大气 TGM 的变化幅度更为明显。由于海域大气 TGM 浓度变化与陆地不同，也可能存在别的影响因素。

9.2.3　大气汞与臭氧和 UVB 的关系

利用走航期间大气汞和臭氧数据，首次探讨不同海域大气 TGM 和臭氧的相关关系。如图 9-3 所示，整个走航期间大气 TGM 和臭氧浓度存在明显的反相关。北极大气 TGM 浓度波动较小，而中纬度地区靠近人类活动区，TGM 浓度较高，显示出人类活动的影响。北极地区臭氧浓度和变化幅度较低，北极圈以外的臭氧浓度要高于北极圈内臭氧浓度 36.7 %，显示出北极仍是北半球最洁净的地区。

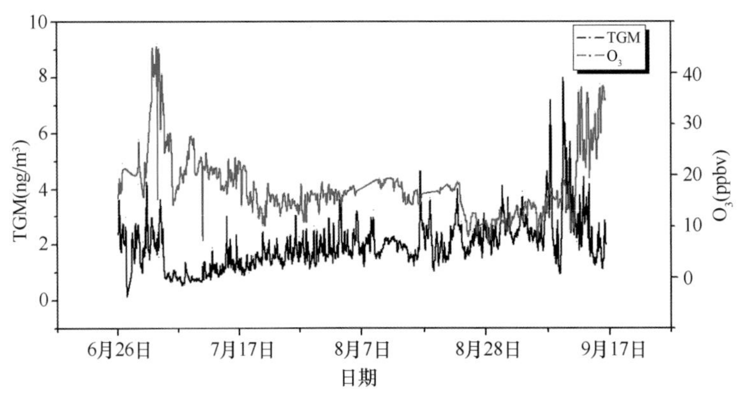

图 9-3　2010 年 6 月 26 日至 9 月 17 日走航期间观测的大气 TGM 和臭氧的时间序列

图 9-4 给出 2010 年 6 月 26 日至 9 月 17 日大气 TGM 浓度和 UVB 辐射强度的时间序列。从图中可以看出大气 TGM 浓度和 UVB 辐射强度变化关系，北极地区 UVB 辐射强度远低于中纬度地区，走航期间北极圈外 UVB 辐射强度是北极圈内的 4.1 倍。为研究大气 TGM 和 UVB 之间的关系，分别选取北极圈和低纬度地区大气 TGM 浓度和 UVB 辐射强度做对比研究。图

9-5 是极昼期间北极大气 TGM 和 UVB 辐射强度日变化和两者之间的关系。

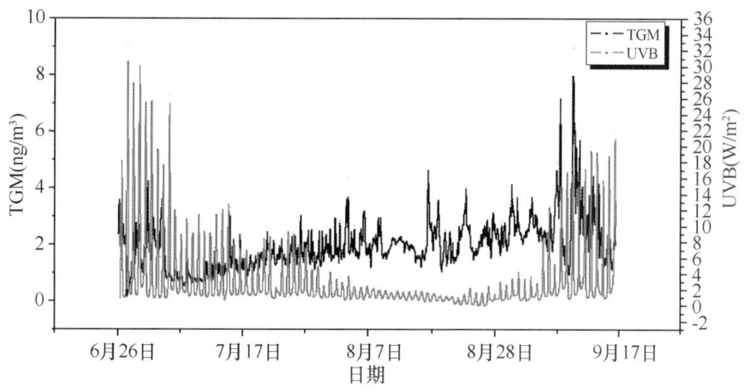

图 9-4　2010 年 6 月 26 日至 9 月 17 日大气 TGM 浓度和 UVB 辐射强度的时间序列

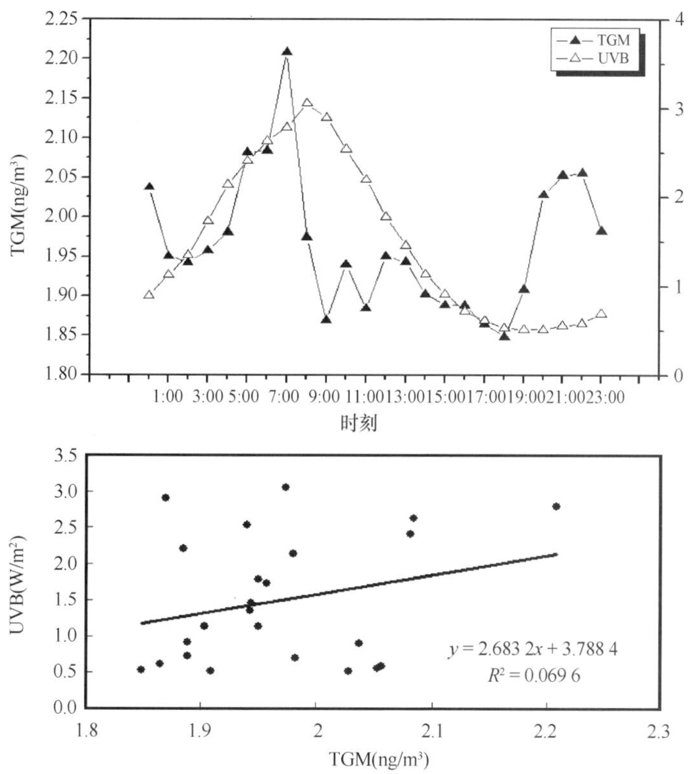

图 9-5　北极地区大气 TGM 浓度和 UVB 辐射强度的日变化（上图）及两者的相关（下图）

UVB 辐射强度的日变化比较明显，在当地时间 8:00—9:00 达到峰值，在晚上 19:00 降到最低值，而大气 TGM 浓度在 7:00 达到峰值，在晚上 18:00 降到最低值。大气 TGM 与 UVB 辐射强度的相关系数为 $R^2=0.07$，显示了大气 TGM 与 UVB 辐射强度的相关不明显。

中纬度与高纬度有很大的不同，不存在极昼的现象，UVB 辐射强度高于高纬度地区。图 9-6 是 24°—34°N 大气 TGM 浓度和 UVB 辐射强度的日变化及两者的相关关系。如图 9-6 所示，中纬度地区 UVB 辐射强度的日变化特征与北极地区有所不同，北极地区 UVB 辐射强度的最高值出现在 8:00—9:00，而中纬度 UVB 辐射强度最高值出现在 12:00，即太阳高度角最

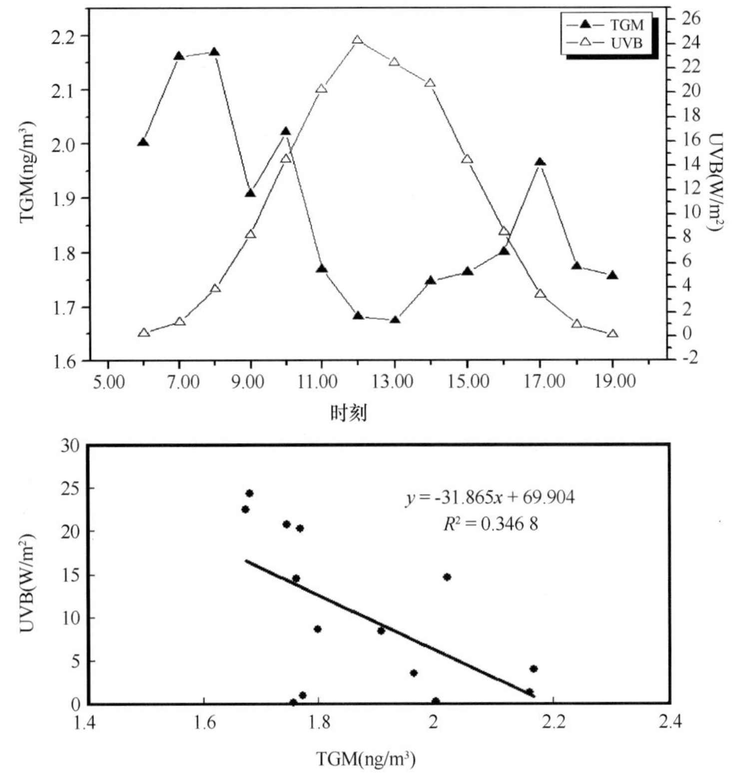

图 9-6 中纬度地区大气 TGM 浓度和 UVB 辐射强度的日变化（上图）及两者的相关（下图）

大的时候，辐射强度要高出北极地区一个数量级。中纬度大气 TGM 平均浓度在早上 7:00—8:00 达到峰值，在 13:00 降到最低值，最高浓度出现的时间与北极地区相近，但最低浓度出现的时间差别很大，这与北极地区一致，显示出海洋大气汞浓度日变化特征有别于陆地。大气 TGM 与 UVB 辐射强度的相关关系 $R^2=0.35$，存在明显的相关关系，高于北极地区大气 TGM 与 UVB 辐射强度的相关系数。

9.3 北冰洋生物气溶胶

大气气溶胶是指悬浮在大气环境中的固体、液体微粒共同组成的一种多相体系（王明星，2005）。在这些悬浮在大气中的固体、液体微粒中，存在一些由陆地或水生环境的生物活动产生的微生物或者生物大分子，被称之为生物气溶胶（Ariya et al.，2004；Li et al.，2011）。生物气溶胶种类繁多，包括细菌、古生菌、真菌及其孢子和片段、病毒、花粉、藻类和蓝藻菌、生物地衣等（Després et al.，2012）。生物气溶胶中最重要的一个组成部分是真菌或真菌孢子及它的碎片（Urbano et al.，2011）。空气中的真菌主要来自于土壤、水体、动物、植物及人类活动，由于生物的种类、年龄和周围条件不同，真菌孢子粒径变化范围可以从小于 1 μm 到 50 μm 不等，频率出现最多的粒径范围是 2~10 μm（Elbert et al.，2007；Huffman et al.，2010）。空气真菌能引起或者加剧人类、动物及植物疾病。作为一种重要的生物气溶胶组分，真菌气溶胶具有生物气溶胶的特性，它可以通过散射或者吸收太阳光来直接影响地球辐射量，并且它也可以作为云凝结核或冰晶凝结核（Dusek et al.，2006）。此外，真菌颗粒能够被二次有机气溶胶所包裹充当核，以此来直接影响气溶胶和云凝结核的化学组分（Pöhlker et al.，2012）。最近的研究发现，空气中真菌的组成和动力特征对生物有机物气溶胶的传输和再生成的作用，同时它也与大气化学和物理变化有关（Dusek et al.，2006；Georgakopoulos et al.，2009；Morris et al.，2011）。空气真菌可能使气溶胶中的化学成分发生变形，因此改变其大气化学性质。如有机气溶胶二羧酸可以被真菌转化，生成一些无毒或低毒的化合物以及一些高毒性病原体（Ariya et al.，2002）。海洋约占地球面积的70%，海洋中的生物活动对气溶胶中的颗粒起着重要作用（O'Dowd et al.，2004）。海洋中的微生物可以通过泡沫破裂的方式直接向大气中释放微生物（Blanchard et al.，1970；Schlichting，1974），而海气交界面的微生物浓度超过亚表层浓度，也有利于生物气溶胶形成。Dusek 等（2006）发现，当时间变化对云凝结核的化学反应可以忽略时，气溶胶粒径分布可以解释84%到96%云凝结核的浓度。所以，海洋上生物气溶胶的含量及粒径分布状况成为人们关心的问题。近年来，真菌在全球不同区域空气中的分布特征被陆续报道。比如，Bauer 等（2002）在云滴、雾、沉降物等中均发现了空气真菌；Froehlich-Nowoisky 等（2009）发现在热带雨林悬浮的粗颗粒中45%是真菌孢子。但目前全球微生物的分布模式仍不明确。并且大多关于空气真菌的浓度和粒径分布的研究主要是在陆地或者室内环境（Fang et al.，2005），却很少了解海洋真菌气溶胶的信息。海洋上的空气真菌可以通过海洋表面释放或者从大陆传输而来（Prospero et al.，2005）。至今有关海洋上的真菌气溶胶的报道非常少，尤其是偏远海洋的研究非常缺乏，这方面的工作可以帮助我们更好地理解它的浓度、粒径分布、来源和气候效应。

9.3.1 观测仪器和资料

生物气溶胶采样点位于“雪龙”船第三层甲板上，距离海平面约15 m。为避免可能的人为污染，我们将采样仪器放在“雪龙”船外。空气真菌的样品用改良马丁培养基在37℃孵育培养时间3 d（Marks et al.，2001）。培养结束后，计数各级采样皿中的空气真菌菌落数（CFU）。由各级大气真菌菌落数和空气流量分别计算出1~6级总真菌菌落数和各级的菌落数分布。空气真菌的浓度计算公式为：

$$Ci = \frac{Ni}{Q \times t} \times 1\,000 \tag{9-1}$$

$$C = \frac{N}{Q \times t} \times 1\,000 \tag{9-2}$$

$$Pi = \frac{Ni}{N} \times 100\% = \frac{Ci}{C} \times 100\% \tag{9-3}$$

式中，Ci 和 C 分别为第 i 级采样器真菌浓度和总真菌浓度（CFU/m^3）；Ni 和 N 分别为第 i 级采样器菌数和总菌数（CFU）；Q 为采样器空气流量（L/min）；t 为采样时间（min）；Pi 为每一级空气真菌菌落数或浓度的百分比。

9.3.2 生物气溶胶的分布特征

中国第四次北极科学考察空气真菌浓度分布及相关信息如图9-7和表9-2。在整个采样期间，空气真菌的总的浓度变化范围为0~320.4 CFU/m^3，浓度随纬度变化大致呈减小趋势。

Sesartic 和 Dallafior（2011）揭示了典型生态系统中空气真菌浓度分布特征，不同生态系统的真菌浓度分别为，970 CFU/m^3（丛林）、1015 CFU/m^3（森林）、6015 CFU/m^3（灌木）、12545 CFU/m^3（农作物）、825 CFU/m^3（草地）及 40 CFU/m^3（苔藓）。植物在衰退或再生产时会产生孢子，大多微生物栖息在植物、土壤、岩石表面，而全球树叶表面面积约为陆地地面的 4 倍，这为微生物的释放提供了一个相对比较大的面积。

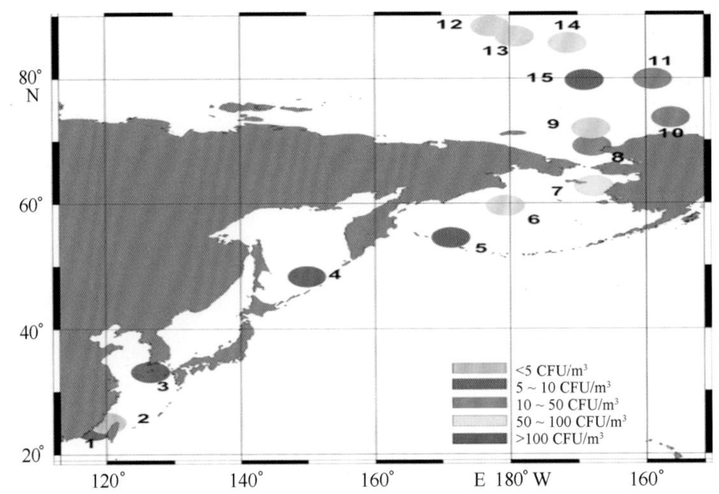

图 9-7　中国第四次北极科学考察海洋边界层真菌气溶胶浓度

表 9-2　中国第四次北极科学考察空气真菌的采样位置、日期及气象条件

采样号	日期（月/日）	时刻	纬度/经度	浓度	相对湿度	温度	相对风速	天气
1	6/28	11：20	24°02.17′N，118°04.15′E	320.4	80	26.3		晴
2	7/1	11：25	25°03.511′N，120°06.776′E	5.3	91	27.2	6.7	晴
3	7/4	01：40	33°13.686′N，126°35.142′E	190.8	100	24.2	5.1	大雾
4	7/8	01：40	48°22.811′N，149°54.791′E	224.4	90	11.5	25.5	小雾
5	7/11	07：30	54°34.097′N，171°22.092′E	7.1	81	7.6	8.8	晴
6	7/14	11：05	59°39.629′N，179°25.230′E	0.0	100	7.2	10.5	大雾
7	7/18	04：40	62°42.473′N，167°38.746′W	63.6	100	7.5	31.0	小雨
8	7/21	08：45	69°11.664′N，167°54.724′W	24.7	84	6.9	4.6	晴
9	7/24	06：20	71°59.675′N，168°7.530′W	1.8	86	3.3	13.3	晴
10	7/28	09：00	73°41.119′N，156°22.381′W	24.7	100	2.7	15.3	小雾
11	8/1	09：15	79°56.070′N，158°54.212′W	15.9	88	0.8	12.3	小雾
12	8/7	04：35	86°41.363′N，179°16.989′E	1.8	86	-0.9	16.7	小雪
13	8/20	05：55	88°22.974′N，177°11.646′W	1.8	87	0	19.0	晴
14	8/22	03：20	85°37.956′N，171°29.714′W	0.0	100	0	16.7	小雾
15	8/25	05：20	79°43.302′N，169°3.438′W	8.8	100	0	2.7	小雾

注：浓度单位为 CFU/m^3；相对湿度单位为%；温度单位为℃；相对风速单位为 m/s；" 空白表示没有数据。

根据地理位置将采样点分为 5 组（表 9-3），分别为中国近海、西北太平洋（包括鄂霍次克海和白令海）、楚科奇海、加拿大海盆和北冰洋中心海区。在表 9-3 可以看出，从中国近海到北冰洋空气真菌的浓度呈下降的趋势。空气真菌浓度最高点出现在中国近海，浓度变化范围为 5.3~320.4 CFU/m^3，其平均值为（172±158）CFU/m^3。结果与中国东海 350 CFU/m^3

（Chen and Wang，1998）、地中海海岸（414±340）CFU/m^3（Raisi et al.，2013）及青岛海岸 63~815 CFU/m^3（Li et al.，2011）的空气真菌数值接近。空气真菌在近岸区域的浓度要高于大洋区域或开阔海区的浓度，如西北太平洋、楚科奇海、加拿大海盆及北冰洋中心区。出现这种现象的原因主要是受到陆源因素的影响，陆地空气要比海洋或海洋沿岸的空气含有更多真菌孢子（Després et al.，2012）。如波罗地海 0.1~6.5 CFU/m^3（Marks et al.，2001）和大西洋 3.5~34.8 CFU/m^3（Pady and Kelly，1954）。偏远地区空气真菌的浓度报道较少，通过比较发现北冰洋地区的空气真菌含量很低。

表 9-3 不同海区空气真菌的浓度、海冰状况及采样编号

海区	采样编号	范围 (CFU/m^3)	均值±标准差 (CFU/m^3)	海冰
中国近海	1，2，3	5.3-320.4	172.2±158.4	
西北太平洋	4，5，6，7	0-224.4	73.8±104.4	
楚科奇海	8，9	1.8-24.7	13.3±16.2	开阔海区
加拿大海盆	10，11，15	8.8-24.7	16.5±8.0	浮冰区
中心北冰洋	12，13，14	0-1.8	1.2±1.0	永久冰区

注：空白表示没有数据。

中国第四次北极科学考察空气真菌的粒径分布如图 9-8 所示。粒径分布变化范围从大于 7 μm 到小于 0.65 μm，如此宽的粒径范围主要是因为空气真菌可以以单个细胞悬浮存在或者吸附在颗粒物表面，如土壤颗粒或植物碎片等（Jaenicke，2005）。从图 9-8 可以看出，空气真菌粒径分布呈现正态分布，最大值出现在 2.1~3.3 μm 范围，比例约占 36.2%；最小值分布在粒径范围为 0.65~1.1 μm，约占 3.5%。青岛沿岸（Li et al.，2011）、地中海（Raisi et al.，2013）及室内（Hyvärinen et al.，2001）都观测到相似的粒径分布。而空气真菌粒径分布在 1.1~3.3 μm 的粒径范围内，比例可达到 63.1%，超过一半的空气真菌粒径范围都小于 3.3 μm，这种粒径分布特征与之前陆地（Fang et al.，2004）和海岸（Li et al.，2001）报道的结果不同，但与新加坡地区测得的空气真菌的粒径分布最大比例相似（Zuraimi et al.，2009）。这些样品的粒径分布可能是受到陆源和海洋气团的影响，海洋上空的可培养的生物气溶胶受到陆源影响的粗颗粒不能经过长距离的传输（Fröhlich-Nowoisky et al.，2012），而经过长距离传输的陆源颗粒主要是细颗粒（<3 μm）。此外海洋源对生物气溶胶的作用主要是在 2~5 μm 粒径范围内（Després et al.，2012）。

图 9-9 是不同海区空气真菌的粒径分布．通过 Shapiro-Wilk 正态检验（$p>0.05$），在中国近海、西北太平洋、楚科奇海及加拿大海盆的空气真菌粒径分布均呈现正态分布，出现的最大比例粒径分布范围分别是 2.1~3.3 μm 和 3.3~4.7 μm，与青岛沿岸相似（Xu et al.，2011），但与北冰洋中心海区空气真菌的粒径分布形式不同，呈现双峰分布，且粒径分布范围主要在 2.1~3.3 μm 和大于 7 μm 的范围内，这种双峰分布特征可能与北冰洋较低的生物真菌浓度有关。北冰洋海区空气真菌分布在粗颗粒上可能来自当地源，大颗粒不利于长距离的传输。由于受干燥、温度和紫外辐射等影响，微生物可以用海盐或粗颗粒包裹来保护（Baleux et al.，1998；Jiang et al.，2006）。

不同气团可能影响空气真菌含量及其在粗细粒中的分布。一般认为真菌进入大气气团的

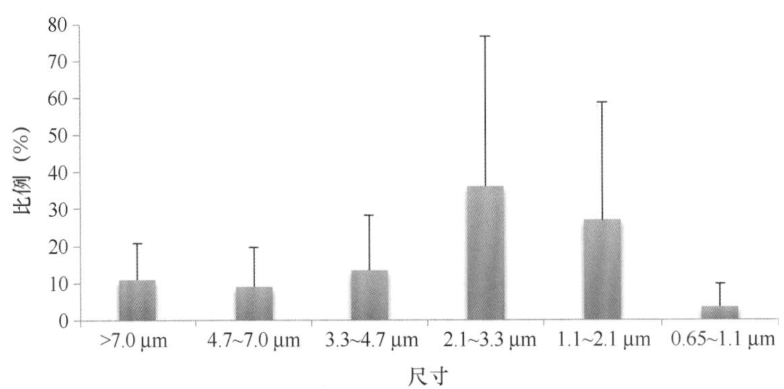

图 9-8 中国第四次北极科学考察空气真菌的平均粒径分布
（误差线代表标准偏差）

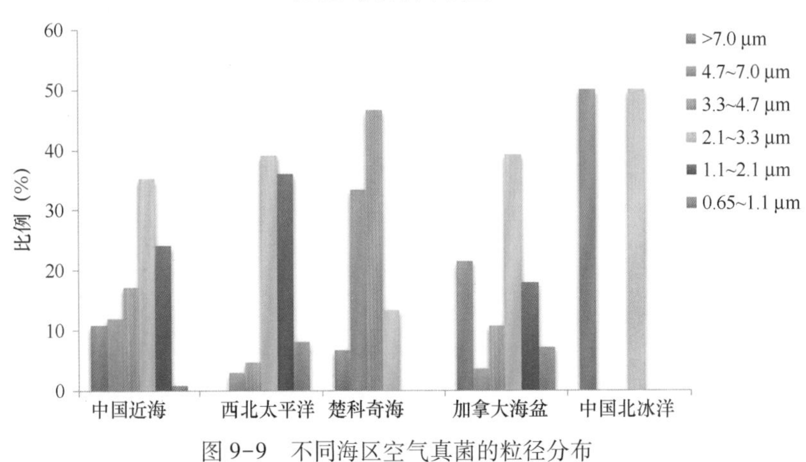

图 9-9 不同海区空气真菌的粒径分布

方式有两种。一种是在气团上升时被提取从而进入气团；另一种是在水平气团运输途中将其注入气团，这样两种方式使得气团在起始阶段或传输过程中都有可能带走真菌。通过对同在白令海区样 5、样 6 和样 7 资料的比较（图 9-9）发现，样 7 中空气真菌含量最高，样 5 和样 6 次之。通过后向气团轨迹反演可知，样 6 气团来源于太平洋海域，而样 5 位于阿申留群岛附近，气团来源于白令海且经过阿申留群岛，样 7 受到白令海海源及阿拉斯加半岛陆源气团的影响，白令海域生产力丰富，因此，可能贡献了较高的海源真菌。另一方面，陆地是微生物长距离传输的重要来源，有研究已经发现可培养生物与非洲尘土有着较强的相关性（Prospero et al.，2005），因此，陆地源的贡献也会增加空气真菌浓度。通过统计分析空气真菌浓度与相对湿度、温度和风速的关系，发现温度是影响空气真菌浓度最重要气象因素；Pearson 相关系数达到 0.496，如表 9-4。其他气象参数没有显著的相关性。空气真菌浓度和温度的相关已有报道（Li et al.，2011；Raisi et al.，2013），温度的作用可能影响真菌体内酶的代谢，合适的温度才能维持真菌活动，而在低温环境下，真菌酶活性降低而不能进行正常的新陈代谢，这可能是空气真菌浓度随纬度变化的原因。

表 9-4 空气真菌浓度与气象因素的 Pearson 相关系数（$n=14$）

Pearson 相关系数	浓度	*RH*	*T*	*RV*
浓度	1.000	0.185	0.496 *	0.246

注：* 代表 $p<0.05$；*RH* 代表相对湿度；*T* 代表温度；*RV* 代表相对风速。

为探讨不同天气条件对空气真菌的影响，我们对在中国近海岸采集的样品 2~3、在北太平洋采集的样品 4~5 和北冰洋采样的样品 9~11 及 15 中的真菌含量进行了对比。样品 3、样品 4、样品 10 和样品 11 的真菌浓度较高（图 9-7），尤其是样品 2 和样品 3、样品 9 和样品 10 之间有显著不同，真菌含量高的样品均是雾天或阴天。北冰洋夏季经常出现逆温层现象（Kahl and Martinez，1996），会有大量的气溶胶颗粒和液滴存在，有利于云和雾的形成，增加了颗粒（包括真菌颗粒）在空气中的停留时间。雾中的液滴可以作为空气中微生物的培养介质，能减少气溶胶的重力沉降，减缓紫外辐射对微生物的有害影响，并减少干燥和寡营养的状态（Dueker et al.，2012），这些条件有利于真菌的新陈代谢和再生长过程。因此，雾天或阴天有利于真菌存在，进而增加空气真菌的浓度。

海冰的变化也影响北冰洋空气真菌的浓度。如表 9-3 所示，空气真菌浓度最高值出现在浮冰区，开阔区次之，最低值出现在密集冰区。当海冰密集度小于 70%时被称为浮冰区，北冰洋中心被多年生海冰所覆盖，外围区经常是开阔水域或没有海冰（Lu et al.，2010）。Gunde-Cimerman 等（2003）发现真菌浓度在海水中可达到 1 000~3 000 CFU/L，在融化的海冰中可达到 6 000~7 000 CFU/L，在融化的冰盖中可达到 13 000 CFU/L。水中的真菌可以减少水表面张力（Wösten et al.，1999），通过爆破喷射机制从水相中逃离形成气体的结构（Blanchard and Syzdek，1970），而海水中释放的真菌是空气真菌的重要来源。此外，海冰包含有大量的微生物和营养物（Marks et al.，2001）。厚海冰能阻挡海—气交换，不利于真菌的新陈代谢（Baleux et al.，1998）。然而，随着温度的升高，海冰融化过程的加剧，海冰中的微生物或者营养物将被释放到空气中，增加空气真菌的含量。

9.4 甲烷通量的分布特征

甲烷是一种重要的温室气体，在同等体积下其产生的温室效应是二氧化碳的 30 倍（Rodhe，1990）。大气甲烷浓度存在显著的半球差异（Rasmussen and Khalil，1984），北半球的大气甲烷浓度平均比南半球高 80~100 ug/L（Wahlen，1993）。对流层大气中的甲烷有天然和人为来源，天然来源包括湿地、海洋、森林、火灾、白蚁和地质活动（如火山）；人为来源包括水稻田、反刍动物、垃圾填埋场、部分生物质和化石燃料燃烧等。一般认为，由于浮游微生物作用、海底沉积物释放等，全球大部分海洋表层水的甲烷含量相对于同大气平衡时的含量都是过饱和的（Cicerone and Oremland，1988；Lamontagne et al.，1973），因此都被看作是甲烷的排放源。北冰洋沉积物中储藏了大量的有机碳（Gramberg et al.，1983），从而成为潜在的甲烷排放源，尤其是北极陆架海地区。由于热熔岩作用、生物生产、河流输入等因素的影响，使该地区成为一个重要的甲烷排放源（Shakhova and Semiletov，2007）。Damm 等（2008）还研究了北极海域浮游微生物利用二甲巯基丙酸内盐（DMSP）代谢产生甲烷的过程。但目前对北极海域甲烷排放的研究多集中在陆架海域，由于北极中心海域常年被海冰覆盖的影响，开展的相关研究较少。Damm 等（2010）研究发现，在北极中心海域氮磷比低值源来自太平洋的表层水团，浮游微生物可以利用 DMSP 产生甲烷。利用中国第四次北极科学考察所采集的样品，分析了北冰洋中心海域海冰和冰下甲烷的排放通量，讨论海冰对甲烷源汇的影响。

9.4.1 北冰洋海冰上甲烷通量的观测试验

有研究指出，海冰存在大量细小通道对气体具有一定通透性（Semiletov et al., 2004; Gosink et al., 1976），海冰覆盖区的甲烷排放有海冰的细小孔隙上升致，也有海冰中微生物活动的排放（Rohde and Price, 2007）。海冰厚度和特性的差异可以解释甲烷通量的空间差异，但却难以解释甲烷排放负通量的存在。观测的海冰覆盖区甲烷（CH_4）平均通量为-1.8×10^{-4} mg/（m^2·h），但不同地点差异很大，从-0.039 mg/（m^2·h）到0.032 mg/（m^2·h），其中排放和吸收的采样点的数量大致相同（图9-10）。说明海冰对甲烷的吸收/排放状态具有很大的空间差异。观测的冰下海水的甲烷通量为0.023（0.019~0.032）mg/（m^2·h），其值比自由大气条件下的通量偏小。

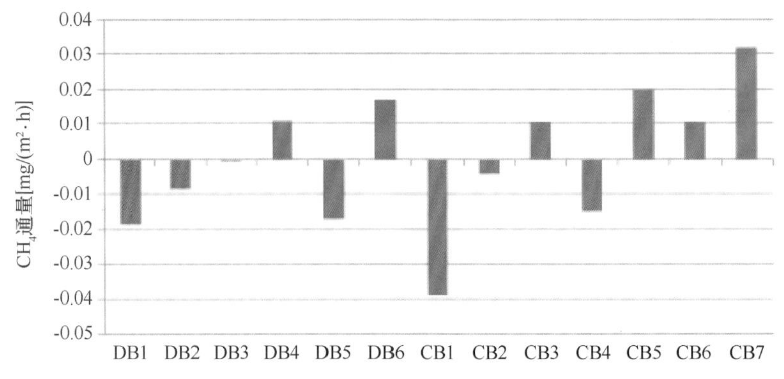

图9-10 北极海冰覆盖区的甲烷排放通量

海水释放的甲烷很有可能来自底层海水。由于观测区域原被海冰所覆盖，受风影响较小，导致海水缺乏垂向交换，分层现象十分明显，甲烷大量聚集在海水下层，当海冰消失后，压力释放导致下层海水中积聚的甲烷上升，并最终通过海水表面排放到空气中。因此，冰下海水可能是甲烷的潜在排放源。因而，采用上升段浓度变化数据算得的通量值可以作为无海冰覆盖时该处海水甲烷排放量的估计值。

沿航线大气甲烷的平均浓度为（1.83±0.40）$\times10^{-6}$ V，图9-11给出了航线上大气甲烷浓度随纬度的变化，可以看出甲烷浓度在60°N附近浓度较高，在65°—70°N处浓度较低，而在75°N以北甲烷浓度则随纬度增加而有逐渐减小的趋势。将航线甲烷数据按区域进行分别统计，主要分为白令海、楚科奇海、巴罗陆坡和加拿大海盆，另外在千岛群岛附近、日本海和上海附近各

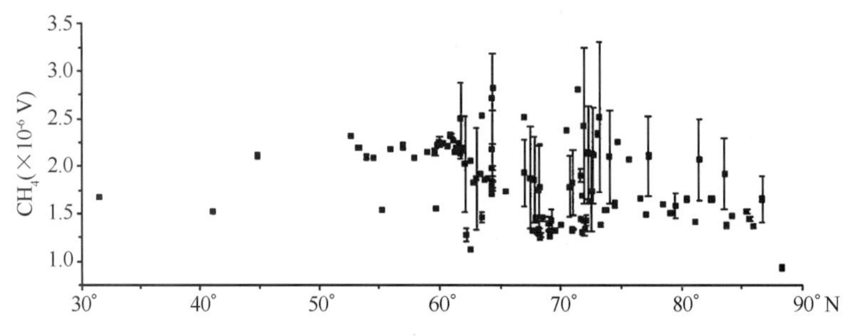

图9-11 甲烷浓度随纬度的变化

有一个样点，分区域统计结果如表9-5和图9-11所示。可以看出白令海和巴罗陆坡的大气甲烷浓度高于航线平均值，楚科奇海和加拿大海盆则低于航线平均值，整个航线大气甲烷浓度的最高值（2.82×10^{-6} V）出现在白令海，最低值（0.93×10^{-6} V）出现在加拿大海盆接近北极点的位置（88°19.156′N）。千岛群岛附近甲烷浓度也较高，日本海和上海附近的浓度相对较低。

表9-5 不同海域大气甲烷浓度

采样位置	大气甲烷浓度（$\times10^{-6}$V）	浓度分布范围（$\times10^{-6}$V）	变异系数（%）	样点数
白令海	2.04	1.12~2.82	16.3	47
楚科奇海	1.63	1.24~2.81	25.2	32
巴罗陆坡	1.91	1.44~2.42	19.7	6
加拿大海盆	1.69	0.93~2.52	20.8	24
千岛群岛附近	2.11	-	-	1
日本海	1.52	-	-	1
上海附近	1.68	-	-	1
整个航线	1.83	0.93~2.82	21.9	112

整个航线的甲烷平均浓度（1.83×10^{-6}）与2010年全球甲烷浓度1.799×10^{-6}（Blunden et al., 2011）相比偏高，反映了研究海域主要表现出排放甲烷的特征。白令海大气中的甲烷浓度较高，可能同该海区的高生产力（Chen and Gao, 2007）有关。加拿大海盆大气甲烷浓度较低，可能是海冰覆盖对甲烷海气交换的阻碍，如图9-12所示，甲烷浓度随纬度增加而逐渐减小，随纬度增加海冰覆盖密度也越来越大，对大气甲烷浓度的影响也相应增加。

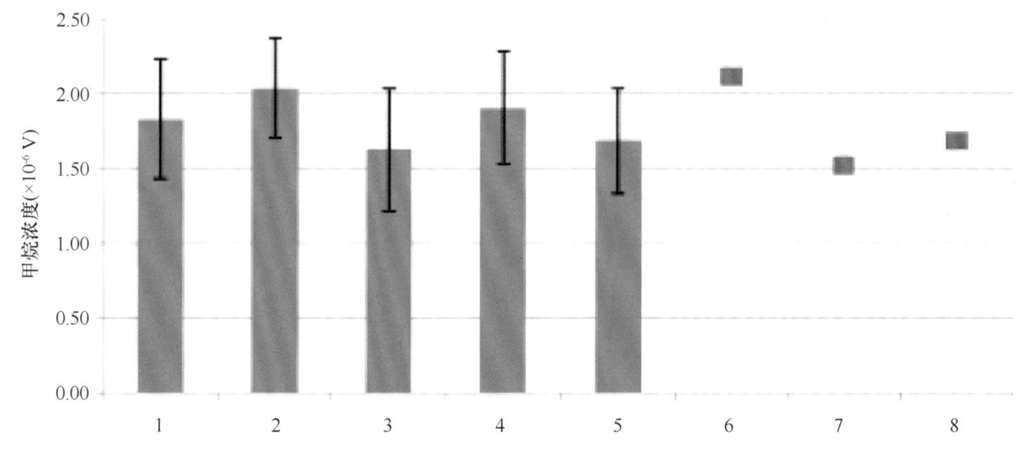

图9-12 上海—北极航线上不同海域大气甲烷浓度

1—整个航线；2—白令海；3—楚科奇海；4—巴罗陆坡；5—加拿大海盆；6—千岛群岛附近；7—日本海；8—上海附近

图9-12中日本海和上海港均靠近陆地，但甲烷浓度较低，并且低于整个航线的平均值。表明日本沿海和上海地区的人类活动并没有对大气甲烷浓度造成影响，这符合实际情况。千岛群岛附近大气甲烷浓度的高值，可能来自于富营养的太平洋水中浮游微生物的生产，附近

的海底有甲烷水合物埋藏（Demirbas，2010）。

从表 9-6 中可以看出，气压和云量与大气甲烷浓度关系密切。在加拿大海盆，风速与甲烷浓度也存在显著的负相关（$R=-0.632$，$N=24$），风速大有利于海水—海冰—大气甲烷的交换．其原因可能是加拿大海盆释放甲烷，风速高的区域由于甲烷快速地扩散到其他区域而低于周围地区，而加拿大海盆吸收甲烷，高风速促进吸收过程而使大气甲烷浓度降低。加拿大海盆平均甲烷浓度（1.69×10^{-6} V）较低，第二种解释的可能性较大，表明该海域存在消耗甲烷过程。

表 9-6　大气甲烷浓度同气象条件的相关程度

项目	气温	露点温度	相对湿度	海平面气压	风速	能见度	总云量	低云量	浪高	涌高	海表温度
相关系数	0.050	0.165	0.101	0.286*	-0.022	-0.121	0.115	0.292²	0.208	0.130	0.077
自由度	112	112	112	112	112	112	95	84	83	83	103

9.4.2　不同海域甲烷排放通量的比较

甲烷含量在海水中存在分层现象，主要是由于表层水和底层水的甲烷来源不同。Shakhova 和 Semiletov（2007）在东西伯利亚陆架海域，发现底层水由于受到沉积物释放或甲烷水合物的影响，其甲烷含量高于表层水。表 9-7 中列出了本研究及世界其他海域的甲烷排放通量。北极中心海域冰下海水甲烷排放通量［0.56 mg/（m^2·d）］比大部分中低纬海域［0.0017~0.16 mg/（m^2·d）］高 1~2 个数量级，这跟北冰洋的特殊环境有关。北极海域被大范围的海冰覆盖，影响了甲烷的海气交换，使得海底沉积物中释放的甲烷无法排出而积聚在海水之中。北冰洋面积比太平洋和大西洋小得多，且处于半封闭状态，更容易受到具有高甲烷排放通量的陆架海域的影响。北极陆架海域比中心海域有着更丰富的有机碳来源，甲烷排放量应高于中心海域，而实际却是相差不多；甚至部分陆架海域还要略低于中心海域（表 9-5），这可能反映了在海冰覆盖条件下的北极中心海域是甲烷的一个良好的储库，使得其海底沉积物释放和由陆架海域输入的甲烷在该处积聚。

表 9-7　不同海域的甲烷排放通量

甲烷通量［mg/（m^2·d）］	区域	时间	来源
-0.004 3	北极中心海域（海冰）	2010 年 7—8 月	本研究
0.56	北极中心海域（冰下海水）	2010 年 7—8 月	本研究
0.28	东西伯利亚北极陆架海域	2003 年 9 月	Shakhova and Semiletov（2007）
0.116	东西伯利亚北极陆架海域	2004 年 9 月	Shakhova and Semiletov（2007）
0.416~1.664	Storfjorden	2003 年 3 月	Damm et al.（2007）
0.0790	巴伦支海	1991 年 8 月	Lammers et al.（1995）
0.016~0.033	大西洋近岸水域	1998 年	Rhee et al.（2009）
0.002 7~0.005 5	大西洋开阔海域	1998 年	Rhee et al.（2009）
0.001 7~0.004 9	太平洋	1987—1994 年	Bates et al.（1996）
0.007 4~0.16	大西洋	2003 年	Forster et al.（2009）

9.5 大气臭氧和紫外辐射的分布特征

对大西洋 60°N—60°S 的走航观测资料研究发现，在 1977—2002 年期间臭氧每年增加 $0.05\times10^{-9}\sim0.68\times10^{-9}$（Platt and Honninger，2003）。谢周清等（2004）指出海水冻结时会释放溴化气体和卤代烃到低层大气中，并能消耗低层臭氧。陆龙骅等（2001）利用 1999—2000 年中国首次北极和第 16 次南极考察期间的走航臭氧数据，揭示出南北极地区地面臭氧浓度的差异。大气臭氧的减少会导致到达地面的紫外辐射（UVB）的增加。

9.5.1 大气臭氧观测仪器和资料

中国第四次北极科学考察臭氧观测系统采用澳大利亚 Ecotech 公司生产的 EC9810A 紫外光度吸收地面臭氧分析仪。测量基本原理为通过紫外光学检测池的大气臭氧的吸收和质量消光系数来计算臭氧浓度。样气流速大约为 0.5 L/min，每隔一天进行零点校验，数据处理时根据零点校验值对原始观测值进行了零点补偿。3 min 记录一次观测数据，共采得 41 640 组臭氧数据，剔除异常值后，有效值为 79.6%。紫外辐射 B 波段（UVB，下同）观测系统是美国 Yankee 公司生产的 UVB 辐射表（280~320 nm），由数据采集器（DT600）和内置存储器记录观测数据。每 10 min 记录一次数据，共获得 12 456 组 UVB 辐射数据。

9.5.2 大气臭氧的分布特征

图 9-13 给出中国第四次北极科学考察来回航线平均海面臭氧浓度随纬度的变化。观测期间臭氧的平均浓度为 20×10^{-9}，中值为 16.9×10^{-9}。由图可以看出，在我国东部海域（30°—40°N）臭氧浓度明显高于其他海域，尤以上海东部海域臭氧浓度最高，达到 40×10^{-9}以上，显然是受陆地污染的影响，从日本海进入西北太平洋和白令海臭氧浓度明显下降，以白令海到西北冰洋（62°—80°N）臭氧浓度最低，平均为 15×10^{-9}。臭氧浓度随纬度变化总体上是递减的，但在 80°N 以北海区出现了臭氧浓度随纬度有所升高的现象，88°N 附近臭氧浓度达到 20×10^{-9}。其原因很可能与海冰密集度有关。陆龙骅等（2001）也观测到臭氧浓度随纬度有所升高的海区。Helmiga 等（2007）研究全球站点资料指出，尽管极地是地球上最远离人类活动的区域，但不代表就是臭氧最低的区域。北冰洋中心区夏季臭氧平均浓度比南极大陆沿岸站同季节的地面臭氧平均浓度（12×10^{-9}）要高（王玉婷等，2011），表明北极受污染的程度相对较高。

考察航线上获取的是拉格朗日（Lagrange）方式的不同时刻、不同空间点上的观测资料，而并非欧拉（Euler）方式的同一时刻、不同空间点上的观测资料。因此，航线上臭氧浓度变化应当是时间变量和空间变量的函数。为得到不同海区的臭氧平均浓度，表 9-8 给出航线上各海区的平均值。由表 9-8 可知，考察航线上不同时段各海区臭氧平均浓度随纬度的变化趋势基本一致，均呈递减趋势。海面臭氧的高值区都出现在航迹接近大陆处，明显与陆地污染影响有关。尤其是上海东部海区临近我国经济发达的长江三角洲，在回程途中观测到较高的臭氧浓度，西北冰洋来回考察航线臭氧平均浓度的差异最小，与其他海区相比虽然观测的时间差最小，但表明北冰洋仍是北半球最洁净的地区之一。

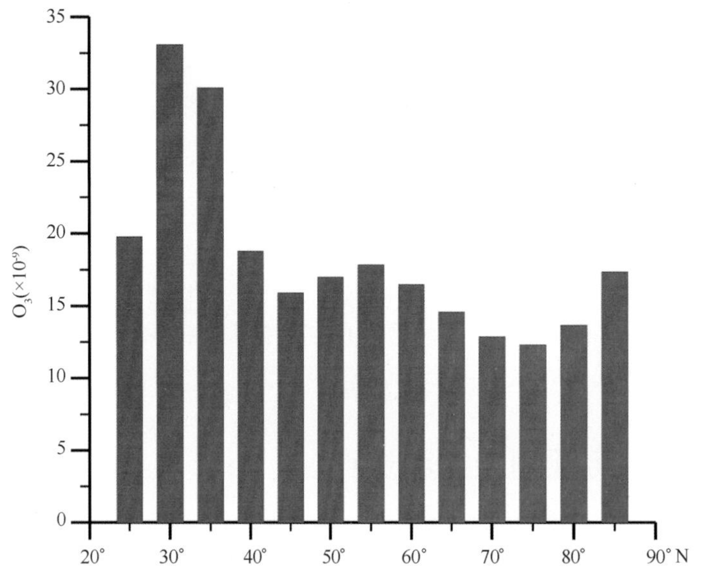

图 9-13 中国第四次北极科学考察来回航线臭氧平均浓度（O_3）随纬度的分布

表 9-8 来回考察航线上各海区 O_3、UVB 的平均值

海区	北京时间	O_3 （$\times10^{-9}$）	UVB （W/m^2）
东海	去程：7 月 1—3 日	25.7	0.95
	回程：9 月 16—17 日	35.9	0.78
日本海	去程：7 月 4—7 日	22.8	0.64
	回程：9 月 10—13 日	17.6	0.56
西北太平洋	去程：7 月 7—11 日	22.4	0.42
	回程：9 月 5—10 日	13.9	0.53
白令海	去程：7 月 11—20 日	19.5	0.37
	回程：8 月 31 日—9 月 5 日	12.3	0.14
北冰洋	去程：7 月 20 日—8 月 20 日	16.6	0.16
	回程：8 月 21—31 日	13.4	0.09

9.5.3 紫外辐射的变化特征

虽然紫外辐射（UVB）所占辐射能的比例小，但对生态系统和人体健康影响较大。因此，在极区脆弱的生态系统中，UVB 的观测显得非常重要。图 9-14 给出来回考察航线上 UVB 平均辐照度随纬度的变化。到达海面的 UVB 与总辐射一样，与日出后太阳高度角的变化一致。从图 9-14 可以看到，总体上 UVB 辐射随纬度有明显的递减趋势。在我国东部海区（25°—40°N），UVB 辐照度比较大，最大为 0.6 W/m^2，在北太平洋（45°N）海区 UVB 辐照度异常偏低，显示该海区来回途中均以阴雨天为主。从白令海（65°N 以北）进入北冰洋后，UVB 辐照度随纬度变化的递减率明显变小，虽然与太阳高度角的关系依然存在，但由于考察期间北冰洋海冰消融，湿度较大、阴天多和云层厚等因素的影响，观测的 UVB 辐照度随纬度变化很小。UVB 有明显的日变化，其波动呈单峰型曲线，以中午前后的辐照度最大（图略）。从表 9-8 可知，来回航线上观测的 UVB 有所差异，以白令海和北冰洋海区的差异最大，达 2~3 倍，其他海区相对小。除上述的原因外，也与观测的时间不同有关。来回航线上 UVB 观测的最大值为 3.5 W/m^2，出现在低纬度，最小值仅 0.05 W/m^2，出现在北冰洋中心海区。在分析中没有发现 O_3 与 UVB 明确的统计关系，有待深入观测和研究。

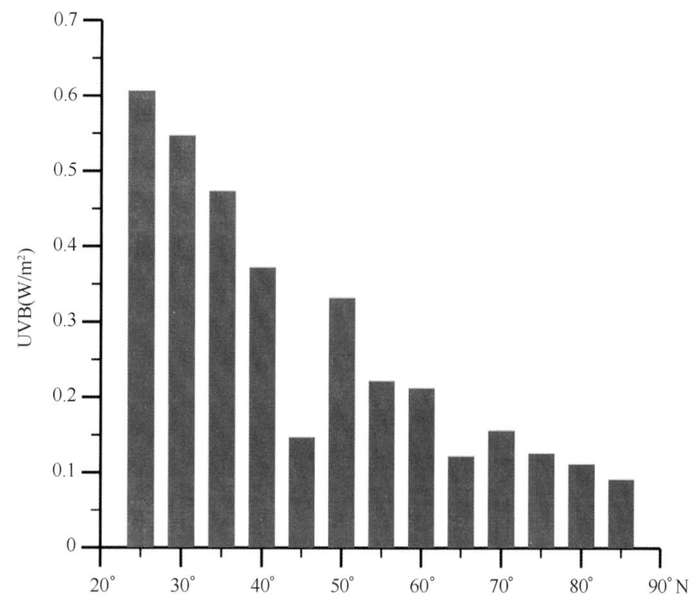

图 9-14 中国第四次北极科学考察航线上 UVB 平均辐照度随纬度的变化

9.6 黑碳气溶胶的分布特征

黑碳气溶胶（BC）具有正的辐射强迫作用，BC 同硫酸盐等气溶胶混合在一起还会极大地减弱气溶胶的负辐射强迫，在地表反照率较大的北半球地区这种作用尤为明显（Jacobson and Strong，2001）。在北极地区低对流层内黑碳气溶胶的直接/间接辐射强迫作用在最大的春季可达到 1.6 W/m^2，其次夏季可达到 1.0 W/m^2；黑碳在冰面上的沉降引起雪冰表面反照率下降所导致的辐射强迫在春季和夏季则分别达到 0.53 W/m^2，和 0.21 W/m^2。自 20 世纪七八十年代“北极霾”问题被关注以来，黑碳再次成为被广泛关注的影响北极地区气候环境快速变化的关键角色（詹建琼等，2010）。我国自 1999 年开展北极科学考察以来，国内学者对北极航线上的包括气溶胶在内的多种大气成分进行了观测研究（徐建中等，2007；张东启等，2006）。汤洁等（2011）分析了中国第三次北极科学考察航线上 BC，提出了对北冰洋海区 BC 浓度变化规律的认识。

9.6.1 黑碳气溶胶观测仪器和资料

黑碳气溶胶观测系统是美国玛基科学公司（Magee Scientific Co.，USA）生产的 AE31 型黑碳仪。该仪器基于光学测量原理，用 7 个波长的 LED 光源（中心波长分别为：370 nm、470 nm、520 nm、590 nm、660 nm、880 nm、950 nm）照射采集在石英滤膜上的气溶胶样品，在假定气溶胶中非黑碳成分的光学吸收与黑碳成分相比可以忽略的前提下，根据收集在石英滤膜上气溶胶样品照射光源的光学衰减的时间增量、该时段的大气采样体积和黑碳质量吸收系数，计算得到实时的大气黑碳浓度。为减少收集在石英滤膜上的气溶胶样品遮蔽效应对观测影响，更换滤膜的光学衰减阈值设定为75%，并且每次换膜时仪器均进行光源稳定性的检测。为保证在海上底黑碳浓度环境下观测的稳定性，黑碳仪的采样体积流速设定为8~9 L/min。仪器均安装在位于“雪龙”号艏楼驾驶室下面的气象室内，采样管采用3/8 英寸口径的专用塑料管，伸出至驾驶室顶部的采样观测甲板的左后侧，进气口高出甲板护栏约1.5 m。原始数据的记录间隔为5 min，共获得25052组黑碳数据，剔除异常值后，有效值达81.9%。

气溶胶散射系数观测采用澳大利亚 Ecotech 公司生产的积分浊度分析仪（Aurora1000）。该仪器通过测量气溶胶粒子对内置光源（10°~170°）的积分散射，计算得到气溶胶的散射系数，测量波长为520 nm，样气流速大约为5 L/min。仪器每天以高效颗粒过滤器制备的零气自动进行一次零检测，用纯度99.5%的R-134标准气体作为跨气，半个月进行一次的跨检测，处理时根据零检测和跨检测对原始观测值进行了校准。由于气溶胶光学特性是由气溶胶的化学成分、粒子大小、形状等决定，而这些性质又受大气相对湿度的影响，气溶胶的亲水性表现为，气溶胶颗粒物会随湿度的增加而增大，从而增强气溶胶的散射能力（杨军等，1999；William，2001），所以该仪器的进气管考虑了保温加热作用，可使进气的相对湿度控制在60%以下，基本上排除了由于水汽进入仪器引起的虚假增长。考察期间每5 min记录一次数据，共获得24813组散射系数数据，剔除异常值后，有效值达90.6%。

9.6.2 黑碳气溶胶的分布特征

在除去靠近陆地或繁忙航线的海区外，海洋上不存在黑碳的直接排放源，主要源自于大量陆地源排放的黑碳，经过长距离的输送，在海洋上空达到相对均匀的混合状态，其浓度变化平稳。“雪龙”船处于低速航行、停滞或转向状态时，其自身排放的烟羽，对黑碳观测造成小时尺度的扰动，观测到的黑碳浓度短时剧烈升高，甚至可以达到其前后平稳值的上百倍。根据船只自身排放污染的特点，以“平滑基线”为主要判别依据，参考“雪龙”船的航速、航向、相对风速数据，从原始记录的5 min数据中剔除了那些明显受到船舶自身排放影响的数据。

图9-15给出来回考察航线上平均黑碳（BC）浓度随纬度的变化．从低纬到高纬BC的变化有量级的差异。从图可以看出，BC在我国东部（25°—40°N）海区，浓度较高，最大值出现东部海区，达1 000 ng/m^{3}以上。在北太平洋海区（40°—57°N）为次高区，最高值出现在45°N海区，达100 ng/m^{3}以上。从白令海至北冰洋（58°—88°N），BC随纬度的递减变缓，白令海区平均浓度高于北冰洋约1倍，分别为18 ng/m^{3}和9 ng/m^3。其结果与2008年中国第三次北极科学考察的观测数据（汤洁等，2011）相比，2010年夏季北冰洋海域的BC浓度比2008年夏季有所升高。由于海洋上不存在黑碳排放源，BC浓度的变化与考察期的天气条件有关。回程航线上东海至白令海的BC高于去程航线1~3倍，尤其是东北太平洋海域。去程航线途径这些海域是7月，正是夏季风最强期，陆地向海洋输送较弱，回程航线途径这些海域在9月，夏季风基本结束，陆地向海洋输送的陆源性黑碳气溶胶明显增加。本次考察北冰

洋海域来回航线的时间差较短，BC 观测的数据差异最小，其结果基本显示了北冰洋海域航线上 BC 的本底浓度。

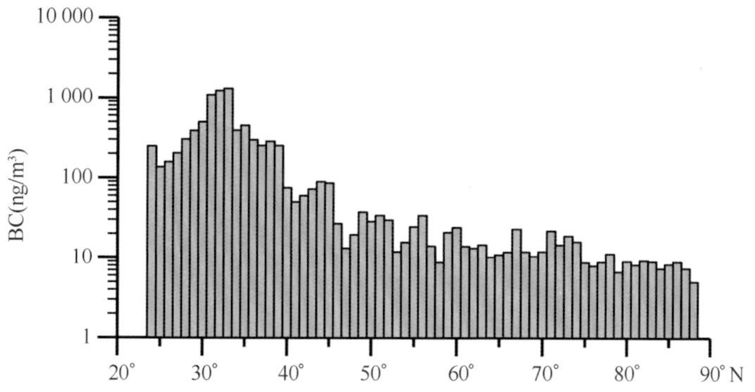

图 9-15 中国第四次北极科学考察来回考察航线 BC 浓度随纬度的变化

目前有关北极地区 BC 的研究报道很少，仅有加拿大 Alert 站（82.45°N，62.52°W，210m）、美国阿拉斯加 Barrow 站（71.32°N，156.61°W，210 m）和挪威北极 Zepplin 站（78.90°N，11.88°E，474 m）陆地测站的观测结果，这 3 个站 BC 浓度夏季测量结果分别为 14.3 ng/m^3（2004—2005 年，8 月）、3.4 ng/m^3（2006—2007 年，8 月）和 5 ng/m^3（1998—2007 年，6—9 月）。在黄河站（78.9°N，11.9°E，10 m）测定的 2005—2008 年夏季 BC 浓度为 15 ng/m^3。此结果表明，虽然观测时间不同难以比较，但显示了 BC 的空间分布差异较大。BC 来源于碳物质燃烧的排放，在陆地向海洋大气输送中会受到大气环流和局地气流的影响，特别是气流轨迹的影响，因此存在空间和季节上差异。

为与中国第三次北极科学考察航线观测的 BC 浓度进行比较，图 9-16 显示了两次考察中获得的北冰洋海区的 BC 小时平均浓度。图中东侧航线均为去程，西侧航线均为回程。由于在数据质量控制中删除的无效数据基本上都是“雪龙”船海上作业停泊、低速航行等期间的数据，因此，图中显示的全航线小时平均黑碳浓度的空间连续性比较完整。航线上 BC 浓度在 0~40 ng/m^3 的范围内，变化较为平缓，在靠近陆地的低纬度海区黑碳浓度较高，而高纬地区则相对较低。

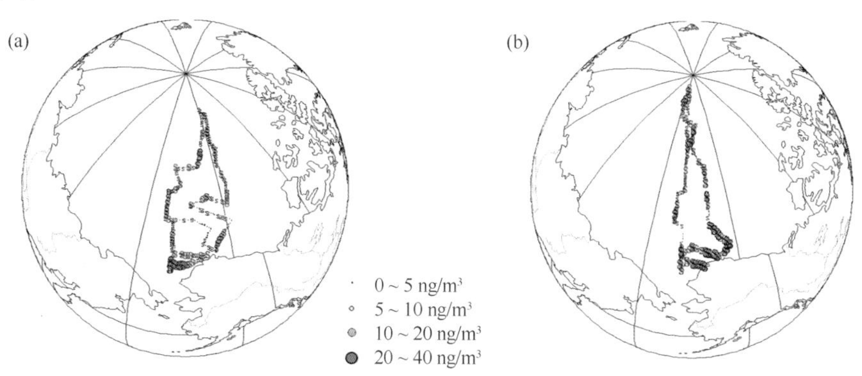

图 9-16 走航线路上黑碳气溶胶小时平均浓度的空间分布

（a）为第三次北极考察；（b）为第四次北极考察

表 9-9 给出了中国第三次和第四次北极科学考察获得的北冰洋海区黑碳小时平均浓度的统计结果。可以看出，中国第三次北极考察期间的黑碳浓度数据整体低于第四次北极考察。但是，无论第三次，还是第四次北极考察期间，黑碳小时浓度低于 10 ng/m^3 的数据比例都达到了 84.8%和 75.0%。图 9-17 给出中国第三次和中国第四次北极考察期间北冰洋海区上黑碳浓度随纬度的变化。随着纬度的增高，黑碳浓度呈下降趋势，但在 75°N 以上的高纬度海区内，纬向梯度并不明显，说明在较高纬度海区，来自周边低纬度陆地的输送影响较小。

表 9-9 北冰洋海区黑碳小时平均浓度的统计

航次	平均值 (ng/m^3)	中值 (ng/m^3)	小时浓度分布（ng/m^3）			
			0~5	5~10	10~20	20~40
第三次北极考察	6.0±4.7*	4.7	53.0%	31.9%	13.1%	1.9%
第四次北极考察	8.4±7.1*	6.6	37.1%	37.9%	17.2%	7.7%

注：* 为标准差。

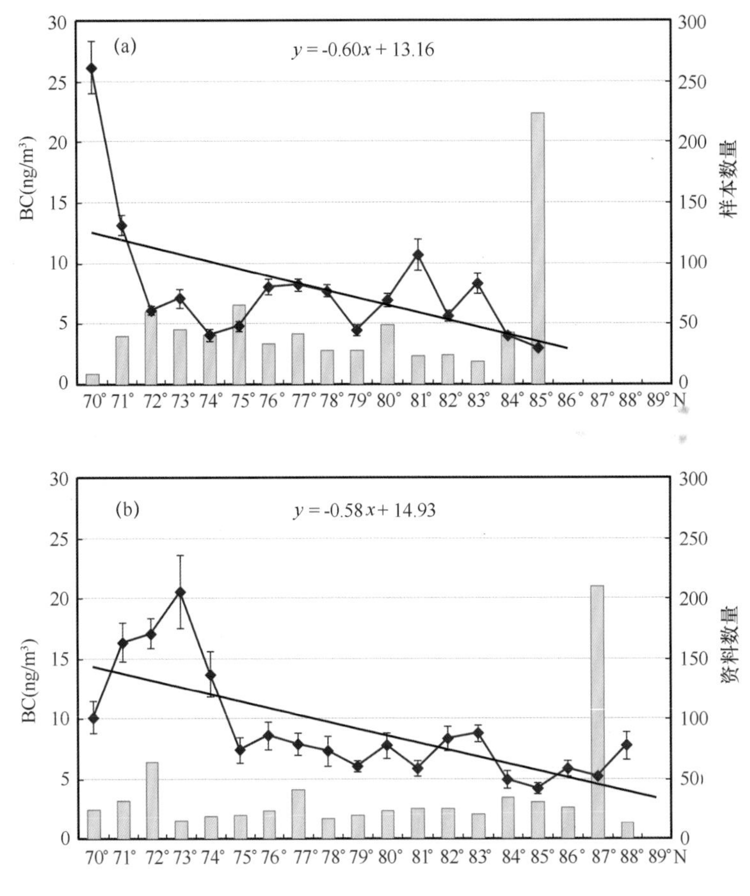

图 9-17 北极不同纬度的黑碳浓度

（a）为第三次北极考察；（b）为第四次北极考察

图中：（-■-）为平均值，垂直实线表示 1 倍标准误差范围，直方为数据个数

从 20 世纪 80 年代起，在“北极霾”所引起的环境关注促使之下，北极地区一些国家的学者在北极地区对大气中的黑碳浓度进行了飞机观测（Galloway et al.，1988；Hansen and Novakov，1989），并在一些地面站点开始了长期观测（Eleftheriadis et al.，2009；Sharma et al.，2006）。我国的学者也在2005—2008年期间在北极地区的黄河站进行了夏季的黑碳观测（詹建琼等，2010）。此外，还有学者在格陵兰岛进行了雪冰内黑碳含量的测定（McConnell et al.，2007）。这些观测显示，北极地区大气中黑碳浓度季节变化较大，冬末春初的"北极霾"期间的浓度最高，夏季浓度最低，格陵兰岛冰雪内黑碳含量的观测则显示，20世纪的初期北极大气中的黑碳浓度达到极值，之后呈现缓慢减小趋势，北极地区的3个长期陆地观测站（位于加拿大东北，靠近格陵兰岛的阿勒特、位于阿拉斯加的巴罗和位于挪威北部的齐柏林）的观测结果也显示，在近10~20年内，北极地区的黑碳浓度也是基本上呈现不同程度的减小趋势。但是，这些观测基本上都局限在北极地区的大陆边缘或海岛范围，在广大的北冰洋海区的观测未见报道。

表9-10列出了多个在北极地区的地面观测站的观测结果，与本研究在北冰洋获得的黑碳观测数据进行比较可以看出，本研究观测到的北冰洋海区黑碳浓度与阿拉斯加的Barrow站观测结果比较接近，而加拿大阿勒特站8月和北欧齐柏林站夏季的黑碳浓度则高出本研究结果较多。由于北极锋面在夏季不同地区的退缩范围不一样，阿勒特站和齐柏林站的观测结果更容易受到低纬度输送的影响。

表9-10　北极地区及北冰洋海区的黑碳气溶胶浓度

站点	观测时间	浓度（ng/m³）	文献
加拿大，Alert 82.45°N，62.52°W，210 m	2004—2005年，全年 2004—2005年，8月	平均52.2（±54.8），中值34.7 平均14.3（±14.0），中值9.2	注②
美国，巴罗[①] 71.32°N，156.61°W，210 m	2006—2007年，全年 2006—2007年，8月	平均14.1（±56.1），中值9.5 平均3.4（±5.7），中值2.1	注②
挪威，齐柏林 78.90°N，11.88°E，474 m	1998—2007年，全年 1998—2007年，6—9月	平均39，中值27 平均0~10	18
黄河站 78.9°N，11.9°E，10 m	2005—2008年，夏季	15	14
北冰洋，70.0°—85.42°N 143°—173°W	2008年8月	平均：6.0（±4.7） 各纬度平均：3.0~26.2	第三次北极考察
北冰洋，70.0°—88.43°N 150°—178°E	2010年7—8月	平均：8.4（±7.1） 各纬度平均：4.2~20.5	第四次北极考察

注：①巴罗站采用微粒碳吸收光度计（Particle Soot Absorption Photometer，PSAP）观测，与本表所列其他站点的观测仪器不同，直接测量的数据为气溶胶吸收系数（Labs）。为此，根据该站所属的美国NOAA/GMD给出的经验换算公式：EBC（ng/m³）= Labs（M/m）×1000 / 19（m²/g），将气溶胶吸收系数Labs换算为等效黑碳浓度EBC。

②世界气象组织气溶胶数据中心（WMO World Data Centre for Aerosols），http：//wdca.jrc.it/。

9.6.3　陆源输送的影响

黑碳气溶胶源于含碳物质的燃烧。海洋上，除船舶航行的孤立排放外，不存在黑碳的直接排放源，因而黑碳气溶胶是典型的陆源性气溶胶。北冰洋被北美大陆和欧亚大陆包围，陆源输送无疑是影响其黑碳气溶胶浓度变化的重要因素。为了考察北冰洋海区黑碳气溶胶浓度受周边陆地输送的影响，应用 HYSPLIT 4.9 模式标准程序和美国 NOAA 的 NCEP 北半球再分析气象数据（http://www.arl.noaa.gov/HYSPLIT.php），计算了航线上 00、03、06、09、12、15、18、21（GMT）整点时刻的 96 h 后向气流轨迹。起始计算高度为 50 m，后推时间长度为 7 d。为了清晰对比，将 75°N 以南和以北的轨迹分开绘制在图 9-18 上。

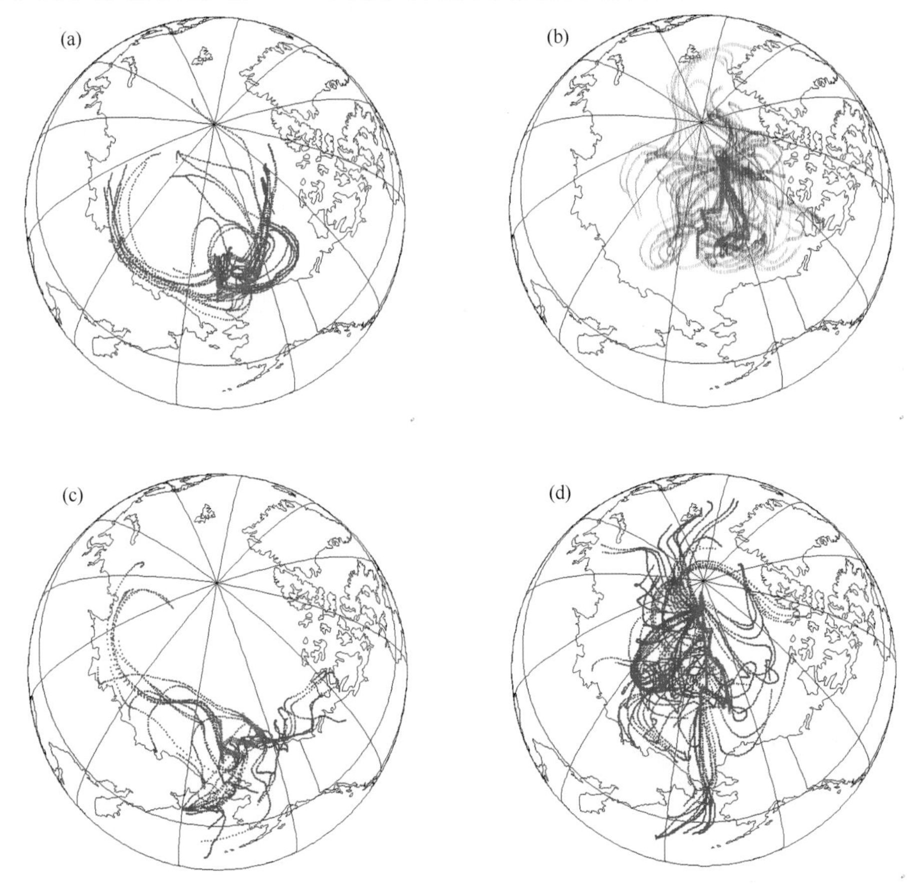

图 9-18 两次北极考察航线的（4 d）后向气团轨迹

（a）第三次北极考察 75°N 以南航线；（b）第三次北极考察 75°N 以北航线；

（c）第四次北极考察 75°N 以南航线；（e）第四次北极考察 75°N 以北航线

对比“雪龙”船在 75°N 以南海区［图 9-18（a 和 c）］和在 75°N 以北海区［图 9-18（b 和 d）］航线的后向气团轨迹，可以看出，前者主要流经阿拉斯加及俄罗斯的陆地和沿岸的低纬度海区，部分轨迹甚至伸入到白令海峡以南的陆地和海区，而后者则主要流经高纬度海区（2010 年的少部分轨迹除外）。对北极地区的污染物输送路经的研究（Arctic Monitoring and Assessment Programme，1998. AMAP Assessment Report：Arctic Pollution Issues. http://www.amap.no/documents/）指出，北极锋面（Arctic Front）的存在对低纬的污染物向北冰洋低层大气的输送起着明显的阻碍作用。在冬季，北极锋面可以最大扩展到 40°N 附近地区，在夏季则收缩到 65°—70°N 以北的范围。北极锋面范围的这种变化，使得冬季成为中纬度地区污染物向北极输送的主要季节，在夏季这种输送作用则明显减弱。还有学者利用拉格朗日方法计算了北极地区近地层大气与外界的交换过程，指出：北极地区大气的寿命（即连续在 70°N 以北地区停留的时间）在冬季较短，平均在 1 周左右，而在夏季则增加为平均 2 周左右；从地域分布上看，90°—180°W 扇区（冬季）和 90°W~135°E 扇区（夏季）内北极的大气寿命最长。中国第三次北极科学考察和中国第四次北极科学考察的北冰洋航线在 140°—180°W 扇区范围，处于文献指出的北极大气寿命较长的海区范围，当航线深入到一定的高纬地区后，受低纬度输送的影响更小。在该部分海区的大气黑碳浓度也很低，同时由于大气混合更均匀，黑碳气溶胶的纬向浓度梯度也不明显。而且，位于阿拉斯加的巴罗站也位于北极大气寿命较长的海区沿岸，因而在与环北冰洋陆地几个观测站的比较中，第三次至第四次北极航线的观测结果与其最为接近。

进一步对比中国第三次北极考察［图 9-18 的（a 和 b）］和中国第四次北极科学考察［图 9-18（c 和 d）］的“雪龙”船航线的后向气团轨迹，可以看出，前者的轨迹范围更偏向于高纬度海区，而后者则有一定数量的轨迹深入到低纬度地区，甚至是超越白令海峡的以南地区。与全球其他地区的大气环流一样，北极峰面的覆盖范围存在明显的年际变化和波动。后向轨迹的计算结果显示，在 2008 年 8 月，北极峰面对低纬地区大气向高纬的北冰洋海区输送的阻隔作用十分明显，而在 2010 年，北极峰面对这种输送的阻隔作用相对要弱一些，由此可以解释 2010 年中国第四次北极科学考察期间北冰洋海区黑碳浓度整体上明显地高于中国第三次北极科学考察期间的黑碳浓度。这也说明，在稳定的北极锋面控制下的大气环流机制是维持夏季北冰洋海区低浓度黑碳气溶胶的重要因素。

9.7 气溶胶散射系数

在大气中 BC 虽然对气溶胶的气候辐射强迫效应有重要作用，但其质量浓度只占气溶胶总质量浓度的 5%左右（IPCC，2007）。为了研究整个组分的气溶胶辐射强迫的作用，采用直接观测气溶胶散射系数分析总质量浓度气溶胶的时空分布及其贡献（苏晨等，2009；Gassó et al.，2003）。气溶胶散射系数是重要的光学参数，一般在地面利用积分浊度仪观测获得该系数，结合卫星资料反演气溶胶对太阳辐射传输的影响，相关的观测与研究已取得进展（Carrico et al.，1998）。北冰洋海域实际观测的气溶胶散射系数的观测资料极少，考察船的观测数据在研究北极地区温室气体和气溶胶的时空分布特征显得十分重要。为填补我国在此方面认识上的空白，本次考察我们在北极航线上对气溶胶散射系数开展观测试验。

9.7.1 气溶胶散射系数观测仪器和资料

气溶胶散射系数观测采用澳大利亚 Ecotech 公司生产的积分浊度分析仪（Aurora1000）。该仪器通过测量气溶胶粒子对内置光源（10°~170°）的积分散射，计算得到气溶胶的散射系数，测量波长为 520 nm，样气流速大约为 5 L/min。仪器每天以高效颗粒过滤器制备的零气自动进行一次零检测，用纯度 99.5%的 R-134 标准气体作为跨气，半个月进行一次的跨检测，处理时根据零检测和跨检测对原始观测值进行了校准。由于气溶胶光学特性是由气溶胶的化学成分、粒子大小、形状等决定，而这些性质又受大气相对湿度的影响，气溶胶的亲水性表现为，气溶胶颗粒物会随湿度的增加而增大，从而增强气溶胶的散射能力（杨军等，1999），所以该仪器的进气管考虑了保温加热作用，可使进气的相对湿度控制在 60%以下，基本上排除了由于水汽进入仪器引起的虚假增长。考察期间每 5 min 记录一次数据，共获得 24 813 组散射系数数据，剔除异常值后，有效值达 90.6%。

9.7.2 气溶胶散射系数分布特征

图 9-19 给出来回航线平均的气溶胶散射系数（SC）随纬度的分布（采用对数坐标表示），整个航线上 SC 平均值为 16.1 M/m，中值为 3.0 M/m。由图 9-20 可见，SC 随纬度的递减比较明显，受陆地影响，散射系数在中低纬地区波动较大，不均匀，不稳定，最大值出现在东海，平均值将近 150 M/m，北冰洋的散射系数最低，为 1.9 M/m，苏晨等（2009）观测我国北京效区上甸子本底站 2004—2006 年的气溶胶散射系数看到，夏季上甸子的 SC 平均值在 200~250 M/m 左右，对比可以发现，远离陆地的海洋上空的大气气溶胶散射系数远远小于陆地上空的。

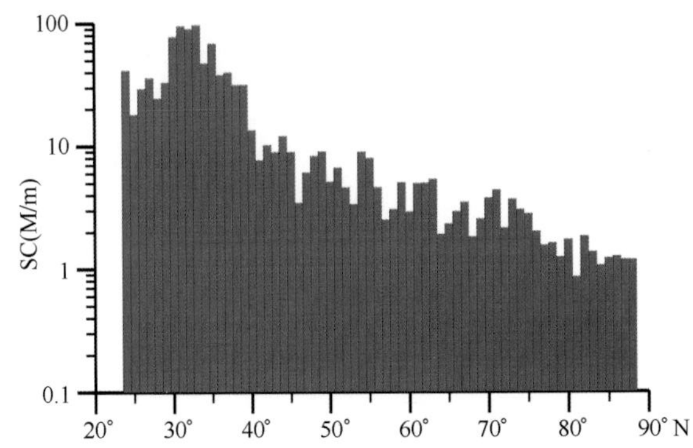

图 9-19 中国第四次北极科学考察来回考察航线气溶胶散射系数随纬度的分布

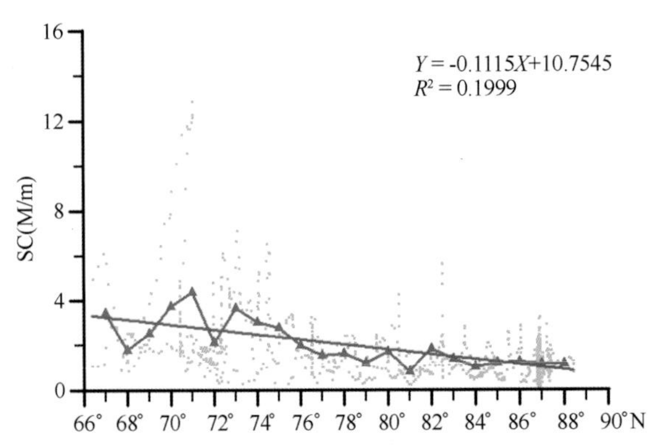

图 9-20 北冰洋散射系数随纬度的分布

将北冰洋的数据单独取出，分析小时平均的气溶胶散射系数，发现有一定幅度的波动，表明气溶胶在北冰洋没有完全混合均匀，尽管 5 M/m 以上的值不多，只占总数据的 4.8%，平均值仅为 1.9 M/m，中位数为 1.5 M/m，靠近中纬度的值较大，由图中线性回归显示，随着纬度增加，SC 呈现一定的递减趋势，但 R^2 较小，约为 0.2，所以这种经向梯度分布并不显著。另外，黑碳气溶胶和气溶胶散射系数有相当一致的变化趋势，由于海面上的黑碳气溶胶浓度变化主要是受陆地污染物扩散所致，而气溶胶散射系数也会被这部分污染影响，船只越往高纬地区走，这种陆地污染就越小，因此，观测到的要素值就越低，但在高纬地区，气溶胶散射系数比黑碳浓度的递减率大，这是因为SC还受到除黑碳外的气溶胶的影响，比如海盐粒子等，在中低纬地区，开阔海面上观测到的气溶胶有相当一部分来自海洋飞沫，因为海水按其重量有3.5%是海盐，其中85%是NaCl，海水飞沫蒸发即可在近海面的大气中形成以NaCl为主的气溶胶粒子。但在高纬地区，由于大部分海域被大量浮冰所覆盖，进入大气中的海盐粒子减少，SC的减少较中低纬地区快。

9.8 总结

中国第四次北极科学考察在140°—180° W的北冰洋海区，最北观测位置分别到达85°25′N和88°26′N，获得了一系列宝贵的观测资料。本章通过对中国第四次北极科学考察航线上温室气体和污染物分布及其变化特征的分析，使我们对北极地区本底环境特征和相关的变化规律有新的认识，揭示出一些环境要素的变化事实，为进一步评估北极地区气候与环境快速变化的提供了科学基础。主要结果如下。

（1）中国第四次北极科学考察期间，TGM最低浓度出现在鄂霍次克海海域，最高出现在白令海峡附近。在北冰洋回程的TGM浓度高于去程的20%，与海冰覆盖和太阳辐射有关，揭示出大气TGM和臭氧浓度存在反相关，与UVB呈正相关关系。

（2）中国近海岸、西北太平洋、楚科奇海、加拿大海盆及中心北冰洋地区空气真菌的浓度分别为（172.2 ± 158.4）CFU/m^3、（73.8 ± 104.4）CFU/m^3、（13.3 ± 16.2）CFU/m^3、（16.5±8.0）CFU/m^3和（1.2±1.0）CFU/m^3，随纬度增加呈下降趋势。空气真菌的粒径分布除北冰洋海区，均为正态分布，分布范围为1.1~3.3 μm。空气真菌的浓度和粒径分布受到气团来源、气温、气象条件及海冰浓度的影响．海冰包含有大量的微生物和营养物，海水中释放的真菌是空气真菌的重要来源。

（3）白令海和巴罗陆坡的大气甲烷浓度较高，楚科奇海和加拿大海盆大气甲烷浓度则低于航线平均值．整个航线大气甲烷浓度最高值（2.82×10^{-6} V）出现在白令海，最低值（0.93×10^{-6} V）出现在北极点附近的加拿大海盆。整个航线甲烷平均浓度（1.83×10^{-6}）高于全球甲烷平均浓度（1.799×10^{-6}）。75°N以北甲烷浓度随纬度增加而逐渐减小，与海冰覆盖范围有关，对大气甲烷浓度的影响也相应增加。

（4）臭氧的平均浓度为20.0×10^{-9}、UVB通量为0.31 W/m^2，都随纬度减少，最大值出现在我国东海沿岸，在高纬度地区臭氧浓度变化幅度不大并且较为稳定。北冰洋是远离人类活动且最洁净的海区，太阳高度角小于44.2°，所有观测值达到最小，臭氧的平均浓度为15.0×10^{-9}，UVB通量为0.13 W/m^2、对比发现，臭氧浓度高于南极观测值。

（5）中国第三次和中国第四次北极科学考察期间在70°N以北的海区范围内黑碳的平均浓度分别为（6.0±4.7）ng/m^3和（8.4±7.1）ng/m^3，从低纬向高纬，BC存在递减梯度，但在75°N以北海区，纬向梯度变得不明显，北冰洋海区的黑碳浓度较低，与北冰洋陆地观测站的数据比较表明，中国第三次至第四次北极科学考察海区BC浓度与位于美国阿拉斯加沿岸的Barrow站夏季的观测结果较为接近，比邻近格陵兰的阿勒特站和位于北欧的齐柏林站的夏季黑碳浓度要低得多。对北极考察航线上气团的后向轨迹分析显示，由于北极峰面的阻隔作用，夏季北极陆地向北冰洋的输送作用较弱，这是北冰洋海区内大气 BC 浓度较低，且纬向梯度不显著的主要原因。但是 2010 年夏季北极峰面的阻隔作用相对较弱，导致了中国第四次北极科学考察观测的 BC 浓度整体上高于中国第三次北极科学考察的结果。

（6）北极地区的 SC 远远小于我国在北京郊区上甸子本底站的观测值；平均为 16.1 M/m，但在高纬地区，SC 比 BC 的递减率大，可能因为 SC 受进入大气中的海盐粒子减少的影响。

参考文献

陈立奇. 2000. 中国第一次北极科学考察报告.北京:海洋出版社，1-50.

陈立奇,等. 2003. 北极海洋环境与海气相互作用研究. 北京:海洋出版社 . 108-115.

赖鑫,卞林根,汤洁,等.2012.中国第四次北极科考航线上黑碳和臭氧的变化特征[J]. 环境科学学报,32(8):1-7.

陆龙骅,卞林根,程彦杰,等.南北极考察航线地面臭氧的观测.科学通报，2001，46(15)：1311-1316.

汤洁,卞林根,颜鹏,等. 中国第三次北极科学考察走航路线上空黑碳气溶胶的观测研究.海洋学报，2011，33(2):60-68.

王玉婷,卞林根,马永锋,等. 南极中山站地面臭氧的监测和本底特征. 科学通报，2011，56(11)：848-857.

谢周清,孙立广,王新明,等. 北极大气中汞亏损与海冰演变.极地研究 . 2004，16(3)：221-228.

徐建中，孙俊英，秦大河,等.中国第二次北极科学考察沿线气溶胶可溶性离子分布特征和来源[J]. 环境科学学报，2007，27（9）：1417-1424.

杨军,李子华,黄世鸿. 1999.相对湿度对大气气溶胶粒子短波辐射特性的影响[J].大气科学，23（2）：239-247.

张东启，徐建中，汤洁，等.中国第二次北极科学考察路线上温室气体瓶采样结果分析[J]. 冰川冻土,2006,28(3):319-323.

张海生. 2009.中国第三次北极科学考察报告.北京:海洋出版社 . 1-203.

张占海. 2004. 中国第二次北极科学考察报告.北京:海洋出版社 . 202-203.

ACIA., 2005. Arctic Climate Impact Assessment Scientific Report. Cambridge University Press, Cambridge (http://amap.no/acia/)

Ariya, P. A., Nepotchatykh, O., Ignatova, O., and Amyot, M., 2002: Microbiological degradation of atmospheric organic compounds, Geophysical Research Letters, 29, 7310 - 7320 doi : 10. 1029/2002gl015637.

Baleux, B., Caro, A., Lesne, J., Got, P., Binard, S., and Delpeuch, B., 1998: Survival and virulence changes in the VNC state of Salmonella Typhimurium in relation to simultaneous UV radiation, salinity and nutrient deprivation exposure, Oceanologica Acta, 21, 939-950.

Bard, S.M., 1999: Global transport of anthropogenic contaminants and the consequences for the Arctic marine ecosystem, Marine Pollu2tion Bulletin, 38, 356-379.

Bates T S, Kelly K C, Johnson J E, et al. 1996. A reevaluation of the open ocean source of methane to the atmosphere. Journal of Geophysical Research-Atmospheres, 101(D3): 6953-6961.

Bauer, H., Kasper - Giebl, A., Löflund, M., Giebl, H., Hitzenberger, R., Zibuschka, F., and Puxbaum, H., 2002: The contribution of bacteria and fungal spores to the organic carbon content of cloud water, precipitation and aerosols, Atmospheric Research, 64, 109–119.

Bindler, R., Renberg, I., Appleby, P.G., Anderson, N.J. and Rose, N.L.,2001. Mercury accumulation rates and spatial patterms in lake sediments from West Greenland:a coast to ice margin transect. Environ. Sci.Technol. 35,1736–1741.

Blanchard, D. C., and Syzdek, L., 1970: Mechanism for the water–to–air transfer and concentration of bacteria, Science, 170, 626–628.

Carrico C M, Rood M J, Ogren J A. 1998. Aerosol light scattering properties at Cape Grim, Tasmania, during the First Aerosol Characterization Experiment (ACE1) [J]. Journal of Geophysical Research, 103 (D13): 16565–16574.

Chen L Q and Gao Z Y. 2007. Spatial variability in the partial pressures of CO_2 in the northern Bering and Chukchi seas. Deep–Sea Research Part II–Topical Studies in Oceanography, 54(23–26): 2619–2629.

Chen, H., and Wang, B., 1998: Research on airborne microbes over some areas of the East China Sea and the Yellow Sea, Donghai Marine Science, 16, 33.

Cicerone R J and Oremland R S. 1988. Biogeochemical aspects of atmospheric methane. Global Biogeochemical Cycles, 2(4): 299–327.

Damm E, Schauer U, Rudels B, et al. 2007. Excess of bottom–released methane in an Arctic shelf sea polynya in winter. Continental Shelf Research, 27(12): 1692–1701.

Demirbas A. 2010. Methane hydrates as potential energy resource: Part 1–Importance, resource and recovery facilities. Energy Conversion and Management, 51(7): 1547–1561.

Derocher, A,E., Lunn, N.J., and Stirling, I. 2004. Polar bears in a warming climate. Integr.Comp.Biol. 44,163–176.

Després, V. R., Huffman, J. A., Burrows, S. M., Hoose, C., Safatov, A. S., Buryak, G., Fröhlich–Nowoisky, J., Elbert, W., Andreae, M. O., and Pöschl, U., 2012: Primary biological aerosol particles in the atmosphere: a review, Tellus B, 64, 15598.

Dueker, M. E., O'MullanG. D., Weathers KC, Juhl AR, and M., U., 2012: Coupling of fog and marine microbial content in the near–shore coastal environment, Biogeosciences, 9, 803–813.

Dusek, U., Frank, G., Hildebrandt, L., Curtius, J., Schneider, J., Walter, S., Chand, D., Drewnick, F., Hings, S., and Jung, D., 2006: Size matters more than chemistry for cloud–nucleating ability of aerosol particles, Science, 312, 1375–1378.

Elbert, W., Taylor, P. E., Andreae, M. O., and Poeschl, U., 2007: Contribution of fungi to primary biogenic aerosols in the atmosphere: wet and dry discharged spores, carbohydrates, and inorganic ions, Atmospheric Chemistry and Physics, 7, 4569–4588.

Eleftheriadis, K. Vratolis, S. and. Nyeki.S Aerosol black carbon in the European Arctic: Measurements at Zeppelin station, Ny–A° lesund, Svalbard from 1998–2007 [J]. Geophysical Research Letters, 2009. 36, L02809, doi : 10. 1029/2008GL035741

Fang, Z., Ouyang, Z., Hu, L., Lin, X., and Wang, X., 2004: Granularity distribution of airborne microbes in summer in Beijing, Huan jing ke xue=Huanjing kexue/[bian ji, Zhongguo ke xue yuan huan jing ke xue wei yuan hui "Huan jing ke xue" bian ji wei yuan hui.], 25, 1.

Fang, Z., Ouyang, Z., Hu, L., Wang, X., Zheng, H., and Lin, X., 2005: Culturable airborne fungi in outdoor environments in Beijing, China, Science of the Total Environment, 350, 47–58.

Fiztgerald, W.F., Engstrom, D.R., Mason, R.P., and Nater, E.A. 1998. The case for atmospheric mercury contamination in remote areas. Environ.Sci.Technol. 32,1–7.

Forster G, Upstill-Goddard R C, Gist N, et al. 2009. Nitrous oxide and methane in the Atlantic Ocean between 50 degrees N and 52 degrees S: Latitudinal distribution and sea-to-air flux. Deep-Sea Research Part II-Topical Studies in Oceanography, 56(15): 964-976.

Fröhlich-Nowoisky, J., Burrows, S., Xie, Z., Engling, G., Solomon, P., Fraser, M., Mayol-Bracero, O., Artaxo, P., Begerow, D., and Conrad, R., 2012: Biogeography in the air: fungal diversity over land and oceans, Biogeosciences, 9, 1125-1136.

Fröhlich-Nowoisky, J., Pickersgill, D. A., Després, V. R., and Pöschl, U., 2009: High diversity of fungi in air particulate matter, Proceedings of the National Academy of Sciences, 106, 12814-12819.

Galloway, J.N., ed. (1988) WATOX-86 Special Issues, Global Biogeochem. Cycles 1, 261-380; 21-71.

Georgakopoulos, D., Després, V., Fröhlich-Nowoisky, J., Psenner, R., Ariya, P., Pósfai, M., Ahern, H., Moffett, B., and Hill, T., 2009: Microbiology and atmospheric processes: biological, physical and chemical characterization of aerosol particles, Biogeosciences, 6, 721-737.

Gosink T A, Pearson J G and Kelley J J. 1976. Gas movement through sea ice. Nature, 263(5572): 41-42.

Gramberg I S, Kulakov Y N, Pogrebitsky Y E, et al. 1983. Arctic oil and gas super basin. X World Petroleum Congress, London.

Gunde-Cimerman, N., Sonjak, S., Zalar, P., Frisvad, J. C., Diderichsen, B., and Plemenitaš, A., 2003: Extremophilic fungi in arctic ice: a relationship between adaptation to low temperature and water activity, Physics and Chemistry of the Earth, Parts A/B/C, 28, 1273-1278.

Hansen A D A. 2003.The Aethalometer manual [Z]. Berkeley, California, USA: Magee Scientific,.

Hart Hansen J.P., Meldgaard I and Nordquist J., 1991: The Greenland Mummies, McGill-Queen's University Press, Montreal and Kingston

Helmiga D, Oltmans S J, Carlson D, et al. A review of surface ozone in the polar regions. Atmos Environ, 2007, 41: 5138-5161.

Hermanson, M.H., 1998: Anthropogenic mercury deposition to Arctic lake sediments, Water, Air, and Soil Pollution.101, 309-321.

Huffman, J. A., Treutlein, B., and Poeschl, U., 2010: Fluorescent biological aerosol particle concentrations and size distributions measured with an Ultraviolet Aerodynamic Particle Sizer (UV-APS) in Central Europe, Atmospheric Chemistry and Physics, 10, 3215-3233.

Hyvärinen, A., Vahteristo, M., Meklin, T., Jantunen, M., Nevalainen, A., and Moschandreas, D., 2001: Temporal and spatial variation of fungal concentrations in indoor air, Aerosol Science & Technology, 35, 688-695.

IPCC. Climate Change.2007. The Physical Scientific Basis. Working Group I Contribution to the Fourth Assessment Report of the Intergovernmental Panel on Climate Change, Cambridge, UK: Cambridge University Press, 997-1008

Jacobson M. Z. Strong radiative heating due to the mixing state of black carbon in atmospheric aerosols [J]. Nature, 2001, 409: 695-697.

Jaenicke, R., 2005: Abundance of cellular material and proteins in the atmosphere, Science, 308, 73-73.

Jiang, H., Dong, H., Zhang, G., Yu, B., Chapman, L. R., and Fields, M. W., 2006: Microbial diversity in water and sediment of Lake Chaka, an athalassohaline lake in northwestern China, Applied and Environmental Microbiology, 72, 3832-3845.

K. Eleftheriadis, S. Vratolis, and S. Nyeki.2009. Aerosol black carbon in the European Arctic: Measurements at Zeppelin station, Ny-A° lesund, Svalbard from 1998-2007. Geophysical Research Letters, 36, L02809, doi：10.1029/2008GL035741

Kahl, J. D. W., and Martinez, D. A., 1996: Long-term variability in the low-level inversion layer over the Arctic Ocean, International journal of climatology, 16, 1297-1313.

Kuss, J., Schneider, B., 2007. Variability of the Gaseous Elemental Mercury Sea-Air Flux of the Baltic Sea. Environ Sci Technol. 41, 8018-8023.

Lammers S, Suess E and Hovland M. 1995. A large methane plume east of Bear Island (Barents Sea): implications for the marine methane cycle. Geologische Rundschau, 84(1): 59-66.

Lamontagne R A, Swinnerton J W, Linnenbom V J, et al. 1973. Methane concentrations in various marine environments. [J]. Journal of Geophysical Research, 78(24): 5317-5324.

Li, M., Qi, J., Zhang, H., Huang, S., Li, L., and Gao, D., 2011: Concentration and size distribution of bioaerosols in an outdoor environment in the Qingdao coastal region, Science of the Total Environment, 409, 3812-3819.

Lindeberg, C., Bindler, R., Renberg, I., Emteryd, O., Karlsson, E. and Anderson, N.J. 2006. Natural fluctuations of mercury and lead in Greenland lake sediments. Environ. Sci. Technol. 40, 91-95.

Lu, P., Li, Z., Cheng, B., Lei, R., and Zhang, R., 2010: Sea ice surface features in Arctic summer 2008: Aerial observations, Remote Sensing of Environment, 114, 693-699.

Marks, R., Kruczalak, K., Jankowska, K., and Michalska, M., 2001: Bacteria and fungi in air over the Gulf of Gdańsk and Baltic sea, Journal of Aerosol Science, 32, 237-250.

McConnell, J., Edwards, R., Kok, G.,, et al., 20th-century industrial black carbon emissions altered Arctic climate forcing [J], Science, 2007. 317, 1381-1384,

Morris, C., Sands, D., Bardin, M., Jaenicke, R., Vogel, B., Leyronas, C., Ariya, P., and Psenner, R., 2011: Microbiology and atmospheric processes: research challenges concerning the impact of airborne micro-organisms on the atmosphere and climate, Biogeosciences, 8, 17-25.

O'Dowd, C. D., Facchini, M. C., Cavalli, F., Ceburnis, D., Mircea, M., Decesari, S., Fuzzi, S., Yoon, Y. J., and Putaud, J.-P., 2004: Biogenically driven organic contribution to marine aerosol, Nature,431,676-680.

Pacyna, J.M., and Keeler, G.J., 1995. Sources of mercury in the Arctic. Water, Air, Soil Pollut.80, 621-632.

Pady, S., and Kelly, C., 1954: Aerobiological studies of fungi and bacteria over the Atlantic Ocean, Canadian Journal of Botany, 32, 202-212.

Platt U and Honninger G. The role of halogen species in the troposphere, Chemosphere, 2003, 52, 325-338.

Poissant L, Zhang HH, Canário J, Constant P. 2008. Critical review of mercury fates and contamination in the arctic tundra ecosystem. Sci Total Environ 400:173-211.

Prospero, J. M., Blades, E., Mathison, G., and Naidu, R., 2005: Interhemispheric transport of viable fungi and bacteria from Africa to the Caribbean with soil dust, Aerobiologia, 21, 1-19.

Raisi, L., Aleksandropoulou, V., Lazaridis, M., and Katsivela, E., 2013: Size distribution of viable, cultivable, airborne microbes and their relationship to particulate matter concentrations and meteorological conditions in a Mediterranean site, Aerobiologia, 29, 233-248.

Rasmussen R A and Khalil M A K. 1984. Atmospheric methane in the recent and ancient atmospheres: Concentrations, trends, and interhemispheric gradient. Journal of Geophysical Research-Atmospheres,

89(D7): 11599-11605.

Rhee T S, Kettle A J and Andreae M O. 2009. Methane and nitrous oxide emissions from the ocean: A reassessment using basin-wide observations in the Atlantic. Journal of Geophysical Research-Atmospheres, 114(D12): D12304.

Rodhe H. 1990. A comparison of the contribution of various gases to the greenhouse-effect.

Rognerud, S., Skotvold, T., Fjeld, E., Norton, S.A. and Hobaek, A. 1998. Concentration of trace elements in recent and preindustrial sediments from Norwegian and Russian Arctic lakes. Can. J. Fish. Aquat. Sci.55, 1512-1522.

Rohde R A and Price P B. 2007. Diffusion-controlled metabolism for long-term survival of single isolated microorganisms trapped within ice crystals. Proceedings of the National Academy of Sciences of the United States of America, 104(42): 16592-16597.

Schlichting Jr, H. E., 1974: Ejection of microalgae into the air via bursting bubbles, Journal of Allergy and Clinical Immunology, 53, 185-188.

Schroeder, W.H., Munthe, J., 1998. Atmospheric mercury: an overview.Atmos Environ.32:809 -822.

Science, 248(4960): 1217-1219.

Semiletov I, Makshtas A, Akasofu S I, et al. 2004. Atmospheric CO_2 balance: The role of Arctic sea ice. Geophysical Research Letters, 31(5): L05121.

Sesartic, A., and Dallafior, T., 2011: Global fungal spore emissions, review and synthesis of literature data, Biogeosciences, 8, 1181-1192.

Shakhova N and Semiletov I. 2007. Methane release and coastal environment in the East Siberian Arctic shelf. Journal of Marine Systems, 66(1-4): 227-243.

Sharma, S., Andrews, E., Barrie, L., Ogren, J., and Lavoue, D., Variations and sources of the equivalent black carbon in the high Arctic revealed by long-term observations at Alert and Barrow: 1989-2003 [J], J. Geophys. Res., 2006. 111, D14208, doi : 10. 1029/2005JD006581.

Steffen, A., Douglas, T., Amyot, M., Ariya, P., Aspmo, K., Berg, T., Bottenheim, J., Brooks, S., Cobbett, F., Dastoor, A., Dommergue, A., Ebinghaus, R., Ferrari, C., Gardfeldt, K., Goodsite, M. E., Lean, D., Poulain, A.J., Scherz, C., Skov, H., Sommar, J., Temme, C., 2008. A synthesis of atmospheric mercury depletion event chemistry in the atmosphere and snow. Atmos. Chem. Phys. 8, 1445-1482.

Street, DG., Hao, JM., Wu, Y., Jiang, JK., Chan, M., Tian, HZ., 2005. Anthropogenic mercury emission in China. Atmos Environ. 39, 7789-7806.

Temme, C., Slemr, F., Ebinghaus, R., Einax, J.W., 2003. Distribution of mercury over the Atlantic Ocean in 1996 and 1999-2001. Atmos Environ. 37, 1889-1897.

Urbano, R., Palenik, B., Gaston, C., and Prather, K., 2011: Detection and phylogenetic analysis of coastal bioaerosols using culture dependent and independent techniques, Biogeosciences, 8, 301-309.

Wahlen M. 1993. The global methane cycle. Annual Review of Earth and Planetary Sciences, 21: 407-426.

Wang, SF., Feng, X.B., Qiu, G.L., Li, Z.G., Wei, Z.Q., 2006. Progress of Natural Source Analysis of TGM. Earth and Environ. 34, 1-10.

William C, Derek E. 2001. Estimates of aerosol species scattering characteristics as a function of relative humidity [J]. Atmos.Environ., 35: 2845-2860.

Wösten, H., van Wetter, M., Lugones, L., van der Mei, H., Busscher, H., and Wessels, J., 1999: How a fungus escapes the water to grow into the air, Current biology: CB, 9, 85.

Xu, W., Qi, J., Jin, C., Gao, D., Li, M., Li, L., Huang, S., and Zhang, H., 2011: Concentration distribution of bioaerosol in summer and autumn in the Qingdao coastal region], Huan jing ke xue, 32, 9.

Zuraimi, M., Fang, L., Tan, T., Chew, F., and Tham, K., 2009: Airborne fungi in low and high allergic prevalence child care centers, Atmospheric Environment, 43, 2391-2400.

第10章　北极航线气象保障

中国第四次北极科学考察的气象保障工作是由国家海洋环境预报中心承担，其主要任务是利用“雪龙”船气象仪器的观测数据及其他数值气象资料分析制作航线天气预报，为“雪龙”船的安全航行、直升机和小艇科考作业及野外冰站科考期间提供气象保障。

中国第四次北极科学考察航线气象保障工作的主要任务是：进行日常人工气象观测，观测项目包括：能见度、天气现象、云状、气压、气温、相对湿度、露点温度、风向风速、浪高涌高、经纬度等。在冰区进行常规海冰观测，包括海冰密集度、冰型、海冰发展阶段、冰厚、冰上积雪厚度等。接收极轨卫星云图和多通道卫星遥感数据、气象传真资料和收集航行海域的各种气象信息，以及气象设备的日常维护和气象资料的实时处理，并为“雪龙”船提供航线 48h 的天气和海况预报，以保障“雪龙”船航行及作业安全。

10.1 北极航线气象观测仪器介绍

10.1.1 卫星遥感

“雪龙”船上的卫星遥感设备采用美国 SeaSpace 公司的高分辨极轨气象卫星遥感接收系统（图 10-1）。硬件主要包括位于罗经甲板左舷的 1.2 m L 波段天线、GPS 定位系统、实时接收控制系统和数据存储系统。

图 10-1　SeaSpace 高分辨极轨气象卫星遥感接收系统 1.2 m L 波段天线

在中国第四次北极科学考察期间实时更新了最新的 SeaSpace 卫星遥感接收系统的轨道报和 WDS 涌浪预报，实时接收 NOAA-15、NOAA-17、NOAA-18 和 FY1-D 卫星遥感数据，并对数据进行相应的后处理。根据对天气系统的跟踪，以不同的遥感数据通道进行遥感图像的分析（图 10-2、图 10-3）。卫星遥感数据为气象预报提供云参数和各种大气物理过程等重要的气象信息，能监视常规天气图上无法发现的诸如中、小尺度天气现象，满足了航行期间的气象保障和冰区导航。

图 10-2　接收的 NOAA-18 卫星云图

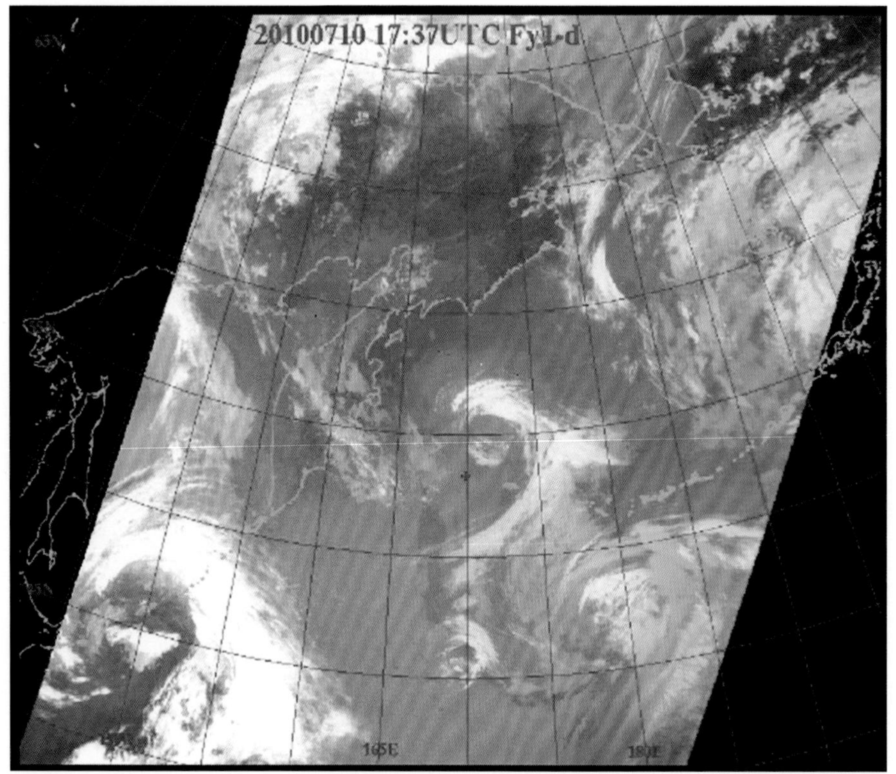

图 10-3　接收的 FY1-D 卫星云图

10.1.2 气象传真系统

“雪龙”船上安装了两套FURUNO公司FAX-30气象传真接收系统，采用的是6 m加长鞭状天线（图10-4），由计算机控制自动接收。本次考察期间主要接收日本和美国气象传真图（具体接收频率及发布时间见表10-1）。

图10-4 气象传真接收天线

表10-1 接收气象传真图情况

日本传真图 JMH 频率（kHz）：3622.5 7795.0 13988.5		
接收时间		2010年6年24日—7月9日 2010年9月5—20日 中国—白令海往返海域范围
TIME（UTC）	名称	内容
00：00	FSAS04	海平面气压、降水48 h预报
	FSAS07	海平面气压、降水72 h预报
00：20	FSAS09	海平面气压、降水96 h预报
00：40	FSAS12	海平面气压、降水120 h预报
01：10		GEOS-9静止卫星云图
02：40	ASAS	00UTC地面实况图
04：21	AWPN	浪场分析
04：40	AWJP	浪场分析

续表

日本传真图 JMH 频率（kHz）： 3622.5 7795.0 13988.5		
04：50-05：37	AUAS50	500 hPa/700 hPa/850 hPa 08 h 分析
05：38	FSAS24	24 h 预报
06：07	FUFE502	500 hPa 气压场 24 h 预报
	FSFE02	海平面气压场 24 h 预报
06：18	FXFE572	500 hPa 温度、700 hPa 露点温度、降水 24 h 预报
	FXFE782	850 hPa 温度场、风场、700 hPa 涡度、高度 24 h 预报
06：28	FUFE583	500 hPa 气压场 36 h 预报
	FSFE03	海平面气压场 36 h 预报
06：40	FXFE573	500 hPa 温度、700 hPa 露点温度、降水 36 h 预报
	FXFE783	850 hPa 温度场、风场、700 hPa 涡度、厚度 36 h 预报
07：30	FWJP	浪场预报
08：28	FSAS48	海平面 48 h 预报
美国阿拉斯加传真 NOJ 频率（kHz）：2054 4298 6340 8459 12412.5		
接收时间	2010 年 7 月 9—21 日 2010 年 9 月 1—4 日 白令海及 70°N 以南范围	
海平面实况分析		
海平面气压场 24 h/48 h 预报		
海浪分析		
500 hPa 分析		
48 h 风浪预报		
48 h 浪周期预报、涌向预报		
48 h 500 hPa 高度预报		
48 h 海平面预报		
96 h 风浪预报		
96 h 浪周期预报、涌向预报		
96 h 500 hPa 高度预报		
96 h 海平面预报		
5 d 平均海冰分析/预报/海表温度分析		

10.1.3 自动气象站

“雪龙”船上装有两套自动气象站，分别为 Vaisala Milos500（图 10-5）和 Coastal WeatherPak，都安装在罗经甲板上。本次考察起航前对两套系统进行了标定。自动气象站每 10 min 记录一次数据，存成 *.txt 文档，记录有：日期、时间、纬度、经度、气压、气温、露点温度、相对湿度、风向、风速等。Coastal 自动气象站每 30 s 存一次数据，记录有：日期、时间、纬度、经度、风速、风向、气温、相对湿度、气压等。

图 10-5　自动气象站

10.2　北极航线气象状况

2010 年 7 月 1 日，“雪龙”船从厦门国际游轮码头出发，执行中国第四次北极科学考察任务。此次考察历时 80 d，于 2010 年 9 月 20 日返回上海，总航程 18 000 余海里，具体航线如下。

（1）去程：厦门—济州岛—对马海峡—日本海—宗谷海峡—鄂霍次克海—北太平洋（勘加察半岛—阿留申群岛—白令海）—白令海峡—楚科奇海—加拿大海盆。

（2）返程：加拿大海盆—楚科奇海—北太平洋（白令海峡—白令海—勘察加半岛—千岛群岛）—津轻海峡—日本海—对马海峡—济州岛—上海。

现将本次考察分为 4 个阶段：①厦门—白令海大洋调查；②北冰洋大洋调查和短期冰站考察；③长期冰站考察；④北冰洋—上海。现对考察期间气象状况进行分析（以北京时间为准）。

以下是第四次北极科学考察期间“雪龙”船气压、气温、风速的时间序列分布图（图 10-6、图 10-7、图 10-8）。

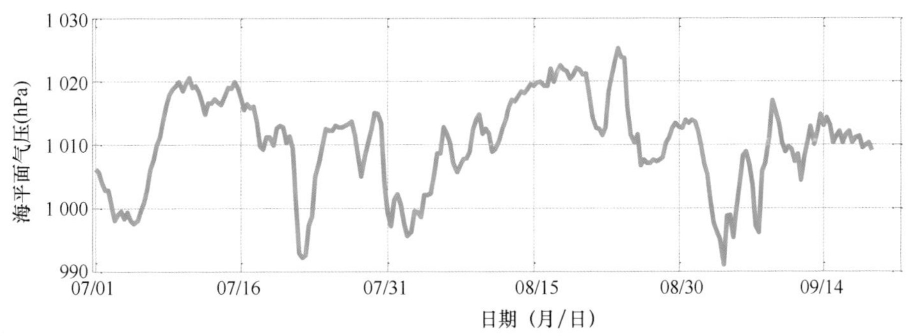

图 10-6　2010 年 7 月 1 日—9 月 19 日气压时间序列

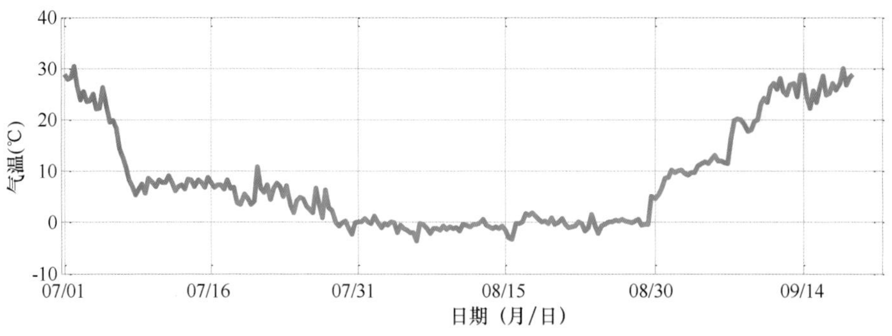

图 10-7　2010 年 7 月 1 日—9 月 19 日气温时间序列

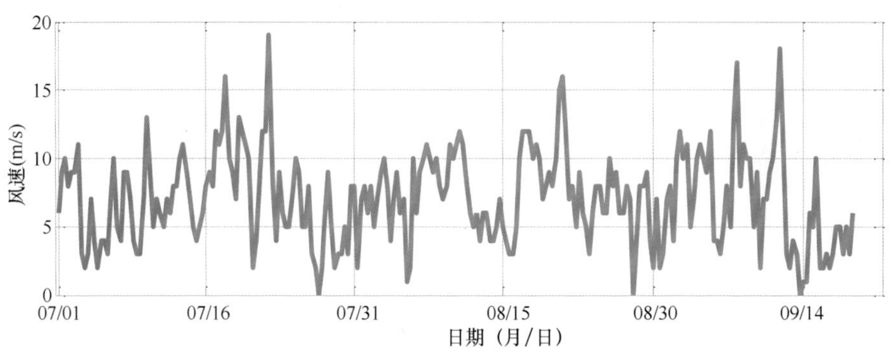

图 10-8　2010 年 7 月 1 日—9 月 19 日风速时间序列

10.2.1　厦门—白令海大洋调查

2010 年 7 月 1 日从厦门国际邮轮中心码头起航至 7 月 20 日过北极圈期间共计 20 d 时间。从厦门起航期间至阿留申群岛这段期间气象状况及海况较好，没有受到强的天气系统影响。

7 月 10 日下午“雪龙”船驶入白令海，此时受白令海南部的北太平洋高压影响，当时“雪龙”船位于其东北侧。随着高压减弱东移和日本以东海域地区低压的加强，且逐渐向白令海方向移动（图 10-9）。如果按原计划进行大洋作业，14 日将会受到此气旋前部的影响。我们根据对接收的气象数据进行综合分析，与领导和船长协商后，最后考察队上决定加快白令海大洋作业点，向东北方向继续进行大洋作业至 60°N 以北海域。以脱离气旋发展后所带来的大风和涌浪的影响。此后南部的副热带高压开始减弱东退，但是“雪龙”船已脱离了气旋的影响。17 日作业至白令海峡南部时受弱低压天气系统影响，出现 6～7 级大风。18 日凌晨紧接着又受到冷空气南下影响，风力 6～7 级，阵风风力达到了 8 级。7 月 12—18 日期间频繁出现大雾天气。20 日作业至白令海峡南部时又受到冷空气补充影响，风力 6 级左右。此后过北极圈继续北上作业，至 21 日减弱为 4～5 级。白令海大洋考察作业超额完成。

10.2.2　北冰洋大洋调查和短期冰站考察

7 月 22 日凌晨遇见了浮冰区，考虑到在北地群岛附近有气旋正在加强发展且预计向东—东南方向移动，将影响到作业海域（图 10-10）。考虑到上述情况，考察队决定先航行至阿拉

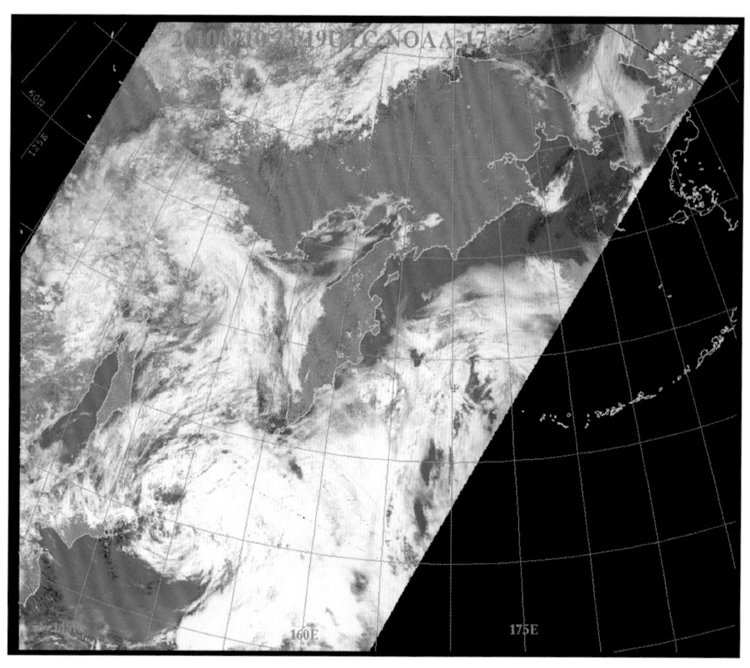

图 10-9 2010 年 7 月 10 日 NOAA-17 卫星云图

斯加的西北陆地附近进行避风。22 日白天至夜间受此气旋影响，出现了 7~8 级，阵风 9 级的大风，并且伴有降水过程。23 日该气旋登陆阿拉斯加州且逐渐减弱消亡，之后对考察作业影响基本很小。7 月 25 日到达了浮冰区范围，至 8 月 7 日基本没有强天气系统影响。

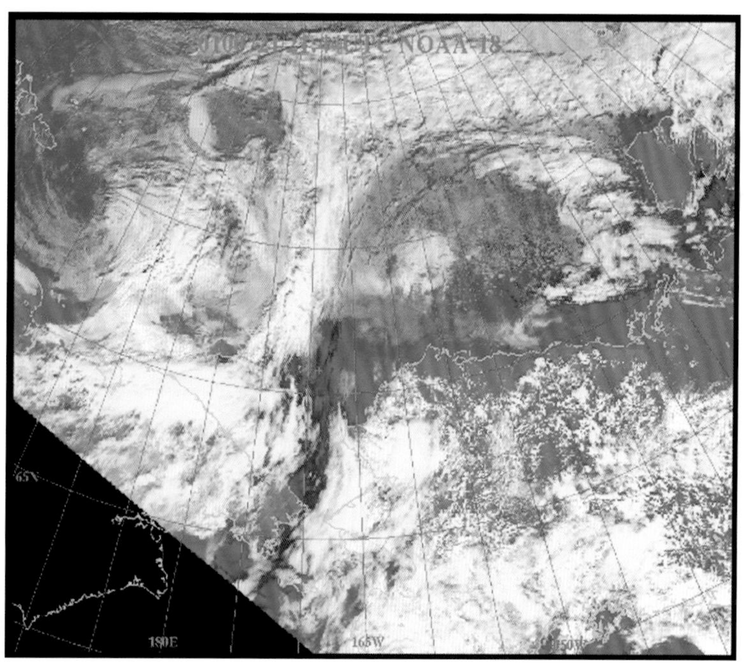

图 10-10 2010 年 7 月 21 日 NOAA-18 卫星云图

10.2.3 长期冰站考察

8 月 7—19 日期间进行了长期冰站考察。7—11 日期间受格陵兰附近气旋尾部影响，出现了 5~6 级风。此后受楚科奇海高压天气系统影响，天气良好。17—18 日受新西伯利亚群岛发展的气旋东北部影响，出现了 6 级东南风。在长期冰站考察期间，8 月 16 日下午至 17 日傍晚出现了降水的天气现象，气温由低上升到相对较高的温度，这一天气现象在高纬度地区很少见。

10.2.4 北冰洋—上海

8 月 19 日做完长期冰站考察后，20 日“雪龙”船航行至最北纬度（88°26′533″N）进行短期冰站考察。完成短期冰站考察之后，开始往南航行进行大洋站位考察。在此期间，21 日受梯度风影响出现了 7~8 级大风。8 月 28 日“雪龙”船离开了浮冰区，31 日驶出北极圈进入白令海峡。9 月 3 日“雪龙”船大洋作业至圣劳伦斯岛南面附近。此时，在白令海已有阿留申低压开始形成并有逐渐加强向东北方向发展的趋势。如果“雪龙”船继续沿着西南方向进行大洋作业，将受到阿留申低压影响。经过对天气形势分析与考察队商量后，决定改变航线沿着勘察加半岛右侧海岸航行。这样整体受阿留申低压影响较小，且由于陆地的作用涌浪较小。3 日至 5 日期间总体风力 6~7 级，阵风 8 级。9 月 5 日该系统在白令海海域继续加强，由于“雪龙”船已从科曼多尔群岛驶出白令海，至 5 日下午之后基本脱离其影响。

9 月 7 日下午开始受北海道北面低压天气系统影响，此低压天气系统先在北海道以北海域东移进入千岛群岛以东洋面继续加强发展。此时，“雪龙”船正位于气旋的南面海域，受其南部影响，出现了 7~8 级大风。9 月 8 日凌晨天气转好，“雪龙”船在日本海北海道岛以东 240 多海里处的洋面上进行绞车清洗保养。9 月 11 日傍晚至 12 日凌晨受低压天气影响，出现了 7~8 级大风。9 月 13 日到达韩国济州岛。

9 月 16 日夜间离开济州岛，此时“1011”号台风“FANAPI”正位于台湾东南方向处，预计向偏西方向移动，对“雪龙”船没有影响。9 月 20 日“雪龙”船安全抵达了上海，顺利完成了本航次的科学考察工作。

本次北极科学考察期间密切关注天气变化，及时与考察队领导进行沟通，给出准确的预报意见，保证了“雪龙”船的航行安全和各项调查活动的顺利进行。

10.2.5 航次海雾监测与分析

雾的出现频率较大是北极地区具有特征性的天气现象之一。由于北极气团的含水量很低，一般每立方米空气不到 1 g。所以北极地区几乎完全没有水分内循环，形成降水的水汽差不多都来自中纬度地区。虽然这里空气含水量不多，但因温度很低的缘故，相对湿度却始终较高。北极地区夏季云量达 70%~80%，云状以层状云为主。云高一般不如中纬度高，云厚夏季较冬季厚些。

在北极周围海上，出现雾的次数在 7—8 月间达 30%~50%，有些地方甚至达 70%~80%。雾一般持续 1~12 h，有时持续 1 个昼夜或以上，尤其夏季可持续 4~6 个昼夜之久。北极最常见的雾是平流雾、辐射雾与蒸发雾，在夏季一般平流雾较多。

雾的出现给“雪龙”船在浮冰区安全航行带来影响。在北极圈内作业海域的海雾观测中，雾发生的频率超过了60%（图10-11）。在北极圈内的考察作业时间共43 d，其中出现大雾天气现象有16 d，占37%；出现轻雾天气现象有13 d，占30%；没有出现海雾的天气有14 d，占33%。

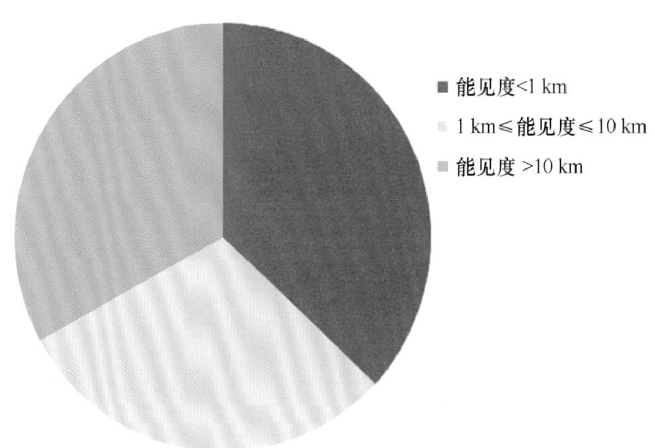

图10-11 在北极圈内作业海域的海雾发生频率（d）

10.3 北冰洋海冰监测与分析

北半球北冰洋的构成基本上是一个由大陆群围成的海洋，因此海冰覆盖范围的变化受地理的限制较大而受热力的影响较小。在北极海盆，海冰覆盖范围的最大变化在北冰洋的边缘地区。在太平洋海域，这里的海冰范围变化发生在楚科奇海和白令海。在这一地区，平均洋流由南向北通过白令海峡将暖水带进北极海域，推动了夏季北极海冰的融化。

航行期间获取海冰监测资料与卫星遥感海冰图像对比，形成了精度较高的北极海冰密度分布产品，为进一步分析和研究海冰的变化规律及其在全球变化中的作用具有重要意义（图10-12）。利用卫星云图和实际监测的海冰，可以识别流冰、冰间水道、冰裂缝、冰间湖、水融洞及其浸水冰，可以观测到冰的形成、持续时间及其消融情况。

在“雪龙”船北冰洋冰区航行路线上监测海冰总密集度、主要类型、发展阶段、冰厚、雪覆盖厚度、分布情况、冰脊的最大高度、冰间水域类型和融化阶段等（图10-13）。结合风云3A卫星图像、Modis卫星产品、德国Polarview（图10-14、图10-15）海冰冰图，解释海冰冰情参数和海冰变化规律。

10.3.1 北冰洋大洋调查

北极海冰既是本次考察研究的对象，同时也是北极地区大洋调查的绊脚石。考察队第一次遇到浮冰区是7月22日（北京时间），到达浮冰区边缘的经纬度是69°57′N，168°59′W。2008年中国第三次北极科学考察航次中遇到极区海冰的位置是在71°40′N，168°15′W。7月

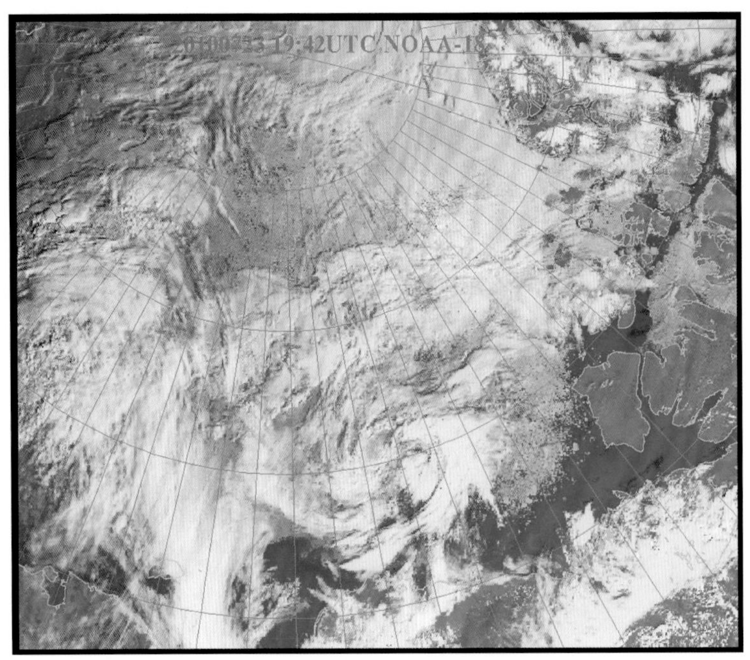

图 10-12　2010 年 7 月 23 日 NOAA-18 卫星云图

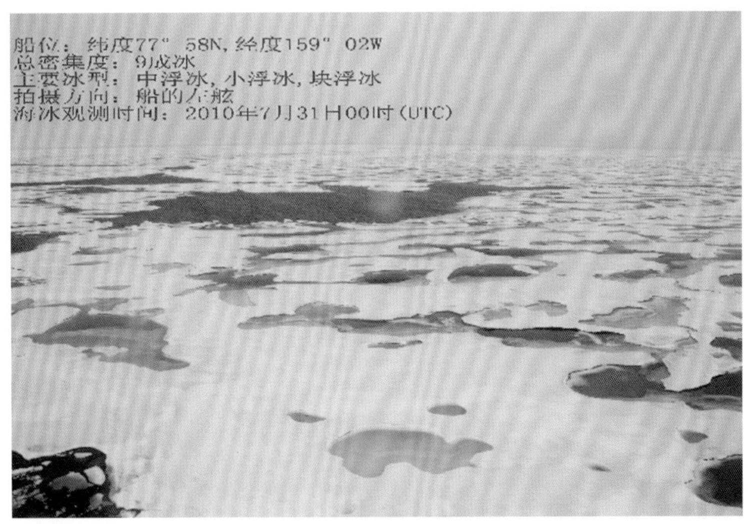

图 10-13　日常海冰观测记录图

25 日遇到了 8 成浮冰，其中 4 成饼浮冰，2 成碎浮冰、1 成块浮冰、1 成小浮冰，如果继续向东航行将会遇到更加密集的海冰。通过卫星云图和海冰冰图分析浮冰，分析判断海冰的发展和移动方向，应该及时地调整大洋考察的作业站位。如果按照原计划执行，不对大洋作业站位进行调整将会造成投放海洋中的考察设备不好回收或者被浮冰碰撞损坏设备，时间上的耽误和燃油的浪费，到达作业点后无法作业，重新选择新站位。

通过卫星云图分析浮冰区的移动和变化的方向，只有在原计划作业点平行西移，修改原计划站位。这次航线的修改给大洋作业节约了宝贵的时间，同时为中国第四次北极科学考察任务的完成奠定了基础。

在融化季节海冰平均厚度相应逐渐减小，高纬度向低纬度相应逐渐减小，其海冰边缘带

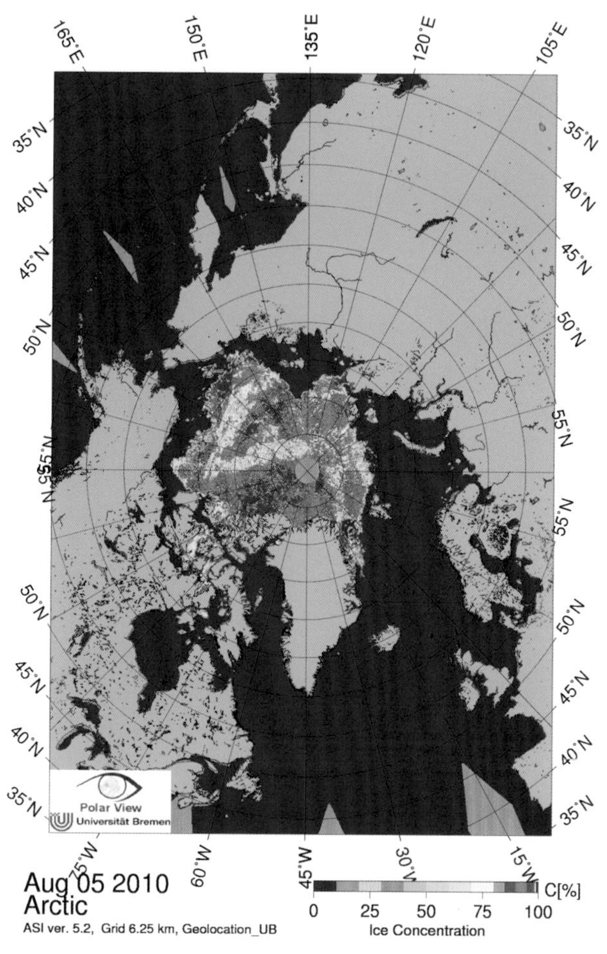

图 10-14 2010 年 8 月 5 日海冰覆盖范围

逐渐的向北萎缩。1999 年中国首次北极科学考察到达的最北点为 75°N，2003 年中国第二次北极科学考察到达的最北点为 78°N，2008 年中国第三次北极科学考察到达的最北点为 85°N。

通过对 7 月 19 日、7 月 22 日、7 月 25 日的冰情分析（图 10-16、图 10-17、图 10-18）和实际走航观测的海冰形状和厚度，发现浮冰中有大量的融池和融水坑。即使是 10 成的浮冰也有冰间道，“雪龙”船可以绕过大浮冰，穿冰间道，破小浮冰而行。7 月 26 日考察队采纳了气象保障人员提出的沿着水道一路北上的建议，突破了前 3 次北极科考到达最北点的记录达到了 88°26′N，而且还利用直升机对北极点附近进行了科学考察。

10.3.2 冰站考察

在考察队继续向西北方向进行短期冰站考察作业过程中，利用 2010 年 7 月 29 日 RADARSAT2 宽幅 ScanSAR 数据。同时对比分析 7 月 25 日与 7 月 29 日的海冰形态变化（图 10-19、图 10-20、图 10-21），发现在 75°N，160°—155°W 附近海域，海冰开始融化，并具有向东北方向扩展趋势。在 7 月 28 日，在 71.5°N 和 163°W 附近海域，海冰出现大面积融化，在 145°W 以西的大部分地区出现了海冰融化，尤其在 75.6°—76.4°N，155°—150°W 和 76.5°—77.4°N，150°—145°W 附近海域，且融化面积有扩展趋势。

经过上述分析，很难在“雪龙”船附近选择长期冰站的科学考察点。所以，选择继续向

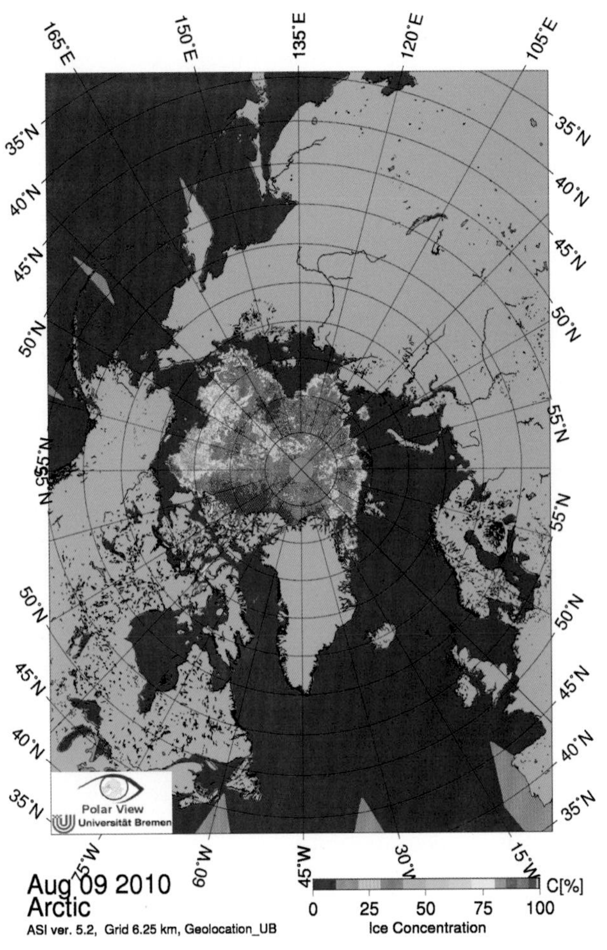

图 10-15　2010 年 8 月 9 日海冰覆盖范围

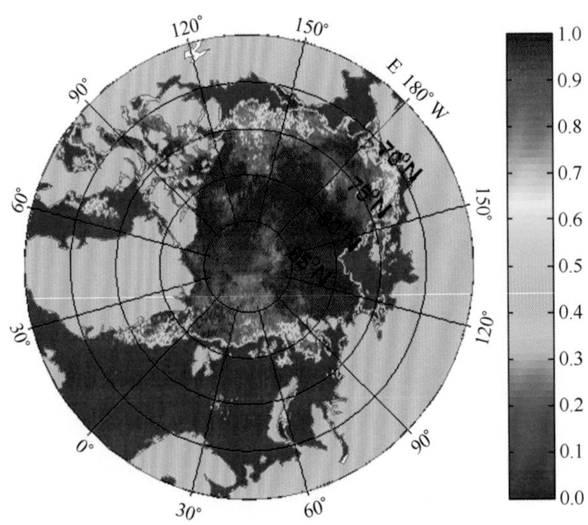

图 10-16　2010 年 7 月 19 日北极海冰密集度

西北方向航行以寻找适合做长期冰站的庞大浮冰。结合 2010 年 8 月 6 日（UTC）的 RADARSAT2 宽幅 ScanSAR 数据（图 10-22、图 10-23）。同时对比分析 8 月 5 日的 FY3A 海冰分布图

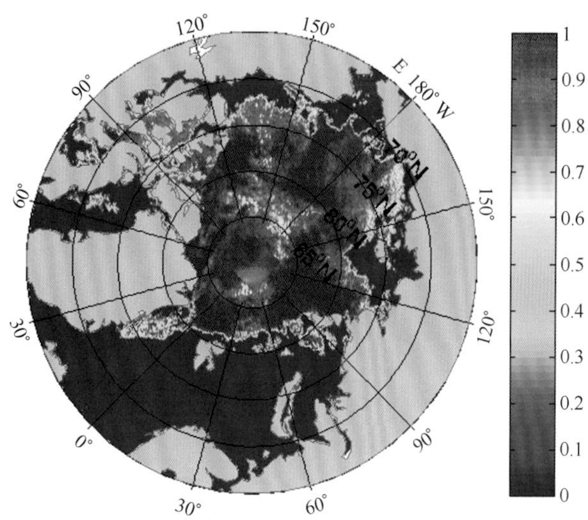

图 10-17　2010 年 7 月 22 日北极海冰密集度

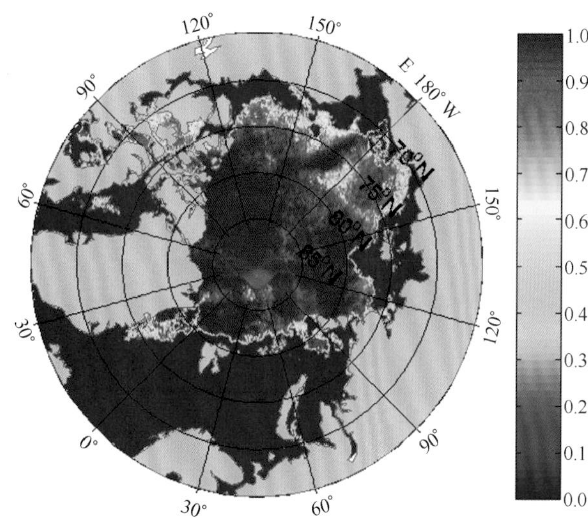

图 10-18　2010 年 7 月 25 日北极海冰密集度

（图 10-24）与 8 月 5 日 Modis 卫星产品（图 10-25），分析结果表明：在 86°—88°N，170°W 以西海域海冰存在较大程度的融化，在 85°N—88°N，155°W 以东海域融化程度较低，在 8 月 6 日 11：35（UTC）时“雪龙”船所在位置（175°59′W，86°3′N）附近海域，对比分析 8 月 5 日和 8 月 6 日的海冰密集度及海冰类型产品知：在科考船的左上角有 3~5 块庞大浮冰区，建议可作为科考长期冰站站点。因此在 87°N，179°W 附近找到了适合做长期冰站的庞大浮冰。

10.3.3　“雪龙”船漂移轨迹

在长期冰站考察过程中利用“雪龙”船的 GPS 还监测了船随庞大浮冰漂移的轨迹，总体是先向东漂移再向北—西北漂移的轨迹（图 10-26），主要与风向、风速和洋流有一定的关系。

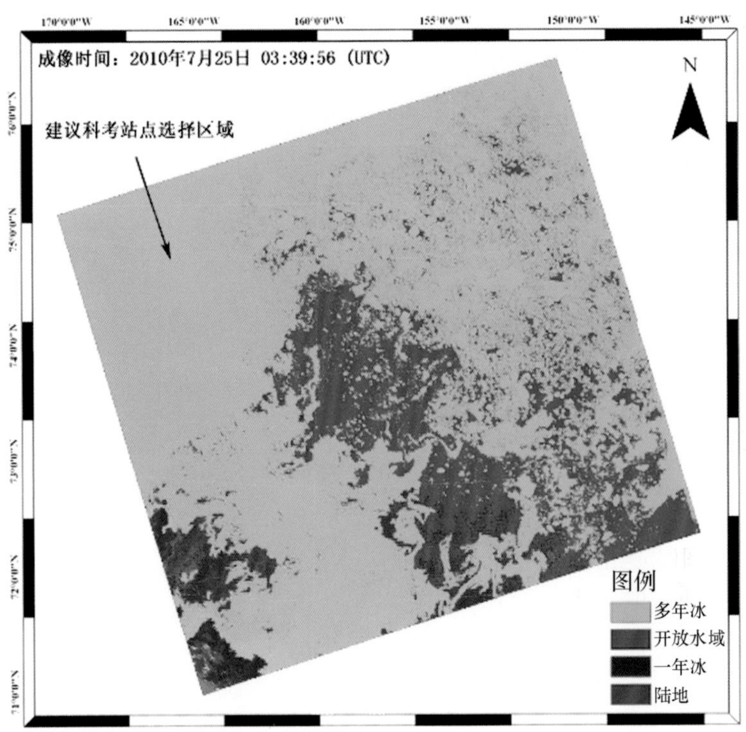

图 10-19　2010 年 7 月 25 日基于 RADARSAT2 海冰形态分布

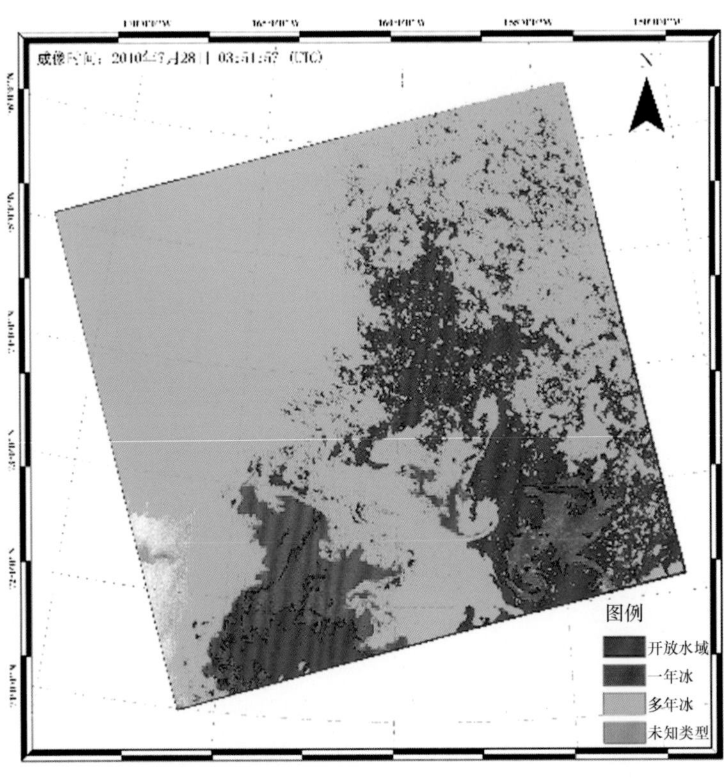

图 10-20　2010 年 7 月 28 日基于 RADARSAT2 的海冰形态分布

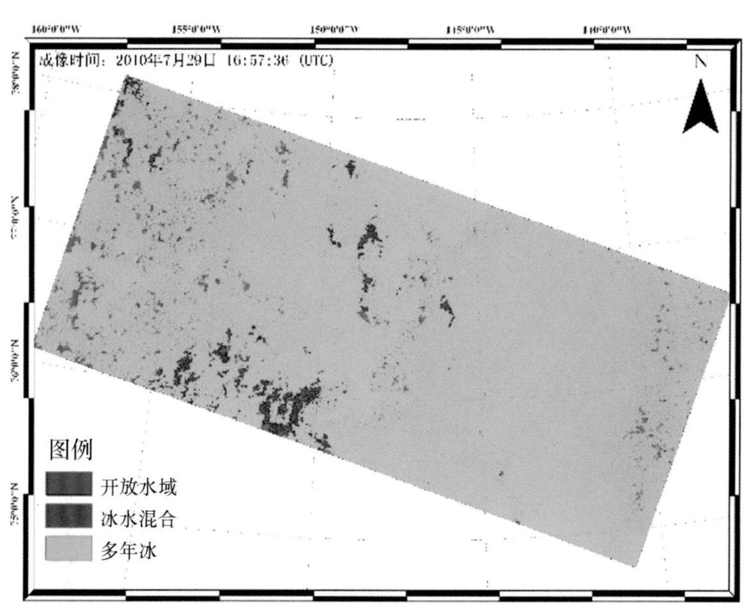

图 10-21 2010 年 7 月 29 日基于 RADARSAT2 的海冰形态分布

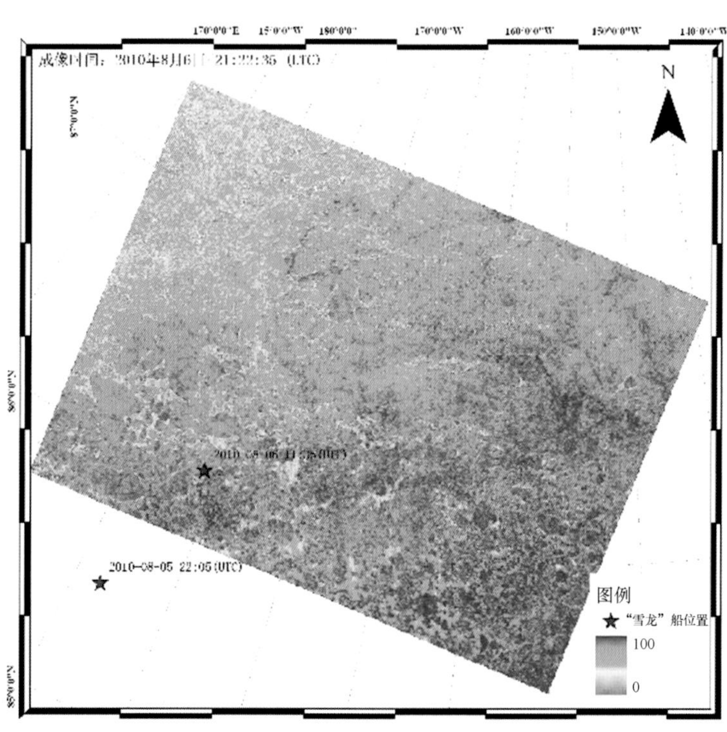

图 10-22 2010 年 8 月 6 日基于 RADARSAT2 的海冰密集度分布

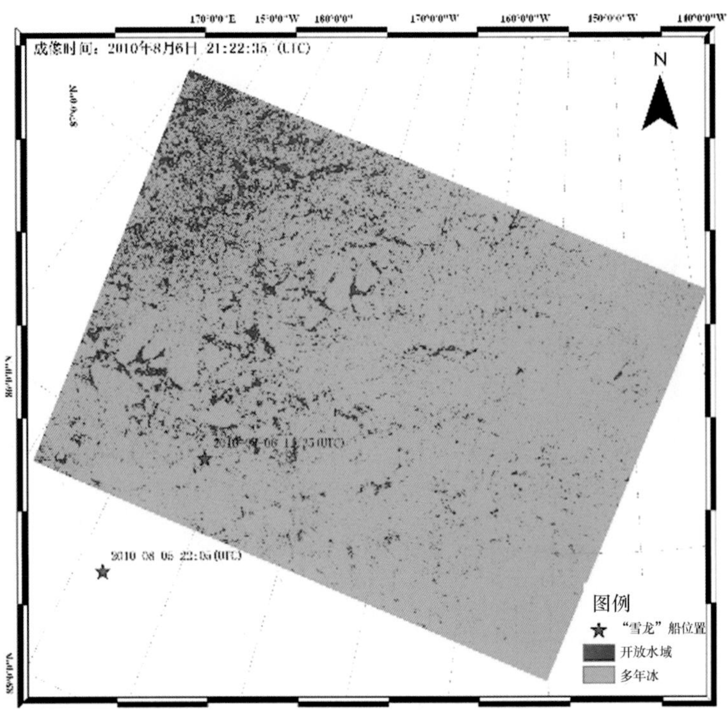

图 10-23　2010 年 8 月 6 日基于 RADARSAT2 的海冰形态分布

图 10-24　2010 年 8 月 5 日 FY3A 海冰分布

图 10-25　2010 年 8 月 5 日 Modis 海冰分布

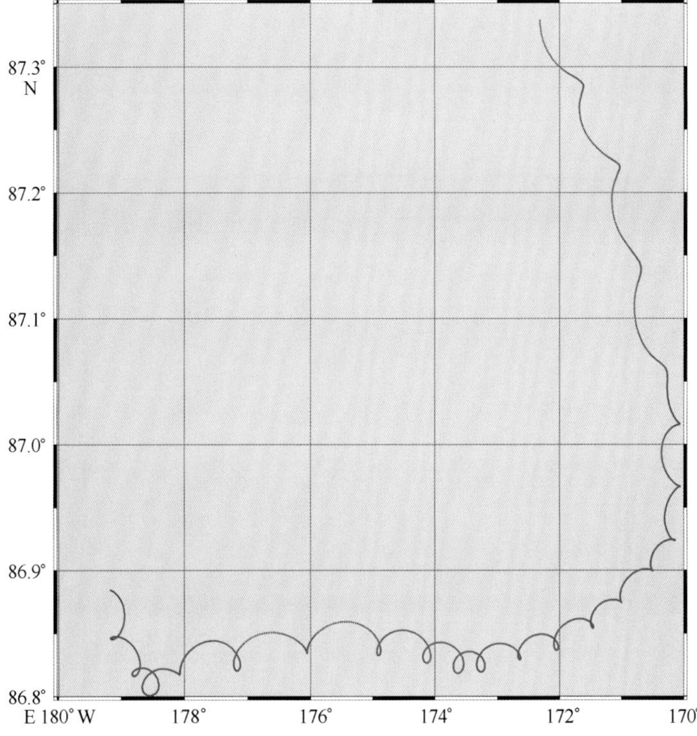

图 10-26　长期冰站作业中“雪龙”船随海冰漂移轨迹

10.3.4 返航途中海冰观测

2010 年 8 月 20 日“雪龙”船到达了最北点（88°26′533″N）后开始返航。

通过对海冰冰图进行分析（图 10-27），发现在 88°—85°N，170°—135°W 范围海冰密集度近 8 成，且开阔水域较多。在 85°—80°N 范围海冰密集度近 10 成。通过分析和海冰的移动方向决定先南下至 85°N 附近，然后再定航线方向。当航行至 85°N 时，启动直升机对“雪龙”船南面海冰进行侦查，发现南面海域基本都是 10 成海冰。但是海冰的融冰坑很多，且融冰坑的面积与海冰面积的比例几乎相同（图 10-28），而且越往南海域海冰厚度越薄，这有利于“雪龙”船的直接南下（图 10-29）。“雪龙”船于 8 月 28 日离开了北冰洋浮冰区，顺利完成了本次考察的海冰观测及冰区导航（表 10-2）。

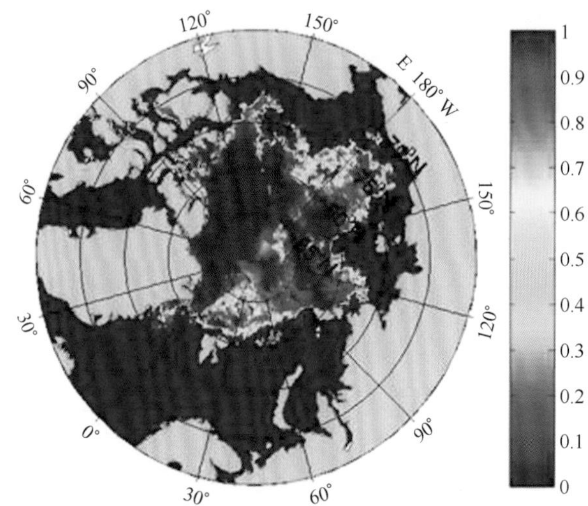

图 10-27　2010 年 8 月 22 日北极海冰密集度实况分析场

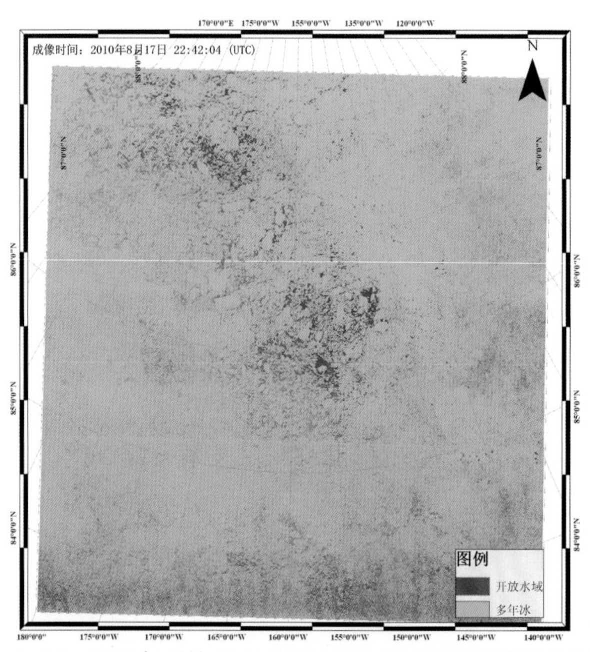

图 10-28　2010 年 8 月 17 日基于 RADARSAT2 的海冰形态分布

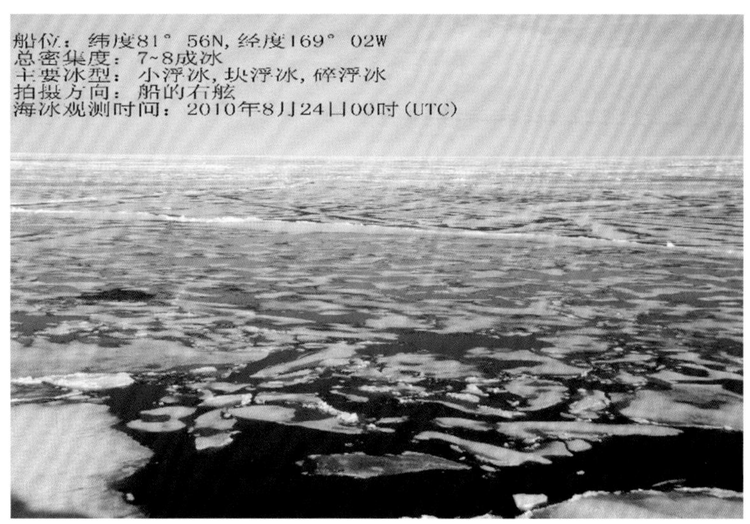

图 10-29 2010 年 8 月 24 日海冰实况观测记录

表 10-2 中国第四次北极科学考察北冰洋冰区走航冰情描述

日期（UTC）	纬度（N）	经度（W）	气温（℃）	最大冰脊高度（m）	平均积雪厚度（cm）	平均海冰厚度（m）	海冰类型描述
2010-7-22 00	70°8.059′	168°37.516′	7.3	1	10	1	北京时间 5：46 分到浮冰带边缘，69°57′N 168°59′W
2010-7-25 00	71°50.384′	160°4.940′	4.2	1.2	15	1	8 成浮冰，4 成饼浮冰，2 成碎浮冰、1 成块浮冰、1 成小浮冰
2010-7-25 06	71°32.901′	158°37.722′	4.8	—	15	1	8 成浮冰，4 成饼浮冰，2 成碎浮冰、1 成块浮冰、1 成小浮冰
2010-7-25 12	71°27.283′	157°34.831′	4.6	—	15	1	8 成浮冰，4 成饼浮冰，2 成碎浮冰、1 成块浮冰、1 成小浮冰
2010-7-26 00	71°43.165′	154°23.357′	3.1	—	15	1	8 成浮冰，4 成饼浮冰，2 成碎浮冰、1 成块浮冰、1 成小浮冰
2010-7-26 06	71°57.306′	153°47.309′	2.4	1.5	15	1	近处有 2 成海冰，以饼浮冰和碎浮冰为主，东边有七八成海冰
2010-7-26 12	72°16.206′	153°55.345′	1.8	—	15	1	8 成浮冰，4 成饼浮冰，2 成碎浮冰、1 成块浮冰、1 成小浮冰
2010-7-27 00	72°19.439′	152°31.415′	6.6	—	15	1	附近有零碎的浮冰，因为有雾，远处不可辨
2010-7-27 06	72°19.605′	152°40.082′	3.5	1.2	15	1	5 成浮冰，2 饼状冰，2 成小浮冰，1 成块浮冰
2010-7-27 12	72°42.139′	153°33.182′	0.9	—	15	1	1 成浮冰，0.3 成饼浮冰，0.3 成碎浮冰、0.2 成块浮冰
2010-7-28 00	73°10.522′	154°42.558′	6.3	1.5	15	1	8 成浮冰，4 成饼浮冰，2 成块浮冰、2 成小浮冰

续表

日期（UTC）	纬度（N）	经度（W）	气温（℃）	最大冰脊高度（m）	平均积雪厚度（cm）	平均海冰厚度（m）	海冰类型描述
2010-7-28 06	73°28. 905′	155°48. 890′	2. 8	1. 5	15	1	7 成浮冰，5 成大块浮冰，2 成小浮冰，零星碎浮冰
2010-7-28 12	73°44. 587′	156°19. 427′	2. 3	1. 2	15	1. 3	300 m 的视程内大块浮冰和饼浮冰 2~3 成
2010-7-2900	74°11. 565′	157°31. 006′	-0. 1	—	15	0. 8	1 成浮冰
2010-7-29 06	74°27. 513′	158°17. 623′	-0. 7	1. 2	15	0. 5	零星的块浮冰
2010-7-29 12	74°33. 860′	159°5. 810′	-0. 1	1. 2	15	1. 5	1 成块海冰，块浮冰
2010-7-30 00	76°3. 712′	159°1. 126′	0. 2	1. 2	15	1. 2	6 成海冰，大块浮冰
2010-7-30 06	76°35. 198′	158°50. 494′	-1. 3	—	15	1. 2	9 成浮冰，其中 6 成中浮冰，3 成小浮冰和饼状冰
2010-7-30 12	77°14. 273′	158°55. 679′	-2. 4	—	15	1. 2	9 成浮冰，其中 6 成中浮冰，3 成小浮冰和饼状冰
2010-7-31 00	77°58. 681′	159°2. 222′	-0. 1	—	15	1. 3	9 成浮冰，其中 7 成中浮冰，2 成小浮冰和块状冰
2010-7-31 06	78°28. 922′	158°54. 522′	0. 0	—	20	1. 2	9 成浮冰，其中 7 成中浮冰，2 成浮冰和块状冰，有脂状冰生成
2010-7-31 12	78°29. 024′	158°47. 683′	0. 0	—	20	1. 4	9 成浮冰，其中 7 成中浮冰，2 成浮冰和块状冰，有脂状冰生成
2010-8-1 00	79°27. 126′	158°59. 413′	0. 7	—	20	1. 4	9 成浮冰，其中 7 成大浮冰，2 成块浮冰、饼浮冰、碎浮冰
2010-8-1 06	79°40. 258′	158°55. 944′	0. 0	—	20	1. 4	9 成浮冰，其中 7 成大浮冰，2 成块浮冰、饼浮冰、碎浮冰
2010-8-1 12	80°7. 687′	159°45. 258′	-0. 2	—	20	1. 2	9 成浮冰，其中 7 成大浮冰，2 成块浮冰、饼浮冰、碎浮冰
2010-8-2 00	80°29. 231′	161°10. 112′	1. 2	1. 5	20	1. 6	9 成浮冰，其中 7 成大浮冰，2 成小浮冰、块浮冰、碎浮冰
2010-8-2 06	80°54. 313′	163°20. 960′	0. 0	—	20	1. 6	9 成浮冰，其中 7 成大浮冰，2 成小浮冰、块浮冰、碎浮冰
2010-8-2 12	81°19. 524′	165°0. 615′E	-1. 0	—	20	1. 6	大浮冰处于远处有融化阶段的融冰坑，船在冰间湖中航行
2010-8-3 00	82°1. 718′	166°29. 682′	-0. 3	1. 3	20	1. 6	9 成浮冰，其中 8 成大浮冰，1 成块浮冰、饼状冰、碎浮冰

续表

日期（UTC）	纬度（N）	经度（W）	气温（℃）	最大冰脊高度（m）	平均积雪厚度（cm）	平均海冰厚度（m）	海冰类型描述
2010-8-3 06	82°29.557′	166°20.942′	-0.6	1.5	20	1.6	8成大浮冰，有冰间道
2010-8-3 12	82°29.318′	165°56.938′	0.1	—	20	1.6	9成大浮冰，有冰间道
2010-8-4 00	82°30.449′	165°31.124′	-0.1	2.5	25	1.5	9成大浮冰，有冰间道
2010-8-4 06	83°11.668′	164°51.731′	-2.1	—	25	1.5	8~9成庞大浮冰和大浮冰，有冰间道
2010-8-4 12	83°30.786′	163°46.635′	-0.6	2.5	25	1.5	“雪龙”船在冰间湖水中作业，远处有庞大浮冰和大浮冰
2010-8-5 00	84°12.198′	167°4.652′	-1.2	—	25	1.5	“雪龙”船在冰间湖水中作业，浮冰和水域面积相同
2010-8-5 06	84°15.787′	167°58.990′	-1.6	—	25	1.5	6成海冰，3成庞大浮冰，2成大块浮冰，1成块浮冰，冰间道
2010-8-5 12	84°40.121′	174°17.903′	-2.0	2.0	25	1.5	9成浮冰，6成庞大浮冰，2成大浮冰，1成块浮冰，航行中有段段续续的冰间道
2010-8-6 00	85°29.418′	178°31.885′	-2.0	—	25	1.5	8成浮冰，5成庞大浮冰，3成大浮冰、中浮冰、小浮冰、碎浮冰
2010-8-6 06	85°50.015′	178°26.168′	-3.7	1.6	25	1.5	9成浮冰，其中7成庞大浮冰，2~3成大浮冰、中浮冰
2010-8-6 12	86°3.810′	175°59.194′	-0.3	—	25	1.6	9成浮冰，其中7成庞大浮冰，2~3成大浮冰、中浮冰
2010-8-7 00	86°24.144′	178°51.550′E	-0.5	1.5	25	1.6	9成浮冰，其中8成庞大浮冰，1成大浮冰
2010-8-7 06	86°46.307′	179°32.302′	-1.2	1.8	25	1.6	9成浮冰，其中8成庞大浮冰，1成大浮冰
2010-8-7 12	86°55.192′	178°46.424′	-2.2	1.8	30	1.6	“雪龙”船在庞大浮冰中开始长期冰站作业
2010-8-18 00	87°12.578′	171°4.040′	1.8	1.8	20	1.6	长期冰站融冰坑融化明显比前日更厉害
2010-8-18 06	87°13.778′	171°13.543′	1.1	1.8	20	1.6	长期冰站融冰坑融化明显
2010-8-18 12	87°16.574′	171°36.895′	0.6	1.8	20	1.6	长期冰站融冰坑融化明显
2010-8-19 00	87°21.012′	172°12.482′W	0.0	1.8	20	1.6	长期冰站融冰坑融化明显，中午举行冰上烧烤活动

续表

日期（UTC）	纬度（N）	经度（W）	气温（℃）	最大冰脊高度（m）	平均积雪厚度（cm）	平均海冰厚度（m）	海冰类型描述
2010-8-19 06	87°21.926′	172°16.832′	0.2	1.8	20	1.6	长期冰站融冰坑融化明显
2010-8-19 12	87°24.736′	172°32.018′	-0.2	1.8	20	1.6	12点10分，继续北进
2010-8-20 00	88°22.045′	177°25.232′	0.9	2	20	1.6	“雪龙”船到达新的北极点，做短期冰站
2010-8-20 06	88°22.972′	177°11.578′	-0.4	2	20	1.6	短期冰站
2010-8-20 12	88°25.178′	177°36.640′	-0.1	2	20	1.6	短期冰站
2010-8-21 00	87°57.621′	179°16.447′	0.7	2	20	1.6	直升机飞到北极点，“雪龙”船17点到达88°26′533″N最北点返航
2010-8-21 06	87°28.525′	176°15.394′	-0.4	1.8	20	1.6	7成浮冰，5成大浮冰，2成中浮冰
2010-8-21 12	86°52.266′	178°1.631′	-1.1	1.8	20	1.6	9~10成浮冰，7成大浮冰，2成中浮冰，1成小浮冰
2010-8-22 00	86°7.676′	172°42.328′	-0.9	1.3	20	1.4	6~7成浮冰，4成中浮冰，2成小浮冰，1成块浮冰
2010-8-22 06	85°15.953′	170°41.839′	-0.7	1.5	20	1.4	1成大浮冰
2010-8-22 12	84°54.709′	172°22.765′	0.1	110	20	1.4	9~10成浮冰，7成中浮冰，2成小浮冰，1成块浮冰
2010-8-23 00	84°9.353′	170°48.690′	-0.3	1	20	1.3	9~10成浮冰，7成中浮冰，2成小浮冰，1成块浮冰
2010-8-23 06	83°44.555′	170°41.090′	-1.7	1	20	1.2	9~10成浮冰，7成中浮冰，2成小浮冰，1成块浮冰
2010-8-23 12	83°22.727′	170°52.198′	-1.1	1	10	0.8	9~10成浮冰，7成中浮冰，2成小浮冰，1成块浮冰
2010-8-24 00	81°56.894′	169°2.391′	1.5	1	10	1	7~8成浮冰，5成小浮冰，2成块浮冰，1成饼状冰，大部分海冰厚度小于1 m融冰坑面积大于冰面积
2010-8-24 06	81°50.200′	168°50.030′	-0.6	1	5	0.7	9~10成浮冰，5成大浮冰，2成小浮冰，2成块浮冰，饼状冰，大部分海冰厚度小于1m融冰坑面积大于冰面积
2010-8-24 12	81°13.098′	168°47.373′	-2.2	1	5	0.7	9~10成浮冰，5成大浮冰，2成小浮冰，2成块浮冰，饼状冰

续表

日期（UTC）	纬度（N）	经度（W）	气温（℃）	最大冰脊高度（m）	平均积雪厚度（cm）	平均海冰厚度（m）	海冰类型描述
2010-8-25 00	79°58.786′	169°6.005′	-0.8	1	5	1.1	10成冰以大浮冰为主，浮冰和冰融坑面积相同，冰融坑上有刚结的新冰
2010-8-25 06	79°36.510′	169°5.259′	-0.4	1	10	0.8	3成海冰
2010-8-25 12	79°1.918′	168°54.230′	0.0	1	10	0.8	5成浮冰，3成块浮冰，1成饼状冰，1成碎浮冰
2010-8-26 00	77°48.896′	169°17.897′	0.1	1	10	0.8	3成浮冰，2成块浮冰，1成饼状冰，1成碎浮冰
2010-8-26 06	77°31.171′	172°7.170′	0.3	1.2	10	0.6	3成浮冰，2成块浮冰，1成饼状冰，1成碎浮冰
2010-8-26 12	77°1.087′	171°55.565′	0.2	1.2	10	0.6	3成浮冰，2成块浮冰，1成饼状冰，1成碎浮冰
2010-8-27 00	76°30.858′	171°53.322′	0.5	—	10	0.7	1~2成的海冰，块浮冰，碎浮冰
2010-8-27 06	76°31.957′	171°48.801′	0.2	—	10	0.6	1~2成的海冰，块浮冰，碎浮冰
2010-8-27 12	76°32.647′	171°45.138′	0.0	—	10	0.6	1~2成的海冰，块浮冰，碎浮冰
2010-8-28 00	76°9.012′	171°55.638′	-0.1	—	10	0.6	1成浮冰，块浮冰，饼状冰，碎浮冰
2010-8-28 06	75°39.094′	172°7.652′	0.2	—	10	0.6	1成浮冰，块浮冰，饼状冰，碎浮冰
2010-8-28 12	75°37.001′	172°8.815′	0.6	—	10	0.6	1成浮冰，块浮冰，饼状冰，碎浮冰

10.4 总结

在中国第四次北极科学考察的航线气象保障中，实时接收FY1-D和NOAA-15、NOAA-17、NOAA-18极轨卫星云图，存储卫星云图原始轨道数据。利用气象传真机接收日本和美国气象传真图，包括地面实况分析图和气压形势图、海浪预报图等，利用GBAN网络收集了日本气象预报图、美国NOAA的涌浪预报图和欧洲气象数值预报图以及德国Bremen大学北冰洋冰图、Radarsat2、Modis和FY3A海冰冰图。为“雪龙”船提供了有利的气象预报，共完成240时次的常规气象观测和105时次的常规海冰观测。